中国水稻病害

黄世文　王　玲　袁高庆　何勇强　编著

黎起秦　审校

科学出版社

北京

内 容 简 介

本书主要论述了发生在我国水稻生产中具有理论和生产实际意义的、较为重要的侵染性病害，包括真菌性病害、细菌性病害、病毒病和线虫病害。对于一些微小的、在生产实际中鲜有发生的病害及寄生性植物（如菟丝子、水晶兰、无根藤、列当等），本书未述及。本书采用 Ainsworth 分类系统，将卵菌引起的水稻病害归为真菌性病害。

全书深入浅出、图文并茂，既可供农业高等院校、科研院所植物保护专业的师生阅读，也可指导基层农业技术人员、种粮大户、稻农进行水稻病害识别、诊断和防控。

图书在版编目（CIP）数据

中国水稻病害/黄世文等编著.—北京：科学出版社，2024.6
ISBN 978-7-03-078476-6

Ⅰ.①中… Ⅱ.①黄… Ⅲ.①水稻-植物病害-防治 Ⅳ.① S435.111

中国国家版本馆 CIP 数据核字（2024）第 087907 号

责任编辑：陈 新 郝晨扬/责任校对：严 娜
责任印制：肖 兴/封面设计：无极书装

科学出版社 出版
北京东黄城根北街 16 号
邮政编码：100717
http://www.sciencep.com
北京中科印刷有限公司印刷
科学出版社发行 各地新华书店经销

＊

2024 年 6 月第 一 版 开本：889×1194 1/16
2024 年 6 月第一次印刷 印张：37 1/4
字数：1 200 000
定价：598.00 元
（如有印装质量问题，我社负责调换）

　　水稻（*Oryza sativa*）为一年生禾本科植物，也是受人类驯化、改良干预较多的植物类群。除了南极洲，水稻在世界各大洲均有栽培，其中亚洲水稻种植面积最大。世界水稻的总产量在粮食作物产量中居第三位，低于玉米和小麦，是全球一半人口的口粮。根据联合国粮食及农业组织的预测，到 2050 年，全球人口将达到 97.72 亿人，粮食总产量预计要在当前基础上增加 70% 才能满足增加的人口对粮食的需求，而水稻总产量需要在当前基础上翻倍。

　　我国是栽培稻的起源地之一。目前，我国各省（自治区、直辖市）均有水稻栽培，栽培总面积居世界第二，总产量为世界首位。我国 65% 以上的人口以大米为主食，同时，大米及其淀粉也是重要的工业原料。稳定发展水稻生产，对保障国家粮食安全、促进经济社会健康稳定发展具有十分重要的意义。

　　近年来，随着气候变化、水稻品种频繁变更以及耕作栽培制度、肥水管理和农药使用技术方法的改变，水稻病害的发生和危害出现了很大的变化，威胁着水稻生产的可持续发展。重要的水稻病害，如稻瘟病和纹枯病，虽然年度间发生情况有所波动，但仍然保持大面积的发生危害；过去零星或局部小面积发生的病害，如稻曲病和 3 种病毒病（条纹叶枯病、黑条矮缩病、南方水稻黑条矮缩病），目前发生面积大、为害重，已上升为主要病害；过去局部发生的穗腐（穗褐变）病，已连续多年在各稻区的各种类型水稻上普遍发生，对水稻高产稳产和优质安全生产以及稻谷（米）外观品质造成了严重影响；一些检疫性病害，如细菌性条斑病和细菌性穗（谷）枯病，已在我国各稻区发生；一些不确定（不明）病因的病害，如翘头稻（鹰嘴稻、小粒稻、小粒穗），国外称之为 straighthead（直立穗病），在某些地区种植的一些品种上发生，为害严重。水稻生产中病害的发生危害及种类的变化，给有效防控措施的制定造成了一定的困难。

　　为了保证水稻高产稳产和安全生产，需要加强对水稻病害的研究，普及水稻病害的基础知识，介绍最新的实用防控技术，以便制定有效的应对策略，减轻水稻病害对水稻生产的威胁。水稻病害的防控涉及病原菌、水稻品种、环境三者间的关系，以及宏观与微观多方面的问题，互相交错，异常复杂。迄今为止，无论是国外还是国内，通过实践、认识、再实践、再认识，人们对水稻病害的理解与认知，从基础理论到应对策略都有显著提升。我们根据 30 多年的调查、研究成果和生产实际经验，在水稻病害方面积累了丰富的第一手资料，结合收集到的重要文献资料，进行系统整理、分析和总结，编写了《中国水稻病害》这本专著，力求反映水稻病害各方面的最新研究进展，为促进我国水稻病害防控理论水平和实践能力的提升、保障我国粮食安全发挥积极作用。

　　本书主要叙述侵染性水稻病害，包括真菌性病害、细菌性病害、病毒病和线虫病害。对于非侵染性病害，如缺素、热害、冷害、药害、风害和淹水等造成的危害不在本书的讨论范围。本书采用 Ainsworth 分类系统，将卵菌引起的水稻病害，如水稻霜霉病、水稻苗疫霉病归为真菌性病害。除了真菌引起的水稻节瘤病，细菌引起的水稻细菌性叶鞘褐腐病、水稻米粒细菌性黑腐病、水稻细菌性短条斑病及栖稻假单胞菌引起的水稻穗枯和米粒变色等内容在第二章第九节中介绍（这些细菌性病害都属于偶发病害，内容较少，集中编写在一节），其他病害的内容包括：病害发生与为害、病害症状与诊断、病原学、抗病性、病害发生条件和病害防治等。

　　参加本书编著的有中国水稻研究所黄世文研究员、王玲副研究员，广西大学何勇强教授、袁高庆副教授，广西大学黎起秦教授负责全书审校工作。全书深入浅出、图文并茂，力求适应我国当代水稻病害研究和生产发展需求，既可作为农业高等院校、科研院所师生的参考书，也可指导基层农业技术人员和稻农进行水稻病害识别与防控，旨在抛砖引玉，共同为提升农业科技水平、促进农业发展献力。

本书部分病毒病照片由农业农村部全国农业技术推广服务中心郭荣研究员提供，部分稻曲病照片由浙江大学胡东维教授提供，部分恶苗病照片由浙江大学张敬泽副教授提供，部分根结线虫照片由中国农业科学院植物保护研究所彭德良研究员提供；引自其他书籍和发表论文的一些照片已标注来源；科学出版社编辑对书稿进行细致的审核、编排。谨此致以衷心的感谢！

鉴于当今科学技术发展迅速，新知识、新问题不断涌现，加之我们水平有限，在编写过程中不足之处在所难免，敬请有关专家、同仁及其他读者批评指正。

作　者

2023 年 10 月

目 录

第一章

水稻真菌性病害

真菌性病害（fungal disease）是作物上发生的类型和数量最多的病害，其发生的频次高、面积大、造成的危害最严重。水稻真菌性病害包括危害穗部的稻曲病、穗腐病、稻粒黑粉病，危害叶鞘的叶鞘腐败病、紫鞘（秆）病，危害叶片为主的胡麻叶斑病，对秧苗和成株期均造成危害的稻瘟病、恶苗病等。本章主要介绍水稻真菌性病害的病原、发生、流行、危害及防控情况。

第一节 水稻稻瘟病

一、病害发生与为害

（一）病害发生

水稻稻瘟病（rice blast）又名稻热病、火烧瘟、叩头瘟，广泛分布于水稻栽培地区，是水稻的重要病害之一。该病害发生历史悠久，危害严重，我国明代宋应星的《天工开物》（1637 年）一书中对稻瘟病就有记载。在我国，稻瘟病是南北稻作区危害最严重的水稻病害之一，南到海南省的三亚，北至黑龙江省，西到新疆维吾尔自治区，东至台湾省均有发生。过去我国曾经将稻瘟病、纹枯病和白叶枯病称为水稻"三大病害"（笔者称之为"老三大病害"）。目前按病害发生的面积及其造成的产量损失统计，水稻"三大病害"是纹枯病、稻瘟病、稻曲病（称之为"新三大病害"）。

（二）病害为害

据统计，全球每年因稻瘟病造成的水稻产量损失达 11%～30%，稻谷损失高达 1.57 亿 t，平均每年由稻瘟病造成的产量损失足以养活 6000 万以上人口，经济损失高达数十亿美元。在我国，稻瘟病的发生可造成水稻减产 10%～20%，重者达 40%～50%，病害发生特别严重的田块甚至颗粒无收。例如，1981 年福建省因红 410 系列品种丧失抗性，造成早稻稻瘟病大发生，失收面积达 1.33 万 hm²，损失稻谷 1.5 亿 kg。自 20 世纪 90 年代以来，全国稻瘟病的年发生面积均在 380 万 hm² 以上，年损失稻谷达数亿千克。1993 年为我国稻瘟病特大发生年，发生面积达 561.2 万公顷次，损失稻谷高达数十亿千克（赖传雅和袁高庆，2021）。近年来，随着水稻品种种植的单一化、集中化以及气候变化的影响，稻瘟病的危害越来越重。2014 年，长江中下游稻区的安徽、湖北、江苏三省稻瘟病发病面积合计 220.9 万公顷次，造成稻谷损失 24 万 t。在西南、长江中游和东北等水稻种植区，稻瘟病年发病面积均在 333.33 万 hm² 以上，造成水稻严重减产，给我国粮食安全带来巨大隐患。

近年来稻瘟病在我国各稻区每年均有不同程度的发生，年发生面积为 333.33 万～533.33 万公顷次。

2010～2015 年我国稻瘟病发生面积为 367.87 万～513.60 万公顷次，如果不防治将会使稻谷损失 256.66 万～530.41 万 t，虽经防治仍造成 31.87 万～56.59 万 t 稻谷损失。2017～2018 年稻瘟病发生面积和造成的产量损失有所下降，但仍达 293.33 万～340.00 万公顷次，如果不防治则使产量损失 236.21 万～285.18 万 t（全国植保专业统计资料）。按每人每年消费 250kg 稻谷计算，如果不对稻瘟病进行防治，损失的水稻产量可供 944.84 万～1140.72 万人食用一年，防治后产量损失为 23.64 万～29.83 万 t。稻瘟病的发生、流行和危害，严重制约我国水稻高产稳产和优质生产。

二、病害症状与诊断

在水稻不同生长时期，稻株各个部位均会受到稻瘟病侵染发病。由于为害的时期和部位不同，可分为苗瘟、叶瘟、叶枕瘟、节瘟、茎秆瘟、穗颈瘟、枝梗瘟和谷粒瘟。

（一）苗瘟

秧苗在 3 叶期前发病，主要由种子带菌引起。最初在芽和芽鞘上出现水渍状斑点，病苗基部灰黑色枯死，无明显病斑。3 叶期后发病，病苗叶片病斑呈短纺锤形、菱形或不规则小斑，灰绿色或褐色，湿度大时病斑上产生青灰色霉层，严重时成片枯死（图 1-1）。过去北方稻区较少发生苗瘟，但近年随着工厂化育秧的普及，环境条件较适合，常有苗瘟发生。

图 1-1　苗瘟

（二）叶瘟

叶瘟在秧苗后期至抽穗期均可发生，分蘖盛期发病较多。初期病斑为水渍状褐点，之后病斑逐步扩大，最终造成叶片枯死（图 1-2）。病斑常因天气条件的影响和品种抗病性差异呈现不同症状。根据病斑形状、大小和色泽的不同，可分为 4 种类型：急性型、普通型、白点型、褐点型。

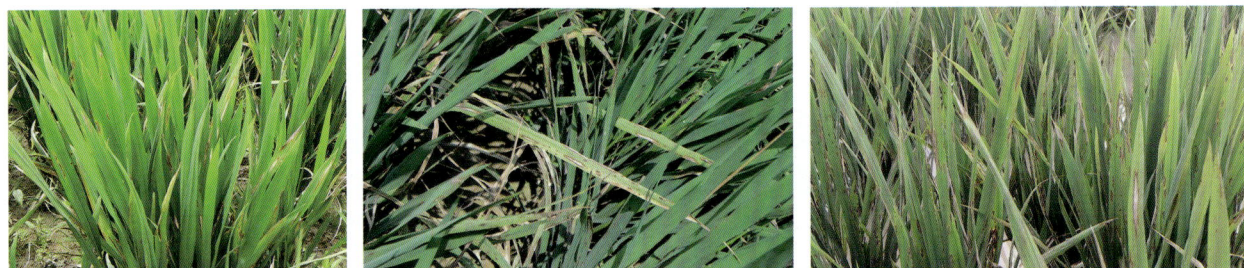

图 1-2　叶瘟

1. 急性型病斑

感病品种遇到适宜病害发生的气候条件（高温高湿，温度 25～30℃，相对湿度 90% 以上）常会出现此类病斑。叶片常产生暗绿色、近圆形至椭圆形或不规则形的水渍状病斑（图 1-3），坏死部与中毒部不明显，感病叶片正反两面都有大量灰色霉层，此类病斑发展快，常为病害流行的先兆，可引起死秧、死苗，严重的可造成全田损毁，翻耕重栽。

图 1-3　急性型病斑

a：急性型苗瘟；b：急性型苗瘟和叶瘟

2. 普通型（慢性型）病斑

普通型（慢性型）为最常见的典型病斑症状（图 1-4）。病斑梭形或长梭形（牛眼状），最外层为淡黄色晕圈，称为中毒部；内圈呈褐色，称为坏死部；中央呈灰白色，称为崩溃部。病斑两端中央的叶脉常变为褐色长条状，称为坏死线。"三部一线"是其主要特征，也称为典型病斑。潮湿时，病斑背面生灰白色霉层（病原菌）。

图 1-4　普通型病斑

a：普通型；b：大田叶瘟

3. 白点型病斑

白点型病斑常发生在感病品种的嫩叶上，产生近圆形白色小白斑，为叶瘟初期病斑。如果天气条件有利于病害发展，此类病斑可迅速扩展成为急性型病斑。

4. 褐点型病斑

病斑为褐色小斑点，针头大小，受叶脉限制，病斑中央为褐色坏死部，周围包着黄色中毒部，多产生在气候干燥条件下的水稻植株上，或抗性品种上，或稻株下部叶片上。在适温高湿条件下，可转为慢性型病斑。

（三）叶枕瘟、节瘟、茎秆瘟

叶枕瘟发生在叶片和叶鞘连接的叶片基部的叶耳、叶环（叶枕）和叶舌上，以剑叶叶枕为多（图 1-5a）。初期病斑灰绿色，之后呈灰白色或褐色，潮湿时长出灰绿色霉层，可引起病叶枯死和穗颈瘟。节瘟初期在稻节上产生褐色小点，之后围绕节部扩展，使整个节部变黑腐烂（图 1-5b），干燥时病部易横裂折断，发病早可造成白穗。茎秆瘟多发生在喷洒赤霉素的杂交水稻母本稻株上。稻株喷洒赤霉素后，稻秆细胞伸长，节间露出叶鞘，组织疏松，易受病原菌侵染。病害的症状与叶瘟的慢性型病斑相似，后期单个病斑可以环绕茎秆，引起秆折。

图1-5 叶枕瘟（a）和节瘟（b）

（四）穗颈瘟、枝梗瘟

穗颈瘟是稻瘟病造成水稻产量损失最严重的病害症状。发生于穗下第一节穗颈上，病斑初期为水渍状、暗褐色，之后变为黑褐色，高湿条件下病斑产生青灰色霉层，气候条件合适时会出现急性穗颈瘟。病害发生的严重度和时期不同，其对产量的影响差异较大，发病早的（稻穗刚抽出，尚未扬花灌浆）形成白穗，产量损失高达100%；发病迟者，灌浆不完全，籽粒不饱满，空秕谷增加，千粒重下降，米质差，碎米率高。穗颈瘟导致的白穗（图1-6）可与螟虫（二化螟、三化螟）引起的白穗（图1-7）区分。

图1-6 穗颈瘟危害产生白穗

图1-7 二化螟（a）和三化螟（b）穗期为害状

枝梗瘟发生于枝梗上，只影响发病枝梗上的谷粒，症状与穗颈瘟相似，形成部分枝梗白穗（图1-8a），发病迟且轻的只影响结实率和千粒重。

图 1-8 枝梗瘟（a）和谷粒瘟（b）

（五）谷粒瘟

谷粒瘟发生在谷粒的内外颖上，病斑呈椭圆形褐色斑点，边缘暗褐色、中部灰白色，潮湿时病部会长出灰绿色霉层（图 1-8b）。谷粒瘟与真菌性谷枯病相似，谷枯病病斑边缘不清晰，后期病斑上生小黑点，可与该病区分。

（六）叶瘟与胡麻叶斑病症状区分

水稻胡麻叶斑病与水稻叶瘟症状相似，有时易混淆。两者穗颈部和谷粒上的病斑很难区分，识别时可将待鉴定的病叶或病穗颈、谷粒等在 28℃左右保湿培养 1～2d。稻瘟病无论是病叶、病穗颈还是病谷粒都易生长出青灰色霉层。胡麻叶斑病的病叶不易长出特征性的霉层，其病穗颈和病谷粒上较易长出霉层，但霉层为黑褐色绒毛状，易与稻瘟病区分。另外，还可将两者病部长出的病原菌制片镜检，两者病原菌明显不同，极易鉴别。水稻叶瘟和胡麻叶斑病的识别特征见图 1-9 和表 1-1。

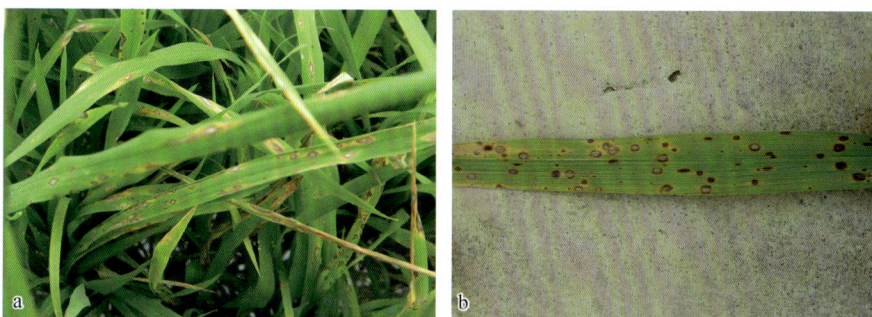

图 1-9 稻瘟病（叶瘟，a）与胡麻叶斑病（b）病斑区分

表 1-1 稻瘟病（叶瘟）与胡麻叶斑病症状区别

病害	发生环境	分布	病斑形状描述
稻瘟病	易发生于土壤肥沃、稻株生长茂盛、嫩绿的田块或地段	田间分布，最初多有发病中心	病斑为褐色小斑点或牛眼状，受叶脉限制病斑中央为褐色坏死部，周围包着黄色中毒部
胡麻叶斑病	多发生在土壤贫瘠、缺肥尤其是钾肥，植株生长不良的田块或地段	田间分布均匀，无明显发病中心	病斑椭圆形，较大，不受叶脉限制，中毒部对光呈半透明状

三、病原学

（一）病原形态特征及生物学特性

稻瘟病菌无性态为灰梨孢（*Pyricularia grisea*=*Pyricularia oryzae*），属于半知菌亚门灰梨孢属。有性态

为灰色大角间座壳菌（*Magnaporthe grisea*），属于子囊菌亚门。有性态只能在人工培养条件下形成，自然条件下尚未发现。

1. 菌丝

菌丝具有分隔和分枝，初期无色，后变褐色。菌丝生长温度为8～37℃，适温为26～28℃。湿热处理病菌，如谷颖内的菌丝体经55℃处理5min、病节内的菌丝体经55℃处理10min即死亡。

2. 子囊壳和子囊

有性阶段产生子囊壳和子囊。子囊壳球形，黑色，有长喙。子囊圆柱形至棍棒形，多数子囊有8个子囊孢子，少数1～6个。子囊孢子呈不规则排列，无色、梭形、略弯曲，有3个隔膜。有性阶段产生两种交配型，分别为A和a。同宗配合（A×A或a×a）不能产生有性世代，只有异宗配合（A×a）才可产生有性世代。有性生殖是造成稻瘟病菌致病性变异的主要原因之一（Miller et al.，2011）。

3. 分生孢子梗

病菌从病组织的气孔或表皮成簇生出3～5根分生孢子梗，很少单生，不分枝，大小为80～160μm×4～6μm，有2～8个隔膜。基部较粗，呈淡褐色。顶部较细，色较浅。顶部形成分生孢子后，从其侧方生出短枝，再生分生孢子，如此连续多次。分生孢子脱落后，梗顶部呈曲折状。

4. 分生孢子

分生孢子无色或淡褐色，洋梨形或倒棍棒形，顶端钝尖，基部钝圆，有脚胞，1或2个隔膜，大小为14～40μm×6～13μm。多数分生孢子从顶部或基部细胞萌发伸出芽管；芽管顶端形成近球形或卵圆形、厚壁、光滑、具有强大压力的深褐色附着胞，紧紧贴附于寄主（图1-10）。依靠附着胞的强大压力侵入寄主组织内，完成侵染。

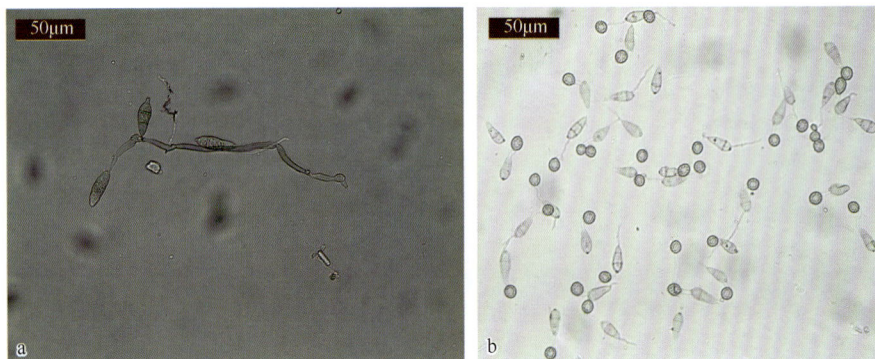

图1-10　稻瘟病菌分生孢子梗、分生孢子及其萌发
a：分生孢子；b：分生孢子萌发及附着胞的形成

（1）分生孢子的萌发

在10～35℃条件下均可形成分生孢子，25～28℃为最适温度，并需要一定的光-暗交替条件。分生孢子的形成以空气湿度达到饱和时最好，低于80%时几乎不能形成分生孢子。分生孢子必须有水滴存在才能萌发良好。当空气湿度饱和而无水滴时，分生孢子萌发率低至1%以下。病菌侵入寄主的过程中所需时间与温度有关，26℃为6h，28℃为8h，32℃为10h，34℃则不能入侵。从侵入到显症的时间：9～10℃为13～16d，17～18℃为7～9d，24～25℃为5～6d，26～28℃为4～5d。

在适宜条件下，叶片上病斑形成后即可产孢。其中，以急性型病斑产孢量最大。产孢高峰与温度有关，以28℃产孢最多。分蘖盛期叶片上的一个病斑，孢子形成量最高可达$8×10^4$个。感病品种的穗颈、穗轴、小穗发病后，其产孢量最高分别可达$2.8×10^5$个、$6×10^4$个、$8×10^4$个。

分生孢子的萌发温度为 15～32℃，适温为 25～28℃，相对湿度为 95% 以上，或者最好有水滴或水膜存在。侵入寄主的条件要求较严格，在适温条件下，需持续含有水膜 6～7h，病菌才能侵入寄主。在一定温度条件下，叶表含水时间越长，病菌侵入率越高。分生孢子在湿热条件下经 52℃ 5～7min 死亡。病菌对干热有较强的抵抗力，在干燥条件下分生孢子经 60℃ 30h 仍有部分存活。−4～6℃条件下 50～60d 后仍有 20% 存活，−30℃条件下可存活 18 个月。在真空干燥器内，室温条件下稻节和籽粒上培养的病菌可存活 10 年以上。

（2）光照对分生孢子的影响

处于日光下的分生孢子，其萌发率和侵入率降低。在缺氧情况下，分生孢子不能萌发。故水稻秧田在长期淹水条件下，稻种上的病菌常窒息而死，不易发生苗瘟。

（3）pH 对分生孢子的影响

分生孢子悬浮液的 pH 升高或降低都能使分生孢子的致病性减弱，pH 升高时致病性更弱。

（4）温度对分生孢子的影响

多数稻瘟病菌分生孢子悬浮液在 4℃放置 20d 以上或 20℃放置 10d 以上致病能力丧失，但个别菌株孢子悬浮液 4℃或 20℃放置 20d 仍具有致病能力。大部分菌株在煮沸 30min 后即丧失致病能力，然而一些菌株在煮沸 1h 后虽然致病性下降，但仍保持致病能力（谭阳等，2020）。

（二）病原侵染特征

1. 侵入寄主

分生孢子落在稻株表面后，遇有结水条件，在 15～32℃条件下均能萌发，形成附着胞，产生侵入丝。侵入丝多穿过角质层，从机动细胞或长形细胞直接侵入稻株体内。分生孢子的侵入与温度、结水时间关系密切。在结水充分的条件下，温度会影响侵入率，最适侵入温度为 24℃，低于 13℃或超过 35℃时，稻瘟病菌均不能侵入。

2. 潜育期

潜育期是指从稻瘟病菌侵入水稻后至出现明显症状的时间。稻瘟病菌的潜育期长短与温度有关。在适温条件下，叶瘟潜育期为 4～7d，穗颈瘟潜育期为 10～14d，枝梗瘟潜育期为 7～12d，节瘟潜育期为 7～30d。潜育期还与被侵入组织的生理龄期有关，侵入组织幼嫩时，潜育期相应缩短。

3. 侵染循环

①病菌分生孢子尖端的黏胶和孢子萌发使得孢子黏附在寄主表面；②芽管分化形成特别的侵染器——附着胞，很紧密地黏附在寄主角质上；③附着胞具有极强的膨压，产生侵染栓（钉）穿透角质和表皮细胞壁并侵入寄主组织；④病菌继而在寄主细胞中生长，并侵染邻近表皮细胞且能深入叶肉细胞；⑤ 5～7d 后分生孢子梗分化，新的分生孢子形成并从病斑中释放出来；⑥新形成的分生孢子可再次侵染寄主从而形成二次侵染。

4. 越冬与初侵染

稻瘟病菌主要以菌丝体或分生孢子在病谷、病稻草上越冬，成为翌年的初侵染源。干燥时，病组织内的分生孢子可存活半年至 1 年，菌丝体可存活 1 年以上；潮湿时经 2～3 个月便死亡。稻谷上越冬的病菌传播与气温、育秧时期和育秧方式有关。早稻露地育秧（除华南稻区外）因当时气温较低而发病甚微；薄膜覆盖的育秧田，因温湿度条件适宜而发病普遍。病稻草上越冬病菌产生的孢子始见期，在长江流域为 3 月下旬，南方较早（3 月上旬），北方较迟（6～7 月）。飞散出的孢子，附着秧苗，遇到适宜条件，则可引起初侵染，形成中心病株。初侵染形成的病斑上产生的孢子，借风雨传播至健株，引起再侵染。

5. 传播方式

在自然情况下，风是分生孢子飞散的必要条件，雨、露、光等能促进孢子脱离。一般情况下，分生孢子自 20: 00 左右开始释放，直至翌日日出前，释放高峰为 0: 00～4: 00，其孢子释放总量占一天释放总量的 40% 以上。遇阴雨时，孢子可全天释放。孢子的传播距离与其所在高度和风速呈正相关。分生孢子抗逆性较差，在远距离传播过程中易丧失活性。

（三）病原毒素

稻瘟病菌毒素是病菌生长过程中，或病菌感染水稻后产生的具有生物毒性的代谢产物，主要包括 α-吡啶羧酸（α-picolinic acid）、稻瘟菌素（piricularin）、稻瘟醇（blastin；pentachlorobenzyl alcohol，PCBA）、细交链孢菌酮酸（tenuazonic acid）、糖肽类物质（glycopeptide）及香豆素（coumarin）等。

稻瘟病菌毒素对水稻幼苗的根、茎、叶、芽的生长均有抑制作用，对水稻根冠细胞具有较大的毒性，能破坏寄主叶片的表皮组织，引起维管束细胞坏死，阻碍呼吸作用，导致水稻不能正常发育。稻瘟病菌毒素处理后，不同品种间根冠细胞死亡率差异显著。感病品种经毒素处理后，根冠细胞死亡率明显高于抗病品种。稻瘟病菌毒素对水稻生化酶类，如超氧化物歧化酶（superoxide dismutase，SOD）、过氧化物酶（peroxidase，POD）、苯丙氨酸解氨酶（phenylalanine ammonia lyase，PAL）、过氧化氢酶（catalase，CAT）、多酚氧化酶（polyphenol oxidase，PPO）等的活性具有一定影响。

将提取的稻瘟菌素、α-吡啶羧酸和细交链孢菌酮酸的稀释液分别滴在水稻叶片的机械伤口上，均可引起叶片呈现与稻瘟病相似的病斑。稻瘟病菌毒素对水稻愈伤诱导、生长及分化有强烈的破坏作用，并且随着处理时间的延长或毒素浓度的增大受破坏程度加深。

用稻瘟病菌毒素作为选择压力，通过细胞和组织培养技术能够达到筛选抗性品种的目的。稻瘟病菌毒素对不同水稻品种愈伤组织的作用存在差异，不同生理小种的菌株所产生的毒素对同一水稻品种愈伤组织的抑制作用也不同。利用稻瘟病菌毒素作为选择压力，是一种快速筛选植物的抗病突变体或变异体，人工创造新抗原、改良品种抗性的新途径（谢红军等，2006）。

（四）病原抗药性

稻瘟病菌对不同的杀菌剂产生了一定的抗药性，但抗药性水平总体较低，不同稻区的稻瘟病菌对不同药剂的抗性差异较大，药剂间抗药性交互作用未见或较低，抗药性多能稳定遗传。

稻瘟病菌敏感菌株 S-1 在含有最低抑制浓度的咪鲜胺 PDA 平板上进行抗药性驯化培养 20d，测定抗药性变异频率及突变体的适合度，包括菌丝生长速率、产孢量、致病力以及在低温和高温条件下的生长特征。驯化培养获得 30 个抗药性突变体，突变频率为 1%。突变体均属于低抗水平，且其抗药性可稳定遗传。咪鲜胺抗药性突变体对氟环唑、戊唑醇和己唑醇表现出不完全交互抗性，但咪鲜胺与嘧菌酯及稻瘟灵之间不存在交互抗药性。40% 的抗药性突变体的菌丝生长速率显著降低，60% 的抗药性突变体无显著变化。所有抗药性突变体的分生孢子产量出现不同程度的下降。抗药性突变体对 15℃ 低温或 30℃ 高温更加敏感，稻瘟病菌对咪鲜胺的抗性风险属于低抗水平（赵东磊等，2019）。

通过室内多代药剂驯化，研究获得了 7 株稻瘟病菌抗药性突变体，其中 2 株高抗突变体 NJ0811-I 和 A10 的抗性水平大于 1000 倍，抗药性能稳定遗传。烯肟菌胺与嘧菌酯存在正交互抗药性，但与稻瘟灵、异稻瘟净无交互抗药性。江西省和贵州省的稻瘟病菌菌株对春雷霉素与稻瘟灵的抗性均表现为较低水平，两省的稻瘟病菌对春雷霉素与稻瘟灵未产生交互抗药性或多抗性。

对长江中下游稻区（浙江、江西、安徽、湖南、湖北）的稻瘟病菌进行抗药性监测。该地区稻瘟病菌对稻瘟灵的有效中浓度（median effective concentration，EC_{50}）为 0.928～12.865mg/L，最高浓度是最低浓度的 13.86 倍。浙江省 EC_{50} 平均值为 3.1895mg/L，江西省 EC_{50} 平均值为 4.1946mg/L。对稻瘟灵、戊唑醇、异稻瘟净、嘧菌酯和吡唑醚菌酯存在一定水平抗性，但抗药性水平不高。不同省份、不同稻区间稻瘟病菌抗药性有差异，浙江和江西不同地区的稻瘟病菌对稻瘟灵的敏感性差异较大。江西稻瘟病菌对稻瘟灵的抗药性高于浙江，抗药性能稳定遗传。稻瘟灵在上述各药剂之间不存在交互抗药性（本研究室未发表的资料）。

（五）病原致病性分化

有关稻瘟病菌致病性分化的研究始于 20 世纪 20 年代的日本，随后世界各国及国际研究机构相继开展了大量的稻瘟病菌致病性分化的研究。稻瘟病菌对不同水稻品种的致病性具有明显的专化性，据此区分为不同的生理小种。根据稻瘟病菌不同菌株对一套或多套鉴别品种（包括传统的鉴别品种、单基因近等基因系等新型鉴别品种）的致病性，鉴别品种的症状反应表型，将稻瘟病菌分为不同的种群、生理小种或致病型。

稻瘟病菌的致病性是频繁变化的。主要稻区间具有共同的一个或多个优势种群或优势小种，不同稻区之间稻瘟病菌存在明显的遗传分化。稻瘟病菌不同生理小种间的致病力存在很大差异，同一品种对不同稻瘟病菌生理小种的抗性也有很大差异。一个稻区稻瘟病菌的毒力结构（不同致病力的小种）在一定时间内是相对稳定的，优势小种的消长与寄主品种、气候条件、种植结构等因素有关。

1. 稻瘟病菌生理小种变异

由于我国地域辽阔，气候、环境变化大，水稻品种繁多，遗传背景复杂，耕作栽培制度多样化，不同地区稻瘟病菌优势生理小种差异很大。即便同一地区不同时间段的流行种群和优势小种也有很大变化，主要原因是主栽品种的不断更替，流行种群和优势生理小种发生变化。

我国各大稻作区稻瘟病菌流行种群和优势生理小种不同。东北稻区稻瘟病菌主要种群为 ZF、ZD、ZE，出现频率分别为 23.2%、22.2%、15.6%；同时也出现强致病力的 ZA 种群，出现频率为 12.3%。西南稻区以强致病力菌株 ZA 和 ZB 种群为主，四川省的 ZB 种群出现频率高达 53%，ZA 为 22.3%；贵州省的优势种群为 ZB、ZA 和 ZG，出现频率分别为 41.4%、18.5% 和 10.7%。华南稻区主要种群为 ZB 和 ZC，出现频率分别为 28.0% 和 37.0%。华北稻区以致病力较弱的 ZE、ZF 和 ZG 群体为主，出现频率分别为 21.5%、22.1% 和 44.3%。华东和华中稻区较为复杂，为籼、粳稻混栽区，双季稻、单季稻都有种植。稻瘟病菌既有强致病力的籼型种群，也有弱致病力的粳型种群。华东主要种群为 ZB、ZG、ZC 和 ZA，出现频率分别为 43.3%、25.0%、13.9% 和 12.3%。华中稻区主要是 ZA、ZB、ZE 和 ZC，出现频率分别为 34.9%、28.8%、21.4% 和 14.1%。西北地区水稻种植较少，但以致病力强的 ZA 和 ZB 为优势种群（肖丹凤等，2013）。

一些省份稻瘟病菌优势种群（小种）相对较为稳定。在江苏省，尽管 1990 年 ZA 种群，1991 年 ZD、ZE 种群上升为优势种群，但 ZG 种群一直都是该省的优势种群，ZG-1 种群出现频率达 66.20%。2017～2019 年，ZA 种群为福建省优势种群，出现频率为 39.48%，表明该省稻瘟病菌已由早期的以 ZB、ZC 为优势种群逐渐转变以 ZA 为优势种群，推测这与甬优系列品种在该省大面积推广有关。1990～1997 年，ZC 种群是广东省的优势种群，出现频率为 50.2%，ZC13 为优势小种，出现频率达 27.4%。但 2006～2015 年，则以 ZB、ZC 和 ZG 为当地主要优势种群，其中 ZB 种群出现频率为 48.44%～75.35%，ZB13 优势生理小种出现频率为 32.47%（钟宝玉等，2018）。

不同地区的稻瘟病菌群体间表现出明显的遗传分化，绝大多数遗传变异存在于群体内的个体间，仅有少数变异来自群体间，该菌的遗传变异呈现随机分布的空间模式（王玲等，2015a）。

2. 有关稻瘟病菌生理小种变异的争议

在生产实际中，常常会遇到某个水稻品种在大面积种植 4～5 年后丧失对稻瘟病的抗性；或者某个水稻品种在这个地区种植表现出抗病，换一个地区种植则发病重。例如，皖稻 131 在安徽省黄山市祁门县种植原本抗性表现不错，种植多年后表现为整体抗性丧失，感病重发。

有关水稻品种大面积种植 3～5 年后丧失对稻瘟病抗性的原因有两种观点。目前普遍的观点是当地出现了新的生理小种。另外一种观点认为，致病生理小种本来就存在于自然界中（潜在生理小种），只是由于没有适合的环境条件而不能大量繁殖，处于弱势小种地位。当合适的寄主出现时，潜在的处于弱势的致病小种随水稻种植面积的扩大而快速增殖，成为优势小种，导致稻瘟病抗病品种丧失抗性。

一般，生物体（尤其是高等动植物）的变异是非常缓慢的。在高等生物中，生殖细胞基因突变率为 $10^{-8}\sim10^{-5}$。一个新种的出现需要经过千百年甚至上万年的慢慢进化。目前，上述两种观点都没有强有力的证据给予支持并加以验证。第一种观点需要证明：一个抗稻瘟病水稻品种在某个地区种植之前，在该地区不存在使其感病的生理小种。第二种观点需要证明：抗病品种在该地区种植之前，使其感病的生理小种早已存在于当地环境中。两种观点的证明都非常困难，因为要在如此广阔的生态区域内确认是否存在稻瘟病菌的一个生理小种，而且还不知道后来使抗病品种感病的生理小种的具体类型（Zhao and Huang，2021）。

（六）病原无毒基因

稻瘟病菌中克隆的无毒基因主要分为两类：一类是不同寄主及非寄主特异性抗性的无毒基因，如 *Avr1-CO39*（Tosa et al.，2005）、*Avr-Pita*（Orbach et al.，2000）、*ACE1*（Böhnert et al.，2004）、*Avr-Piz-t*（Li et al.，2009）、*Avr-Pia*、*Avr-Pii* 和 *Avr-Pik/km/kp*（Yoshida et al.，2009）；另一类是不同寄主品种特异性抗性的无毒基因，这类无毒基因编码 PWL 激发子，如 *PWL1*（Kang et al.，1995）和 *PWL2*（Sweigard et al.，1995）。病原菌的无毒基因不稳定且经常发生变异，无毒基因的变异可使其逃脱寄主抗病基因的识别，导致抗病品种丧失抗病性。无毒基因的变异机制主要包括：点突变、缺失、插入、复制、移码突变等。

在黑龙江省 202 株稻瘟病菌中，无毒基因 *Avr-Pita1* 的出现频率为 36.14%，*Avr-Pita3* 的出现频率为 59.41%，且 *Avr-Pita1* 变异能力较强，可导致大多数菌株无毒功能丧失。*Avr-Pita3* 基因序列在菌株中比较稳定，黑龙江省稻瘟病菌生理小种中未发现 *Avr-Pita2* 基因（孟峰等，2020）。

在云南省 471 株稻瘟病菌中，对含有 *Pia* 基因的水稻单基因系 IRBLa-C 表现为抗病和感病的菌株分别有 139 株和 332 株，占比分别为 29.5% 和 70.5%。其中有 244 株菌株含有无毒基因 *Avr-Pia*，占比为 51.8%，*Avr-Pia* 主要为完全缺失变异。含 *Pia* 基因的水稻种质在云南省分布较广，但大部分水稻产区的 *Pia* 基因已丧失抗性（王群等，2020）。

在云南省 6 个水稻产区采集、分离获得的 348 株稻瘟病菌中，测定其对仅含 *Piz-t*、*Pib* 和 *Pii* 基因的水稻抗性单基因系 IRBLzt-T、IRBLb-B 和 IRBLi-F5 的致病性。在参测菌株中，分别有 51.7%、46.8% 和 15.8% 的菌株含有无毒基因 *Avr-Piz-t*、*Avr-Pib* 和 *Avr-Pii*，分别有 4.9%、29.2%、41.1% 和 24.7% 的菌株含有 3 个、2 个、1 个和 0 个无毒基因；云南省稻瘟病菌群体的总多样性指数水平较高，为 2.81；其中云南省中部水稻产区最高，为 2.97；稻瘟病菌菌株中分别有 89.1%、63.2% 和 38.5% 的菌株对单基因系 IRBLzt-T、IRBLb-B 和 IRBLi-F5 表现为不致病，表明 *Piz-t* 基因和 *Pib* 基因的抗性利用价值较 *Pii* 基因高（王群等，2021）。

在江苏省，2013～2017 年获得 621 株稻瘟病菌，采用 10 对无毒基因（*ACE1*、*PWL1*、*Avr-Pita*、*Avr1-CO39*、*Avr-Piz-t*、*Avr-Pib*、*Avr-Pia*、*Avr-Pii*、*Avr-Pik*、*Avr-Pi9*）特异性引物进行扩增，分析该省稻瘟病菌无毒基因的分布及频率。10 个无毒基因在江苏省均有分布，但出现频率不同，扩增频率最高的为 *Avr-Pib*，达 74.56%。*Avr-Pib*、*Avr-Pik*、*Avr-Piz-t* 连续 5 年扩增频率较高且稳定遗传。利用日本清泽鉴别品种对稻瘟病菌进行致病力测定，菌株对 *Piz-t*、*Piz*、*Pita*、*Pita2*、*Pii* 表现为弱毒力，显示江苏省稻瘟病菌群体组成较为复杂，且存在较大易变性；无毒基因的分布存在较大差异，且与地理区域密切相关（沈乐融等，2019）。

（七）病原菌–寄主互作体系

稻瘟病菌与水稻品种之间是一种半寄生关系，稻瘟病菌无毒基因与水稻抗病基因间符合 Flor 的"基因对基因"假说（gene-for-gene hypothesis）。即只有在稻瘟病菌携带毒性（致病）基因，当毒性基因克服其相应水稻品种的抗性基因（对病菌毒性基因而言是感病基因，即病原菌致病基因–寄主感病基因）时，才能表现出致病性。相反，水稻品种（寄主）携带抗病基因，稻瘟病菌就有相应的无毒基因（寄主抗病基因–病原菌无毒基因），病菌无毒基因不能克服寄主的抗性基因。当寄主的抗病基因产物直接或间接识别稻瘟病菌的无毒基因产物时，可激发寄主产生过敏性坏死反应，寄主表现出抗病性。

在研究病原菌致病性和寄主抗病性时，采用不同的鉴别品种和鉴别菌株、不同的接种方法和调查方法等，不仅耗时，而且结果没有可比性（Singh et al.，2002）。在一定的范围内，建立某一病害相对统一的技术规范，有利于不同研究者的研究结果进行相互比较、借鉴，可极大地促进该病害的研究。

1. 鉴别品种

在水稻病害研究中，既要明确寄主的抗病性（具有抗病基因或感病基因），同时也希望了解病原菌的致病性［携带致病基因或非致病（无毒）基因］。因此，需要研究寄主-病原菌的互作。随着科学技术的发展，国内外不同时期筛选出来的鉴别品种（系）不同（凌忠专等，2004）。

稻瘟病菌鉴别品种的确定大概经历了 4 个阶段：①根据人们的经验选择鉴别品种，其基因组成并不清楚；②通过水稻品种抗病基因分析，构建具有已知抗病基因的品种；③利用籼、粳稻品种作为抗源供体，以感病籼稻种 CO39 为轮回亲本，培育具有 CO39 遗传背景的近等基因系；④以感病的粳稻品种丽江新团黑谷（LTH）为轮回亲本，育成的单基因系包括中国近等基因系和日本-IRRI 单基因系。

经过研究人员几十年的努力，在不同的国家和地区（组织）建立了多套不同的鉴别品种（系），如美国（Latterell et al.，1965）、中国台湾（Woo，1965）、韩国（Lee and Matsumoto，1966）、菲律宾（Bandong and Ou，1966）、日本（Yamada et al.，1976）、中国大陆（全国稻瘟病菌生理小种联合试验组）、印度（山崎义人和高坂淖尔，1990），分别建立了各自国家（地区）和组织的鉴别品种。

由于时代和技术的局限性，这些鉴别品种各有优缺点。前期的鉴别品种多是通过大量的接种鉴定，人为将其划分为抗病或感病。确立了鉴别品种后，将采集、分离获得的稻瘟病菌在鉴别品种上进行人工接种测定，划分为强致病力或弱致病力的菌株或生理小种。但不能确定鉴别品种携带的抗病基因，以及病原菌具有哪些致病基因或无毒基因。20 世纪 80 年代后，国内外又培育并构建了几套近等基因系鉴别体系（品种）。国际水稻研究所（International Rice Research Institute，IRRI）建立了用于稻瘟病菌生理小种鉴别的 4 个近等基因系（Mackill and Bonman，1992）、中国近等基因系和日本-IRRI 单基因系，即每个鉴别品种都有明确的抗病基因（凌忠专等，2004）。近等基因系鉴别品种的建立使稻瘟病（菌）的研究向前推进了一大步。在鉴定稻瘟病菌时，可以明确知道病原菌具有致病基因还是无毒基因。

日本于 1959 年确立了一套由 12 个籼、粳稻品种组成的稻瘟病菌生理小种鉴别品种。从 20 世纪 60 年代初至今，世界上产稻国家或地区建立的鉴别品种达 10 多套。国际鉴别品种由拉米纳德品系 3、辛尼斯、NP125、乌尖、杜拉、关东 51、沙田早 S、卡罗柔等 8 个品种组成（Atkins et al.，1967）。

为了在国际上统一使用共同的鉴别品种，日本和美国通过合作，于 20 世纪 60 年代中期确立了一套由 8 个籼、粳稻品种组成的国际鉴别品种。后来日本又根据 Flor 的“基因对基因”假说，对品种进行抗病基因分析，于 1976 年建立了一套具有已知抗病基因的 9 个粳型品种组成的鉴别品种。国际水稻研究所利用籼稻品种 CO39 作为轮回亲本，育成了遗传背景相同，但所含抗病基因不同的 4 个近等基因系（凌忠专等，2000）。

日本清泽以 12 个粳稻单基因抗性鉴别品种鉴别稻瘟病菌致病基因，每一个鉴别品种所包含的基因非常清楚：新 2 号（具有 $Pi\text{-}k^s$、$Pi\text{-}sh$ 基因，下同）、爱知旭（$Pi\text{-}a$）、藤坂 5 号（$Pi\text{-}i$、$Pi\text{-}k^s$）、草笛（$Pi\text{-}k$、$Pi\text{-}sh$）、露明（$Pi\text{-}k^m$、$Pi\text{-}sh$）、福锦（$Pi\text{-}z$、$Pish$）、K1（$Pi\text{-}ta$）、Pi4 号（$Pi\text{-}ta^2$、$Pi\text{-}sh$）、砦 1 号（$P1\text{-}z^t$、$Pi\text{-}sh$）、K60（$Pi\text{-}k^p$、$Pi\text{-}sh$）、BL1（$Pi\text{-}b$、$Pi\text{-}sh$）、K59（$Pi\text{-}Pi\text{-}k^s$）。

国际水稻研究所利用菲律宾的感病籼稻品种 CO39 与籼、粳稻抗源品种进行杂交，再与 CO39 回交，育成了 6 个籼型近等基因系（CO39-NILs）鉴别品种：CO39、C101A51、C105TTP-4、C104PKT、C101LAK、C101PKT。2000 年日本与 IRRI 合作，利用中国提供的丽江新团黑谷（LTH）作为轮回亲本，得到了 24 个单基因系。LTH 是普感稻瘟病菌的粳稻品种，目前我国研发的 LTH 单基因近等基因系在国际上 10 余个国家推广应用，对测定的稻瘟病菌都有明显的抗病或感病反应，结果十分容易判断，表现出很强的生理小种鉴别能力（朱小源等，2004；雷财林等，2014）。说明以 LTH 作为轮回亲本筛选单基因近等基因系对稻瘟病菌生理小种具有极好的鉴别效果。与传统的鉴别品种相比，单基因近等基因系鉴别品种具有高效、精准的优点。通过此类鉴别品种鉴定的稻瘟病菌，可明确界定小种类型，含有哪些致病基因或无毒基因。

1980 年，中国稻瘟病菌生理小种联合试验组发表了其构建的中国鉴别品种（7 个中国统一鉴别品种），包括特特普（Tetep）、珍龙 13、四丰 43、东农 363、关东 51、合江 18 和丽江新团黑谷（LTH）7 个水稻品种。根据稻瘟病菌对鉴别品种的致病性不同，将其划分为 7 个种群，按致病力强弱排列为 ZA、ZB、ZC、ZD、ZE、ZF、ZG（Z 代表中国），各种群下再划分生理小种（全国稻瘟病菌生理小种联合试验组）。随后全国各省（自治区、直辖市），甚至不同地区利用这套鉴别品种对当地稻瘟病菌进行了致病性（生理小种）鉴定。采用 7 个中国统一鉴别品种可以将稻瘟病菌分为 7 群 128 个生理小种，几乎遍布中国主要稻区。目前长江流域双季籼、粳稻混栽区小种组成较为复杂，籼稻品种以 ZB、ZC 种群小种为主，粳稻以 ZF、ZG 种群小种居多（表 1-2）。

表 1-2 采用 7 个中国统一鉴别品种——近等基因系鉴别品种鉴别我国不同地区稻瘟病菌生理小种

省份	年份	优势种群	出现频率/%	优势小种	出现频率/%
黑龙江	2011	ZD、ZE	—	ZE3、ZD3、ZF1	33.81、20.14、15.83
	2015	ZA、ZD	60.61、18.18	ZA49、ZD1	23.23、18.18
吉林	2002～2012	ZE、ZG	—	ZE1、ZG1、ZF1	22.65、21.79、13.25
	2006	ZE、ZG	—	ZE1、ZG1	—
	2014	ZE、ZG	—	ZF1	13.25
辽宁	1999	ZE、ZF、ZA	20.26、37.97、17.72	ZE1、ZF1	18.99、37.97
	2015～2016	ZA、ZB	合计 67.09	ZA1、ZB1、ZF1	—
山东	2013	ZF	73.8	ZF1	73.8
	2020	ZA、ZC	42.11、19.30	ZE3、ZG1	12.28、8.77
湖北	1987～1988	ZB、ZG	50.0、13.33	ZB27	8.6
	2003～2005	ZA、ZC	66.8、13.0	ZA1	48.4
	2006～2010	ZA、ZB、ZC	33.6、27.0、27.8	ZA1、ZB1	9.8、9.6
湖南	2010	ZB	46.53	ZG1、ZB13	17.49、11.55
江苏	1980～1996	ZG	—	ZG1	66.2
	1990	ZG、ZA	—	ZG1、ZA1	—
	1991	ZG、ZD、ZE	—	ZG1、ZD、ZE	—
	1997～1999	ZG	—	ZG1、ZE3	57.8～67.89、16.5～19.81
	1998～2007	ZG	—	ZG1、ZF1、ZE3	—
	2000～2002	ZG	—	ZG1	56.9～65.0
	2001～2010	ZB	31.4	ZG1、ZB	58.3、16.9
安徽	1996	ZB、ZA、ZC	31.78、28.04、25.23	—	—
	2007	ZB	75.8	ZB13、ZB15	45.75、26.3
浙江	1991～1993	ZB	80.23	ZB1、ZB9、ZB13	23.45、16.38、30.79
	1991～1996	ZD、ZA、ZE	39.34、27.25、24.8	ZD3、ZE3、ZA4、ZD1	23.98、18.24、17.62、15.37
江西	1983～1985	ZG	43.1	ZB15、ZC15、ZC13	15.3、10.3、6.3
	2006	ZA、ZB	57.14	ZB13、ZA1	17.65、11.76
	2006～2008	ZB	—	ZB13、ZB15	14.36、13.33
	2007～2008	ZB	—	ZB15、ZB13	18.92、10.81
云南	1983～1988	—	—	001、003、005、007、303.2	—
	1993～1997	ZB、ZC	—	136.4、317.4、007	6.5、5.2、5.2
贵州	2002～2003	ZB、ZA、ZC	49.61、33.33、13.6	ZB15、ZB13	20.5、18.2
	2011	ZB	47.4	ZB1、ZB13	16.9、14.9
四川	2007	ZB	55.4	ZB31、ZB32、ZG	24.5、17.99、24.46
	2008	ZB、ZG、ZC	56.07、12.15、9.35	ZB31	32.71

续表

省份	年份	优势种群	出现频率/%	优势小种	出现频率/%
广西	2006	ZB	67.62	ZB1、ZB9	25.18、19.42
	2012~2014	ZB	67.61	ZB9、ZB13	19.01、19.01
广东	1990~1997	ZC	48.1	ZC13、ZG1、ZC15	27.4、18.8、14.5
	2006~2015	ZB、ZC、ZG	48.44~75.35	ZB13	32.47
福建	1995~2000	ZB、ZC	—	ZB13、ZC13	—
	2007~2009	—	—	ZB13、ZC13	26.91、21.08
	2017~2019	ZA	39.48~41.6	ZB13、I34.1、J76.2	26.5、50.76、44.7

注:"—"表示暂无鉴定数据

由于我国幅员辽阔,稻作生态条件、耕作制度各异,品种类型繁多,利用7个中国稻瘟病菌生理小种鉴别寄主划分的同一小种不同菌株间的致病性差异较大,这给筛选当地合理的代表性菌株应用于新品种(组合)的抗性鉴定造成一定困难。有关研究单位在采用全国统一的7个鉴别品种的同时,根据当地水稻生产实际,从推广面积较大的品种或主要抗源中筛选出一些能够较好区分菌株致病性差异的品种(材料),作为稻瘟病菌生理小种鉴定的辅助鉴别品种,弥补了全国统一鉴别品种的不足之处(金敏忠和柴荣耀,1990)。

吉林省在补充了长白6号、京引127及BL₁后,将吉林省稻瘟病菌分为3个菌群8个菌型(即3个种群8个小种)。第1个种群有4个菌型,第2个种群有3个菌型,第3个种群只有1个菌型。全省以第1个种群、第2个种群为主,第3个种群较少,其中以第1个种群第2个菌型和第2个种群的第2个、第3个菌型出现次数较多,分布也较普遍。用吉林省辅助鉴别品种鉴定出6个吉林小种组J_0、J_1、J_2、J_3、J_4和J_6;J_4为新出现的吉林小种组,共出现129次(频率为24.2%)。采用吉林省第2套开放式鉴别品种对吉林省1995~1999年小种进行鉴定。将吉林省177株单孢菌株区分为62个小种。其中$J_{65.7}$号小种出现频率最多,达17.9%,其次为$J_{54.6}$号,出现频率达12.0%,以上两个小种为吉林省优势小种(刘洪涛等,2002)。

天津在增加了花育1号、长白6号、合江20、81-1485、南56和中花9号后,鉴定出ZA种群9个,占13.9%;ZB种群8个,占12.3%;ZC种群13个,占20%;ZD种群15个,占23%;ZE种群和ZF种群分别有8个,均占12.3%;ZG种群4个,占6.2%,致病性强的小种占优势。而ZA17和ZF1小种比较稳定,没有产生其他小种(刘水芳,1990)。

广东省在添加了窄叶青8号和珍珠矮11后,共鉴定出8个种群43个生理小种。其中ZC群一直是广东省的优势种群,出现频率为50.2%,ZC13是优势小种,出现频率为27.4%,其次是ZG1(18.8%)、ZC15(14.5%)和ZB13(9.1%)小种(潘汝谦等,1999);1995年,优势小种是ZC13、ZG1、ZC15和ZA45,出现频率分别为23.7%、21.9%、15.6%和11.5%;1996年,优势小种是ZG1、ZC13和ZC15,出现频率分别为22.9%、20.3%和19.6%;1997年,优势小种是ZC13、ZB13、ZC15和ZG1,出现频率分别为39.8%、18.6%、10.6%和10.6%。生理小种的生态分布特点是:ZC13在平原与沿海地区的出现频率较高;而ZB13则正相反,在山区市、县的出现频率较高(潘汝谦等,1998)。

福建省在补充赤块矮选和城堡1号的基础上,采用全国统一生理小种鉴别品种、CO39-NILs鉴别品种和LTH-NILs鉴别品种,鉴定了2007~2009年从福建省各地采集分离的223株单孢稻瘟病菌生理小种和致病型。从223株稻瘟病菌中鉴定出20个生理小种,其中ZB13为优势生理小种,出现频率为26.91%;从CO39-NILs鉴别品种中鉴定出18个致病型,其中I34.1为优势致病型,出现频率为47.09%;从LTH-NILs鉴别品种中鉴定出23个致病型,其中J76.2为优势致病型,出现频率为41.26%。表明福建省稻瘟病菌的优势生理小种组成相对稳定(杜宜新等,2011)。

由于水稻生产的快速发展,水稻种植由常规稻或地方品种为主,逐渐变为常规稻和杂交稻平分秋色。各个地区的鉴定品种的抗性基因组成不同且不清楚,其对小种的鉴定能力不高。过去选用的鉴别品种没有明确品种的抗性基因,也不能鉴定病原菌的致病基因和无毒基因。只有建立理论上包含所有抗病基因的单基因近等基因系才能真正高效地进行稻瘟病菌生理小种的鉴别,并能反映出生理小种或致病型与致病基因。

随着大量的病原菌致病（毒性）基因、无毒基因以及寄主的抗性基因、感病基因被定位和克隆，国际上不断开展筛选遗传背景清晰且能广泛推广的鉴别品种研究。中国、日本和国际水稻研究所相继开发了单基因鉴别品种和近等基因系（NIL）鉴别品种，鉴定出许多携带致病基因/无毒基因明确的生理小种。

中国于 1993 年以普感品种丽江新团黑谷（LTH）与供体亲本草笛、梅雨明、KJ、Pi4 号、K60、BL1 杂交，再与 LTH 回交 6 次，创制了一套国际适用的鉴别稻瘟病菌生理小种的 6 个单基因水稻近等基因系，即 F-80-1、F-98-7、F-124-1、F-128-1、F-129-1、F-145-2（Ling et al.，1995）。这套近等基因系克服了上述各套鉴别品种（系）使用范围的局限性，为构建中国或国际统一使用的稻瘟病菌生理小种新鉴别体系奠定了物质基础。研究采用我国育成的 6 个近等基因系和日本-IRRI 合作育成的 24 个单基因系，对来自我国吉林、辽宁、河北、江苏、浙江、四川、湖南、福建、广东和云南 10 个省的 322 株稻瘟病菌单孢菌株的毒力基因组成及其地理分布进行了测定和分析。我国稻瘟病菌菌株含有与所有测试抗病基因相应的毒力基因，其中 $Av\text{-}k^h+$、$Av\text{-}z+$、$Av\text{-}z^5+$ 和 $Av\text{-}9(t)+$ 的出现频率低于 20%，$Av\text{-}a(1)+$、$Av\text{-}a(2)+$、$Av\text{-}i+$、$Av\text{-}7(t)+$、$Av\text{-}3+$、$Av\text{-}b+$、$Av\text{-}k^p+$、$Av\text{-}k^s(1)+$、$Av\text{-}k^s(2)+$、$Av\text{-}ta(1)+$、$Av\text{-}ta(2)+$、$Av\text{-}t+$、$Av\text{-}sh(1)+$、$Av\text{-}sh(2)+$、$Av\text{-}19(t)+$ 及 $Av\text{-}k^m+$ 的出现频率高于 50%；吉林省、浙江省、四川省、广东省和云南省尚未发现含有 $Av\text{-}9(t)+$ 的菌株，四川省、广东省和云南省尚未发现含有 $Av\text{-}k^h+$ 的菌株，福建省尚未发现含有 $Av\text{-}z+$ 的菌株，浙江省尚未发现含有 $Av\text{-}z^t+$ 和 $Av\text{-}z^5+$ 的菌株，其余 25 个毒力基因在各稻区均有分布；我国稻瘟病菌群体的毒力基因在南方籼稻区和北方粳稻区的出现频率与相应抗病基因的籼、粳稻来源没有相关性（周江鸿等，2003）。

采用 9 个日本鉴别品种对来自黑龙江 39 个水稻主栽区的 173 株单孢菌株进行分析，鉴定出 55 个日本小种，出现频率为 0.57%～10.98%。优势小种为 017、077、037、377、047，出现频率分别为 10.98%、9.83%、6.94%、5.20%、5.20%。这些优势小种均能侵染鉴别品种新 2 号（Piks，Pish）、爱知旭（Pia，Pil9(t)）和藤坂 5 号（Pii，Pish），而且前 4 个小种还能侵染鉴别品种草笛（Pik，Pish）。中国、日本两套鉴别品种的鉴别能力有差别，随机选取 130 株稻瘟病菌菌株同时接种两套鉴别寄主，鉴定出 19 个中国小种和 47 个日本小种。3 个优势中国小种 ZD7、ZE3 和 ZG1 分别是 14 个、16 个和 9 个日本小种的混合种群，其他 11 个劣势中国小种也各自对应于 1～9 个日本小种（雷财林等，2011）。采用日本清泽鉴别寄主测定了 178 株黑龙江省稻瘟病菌单孢菌株，共划分为 104 个生理小种。其中 77.7 号小种为黑龙江省的优势小种，比例为 4.49%；677.7 号、377.7 号小种为强毒力小种，能侵染 91.67% 的鉴别品种（马军韬等，2010）。黑龙江省稻瘟病菌群体中强致病力菌株占 31.7%，较强致病力菌株占 46.0%，中等致病力菌株占 22.2%。抗性基因 Pi9、Pita2(R)、$Piz^5(CA)$、Pi12(t) 和 Pita2(P) 对黑龙江省稻瘟病菌的抗谱较宽（74.6%～93.7%），在水稻抗稻瘟病育种中有较大的利用价值；抗性基因 Pia(A)、Pit、Pish(B)、Pi7(t) 和 Pi19(t) 的抗谱很窄（4.8%～19.0%），在育种与生产中宜谨慎使用。黑龙江省稻瘟病菌无毒基因 Avr-Pib、Avr-Pik 和 Avr-Piz-t 分布较为广泛，且变异类型丰富（孟峰等，2019）。

利用 41 个已知抗性基因的水稻品种测定 2003～2006 年从闽东、闽南、闽西、闽北和闽中 5 个主要稻区采集分离的 87 株稻瘟病菌的致病性。福建省稻瘟病菌群体含有与所有测试抗病基因相应的无毒基因，其中 66.67% 的稻瘟病菌菌株表现出较强致病力。病菌群体对水稻抗病基因 Pid2、Pik(1)、Pik^m、Pik^h、Pi1(1)、$Piz^5(1)$、$Piz^5(2)$ 和 Pi1(2) 的毒力频率均低于 10%，提示这些抗病基因在福建省可作为抗源使用。2003～2006 年福建省稻瘟病菌群体中分别出现了 40 个、37 个、36 个和 38 个无毒基因。其中有 34 个无毒基因在各年份均有分布，有 30 个无毒基因在 5 个主要稻区均有分布，Avr-a(2)、Avr-3(2)、$Avr\text{-}k^s$、Avr-4b、Avr-b、$Avr\text{-}k^p(C)$、$Avr\text{-}k^m(C)$、Avr-ta(C)、Avr-11(C)、Avr-19(t)、Avr-t 和 Avr-a(1) 无毒基因的出现频率均低于 30%，提示与之相对应的抗病基因在福建省水稻品种抗稻瘟病育种中应慎用。含有 17 个、14 个、23 个、18 个和 16 个无毒基因组合的病原菌菌源较多，其组合频率分别为 13.79%、10.34%、9.20%、8.05% 和 8.05%（杨秀娟等，2007）。

目前，我国在测定稻瘟病菌毒性（致病性）或生理小种时，单独使用一套或同时使用多套鉴别品种进行鉴定，如 7 个中国统一鉴别品种、6 个单基因近等基因系品种、日本清泽 12 个粳稻单基因鉴别品种、国际水稻研究所 6 个籼型近等基因系（CO39-NILs）等鉴别品种。现有的稻瘟病菌生理小种鉴别体系有各自的优缺点。7 个中国统一鉴别品种包括籼稻和粳稻两种类型，遗传背景较为复杂，但数量不多。这些鉴别品种都不是单基因的，其鉴别能力有限。对病菌的鉴别作用不够全面（时间较早、局限性问题），很难确定被鉴定的菌株致病性的相关基因类型或无毒基因类型，因此不易明确被鉴定的水稻品种的基因类型。CO39-NILs是籼型鉴别品种，但对四川稻瘟病菌的鉴别作用优于 7 个中国统一鉴别品种；因其仅含有 6 个抗病基因型，故所鉴定的小种类型很有限。日本清泽单基因鉴别品种全部由粳型品种组成，该鉴别品种在粳稻区表现出较强的生理小种鉴别力。同时，该单基因系粳型鉴别品种对四川以籼型杂交稻为主的稻瘟病菌菌株也表现出较强的鉴别能力（刘彬等，2007）。采用不同的鉴别品种得出的鉴定结果不一致，如何将不同鉴别品种的鉴定结果互相比较、识别或对等起来是一项非常重要而有意义的工作。

采用 7 个中国统一鉴别品种，从福建省 223 株稻瘟病菌中鉴定出 6 群 20 个生理小种，其中 ZB 为优势种群，ZB13 为优势生理小种，出现频率为 26.91%，ZC13 为亚优势生理小种，出现频率为 21.08%。而采用 CO39-NILs 鉴别品种可从福建省 223 株菌株中鉴定出 18 个致病型，其中 134.1 为优势致病型，出现频率为 47.09%；135.1 为亚优势致病型，出现频率为 21.97%。采用 LTH-NIL 近等基因系鉴别品种鉴定出 23 个致病型，其中 J76.2 为优势型，出现频率为 41.26%；J70.2 为亚优势型，出现频率为 14.80%（杜宜新等，2011）。研究认为福建省稻瘟病菌生理小种（致病型）种群较稳定，尚未出现优势生理小种更替的现象。采用 7 个中国统一鉴别品种作为福建稻瘟病菌的鉴别体系仍较为理想。

采用 7 个中国统一鉴别品种、日本清泽粳型单基因鉴别品种和中国单基因近等基因系鉴别品种，鉴定黑龙江省 139 株稻瘟病菌。7 个中国统一鉴别品种将其划分为 6 群 14 个小种，ZD 和 ZE 为优势种群，其中 ZE3 与 ZD3 是优势小种，出现频率较高，分别为 33.81% 和 20.14%。黑龙江省 139 株稻瘟病菌被日本清泽 12 个粳稻单基因鉴别品种划分成 58 个小种，其中 027 号、127.2 号和 337.2 号小种为优势小种，出现频率分别为 6.47%、5.04% 和 4.32%。中国 6 个单基因近等基因系鉴别品种将其分成 26 个小种，其中 CN31 与 CN26 的出现频率较高，为优势小种，分别为 19.42% 和 20.14%。日本清泽粳型单基因鉴别品种和中国单基因近等基因系鉴别品种的鉴别作用优于 7 个中国统一鉴别品种，鉴别作用明显。

采用 7 个中国统一鉴别品种、日本清泽粳型单基因鉴别品种、国际水稻研究所籼型近等基因系鉴别品种对 105 株四川省稻瘟病菌进行鉴定：7 个中国统一鉴别品种将所有菌株划分为 7 群 18 个小种；CO39-NILs 鉴别品种将所有菌株分成 19 个小种，鉴别作用优于 7 个中国统一鉴别品种；日本清泽粳型单基因鉴别品种将所有菌株划分成 103 个小种，鉴别作用明显；用 CO39-NILs 和日本清泽粳型单基因混合鉴别品种进行鉴定，所有菌株被划分成 104 个小种，鉴别作用明显；聚类分析表明，中国鉴别品种划分的小种致病型与其他 2 套鉴别品种划分的种群比较，不存在一一对应的关系（刘彬等，2007）。

采用 35 个单基因鉴别寄主、12 个日本清泽鉴别寄主共 47 个具有已知抗病基因的鉴别寄主，对广东省 147 株稻瘟病菌进行致病型鉴别。147 株菌株被划分为 28 个不同的致病类型。优势致病型为 I-04、I-02 和 I-01，占参试菌株数量的 74.8%，致病谱较广（杨祁云等，2004）。使用日本、IRRI 和中国的 10 个稻瘟病菌单基因鉴别品种，将湖南省 59 株稻瘟病菌分别划分为 20 个生理小种，优势小种为 H531.1、H511.1 和 H501.1，且鉴别品种 C101LAC（*Pi1*）和 C101A51（*Pi2*）对湖南省 59 株稻瘟病菌的抗性频率均为 100%（赵正洪等，2014）。但上述不同鉴别品种鉴定的稻瘟病菌优势生理小种的关系如何，流行种群和优势生理小种是否一致，仍需要深入研究。

2. 人工接种方法

在进行稻瘟病菌致病性、生理小种鉴别，或水稻品种抗稻瘟病性鉴定时，都需要进行人工接种。人工接种方法多种多样，如苗期接种鉴定叶瘟、孕穗期接种鉴定穗颈瘟，孢子悬浮液喷雾接种和注射接种，活体接种鉴定和离体接种鉴定。苗期鉴定采用稻瘟病菌分生孢子悬浮液喷雾接种法，接种后需要在黑暗环境下放置处理 24h，再在光暗交替、高保湿条件下诱导稻瘟病发病。接种处理后 7～10d，当感病对照品种发病程度达到 7 级以上时，按照通用苗瘟标准进行抗性评定。穗颈瘟鉴定在水稻孕穗期，于傍晚通过人工注射稻瘟病菌分生孢子悬浮液接种。过去鉴定稻瘟病菌的毒性（致病性）或生理小种时，多采用 7 个中国统一鉴别品种辅以日本鉴别品种，但后续开发的 IRRI 近等基因系、日本-IRRI 合作开发的单基因系和中国单基因近等基因系的使用越来越广泛。

（八）病原侵染机制

稻瘟病菌主要以菌丝体和分生孢子形式越冬，当气温回升到20℃左右，条件适合时，就能不断产生分生孢子，并以午夜至次日清晨为最佳产孢时间。分生孢子接触寄主表皮上的机动细胞后，其尖端释放的黏胶及芽孢使孢子紧密地附着在寄主表面，然后芽管开始分化成附着胞，附着胞产生侵染栓穿透角质层和表皮细胞壁，形成次生菌丝并在寄主细胞中生长，侵染邻近表皮细胞并能深入叶肉细胞。侵染后5～7d出现症状，分生孢子梗上分化出大量的新的分生孢子并从病斑中释放出来，新形成的分生孢子可重新侵染寄主。病菌侵入寄主主要是机械作用，酶或其他作用可能辅助或加速这一进程。稻瘟病菌的侵染存在诱导机制，稻瘟病菌的致病因子主要存在于分生孢子的萌发液中，能诱导对水稻品种不致病的病原小种致病。稻瘟病菌致病性菌株的分生孢子中存在感染诱导物，这种感染诱导物的活性在单一接种或混合接种的条件下均能表现出来，而且稻瘟病菌非致病性菌株的分生孢子液与致病性菌株的分生孢子液同时接种，能增强致病性菌株的致病能力。研究发现一个激酶膨压感受器，稻瘟病菌附着胞可以通过集聚高浓度的甘油或其他多元醇产生膨压（turgor），这种膨压转变为机械力后会导致附着胞基部产生纤细的入侵栓（penetration peg），破坏水稻叶片表皮（de Jong et al.，1997；Ryder and Talbot，2015），成功入侵（Lauren et al.，2019）。

近年来已经克隆和分析了包括 MPG1、CPKA1、PTH11、PMK1、MPS1、MAGB 和 MAC1 等多个参与稻瘟病菌生活史各个阶段的功能基因（Soanes et al.，2002；Osés-Ruiz et al.，2021）。与稻瘟病菌穿透寄主水稻相关的致病基因如下：① MPG1 基因是第一个克隆的稻瘟病菌致病因子，其产物与细胞表面识别有关；② PTH11 基因的产物是跨膜受体，PTH11 基因突变体在疏水表面上不能有效形成附着胞，PTH11 基因在环腺苷酸（cAMP）途径的上游起作用；③ MAGB 基因影响附着胞的形成，MAGB 基因在 cAMP 途径上游操纵产生 cAMP，诱导产生附着胞；④ CPKA1 基因编码蛋白激酶 A 的催化亚基 PKA-C，是致病性所必需的；⑤丝裂原活化蛋白激酶（mitogen-activated protein kinase，MAPK）编码基因 PMK1，缺失突变子不能形成附着胞，没有致病性，推测其在 cAMP 途径的下游起作用；⑥ CUT1 基因编码一种角质酶，与菌丝穿透寄主角质层有关；⑦ NTH1 基因编码中性海藻糖酶，该基因突变后，产孢正常，可形成附着胞，但附着胞的膨压降低，突变体不能穿透寄主表皮；⑧ TR1 基因编码没有信号肽的海藻糖酶，没有 PKA 调节簇，该基因突变体的致病性下降；⑨ TPS1 基因编码的海藻糖酶催化形成海藻糖-6-磷酸，该基因突变后，糖酵解途径失调，突变体附着胞的膨压降低，致病性丧失。

目前对稻瘟病菌致病分子机制的研究集中在附着胞上。在稻瘟病菌中，入侵栓的形成需要肌动蛋白定位于菌丝的顶端以及在穿透寄主角质和表皮细胞时迅速形成细胞壁，主要有以下几个基因与此过程相关：① CPKA 基因编码依赖 cAMP 的蛋白激酶亚基，可形成具有巨大膨压的附着胞，但不能有效地穿透寄主表皮。② MPS1 基因编码 MAPK 激酶，该基因缺失突变体的气生菌丝生长减少，产孢量下降，对真菌细胞壁降解酶高度敏感；其孢子可以形成附着胞，但不能侵入寄主的表皮细胞，可以从寄主表皮的伤口侵入，或在没有表皮的叶肉组织上形成稻瘟病的症状。推测该基因的功能与菌丝细胞壁生物合成的完整性、细胞壁在侵入过程中的重建以及细胞极性的形成有关（Tucker and Talbot，2001）。③ PLS1 基因编码 225 个氨基酸的膜蛋白，与哺乳动物中的四次穿膜蛋白（tetraspanin）同源性很高，但信号途径及如何调节入侵栓的形成并不清楚（Clergeot et al.，2001）。④ PDE1 基因编码 P 型 ATP 酶，这是一种氨基磷酸酯转移酶，存在于生物膜上，对保持生物膜磷酸酯的不对称性和流动性非常重要。⑤ PDE2 基因的产物还不清楚。⑥ ABC1 基因与侵入后的扩展有关，该基因编码与真菌 ATP 运输体相关的蛋白。这些运输体的功能是参与植物病原菌的抗药性或抵抗植物保卫素。该基因的突变体大大降低了病菌侵入寄主体内后的存活能力，使致病性下降。它的作用可能是提高了病菌忍耐寄主产生的防卫物质的能力。

在田间，稻瘟病病斑上产生分生孢子梗，从气孔或直接穿透表皮伸入空气中，在分生孢子梗顶端形成三细胞的无性分生孢子。成熟的分生孢子随风雨散发，侵染邻近稻株。稻瘟病菌的孢子通过黏胶牢固地附着在水稻叶片表面，不需要外源营养而迅速萌发，通过细胞壁组分（疏水蛋白）接触叶片表面，形成附着胞。附着胞中积累甘油，产生很高的渗透压，推动窄小的入侵栓穿透表皮。入侵栓在寄主细胞内形成次生菌丝，在寄主组织中扩展，形成病斑。cAMP 途径和 MAPK 信号途径调节附着胞形成过程，这些信号途径可对多个外源信号产生反应，并对许多基因进行调节。

总之，稻瘟病菌成功侵染水稻的机制或具备的条件包括：①分化形成附着胞的特异侵染结构；②在这个过程中需要黏胶、疏水蛋白、黑色素、甘油等物质的合成与参与；③附着胞具有穿透寄主表皮的功能；④具有特异的信号转导途径，调节附着胞、入侵栓等侵染结构的形态建成；⑤在稻瘟病菌与其寄主之间存在基因对基因关系，涉及主要真菌的无毒基因和植物的抗性基因。

四、水稻抗稻瘟病基因定位及抗病分子机制

（一）水稻抗稻瘟病基因

抗病基因的定位和克隆是分子育种和分子辅助选育的前提与基础。抗稻瘟病基因的定位和克隆技术被认为是水稻新品种选育及防治稻瘟病的关键策略。

自 1999 年实现第一个水稻抗稻瘟病基因 *Pib* 克隆以来，迄今已从水稻中至少定位了 100 多个抗稻瘟病基因。已鉴定的抗病基因多为显性基因；极少数为隐性基因，如来自 Owarihatamochi 的 *pi21*（Fukuoka et al.，2009），来自 Kitaake 的 *bsr-k1*（Zhou et al.，2018）。8 个为单基因数量抗性（*pi21*、*Pi34*、*Pi35*、*Pb1*、*Pif*、*Pikur1*、*Pikur2*、*Pi-sel*），其余均为质量抗性。共有 36 个抗稻瘟病基因被克隆，包括 *Pb1*、*Pia*、*Pib*、*Pid2*、*Pid3*、*Pik*、*Pikh*、*Pi54*、*Pikm*、*Pikp*、*Pish*、*Pit*、*Pita*、*Piz-t*、*Pi1*、*Pi2*、*Pi5*、*Pi9*、*pi21*、*Pi25*、*Pi33*、*Pi35*、*Pi36*、*Pi37*、*Pi50*、*Pi64*、*Pi56*、*Pi63*、*bsr-k1*、*Pid3-A4*、*Pii*、*Pi54rh*、*Pi54of*、*Pike*、*Piks*、*Ptr*（表 1-3）（Pigliucci et al.，2006；Ballini et al.，2008；Landc，2009；Ashkani et al.，2015，2016；范学科等，2018）。其中，第 11 号染色体上被克隆的基因最多，在第 11 号染色体长臂末端的 *Pik* 复合基因座上，*Pi1*、*Pikh*、*Pikp*、*Pikm*、*Piks* 与 *Pik* 互为等位基因。水稻第 6 号染色体上已克隆的抗稻瘟病基因有 *Pi9*、*Pi2*、*Piz-t*、*Pigm*、*Pid2*、*Pid3*、*Pi25*、*Pi50*、*Pid3-A4*，其中 *Pid2*、*Pi2*、*Piz-t*、*Pi9*、*Pigm* 和 *Pi50* 互为等位基因。

表 1-3 已克隆的部分水稻抗稻瘟病基因

基因位点	染色体	供体	GenBank 登录号	编码蛋白	无毒菌（小种）
Pish	1	Nipponbare	KY225901.1	NBS-LRR	Kyu77-07A
Pit	1	K59	AB379815.1	NBS-LRR	V86010
Pi37	1	St. No.1	DQ923494.1	NBS-LRR	CHL1405 等
Pi35	1	Hokkai188	FW369319.1	NBS-LRR	—
Pi64	1	Yangmaogu	—	NBS-LRR	Yangmaogu
Pib	2	Yangmaogu	AB013448.1	NBS-LRR	BN209
bsr-d1	3	IR24，BL1	—	MYB transcription factor	Digu
pi21	4	Owarihatamochi	AB430853.1	proline-rich protein	—
Pi63	4	Owarihatamochi	AB872124.1	NBS-LRR	—
Pi2	6	Kahei	DQ352453.1	NBS-LRR	PO6-6
Pi9	6	Jefferson	DQ285630.1	NBS-LRR	PO6-6
Piz-t	6	75-1-127	DQ352040.1	NBS-LRR	—
Pid2	6	Gumei4	FJ915121.1	receptor kinase	ZB15
Pigm	6	Gumei4	KU904633.2	NBS-LRR	—
Pid3	6	Owarihatamochi	FJ773285.1	NBS-LRR	Zhong10-8-14
Pi25	6	Owarihatamochi	HM448480.1	NBS-LRR	Zhong10-8-14
Pi50	6	A4	KP999983.1	NBS-LRR	—
Pid3-A4	6	Gumei2	KC008606.1	NBS-LRR	—

续表

基因位点	染色体	供体	GenBank 登录号	编码蛋白	无毒菌（小种）
Pi33	8	Q61	AK121274.1	NBS-LRR	—
Pi36	8	28zhan	DQ900896.1	NBS-LRR	CHL39
Pi5	9	IR64	EU869185.1	NBS-LRR	PO6-6
Pi3	9	IR64	—	NBS-LRR	PO6-6
Pii	9	Tetep	AB820896.1	NBS-LRR	—
Pi56	9	Sanhuangzhan2	—	NBS-LRR	PO6-6
bsr-k1	10	Kitaake	—	TPRs-rich protein	—
Pia	11	Aichi Asahi	AB604621.1	NBS-LRR	B90002
Pi-CO39	11	CO39	AF392811.1	NBS-LRR	B90002
Pik	11	Kusabue	HM048900.1	NBS-LRR	PO6-6
Pi1	11	LAC	HQ606329.1	NBS-LRR	IK81-3，PO6-6 等
Pikh	11	K3	AY914077.1	NBS-LRR	H05-56-1 等
Pikm	11	Tsuyuake	AB462256.1	NBS-LRR	Ina86-137 等
Pikp	11	K60	HM035360.1	NBS-LRR	
Pike	11	Xiangzao143	—	NBS-LRR	
Piks	11	Shin2.Norin	HQ662329.1	NBS-LRR	
Pb1	11	Modan	AB570371.1	NBS-LRR	
Pi54	11	K3	HE589452.1	NBS-LRR	
Pi54rh	11	nrcpb 002	HE589445.1	NBS-LRR	
Pi54of	11	nrcpb 004	HE589448.1	NBS-LRR	
Pita	12	Yashiro-mochi	GQ463466.1	NBS-LRR	IK81-3，K81-25
Ptr	12	M2353	MG385185.1	ARM-rich protein	—

注："—"表示未克隆或没有结果

（二）水稻抗稻瘟病的分子机制

稻瘟菌的无毒基因与植物的抗病基因相互作用符合经典的"基因对基因"假说。病原菌侵入植物体内释放效应蛋白，植物的抗性蛋白能够特异性识别病原菌分泌的效应蛋白，激活下游的免疫反应。在稻瘟病菌中，有 26 个无毒基因已被鉴定，其中 14 个已被克隆（Devanna et al.，2022）。已成对克隆的水稻抗性基因−病原菌无毒基因有 *Pita/Avr-Pita*、*Piz-t/Avr-Piz-t*、*Pik/Avr-Pik*、*Pia/Avr-Pia*、*Pi-CO39/Avr-Pi-CO39*、*Pi54/Avr-Pi54*、*Pii/Avr-Pii*、*Pi9/Avr-Pi9* 和 *Pib/Avr-Pib*（表 1-4）。除了 *Pi9/Avr-Pi9* 和 *Pib/Avr-Pib*，其余 7 对抗性蛋白−无毒蛋白的分子互作关系已被详细解析。水稻抗性蛋白与稻瘟病菌无毒蛋白之间的互作关系可分为两类：一类是 *R* 基因与 *Avr* 基因直接互作，如 *Pita/Avr-Pita*、*Pi54/Avr-Pi54*、*Pik/Avr-Pik*、*Pia/Avr-Pia*、*Pi-CO39/Avr-Pi-CO39*；另一类是两者间接互作影响植物免疫，如 *Piz-t/Avr-Piz-t* 和 *Pii/Avr-Pii*（曹妮等，2019；Devanna et al.，2022）。

表 1-4　已克隆的水稻抗稻瘟病基因和病原菌无毒基因相关信息

抗病基因		无毒基因		抗病基因		无毒基因	
抗稻瘟病基因	编码蛋白	稻瘟病菌无毒基因	编码蛋白	抗稻瘟病基因	编码蛋白	稻瘟病菌无毒基因	编码蛋白
Pi1	NBS-LRR 蛋白	—	—	*Pikm*	NBS-LRR 蛋白	*Avr-Pikm*	分泌蛋白
Pi2	NBS-LRR 蛋白	—	—	*Pikp*	NBS-LRR 蛋白	*Avr-Pikp*	分泌蛋白

抗病基因		无毒基因		抗病基因		无毒基因	
抗稻瘟病基因	编码蛋白	稻瘟病菌 无毒基因	编码蛋白	抗稻瘟病基因	编码蛋白	稻瘟病菌 无毒基因	编码蛋白
Pi3	NBS-LRR 蛋白	—	—	*Pid3*	NBS-LRR 蛋白	—	—
Pi9	NBS-LRR 蛋白	*Avr-Pi9*	分泌蛋白	*Pid2*	RLK 蛋白	—	—
Pi25	NBS-LRR 蛋白	—	—	*Pi21*	富含脯氨酸类蛋白	—	—
Pi33	NBS-LRR 蛋白	*ACE1*	聚酮合成酶	*Ptr*	ARM 蛋白	—	—
Pi35	NBS-LRR 蛋白			*Pi-CO39*	NBS-LRR 蛋白	*Avr-Pi-CO39*	分泌蛋白
Pi36	NBS-LRR 蛋白	—	—	*Pigm*	NBS-LRR 蛋白		
Pi37	NBS-LRR 蛋白	—	—	*Pii*	NBS-LRR 蛋白	*Avr-Pii*	分泌蛋白
Pi50	NBS-LRR 蛋白	—	分泌蛋白	*Pi54*	NBS-LRR 蛋白	*Avr-Pi54*	分泌蛋白
Pi56	NBS-LRR 蛋白	—	分泌蛋白	*Pi63*	NBS-LRR 蛋白	—	—
Pi64	NBS-LRR 蛋白	—	分泌蛋白	*Pid3-A4*	NBS-LRR 蛋白	—	—
Piz-t	NBS-LRR 蛋白	*Avr-Piz-t*	分泌蛋白	*Pi54rh*	NBS-LRR 蛋白	—	—
Pit	NBS-LRR 蛋白	—	—	*Pi54of*	NBS-LRR 蛋白	—	—
Pita	NBS-LRR 蛋白	*Avr-Pita*	分泌蛋白	*Pike*	NBS-LRR 蛋白	—	—
Pia	NBS-LRR 蛋白	*Avr-Pia*	分泌蛋白	*Piks*	NBS-LRR 蛋白	—	—
Pib	NBS-LRR 蛋白	*Avr-Pib*	分泌蛋白	未知	—	*PWL1*	分泌蛋白
Pish	NBS-LRR 蛋白	—	—	未知	—	*PWL2*	分泌蛋白
Pb1	NBS-LRR 蛋白	—	—	*bsr-k1*	TPR 蛋白	—	—
Pik	NBS-LRR 蛋白	*Avr-Pik*	分泌蛋白				

注:"—"表示未克隆或没有结果

（三）品种（寄主）抗病性及抗病遗传育种

1. 水稻抗病育种方式

当前,防治稻瘟病最为经济有效的方法之一是选育和种植抗病品种。实时、准确地了解和掌握各稻区稻瘟病菌群体组成及生理小种变化动态趋势,对防控稻瘟病具有重要的理论和实际意义。水稻品种抗瘟性"丧失"的主要原因是稻瘟病菌优势生理小种的形成及变异,小种的变化随品种的更替而变化,这是各稻区的普遍规律。因此,在水稻抗病品种选育中聚合抗性强、抗谱互补性好的基因是增强水稻抗病能力的有效途径。

抗稻瘟病育种研究主要是利用筛选出的抗性品种、抗源材料对已有的品种进行改良或作为亲本进行杂交配组,选育抗病新品种。但由于稻瘟病菌生理小种复杂多变,常规育种方法既受到水稻自身抗性资源的限制,又费时费力,所培育的抗病品种远远不能满足生产需求。

（1）常规育种

常规育种技术仍然是抗稻瘟病育种的主要技术。长期以来在抗稻瘟病育种研究中,主要是选择高抗稻瘟病品种与高产优质品种杂交组合,再经过回交、复交或辐射诱变,选育具有目标性状的新品种。例如,利用蜀恢 527/多恢 57 的杂交后代 F_7 的优良株系与抗稻瘟病种质资源 04R-1051 杂交育成产量高、抗性强、适应性广的籼型组合恢复系(况浩池等,2016)。采用回交的方法将 *Piz-t* 和 *Pi9* 导入云粳优 5 号、云资优 41 号和楚粳 28 号 3 个品种中,有效地提高了 3 个品种的抗病性且提高了产量(刘树芳等,2016)。常规育种方法需要育种者具有丰富的育种经验,准确地进行选择,育种周期长。

（2）分子标记辅助选择育种

分子标记辅助选择育种是指在育种过程中将 DNA 标记应用到性状选择过程中的育种技术。采用分子标记辅助选择在抗病基因的转育和累加过程中进行靶标基因的跟踪鉴定，具有快捷、准确、不受环境影响且高效率的特点，避免常规育种在分离群体的选择中存在盲目性，造成基因丢失和效率低的问题。利用分子标记辅助选择与传统方法相结合，将抗稻瘟病的 *Pi9* 基因和抗白叶枯病的 *Xa21* 及 *Xa23* 基因聚合到同一株系中，获得了 4 个三基因聚合且农艺性状优良的株系 L17～L20，4 个株系的稻瘟病抗性水平和抗谱与 *Pi9* 基因的供体亲本 75-1-127 相当，对白叶枯病的抗性和抗谱与 *Xa23* 基因相似，不论在苗期还是在成株期均抗白叶枯病（倪大虎等，2008）。利用分子标记辅助选择将不同来源的主效抗病基因聚合到同一品种中，是控制稻瘟病最经济有效的途径。

（3）基因工程抗病育种

基因工程抗病育种是以抗性基因克隆为基础，将克隆后的抗性基因经剪切和拼接等加工改造后，借助载体或化学物质导入受体细胞，使抗病基因整合到受体细胞基因组，在受体细胞中表达和稳定遗传，实现受体材料对稻瘟病的抗性。通过分子标记辅助选择（molecular marker-assisted selection，MAS）技术聚合 *Xa4*、*Xa7* 和 *Pi157* 基因，获得材料 08F039-7-2，鉴定发现该材料对叶瘟和穗颈瘟表现中抗；聚合 *Xa21* 基因后获得材料 08F014-2-1，其对叶瘟和穗颈瘟分别表现高抗和抗；聚合 *Xa7*、*Xa21*、*Pi157* 和 *Pita* 基因获得的材料 A6-20-2 对白叶枯病表现高抗，对叶瘟和穗颈瘟均表现中抗（李锦江等，2012）。

（4）转基因抗病育种

以转 *GO* 基因蜀恢 162 阳性单株为母本，与恢复系乐恢 188、晋恢 21、明恢 63 及 R473 分别复交，对 20 个农艺性状优良的复交后代株系进行抗谱测定。HR320 及 HR332 两个转 *GO* 基因后代株系抗稻瘟病频率分别为 86.3% 和 84.3%，与 Tetep 抗性相当。Tetep 不抗 ZA 种群生理小种，但 HR320 对 ZA15、HR332 对 ZA11 和 ZA15 的抗病频率均为 100%。多数稻瘟病抗源材料的抗病频率及小种抗病频率都高于转 *GO* 基因杂交后代（谢戒等，2015）。

2. 稻瘟病抗性鉴定标准

开展抗病育种首先需要进行抗病资源（材料）的筛选（鉴定），获得优良的抗源材料，作为抗病育种亲本；其次是要对育出的品种（组合）进行抗病性鉴定，以验证抗性水平及抗谱。

水稻品种、材料对稻瘟病的抗性鉴定是抗稻瘟病遗传育种和水稻生产实际中科学合理布局抗病品种、防控稻瘟病的基础。至今，我国在国家层面和各省（自治区、直辖市）都非常重视水稻品种、资源（材料）对稻瘟病的抗性鉴定，并制定了相应的"水稻抗稻瘟病鉴定技术规程（规范）"国家行业标准和地方标准：国家农业行业标准《水稻品种试验稻瘟病抗性鉴定与评价技术规程》（NY/T 2646—2014），《水稻稻瘟病抗性室内离体叶片鉴定技术规程》（NY/T 3257—2018）；吉林省地方标准《水稻稻瘟病抗性鉴定与评价技术规程》（DB22/T 2389—2018）；江苏省地方标准《水稻品种（系）抗稻瘟病鉴定方法与抗性评价技术规程》（DB32/T 1123—2007）；安徽省同一时间发布了多个水稻病害的抗性鉴定地方标准，即《稻瘟病抗性鉴定》（PSJG1102.1—2009）、《白叶枯病抗性鉴定》（PSJG1102.2—2009）、《稻曲病抗性鉴定》（PSJG1102.3—2009）、《纹枯病抗性鉴定》（PSJG1102.4—2009）、《条纹叶枯病抗性鉴定》（PSJG1102.5—2009）；福建省地方标准《水稻品种稻瘟病（苗瘟）抗性室内鉴定技术规范》（DB35/T 1911—2020）；湖北省地方标准《水稻白叶枯病及稻瘟病抗性鉴定操作规程》（DB42/T 157—2003）（现已废止）；四川省地方标准《水稻抗稻瘟病性田间鉴定技术规程》（DB51/T 714—2007）（现已废止），《水稻生产品种稻瘟病抗性监测技术规程》（DB51/T 1538—2012）（现已废止）；辽宁省地方标准《水稻品种抗稻瘟病鉴定技术规程》（DB21/T 2803—2017）等。

3. 水稻抗稻瘟病分级标准

在进行水稻抗稻瘟病育种、水稻种质资源、品种（系）抗性鉴定时，需要对水稻材料的抗性水平进行定性或定量评价。这就需要根据稻瘟病在水稻不同生育期的发生严重度进行评价、定级。水稻抗稻瘟病评价主要集中在苗期叶瘟、大田期叶瘟、生育后期的穗颈瘟（节瘟）。

不同的研究者制定了众多的水稻稻瘟病发病情况、病害严重度与抗性评级的标准。本部分主要介绍国内广泛采纳的农业农村部全国农业技术推广服务中心制定的国家农业行业标准《水稻品种试验稻瘟病抗性鉴定与评价技术规程》（NY/T 2646—2014）。

（1）水稻叶瘟分级方法

0级：无病；1级：仅有小的针尖大小的褐点；2级：较大褐点；3级：小而圆以致稍长的褐色坏死灰斑，直径1～2mm；4级：典型的稻瘟病病斑或呈椭圆形，长1～2cm，常限于两条叶脉间，病斑面积小于叶面积的2.0%；5级：典型的稻瘟病病斑，受害面积占叶面积的2.1%～10.0%；6级：典型的稻瘟病病斑或椭圆形斑点，受害面积占叶面积的10.1%～25.0%；7级：典型的稻瘟病病斑，受害面积占叶面积的25.1%～50.0%；8级：典型的稻瘟病病斑，受害面积占叶面积的50.1%～75.0%；9级：全部叶片枯死。

（2）水稻穗颈瘟分级方法

1）水稻穗颈瘟单穗分级标准。0级：无病；1级：每穗损失5%以下，或个别枝梗发病；3级：每穗损失5.1%～20.0%，或1/3左右枝梗发病；5级：每穗损失20.1%～50.0%，或者穗颈或主轴发病；7级：每穗损失50.1%～70.0%，或穗颈发病，大部分瘪谷；9级：每穗损失70.1%以上，或穗颈发病，造成白穗。

2）水稻穗颈瘟发病率的群体抗性分级标准。0级：病穗率为0～1.0%；1级：病穗率为1.1%～5.0%；3级：病穗率为5.1%～10.0%；5级：病穗率为10.1%～25.0%；7级：病穗率为25.1%～50.0%；9级：病穗率≥50.1%。

3）水稻穗颈瘟损失指数分级标准。0级：无病；1级：产量损失率＜5.0%；3级：产量损失率为5.1%～15.0%；5级：产量损失率为15.1%～30.0%；7级：产量损失率为30.1%～50.0%；9级：产量损失率≥50.1%。

4）稻瘟病抗性综合评价分级标准。抗性综合指数=叶瘟病级×0.25+穗颈瘟发病级别×0.25+穗颈瘟损失指数级别×0.50。0级：抗性综合指数＜0.1；1级：抗性综合指数为0.1～2.0；3级：抗性综合指数为2.1～4.0；5级：抗性综合指数为4.1～6.0；7级：抗性综合指数为6.1～7.5；9级：抗性综合指数为7.6～9.0。

4. 品种抗性与生育期的关系

水稻品种之间对稻瘟病的抗性有明显差异，一般籼稻较粳稻抗病，耐肥力强的品种其抗病性也强。水稻一生中有3个生育期较为感病：秧苗3.5～4.0叶期、分蘖盛期和抽穗初期，以圆秆期发病轻。同一品种在不同生育期亦表现出不同的抗病性，成株期抗病性通常高于苗期。同一器官或组织的抗病性因组织老嫩而异。以一叶而言，出叶的当天易感病，5d后抗病性增加，13d后更强。当分蘖和新叶增长速度最快时，感病的程度最重。穗期以始穗时抗病性弱，发病率和损失率高，齐穗后6d仍有很高的发病率，不过损失率有所减轻，乳熟期发病率较高，但损失率明显减轻。

5. 水稻对稻瘟病抗性鉴定

水稻品种类型具有多样性和复杂性，科学、合理和准确地评价品种的抗病性对筛选优良品种及其应用推广具有十分重要的意义。从2008年开始，我国育种行业实行稻瘟病抗性的"一票否决"制，一旦育出的品种（材料）感稻瘟病，即使其他性状优良也会被淘汰。因此，各地、各部门、各单位（研究单位、育种单位）都对水稻品种（材料）的稻瘟病抗性十分重视。过去对水稻种质资源（材料）、品种（组合）的抗性鉴定主要是采用单个或多个稻瘟病菌种群、生理小种的孢子悬浮液接种鉴定，或多个种群、生理小种孢子混合液接种鉴定，以明确水稻品种（材料）是否抗稻瘟病、抗稻瘟病菌种群和生理小种等。

研究对长江上游 62 份水稻材料在苗期采用重庆混合菌株喷雾接种，表现中抗以上的有 8 个品种，感病和高感的有 39 个品种，中感的有 15 个品种。对长江中下游的 170 份水稻材料，分别用来自浙江、福建、湖北、湖南、江苏、安徽、江西 7 个省的菌株接种，对来自 7 个省的菌株均表现为感病或高感的品种有 27 个，占比为 15.9%；表现为中抗以上的有 16 个品种，占比为 9.4%。通过抗病基因 *Pi1*、*Pi2*、*Pi9*、*Pigm*、*Piz-t* 功能标记和单倍型标记，在 203 份供试材料中只有 30 份样品含有抗病基因，占比为 14.8%。

研究采用苗期抗谱测定和病圃鉴定方法，对 154 个广东的早、晚籼稻品种（系）进行了抗性鉴定，将 154 个品种归为 6 个抗性级别：高抗 22 个（14.29%）、抗 23 个（14.94%）、中抗 30 个（19.48%）、中感 22 个（14.29%）、感 27 个（17.53%）、高感 30 个（19.48%）。比较品种的抗谱、田间叶瘟以及穗瘟三者间的关系，大部分品种三者表现出较好的相关性，少数品种的相关性较低。建议在抗病品种的利用上尽量考虑品种的多样性，避免单一来源的抗病品种大面积集中种植，以延长抗病品种的使用寿命（朱小源等，2006）。2011~2015 年广东省参加区域试验的早、晚稻水稻品种 149 个，表现中抗以上的品种共 84 个，占比为 56.4%；感病以下的品种共 22 个，占比为 14.8%；中抗的品种共 43 个，占比为 28.9%。表明广东省审定的品种大多具有较好的稻瘟病抗性。稻瘟病的抗性来源主要是 28 占和青六矮 1 号，其衍生出的常规稻新品种达 42 个，占抗性品种的 77.8%（钟春燕等，2020）。

分析 544 份水稻种质资源的稻瘟病抗性水平及其携带的抗性基因分布情况。稻瘟病抗性水平为高抗（HR）、抗（R）、中抗（MR）、中感（MS）、感（S）及高感（HS）的材料分别为 25 份（占比为 4.6%）、50 份（9.2%）、78 份（14.3%）、152 份（27.9%）、156 份（28.7%）和 83 份（15.2%）。采用抗病基因分子标记对材料进行检测，含有 2 个和 3 个抗性基因的材料分别为 4 份和 17 份（分别占 0.7% 和 3.1%），476 份材料含有 4~6 个抗性基因（占比为 87.5%），47 份材料含有 7 个抗性基因（占比为 8.6%）；品种抗病反应与其抗病基因种类密切相关，*Pi5*、*Pita*、*Pi9*、*Pib* 等 4 个基因对稻瘟病菌抗性表现较好。隆粳 968、秀水 134、嘉 58、津稻 263、淮稻 20 号、盐稻 10 号、谷梅 4 号等品种含有多个主效抗病基因，连续多年达到高抗水平（李刚等，2018）。

1500 份普通野生稻材料中，抗病 3 份（0.2%），中抗 10 份（0.7%），中感 122 份（8.1%），感病 930 份（62.0%），高感 435 份（29.0%）。113 份药用野生稻材料中，中抗 3 份（2.7%），中感 85 份（75.2%），感病 25 份（22.1%）（韦燕萍等，2009）。

研究采用 7 个广西稻瘟病菌优势生理小种（ZA9、ZA13、ZB1、ZB9、ZB13、ZC3 和 ZC13）对 419 份广西水稻地方品种核心种质进行苗期稻瘟病抗性鉴定，获得 14 份对 7 个优势生理小种抗谱在 80% 以上的高抗品种。鉴定种质的抗病级别为 2.93~5.72，其中对 ZC13 的抗性最高，对 ZA13 的抗性最低。粳稻的平均抗谱（36.59%）高于籼稻（30.90%），两者间差异显著（$P<0.05$）；糯稻的平均抗谱（32.28%）高于粘稻（31.92%），两者间无显著差异。系统聚类分析将核心种质分成 7 类，其中第 II 类抗谱范围较广（14.29%~100.00%），可作为抗性育种的亲本和挖掘稻瘟病抗性基因的材料来源（徐志健等，2020）。

目前对水稻品种（材料）抗稻瘟病性鉴定多集中在基因水平上，如水稻品种（材料）含有哪些抗病基因、携带抗病基因的数量等。云南省用 9 个已知致病基因型的稻瘟病菌进行喷雾或注射接种鉴定，明确了 56 个主栽水稻品种含有 1 个或多个抗瘟基因，其中 *Pita-2*、*Pi5*、*Pi9* 和 *Piz-t* 基因出现频率较高，表明这 4 个基因对云南省水稻抗瘟性尤为重要，*Pi5*、*Pi9* 基因可在粳稻区和籼稻区使用（刘斌等，2018）。

辽宁省 185 个水稻品种中携带 *Pita* 抗病基因的数量占总数的 99.46%。仅携带 *Pita* 基因时抗病比率为 75%；同时携带 2 种基因（*Pib* 和 *Pid3*、*Pid3* 和 *Pita* 或 *Pikh* 和 *Pita*）时抗病比率均为 100%；携带 3 种基因（*Pid3*、*Pikh* 和 *Pita*）时抗病比率均为 100%；携带 4~9 种抗病基因时抗病比率为 0~100%。23 个品种同时携带 *Pi36*、*Pi37*、*Pib*、*Pid2*、*Pid3*、*Pik*、*Pikh* 和 *Pita*，抗病比率均为 100%，说明抗病基因之间存在协同效应，可以提高水稻材料的抗病性（谷思涵等，2020）。

1979~2018 年，我国省级以上审定水稻品种 9563 个，生产上大面积应用的品种 4159 个。对于不同稻区近 15 年的水稻品种抗性变化，整体上来说，稻瘟病抗性显著增强，白叶枯病抗性有所改善但不明显，褐飞虱抗性没有显著变化。以长江中下游中籼稻为例，稻瘟病抗性综合指数从 2007 年的"感－中感"水平提升至 2015~2018 年的"中感－中抗"水平（鄂志国等，2019）。

总体而言，水稻品种、材料高抗或抗稻瘟病的较少，大多为中抗、中感或感病。野生稻、国外引进品种（材料）中含有的抗源材料较为丰富，可以从这些种质资源中寻找优良抗源用于抗稻瘟病遗传育种。另外，水稻品种（材料）对稻瘟病的抗性是动态变化的，同一地区不同年份鉴定的结果可能差异较大，同一品种在不同时间段鉴定的抗性结果也可能完全不同（表1-5）。

表1-5　全国部分稻区水稻品种（材料）抗稻瘟病鉴定结果　（单位：个）

地区	年份	品种总数	0级（HR）	1级（R）	3级（MR）	5级（MS）	7级（S）	9级（HS）
长江中下游	2004～2011	1 065	1	15	112	522	308	107
湖南	1998～2003	845	0	48	153	0	644	0
	2008～2009	50	0	0	11	17	22	0
福建	1987～1989	5 308	14	31	52	1 738	2 829	644
	2005～2009	107	0	1～5级43个			7～9级64个	
广东	2006	154	22	23	30	22	27	30
	2011～2015	149	0～1级84个		3～5级43个		7～9级22个	
广西	2005	野生稻1 500	0	3	10	122	930	435
	2006	药用野生稻113	0	0	3	85	25	0
湖北	2000～2011	687	0	5	23	328	220	111
福建	2012	早稻23	0	0	6	13	4	0
江西	2006	101	0	7	22	0	58	14
吉林	2001～2012	2 471	17	316	763	460	731	183
	1991～1995	苗瘟1 235	0	383	203	343	239	67
		叶瘟1 235	0	469	397	297	52	20
		穗颈瘟1 083	0	982	42	38	14	7
全国	1985～1990	苗期初筛39 087	752	1 315	581	1 794	7～9级34 645个	
		成株期复筛3 217	76	73	142	145	7～9级2 781个	
	1990～1995	籼稻苗瘟526	0～1级284个		0	160	7～9级82个	
		籼稻穗颈瘟526	0～1级414个		0	71	7～9级41个	
		粳稻苗瘟278	0～1级125个		0	87	7～9级66个	
		粳稻穗颈瘟271	0～1级180个		0	51	7～9级40个	
国家南方区试	2009	173	0	24	31	50	32	36

注："—"表示未鉴定

五、病害发生条件

稻瘟病作为一种传染性病害，也是种传病害，其发生、流行与品种抗病性、耕作栽培制度、气候条件等密切相关。该病可在水稻各个生育期、不同部位，如秧苗、叶片、茎秆、穗部等发生危害。稻瘟病的发生在年份间、地区间相差较大，一般山区重于平原，品种间对稻瘟病抗性差异明显。

（一）寄主抗性

稻瘟病的发生程度与品种抗病性关系很大。一般来说，籼稻较粳稻抗病。水稻生育期与其抗性也有一定的关系。叶瘟发生重的品种易发生穗颈瘟，但并不绝对，部分品种不发生叶瘟，但穗期仍可发生穗颈瘟。在水稻生长发育过程中，3叶期、分蘖盛期和孕穗至抽穗初期最易发病。

（二）气候因素

温度、湿度、降水、雾、露、光照等环境因素对稻瘟病菌的繁殖和稻株的抗病性都有很大影响。其中，温度和湿度对发病影响最大，其次是光照和风。适温高湿、有雨、雾和露存在的条件下，有利于发病。温度 20～30℃，相对湿度 90% 以上，连续阴雨有利于稻瘟病发生。低山区或沿山一带常有云雾或晨露，病害发生重。连续阴雨天气及秋季冷空气袭击，会降低水稻植株的抗病能力。6 月下旬、8 月如遇连续阴雨，易发生早稻穗颈瘟、晚稻叶瘟；9 月中下旬如遇冷空气，晚稻穗颈瘟与枝梗瘟发生较重。抽穗期突遇低温，水稻的生活力减弱，抗性降低，抽穗期延长，感病概率增加；光照不足时，稻株光合作用缓慢，淀粉与铵态氮的比例低，硅化细胞数量少，植株柔软，抗病性下降，加重病害的发生。

（三）栽培条件

1）随着旱育秧技术的推广，秧苗稻瘟病发病率成倍增长。主要是由于旱秧覆盖薄膜后，苗床温湿度提高，有利于稻瘟病滋生与蔓延，尤其是老病区，严重的病株率达 20%～30%。

2）种子带菌是该病初侵染源之一，播种带菌种子易引起秧苗发病。

3）感病品种连片种植，遇上适宜气候条件，易导致病害大面积发生流行。

4）病稻草多，种子带菌率高，稻瘟病的初侵染源广，翌年可能发病重。

5）偏施、迟施氮肥，尤其是尿素，造成植株体内的碳氮比（C/N）降低，引起水稻贪青、徒长、迟熟，抽穗不整齐，感病期延长，往往诱发稻瘟病。配施有机肥，增施磷、钾和硅肥等，避免偏施、迟施氮肥，可以提高水稻植株对稻瘟病的抵抗能力。

6）长期深水漫灌或冷水灌溉，引起土壤缺氧，产生有毒物质，妨碍根系生长，加重病情；可采取前期浅水勤灌，分蘖末期适时搁田，后期干干湿湿。

7）山区、半山区地势高，尤其是南北向的两山之间的田块，早上光照迟、傍晚落日早，光照少、水温低、气流强、云雾多、结露时间长，水稻生活力减弱，往往发病重。

六、病害预测预报

（一）叶瘟

叶瘟主要依据品种抗性、分蘖期—孕穗期气候条件，标志是出现发病中心和急性型病斑。在感病品种上，出现发病中心或中心病株，又恰逢适温（25～30℃）高湿（相对湿度 90% 以上），叶瘟将普遍发生。如出现急性型病斑且数量急剧增加，叶瘟就会流行。

（二）穗颈瘟

一般，在苗叶瘟的发病品种、田块上，穗颈瘟也会发生，这与栽植品种的抗性、水稻生育期（孕穗—抽穗扬花期）的气候条件（如遇适温 25～30℃、阴雨或相对湿度 90% 以上）有密切关系。若为感病品种，穗期以干燥晴朗天气为主，日照充足，则穗颈瘟的发生可能会较轻，反之则有可能严重发生。

七、病害防治

植物病害的防控均宜按"预防为主、综合防治"的原则进行，即在病害发生前（未发生时，或出现症状），采取农业的、生物的、物理的措施进行预防处理。施用化学农药进行防治只是病害发生后的一种应急处理措施。在生产实际中应避免单用化学农药进行"治疗"，忽略前期的预防措施。

（一）选用抗病品种

种植优质、高产、抗病品种。同时，要科学、合理布局，避免单一品种大面积连片种植。

1）适合早稻种植的抗病品种：早58，湘早籼3号、21号、22号，86-44，87-156，皖稻61，赣早籼39号、42号、41号，博优湛19号，中优早81号，中丝2号，培两优288号，华籼占，汕优77，中早39，中嘉早17，中组143，广伏明118，成优2388，欣荣5号，粤杂751。

2）适合中稻种植的抗病品种：七袋占1号，七秀占3号，培杂山青，三培占1号，滇引陆粳1号，宁粳17号，宁糯4号，杨辐籼2号，胜优2号，杨稻2号、4号，东循101，东农419，七优7号，嘉45，秀水1067，皖稻28号、32号、34号、36号、59号，汕优89号，特优689，汕优397，汕优多系1号，满仓515，泉农3号，金优63，汕优多系1号，天优华占，川谷优211，赣优明占，粤杂751，新两优342，赣源优633，Y两优302，中浙优8号，川香优0508。

3）适合晚稻种植的抗病品种：秀水644，原粳4号，津稻308，京稻选1号，冀粳15号，花粳45号，辽粳244，沈农9017，冈优22，毕粳37，滇杂粳2号，冈优2号，滇籼13号、14号、40号，宁粳15号、16号，天优363，天优6116，D优17，天优2168，天优199，益丰优0791，95优161，金稻368，博Ⅱ优1586，博Ⅱ优829，元丰优128。

4）其他一些较抗稻瘟病的品种（组合）：福龙优2527，泰丰优2197，宜优9193，D优202，D香287，种隆两优3189，隆两优华占，两优332，矮梅早3号，Y两优305，吉优360，裕优美占，长优737（广东），宜香优66，恩两优636（湖北），汕优108，中9优591，赣优676，千香优416，垦31（吉林），清江1号，清江2号（武陵山区），深两优332，金香玉1号，盐粳16号（江苏），广8优673，陵优3060（重庆），圣稻22（山东），隆两优534，晶两优534（湖南），内忧683，内6优5240（四川），信粳1号（河南），川谷优T16（贵州）。

5）稻瘟病中抗以上品种（组合）：秀水134，嘉58，深两优5814，金早47，甬优12号，武运粳29号，天优华占，宁84，临稻1号，武运粳21号，浙粳88，嘉禾218，连粳11号，荣优华占，镇稻11号，镇稻99号，皖稻92号，甬优9号，皖垦粳1号，淦鑫203，Y两优5867，丰源优272，欣荣优华占，中浙优8号。

（二）水稻品种多样性种植

遗传背景（抗、感稻瘟病水平）差异大的水稻品种混合间栽，对稻瘟病有明显控制效果。当感病优质糯稻品种混合间栽后，稻瘟病发病率、病情指数（以下简称"病指"）均极显著下降，防治效果达82.14%～95.91%。混合间栽对杂交稻的稻瘟病也有一定的控制效果，防治效果为40.82%～70.87%（马辉刚等，2007）。研究选用2个籼型杂交稻品种（汕优63和汕优22）和2个优质地方品种（黄壳糯和紫谷，均感稻瘟病）进行了品种多样性混合间栽和不同品种单一种植的田间试验。籼型杂交稻与感病优质地方稻品种混合间栽比同一品种单一种植对稻瘟病有更为显著的控制效果。尤其突出的是混合间栽高度感病的优质地方稻品种，稻瘟病的发病率、病指均极显著下降，防治效果达83%～98%。多种抗性（遗传背景）差异较大的水稻品种合理混合间栽，是以水稻品种自身来控制稻瘟病的有效途径。另外，不同品种混合间栽与品种单一种植相比具有明显的抗倒伏和增产效果。选择抗瘟性遗传背景差异大、株高差异突出的品种，以1行优质稻（感病）：5行主栽稻（抗病）混合间栽，能起到控瘟增产的作用，抗感不同的水稻品种混合间栽相比品种单一种植，杂交稻平均增产6.5%～14.9%（刘二明等，2003；朱有勇等，2003）。

（三）诱导抗性

通过生物或非生物因素刺激，植物被诱导出对某种逆境的抗性，称为诱导抗性。稻瘟病菌非致病性菌株或弱致病力菌株对强致病力的菌株具有交叉保护作用，弱致病力菌株的存在可阻碍亲和性菌株芽管的伸长从而保护水稻植株免受其干扰,产生一种抗菌物质——植物抗毒素。稻瘟病菌的非致病性和弱致病力菌株均可明显地诱导水稻植株对稻瘟病的抗病性。利用病原菌在寄主上的交叉保护作用可诱发水稻植株对稻瘟病的抗性。先用稻瘟病菌非致病菌进行诱发接种(inducing inoculation),再以致病菌进行挑战接种(challenge inoculation),水稻植株可产生不同程度的诱导抗性(范静华等,2002)。水稻植株采用稻瘟病菌非致病性或弱致病力菌株接种48h后,再接种强致病力菌株,在感病植株上可呈现出不同程度的抗病性(沈瑛等,1990)。除了弱致病力或非致病性稻瘟病菌菌株可诱导水稻产生对稻瘟病的抗性,一些化学物质,如水杨酸、茉莉酸、烯丙异噻唑、β-氨基丁酸、春雷霉素、硅酸钠等也可诱导水稻抗性(陈桂华等,2005)。

(四)种子处理

当年播种在3～5月,而种子是上年9～11月收获保存的,保存时间达5～6个月。其间种子要进行呼吸作用(吸收水分),种子含水量会大大超过种子标准含水量(籼稻13.5%,粳稻14.5%),影响种子发芽率和发芽势。种子保存期间的温度较适合微生物繁殖,一些种子携带的病原菌会大量增殖,降低种子质量、影响发芽率和秧苗素质。因此,播种前进行种子处理有利于提高植株发芽率、发芽势,促进秧苗健壮。

1)晒种:种子浸种前晒种1～2d。

2)黄泥水或工业盐水选种:10kg清水+3～4kg黄泥或2kg工业盐配成黄泥水或工业盐水选种。

3)药剂浸种:1%石灰水浸种,早稻10～15℃浸种3～4d,晚稻20～25℃浸种1～2d,石灰水要高出种子15cm并加盖静置。浸种后清水洗3或4次,催芽播种。也可采用40%多菌灵可湿性粉剂,70%甲基硫菌灵可湿性粉剂,50%稻瘟净乳油,40%异稻瘟净乳油浸种。早稻用1000倍液浸2～3d,晚稻用500倍液浸1d。

4)秧田前期彻底清理病稻草,不用病稻草盖种、催芽,以消灭越冬菌源。病区带病种子不能做种用。

(五)农业措施

肥水管理对预防稻瘟病非常重要,要合理施肥和灌水。实行测土配方施肥,注意N、P、K肥配合施用,有机肥和化肥配合施用,做到促、控结合,前期促进早发,中期适时适度烤田,后期控制氮肥使用,促进水稻健壮生长,增强稻株的抗病性。灌水应掌握前期浅水勤灌、后期干干湿湿,促进根系发育生长;苗期如果发生叶瘟,中后期要特别注意环境因素,如早晨有雾、阴天多云、空气湿度大、下雨后突遇高温高湿、强光照等,种植感病品种且当地又常发生稻瘟病,则需要及时打药,预防稻瘟病的发生。

(六)药剂防治

病害发生后需要施药进行应急防治处理。根据病害的预测预报情况,在病害发病初期进行施药处理。对于苗瘟、叶瘟要在田间刚刚出现病斑(发病叶片、发病植株)即施药,防治效果最好。对穗颈瘟可按照"一浸两喷、叶枕平定时"精准施药高效防控水稻重要病害专利技术(一种新型水稻稻曲病高效防控方法,ZL 201610022925.5)(见本章第三节水稻稻曲病)进行处理。该技术原本针对稻曲病防控难的问题而研发,后经多年实践验证,对稻瘟病及其他多种病害也适用。"一浸",即种子药剂浸种(包衣、拌种)处理,"两喷",防控穗颈瘟的"两喷"要比防控稻曲病的"两喷"延后,防控穗颈瘟的第一喷在破口期施药,第二喷宜推迟到"抽穗扬花—灌浆期"。如果希望提高穗颈瘟防控效果,也可以打3次药,防控穗颈瘟的第三喷仍然是在"抽穗扬花—灌浆期"。

发生过苗瘟、叶瘟的田块,老病区种植的品种易感稻瘟病,水稻中后期长势茂密、嫩绿,孕穗中后期—扬花灌浆期遇到持续低温阴雨高湿天气,要预防穗颈瘟的发生。

病害未出现或刚刚出现时用三环唑预防;病害(病斑)出现后用稻瘟灵(富士一号)、异稻瘟净防治。

其他对稻瘟病防控效果较好的药剂包括：2.5% 井·100 亿活芽孢/mL，9% 吡唑醚菌酯，20%、75% 三环唑可湿性粉剂，4% 春雷霉素，20% 咪鲜·三环唑可湿性粉剂，32.5% 苯甲·嘧菌酯，25% 烯肟·三环唑悬浮剂，30% 嘧菌酯·咪鲜胺，75% 肟菌·戊唑醇（拿敌稳），30% 丙硫·嘧菌酯悬浮剂等。

第二节　水稻纹枯病

水稻纹枯病（rice sheath blight）俗称花脚瘟，又称水稻云纹病、云斑病、花脚秆、花足秆、烂脚秆、烂脚病、花秆瘟、眉目斑等，属于真菌性病害。水稻纹枯病不属于暴发性或毁灭性病害，通过加强肥水管理和及时合理施药即可达到有效防控的效果。因此，20 世纪我国少见有对水稻纹枯病进行系统性研究的报道。在"十一五"国家农业行业专项"三大作物纹枯菌种类与寄主抗性的鉴定技术"之项目"水稻纹枯病鉴别体系及防控技术研究与应用"（以下简称"项目组"）的资助下，项目组集中全国十多家大专院校、科研院所进行联合攻关，对水稻纹枯病进行了较为全面、系统的研究，取得了丰硕的研究成果。

一、病害发生与为害

（一）病害发生

水稻纹枯病在全球水稻种植地区均可发生。在我国长江流域、华南、西南稻区发生较重，尤以高肥密植、矮秆杂交品种的高产田发病重。

（二）病害为害

纹枯病是我国水稻三大病害之一，其发生频率、危害面积和造成的产量损失均居水稻病害之首。在全国各稻区，每年的早、中、晚稻都大面积发生（黄世文等，2007）。20 世纪 80 年代以来，随着矮秆品种和杂交稻组合的大面积推广、施肥水平的提高和密植程度的增加，纹枯病的发生及危害日益严重。近年来，水稻纹枯病在我国的发生面积超过 1333.33 万公顷次（表 1-6），已成为水稻高产稳产和优质生产的重要障碍。

表 1-6　2017～2018 年我国水稻纹枯病发生情况

年份	发生面积/万公顷次	防治面积/万公顷次	挽回损失/万 t	实际损失/万 t
2017	1635.95	2402.44	720.51	95.44
2018	1547.43	2255.17	667.86	86.39

水稻纹枯病可造成水稻减产 10%～30%，发病重的减产超过 50%，甚至绝收（黄世文等，2008）。全国农业技术推广服务中心病虫测报站的统计资料显示，2014 年和 2015 年，水稻纹枯病在我国年发病面积分别为 1787.87 万公顷次和 1793.41 万公顷次，分别占当年水稻病害发生面积的 59.72% 和 60.92%；造成的实际产量损失分别为 111.63 万 t 和 107.55 万 t，分别占所有病害损失的 54.01% 和 55.33%，分别占水稻所有病虫害损失的 25.99% 和 26.67%。在不防治的情况下，纹枯病造成的水稻产量损失分别达 984.43 万 t 和 922.74 万 t，分别占所有病害损失的 51.31% 和 55.89%，分别占水稻所有病虫害损失的 24.90% 和 24.80%，纹枯病不但影响水稻产量，而且降低稻米品质。如果剑叶叶鞘出现纹枯病病斑，可导致结实率降低 25%，千粒重降低 3g，减产 25%～35%。纹枯病危害使稻米的蛋白质、直链淀粉含量增加；谷粒厚度、宽度减小，成熟度降低；黏度、味度值降低，导致产量和品质下降。

二、病害症状与诊断

（一）病害症状

水稻从苗期到成熟期均可感染纹枯病。该病害主要为害叶鞘、叶片，严重时可蔓延至穗部（"串顶"）。

苗期发病从秧苗基部开始，逐渐往上延伸。多从秧苗中部发病，出现白色、乳白色至黄褐色菌丝（图1-11a）。病斑先呈水渍状、绿色，然后快速枯死。叶鞘发病先在近水面处出现水渍状暗绿色小点，逐渐扩大后呈椭圆形或云形病斑，常多个病斑连接成大斑纹（图1-11b）。感病品种遇条件适宜时，病斑边缘暗绿色，中央灰绿色，扩展迅速。当天气干燥不利于发病时，出现边缘褐色、中央草黄色至灰白色慢性型病斑。叶片病斑与叶鞘病斑相似（图1-11b）。叶片发病严重时出现早枯，导致稻株不能正常抽穗。穗颈部受害初为污绿色，后变灰褐色，常不能抽穗。抽穗的秕谷较多，千粒重下降。病害严重时可造成倒伏或整株枯死，有时造成"串顶"、成片枯死（图1-11c和d），类似于稻飞虱危害造成的"死塘"。

图1-11　水稻纹枯病田间症状

a：苗期纹枯病症状；b：受害叶鞘和叶片病斑及菌核；c：纹枯病危害造成"串顶"；d：纹枯病"死塘"

该病害的扩展在同一水稻植株上先由下往上纵向发展，然后在邻近稻株间横向发展。温度高（25～33℃）、湿度大（相对湿度95%以上），则病部长有白色蛛丝状菌丝及扁球形或不规则形的菌核。菌核初为白色，后转为浅黄色、暗褐色，以少量菌丝联结于病部表面，容易脱落。高温、高湿有利于该病的发生、发展、流行和危害。

急性型病斑易出现在高温高湿、氮肥施用过多的田块中的感病品种上。病斑呈开水烫伤状，青绿色、水渍状，后枯死（图1-12a）。慢性型病斑易出现在相对耐纹枯病的品种上，病害发生后，如遇高温干燥的气候条件，病斑为枯白色，受到限制不再扩展（图1-12b）。

图 1-12　水稻纹枯病病斑

a：纹枯病急性型病斑及受害叶鞘；b：纹枯病慢性型病斑

（二）病害诊断

1. 传统方法

传统方法主要从水稻植株不同生育期出现的症状进行诊断，见上文"病害症状"部分。

2. 纹枯病智能识别方法

智能识别只能判别是否为纹枯病症状，难以作进一步识别。卷积神经网络对纹枯病的识别率达 97%，支持向量机达 95%；基于最小噪声分离变换特征信息提取的 BPNN 模型取得了最优效果，建模集和预测集正确率分别达 99.1% 和 98.4%。采用卷积神经网络识别水稻纹枯病和采用高光谱成像技术对水稻纹枯病生理特征进行无损鉴别都是可行的（刘婷婷等，2019）。水稻纹枯病图像识别方法的识别准确率可达 95%（袁媛等，2016）。

三、病原学

（一）病原形态特征

水稻纹枯病菌的有性世代为多核瓜亡革菌（*Thanatephorus cucumeris*）和双核稻角担菌（*Ceratobasidium oryzae-sativae*），其对应的无性世代分别为立枯丝核菌（*Rhizoctonia solani*）和稻丝核菌（*Rhizoctonia oryzae-sativae*），以立枯丝核菌为主。

1. 菌丝

菌丝初期无色，后变淡褐色，分枝处近直角、稍缢缩，近分枝处有一隔膜。该菌不产生分生孢子，仅产生菌核。

2. 菌核

随着菌龄和分枝的增加，新分枝的菌丝细胞逐渐变粗、变短，到一定程度后菌丝体交织纠结成菌核。菌核形态多样，圆形、馒头形、椭圆形或融合成大团块，表面粗糙，细胞联结处有明显缢缩。菌核初期白色，逐渐转变为浅黄色、暗褐色，成熟后易脱落于土壤中。菌核分为外层和内层，具有圆形小孔洞即萌发孔，菌核萌发时菌丝由此伸出。

3. 担孢子

菌丝分枝膨大形成原担子，原担子内的两个单核通过细胞核融合形成双核，经过减数分裂，染色体数目减半，形成 4 个单核，在担子上形成 4 个担孢子梗，核移到柄的顶端形成担孢子。担子倒卵形或圆筒形，顶生 2～4 个小梗，其上各着生 1 个担孢子；担孢子单胞、无色、卵圆形。

（二）寄主范围

该病原菌兼具寄生和腐生特性，寄主范围广泛，自然寄主有 15 科近 50 种植物，人工接种时可侵染 54 科 210 种植物。寄主作物有水稻（*Oryza sativa*）、玉米（*Zea mays*）、小麦（*Triticum aestivum*）、大麦（*Hordeum vulgare*）、高粱（*Sorghum bicolor*）、粱（*Setaria italica*）、稷（*Panicum miliaceum*）、大豆（*Glycine max*）、花生（*Arachis hypogaea*）、甘蔗（*Saccharum officinarum*）和甘薯（*Dioscorea esculenta*）等。

（三）病原生理分化

根据菌株间营养体的亲和性，立枯丝核菌可划分为不同的营养体亲和型（群）或菌丝融合群，营养体亲和型菌株为同一群。国际上普遍采用 Ogoshi 的菌丝融合群（anastomosis group，AG）的标准菌株作为分离物测试菌。立枯丝核菌有 12 个菌丝融合群，至少有 18 个菌丝融合亚群。水稻纹枯病菌主要为立枯丝核菌第一菌丝融合群（AG-1）。在 AG-1 的各菌株间，其致病力存在差异。

（四）病原与寄主交互作用

水稻、小麦和玉米都会受到纹枯病菌侵染。对这 3 种作物的纹枯病菌进行交互致病性测定发现，供试的纹枯病菌菌株能单独侵染 3 种作物，但对不同作物的致病力存在较大差异，对原寄主的致病力较强，而对其他寄主的致病力较弱（王陈骄子等，2015）。3 种作物纹枯病菌的可溶性蛋白和酯酶同工酶图谱间存在显著差异，其中可溶性蛋白图谱比酯酶同工酶图谱更具多样性。水稻和玉米纹枯病菌可溶性蛋白谱带有 14～19 条，而小麦纹枯病菌可溶性蛋白谱带只有 7～9 条；水稻和玉米纹枯病菌酯酶同工酶谱带有 5～7 条，而小麦纹枯病菌仅有 3 条。

水稻、玉米和小麦纹枯病菌菌株在生长速率、菌落、菌核颜色与数量等方面均有明显差异。3 种作物纹枯病菌在恰佩克（Czapek）培养基上菌丝生长最快、产生的菌核最多，在理查德（Richard）培养基上菌丝生长最慢，在水琼脂（WA）培养基上产生菌核极少或无菌核；水稻和玉米纹枯病菌生长温度为 10～35℃，最适温度为 25～30℃，而小麦纹枯病菌生长温度为 5～30℃，最适温度为 20～25℃。3 种作物纹枯病菌菌株能够很好地利用可溶性淀粉、蔗糖和葡萄糖。但水稻和玉米纹枯病菌对甘露醇的利用能力最差，而小麦纹枯病菌对乳糖的利用能力最差；硝酸钾、亚硝酸钠、硫酸铵、脲和 L-亮氨酸 5 种氮源对 3 种纹枯病菌的菌丝生长影响不显著，但对菌核形成有显著影响。3 种作物纹枯病菌在 pH 4～10 时均可生长并形成菌核，pH 6 时生长最快、菌核较多。光照对 3 种作物纹枯病菌菌丝的生长无明显影响，但对菌核数量和颜色有显著影响（贺晓霞等，2012）。生理生化试验表明，水稻、玉米、小麦 3 种作物纹枯病菌之间存在明显差异，但水稻纹枯病菌和玉米纹枯病菌更接近，与小麦纹枯病菌有较大差别。

（五）病原的生物学特性

水稻纹枯病菌菌丝生长温度为 10～38℃；菌核形成温度为 12～40℃，最适温度为 28～32℃。相对湿度为 95% 以上时，菌核可萌发形成菌丝。日光抑制菌丝生长，促进菌核形成。高温不利于病菌在土壤中的定植，当温度达到 40℃时，定植率迅速下降到 8.0%；土壤含水量在 15% 时，定植能力最强，定植率达 84.0%；而土壤含水量较大或较小时定植能力都不高。水稻纹枯病菌喜好酸性的土壤环境，在 pH 6 时定植率最高，达 85.3%。

菌丝在稻草煎液琼脂、水琼脂、马铃薯葡萄糖琼脂和麦芽糖琼脂培养基上的生长速率最快，在牛肉胨琼脂培养基上的生长速率最慢，理查德琼脂培养基有利于菌核的形成。氮、磷是菌丝生长和菌核形成所必需的元素，在缺氮或缺磷的恰佩克培养基中有极少量菌丝生长，缺钾时则有较多菌丝生长。在缺氮或缺磷培养基上无菌核形成，加入一定量氮或磷后有菌核形成。

在自然条件下，加入氮肥、磷肥或钾肥时，菌丝干物质量在一定范围内随加入元素浓度的提高而增加；当浓度较高时菌丝生长量则下降。在一定浓度范围内，菌核数量随氮肥浓度升高而增加，当磷肥浓度升到 5000μg/mL 时，菌核数量则下降。低浓度磷肥增加菌核数量，高浓度反而抑制菌核形成。缺钾时有少量菌核形成，加入一定量钾肥后，菌核数量增加，表明钾不是菌核形成所必需的元素，但对菌核形成有明显的促进作用（沈会芳等，2002a）。

丁草胺、环庚草醚、草甘膦、苄嘧磺隆、吡嘧磺隆和环丙嘧磺隆 6 种除草剂对水稻纹枯病菌菌丝生长和菌核形成均起到抑制作用，且浓度越高，抑制作用越强。在含除草剂培养基上产生的菌核都可萌发。较高浓度的除草剂可增加菌核数量，如 5μg/mL 吡嘧磺隆、10μg/mL 环丙嘧磺隆可促进菌核形成。

不同的金属离子对纹枯病菌菌丝生长和菌核形成有一定的抑制作用。Ba^{2+}、Ca^{2+} 和 Mg^{2+} 在 2500μg/mL 高浓度时对菌丝生长和菌核形成有抑制作用，但 Mg^{2+} 在 $100\sim2500$μg/mL 时能促进菌丝生长和增加菌核干物质量；Ag^+、Hg^{2+} 和 Cd^{2+} 在浓度为 10μg/mL 或 50μg/mL 时严重抑制菌丝生长和菌核形成；而 Fe^{2+}、Fe^{3+}、Cu^{2+}、Pb^{2+} 和 Ze^{2+} 需要较高浓度（500μg/mL 或 1000μg/mL）才会抑制病菌的菌丝生长和菌核形成（沈会芳等，2002b）。

（六）病原致病力

水稻纹枯病菌不同菌株间存在丰富的遗传多样性，其致病力也存在明显的差异。分别在江苏扬州和浙江杭州温室，将 30 株菌株接种到 YSBR1、C418、Jasmine 85、武育粳 3 号和 Lemont 等抗感级别不同的 5 个水稻鉴别品种的秧苗上，发现不同菌株的致病力存在显著差异。在 30 株菌株中，致病力最强的是 C30，对 5 个品种的平均病级为 5.28 级；最弱的为 GD-2，平均病级只有 0.92 级（陈夕军等，2009a）。

采用温室苗期接种鉴定法，以抗感反应不同的 5 个水稻鉴别品种 YSBR1、C418、Jasmine 85、武育粳 3 号和 Lemont 为材料，测定了来源于江苏、广东、广西、海南、云南、湖南和福建七省（区）的 30 株水稻纹枯病菌（王玲等，2010a），以及来源于海南、广东、广西、云南、贵州、福建、江西、四川、湖南、湖北、浙江、江苏、安徽等省（区）的 1280 株水稻纹枯病菌的致病力。结果发现，所有菌株对 5 个品种都具有致病力，但不同菌株的致病力存在极显著差异。

水稻纹枯病菌是一个由弱到强连续变异的混合致病力群体。将来自湖北、安徽的 200 株菌株接种到 5 个水稻鉴别品种上，发现不同菌株间致病力存在明显差异，在鉴别品种上的病指呈正态分布。采用动态聚类法可将这些菌株的致病力分为 3 类：Ⅰ型，弱致病力菌株，占菌株总数的 29.5%；Ⅱ型，中等致病力菌株，占 60.5%；Ⅲ型，强致病力菌株，占 10%。表明水稻纹枯病菌的主要致病型为中等致病力，各致病型菌株在地区间呈随机分布（王玲等，2010b）。比较不同地理来源的菌株致病力差异，发现菌株间的致病力分化和地理距离的相关性不显著。来自同一地区的水稻纹枯病菌群体内有致病力分化现象，而不同地区的纹枯病菌群体间致病力没有显著差异。说明水稻纹枯病菌的致病力与采集地点关系不密切，各致病型在地区间呈随机分布状态。Mantel 检验也发现，菌株致病力差异与菌株地域来源无明显相关性（王玲等，2010b）。

测定从广东省 26 个市（县）采集的 183 株水稻纹枯病菌致病力，结果发现，广东水稻纹枯病菌的致病力可分为强、中、弱 3 种类型。致病力强的有 24 株，占菌株总数的 13.1%；致病力中等的有 133 株，占 72.7%；致病力弱的有 26 株，占 14.2%（周而勋和杨媚，1999）。福建、云南的水稻纹枯病菌与广东的菌株具有相似性（赵长江等，2005；杨根华等，2002）。

在不同氮源条件下培养的纹枯病菌对水稻的致病力存在一定差异，其中以蛋白胨、$(NH_4)_2SO_4$、$NaNO_3$、

NH₄Cl、KNO₃ 培养的纹枯病菌均表现出较强的致病力，以甘氨酸和尿素培养的菌株致病力相对较弱。在 NaNO₃ 浓度分别为 0g/L、0.5g/L、1.0g/L、2.0g/L、3.0g/L 的改良恰佩克培养基上培养的纹枯病菌对水稻叶片的侵染效果不同，采用 NaNO₃ 浓度为 0.5g/L 和 1.0g/L 培养的纹枯病菌接种后 18h 的叶片最早出现病斑，其余处理未出现明显的发病症状（曾泉等，2015）。对来自广东、广西、海南的 335 株水稻纹枯病菌进行研究，发现菌丝生长速率可划分为慢、中、快 3 种类型，菌株数分别为 3 株（0.90%）、136 株（40.60%）和 196 株（58.50%）；依据菌核数量可划分为无菌核或极少菌核、菌核量少、菌核量中等和菌核量多 4 种类型，分别有 4 株（1.19%）、59 株（17.61%）、238 株（71.04%）和 34 株（10.15%）。菌株融合群测定显示，所有菌株均属于立枯丝核菌 AG-1 融合群的 IA 亚群，即 AG-1 IA。随机选取 50 株菌株进行细胞核染色，菌丝的细胞核数为 7～13 个。测定其中 270 株菌株的致病力，供试菌株可划分为中等致病力和强致病力 2 个致病型，分别为 208 株（77.04%）和 62 株（22.96%），未发现弱致病力菌株。结果表明，水稻纹枯病菌表现出较丰富的多样性（邹成佳等，2011）。

（七）病原遗传多样性

对我国南方 6 个代表性省（区）海南、广东、广西、福建、湖南和云南的 72 株水稻纹枯病菌进行了随机扩增多态性 DNA（random amplified polymorphic DNA，RAPD）分析，发现水稻纹枯病菌存在丰富的遗传多样性。研究采用 10 个 RAPD 引物对病菌基因组 DNA 进行 PCR 扩增，共获得 210 条 DNA 谱带，其中 5 条为特征带，205 条为多态带，多态率为 97.6%。在 0.54 左右的相似性系数水平，供试菌株被划分为 6 个类群，来自同一省（区）的菌株均聚类为同一类群或亚类群。DNA 条带的多态性与地理来源呈现明显的相关性，但与致病力的强弱无明显的相关性（周而勋等，2002）。

对海南岛南繁核心区（三亚、乐东、陵水）和非核心区（琼中、屯昌和定安）共 60 株水稻纹枯病菌的遗传结构进行了扩增片段长度多态性（amplified fragment length polymorphism，AFLP）分析。结果表明，核心区菌株的遗传多样性相对更高，其群体的多态性位点百分率（PPL）、Nei's 基因多样性指数（H）、Shannon 多样性信息指数（I）和基因流（N_m）分别为 82.24%、0.1932、0.3062 和 2.5627，高于非核心区群体的 67.49%、0.1535、0.2447 和 0.9365。核心区群体的基因分化系数（G_{ST}）为 0.1633，低于非核心区群体的 0.3481。核心区菌株的遗传变异程度比非核心区菌株高；核心区不同群体间存在较多的基因交流，而非核心区菌体间的基因交流较少，但遗传变异主要来自群体内。核心区菌株以中等致病型为主，而非核心区菌株则以中、强致病型为主。但致病型与菌株的 AFLP 谱系之间的相关性未达到显著水平（朱名海等，2019）。

通过简单重复序列区间（inter-simple sequence repeat，ISSR）技术，分析采集自江苏省的 87 株水稻纹枯病菌的特性，表明其个体间存在较大的遗传变异，具有丰富的遗传多样性。ISSR 遗传聚类组群的划分与菌株的地理来源有一定的相关性。菌株的致病力差异与菌株来源、DNA 条带的多态性及遗传聚类群的划分无明显相关性，而与菌丝的生长速率存在中等程度的正相关性（吴荷芳等，2013）。

对东北地区水稻纹枯病菌进行相关序列扩增多态性（sequence-related amplified polymorphism，SRAP）分析，结果表明，112 株水稻纹枯病菌多核菌株的遗传相似性系数为 0.52～0.97，在 78% 遗传相似性水平下被划分为 15 个聚类组群；20 株双核菌株的遗传相似性系数为 0.65～0.90，在 80% 遗传相似性水平下被划分为 7 个聚类组群，群体遗传多样性较为丰富，遗传结构与地理来源无明显相关性（张优等，2017）。

从湖北钟祥、湖南岳阳、江西上饶、安徽长丰、浙江富阳、四川蒲江、广东广宁和广西南宁的田间随机采集水稻感纹枯病标样，分离获得 8 个纹枯病菌地理群体。其平均观测等位基因数和有效等位基因数分别为 4.025 和 2.071。Shannon 多样性信息指数为 0.659～1.088，平均为 0.859。等位基因丰富度为 2.500～5.152，平均为 3.858。观测杂合度为 0.425～0.619，平均为 0.506。期望杂合度为 0.399～0.546，平均为 0.472。总群体水平的近交系数（F_{IS}=-0.069）为负值，表明总群体内杂合子过剩（纯合子缺失）。哈迪－温伯格（Hardy-Weinberg）平衡检验表明，广东广宁和广西南宁群体与其他群体间遗传分化明显；湖北钟祥、湖南岳阳、江西上饶、安徽长丰、浙江富阳、四川蒲江 6 个群体中存在因杂合子缺失或过剩引起的平衡偏离，暗示水稻纹枯病菌同时具有克隆生长和有性繁殖，两种繁殖方式间的平衡因群体不同而异。ANOVA 分析结果显示，有 88.14% 的遗传变异来自群体内部的个体间，表明遗传变异主要发生在群体内。Mantel 检验发现，遗传距离与其地理距离之间呈显著正相关（r=0.422，P=0.025）。非加权组平均法（unweighted pair group method with arithmetic mean，UPGMA）聚类表明，所有群体可被划分为遗传分化明显的两个亚群（F_{ST}=0.209～0.624），其中位于珠江沿岸的广宁和南宁群体为一个组群，位于长江沿岸的 6 个群体为另一组群，与遗传结构分析结果一致。位于长江沿岸的群体遗传混杂明显，基因交流水平高（N_m=2.525～8.447），群体分化程度较低（F_{ST}=0.029～0.094）。表明中国南方水稻纹枯病菌分布范围广泛，可能的混合繁殖模式以及菌核或菌丝的远距离传播特性，是导致其遗传多样性水平较高的原因。长江流域亚群内部个体在不同群体之间的迁移所形成的基因流动，在一定程度上阻止了群体间的遗传分化。而长江亚群和珠江亚群之间存在明显的遗传分化，推测病原菌有限的长距离迁移可能是群体遗传变异空间结构形成的主要原因（王玲等，2015b）。

采用 ITS-5.8S rDNA 测序技术，分析了分离自浙江富阳、安徽绩溪和巢湖以及湖北荆州和孝感的 5 个水稻纹枯病菌种群 75 株菌株的遗传多样性。结果显示，水稻纹枯病菌种群具有较高的遗传多样性，种群间的遗传分化水平很低，仅为总变异的 19.03%，而 80.97% 的变异存在于种群内。遗传距离与地理距离无显著相关性（r=0.241，P=0.499）。单倍型的网状分析显示，水稻纹枯病菌种群曾经发生过种群暴发而不断扩散，因未能获得足够的时间建立更加复杂的结构而呈非典型"星状"。群体符合 Hardy-Weinberg 遗传平衡，说明水稻纹枯病菌群体是一个随机交配群体，具有以担孢子进行有性繁殖和以菌丝或菌核进行无性繁殖的混合繁殖方式（王玲等，2010c）。

（八）病原侵染特征

1. 侵染方式

水稻纹枯病菌侵染水稻有两种方式：一种是直接以菌丝穿透寄主表面细胞或从气孔、伤口侵入；另一种是形成侵染垫，以侵染钉进行侵染。纹枯病菌的侵染过程主要有 3 个阶段：菌丝先在水稻叶片或叶鞘表面扩展、蔓延；再形成侵入结构（附着胞或侵染垫）以侵入水稻；最后侵入水稻组织的菌丝体在组织内延伸、蔓延，表现症状（童蕴慧等，2000）。

立枯丝核菌侵染寄主植物的过程：接种体（病原菌）与寄主接触→菌丝体沿寄主表面生长→菌丝体在寄主表面蔓延→菌丝体附着在寄主表面→侵染结构（附着胞或侵染垫）的形成→穿透寄主细胞或组织→病菌在寄主细胞内定植→症状表现。

立枯丝核菌在水稻叶鞘上的侵染过程：接种后菌丝先沿鞘脉方向生长（纵向扩展），数小时后开始分枝（横向扩展），病菌侵染寄主时形成侵染垫和裂瓣状附着胞两种侵染结构。侵染垫呈圆形，紧贴于寄主表面，结合紧密。侵染垫的大小相差悬殊，其数目和裂瓣状附着胞的形成与水稻品种的抗性有关（张红生等，1990）。水稻感病品种叶鞘表面可形成大量的侵染垫，而抗病品种上则不形成侵染垫，只形成附着胞。侵染垫和附着胞以侵染钉的形式直接穿透水稻表皮，在不形成侵入结构的组织上，菌丝直接从表皮细胞的间隙侵入，有的从气孔侵入。菌丝除产生侵染钉外，还可以从表皮细胞间的缝隙或穿透细胞壁侵入寄主内部，或直接通过气孔侵入寄主，侵染结构和侵染钉的形成并非病原菌侵入寄主所必需的。病菌侵染寄主组织后，在感病品种上，菌丝在薄壁细胞与气腔内生长蔓延，随着病斑的逐渐扩大，菌丝体进一步扩展，维管束细胞中充满菌丝，薄壁细胞及导管细胞解体，病菌上下扩展的同时也纵深发展；而在抗病品种上菌丝扩展慢且病斑出现较晚（张红生等，1990；陶家凤，1992）。

2. 侵染循环

纹枯病菌主要以菌核在土壤、稻桩中越冬，也可以菌丝体在病残体或田间杂草上越冬。翌年春天温度适宜时，漂浮于水面的菌核萌发、长出菌丝、侵入稻株近水面处的叶鞘中并形成病斑，随后从病斑上再长出菌丝及菌核，先纵向发展侵染其他部位，后横向发展侵染邻近稻株，使病情进一步扩大。在高温（30℃

左右）高湿条件下，菌核的形成周期为 10d 左右。

目前，很少发现在感病植物上产生担孢子，研究认为担孢子在水稻纹枯病的发病过程中不起主要作用，但在高湿环境下担孢子在大豆纹枯病发病过程中扮演着重要的角色（Sneh et al., 1992）。

（九）病原毒素

毒素在纹枯病菌侵染过程中扮演着极其重要的角色。水稻纹枯病菌（立枯丝核菌）毒素作用于水稻后，水稻组织表现为一系列细微的变化，如电解质外渗，细胞膜、叶绿体等超微结构变化，使水稻组织受到损伤，表现典型的发病症状。

水稻纹枯病菌产生的毒素主要有 5 种成分：苯乙酸（phenylacetic acid）、间羟基苯乙酸（m-hydroxy-phenylacetic acid）、β- 呋喃甲酸（β-furoic acid）、琥珀酸（succinic acid）、乳酸（lactic acid）。陈夕军等（2011）以乙醚萃取法获得了纹枯病菌毒素，对毒素进行薄层色谱（TLC）分析后发现，该毒素为糖类物质；高效液相色谱（HPLC）检测显示，该毒素至少有 4 个特殊吸收峰，表明可能有 4 种组分。气相层析-质谱联用（GC-MS）检测表明，该毒素含有葡萄糖、N-乙酰氨基甘露糖和蔗糖，不含苯甲酸、苯乙酸及其衍生物（陈夕军等，2009b）。水稻纹枯病菌毒素对水稻胚根、胚芽具有明显的抑制作用，对 4 叶期幼苗具有明显的致萎作用，对水稻叶鞘细胞及其超微结构、细胞膜具有显著的破坏作用（陈夕军等，2009b）。

不同水稻纹枯病菌菌株的产毒能力有明显差异，菌株致病力与产毒能力具有正相关性，可以用毒素来进行品种抗病性的快速筛选（刘洪涛等，2011）。采用水稻胚根生长抑制法，测定了 10 个水稻纹枯病菌菌株在寄主体外产生毒素的能力，发现不同菌株的产毒能力各不相同，且产毒量差异显著。采用离体叶片接种法测定了这 10 个菌株的致病力，表明不同菌株的致病力有显著差异。菌株的体外产毒能力与致病力高度正相关（R=0.9152），表明水稻纹枯病菌毒素的分泌可能在其致病过程中起重要作用。研究以纹枯病菌强致病力菌株 GD-11 和 GD-118 产生的毒素为选择压力，建立了水稻抗纹枯病突变体的筛选体系（敖世恩等，2006）。

（十）病原抗药性

病原菌对其防控药剂产生抗性是生产实际中常见的问题，对农作物病虫草害的防治具有非常大的负面影响。水稻纹枯病菌对杀菌剂抗药性的研究报道较少。

1. 对化学药剂的抗性

不同地区来源的水稻纹枯病菌对不同的化学杀菌剂的敏感性有较大差异。38 个来自贵州不同地区的水稻纹枯病菌对常用药剂的抗药性评估结果显示，所有菌株对噻呋酰胺的 EC_{50} 为 0.0264～0.3802μg/mL，平均值为 0.0712μg/mL；对己唑醇的 EC_{50} 为 0.0036～0.0907μg/mL，平均值为 0.0251μg/mL。表明贵州纹枯病菌对噻呋酰胺和己唑醇具有较高的敏感性，但不同地区间菌株的敏感性不同。纹枯病菌对噻呋酰胺和己唑醇未产生交互抗性，可以在生产上交替使用（谭清群等，2017）。

从贵州、湖北、湖南和河南的 7 个稻区分离的 101 株纹枯病菌对苯醚甲环唑的 EC_{50} 为 0.3655～4.832μg/mL，平均值为 1.872μg/mL，说明不同稻区的菌株敏感性存在明显差异。湖南长沙的菌株对苯醚甲环唑的敏感性最高，EC_{50} 平均值为 0.9436μg/mL；湖北武穴的菌株对苯醚甲环唑的敏感性最低，EC_{50} 平均值为 3.3112μg/mL，约为湖南长沙的 3.5 倍。水稻纹枯病菌对苯醚甲环唑的敏感性呈连续性分布，敏感性最低的菌株 EC_{50} 是敏感性最高菌株的 13.2 倍。

2. 对井冈霉素的抗药性

井冈霉素（validamycin）是我国产量最大、防治纹枯病时间最长，应用面积最大的农用微生物源抗生素，主要用于水稻、小麦、玉米等纹枯病的防治。

　　井冈霉素从研发成功、大面积使用至今已有近 50 年时间。该制剂具有生产成本低、毒性低、对环境安全、很难产生抗药性等特点，成为防治水稻纹枯病的主要药剂。纹枯病菌对井冈霉素是否产生了抗药性，有以下两种观点。

　　1）已产生抗药性观点：1995 年，张穗等检测了郑州郊区主要水稻种植区水稻纹枯病菌对井冈霉素的敏感性。结果发现，引起水稻纹枯病的丝核菌有 AG-1 IA 和 AG-1 IC 两个菌丝融合群，其中 AG-1 IA 是主要致病菌群，其对井冈霉素未产生抗药性。AG-1 IC 菌群出现频率较低，但其对井冈霉素的抗药性水平较高。沈永安和王力（1989）报道了吉林水稻纹枯病菌在有些地区已对井冈霉素产生抗药性。吴婕等（2015）从四川 12 个市 26 个区（县）采集分离得到 206 株菌株，在马铃薯葡萄糖琼脂（PDA）培养基上以生长速率抑制法测定其对井冈霉素的抗药性。发现大部分菌株对井冈霉素产生了抗药性，抗性水平在低抗至中抗之间，四川成都市、眉山市和资阳市等为抗性风险较高的地区。宋晰等（2015）推测，纹枯病菌的海藻糖-6-磷酸合成酶基因（*TPS1-A*）表达量下降可导致菌体内海藻糖减少和葡萄糖的积累，这可能与抗药性的产生相关。

　　2）未产生抗药性观点：上海市农药研究所井冈霉素研究团队针对水稻纹枯病菌对井冈霉素的抗药性进行了 10 余年的跟踪研究，尚未发现抗药性（陈小龙等，2010）。付淑云等（1981）从辽宁省沈阳、东沟、新民、大洼、铁岭、营口、庄河 7 个市（县）34 个点分离获得纹枯病菌 23 株，未发现耐性菌株。周明国等（1991）研究了来自江苏、浙江等 6 个省不同用药水平条件下的 420 株水稻纹枯病菌对井冈霉素的抗药性，认为田间未出现抗药性问题。黄昌华等（1994）在室内利用含井冈霉素介质培养水稻纹枯病菌，共培养了 50 代，未见其产生抗药性。金梅松和蒋文烈（1997）对浙江省 25 个县的 144 株水稻纹枯病菌和 21 株泰国野生敏感菌株进行了抗药性测定，发现浙江省水稻纹枯病菌群体及个体对井冈霉素的敏感性与泰国野生菌株没有明显差异，证实该省水稻纹枯病菌对井冈霉素没有产生抗药性。

　　水稻纹枯病菌对井冈霉素未产生抗药性的观点认为，在室内培养基中的生测试验中，发现井冈霉素并没有杀死水稻纹枯病菌，井冈霉素对纹枯病菌菌丝体尤其是菌丝主枝的影响较大，使其形成不正常分枝从而削弱纹枯病菌的致病力。井冈霉素本身对纹枯病菌抗性菌株没有杀死作用，一旦井冈霉素作用消失，纹枯病菌仍能恢复正常生长。所以即使存在少量纹枯病菌抗性菌株，也很难因药物的筛选作用而使整个群体成为抗性群体。这也是至今尚未发现井冈霉素规模化失效报道的原因。

　　室内培养基中的井冈霉素对纹枯病菌的抑菌效果与大田对纹枯病的防治效果不相匹配，即大田防治效果要远远好于室内抑菌效果。井冈霉素对水稻植株具有诱导抗性功能，水稻喷施井冈霉素后使植株产生对纹枯病菌的抗性。其机理可能是井冈霉素抑制了水稻中的海藻糖酶，导致海藻糖积累。由于海藻糖具有特殊的生物学功能，进一步引发一系列防卫反应。这正是井冈霉素在离体培养和活体培养中对水稻纹枯病菌作用效果不同的原因。张穗等（2001）报道，在 PDA 培养基上，井冈霉素 A 对水稻纹枯病菌的理论抑制作用仅是田间活体植株对病菌实际作用效果的 1/10。

（十一）病原致病机制

1. 侵染过程及侵染结构

　　水稻纹枯病菌（立枯丝核菌）的 2 个菌丝融合群 AG-1 IA 及 AG-4 对 3 个水稻品种的接种试验表明，2 个菌丝融合群菌株对水稻的侵染过程有一些相似之处，但在侵染结构的产生和侵入方式上则不完全相同。AG-1 IA 从侵染垫及裂片状附着胞上形成侵染钉后侵染水稻，AG-4 在下位叶鞘上有较少的侵染垫和附着胞，在其他部位以菌丝直接穿透表皮细胞侵入或从气孔侵入。纹枯病菌侵染结构的形成，不仅与菌株致病力有关，也与水稻组织对纹枯病抗病能力有关（陶家凤，1992）。水稻纹枯病菌菌丝体的形成、侵染结构的数量以及侵染垫的大小与致病力强弱呈极显著正相关。

2. 细胞壁降解酶

　　水稻纹枯病菌侵染和扩展过程中细胞壁降解酶起重要作用。纹枯病菌细胞壁降解酶主要包括：多聚半乳糖醛酸酶（polygalacturonase，PG）、β-1,4-内切葡聚糖酶（endo-β-1,4-glucanase，Cx）、果胶甲基半乳糖醛酸酶（polymethylgalacturonase，PMG）、果胶甲基酯酶（pectin methylesterase，PE）、滤纸酶（filter paper enzyme，FPA）、多聚半乳糖醛酸反式消除酶（polymethylgalacturonase trans-eliminase，PGTE）和果胶甲基反式消除酶（pectin methyl trans-eliminase，PMTE）。其中，PG、PMG、Cx 属于纤维素酶，PE、FPA 属于水解酶，而 PGTE 和 PMTE 属于裂解酶。细胞壁降解酶在病菌侵染和扩展过程中起重要作用。细胞壁降解酶可对水稻叶片组织造成损伤，且随着酶浓度的增加损伤程度逐渐加重。纹枯病菌细胞壁降解酶可使水稻叶鞘褪绿变黄，叶鞘超微结构受到严重破坏，如细胞壁部分裂解、叶绿体和线粒体损伤等。

3. 毒素

水稻纹枯病菌毒素可以使水稻组织受到损伤，抑制胚根和胚芽的生长，对水稻幼苗具有致萎作用，病菌的致病力与其产生毒素的能力呈正相关性。具体情况见上文"病原毒素"部分。

4. 黑色素

与稻瘟病菌一样，水稻纹枯病菌也能产生黑色素。一些化学物质对纹枯病菌黑色素的产生有一定影响，500μg/mL K_2SO_4、NaH_2PO_4 和 $CO(NH_2)_2$，5μg/mL $CuSO_4$ 和 $ZnSO_4$，5μg/mL 槲皮素、桑黄素和抗坏血酸以及 50μg/mL 儿茶酚溶液对水稻纹枯病菌黑色素的形成均有促进作用。其中，在 500μg/mL $CO(NH_2)_2$ 处理下，水稻纹枯病菌产生的黑色素最多，为 113.2mg；而在 300μg/mL 莨菪碱处理下，水稻纹枯病菌产生的黑色素最少，为 37.4mg（江绍锋等，2020）。

四、品种抗病性

（一）水稻品种抗纹枯病机制

水稻对纹枯病的抗性包括其自身具有的被动抗性和病原物及其他化学物质引发的主动抗性。被动抗性是由水稻具有的特殊形态结构或生理生化特征所决定的。

1. 品种结构抗性

水稻单位叶面积的蜡质含量与品种对纹枯病的抗性密切相关，寄主表面较多的蜡质可以延迟或抵抗纹枯病菌的侵入。在抗纹枯病的水稻品种叶鞘外表面有丰富的蜡质沉积，而感病品种则少有甚至没有蜡质沉积。用氯仿除去抗病品种叶鞘上的蜡质，再接种纹枯病菌，则出现感病反应。

测定纹枯病菌对水稻品种的侵染情况时发现，接种 5d 后，叶鞘内侧的病斑扩展最快，其次是叶片和叶鞘外侧，叶片基部仅在边缘叶肉细胞产生褐色短线条斑，叶枕则不发病。水稻不同部位抗纹枯病菌侵染能力与表面蜡质含量、细胞硅化程度和角质层厚度呈显著正相关（童蕴慧等，2000），即角质层越厚，越能抵抗侵染。叶枕角质层最厚，其次是叶片基部、叶鞘外侧和叶片，而叶鞘内侧最薄，这可能是纹枯病多从叶鞘开始发病的原因。电镜观察结果也证实，叶鞘内侧表皮细胞光滑、无硅化细胞的存在，叶片和叶鞘外侧硅化细胞小而稀疏。

2. 品种生理生化抗性

纹枯病菌接种水稻后，抗病品种的酚类化合物、糖类、蛋白质的含量高于感病品种。纹枯病菌感染水稻后可诱导产生两种几丁质酶（分子量分别为 28kDa 和 35kDa）和两种 β-1,3-葡聚糖酶（30kDa、32kDa）。用纹枯病菌接种，24h 后水稻叶鞘中能诱导产生 5 种病程相关蛋白，未接种的水稻叶鞘中没有表达此类蛋白。接种纹枯病菌前用杀菌剂稻瘟净喷洒水稻叶面，可显著降低水稻纹枯病的发病程度（任春梅等，2001）。水稻组织内的淀粉含量与水稻对纹枯病的抗性呈正相关，较高的淀粉含量足以抑制纹枯病菌的生长。

纹枯病菌侵染水稻后，寄主体内会发生一系列的生理生化反应，主要表现在一些与抗性有关的酶活性、还原糖及游离氨基酸含量的变化。用水稻纹枯病菌多核菌株（LND06）和双核菌株（JLS10）以及毒素分别接种抗病品种港源 8 号和感病品种秋田小町，结果发现，2 个品种接种后，水稻植株体内过氧化物酶（POD）、苯丙氨酸解氨酶（PAL）、抗坏血酸过氧化物酶（APX）、多酚氧化酶（PPO）、过氧化氢酶（CAT）、血清总超氧化物歧化酶（T-SOD）、谷胱甘肽过氧化物酶（GSH-Px）的活性及抗超氧阴离子自由基（ASAFR）和 H_2O_2 含量均呈先升高后降低的变化趋势；感病品种秋田小町接种后，寄主防御酶活性峰值更高、达到峰值的时间更早，部分酶活性在 36h 达到峰值，其余在 36~48h 达到峰值，但达到峰值后下降速度也更快；抗病品种港源 8 号接种后，寄主抗性响应较晚，在 48~72h 达到峰值，但达到峰值后防御酶活性下降速度较慢，维持在略高于对照的水平（许月等，2018）。

硅元素能增强水稻对纹枯病的抗性。加硅处理的水稻叶片硅化细胞和叶片表面的硅元素含量均显著高于缺硅处理。接种纹枯病菌后，加硅处理的丙二醛（MDA）含量总体低于缺硅处理；加硅处理的超氧化物歧化酶（SOD）活性始终高于缺硅处理，接种后第 4 天加硅处理的 SOD 活性较低，但其 POD 活性较高，而缺硅处理的 POD 活性较低。表明硅处理增强了 SOD 和 POD 之间的协调性。接种纹枯病菌后硅对 CAT 和 PAL 活性没有产生明显影响，但降低了 PPO 的活性。加硅处理能显著降低水稻植株的纹枯病病指（张国良等，2006）。接种纹枯病菌后，施硅处理中水稻植株体内 H_2O_2 含量和 MDA 含量减少，而 CAT 活性、脂氧合酶（LOX）活性、总可溶性酚含量和木质素含量增加。不接种纹枯病菌时，施硅与不施硅处理之间上述物质的含量差异不大，但总体上低于接种纹枯病菌处理（范锃岚等，2012）。接种纹枯病菌后，水稻叶片的叶绿素含量、净光合速率（P_n）、气孔导度（G_s）均明显降低，胞间 CO_2 浓度提高。而加硅处理的水稻叶片叶绿素含量、P_n、G_s 不同程度增加，胞间 CO_2 浓度有所降低。外源施硅可不同程度地减缓纹枯病菌侵染引起的 MDA 含量的增加，对感病品种 Lemont 的缓解作用要大于抗病品种 91SP；同时不同程度地缓解纹枯病菌侵染时非气孔因素引起的水稻叶片光合速率的下降和对光合结构的破坏作用，提高光化学效率，改善叶片的光合功能，减轻叶片膜脂过氧化程度（张国良等，2008）。

3. 水稻抗性基因

水稻品种（材料）对纹枯病的抗性可能是由微效多基因控制的水平抗性（国广泰史等，2002），属于典型的数量性状（曾宇翔等，2010）。通过抗/感纹枯病水稻品种的杂交、回交分析发现，水稻品种对纹枯病的抗性可能受 1~3 对显性或隐性基因控制，也可能受微效基因控制，但多数情况下可能是受主效基因和微效基因控制（雷财林等，2004）。还有人认为水稻对纹枯病的抗性为部分显性，广义和狭义遗传力较低（任春梅等，2001）。

目前，在水稻的 12 条染色体上均已定位到抗纹枯病的数量性状基因座（QTL）（韩月澎等，2002；国广泰史等，2002；向躬朝等，2005，2007；左示敏，2006；殷跃军，2008；谢学文等，2008；左示敏等，2009；李芳等，2009；陈夕军等，2012；Li et al.，1995；Pan et al.，1999；Zou et al.，2000；Che et al.，2003；Sato et al.，2004；Pinson et al.，2005；Liu et al.，2009；Sharma et al.，2009；Channamallikarjuna et al.，2010；Rioux et al.，2011）。其中定位最多的位于第 7、11 号染色体上，均定位了 9 个 QTL；其次位于第 8、9 号染色体上，都定位了 7 个 QTL（曾宇翔等，2010）。Li 等（1995）检测到 6 个抗纹枯病 QTL，分别位于第 2、3、4、8、9 和 12 号染色体上，其中 $Qsbr3a$ 效应最大。Pan 等（1999）对 Jasmine 85/Lemont 的 F_2 无性系群体进行分析，在第 2、3 和 7 号染色体上检测到 3 个 QTL，分别可以解释表型变异的 14.4%、26.1% 和 22.2%。Zou 等（2000）对 Jasmine 85/Lemont 的 F_2 群体进行 QTL 分析，分别在第 2、3、7、9 和 11 号染色体上检测出 6 个 QTL。其中位于第 2、11 号染色体上的 QTL 在两年的试验中均检测到，其余的只在一年的试验中检测到。

至今有 3 个水稻抗纹枯病 QTL 被精细定位。在特青的第 9 号染色体和 Lemont 的第 11 号染色体上分别定位到了 1 个主效抗纹枯病 QTL。将 $qSB-11^{Le}$ 定位到 74kb 的区间内，在对 $qSB-9^{Tq}$ 定位的过程中，发现 $qSB-9^{Tq}$ 座位是由两个 QTL（分别为 $L-qSB-9^{Tq}$ 和 $R-qSB-9^{Tq}$）组成的，这两个 QTL 分别位于 180.9kb 和 207.7kb 的物理区间内（谭彩霞等，2005）。利用重组自交系 HP2216/Tetep 群体将位于第 11 号染色体上的

QTL（*qSBR11-1*）精细定位到约 0.85Mb 的区间内，这一区间内存在 154 个候选基因。将籼稻特青携带的 $qSB\text{-}9^{Tq}$ 基因导入粳稻品种可以提高其对纹枯病的抗性，研究认为 $qSB\text{-}9^{Tq}$ 在加强粳稻品种的抗纹枯病水平上有很大的应用前景（Zuo et al.，2008）。

（二）水稻品种的抗病性及抗病育种

1. 水稻品种的抗病性

在世界范围内至今尚未发现免疫或高抗纹枯病的水稻品种（资源）（Singh et al.，2002），但各国研究者的研究结果均证明，水稻品种间对纹枯病的抗性确实存在显著差异，即存在抗或中抗纹枯病的材料（刘永锋等，2006；张楷正等，2006）。例如，籼稻品种白叶秋对纹枯病的抗性较高且抗性表现稳定（袁筱萍等，2004）。利用体细胞原生质体培养的方法从感病品种 Labelle 的后代中得到两个较抗纹枯病的变异材料 LSBR-5 和 LSBR33。利用籼、粳杂交后代的自然变异株培育出一份达到"抗病"水平的水稻种质 91SPYSBR1，该种质被确定为中国水稻抗纹枯病鉴别品种中最抗病的对照材料（殷跃军，2008）。

研究利用筛选出的 5 株致病力不同的纹枯病菌 GD118、C30、E67、YN7 和 YN3 对 322 份江西水稻种质资源在苗期进行抗病性鉴定。对 5 株鉴别菌株均表现高抗或抗病的有兴国、寸谷糯、南城麻壳红、湘矮早 10 号、二禾红、小站红米稻、47601（韩国）和晚油红 8 个品种；同时发现，G 珍籼 97B、湘恢 91269 与 Rocca 3 个品种比高感对照品种 Lemont 更感纹枯病（兰波等，2011）。

研究对来自福建、广东、浙江、江西、江苏、安徽、广西、东北、四川、贵州、云南等地区的 3428 个水稻品种（组合、材料）进行了温室苗期或者田间成株期抗性鉴定，未发现免疫和高抗的种质，但不同水稻品种（组合）间的耐病程度有明显差异，有少量抗性水平较高的种质或品种（表 1-7）。中抗及以上的品种很少，中感品种约占 1/3，其余的均为感病或高感材料。筛选出中抗品种 G07-76、浙农 68、泰优 99、Q 优 5 号、Q 优 2 号、长身红、Ⅱ优 6 号、D 奇宝优 5 号、中百优 1 号、泸优 1256、珍桂矮 1 号、特优 524、辐优 136、ZH5、牧 19、4796A/5550、威优 46、华优 451 等。

表 1-7　水稻品种对纹枯病的抗性

品种类型	品种总数/个	抗性级别品种比例/%					
		0 级（HR）	1 级（R）	3 级（MR）	5 级（MS）	7 级（S）	9 级（HS）
早稻	898	0	0	4.02	39.73	40.10	16.15
中稻	1328	0	0	4.21	32.81	50.42	12.56
晚稻	1202	0	0	4.15	25.66	62.05	8.14

研究对中国南方 11 个省（自治区、直辖市）166 个籼型杂交稻组合进行苗期抗纹枯病鉴定，未发现免疫或高抗品种（组合），但不同品种间的抗性差异极显著。参试品种可划分为抗、中抗、中感、感和高感 5 级，分别占总数的 1.20%、13.86%、36.14%、43.37% 和 5.42%。大多数品种感病，仅 K 优 88 和中优 9801 抗病（王玲等，2011）。

江苏对 3901 份水稻材料进行了抗纹枯病鉴定，未发现免疫材料，Baliketumbaran、Gamilunan、下脚黑稻、庄 500、庄 507、庄 509、杂草稻 13 等 7 份材料表现为高抗（陈志谊和殷尚智，1994）。过崇俭等（1985）从 30 个粳型品种中筛选出 3 个中等抗性品种，分别为芦柴红、西石黄和小白银杏红。杨家珍（1982）从 60 个水稻品种中筛选出 3 个中抗品种，分别为南 56、水稻霸王和野稻。

2001～2004 年通过对 592 个水稻主栽及区试品种（组合）的纹枯病抗性鉴定发现，中抗品种（组合）所占比率分别为 32%、46.5%、57.7% 和 59.5%，感病品种（组合）所占比率分别为 28%、33.3%、33.7% 和 21.1%，表现高抗纹枯病的品种很少。不同类型的水稻品种（组合）对纹枯病的抗性差异较大，其中以常规籼稻、杂交籼稻、杂交中粳、中熟晚粳和早熟晚粳等对水稻纹枯病的抗性较好，中熟中粳、迟熟中粳对纹枯病的抗性较弱（刘永锋等，2006）。

李桦等（2000）对190份粳稻品种进行抗纹枯病鉴定，未发现无免疫品种，抗病材料6份，占供鉴总数的3.2%，中感、感病及高感品种150份，占供鉴总数的78.9%。肖勇等（2010）对各地700多个水稻亲本材料的纹枯病抗性进行了鉴定，发现材料间抗性差异显著，可分为抗病、中抗、中感和感病4种类型，有25个抗病亲本和21个中抗亲本，其余材料则为感病和中感。

国际水稻研究所从20世纪70年代初开始，每年收集和鉴定全球数千份水稻种质资源材料对纹枯病的抗性。80年代，在不同国家和地区设立的国际水稻纹枯病圃（International Rice Sheath Blight Nursery，IRSBN），对同一材料，采用同样的方法，多点、多年累计鉴定了近10万份材料。其中95%的材料为中感或高感，少数为中抗，没有高抗和免疫材料（过崇俭等，1985）。印度于1988年在阿萨姆邦用穗期接种的方法测试了2072个水稻品种（品系）对纹枯病的抗性，没有发现免疫或高抗材料。我国湖南省从70年代中期开始，连续8年测定了不同国家和地区的24 000份栽培稻和野生稻对纹枯病的抗性，没有发现理想的抗性材料，只有少数中抗材料（彭绍裘和曾昭瑞，1986；Xie et al.，1992）。

我国在"九五"期间（1996～2000年）鉴定了2000余份普通野生稻对纹枯病的抗性，发现中抗纹枯病的材料有S1001、S3192、S1031、S3304和S8153等。在尼瓦拉野生稻（*Oryza nivara*）、短舌野生稻（*Oryza barthii*）、南方野生稻（*Oryza meridionalis*）、药用野生稻（*Oryza officinalis*）等资源中未发现纹枯病中抗以上的材料（Prasad and Eizenga，2008）。Groth和Nowick（1992）从美国南部4个州的水稻品种中鉴定出较抗纹枯病的Tetep、Taducan、Jasmine 85、Teqing、H4/coDF、Rice/Grass、RXCL和桂朝2号等，所有抗源均引自东南亚，其中后4份种质引自我国广东。Tetep是公认的纹枯病抗源，但具有高秆不抗倒伏的缺点，生产上难以直接利用。

2.水稻抗纹枯病育种

目前水稻抗纹枯病育种进展缓慢，主要与缺乏免疫或高抗纹枯病的水稻材料有关；其次，纹枯病属于非暴发性病害，通过栽培措施和肥水管理，适当采用生物和/或化学农药防治即可解决问题。对纹枯病抗病育种没有得到足够的重视也是影响水稻抗纹枯病育种的原因。水稻纹枯病近等基因系的构建、水稻纹枯病抗病基因的鉴定为合理进行水稻抗纹枯病育种提供了依据（谭彩霞等，2004）。

广东省农业科学院、江苏扬州大学、江苏里下河地区农业科学研究所通过努力，针对水稻纹枯病采用传统的育种方法培育出了一些针对纹枯病抗性的水稻品种。通过接种纹枯病菌，发现育出的64个品种在纹枯病的抗性上确实存在着真实的遗传差异。广东的品种，其抗性表现为高抗、抗、中抗、中感、感病、高感6组中均有分布。相对抗病的品种有七苗香（2.50级）、芦丝占（3.82级），高感品种有五山占（8.60级）、青粳占（7.32级）等。江苏里下河地区农业科学研究所育成的扬稻系列，以特青为亲本的品种对纹枯病的抗性基本上均达到"抗"的水平（潘学彪等，2001）。

传统的抗病遗传育种方法未能解决水稻对纹枯病的抗性问题，有些学者把目光聚集到了转基因育种。即将内、外源广谱的抗真菌基因，如几丁质酶基因、葡聚糖酶基因以及来自拮抗微生物的基因等转入水稻中，以提高其抗病性。通过基因枪转化获得的41个转水稻碱性几丁质酶基因（*RC24*）和苜蓿β-1,3-葡聚糖酶基因（*β-1,3-Glu*）的高世代纯合株系，经接种纹枯病菌进行抗性鉴定，不同转基因系间抗性存在极显著差异（李爱宏等，2003）。

（三）水稻抗病鉴定

抗纹枯病鉴定的接种用菌株（融合群）、接种量（浓度）、接种时期（水稻生育期）、接种方法、调查时期（接种后调查时间）和方法，以及接种后的温度、湿度和光照的控制等需建立一套权威标准。这是一项有重要意义的基础工作，可为植物病理学研究和抗纹枯病遗传育种研究提供一个基础的技术平台（陈夕军等，2009a）。

在"十一五"国家农业行业专项"三大作物纹枯菌种类与寄主抗性的鉴定技术"之项目"水稻纹枯病鉴别体系及防控技术研究与应用"的支持下，中国农业大学、中国水稻研究所、扬州大学、华南农业大学、浙江大学和福建农林大学等单位通过多年多地合作研发，初步确定了水稻纹枯病抗性鉴定菌株、纹枯病菌致病力鉴定寄主（品种）。

1. 鉴别品种的筛选与确定

在扬州，经过多年苗期和成株期对 500 个水稻品种（系）接种水稻纹枯菌 YN-7 进行抗性鉴定，发现供试种质中无高抗品种（系），绝大部分种质处于中感及以下水平。从数百个水稻品种（系）中初步筛选出具有抗、中抗、中感、感和高感 5 个级别的 68 个品种（系）。经 2 年 4 地（扬州、杭州、福州、广州）苗期复筛鉴定，得到 30 个不同抗、感级别的品种（系）。初步确定 YSBR1（抗）、Jasmine 85（JAM85，中抗）、C418（中抗）、武育粳 3 号（WYJ3，感）和 Lemont（LMT，高感）为鉴定纹枯病菌致病力的鉴别品种。YSBR1 是目前为止对纹枯病抗性最好的水稻改良种质，武育粳 3 号为长江三角洲地区主栽粳稻品种，C418 为我国杂交粳稻中最重要的恢复系父本，Jasmine 85 和 Lemont 则为国际上通用的一对抗、感对照品种。

2. 鉴别菌株的筛选与确定

陈夕军等（2009a）从江苏、浙江、广东、广西、海南、云南、湖南、福建、四川等地采集纹枯病感病标样，分离获得 370 多株菌株，用上述确定的 5 个鉴别品种进行致病力测定，从中初步筛选出致病力有差异的 30 株菌株。30 株不同致病力的菌株和 30 个不同抗、感级别的水稻品种分别在扬州、杭州、福州、广州设定条件一致的情况下测定菌株致病力和品种抗病性。不同菌株的致病力和不同品种的抗病性都存在显著差异。30 株菌株中致病力最强的是 C30，对所有参试水稻品种的平均病级为 5.28 级；最弱的为 GD-2，平均病级只有 0.92 级。而品种间以 Lemont 最感病，平均病级达 6.14 级；抗病新种质 YSBR1 的抗病性明显好于其他品种，平均病级只有 2.40 级。

苗期鉴定初步确定的鉴别菌株和鉴别品种在江苏扬州与浙江杭州富阳进行了大田接种试验验证。结果表明，不同品种的抗病性存在极显著差异，且各品种抗性水平的差异趋势与苗期完全一致。Lemont、武育粳 3 号、Jasmine 85、C418 和 YSBR1 分别处于不同的差异显著性级别中。不同菌株的致病力差异也达到极显著水平，总的差异趋势与苗期基本一致，C30 致病力最强，YN-3 致病力最弱。此外，品种与菌株间的互作效应不显著。最终选择具有代表性的水稻种质 YSBR1（抗、扬州大学选育）、C418（中抗、来自辽宁）、Jasmine 85（中抗、来自美国）、武育粳 3 号（感、来自江苏）和 Lemont（高感、来自美国）作为纹枯病菌致病力鉴别品种，筛选出水稻纹枯病菌致病力由强到弱的 5 株代表菌株，即 C30、GD-118、E67、YN-7 和 YN-3，作为水稻品种抗纹枯病鉴别菌株（陈夕军等，2009a；王玲等，2010a）。

3. 水稻苗期抗纹枯病鉴定

苗期抗纹枯病鉴定多在室内、温室可控条件下进行，接种环境条件统一、可控，鉴定不受时间、空间、地域限制，接种效率高。

1）接种物的培养。将稻谷、稻壳按 1 : 2 比例混合，清水浸泡 24h 后，装入培养皿，灭菌后接种纹枯病菌，28℃培养 5d（图 1-13a）。

图 1-13　水稻纹枯病苗期接种

a：培养好的纹枯菌接种物；b：带菌稻谷接种；c：接种后覆盖尼龙薄膜保湿；d：接种后 1d 初见白色菌丝；

e：接种后 3d 长出明显的白色菌丝；f：苗期纹枯病病情调查

2）苗期接种方法。将水稻种子浸种、催芽后，选择芽长一致的萌发种子点播到装有灭菌土的塑料周转箱中（45cm×35cm×10cm），表层覆 4cm 左右灭菌土。点播按宽窄行进行，窄行（3cm）为同一品种，宽行（5cm）用来间隔不同品种。每个品种点播 20 粒种子。待各品种的大部分植株处于 3.5 叶期进行间苗，去除大于 4 叶和小于 3 叶的植株，各个品种均保留 10 株苗。用镊子将带菌谷粒置于植株基部（图 1-13b）。接种后移至控温室内，用塑料薄膜覆盖，温度和湿度分别控制在 28℃和 85%（图 1-13c）。每个处理 3 次重复。接种后 1～2d 即可在稻苗基部长出白色菌丝，发病开始（图 1-13d 和 e）；接种 5～7d 后感病对照 Lemont 中的大多数植株死亡，参鉴品种发病严重（图 1-13f）。

3）病级调查与计算。接种后 5～7d，待感病对照 Lemont 中的大多数植株死亡时进行病情调查，测量病斑高度（最高病斑的上界距土表的高度）和植株高度（秧苗最高叶尖距土表的高度），再根据公式（1-1）计算病级。

$$病级＝病斑高度/植株高度×9 级 \tag{1-1}$$

4. 水稻成株期抗纹枯病鉴定

水稻成株期抗纹枯病鉴定可在水泥池或大田进行。一般工作量大，接种鉴定结果易受外部环境因素影响。

1）菌株培养。在无菌条件下，将水稻纹枯病菌接种在 PDA 培养基上，置于 28℃恒温培养箱中培养 2～3d，待培养基表面长满白色菌丝后备用。

2）接种物培养。将木质牙签剪成 0.8～1.0cm 长小段并纵劈为二，单层平排于直径 9cm 的培养皿中，每皿加入约 10mL PDB 培养液，高温高压灭菌后接种纹枯病菌，28℃培养 3～5d 后用于田间接种（图 1-14a）。

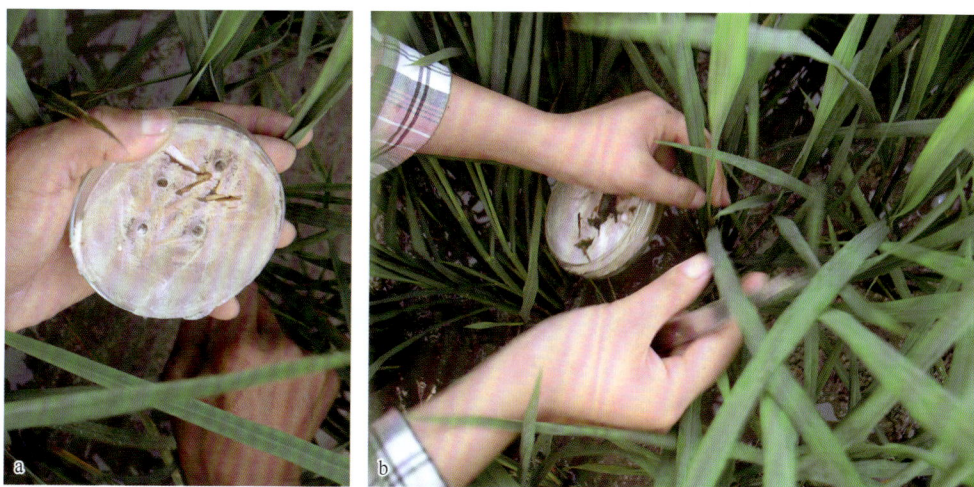

图 1-14　水稻纹枯病大田成株期接种

a：人工培养菌；b：牙签嵌入接种

3）田间接种方法。通过调节播期使各参鉴品种接种时生育期相对一致。每个品种栽植 3 行，每行 12 丛，3 次重复，随机区组排列。分蘖末期用镊子将带菌木质牙签嵌入稻株茎秆自上而下第 3 叶鞘内侧，每行 10 丛（去掉两端各 1 丛），每丛接种 3 个茎秆，并在相应的叶片上做标记。此时该叶鞘不再伸长，接种后叶鞘抱茎状态基本未改变（图 1-14b）。

4）病级调查及计算。在水稻抽穗后 30d 左右，采用 Rush 0～9 级评价标准改进的病情划分标准调查病级（Rush et al.，1976）。以 10 丛病级平均数代表该品种病级。

以上是笔者参与的项目组创建的水稻品种抗纹枯病鉴定的鉴别菌株、纹枯病菌致病力测定的鉴别品种（系），以及苗期、成株期人工接种鉴定、调查的技术方法。国内外有关的纹枯病抗性鉴定及技术方法还有许多。该套鉴别品种和鉴别菌株及接种技术方法经多年多地的不同学者应用、验证，证明对水稻纹枯病菌接种的致病力、水稻品种的抗纹枯病性均具有较好的鉴别能力。

5. 水稻抗纹枯病鉴定的其他接种技术方法

（1）接种方法及其优劣比较

迄今为止，先后发展了多种抗纹枯病接种鉴定体系，这些体系涉及接种方法、接种时期、调查时期、调查标准等多种要素（Rush et al.，1976；潘学彪等，1997；Singh et al.，2002；左示敏等，2006）。

目前，国内外常用的水稻抗纹枯病鉴定接种方法有离体叶片法、苗期微室法、苗期 Parafilm 小袋法、成株期雾室法和成株期铝箔包裹法（Jia et al.，2013）；成株期谷壳散布法（Li et al.，1995；Prasad and Eizenga，2008）、苗期雾室法、成株期牙签嵌入法（潘学彪等，1997；Pan et al.，1999；左示敏等，2006）、菌核插入法（Channamallikarjuna et al.，2010）、注射器注射菌丝体液法（国广泰史等，2002）、捆绑带菌稻秆法（Che et al.，2003）等也常用于水稻抗纹枯病鉴定。

用已知抗、感纹枯病差异明显的 8 个水稻品种（C418、Jasmine 85、特青和明恢 63 相对抗纹枯病品种，武育粳 3 号、日本晴、珍汕 97、Lemont 为相对感病品种）比较评价了前人研发的离体叶片法、苗期微室法、苗期雾室法、苗期 Parafilm 小袋法、成株期谷壳散布法、成株期牙签嵌入法、成株期雾室法、成株期铝箔包裹法等 8 种水稻抗纹枯病接种鉴定方法。水稻纹枯病主要是叶鞘病害，离体叶片法虽然操作简单，但基于叶片部位接种的离体叶片法和 Parafilm 小袋法的鉴定结果与其他 6 种方法的鉴定结果不具有显著相关性，这两种方法不能真正反映水稻品种对纹枯病的抗性。成株期谷壳散布法操作粗放，发病不一致，重复性较差，可作为前期大规模品种的初步筛选，但不适合准确量化的抗病 QTL 定位研究。成株期雾室法和铝箔包裹法虽然鉴定结果较准确，但操作烦琐，需要精确的控温、控湿和光照设备，不适合大规模的表型抗性鉴定。苗期微室法、苗期雾室法和成株期牙签嵌入法操作相对简单，接种后抗性鉴定结果差异显著，与品种的实际抗性水平吻合，重复性好，3 种方法之间的相关性均达到极显著水平。因此，苗期微室法、苗期雾室法和成株期牙签嵌入法 3 种接种鉴定水稻抗纹枯病的方法适合大规模水稻品种抗性鉴定（贺宏等，2021）。

易润华等（2003）也比较了 7 种苗期和大田水稻纹枯病接种方法的发病效果，认为 7 种接种方法的接种效率由高到低依次为：稻秆离体接种、盆栽苗接种、叶片离体接种、牙签嵌入接种、瓶内扦插接种、盆栽幼苗接种、菌丝悬浮液喷洒接种。菌丝悬浮液喷洒接种不能使水稻植株发病，其他接种方法均能使水稻植株发病。

比较水稻苗期菌核接种、牙签嵌入接种、玉米沙接种和菌碟套入法接种等方法，表明菌核接种发病程度较轻，发病时间过长；牙签嵌入接种法和玉米沙接种法工作量较大，接种体准备过程较烦琐且易受污染；菌碟套入法接种具有发病速度快、病情均一、便于调查等特点。其保湿过程中使用的矿泉水瓶，保湿效果很好，其透明材质也有利于幼苗接受光照，透气孔保证了对幼苗的供氧量，并可循环使用。由于菌碟套入法接种发病速度快、病情严重，应及时调查病情，可作为水稻苗期试验的快速接种方法。

在大田成株期采用嵌入法、外贴法、撒施法、捆扎法等 4 种接种方法，研究不同接种及调查方法对水稻抗纹枯病遗传研究的影响。结果发现，"带菌短牙签嵌入法"接种植株间始病迅速且整齐一致，感病品种发病适度，不同品种间抗、感差异最为明显。病情调查的适宜时间在发病初期或抽穗后 30d 左右（视品种灌浆期长短而异）。但该方法工作量大，在劳动力缺乏的地方，较难保证在短时间内完成接种，这可能在一定程度上影响病情发展的一致性（潘学彪等，1997）。

（2）水稻抗纹枯病鉴定的接种时期

水稻抗纹枯病人工接种鉴定成功，关键在于大面积采用一致的接种方法和技术、一致的发病（环境）条件、准确有效的鉴定方法、统一的调查标准和方法等。对于遗传育种研究，抗性鉴定技术要简单易行。近年来使用较多的接种方法是采用稻谷和谷壳作为接种物，接种物容易准备，易于在田间操作，能在田间均匀分布。

水稻纹枯病的抗性鉴定易受环境中温度、湿度及水稻株高和生育期等的影响。水稻对纹枯病的抗性鉴定有苗期鉴定和成株期鉴定，有少量的精细鉴定和大规模的初步筛选。苗期鉴定时期一般在 3.5 叶期接种。苗期抗性鉴定多在室内或温室可控条件下进行，外界环境条件影响相对较小。在温室条件下的鉴定结果最终都必须有大田成株期的鉴定结果加以验证（Jia et al.，2007；王子斌等，2009），因为纹枯病是一种成株期病害，特别是生长后期的主要水稻病害。

成株期人工接种抗性鉴定多在室外大田中进行，受环境中温度、湿度影响较大。成株期鉴定的接种时期多为水稻分蘖末期，少数为拔节期、孕穗期。抗性鉴定接种后的调查时期多为抽穗后 30d，也有的在接种后短期进行调查（如接种后 14～30d）。由于水稻品种生育期不一致，鉴定前必须要了解品种的生育期，调节播栽时期，使水稻分蘖末期处于同一时间段。

（3）水稻抗纹枯病鉴定的抗性评价

采用不同评价体系对同一品种的抗性水平进行评价，结果也有差异。采用"群体平均病级"来评价品种抗性水平，与用"病指"评价抗性水平的结果进行比较，发现"病指"评价的抗性水平要高于"群体平均病级"评价的抗性水平。例如，采用病指评价 ZH5 品种为抗病（R）水平，采用群体平均病级评价 ZH5 品种则为中抗（MR）水平，这与上述相关研究者的研究结果相似。

目前，水稻抗纹枯病的分级标准不一致，不同研究者提出不同的评价标准。Rush 等（1976）提出 0 级、1 级、3 级、5 级、7 级、9 级的六级分级标准，即 0 级，植株不发病；1 级，倒 4 叶（剑叶为倒 1 叶）及以下叶鞘、叶片发病；3 级，倒 3 叶及以下叶鞘、叶片发病；5 级，倒 2 叶及以下叶鞘、叶片发病；7 级，剑叶以下叶鞘、叶片发病；9 级，全株发病、提前枯死。过崇俭等（1985）提出 0 级、1 级、2 级、3 级、4 级、5 级的六级分级标准，即苗期，0 级＝没有见到症状；1 级＝病斑面积占植株叶片总面积的 5% 以下；2 级＝病斑面积占植株叶片总面积的 5.1%～25.0%；3 级＝病斑面积占植株叶片总面积的 25.1%～50.0%；4 级＝病斑面积占植株叶片总面积的 50.1%～75.0%；5 级＝病斑面积占植株叶片总面积的 75.1% 以上。同时，他提出成株期的分级如下：0 级（高抗），植株叶鞘和叶片未见症状，病指为 0；1 级（抗病），稻株基部有少数零星病斑，病指为 0.1～20.0；3 级（中抗），病斑延伸到倒 3 叶（剑叶为倒 0 叶），病指为 20.1～40.0；5 级（中感），病斑延伸到倒 2 叶，病指为 40.1～60.0；7 级（感病），病斑延伸到倒 1 叶，病指为 60.1～80.0；9 级（高感），病斑延伸到剑叶或全株枯死，病指为 80.1～100.0。根据该病指确定反应型，见表 1-8。

表 1-8　水稻纹枯病的病情分级和调查记载标准

病害评级	症状	病指
0 级（高抗）（HR）	植株叶鞘和叶片未见症状	0
1 级（抗病）（R）	稻株基部有少数零星病斑	0.1～20.0
3 级（中抗）（MR）	病斑延伸到倒 3 叶（剑叶为倒 0 叶）	20.1～40.0
5 级（中感）（MS）	病斑延伸到倒 2 叶	40.1～60.0
7 级（感病）（S）	病斑延伸到倒 1 叶	60.1～80.0
9 级（高感）（HS）	病斑延伸到剑叶或全株枯死	80.1～100.0

6. 水稻纹枯病严重度与产量损失

水稻纹枯病造成产量损失受到多种因素影响，如品种类型、栽植方式、密度、施肥类型和时期、水分管理等。

（1）纹枯病对水稻产量构成因子的影响

笔者研究团队在"水稻纹枯病鉴别体系及防控技术研究与应用"项目的支持下，经过多年多地对不同类型水稻品种，感染纹枯病不同程度的水稻进行调查。发现不论是籼稻还是粳稻，常规稻还是杂交稻，水稻纹枯病病级或病指与水稻株高、穗长、病株率、千粒重和结实率、产量损失率、产量等均有极显著相关关系。随着纹枯病病指的增加，水稻株高降低，结实率下降，千粒重减轻，病株率增加，水稻产量损失率提高。水稻纹枯病对稻谷加工品质亦有明显影响，加工品质中的糙米率、精米率和整精米率都随着病害级别的增加而下降，使得稻米碎米率增加。

水稻产量损失率与纹枯病病级呈正相关。病级为1级、2级、3级、4级、5级，产量损失率分别为3.0%、5.2%、11.6%、16.4%、22.2%（陈志谊和过崇俭，1989）；如果病级按0级、1级、2级、3级、4级、5级分级，1级、2级、3级、4级的产量损失率几乎是1∶2∶4∶8倍数级增长（尹为良和王三春，1994）。通过对台南5号品种的测产发现，如果病级为1级、3级、5级、7级、9级，则产量损失率分别为14.2%、26.9%、29.0%、32.9%、40.2%（Chang，1986）。

若按国际标准分六级，即0级、1级、3级、5级、7级、9级，水稻受纹枯病侵染后受害程度不同，对单穗湿重、结实率和产量影响差异明显，病级为7级和9级分别会造成45.77%和62.75%的产量损失率（表1-9），随着病级的增加，结实率显著下降（表1-10）。水稻纹枯病越严重，产量构成因子受影响越明显（表1-11～表1-13）。

表1-9　水稻纹枯病不同发病级别对产量构成相关因子及产量的影响

病级	穗长/cm	单穗湿重/g	实粒数/粒	结实率/%	千粒重/g	理论产量/（kg/亩①）	产量损失率/%
0级	27.2	5.3	226	92.91	20.0	553.25	
1级	27.2	4.9	200	91.44	20.0	489.60	11.50
3级	27.1	4.3	178	90.44	20.0	435.74	21.24
5级	27.2	4.1	174	90.35	20.0	425.95	23.01
7级	27.0	3.3	129	70.28	19.0	300.00	45.77
9级	26.9	2.3	91	46.14	18.5	206.06	62.75

表1-10　水稻纹枯病不同发病级别对不同品种结实率的影响

纹枯病病级	两优培九		国稻6号		桂R488		天优6号	秋优838	特优253	特优273
	结实率降低/%	与0级比减产/%	结实率降低/%	与0级比减产/%	结实率降低/%	与0级比减产/%	结实率降低/%	结实率降低/%	结实率降低/%	结实率降低/%
0级	0		0		0		0	0	0	0
1级	8.42	8.63	3.96	11.11	1.58	7.54	14.97	4.21	3.56	4.86
3级	14.07	24.53	8.57	17.31	2.66	18.87	31.17	12.11	9.04	10.22
5级	17.82	29.75	12.96	22.99	2.76	22.63	43.91	19.71	15.24	17.81
7级	21.53	33.23	26.00	33.76	24.36	37.74	59.33	27.31	33.74	27.02
9级	34.79	55.15	42.07	50.44	50.34	56.61	67.12	44.87	42.99	37.85

---

① 1亩≈666.7m²，全书同

表 1-11　早、晚稻纹枯病不同病级对不同水稻品种产量构成因子的影响

季别	品种	病级	穗总粒数/粒	穗实粒数/粒	空秕率/%	结实率/%	千粒重/g	穗平均总重/g	考察穗数/个	穗实粒重/g	理论产量/(kg/亩)	与0级比减产/%
早稻	湘早143	0级	67.31	61.31	7.61	92.39	27.0	1.66	13	1.49	516.14	
		1级	63.87	59.01	8.91	91.09	27.0	1.59	14	1.45	496.78	3.75
		3级	63.21	55.93	11.52	88.48	27.0	1.51	16	1.34	470.85	8.78
		5级	61.74	52.59	14.82	85.18	27.0	1.42	12	1.25	442.73	14.22
		7级	61.36	51.13	16.67	83.33	27.0	1.38	12	1.2	430.44	16.60
		9级	65.84	47.99	27.11	72.89	27.0	1.30	13	1.17	404.01	21.73
	中98-15	0级	105.48	89.16	15.47	84.53	26.4	2.35	15	2.37	619.06	
		1级	108.76	84.82	22.01	77.99	26.4	2.24	12	2.06	588.92	4.87
		3级	108.57	75.52	30.44	69.56	26.4	1.99	10	2.03	524.35	15.30
		5级	108.14	68.59	36.57	63.43	26.4	1.81	16	1.88	476.23	23.07
		7级	110.34	65.21	40.9	59.10	26.4	1.72	14	1.64	452.77	26.86
		9级	106.7	46.17	56.73	43.27	26.4	1.22	14	1.02	320.57	48.22
晚稻	湘晚籼13号	0级	103.64	89.53	13.61	86.39	28.0	2.51	13	2.45	546.49	
		1级	102.94	88.47	14.06	85.94	28.0	2.48	10	2.08	540.02	1.18
		3级	100.47	83.41	16.98	83.02	28.0	2.34	12	2.06	509.13	6.84
		5级	96.92	75.83	21.76	78.24	28.0	2.12	12	1.94	462.87	15.30
		7级	97.95	73.47	24.99	75.01	28.0	2.06	12	1.65	448.46	17.94
		9级	97.9	68.79	29.73	70.27	28.0	1.93	11	1.55	419.89	23.17
	协禾7号	0级	143.29	128.45	10.36	89.64	26.4	3.39	15	3.18	639.22	
		1级	140.79	125.50	10.86	89.14	26.4	3.31	12	2.92	624.54	2.30
		3级	138.93	118.38	14.79	85.21	26.4	3.13	10	2.81	589.11	7.84
		5级	135.6	113.19	16.53	83.47	26.4	2.99	15	2.72	563.28	11.88
		7级	130.68	106.14	18.78	81.22	26.4	2.80	12	2.69	528.20	17.37
		9级	127.05	100.32	21.04	78.96	26.4	2.65	11	2.46	499.23	21.90
	宁粳3号	0级	79.51	76.06	4.34	95.66	26.0	1.98	12	2.21	478.37	
		1级	76.01	72.23	4.97	95.03	26.0	1.88	15	1.85	454.28	5.04
		3级	71.78	66.29	7.65	92.35	26.0	1.72	14	1.74	416.92	12.85
		5级	71.95	63.04	12.38	87.62	26.0	1.64	23	1.64	396.48	17.12
		7级	73.74	62.19	15.66	84.34	26.0	1.62	15	1.5	391.14	18.23
		9级	74.4	60.00	19.35	80.65	26.0	1.56	18	1.36	377.36	21.12

表 1-12　纹枯病不同病级对超级稻产量构成因子的影响

品种	病级	平均株高/cm	平均穗长/cm	穗实粒数/粒	穗秕粒数/粒	空秕率/%	结实率/%	结实率降低/%	平均穗重/g	千粒重/g	理论产量/(kg/亩)	与0级比减产/%
两优培九	0级	107.42	26.45	188.52	54.55	22.44	77.56	0.00	5.07	25.70	593.02	
	1级	108.00	26.04	180.03	73.41	28.97	71.03	8.42	4.88	24.59	541.86	8.63
	3级	109.29	26.76	150.16	75.14	33.35	66.65	14.07	4.37	24.35	447.54	24.53
	5级	112.93	26.65	139.49	79.34	36.26	63.74	17.82	4.05	24.40	416.60	29.75
	7级	110.00	26.59	137.94	88.72	39.14	60.86	21.53	3.72	23.45	395.93	33.24
	9级	107.83	25.04	94.43	92.25	49.42	50.58	34.79	2.78	23.01	265.95	55.15

续表

品种	病级	平均株高/cm	平均穗长/cm	穗实粒数/粒	穗秕粒数/粒	空秕率/%	结实率/%	结实率降低/%	平均穗重/g	千粒重/g	理论产量/(kg/亩)	与0级比减产/%
国稻6号	0级	107.00	29.82	171.77	46.27	21.22	78.78	0.00	6.12	31.27	657.44	
	1级	105.52	28.88	153.87	49.50	24.34	75.66	3.96	5.82	31.03	584.41	11.11
	3级	107.09	29.22	142.59	55.38	27.97	72.03	8.57	5.06	31.15	543.66	17.31
	5级	106.04	29.07	132.74	60.85	31.43	68.57	12.96	4.83	31.16	506.27	22.99
	7级	106.00	29.51	116.81	83.56	41.70	58.30	26.00	4.62	30.46	435.50	33.76
	9级	102.17	29.01	89.63	106.77	54.36	45.64	42.07	4.05	29.70	325.83	50.44

注：理论产量为折纯（×0.85）后的产量

表1-13　纹枯病病指对粳稻品种盐丰47产量构成因子的影响

病指	病株率/%	株高/cm	结实率/%	千粒重/g	减产率/%
0	0	98.6	94.8	26.5	0
5.0	18.5	98.4	95.0	26.2	0
5.5	28.0	97.1	94.0	26.0	0
6.5	29.8	97.0	94.5	26.3	0.8
6.6	35.0	97.3	95.0	26.5	0.6
7.0	38.2	96.5	93.5	26.0	0.7
7.1	40.0	96.0	92.0	26.0	0.6
7.8	40.2	96.3	92.0	25.6	1.0
7.5	40.0	96.1	92.5	25.0	1.5
10.0	45.5	95.2	90.6	25.3	3.4
10.2	45.8	96.0	90.0	25.5	3.2
15.0	49.0	95.5	89.0	25.5	6.0
18.5	55.0	95.0	89.0	25.0	8.5
19.0	55.0	95.0	87.5	25.1	10.1
19.5	55.5	95.1	86.0	25.0	11.6
21.2	55.5	94.8	84.7	25.0	13.0
22.0	55.0	94.4	82.0	24.6	14.0
26.0	56.2	94.0	80.0	24.5	19.5
30.5	70.0	93.0	79.3	24.0	25.6
37.0	70.5	91.7	78.0	24.3	30.0
44.5	75.0	85.6	75.5	22.8	38.5

（2）纹枯病病级、病指与水稻产量构成因子的回归模型

通过大量考种、测定，建立了不同类型水稻品种（组合）纹枯病病级、病指与水稻产量主要构成因子关系的一元非线性回归模型。模型中x为病级或病指，y为相应的株高、穗长、千粒重、结实率、产量、减产率等。

1）粳型稻：2个常规粳稻（盐丰47、盐粳456）纹枯病病级-株高一元非线性回归模型（常数和系数幅度为范围值，下同）为$y=(95.9600～97.0000)-(2.1100～2.8400)x$，$r=0.9462～0.9711^{**}$。2个常规粳稻（盐丰47、盐粳456）纹枯病病级-穗长一元非线性回归模型为$y=(16.3600～16.7200)-(0.6600～0.6900)x$，$r=0.9534～0.9670^{**}$。3个常规粳稻（盐丰47、盐粳456和晚粳86-04）纹枯病病级-千粒重一元非线性回归模型为$y=(24.0841～26.4600)-(0.0738～1.2600)x$，$r=0.9352～0.9770^{**}$。3个常规粳稻（盐丰47、盐粳

456 和宁粳 3 号）纹枯病病级-结实率一元非线性回归模型为 $y=(96.3406\sim99.8800)-(0.5163\sim6.5401)x$，$r=0.8363\sim0.9946^{**}$。4 个常规粳稻（盐丰 47、盐粳 456、宁粳 3 号和晚粳 86-04）纹枯病病级-产量一元非线性回归模型为 $y=(464.0000\sim757.6400)-(10.7776\sim64.7306)x$，$r=0.9472\sim0.9890^{**}$。6 个常规粳稻（盐丰 47、盐粳 456、农垦 57、盐粳 2 号、扬稻 1 号、宁粳 3 号）纹枯病病级-减产率一元非线性回归模型为 $y=(-5.0000\sim3.0066)+(0.9410\sim8.9801)x$，$r=0.9459\sim0.9954^{**}$。2 个常规粳稻（盐丰 47、盐粳 456）纹枯病病指-减产率一元非线性回归模型为 $y=(-5.6228\sim0.0414)+(0.9410\sim2.4417)x$，$r=0.9850\sim0.9994^{**}$。

2）籼型稻：3 个常规籼稻（湘早 143、湘晚籼 13 号和卢红早 1 号）纹枯病病级-结实率一元非线性回归模型为 $y=(87.4549\sim93.5908)-(1.8344\sim2.1545)x$，$r=0.9398\sim0.9928^{**}$。2 个常规籼稻（湘早 143、湘晚籼 13 号）纹枯病病级-结实率一元非线性回归模型为 $y=(-1.3003\sim-1.2337)+(2.0865\sim2.1233)x$，$r=0.9481\sim0.9928^{**}$。3 个常规籼稻（湘早 143、湘晚籼 13 号和卢红早 1 号）纹枯病病级-减产率一元非线性回归模型为 $y=(-0.9849\sim1.1340)+(2.3303\sim3.2384)x$，$r=0.9598\sim0.9930^{**}$。2 个常规籼稻（湘早 143、湘晚籼 13 号）纹枯病病级-产量一元非线性回归模型为 $y=(510.2822\sim549.1292)-(12.0298\sim14.7167)x$，$r=0.9913\sim0.9929^{**}$。9 个籼型杂交稻（中 98-15、国稻 6 号、天优华占、桂 R488、天优 6 号、特优 253、特优 273、秋优 838、协优 49）纹枯病病级-结实率一元非线性回归模型为 $y=(80.8088\sim101.0822)-(1.2143\sim6.5517)x$，$r=0.8717\sim0.9941^{**}$。8 个籼型杂交稻（中 98-15、国稻 6 号、天优华占、桂 R488、天优 6 号、特优 253、特优 273、秋优 838）纹枯病病级-结实率一元非线性回归模型为 $y=(-7.3781\sim5.5808)+(1.3540\sim7.3207)x$，$r=0.8718\sim0.9941^{**}$。4 个籼型杂交稻（国稻 6 号、中 98-15、桂 R488、天优华占）纹枯病病级-产量一元非线性回归模型为 $y=(549.9212\sim645.3984)-(15.6085\sim35.5575)x$，$r=0.9741\sim0.9994^{**}$。8 个籼型杂交稻（中 98-15、国稻 6 号、桂 R488、汕优 3 号、汕优 63、南京 11、汕优桂 33、协优 49）纹枯病病级-减产率一元非线性回归模型为 $y=(-2.0110\sim0.2603)+(1.9365\sim6.4267)x$，$r=0.9631\sim0.9965^{**}$。5 个籼型杂交稻（天优 6 号、特优 253、特优 273、秋优 838、协优 49）纹枯病病级-千粒重一元非线性回归模型为 $y=(26.1475\sim29.9296)-(0.1578\sim0.5617)x$，$r=0.9009\sim0.9893^{**}$。

3）籼型-粳型稻混合：籼型稻（汕优 3 号、汕优 63、南京 11、汕优桂 33）和常规粳稻（农垦 57、盐粳 2 号、扬稻 1 号）共 7 个品种的病级-平均产量损失率一元非线性回归模型为 $y=-0.3945+2.4307x$，$r=0.9937^{**}$。

7. 水稻抗纹枯病鉴定的调查方法

水稻抗纹枯病接种鉴定、防治纹枯病的药剂药效试验等均需要对抗性级别（发病程度）进行调查、评价。

水稻纹枯病在田间的分布属于聚集（嵌纹）分布型病害，采用序贯（"Z"形）抽样法取样。国内外较常用的有 Rush 等（1976）、潘学彪等（1997）、Singh 等（2002）水稻抗纹枯病鉴定调查标准。一般采用五点取样法，每点调查 5 丛（穴）以上，调查每穴中每个单株的病级，计算病指。这种调查方法工作量极大，耗时费力，易产生人为误差。研究发现，水稻纹枯病病丛率、病株率和病斑率与病指呈现高度稳定的正相关关系。在评价病害时调查水稻纹枯病的病丛率或病株率，可将其转换为病指，这种调查方法简单、工作量小、效率高。

8. 抗性鉴定的影响因素

影响水稻抗纹枯病鉴定结果的因素很多，其中最主要的是水稻生育期。研究使用 9 个对纹枯病抗性水平不同的水稻品种，采用 3 个纹枯病菌菌株和 2 种接种方法，在 2 个生长季进行水稻品种抗纹枯病综合评价。结果发现，水稻生育期、接种方法和菌株均极显著地影响水稻品种对纹枯病的抗性反应。其中，以生育期的效应最大。粳稻品种抗纹枯病水平与品种成熟期关系较为密切，早熟品种比晚熟品种更易感纹枯病。水稻不同生育期接种对纹枯病的抗性差异较大，同一品种不同生育期的抗性差异也较大。金刚 30 在孕穗期及幼穗分化末期的病指在同一水平，幼穗分化期次之，分蘖期与分蘖初期的病指最低（过崇俭等，1985）。

不同接种方法对水稻纹枯病发病程度的影响因生育期的不同而有所变化。不同品种在同一生育期、相同接种方法和菌株条件下，抗性反应存在极显著差异。但籼稻品种白叶秋在 2 个生长季、2 种接种方法和 3 个菌株接种条件下均表现出较稳定的纹枯病抗性，可作为纹枯病抗性种质用于水稻抗病育种（袁筱萍等，2004）。

同一个品种在不同地区进行抗纹枯病鉴定，结果也有很大差异。对 17 个早稻品种在湖北公安、湖南华容、江西瑞昌进行了抗纹枯病大田鉴定。如表 1-14 所示，中组 1 号、9818、988 在江西表现为抗病（平均病指为 17.37），在湖北表现为感病（平均病指为 34.96）；而 944 和浙 9248 在江西表现为感病（平均病指为 41.00），在湖北表现为抗病（平均病指为 19.69）（成国英等，2000）。

表 1-14　水稻品种在不同地区抗纹枯病鉴定结果

品种	病指		
	湖北	湖南	江西
988	36.30	58.10	19.90
9818	35.65	50.03	16.50
中组 1 号	32.93	43.90	15.70
浙 9248	20.46	79.20	47.03
944	18.91	56.10	34.97
中辐 955	15.99	56.00	16.03

纹枯病菌的自然群体毒力存在显著的地域性差异；或同一水稻品种对不同地区纹枯病菌存在抗病性的分化（过崇俭等，1985）；或不同地方操作者的接种技术水平不一致（接种时期、接种方法掌握的准确度）；或接种至调查期这段时间不同地方的气候条件不一样，均影响纹枯病的发病进程。

对引自美国的水稻纹枯病抗性品种进行了 2 年的田间接种试验和 1 年的田间性状考察。结果显示，抗性品种与感病对照间在抗性水平上存在极显著差异，品种抗性与年份间的互作不显著，抗性与株型及生育期的相关性也不显著，表明抗性是一个真实的遗传性状（陈宗祥等，2000）。多数抗性品种在中美两地的抗性表现大体一致，且多数引进抗性品种为半矮秆品种（系）或推广品种，具有较好的农艺性状，品种（材料）间的抗性差异微小，较易为育种家所利用。

水稻对纹枯病的抗性既可存在于高秆品种中，也可存在于半矮秆品种中，株型性状与抗病性没有显著相关性。水稻对纹枯病的抗性并非完全由控制生育期或株高性状的基因的多效性而表现出来，抗性本身是一个可遗传的性状。水稻对纹枯病的抗性受微效多基因控制。水稻的纹枯病抗性与株高、抽穗期密切相关，甚至以此推测水稻的纹枯病抗性受株高、抽穗期基因的多效性所控制（国广泰史等，2002）。

对同一水稻品种，不同研究者在不同地区、不同季节对纹枯病的抗性鉴定结果有很大差异甚至完全相反（黄世文等，2008）。袁筱萍等（2004）认为 Jasmine 85 中感–感纹枯病，而陈宗祥等（2000）认为 Jasmine 85 抗纹枯病。

五、病害发生条件

（一）气候因素

水稻纹枯病是一种由高温高湿引起的真菌性病害。高温高湿有利于纹枯病的发生，但高温（35℃以上）而干燥（相对湿度 50% 以下）的环境条件则不利于纹枯病的发生和流行。

（二）栽培条件

不同种植方式对水稻纹枯病的发生有较大影响，在密植方式下水稻纹枯病发生程度重。在抛秧、移栽（手插）、直播和机插 4 种不同种植方式下，以抛秧发生最重，其次为移栽和直播，机插发生最轻，不同种植方式之间的纹枯病病指有极显著差异（陈银凤等，2013）。

以籼型杂交稻特优649为材料，早、晚稻均采用点播、撒播、强化栽培、移栽、抛秧的栽植方式，在分蘖盛期、分蘖末期—黄熟期调查纹枯病发病严重度。如表1-15所示，水稻纹枯病的丛发病率和病指在不同播栽方式之间有差异。在水稻分蘖盛期和分蘖末期—黄熟期，强化栽培田的丛发病率和病指最高，抛秧田次之，移栽田居中，点播和撒播田发病较轻。水稻分蘖末期—黄熟期的纹枯病丛发病率和病指均高于分蘖盛期。

表 1-15　不同播栽方式水稻纹枯病发生严重度（病指）

年份	内容		点播	撒播	强化栽培	移栽	抛秧
2008	早稻	分蘖盛期	4.94	5.53	13.57	3.39	7.10
		分蘖末期—黄熟期	26.85	29.63	43.33	32.41	35.80
	晚稻	分蘖盛期	12.55	17.01	56.81	24.15	47.28
		分蘖末期—黄熟期	61.57	52.72	86.39	72.10	63.95
2009	早稻	分蘖盛期	15.43	16.36	21.92	15.74	19.05
		分蘖末期—黄熟期	40.43	41.67	52.78	40.12	43.83
	晚稻	分蘖盛期	20.68	9.57	29.32	10.80	24.69
		分蘖末期—黄熟期	21.30	28.75	34.88	21.91	36.42

（三）肥水管理

施肥量和肥料类型对水稻纹枯病的发生、严重度有非常重要的影响。施用氮肥（尿素）过多、过迟，会加重纹枯病的发生。氮、磷、钾合理配施，多施有机肥、畜禽粪肥、生物微肥等有利于控制病害。与化学肥料，尤其是氮肥（尿素）相比，畜粪、菜籽饼、生物有机肥和硫酸镁、硫酸镁钾等对水稻纹枯病均有较好的控制效果。

氮肥和钾肥的施用量之间、磷肥施用量和密度之间存在交互作用。磷肥和钾肥的施用量之间、磷肥和穗期氮肥的施用量之间不存在交互作用。氮肥和钾肥之间的交互作用是在氮肥的施用量低于200kg/hm^{2}时，增施钾肥使纹枯病加重；当氮肥的施用量大于200kg/hm^{2}时，增施钾肥使纹枯病减轻；当钾肥的施用量低于120kg/hm^{2}时，增施氮肥后纹枯病加重；当钾肥的施用量高于120kg/hm^{2}时，增施氮肥后纹枯病反而减轻。无论是否施磷肥，增施钾肥后纹枯病都减轻。磷肥与纹枯病的发生呈负相关，当磷肥施用量小于120kg/hm^{2}时纹枯病加重，当磷肥施用量大于120kg/hm^{2}时纹枯病减轻。

用中抗纹枯病的湘晚籼13号和中感纹枯病的协禾7号进行施肥量和施肥方式与纹枯病发生严重度的比较。在基肥和穗肥的氮、磷、钾施用量相同的情况下，分蘖肥氮肥施用量不同，纹枯病的丛发病率、株发病率、病指、病指增长率和平均防效，低施氮量与高施氮量相比，都明显降低（表1-16～表1-18）。

表 1-16　不同化肥用量及施用方法

处理	基肥（均为纯含量）/(kg/亩)			分蘖肥/(kg/亩)		穗肥 N/(kg/亩)	合计施 N 量/(kg/亩)（括号中单位为 kg/hm^2)
	N	P$_2$O$_5$	K$_2$O	N	K$_2$O		
N1	5	8	4	0	4	2	7（105）
N2	5	8	4	3	4	2	10（150）
N3	5	8	4	5	4	2	12（180）
N4	5	8	4	8	4	2	15（225）
N5	5	8	4	10	4	2	17（255）
N6（CK）	5	8	4	13	4	2	20（300）

注：分蘖期设置6个不同施氮处理。N1，0kg/亩；N2，3kg/亩；N3，5kg/亩；N4，8kg/亩；N5，10kg/亩；N6，13kg/亩。下同

表 1-17　不同化肥用量及施用方法对湘晚籼 13 号和协禾 7 号的水稻纹枯病的影响

处理	湘晚籼 13 号					协禾 7 号				
	丛发病率/%	株发病率/%	病指	病指增长率/%	平均防效/%	丛发病率/%	株发病率/%	病指	病指增长率/%	平均防效/%
N1	6.7	2.2	5.3	9.9	85.2	63.3	54.6	29.4	14.6	90.7
N2	23.3	10.1	3.5	12.2	81.1	96.7	61.6	34.3	39.8	76.2
N3	36.7	9.1	17.0	23.1	65.6	93.3	75.8	49.7	53.8	68.8
N4	66.7	37.8	25.5	47.4	26.8	100	97.9	63.0	92.5	45.5
N5	70.0	38.5	19.8	55.2	14.5	100	100	87.1	131.2	22.2
N6（CK）	90.0	62.2	38.2	64.7		100	99.8	120.1	168.9	

表 1-18　不同化肥用量及施用方法对中 98-15 和湘早 143 的水稻纹枯病发生的影响

处理	中 98-15					湘早 143				
	丛发病率/%	株发病率/%	病指	病指增长率/%	平均防效/%	丛发病率/%	株发病率/%	病指	病指增长率/%	平均防效/%
N1	93.3	69.4	38.4	104.2	81.1	90.0	84.5	64.8	51.4	71.8
N2	90.0	67.9	44.0	193.1	76.0	100	94.7	61.8	41.2	76.6
N3	93.3	92.3	59.2	330.5	51.0	93.3	84.9	65.9	65.0	60.9
N4	86.7	79.8	47.6	264.5	54.9	100	94.5	69.0	105.1	38.7
N5	96.7	91.6	57.1	386.6	30.3	100	96.3	73.2	124.6	27.4
N6（CK）	100	93.1	52.1	590.4		96.7	91.5	65.2	173.9	

六、病害预测预报

　　水稻纹枯病的预测预报主要依据历年发生情况、当地气候条件、栽培品种、肥水管理，以及病圃调查、田间调查（普查）等。不同地区的测报模式有差异，与分蘖—抽穗灌浆期的温度、湿度、雨日、雨量、光照等有关。

　　水稻纹枯病的发生流行与气象要素密切相关。以温度、湿度、降水、日照的影响最为明显。温度影响病害出现早晚，在温度适宜时，湿度对病情发展起着主导作用。菌丝生长的最适温度为 30℃ 左右，在 10℃ 以下、38℃ 以上停止生长。病菌侵害寄主的温度为 23～35℃，最适为 28～32℃。在最适温度下，如有水分，病菌经 18～24h 即可完成侵入，菌核在 12～15℃ 时开始形成，以 30～32℃ 为最多。日光能抑制菌丝的生长和促进菌核的形成。早稻温度达到 23℃ 时，湿度愈大，病害发展愈快。在适温范围内，相对湿度为 95% 时，纹枯病大发生。通过试验、分析得出有利于水稻纹枯病发生的气象条件为：日平均气温 23～30℃、日平均相对湿度 91%、日照时数 ≤2h、日降水量 ＞1mm。判断当地水稻纹枯病的发生严重程度可参考表 1-19。

表 1-19　水稻纹枯病发生级别及相应指标

发生级别	病指	纹枯病发生面积占实际种植面积比例/%	发生级别	病指	纹枯病发生面积占实际种植面积比例/%
1 级	＜2.5	＜15.0	4 级	10.1～15.0	50.1～80.0
2 级	2.5～5.0	15.1～30.0	5 级	＞15.0	＞80.0
3 级	5.1～10.0	30.1～50.0			

七、病害防治

水稻整个生育期都能发生纹枯病，但大多数情况下在分蘖期开始发病，孕穗—抽穗期为发病高峰期，而乳熟期之后病情开始减轻。防治适期重点在孕穗—齐穗期，由于分蘖盛期防治具有事半功倍的效果，提倡早防早治。在发病始盛期，病丛率达 15%～20% 时即需进行防治。

纹枯病在水稻分蘖—拔节期发病，主要影响株高、穗长，一定程度上影响水稻产量；在拔节后期发病，主要影响水稻的结实率、千粒重等，造成水稻产量下降。从生产实际来看，水稻拔节末期—始穗期发生纹枯病对水稻的产量影响明显。分蘖盛期发病虽然对产量有影响，但可通过后期农田管理对产量损失进行弥补，而水稻拔节末期—始穗期发病对产量可造成不可弥补的损失。因此，与其在水稻拔节末期—始穗期防治该病害的发生，不如在水稻分蘖盛期防治效果更好。

（一）种植抗（耐）病品种

轮换种植抗（耐）纹枯病水稻品种。虽然尚未发现免疫和高抗纹枯病的水稻品种，但存在抗、中抗或耐病品种，如株两优 4026、陵两优 942、龙联 1 号、松粳 12、龙粳 42 号、K 优 88、中优 9801、皖稻 199、Ⅱ优 623、Ⅱ优 92、红良优 166、Ⅱ优 802、Ⅱ优 838、冈优 182、冈优 188、冈优 22、冈优 26、冈优 881、扬两优 6 号、丰两优 1 号、三丰 101、国香 8 号、淦鑫 688、天优 18、天优华占、威优 644、新两优 6 号、川丰 6 号、国丰 2 号、中浙优 634 等。

（二）农业措施

根据前述影响水稻纹枯病发生的条件，在田间管理、水肥运筹上尽量制造不利于纹枯病发生的环境条件。犁耙田时清除田间，特别是四周和田角的漂浮残渣（纹枯病菌菌核），销毁或深埋。

每公顷田基施硅肥 225kg，水稻穗数、每穗粒数、千粒重、产量、精米率、回复值均有一定提高，整精米率显著增加，直链淀粉含量、峰值黏度、热浆黏度、冷胶黏度、稻米胶稠度、崩解值、到达峰值黏度时间呈下降的趋势，但对出糙率、透明度无明显影响。适量施硅可以提高水稻对纹枯病的抗性，降低垩白米率、垩白大小和垩白度，改善稻米的外观品质，具有提高稻米蛋白质含量的功能（张国良等，2007）。

化肥特别是氮肥施用量、施用时期和方法要科学合理。少施氮肥能在一定程度上控病，但因施氮量不足会造成减产；而多施氮肥植株生长茂盛，纹枯病加重发生，会导致减产。因此尽量做到氮、磷、钾科学合理配施，多施有机肥、农家肥等。在常规施氮量（标氮 120kg/hm^2）基础上减 20% 氮量，水稻种植密度为 23.3cm×20.0cm 情况下能增加结实率、千粒重和产量，同时还能降低纹枯病的发病程度，在同等氮肥条件下病指下降 10.88%～40.96%。如果实行宽窄行种植，则不宜长期深水漫灌，而要浅水勤灌、干湿交替、适时晒田。

（三）生物防治

生物防治是利用有益生物或其他生物来抑制或消灭有害生物的一种防治方法。水稻纹枯病的生物防治主要是采用活体微生物或其代谢产物来防治病害。

1）拮抗微生物。①拮抗真菌，如木霉属（*Trichoderma*）的长枝木霉、哈茨木霉，青霉属（*Penicillium*）真菌对纹枯病菌菌丝生长均有较好的抑制作用。②拮抗细菌，国内外已从土壤、稻田、水稻植株的根、茎、叶和根际土壤及纹枯病菌菌核上分离到许多拮抗细菌，室内生测、温室盆栽、大田试验结果显示对纹枯病菌生长的抑制作用明显，防治效果较好。陈志谊等（2000）分离筛选得到枯草芽孢杆菌 B-916 菌株，其发酵液对水稻纹枯病的防效达 80%。

2）生物制剂。较为成熟的微生物代谢产物生防制剂有井冈霉素粉剂（水剂）、申嗪霉素悬浮剂、嘧啶核苷类抗生素、井冈霉素·蜡质芽孢杆菌悬浮剂等。也可利用木脂素、一种含有芽孢杆菌的泡腾颗粒剂，或者采用微生物活体或代谢物与杀菌剂混合制成"半生物"杀菌剂。

3）稻鸭共生模式。稻鸭共养生态系统不仅防虫、除草，而且能减轻水稻纹枯病的发生和危害。每公顷放鸭 30 只，稻株纹枯病危害程度减轻 54.94%；在水稻分蘖期和孕穗期的发病高峰，放鸭区的病苞率比常规稻区分别下降 3.9% 和 9.1%，病株率分别下降 1.8% 和 5.3%。

（四）化学防治

水稻纹枯病的防治：在发病初期施药，重发田块隔 10～15d 再施一次药。可供防治纹枯病的药剂，如噻呋酰胺、噻呋·嘧苷素、苯甲·嘧菌酯、肟菌·戊唑醇、丙环·嘧菌酯、苯甲·丙环唑、氟菌·氟环唑、井冈霉素 A（24% A 的高含量制剂）、井冈·蜡芽菌、己唑醇、嘧菌酯等。3% 己唑醇+27% 稻瘟灵具有高效的内吸、渗透、传导功能，享有"水稻病害全能专家"之称，可以预防和治疗水稻三大病害（稻瘟病、纹枯病、稻曲病）及穗期综合征。

第三节　水稻稻曲病

一、病害发生与为害

（一）病害发生

水稻稻曲病（rice false smut），俗称黑球病、青粉病和伪黑穗病（pseudo-smut）。因稻曲病发生重的年份，气候条件常利于水稻的生长、丰产，故稻曲病又称为水稻"丰收病""丰收果"。稻曲病在我国发生历史悠久，明朝《本草纲目》中就有"粳谷奴（谷穗煤黑者）"（稻曲病）的描述。稻曲病在 1878 年由 Cooke 首先从印度获得病原菌标本，并命名为 *Ustilago virens*。

稻曲病在中国、印度、日本、菲律宾、缅甸、孟加拉国、澳大利亚、美国、巴西、意大利等近 40 个国家都有发生。在我国，尤以长江流域稻区发生为重。过去稻曲病在很长一段时期内只是零星发生，危害轻，被视为水稻的次要病害。20 世纪 30～40 年代在江南、华南、西南及东北稻区有发生稻曲病的报道，20 世纪 50～70 年代该病在我国部分稻区零星发生。随着大穗型、密穗型、耐肥、高产品种，尤其是超级杂交稻、籼粳杂交稻的大面积推广应用，加之气候变化、耕作制度的改变，1980 年以来，稻曲病由间歇发生上升为频发、重发的水稻穗期主要病害，给水稻高产、稳产和优质生产造成了严重危害。从发生面积和造成的产量损失来看，稻曲病已是中国水稻新三大病害之一。目前，稻曲病已成为亚洲、美洲、非洲、欧洲等水稻产区的重要病害（Rush et al.，2000；Brooks et al.，2009；Singh and Pophaly，2010）。

（二）病害为害

稻曲病对水稻生产的危害主要有两方面：一是直接造成水稻产量损失；二是病原菌污染稻谷，降低稻米品质。稻曲病严重发生，则造成水稻减产、品质下降，对人畜造成毒害（黄世文和余柳青，2003）。

稻曲病可造成水稻减产 5%～10%，重者减产可达 30%～50%。1982 年，稻曲病在湖南、江西严重发生，面积达 60 多万公顷，损失稻谷达 3000 万 kg。1984 年，辽宁省稻曲病发生面积达 20 多万公顷，占全省水稻种植面积的 43%，病穗率为 5%～10%，严重时高达 30% 以上，至 1996 年发生面积上升到 33 万 hm^2。黑龙江省 1986 年才发现稻曲病，现已成为当地水稻的重要病害之一。1994 年，冀东 7 万 hm^2 稻田发生稻曲病，损失稻谷 3720 万 kg。2004 年，湖南省中晚稻稻曲病发生严重，发病面积达 63.3 万 hm^2，损失稻谷 1.37 亿 kg，直接经济损失 2 亿元。

稻曲病在世界各地都曾有猖獗为害的报道。1997 年美国路易斯安那州稻曲病大发生。20 世纪 90 年代，稻曲病已成为印度哈里亚纳邦地区水稻主要病害之一。在我国，稻曲病在 2008 年大发生，许多稻区水稻产量和品质均严重受害，2009 年后将稻曲病列入农业部内部统计病害。目前，该病发生面积仅次于纹枯病和稻瘟病而列第三位。2017～2018 年，我国稻曲病发生面积、防治面积、挽回损失和实际损失见表 1-20。

表 1-20　2017～2018 年我国稻曲病发生情况

年份	发生面积/万公顷次	防治面积/万公顷次	挽回损失/万 t	实际损失/万 t
2017	229.37	707.20	66.45	10.53
2018	199.44	639.23	71.56	9.72

2017 年，一些省份稻曲病发生的情况：江苏 45.09 万公顷次、安徽 39.46 万公顷次、湖南 35.13 万公顷次、湖北 29.49 万公顷次、江西 18.77 万公顷次、浙江 9.47 万公顷次、广东 7.26 万公顷次和四川 7.17 万公顷次。2018 年，一些省份稻曲病发生的情况：安徽 40.98 万公顷次、湖南 26.57 万公顷次、江苏 25.97 万公顷次、湖北 22.45 万公顷次、江西 17.30 万公顷次、浙江 14.03 万公顷次、四川 9.84 万公顷次和云南 6.81 万公顷次。从稻曲病发生区域来看，我国稻曲病主要发生在长江流域的水稻种植区。

二、病害症状与诊断

（一）病害症状

稻曲病主要在水稻孕穗—抽穗扬花期感病，在灌浆—乳熟期显症，为害穗上部分谷粒。每穗少则 1 或 2 粒稻曲球（false smut ball），多则十余粒甚至几十粒。受害病粒菌丝在谷粒内形成块状，最初受害谷粒在内外颖处裂开，露出乳白色（一层膜包裹）（图 1-15a），或淡黄色块状物。稻曲球开始很小，逐渐变大，后包裹整个颖壳，形成比正常谷粒大 3～4 倍的菌块（图 1-15b）。稻曲球稍扁平、光滑、外覆盖一层薄

图 1-15　稻曲病田间危害症状

a：稻曲病感病初期及乳白色稻曲球；b：感稻曲病穗及黄色稻曲球；c：大田严重感染稻曲病；d：稻曲病黄色孢子雨；

e：墨绿色-黑褐色厚垣孢子；f：荔枝状稻曲球

膜，乳白色包膜随着稻曲球膨大而破裂，散发出黄色或墨绿色粉末，即病原菌的厚垣孢子（Nakamura and Izumiyama，1992），经风雨、震动很容易脱落在田间越冬，成为翌年主要初侵染源。近年因气候、栽培措施、品种更换（大穗、密穗、高产、耐肥品种）等改变，稻曲病发生非常严重（图 1-15c）。分生孢子逐渐由黄色变为黄绿色至墨绿色，严重感病田块几乎每穗都感染稻曲病，乳白色包膜破裂后，用竹竿在田间扫一扫，会出现黄色或墨绿色的"孢子雨"（图 1-15d 和 e）。也有报道出现荔枝状稻曲球（图 1-15f）。

　　稻曲病菌在病穗上形成黄色或墨绿色的稻曲球（图 1-16a），即分生孢子座。切开稻曲球，孢子座剖面分为 3 层：外层黄绿色，为成熟的厚垣孢子；中层橙黄色，为菌丝和孢子；内层白色或淡黄色，为放射状菌丝及正在形成的孢子（图 1-16b 和 c）。

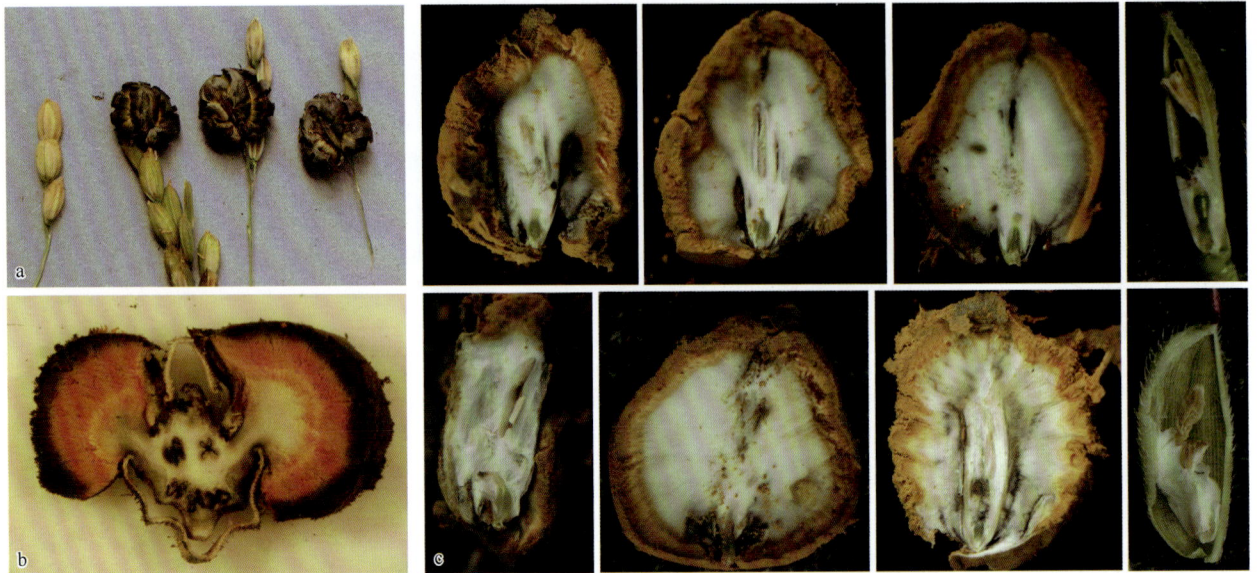

图 1-16　稻曲球
a：稻穗上着生的稻曲球；b：单个稻曲球剖面图；c：稻曲球剖面图

　　稻曲病菌有无性阶段和有性阶段。无性态主要有厚垣孢子、分生孢子；有性阶段主要是菌核萌发形成子座、子囊和子囊孢子。有的稻曲球到后期两侧生黑色稍扁平、硬质的菌核 2～4 粒，自然条件下产生的菌核个体要大于人工诱导条件下产生的菌核（图 1-17）。

图 1-17　自然条件与人工诱导的稻曲病菌菌核（左：人工诱导；右：自然条件）

（二）病害诊断

　　主要通过分子生物学对病原菌进行早期诊断。对稻田土样、水稻生长初期稻田中的浮萍（*Lemna* sp.）

和水稻植株的 DNA 进行巢式 PCR（nested PCR）扩增，可从稻田浮萍、水稻生长初期剑叶的叶耳间检测到稻曲病菌（周永力等，2006）。采用实时荧光 PCR 法可检测出低至 8 个厚垣孢子/g 土壤的稻曲病菌 DNA，其灵敏度是传统巢式 PCR 的 100 倍（Ashizawa et al.，2010）。根据稻曲病菌的全基因组序列设计特异性引物 UV-788F/UV-788R，可实现对菌株的分子鉴定和种子的快速检测（曾蓉等，2018）。也有研究尝试根据微尺度下孢子富集动力学特征设计高效富集微流控芯片，结合光电检测系统进行稻曲病菌孢子的检测（杨宁等，2017）。

三、病原学

（一）病原

稻曲病菌最早是在 Cooke 对采自印度的感病标样研究的基础上，将其命名为 *Ustilago virens* Cooke，即黑粉菌属一个种。随后 Patouillard 对来自日本的稻曲病标样进行了独立研究，将其命名为 *Tilletia oryzae* Pat.，即腥黑粉菌属一个种；1895 年，Brefeld 认为 *Tilletia oryzae* Pat. 的发育与产孢模式类似于狗尾草上的一种无性阶段，将稻曲病菌划归到绿核菌属（*Ustilaginoidea*）中，更名为 *U. oryzae* (Pat.) Brefeld（Padwick，1950；Tanaka et al.，2008）。1934 年，Sakurai 发现了该病原菌的有性孢子，即菌核萌发产生子囊孢子，该菌被归于麦角菌属（*Claviceps*）。1988 年，Ahuja 建议以 *Ustilaginoidea virens* 作为稻曲病菌的有效名称，而将 *Claviceps oryzae-sativae* 看作其别名。该命名逐渐得到了学术界的普遍认同，稻曲病菌正式命名为 *Ustilaginoidea virens*。直到 2008 年，Tanaka 等将其从麦角菌属中独立出来，有性态定名为 *Villosiclava virens*（Tanaka et al.，2008；胡东维和王疏，2012）。

在中国，魏景超（1979）对稻曲病菌的有性态与无性态均使用 *Ustilaginoidea virens* (Cooke) Takahashi，有性态归入子囊菌纲鹿角菌目麦角菌科拟黑粉菌属；无性态归入半知菌类丛梗孢目瘤座孢科拟黑粉菌属。戴芳澜（1979）则把稻曲病菌放在子囊菌纲炭角菌目麦角菌科绿核菌属，使用学名 *Ustilaginoidea virens*。张中义（1988）也用 *Ustilaginoidea virens* (Cooke) Takahashi 来命名稻曲病菌的有性态和无性态，中文属名为绿核菌属，有性态为子囊菌亚门核菌纲球壳目麦角菌科，无性态归入丝孢纲瘤座孢目瘤座孢科。方中达（1996）在《中国农业植物病害》中将稻曲病菌 *Ustilaginoidea virens* 放在真菌的半知菌亚门瘤座孢目的绿核菌属，有性态为子囊菌亚门的麦角菌属，使用学名 *Claviceps virens* Sakurai。

（二）病原形态特征

稻曲病菌菌核从分生孢子座生出，黑色、内部白色，长椭圆形，长 2.0～20.0mm，入土休眠后产生子座，橙黄色，头部球形或椭圆形，直径 1.0～3.0mm，有长柄，达 10.0mm 左右，头部外围生子囊壳。子囊壳瓶形，子囊无色，圆筒形，长 180.0～220.0μm。子囊孢子无色，线形，单胞，大小为 120.0～180.0μm×0.5～1.0μm。厚垣孢子球形，墨绿色，表面有瘤状凸起，大小为 3.0～5.0μm×4.0～6.0μm，未成熟的孢子较小，色淡，光滑。厚垣孢子在水中萌发产生细小的芽管，产生 1～3 个分生孢子。

1. 无性阶段

稻曲病菌无性态主要有厚垣孢子、分生孢子。厚垣孢子圆形或稍椭圆形，大小为 4.5～7.8μm×4.5～7.0μm，黄色至黑褐色，胞壁厚密，表面有许多疣状凸起（图 1-18a～c）。白色稻曲球上的厚垣孢子球形，无色透明，外壁光滑。在适当条件下，厚垣孢子萌发产生芽管，芽管形成隔膜并分化为分生孢子梗，在孢子梗的尖端产生次生分生孢子（图 1-18d）。

分生孢子为薄壁孢子，卵圆形或长圆形，大小为 2.6～8.0μm×2.0～5.0μm，单胞，无色透明，外表光滑。在营养充分的条件下，分生孢子萌发，将两端拉长形成菌丝，菌丝顶端再产生新一代分生孢子，或萌发产生芽管形成更小的孢子，称为次生分生孢子甚至三生分生孢子。

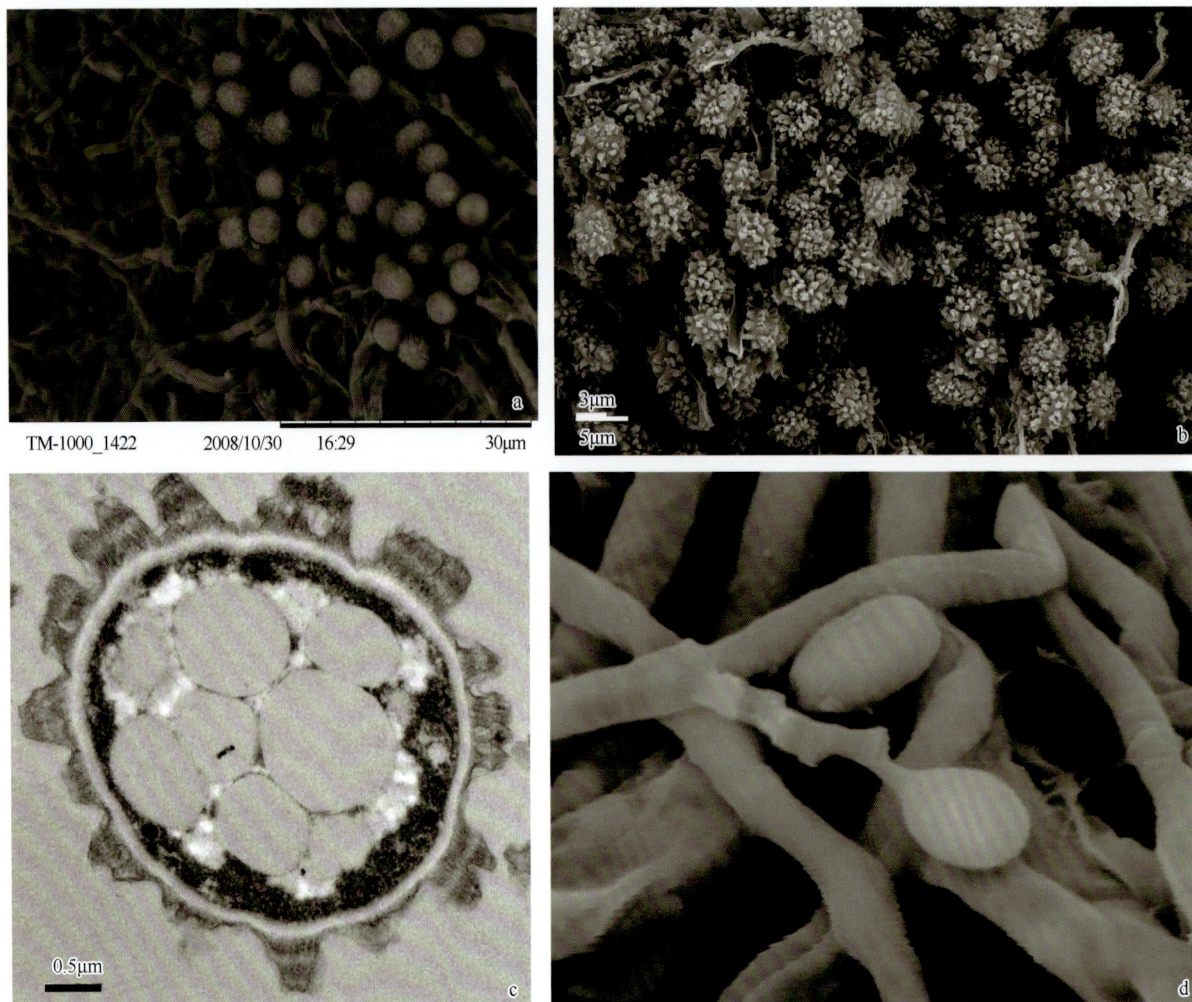

图 1-18　稻曲病菌厚垣孢子和分生孢子

a 和 b：稻曲病菌厚垣孢子（电镜扫描图）；c：稻曲病菌厚垣孢子超微结构；d：人工培养基上分生孢子扫描电镜图

2. 有性阶段

　　稻曲病菌有性阶段主要是菌核萌发形成子座、子囊和子囊孢子。稻曲病菌在稻谷病粒上可形成菌核，菌核黑色，质硬，极易脱落，呈纺锤形、马蹄形等多种形状，大小不等（长 2～20mm）。菌核萌发形成一到数个有柄头状子座，新长出的子座常呈黄色，成熟后转为墨绿色，头部表面有许多乳状凸起。子座内单层环生许多子囊壳，子囊壳卵形或梨形，有孔口，大小为 357.5μm×247.0μm，内含约 300 个子囊。子囊长圆柱形，无色透明，表面光滑，顶端有帽状结构，大小为 130.0～234.0μm×3.1～5.2μm，内长有 8 个子囊孢子。子囊孢子单胞，无色，线状，易折断，大小为 52～176.8μm×0.52～1.0μm。子囊孢子萌发有两种情形：一是萌发产生短芽管，直接形成次生分生孢子；二是萌发形成芽管，芽管伸长形成菌丝，再产生次生分生孢子和三生分生孢子。

　　白化菌株：国内外均发现一种白色的稻曲病菌，从白化型稻曲球上分离出另一种类型的菌株（图 1-19）。分析其同工酶和 RAPD 谱带发现，该菌和普通稻曲病菌的酯酶同工酶和 RAPD 扩增谱带明显不同，故认为白化菌株具有独立于常见稻曲病菌的新的分类地位，但是否能确立其新种的地位，尚需进一步研究（Honkura et al.，1991；王疏等，1996a，1997）。白化菌株的分生孢子座白色，厚垣孢子表面光滑，大小为 3.5～6.0μm×3.5～6.8μm。在麦芽糖-稻芽浸渍液中可产生较多的分生孢子，pH 为 6 时生长最好。以 2% 蔗糖为碳源或以 0.2%～0.3% L-天冬酰胺为氮源时对其菌落生长有促进作用。白化菌株回接到水稻上可重新产生白色稻曲球。

图 1-19 白化稻曲球

a：白化菌株人工接种初始稻曲球；b：稻曲病白化菌株；c：成熟白化稻曲球

（三）病原的生物学特性

1. 病原分离

稻曲病菌最早的人工分离是 Brefeld 于 1895 年在人工培养基上通过培养分生孢子和菌核得到了病原菌的纯培养物。1975 年 Sharma 和 Joshi 在酵母 PDA 培养基上从新鲜菌核上分离到了分生孢子。此后，稻曲病菌分离技术进一步发展和完善。目前，稻曲病菌的分离方法主要有组织块分离法、菌核分离法、稻曲球分离法、厚垣孢子悬浮液法和厚垣孢子振落法。

1）组织块分离法：挑选稻曲球内层的组织块，在 28℃条件下培养 3～4d，其周围可长出白色致密的菌丝，但菌丝生长缓慢，需一个月左右时间，中央变为淡黄色至黄色。该方法成功率较高，由于稻曲球内层组织块为菌丝，杂菌很少，适宜分离长时间保存的样本。

2）菌核分离法：将稻曲病菌菌核置于马铃薯蔗糖琼脂（PSA）培养基上，28℃条件下培养 10d 左右可长出白色致密菌丝，20d 左右即可转到斜面试管中。这种方法分离成功率最高可达 92.3%。

3）稻曲球分离法：即直接采用稻曲球培养，但由于稻曲球上杂菌较多，极易在培养过程中受到污染，该方法较难成功。

4）厚垣孢子悬浮液法：将厚垣孢子悬浮液置于适当的培养基上，于 28℃条件下培养 2～3d，可长出白色稀疏馒头状的单个菌落，但易受杂菌污染，且杂菌生长速度远快于病菌生长速度，分离成功的可能性降低。

5）厚垣孢子振落法：用灼烧过的镊子夹住鲜黄色的稻曲球，将厚垣孢子粉抖落在 PSA 培养基上，3～4d 后可观察到有白色的小菌落产生，将其挑至新鲜的 PSA 培养基上，10d 后可观察到酷似帽子的白色菌落，即稻曲病菌。

综合已报道的病原菌分离试验结果发现，胁本哲氏培养基+抑制细菌生长的氯霉素（50mg/mL）是分离稻曲病菌较好的培养基。采用马铃薯蔗糖液体（PSB）或马铃薯葡萄糖液体（PDB）培养基，在 22～29℃变温和 28℃恒温自然光照条件下进行分生孢子振荡培养，分离效果较好。采用孢子敲落法分离鲜黄色稻曲球的成功率较高，达 98.33%。新鲜稻曲球采用火焰灼烧表面组织分离法及黄色厚垣孢子悬浮液涂平板方法，能 100% 分离到稻曲病菌的单孢菌株，分离方法简单，污染少。

2. 病原培养

（1）菌丝

菌丝在 24～32℃ 发育良好，以 28℃ 最适宜，低于 12℃ 或高于 36℃ 不能生长。菌丝在 pH 3～10 时均可生长，最适生长 pH 为 6～7。光照对菌丝生长影响不明显。

在不同培养基上菌丝生长速度不同。在培养前期，稻曲病菌在胁本哲氏培养基上生长最快；在培养后期，则在大米粒培养基上生长最快。稻曲病菌在 PDA、PSA 培养基上生长缓慢。

适宜菌丝生长的最适碳、氮源为蔗糖和 L-天冬酰胺，最佳浓度分别为 2% 和 0.2%。无机盐为磷酸氢二钠与硫酸镁组合。在不同碳源上稻曲病菌的生长速度依次为 2% 蔗糖 > 2% 葡萄糖 > 2% 麦芽糖 > 2% 乳糖 > 2% 淀粉。

在同一种固体培养基上，稻曲病菌不同菌株培养初期菌落形态和颜色相近，但是培养一个月后则显现出不同特征。在胁本哲氏固体培养基上可表现为如下几种类型：①菌落中央凸起、鲜黄色，边缘黄绿色；②菌落中央黄绿色，边缘凸起、黄色；③菌落黄绿色，局部形成黄色凸起；④菌落黄绿色，周围长出一个至多个白色的小菌落；⑤菌落中央灰绿色，边缘白色；⑥菌落白色。

（2）厚垣孢子

稻曲病菌在无性世代发育过程中可产生黄色、黄绿色、黑色或墨绿色的厚垣孢子。厚垣孢子的产生与菌株产孢能力和培养基类型有关。有些稻曲病菌产孢，有些菌株则不产孢。有的菌株培养一周即可形成厚垣孢子，而有的菌株在最有利条件下，培养 2 个月仍未见有厚垣孢子形成。有的菌株培养 20d 即可形成大量厚垣孢子，而有的要培养 70d 后才产孢。稻曲病菌在 PSB、PDB 和燕麦片液体培养基中培养，以燕麦片最有利于厚垣孢子的产生。

厚垣孢子的存活期较长，在干燥条件下可存活 19 个月以上，在室内干燥和低温条件下可长时间保持萌发活力，冷藏保存 21 个月的墨绿色厚垣孢子萌发率可达 72.3%。厚垣孢子只能在相对干燥环境下越冬，稻田灌水不利于厚垣孢子越冬。但厚垣孢子萌发与环境条件关系密切。萌发最适温度为 28℃，28℃ 以上随温度的升高萌发率急剧下降，45℃ 几乎不萌发，致死温度为 50℃。不同颜色的厚垣孢子萌发能力和速率不同，黄色厚垣孢子萌发力强，速度快，而墨绿色厚垣孢子萌发缓慢。在适温下置于水中和水稻花粉液中 5～6h 后，黄色厚垣孢子的萌发率分别为 80% 和 90% 以上，而墨绿色厚垣孢子仅分别为 10% 和 35%。

厚垣孢子的最适生长 pH 为 5.8～6.3，pH 对厚垣孢子的萌发和产孢有明显的影响，偏酸至中性有利于厚垣孢子的萌发和产孢，过酸或过碱（pH 3.0 和 pH 10.0）则明显抑制厚垣孢子的萌发和产孢。

一些营养物可以提高厚垣孢子的萌发率，依次为 2% 蔗糖 > 2% 麦芽糖 > 淘米水 > 2% 谷芽液，1% 的葡萄糖、果糖、蔗糖和甘露糖有利于萌发和产孢。不同部位的水稻组织提取液也有利于孢子萌发，以花粉液最高。

关于光照对厚垣孢子萌发的影响不同的人有不同的看法，有的认为太阳光、荧光、紫外线等对厚垣孢子萌发无明显作用，但抑制分生孢子的形成；也有的认为紫外线和太阳光对厚垣孢子的萌发有一定的抑制作用。此外，有研究认为，光照对厚垣孢子的产生有一定的诱导作用，在光暗交替的培养条件下产生较多的厚垣孢子，光照和变温处理能明显促进厚垣孢子的萌发。

越冬后稻田地表厚垣孢子的萌发率高于土壤中的厚垣孢子。厚垣孢子易被土壤中的微生物降解而无法萌发。

（3）分生孢子

有的菌株可产生分生孢子，有的则不产生。分生孢子的形成与菌株本身和培养条件密切相关。稻曲病菌在 4 种不同培养基中培养 144h 后，产孢量最多的是 PSB 培养基，其次依次为 PDB、酵母浸出粉胨马铃薯葡萄糖（YPPD）和小麦粒（PW）液体培养基。将稻曲病菌的菌丝接入 PSB 培养液中振荡培养 7d，能产生大量的分生孢子。

分生孢子萌发适温为 22～31℃，28℃最好，最适 pH 为 6～7。基质养分对孢子萌发影响较大，PSA 最适于萌发，葡萄糖强烈抑制孢子萌发，马铃薯煮汁可刺激孢子萌发。分生孢子的存活对水的依赖性极强，在水中保存 8d 则萌发力不变，在相对湿度 100% 中保存 8d 则萌发力略有降低，而在相对湿度 25% 中保存 5h 萌发力即迅速下降。采用振荡培养法获取分生孢子，培养 10d 后孢子的萌发力开始下降（张君成等，2003a）。

（4）菌核

稻曲病菌在我国亚热带地区可形成大量菌核。晚秋气温偏低时，菌核数量显著增加，田间只有 3% 的菌核可以成功越冬，越冬后的菌核可萌发产生子囊孢子，并进一步形成大量的分生孢子。稻曲病菌菌核萌发需经过一个休眠期，越冬休眠后的菌核更利于产生子实体和子囊孢子。若要当年采集的菌核萌发产生子实体，则需具备 12h 的光照才可实现。菌核萌发还需要一定的温湿度条件。越冬后的菌核在干燥条件下不发芽。在保湿条件下，萌发适温为 26～28℃。当平均温度在 20℃ 以下时，休眠期可达到 6～7 个月甚至更长，而平均温度在 27℃ 以上时，休眠期仅 3～6 周。田间采集的稻曲球在潮湿的沙中 30℃ 孵育一个月后能萌发。菌核在沙培条件下萌发可产生成熟的子囊孢子。保存在田间的厚垣孢子及菌核的萌发能力大大高于室内，其 7～9 月的萌发能力明显高于其他月份，这一现象与田间感染发病时期相吻合。

（四）病原致病力

不同的稻曲病菌菌株存在明显的致病力差异，根据菌株的致病力不同划分为不同的类群。不同地区种植的同一寄主品种上分离的菌株致病力有差异；同一稻曲球上分离到的菌株致病力也有差异；同一菌株对不同水稻品种的致病力也不相同。

采用稻曲病菌菌株 DQ1119、DQ1120、DQ1004 对常规稻和杂交稻进行人工接种。结果发现，不同菌株对参测品种表现出不同的致病力。DQ1119 菌株接种后，12 个品种中有 11 个发病，发病率为 91.67%，最高病穗率为 100%，最高病粒率为 10.07%，病穗平均病粒数为 11.20 粒；DQ1120 菌株接种后，有 9 个品种发病，发病率为 75%，最高病穗率为 100%，最高病粒率仅为 1.81%，病穗平均病粒数为 3.11 粒；DQ1004 菌株接种后，有 8 个品种发病，发病率为 66.67%，最高病穗率为 100%，最高病粒率仅为 2.10%，病穗平均病粒数为 3.80 粒。两个感病对照品种丰秀占和湛优 226 对 3 个菌株的反应也不一致，丰秀占对 DQ1120 最感病，湛优 226 则对 DQ1119 最感病，表明稻曲病菌不同菌株间存在明显的致病力分化现象。不同品种对致病力强、弱菌株的反应也不一样，显示出不同品种对稻曲病的抗性也存在差异（冯爱卿等，2014a）。

尹小乐等（2014）测定了 100 株稻曲病菌对感病品种两优培九的致病力。无致病力的菌株 33 株、致病力弱（病粒率为 0.1%～1.0%，或每穗病粒数 1.0～2.64 粒）的菌株有 8 株、致病力中等（病粒率为 1.0%～10%，或每穗病粒数 2.65～26.40 粒）的菌株有 35 株、强致病力（病粒率大于 10%，或每穗病粒数 26.41 粒以上）的菌株有 24 株。不产孢的菌株 12 株、产孢量少（小于 $1.5×10^6$ 个孢子/mL）的菌株 46 株、产孢量中等（$1.5×10^6$～$2.5×10^6$ 个孢子/mL）的菌株 30 株、产孢量多（大于 $2.5×10^6$ 个孢子/mL）的菌株 12 株。生长速率慢（小于 1.5mm/d）的菌株 6 株、生长速率中等（1.5～3.0mm/d）的菌株 88 株、生长速率快（大于 3.0mm/d）的菌株 6 株。培养基色泽为白色的菌株 27 株、黄色的有 11 株、黄绿色的有 33 株、墨绿色的有 29 株。稻曲病菌菌株胞外物质对麦粒根长的抑制率强（50%）的菌株有 22 株。同一田块中不同稻穗上的稻曲球、同一稻穗不同部位的稻曲球上分离的稻曲病菌，其生物学特性、致病力和遗传多样性也有一定差异。推测同一稻穗上不同稻曲球可能由来源不同的稻曲病菌侵染所形成；而一个稻曲球可以由同一稻曲病菌引起，也存在多个侵染源共同侵染的可能（俞咪娜等，2013）。

江苏省采用 69 株单孢菌株分别对两优培九、淮稻 5 号、武运粳 3 号进行致病力分化的研究，不同菌株的致病力有显著差异。根据 3 个不同抗性水稻品种上的致病力，将水稻稻曲病菌划分为 7 个致病类型，其中第 3 类即对武运粳 3 号、淮稻 5 号、两优培九依次表现为抗、抗、感的有 22 株菌株，占总数的 31.9%。菌株与水稻品种的关系分为弱互作和强互作，其中弱互作菌株所占比例高达 91.3%，强互作菌株所占比例仅占 8.7%（尹小乐等，2014）。采用 46 株单孢菌株分别对粤 938、淮 9508、武运粳 3 号进行致病力分化的研究。结果表明，不同抗病性的品种对同一菌株的反应差异较大，不同菌株对同一品种的致病力有显著差异，致病力分化较明显（陈志谊等，2009）。

（五）病原遗传多样性

稻曲病菌具有丰富的遗传多样性，不同地区稻曲病菌的遗传分化与地理来源有关。来自不同地区、不同水稻品种上的菌株的遗传多样性和对水稻的致病力差异明显（Zhou et al.，2008）。不同年份、不同地区来源的菌株存在明显的遗传差异，来自同一地区的稻曲病菌菌株具有较高的遗传相似性，而不同地区的稻曲病菌菌株则表现出程度不同的变异，水稻品种与稻曲病菌遗传差异之间的相关性较小。

研究采用随机扩增多态性 DNA（RAPD）技术，对来自我国 11 个省（市）84 株菌株的遗传多样性进行分析。用 12 条 RAPD 引物共扩增出 323 个条带，多态性为 98.14%，遗传距离为 0.02～1.00。在遗传距离 0.725 水平上，所有菌株被划分成 7 个遗传聚类组，其中聚类组 R4 和 R5 为优势聚类组，并存在一些亚组。不同地区之间和同一地区内的菌株之间表现出不同程度的变异，内陆地区的菌株群体变异程度明显高于沿海地区（王舒婷等，2012）。

研究利用稻曲病菌的 rDNA-ITS 序列，分析了我国 8 个省、18 个生态地区的 35 株稻曲病菌。其 rDNA-ITS 序列完全一致，与日本菌系的 ITS（internal transcribed spacer，内在转录间隔区）序列（AB116645、AB105954）的同源性为 100%。说明我国不同来源的稻曲病菌和日本的稻曲病菌在 ITS 序列上高度同源，表明 ITS 序列不能提供不同地理来源菌系之间的遗传差异信息（王永强等，2009）。

研究全国五大稻作区分离、收集的 164 株稻曲病菌，其中 32 株来自西南的四川盆地（单季杂交稻为主），22 株来自西南的云南、贵州高原（单季稻和双季稻区，杂交稻为主，少量粳稻），28 株来自华南的广东、广西、福建（双季杂交稻区），66 株来自华中和华东的湖北、湖南、河南南部、江苏南部、安徽南部、江西和浙江（双季稻、单季稻区，主要种植杂交稻和粳稻），16 株来自东北的辽宁（单季稻区，只种植粳稻）。164 株稻曲病菌可分为 5 个地理群，20 个分支。除了东北菌株，大部分菌株表现出高水平的核苷酸多样性和单倍体多样性。华中菌株遗传变异丰富，遗传变异程度与地理距离呈极显著正相关（$P=0.001$），且遗传距离与经度极显著相关（$r=0.08$；$P=0.01$）而与纬度无相关性（$r=0.01$；$P=0.30$）。表明不同地理来源的稻曲病菌菌株具有显著的遗传差异（Sun et al.，2013）。

采用不同的稻曲病菌鉴定不同水稻品种（组合）的抗病性，不同的水稻品种测定不同稻曲病菌的致病力，发现不同的稻曲病菌菌株对同一水稻品种存在明显的致病力分化；不同水稻品种对同一稻曲病菌菌株存在抗性差异。说明不同水稻品种与稻曲病菌菌株之间存在亲和性、互作特性。根据致病力差异可将稻曲病菌划分为弱致病力、中等致病力和强致病力。依据对稻曲病菌的抗性水平，可将不同的水稻品种分为抗、中抗、中感、感和高感类型。

来自我国 9 个省（市）的 150 株稻曲病菌对已知抗性的品种（两优培九、淮稻 5 号、武运粳 3 号）的致病力测定结果表明，不同抗性品种对同一菌株的反应差异较大，不同菌株对同一品种的致病力有显著差异。根据对 3 个抗性品种的致病力，150 株稻曲病菌可划分为 7 个致病类型。其中，对武育粳 3 号、淮稻 5 号和两优培九分别表现为抗、抗、感的有 53 株菌株，占总数的 35.3%，为优势致病类型。91.3% 的菌株与水稻品种抗性表现为弱互作关系，少数菌株与水稻品种抗性表现为强互作关系（李燕等，2012）。

（六）病原致病机制

在 20 世纪 80 年代前，稻曲病在世界各地零星、轻度发生，该病害研究的深度和广度非常有限。加之病原菌独特的生物学特性，致使研究难度相对较大。对稻曲病菌的生活史、侵染机制、病原菌-寄主互作特性等基础性理论问题尚不十分明确。在病原菌的侵染机制，包括侵染时期、侵染位点、病原菌来源、扩展方式等问题上一直存在争议。

稻曲病菌主要侵染水稻的花丝并进行细胞间生长，也可侵染大麦花丝及幼嫩的浆片，在细胞间和细胞内扩展。稻曲病菌在不含纤维素的细胞壁中层扩展，在大麦和水稻花丝细胞中均不会降解微纤丝，表明稻曲病菌主要侵染具备高度伸长能力的寄主组织。稻曲病菌只能侵染根的表皮层，且菌丝在细胞间隙中生长，无法穿越根的细胞壁高度加厚的内皮层细胞，不能进入根的内部组织。稻曲病菌早期可侵入个别水稻胚芽鞘表皮细胞的角质层，不能侵入水稻叶片。稻曲病菌可短期侵染水稻苗期的幼根等伸长能力较强的组织，但无法形成系统性侵染（Tang et al.，2013；戎念杭等，2017；雍明丽，2017）。

人工接种后，显微观察稻曲病菌在水稻穗部的增殖状况。结果发现，接种后2~5d，分生孢子萌发产生的菌丝附着在花粉或花丝上，而柱头上未发现菌丝附着；接种后8d，在柱头上有附着菌丝的花粉粒，在不同的小穗内菌丝增殖的速度不同（蔡洪生和周永力，2009）。将荧光标记的稻曲病菌分生孢子注射穗苞，接种后48~144h，发现分生孢子在小穗表面萌发后生长菌丝，经小穗顶端外稃和内稃的间隙侵染，整个花器充满菌丝。说明水稻孕穗期是稻曲病菌分生孢子侵染的最佳时期（Ashizawa et al.，2012；陈福如等，2013；Tang et al.，2013）。

采用增强型绿色荧光蛋白标记稻曲病菌，研究其在稻穗中的侵染过程。结果发现，用 $2×10^6$ 孢子/mL+菌丝混合液1~2mL，在孕穗期注射接种稻穗中部可引起严重感染。接种24h后稻曲病菌首先感染内部小穗并定植在花丝基部，接种168h后菌丝量达到最高。抽穗前，侵染由花丝基部向花药顶端扩展，再包裹整个花器，产生天鹅绒状稻曲球（Hu et al.，2014）。

在水稻穗部接种后不同时间点连续取样，发现接种24h后，稻曲病菌即可侵入小穗内部，侵染率为10%；接种后168h侵染率达到最大值，为86.7%。菌丝侵入小穗内部后，最初定植在花丝基部，逐步蔓延至花药间隙及雌蕊外围，至花药顶端后迅速扩展包裹整个小穗内部，逐步膨大、突破颖壳并形成稻曲球。

稻曲病菌侵染对水稻的小穗结构产生一定的影响。稻曲病菌侵染会导致花粉粒畸形、雌蕊发育受阻、小穗无法正常授粉，抑制籽粒灌浆，造成白色秕粒的产生。受侵小穗的 H_2O_2 含量高于对照；形成白色秕粒的小穗中 H_2O_2 含量最高，是未侵染对照的11倍。二氨基联苯胺染色显示，受侵小穗的花药基部和顶端、浆片等部位颜色变深，形成 H_2O_2 富集区。白色秕粒中 H_2O_2 富集的特征更为明显，富集区域与病菌在小穗内的侵染途径密切相关（胡茂林等，2018）。

稻曲病菌侵染后导致水稻小花中1859个基因差异性表达，其中870个基因表达上调，989个基因表达下调。差异表达基因涉及细胞凋亡、Toll样受体信号、色氨酸代谢、视黄醇（维生素A）的新陈代谢、戊糖和葡糖醛酸内酯互变等途径。稻曲病菌侵染后48个水稻抗病基因出现显著性差异表达，其中包括15个病程相关基因显著上调表达（雍明丽，2017）。

稻曲病菌的全基因组序列于2014年公布后，一些致病相关基因逐渐被报道。这些基因编码的蛋白包括假定蛋白UvPro1、低亲和铁转运蛋白Uvt3277、激酶UvPmk1和UvCDC2、腺苷酸环化酶UvAc1及磷酸二酯酶UvPdeH、凋亡抑制子UvBI-1、效应蛋白Scre2（Uv_1261）、转录因子UvHox2和UvCom1、磷酸酶UvPsr1以及自噬相关蛋白UvAtg8。多数致病基因的功能研究仍停留在突变体的表型考察阶段，还不够深入。

（七）侵染循环

1. 初侵染源

对于稻曲病的初侵染源国内外尚无定论，存在较大争议。国外比较认同的观点为：病原菌以菌核、厚垣孢子越冬，越冬菌源产生的子囊孢子作为主要的初侵染源，侵害花器和幼颖，厚垣孢子在再侵染中起决定性作用。Ou（1985）认为初侵染源为子囊孢子。通过厚垣孢子、子囊孢子和薄壁分生孢子都可以成功接种水稻并引起发病，因此不少研究者认为这些孢子都可以引起初侵染（黄世文和余柳青，2002）。而厚垣孢子、子囊孢子萌发可以产生薄壁分生孢子，推测越冬后的厚垣孢子或子囊孢子萌发产生的薄壁分生孢子是稻曲病菌初侵染的主要来源。

国内学者研究表明，菌核在广东、河北、湖北部分地区未被发现，且落入土壤的菌核受水浸、微生物的作用易腐烂，找不到菌核的田块仍年年发病，菌核作为主要初侵染源值得怀疑。而厚垣孢子的发芽力可以超过 10 个月，多数学者认为厚垣孢子是主要的初侵染源。另外，可以在田间上空捕捉到厚垣孢子，说明厚垣孢子具有经气流传播的能力，由此推断稻田外有适合厚垣孢子休眠的菌源基地或中间寄主，从而认为种子和土壤带菌不可能是田间的主要初侵染源。也有学者认为菌核也可以成为初侵染源。目前国内较普遍的观点是，稻曲病菌厚垣孢子可以在土壤中越冬，翌年水稻生长季萌发产生的分生孢子成为稻曲病的初侵染来源。

关于再侵染比较一致的看法是由厚垣孢子引起的。初侵染和再侵染的谷穗形成稻曲球，稻曲球上的菌核和厚垣孢子越冬，翌年引发稻曲病。稻曲病菌的菌丝体、厚垣孢子、菌核、稻曲球都可以越冬，但越冬后在病害侵染循环中的作用争议很大。

由于越冬厚垣孢子具有侵染能力，病穗上的种子可以带菌传染。从上年感病稻穗上采集的病稻种，在无菌土壤和隔离条件下种植，抽穗后会出现病穗，表明带菌稻种可以传病，因此种子消毒仍有必要。

2. 侵染时期

稻曲病菌侵染时期国内外尚不统一。目前有 3 种不同观点：种子带菌的苗期系统侵染；水稻关键（敏感）生育期（水稻孕穗中后期—抽穗扬花期）的阶段性侵染；兼具前面两种观点的水稻全生育期均能成功侵染，每一种观点都有一定的证据。较早期的试验研究结果支持种子带菌的苗期系统侵染，而近年的研究结果多显示关键（敏感）生育期的阶段性侵染，水稻破口前 5～10d（花粉母细胞减数分裂期）是稻曲病菌侵染的主要时期。

（1）系统侵染

在水稻种子萌发至抽穗期采用厚垣孢子接种，病菌均能成功侵染并引起稻曲病的发生。稻曲病菌可侵染水稻幼苗的胚根、胚芽鞘以及孕穗期雄蕊的花丝（胡东维和王疏，2012）。用厚垣孢子在种子萌发、苗期和孕穗期喷雾或注射接种，均能成功引发稻曲病（Ikegami，1962，1963）。细胞学观察发现，稻曲病菌可侵染水稻幼嫩的胚根；PCR 检测也显示，病原菌可扩展至整个植株包括稻穗和籽粒中（TeBeest，2010）。早稻、中稻分别进行人工接种均能引起植株发病。早稻苗接种发病率最高，平均为 12.58%；中稻移栽期根部接种发病率最高，平均为 11.03%。越冬厚垣孢子可以侵染早稻的种子、芽鞘、苗叶和苗根并引起穗期发病。这些实验的共同点是病穗率都比较低，远远低于高发病年份高感品种的田间自然发病率。此外，缺乏带有特殊标记的稻曲病菌供检测验证，使得上述研究是否真正诱发侵染仍存质疑。采用稻曲病菌不同菌体拌种及土壤接菌后播种，在水稻不同生育期取样进行激光共聚焦显微观察、成熟期症状调查及分子检测分析，结果均不支持"种子或土壤带菌可以作为稻曲病初侵染源"的假设（胡茂林等，2017）。

（2）阶段性侵染

国内较普遍认为稻曲病菌侵染时期是水稻孕穗期—破口期（王洪凯和林福呈，2008），或抽穗前 1～2 周或孕穗期—破口期为主要侵染时期，而不是在浸种催芽时期（高必达和钟杰，2011）。孕穗中后期—破口期侵染的主要证据是孕穗后期人工接种可大幅度提高病穗率（蔡洪生和周永力，2009）。采用分生孢子在孕穗后期接种会引发严重的稻曲病，表明孕穗期是水稻感病的敏感时期，分生孢子是病菌的主要侵染形态（陆凡等，1996；王疏等，1996b；张君成等，2003b，2004；Ashizawa et al.，2011）。采用稻曲病菌特异性引物进行巢式 PCR 扩增，分析稻曲病菌在植株上的附着情况，处于破口期的穗部标样带菌率达 95% 以上（王疏等，2005）。经 3 年重复试验，证明稻曲病菌在幼穗形成期—孕穗中期最易侵染水稻，破口期后基本不侵入。采用水泥池内和种子上越冬的厚垣孢子液注射稻穗和涂抹穗苞均可致病。

研究采用厚垣孢子和子囊孢子悬浮液接种水稻叶鞘，观察发现 99.9% 的稻曲球内含有完整的花序，表明稻曲病菌侵染大多发生于开花期前。种子药剂处理对稻曲病无防效，种子催芽后接种稻曲病菌亦不发病，证明稻曲病不是系统侵染。采用厚垣孢子悬浮液接种受精和未受精的水稻子房可以致使稻株发病，但用孢子悬浮液涂抹稻种未能致病，揭示孕穗期是稻曲病菌侵染的关键期。上述试验结果均表明，稻曲病侵染的主要时期是水稻孕穗中后期—破口期。

孕穗期前套袋保护的水稻不发病，孕穗期后套袋保护的则发生稻曲病，表明稻曲病菌侵染是在孕穗期发生的。通过接菌、套袋隔离试验（表1-21）也基本说明稻曲病是在孕穗早期—孕穗中后期发生的（即幼穗分化初期开始侵染）。

表 1-21　水稻套/揭袋和接菌时期研究稻曲病侵染时期

套/揭袋时期	病穗率/%	病粒率/‰	接菌时期	病穗率/%	病粒率/‰
拔节期套袋	0	0	拔节期接种	0	0
孕穗早期揭袋	0	0	孕穗早期接种	0	0
孕穗后期揭袋	15.0	5.68	孕穗后期接种	38.6	17.8
破口期揭袋	24.5	9.54	破口期接种	18.5	8.24
齐穗期揭袋	29.7	10.66	齐穗期接种	5.2	3.36

在水稻的4个不同生育期（苗期、分蘖期、孕穗期和齐穗期）进行药剂防控处理，结果发现孕穗期处理的防效最高，不同播栽期的防效均超过90%。从防控时期和效果来看，孕穗期和破口期是稻曲病菌侵染的关键期。这两个时期距稻曲病显症为10～30d，是水稻生殖生长初期，为病原菌的侵入提供了最佳条件。水稻不同播栽期与稻曲病的发生密切相关，不同播栽期使水稻孕穗—抽穗扬花期的时间不同，在这个关键生育时期遇到的气象因子可能有差异，导致稻曲病的发生轻重不同。

（3）侵染方式和部位

稻曲病菌不产生典型的附着胞结构，不能直接穿透寄主细胞壁，侵染模式为胞间侵染和扩展。在孕穗期，稻曲病菌专一性侵染雄蕊的花丝，并由此生长发育成稻曲球；稻曲病菌不能侵染子房和花药，但次生菌丝可偶尔侵染柱头和浆片的外层细胞。稻曲病菌在侵染过程中不会杀死寄主细胞，而是利用寄主的营养物质（淀粉）作为培养基形成稻曲球，属于活体营养型真菌（胡东维和王疏，2012）。

3. 侵染特征

稻曲病菌以落在土壤中的菌核越冬，或以厚垣孢子附着在种子表面越冬。翌年菌核萌发产生子座，形成子囊壳，产生子囊孢子，成为主要的初侵染源。初侵染完成后形成稻曲球，稻曲球产生的孢子借助气流传播散落，在水稻破口期再侵染抽穗扬花的稻穗，如迟分蘖的植株稻穗，侵害花器和幼器，再次造成谷粒发病并形成稻曲球。病菌侵染始于花粉母细胞减数分裂期之后和花粉母细胞充实期，且花粉母细胞充实期前后这段时间是侵染的重要时期（图1-20）。

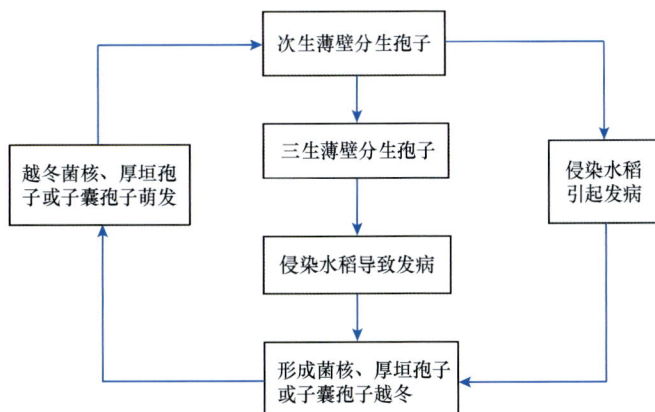

图 1-20　稻曲病侵染循环图

稻曲病的发生特点：抽穗晚、穗粒数多、抽穗慢、抽穗期长的品种发病重。抽穗扬花时遇多雨、低温，特别是连续阴雨，发生重。偏施氮肥以及穗肥用量过多，田间郁蔽严重，通风透光差，空气相对湿度高，发病重。淹水、串灌、漫灌是导致稻曲病传播的重要原因之一。

（八）病原毒素

1. 毒素类型

到目前为止，普遍认为稻曲病菌毒素是由稻曲病菌厚垣孢子产生的。研究已经发现稻曲病菌的次生代谢产物（毒素）有两类：第一类为绿核菌素（ustilaginoidin），属于萘并吡喃酮类，为脂溶性有色物质；另一类为黑粉菌素（ustiloxin），属于环肽类，为水溶性无色物质。迄今，已从稻曲病菌中分离到 6 种毒素，分别是黑粉菌素 A、B、C、D、F、E，分子式分别是 $C_{28}H_{43}N_5O_{12}S$、$C_{26}H_{39}N_5O_{12}S$、$C_{23}H_{34}N_4O_{10}S$、$C_{23}H_{34}N_4O_8$、$C_{21}H_{30}N_4O_8$，其中黑粉菌素 E 的分离量太少而无法进行实验，其结构和分子式尚不清楚。

根据稻曲球的颜色变化可将稻曲球分为早期（黄色）、中期（黄绿色）和晚期（墨绿色）3 个时期，不同时期的稻曲球样品中均可鉴定到黑粉菌素 A、B、C、D 和 F。稻曲球早期或中期可分泌大量的黑粉菌素 A 和 B，两者主要分布在菌丝和厚垣孢子中。稻曲病菌菌株间存在地域和品种差异，来源不同的稻曲球中黑粉菌素含量差异显著。稻曲球晚期是分泌绿核菌素的高峰期，稻曲球早期以分泌绿核菌素 A 和 G 为主，晚期通过氧化反应主要形成绿核菌素 B、C 和 I，三者主要分布在稻曲球的外层。黑粉菌素的产生依据稻曲球在稻穗上位置的远近呈逐渐减少的趋势（穗上部的稻曲球产生黑粉菌素的量多于基部的稻曲球），且经稻谷脱壳、碾米后，黑粉菌素去除率可达 55% 以上，说明黑粉菌素主要分布在稻壳和谷糠中。当环境条件适宜时，同一小穗即使外观正常的谷粒仍可受稻曲病菌的侵染并产生毒素（林晓燕等，2020）。

黑粉菌素是一类抗真核细胞有丝分裂的环形肽（Koiso et al.，1994），主要抑制动植物细胞的有丝分裂。稻曲病菌毒素具有热稳定性，100℃加热 30min 毒性不被破坏（陈美军和胡东维，2004）。

2. 动植物毒性

稻曲病菌毒素对动植物细胞有广泛的生物活性，对人和动物的神经系统有毒害作用。用稻曲病粒喂养兔、鸡、老鼠等动物，可导致动物肝、肾等器官病变（Nakamura et al.，1993）。用黑粉菌素进行一次性注射，可使小鼠离体肝细胞和肾管状上皮细胞急剧坏死，并阻遏细胞有丝分裂或引起不正常的有丝分裂。黑粉菌素 A 和 B 能抑制人类多种肿瘤细胞的有丝分裂，但对细菌和真菌的生长没有抑制作用（Koiso et al.，1994）。稻曲病菌内含有一种类似麦角碱的生物碱，赤手接触大量稻曲病粒，可使手指表皮"茧化"坏死。

用稻曲病粒拌饲料喂饲家兔、白洛克小公鸡和本地母鸡，经 35～84d 喂饲，可引起死亡和内脏器官病变。白洛克小公鸡死亡率达 37.5%，致死量为每克体重每日进食稻曲病籽 0.14～0.17 粒，本地母鸡停止产蛋，或出现卵巢萎缩等现象。用带稻曲病菌的谷糠喂猪，可使肉猪生长减慢，增重速度降低，引起多种内脏器官，如肝、肾、脾等病变，影响母猪生殖性能，如卵巢充血、出血，产仔数、初生窝重、断奶窝重及仔猪成活率等均下降，同时还出现产死胎、干尸胎和畸形胎等现象（黄世文和余柳青，2002）。稻曲病粒对老鼠有毒性，引起心脏、肾病变（Nakamura and Izumiyama，1992）。2003 年在贵州省天柱县社学乡曾有 1914 头（只）畜禽出现腹泻、下痢、发热、流涎、呕吐、中枢神经兴奋或麻痹、呼吸急促、心跳加快等，常因严重脱水衰竭而死，死亡率达 71.12%，后确诊为稻曲病菌毒素中毒。

稻曲病菌及其所产生的毒素还可影响水稻种子萌发及根芽生长（黄月清和胡务义，1988）。稻曲病粒浸出液、病菌毒素对水稻种子的萌发和胚根、胚芽的生长都有抑制作用。当浸出液浓度较低时，稻种发芽状态与清水无明显差异；当浸出液达到一定浓度时，胚芽、胚根长度及胚根数逐渐下降，高浓度时的抑制作用更加明显，并且对胚根生长的抑制率大于胚芽，对胚根生长的抑制率最高可达 100%。稻曲病菌在 PD 液体培养基中能产生对植物细胞具有高度生物抑制活性的毒素。采用 100% 甲醇能提取稻曲病菌液体培养物中的毒素，其对小麦胚根、胚芽的生长有强烈的抑制作用。稻曲病菌毒素处理种子可抑制抗病品种种子的萌发，但能促进感病品种种子的萌发。稻曲病菌毒素液同样对小麦的胚根和胚芽生长有强烈的抑制作用，并且对胚根的作用明显高于胚芽；毒素抑制蒜根尖细胞的有丝分裂，但不能抑制细胞的伸长（高杜娟等，2013）。

不同的稻曲病菌产生的毒素差别较大。白元俊等（1997）对普通菌株和白化菌株的产毒能力进行了比较研究，发现两种病菌均能产生抑制水稻种子萌发和胚根、胚芽生长的毒素。在相同浓度条件下，白色稻曲病菌产生的毒素毒性明显强于普通稻曲病菌。稻曲病菌毒素对胚根生长的抑制作用明显高于对胚芽及萌发的抑制作用。因此，采用胚根抑制率作为稻曲病菌毒素的毒性测定指标较合适。

以稻曲病菌毒素为选择压力进行抗稻曲病突变体的筛选，水稻品种在细胞水平的抗性与田间的抗性基本一致，继代培养后愈伤组织的抗性得到了保持并获得了分化植株。表明以稻曲病菌毒素为选择压力进行抗病突变体的筛选是可行的，为水稻品种抗稻曲病鉴定和抗病育种提供了一条高效、简便的途径。

（九）寄主范围

稻曲病菌不但侵染水稻，还可以侵染玉米、野生稻和田间一些杂草，如马唐属（*Digitaria*）杂草和水生黍（*Panicum paludosum*），主要寄生于这些植物的种子或花器上（Abbas et al.，2002）。在印度发现药用野生稻上有稻曲病菌。我国广东、河北等地均发现稻田杂草上有类似稻曲病菌的菌球，但尚未有转接于水稻并发病的报道。稻田杂草马唐（*Digitaria sanguinalis*）与水稻可交叉感染稻曲病，说明马唐属杂草可能是稻曲病的中间寄主。旱黍草（*Panicum trypheron*）上发现的稻曲病菌能够交叉感染水稻，认为旱黍草是季节间重要的接种体来源。

（十）病原抗药性

稻曲病菌抗药性的研究报道很少，可能与稻曲病近年才严重发生危害、大规模采用药剂防治时间不长有关。到目前为止，尚未发现稻曲病菌对常用杀菌剂产生抗药性的报道。稻曲病菌对丙环唑、戊唑醇和咪鲜胺均未产生抗药性，但来源于不同地区的稻曲病菌对药剂的敏感性有较大差异。说明稻曲病菌对杀菌剂存在一定的抗药性风险，值得关注。

经测定，尚未发现稻曲病菌对丙环唑产生抗药性的菌株。研究采用菌丝生长速率法测定了 111 株稻曲病菌对丙环唑的敏感性，丙环唑对稻曲病菌的 EC_{50} 为 $0.0022\sim0.1069\mu g/mL$，平均值为 $0.0485\mu g/mL$。稻曲病菌对丙环唑的敏感性频率分布呈连续性的单峰曲线，接近正态分布，无敏感性下降的亚群体存在。因此，可以把 EC_{50} 平均值作为稻曲病菌对丙环唑的敏感基线。其中，菌株 NJ013 对丙环唑高度敏感，菌株 CS067 对丙环唑低度敏感，菌株 HA225 对丙环唑中度敏感，而菌株 CS067 的菌丝生长速率明显低于菌株 NJ013 和 HA225，但菌株 CS067 的产孢量要明显高于菌株 NJ013 和 HA225（李环环，2015）。

福建省测定了 128 株稻曲病菌对戊唑醇的 EC_{50} 为 $0.0209\sim0.2039\mu g/mL$，敏感性频率符合正态分布。药剂驯化后获得 2 株抗药突变体 F338-M 和 F37-M，其抗性倍数分别为 13.38 倍和 8.21 倍。抗药突变体的菌落生长速率、菌丝干重和产孢量都显著低于其亲本菌株。其中，F338-M 的产孢量是其亲本菌株 F338 的 67.43%，F37-M 的产孢量仅为其亲本菌株 F37 的 41.93%；亲本菌株接种水稻品种两优培九的病穗率和每穗病粒数均高于其突变菌株。稻曲病菌对戊唑醇的敏感基线为 $0.0873\mu g/mL$，抗药突变体的抗药性可以稳定遗传。抗药突变体与其亲本菌株相比自然竞争力低，稻曲病菌对戊唑醇具有较低的抗性风险（阮宏椿等，2017）。

研究利用紫外诱变技术获得了对 C14 脱甲基化抑制剂（DMI）杀菌剂戊唑醇具有抗性的菌株。抗性突变菌株产生抗药性的原因是靶标基因上的点突变 Y137H。含点突变的菌株在菌丝生长、产孢量、孢子萌发率等指标上与野生菌株没有明显差异，表现出对环境很好的适应性，预示在田间对 DMI 杀菌剂具有抗性的稻曲菌可能会出现，需要实施监测。

胡贤锋等（2017）采用菌丝生长速率法测定了从贵州省 8 个稻区分离的 107 株稻曲病菌对咪鲜胺的敏感性。不同稻区稻曲病菌的 EC_{50} 为 $0.0086\sim0.2573mg/L$，菌株之间的 EC_{50} 最大值是最小值的 29.92 倍。供试菌株敏感性频率呈近似正态分布，初步确定将所有菌株的 EC_{50} 平均值 $0.1064mg/L$ 作为贵州省稻曲病菌对咪鲜胺的敏感基线。贵州省 8 个稻区的稻曲病菌对咪鲜胺具有较高的敏感性。因此，咪鲜胺仍适合用于贵州省稻曲病的防治。但不同稻区间的稻曲病菌对咪鲜胺的敏感性差异较大，对咪鲜胺存在抗药性风险，某些菌株产生了一定的抗药性，但总体而言抗性不高，仍需加强稻曲病菌对咪鲜胺的抗药性监测。

四、品种抗病性

在研究和生产实际中都发现，不同的水稻品种对稻曲病的抗性差异很大。不同的品种在同一区域内，生育期（抽穗扬花期）基本相同，但田间稻曲病的发病程度相差很大。通过温室人工接种鉴定和田间自然诱发病害，证明不同水稻品种对稻曲病的抗性存在差异（Ashizawa et al.，2011）。

（一）水稻品种的抗性鉴定

1. 抗性鉴定标准

鉴定、筛选综合性状好的抗稻曲病水稻品种（资源、材料）是抗病育种的前提和基础。国内一些省（区）制定了相应的有关水稻抗稻曲病鉴定、测报调查的地方标准。国家也制定了稻曲病抗性鉴定行业标准，如四川省地方标准《水稻抗稻曲病性鉴定技术规程》（DB51/T 1884—2014）（现已废止），《水稻稻曲病田间病情调查技术规程》（DB51/T 2087—2015）；湖南省地方标准《水稻品种稻曲病抗性鉴定及评价技术规范》（DB43/T 505—2009），《水稻稻曲病注射接种技术规程》（DB43/T 1144—2015）；江西省地方标准《水稻品种抗稻曲病鉴定技术规范》（DB36/T 883—2015）；安徽省地方标准《稻曲病测报调查规范》（DB34/T 2958—2017）；江苏省地方标准《水稻品种（系）抗稻曲病鉴定方法与抗性评价技术规程》（DB32/T 1506—2009）；辽宁省地方标准《水稻抗稻曲病鉴定技术规程》（DB21/T 2793—2017）；国家农业行业标准《稻曲病抗性鉴定技术规程》（NY/T 3625—2020）。

2. 抗性鉴定方法

经过国内外科学家的长期研究和探索，目前已基本解决稻曲病抗性鉴定的方法和技术问题。但人工接种需要相对严格的环境条件，这仍是水稻抗稻曲病鉴定的障碍。以下条件对于水稻抗稻曲病人工接种鉴定非常重要。

1）稻曲菌培养。将纯化好的稻曲病菌在 PSA 培养基上培养，取 PSA 菌丝块接种到含有 150mL 无菌的 PSB 培养基中，于 28℃，130r/min 条件下振荡培养 7d 后，从培养的菌液中吸取 1.0mL 移入新鲜的 PSB 培养基中继续振荡培养 7d，备用。

2）接种体制备。具体制备方法参照张君成等（张君成等，2004；杨秀娟等，2013）的方法，获得菌丝片段–分生孢子混合液、菌丝片段、分生孢子液和厚垣孢子悬浮液等 4 种接种体。

3）水稻栽培。将水稻品种进行常规浸种、消毒和育苗后，每一个品种插植 3 个小区，每个小区 4 行，每行插 10 丛，常规栽培管理，在水稻整个生育期不喷洒杀菌剂。

4）环境条件。水稻抗稻曲病鉴定一般在温室或人工可控温度、湿度条件下进行。接种期间温度为 24～28℃，相对湿度为 90% 左右。

5）接种体及菌龄。接种体宜采用致病力强的菌株，如 Uv-2。接种体的菌态主要有厚垣孢子、分生孢子和分生孢子+菌丝片段。接种体以菌丝片段–分生孢子混合液（100×视野 200 个），或采用含分生孢子浓度为 4.0×10^6 个孢子/mL 病菌的 PSB 培养液注射接种为宜。接种的菌丝片段–分生孢子混合液加入马铃薯煮汁更有利于发病。接种菌株的菌龄以振荡培养 5～10d（最佳 7d）为宜。虽然振荡培养时间越长，培养液中的菌丝碎片量和孢子量越多，但菌龄太长则致病力下降（张君成等，2004；杨秀娟等，2013）。

6）接种时间（时期）。水稻幼穗形成期—孕穗中期最易受病菌侵染而感病，而破口以后基本不被侵染。人工接种厚垣孢子和分生孢子，病穗率和病粒率均以孕穗期接种明显大于破口期和齐穗期接种。在孕穗期和始穗期分别采用注射法和喷雾法接种分生孢子悬浮液，均可使水稻发病。采用分生孢子+菌丝片段混合菌悬液接种的发病率均高于厚垣孢子；同一接种体注射接种的发病率高于喷雾接种，尤以孕穗期分生孢子+菌丝片段注射接种处理的发病率最高。

一天中以 16：00～18：00 接种的发病最重；按照水稻生育期，以破口前 6～9d 接种的发病最重。不同品种间、不同接种时间（期）的差异均达到极显著水平。接种浓度过高、接种的水稻生育期过早会影响抽穗，造成接种失败。

以感稻曲病品种甬优 12 为例，使用 PSB 液体振荡培养 7d 的分生孢子+菌丝片段悬浮液，在水稻破口前 7d 左右，或正叶枕距为 4～7cm 时，向稻穗的中上部注射接种；接种后的前 6d 保持相对湿度 100%，12h 光暗交替，黑暗 26℃，光照 20℃。该方法接种后的病穗率和病粒率最高。

7）接种方法。①喷雾接种：在水稻孕穗期于傍晚（16：00～18：00）进行喷雾接种，每个品种接种 30 穗，重复 3 次，以接种无菌水和未处理的水稻为对照。接种频率为一周一次，直至扬花末期。②注射接种：在水稻孕穗期于傍晚（16：00～18：00）进行穗苞注射接种。接种部位为穗苞中部，用注射器将菌液从侧面注入穗苞直至菌液溢出为宜。每个品种接种 30 穗，重复 3 次，以接种无菌水和未处理的水稻为对照。③注射与喷雾相结合：先给水稻穗注射菌液，然后进行喷雾处理，处理方法分别同上。

8）接种后管理。①田间管理：水稻接种后，盖上遮阳网，每天 10：00～16：00 进行人工喷水，每隔 2h 一次，以维持稻曲病发病的湿度，以未遮阳和喷水处理为对照，保湿 7d 后揭开遮阳网。②大棚管理：水稻接种后揭开温棚遮阳网，并启动自动喷淋系统和鼓风机控制温度和湿度，每天 9：00～16：00 喷淋，每次 10min，喷淋间隔为 2h，以未喷淋处理的温棚内的稻株为对照，连续保湿 7d。

综上所述，在 3 种接种方法中，以注射与喷雾相结合的接种方法发病最重；在 4 种接种体中，菌丝片段-分生孢子混合液接种发病最严重，菌丝片段和上年保存的厚垣孢子不能引起发病；在田间或大棚条件下病原菌接种后，进行遮阳和喷雾保湿处理有利于发病，温度 25～30℃、相对湿度 85% 以上更有利于稻曲病侵染和显现症状；大棚条件下的鉴定效果稳定性高于田间。因此建议在进行抗病性鉴定时，可在多地进行田间多点人工加自然诱发的抗性鉴定，获得更有效、更可靠的鉴定结果。

9）病情调查记载。水稻接菌后 7d，开始观察接种稻穗发病情况并记载。接种 3 周后进行调查，记载总穗数、病穗数、穗粒数、病粒总数，按照公式（1-2）和公式（1-3）分别计算病穗率、病粒率，并记录接种期间的天气情况。

$$病穗率（\%）=（病穗数/接种穗数）×100\% \tag{1-2}$$
$$病粒率（\%）=（病粒数/每穗总粒数）×100\% \tag{1-3}$$

3. 病情分级标准

根据不同的参数和指标，不同学者有不同的稻曲病病情分级标准，目前尚未有统一的分级标准。

按照每穗稻曲球的数量，将稻曲病病情划分为 6 级：0 级，未发病；1 级，1 个菌球；2 级，2～5 个菌球；3 级，6～10 个菌球；4 级，11～15 个菌球；5 级，16 个菌球以上（邓根生和刘铸德，1989）。

按照病粒占每穗总粒数的百分率将病级划分为 10 级：0 级，无明显病症；1～9 级，病粒占总粒数的百分率分别为 2% 以下、2.1%～5.0%、5.1%～10.0%、10.1%～15.0%、15.1%～20.0%、20.1%～30.0%、30.1%～50.0%、50.1%～75.0%、75.1% 以上（李宪，1996）。

应用 Q 型系统聚类分析，依据稻曲球纵横径比、百粒稻曲球重、单穗实粒重、结实率、损失率等 5 个指标将稻曲病病情分为 6 级：0 级，未发病；Ⅰ级，每穗 1 粒稻曲球；Ⅱ级，每穗 2 粒稻曲球；Ⅲ级，每穗 3～5 粒稻曲球；Ⅳ级，每穗 6～9 粒稻曲球；Ⅴ级，每穗 10 粒以上稻曲球（唐春生等，2001）。

以穗重损失率为指标，将稻曲病病情分为 6 级：0 级，穗重损失率为 0；1 级，穗重损失率为 5%（含 5%）以下；2 级，穗重损失率为 10%（含 10%）以下；3 级，穗重损失率为 20%（含 20%）以下；4 级，穗重损失率为 50%（含 50%）以下；5 级，穗重损失率为 50% 以上（施辰子等，2003）。

参考稻瘟病穗瘟发病率的分级标准来评判水稻品种对稻曲病的抗感水平，分为 6 级：高抗（HR）病穗率<1%；抗病（R）1.0%～5.0%；中抗（MR）5.1%～10.0%；中感（MS）10.1%～25.0%；感病（S）25.1%～50.0%；高感（HS）≥50.1%（张舒等，2006）。

　　稻曲病病情调查的分级标准最重要的是科学、合理、简单、易操作、工作量不宜过大、不能太烦琐，要紧扣生产实际。到目前为止，稻曲病的分级多以病丛率（易操作，但太粗，准确率低）、病穗率（易操作，准确率中等）、每穗病粒数（易操作，较准确）、每穗病粒率（工作量较大，较精准）、穗重损失率（复杂，难掌握，难操作）为主。多数学者认为稻曲病病情调查分级标准以每穗病粒数（大多数学者采用的分级标准）和穗重损失率（%）（张君成等，2004）为宜。表1-22和表1-23是《稻曲病抗性鉴定技术规程》（NY/T 3625—2020）中的水稻稻曲病分级标准及抗性评价标准。

表 1-22　稻曲病病级分级标准

病级	病粒数	穗重损失率/%
0 级	穗上未见症状	0
1 级	每穗病粒数 1 个	0.01～5.00
3 级	每穗病粒数 2～4 个	5.01～10.00
5 级	每穗病粒数 5～8 个	10.01～20.00
7 级	每穗病粒数 9～15 个	20.01～50.00
9 级	每穗病粒数≥16 个	50.01～100.00

　　病情记载：根据病情症状描述，记载单株病情级别，按照公式（1-4）计算病指（DI）。

$$DI = \frac{\sum(Bi \times Bd)}{M \times Md} \times 100 \qquad (1\text{-}4)$$

式中，Bi 为各级严重度病穗数；Bd 为各级严重度代表值；M 为调查总穗数；Md 为严重度最高级代表值（此处为9）。

　　抗性评价标准：依据鉴定材料 3 次重复的平均病指确定其抗性水平，划分标准如表 1-23 所示。

表 1-23　稻曲病抗性评价标准

病指（DI）	抗性评价
DI=0	免疫（immune，I）
0＜DI≤5	高抗（highly resistant，HR）
5＜DI≤10	抗病（resistant，R）
10＜DI≤20	中抗（moderately resistant，MR）
20＜DI≤40	中感（moderately susceptible，MS）
40＜DI≤60	感病（susceptible，S）
60＜DI≤100	高感（highly susceptible，HS）

　　在生产实际中经常发现有的品种病穗率很低，但病穗上的病粒数很多，即单穗严重度很高；有的品种病穗率很高，但病穗上的病粒数较少，即单穗严重度低。在评价水稻品种抗稻曲病时宜以病穗率结合病指作为评价标准，才能较为准确地反映品种的真实抗性水平。表1-24列出了不同学者的稻曲病分级标准，对其优劣进行了评价。

表 1-24　不同学者关于稻曲病分级标准及其优缺点

来源	调查内容	抗性分级						评价
		高抗（HR）	抗（R）	抗（MR）	中感（MS）	感（S）	高感（HS）	
陈嘉孚等，1992	株发病率/%	0	0.1～5.0	5.1～10.0	10.1～25.0	25.1～50.0	≥50.1	易操作、准确性低
	病级	0	1	3	5	7	9	

续表

来源	调查内容	抗性分级						评价
		高抗（HR）	抗（R）	抗（MR）	中感（MS）	感（S）	高感（HS）	
李宪，1996	穗病粒率/%	0	0.1～2.0*	5.1～10.0	10.1～15.0*	20.1～30*	50.1～75.0*	工作量大、不易操作
			2.1～5.0*		15.1～20.0*	30.1～50*	≥75.1*	（0～9共10级）
	病级	0	1～2	3	4～5	6～7	8～9	
张君成等，2004	穗病粒率/%	0	0.1～2.0	2.1～5.0	5.1～10.0	10.1～20.0	≥20.1	工作量大、不易操作
								（0～5共6级）
刘永锋等，2006	每穗病粒数	0	1	2～4	5～7	8～10	≥11	易操作、准确性低
	病级	0	1（1）**	3（2）**	5（3）**	7（4）**	9（5）**	
张玉书和王爱军，1992	病粒数/穗	0	1	2	3～6	7～10	≥11	易操作、准确性低
	穗重损失/%	0	0.1～5.0	5.1～10.0	10.1～20.0	20.1～50.0	≥50.1	工作量大、不易操作
施辰子等，2003	病粒数/穗	0	1	2～3	4～7	8～15	≥16	易操作、准确性低
	穗重损失/%	0	0.1～5.0	5.1～10.0	10.1～20.0	20.1～50.0	≥50.1	工作量大、不易操作
张舒等，2006	病穗率/%	<1	1.0～5.0	5.1～10.0	10.1～25.0	25.1～50.0	≥50.1	易操作、准确性低
	病粒数/穗	0	1～2	3～5	6～9	10～15	≥16	易操作、准确性低
黄世文	穗病粒率/%	0	0.1～2.0	2.1～5.0	5.1～10.0	10.1～20.0	≥20.1	工作量大、不易操作
	穗重损失/%	0	0.1～5.0	5.1～10.0	10.1～20.0	20.1～50.0	≥50.1	工作量大、不易操作

* 上一行数据代表 1 级，下一行数据代表 2 级，其他同。** 小括号外按 0、1、3、5、7、9 分级，小括号内按 0、1、2、3、4、5 分级

　　黄世文的分级标准是充分考虑到当今水稻生产实际情况：大穗型品种（组合）越来越多，稻曲病发生、危害越来越严重，每穗稻曲球常达到 20～30 粒（如籼粳杂交稻的高感组合甬优 12、春优 927，两优培九、红莲优等），在综合前人分级标准的基础上进行了改进。该分级标准与施辰子等（2003）的分级标准相似。

4. 病害发生与产量损失的关系

　　稻曲病在田间没有明显的发病中心，但总体来看，田边四周稻曲病发病较为严重，中间发生相对较轻。稻曲病主要发生在稻穗的中、下部，少数发生在稻穗的上部。每穗病粒数（稻曲球）以 1～6 粒最多。

　　稻曲病发生造成产量的损失不仅是病粒本身的直接损失，还影响结实率和千粒重。随病粒数的增加，结实率和千粒重下降。品种的秕粒率、穗重损失率和千粒重损失率与单穗病粒数有极显著的正相关，而穗重和千粒重则与其有极显著的负相关（施辰子等，2003）。不同学者对不同品种（组合）的研究结果有一定差别。单穗千粒重和产量随病粒数的增加而降低，同时随着病粒数的增加，整米率逐渐降低，青米率、死米率、乳白米率随之升高，并且严重污染稻谷，影响稻米品质。

　　稻曲病发生轻时（每穗 1～2 粒稻曲球），对产量损失的影响不会太大，只是对外观品质造成一定影响。但稻曲病严重发生时，则不仅对品质影响严重，对产量损失的影响也大。通过大量考察，发现每穗稻曲病病粒数与产量损失呈正相关。每穗稻曲球 1～10 粒，穗重损失率为 2.79%～57.8%；每穗稻曲球 1～15 粒，穗重损失率为 1.14%～60.12%；每穗稻曲球 1～16 粒，穗重损失率为 3.27%～69.32%。穗重损失率的高低与品种类型有很大的关系。造成减产的主要原因是结实率降低和千粒重下降，其中结实率的损失高于千粒重的损失。稻曲病的发生对每穗总粒数以及距离病粒较远的健粒影响较小，病粒的存在强烈影响着接近主轴的健粒千粒重，并使病穗空秕率上升，千粒重下降。

　　中籼优 R405 每穗 1～15 粒稻曲球，其空瘪率为 29.12%～64.64%，每穗稻曲球≥16 粒时空瘪率为 69.67%；相应地，千粒重分别为 20.2～25.0g 和 20.0g，产量损失率分别为 7.64%～60.12% 和 69.32%。对于中粳 9516，每穗稻曲球 1～10 粒，空瘪率为 14.26%～50.19%，千粒重为 21.8～26.3g，产量损失率为 2.79%～54.88%；当中籼优 R405 每穗 1～10 病粒时，空瘪率、千粒重、产量损失率分别为 29.12%～46.22%、22.0～25.0g、7.64%～36.22%（表 1-25、表 1-26）（高俊等，2001）。

表 1-25　稻曲病病粒数与穗重损失的关系（籼稻品种：优 R405；粳稻品种：9516）

单穗病粒数/粒	中籼优 R405			中粳 9516		
	空瘪率/%	千粒重/g	穗重损失率/%	空瘪率/%	千粒重/g	穗重损失率/%
1	29.12	25.0	7.64	14.00	51.3	20.80
2	30.13	24.4	9.58	15.00	64.6	20.20
3	31.97	23.8	15.84	≥16.00	69.7	20.00
4	29.64	22.7	15.42	14.36	26.3	2.79
5	33.79	22.7	23.77	17.94	26.1	10.66
6	32.38	22.2	20.30	20.78	25.6	12.47
7	37.01	22.2	26.17	21.26	24.9	15.29
8	44.81	22.2	34.24	25.04	24.2	23.64
9	39.08	22.2	27.43	35.70	24.1	31.40
10	46.22	22.0	36.22	38.20	23.1	37.08
11	48.57	22.0	41.74	38.54	23.8	38.40
12	42.47	21.4	33.53	41.34	22.9	42.65
13	47.16	21.0	42.37	50.19	21.8	54.88

表 1-26　调查水稻不同品种稻曲病严重度与产量损失的关系

病级	中籼优 R405				中粳 9516			
	每穗稻曲球/粒	相应病指	产量损失幅度/%	平均产量损失率/%	每穗稻曲球/粒	相应病指	产量损失幅度/%	平均产量损失率/%
0 级	0	0			0	0		
1 级	1～2	20	7.64～9.58	8.61	1～2	20	2.79～10.66	6.73
3 级	3～6	40	15.42～23.77	18.83	3～4	40	12.47～15.29	13.88
5 级	7～10	60	26.17～36.22	31.02	5～6	60	23.64～31.40	27.52
7 级	11～14	80	33.53～47.42	41.27	7～9	80	37.08～42.65	39.38
9 级	≥15	100	60.12	60.12	≥10	100	54.88	54.88

稻曲病每穗病粒数与千粒重、每穗实粒数及穗重之间存在着极显著的负相关关系（相关系数依次为 -0.9663、-0.9036、-0.9723），与秕粒率存在着极显著的正相关关系（相关系数为 0.8965），考察品种为杂交稻组合寒优湘晴（表 1-27）。

表 1-27　稻曲病每穗病粒数与水稻产量构成因子的关系（上海嘉定，品种：寒优湘晴）

调查穗数/穗	每穗病粒数/粒	千粒重/g	每穗实粒数/粒	秕粒率/%	穗重/g	穗重损失率/%
200	0	23.33	117.6	10.3	2.74	
200	1	22.78	116.5	10.9	2.65	3.27
200	2	22.46	115.3	13.3	2.58	5.61
200	3	21.96	115.1	13.6	2.52	7.88
200	4	20.99	115.0	13.9	2.41	12.02
200	5	20.94	112.7	14.1	2.35	13.99
200	6	20.90	112.6	14.8	2.35	14.23
200	7	20.78	111.3	15.3	2.31	15.70
200	8	20.33	107.4	18.2	2.18	20.42
200	9	20.16	106.2	22.6	2.14	21.96

续表

调查穗数/穗	每穗病粒数/粒	千粒重/g	每穗实粒数/粒	秕粒率/%	穗重/g	穗重损失率/%
200	10	19.97	103.9	23.2	2.07	24.37
200	11	19.75	101.7	24.5	2.00	26.79
200	12	19.70	99.9	25.3	1.96	28.27
200	13	19.69	97.6	27.2	1.92	29.96
200	14	19.56	90.8	34.1	1.77	35.27
200	15	18.86	90.8	36.8	1.71	37.58
200	16	18.72	69.7	53.7	1.30	52.44

根据表 1-27 数据建立了稻曲病每穗病粒数（X）与水稻产量构成因子的线性关系（施辰子等，2003）：$Y_{千粒重}=22.685-0.2556X$（$r=-0.9663$），$r_{0.01}=0.5900$；$Y_{每穗实粒数}=122.86-2.239X$（$r=-0.9036$），$r_{0.01}=0.5900$；$Y_{秕粒率}=3.7338+2.0152X$（$r=0.8965$），$r_{0.01}=0.5900$；$Y_{穗重}=2.7591-0.0725X$（$r=-0.9723$），$r_{0.01}=0.5900$。结果表明，每穗病粒数与千粒重、穗实粒数和穗重之间存在着极显著的负相关关系，与秕粒率存在着极显著的正相关关系。

笔者考察测定了籼稻品种双桂 1 号（双桂 210）3630 个稻穗和桂朝 2 号 47～73 个稻穗，明确了每穗稻曲球数与产量构成因子的关系。按照黄世文的分级标准，不同病级（或每穗不同稻曲球数）对结实率、千粒重、穗实粒数、总实粒重和产量损失率都有非常明显的影响。

每穗有 1 粒病粒时产量损失率为 7.49%，有 21 粒病粒时产量损失率为 55.73%。随每穗病粒数增加，结实率呈直线下降，健穗的结实率为 76.8%，而每穗有病粒 21 粒的结实率只有 27.0%。千粒重由 26.5g 下降到 22.4g，随着病粒数的增加，各病级间千粒重平均下降 0.1952g，相关系数为-0.9314（表 1-28～表 1-30）。

表 1-28　稻曲病每穗病粒数与水稻产量构成因子的关系 [双桂 1 号（双桂 210 ）]

每穗病粒	病级	每穗总粒数/粒	每穗实粒数/粒	结实率/%	病粒率/%	千粒重/g	总实粒重/g	产量损失率/%
0	0 级	210.5	161.7	76.8		26.5	129.58	
1	1 级	207.6	153.1	73.7	0.48	26.1	119.87	7.49
2		201.4	143.6	71.3	0.99	26.2	116.65	9.98
平均		204.5	148.4	72.5	0.74	26.2	118.26	8.74
3	3 级	204.8	141.0	68.8	1.46	26.0	113.06	12.75
4		197.8	125.4	63.4	2.02	26.1	98.55	23.95
5		198.5	122.4	61.7	2.52	26.0	97.37	24.86
平均		200.4	129.6	64.6	2.00	26.0	102.99	20.52
6	5 级	199.1	121.2	60.9	3.01	26.1	93.18	28.09
7		210.3	119.0	56.6	3.33	26.2	92.90	28.31
8		211.1	118.9	56.3	3.79	25.2	92.20	28.85
9		194.4	109.2	56.2	4.63	24.4	86.62	33.15
平均		203.7	117.1	57.5	3.69	25.5	91.23	29.60
10	7 级	201.4	105.3	52.3	4.97	24.3	85.80	33.79
11		198.1	102.9	51.9	5.55	25.2	85.21	34.24
12		202.4	102.5	50.6	5.93	24.7	84.32	34.93
13		202.9	102.3	50.4	6.41	25.0	83.98	35.19
14		202.5	103.3	50.5	6.91	24.9	83.56	35.51
15		202.1	102.2	50.6	7.42	24.5	82.30	36.49
平均		201.6	103.1	51.1	6.20	24.8	84.20	35.03

续表

每穗病粒	病级	每穗总粒数/粒	每穗实粒数/粒	结实率/%	病粒率/%	千粒重/g	总实粒重/g	产量损失率/%
16		192.7	94.4	49.0	8.30	24.1	81.33	37.24
17		208.2	93.0	44.6	8.17	23.8	80.21	38.10
18	9级	203.1	82.6	40.7	8.86	23.4	78.31	39.57
19		212.9	86.1	40.4	8.92	22.5	71.74	44.64
20		210.1	82.8	39.4	9.52	22.5	70.54	45.56
21		216.4	58.5	27.0	12.82	22.4	57.36	55.73
平均		207.2	82.9	40.2	9.43	23.1	73.25	43.47

表 1-29　稻曲病每穗病粒数对产量构成因子的影响（籼稻品种：桂朝 2 号）

每穗病粒数/粒	考查穗数/穗	每穗总粒数/粒	结实率/%	秕谷率/%	实粒总重/g	千粒重/g	单穗实粒重/g	穗重损失率/%
0	60	150.7	77.37	22.63	182.63	26.11	3.04	
1	64	149.7	71.08	28.92	176.68	25.95	2.76	9.30
2	54	144.9	63.66	36.34	134.87	27.07	2.49	17.95
3	57	144.6	62.85	37.15	137.09	26.46	2.41	20.98
4	73	146.5	57.54	42.46	161.02	26.17	2.21	27.53
5	69	148.7	55.32	44.68	150.48	26.52	2.18	28.35
6	54	149.5	51.03	48.97	106.87	25.94	1.98	34.98
7	56	147.2	50.53	49.47	105.07	25.23	1.88	38.36
8	47	144.7	43.22	56.78	76.01	25.85	1.62	46.87
9	55	148.4	41.07	58.93	86.60	25.83	1.57	48.27

表 1-30　稻曲病每穗病粒数与水稻产量构成因子的关系（粳稻品种）

每穗病粒数/粒	考查穗数/穗	每穗总粒数/粒	结实率/%	秕谷率/%	千粒重/g	单穗实粒重/g	穗重损失率/%
0	40	63.7	82.5	17.5	24.2	1.54	
1	20	58.9	84.6	15.4	24.2	1.43	7.1
2	20	58.2	77.5	22.5	23.8	1.39	9.1
3	20	50.4	70.0	30.0	23.6	1.19	22.7
4	20	45.8	65.8	34.2	22.3	1.02	33.7
5	20	42.3	58.2	41.8	22.0	0.93	39.6
6	20	44.2	56.5	43.5	20.8	0.92	40.3
7	20	47.6	56.4	43.6	20.6	0.98	36.4
8	20	37.7	47.8	52.2	20.7	0.78	49.4
9	16	33.1	46.7	53.3	20.6	0.68	55.8
10	10	31.9	44.1	55.9	20.4	0.65	57.8

　　以浙江省种植面积较大的籼粳杂交稻甬优 12 进行考察，每穗病粒数与穗重的相关系数为−0.9874，呈极显著负相关关系（表 1-31）。

表 1-31　稻曲病每穗病粒数对产量构成因子的影响（杂交稻品种：甬优 12）

每穗病粒数/粒	考查穗数/穗	每穗总粒数/粒	秕谷率/%	千粒重/g	单穗实粒重/g	穗重损失率/%
0	200	267	8.46	27.3	7.28	
1	200	263	10.19	27.4	7.20	1.14

续表

每穗病粒数/粒	考查穗数/穗	每穗总粒数/粒	秕谷率/%	千粒重/g	单穗实粒重/g	穗重损失率/%
2	200	252	11.28	27.2	6.85	5.95
3	200	241	11.56	27.4	6.60	9.40
4	200	232	12.79	26.8	6.21	14.60
5	200	227	13.17	26.6	6.03	17.10
6	200	220	15.46	26.8	5.89	19.00
7	200	209	17.36	25.8	5.39	26.00
8	200	201	20.64	25.4	5.10	29.90
9	200	200	24.97	24.8	4.96	31.80
10	200	185	27.16	24.0	4.44	39.10
11	200	178	29.21	24.2	4.30	40.80
12	200	162	31.00	23.8	3.85	47.10
13	200	165	30.80	24.1	3.97	45.40
14	200	140	46.42	23.5	3.29	54.80
15	200	128	54.98	23.0	2.94	60.00

采用籼粳杂交稻甬优 9 号和甬优 6 号进行考种，每穗稻曲球数的增加引起秕谷率和产量损失率的增加。当每穗病粒数在 5 粒以上时，产量损失率可达 36% 以上。每穗病粒数在 5 粒、6～9 粒或 9 粒以上时，甬优 9 号的产量损失率分别为 11.05%、15.25% 和 24.14%，当每穗病粒数在 4 粒、5 粒、6～9 粒或 9 粒以上时，甬优 6 号的产量损失率分别为 17.28%、23.73%、36.64% 和 65.21%。产量损失率与病粒数之间表现出明显的正相关性。当病穗稻曲球数为 1 粒时，平均病谷率为 1.24%，每增加 1 粒病粒，病谷率递增 1.46%（$r=0.990^{**}$），结实率递减 4.05%（$r=-0.992^{**}$），空瘪率递增 2.69%（$r=0.986^{**}$），千粒重递减 0.48g（$r=-0.994^{**}$），产量损失率递增 4.66%（$r=0.987^{**}$）。

水稻品种对稻曲病的抗、感差异明显，产量损失差异也极显著。在自然感病条件下，研究测试了 22 个水稻品种，其中高感的是 DR447-20，产量损失率为 49%；较抗病的品种 CR155-5029-216 的产量损失率为 0.04%、CN758-1-1-1 的产量损失率为 0.1%、TNAU 的产量损失率为 0.23%、RP1852-566-I-I-I 的产量损失率为 0.3%（张素芬，2007）。

稻谷空瘪率与每穗病粒数呈显著正相关，相关系数 $r=0.9886$。单穗每增加 1 粒病粒，空瘪率递增 3.5%，单穗重下降 0.14g，单穗产量损失率递增 6.1%，每穗病粒数对千粒重的影响不显著（黄月清和胡务义，1988）。随稻曲病粒数的增加，空瘪率增加及单穗粒重降低的程度因品种不同而异。

对稻曲病按照病粒数进行分级，得出病指（X）与产量损失率（Y）的关系符合如下方程（高俊等，2001）。中籼稻：$Y_1=-2.699+0.587X_1$，$r_1=0.992^{**}$；中粳稻：$Y_2=-3.839+0.551X_2$，$r_2=0.998^{**}$。

随着稻曲球的增加，瘪粒率增加、千粒重下降、单穗粒重下降。当稻曲球数占每穗谷粒总数的 0.7%～5.8% 时，穗重损失率为 9.9%～36.6%，平均为 24.3%；单穗稻曲球数每增加 1 粒，空秕率递增 3.75%，千粒重下降 0.2g，单穗实粒重损失递增 5.6%。不同水稻品种，在相同病级下的危害损失不同。稻曲病造成水稻产量损失主要是由于增加了瘪粒（杨秀娟等，2013），但也有人认为稻曲病造成水稻产量损失主要是由于降低了千粒重（陈永兵等，2005）。

由于不同稻区种植的水稻品种性状相差较大，如东北以粳稻为主、华南以籼稻及籼型杂交稻为主，长江流域则是籼稻、粳稻、籼型杂交稻、籼粳杂交稻混合种植区，稻曲病发病率、严重度（每穗病粒数）不同。过去的常规籼稻、粳稻、籼型杂交稻多为小穗型（每穗粒数多为 150 粒以下），现在很多地方种植超级稻、超级杂交稻、籼粳杂交稻等大穗型品种，每穗通常在 150 粒以上，甚至 200～300 粒。一些较感稻曲病的大穗型超级杂交稻，如红莲优 6 号、两优培九、甬优 12、春优 927 等，发病重的病穗率为 30%～70%，每穗病粒数十几粒到 30～40 粒。

（二）病害田间空间分布特征

在进行大田稻曲病发生严重度调查时，需要明确稻曲病的空间分布及其取样方法。有关稻曲病的田间空间分布，不同的研究者采用不同的品种、不同的调查分析，田间病害发生程度不同，其分布情况和调查取样方法有一定差别。研究认为，稻曲病的病穗和病粒的分布均是聚集的（属于负二项分布），其分布的基本成分为疏松个体群，个体群内的分布是随机的。病穗和病粒的个体群面积分别为4~8穴和2~4穴（潘以楼和吴汉章，1998）。应用聚集度指标、Iwao回归法和Taylor幂函数法则等方法，测定籼-粳杂交稻稻曲病的田间空间分布型。结果表明，稻曲病主要为非随机性的聚集型分布，空间分布的基本成分是个体群。采用平行跳跃式取样法取样，得出的平均病穗率与实际病穗率最为接近，误差最小（2%以内），其次是对角线式取样（陆剑飞等，2020）。

李马谅（1995）采用水稻品种桂朝2号、汕优2号等进行试验，发现稻曲病的田间分布型符合负二项分布，但在病情较轻的情况下，既符合负二项分布又符合奈曼分布，田间调查以双平行线跳跃法取样的准确度最高，对角线次之，取样数以200丛（穴、蔸）为宜。研究认为稻曲病的病粒分布都为聚集分布，而水稻品种粤优938和武运粳的病穗分布呈均匀型；W9707和太湖粳则呈聚集型（潘以楼和吴汉章，1998）。

（三）水稻抗病机制

1. 水稻品种的抗性差异

不同水稻品种（组合）对稻曲病的抗性是真实存在的，但在生产实际中尚未发现对稻曲病免疫或高抗的水稻品种。通常认为，只要有菌源存在且具备病菌侵染繁殖的条件，几乎所有的水稻品种都能或重或轻地感病。但是不同类型的水稻品种对稻曲病的抗性有明显差异。水稻对稻曲病的抗性受到株型、品种与环境互作等因素的影响，常常表现出同一品种不同播栽期稻曲病病指有明显差异。同一品种早播的发病轻，迟播的发病重，但也有相反情况。不同地区、不同研究者采用人工接种的方法进行鉴定，其结果也有较大差异。这可能与水稻关键生育期（孕穗中后期—抽穗扬花期）和当地适宜稻曲病发生的气候条件是否相遇有关。另外，研究结果也与不同研究者所采用的接种菌株、接种体浓度、接种方法、技术、接种时期、接种后的调控措施等有关。

采用自然诱发的方法对2017~2020年安徽省的659份水稻区试品种进行了抗性鉴定。表现为抗性的品种42份，占比6.37%，其中高抗品种17份；感病品种255份，占比38.69%。4年内的区试品种对稻曲病的抗病率分别为5.81%、27.56%、18.45%、22.09%。籼稻、粳稻品种类型间抗性水平无显著差异。但两个自然诱发鉴定圃的抗性鉴定结果差异较大，这可能与两地气候差异有关。安徽水稻品种对稻曲病的总体抗性水平较高，但感病品种比例较高。研究对120个安徽省水稻品种进行抗稻曲病鉴定，发现高抗品系（0级）只有1个，抗病性较好（1级和3级）的品系共有57个，几乎占了一半；中感（5级）品系有54个，感病（7级）和高感（9级）品系共有8个，占供试品种的6.7%（胡逸群等，2021）。

江苏省采用人工注射接种鉴定了2012年区试水稻品种对稻曲病的抗病性。在99个品种中，43个品种表现为免疫（I），7个品种为高抗（HR），14个品种为抗病（R），8个品种为中抗（MR），中抗以上的品种占72.73%，5个品种为中感（MS），7个品种表现为感病（S），15个品种表现为高感（HS）（伊小乐等，2014）。在198个品种中，盐稻1201、南京17113等44个品种对稻曲病表现为完全免疫（CI）；淮66、常优008、淮68等34个品种为高抗（HR）；寸三粒、香优953等29个品种为抗病（R）；A2、芒小白万等37个品种为中抗（MR），中抗以上的品种占72.73%；香子糯、早插稻等31个品种为中感（MS）；天丰优559、盐优1120等15个品种为感病（S）；黄壳油占、小红粳、CVR4等8个品种为高感（HS）（陈志谊等，2009）。但品种间的抗性差异是否真实存在，即有的品种是免疫或高抗的，有的品种是高感的。由于这些试验开展的时间较早，当时水稻抗稻曲病鉴定技术尚不成熟，结果值得商榷和进一步验证。

湖南省采用人工接种鉴定了158个水稻区试新品种对稻曲病的抗性。一季晚籼表现出较好的稻曲病抗性，中抗品种达 65.2%；中籼组抗性较弱，只有 1 个组合抗病；双季晚籼抗性弱，中感以上的品种达 60%；优质稻抗性较弱，中感以上的品种占 80%。

湖南在 8 月下旬至 9 月中旬齐穗灌浆的单季晚稻发病重，早稻和双季晚稻发病较轻，晚熟品种比早熟品种感病。调查发现，湖南当前栽培品种中大多数感稻曲病，杂交稻发病相对重于常规稻，两系杂交稻重于三系杂交稻，单季稻、双季晚稻发病重于早稻。发病重的品种（组合）有两优培九、红莲优 6 号、金优 117、粤优 938、Y 两优 1 号、川香优 9838、新两优 6 号、甬优 12。发病较轻的品种有冈优 22、冈优 725、威优 46、宜香 303、威优 111 等。一些品种（组合）种植前几年发病轻，种植几年后则发病重，如皖稻 153、Ⅱ优 58 在 2007 年前抗性都较好，但在 2008 年普遍发病，病穗率达 5%～10%，特别是皖稻 153 感病严重，部分田块造成严重减产。抗性较好的品种在抽穗扬花期如遇连续阴雨，发病较轻，病穗率为 5%～10%，而感病品种在抽穗扬花期遇雨水，病穗率达 20% 以上（张贤党等，2009）。

20 个贵州水稻品种中未发现抗稻曲病材料，对稻曲病抗性最强的是福优 102，发病率为 15.40%，平均每穗稻曲球数为 0.3 粒，综合抗性指数为 3.0，抗性综合评价为中抗（MR）；其次是 T 优 272，发病率为 23.10%，平均每穗病粒数为 0.5 粒，综合抗性指数为 4.1，抗性综合评价为中感（MS）。有 7 个品种表现为感病（S），11 个品种表现为高感（HS），发病率和每穗病粒数最高达 86.70% 和 8.2 粒，显示贵州省水稻主栽品种对稻曲病的抗性水平相对较低。

研究对 88 份湖北省主栽水稻品种在崇阳、远安、武汉进行田间自然诱发稻曲病抗性鉴定。在崇阳、武汉病圃的早稻品种均未发现病穗，远安病圃的 31 个品种中有 20 个品种发病。三地中稻和晚稻品种的发病品种数分别占参试品种的 91.2%、70.2%、14.1%，不同病圃发病程度的差异与海拔、地理地貌及抽穗扬花期的天气条件密切相关（张舒等，2006）。

黑龙江省经两年田间鉴定，得到抗稻曲病较强的品种（系）牡粘 3 号、岛光和龙盾 90-547 等 17 个，占 18.89%，较感病的品种（系）有组培 20、88-11、秋田 2 号等（季宏平等，2001）。

野生稻对稻曲病的抗性好于栽培稻。江西省对 107 份东乡野生稻进行抗稻曲病鉴定，表现高抗的有 19 份，占鉴定材料的 17.76%；抗病材料有 74 份，占 69.16%；中抗材料有 12 份，占 11.21%。中感材料有 2 份，占 1.87%。中抗以上占绝大多数，没有感病及高感材料，表明东乡野生稻对稻曲病具有较好的抗性（胡建坤等，2021）。

不同类型的水稻品种对稻曲病的抗性不同。一般，籼型品种比粳型品种抗稻曲病，粳型品种比糯型品种抗稻曲病；穗直立、密穗型品种比较感病。秆矮、穗大、叶片较宽而角度小、耐肥、抗倒伏、密植的品种，有利于稻曲病的发生。分蘖多、孕穗—抽穗扬花期持续时间长的品种（组合）发病重。孕穗后期—扬花灌浆期处于适温（25～33℃）、阴雨、高湿（相对湿度 90% 以上，或连续 5d 以上阴雨天气）的气候条件发病重。

关于水稻品种（组合、材料）对稻曲病的抗性是真正（遗传）的抗性，或由品种株型结构、生物学特性导致，或外部环境条件影响造成，或品种与环境互作形成，或上述因素综合作用导致的抗性差异，都有一定的证据给予支持。但具体哪个因素起主导作用尚无定论，仍需进一步深入研究。

2. 水稻抗病性及其作用机制

水稻对稻曲病的抗性机制是多方面的，有遗传（分子）机制、生理生化机制、形态结构特征机制、水稻与环境互作机制等。

（1）分子机制

利用 157 个家系组成的大关稻/IR28 重组自交系（recombinant inbred line，RIL）对稻曲病进行抗性分析。在南京、扬州两个环境下共检测到 $qFsr1$、$qFsr2$、$qFsr4$、$qFsr8$、$qFsr10a$、$qFsr10b$、$qFsr11$、$qFsr12$ 8 个 QTL，分别位于第 1、2、4、8、10、11 和 12 号染色体上，贡献率为 8.6%～22.5%。其中，南京检测到 $qFsr1$、$qFsr4$、$qFsr10a$、$qFsr11$、$qFsr12$ 位点，扬州检测到 $qFsr2$、$qFsr8$、$qFsr10a$、$qFsr10b$、$qFsr11$ 位点，$qFsr10a$、$qFsr11$ 在两个环境下均被检测到，对性状的解释率为 18.0%～18.9%，使病指下降

8.0%～14.6%。*qFsr10a*、*qFsr11* 及其附近的标记可望在稻曲病抗性分子标记辅助选择育种中加以应用。根据加性效应方向，*qFsr1*、*qFsr2*、*qFsr8*、*qFsr10a*、*qFsr11* 和 *qFsr12* 位点来自抗病亲本 IR28，增加水稻对稻曲病的抗性；*qFsr4*、*qFsr10b* 位点来自感病亲本大关稻，降低水稻对稻曲病的抗性（李余生等，2012）。

以特青和 Lemont 为亲本构建了 266 个特青为背景的近等基因系，结合田间稻曲病的自然鉴定结果对抗稻曲病数量性状基因座（QTL）进行了初步定位。通过性状–标记相关性分析和图示基因型重叠，在第 10 号和第 12 号两条染色体上分别定位到 2 个抗稻曲病 QTL（*qFsr10* 和 *qFsr12*），其增强抗性的等位基因均来自亲本 Lemont，加性效应分别为 3.38 和 3.34（徐建龙等，2002）。

对来自抗病亲本 IR28（籼稻）与感病亲本大关稻（粳稻）组合的亲本及其衍生的 F_{10} 代重组自交系群体进行抗病性评价，采用数量性状主基因+多基因混合遗传模型对抗性的遗传模型进行判别与遗传参数的估计。结果表明，稻曲病抗性的遗传除受主基因控制外，还受多基因的控制，符合 E-1-3 遗传模型，即 2 对主基因+多基因混合遗传模型。2 对主基因间表现为等加性作用，加性效应为 11.41；主基因遗传率为 76.67%，多基因遗传率为 22.86%，抗性遗传存在明显的主基因效应。提示稻曲病抗性育种时不仅要考虑主基因对抗病性的作用，也不能忽视多基因对抗性的影响（李余生等，2008）。另有研究显示，水稻抗稻曲病符合 2 对主基因+多基因的遗传模式，2 对主基因均以显性效应为主，第 1 对主基因加性作用稍大，第 2 对主基因加性效应很小。稻曲病抗性遗传率为 82.84%（方先文等，2008）。也有研究显示，水稻抗稻曲病基因受 1 或 2 对主效基因控制（钱可峰，2012）。

至今，虽然已有一些研究试图挖掘稻曲病抗性基因，但尚无稻曲病抗性基因被分离和克隆，水稻对稻曲病抗性作用的分子机制仍不清楚。对稻曲病的抗源筛选工作的研究还处于起步阶段，这些研究的滞后制约了抗病育种工作。寻找抗稻曲病相关基因及筛选与其紧密连锁的分子标记是提高水稻对稻曲病抗性水平的有效技术手段。

（2）生理生化机制

在水稻与稻曲病菌的互作过程中，一些酶类及化学物质在不同抗、感稻曲病的品种中会出现不同的变化。检测稻曲病菌与水稻互作过程中过氧化物酶（POD）、过氧化氢酶（CAT）、苯丙氨酸解氨酶（PAL）活性及丙二醛（MDA）含量，发现非亲和（抗病）互作过程中，水稻的 POD 和 CAT 活性高于亲和（感病）互作，而 PAL 活性和 MDA 含量低于亲和互作。在非亲和互作过程中，*OsPR10a*、*OsPR1a* 和 *OsPR1b* 的表达强度高于亲和互作（陆君，2013）。在抗、感稻曲病的水稻品种抽穗前 7～10d，接种稻曲病菌分生孢子悬浮液，结果发现，抗病品种中 PAL、POD 和多酚氧化酶（PPO）的活性在接种后迅速提高，而感病品种的酶活性在接种后缓慢增加（李小娟等，2010）。

水稻内部的组织化学结构差异可能是抗性差异的原因之一。有研究发现，抗病品种的颖壳中含有大量的木质素，而感病品种中的木质素较少。抗病品种谷粒表皮的胚乳细胞中含有多酚类物质，但在感病品种中没有发现。由此推测，木质素和多酚类物质可能在水稻抗稻曲病中起着某种作用，这可能作为筛选抗病品种的一个指标（代光辉等，2005）。

（3）水稻形态结构特征机制

品种类型：一般糯型品种感病重于粳型品种，粳型品种感病重于籼型品种；单季稻、双季晚稻发病重于早稻，晚熟品种比早熟品种感病。耐肥、抗倒、直立、密穗、大穗品种较感病。杂交稻发病相对重于常规稻，两系杂交稻重于三系杂交稻。常规早、中稻对稻曲病的抗性较好，常规晚粳和杂交稻，尤其是杂交粳稻和籼粳杂交稻的抗性较差。各类型品种对稻曲病的抗病趋势为常规中籼稻＞杂交中粳＞中熟中粳＞单季晚粳＞迟熟中粳＞杂交晚粳＞杂交籼稻。

株型特征：稻曲病的发生与水稻株型性状关系较大，发病率与剑叶宽极显著正相关，与单位面积穗数、剑叶角度和株高等显著负相关；与穗长、穗弯曲度的相关性不大，株高和穗长与稻曲病病穗率不相关。秆矮、叶片较宽而角度小、二次枝梗数和二次枝梗粒数多的大穗、密穗型水稻发病率高。

穗部性状：穗型的弯曲与否与稻曲病发病率也有一定关系。直立穗型发病率＞弯曲穗型发病率＞半直立穗型发病率，但发病率差值较小。颖壳表面粗糙无茸毛的品种易感病。抽穗时间越长，齐穗期越迟，发病越重。直立密穗品种比疏穗、散穗型品种感病。秆矮、大穗、叶片较宽而紧贴茎秆、耐密、耐肥、抗倒品种有利于稻曲病的发生。这就意味着大穗、株型紧凑的品种在增加产量潜力的同时，会加剧稻曲病的发生。

稻曲病发病率与稻穗性状有极大关系，与每穗粒数、二次枝梗粒数及二次枝梗数关系密切，即大穗、多粒类型品种易感病。稻曲病发病严重度与穗部性状的关系有多种不同观点：①每穗粒数＞二次枝梗粒数＞二次枝梗数＞着粒密度，每穗粒数较多，特别是二次枝梗上粒数较多是发病率高的重要原因；②二次枝梗数＞二次枝梗粒数＞每穗粒数＞着粒密度；③着粒密度＞每穗粒数＞二次枝梗数；④着粒密度＞每穗总粒数＞二次枝梗粒数＞二次枝梗数＞一次枝梗数。

这些水稻生物学特性与稻曲病发生的关系，可作为水稻抗稻曲病育种选择时的参考和指导。

五、病害发生条件

稻曲病的发生、流行除与水稻品种自身的遗传因素有关外，还受其他因素影响。笔者通过十多年的调查、试验研究，总结出影响稻曲病发生的最主要的4个因素：①水稻关键（敏感、感病）生育期（孕穗中后期—抽穗扬花期，下同）是否与当地适宜稻曲病发生流行的气候条件相遇；②水稻品种（组合）对稻曲病的抗性；③当地田间病原菌基数；④耕作栽培制度和田间肥水管理方式。

（一）气候因素

经过多年田间观察，结合气象数据分析，发现影响稻曲病是否发生、发生轻重的最主要因素是水稻关键（敏感）生育期是否与当地适宜病害发生流行的气候条件相遇。

稻曲病是一种"气候机会病害"。田间调查发现，水稻在关键生育期如果遇上特别适合稻曲病发生的气候条件（温度24~33℃，或昼/夜温度=20~25℃/28~33℃，相对湿度95%以上，或连续5d以上的阴雨天气）、施氮肥较多、长期深水灌溉、植株生长茂密，则抗病的水稻品种（组合）也可能会发生或较重发生稻曲病。相反，若水稻关键生育期气候不适稻曲病的发生（温度35℃以上、相对湿度＜70%，或连续高温干燥），则感病的品种（组合）也可能不发生稻曲病。笔者在杭州用高感稻曲病的籼-粳杂交稻组合甬优12研究稻曲病发病情况与播种-移栽（播栽）期的关系。每年从5月15日开始播种，每隔5d播种一批，共7批，25d秧龄移栽（表1-32）。

表 1-32 水稻不同播栽期与稻曲病发生试验

播栽期	第 1 期	第 2 期	第 3 期	第 4 期	第 5 期	第 6 期	第 7 期
播种（月-日）	5-15	5-20	5-25	5-30	6-4	6-9	6-14
移栽（月-日）	6-10	6-15	6-20	6-25	6-30	7-5	7-10

经过11年（2011~2021年）的田间试验研究，发现有8年播栽期早的水稻稻曲病发病轻，播栽晚的发病重；但也有3年的结果相反，播栽早的发病重，播栽晚的发病轻。分析当年气象条件发现，发病重的年份水稻关键生育期都遇上了特别适宜稻曲病发生的气候条件，发病轻的年份水稻关键生育期都避开了有利于病害发生的气候条件（图1-21）。

在生产实际中，即使较抗稻曲病的品种，如中浙优8号，在关键生育期遇上适合稻曲病发生的气候条件，也会发病较重。相反，较感稻曲病的品种，如甬优12，在关键生育期遇上不利于稻曲病发生的气候条件，则不发病或发病很轻。例如，2020年笔者种植的播期稍早（1~4期）的甬优12不发生稻曲病，但播期偏迟（6~7期）则发病较重。这充分证明稻曲病是一种"气候机会病害"。

水稻易感病期（孕穗中后期—抽穗扬花期）的气候因子是决定稻曲病发病轻重的关键因素之一。若在此期间，阴雨连绵、雨日多、日照少、湿度大（相对湿度90%以上）、温度适宜（25~33℃）等，则稻曲病发生重。对 1987～1996 年河北省的气象资料进行统计分析，发现稻曲病的严重度与 7 月中旬至 8 月底（水稻处于关键生育期）累计日照时数和总降水量关系密切，日照时数减少和降水量增加，则病情加重。

图 1-21　稻曲病的田间实证

播栽（生育期）早（关键生育期避开了适合病害发生的气候条件）的水稻不发生稻曲病（a）；
播栽（生育期）晚的水稻（关键生育期遇上了适合病害发生的气候条件）穗 100% 发生稻曲病（b）

同样的品种，在关键生育期遇到的雨日雨量不同，稻曲病病穗率和病粒率相差较大（表 1-33）（胡光瑞等，2010）。

表 1-33　水稻关键生育期雨日与稻曲病发生的关系

品种	2007 年			2008 年			2009 年		
	孕穗期雨日/d	病穗率/%	病粒率/‰	孕穗期雨日/d	病穗率/%	病粒率/‰	孕穗期雨日/d	病穗率/%	病粒率/‰
两优培九	6	11.53	2.37	6	13.68	3.26	3	8.58	1.32
Ⅱ优 1273	5	7.26	1.52	6	9.65	2.68	3	4.23	0.74
中浙优 1 号	5	13.68	3.32	6	15.76	4.55	3	8.22	2.36
甬优 9 号	5	22.26	5.12	6	24.36	8.13	3	10.11	3.22
粤优 938	5	9.35	3.11	6	10.32	4.22	3	5.65	2.25

（二）寄主抗性

水稻品种（组合、品系、资源、材料）对稻曲病存在真实（遗传）抗性。笔者多年的田间调查发现，不同水稻品种对稻曲病的抗性存在显著差异（黄世文和余柳青，2003）。

在环境因素相同的条件下，种植感稻曲病的品种（组合），则病害发生重；种植较抗稻曲病的品种（组合），则病害发生轻或不发生。

目前，国内外已报道对稻曲病具有较好抗性的水稻品种：IR28-Q、IR28-Z、中南粳 51、南粳 52、甬优 15、甬优 1540、宁 84、宁 88、淮稻 5 号、武运粳 23 号、武运粳 21 号、黄华占、镇稻 11 号、镇稻 14 号、镇稻 99 号、中嘉早 17、中早 39、荣优华占、淦鑫 203、欣荣优华占、金早 47、浙粳 88、中浙优 8 号、嘉禾 28、甬优 7850、T 优 259、培两优 559、新香优 80、T 优 706、亚华优 36、IR36、湘优 66、T 优 100、D 优 58、Ⅱ优 95、N 优 1577、Ⅱ优 36、Ⅱ优 25、IR28、IRAT144、农乡 21、陆乡 90-1、双抗 7701、原丰早、广优 2186、福两优 686、福丰优 366、臻优 998、粤两优 673、光香 8 优 168、广优 7017 等。报道的较感稻曲病的品种：两优培九、红莲优 6 号、Ⅱ优 416、冈优 336、Ⅱ优 50、甬优 12、春优 927、金优 117、粤优 938、Y 两优 1 号、皖稻 153、川香优 9838、新两优 6 号等。

（三）病原菌基数

在种植相同品种的条件下，稻曲病的发生程度与田间稻曲病菌的菌源量呈正相关。田间病原菌基数大，即上年稻曲病发生重、稻曲病高发，或种子带菌率高等，则稻曲病发生重。

（四）栽培条件

1. 播栽期

水稻播种期对稻曲病发病有重要影响，播种期主要影响水稻关键生育期（易感期）的早晚，涉及水稻易感期是否与当地适宜稻曲病发生的气候条件相遇，如两者错开，则发病轻；反之相遇则发病重。要了解和掌握当地的气候条件，特别是夏秋季节温度连续在 25～33℃、阴雨（连续 5d 以上阴雨天，或相对湿度 90%）天气出现的时期。根据这种气候条件出现的时期，选择播栽期，使水稻关键（敏感）生育期避开此类天气条件。在我国的单季稻种植区，时间调配上较为宽裕，完全有可能通过调整播种期达到避病，减轻稻曲病的发生。

同一品种不同播栽期田间稻曲病发生差异显著。调查发现，金优 718，4 月 5～10 日播种，破口—抽穗期为 8 月 2～6 日，雨日 4d，雨量为 49.8mm，平均病穗率为 13.26%，病指为 5.8；如果在 5 月 8～13 日播种，破口—抽穗期为 8 月 8～15 日，雨日 7d，雨量为 70.4mm，平均病穗率为 21.8%，病指为 8.16；如果在 5 月 14～16 日播种，破口—抽穗期为 8 月 13～20 日，雨日 8d，雨量为 137.6mm，平均病穗率为 31.68%，病指为 13.46。

2. 肥水管理

（1）施肥

研究表明，多施、迟施氮肥（尿素），稻曲病发病重。合理的氮磷钾肥配施有利于提高水稻产量和降低稻曲病为害。在氮肥用量相同的前提下，缺磷时稻曲病明显加重，缺钾和缺锌的影响相对较小。当标准氮肥用量为 0kg/hm²、105kg/hm²、210kg/hm² 和 315kg/hm²，而磷肥、钾肥施用量一致（P_2O_5 用量 30.0kg/hm²、K_2O 用量 90kg/hm²）时，稻曲病平均病穗率依次为 0.12%、1.08%、1.41% 和 2.19%（表 1-34）。发病程度随氮肥用量增加而加重，递增趋势明显。对稻曲病病穗率（Y）与氮肥总量（X）的相关性分析表明，两者之间呈极显著正相关，相关方程为 $Y=0.0062X+0.219$，$R=0.9848$。

表 1-34 施氮量与稻曲病发生情况

施纯氮量/(kg/hm²)	平均病穗率/%	每穗病粒数/粒
0	0.12	1
105	1.08	22
210	1.41	33
315	2.19	46

以此推算，每公顷增施尿素 33kg，病穗率增加 0.1%。在施肥总量相同的情况下，水稻生长后期氮肥（穗肥）量增加有利于稻曲病的发生。分蘖期和孕穗期追施氮肥，稻曲病发病相对较重，发病率和病指分别达 9.38%、5.06 和 12.17%、6.33，明显高于中后期不追施氮肥和早期仅施农家肥的处理，后者的发病率和病指仅分别为 3.92%、1.38 和 0.93%、0.25。

（2）水分管理

稻曲病是一种喜温喜高湿的病害（温度 25～33℃，相对湿度 90% 以上）。长期深水漫灌，尤其是孕穗—抽穗扬花期长期灌水，田间小气候湿度高，会加重病害发生。相反，采取移栽—返青至分蘖期深水灌溉，达到分蘖数后浅水勤灌，后期干湿交替，适当晒田则可抑制或减轻稻曲病的发生。

3. 海拔

海拔对稻曲病的发生、流行、危害有一定的影响。同一品种在不同的海拔，其稻曲病发病严重度差异较大，海拔越高，病穗率和每穗病粒率相对较高（表 1-35）。

表 1-35　海拔对稻曲病发生的影响

品种（组合）	海拔/m	孕穗末期—破口抽穗期雨日/d	病穗率/%	每穗病粒率/‰
Ⅱ优 1273	530	6	4.65	1.95
	185	3	2.31	0.82
中浙优 1 号	530	6	5.28	8.86
	180	3	2.65	3.21
两优培九	530	6	6.22	6.52
	180	3	3.11	2.72

综上，影响稻曲病发生及其危害轻重的因素是多方面的。适当提早播栽期可显著降低稻曲病的病穗率与病指。稻曲病的危害程度随移栽密度增加而上升，栽植密度小，则稻曲病的病穗率和病指较低。在一定的施氮量范围内，稻曲病病穗率与病指随着施氮量的增加而显著升高。前期施氮量对稻曲病发生的影响较小，而后期偏施氮肥则稻曲病发病严重。适当优化栽培方式和氮肥运筹有利于降低晚粳稻稻曲病的危害并提高水稻产量。

六、病害防治

稻曲病发病的外因是气候条件、肥水、菌源以及品种抗性。气候条件是影响稻曲病发病进程的重要因素。稻曲病轻重与水稻孕穗中后期—破口期的降水量密切相关。穗期雨量多（相对湿度大）、高温（35℃以上）天数少，稻曲病发病重，反之则发病轻。不同施肥量、施肥方法以及肥料种类与稻曲病发病也有很大的关系。随着施氮量的提高，病穗率逐步提高。在施肥量相同的情况下，随着穗肥用量增加，病害明显加重。栽培密度过大，长期深水漫灌，排水不良，连作田块，则发病重。

稻曲病是一种"只能预防、不能治疗"的病害，即只能在病原菌侵染初期、病害尚未显症（出现稻曲球）时进行打药预防才有较好的防治效果，而稻曲病一旦显症（出现稻曲球），则不论采取任何防控措施都收效甚微。笔者曾对治疗稻曲病的方法进行多年研究，即在稻曲病刚显症（出现米粒大小乳白色稻曲球）时打药防治，希望达到"出来了的稻曲球不要变大，尚未出来的稻曲球不要再出来了"这样的预防效果。在病原菌侵染初期施药达到了 70%～80% 的防效，即大部分出现的稻曲球没有继续变大，稻曲球不会破裂散发分生孢子，进行再次侵染；但稻曲病显症后施药，即没有出来的稻曲球照样长出来。因此，对稻曲病的防治各地均宜采取"预防为主、综合防治"的策略。以农业防治为基础、以药剂防治为辅。农业防治要选好水稻品种，做好种子处理，从播栽时期、栽培方式、肥水管理着手；化学防治要选准防治（打药）适期和选对有效防治药剂。

（一）农业防治

种植感病品种和水稻孕穗—抽穗期间遇到连续 5d 以上降雨（或连续阴雨，或相对湿度 90% 以上）天气是引起稻曲病大发生的关键因素。此外，稻曲病的发生危害程度还与水稻栽培方式、种植密度、肥水管理及施药水平等因素有关。

1. 品种抗性

选用抗病或耐病品种是防治稻曲病最经济有效的措施。目前，在生产中尚未发现对稻曲病表现垂直抗性的品种，但品种间感病程度不同，发病严重的品种病穗率可达 80%～90%，而发病轻的病穗率很小。因此，应避免在发病田繁殖或制种，不用重病区的种子或带病种子做种。

2. 栽培管理

1）调整播期。选用早熟品种或适当提前播栽，使水稻关键（敏感）生育期（孕穗中后期—抽穗扬花期）避开当地适宜稻曲病发生的气候条件，即连续低温阴雨（25～33℃、连续 5d 以上阴雨，或相对湿度 90% 以上）天气，可以降低发病率。目前稻曲病发病严重的大多为单季稻，种植时间可以自由调节，感病品种要尽量提早播栽。

2）清除病原。及早将发病的病粒摘除烧毁或深埋，消灭初侵染源，避免病害传播。病田秋季深翻晒田，春季犁耙田时打捞田四边的漂浮物（带菌残渣）。

3）科学管水。移栽后至返青时深水灌溉，分蘖期浅水勤灌，后期干湿交替灌溉，适时排水晒田。

4）合理施肥。施足底肥，增施农家肥和有机肥，氮磷钾合理配比施用，少施氮肥，后期慎重施用穗（氮）肥；针对稻曲病的"边际效应"情况，田边适量少施肥。

（二）药剂防治

1. 种子药剂处理

有关稻曲病是否种子带菌传染存在不同的观点，但种子药剂浸种（包衣、拌种）处理仍有一定的作用和效果。播种前选用无病种谷，实行种子药剂消毒。可选用粉锈灵、甲基托布津和多菌灵等药剂浸种。

2. 常规药剂防治

化学农药防治稻曲病最重要的是"选对防治药剂、适时精准施药"。有关稻曲病防治次数、防治（施药）适（时）期，存在不同的观点。

化学防控稻曲病的技术关键需要掌握两点：一是选用专化性特效药剂；二是精准确定施药适期。目前，采用化学农药田间防控稻曲病在施药次数方面有施药 1 次、2 次、3 次的建议；在施药适（时）期上，认为水稻分蘖末期、破口前 3～7d、始穗期 3 个时期为最佳适（时）期。也有的认为分蘖末期—扬花灌浆期施药效果较好，如抽穗前一破口期施药、扬花灌浆期施药、齐穗前 2d 用药等。但多数试验结果证实在破口前 5～7d 和破口期各施药一次的防效最为理想，如遇高发年在孕穗初期、孕穗末期、齐穗期各用 1 次药效果较好。

但上述施药适期仅是适宜施药的相对准确时间段，并没有准确告知精准施药日期。

施药次数和时期：在施药 1 次的情况下，水稻破口前 10d 施药效果较好；在施药 2 次的情况下，水稻破口前 5～7d 及破口期各施药 1 次的效果最好；在施药 3 次的情况下，水稻破口前 5～7d、破口期和扬花期各施药 1 次的效果最好。

3. 精准施药技术

笔者经过 10 多年技术研发和反复验证，形成了一套"一浸两喷、叶枕平定时"精准施药、简便高效防控稻曲病的技术。该技术通过微调（调整施药时期、选择相应药剂）可防治多种水稻主要病虫害，如稻曲病、恶苗病、稻瘟病、穗腐病、穗（谷）枯病、白叶枯病、细菌性条斑病，兼治纹枯病、稻粒黑粉病、稻纵卷叶螟、稻飞虱等。

1）一浸：是基于种子带菌（虫）引起水稻病虫害，采用种子药剂浸种（拌种、包衣）消毒，防治苗期病虫害，如恶苗病、稻瘟病、立枯病、烂秧、细菌性病害、干尖线虫、稻蓟马、二化螟等。

2）两喷：防控稻曲病、穗腐病、穗颈瘟等水稻病害，最好是在水稻生育后期打两次药（两喷）。针对稻曲病的"一喷"：在田间 1/3～1/2 植株处于叶枕平（剑叶叶枕与倒数第 2 叶叶枕持平、处于同一水平或零叶枕距，图 1-22）前后 1～3d 时打第一次药。针对稻曲病的"两喷"：稻穗破口（即 5%～10% 植株抽穗，或第一次打药后 5～12d）时打第二次药。

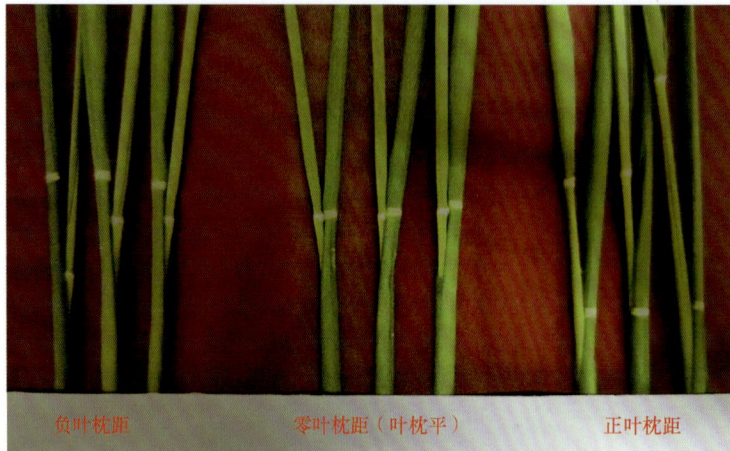

负叶枕距　　　　　零叶枕距（叶枕平）　　　　　正叶枕距

图 1-22　水稻植株叶枕距示意图

3）叶枕平定时：过去基层农技人员指导稻农防治稻曲病是在水稻"破口前 5～7d 打一次药，破口时（或第一次施药后 5～7d）打第二次药"。对于绝大多数基层农技人员和普通稻农，准确确定具体哪一天（或几月几日）是破口前的第 5 天或第 7 天非常困难，往往难以做到"精准施药"。

笔者经过多年在不同地区对不同类型水稻品种进行定点定株观察发现，对于某些品种，植株叶枕平到破口的时间是 5～7d（表 1-36）。而对于大部分品种（组合），叶枕平到破口的时间是 8～12d，少数为 13～14d（表 1-37，表 1-38）。即使同一个品种在不同地区或孕穗—破口期遇上的气候条件也不同。如遇上适合水稻生长的气候条件，叶枕平到破口的时间可能会缩短，取下限；或遇上不利于水稻生长的气候条件，此时间可能会延长，取上限。这就是为何有 5～7d 间隔的原因。

表 1-36　不同水稻品种（组合）叶枕平至破口与叶枕平至穗枕平天数

品种名称	品种类型	叶枕平至破口天数	叶枕平至穗枕平天数
中浙优 8 号	籼型杂交稻	8.76±0.81	15.92±0.77
丰两优	籼型杂交稻	9.09±0.51	13.83±0.90
天优华占	籼型杂交稻	8.18±0.92	13.13±1.13
秀水 134	常规粳稻	5.67±0.51	13.61±0.80
春优 84	籼粳杂交稻	7.38±1.00	15.00±0.82
甬优 12	籼粳杂交稻	7.70±0.75	16.71±1.21

表 1-37　2015～2016 年甬优 12 不同播栽期叶枕平至始穗期天数

不同播栽期数	叶枕平期（日/月）	始穗期（日/月）	天数	不同播栽期数	叶枕平期（日/月）	始穗期（日/月）	天数
1	24/8	6/9	13	5	2/9	14/9	12
2	24/8	6/9	13	6	6/9	19/9	13
3	31/8	11/9	11	7	6/9	19/9	13
4	2/9	14/9	12				

表 1-38 不同品种叶枕平至始穗期天数

品种名称	品种类型	叶枕平期（日/月）	始穗期（日/月）	天数	品种名称	品种类型	叶枕平期（日/月）	始穗期（日/月）	天数
嘉 58	常规籼稻	21/8	1/9	11	中浙优 1 号	籼型杂交稻	17/8	29/8	12
中嘉早 17	常规籼稻	16/7	25/7	9	甬优 12	籼粳杂交稻	24/8	6/9	13
湘早籼	常规籼稻	16/7	25/7	9	浙粳 88	常规粳稻	21/8	30～31/8	9～10
黑稻（糯）	糯稻	31/8	6/9	6	辐射稻	籼稻	11～12/8	24～25/8	12～14
绿色水稻	常规籼稻	31/8	6/9	6	秀水 134	常规粳稻	17/8（20/8）	28/8（1/9）	11～12

2017 年 9 月 8～15 日在平均气温 22.9～25.3℃的条件下，在浙江台州对甬优 12 进行定穗调查，观察剑叶与其下一叶（倒 2 叶）的正叶枕距和到破口需要的天数（表 1-39）。籼粳杂交稻甬优 12 在日平均气温 22.9～25.3℃（属于偏低气温）的情况下，从叶枕平到破口要 10d 左右（如果温度 28～33℃，则为 8～9d）。因此，预防稻曲病，第一次施药在破口前 5～12d 为宜。

表 1-39 剑叶与其下一叶（倒 2 叶）的正叶枕距和到破口需要的天数

到破口需要天数	平均叶枕距/cm	到破口需要天数	平均叶枕距/cm
1	13±0.64	6	4.2
2	10.5±0.69	7	3.6
3	8.9±0.67	5～7	3～6
4	7.5±0.05	7～10（叶枕平至破口 10）	0～3*
5	6.0±0.80	平均 3.4±0.62	破口至穗颈露出叶鞘

* 叶枕距=0cm 即为叶枕平

根据水稻生长期的生理指标"叶枕平"或"叶枕距"，很容易判别和掌握不同品种（组合）在不同气候条件下"叶枕平至破口期"的天数。一般，"叶枕平"相当于水稻破口前 5～14d。这就很好地解决了精准确定第一次打药（一喷）适期的瓶颈问题。

笔者多年试验研究发现，在当前条件下，稻曲病一旦显症（出现稻曲球）再进行药剂防治，几乎没有任何效果。即使隔一天打一次药，或多次打药，或把药液浓度提高一倍甚至几倍都无法有效防控稻曲病。防治稻曲病的最佳时期是在病原菌侵染初期。大量的研究结果基本确定了稻曲病菌侵染的高峰期在叶枕平前后 1～3d。病原菌侵染水稻到病害显症都有一个潜伏期（稻曲病潜伏期为 20d 左右），此时期病原菌和病害症状是"看不见摸不着"的。在没有看到病害发生的情况下打药预防，则稻农很难理解、接受或实施。如何判断稻曲病是否会发生，从而决定是否需要采取预防措施，前述"影响水稻稻曲病发生的因素"部分可作为判断的基本依据。具体简要概括如下：①关键生育期，水稻孕穗中后期—齐穗期是否遇上有利于稻曲病发生的气候条件；②品种抗性，种植的水稻品种（组合）是否感稻曲病；③病原菌基数，当地（田块）上年稻曲病是否严重发生；④肥水管理，是否过多施用氮肥（特别是尿素），是否长期深水灌溉；⑤水稻长势，稻株是否生长茂盛、嫩绿。如果各个因素符合稻曲病发生的条件，则需要采取预防措施。

"一浸两喷、叶枕平定时"施药防控稻曲病解决了确定施药适（时）期难的瓶颈问题。同时，该技术也可用于防控其他病虫害。在进行水稻病虫害施药防治前，首先需要确定当地水稻的主要病虫害，确定混配药剂的"主药"，以需要兼治的其他病虫害来确定需添加的"辅药"药剂。

以防控稻曲病为主，兼治稻瘟病为例。前期种子可采用防治稻瘟病的药剂浸种消毒处理，移栽前 2～3d 施用送嫁药，移栽后如有叶瘟发生，则需要进行稻瘟病防治。后期则按"两喷"方法施药防控稻曲病（主药），如果前期有叶瘟发生，则在防控稻曲病的"一喷"和"两喷"时加入预防穗颈瘟的药剂（辅药），如三环唑；在齐穗—灌浆期再施一次防治穗颈瘟的药，这样对稻曲病和稻瘟病都有很好的防效。如果要兼治 2 或 3 种病虫害，可选择对兼治病虫害均有较好防效的广谱性药剂，或选择针对需要兼治的病虫害的药剂现配现用。

"两喷"选用的药剂：有些药剂具有广谱、内吸、传导功能，在防治稻曲病的同时，也可以兼治稻瘟病（穗颈瘟）、穗腐病、纹枯病等。其他兼防的病虫害则需添加相应的杀菌剂和杀虫剂。如果要防治的病害以稻瘟病为主，则选用防治稻瘟病的药剂为主药，如三环唑、稻瘟灵等为"主药"，依次类推。

防治稻曲病的对口药剂：日本把铜制剂作为稻曲病的特效药，由于稻曲病的分生孢子对含铜制剂较敏感。国内认为多菌铜、DT、可杀得等铜制剂防效很好，但易产生药害。有机锡杀菌剂类的毒菌锡和薯瘟锡对稻曲病的防效较好，且在孕穗、破口至始穗期使用无药害，对稻瘟病有一定防效。有机杂环类的粉锈宁和速克灵对稻曲病也有较好的防效。

近年来，许多新型杀菌剂对稻曲病有很好的防效，如 30% 苯醚甲环唑·丙环唑乳油（爱苗）、10% 井冈霉素·蜡样芽孢杆菌悬浮剂、12.5% 氟环唑（欧博）悬浮剂、50% 己唑醇水分散粒剂、70% 戊唑醇·丙森锌可湿性粉剂、75% 戊唑醇·肟菌酯（拿敌稳）水分散粒剂、12.5% 烯唑醇可湿性粉剂、43% 戊唑醇（好力克）悬浮剂、8% 井冈霉素 A·4% 苯醚甲环唑可湿性粉剂、25% 丙环唑乳油、27.12% 碱式硫酸铜悬浮剂（铜高尚）、25% 苯醚甲环唑乳油、50% 醚菌酯（翠贝）悬浮剂、MJ2006（咪鲜胺·井冈霉素复配制剂）、75% 咪鲜胺锰盐·苯醚甲环唑（苗盛）可湿性粉剂、24% 噻呋酰胺（满穗）悬浮剂、30% 代森锰锌油悬浮剂等。一些药剂在水稻后期不仅对稻曲病、稻瘟病、纹枯病和穗腐病等具有较好的防效，而且有利于水稻生长，使水稻后期青秆、绿叶、黄熟、不早衰，提高产量。

在"选对药、定准打药适期"的前提下，需掌握好两点原则：用足水量、上细下粗。现在很多农户"愿多加药不愿多加水"，这是不对的。应按照要求用足够的药剂并加足量的水。对于发生在水稻植株中下部的病虫害，如纹枯病、稻飞虱等要采用"粗雾"喷雾；对于发生在水稻植株中上部的病虫害，如稻曲病、穗颈瘟、稻纵卷叶螟等要采用"细雾"喷雾。

笔者在 2011～2021 年连续用高感稻曲病的籼粳杂交稻甬优 12，对"一浸两喷、叶枕平定时"精准施药高效防控稻曲病兼治其他重要病虫害技术进行试验、验证、修正和完善，技术非常成熟，对多种病虫害防效非常理想，充分证明该技术简便、高效、易掌握、易操作，该技术入选 2021 年农业农村部主推技术。图 1-23a 和 b 显示"一浸两喷、叶枕平定时"精准施药防控技术对稻曲病、穗腐病有较好的防效；图 1-23c 和 d 显示防治与不防治稻曲病、穗腐病的发病症状；图 1-23e 为严重发生稻曲病的水稻收割后晒场稻谷的发病症状。

图 1-23　稻曲病、穗腐病的防控效果比较
a 和 b：稻曲病、穗腐病的田间防控；c 和 d：稻曲病、穗腐病的防控效果；e：晒场上严重感染稻曲病的稻谷

（三）生物防治

由于化学防治的局限性，稻曲病的生物防治将是未来发展趋势。抗生素、拮抗菌、植物源制剂等成为研究热点。利用抗生素防治稻曲病已应用多年，推广应用最广的是井冈霉素，较高浓度井冈霉素单用，或与多菌灵混用，对稻曲病、纹枯病的防效较好。

江苏省农业科学院植物保护研究所从土壤拮抗细菌中筛选出一种枯草芽孢杆菌（*Bacillus subtilis* B-916）并经现代诱变，与井冈霉素复配得到复配剂"纹曲宁"。纹曲宁施用后能促使稻田生态环境中的微生物群落合理分布，形成一个生物多样化的稻田生态系统，可持续控制稻曲病的暴发和流行。

尹小乐等（2011）筛选获得了两株生长快、对稻曲病菌生长抑制作用强（抑制率分别达到97.2%和85.9%）的枯草芽孢杆菌SF-62和SF-3-38，这两株拮抗细菌的发酵液对稻曲病病粒的防治效果分别为47.88%和43.12%。

从文献资料来看，稻曲病生物防治的研究范围尚不宽，如拮抗细菌报道多，真菌、放线菌等报道少。抗生素类、植物源农药等防治稻曲病的研究少见报道。此外，研究深度也不够，如拮抗菌的行为模式、拮抗机理等报道不多，能实际应用的较少。

第四节　水稻恶苗病

一、病害发生与为害

（一）病害发生

水稻恶苗病（rice bakanae disease）又称徒长病、白秆病、米秧、标秆、冲秆、打旗子和公稻，于1828年在日本首次发现，现全球水稻种植区域均有发生。近年随着品种的调运和南繁、机插、抛秧等集中育秧与肥田旱育秧栽培技术的大面积推广以及恶苗病菌对一些主要浸种药剂产生抗（耐）药性，我国恶苗病的发生越来越普遍，在有些年份、某些稻区重度流行为害，已成为水稻主要病害，造成严重的产量损失。

（二）病害为害

恶苗病对水稻造成的损失，发病轻的减产5%～10%，中等的减产10%～20%，重的减产20%～30%，种植易感病品种且发病严重的可减产50%以上。日本北海道地区报道，恶苗病的发生对水稻造成的损失为20%，有的地区甚至高达40%～50%。该病的发生危害在年度间、地区间、品种间差异较大。近几年，恶苗病在我国东北、西北、华中等稻区都有回升趋势，甚至发生较重。

根据表1-40，2017～2018年全国恶苗病发生面积为42.56万～50.06万hm^2，其中发生面积较大的有江苏、黑龙江、上海、浙江和湖南。随着江苏省粳稻品种种植面积不断扩大以及肥床旱育稀植等轻型栽培技术的推广应用，水稻恶苗病的发生越来越重。1995年江苏省发生面积达53万多公顷，重病地区病株率为5%～10%，严重田块高达40%以上，产量损失10%～20%。1999年浙江省永嘉县恶苗病大面积发生约6667hm^2，占早稻面积的50%，每公顷减产7%～15%。

表1-40　2017～2018年全国及一些省份恶苗病发生和损失情况

地区	年份	发生面积/万公顷次	防治面积/万公顷次	挽回损失/t	实际损失/t
全国	2017	50.06	293.50	245 717.26	24 833.30
	2018	42.56	241.66	208 578.09	21 672.59

地区	年份	发生面积/万公顷次	防治面积/万公顷次	挽回损失/t	实际损失/t
江苏	2017	17.70	81.16	91 826.75	5 721.03
	2018	15.47	64.03	81 931.43	4 487.20
黑龙江	2017	11.73	129.39	66 235.69	9 762.00
	2018	7.69	102.79	47 576.95	9 466.34
上海	2017	6.99	9.13	10 318.8	435.88
	2018	7.01	7.94	9 799.31	319.97
浙江	2017	4.13	27.58	24 189.35	1 403.9
	2018	3.07	25.07	19 597.24	886.27
湖南	2017	2.96	5.70	5 614.3	520.64
	2018	2.76	3.83	4 767.66	400.58
江西	2017	0.50	5.87	6 346.25	410.87
	2018	0.72	3.41	10 113.99	920.22
云南	2017	1.24	5.65	8 635.21	569.4
	2018	1.14	5.29	9 091.74	686.41
辽宁	2017	0.25	16.28	7 753.09	2 361.69
	2018	0.59	2.99	8 167.44	1 194.87

（三）病害调查取样方法

水稻恶苗病病株在田间属于聚集分布。秧田期恶苗病的病情调查应在移栽前1～2d进行，本田期恶苗病的病情调查可在分蘖末期进行。田间调查以"Z"形抽样法最好，平行线抽样法次之，棋盘式抽样法最差，每个样点以取50～100丛的抽样数为宜。

二、病害症状与诊断

水稻恶苗病主要由种子带菌引起，从秧苗期到抽穗期均可感染发病。水稻恶苗病有3个较明显的发病高峰期：水稻播种后15d左右出现第1个发病高峰，移栽后分蘖期出现第2个发病高峰，孕穗期出现第3个发病高峰。前两个高峰期发病较严重，但孕穗期发病对产量损失最明显。

（一）病害症状

1. 苗期症状

感病重的稻种播种后，多数不发芽或发芽后不久即死亡；感病轻的种子发芽后虽然能生长，但叶片、叶鞘和植株细长，叶色淡黄绿色，根系发育差，发病的秧苗比健苗高出1/3～1/2（图1-24）。部分严重感病的秧苗在移栽前死亡。湿度大时，在枯死苗上有淡红色或白色霉粉状物，即病原菌的分生孢子。后期生黑色小点即病菌子囊壳。

2. 本田期症状

移栽后到黄熟期均可表现症状。发病植株分蘖少或不分蘖，叶片与茎秆夹角比正常植株大，田间可见树杈状植株，节间明显伸长，节部常弯曲并露出叶鞘之外，下部几个茎节倒生白色或黄褐色的不定根（图1-25）。剥开叶鞘，可见节的上下组织呈暗色，茎上有暗褐色条斑，剖开病茎，可见白色丝状菌丝体。随着病情扩展，茎秆腐朽，重病株在孕穗前枯死，轻病株提前抽穗，穗形短小或籽粒不实，有的变成白穗。

天气潮湿时，枯死植株上长满淡红色或白色粉霉（病原菌分生孢子），分生孢子随风、雨水传播，进行二次侵染；后期尚可散生或群生蓝黑色小粒（子囊壳）。

图 1-24　苗期恶苗病症状

a：秧田中苗期恶苗病；b：不同时期恶苗病株及健株

图 1-25　本田期恶苗病症状

a：大田前期症状；b：大田中后期症状；c：灌浆乳熟期恶苗病症状；d：黄熟期恶苗病症状；e：叶片开角大；
f：死株上出现粉红色分生孢子；g：后期谷粒症状；h：恶苗病倒生根

本田期不表现徒长型的病株，基部叶发黄，上部叶片张开角度大，地上部茎节上长出倒生根，轻病株可抽穗，穗短而小，籽粒不实；病重的植株不抽穗。枯死病株在潮湿条件下表面长满粉红色或白色粉霉。

3. 谷粒症状

水稻抽穗期谷粒也可感染受害，严重的变为褐色，不能灌浆结实而变成瘪粒，有的病谷内外颖缝合处有一层线状条纹，天气潮湿时产生淡红色霉层。发病轻的仅谷粒基部或尖端变为褐色，有的虽然感病但外表无症状，菌丝潜伏其内，造成种子带菌。

4. 假恶苗病及症状可变性

水稻植株表现徒长症状的病株称为显症病株，不表现徒长症状的病株称为隐症病株。隐症病株在生长过程中可转化为显症病株，显症病株在生长过程中也可转化为隐症病株。显症病株转化成隐症病株后，可再转化为显症病株，称为复显症病株。秧苗期的显症病株在移栽后有 4 种变化：①病株持续显症；②枯死；③转为隐症病株；④转为复显症病株。复显症病株占总株数的百分率在品种间、菌株间各不相同。苗期隐症病株转为显症的时间不定，同一菌株不同品种间、不同菌株同一品种间表现一致，但转化率在同一菌株不同品种间、不同菌株同一品种间各有差异。水稻恶苗病的症状表现是"病菌菌株-水稻品种-环境条件"三因素的综合体现，病菌菌株对症状的表现影响很大（朱桂梅等，2002）。

水稻感染恶苗病后，我国根据不同菌系所引起的寄主反应，将其分为徒长型、矮化型、不引起显著症状的正常型和早穗型。日本将其分为芽腐型、徒长型、徒长后恢复型、矮缩型、矮缩后恢复型等。其中以徒长型为主，占 60%～70%，特别是农家品种及常规水稻品种，以徒长型为主，矮化型、正常型和早穗型少。近几年发现，正常型病株可引起水稻严重减产。

利用恶苗病菌培养液刺激秧苗，可表现出显著徒长，徒长率可达 100%。但徒长株插入本田后可全部恢复为正常株，表明是假恶苗病。假恶苗病在秧田表现徒长，植株不死亡，移栽到本田后可恢复为正常植株，恢复率为 88.4%～95.7%。矮缩型病株的恢复率为 92.0%～97.0%。这两种类型的恢复株均为假恶苗病病株。徒长、矮缩型病株在本田不能恢复。

（二）病害诊断

1. 种子带菌检测

明确水稻种子是否携带恶苗病菌，对于指导种子药剂消毒非常重要。简便、快速、经济的检测方法是掌握种子带菌的基础。目前，比较常用的检测方法有分离培养法、洗涤检验法、吸水纸保湿检验法、琼脂平皿检验法以及基于 PCR 的分子检测方法等。这些检测方法虽然能反映种子的带菌情况，但都存在一定缺陷，如检测所需的时间长，或检测结果的准确度偏低，或需要昂贵而精密的仪器设备。与传统的检测方法相比，环介导等温扩增（loop-mediated isothermal amplification，LAMP）技术具有检测特异性强、灵敏度高、所需时间短和检测结果可直接用肉眼判别等优点（袁咏天等，2018）。采用 LAMP 检测技术对 2017 年来自江苏省 13 个地区生产上的 103 份水稻种子是否携带恶苗病菌进行检测，共检测出 89 份稻种样本携带水稻恶苗病菌（王晓莉等，2020a）。

2. 症状诊断

在恶苗病发生普遍时，要注意与生理性病害和病毒性病害的区别。生理性病害表现为老叶或下部叶片先发病；病毒性病害多在心叶和上部幼嫩叶片先发病；而恶苗病通常全株（包括叶片和叶鞘）出现症状。一般，杂交稻发生徒长苗多是由恶苗病菌引起的恶苗病，但杂交稻制种田施用赤霉素能明显增加杂交稻株对恶苗病的感病性，施用水平达 20g/亩以上时的影响最大。

三、病原学

（一）病原的分类地位

从感恶苗病的水稻样本中分离到多个无性态病原菌，包括藤仓镰刀（孢）菌（*Fusarium fujikuroi*）、串珠镰刀菌（*F. moniliforme*）、禾谷镰刀菌（*F. graminearum*）、层出镰刀菌（*F. proliferatum*）、拟轮枝镰刀菌（*F. verticillioides*）、新知镰刀菌（*F. andiyazi*）、接骨木镰刀菌（*F. sambucinum*）、木贼镰刀菌（*F. equiseti*）、砖红镰刀菌（*F. lateritium*）、雪腐镰刀菌（*F. nivale*）、尖孢镰刀菌（*F. oxysporum*）、半裸镰刀菌（*F. semitectum*）和腐皮镰刀菌（*F. solani*）等（图 1-26）（王拱辰等，1990；陈宏州等，2018a，2022；张洪瑞等，2019；王晓莉等，2020a，2020b）。从全国各地分离获得的病菌比率来看，串珠镰刀菌、藤仓镰刀菌、层出镰刀菌和拟轮枝镰刀菌比例较高，且串珠镰刀菌和藤仓镰刀菌是各稻区的优势（流行）菌（陈宏州等，2018b）。本部分以这两个病原菌为主进行介绍。

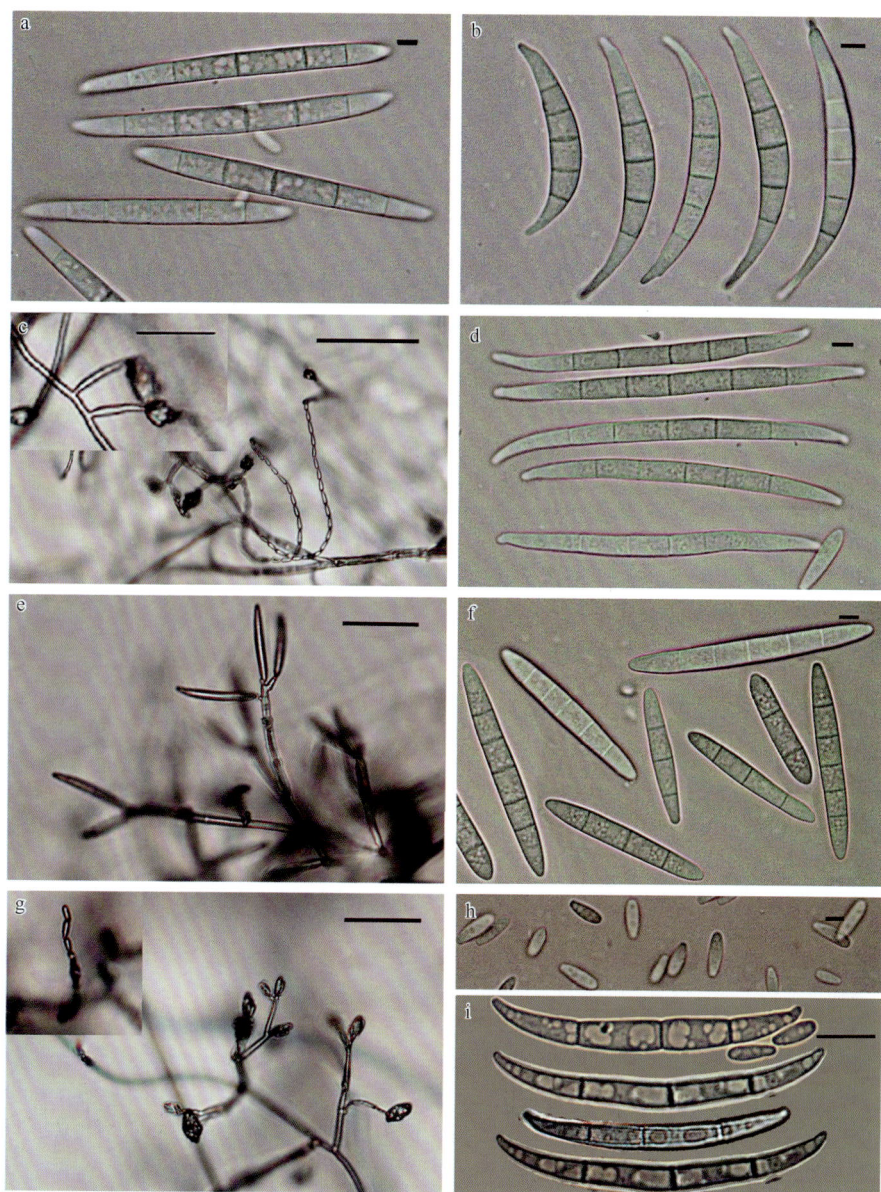

图 1-26　5 种镰刀菌在香石竹叶片琼脂（CLA）培养基上生长的形态特征

a 和 b：藤仓镰刀菌；c～e：层出镰刀菌；f 和 g：新知镰刀菌；h：木贼镰刀菌；i：砖红镰刀菌。图中小型分生孢子比例尺为 10μm

　　水稻恶苗病病原菌有性态为子囊菌藤仓赤霉复合种（*Gibberella fujikuroi* species complex，GFSC），无性态为串珠镰刀菌。研究表明，镰刀菌是建立在一个宽泛的"种"的概念基础上，包括串珠镰刀菌、藤仓镰刀菌、层出镰刀菌、禾谷镰刀菌、拟轮枝镰刀菌、木贼镰刀菌、雪腐镰刀菌、半裸镰刀菌、砖红镰刀菌、尖孢镰刀菌和腐皮镰刀菌等组成的复合种（Amatulli et al.，2010）。在上述镰刀菌中，藤仓镰刀菌造成水稻典型的恶苗病徒长症状，拟轮枝镰刀菌造成水稻黄化和矮化，而层出镰刀菌使水稻发病症状不明显（Matić et al.，2013）。该复合种内成员形态特征非常相似，仅采用形态学分类方法常导致鉴定错误。因此，*ITS*、*28S rDNA*、*β-tubulin*、*TEF-1α* 和钙调蛋白编码基因等多基因位点的分析被广泛用于藤仓赤霉复合种的病原菌分子生物学鉴定（马晓伟等，2012）。有关串珠镰刀菌变更的详细情况请参考吕国忠等（2010）。

　　研究从浙江 103 份水稻恶苗病标样上分离获得 300 株单孢菌株，鉴定出 8 种镰刀菌，其中串珠镰刀菌的一个变种占总菌株数的 60.2%，根据其性状命名为串珠镰刀菌浙江变种（*Fusarium moniliforme* var. *zhejiangensis*）。其他 7 种镰刀菌分别为木贼镰刀菌、雪腐镰刀菌、半裸镰刀菌、禾谷镰刀菌、砖红镰刀菌、尖孢镰刀菌和腐皮镰刀菌。串珠镰刀菌浙江变种是水稻恶苗病的主要致病菌，其他 7 种镰刀菌均有不同程度的弱致病性（王拱辰等，1990）。

　　研究从江苏 13 个地区采集 677 份水稻恶苗病标本，分离获得 548 株单孢菌株。参照 Booth 分类系统，这些菌株被鉴定为 6 种镰刀菌，其中串珠镰刀菌占 60.8%，是水稻恶苗病的主要致病菌。其他菌株分别为雪腐镰刀菌、半裸镰刀菌、禾谷镰刀菌、砖红镰刀菌和尖孢镰刀菌（陈夕军等，2008）。

　　湖北省从 35 株单孢菌株中鉴定出 4 种镰刀菌，其中 31 株为串珠镰刀菌浙江变种，占 88.6%。用串珠镰刀菌浙江变种接种后，稻株均表现徒长、苗细、色淡。禾谷镰刀菌和尖孢镰刀菌也可致病，引起苗枯，但不出现徒长症状，腐皮镰刀菌则不表现症状。这进一步证明串珠镰刀菌是水稻恶苗病的主要致病菌，其他镰刀菌则是该病的次生菌或混生菌，有些可能会加重病害症状（罗俊国，1995）。

　　来自江苏省镇江市的 98 株恶苗病菌中，藤仓镰刀菌 90 株，层出镰刀菌 6 株，拟轮枝镰刀菌 1 株，新知镰刀菌 1 株。优势种群为藤仓镰刀菌，占比为 91.8%（周华飞等，2019）。

　　串珠镰刀菌是镰刀菌属中最重要的植物病原菌之一，除了引起水稻恶苗病，还可以引起玉米穗腐病、小麦赤霉病和高粱穗腐病等（Leslie et al.，2005）。

（二）病原形态特征

　　藤仓赤霉复合种内的镰刀菌具有多种生物型，可产生多种形态结构特征，有相当多的描述特征，如菌落（颜色、生长速度）、孢子类型（大型分生孢子、小型分生孢子）、产孢细胞类型（单瓶梗、层出梗、复瓶梗、多芽产孢细胞）、厚垣孢子（真厚垣孢子、假厚垣孢子）等。

　　串珠镰刀菌在 PSA 平板上培养，菌落白色至紫红色，气生菌丝绒状或粉状、细密、基质紫色或白色；大米培养基上菌落白色至玫瑰红或黄色。产孢细胞单瓶梗，分枝或不分枝。分生孢子有大、小两种类型。小型分生孢子：假头状着生或串生，卵形或扁椭圆形，单胞，无隔；产孢细胞单、复梗并存；多数产生厚垣孢子，球形至亚球形，大小为 4.0～6.0μm×2.0～5.0μm。大型分生孢子：多为纺锤形或镰刀形，稍弯，较细长，两端渐尖，足胞不明显，3～5 个分隔，大小为 25.0～55.0μm×3.0～4.5μm，平均为 34.0μm×3.8μm。多数孢子聚集时呈淡红色，干燥时呈粉红色或白色。有性态的子囊壳蓝黑色，球形，表面粗糙，大小为 240.0～360.0μm×220.0～420.0μm。子囊圆筒形，基部细而上部圆，内生子囊孢子 4～8 个，排成 1 或 2 行，子囊孢子双胞，无色，长椭圆形，分隔处稍缢缩，大小为 5.5～11.5μm×2.5～4.5μm（吕国忠等，2010）。

（三）病原的生物学特性

1. 适宜生长的培养基

　　从 PDA、PSA、Czapek（KNO_3 2.0g、KH_2PO_4 1.0g、KCl 0.5g、$MgSO_4·7H_2O$ 0.5g、$FeSO_4$ 0.01g、蔗糖 30.0g、琼脂 20.0g、水 1L）、葡萄糖蛋白胨琼脂（葡萄糖 5.0g、蛋白胨 5.0g、K_2HPO_4 2.0g、琼脂 20.0g、水

1L)、淀粉琼脂（可溶性淀粉 20.0g、KNO_3 1.0g、NaCl 0.5g、K_2HPO_4 0.5g、$MgSO_4$ 0.5g、$FeSO_4$ 0.01g、琼脂 20.0g、水 1L）和麦芽糖琼脂（蛋白胨 10.0g、麦芽糖 40.0g、琼脂 20.0g、水 1L）培养基中筛选出麦芽糖琼脂培养基和 Czapek 培养基最适合水稻恶苗病菌生长，菌落生长较旺盛；其次为 PDA、PSA、淀粉琼脂培养基和葡萄糖蛋白胨琼脂培养基。PSA 培养基是最适宜产孢的培养基，其次为 PDA、葡萄糖蛋白胨琼脂培养基、淀粉琼脂培养基、麦芽糖琼脂培养基和 Czapek 培养基。

水稻恶苗病菌在大麦培养基、PSA 和 PDA 培养基上可以产生小型分生孢子。采用大麦培养基和 PSA 培养基培养恶苗病菌，小型分生孢子的产孢量最多。病菌在 PSA 和 PDA 培养基上培养不产生大型分生孢子，但在蚕豆叶培养基上可产生大量的大型分生孢子。蚕豆叶培养基的配制方法：叶或茎剪成小块或小段（叶片约 $0.5cm^2$、茎剪成 0.5cm 长），放置在 9cm 培养皿内，不盖皿盖，放入约 50℃ 烤箱内烘烤至干燥。然后盖上皿盖，用 ^{60}Co 放射的射线辐射灭菌，辐射量为 2.5kGy。蚕豆叶培养基可以作为串珠镰刀菌产生大型分生孢子的培养基，培养的大型分生孢子数量多，孢子形态典型、稳定。

2. 温度

病原菌在 PDA 培养基中菌丝生长的温度为 5～35℃，以 30℃ 最为适宜，20～25℃ 生长缓慢，40℃ 时受到明显抑制。菌丝和分生孢子在 40～48℃ 水浴中处理 10min，置于 PDA 平板上培养 10d 后仍能形成菌落。分生孢子和菌丝的致死温度为 50℃，超过 50℃ 则不能生长。但也有人认为分生孢子的致死温度为 58℃（10min），菌丝的致死温度为 62℃（10min）。在病原菌菌丝、分生孢子的生长温度和致死温度方面，不同研究者的结果有所差别，这可能与不同来源的菌株有关。分生孢子在 25℃ 的水滴中经 5～6h 即可萌发，子囊壳形成的最适温度为 26℃，子囊孢子在 25～26℃ 经 5h 可萌发。病菌侵染寄主以 35℃ 最适，在 31℃ 时诱发徒长最明显。也有人认为恶苗病菌生长的最适宜温度为 27～30℃，而病菌侵染植株、发展病症的最佳温度是 35℃。

3. pH 和光照

病原菌在 pH 3～10 的 PDA 平板上均能正常生长，且可以产生分生孢子，以 pH 6～10 最为适宜；产孢量以 pH 8 时最大。光照条件对菌落生长影响不明显，但以全暗条件下产孢量最大。

4. 碳源和氮源

不同碳源和氮源对菌落生长与产孢的影响差别较大。菌落生长最适宜的碳源为鼠李糖、葡萄糖和蔗糖；产孢最适宜的碳源为甘露醇和淀粉。菌落生长最适宜的氮源为硝酸钾；最适宜产孢的氮源为尿素。

5. 生化特性

病原菌对孔雀石绿不敏感，具有一定的耐性。菌落利用淀粉的能力较强，培养 5d 菌落直径为 7.08cm，水解圈直径为 4.91cm，水解指数为 69.35%；对硝态氮的利用能力也很强，菌落平均直径为 7.97cm，平均产孢量为 $1.033×10^8$ 个孢子/皿。

（四）侵染循环

水稻恶苗病属于种传病害，种子内外的病菌是主要的初侵染源，其次是带菌稻草。病菌以分生孢子在种子表面或以菌丝体在种子内部越冬。在浸种时分生孢子可污染健康种子再传病。种子萌发后，病菌从芽鞘、根和根冠侵入。播种带菌种子，或用病稻草覆盖种子催芽，均可引起幼苗发病，严重的导致幼苗枯死。发病植株表面产生的分生孢子可传播到健苗，从茎部伤口侵入，引起再侵染。

恶苗病菌主要是通过胚芽或胚根侵入稻株，水稻育苗的催芽期和苗床期是恶苗病菌入侵秧苗的主要时期。催芽时间的长短、苗床的温度及湿度的高低成为水稻恶苗病发病率高低的主要影响因素。催芽时间长的苗期发病率高，而苗期的温湿度高，则水稻后期恶苗病发生重。染病秧苗移植到大田后，在适宜条件下陆续呈现症状。病株中的菌丝体蔓延扩展至全株，但不扩展到花器，病菌不断产生赤霉素刺激茎叶徒长，抑制叶绿素形成，使水稻叶片和叶鞘无法进行光合作用从而逐渐变黄直至枯死。发病后期及枯死植株下部叶鞘和茎部产生分生孢子。水稻抽穗开花时，分生孢子借风雨传播并侵入花器，从内外颖壳部位侵入颖片组织和胚乳。收获脱粒时，病谷上的分生孢子黏附在其他谷粒上，使更多的谷粒（种子）带菌，成为翌年的初侵染源（图1-27）。

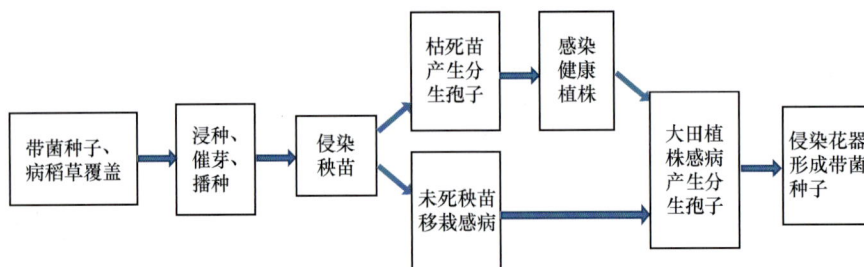

图1-27　恶苗病侵染循环

（五）病原致病性

来源于不同地区的水稻恶苗病菌对水稻的致病力有明显差异。从江苏多个地区获得镰刀菌149株，其中藤仓镰刀菌77株，占整个菌群的51.68%；禾谷镰刀菌36株，木贼镰刀菌28株，亚洲镰刀菌8株。在分离的77株藤仓镰刀菌中，靖江地区15株，占该地区菌群的30.0%；常州地区43株，占该地区菌群的76.8%；姜堰地区19株，占该地区菌群的44.2%。将水稻种子用恶苗病菌的孢子液处理后，发现菌株81-1孢子液处理的水稻种子的发芽率最低，仅为22.22%，菌株37-3孢子液处理的水稻种子的发芽率最高，达80.00%。病原菌孢子液处理后97.44%的水稻苗表现植株徒长，徒长率为4.10%～61.14%，徒长率最高的是菌株1-1处理后的植株。只有经菌株54-1孢子液处理的种子长大后的植株表现出矮化现象。靖江和姜堰地区60%以上水稻种子的发芽率为35.0%～70.0%，而常州地区大约56%的水稻种子的发芽率为70.0%～100.0%。靖江、姜堰和常州地区70%以上植株的徒长率为15.0%～40.0%。这都说明分离到的恶苗病菌具有不同程度的致病性（郑睿，2014）。

研究采用生物学种（配合群）和营养体亲和群方法分析了来自浙江、黑龙江和上海的35个恶苗病菌株。所有菌株分属于A、D、E、F四个配合群，以D配合群为主，有2个菌株不能归属于已知的配合群。25个菌株是异核体自身亲和的，且可分为20个营养体亲和群。其中17个营养体亲和群均只含1个菌株，有1个营养体亲和群含4个菌株，有2个营养体亲和群含2个菌株。D、E、F三个配合群的遗传多样性指数分别为0.7、0.8和1.0。由此可见水稻恶苗病菌在遗传上的多样性（章初龙等，1998）。

从浙江、安徽和江西采集的25个水稻样本上分离获得421株恶苗病菌。基于形态学和转化延伸因子1-alpha（$TEF1$-α）基因序列对分离菌株进行鉴定，其中407个分离物被鉴定为藤仓镰刀菌（占比80.05%）、层出镰刀菌（8.31%）、木贼镰刀菌（5.94%）、变红镰刀菌（2.61%）、新知镰刀菌（0.95%）、亚洲镰刀菌（0.48%）。致病性测定结果显示，代表性菌株可引起水稻秧苗不同的恶苗病症状。种子萌发试验中发现，6个不同的镰刀菌菌株在抑制种子萌发、导致种子和芽腐烂方面有不同的效果（Jiang et al.，2020）。

黎定军等（1993）从湖南各稻区分离得到53株菌株，除菌株16-5引致死苗外，其余菌株均引起水稻秧苗徒长，且大多数的发病率达100%，但导致徒长的病株率有差异。选用感病品种84-265测定病原菌致病力，表明恶苗病菌的致病力存在分化，可将其中50株菌株分属4个群11个小种。其中Ⅰ群只有1个小种，致病力最强，包括17株菌株，是湖南省的优势小种，分布于全省大部分地区；Ⅱ群有6个小种，致病力较强，包括24株菌株；Ⅲ群有3个小种，致病力较弱，包括5株菌株；Ⅳ群也只有1个小种，致病力最弱，包括4株菌株。致病力强的菌株有12-4、27-4、23-1及27-6等17株；致病力中等的菌株有24-4、28-5、13-5及27-1等30株；弱致病力的菌株有2-1、14-2、32-1及23-5等6株。

（六）病原毒素

在谷物储藏期间，恶苗病菌可引起谷物霉变，产生多种真菌毒素污染谷物，如镰刀菌酸（fusaric acid）、镰刀菌素（fusarin）、赤霉素（gibberellin）、串珠镰刀菌素（moniliformin）及伏马菌素（fumonisin）。恶苗病菌产生的毒素，如伏马菌素可以引起人畜多种疾病（Nelson et al.，1994）。赤霉素能引起稻苗徒长，病株典型症状为徒长，植株细弱，叶片狭窄、黄化，受到病原菌侵染的种子萌发率下降（图1-28）。镰刀菌酸与赤霉素相反，有抑制稻苗生长的作用。

图1-28　水稻恶苗病菌毒素对水稻种子的影响

A：恶苗病菌毒素对水稻种子发芽和秧苗的影响不同；B：接种后20d不同恶苗病菌对水稻秧苗的致病力。

CK：对照；FF：藤仓镰刀菌；FAN：高粱镰刀菌；FP：层出镰刀菌；FI：变红镰刀菌；FAS：亚洲镰刀菌；FE：木贼镰刀菌

恶苗病症状有真、假之分。种子未感染病菌时，假恶苗病株只是病菌分泌赤霉素刺激种子（幼苗）而形成的，在秧苗2～4叶期发生，当秧苗移栽本田后即可恢复为正常植株，平均恢复率为94.3%。真恶苗病株是种子被病菌真正侵染后，在秧田期至本田期均表现出症状。

串珠镰刀菌在pH 9的PD培养液中产生的毒素量较多，其次为PS培养液。在12h光照和黑暗处理下，串珠镰刀菌毒素产量最高；在连续光照处理下，毒素产量次之。在25℃恒温培养下产生毒素量最大，其次为30℃；在15℃和35℃下产生的毒素较少。菌丝生长需要较多的氧气，在振荡条件下，毒素产量较高；培养3～10d，毒素产量逐渐升高；培养10d毒素产量最高。随着培养时间的延长，毒素产量反而降低（李俊霞和廖大国，2011）。

从串珠镰刀菌的培养物中分离出伏马菌素FB1和伏马菌素FB2。伏马菌素浓度越高，对玉米种子的萌发、胚芽和胚根的生长抑制率越高，且对玉米幼苗的毒害作用越强，造成幼苗的萎蔫程度越大。不同品种的玉米种子和幼苗对毒素的敏感性不同（田雪亮等，2012）。抗病玉米品种对伏马菌素的耐受能力强，细胞膜透性、丙二醛含量低于感病品种，而可溶性糖含量高于感病品种。伏马菌素对小麦萌发率和胚根、胚芽生长也有明显的抑制作用，且毒素浓度越高，抑制效果越明显；处理时间越长，小麦根系相对电导率越高。

（七）寄主范围

采用串珠镰刀菌浙江变种接种，对小麦（*Triticum aestivum*）、大麦（*Hordeum vulgare*）、玉米（*Zea mays*）、高粱（*Sorghum bicolor*）、苏丹草（*Sorghum sudanense*）、大豆（*Glycine max*）等均有致病力。除小麦仅表现色浅、叶细外，其余均能引起徒长症状。但不能侵染紫云英（*Astragalus sinicus*）、黑麦草（*Lolium perenne*）、芝麻（*Sesamum indicum*）、西瓜（*Citrullus lanatus*）、芸苔（*Brassica campestris*）、甘蓝（*Brassica oleracea* var. *capitata*）、白菜（*Brassica rapa* var. *glabra*）（王拱辰等，1990）。

（八）病原抗药性

1. 恶苗病菌的抗药性

微生物耐药性（抗药性，resistance to drug）是指微生物对抗菌药物作用的耐受性，耐药性一旦产生，药物对微生物的抑制作用就明显下降。20世纪70年代以后，苯菌灵、氟苯和甲基托布津在日本使用时间长达10年之久，不少地方病菌已产生抗药性。1980年日本发现恶苗病菌对苯菌灵产生抗性以来，到1986年我国大部分地区都出现了抗性菌株。20世纪80年代初，我国东北及河北等地大面积推广克菌丹和多菌灵等药剂，对恶苗病的防治效果较好。但连续使用几年，多菌灵等药剂防治恶苗病的效果下降，随之用恶苗灵和溴硝醇等替代，连续使用几年后恶苗灵的防治效果越来越差。后来的咪鲜胺和氰烯菌酯（劲护）等出现同样的情况。表明恶苗病菌对一些使用年限较长的杀菌剂产生了抗（耐）药性。

研究发现，在1973年恶苗病菌对多菌灵非常敏感，4000倍液72h抑菌圈达20mm以上，且抑菌圈透明，残效长。1974年在室内筛选的基础上，50%多菌灵可湿性粉剂500～1000倍液浸稻种72h，防效高达94.7%～97.5%。到了1991年，用50%多菌灵500～1000倍液浸种防治水稻恶苗病，500倍液防治效果只有2.89%，而1000倍液根本无防治效果。田间试验也出现同样的情况。表明长期使用多菌灵防治水稻恶苗病后，恶苗病菌对其产生了较强的抗药性。

1980年采用浸种灵等苯并咪唑类农药防治水稻恶苗病，因长期使用，恶苗病菌已对其产生了抗药性。1990年咪鲜胺等咪唑类杀菌剂长期单一使用，恶苗病菌对其抗药性增强，对病害的防效下降。

目前国内登记用于防治水稻恶苗病的药剂有130多个制剂（包括单剂和复配剂），约85%的制剂有效成分为咪鲜胺、多菌灵或咯菌腈，并且制剂多为咪鲜胺或咯菌腈的单剂。恶苗病菌对这些药剂已有不同程度的耐（抗）药性，农户不得不在水稻浸种时加大药剂的处理浓度，这在一定程度上增加了病菌对药剂的耐（抗）药性，同时加重了对环境的污染。

研究分析了咪鲜胺对85株水稻恶苗病菌的有效中浓度，其EC_{50}为0.012～0.620mg/kg，最大值是最小值的 51 倍以上，表明不同的水稻恶苗病菌株对咪鲜胺的敏感性存在较大差异。水稻恶苗病菌对咪鲜胺的抗药性并不稳定，随着转接代数的增加逐渐降低，但下降比较缓慢。水稻恶苗病菌对咪鲜胺与嘧菌酯和多菌灵未发现交互抗性，但咪鲜胺与戊唑醇存在交互抗性（赵渊等，2019）。

联合国粮食及农业组织（FAO）以 EC_{50} 值为基础划分恶苗病菌对农药的敏感菌株。25% 咪鲜胺（施宝克）乳油、50% 多菌灵和 10% 浸种灵对水稻恶苗病菌的敏感菌株划分标准 EC_{50} 值分别为 0.005μg/mL、1.143μg/mL 和 1.579μg/mL。根据 FAO 这一划分标准，施宝克、多菌灵和浸种灵对参试恶苗病菌株的 EC_{50} 小于恶苗病菌敏感菌株 EC_{50} 的 1/5，为低抗水平，大于 5 倍小于 10 倍为中抗水平，大于 10 倍为高抗水平。

江苏省测试水稻恶苗病菌对咪鲜胺和多菌灵的抗性情况发现，水稻恶苗病菌对咪鲜胺和多菌灵已产生了较严重的抗性，其抗性频率分别达 82.14% 和 95.8%，大部分菌株抗性水平为中抗。自 20 世纪 80 年代初我国采用多菌灵浸种防治水稻恶苗病，江苏从 1995 年开始采用咪鲜胺防治水稻恶苗病，水稻恶苗病菌对咪鲜胺的抗性频率明显低于对多菌灵的抗性频率。在江苏省南通地区的 8 个菌株中，有 5 个菌株表现为高抗水平，EC_{50} 最高达到敏感菌株的 270 多倍。这种抗性现状可能和施宝克目前在该地区生产上高频率使用有关（刘永锋等，2002）。

江苏镇江地区 98 株恶苗病菌对咪鲜胺的 EC_{50} 为 0.011～0.175μg/mL，对咪鲜胺的抗性水平较高。检测抗性最高和最敏感的各 2 株菌株靶标位点 *cyp51A* 基因，发现无明显的点突变，证明其突变机制不是由于 *cyp51A* 位点突变。推测水稻恶苗病菌对咪鲜胺产生抗药性的机制可能与麦角甾醇合成及 *cyp51A* 基因 mRNA 过量表达有关。经咪鲜胺处理后，采用电导率法和高效液相色谱（HPLC）法测定水稻恶苗病菌亲本菌株和抗咪鲜胺突变体的细胞膜通透性和麦角甾醇生物合成的异同，证明咪鲜胺对水稻恶苗病菌的主要作用机制之一是抑制病原菌麦角甾醇的生物合成。

恶苗病菌对多菌灵的抗性水平按最低抑制浓度（MIC）划分如下：低抗，10μg/mL＜MIC≤50μg/mL；中抗，50μg/mL＜MIC≤100μg/mL；高抗，MIC＞100μg/mL。将病菌对咪鲜胺的抗性水平分为低抗，5 倍＜抗性倍数≤10 倍；中抗，10 倍＜抗性倍数≤100 倍；高抗，抗性倍数＞100 倍。江苏检测了 548 株水稻恶苗病菌对多菌灵、咪鲜胺和浸种灵 3 种药剂的抗药性。以 MIC 为 10μg/mL 为检测标准，抗多菌灵菌株频率平均为 95.8%，其中高抗菌株（MIC＞100μg/mL）占 82.7%，少数高抗菌株的 EC_{50}＞1000μg/mL，且抗性稳定。以菌株敏感性频率分布法测定水稻恶苗病菌对咪鲜胺的敏感基线：EC_{50} 为 0.000 75μg/mL，MIC 为 0.85μg/mL，以 3μg/mL（MIC）为检测标准，抗咪鲜胺菌株有 8 个，抗性菌株频率平均为 1.5%，且多数为高抗（抗性倍数 103.1～126.2 倍）或中抗（抗性倍数 24.6～95.0 倍）水平。以同样方法测定水稻恶苗病菌对浸种灵的敏感基线，EC_{50} 为 1.265μg/mL，MIC 为 3.13μg/mL，以 5μg/mL（MIC）为标准，未检测到抗浸种灵的菌株。抗、感菌株的分生孢子等量混合液接种结果表明，抗多菌灵菌株在水稻上的竞争力较强，而抗咪鲜胺菌株的竞争力较弱（陈夕军等，2007）。

浙江 294 株藤仓镰刀菌对氰烯菌酯的耐药性从 2017 年的 18% 提高到 2018 年的 47%（Wu et al.，2020）。恶苗病菌对多菌灵和咪鲜胺也均已产生抗药性（马晓伟等，2012；杨红福等，2013；Chen et al.，2014）。

安徽省水稻恶苗病菌对多菌灵已产生了中等程度的抗药性，对咪鲜胺的抗性较低。多菌灵的抗性突变菌株遗传性状较稳定。单剂诱变的抗性菌株致病性高于复配剂诱变菌株和敏感菌株。研究选用 7 株抗多菌灵和 6 株感多菌灵的恶苗病菌菌株进行突变处理，均获得了硝酸盐利用缺陷突变体（nit mutant）。从抗性菌株中获得 nit 突变株的频率显著高于敏感菌株，突变株对多菌灵的敏感性与其亲本菌株完全一致。抗、感多菌灵的恶苗病菌的 nit 突变性状具有一定的稳定性，但产孢量和致病力较亲本菌株显著下降（潘以楼等，1996）。

在东北稻区，自 1983 年开始水稻恶苗病菌对多菌灵产生抗药性，个别稻区使用多菌灵处理水稻种子，对恶苗病的防效变差。1985 年以后许多稻区使用多菌灵防治恶苗病无效。苯菌灵与多菌灵同属苯丙咪唑类杀菌剂，自然会有交互抗性。东北的恶苗病菌对苯菌灵也有耐药性，防效与多菌灵基本相似。1989 年丹东市宽甸满族自治县大面积使用甲基托布津防治恶苗病无效，说明甲基托布津与多菌灵有交互抗性。在辽宁省，多菌灵对恶苗病的防效由 95% 下降至 35%，延边地区多菌灵和恶苗灵的防效均差，已失去了在生产上应用的价值，其原因与耐药性菌株的出现有关。

陈宏州等（2022）在 2019 年、2020 年分别从江苏省的 13 个、18 个县（市）采集的恶苗病感病植株样本上分离到 123 株、182 株单孢菌株，这些菌株被鉴定为藤仓镰刀菌、拟轮枝镰刀菌、层出镰刀菌和新知镰刀菌；上述菌株两年的占比分别为 87.80%、4.07%、5.69%、2.44% 和 90.11%、1.65%、2.75%、5.49%。2019 年和 2020 年菌株对多菌灵、咪鲜胺和氰烯菌酯的总抗性频率分别为 67.48%、23.58%、9.76% 和 41.21%、43.96%、29.12%。依据菌株对 3 种杀菌剂的抗药性表现，可将其分为 7 种表现型，其中 2019 年和 2020 年对多菌灵、咪鲜胺和氰烯菌酯有抗性的菌株分别占 4.07% 和 1.65%；对多菌灵、咪鲜胺和氰烯菌酯敏感的菌株分别占 28.46% 和 17.58%。江苏省恶苗病菌优势种为藤仓镰刀菌，对多菌灵和咪鲜胺的抗性频率较高。水稻恶苗病菌对氰烯菌酯抗性已从未检测到抗性菌株，发展至对氰烯菌酯有一定的抗性，并且局部地区抗性高发。

2. 抗性菌株与敏感菌株的生物学特性

在离体条件下，恶苗病菌抗性菌株的菌丝生长速率和产孢量都显著低于敏感菌株。抗性菌株对某些水稻品种的致病力显著低于敏感菌株，但对某些品种差异不显著。抗性菌株与敏感菌株产生的纤维素酶、半纤维素酶、多聚半乳糖醛酸酶活性虽然无显著差异，但敏感菌株产生的其他胞外酶活性稍高于抗性菌株产生的酶活性（潘以楼等，1997）。

对苯并咪唑类药剂存在抗性的恶苗病菌在菌丝生长速度和生长量、产孢能力以及致病性等方面，除抗性菌株的菌丝生长速度低于敏感菌株外，其他方面均无明显差别，即抗性菌株的生存竞争能力不亚于敏感菌株。

1）菌丝生长量和产孢能力：在 PDA 培养基上，敏感菌株的菌丝扩展速度较抗性菌株快。咪鲜胺对水稻恶苗病菌敏感菌株和抗性突变体的菌丝生长、孢子萌发、芽管伸长均有明显的抑制作用，而对产孢量无影响。不同地区来源的敏感菌株与抗性菌株的产孢量不一致。有的地区敏感菌株产孢量大，而有的地区抗性菌株的产孢量大。0.5μg/mL 咪鲜胺的带药培养液能够完全抑制敏感菌株的菌丝生长，而不能抑制具有不同抗性水平菌株的菌丝生长。咪鲜胺浓度为 20.00μg/mL 时能够完全抑制亲本菌株的分生孢子萌发。根据抗性突变体和亲本菌株对药剂剂量的反应，可将咪鲜胺浓度 0.5μg/mL 作为筛选抗性突变体和亲本菌株的鉴别浓度（赵志华，2007）。

2）菌株致病性：接种敏感和抗性菌株的水稻植株均发病，抗性菌株的病株率为 4.1%～6.7%，敏感菌株的发病率为 1.5%～5.3%，发病率高低与菌株的抗药性之间关系不明显。

3）交互抗药性：对同类药剂一般会产生交互抗药性。水稻恶苗病菌一旦对多菌灵产生抗药性，同时也会对苯菌灵、甲基托布津等苯并咪唑类药剂产生抗药性。

恶苗病菌对咪唑类杀菌剂不易产生抗药性，虽然在田间偶尔会出现少量抗药菌株，但这些抗药突变体对自然环境的适应力不强，不能繁殖成为抗性种群。对咪唑类药物存在抗性的菌株几乎不产生赤霉素，抗性菌株刺激叶鞘伸长的效应明显低于敏感菌株。无论是浸种接种还是花期接种，抗性菌株的致病力均显著低于敏感菌株。

3. 抗药性产生的原因

抗药性根据其发生原因可分为获得耐药性和天然（固有）耐药性。自然界中的病原体，如恶苗病菌某一菌株也可存在天然耐药性或获得耐药性。当长期施用单一药剂时，占多数的敏感菌株不断被杀灭，抗性菌株大量繁殖并代替敏感菌株，对该种药物的耐药率不断升高。近年来，由于长期使用相同种类的化学农药处理种子，病原菌产生抗药性，使该病害的发生呈现日趋严重的趋势。抗药性的产生是一个长期而缓慢的过程。某种病原菌对某类药剂产生抗药性的时间，从至今的观察、研究结果来看，短的要 4～6 年，长的需要十几年。

长期使用单一药剂浸种防治恶苗病，是导致恶苗病菌产生抗药性的主要原因。采用低浓度长时间浸种消毒，抗性菌株出现频率高；而采用湿拌种消毒法，抗性菌株出现频率低。

4. 解决抗药性的途径

不同药剂交替使用或轮换使用，避免长期使用单一药剂。老药新用，往往会起到意想不到的效果。改进现行的落后的低浓度长时间浸种消毒法。采用种子拌种和喷涂（包衣），高浓度短时间浸种法。多种药剂混合使用，在防治恶苗病上的效果比单一药剂好，并且可以避免或延缓抗药性的发生与蔓延。

四、品种抗病性

水稻品种（系）间对恶苗病的抗性有明显差异，至今尚未发现免疫品种，但发现有抗恶苗病的品种（组合、材料），大多数为感病或中感品种。从品种（系）出现频率来看，苗期表现中感的偏多，而成株期表现感病的偏多。苗期表现抗病和中抗的材料与成株期表现感病的材料占比相当。相反，苗期表现感病和高感的材料，也有极少数在成株期表现中抗。说明水稻对恶苗病的抗性在苗期和成株期有差异。

（一）水稻品种的抗性鉴定

1. 抗性鉴定方法

水稻抗恶苗病鉴定的接种方法主要有以下 5 种，见表 1-41（吕彬，1996；季芝娟等，2021）。

表 1-41 水稻抗恶苗病鉴定接种方法比较

鉴定方法	孢子浓度	处理条件	抗性衡量指标
芽期浸菌接种	100 倍显微镜视野下 2000 个孢子左右	浸菌接种 3h	根据苗期和成株期发病率进行抗性分级（1～9 级）
	560nm 波长下透光率 8.8×10^6 个孢子/mL	30℃下振荡培养浸菌接种 24h	根据 5d 后的幼苗徒长率进行抗性分级（1～5 级）
		30℃下振荡培养浸菌接种 24h	7d 后的幼苗徒长率和苗重比率
立针期喷雾接种	100 倍显微镜视野下 2000 个孢子左右	喷雾接种 2 或 3 次，菌液用量为 250mL/m^2	根据苗期和成株期发病率进行抗性分级（1～9 级）
铺病节诱发接种	100 倍显微镜视野下 2000 个孢子左右	将病稻节切成约 1cm 长，浸透水，于播种覆土后立即在土表均匀撒上一层	根据苗期和成株期发病率进行抗性分级（1～9 级）
穗期喷雾接种	100 倍显微镜视野下 2000 个孢子左右	在抽穗开花期喷雾接种 3 次	根据苗期和成株期发病率进行抗性分级（1～9 级）
自然诱发接种	—	预浸后高温催芽的种子直接播种	根据苗期和成株期发病率进行抗性分级（1～9 级）
干种子直接浸菌接种	1×10^6 个孢子/mL	浸菌接种	12h、5d、10d、20d、30d 和 40d 后根据发病严重程度指数定级（0～4 级）
	1×10^5 个孢子/mL	室温下浸菌接种 16h	种子发芽率，15d 和 30d 的发病率
	1×10^6 个孢子/mL	26℃浸菌接种 3d，每天轻轻振荡 4 次	一个月后的健康植株率
	1×10^6 个孢子/mL	室温浸菌振荡接种 30min	种子发芽率，根据 3 周后发病率进行抗性分级（1～5 级）
	1×10^6 个孢子/mL	室温浸菌接种 24h	幼苗死亡率和徒长率
幼苗浸根接种	1×10^6 个孢子/mL	幼苗根部浸菌接种 2h	幼苗死亡率和徒长率

1）芽期浸菌接种：将种子装入有孔胶卷盒中，经预浸及高温（32℃）催芽后，浸菌接种 3h。芽期浸菌接种法的简要步骤为：表面灭菌的水稻种子直接浸入浓度为 1×10^5 个孢子/mL 的菌液中处理 18h，或将种子消毒浸种 48h、催芽 24h 后，挑选芽长为一粒谷长的芽谷，在玻璃瓶内接种恶苗病菌（浸入孢子液中），5d 后即可鉴定出恶苗病的抗性水平。或者在 PDA 培养基上培养恶苗病菌，用蒸馏水洗下病菌孢子，经无菌

纱布过滤后稀释配成不同浓度孢子液。供试种子浸种消毒，32℃催芽，芽长达到一粒谷长时，选择芽长整齐一致的芽谷。将芽谷分放在玻璃瓶中，倒入不同浓度的恶苗病菌孢子溶液，30℃振荡培养24h后倒出恶苗病菌溶液，在30℃培养箱中保湿培养，分别于3d、5d和7d后考察秧苗染病情况。

2）立针期喷雾接种：在立针期喷雾接种2或3次，菌液用量为250mL/m²（下同）。

3）铺病节诱发接种：将感病水稻茎秆切成约1cm长，浸透水，于播种覆土后立即在土表均匀撒上一层。

4）自然诱发接种：预浸后高温催芽的种子直接播种于育苗盘，于3～4叶期调查病株率。

5）穗期喷雾接种：将稻苗移栽后，在抽穗开花期喷雾接种，调查发病率。

2. 病害分级标准

1）采用苗期与成株期相结合的方法。按发病率将水稻品种抗性分为6级。0级（HR），无病；1级（R），苗期发病率为5%以下，成株期发病率为10%以下；3级（MR），苗期发病率为5.1%～10%，成株期发病率为10.1%～20%；5级（MS），苗期发病率为10.1%～20%，成株期发病率为20.1%～30%；7级（S），苗期发病率为20.1%～30%，成株期发病率为30.1%～50%；9级（HS），苗期发病率为30.1%以上，成株期发病率为50.1%以上（黎定军等，1993；郑镐燮等，1993）。

2）采用病株生长与稻穗为害情况相结合的方法。制定的水稻恶苗病分级标准（0～4级）：0级，不发病；1级，植株明显徒长，节有倒生根，穗粒少部分不饱满或有少量空秕粒；2级，植株明显徒长，部分可见中下部茎节腐烂，穗粒有1/3左右不饱满或空秕粒；3级，植株大部分枯死，秕粒数占稻穗的2/3左右；4级，植株茎秆枯死，不能抽穗或抽穗后大部分不结实。

3. 抗性品种筛选

已有较多研究者开展了水稻品种（组合、材料）对恶苗病的抗性鉴定，但至今未发现对恶苗病免疫的品种，高抗的很少，抗病品种也不多。另外，不同研究者鉴定水稻对恶苗病抗性的结果差别较大。

吕彬（1994）对204份水稻材料的恶苗病抗性进行鉴定，从中筛选出合江19等7份抗-中抗材料，无高抗材料。水稻品种（系、材料）间对恶苗病的抗性有明显差异，且苗期抗性与成株期抗性并不一致。苗期表现中感的偏多，而成株期表现感病的偏多（郑镐燮等，1993）。

来自湖南省的411个水稻品种及品系经3次筛选后，高抗的仅1个品种Te$_{70}$，抗病的有IR$_9$、宁恢3号、Dular、矢粗、湘中籼2号、86早37、琼测222、辽盐4号、中测046、78220、C堡R和86-106等12个品种，其余398个为感病品种。其中高抗及抗病品种仅占3.16%，没有免疫品种。从参试品种类型来看，杂交稻比常规稻感病，均为感病系；籼稻比粳稻感病，籼稻中没有高抗品种，抗病的只占1.47%，粳稻中的高抗品种占1.41%，抗病品种占9.86%。湖南品种感病的占绝大多数，杂交稻均为感病，水稻品种（系）间对恶苗病的抗性差异明显，籼稻比粳稻感恶苗病，杂交稻比常规稻感病（黎定军等，1993）。

研究浙江省及国家区试水稻34个品种（系）对恶苗病的抗性。只有浙103、浙鉴21和甬粳18三个品种（占8.82%）中抗恶苗病，其他品种不同程度地感恶苗病，其中高感恶苗病的品种占全部品种的61.76%，没有筛选到高抗品种（季芝娟等，2008）。

不同类型的水稻品种感染恶苗病的程度不尽相同。大粒型品种、优质米水稻更易感染恶苗病（Ghazanfar et al.，2013）。香米品种则比无香味的水稻品种更易感染恶苗病（Singh et al.，2018）。在来自70多个国家和地区的231份水稻种质资源中研究发现，籼稻比粳稻更抗恶苗病（Chen et al.，2019）。

（二）病害发生与产量损失的关系

采用病株生长与稻穗为害情况相结合的方法制定的水稻恶苗病分级标准（0～4级）与产量损失的关系：0～4级病株的产量损失率、千粒重下降率和秕谷递增率均随病指的增大而提高。各级病株的产量损失率之间的差异达到极显著水平。千粒重下降率除0级与1级之间差异未达到显著水平外，其他病级之间的差异均达到显著水平。各病级的秕谷递增率之间的差异均达到显著水平，其中 2～4 级之间的差异达到极显著水平。各级病株的穗粒数除 4 级明显少于健穗外，其他病级与健穗之间差异不显著。1～3 级病株产量损失的主要原因是结实率降低及千粒重下降，与穗长和穗粒数关系不大，4 级病株产量损失的原因除结实率降低和千粒重下降外，穗长变短和穗粒数减少也是一个重要原因。1～3 级徒长增高较为明显，与 0 级之间的差异达到显著水平。根据病害分级标准计算，病指（x）与产量损失率（Y_1，$Y_1=0.5264x^{0.1848}$，$r=0.9847^{**}$）、千粒重下降率（Y_2，$Y_2=0.000\,79x^{2.0429}$，$r=0.9613^{**}$）、秕谷递增率（Y_3，$Y_3=1.8715x^{0.7405}$，$r=0.9667^{**}$）之间均呈幂函数曲线关系（蒙显标等，1992）。

构成病株减产的因素主要是降低水稻植株的分蘖力、减少有效穗、降低千粒重和结实率。本田期发病率（x）与产量损失率（y）之间相关性显著，回归方程为 $y=1.024x-4.66$，表明本田期发病率与产量损失率呈正相关关系。

系统调查 23 份水稻品系秧田期及本田期恶苗病，秧田期恶苗病的病情调查应在移栽前 1～2d 进行，本田期恶苗病的病情调查可在分蘖末期进行。秧田期发病率（x）与本田期发病率（y）之间经相关性分析得到两者回归方程为 $y=0.0442+0.261x$，两者间存在极显著相关关系。表明水稻苗期对恶苗病的抗性与成株期抗性基本一致。

（三）水稻抗病机制

1. 生化机制

水稻品种对恶苗病菌的抗性分为抗病、中抗、中感和感病 4 个类型。不同抗性类型的品种其过氧化物酶同工酶的酶带数量和酶的活性存在差别。抗病、中抗品种与中感、感病品种比较，酶带数减少。中感品种与感病品种比较，酶的活性随着品种抗病程度的提高而减弱。过氧化物酶同工酶的活性可以作为评价水稻芽期对恶苗病抗性的生化指标。

接种恶苗病菌后，抗病品种叶片及茎秆中赤霉素含量的增量均低于感病品种；随着品种抗病性的增强，接种后植株体内的 α-淀粉酶活性上升减慢。同工酶的凝胶电泳显示，感病品种有 5 条酶带，抗病品种则少 2 个条带，变化趋势与酶的活性及赤霉素含量一致（产祝龙等，2003）。抗病品种的锌、酚类物质含量比感病品种高，而感病品种的可溶性糖、淀粉比值比抗病品种高（黎定军等，1993）。

2. 分子机制

针对粳稻品种春江 06 和籼稻品种 TN1 以及由它们构建的加倍单倍体（DH）群体，采用芽期接菌方法接种恶苗病菌，进行 QTL 定位分析。共检测到 2 个 QTL 即 qB1 和 qB10，分别位于第 1 号和第 10 号染色体上，2 个 QTL 的抗性基因都来自春江 06，贡献率均为 13%（杨长登等，2006）。不同学者通过不同的定位群体，在水稻的第 1、3、4、6、8、9、10 和 11 号染色体上都定位出 QTL，累计达 33 个 QTL。其中，在第 1 号染色体有 15 个 QTL，在第 3、6、10 号染色体上各定位了 4 个 QTL（季芝娟等，2021）。

从转录组角度挖掘和解析恶苗病抗性相关基因是一个大通量且快速的途径，但目前研究报道的较少。研究利用 RNA-Seq 技术，比较了抗、感恶苗病的水稻品种 Selenio 和 Dorella 在接种藤仓赤霉菌前后转录组水平的变化，结果发现在抗恶苗病品种 Selenio 中，病程相关蛋白 PR1、类萌发素蛋白、糖苷水解酶、促分裂原激活蛋白激酶、WRKY 转录因子等上调表达（Matić et al.，2016）。分析抗、感恶苗病品种 93-11 和日本晴的转录组表达差异发现，WRKY、WAK 和 MAP3K 基因在转录水平的上调与 93-11 的恶苗病抗性相关，而且分布在第 1、3、10 号染色体上的差异表达基因比例最大，这与 QTL 定位结果中的染色体分布高度吻合（Ji et al.，2016）。Ji 等（2019）通过 TMT（tandem mass tag）技术鉴定了 93-11 和日本晴中的 214 个差异表达蛋白，其中只有 11 个差异表达蛋白为两个品种共有；水通道蛋白在 93-11 中极显著上调，上调倍数达 100 倍以上，而在日本晴中未见变化，推测该蛋白是抗恶苗病的关键蛋白，这是从蛋白质组学水平上的变化首次阐明与水稻恶苗病的抗性关系。

五、病害发生条件

水稻恶苗病的发生主要与品种抗性、栽培条件、气候因素等有关。不同的浸种、催芽、播种方式及育秧方法等对病害的发生也有很大影响。

（一）寄主抗性

虽然无免疫或高抗品种，但品种间抗性差异明显。目前生产上种植的品种感病的占 1/6 左右。在浙江，中早 39、金早 47、甬优 2640 等品种秧田期植株发病率在 30% 以上，严重的秧田达 80%；温 305、甬籼 15、甬优 9 号植株发病率相对较轻，为 5%～10%。

（二）种子带菌

水稻恶苗病是种子带菌传播的病害。种子带菌率与田间发病率存在极显著的正相关关系，当种子恶苗病菌带菌率为 0～24.3% 时，田间发病率为 0～2.87%。

（三）播种时期和方式

在种子带菌率相同的情况下，肥床旱育秧比水育秧恶苗病发生重；在同一育秧条件下，种子带菌量愈高，发病愈重；在种子带菌量高的情况下，两种育秧方式发病率差异较小；种子的带菌量低时，不同育秧方式的秧苗发病率差异大。

早播秧比迟播秧发病严重，地膜覆盖 10d 以上的秧苗比露天的秧苗发病重；机插半旱育秧比水育秧苗发病严重；早稻秧苗比晚稻秧苗发病严重。不催芽或短芽（露白）播种比催芽 2～3d 或长芽播种发病轻。

浸种、催芽、播种方式对水稻恶苗病发病率有较大影响。如果浸种、催芽、播种均集中处理，则发病最重，发病率达 16.87%，3 个环节均分开处理发病最轻，发病率仅为 7.04%，催芽阶段为恶苗病菌侵染的最佳时期（表 1-42）。

表 1-42　不同浸种、催芽、播种方式对恶苗病的影响

处理	处理方式			总株数/株	发病株数/株	发病率/%
	浸种	催芽	播种			
1	集中	集中	集中	83	14	16.87a
2	集中	集中	分开	64	9	14.06b
3	集中	分开	集中	72	6	8.33d
4	分开	集中	集中	96	11	11.46c
5	分开	分开	分开	71	5	7.04e

注：同列不同小写字母表示差异显著（$P < 0.05$）

在浸种、催芽时浸菌接种，调查 3 叶期水稻恶苗病发病率，显示催芽阶段对于水稻恶苗病的发生最为有利；在 28～34℃时，发病率与催芽温度正相关，最适的催芽温度为 34℃。浸种、催芽阶段最适的接种时间分别为 18h、24h。恶苗病菌侵染的最佳时期是"芽长一粒谷"阶段，在此时进行浸菌接种，恶苗病的发病率最高。在整个催芽过程中，病害的发生情况都很严重。发病率一般在 24% 以上，最高达 30.43%。

采取湿润育苗法发病相对较轻。温室模拟肥床旱育秧和常规育秧的恶苗病发生情况，无论接菌与否，前者秧苗恶苗病均重于后者。大田调查发现，药剂浸种后不经催芽或催至露白即播种能有效控制苗期恶苗病。

（四）温度

水稻恶苗病菌喜高温，高温有利于病菌菌丝体和分生孢子的生长，会加重病害。水稻恶苗病菌侵入寄主以35℃最适宜，诱致徒长以31℃最为显著，在25℃以下病苗大为减少。温度是影响恶苗病发生的最主要外因，尤其是育苗阶段的温度更为重要。

浸种温度在16～32℃时，随着温度增高恶苗病的发病率也相应增加。浸种温度为16℃时，秧苗发病率为2.53%；32℃时，秧苗发病率最高，为20.00%。催芽阶段水稻恶苗病显症的适宜温度为32～36℃，最适温度为34℃，发病率达31.37%，36℃时发病率呈现小幅下降。可能是温度过高影响病原菌的生活力。

笔者多年研究发现，在30℃以上高温催芽的发病率为22%～25%、25～30℃常温催芽的发病率为3%；浸种不催芽或直接干谷种播种均不发病。说明降低催芽温度或浸种不催芽播种，对防治恶苗病非常有效。早稻育秧时，当气温达15～18℃，湿度为60%～70%时，病菌孢子开始扩散，此时早稻秧苗处在1叶1心期；当气温达22～30℃，湿度为80%～90%时，早稻秧苗处于2叶1心期，属于易感病期。病菌在适宜的条件下迅速蔓延，秧苗感病。

六、病害防治

水稻恶苗病初侵染源是种子带菌，感病植株上产生的分生孢子是再侵染源。减少种子带菌量、减轻苗期病害发生，是有效防控恶苗病的主要方法。目前针对恶苗病的防控措施，除了种子药剂消毒、阻断或减少初侵染源，在浸种、催芽方式上应选择不利于病害发生的技术措施。

（一）农业防治

1. 清洁田园，选用抗病品种

拔除病株，建立无病留种田；选栽抗（耐）病品种，避免种植感病品种。

2. 加强栽培管理

浸种催芽时芽长不宜过长，拔秧要尽可能避免伤根。做到"五不插"，即不插隔夜秧，不插老龄秧，不插深泥秧，不插烈日秧，不插冷水浸的秧。

3. 清除病残体

及时拔除病株并销毁，病稻草收获后作燃料或沤制堆肥。

（二）种子处理

温水、石灰水以及化学药剂处理种子是防治水稻恶苗病最经济、简便的有效方法。

1. 浸种前晒种

药剂浸种前晒种1～2d，用黄泥水或工业盐水浸种选种，除去瘪谷、半瘪谷等不饱满种子。笔者多年试验发现，浸种前晒种，然后浸种、催芽、播种，对种子发芽率、恶苗病防效的影响极其明显。简单的晒种，能促进种子萌发，较好地控制恶苗病的发生，晒种2d对恶苗病的防效可达75%（表1-43，表1-44）。

表1-43　晒种–不晒种对水稻种子发芽率的影响

序号	处理	48h 发芽率/%	72h 发芽率/%
1	晒种 1d	21.33bB	66.33bB

序号	处理	48h 发芽率/%	72h 发芽率/%
2	晒种 2d	59.00aA	92.33aA
3	不晒种（CK）	9.33cC	51.67cC

注：同列不同小写字母表示差异显著（$P<0.05$），不同大写字母表示差异极显著（$P<0.01$）；下同

表 1-44　晒种-不晒种、不同浸种-催芽播种方式与恶苗病的关系

序号	处理	平均发病率/%	恶苗病防效/%
1	晒种 2d	0.4878	75.00
2	晒种 1d	0.9756	50.00
3	不晒种（CK）	1.9512	—
4	晒种 1d，干谷播种	0.9756	53.85
5	晒种 1d，浸种不催芽	0.8130	61.54
6	晒种 1d，浸种催芽（CK）	2.1138	—

注："—"表示对照处理

2. 温（汤）水处理

用温（汤）水处理水稻种子对发芽势和发芽率影响的临界温度、时间分别为58℃和15min、60℃和10min。不同成熟期和不同米质性状之间发芽势和发芽率差异不明显。58℃温水处理15min、60℃温水处理10min，对恶苗病的抑制效果均达99.8%以上。沼液浸种处理对水稻恶苗病有一定防效（苗期92.3%），而且能提高秧苗素质，起到增产（17.7%）的效果。

3. 石灰水处理

用1%石灰水15～20℃浸种3d，25℃浸种2d，水层高出种子10～15cm，避免直射光；或用2%甲醛浸闷种子3h。气温高于20℃采用闷种法，低于20℃则采用浸种法。

4. 种子处理方式

水稻种子浸种、催芽、播种分开处理和集中处理对恶苗病的发生有较大影响。3个环节均分开处理则发病最轻，集中处理发病最重。因此，在生产中催芽和浸种要分开进行。

（1）控温防治恶苗病

温度是影响恶苗病发生的最主要外因，尤其在育苗阶段。恶苗病菌喜高温，病菌侵入寄主以35℃最适宜，诱致徒长以31℃最为显著，在25℃下病苗减少。高温催芽、苗床高温管理的发病重。在浸种时抑制病菌扩散并杀死病菌是防治恶苗病的关键。恶苗病菌在30～35℃时繁殖最快，20～25℃虽然能繁殖但繁殖速度缓慢，40℃明显受到抑制。

当浸种温度为16～28℃时，温度每升高1℃发病率增加0.31%。当温度从28℃提高到32℃时，温度每升高1℃发病率则增加3.15%。因此，较高的浸种温度会导致发病率的升高，两者呈正相关。水稻恶苗病发病的最适催芽温度为32～34℃，在此温度范围内，随着温度的升高，恶苗病的发病率也随之加大。在34℃下催芽，恶苗病的发病率最高，达31.37%。浸种、催芽过程中不同时间段接种对发病率的影响有一定差异，随着接种时间的延长发病率有升高的趋势。

在相同的育苗方式下，催芽播种较未催芽播种的发病率高45.3倍。在30℃以上高温催芽的发病率为22%～25%，25～30℃常温催芽则发病率为3%；只浸种不催芽直接播种则不发病。说明降低催芽温度或浸种不催芽直接播种，对防治恶苗病非常有效。低温阻止病害的发生，而较高温度则有利于病害的出现。

不同的种子处理方式下恶苗病的发生情况不一样，以下5种不同的种子处理方法对水稻恶苗病的发生有利：①浸种、催芽对恶苗病发病都有影响，催芽影响较大；②浸种温度在32～36℃时最适合发病；③催

芽温度在 32~36℃ 时最适合发病；④在露白至芽长一粒谷时，最适合恶苗病菌侵入；⑤接种菌量在 10^6 个孢子/mL 最适合发病。

（2）浸种防治恶苗病

水稻恶苗病菌在病株上形成分生孢子的温度在 15℃ 以上。病菌主要从芽鞘、根和根冠侵入，也可以从伤口侵入，改善催芽到出苗阶段的环境条件，对控制病害有较好的作用。在浸种 18h，催芽 24h 时接种恶苗病菌最有利于病害发生，缩短催芽时间可抑制恶苗病的发生。浸菌接种 1~24h，随时间延长其发病率有增加趋势，但各处理间差异不明显。催芽温度过高、时间过长均会增加感病概率。浸种后以常规催芽 1d，种子露白后即播种为宜。干谷播种比浸种不催芽、只浸种不催芽比浸种催芽后播种恶苗病发病轻。水稻种子浸种时间适当缩短、不催芽，可明显减少水稻恶苗病的发生。

（3）育秧防治恶苗病

不同育秧方式对恶苗病的发生有较大影响。旱育秧苗床覆盖薄膜主要起到保温增湿的作用，但保温时间过长，会增加感病率，要尽量缩短盖膜时间，以 3d 为宜，最多不超过 5d。塑盘（抛秧盘）育秧发病最重，其次是普通盘育秧、旱育秧，再次是湿润育秧，水育秧发病最轻。盘育秧的发病率高于旱育苗，其原因主要与温度有关，盘育秧是在保温旱育条件下进行的，有利于感病种子上病菌的繁殖，加之播种密度大，便于病菌向健康种子侵染，即二次感染。从防治恶苗病角度出发，秧床内最高温度应控制在 25℃ 以下。

肥田旱育稀植田恶苗病的发病率比常规育秧田高 5~10 倍。武育粳 3 号（感病品种）种子浸种处理（每 6kg 种子用 2mL 浸种灵+5mL 抗菌剂 402），然后采用不同育秧方式播种。调查发现，旱育秧病株率为 18.5%~21.6%，水育秧则无病株。在其他条件相同的情况下，不同育秧方式的恶苗病发病率明显不同，旱育秧、机插秧、抛秧、水育秧大田恶苗病病株率分别为 7.03%、0.20%、0、0.10%，旱育秧发病程度明显重于其他播种方式。

（三）药剂防治

化学药剂浸种（拌种、包衣）是防治恶苗病的主要措施。种子处理剂从最初的汞制剂，到后来的克菌丹、多菌灵、恶苗灵、溴硝醇、咪鲜胺（施保克）、浸种灵、氰烯菌酯（劲护）等药剂。国外公司的最新产品有 24.1% 肟菌·异噻胺种子处理悬浮剂（入田）、4.23% 种菌唑+精甲霜灵微乳剂（顶苗新）、11% 利农种子处理悬浮剂（4.85% 氟唑环菌胺+3.6% 精甲霜灵+2.55% 咯菌腈）。

采用 40% 拌种双可湿性粉剂 100g 或 50% 多菌灵可湿性粉剂 150~200g，加少量水溶解后拌稻种 50kg；或用 50% 甲基硫菌灵可湿性粉剂 1000 倍液浸种 2~3d，每天翻种子 2 或 3 次；或用咪鲜胺（使百克、施保克）2mL 兑水 5~6L，浸稻种 3~4kg 72h；或用 25% 咪鲜胺乳油 3000 倍液浸种 72h；或用 35% 噁霉灵胶悬剂 200~250 倍液浸种，种子量与药液比为 1:1.5~2，温度 16~18℃ 时浸种 3~5d，早晚各搅拌一次，浸种后带药直播或催芽。此外，用 20% 净种灵可湿性粉剂 200~400 倍液浸种 24h；或用 80% 三氯异氰尿酸 300 倍液浸种，早稻浸 24h，晚稻浸 12h，再用清水浸种，防效为 98%。必要时也可喷洒 95% 绿亨 1 号（噁霉灵）精品 4000 倍液。

当前对水稻恶苗病防效较好的药剂有：24.1% 肟菌·异噻胺种子处理悬浮剂（入田）包衣、4.23% 种菌唑+精甲霜灵微乳剂（顶苗新）浸种、11% 利农种子处理悬浮剂（4.85% 氟唑环菌胺+3.6% 精甲霜灵+2.55% 咯菌腈）浸种。

我国部分稻区的恶苗病菌对咪鲜胺和氰烯菌酯均产生了较强的抗药性，而两种农药混用（25% 氰烯菌酯悬浮剂 2000 倍液+45% 咪鲜胺乳油 3000 倍液）对恶苗病菌有极强的抑制作用，防效很好。2019~2020 年，笔者连续进行了不同药剂防治苗期恶苗病处理试验。结果发现，咪鲜胺和氰烯菌酯单独处理时对恶苗病防效极差，但两者混用后对恶苗病防效仍可达 88.33% 以上，且对发芽率无影响（表 1-45，表 1-46，图 1-29）。

表 1-45　不同处理对不同品种恶苗病防效

处理	中早 39		中组 143	
	发病率/%	防效/%	发病率/%	防效/%
24.1% 入田 100 倍液	0.0423	99.39	0.0591	99.69
11% 利农 500 倍液	0.2115	96.97	0.4668	97.53
4.23% 顶苗新 600 倍液	0.3384	95.15	0.4137	97.81
25% 氰烯菌酯 2000 倍液+45% 咪鲜胺 3000 倍液	0.0846	98.79	0.0591	99.69
80% 乙蒜素 2000 倍液	1.2690	81.82	0.7092	96.25
25% 氰烯菌酯（亮地、劲护）2000 倍液	4.2301	39.39	9.6336	49.06
多菌灵 600 倍液	0.0921	98.68	0.9513	94.97
CK（清水浸种）	6.9797		18.9125	

表 1-46　不同种子处理剂浸种对水稻种子平均发芽率比较　　　　　　　　（%）

处理	中组 143	中早 39	甬优 1540
24.1% 入田 100 倍液	88.33bB	88.33abA	89.33bA
11% 利农 500 倍液	97.33aA	91.67aA	96.00abA
4.23% 顶苗新 600 倍液	95.33aA	90.00aA	98.33aA
25% 氰烯菌酯 2000 倍液+45% 咪鲜胺 3000 倍液	96.33aA	88.33abA	95.67abA
80% 乙蒜素 2000 倍液	98.00aA	86.67abA	96.67aA
25% 氰烯菌酯 2000 倍液	94.67aA	81.00bA	95.67abA
清水对照	95.67aA	81.00bA	92.67abA

注：同列数据后不含有相同小写字母的表示差异显著（$P<0.05$），同列数据后不含有相同大写字母的表示差异极显著（$P<0.01$）；下同

图 1-29　恶苗病药剂浸种处理与否的防效比较

　　氟唑菌酰羟胺对 100 株藤仓镰刀菌菌丝生长的 EC_{50} 为 0.0125～0.1118μg/mL，平均值为 0.05μg/mL；对 100 株藤仓镰刀菌孢子萌发的 EC_{50} 为 0.0001～0.0245μg/mL，平均值为 0.0038μg/mL。用 EC_{50} 值 0.05μg/mL 或 EC_{90} 值 1.3μg/mL 的氟唑菌酰羟胺处理藤仓镰刀菌菌丝体，菌丝顶端分枝增多、产孢量下降、细胞膜和细胞器（如线粒体）受损、细胞内含物渗漏增加，胞外多糖产量无变化，而过氧化物酶活性下降。用 200g/L 氟唑菌酰羟胺悬浮剂按有效成分 10g、15g 和 20g 的剂量拌种处理 100kg 水稻种子，对水稻恶苗病的防效分别为 94.77%、98.60% 和 100%。结果说明，氟唑菌酰羟胺对藤仓镰刀菌具有高活性，对水稻恶苗病具有优异的防效（侯毅平等，2021）。

　　通过控制适宜药剂的浓度、温度和时间进行种子消毒来提高杀菌效果。采用"二次处理，全段保护"的方法，即稻种在 18～20℃时用药剂浸种 48h，捞出沥干，再加入适量的药剂拌种，然后催芽、播种，比单用浸种处理防效提高 10 个百分点，比单拌种处理防效提高 10 个百分点以上。

提高消毒药液温度可缩短处理时间，提高防效。温度低时浸种时间要延长。同样，在不影响种子发芽率的前提下，适当提高消毒液浓度也可缩短处理时间，提高防效，如采用 20～30 倍消毒液浸种 10min 的高浓度短时间浸种法，也可采用 7.5 倍液按种子重量的 3% 喷于干种子上的喷涂法。

在水稻种子浸种过程中，病种子上的病菌会污染无病种子。恶苗病菌主要在催芽期间侵染芽谷，此时如稻种堆积、温湿度适宜，由部分稻种携带的分生孢子大量萌发，不仅侵染带菌稻种，还侵染健康稻种，使感病率大幅度提高。一般浸种后催芽比不催芽发病重，催芽时间越长，发病越重。用药浸种后不经催芽或催芽仅至露白就播种能有效控制恶苗病的发生。缩短浸种催芽的时间，对恶苗病有显著的预防作用，以干种子直接播种发病率最低或不发病，防效最为明显。相对于浸种催芽，干种子直接播种对恶苗病的病株防效可达 80% 以上。湿润秧板播种比干湿秧板播种恶苗病发生轻。

（四）其他防治方法

目前，用于防治水稻恶苗病的较成熟的生防制剂为 3% 中生菌素可湿性粉剂。采用 600 倍液先用 55℃的温水调节药剂浓度，待自然冷却后浸种 36～48h；或在发病初期用 1000～1200 倍液喷雾 1 或 2 次。该制剂不可与碱性农药混用，预防和发病初期用药效果显著。施药应做到均匀，如施药后遇雨应补喷。用 80% 乙蒜素乳油 6000～8000 倍液拌种也有较好的防效。

一些具有开发潜力的生防菌或生防因子，包括木霉（*Trichoderma* spp.）、毛壳菌（*Chaetomium* spp.）、寡雄腐霉（*Pythium oligandrum*）、非病原菌类尖孢镰刀菌（*Fusarium oxysporum*）Fo47 菌株、非病原双核丝核菌（nonpathogenic binucleate *Rhizoctonia* species）BNR 菌株、假单胞菌类（*Psudomonas* spp.）、洋葱伯克霍尔德氏菌（*Burkholderia cepacia*）、革兰氏阳性的芽孢杆菌（*Bacillus* spp.）等。

来源于浙江杭州土壤中分离获得的淡紫灰吸水链霉菌（*Streptomyces lavendulohygtroscopicus*）HX$_1$ 经紫外线辐射 90s 后，其发酵上清液对恶苗病菌菌丝生长的抑制率大于 98%（Huang and Yu，2000）。

哈茨木霉孢子悬浮液的含孢量为 10^6～10^7 个孢子/mL 时，对恶苗病菌的抑制率达 92.33%。通过哈茨木霉菌液和 3 种药剂对水稻恶苗病菌抑制效果的比较，哈茨木霉孢子悬浮液含孢量为 10^7 个孢子/mL 与咪鲜胺质量浓度 1μg/mL 的抑菌效果接近。哈茨木霉抑制恶苗病菌的机理是以附着胞着生于恶苗病菌菌丝上，穿透菌丝在其内生长，或与恶苗病菌的菌丝平行生长，再侵入病菌内寄生。

枯草芽孢杆菌（*Bacillus subtilis*）B-77 菌株发酵液稀释 10～100 倍对恶苗病的防效达 76.8%～78.5%，与 25% 先安乳油 4500 倍液的防效无显著差异。B-77 菌株对水稻种子发芽和根茎生长无抑制作用。水稻茎和根内分离获得的枯草芽孢杆菌 J215 和 G87 菌株培养菌液及滤液对水稻恶苗病菌具有较强的抑制作用。细菌培养滤液稀释 10 倍时对水稻恶苗病菌的分生孢子形成和萌发的抑制率分别为 90% 和 60% 以上。如能对菌种进行改良、加以开发，将会具有较好的应用前景。

壳聚糖 S-II 拌种可促进水稻分蘖，增加有效穗数、实粒数，提高产量；对水稻出苗无影响，可控制水稻恶苗病的发生，其发病率比对照降低 90% 以上。

200mg/m³、100mg/m³、75mg/m³、50mg/m³ 4 种臭氧浓度处理 10min，对恶苗病菌菌丝生长的抑制效果分别为 54.47%、26.50%、16.08% 和 8.36%，对孢子萌发的抑制率分别为 90.45%、59.55%、41.67% 和 14.77%。200mg/m³ 臭氧浓度处理 30min、20min、10min，对恶苗病菌菌丝生长的抑制效果分别为 88.08%、72.38% 和 49.60%，对孢子萌发的抑制效果分别为 90.25%、50.74% 和 21.46%（常浩等，2016）。臭氧处理水稻种子有可能成为防治水稻恶苗病的一种物理方法。

第五节 水稻穗腐病

水稻后期穗部病害多种多样，国外报道有穗腐病（rice panicle rotten disease），或稻谷霉斑病（pecky rice）（Yamashita et al.，2016）、谷斑病（grain spotting，kernel spotting）（Shiba and Sugawara，2005）、混

合感染病害（miscellaneous disease）或脏稻（穗）（dirty rice，dirty panicle）（Agyen-Sampong and Fannah，1980）；我国报道的有水稻穗腐病、颖枯病、谷枯病、黑穗病、穗褐变病和褐变穗等（穆娟微等，2006；刘恩勇，2011；黄世文等，2012；侯恩庆等，2013）。造成水稻后期穗部病害的原因不尽相同，有真菌、细菌，也有鸟类、害虫取食危害。细菌引起的水稻穗部病害有水稻细菌性穗（谷）枯病（在细菌病害第四节介绍）；引起水稻穗部病害（穗腐病）的真菌主要有层出镰刀菌（*Fusarium proliferatum*）、澳大利亚平脐蠕孢菌（*Bioplaris australiensis*）、新月弯孢菌（*Curvularia lunata*）和细交链孢菌（*Alternaria tenuis*）。而层出镰刀菌是引起水稻穗部病害的主要致病病原真菌，其引起的病害症状等与小麦赤霉病、玉米穗腐病均有相似之处。因此，笔者将真菌引起的水稻穗部病害命名为水稻"穗腐病"（rice spikelet rot disease，RSRD）（Huang et al.，2011a，2011b）。

一、病害发生与为害

（一）病害发生

在国外，报道水稻穗腐病发生的国家有美国、日本、菲律宾、印度尼西亚、泰国、文莱、越南、斯里兰卡、尼日利亚、新西兰、巴西和智利等。20 世纪 70 年代水稻穗腐病曾在日本、印度大发生，并成为危害水稻生产的严重问题。在我国，近年来随着气候、耕作栽培制度的变化，施肥量特别是氮肥用量的增加，品种更替，如粳稻、籼粳杂交稻组合及大穗型、密穗型品种的大面积推广应用等，全国各稻区，特别是长江中下游籼、粳稻混栽区和东北粳稻区普遍发生（刘恩勇，2011；黄世文等，2012；侯恩庆等，2013）。

（二）病害为害

水稻穗腐病在我国早有发生，如 1932 年浙江省报道水稻上发生该病害，造成水稻产量损失 25%。自 1996 年以来，该病在广州市南部稻区危害逐年严重。1997 年、1998 年，广州市早稻发生面积分别为 5333hm² 以上和 10 000hm²，田块病穗率为 30%～50%，病指为 20～40；重病田病穗率高达 100%，病指达 85.11，受害水稻结实率降低 8% 左右，千粒重降低 0.6～1.0g，稻谷减产 5%～10%，严重的达 20% 以上甚至失收（方羽生等，2004）。根据 1999～2001 年的调查，该病害发生严重的水稻品种的受害率高达 96.3%，被害穗谷粒千粒重下降，结实粒下降（汪智渊等，2003）。

我国常年发病面积为 80 万～100 万 hm²，造成产量损失和品质降低的发病面积为 33.33 万～53.33 万 hm²。目前，我国粳型水稻品种年均种植面积为 750 万～840 万 hm²，穗腐病常年发生面积为 80 万～100 万 hm²，该病已成为影响水稻高产、稳产和优质生产的重要因素。

江苏、浙江、安徽、湖南、湖北、江西、广西、广东、东北三省等的中、晚稻常年发生，并呈蔓延扩展趋势。当种植感病品种并遇到有利的发病气候条件时，发病重的田块中水稻丛发病率可达 100%，穗发病率为 30%～95%，每穗病粒率为 30%～75%，受害稻穗结实率下降 8%～10%，千粒重降低 0.6～1.0g，一般减产 5%～10%，严重的达 30% 以上，甚至绝收。其危害和造成的产量损失取决于病害发生的早晚及严重程度。被感染谷粒腐坏、变色，结实率降低或不实，稻米青绿、畸形。

2000 年以来，在广东省江门市该病发生面积超过 3000hm²，尤其是在优质稻品种上严重危害，直接影响水稻生产（欧壮喆和陈绍平，1999）。该病在广东省主要侵染早稻，晚稻上零星发生。早稻 5 月下旬始发病，流行期为 6 月上中旬，此时病株率和病指迅速上升，严重时整个稻穗黑谷累累。6 月下旬，稻谷接近成熟，病菌扩展受到抑制，病情趋于稳定，严重的变成白穗。

2006 年穗腐病在江苏省洪泽县（现为洪泽区）发生面积为 60hm²，病穗率为 10%～20%，严重田块在 40% 左右。2010～2012 年连续 3 年该病在洪泽县水稻上均有发生。2010 年全县发生面积为 6000hm²，占全县水稻面积的 20%，其中发生较为严重的面积有 600hm²，占发病面积的 10%，病穗率为 20%～40%；发生严重的面积有 150hm²，占发病面积的 2.5%，病穗率为 60%～70%；个别特别严重的田块病穗率达 80% 以上。

2011年全县发生面积为4500hm²，占全县水稻面积的15%，其中发生较为严重的面积为230hm²，占发病面积的5.1%，发生严重的面积有60hm²，占发病面积的1.3%左右，个别特别严重的田块，病穗率达95%～99%。2012年该病在洪泽县轻度发生，全县发生面积为960hm²，占全县水稻面积的3.2%，病穗率为0～5%，平均为0.5%，个别地方如三河镇塘西村的严重田块病穗率达50%，发生程度和发生面积明显轻于2011年同期。

水稻感染穗腐病后，不但影响水稻产量，还由于病原菌有色、产生色素、代谢产物含有毒素，降低稻谷（米）的外观品质和食用品质。人、畜食用过量的带菌谷粒可引起头昏、发热、呕吐和腹泻等急性中毒现象，严重危害人体健康和畜禽生长安全。

（三）病害调查取样方法

在进行水稻穗腐病研究时，如防控药效试验、抗性鉴定等，需要进行调查取样。调查取样要求准确、简便、易掌握和易操作。

考察病穗的调查取样方法：①从稻田随机（如果田块较大，则可以分成100m²一个小区，采用平行跳跃式或对角线五点取样法）收集一定数量的水稻植株；②将收集的稻株上的谷粒脱离并充分混合得到混合谷粒；③从混合谷粒中随机抽取一部分稻谷；④对抽取的谷粒用肉眼检查发病情况，评估霉斑（感病）谷粒比例（Yamamura and Ishimoto，2009）。

水稻穗腐病田间发生情况的调查取样方法：按每小区五点取样法调查，调查总穗数、发病穗数、每穗发病粒数，进行统计分析。

二、病害症状与诊断

（一）病害症状

本部分介绍的水稻穗腐病是以Huang等（2011a，2011b）和黄世文等（2012）研究的由层出镰刀菌、澳大利亚平脐蠕孢菌、新月弯孢菌和细交链孢菌为主引起的病害。在这4个病原菌中，层出镰刀菌分离比例占75%～80%。因此，在病害症状描述上以层出镰刀菌引起的水稻穗腐病为主。在病原学方面，同时对4个病原菌的生物学特性都有研究和论述（见本节"三、病原学"部分）。

穗腐病主要侵染水稻小穗和整个稻穗，在水稻抽穗扬花-乳熟期显症。发病初期，上部小穗（谷粒）颖壳尖端或侧面产生椭圆形小斑点，后逐渐扩大至谷粒大部或全部。病斑或感病谷粒初期为铁锈红色，逐渐变为黄褐色，水稻成熟时变为褐色或黑褐色。病穗局部有白色或粉红色的霉层，为病原菌分生孢子。该病的症状特征与品种（组合）及抽穗扬花期的温度、湿度有关。发病早而重的稻穗不能结实，发病晚的则影响谷粒灌浆充实，千粒重明显降低。感病谷粒有毒（毒素主要分布在谷壳）。剥开谷壳，米粒青绿、褐色，扭曲，畸形。籼粳杂交稻穗腐病症状见图1-30，粳稻穗腐病症状见图1-31。

图 1-30　籼粳杂交稻穗腐病症状

a：初期症状；b：中期症状；c～e：中后期症状；f：后期症状

图 1-31 粳稻穗腐病症状

a 和 b：早中期症状；c：中后期症状；d～h：后期症状；i：粳稻穗腐病谷粒及畸形米粒；j：谷粒及畸形米粒

根据谷粒的发病情况，将穗腐病分为以下 4 种类型：全褐型，谷粒全部变成黄褐-黑褐色；半褐型，约 1/2 谷粒呈褐色；褐斑型，谷粒上有较大的褐斑；褐点型，谷粒上有褐色小斑点（侯恩庆，2013）。但由于病斑大小、颜色深浅多为连续性的，难以判断量级的差异。

人工区分霉斑病稻谷（米）（由稻蝽象和病原真菌引起）和健康稻谷（米）容易出错，而利用视觉和近红外（NIR）光谱学——一种二极管矩阵的 NIR 光谱仪，通过测定吸收 400～1700nm 光谱就能分辨（离）霉斑谷粒和健康谷粒（Wang et al.，2002），该方法可能是今后考察此类病害的手段之一。

（二）病害诊断

1. 分子生物学诊断

对从感病标样上分离的层出镰刀菌菌株进行生物学特性和分子鉴定。采用改良的 CTAB 法抽提菌丝体总 DNA。依据真菌 *ITS*、*28S rDNA*、*β-tubulin*、*TEF-1α* 和钙调蛋白编码基因的特异性引物进行 PCR 扩增。扩增产物经电泳检测后，回收、纯化 PCR 产物，与 pMD18-T 载体连接，转化大肠杆菌（*Escherichia coli*）*DH5α* 菌株，筛选阳性克隆，进行序列测定。通过 BLAST（http://www.ncbi.nlm.nih.gov/）对测序结果进行分析，选择相似性较高的菌株序列与供试的菌株序列，采用 DNAMAN 4.0 软件进行多序列比对，构建系统进化树，进行同源性比较（黄世文等，2012）。

2. 病害症状诊断

参见"（一）病害症状"部分。

三、病原学

（一）病原

引起水稻稻穗、谷粒病变、变色的原因很多，不同国家、不同研究者从不同研究角度进行研究，所界定的病因不一。

1. 国外

国外有关引起水稻谷（米）粒病变（变色）的原因，认为主要有以下3种类型。

1）害虫引起：主要是由稻蝽象（rice stink bug, *Oebalus pugnax*）取食危害引起的谷粒（稻米）变色；或蝽象取食后有利于病原真菌侵染；或病原菌由其口针带入侵染危害引起（Lee et al., 1993; Gravois and Bernhardt, 2000）。

2）各种真菌引起：由多种已知和未知的真菌侵染引起，至今报道的病原真菌有几十种，如宫部旋孢腔菌（*Cochliobolus miyabeanus*）、弯孢菌（*Curvularia* spp.）、镰刀菌（*Fusarium* spp.）、稻微座孢菌（*Microdochium oryzae*）、稻帚枝霉（*Sarocladium oryzae*）等。真菌和细菌侵染发育中的水稻小花与谷粒，引起稻壳及谷粒上产生斑点和变色。其中一些真菌是引起田间水稻病害的病原菌。其他的弱致病力真菌只有在非常有利的条件下才侵染谷粒（竹内博昭等，2005; Takeuchi et al., 2005; Patel et al., 2006; Nagasawa and Higuchi, 2012）。

3）细菌引起：主要是颖壳伯克氏细菌（*Burkholderia glumae*）引起，也有从感病样本中分离出丁香假单胞菌（*Pseudomonas syringae*）和成团泛菌（*Pantoea agglomerans*），称为细菌性颖（穗、谷）枯病［bacterial panicle (grain) blight of rice］（Suzuki et al., 2004; Patel et al., 2006）。

2. 国内

国内对水稻穗腐病的研究较少，有关报道多集中在20世纪80～90年代，以变色谷（米）的病原菌分离、鉴定、接种测定致病性等基础性研究为主。在引起黑穗的病因上也有3种观点。

1）真菌和细菌引起：谷（颖）枯病与国外报道的相似，国内没有稻蝽象取食引起病原真菌侵染的报道。

2）害虫引起：基层的农业技术人员和稻农多认为与后期蚜虫、飞虱（主要是灰飞虱）群体大，取食危害重，这些害虫排泄的粪便（蜜露）成为微生物很好的营养基质，有利于微生物附着、繁殖有关。

3）生理性病害：由不利气候条件导致。

目前我国认为危害稻穗或谷粒的主要有两种病害：一种是由真菌引起，称为水稻真菌性颖（谷）枯病，由半知菌亚门球壳孢科叶点霉属真菌（*Phoma sorghina*=*Phyllosticta glumarum*）引起。病菌只侵害颖花和谷粒，尚未发现侵害其他部位和组织。病菌在破口抽穗期开始入侵，出现椭圆形小斑点并逐渐扩大为褐色病斑，或连合成不规则大斑，占据谷粒的大部或全部，后转为枯白色并散生小黑粒，即病菌的分生孢子器，受害谷粒空壳不实或半实。另一种是由颖壳伯克氏细菌引起的细菌性穗（颖、谷）枯病。

在感病稻谷上，国内外检测（分离）到以下多种真菌病原：宫部旋孢腔菌、镰刀菌、弯孢菌、稻平脐蠕孢（禾长蠕孢）菌（*Bipolaris oryzae*=*Helminthosporium oryzae*）、颖苞茎点霉（*Phoma glumarum*=*Phyllosticta glumarum*）、稻微座孢菌、稻帚枝霉、刺黑乌霉菌（*Memnoniella echinata*）、黄曲霉菌（*Aspergillus flavus*）、青霉菌（*Penicillium* spp.）以及其他一些真菌。

在病菌检出率方面，链格孢菌（*Alternaria* spp.）和青霉菌在全国17个省（市）的变色稻谷样品上均可检出，检出频率分别为80.9%和81.8%；弯孢菌除新疆的标样外，在16个省（市）的标样中均有出现，检出频率为75.5%；镰刀菌检出频率为56.4%。由变色稻谷上分离获得的19种真菌，均能引起稻谷变色，病粒率为12%～95%，但不同种类真菌间的发病程度有明显差异，如串珠镰刀菌（*F. moniliforme*）接种的病粒率高达95.4%，禾谷镰刀菌（*F. graminearum*）为41.7%、而茎点霉（*Phoma* spp.）仅为12.1%；弯孢菌、链格孢菌、镰刀菌接种后发病率一般也较高，其中的一些病菌可能是腐生菌（金敏忠，1989；金敏忠等，1994）。柴荣耀等（1991）从全国十多个省（市）采集的220份变色稻谷样品中共分离到真菌21属，其中以链格孢菌、弯孢菌、镰刀菌及青霉菌的检出率高，分布地区广，为优势真菌。

变色稻谷的症状因真菌种类不同而有所差异。弯孢菌和镰刀菌接种后的稻谷症状主要表现为全褐型和褐斑型，少数为褐点型；链格孢菌接种后的主要症状为褐斑型和褐点型，少量全褐型；其余种类真菌接种后的主要症状为褐点型，少量褐斑型。其中部分镰刀菌和弯孢菌于接种后1～2d即可出现严重的褐变稻谷，具有极强的致病力。而青霉菌虽然在田间和贮藏期均可检出，检出频率也较高，但通常认为是腐生菌，因而未进行致病性测定。据报道，引起稻谷变色的真菌，有些可侵害其他作物，有些能产生对人畜有害的真菌毒素。因此，对这些优势真菌的发生动态及其防治尚需作进一步的研究。

研究采用分离到的真菌进行人工接种测定其致病性，不同病菌间致病力差异较大，链格孢菌的发病率为70.6%～92.0%，新月弯孢菌为53.7%，间型弯孢菌（*C. intermedia*）为67.8%，膝曲弯孢菌（*C. geniculata*）为58.8%，*C. fallax* 为39.7%，禾谷镰刀菌为41.7%，雪腐镰刀菌（*F. nivale*）为74.0%，串珠镰刀菌为95.5%。从浙江、江苏等省水稻上采集的变色稻谷（米）上分离到大量弯孢菌，其样本数及检出率见表1-47（金敏忠，1989）。

表1-47　不同省份变色稻谷（米）弯孢菌分离情况

省份	浙江	江苏	福建	广东	四川	湖北	辽宁	黑龙江
样本数/个	106	7	11	18	12	10	13	3
检出率/%	94.34	100	81.82	83.33	41.67	70.00	33.77	66.67

黑龙江省发现水稻出穗后不久如果遇强风，易出现水稻褐变穗的症状，谷粒上出现褐色斑点，严重时呈深褐或黑褐色，病斑不规则，叶鞘不发病。从褐变稻穗上分离到多种病原菌，包括链格孢菌112株、镰刀菌5株、青霉菌2株。选择20株链格孢菌、5株镰刀菌和2株青霉菌进行致病性测定，结果发现，链格孢菌均导致水稻发病，镰刀菌和青霉菌均未致病，判定水稻褐变穗病原菌为链格孢菌（*Alternaria alternata*）（穆娟微等，2006；张俊华等，2018）。

广东认为主要是由新月弯孢菌引起的水稻黑粒病，造成谷粒不实、米粒变褐，直接影响了水稻的产量和品质（欧壮喆和陈绍平，1999）。

浙江从感病样本上分离到216株镰刀菌。根据培养性状、形态特征和分子生物学方法共鉴定到5个镰刀菌种，包括层出镰刀菌、藤仓镰刀菌、拟轮枝镰刀菌、尖孢镰刀菌和禾谷镰刀菌。其中层出镰刀菌137株，占63.4%；藤仓镰刀菌50株，占23.1%；拟轮枝镰刀菌21株，占9.7%；尖孢镰刀菌5株，占2.3%；禾谷镰刀菌3株，占1.4%。经科赫法则验证，5种镰刀菌接种稻穗后均能使稻穗感染穗腐病（侯恩庆，2013）。

江西从水稻穗腐病标本上鉴定得到4种菌，分别为厚垣镰刀菌（*F. chlamydosporum*）、细极链格孢菌（*A. tenuissima*）、香茅弯孢菌（*C. cymbopogonis*）和稻黑孢菌（*Nigrospora oryzae*）。人工接种测定4种病原菌都能使水稻穗部发病。抽穗期接种的发病率大于孕穗期接种，注射接种的发病率大于喷雾接种。厚垣镰刀菌的致病率最高，其次依次为香茅弯孢菌、细极链格孢菌、稻黑孢菌（胡颂平等，2019）。

安徽从感穗腐病稻穗上分离鉴定出4种病原，分别为层出镰刀菌、新月弯孢菌、细交链孢菌和稻黑孢菌。河南从信阳地区感病样本中分离到279株病原真菌，以镰刀菌为主，分离频率达50.18%，其中藤仓赤霉复合种、厚垣镰刀菌、禾谷镰刀菌、肉色镰刀菌-水贼镰刀菌复合群（*F. incarnatum-equiseti* species complex）、尖孢镰刀菌的分离频率分别为19.36%、12.90%、11.1%、3.58%和3.23%。细交链孢菌的分离频率相对较高，达10.75%；黑孢属和弯孢属病原各2种，即球黑孢菌（*N. sphaerica*）和稻黑孢菌，分离频率分别为9.68%和4.66%；棒弯孢菌（*C. clavata*）和新月弯孢菌的分离频率分别为6.45%和6.09%。水稻胡麻斑病菌稻平脐蠕孢菌在穗腐病标样中的分离频率为6.81%；在谷粒上形成蓝绿色霉层的草酸青霉（*Penicillium oxalicum*），分离频率为5.38%（陈利军等，2019）。

从全国不同地区分离的穗腐病菌来看，东北以链格孢菌为主，华南以弯孢菌为主，长江流域以镰刀菌为主，弯孢菌、链格孢菌和稻黑孢菌出现频率较高。

黄世文等从水稻穗腐病标样上分离出包括真菌、细菌的十几种微生物，集中研究了真菌病原。通过多年试验、鉴定，确定层出镰刀菌、澳大利亚平脐蠕孢菌、新月弯孢菌和细交链孢菌为主要病原菌（图1-32）。其中层出镰刀菌分出率最高，一般占75%～80%，为穗腐病优势（主要）病原菌。后来也分离到颖壳伯克氏细菌、丁香假单胞菌、成团泛菌［参见第二章第四节水稻细菌性穗（谷）枯病］。在孕穗中后期采用人工注射接种，在抽穗扬花期喷雾接种上述4个病原真菌（图1-33，图1-34），发现层出镰刀菌和新月弯孢菌发病率较高，且不同菌株混合接种均能引起发病（Huang et al.，2011a，2011b）。

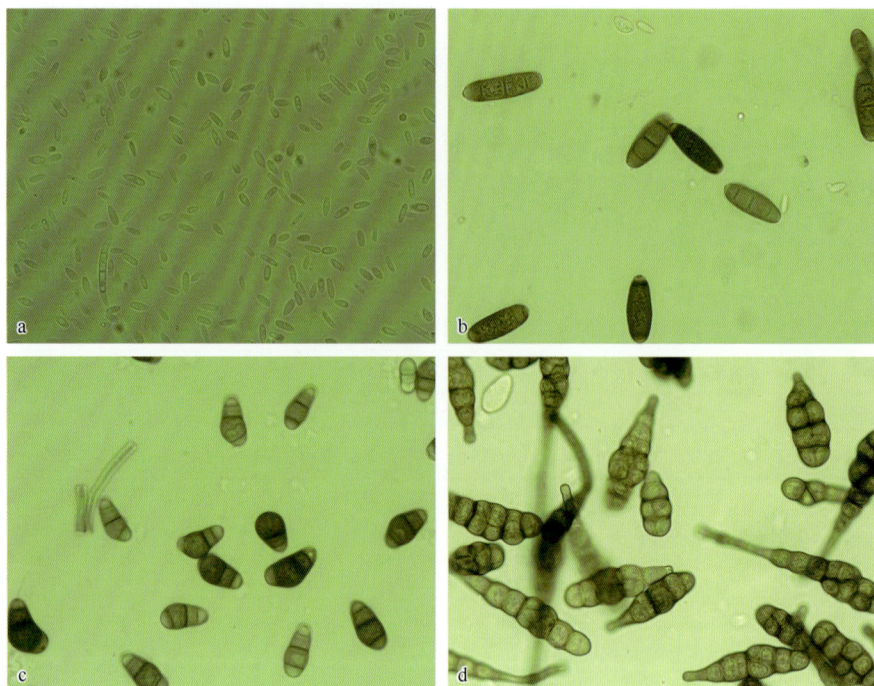

图 1-32　水稻穗腐病的病原菌分生孢子形态

a：层出镰刀菌的分生孢子；b：澳大利亚平脐蠕孢菌的分生孢子；c：新月弯孢菌的分生孢子；d：细交链孢菌的分生孢子

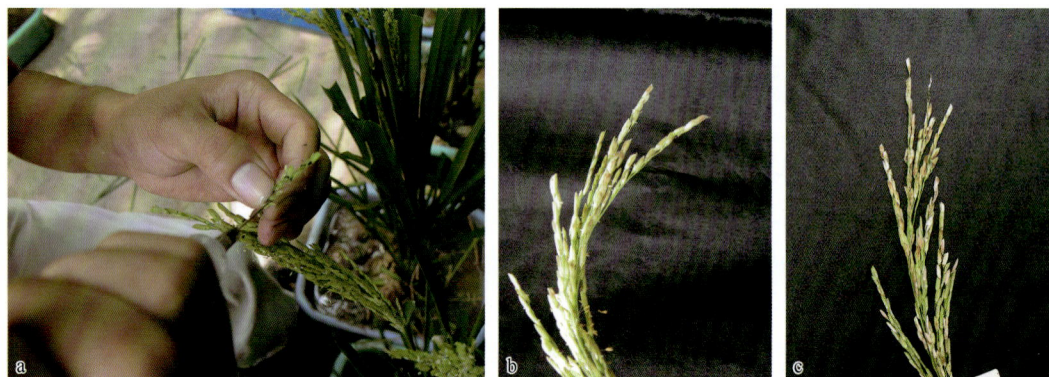

图 1-33　小颖注射人工接种

a：小颖注射接种；b：小颖注射接种后 7d 的症状；c：小颖注射接种后 30d 的症状

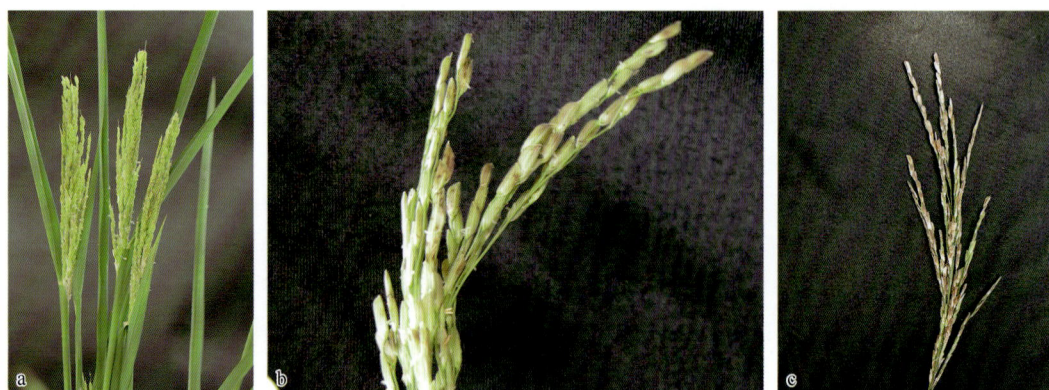

图 1-34　扬花期喷雾人工接种

a：扬花期喷雾接种；b：喷雾接种后 7d 的症状；c：喷雾接种后 30d 的症状

（二）病原的生物学特性

黄世文等（2012）研究了层出镰刀菌、新月弯孢菌、澳大利亚平脐蠕孢菌和细交链孢菌在不同温度、pH以及碳、氮源条件下的生长情况。结果发现，层出镰刀菌、新月弯孢菌和细交链孢菌的致死温度分别为60℃、59℃和60℃（10min）；菌丝生长温度为10~35℃，最适温度为20~30℃；pH 5~9，最适pH 7。孢子萌发温度为5~45℃，最适温度为25~35℃；pH 4~8，最适pH 7；最适碳源为葡萄糖和淀粉，最适氮源为硝酸钾、尿素和脯氨酸。表1-48显示不同温度对4个病原菌生长的影响。pH 5~10时对4个菌的菌丝生长影响不大，但pH 5对层出镰刀菌的生长稍有抑制（表1-49）。

表1-48　温度对水稻穗腐病菌生长的影响

温度/℃	层出镰刀菌		澳大利亚平脐蠕孢菌		新月弯孢菌		细交链孢菌	
	菌落直径/mm	产孢量/($\times 10^6$ 个/mL)	菌落直径/mm	产孢量/($\times 10^6$ 个/mL)	菌落直径/mm	产孢量/($\times 10^6$ 个/mL)	菌落直径/mm	产孢量/($\times 10^6$ 个/mL)
4	5	5.25e	7	1.00g	0.04h	0.04h	5	0.00g
10	8	6.00d	12	1.75f	0.09h	0.09h	9	0.00g
15	31	150.00c	20	9.00e	4.75f	4.75f	28	18.75d
20	51	600.00b	49	75.00c	42.5e	42.5e	39	13.50e
25	74	1700.00a	73	55.00d	85.00d	85.00d	62	250.00b
28	80	1700.00a	85	85.00b	250.00b	250.00b	83	400.00a
30	65	625.00b	90	200.00a	400.00a	400.00a	90	236.25b
35	6	6.25d	64	1.00g	112.50c	112.50c	45	87.50c
40	5	0.00f	32	0.50h	0.25g	0.25g	14	0.50f

表1-49　pH对水稻穗腐病菌生长的影响

pH	层出镰刀菌		澳大利亚平脐蠕孢菌		新月弯孢菌		细交链孢菌	
	菌落直径/mm	产孢量/($\times 10^7$ 个/mL)	菌落直径/mm	产孢量/($\times 10^7$ 个/mL)	菌落直径/mm	产孢量/($\times 10^7$ 个/mL)	菌落直径/mm	产孢量/($\times 10^7$ 个/mL)
3	—	420c	—	6.5h	—	20.5e	—	3.3fg
4	—	635b	—	11.5gh	—	31d	—	5.3e
5	39.5	740a	60.0	16.5fg	66.5	46.5c	68.0	9.5c
6	61.0	400d	67.0	42.5d	69.5	45c	72.0	12b
7	63.0	330f	66.5	57.5c	70.0	55b	71.5	17a
8	68.0	370e	66.5	67b	68.5	52.5b	68.5	7.5d
9	63.5	410cd	68.0	80a	70.0	65a	68.5	9.0c
10	68.0	270g	66.5	45d	74.0	65a	66.5	4.1f
11	—	180h	—	32f	—	56b	—	2.5g
12	—	105i	—	18fg	—	45c	—	1.0h

注："—"表示菌株不能生长，无测定数据；下同

葡萄糖和蔗糖对层出镰刀菌较有利；蔗糖、淀粉、麦芽糖和乳糖有利于澳大利亚平脐蠕孢菌的生长；蔗糖、麦芽糖和乳糖有利于新月弯孢菌和细交链孢菌的生长（表1-50）。

表 1-50 碳源对水稻穗腐病菌生长的影响

碳源	层出镰刀菌		澳大利亚平脐蠕孢菌		新月弯孢菌		细交链孢菌	
	菌落直径/mm	产孢量/(×10⁶ 个/mL)	菌落直径/mm	产孢量/(×10⁶ 个/mL)	菌落直径/mm	产孢量/(×10⁶ 个/mL)	菌落直径/mm	产孢量/(×10⁶ 个/mL)
葡萄糖	69.5	5900a	57.5	27.0a	60.0	155a	60.0	50e
果糖	59.5	3675c	58.5	6.0e	58.0	17e	59.0	115a
蔗糖	68.5	1525g	71.0	16c	72.5	65d	72.5	75c
淀粉	65.0	1825f	71.5	10d	66.0	90c	65.0	95b
麦芽糖	65.0	2050e	73.0	18b	74.0	90c	73.5	16g
乳糖	64.5	2200d	70.5	7.0e	75.0	130b	73.0	58d
木糖	66.0	4400b	11.0	2.5f	42.5	80c	42.5	35f

脯氨酸最有利于层出镰刀菌的生长,其次是亚硝酸钠;天冬氨酸、组氨酸有利于澳大利亚平脐蠕孢菌的生长;尿素、组氨酸和脯氨酸有利于新月弯孢菌的生长;天冬氨酸、尿素和组氨酸有利于细交链孢菌的生长(表 1-51)。

表 1-51 氮源对水稻穗腐病菌生长的影响

氮源	层出镰刀菌		澳大利亚平脐蠕孢菌		新月弯孢菌		细交链孢菌	
	菌落直径/mm	产孢量/(×10⁶ 个/mL)	菌落直径/mm	产孢量/(×10⁶ 个/mL)	菌落直径/mm	产孢量/(×10⁶ 个/mL)	菌落直径/mm	产孢量/(×10⁶ 个/mL)
脯氨酸	53.5	600b	39.0	8.0d	54.5	13d	53.0	40b
组氨酸	46.0	700a	50.0	24b	61.0	145a	65.3	16d
天冬氨酸	46.0	700a	55.5	40a	43.0	55c	69.0	11e
硫酸铵	11.0	1.0e	21.0	0.0e	9.50	0.5e	9.5	3.6f
尿素	41.0	600b	43.5	15c	68.0	15d	66.0	40b
硝酸钠	44.0	70d	40.5	40a	35.3	90b	35.5	75a
亚硝酸钠	46.5	460c	43.5	15c	45.0	14d	42.0	29c
半胱氨酸	23.5	—	40.0	—	31.5	—	26.5	—

针对穗腐病主要病原菌进行了培养,研究其最适温度、pH,最佳碳源和氮源,发现 5 种镰刀菌的最适生长温度为 25℃,最适 pH 6,生长最佳碳源为葡萄糖和蔗糖,最佳氮源为硝酸钠和尿素(表 1-52)(侯恩庆,2013)。

表 1-52 水稻穗腐病病原镰刀菌培养特性

菌株	最适温度/℃	最适 pH	最佳碳源	最佳氮源
禾谷镰刀菌	25	6	葡萄糖、蔗糖	尿素、硝酸钠
尖孢镰刀菌	25	6	葡萄糖、蔗糖	硝酸钠
层出镰刀菌	25	6	蔗糖、葡萄糖	硝酸钠、亚硝酸钠
藤仓镰刀菌	25	8	葡萄糖	硝酸钠
拟轮枝镰刀菌	25	8	蔗糖、葡萄糖、果糖	硝酸钠、尿素

胡颂平等(2019)对江西分离到的厚垣镰刀菌、细交链格孢菌、香茅弯孢菌和稻黑孢菌的生物学特性进行研究,发现生长适宜温度为 12～30℃,最佳温度为 24～28℃;在 pH 4～9 时都可生长,厚垣镰刀菌在 pH 7 时生长较好,细交链格孢菌、香茅弯孢菌和稻黑孢菌在 pH 7～9 时生长较好;厚垣镰刀菌对酸较为敏感,在 pH 4～5 时生长明显缓慢。不同碳源和氮源对菌丝生长的影响差异不明显,采用 PDA/查氏培养基培养,4 种病菌均能生长,以硝酸钾为氮源时生长最好,以葡萄糖和淀粉为碳源时生长较好。

安徽从感穗腐病的水稻样本上分离到层出镰刀菌、新月弯孢菌、细交链孢菌和稻黑孢菌4种病原菌，经过科赫法则验证，均为引起水稻穗腐病的病原菌。4种菌的菌丝生长温度为10~35℃，最适生长温度为25℃，pH 5~9，最适 pH 7。分生孢子萌发温度为5~45℃，在25~35℃时萌发良好，30℃时萌发率最高；分生孢子萌发 pH 4~8，最适 pH 6~7。病原菌对不同碳源的利用率有差异，葡萄糖和淀粉的利用率最高；硝酸钾、尿素和脯氨酸为最佳氮源，在以硫酸钾和甘氨酸为氮源的培养基上生长缓慢（费丹，2015）。

也有的研究从感穗腐病的标样上只分离到链格孢菌，结果发现，其菌丝生长和孢子萌发的最适温度为25℃；菌丝生长的最适 pH 5~6，孢子萌发以 pH 7 为最好；可溶性淀粉、硝酸铵是菌丝生长和孢子萌发的最佳碳源及氮源（张亚玲等，2010）。东北稻区的穗腐病（褐变穗）病原菌链格孢菌菌丝生长的最适温度为22~28℃，在25℃时生长最快；最适 pH 3.91~5.98，在 pH 4.90 时菌丝生长最快；病原菌致死温度为60℃水浴（10min）。病原菌产孢的最适温度为22~30℃，在25℃时产孢量达到最大；产孢最适 pH 3.91~5.98，在 pH 4.90 时产孢量最大（李鹏等，2006）。病原菌菌丝在大米煎汁培养基上生长最快；以浓度为4%的麦芽糖为碳源的培养基上菌丝生长最快；以 $NaNO_3$、KNO_3 和酒石酸铵为氮源的培养基上生长最快；以4%的麦芽糖为碳源的培养基上产孢量最大，以 1‰ $NaNO_3$ 或在 3.5% 甲硫氨酸（Met）为氮源的培养基上产孢最多。

广东从黑粒稻谷上分离得到新月弯孢菌，菌丝生长的最适温度为35℃，孢子萌发的最适温度为30~35℃。与以往的报道相比，分生孢子较小，菌丝生长及孢子萌发的最适温度偏高（方羽生等，2004）。

（三）病原致病性

采用层出镰刀菌、澳大利亚平脐蠕孢菌、新月弯孢菌和细交链孢菌，通过颖内注射或喷雾接种的方法接种到刚开花的水稻幼穗上，颖壳均产生典型的穗腐症状。症状初期为红褐色小点，后扩展成红褐色病斑，表现出与田间相同的症状。从表 1-53 可以看出，不论是颖内注射接种还是喷雾接种，4种菌株都能使颖壳发病，菌株的致病力存在显著的差异性。颖内注射接种，澳大利亚平脐蠕孢菌造成的病粒率最高，层出镰刀菌造成稻谷的受害程度最重。扬花期喷雾接种时，新月弯孢菌造成的水稻病粒率和稻谷的受害程度最大（黄世文等，2012）。

表 1-53　穗腐病分离菌株单独和混合接种谷粒发病情况（2009~2010 年）　　　　　　　　（%）

接种菌株	病粒率		全褐型		半褐型		褐斑型		褐点型	
	注射法	喷雾法	注射法	喷雾法	注射法	喷雾法	注射法	喷雾法	注射法	喷雾法
A	49.48ab	31.31cde	10.36ab	2.11cd	12.56ab	3.46cde	16.27b	10.25b	10.28d	15.49cdef
B	88.21a	18.13e	36.73a	0.15d	0.821b	0.70a	4.40b	3.95bc	46.25a	13.33def
C	45.28b	27.54de	19.10ab	13.32a	4.40ab	2.28bcd	3.76b	3.01c	18.02cde	8.92f
F	36.03b	50.07ab	10.14ab	8.52ab	4.07b	8.25b	5.32b	6.76bc	16.49de	26.55ab
C+F	37.50b	26.54de	7.49b	4.20bcd	1.77b	3.76bc	3.04b	6.14bc	25.21abcde	12.44ef
B+F	62.99ab	43.17abcd	30.32ab	5.61bcd	9.60ab	3.91bcde	4.05b	9.35bc	19.02cde	24.30abc
A+B	89.66a	34.96bcd	5.59b	4.57bcd	12.61ab	1.68bcde	32.60a	6.75bc	38.87abc	21.97abcde
B+C	60.59ab	57.57a	19.92ab	5.01bcd	5.10ab	6.99bcde	8.90b	16.73a	26.67abcde	28.83a
A+C	55.40ab	27.89de	16.55ab	4.69bcd	9.61ab	3.25de	9.25b	8.00bc	19.99bcde	11.94ef
A+F	70.52ab	36.60bcd	23.36ab	3.06bcd	11.79ab	2.70e	15.67b	3.94bc	19.70cde	26.90ab
A+B+F	72.87ab	36.43bcd	30.40ab	4.39bcd	16.16a	7.07b	11.12b	7.44bc	15.18de	17.53bcdef
A+C+F	42.42b	48.94ab	6.35b	7.69bc	2.78b	14.88bcde	4.08b	16.78a	29.21abcde	9.60f
A+B+C	55.04ab	36.73bcd	2.71b	7.36bc	1.12b	7.58de	7.38b	8.06bc	43.83a	13.73def
B+C+F	57.65ab	47.17abc	9.28ab	6.29bc	3.48b	4.47bcd	3.98b	5.12bc	40.91ab	31.28a
A+B+C+F	74.95ab	39.11bcd	13.01ab	3.76bcd	12.71ab	3.12bcde	15.00b	8.34bc	34.21abcd	23.90abcde

注：A. 细交链孢菌；B. 澳大利亚平脐蠕孢菌；C. 新月弯孢菌；F. 层出镰刀菌。同列数据后不含有相同小写字母表示差异显著（$P<0.05$）

在安徽，人工接种层出镰刀菌、稻黑孢菌、新月弯孢菌和细交链孢菌均能使水稻稻穗发病，抽穗期接种发病率高于孕穗期，注射接菌发病率高于喷雾接菌。层出镰刀菌和新月弯孢菌接种发病率高于细交链孢菌和稻黑孢菌，且症状较为严重。在分离出的 268 株菌株中层出镰刀菌与新月弯孢菌分别占 36.57% 和29.42%，认为这两个菌是穗腐病的主要致病菌（费丹，2015）。在江西，人工接种厚垣镰刀菌、细交链孢菌、香茅弯孢菌和稻黑孢菌都能使稻穗发病。抽穗期接种发病率大于孕穗期、注射接种发病率高于喷射接种；厚垣镰刀菌发病率最高，其次为香茅弯孢菌、细交链孢菌、稻黑孢菌（胡颂平等，2019）。

弯孢菌一般在糙米上造成浅至深色的褐色，在稻谷上产生全褐型、半褐型、褐斑型、褐点型和褪色型的病斑。从变色谷（米）上分离到 9 种弯孢菌的病原菌，即新月弯孢菌、膝曲弯孢菌、近缘弯孢菌、不正弯孢菌、中隔弯孢菌、棒状弯孢菌、苍白弯孢菌、画眉弯孢菌、根弯孢菌。其中 6 种为国内首次报道，据在水稻孕穗至开花期人工接种的结果，这 9 种弯孢菌对水稻均有致病力，并产生大量的变色谷（米）（金敏忠，1989）。水稻穗期稻谷上弯孢菌的平均检出率早稻为 17.2%、晚稻为 40.2%（金敏忠等，1994）。

（四）病原毒素

关于水稻穗腐病病原菌产生的毒素，研究较多的是伏马菌素（fumonisin，FB），主要由拟轮枝镰刀菌和层出镰刀菌产生（Marasas et al.，2001；Rheeder et al.，2002）。Gelderblom 等（1988）首次从拟轮枝镰刀菌培养液中分离出伏马菌素。目前至少有 28 种伏马菌素已被分离鉴定，根据它们的化学结构分为伏马菌素 A 族、B 族、C 族和 P 族（Rheeder et al.，2002；Woloshuk and Shim，2013），如 FA1、FA2、FA3、PHFA3a、PHFA3b、HFA3、FAK1、FBK1、FB1、Iso-FB1、PHFB1a、PHFB1b、HFB1、FB2、FB3、FB4、FB5、FC1、N-acetyl-FC1、Iso-FC1、N-acetyl-iso-FC1、OH-FG1、N-acetyl-OH-FC1、FC3、FC4、FP1、FP2 和 FP3（Chen et al.，2021）。伏马菌素 B 族主要有 FB1 和 FB2，在自然界的存在最为广泛。其中，以 FB1 毒素为主，占总量的 70%，其毒性也最强。伏马菌素能引起马脑白质软化症、猪肺水肿等疾病，对多种动物肝、肾造成损伤，甚至引起死亡，该毒素与人类食管癌的高发有关（Rheeder，1992；Burger et al.，2010）。针对伏马菌素，如何加大风险管控力度、提高风险管理水平、完善风险评估标准是世界各国都需要面临和解决的重要问题。

（五）侵染循环

由于引起水稻穗腐病的优势病原菌为层出镰刀菌，占样本分离菌的 75%～80%，因此本部分只对层出镰刀菌侵染循环进行研究，以下均同。

穗腐病的侵染循环包括病菌从初侵染源开始，接触寄主、定植、侵入并在寄主体内繁殖扩展，最后表现症状的侵染过程（图 1-35）。

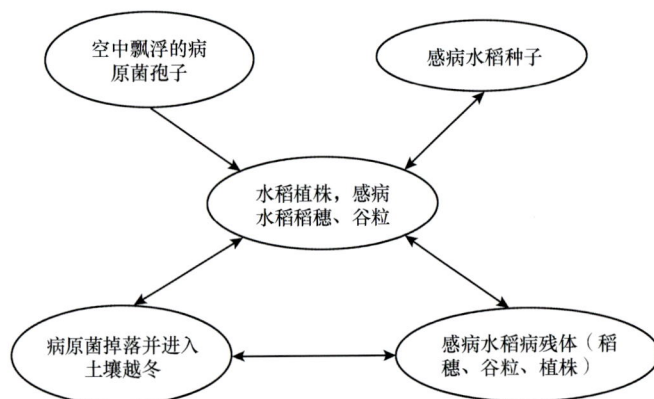

图 1-35　水稻穗腐病侵染循环

1. 初侵染源

1）带菌种子：穗腐病在很大程度上通过带菌种子传到水稻植株上。如果用感病的种子留种，翌年发病率会明显高于健康种子。

2）土壤中病原菌：作为穗腐病主要病原之一的镰刀菌可在土壤中存活很长时间，对不良环境条件的抵抗力很强。感病稻穗上的病原体掉落到土壤中，可能成为翌年的初侵染源。

3）水稻病残体：感穗腐病稻株的病残体是一种潜在初侵染源。将感病稻穗深埋于土壤中，翌年春季，从感病稻穗上可以分离到镰刀菌，而且发现翻埋在土壤中的镰刀菌菌丝体存在时间比留在土壤表面的菌存活时间长。在穗腐病发病严重的地区，应该将感病的病穗及时清理，可以减少初侵染源基数。

4）空气中飘浮的病原菌：空气中一直飘浮着各种微生物，其中含有引起穗腐病的病原菌。

2. 病原传播

穗腐病菌不仅通过种子、病残体和气流进行长距离传播，还可以通过雨水飞溅传播。通过雨水传播，虽然距离有限，但是效率较高，这是因为孢子在潮湿条件下具有较高的萌发潜能。

3. 侵染定植

水稻穗腐病的侵染过程可以分为病原菌孢子萌发、芽管伸长、附着胞形成、侵入和吸器形成。病原菌最初侵染颖花的花药和柱头。这是因为其含有刺激和促进病菌生长的营养物质。去除感病品种的花药和柱头后，则发现病情有一定程度的减轻或延缓。花药内的病菌垂直向胚乳和颖壳蔓延，并进一步蔓延到邻近健康的颖花或植株上。

4. 病情发展

根据随机分布原则，穗腐病的初始发病中心开始大多是圆形的，但全生育期由于风向的影响通常呈"V"形。这就说明了为何部分田块的左右两边发病情况有明显的区别。水稻穗腐病可被看成是很多单个发病中心不断发展的结果。穗腐病的发病率通常是"S"形（即开花期平缓，之后灌浆乳熟期变陡，随后又衰退变缓）。灌浆期是病害流行发展的指数增长期，病害严重度与环境条件的关联度明显高于初侵染源水平。

四、品种抗病性

目前研究较多的是水稻品种对层出镰刀菌引起的水稻穗腐病的抗性。

由层出镰刀菌侵染引起的水稻穗腐病，初侵染时期为花粉母细胞形成期—花粉母细胞减数分裂期（相当于倒数第一叶，即剑叶长出的中后期），最佳侵染时期为花粉母细胞形成期—齐穗期。

（一）注射接种

在花粉母细胞减数分裂期—花粉母细胞成熟期采用注射法接种，穗腐病病指显著高于花粉母细胞形成期—花粉母细胞减数分裂期，发病率较高且稳定（孙磊等，2018）。

水稻品种对穗腐病田间抗性评价：测定了10个水稻品种对层出镰刀菌的抗性，结果显示品种间抗性差异显著。以抗性最差的两优华6为参照品种，其相对抗性指数（RRI）为1；华安501抗性最好，其RRI为0.34；Y-两优9918的RRI为0.51；两优6326、丰两优4和杨两优013等3个品种抗性较好（费丹，2015）。

（二）大田抗性调查

经多年对浙江、湖南、广东、广西、江西、安徽、湖北、江苏及东北稻区的调查、研究发现，水稻品种（组合）类型、穗型与其对穗腐病的抗性关系密切。一般，粳稻、籼粳杂交稻较籼稻和籼型杂交稻感病，大穗、紧穗型品种（组合）较穗型松散的感病，扬花灌浆期长的品种（组合）比短的感病，如紧（密）穗型的粳稻秀水 09、秀水 110、秀水 134、连粳 7 号、郑稻 18 等品种；大穗型、扬花灌浆期长的籼粳杂交稻春优和甬优系列等杂交组合较穗型松散的籼稻品种（组合）更易感病（图 1-36）。

图 1-36　不同水稻品种感染穗腐病症状

a：不同穗型前期感染穗腐病症状；b：不同品种感穗腐病症状；c：籼/粳稻抗、感穗腐病明显不同；d：松散穗型抗、感腐病差异很大

水稻品种抗穗腐病的调查记载参照黄世文制定的标准，表 1-54 为水稻穗腐病感病严重度和分级标准。

表 1-54　水稻穗腐病病害调查记载标准

调查指标	病级					
	0 级	1 级	3 级	5 级	7 级	9 级
穗病粒数/粒	0	1～5	6～10	11～20	21～35	≥36
每穗病粒率/%	0	0.1～2.0	2.1～5.0	5.1～10.0	10.1～25.0	≥25.1
穗（株）发病率	每一穗有 5 粒及以上谷粒发病（变褐、变黑、腐烂）即为发病穗，少于 5 粒不算发病					

注：穗（株）发病率，每一穗有 5 粒及以上谷粒发病（变褐、变黑、腐烂）即为发病穗，少于 5 粒则不予统计

表 1-55～表 1-57 列出了部分浙江省种植的水稻品种（组合）对穗腐病的抗性水平情况。

表 1-55　浙江省 2005～2009 年主栽常规稻对穗腐病的抗性鉴定

常规稻品种	品种类型	病级	5 年推广面积/×10³hm²	常规稻品种	品种类型	病级	5 年推广面积/×10³hm²
杭 43	粳	5 级	6.67	甬粳 18	粳	9 级	115.33
嘉 991	粳	5 级	280.00	甬籼 57	籼	3 级	49.33
嘉花 1 号	粳	5 级	156.00	浙 106	籼	3 级	5.33
嘉育 143	籼	3 级	24.67	浙粳 22	粳	5 级	138.67
嘉育 280	籼	3 级	34.00	浙粳 27	粳	5 级	8.67
嘉育 948	籼	3 级	2.00	浙粳 40	粳	7 级	60.67
秀水 03	粳	9 级	66.67	中丝 2 号	籼	5 级	8.00
秀水 09	粳	9 级	414.00	中早 22	籼	5 级	69.33
秀水 110	粳	9 级	118.00	中组 1 号	籼	5 级	0.67
秀水 114	粳	9 级	35.33	金早 47	籼	3 级	184.00

续表

常规稻品种	品种类型	病级	5 年推广面积/×10³hm²	常规稻品种	品种类型	病级	5 年推广面积/×10³hm²
秀水 123	粳	9 级	40.00	宁 81	粳	5 级	36.00
秀水 33	粳	9 级	19.33	绍糯 9714	粳	5 级	61.33
秀水 994	粳	9 级	20.67	太湖糯	粳	7 级	1.33
祥湖 914	粳	5 级	8.67	武运粳 7 号	粳	7 级	13.33

表 1-56　浙江省 2005～2009 年杂交稻组合对穗腐病的抗性鉴定

杂交稻组合	品种类型	病级	5 年推广面积/×10³hm²	杂交稻组合	品种类型	病级	5 年推广面积/×10³hm²
D 优 527	籼	3 级	2.67	内 2 优 6 号	籼	3 级	10.67
E 福丰优 11	籼	3 级	4.00	钱优 1 号	籼	5 级	21.33
Ⅱ优 084	籼	3 级	24.00	汕优 10 号	籼	3 级	14.00
Ⅱ优 3027	籼	3 级	10.67	汕优 63	籼	3 级	8.00
Ⅱ优 46	籼	3 级	27.33	天优 998	籼	3 级	6.00
Ⅱ优 7954	籼	3 级	62.00	天优华占	籼	3 级	1.33
Ⅱ优 8220	籼	3 级	8.67	威优 402	籼	3 级	19.33
Ⅱ优明 86	籼	3 级	8.00	协优 46	籼	5 级	70.00
Y 两优 1 号	籼	5 级	2.00	协优 5968	籼	3 级	33.33
常优 1 号	籼/粳	7 级	1.33	协优 63	籼	3 级	18.67
川香 8 号	籼	5 级	1.33	协优 9308	籼	3 级	68.67
川香优 2 号	籼	5 级	12.00	新两优 6 号	籼	3 级	24.00
川香优 6 号	籼	5 级	3.33	秀优 5 号	粳	7 级	32.00
丰两优 1 号	籼	5 级	38.67	扬两优 6 号	籼	3 级	22.67
丰两优香 1 号	籼	5 级	15.33	宜香 1577	籼	3 级	4.67
丰优 191	籼	3 级	11.33	宜香 2292	籼	3 级	2.67
丰优 9 号	籼	3 级	12.67	甬优 1 号	籼/粳	7 级	71.33
丰优香占	籼	5 级	1.33	甬优 3 号	籼/粳	9 级	12.00
冈优 827	籼	3 级	4.67	甬优 6 号	籼/粳	9 级	92.00
国稻 1 号	籼	3 级	27.33	甬优 8 号	籼/粳	9 级	12.67
嘉乐优 2 号	粳	5 级	7.33	甬优 9 号	籼/粳	7 级	43.33
嘉优 1 号	粳	3 级	34.67	岳优 9113	籼	3 级	0.67
嘉优 2 号	粳	3 级	6.67	粤优 938	籼	3 级	68.67
金优 402	籼	5 级	19.33	中优 402	籼	3 级	1.33
金优 987	籼	5 级	27.33	中浙优 1 号	籼	5 级	355.33
两优 0293	籼	3 级	44.00	中浙优 8 号	籼	5 级	47.33
两优培九	籼	3 级	277.33	珞优 8 号	籼	3 级	0.67

表 1-57　黄熟期秀水 09 病害严重度与病粒率、千粒重的关系

病粒率/%	健粒率/%	千粒重/%	比健穗减少千粒重/g	产量损失率/%
14.3	85.7	25.4	1.93	5.0
36.7	63.3	24.6	5.01	11.3
68.2	31.8	24.1	6.94	14.5
82.3	17.7	23.2	10.42	19.7

五、病害发病条件

水稻穗腐病的发生、流行与种子带菌量、田间残存的病菌基数、水稻品种抗性和易感生育期的气候条件高度相关。在秧苗期，病原菌随着种子萌发进入生长点；抽穗扬花期，空气中存在的大量病菌孢子飘落沉降到植株、颖花上，完成定植、侵染。种子带菌侵染和植株生长后期侵染间的关系是稳定的，环境条件对病害传播的影响较大。在感病的幼穗上，病原菌孢子随气流飘移到邻近健康植株正在开花的花序上。随后孢子萌发，产生菌丝并侵入颖壳内正在发育的谷粒，完成生活史。对于颖壳颜色没有明显变化的谷粒，肉眼很难将受侵染的种子和健康种子分开。

水稻穗腐病是一种与气候密切相关的病害。温暖潮湿的气候有利于病害发生和流行。影响穗腐病的气候因素主要有温度、湿度、雨日、雨量及日照等。

（一）温度

日平均气温在23℃以上，即可显现穗腐病症状，适宜温度为25～33℃，最佳温度为28℃，在适宜温度范围内，越接近最佳温度，病菌侵入越快，潜育期越短。

（二）雨量、雨日和湿度

雨日、雨量和相对湿度对病菌发育和病害的发生流行有很大的影响。如降雨后有雨滴存在，则有利于镰刀菌分生孢子的释放。阴雨天捕捉的孢子数量是晴天的2倍多。病菌侵入穗部，需要较高的湿度。在干燥低湿状态下，病菌往往处于潜伏状态，孢子不能萌发。

（三）日照

日照时数可以反映阴雨天气状况，阴雨天气多，日照时数就少，湿度随之提高，有利于穗腐病的发生。反之，强光照及干燥条件不利于病害发生、流行。

2008年、2009年中国水稻研究所富阳试验基地及其附近地带的中、晚稻（粳稻）水稻穗腐病严重发生危害。分析两年水稻关键生育期（孕穗后期—灌浆乳熟期的8～10月）的气候资料可知，这两年8～10月的雨日分别为43d（占46.74%）和42d（占45.65%）。2008年8月平均气温为24.0～31.6℃、9月平均气温为21.4～29.8℃。据气象数据统计，2008年9月13～17日，富阳地区遭遇连续5d的阴雨，降雨量为44.8mm。2009年8月雨日达到20d（占当月的64.52%），平均气温为21.3～31.9℃；9月雨日为15d（占50%），平均气温为20.5～29.0℃。平均气温和湿度非常适合穗腐病的发生。此阶段当地单季水稻正处于破口—抽穗期，是穗腐病菌侵染为害的主要时期，且温湿度适宜，有利于病原菌的扩展和蔓延，导致该地区水稻穗腐病的大暴发，尤其是秀水系列品种、籼粳杂交稻组合发病严重，给水稻生产造成巨大的损失，见表1-58。

表1-58　2009～2010年不同播种期水稻穗腐病平均发病情况

播种期（月/日）	孕穗后期—抽穗扬花期（月/日）	抽穗扬花期前后各5d的气候因子							病穗率/%	病粒率/%
		平均气温/℃	最高气温/℃	最低气温/℃	相对湿度/%	雨量/mm	日照/(h/d)	风速/(m/s)		
5/25	8/15～8/25	29.34	34.72	25.82	70.73	1.47	6.26	1.98	58.99±0.36a*	23.62±0.04a
5/30	8/20～8/30	27.40	31.98	24.26	73.73	0.65	5.46	2.14	55.58±0.36a	22.9±0.03a
6/4	8/25～9/4	26.36	30.63	23.55	71.91	0.76	5.03	2.09	15.28±0.04b	22.16±0.07a
6/9	8/30～9/9	26.93	31.91	23.07	65.18	0.20	6.00	2.00	13.42±0.07b	18.88±0.05b
6/14	9/1～9/14	25.38	29.99	22.15	69.73	0.86	3.87	1.70	11.90±0.08b	17.59±0.06b

播种期 （月/日）	孕穗后期—抽 穗扬花期 （月/日）	抽穗扬花期前后各 5d 的气候因子							病穗率/%	病粒率/%
		平均 气温/℃	最高 气温/℃	最低 气温/℃	相对 湿度/%	雨量 /mm	日照 /(h/d)	风速 /(m/s)		
6/19	9/9～9/19	24.43	28.63	21.65	78.91	3.46	3.02	1.56	12.74±0.09b	14.48±0.02c
6/24	9/14～9/24	23.96	27.47	21.48	79.18	4.41	2.55	1.50	3.34±0.10b	12.60±0.06d

* 同列数据后不同小写字母表示经 Duncan's 新复极差法显示在 0.05 水平差异显著

穗腐病发生危害与耕作栽培制度及肥水管理有关。调查研究表明，长江流域及其以北稻区以粳稻和籼粳杂交稻为主，栽培制度以单季中稻或单季晚稻为主，大部分地区的水稻关键生育期（孕穗后期—乳熟期）处于较适宜穗腐病发生流行的气候条件下（温度 25～33℃，相对湿度 95% 以上），这是导致穗腐病发生、危害严重的原因之一。

采用密植、直播、抛秧等栽培方式有利于穗腐病的发生。现代水稻品种多耐高肥，为追求高产，生产中稻农往往过量施肥，氮肥普遍超标，这是病害严重发生的重要诱因。另外，长期深水漫灌，也是穗腐病重发的原因之一。

六、病害防治

水稻穗腐病过去多为零星发生，近年上升较快、为害较重，但研究尚未得到重视，一些基础性的问题尚未解决。生产上对穗腐病知之甚少，一直未作为主要病害予以重视。根据病害病原菌及侵染循环、品种与病害发生关系和危害的发生流行规律等特性，在水稻穗腐病防控上应综合考虑，种植抗性品种并合理布局、调整栽培措施及时期、加强肥水管理、在水稻关键生育期施用化学药剂防治等。

（一）选用抗、耐病类型品种

水稻品种株型（穗型）不同，对穗腐病抗性差异明显，生产上常选择抗（耐）穗腐病的品种，如选择散穗型（稻穗抽出后很快散开）、抽穗扬花期短的品种。

以秀水 09 为感病品种、国稻 6 号为抗病品种，进行混合种植。结果表明，水稻品种混栽可使穗腐病的严重度降低到与单独使用抗病品种相当的水平（表 1-59）。推断其作用机制可能是由于感病材料比例降低、物理障碍抑制病原物扩散。当病害在感病植株上发生流行时，抗病植株上产生的病原菌很少。从整体效果来看，品种混栽后病原菌数量有很大的降低。在病害流行的早期，混栽可有效限制病原扩散与病害流行（表 1-59）。

表 1-59　抗、感穗腐病品种混栽或单植时穗腐病发病率　　　　　　　　（%）

栽培品种	感病品种病穗率	抗病品种病穗率	混栽品种病穗率
感病品种单栽	46.7±8.4		46.7±8.4A
感病∶抗病=3∶1	32.4±7.3	8.9±1.6	26.5±6.4B
感病∶抗病=2∶1	28.7±5.2	7.3±1.4	21.5±6.9B
感病∶抗病=1∶1	23.3±6.4	8.2±0.9	15.7±5.7C
感病∶抗病=1∶2	20.7±6.5	7.9±1.7	12.2±4.3C
感病∶抗病=1∶3	17.8±5.3	9.3±1.8	11.4±3.8C
抗病品种单栽		8.3±1.4	8.3±1.4D

注：表内空缺表示无数据

（二）种子处理

对种子进行药剂消毒，减少初侵染源。浸种前先在太阳下晒1～2d，再用泥水或盐水选种，剔除瘪谷、半瘪谷和感病种子。对水稻种子进行药剂消毒，清除种子带菌，减少初侵染源，如用多菌灵、三唑酮等杀菌剂浸种。

（三）调整播栽期

要了解和掌握当地气候条件和水稻品种的生育特性，调整水稻的播种和移栽时期，使水稻易感穗腐病的生育期（始穗-扬花期）避开当地温暖、阴雨高湿时期。种植单季稻或单季晚稻的稻区，可通过调整播栽期减轻穗腐病的发生。

（四）加强肥水管理

氮、磷、钾要合理平衡施用，施足基肥、适时施用追肥，酌情施用穗肥，增施有机肥。水分管理上做到"寸水活棵、中期浅水勤灌、后期干湿交替"，尤其不宜长期深水漫灌。

（五）药剂防治

化学农药防治作为应急措施在水稻长势、气候条件适合穗腐病发生时采用。在水稻关键生育期（孕穗后期—乳熟期）选择高效、低毒、低残留药剂进行防治。穗腐病最佳施药时期在水稻破口—齐穗期。遇连续阴雨需在雨前或阴雨间隙加大药剂剂量进行防治。可参考黄世文等编写的农业部2011年、2012年主推技术，即"一浸两喷"防控稻曲病和穗腐病技术、"针对性药剂复配，下粗上细"防控水稻后期复合型病虫害技术、水稻主要病虫害简便高效"傻瓜"式防控技术等，进行水稻穗腐病的防治（黄世文等，2009a，2009b，2009c）。

经过多年的筛选和试验、示范，筛选出对水稻穗腐病有较好防治效果的药剂，即20%三唑酮乳油、45%咪酰胺乳油、50%多菌灵可湿性粉剂、30%爱苗乳油、80%代森锰锌可湿性粉剂、70%甲基托布津可湿性粉剂、75%拿敌稳水分散粒剂。

针对水稻穗腐病与穗颈瘟均发生在水稻穗部的特点，研制了对两种病害均有较好防治效果的复配剂，即"三·三（三环唑+三唑酮）"复配剂、"三·多（三唑酮+多菌灵）"复配剂、"三·爱（三唑酮+爱苗）"复配剂及"三·甲（三唑酮+甲基托布津）"、25%咪鲜胺乳油+15%三唑酮、25%咪鲜胺乳油+50%多菌灵复配剂，经室内共毒系数测定和大田小区及大田大面积试验、示范，对穗腐病和穗颈瘟均有较好的防效。

第六节　水稻菌核秆腐病

水稻菌核秆腐病（rice sclerotium stem rot）简称水稻秆腐病，是稻小球菌核病、稻小黑菌核病、稻球状菌核病、稻灰色菌核病、稻褐色菌核病、稻褐色小粒菌核病、稻黑粒菌核病和稻赤色菌核病的统称；病原依次为稻小球菌核病菌、稻小黑菌核病菌、稻球状菌核病菌、稻灰色菌核病菌、稻褐色菌核病菌、稻褐色小粒菌核病菌、稻黑粒菌核病菌、稻赤色菌核病菌。这些病菌的发病部位和症状很相似，主要为害稻株基部，引起茎秆腐朽，故称水稻菌核秆腐病。在生产上，稻小球菌核病、稻小黑菌核病和稻球状菌核病发生为害较重。稻小球菌核病和稻小黑菌核病多为混合发生，这两种病害过去又合称为水稻小粒菌核病。

一、病害发生与为害

（一）病害发生

在国外，水稻菌核秆腐病主要分布于越南、美国、菲律宾、日本、印度、斯里兰卡、意大利（魏景超，1957；Ou，1985；金敏忠，1989）。我国各稻区均有发生，但引起病害的优势菌不同。长江流域以南以稻小球菌核病和稻小黑菌核病为主，稻小球菌核病在四川、云南、安徽、浙江、江苏、福建、广西、广东和台湾等省（区）发生较重，在东北稻区也有发生（金敏忠，1989）。

（二）病害为害

发病较轻的水稻植株表现叶鞘腐败、叶片早枯和千粒重低，一般造成减产 10%～25%。发病程度较重的表现秆腐、倒伏、千粒重下降、出米率低和碎米多，稻谷损失 50% 以上。

越南水稻菌核秆腐病发生严重的稻田产量损失 50% 以上，菲律宾打拉省该病害每年造成稻谷损失 30%～80%，美国阿肯色州的一些稻田的稻谷损失高达 75%。日本曾报道每年该病害的发生面积达 5.1 万～12.2 万 hm^2，产量损失高达 1.6 万～3.5 万 t（Ou，1985）。

我国水稻菌核秆腐病在常年种植水稻田的发生面积占 3.5%，严重的占 8%。近几年来，该病在河南范县、濮阳县水稻产区部分田块严重发生，不但影响水稻产量，还可造成碎米粒增多、米质下降，一般减产 20%～30%，高者可达 50%～60%。

2007 年浙江省永康市部分乡村晚稻菌核秆腐病发病面积达 80% 以上，丛发病率为 66.78%，部分重病田块水稻后期枯秆倒伏，产量损失达 40%～50%（杨一峰等，2008）。2009 年水稻菌核秆腐病曾在辽宁锦州凌海市大发生，发病面积为 $2666.67hm^2$，其中绝收的近 $333.33hm^2$，损失 5% 的近 $666.67hm^2$，其余损失 1%～3%。

黑龙江省垦区由于大面积连年种植水稻，稻小球菌核病逐年加重。佳木斯水稻研究所、八五四农场、八五七农场和查哈阳农场等地区均有此病发生，并有逐年扩大的趋势。严重发病田块占 80%，导致减产 20%～30%，严重的可达 50% 以上。有的地块甚至全田倒伏，无法收割（吴海燕等，2002，吴海燕和辛惠普，2003）。据黑龙江省勃利县 2002 年调查统计，全县种植面积为 1.4 万 hm^2，稻小球菌核病累计发病面积约为 $366.7hm^2$，绝产面积达 $143.3hm^2$（李生杰等，2006），给当地稻农造成极大的经济损失。

二、病害症状与诊断

水稻菌核秆腐病由 8 种病原菌引起，主要危害水稻植株基部，形成病斑，受害部位植株内外均可形成菌核。

水稻菌核秆腐病的菌核球形、黑色，直径 0.15～0.25mm。叶鞘病斑和菌核表面可产生分生孢子。分生孢子新月形，3 或 4 个分隔，中间两个细胞褐色，两端细胞无色，有的顶端细胞细长如卷须。病菌发育适温为 25～30℃，阳光对病菌有抑制作用。病菌除为害水稻外，还可为害光头稗和茭白。

雨日多，日照少有利于菌核病的发生。深灌、排水不良的田块发病重，中期烤田过度或后期脱水过早或过旱发病重。施氮过多、过迟，水稻贪青，水稻发病重。单季晚稻较早稻病重。高秆较矮秆抗病，抗病性糯稻＞籼稻＞粳稻。抽穗后易发病，虫害重、伤口多，则发病重。

病菌以菌核在稻桩和病稻秆或散落土壤中越冬。灌水耙田时，菌核漂浮于水面，插秧后附在稻株基部，萌发菌丝，从叶鞘表面直接侵入或从伤口侵入，引起叶鞘发病并侵害茎秆，在茎秆内腔形成大量菌核。本病的发生程度取决于田间菌核数量、气候条件、肥水管理、品种抗病性以及飞虱等虫害情况。田间菌核数量大，飞虱、叶蝉为害猖獗，偏施、迟施氮肥，排水不良或长期深灌，后期排水过早造成缺水干旱，高温多湿或后期高温干旱，品种感病，都会使病情加重。晚稻如遇寒露风，会加重受害。

1. 稻小球菌核病

稻小球菌核病又称稻黑色菌核秆腐病、水稻茎朽腐。病原菌无性态为半知菌亚门的小球双曲孢（*Nakataea sigmoidea*）和卷喙双曲孢（*N. irregulare*），有性态为子囊菌亚门的小球腔菌（*Helminthosporium sigmoideum*、*Leptosphaeria salvinii*、*Magnaporthe salvinii*）；菌核阶段为稻小球菌核病菌（*Sclerotium oryzae*）。

侵害稻株下部叶鞘和茎秆。最初在近水面的叶鞘上产生黑褐色小斑，逐渐向上、下和内侧扩展，形成黑色纵向的坏死线乃至黑色大斑，病斑表面生稀薄的浅灰色霉层。病鞘内侧表面常结有菌丝块。病菌由叶鞘侵入茎秆，引起的症状与叶鞘的相同。病斑继续扩展后，茎基成段变黑软腐，病部呈灰白色而腐朽。剥查病稻秆，其内腔充满菌丝或黑色的小型菌核（图1-37），容易造成植株倒伏。

图1-37 稻小球菌核病危害

a：稻小球菌核病危害状；b：稻小球菌核病危害状及菌核；c：稻小球菌核病感病植株外部菌核；d：稻小球菌核病感病植株基部症状

2. 稻小黑菌核病

病原菌无性态为半知菌亚门的卷喙双曲孢，是稻小球菌核病菌的变种。有性态为小球腔菌（*Helminthosporium sigmoideum*），菌核阶段为稻小球菌核病菌。

为害症状与稻小球菌核病相似，但叶鞘初发病时呈现的黑斑较小，扩大后没有纵向坏死线。病鞘内侧表面不形成菌丝块，茎秆上病斑的黑线也不甚明显。病斑继续扩展使茎基成段变黑软腐，病部呈灰白色或红褐色而腐朽。剥检茎秆，腔内充满灰白色菌丝和黑褐色小菌核。侵染穗颈，引起穗枯。稻小球菌核病和稻小黑菌核病的区别主要在于菌核的大小和形态，见表1-60。

表1-60 稻小球菌核病和稻小黑菌核病的区别

病名	症状	菌核直径/mm	菌核形状	菌核色泽	菌核剖面
稻小球菌核病	初期叶鞘上产生黑色小斑，之后病斑向上、下和内侧扩展，形成黑色纵向坏死线乃至黑色大斑。病斑表面生稀疏的浅灰色霉层，病鞘内侧表面常结有菌丝块。病菌由叶鞘侵入茎秆，致使茎秆基部成段变黑软腐，病部呈灰白色而腐朽（剥检病秆，其内腔充满菌丝或黑色小型菌核）	1/4	近球形	黑色、有光泽、表面光滑	可见内外两侧，外层黑褐色、内侧淡褐色

续表

病名	症状	菌核直径/mm	菌核形状	菌核色泽	菌核剖面
稻小黑菌核病	初期叶鞘上产生黑色小斑，扩大后没有纵向坏死线，病鞘内侧表面不形成菌丝块，茎秆上病斑的黑线也不甚明显，后期茎秆腔内有不规则的菌核形成	1/7	球形、椭圆形或不规则形	黑色、无光泽、表面粗糙	无内外层之别，内外两层均为橄榄褐色

3. 稻球状菌核病

病原菌为半知菌亚门的喜水小核菌（*Sclerotium hydrophilum*）。使叶鞘变黄枯死，不形成明显病斑，孕穗期发病可导致幼穗不能抽出。后期在叶鞘组织内形成球形黑色小菌核。

4. 稻褐色菌核病

病原菌为半知菌亚门的稻小核菌（*Sclerotium oryzae-sativae*）。在叶鞘上形成椭圆形病斑，边缘褐色、中央灰褐色，病斑常汇合呈云纹状大斑，浸水病斑呈污绿色。茎部受害褐变枯死，水稻植株通常不会倒伏，后期在叶鞘及茎秆腔内形成褐色小菌核。

5. 稻黑粒菌核病

病原菌为半知菌亚门的稻卷角霉（*Helicoceras oryzae*）。

6. 稻灰色菌核病

病原菌为半知菌亚门的灰色小核菌（*Sclerotium fumigatum*）。叶鞘受害形成淡红褐色小斑，在剑叶叶鞘上形成长斑，一般不致水稻倒伏，后期在病斑表面和内部形成灰褐色小粒状菌核。

7. 稻赤色菌核病

病原菌为半知菌亚门的立枯丝核菌（*Rhizoctonia oryzae*）。

8. 稻褐色小粒菌核病

病原菌为半知菌亚门的稻生小核菌（*Sclerotium orizicola*）。

上述 8 种菌核病中，以稻小球菌核病菌和稻小黑菌核病菌引起的水稻菌核秆腐病发生较多、较重，是水稻菌核秆腐病的主要病原菌。

三、病原学

（一）病原形态特征

1. 稻小球菌核病菌

稻小球菌核病菌有两个种，小球双曲孢和卷喙双曲孢，形态特征的比较见表 1-61，常在一块田里同时发生。1936 年 Hare 创立双曲孢属（*Nakataea*），将其分别命名为 *N. sigmoidea* 和 *N. irregulare*（魏景超，1957；Ou，1985；方中达，1996）。分生孢子梗深褐色，不分枝，上生新月形分生孢子，大小为 41.0～63.0μm×11.0～15.0μm、有隔膜 0～4 个，多为 3 个，中央两个细胞暗褐色，两端细胞色淡。菌核球形，直径约为 0.25mm，菌核有内外两层，外层黑色，内层淡褐色。

2. 稻小黑菌核病菌

稻小黑菌核病菌分生孢子梗在病组织或浮于水面的菌核上形成，单生或数枝簇生。分生孢子纺锤形、弯或呈 "S" 形、具隔膜 3 或 4 个，大小为 50.0～74.0μm×8.0～12.0μm，顶细胞上生卷须状长丝。菌核深橄榄色，球形、椭圆形或不规则形，表面粗糙，无光泽，黑色，直径约为0.15mm。

表1-61　稻小球菌核病菌的主要病原及其形态学特征（吴海燕等，2004）

双曲孢 (*Nakataea* spp.)	菌丝阶段		色素	分生孢子阶段		菌核
	菌丝	附着胞		分生孢子梗	分生孢子	
小球双曲孢 (*N. sigmoidea*)	白色至橄榄色，有隔，分枝繁茂，直径2～5μm，在培养基中气生菌丝较多，初白色，后在培养基表面转为灰色至黑色，在寄主茎秆中白色，外面橄榄色	在茎秆中形成无数不规则橄榄色的附着胞，大小为14～15μm×18～24μm	在培养基上产生一种黄、橙或红的色素	分生孢子梗稀疏、分枝、直立、橄榄色，具8～10个隔膜，大小为48～196μm×4～6μm	梭形，向一方或作"S"形弯曲，有3个隔膜，中间两个细胞较大、色深、暗橄色，两端细胞小、圆锥形、渐尖，大小为41～63μm×11～15μm	圆球形或近圆形，成熟时黑色，表面光滑，有光泽，直径为0.25mm，剖视菌核内外两层，外层黑褐色、内层淡褐色，大多在培养基或植株组织的表面
卷喙双曲孢 (*N. irregulare*)	白色至橄榄色，有隔，很多分枝，直径2～5μm，在培养基中气生菌丝稀疏，内生菌丝暗黑色，在寄主上菌丝稀少	有时产生无数附着胞	不产生色素	分生孢子梗单生或数根丛生，橄榄褐色或暗褐色，具数个隔膜，顶端色较淡，偶有分枝，大小为12～20μm×4μm	在叶鞘上形成的分生孢子与前者相似，但从菌核上形成的分生孢子具3或4个隔膜，孢子大小为50～74μm×8～12μm，顶细胞生卷须状长丝，大小为25～100μm×2μm	黑色球形至不定形。表面粗糙，无光泽，较小，d=1/7mm，剖视菌核无内外层之别，全为黑褐色，多数埋存在培养基或植株组织中

3. 褐色菌核病菌

褐色菌核病菌菌核在茎秆、叶鞘的空隙内、叶鞘组织内或偶在叶鞘外形成，数量较少，球形、卵圆形或圆柱形，表面粗糙，可相互联结，先呈白色，渐变深褐色，大小为0.3mm×2.0mm。剖视内部，切面为淡褐色，无内外层之分。

4. 球状菌核病菌

球状菌核病菌菌核球形，褐至黑色，比稻小球菌核病菌菌核大，大小为0.25mm×0.68mm，分内外两层，生于叶鞘组织内，但较少。

5. 黑粒菌核病菌

黑粒菌核病菌菌核鼠粪状，黑色，大小为0.14～0.24mm×0.06～0.14mm，生于叶鞘组织内。

6. 灰色菌核病菌

灰色菌核病菌菌核球形至椭圆形，灰色或灰褐色，大小为0.3mm×1.5mm，生于叶鞘表面。

7. 赤色菌核病菌

赤色菌核病菌菌核极少，短圆柱形、扁圆形或椭圆形，淡红色，大小为0.4mm×1.0mm，生于叶鞘组织内或叶鞘间。

8. 褐色小粒菌核病菌

褐色小粒菌核病菌菌核球形或不规则形，深红褐色，大小为0.07mm×0.10mm，生于叶鞘组织内。

由于稻小球菌核病菌和稻小黑菌核病菌是引起水稻菌核秆腐病的最主要病原菌，研究较多、较深入的是稻小球菌核病菌，其他菌核菌研究较少或很少研究，下文内容以稻小球菌核病菌为例进行论述。

（二）病原的生物学特性

在水琼脂培养基中，稻小球菌核病菌菌丝生长缓慢，分枝稀少；产生多个分生孢子梗，分生孢子梗粗大、长达200μm、粗4～6μm、不分枝或少分枝、褐色、光滑；产孢细胞多芽生、合轴式延伸，孢痕齿突状、齿突薄壁、圆柱状，为分离细胞断裂后残留在梗上的部分；分生孢子单生，借分离细胞的断裂而脱落，弯镰形，常作"S"形弯曲，具3个隔膜，中部两个细胞淡褐色至褐色，两端细胞无色或淡褐色、渐尖、大小为40～83μm×11～14μm。

1. 温度

稻小球菌核病菌在10～35℃时均能生长，菌丝生长的最低、最适和最高温度分别为10～15℃、27.5～30℃和35℃；5℃时不能生长，35℃时生长得很慢，菌丝致密，菌落呈黑色。分生孢子在16～38℃下萌发，最适28℃。附着胞形成于10～14℃，最适25℃。附着胞和侵染垫形成的最适温度为24～28℃，菌核的形成与菌丝的生长呈正相关。菌丝、菌核致死温度分别为50℃（10min），60℃（10min）（吴海燕等，2001a，2004）。

2. pH

稻小球菌核病菌的菌丝在pH 2.4～12.85均能生长，最适pH 4.50～5.50。在偏酸性条件下比碱性条件下菌丝生长快，酸性条件下在菌落边缘形成菌核，而在碱性条件下易在菌落中央形成菌核。pH 9.16时形成的菌核最多；pH 7.5时菌丝生长不均；pH 12.01时有较多的气生菌丝；pH 10.35～11.34时形成的菌核较大，菌丝致密。分生孢子萌发的pH为3.5～8.0，最适pH为5（吴海燕等，2001a，2002）。

稻小球菌核病菌菌丝生长的最佳条件是在PDA培养基上，30℃、pH 5.5、黑暗培养3d，菌丝菌落可达80mm；最佳碳源和氮源分别为葡萄糖与蛋白胨，最适合菌核萌发的碳源和氮源分别为半乳糖、$NH_4H_2PO_4$和NH_4Cl。在25℃、pH 5.5、黑暗条件下萌发率达85%。菌丝致死温度为56℃（10min），菌核致死温度为61℃（10min）（刘志恒等，2012）。

3. 碳源和氮源

稻小球菌核病菌能利用包括铵态氮、硝态氮、天冬氨酸、谷氨酸及其他氨基酸在内的有机和无机氮素。麦芽糖和可溶性淀粉是最好的碳源，不能利用醇类和有机酸；对混合碳源的利用表现出加成作用、协同作用和抑制作用。菌核的形成往往和菌丝体的生长呈正相关，且受碳素、氮素和其他营养条件的影响，向培养基中添加稻株煎汁可使病菌产生菌核。

（三）寄主范围

除了为害水稻，稻小球菌核病菌在自然条件下可为害光头稗（芒稷）（*Echinochloa colona*）及菰（*Zizania latifolia*），人工接种可侵染沿阶草（麦冬、麦门冬）（*Ophiopogon bodinieri*）、水蒿（蒌蒿、芦蒿）（*Artemisia selengensis*）、莎草（香附子、雷公头、三棱草、香头草）（*Cyperus rotundus*）、毛毡草（毛将军）（*Blumea hieracifolia*）、大麦（*Hordeum vulgare*）、小麦（*Triticum aestivum*）、野燕麦（*Avena fatua*）、糠稷（红顶草）（*Panicum bisulcatum*）、普通野生稻（鬼禾）（*Oryza rufipogon*）等；稻小黑菌核病菌在自然条件下为害莎草科植物菌，人工接种可侵染莎草科的水蒿、球柱草（旗茅，*Bulbostylis barbata*），以及禾本科的剪股颖（*Agrostis matsumurae*）、看麦娘（*Alopecurus aequalis*）、大麦、小麦等（魏景超，1957）。人工创伤接种，发现蟋蟀草（牛筋草）（*Eleusine indica*）、千金子（*Leptochloa chinensis*）和狗尾草（*Setaria viridis*）也能被稻小球菌核病菌和稻小黑菌核病菌侵染。

（四）侵染循环

稻小球菌核病菌主要以菌核在感病稻桩、稻草内越冬，尤以稻桩内为多。菌核随着遗留田间的病组织腐烂而落入土中，当灌水整田时漂浮于水面，环境适宜时萌发产生菌丝进行侵染。在病斑或菌核表面生成分生孢子进行再侵染，后期又在叶鞘、茎秆组织内或茎秆空腔中形成菌核。病菌除了经叶鞘表面直接侵入，还可由叶鞘的虫伤口和收获后的稻桩伤口侵入。病株与健株接触时，可以通过病部菌丝进行再侵染。单粒菌核即可侵入发病，并可进行多次萌发和再侵染。分生孢子可借气流或叶蝉、飞虱携带进行短距离传播，但田间分生孢子极少形成。稻小球菌核病的发生程度主要取决于田间菌核的数量，水稻品种和生育期的抗病性也有一定作用。由于病原菌为弱寄生菌，本病发生为害的严重程度主要取决于导致水稻后期生长衰弱的因素，诸如不适宜的气象条件、不良的肥水管理和虫害等。

在黑龙江稻区，病原物在病株残体或土壤中越冬，翌年春季菌核浮于水面，插秧后菌核附着在水稻叶鞘上。日平均气温稳定在20℃时，菌核萌发形成菌丝并侵入叶鞘组织中，出现小米粒并有纵向坏死线的黄褐色小病斑。当日平均气温稳定在23℃时，病斑发展成黑色块状，病斑上产生大量分生孢子，借风、水流、昆虫近距离传播。白色菌丝织成小白点，聚集菌丝形成成熟的黑色菌核，留在病残体中或散落在土壤中越冬。病菌远距离传播主要由带病稻种资源的交流而传播。

四、病害发病条件

（一）菌核数量

水稻菌核秆腐病的发生程度主要取决于田间菌核的数量，菌核数量多则发病率高。新垦田或旱地改水田则不发病或发病轻。连续多年种植同一感病品种的田块，发病率高；种植水稻时间长的老稻区，稻小球菌核病发生较重；感病品种与杂交水稻轮换种植的田块，田间发病轻。

（二）寄主抗性

水稻品种间抗性有一定差异。杂交稻对稻小球菌核病的抗性较强，早熟品种比晚熟品种更感病。高秆品种较矮秆品种抗病，生育期短的品种较生育期长的品种抗病，糯稻较籼稻抗病，籼稻比粳稻抗病，单季晚稻较早稻重。抽穗后易发病，虫害重、伤口多发病重。同一品种在不同生育期的发病程度也有差异，从分蘖期开始发病，孕穗后至抽穗前病情逐渐加重，抽穗至乳熟期发展最快。在正常条件下，容易倒伏的品种抗病性较差。

水稻品种对菌核秆腐病的抗性与稻株的过氧化物酶（POD）、多酚氧化酶（PPO）、过氧化氢酶（CAT）及苯丙氨酸解氨酶（PAL）的活性相关。不论是接种还是未接种对照，抗病品种中POD活性比感病品种高；抗、感品种接种前后PPO活性差异不大，但接种后抗病品种的活性提高较快（接种后第4天达到高峰值），感病品种较慢（接种后第8天达到高峰值）；接种前抗、感病品种CAT活性差异不大，接种后抗病品种较快（2d）达到高峰值，且提高幅度较大；感病品种较慢（4d）达到高峰值，且提高幅度较小。抗病品种和感病品种PAL活性差异不大，但抗性品种增加幅度大于感病品种（吴海燕等，2001b）。水稻抗、感病品种茎基部接种稻小球菌核病菌后，PPO活性呈先上升后下降的趋势，抗病品种在接种后第2天PPO活性便达到峰值，其峰值是接菌前的2.53倍；而感病品种在感病后第3天PPO活性达到高峰，其峰值是接菌前的2.26倍（尹德明等，2003）。

（三）肥水管理

氮肥施用过多、过迟，水稻后期贪青徒长，造成倒伏则发病重。缺乏有机肥和磷钾肥，后期脱肥早衰，病害亦发生较重。增施钾肥能提高稻株抗性，这可能是由于钾提高了植株的机械抗性或生理抗性，限制了病菌在植株体内的定植生长。硅酸可降低病害的严重度，施硅使可溶性氮降低，而碳水化合物与可溶性氮比例的提高可能增强了稻株的抗病性。

1. 施肥方式

尿素施用量与菌核病发生、为害直接相关。施尿素 300kg/hm² 的稻株因菌核病死亡 43%，施尿素 230kg/hm² 的稻株因菌核病死亡 31.7%，施尿素 200kg/hm² 的稻株因菌核病死亡 29.5%。如果齐穗期断水，施用 230kg/hm² 尿素，田间稻株因菌核病死亡高达 52.79%～98%。

2. 水分管理

长期深灌、漫灌或排水不良的稻田，后期受旱或脱水过早的稻田，发病重；而浅水勤灌、适时晒田、后期灌跑马水以保持土壤湿润的稻田，则发病轻。若中期晒田过重，造成断根伤根，导致后期稻株早衰，则发病亦重。低洼地长期滞水，缺少磷肥或过多施用氮肥都易感病。

（四）气象因素

温湿度、光照等气候因素对该病的发生影响较大。雨日多、日照少、高温高湿有利于该病的发生流行。

长江流域一带在 5～6 月及 9～10 月，如降雨多，湿度大，则往往发病严重。广东多点试验，在水稻抽穗及成熟过程中，如遇低温（25℃以下），病害严重度急剧上升，这种气候持续的时间越长则发病越重。此外，强台风或飞虱危害重的稻田，稻株受创伤（虫伤）易倒伏，加剧病害的蔓延危害。

高温高湿气候有利于稻小球菌核病的发生、流行。据多年观察、调查，在江西滨湖地区 5 月中旬至 7 月上旬及 8 月下旬至 10 月，如遇大风及强降雨天气，雨日多、日照少、湿度大，稻小球菌核病易暴发。一旦天气转晴后，田间会迅速出现枯株、枯丛现象，严重田块甚至会出现大块青枯、枯黄现象。

由于稻小球菌核病菌菌丝生长温度为 10～35℃，最适温度为 28～30℃，7 月上旬是发病始期，7 月中旬是发病盛期，主要在基部叶鞘上产生病斑。据观察，某地 1998 年 7 月 13～19 日连续 7d 最高气温超过 28℃，导致发病率偏高；9 月是菌核形成高峰期，1998 年 9 月平均最高气温达 26.3℃，导致发病严重，且造成倒伏。2001～2004 年 7 月超过 28℃的高温时断时续，不能满足菌丝快速生长的需要，且 9 月平均最高气温分别为 21.1℃、21.7℃、21.6℃和 23.4℃，发病率较低。

五、病害防治

（一）减少越冬菌源

水稻菌核秆腐病主要初侵染源为残留稻田的带菌稻桩、稻草，越接近稻秆基部菌核的数量越多。齐泥割稻或结合治螟捣毁稻桩（烧毁或翻耕深埋），可以减少田间残留的菌核。病草在收割后及早处理，或高温沤制，减少下季稻作的菌源，或使用有壁犁耕翻，使大部分菌核翻入深层土中，翻耕时捞出漂浮在田中及四周，尤其是下风口的残渣，减少田间菌核。

（二）选择抗病品种

目前已报道的抗病品种有甬优系列、龙粳 46、龙粳 8 号、绥稻 3 号、绥粳 3 号、绥粳 4 号、绥 15、绥粳 18、空育 131、垦稻 8 号和龙盾 95620 等。应用抗病、抗倒伏品种，水稻生长过程中应尽量做到湿润灌溉，不仅能提高稻株的抗性，还可减少病菌传播机会。

（三）农业措施

多施有机肥，增施磷钾肥。注意氮、磷、钾三要素配合使用，防止氮肥追施过迟、过多或集中施用。加强水分管理，浅水勤灌，适时晒田，后期灌跑马水，防止断水过早。

（四）药剂防治

用稻瘟净、菌核利、涕必灵、克瘟散、富士 1 号、甲基硫菌灵（甲基托布津）、乙烯菌核利（农利灵）、速克灵（腐霉剂）、菌核净、井冈霉素、多菌灵+硫黄胶悬剂、百菌清胶悬剂等药剂进行田间防治，在始穗期喷药 1 次，7d 后再施药 1 次；或孕穗末期开始喷药 3 次（每隔 6d 喷 1 次）。亩用药液量 45～50kg，用粗雾施于稻株基部（吴海燕等，2004）。

啶酰菌胺、丁香菌酯、醚菌酯、噁霉灵 4 种杀菌剂对水稻菌核秆腐病菌具有极好的抑菌效果。啶酰菌胺与丁香菌酯按 5∶1 质量比混合，其 EC_{50} 为 0.000 12mg/L，增效系数达 6.28，药剂混合后增效作用显著。36% 啶酰菌胺·丁香菌酯可湿性粉剂在 200g(a.i.[①])/hm^2 剂量下对水稻菌核秆腐病防效较好，可作为田间防治水稻菌核秆腐病的有效药剂。

第七节　水稻胡麻叶斑病

一、病害发生与为害

（一）病害发生

由稻平脐蠕孢菌（*Bipolaris oryzae*）侵染引起的水稻胡麻叶斑病（rice brown spot，RBS），又称胡麻叶枯病，在全世界所有水稻种植国家都有发生（Ou，1985；Sunder et al.，2014）。该病是热带和亚热带水稻种植区发生的毁灭性水稻病害（Savary et al.，2000；Schwanck et al.，2015），在降雨多的地区，如喜马拉雅山脉、阿萨姆邦、马拉巴尔海岸和西孟加拉邦的稻区易发生流行（Chakrabarti，2001）。1956 年，该病害在伊朗发生后（Ershad，2009），成为在该国北部水稻品种苗期和抽穗期的重要病害之一（Motlagh and Kaviani，2008）。近年在我国许多地区此病逐渐发生，有的地区甚至上升为当地水稻的主要病害，仅次于稻瘟病和纹枯病（Chakrabarti，2001；中国农业科学院植物保护研究所和中国植物保护学会，2015）。

（二）病害为害

水稻胡麻叶斑病在田间发病率为 4.28%（Chakrabarti，2001）。该病害的发生在不同的水稻生育期有所不同，水稻分蘖期发病的田块，病叶率为 22.82%～43.78%；孕穗期发病的田块，病叶率为 28.54%～86.23%。

水稻胡麻叶斑病引起的水稻产量损失一般为 4%～52%（Savary et al.，2000；Barnwal et al.，2013），但不同国家有所差别。在巴西，该病害的发生可造成水稻产量损失 33%～64.5%（Meneses et al.，2014）。在亚洲，水稻胡麻叶斑病的发生导致水稻减产 6%～90%。1945 年，孟加拉国曾因该病流行，造成水稻大面积失收而引起大饥荒（Padmanabhan，1973；陈洪亮，2012）。我国水稻胡麻叶斑病的发生一般导致水稻减产 10%～20%，严重时达 40%～50%（张玉江等，2009；彭陈等，2014）。2008 年，在广西南宁郊区一些田块，水稻胡麻叶斑病严重发生，几乎造成水稻绝收（笔者调查，未发表的资料）。2005～2008 年，河北省唐海县（现为曹妃甸区）的水稻上胡麻叶斑病严重发生，年发生面积达 0.87 万～1.48 万 hm^2，占全县水稻总播种面积（1.9 万 hm^2）的 45.79%～77.89%，导致稻谷损失率 2.2%～9.7%，严重地块减产 30% 以上，甚

---

① a.i. 表示喷雾防治

至超过 50%。2008 年，江苏省东海县白塔镇水稻胡麻叶斑病大暴发，部分田块发病率达 100%，受害植株达 80% 以上。

1949 年新中国成立后，随着我国水稻生产管理和施肥水平的不断提高，胡麻叶斑病发生危害减轻，成为次要病害，对该病的研究较少，研究资料比较缺乏，甚至连生物学性状等基础资料都不够全面。魏景超（1979）、文景芝和陆家云（1991）、陆家云（2001）、Motlagh 和 Kaviani（2008）仅对其病原菌进行了一些形态学上的鉴定。袁艳（1999）、杨廷策和张国仕（2005）、张玉江等（2009）、吴彩谦等（2009）主要对胡麻叶斑病发生原因、特点及防治措施进行了研究。然而近几年由于耕作方法和气候的变化，该病在我国多个稻区又开始严重发生。

二、病害症状与诊断

（一）病害症状

水稻从种子到成熟期的地上各个器官均可受到水稻胡麻叶斑病菌的侵染而发生水稻胡麻叶斑病（Dariush et al.，2020）。

1. 苗期

种子出芽即可受到病菌的侵染而发病，染病芽鞘变褐，严重者在叶鞘抽出时枯死，死苗上产生黑色霉状物（Mew and Gonzales，2002；Van Nghiep and Gaur，2004）。

2. 叶片

秧苗叶片上多为芝麻粒大小的病斑，椭圆形或近圆形，褐色至暗褐色，病斑多时秧苗枯死。成株叶片染病，初为褐色小点，逐渐扩大为椭圆斑，病斑中部灰褐色至灰白色，边缘褐色，周围有深浅不同的黄色晕圈，病健分界清晰。病斑的大小和形状常依水稻品种、气候、植株营养状况和病原菌菌系不同而有差异。例如，一些矮秆籼稻品种，其病斑比其他品种上的病斑大 3～4 倍，为绿豆粒状，椭圆形至不规则形（图 1-38）。发病重时，一片叶片上多达几十至上百个病斑，后期病斑中央呈现黄褐色或灰白色、边缘为褐色，叶片由叶尖向内干枯、浅褐色（图 1-38）。水稻胡麻叶斑病叶片的症状与稻瘟病叶瘟非常相似，易混淆。

图 1-38　胡麻叶斑病田间症状

a～c：大田叶片严重感病症状；d：大田叶片和穗子严重感病症状；e：胡麻叶斑病感病秧苗；f：胡麻叶斑病感病叶片病斑

3. 叶鞘

叶鞘病斑初椭圆形，暗褐色，边缘淡褐色，水渍状，后变为中心灰褐色的不规则大斑。

4. 穗颈、枝梗

穗颈和枝梗受害部呈暗褐色，造成穗枯，与穗颈瘟相似。

5. 谷粒

早期受害的谷粒灰黑色，病斑扩展至全谷粒，造成秕谷。后期受害的谷粒病斑小，边缘不明显。病重谷粒质脆易碎，俗称"茶米"。气候湿润时，病部长出黑色绒状霉层。

（二）胡麻叶斑病与稻瘟病的区别

1. 胡麻叶斑病

胡麻叶斑病主要在叶片上散生许多大小不等的病斑，形状多为圆形、椭圆形或不规则形，病斑中央为灰褐色至灰白色，边缘为褐色，周围有黄色晕圈，病斑的两端无坏死线（稻瘟病叶瘟有坏死线），这与稻瘟病有明显区别。在缺水缺肥的稻田，较易发生胡麻叶斑病，导致水稻生长不良。

稻株缺氮时病斑较小，缺钾时病斑较大且轮纹明显。严重发病的稻株生长变缓，分蘖少，抽穗迟。其稻穗也可染病，灌浆和结实都受到极大的危害，形成空秕粒。如遇潮湿天气，死苗上会出现黑色绒状霉层，即病菌的分生孢子。病重时叶片上病斑密布，常愈合成不规则的大斑，最后叶片干枯。受害严重的稻株生长受阻，分蘖少，抽穗迟。叶鞘受害，初期病斑呈椭圆形或长方形、暗褐色、边缘淡褐色、水渍状，后中心变为灰褐色，形成不整齐的大型病斑。

2. 稻瘟病

稻瘟病有苗瘟、叶瘟、节瘟、穗瘟（穗颈瘟、枝梗瘟、谷粒瘟）。叶瘟在秧苗 3 叶期后至穗期于叶片上发生，常见的病斑是慢性型病斑。病斑梭形，中央灰白色，边缘褐色，外围有黄色晕圈，两端有纵向褐色坏死线。感病品种在适宜发病的条件下，常发生急性型病斑，病斑近圆形至椭圆形，暗绿色，叶片正反两面都有大量的灰色霉层。这种病斑的出现是叶瘟流行的预兆，若天气转晴可转为慢性型病斑。水稻胡麻叶斑病与稻瘟病的区别见表 1-62。

表 1-62　水稻胡麻叶斑病和稻瘟病的区别

内容	稻瘟病	胡麻叶斑病
病原菌	真菌性病害，病原菌为半知菌亚门灰梨孢菌。苗期、分蘖期、穗期都可发病。叶片、穗颈、枝梗及谷粒都可染病，稻瘟病菌表现的病征为灰绿色霉	真菌性病害，病原菌为半知菌亚门稻平脐蠕孢菌。胡麻叶斑病在叶部的病斑与稻瘟病褐点型病斑相似，都呈褐色斑点，胡麻叶斑病菌表现的病征为黑色绒毛状物
叶片症状	叶部慢性型：病斑梭形或纺锤形，两端有坏死线；急性型：病斑圆形、菱形或不规则形，暗绿色，叶片正反面都有灰绿色霉层	初为褐色小点，逐渐扩大为椭圆斑，病斑中央褐色至灰白色，边缘褐色，周围有深浅不同的黄色晕圈，两端无坏死线
穗部症状	病穗颈和枝梗发病，受害部黑褐色，受害早的造成白穗，发病晚的造成秕谷，枝梗或穗轴受害造成小穗不实，谷粒染病产生褐色椭圆形或不规则病斑，可使稻谷变黑	受害部暗褐色，造成穗枯，但穗颈一般不折断；受害的谷粒灰黑色扩至全粒造成秕谷，后期受害病斑小，边缘不明显，病重谷粒质脆易碎，气候湿润时，上述病部长出黑色绒状霉层
发病因素（环境条件）	田土肥力高，特别是氮肥多、植株长势浓绿的稻田（即氮肥施得越多，稻瘟病发生越严重）	酸性土壤、砂质田，土壤缺肥（P、K、Zn）、缺水等导致稻株生长不良，长年积水、通透不良的烂泥田易发病

三、病原学

水稻胡麻叶斑病病原的无性态为平脐蠕孢属稻平脐蠕孢菌（*Bipolaris oryzae*）；有性阶段为宫部旋孢腔菌（*Cochliobolus miyabeanus*）（张玉江等，2009；陈洪亮等，2012）。

（一）病原形态特征

1. 分生孢子梗

分生孢子梗单生，2～4根丛生，不分枝，顶端呈膝状曲折，褐色或深褐色，隔膜4～16个，大小为99～345μm×4～11μm。

2. 分生孢子

分生孢子呈长椭圆形、梭形、倒棍棒状，正直或向一侧弯曲，褐色，两端渐窄、钝圆，种脐较平，有3～11个隔膜，大小为24.2～81.8μm×14.4～19.2μm，孢子两级萌发。据观察，从不同地方分离的稻平脐蠕孢菌，其形态有差异，可能是环境因素造成的（陈洪亮，2012）。

3. 菌丝

在不同培养基、不同培养条件下培养，菌丝颜色不尽相同，培养基背面颜色由淡黄色变为黑色。菌落紧贴培养基匍匐生长。当生长7d时，菌落上有明显同心轮纹，菌落表面有大量菌核生长。图1-39显示胡麻叶斑病的病原菌。

图1-39 水稻胡麻叶斑病症状和病原菌（陈洪亮等，2012）
a: 感病叶片；b: 感病谷粒；c: 病原菌在试管中生长；d: 分生孢子

（二）病原的生物学特性

菌丝生长温度为5～35℃，以25～28℃为最适，致死温度为55℃（10min）；分生孢子形成的温度为8～33℃，以30℃为最适；分生孢子萌发温度为2～40℃，以24～30℃为最适。孢子萌发需有水滴存在，相对湿度大于92%。饱和湿度下25～28℃ 4h即可侵入寄主。该菌的最佳侵染条件为温度33℃（中午），经过持续12h以上的25～30℃，保湿24h。

在12h光照/12h黑暗条件下菌丝生长最快，全光照（24h）最有利于孢子萌发。

在玉米粉琼脂培养基中菌丝生长速度最快，其次是PDA培养基。最有利于菌丝生长的碳源为蔗糖、氮源为甘氨酸，葡萄糖不利于菌丝生长；最适宜的pH为9、温度为25℃，最适产孢培养基为TWA+RS（水琼脂加稻秆或麦秆）。

分子孢子萌发的最适碳源为可溶性淀粉，蔗糖不利于孢子萌发；氮源中硝酸钾最有利于分生孢子萌发，L-半胱氨酸不利于分生孢子萌发。24h全光照、25℃、pH 9的条件非常有利于孢子萌发（陈洪亮等，2012；彭陈等，2014）。

（三）病原遗传多样性

利用12对SSR引物对来自伊朗、菲律宾和日本的288株胡麻叶斑病菌进行分析，发现这些亚洲分离菌具有遗传多样性，依据地理来源分布在3个群组（Ahmadpour et al.，2018）。研究分析110株来自泰国的胡麻叶斑病菌，发现菌株具有较高的遗传多样性，可将其划分成3个簇群。3个单倍型与簇群分析结果一致，3个单倍体中每一个簇群均共享完全相同的单体型，大部分菌（81.88%）都被划入A群。但单体型与菌株来源或对水稻的侵染力没有相关性（Chaijuckam et al.，2019）。

（四）侵染循环

胡麻叶斑病菌以菌丝在发病稻草和稻壳内越冬，或以分生孢子附着在种子和发病稻草上，成为翌年初侵染源。在干燥条件下，病组织上的分生孢子可存活2～3年，潜伏的菌丝可存活3～4年。播种后，种子上的菌丝可直接侵入幼苗，分生孢子则借风传播至水稻植株上，从表皮直接侵入或从气孔侵入。病部所产生的分生孢子可进行再侵染。

（五）寄主范围

胡麻叶斑病菌的寄主范围较广。用其菌丝悬浮液对18种植物幼苗进行喷雾接种，有10种植物发病，分别为苏丹草（*Sorghum sudanense*）、高粱（*Sorghum bicolor*）、长豆角（豇豆）（*Vigna unguiculata*）、大麦（*Hordeum vulgare*）、小麦（*Triticum aestivum*）、黄豆（大豆）（*Glycine max*）、棉花（*Gossypium* spp.）、玉米（*Zea mays*）、日本看麦娘（*Alopecurus japonicus*）、看麦娘（*Alopecurus aequalis*）。其中苏丹草、高粱发病最快、最严重，发病率均达100%，病指分别达64和56，其次是小麦，病指为27；对棉花、黄豆、长豆角的致病力弱，病指较低，分别为9、9、8（王俊伟，2013）。

四、品种抗病性

不同水稻品种间对胡麻叶斑病存在抗病差异。粳稻、糯稻比籼稻易感病，晚熟品种比早熟品种发病重。同一品种，苗期最易感病，分蘖期抗性增强，分蘖末期抗性又减弱。

（一）品种的抗性鉴定

目前有关水稻品种（资源）抗胡麻叶斑病鉴定的技术体系尚未建立。病害分级标准以及品种抗性分级标准等均未见统一规范的报道。

1. 常规抗性鉴定

王俊伟（2013）对目前江苏省种植的119个水稻品种进行了胡麻叶斑病抗性鉴定。将胡麻叶斑病菌接种在PDA培养基上，25℃黑暗条件下培养7～10d，制成分生孢子悬浮液。在水稻分蘖期采用分生孢子悬浮液喷雾接种。接种后套袋保湿24h，7d后调查胡麻叶斑病发病情况。6个品种表现为高抗（HR），占鉴定品种数量的5%；14个中抗（MR），占鉴定品种数量的11.8%；中感-感病品种（MS-S）74个，占鉴定品种数量的62.2%；高感（HS）品种25个，占鉴定品种数量的21%。总体而言，感病品种较多。

2. 毒素鉴定

凌定原等（1986）发现，以甲醇-氯仿法提取胡麻叶斑病菌毒素，以毒素配制培养基来培养水稻的愈伤组织，可获得抗胡麻叶斑病的突变体。

3. 茭白对胡麻叶斑病菌抗性鉴定

有研究者研发了一种室内离体条件下茭白抗胡麻叶斑病的简便快速抗性鉴定技术。茭白胡麻叶斑病与水稻胡麻叶斑病各方面相似，其鉴定方法可供水稻抗胡麻叶斑病鉴定参考。

1）菌株培养和接种。将胡麻叶斑病菌的菌丝块接种至 PDA 平板中央，于 28℃下培养 3～4d，当菌丝长满整个培养基表面时备用。

取不同品种（12 个）茭白分蘖期完全展开的倒 2 叶，剪取 6cm 长左右叶片段，经 75% 乙醇消毒和无菌水冲洗后，将叶片背面向上平铺在含有卡那霉素的 PDA 平板表面。取直径 5mm 带有菌丝的 PDA 琼脂块，将带有菌丝的一面紧贴叶片背轴面，置于离体叶片中间部位，每个品种重复 3 片叶片，以不贴菌丝片的叶片段为对照。将接菌平板置于 28℃恒温培养 5d 后，测量、记录病斑面积。

2）茭白离体叶片病斑面积测量及计算。将病斑面积与叶片总面积的百分率减去对照组的病斑所占百分率，计算相对病斑面积，以此衡量不同茭白品种对胡麻叶斑病菌的抗性（李芳等，2022）。

3）茭白胡麻叶斑病分级标准如下。0 级：无病斑；1 级：1～5 个斑点；3 级：6～10 个斑点；5 级：11～15 个斑点；7 级：16～20 个斑点；9 级：≥21 个斑点。

4）田间自然发病抗性调查。同时调查资源圃中 12 个相同季茭白品种对胡麻叶斑病的抗性。分别观察茭白植株完全展开的倒 1、2、3 叶片上胡麻叶斑病病斑数量，每个品种观察茭白 20 株，进行叶片病情分级。统计病情分级数据，计算病指，以此衡量不同品种（系）茭白对胡麻叶斑病的抗性。

通过室内离体接种方法和田间自然发病抗性调查，田间茭白病害调查结果与室内的抗性鉴定结果基本一致，验证了室内茭白离体接种鉴定方法的可行性和可靠性。

采用胡麻叶斑病菌毒素培养的水稻愈伤组织进行抗性鉴定、茭白胡麻叶斑病叶片离体人工接种鉴定都是简单、快速、高效的鉴定方法，值得借鉴。

（二）品种抗性

水稻不同品种对胡麻叶斑病的抗性差异较大，感病品种的病指最高可达 71，而抗病品种的病指只有 3。抗胡麻叶斑病的粳稻品种有淮稻 10 号、华粳 340010、连粳 4 号、连粳 6 号、嘉花 1 号、华粳 6 号。华粳 3 号、盐稻 8 号、武育粳 18 号、武育粳 16 号、镇稻 79、水晶 3 号、南粳 44、武育粳 3 号、Koshikaro、日本晴、IR26/武运粳 7 号、镇稻 11、台湾 5、台湾 6、PE、秀水 123、嘉 09-34、H137、AC418、超早丽团黑谷、优质越光、秀水 134、Co39、丽江新团黑谷、越光等高感胡麻叶斑病。

在国外，有研究发现塔杜康（Tadukan）和特特普（Tetep）对胡麻叶斑病具有数量抗性（Sato et al.，2008，2015；Barnwal et al.，2013；Mizobuchi et al.，2016；Pantha et al.，2017）。在灌溉和水分胁迫条件下，于秧田期评价 95 个水稻品种对胡麻叶斑病的抗性，发现 Tetep、Usen、IR50、IR64 表现为抗和中抗，而 IR36 则表现为感病（Satija et al.，2005；Banu et al.，2008）。2017～2018 年，在水分胁迫（干旱）和灌溉条件下，Dariush 等在秧苗期评价了 95 个不同水稻品种对胡麻叶斑病的抗性，有 13 个品种（13.68%），如 Gharib-SiyahReihani、Ghashangeh、Gerdeh、Shahpasand、Neda、SangeTarom、Hasani、Dasht、Gohar、Kanto 51、Khazar、Koohsar 和 Mohammadi-Chaparsar，在两种处理条件下均显示出苗期抗胡麻叶斑病，相应的病级为 1.67～2.33；这些品种可推荐为今后防控胡麻叶斑病的栽培品种，或作为培育抗病品种（系）的育种材料应用。42 个品种（44.21%）表现为中抗（MR），病级为 3.00～3.33；40 个品种（42.11%）表现为中感（MS），病级为 4.00～5.67（Dariush et al.，2020）。在日本，首次采用分子标记辅助育种的方式开展了选育抗胡麻叶斑病的水稻品种（Matsumoto et al.，2021）。目前国内尚未见有关抗胡麻叶斑病育种的报道。

五、病害发生条件

（一）寄主抗性

水稻品种间对胡麻叶斑病的抗性存在明显差异。种植抗病品种（组合）发病轻，相反，种植感病品种发病重。当然，种植抗病或感病品种是否发生胡麻叶斑病或发生轻重还与栽培条件、肥水管理有密切关系。

（二）土壤肥力

在低pH、低钾（K₂O）以及基本元素和微量元素缺乏的土壤中胡麻叶斑病通常发生较重（Chakrabarti，2001）。缺肥或贫瘠、缺钾肥、酸性或沙质土壤，缺肥漏水严重的地块，缺水或长期积水的地块，水稻胡麻叶斑病发生重。缺乏钾肥、植株生长不良、抗病力降低等是导致水稻胡麻叶斑病严重发生流行的主要原因。通常认为水稻胡麻叶斑病主要是由于土壤贫瘠、长期高温干旱或缺钾，通过施肥、补硅钾等栽培措施即可达到防控效果（Ou，1985；杨廷策和张国仕，2005；张玉江等，2009；吴彩谦等，2009）。

（三）气候因素

高温高湿有利于水稻胡麻叶斑病的发生、流行和危害。

1. 温度

干旱频繁发生时胡麻叶斑病变得越严重（Barnwal et al.，2013）。胡麻叶斑病发生的温度相对较高，而全球气候变暖使胡麻叶斑病造成的危害水平上升。水稻生长中后期持续高温，特别是夜温持续较高，胡麻叶斑病出现快速上升趋势。水稻灌浆初期，遭遇低温冷害、叶片受冻或早衰，则水稻胡麻叶斑病会普遍发生。

2. 降雨量

在水稻易感病生育期如遇降雨多、湿度大、连续阴雨天气，则有利于胡麻叶斑病的发生。

（四）施肥管理

胡麻叶斑病的发生与氮肥、磷肥的施用量有密切关系。后期稻株缺肥早衰是水稻胡麻叶斑病重发的原因之一。氮肥在水稻生育前期施用量过多，施肥过多、过勤，穗肥比例太小，会加重病害的发生。磷肥越少，水稻越不易发生胡麻叶斑病；相反，磷肥过量，则易发生病害。硅的含量越高，对胡麻叶斑病抗性越强，病指越低（王俊伟，2013）。

（五）菌源量

初次侵染具有充足的菌源，气候条件适宜条件下，将导致病害大面积大发生（杨廷策和张国仕，2005）。水稻胡麻叶斑病病菌越冬以菌丝体的形式在发病稻草和稻壳内，或以分生孢子的形式附着在种子和发病稻草上，成为翌年初侵染源。水稻胡麻叶斑病在水稻整个生长时期均可发病，以叶片受害为主（冯思琪和张亚玲，2018）。

六、病害防治

水稻胡麻叶斑病的防治应以预防为主、综合防治为原则，尽可能地避免病害大发生流行。

（一）选用抗病品种

不同水稻品种对胡麻叶斑病的抗性有明显差异。北方东港地区适合种植的抗病品种有丹粳 11、港育 129、港源 8 号等，长江中下游稻区可选用淮稻 10 号、华粳 340010、连粳 4 号、连粳 6 号、嘉花 1 号、华粳 6 号。

（二）提高耕地质量

土壤深耕灭茬，既可提高土壤养分供给能力和通透性，又可压低菌源。上茬病稻草要及时处理，可沤肥或烧毁，减少翌年初侵染源。适时深耕是改良土壤的重要手段之一，能疏松土壤，改善耕作层的物理性状，有利于稻株根系发育，增强其吸水吸肥的能力，提高抗病性。

（三）播前种子处理

在选用抗病品种的前提下，播种前先晒种 1～3d，可促进种子发芽，再用风、筛、簸、泥水、盐水选种，用专用药剂浸种消毒，最后用三氯异氰尿酸浸种拌种，完成种子消毒处理。也可用 50% 多菌灵可湿性粉剂 500 倍液或 50% 福美双可湿性粉剂 500 倍液浸种 48h，浸后捞出，催芽、播种。

（四）精心培育壮秧

精细做秧床，秧田增施有机肥，用壮秧剂调酸；播种前对种子进行晾晒，适量播种；抓好秧田管理、合理追肥，培育壮秧。健壮的秧苗插秧后返青快，生长旺盛，对不良环境抵抗力强，能有效避免胡麻叶斑病的发生。

（五）加强肥水管理

1. 科学施肥

进行氮、磷、钾、微量元素配方施肥，氮肥施用应遵循"前重、中补、后巧"的原则。要适当增施磷钾肥，钾肥可提高植株抗病力，减缓植株后期早衰，尤其是缺钾田块要增施钾肥。对砂土地应增施有机肥，用腐熟堆肥作基肥，提高其保水供肥能力。高氮高钾相结合有助于促进水稻植株的生长发育，同时降低水稻胡麻叶斑病的发病率（Carvalho et al.，2010）。酸性土壤要注意排水，用碳酸氢铵或石灰作底肥，促进有机物的分解，可改变土壤酸度。

硅肥可以明显抑制胡麻叶斑病病斑的扩展（Carvalho et al.，2010）。不同水稻品种的根从土壤中吸收硅的能力不同，水稻叶片硅含量越高，对胡麻叶斑病的抗性越强（王俊伟，2013；Ning et al.，2014）。同一品种新叶中硅的含量普遍高于老叶硅含量，新叶硅含量和老叶硅含量与病指均呈极显著负相关。说明水稻植株中硅含量越高，抗病性越强。叶面上喷施硅肥可降低发病严重性，根部施用硅肥对胡麻叶斑病的控制效果更好（Rezende et al.，2009）。

2. 科学管水

薄水插秧，浅水分蘖，孕穗期浅水勤灌，齐穗后干湿交替，后期不宜过早断水。通过调节灌水来实现养根，减少土壤盐碱累积，改变土壤酸度。既要避免稻田深水灌溉和长期积水，又要防止水稻中后期断水过早而受旱，对胡麻叶斑病的发生可以起到较好的预防效果。

（六）药剂防治

水稻胡麻叶斑病症状与稻瘟病叶瘟十分相似，在病害化学防治的药剂上也有相同之处。在生产实际中稻农误将水稻胡麻叶斑病当成水稻稻瘟病防治，或将稻瘟病当成胡麻叶斑病的情况较为普遍。

在秧田和本田出现发病株时即喷药防治，可用 75% 三环唑可湿性粉剂，或 50% 多菌灵可湿性粉剂，或 40% 稻瘟灵乳油，或 25% 咪鲜胺乳油，或 40% 异稻瘟净乳油，或 40% 克瘟散乳剂，或 40% 灭病威胶悬剂，兑水均匀喷雾，都能达到较好的治疗效果。最近试验筛选到 70% 丙森锌可湿性粉剂 945~1575g/hm^2 对水稻胡麻叶斑病的预防效果达 72.00%；325g/L 苯甲·嘧菌酯悬浮剂用量 195~292.5g/hm^2 的治疗效果在 74.00% 以上，可作为水稻胡麻叶斑病应急防控的首选药剂，两者作用机制不同，建议轮换使用（冯爱卿等，2022）。在水稻分蘖封行后用 70% 丙森锌（安泰生）可湿性粉剂 75~100g/亩兑水 60kg 喷雾，可有效防治水稻纹枯病和胡麻叶斑病，并且对水稻的促生效果非常明显。在水稻孕穗期喷施 70% 丙森锌可湿性粉剂、齐穗期喷施 325g/L 苯甲·嘧菌酯悬浮剂，对水稻胡麻叶斑病和谷穗病害的防治效果分别达 94.6% 和 92.8%，增产率达 22.05%；只在孕穗期喷施 1 次 70% 丙森锌可湿性粉剂或 325g/L 苯甲·嘧菌酯悬浮剂，对胡麻叶斑病和谷穗病害的防治效果分别为 89.1% 和 79.1%，增产率达 15.55%。70% 丙森锌在穗期使用还对水稻具有延迟叶片褪绿、增亮谷粒色泽、提高稻谷产量的作用。

Shabana 等（2008）发现，在大田喷雾 20mmol/L 苯甲酸能显著减轻水稻叶片胡麻叶斑病的严重性，同时能提高产量。

植物源杀菌剂在农田中易降解，不污染环境，展现出较好的潜在应用前景。据报道，印度苦楝树叶中的提取物对水稻胡麻叶斑病菌具有很好的抑菌作用（Amadioha，2002）。温室试验发现，用苦楝树提取物喷洒感染胡麻叶斑病的稻株可显著降低水稻胡麻叶斑病的发病率。在水稻胡麻叶斑病发病初期，连续喷洒苦楝树提取物 2 次，对胡麻叶斑病的田间防效可达 70%，增产 23%（Ahmed et al.，2002；Harish et al.，2008）。柠檬草、红千层的提取物对胡麻叶斑病菌具有抑菌效果，对水稻种子发芽和增产都有很好的促进作用；田间喷施两种含有印度楝树提取物和夹竹桃叶提取物的水稻植株，分别使胡麻叶斑病发生的严重性降低 70% 和 53%，产量增加 23% 和 18%（Nguefack et al.，2013）。在离体条件下，黄连素（小檗碱）表现出对胡麻叶斑病菌的拮抗活性，对病害的防效达 60%~70%（Kokkrua et al.，2020）。因此，也可以用植物提取物对水稻胡麻叶斑病进行防治。

第八节 水稻稻粒黑粉病

一、病害发生与为害

（一）病害发生

水稻稻粒黑粉病（rice kernel smut）又称粒黑穗病、粒黑粉病，俗称墨黑穗病、乌米谷、乌籽，是一种水稻真菌性谷粒病害。1896 年发现于日本，现已广泛分布于亚洲、非洲、大洋洲、欧洲和美国等地区（Tsuda et al.，2006）。我国早在 1931 年就有该病害的记载，现已遍及全国各个稻区，以长江流域及其以南水稻种植区为主（黄富，1992；邓根生等，1999a）。

（二）病害为害

稻粒黑粉病在水稻制种田的发生尤其严重。稻粒黑粉病是由病菌通过花器入侵而引起的穗部病害（吕金超和李会荣，1955），仅危害水稻穗部谷粒，在稻穗上形成一粒或多粒病粒。很长一段时间被认为对水稻产量不构成影响，所以未给予足够的重视（Singh and Pavgi，1973；欧世璜，1981）。我国自 20 世纪 70 年代大面积推广种植杂交水稻以来，稻粒黑粉病的发生日趋严重。杂交水稻种子繁育为达到制种高产，在选择不育系时以柱头外露率高、开颖时间长、角度大等性状为指标，这些特征均有利于病原菌入侵花器，成为限制杂交稻繁育种子的重要因素（陈胜军等，2011）。

据报道，重病田稻粒黑粉病病穗率为 70%～80%，病粒率达 20% 以上（汪金莲等，1995）。一般造成减产 5%～20%，重者达 50% 以上。在我国杂交稻繁育制种的不育系上，病穗率为 30%～100%，病粒率为 5%～20%，重者达 50% 以上，产量损失为 5%～8%（黄富等，1998；Wang et al.，2015）。

二、病害症状与诊断

稻粒黑粉病主要发生在水稻扬花-乳熟期，在近黄熟期时才有较明显的症状。仅个别小穗受害，每穗受害 1 粒至数粒，严重时 10 多粒甚至数十粒。病粒呈污绿色或污黄色，其内有黑粉状物，成熟时谷粒腹部裂开，露出黑粉，病粒的内外颖之间具一黑色舌状凸起，湿度大时常有黑色液体（孢子粉）渗出，污染谷粒外表。剥开病粒可见种子内局部或全部变成黑粉状物，即病原菌的厚垣孢子。谷粒不变色，在外颖背线近护颖处开裂，伸出绛红色或白色舌状物（病粒的胚及胚乳部分），常黏附有散出的黑色粉末；或在内外颖间开裂，露出圆锥形黑色角状物，破裂后散出黑色粉末，黏附于开裂部位；或内外颖间不开裂，籽粒不充实，与青粒相似，有的变为焦黄色，手捏有松软感，用水浸泡病粒，谷粒变黑。病粒外表污绿色或污黄色，可隐约见到内部的黑色物。仅局部受害的病粒，若种胚尚好，仍可萌发，但萌发的幼苗细弱。在一个稻穗上，下半部的谷粒发病多于上半部谷粒（图 1-40）。

图 1-40　稻粒黑粉病病穗、病粒
a：稻粒黑粉病病穗；b：大田水稻感染稻粒黑粉病

三、病原学

（一）病原

国外一直将水稻稻粒黑粉病菌归为担子菌亚门黑粉菌目腥黑粉菌属（*Tilletia*），而国内多数专家将其归为齿黑粉菌属（*Neovossia*）。

1896 年日本学者 Takahashi 将水稻稻粒黑粉病菌的病原菌命名为 *Tilletia horrida*，1944 年 Padwick 和 Khan 将 *Tilletia horrida* 改名为 *Neovossia horrida*，1952 年 Tullis 和 Johnson 根据稻粒黑粉病菌与狼尾草腥黑粉菌交互接种的结果，发现前者次生小孢子能侵染狼尾草（*Pennisetum alopecuroides*）和御谷（*P. glaucum*），且与狼尾草齿黑粉菌（*Neovossia barclayana*）的形态又极为近似，将其并入狼尾草齿黑粉菌。1963 年王云章将其定名为 *Tilletia horrida*，1975 年魏景超又将其定名为 *Neovossia horrida*，1978 年俞大绂同意 Padwick 和 Khan、Tullis 和 Johnson 的意见，将其定名为 *Neovossia horrida*，1979 年戴芳澜在《中国真菌总汇》中将其定名为担子菌亚门腥黑粉菌属稻粒黑粉菌（*Tilletia horrida*）（黄富等，1998）。

（二）病原形态和生物学特性

关于稻粒黑粉病菌菌落、菌丝、厚垣（冬）孢子、次生担（小）孢子的描述，由于不同研究者研究的菌株来源不同，以及病菌在不同的环境条件下培养条件不同等，病菌的颜色、大小有一定差异。

1. 菌落

冬孢子经 5 个月的休眠期后，在充足的水分或高湿度、30℃左右以及一定光照条件下即可萌发产生无隔菌丝，大小为 5～8μm×10～300μm。菌丝顶端轮生 30～50 个线状初生小孢子，大小为 2μm×35～55μm。在 PSA 培养基上培养，菌落初为圆形，均一，乳白色，似酵母状，后随着菌落的生长，菌落周边平坦，均匀地铺在培养基的表面，中间隆起，较深的奶酪色，表面呈现革质化，产生辐射状的褶皱。

2. 厚垣孢子

厚垣孢子黑色，球形，大小为 25～32μm×23～30μm，表面密布无色至近无色齿状凸起，稍弯曲，高 2.5～4.0μm。厚垣孢子萌发时长出无色菌丝，顶端轮生很多指状凸起，担孢子集生在凸起上，多达 50～60 个，线状，稍弯曲，两端尖，无色透明，无分隔。担孢子萌芽产生菌丝或次生小孢子，香蕉状或针状。

3. 冬孢子

冬孢子即感病稻粒上的粉末，黑褐色，近球形，大小为 25～32μm×23～30μm，膜厚 1.5～2.0μm；表面密布无色或淡色的齿状凸起，网状，略弯曲，基部宽 2～3μm，高 2.5～4.0μm。不育细胞圆形至多角形或长圆形，无色或淡黄色，大小为 15μm×23μm，膜厚 1.5～2.0μm，有一短而无色的尾突。冬孢子萌发产生担（孢）子。

冬孢子抗逆能力强，在自然条件下能存活 1 年，在贮存的种子上能存活 3 年，55℃浸 10min 仍能存活。被畜禽食用后通过消化道排出，冬孢子仍可萌发。冬孢子成熟后需要经过 5～6 个月的休眠。冬孢子的萌发与外界环境条件密切相关，温度、光照、水分和 pH 对冬孢子的萌发都有直接影响。

1）温度：冬孢子萌发的温度为 14～32℃，随着温度的升高，萌发率增加；最适萌发温度为 26～28℃，在 22～32℃条件下培养 2d 即开始萌发。但当温度升高到 28℃后，随温度的升高萌发率又急剧下降。在 PSA 平板培养基上，16～36℃条件下冬孢子都能萌发，其中 28℃左右最适宜冬孢子萌发；培养 4～8d，冬孢子的萌发率迅速提高；但在培养 8～10d 时冬孢子的萌发率增势趋缓。

2）光照：光照是促进冬孢子休眠后复苏萌发的必要因素。光照与黑暗（12h/12h）交替培养的冬孢子，8d 后萌发率为 42% 左右。全黑暗条件下冬孢子不发芽。在 PSA 平板上，12h 光照/12h 黑暗培养 4d 后冬孢子开始萌发，在第 4～8 天冬孢子的萌发率迅速提高。荧光、紫外线或散射光处理均可促进冬孢子萌发。

3）水分：水分是冬孢子萌发的关键要素。冬孢子至少需要浸水 24h 才能萌发，水层厚度小于 0.5mm 较为合适；随着浸水时间延长，冬孢子的萌发率有所提高。浮在水面上的冬孢子易萌发，产生很短的直立向上的菌丝，沉在水下的冬孢子少数能萌发，离水面越远的冬孢子萌发产生的菌丝越长，且易分枝。土壤含水量为 33%～40% 时有利于冬孢子萌发。

4）pH：在 pH 为 4～10 时冬孢子均可萌发，pH 为 7 左右时萌发率最高。

此外，25～200μg/mL 赤霉素能刺激冬孢子萌发，增加无机或有机营养不能提高冬孢子萌发率。

稻田采集的稻粒黑粉病菌的冬孢子不能直接萌发，必须经过浸水才开始在休眠状态下复苏，复苏后的冬孢子在光照条件下才能萌发。即稻粒黑粉病菌冬孢子从形成到萌发，必须经历后熟、休眠和复苏 3 个阶段后，在适宜的光照与温湿度条件下方可萌发。充足水分、温度 24～28℃（最适 28℃）、光照与黑暗间隔培养 12h、pH 7 左右的条件下，最适宜冬孢子萌发（陈胜军等，2011）。

4. 担孢子

冬孢子在 PSA 培养基上产生担孢子和初生小孢子。担孢子以内壁生殖的方式重复产生，大小为

5～8μm×10～300μm。在担子顶端轮生初生担孢子，以线状紧密排列形成清晰可见的孢子堆，多达 30～50 个。初生担孢子长圆柱形，大小为 35～60μm×2μm，常弯曲，单细胞核，无隔膜，或菌丝顶端生指状凸起，担孢子集生在凸起上，多达 50～60 个，线状，稍弯曲，两端尖，无色透明，不分隔，大小为 38～55μm×1.8μm。

初生担孢子萌发直接产生两种次生小孢子：一种针状，大小为 10.0～18.5μm×1.3～2.5μm；另一种香蕉状，大小为 8.1～10.3μm×1.3～2.5μm。或初生小孢子先形成菌丝体，再在菌丝体上形成次生小孢子，次生小孢子具有强烈弹射释放能力（程开禄等，1997；陈胜军等，2011）。担孢子在 pH 5～7 的 PSA 培养基中，28℃经 15d 左右反复芽殖形成酵母状菌落，表面黏稠，初期白色，后变奶酪色，后期革质化，表面产生辐射状皱褶。

次生小孢子萌发的最适温度为 28～30℃，相对湿度为 75% 以上，以 100% 的相对湿度萌发率最高（程开禄等，1997）。担孢子不能用于人工接种或接种难成功，只有次生小孢子才能用于接种。以麸皮培养基培养冬孢子萌发产生的次生小孢子较多（图 1-41）。

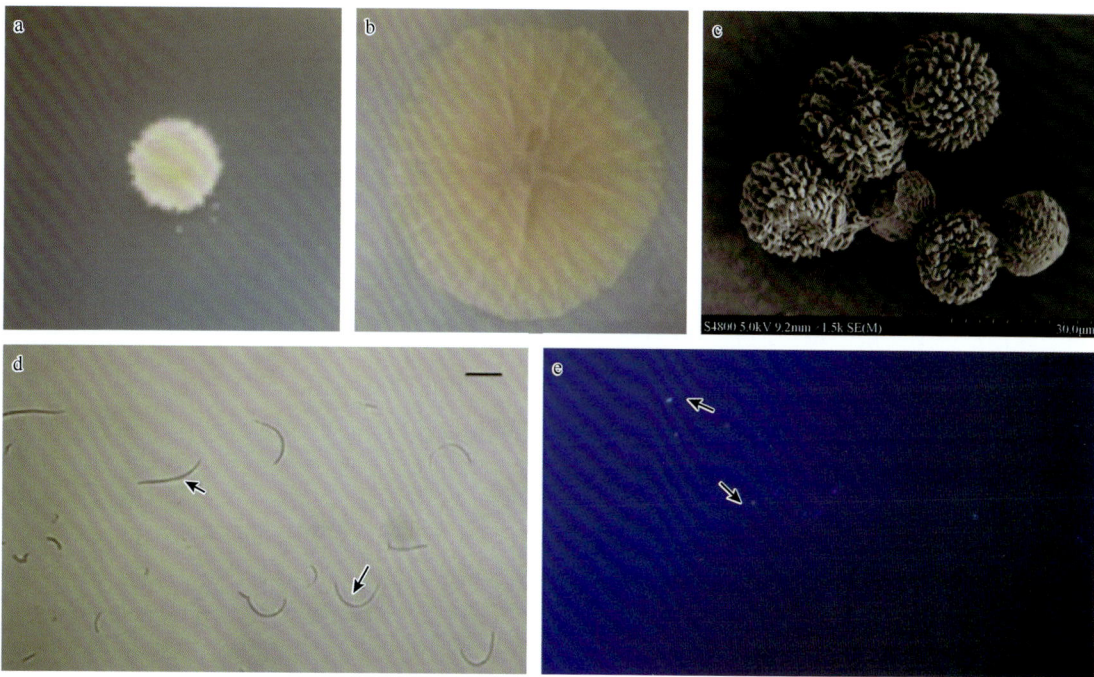

图 1-41 稻粒黑粉病菌的菌落和孢子形态（蒋钰琪等，2021）
a：生长 3d 的菌落形态；b：生长 15d 的菌落形态；c：冬孢子形态；d：次生小孢子形态；e：细胞核染色

（三）病原致病力

稻粒黑粉病菌的菌株之间致病力有差异。从安徽、湖南、江苏、贵州以及四川遂宁、新津和温江 7 个主要杂交稻繁种区采集稻粒黑粉病样本，采用冬孢子悬浮液分离法进行病原菌的分离，得到 35 株菌株。其形态无明显差异，但对水稻致病力具明显差异（王爱军等，2018）。

（四）侵染循环

1. 侵染源

稻粒黑粉病菌以冬孢子在稻田（主要是繁殖制种田）的土壤、稻株残渣、室内贮藏的种子内外越冬。仓贮的杂交稻种子病粒率可达 3%～5%，种子表面带菌率最高达 97.4%～100%，翌年 3～5 月随播种进入稻田，成为主要的初侵染菌源。此外，病菌冬孢子在水稻收、晒过程中还可进入晒场边的土壤中越冬，其中以晒场边的土壤表层冬孢子量较大，但以室内贮藏的冬孢子存活力最强，14 个月后萌发率仍达 17% 左右

（潘学贤等，1995）。稻粒黑粉病菌具有在植物体表芽殖附生的特性，其生活史中存在一个相当长的田间芽殖附生阶段。

2. 传播方式

稻粒黑粉病菌借气流传播到抽穗扬花的稻穗上，侵入花器或幼嫩的种子，在谷粒内繁殖产生厚垣孢子。

3. 侵染时期及途径

水稻不同生育期接种稻粒黑粉病菌的试验发现，扬花期接种的病粒率最高，为 59.34%，破口期、灌浆期和乳熟期均较低，依次为 3.08%、1.23% 和 0.29%，表明病菌主要在扬花期侵染。授粉前后不同时期接菌的病粒率，以授粉前一天接菌处理最高，同样证明病菌主要在开花至授粉阶段侵入。

自然套袋观察发现，稻粒黑粉病的主要侵染时期为水稻齐穗至灌浆初期，大田施药防治可在始穗后进行。人工接种结果表明，稻粒黑粉病菌冬孢子可作为侵染源；且该病菌属于局部侵染，侵染期在水稻始穗至灌浆初期（邓根生等，1996）。

从人工接菌和自然发病结果看出，制种田从母本开花到花后 14d 均能被侵染。以开花当天侵染率最高，人工接种病粒率高达 96.24%，自然发病率为 56.48%。花后 6d 内为侵染适宜期，随着时间的延长，侵染率逐渐下降，16d 后不能侵染发病（范西玉和许国，1994）。

王中康和欧阳秋（1989）发现，稻粒黑粉病菌的次生小孢子从水稻花柱侵入子房，再侵入珠心组织，菌丝体在其中生长蔓延，有的紧贴糊粉层细胞，有的穿行于糊粉层细胞间。后期侵染菌丝产生瘤状凸起，逐渐膨大为椭圆形或近球形。黄褐色幼冬孢子聚集于种皮和糊粉层之间，形成幼冬孢子堆。随着幼冬孢子的发育，冬孢子堆体积增大，球心组织细胞崩解，细胞间隙增大，消解大量胚乳，并由四周向中心挤压，最后仅剩下糊粉层位于子房中央，形如一根中柱。

研究采用稻粒黑粉病菌的次生担孢子在田间和离体条件下接种水稻不育系珍汕 97A、D90A、G46A 及 K17A，发现稻粒黑粉病菌以菌丝从柱头直接侵染，经花柱扩展到子房珠心组织，接种 8h 后在子房中发现菌丝。接种第 7 天在种皮和糊粉层之间形成了初生冬孢子，第 9 天冬孢子成熟（朱建清等，1998）。在没有授粉的条件下，稻粒黑粉病菌能入侵花器，但只在胚乳能正常发育的子房中形成冬孢子（陶家凤等，1998）。可见，水稻稻粒黑粉病菌主要在水稻的开花期由柱头入侵水稻。花期分散、张颖角度较大、柱头外露率高且活力持续时间长的水稻品种，如水稻品种矮培 64S，病害发生就较重。

4. 侵染过程

水稻稻粒黑粉病属于单循环病害，病原菌在水稻一个生长周期内只有一次侵染，生活史和侵染循环是一致的（程开禄等，1997）。

水稻稻粒黑粉病菌以冬孢子在土壤、种子内外和粪肥中越冬。翌年冬孢子萌发产生的次生小孢子在侵入之前的 2～3 个月中附生在水稻及杂草体表，以芽殖方式维持和扩大种群数量。芽殖附生的次生小孢子是田间发病的主要侵染源，到水稻扬花期经气流传播侵染颖花，从水稻花器的柱头入侵。侵入后，形成菌丝在谷粒内蔓延，破坏子房和米粒的形成。从破裂的孢子堆中散落出冬孢子在田间越冬，当翌年种植水稻时再次萌发，成为初侵染源（陈利锋和徐敬友，2001）。

四、品种抗病性

（一）水稻品种的抗性鉴定

1. 抗性鉴定方法

1）病原菌分离：选取若干病粒，用 75% 乙醇消毒 5s，再经 5% 次氯酸钠消毒 10min，无菌水漂洗 3 次。在 28℃、pH 7.0 的麸皮培养基上，光照 12h/黑暗 12h 培养 8～10d，用刀片刮下病粒上的黑色粉末——

冬孢子于无菌水中，制成冬孢子悬浮液备用。

2）接种体制备：接种体在 pH 6.5～7.0 的麸皮培养基（麸皮 50g 加 1000mL 无菌水煮沸后再煮半小时，纱布过滤，加水至 1000mL，再加入 18g 琼脂，高温高压灭菌）振荡摇菌培养 5d 后，能够产生稻粒黑粉病菌的接种体——次生小孢子，孢子浓度可达 10^6 个/mL（陈胜军等，2011）。或将稻粒黑粉病菌强毒力菌株在 PSA 培养基上培养，3d 后挑取菌落于装有 10mL 无菌蒸馏水的试管中，充分混匀，制成浓度为 10^6 个/mL 的孢子悬浮液，用于接种水稻稻穗。

3）接种方法：采用注射法进行稻粒黑粉病菌的接种试验。在水稻孕穗期（抽穗期前 5～7d），用注射器吸取 1.0mL 制备好的稻粒黑粉病菌次生小孢子悬浮液，注射到水稻的幼穗中，于黄熟期观察病情，调查单穗病粒数及千粒重。

此外，还可将上年收割的病谷粒内的黑粉（冬孢子）剥出，放入盛有少许水的培养皿中，让其萌发产生孢子。待担孢子大量产生后，再将孢子液稀释制成含担孢子 10^4 个/mL 以上的孢子悬浮液。在水稻盛花期前后，将孢子悬浮液均匀喷施到穗部；或在盛花前 40d 左右先将 500g 病谷撒施在供试材料的土表，再在盛花期间用上述孢子液沾穗部。

2. 抗病性评价

在水稻黄熟期，稻粒黑粉病病情趋于稳定时，调查病害发生情况。统计水稻品种的单穗平均病粒数、平均千粒重，并按公式（1-5）计算其产量损失。

$$产量损失（\%）=（对照千粒重-处理平均千粒重）/对照千粒重×100\% \tag{1-5}$$

水稻抗稻粒黑粉病抗性评价标准见邓根生等（1997）的文献。

3. 病害分级标准

不同学者制定的水稻稻粒黑粉病的抗性分级标准有所不同，但普遍接受以每穗病粒数进行分级，同时结合产量损失率制定分级标准。邓根生等（1997）将水稻稻粒黑粉病的分级标准分为 0～5 级：0 级，未发病，高抗；1 级，单穗 1～5 个病粒，产量损失 3% 左右，抗病；2 级，单穗 6～10 个病粒，产量损失 5% 左右，中抗；3 级，单穗 11～15 个病粒，产量损失 10% 左右，中感；4 级，单穗 16～20 个病粒，损失 20% 左右，感病；5 级，单穗 21 个以上病粒，产量损失 30% 以上，高感。经过相关性验证，认为该病情级别与实粒率及产量损失率密切相关。

黄富等（1994）制定了另一种水稻稻粒黑粉病的分级标准，见表 1-63。

表 1-63　水稻稻粒黑粉病病害分级标准

内容	病级				
	0 级	1 级	2 级	3 级	4 级
发生程度	不发病	轻	中	重	极重
考察样本数/株	0	23	10	17	24
穗病粒率/%	0	≤3.00	3.01～10.00	10.01～20.00	≥20.01
理论病穗数/个	0	≤60	60.01～85.00	85.01～95.00	≥95.01

4. 病害发生与产量损失

水稻稻粒黑粉病是杂交稻制种田的重要病害，其对产量的影响与其单穗实粒重和病粒率相关（邓根生等，1997）。稻粒黑粉病单穗病粒数与水稻产量损失的关系为 $Y=-2.645+1.320X$（$r=0.9587^{**}$）。单穗病粒数、实粒率与产量损失率的回归方程分别为 $Y_1=38.977\,14-0.8346X_1$（$r_1=-0.9287^{**}$），$Y_2=-2.645+1.320X_2$（$r_2=0.9587^{**}$）（邓根生等，1999b）。

研究发现，稻粒黑粉病的发病严重度与产量损失的关系为：0 级，未发病；1 级，产量损失 3% 左右；2 级，产量损失 5% 左右；3 级，产量损失 10% 左右；4 级，产量损失 20% 左右；5 级，产量损失 30% 以上。

病情级别与实粒率及产量损失率密切相关。水稻稻粒黑粉病病级、病粒数、实粒数及产量损失的关系见表1-64。

表1-64　水稻稻粒黑粉病病级与产量损失的关系

病级	考察株数/株	总粒数/粒	实粒数/粒	实粒率/%	总穗重/g	单穗重/g	产量损失/%
0 级	40	4 280	1 520	35.51	311.6	7.79	/
1 级	175	18 898	6 747	35.70	1 325.2	7.57	2.82
2 级	154	17 443	5 845	33.51	1 120.8	7.28	6.55
3 级	144	15 557	4 488	28.85	976.8	6.78	12.97
4 级	105	10 714	2 503	23.36	650.8	6.20	20.41
5 级	25	2 676	565	21.11	134.3	5.37	31.07

正常情况下，水稻稻粒黑粉病造成的损失率应低于病粒率。根据品种江农 IA/HR1004 和汕 A/挂 33 的病害发病率（X）与产量损失率（Y）的关系，建立的损失预测方程分别为 $Y_1=-0.1036+1.0211X_1$、$Y_2=-0.0335+1.0528X_2$。结合防治费用、产品（杂交种子）价格和防治效果，估算不同产量水平的允许损失率，并提出防治指标为病穗率 3%～5%（张祥喜等，1993）。

（二）品种抗性差异

不同水稻类型、不同品种对稻粒黑粉病的抗性差异明显。常规籼稻、粳稻、糯稻及杂交稻病粒率为 0.1%～1.0%；而杂交水稻制种田不育系发病率达 10%～30%、产量损失为 10% 左右。田间观察发现，粳型光温敏不育系 S25 的发病率为 0，农垦 58S 的发病率为 0.18%，表明这 2 个粳型不育系对水稻稻粒黑粉病具有较强的抗性。但籼型不育系发病较普遍，发病率为 0～24.2%。其中以培矮 64S 发病最为严重，平均发病率达 12.5%，最高发病率达 24.2%（宗寿余等，2004）。多年的实践和调查发现，珍汕 97A、V20A、冈 46A、GD-5S、协青早 A 等不育系相对抗病，而金 23A、I 优 A、中 9A、培矮 64S、农 IS 等不育系较感病。

对不同类型水稻品种田间调查发现，异花授粉的不育系上稻粒黑粉病发生为害严重，早稻制种田平均病粒率为 6.01%～8.85%，中稻制种田为 7.92%～31.73%，而自花授粉的杂交中稻上，病粒率平均仅为 0.02%～0.41%。

水稻稻粒黑粉病在杂交稻制种田中，特别是不育系发病最为严重，一般病粒率为 10%～30%。由于杂交稻制种田中父本、母本之间是异花授粉，母本开颖时间长，柱头一直暴露，增加了稻粒黑粉病菌侵染的概率。父本花粉量也对稻粒黑粉病发病率有较大影响，若花粉量大，不育系快速授粉后很快闭颖，受病菌侵染的风险就小，反之则增加病原菌侵染的概率。

五、病害发生条件

影响水稻稻粒黑粉病发生的外在因素较多，包括菌源基数、病原菌致病力、气候条件、栽培措施、肥水管理、外施生长调节剂等。

（一）菌源基数

田间稻粒黑粉病菌源基数，特别是水稻抽穗扬花期的菌源量是稻粒黑粉病是否发生及其发病轻重的决定因素之一。病原菌主要在水稻抽穗扬花期进行侵染，从柱头侵入危害。病原菌侵染后其发病程度与气象条件及不育系的开花习性有关。多年多点在制种田采用孢子捕捉法观察发现，次生小孢子出现高峰期（6月底至7月）与制种田母本（不育系）扬花期相遇，则稻粒黑粉病发生重。稻粒黑粉病发病严重度也与病原菌的致病力有关，病原菌致病力越强，则发病越重。连续制种 3 年以上的田块发病较重，且制种时间越长，病害越重，这与土壤中病菌的大量积累有关，轮作田发病轻。此外，病种子也是重要的侵染源，种子带菌率越高，病害发生越重。

（二）水稻品种特性

生产上种植的常规籼稻、粳稻、糯稻及杂交稻的水稻稻粒黑粉病发生都较轻，而杂交水稻制种田不育系（母本）发病较重（图 1-42）。这种差异除品种的抗病性外，主要取决于水稻开花习性。由于杂交水稻不育系花柱头接收恢复系（父本）的花粉才能授粉（异花授粉）结实，母本花器授粉后闭合，开花期柱头长时间外露，加大了病菌侵染机会。开花期柱头外露时间长，张颖角度大，有利于病菌感染。调查发现，异花授粉的水稻制种田和不育系繁殖田病粒率为 16.37%～16.89%，而自花授粉的稻田发病很轻，病粒率仅为 0.18%（潘学贤等，1995；李华全，2000）。

图 1-42　不育系稻粒黑粉病发生严重

不育系开花时间分散，持续时间长，与病害发生密切相关。不育系冈 46A 单粒颖花开花平均为 4.42h，整穗开花持续 7.90h，病粒率达 12.82%；而保持系冈 46B 的开花时间集中，持续时间短，单粒颖花为 1.07h，整穗为 2.09h，其病粒率仅为 1.92%。在杂交水稻不育系中存在着母本内外颖不能闭合的现象，称作开颖。开颖率高的组合，如汕优 63 开颖率高达 30%～40%，稻粒黑粉病的发病率也高。

恢复系（父本）花粉量对不育系发病严重度也有较大的影响。模拟恢复系花粉量的试验发现，足量花粉处理的不育系平均病粒率为 25.18%，少量花粉处理的不育系平均病粒率为 33.55%，说明恢复系花粉量充足可减轻病害的发生；相反，花粉量不足将加重病害（潘学贤等，1995）。

水稻的不同生育期对稻粒黑粉病的敏感程度不一样。在抽穗至乳熟期，特别是开花至乳熟期最易感病，以盛花期为主。一天中以湿度最大的傍晚和夜间侵染为主。病菌侵入后，潜育期为 17～21d，最短仅为 13d。

稻粒黑粉病发生的严重性与稻穗部位有关。田间垂直分布表现为穗基部发病重于中、上部，分蘖穗发病重于主穗。荫蔽度大，通风透光较差的中、下部穗层，病粒率为 14.6%，比通风透光好的上部穗层发病率高出 10.7%；高位迟发的分蘖穗病粒率为 18.9%，比主茎发病率高出 13.5%。二次枝梗的发病率比一次枝梗的发病率高出 5.8%。因此，稻粒黑粉病发病轻重除与不育系、恢复系开花习性及营养条件有关外，田间荫蔽程度、稻株间湿度大小及群体通风透光性等均与发病轻重有很大关系。

（三）栽培措施

1. 播种期

杂交水稻制种田父本、母本播种期对稻粒黑粉病发生轻重有影响。如果父本、母本播种期不恰当，会导致父本、母本花期不遇，制种田稻粒黑粉病发病较重。母本、父本花期越近（授粉率高）其发病率越低。此外，选择不育系、恢复系播种期还要注意使它们的抽穗扬花期避开当地阴雨多、湿度大的气候，可减轻稻粒黑粉病的发生。应根据父本、母本的生育期类型，制种季节及当地的气象资料等确定播种期，使不育系在抽穗扬花期田间维持气温 28～32℃，相对湿度 70%～85%，微风天气。

2. 移栽密度

水稻移栽密度过大，通风透光性差，湿度提高，增加了发病率和严重度。制种田父本、母本行比要综合考虑增加母本的增产效益和降低稻粒黑粉病的发病率，通常父本与母本的行比例为 2∶10～14。中迟熟组合，母本插 30 万～33 万丛/hm²，基本苗保持 135 万～165 万/hm²。早熟组合应适当加大密度，增加基本苗。父本插 3.5 万～4.5 万丛/hm²，基本苗 30 万/hm² 左右。

（四）肥水管理

1. 施肥

施用的肥料及施肥量、施肥方法与稻粒黑粉病发病也有很大的关系。在施肥上应采取"早施、重施底肥，适氮增磷钾，适时适量追肥"的方式。偏施、迟施氮肥，引起水稻植株徒长、无效分蘖增多、叶片披垂贪青、通风透光性不良，导致抽穗开花期延长，田间水稻冠层密闭，加重病害发生。

研究采取五元二次回归正交旋转组合设计试验，分析播种量，施氮、磷、钾肥量和赤霉素量与稻粒黑粉病发生的关系。结果表明，稻粒黑粉病病粒率与母本播种量、施氮量呈显著正相关，与施钾、磷、赤霉素量呈负相关。5 个因素对病粒率平均效应依次为：施氮量＞母本播种量＞钾量＞赤霉素量＞磷量。防病增产的播种量、施肥量和生长调节剂施用量的优化技术指标为：不育系播种量宜为 75～112.5kg/hm²，施氮量为 112.5～150kg/hm²、P_2O_5 施用量为 60～75kg/hm²、K_2O 施用量为 150～187.5kg/hm²、赤霉素施用量为 195～225kg/hm²。防治稻粒黑粉病的优化措施是减氮增钾和适当稀播。

施氮磷量与稻粒黑粉病的发病关系密切。随着施氮量的增加或迟施追肥，发病率明显提高。随着施磷量的增加，发病率亦会提高。例如，每公顷施氮 180kg、P_2O_5 150kg，平均病粒率为 4.64%，而每公顷施氮 90kg、P_2O_5 150kg 的平均病粒率仅为 1.5%。因此，适时适量施肥是控制稻粒黑粉病的一项有效措施。氮肥使用不当，过量、过迟，会导致水稻茎秆细嫩徒长、无效分蘖增多、通风透光性不良、增加田间湿度、群体抗性变差，病菌侵染机会增多，有利于稻粒黑粉病的发生。

2. 灌水

水分管理宜采取"浅水栽插、寸水活棵、薄水分蘖、够苗晒田、干湿壮籽、孕穗深水、施肥水不干"的原则。长期深水漫灌，造成田间湿度大，水稻抗性减弱，有利于病害的发生。地势低洼、湿度大的田块发病重，地势高、通风透光好的田块发病轻。

（五）气候条件

稻粒黑粉病的发生与气候条件密切相关，其中以湿度最为重要。稻粒黑粉病菌冬孢子的萌发温度为 26～30℃，相对湿度为 90% 以上，有浅水层最佳。在生产上，抽穗扬花期如遇阴雨天气，田间湿度增大，开花时间推迟，在杂交水稻制种田导致父本、母本花期不遇；同时父本的花粉量减少且不易散开，延长了授粉时间，使母本花器外露、开颖的时间延长，增加了花器同病原菌接触的机会，导致病原菌侵入的概率增大，有利于病害发生。相反，平均温度高、相对湿度低、日照时间长、雨日少及雨量小，则不利于发病。

母本扬花期的降雨量对稻粒黑粉病的发生影响最大。分析多年资料发现，母本扬花期降雨量和降雨频率与病粒率有极显著相关关系。降雨量 $r=0.8893$，降雨频率 $r=0.8753$（$r_{0.01}=0.641\,12$）；大气湿度与病粒率显著相关，$r=0.6828$（$r_{0.05}=0.497\,312$），温度与病粒率相关性不明显。根据母本扬花期降雨量（x_1）和降雨频率（x_2）可建立病粒率（y）的回归方程：$y=-1.149+0.0969x_1+0.3199x_2\pm2.48$。稻粒黑粉病开花时的温度与发病程度呈显著负相关；降雨量（x_1）和降雨频率（x_2）与发病率（Y）呈极显著和显著正相关，其回归模型为 $Y=-1.8038+0.0838x_1+0.3499x_2$。

此外，雨水多或湿度大，氮肥施用过多，会加重病害发生。珍汕 97A×明恢 63 的发病率一般只有 5%～10%，如花期遇阴雨则发病率上升至 10% 以上。D297A×明恢 63 正常年份的发病率为 10%～15%，花期遇阴雨年份发病率上升至 25% 以上。

（六）赤霉素（920）的使用

正确喷施赤霉素不但能解除不育系包茎现象，改善亲本授粉状态，而且促进不育系开颖角度增大，延长开花时间，提高柱头外露率。赤霉素的喷施应根据水稻杂交组合的特性，以改善母本异交结实率为目的，并兼顾防病。在花期相遇的情况下，赤霉素喷施方法应坚持适时、适量的原则，总量控制在籼稻制种 270g/hm²，粳稻制种 120g/hm²，分 3 次使用。如花期不遇，则对迟开花的父本或母本喷施赤霉素。采取适量、分次施用赤霉素，可避免因赤霉素施用方法不当所带来的负面影响，并且能提高田间群体的通风透光性，降低发病概率。

六、病害防治

（一）选用抗病品种

水稻稻粒黑粉病以危害杂交稻制种田中的不育系为主，大田生产种植的水稻品种相对发病较轻，对产量和品质造成的影响相对较小。在生产实际中，选择抗病品种，在杂交稻制种中选择较抗病的不育系。主要是选用开颖时间短或闭颖的不育系品种，同时选用花粉量大、开花持续时间长的父本，可减轻发病。但对于异花授粉的杂交稻制种田母本，闭颖品种可能会影响授粉，导致制种产量降低。

（二）减少菌源

1. 加强检疫

严格实施植物检疫，防止带病稻种调入无病区。

2. 摘除病穗

在病害发生的制繁种田块，及时摘除病穗，减少菌源以减轻病害的发生。

3. 种子处理

选用重力式精选机选种，可去除 95% 以上的黑粉病粒；再用 7%～10% 的盐水选种，可将病粒全部清除；然后用 1% 甲醛溶液，或 20% 粉锈宁乳剂，或 50% 多菌灵可湿性粉剂，或 20% 三氯异氰尿酸可湿性粉剂等消毒液对种子进行消毒处理。也可以采用 0.25% 戊唑醇悬浮剂种子包衣技术，种衣剂使用量按照水稻种子重量的 2% 进行拌种，即种衣剂 2kg 加清水 0.8～1.0kg 稀释后配成药液，拌种 100kg。

（三）加强肥水管理

1. 科学施肥

重视测土配方施肥技术，不迟施、偏施氮肥；注意氮、磷、钾三要素的合理搭配。采取减氮、稳磷、增钾的科学施肥措施。多施有机肥和磷、钾肥，畜禽粪肥须经沤制腐熟后施用，施肥要及时。重施基肥，轻施追肥，基肥、追肥的比例以7:3为宜。

2. 科学管水

适时排水晒田，后期干湿交替，降低田间湿度。合理浅灌，注意晒田，增强稻株抗病性。后期田间管理中要特别注重肥水管理，实行"浅-湿-干"间歇灌溉技术。

（四）药剂防治

1. 施药适期和方法

根据稻粒黑粉病菌侵染时期、水稻感病敏感期及对药剂药害敏感期制定施药时期。多年试验研究结果和生产实际经验表明，不同施药时期对水稻稻粒黑粉病的防治效果、水稻制种产量影响非常大。在水稻盛花期施药药害较重，始穗期施药时药害较轻，抽穗前7d施药几乎无药害。

花期施药会显著降低杂交稻制种异交结实率和稻粒黑粉病病粒率（提高防病效果），盛花期施药对两者的降低幅度显著大于抽穗前7d；盛花期施药还有显著降低健粒率的负面作用，而花前施药降低程度不明显。水稻不育系（母本）扬花期长，为了平衡药剂防效和制种产量的关系，选择母本破口始期和盛花期分别喷药防治1次，既可显著防病又能明显增产（廖杰等，2004）。晴天高温时需在8:00之前或15:00之后喷施，要特别注意对下层穗的防治。水量以150kg/hm^{2}为佳，不宜过多。扬花期如遇到大雨，雨后须及时补喷药剂。若父、母本花期不遇，在父早母迟的情况下，第二次用药应提前1～2d，反之，则推迟1～2d。

2. 防治药剂

防治稻粒黑粉病可供选择的药剂较多，以下药剂均对稻粒黑粉病具有较好的防效：43%戊唑醇（好力克）、75%肟菌·戊唑醇（拿敌稳）、325g/L苯甲·嘧菌酯、17.5%烯唑·多菌灵、23%醚菌·氟环唑、25%吡唑醚菌酯（凯润）、80%代森锰锌、14%黑粉净、30%苯甲·丙环唑（爱苗）、代森锌+多菌灵、14%戊粒宝（10%井冈霉素A+4%戊唑醇）、20%粉锈宁1500g，25%多菌灵和烯唑醇+多菌灵复配剂。邓根生等（1996）发现，在杂交稻制种田用灭黑1号乳油制剂4.5L/hm^{2}或18.7%灭黑灵450g/hm^{2}兑水600kg，在母本齐穗后喷药，对水稻稻粒黑粉病的防效最高达93.24%。

第九节　水稻叶鞘腐败病

一、病害发生与为害

（一）病害发生

水稻叶鞘腐败病（rice sheath rot）于1922年在我国台湾省首次发现（泽田兼吉，1922），随后南亚和东南亚（Amin et al.，1974；Nair，1976；Estrada et al.，1979）、肯尼亚、尼日利亚（CAB，1980）和巴西（Mathur，1981）都有发生的报道。在西非，该病害被认为是高地种植的引自亚洲水稻品种上的主要病害（Ou，1985）。叶鞘腐败病在美国也有报道（Shajahan et al.，1977）。目前，该病害主要分布于东南亚、印度次大陆和非洲等稻区（Estrada et al.，1979）。由于推广种植高产和半矮秆水稻品种，叶鞘腐败病已成为水稻种植国家生产上的重要障碍。

（二）病害为害

水稻叶鞘腐败病主要危害水稻剑叶叶鞘，导致水稻穗部不同程度被害，造成谷粒变褐、千粒重降低、米质变劣或形成空秕粒，严重时感染穗部和茎秆，茎秆维管束部分或全部坏死，致使水稻不能正常抽穗，造成严重减产。

依据不同的水稻生长环境条件，叶鞘腐败病造成的水稻产量损失有所差异（de Bigirimana et al.，2015）。在我国台湾省，该病造成的水稻产量损失为3%～20%，有时高达85%，导致秕谷率增加，千粒重下降，米质变劣，平均产量损失可达14.5%（Chen，1957）。在泰国的一些稻区，水稻叶鞘腐败病的发生可导致水稻完全失收（Surin and Disthaporn，1977）。菲律宾曾报道该病造成的水稻产量损失达52.8%（Estrada et al.，1984）。印度也有报道该病造成的水稻产量损失为10%～85%（Amin et al.，1974）。巴西报道该病造成不同程度的水稻产量损失（Mathur，1981）。

我国水稻叶鞘腐败病流行年份一般可导致水稻减产10%～20%，平均产量损失14.5%。严重发生的年份，该病害造成水稻产量损失高达50%以上，有的甚至绝收。黑龙江省从20世纪70年代开始发生水稻叶鞘腐败病，并有逐年加重的趋势，产量损失一般为10%～20%，严重者可达30%以上。2004～2007年，重庆市涪陵区水稻叶鞘腐败病严重发生。2004年发生面积为1.35万hm^2，平均产量损失率高达12%。2005～2007年连续3年发生面积都超过1.75万hm^2，年平均产量损失率分别为11.3%、10.8%和9.7%，成为该区继稻瘟病之后最重要的水稻病害之一（蒋同生等，2010）。研究发现，叶鞘腐败病病指与水稻产量呈负相关（$Y=73.5-3.43X$，$r=0.8313$），即病指每增加1%，每公顷减产25.8kg；发病程度与空秕率呈正相关（$Y=12.04+4.74X$，$r=0.9977$），即严重度每提高一级，空秕率相应增加4.74%；千粒重与发病程度呈负相关（$Y=26.89-0.723X$，$r=0.9634$），即严重度每增加一级，千粒重相应降低0.0723g（吕贵山等，2012）。

二、病害症状与诊断

水稻叶鞘腐败病从苗期至抽穗期都可发生，但主要发生在孕穗期（Hittalmani et al.，2016）。不同时期发生的症状有所不同，其典型的症状是感病稻株剑叶叶鞘包裹稻穗且有灰褐色大病斑（Lanoiselet et al.，2012）。

（一）苗期

幼苗感病，幼叶叶鞘产生不规则的病斑，褐色，边缘不明显，秧苗发病严重的可能导致秧苗死亡。

（二）分蘖期

分蘖期感病，叶鞘或叶片中脉上初生针头大小的深褐色或紫褐色小点，之后小点密集，向上、向下扩展后形成菱形深褐色斑，边缘深褐色。叶片与叶脉交界处多现褐色大片病斑。

（三）孕穗至抽穗期

水稻孕穗中后期叶鞘腐败病最易发生。发病初期，叶鞘产生暗褐色斑点，扩大后颜色黄、褐，浓淡相间，呈现虎皮状大斑纹，中心部分颜色较淡，最外围褪成黄绿色，边缘暗褐色至黑褐色，较为清晰，是叶鞘腐败病的典型症状（图1-43）。轻者呈包颈半抽穗；严重时病斑蔓延至整个叶鞘，形成枯穗或半包穗，包在鞘内的幼穗部分或全部枯死。湿度大时，在病叶鞘表面以及内部的幼穗上均可产生白色略带粉红色的霉状物，即病菌的菌丝体、分生孢子梗和分生孢子。病穗难以抽出，结实很少或基本不结实，穗颈、枝梗、谷粒上的症状多为不规则的褐色斑点。本病症状易与水稻纹枯病混淆，但水稻纹枯病病斑边缘清晰，且病部不限于剑叶叶鞘，病症主要为菌丝体缠绕形成的馒头状菌核。

图 1-43　水稻叶鞘腐败病的田间症状

a：孕穗期叶鞘腐败，产生白色分生孢子粉末；b：叶鞘腐败病引起半包穗、包穗症状

三、病原学

（一）病原

1922 年泽田兼吉根据病菌孢子和孢子梗形成的特点，将引起水稻叶鞘腐败病的病原菌定名为半知菌亚门稻顶柱霉（*Acrocylindrium oryzae*）。1975 年 Gams 和 Hawsworth 根据孢子梗着生方式和分生孢子的分枝轮级，将其分为 2 个种：一个种定名为稻顶柱霉（*Acrocylindrium oryzae*），多见 2 级轮状分枝；另一个种定名为稻帚枝霉（*Sarocladium oryzae*），常见单级轮状分枝。2 个种的菌丝均为无色、有分枝、多隔。2 个种均能引起水稻叶鞘腐败病的典型症状，也能形成其他症状。

也有研究报道水稻叶鞘腐败病的致病菌是一类比较复杂的菌群，能够引起叶鞘腐烂症状的致病菌包括真菌的稻帚枝霉、藤仓赤霉复合种（*Gibberella fujikuroi* species complex）、禾谷镰刀菌（*Fusarium graminearum*）和细菌的褐鞘假单胞菌（*Pseudomonas fuscovaginae*）、荧光假单胞菌属（*P. fluorescens*）等十多种病原菌（de Bigirimana et al.，2015）。从非洲布隆迪 2 个水稻种植地点（高地和低地）、2 个种植季节（旱季和雨季）收集不同水稻感病样本进行病菌分离，结果发现，在高地，不论种植什么品种，2 个水稻生长季中引起水稻叶鞘腐败病的病原细菌是褐鞘假单胞菌，病原真菌是稻帚枝霉（Musonerimana et al.，2020）。在黑龙江，从水稻叶鞘腐败病感病标样上分离到 13 种真菌，其中以禾谷镰刀菌分离比例最大，占 35.4%（吕贵山等，2012）。

目前普遍认为，水稻叶鞘腐败病是由稻帚枝霉引起的真菌性病害。

（二）病原形态特征

稻帚枝霉的菌丝白色、分枝少、有隔，直径 1.5～2μm。分生孢子梗从菌丝上长出，梗壁比营养菌丝壁稍厚，1～2 层枝梗，每层有 3 或 4 根轮状分枝，主轴为 15～20μm×2.0～2.5μm。枝梗顶端圆锤状，顶枝端缢缩，形成分生孢子；分生孢子单生，逐个脱落，单胞，无色，光滑，圆柱形或椭圆形。在寄主上形成的孢子大小为 2.5～8.5μm×0.5～1.6μm，人工培养基上形成的孢子大小为 1.8～13.0μm×1.0～1.6μm。

（三）病原的生物学特性

稻帚枝霉生长温度为 15～35℃，菌丝生长和孢子形成的最适温度为 25～30℃（30℃最佳），37℃时生长缓慢，13℃以下和 40℃以上均不能生长。孢子萌发适温为 23～26℃，孢子产生量在培养 7d 时最高，10d 后孢子量逐渐减少。病菌在病组织内可存活 200 多天（室外）至 1 年（室内）。致死温度为 50℃（5min），人工培养条件下菌落生长缓慢。

湿度对病原菌的影响不明显，以相对湿度 70% 为最适。病菌在 pH 5.0～9.0 的培养基上生长良好，最适 pH 5.5。

光照对菌落形成有一定影响。完全（连续）黑暗最有利于菌丝生长、菌落和孢子形成。不论是日光灯照 12h/黑暗 12h、紫外灯照 12h/黑暗 12h，还是日光灯连续照射，对菌落生长、孢子形成均有一定的促进作用。但连续紫外线照射对病菌生长有抑制作用，黑暗条件有助于菌丝生长和孢子的形成。在黑暗条件下，孢子形成量最高。光照处理 10d 后，菌落会出现生长缓慢的情况。一般来说，光照对病菌的生殖生长具有明显的抑制作用。

稻帚枝霉能有效地利用各种碳源，以蔗糖和葡萄糖为最佳，淀粉次之。对各种形态氮源的利用基本相仿。适宜菌丝生长和孢子形成的培养基是 PDA 培养基，水稻叶鞘和嫩穗的提取液能促进病菌孢子提早萌发，并且提高其萌发率。

（四）侵染循环

稻帚枝霉以菌丝体和分生孢子在病种子与病稻草上越冬。带菌种子和寄主病残体为初侵染源，翌年春天形成分生孢子，借助风雨或昆虫、螨类携带等传播到寄主上并入侵寄主。病菌侵染水稻的方式有 3 种：一是种子带菌，带菌种子发芽后病菌从生长点侵入，随稻苗生长而扩展；二是从伤口侵入，如水稻穗期因螟害、病毒感染或其他外界因子造成伤口；三是从气孔、水孔等自然口侵入。当年发病植株上产生的分生孢子借助风雨或昆虫、螨类携带传播扩散进行再次侵染。水稻成熟后病原菌主要在感病种子、病残体、感病杂草上越冬（朱法林等，2001）。

（五）病原毒素

研究从稻帚枝霉培养液和被其感染的稻株叶鞘中纯化出一种亲水性且热稳定的毒素。该毒素是一种以碳水化合物为主要成分的糖蛋白，推测其为 SO-毒素（*Sarocladium oryzae* 毒素，SO-toxin）。离体和活体测试结果显示，该毒素无专化性（Samiyappan et al.，2003）。

病菌在侵染水稻的过程中主要分泌烟曲霉酸（helvolic acid）和浅蓝菌素（cerulenin）两种毒素（Sakthivel et al.，2002）。对稻帚枝霉进行侵染分析时也发现其致病因子为烟曲霉酸和浅蓝菌素（Hittalmani et al.，2016），烟曲霉酸可以干扰叶绿素的生物合成，而浅蓝菌素则抑制甲基水杨酸和脂肪酸的新陈代谢（Tschen et al.，1997）。

稻帚枝霉只有在叶鞘中产生烟曲霉酸才与毒性有关。研究发现，5 株稻帚枝霉产生的毒素，在诱导叶鞘腐败病症状的生物防治活性方面存在差异，但引起的症状与稻帚枝霉自然感染的症状相似，用 5mg 毒素处理水稻，可引起水稻产生叶鞘腐败病的症状。毒性菌株 SO1 和 SO2 产生的毒素，造成水稻组织中更多的电解质泄漏和严重的叶鞘腐败病症状（Peeters et al.，2021）。

（六）病原遗传多样性

对来自印度的 32 株稻帚枝霉进行分析。人工接种水稻品种 IR36，发病率为 45%～98%。液体培养稻帚枝霉，都能产生浅蓝菌素和烟曲霉酸，浓度分别为 0.3～0.62μg/mL 和 0.9～4.8μg/mL。产生烟曲霉酸多的菌株接种水稻后叶鞘腐败病发病率高。采用 RAPD 技术分析菌株的相似性为 0.52～1.00，表明在稻帚枝霉种内遗传多态性程度高。32 株稻帚枝霉可分成 2 个主要簇和 13 个基因型。在 0.67 相似性水平上，第一簇可进一步分为 2 个亚簇，大部分菌株来自印度南部的本地治里（Pondicherry）地区，代表菌株分离自水稻品种 IR50，以及来自印度东北部（西孟加拉），代表菌株分离自水稻品种 CR1018。第二簇由印度南部分离菌组成，代表菌株分离自水稻品种 IR36 和 IR50，其相似性最小为 0.69。2 株来自本地治里地区的菌株 SO22 和 SO32 与其他菌株差别很大，单独组成群，表明稻帚枝霉菌株内存在高水平的遗传变异（Ayyadurai et al.，2005）。

通过 3 组引物，即 BOX、ERIC 和 REP 指纹扩增，对来自印度尼西亚不同地区的 6 株稻帚枝霉进行重复序列 PCR（rep-PCR）检测，在分子水平显示出明显的遗传多样性（Pramunadipta et al.，2021）。

四、品种抗病性

（一）人工接种鉴定

将稻帚枝霉接种在 PDA 培养基上，置于 28℃恒温培养箱中，黑暗培养 8d。待菌落直径达 6～8cm 时，用无菌水将菌丝、孢子、孢子梗洗下，移到 PDB 液体培养基中，于 28℃恒温摇床上振荡培养 3d，制备孢子悬浮液，于显微镜下调制成 10^7 个孢子/mL 浓度，用于接种。

选择 60d 龄期、生长一致的水稻植株（处于孕穗期）用于病原菌接种。在每个叶鞘的相同部位用无菌打孔器打一个小孔，注射上述浓度的孢子悬浮液 10μL，用透明透气的胶带封住液滴。接种后的水稻置于黑暗、温度 30℃、湿度 90% 的环境下保持 12h。接种后 5d 左右叶鞘上出现典型的叶鞘腐败病症状，但不枯死，测量病斑大小（Zhang et al.，2021a）。

（二）田间自然诱发

调查稻田自然诱发的不同水稻品种的病害严重度，发现品种间对叶鞘腐败病的抗性差异明显。三江 5 号病指最低，为 4.77；龙粳 31 次之，为 6.06；龙粳 26 病指最高，为 16.4（吴亚晶等，2015）。

Pushpam 等（2019）对 43 个水稻种质资源进行抗性调查，结果发现，Gowri、NLR3449、Navara、Soorakkuruvai、Keralakandasala 和 krishnahemavathi 6 个品种为中等抗性；大多数品种、品系，如 JGL 348、Abhya、LFR293、MDU5、Kalinga、Annada、Kodaikannan、TP-100008、TP-10106、Kuruvaikalanjium、Kalyani、Maranella、Seeragasamba、Thondi、Kavara、TPS-4、TPS-5 和 TP08053 为中感，含有抗病和中抗基因型的品种有 Swarna、Kattanur、Dhalaheera、JGL3855、Gowri、NLR3449、Navara、Soorakuruvai、Keralakandasala 和 Krishnahemavathi。

Narayana 等（2011）于 2005 年雨季对 3000 份水稻品种资源（材料）进行了抗叶鞘腐败病鉴定，仅有 7 份表现高抗，即 0 级，158 份、1544 份、519 份、337 份和 435 份分别为 1 级、3 级、5 级、7 级、9 级；在 2005 年雨季又鉴定了 2420 份品种资源（材料），有 1547 份为 0 级。从同年的两次抗性鉴定可以看出，结果差异很大或不稳定，或鉴定技术不够成熟，或年度间影响（差别）较大。

五、病害发生条件

水稻叶鞘腐败病的发生受多种因素的影响，包括品种抗性、栽培方式、肥水管理、气候因素等。

（一）寄主抗性

品种的抗性不同则表现出不同的发病率，同一地块的不同品种之间，抗性表现差异很大。

蒋同生等（2010）发现川香稻 5 号、Q 优 6 号、宜香 9303、西农优 7 号和丰两优 1 号表现为高抗叶鞘腐败病，其植株叶鞘腐败病的病株率和病指分别小于 10% 和 5；Ⅱ 优 H103、B 优 840 和 K 优 88 表现为中抗；其他品种，如渝优 1 号、冈优 827、准两优 527、为天 9 号、川丰 6 号、冈优 615、蜀香 978、中优 85、冈优 725 和 II 优 0508 等，均表现为感病或高感。感病严重的品种还有国杂 3 号、金优 18、川香优 2 号等，发病率分别为 63.3%、58.2%、49.8%，严重发病田块枯穗率分别达 68.6%、59.8%、45.7%。高感品种旱稻 502 病害发生严重，减产达 70% 以上，高抗品种中旱 815 没有感病，生长正常（曾凡成等，2020）。在东北稻区，种植面积最大的品种空育 131，叶鞘腐败病发病重。

从品种形态来看，穗颈短或穗包颈的水稻品种最易感染叶鞘腐败病。水稻颈和叶的硅化与角质化程度高的品种，以及稻叶直立型和叶狭窄型的品种发病轻；感染水稻纹枯病的品种也易感染水稻叶鞘腐败病，两者常常相伴发生。分蘖早、出穗齐的水稻发病轻；分蘖晚、出穗不整齐的水稻易发病，常常形成半包穗或枯穗，发病率达 60%～70%，形成的枯穗占 30% 左右。

不同类型水稻品种叶鞘腐败病的发病程度不一样。杂交稻比常规稻易发病，抽穗不整齐的品种发病重，出穗慢或抽穗不易离颈的品种发病更重。例如，威优 89、优 182 等品种发病严重。杂交优质稻的病株率和枯穗率分别为 30%～45% 和 12%～20%，其中感病严重的品种有国杂 3 号、金优 18、川香优 2 号等，发病率分别为 63.3%、58.2%、49.8%，严重田块的枯穗率分别达 68.6%、59.8%、45.7%（蒋同生等，2010）。

（二）栽培条件

1. 栽培方式

水稻种植密度大，田间湿度高，易引起水稻叶鞘腐败病。同一品种的不同栽培密度，其发病程度也有很大差异。种植规格 30cm×10cm 或 30cm×13cm 的密植方式比 30cm×20cm 以上适当稀植的发病率高。

种植年限较长的老田块发病率为 52.1%～63.4%，旱改水田和种植年限 2～3 年的新稻田发病率为 36.4%～42.5%，说明水稻种植年限越长，发病越重，主要是病残体积累多、菌源基数增加的缘故。

在制种水稻田、非制种水稻田、冬闲地水稻田、榨菜-水稻田等类型田中，水稻叶鞘腐败病的病株率分别为 86.9%、31.2%、37.8% 和 57.3%，制种水稻田的病株率重于其他类型稻田，榨菜-水稻田的病株率比非制种水稻田、冬闲地水稻田重（蒋同生等，2010）。

2. 肥水管理

氮、磷、钾比例施用失调、磷钾肥缺乏，发病重；土壤肥力不平衡、肥力差的田块发病重。同一品种不同施肥量，水稻叶鞘腐败病发生的程度存在差异，如水稻品种空育 131 在生育期间施肥量为 360～390kg/hm^2 时，病株率为 10% 左右；施肥量为 420kg/hm^2 时，病株率为 30%～35%；施肥量为 450kg/hm^2 时，病株率为 50% 以上。随着氮肥用量的增加，水稻叶鞘腐败病有加重的趋势（表 1-65）。

表 1-65　氮肥施用量与水稻叶鞘腐败病发病的关系

施氮量/(kg/hm^2)	病株率/%	病指
225	19.7	9.10d
300	21.6	10.47c
375	23.3	11.50b
450	24.3	12.40a

注：同一列中不同小写字母表示显著差异

在湖北，施钾显著降低了叶鞘腐败病的发病率和病指。在 2017 年和 2018 年，与不施钾（K0）相比，施钾使叶鞘腐败病的发病率分别降低了 46% 和 63%，病指分别降低了 65.7% 和 62.1%。随着钾肥施用量的增加，发病率和病指均呈降低趋势。与 K0 处理相比，施钾分别降低了 2017 年和 2018 年水稻生产季产量损失 59.3% 和 74.4%，增加了两年的潜在产量 16.9% 和 14.9%。在水稻感染叶鞘腐败病的条件下，施钾分别增加了实际产量 23.6% 和 23.7%。随着钾肥使用率的增加，水稻总产量损失率显著下降（Zhang et al.，2021b）。

不同灌水方式下水稻叶鞘腐败病的发生存在差异。长期深水灌溉的稻田发病重，井水增温、水温较高的稻田发病轻，采用科学灌溉，浅、湿、干交替的稻田发病轻。

（三）病虫复合为害

水稻孕穗期稻纵卷叶螟为害程度与叶鞘腐败病之间存在着密切关系。稻纵卷叶螟为害功能叶引起抽穗困难、发生包颈是导致水稻叶鞘腐败病加重的重要原因之一。稻纵卷叶螟为害造成的剑叶卷叶植株上水稻叶鞘腐败病的发病率比非卷叶植株的发病率高 2.15～14.0 倍。稻纵卷叶螟为害造成的剑叶卷叶株率（x）与水稻叶鞘腐败病发生的病株率（y）之间呈正相关（$y=-0.8559+0.1940x$），$r=0.9931$（$r_{0.01}=0.798$）。

（四）气候因素

水稻叶鞘腐败病是一种高湿病害，在孕穗至抽穗期降雨量大，降雨频繁，相对湿度90%以上，叶鞘易感病，病情扩展速度快。热带山地雨林气候，海拔高，年降雨量大，旱季与雨季不明显，常常有雨，露水重，田间湿度大，病菌繁殖速度快，极易发病。

积温不足易引发水稻叶鞘腐败病。低温阴雨、积温不足，造成水稻抽穗速度慢，易被叶鞘腐败病菌侵染。当平均温度为21.5℃，早晚气温为12～18℃，雨日气温仅为20～25℃时，不能达到早稻正常生长所需的有效积温，造成早稻生育期长、抽穗慢，有利于病菌侵染剑叶叶鞘。水稻抽穗期如遇多雨、多雾、空气湿度大的环境条件，该病发生较重。

六、病害防治

（一）农业防治

1. 选育抗病良种

由于品种之间对叶鞘腐败病存在明显的抗病差异，要加强抗性品种的筛选。选择省市级及有关部门审定的、适合本地区推广种植的品种，并做到良种良法相结合。

对水稻叶鞘腐败病表现高抗的品种有农优 7 号、宜香 9303、Q 优 6 号和川香稻 5 号；中抗的品种有 II 优 H103、B 优 840 和 K 优 88。

2. 种子消毒处理

种子带菌是水稻叶鞘腐败病的初侵染源。在播种前，进行水稻种子消毒是防治该病经济有效的方法。可用 25% 咪鲜胺乳油，对杂交稻种用 2000 倍液浸种 12～24h，浸种后直接催芽；或用 40% 禾枯灵可湿性粉剂 250 倍液浸种 20～24h，捞出洗净、催芽、播种。

3. 加强肥水管理

实行科学合理的测土配方施肥，避免偏施或迟施氮肥，增施磷钾肥，每公顷纯氮最多不超过 150kg，纯磷不低于 50kg，纯钾不低于 50kg，使水稻生长健壮，提高抗病力。

水稻生育前期浅水灌溉、分蘖末期排水晒田控蘖、根部透氧促进根系生长。晒田后实行浅、湿、干的科学灌溉方法。如果井水灌溉，应加强井水增温，给水稻后期生长创造一个良好的生长环境，使植株健壮生长，增强抗病能力。

4. 清除病株残体

发病地块要及时处理病稻草，在发病重的稻田，要及时烧掉或清除稻草。清除田间稻茬，防止带菌侵染，用作堆肥时要做到充分腐熟后再施用。

（二）药剂防治

1. 防治适期

以水稻破口抽穗到齐穗期为最佳防治时期，应抓好两个关键期：一是在水稻抽穗前 10d 施药，可控制叶鞘部病害；二是在水稻破口初始期施药，可控制穗部病害。以病丛率达 30% 为施药防治指标。

2. 化学防治

75% 嘧菌酯·戊唑醇 WG 300g/hm²，49% 丙环·咪鲜胺 EC 600mL/hm²，75% 肟菌酯·戊唑醇 WG 300g/hm²，于水稻孕穗初期和末期喷雾，对水稻叶鞘腐败病防效高，分别达 75.61%、74.54%、71.65%。25% 己唑醇·嘧菌酯 SC 750mL/hm²、25% 咪鲜胺乳油 750～1125mL/hm²、20% 井冈霉素可湿性粉剂 600～750g/hm² 对叶鞘腐败病的防效较好，均达 80% 以上。

在水稻抽穗前（破口期）进行药剂喷雾，对叶鞘腐败病的防治效果好。抽穗期间降雨次数多，雨量大，应在第 1 次施药后间隔 7～10d，再喷第 2 次。在水稻孕穗期，结合叶面追肥促早熟，可将多菌灵、灭菌威、咪鲜胺或三环唑与叶面肥混拌进行喷施，防效在 80% 以上。

在水稻抽穗前 10d 施药，每公顷可用 25% 咪鲜胺乳油 750mL，兑水 750kg 喷施；在水稻破口初期每公顷可用 50% 多菌灵可湿性粉剂，或 70% 甲基托布津可湿性粉剂 1500g，或 40% 禾枯灵可湿性粉剂 1500g，兑水 750kg 喷雾。

3. 生防防治

植物生长促进剂——根际微生物混合体（荧光假单胞菌菌株 Pf1、TDK1、TV5 与枯草芽孢杆菌菌株 TH10 混合），能有效降低水稻叶鞘腐败病的发病率（Saravanakumar et al.，2009；Sundaramoo et al.，2013；Kakar et al.，2014），且植株中过氧化物酶（POD）和多酚氧化酶（PPO）增加，几丁质酶活性提高，防治效果增加（Saravanakumar et al.，2009）。

第十节　水稻烂秧病

一、病害发生与为害

水稻烂秧病是秧田期烂种、烂芽、死苗一类病害的总称。在我国各稻区均有不同程度的发生。因气候异常、管理不当，不少稻区常严重发生，以致毁种重播，贻误农时。南方早稻、北方稻区育苗期间常受低温和寒潮天气袭击，北方大棚的高温高湿环境条件等均会造成水稻苗期病害，水稻烂秧造成的死苗率为 10%～20%，严重时高达 60%～80%。

二、病害症状与诊断

水稻烂秧病的病因可分为生理性和侵染性两类：生理性烂秧是由不良环境造成的，如低温寡照、盐碱及有害物质的影响等；侵染性烂秧是由病原菌为害引起的，大面积烂芽和死苗多属于侵染性烂秧。

生理性烂秧常见的有：①烂种。播种后尚未发芽就腐烂坏死（图 1-44a）。②烂芽。芽谷下田后尚未转青就死亡，幼根、幼芽发生卷曲，逐渐呈黄褐色，生长停止。严重时幼根腐烂，幼芽变褐枯死，或下弯成钩状；受害较轻者，当天气转暖时，幼芽基部又出现绿色，重新长出新叶。北方稻区秧田内还常发生黑根病，播种后 1～2 周种壳及种根表面变黑，周围土壤变黑并有强烈臭味。③烂苗。多发生在秧苗 2～3 叶期，秧苗遇低温冻害后受害严重者，一旦天气暴晴，会出现青枯死苗，先是心叶卷成筒状，基部呈污绿色，叶色较青，最后萎蔫死亡（图 1-44a）。受害轻者，从叶尖到基部，从老叶到嫩叶，逐渐枯黄。

图 1-44 水稻烂秧病
a：水稻烂种；b：立枯病烂秧

侵染性烂秧：①绵腐病。播种后 5～6d 即可发生。初期在种壳破口处或幼芽基部出现少量乳白色胶状物，逐渐向四周放射状长出白色絮状菌丝，常因藻类、泥土黏附而呈铁锈色或土褐色。病害开始时为零星发生，持续低温复水，可迅速蔓延至全田，秧苗成片枯死。②立枯病。常因发病早晚、环境条件和病原菌种类不同而异，湿润秧田和旱育秧田较多见。感病稻种出土前芽或根变褐，芽扭曲、腐烂而死，常在种子或芽基部生有白色或粉红色霉层，称为死芽。至 2 叶期病苗心叶枯黄，基部变褐，有时叶鞘上有褐斑，根渐变为黄褐色，茎基部叶片生有霉层，称为针腐。至 3～4 叶期，从下部叶片开始发黄，逐渐萎蔫，心叶卷曲，残留少许青色，称为黄枯（图 1-44b）。根变暗，根毛稀少，可连根拔起，基部变褐甚至软腐，常成簇、成片发生。

三、病原学

（一）病原

1. 生理性烂秧

生理性烂秧主要是因低温袭击、冷后暴晴和温差过大所造成的。种子在贮藏期受潮，或在浸种过程中受热或过冷，或深水淹灌，会造成幼芽缺氧窒息。

2. 侵染性烂秧

侵染性烂秧主要是由立枯丝核菌（*Rhizoctonia solani*）、腐霉菌（*Pythium* spp.）、禾谷镰刀菌（*Fusarium graminearum*）、尖孢镰刀菌（*Fusarium oxysporum*）等引起的，造成水稻立枯病和水稻绵腐病（赖传雅，2003）。

（二）病原形态及生物学特征

立枯丝核菌：属于真菌界半知菌门丝孢纲无孢目无孢科丝核菌属。其有性态为瓜亡革菌，属于担子菌亚门（Ajayi-Oyetunde and Bradley，2018）。通常以菌丝和菌核的形式栖居于土壤中。幼嫩菌丝无色，呈锐角分枝，分枝处稍缢缩，在距离菌丝缢缩不远处有隔膜。成熟菌丝淡褐色，分隔缢缩明显，细胞中部膨大呈藕节状。在生长后期，菌丝变粗缠绕成菌核，菌核形状不规则，直径 1～3mm，褐色。

水稻绵腐烂秧病病原菌有多种，属于假菌界卵菌门。其中，水霉科绵霉属的绵霉菌（*Achlya* spp.）最为常见；其次是腐霉科腐霉属的腐霉菌。菌丝管状、稀疏、无色、分枝发达，幼时菌丝无隔，老熟后具较规则的分隔，菌丝顶端膨大成球形或近球形。无性繁殖产生孢子囊，近球状，与丝状部分相连，多为间生，偶有顶生，游动孢子在泡囊内形成。有性生殖产生藏卵器、卵孢子和雄器。藏卵器球形、柠檬形或椭圆形，壁平滑或具各种凸起，顶生、间生或切生，内含卵球，卵球受精后发育成卵孢子。雄器形状多样，有柄或无柄，与藏卵器的关系有同丝生、异丝生和下位生。卵孢子球形，壁厚或薄，大多平滑，少数具纹饰，满器或不满器（余永年，1998）。

禾谷镰刀菌：属于真菌界子囊菌门粪壳菌纲肉座菌目肉座菌科赤霉属（Goswami and Kistler，2004）。其有性态为玉蜀黍赤霉（*Gibberella zeae*）。其营养菌丝产生的分生孢子梗上着生无性孢子，即分生孢子。从分生孢子梗上脱落的大型分生孢子，一般具有 2～7 个隔膜，常见 3～5 个隔膜。分生孢子两端的细胞为顶细胞和足细胞。顶细胞较长，足细胞顶端有弯曲的短梗。单个分生孢子无色，大量聚集的分生孢子呈粉红色（李新凤，2013）。分生孢子从顶细胞开始萌发产生芽管，继续生长延伸形成营养菌丝，分化出分生孢子梗。在适宜条件下，禾谷镰刀菌产生的子囊壳前体发育成子囊壳和子囊。子囊经过减数分裂形成子囊孢子，通常一个成熟的子囊内含有 8 个子囊孢子，成熟的子囊孢子一般呈梭形或纺锤形，包含 3～5 个隔膜。当子囊孢子成熟后，子囊壳内部压力增大，推动子囊孢子从孔口喷射出去（Cavinder et al.，2012）。

尖孢镰刀菌：属于真菌界半知菌门丝孢纲丛梗孢目瘤座孢科镰刀菌属。菌落表面菌丝扭结成束，类似网状结构。气生菌丝羊毛状，白色、淡青莲色至淡粉色。产孢细胞自气生菌丝侧生的分生孢子梗上形成，稀疏分枝或无分枝，单瓶梗，安瓿形，较短。小型分生孢子椭圆形、卵形或肾形，0 或 1 个隔，大小为 4.8～10.1μm×2.0～4.6μm。大型分生孢子细长，向两端逐渐变尖，形似镰刀，故名镰刀菌。细胞壁薄，多为 3～5 个分隔，大小为 20.2～36.6μm×3.3～4.5μm，产生橘黄色黏孢团型分生孢子座。厚垣孢子球形，表面光滑，单生、双生或聚生于菌丝间。

（三）寄主范围

立枯丝核菌是一种分布范围广、腐生性强、土壤习居的植物病原真菌。其寄主范围广泛，可侵染水稻（*Oryza sativa*）、马铃薯（*Solanum tuberosum*）、大豆（*Glycine max*）、玉米（*Zea mays*）、小麦（*Triticum aestivum*）和烟草（*Nicotiana tabacum*）等 40 多科 260 多种植物，主要引起植物种子腐败和烂种、植株猝倒病、马铃薯黑痣病、褐斑病和水稻、玉米纹枯病以及苗床根腐或茎基腐病（Anderson et al.，2017）。

腐霉菌的致病范围广，可以使禾本科、葫芦科、茄科、百合科、菊科和豆科等植物感病（Dorrance et al.，2004）。腐霉菌对农作物的危害主要是造成农作物苗期猝倒、苗腐、萎蔫、根腐、根茎腐、果实和种子等器官腐烂，也可危害植株根部，使其发育不良。在澳大利亚、日本和菲律宾均有关于强雄腐霉是水稻猝倒病病原菌的报道（Masunaka，2014）。

禾谷镰刀菌的主要寄主为小麦、大麦（*Hordeum vulgare*）、玉米等禾谷类作物，在菊科、茄科作物上也能进行侵染（Parry et al.，1995；Mourelos et al.，2014），但是一般只侵染而不扩展。

尖孢镰刀菌能感染 100 多种植物并引起具有毁灭性的枯萎病，其寄主主要有番茄（*Solanum lycopersicum*）、茄子（*Solanum melongena*）、辣椒（*Capsicum annuum*）、草棉（*Gossypium herbaceum*）、西葫芦（*Cucurbita pepo*）、西瓜（*Citrullus lanatus*）、甜瓜（*Cucumis melo*）、黄瓜（*Cucumis sativus*）、绿豆（*Vigna radiata*）、大豆、菜豆（*Phaseolus vulgaris*）、甘蓝（*Brassica oleracea* var. *capitata*）、兰花（*Cymbidium* spp.）、芝麻（*Sesamum indicum*）亚麻（*Linum usitatissimum*）、烟草（*Nicotiana tabacum*）、薯蓣（*Dioscorea opposita*）和玉米等（Husaini et al.，2018）。

（四）侵染循环

病理性烂秧的病原菌均能在土壤中以腐生方式生活。条件适宜时产生分生孢子、游动孢子等，借风雨和气流传播，或萌发形成菌丝在幼苗间蔓延传播，从伤口侵入或直接侵入幼苗。立枯丝核菌以菌丝和菌核在寄主病残体或土壤中越冬，靠菌丝在幼苗间蔓延传播。腐霉菌则以菌丝或卵孢子在土壤中越冬，条件适宜时产生游动孢子囊，游动孢子借水流传播。镰刀菌多以子囊壳、菌丝体在多种寄主的残体上或土壤中越冬，来年春季气温回升、雨水增多，越冬后的菌丝体或子囊壳开始在温暖潮湿的环境中产生分生孢子或子囊孢子，借助风雨进行传播，附着到田间植株上。

四、病害发生条件

（一）气候因素

温度与光照是影响立枯病、绵腐病的重要因素。水稻是喜温作物，其发芽最低温度为 10 ～13℃。秧苗3 叶期前后，若日平均气温低于 12℃时，其生长即受到阻碍。各种病原菌生长的最低温度都低于水稻秧苗生育的最低温度，在 10℃ 以下均能侵染秧苗。若秧苗期低温阴雨，持续期长，则不利于秧苗生长，秧苗长势弱，易受病菌侵害，烂秧现象时有发生。若低温后暴晴或温度急剧回升，秧苗根系不能较快恢复，地上部分生长过快，造成地上部和地下部生长不协调，体内水分和营养供应失去平衡，易造成青枯病和黄枯病的发生。

（二）栽培条件

施用未充分腐熟的猪粪、牛粪等农家肥，易产生有毒有害物质，播后稻种或秧苗易发生腐烂。浸种水温过高、浸种时间过长、催芽高温烧芽等，烂种、烂秧会多发或重发。田间灌水过深导致秧苗缺氧或田间水温过高等，易引发烂秧。

（三）其他因素

种子质量差，播种质量不高，种子不饱满，贮藏时种子受潮霉变，或生虫发芽率低的陈种，播种后易发生烂种；播后种子露于地表，根迟迟不能扎于泥中，根上翘不能入泥，种子浮于水面和倒芽，芽易腐烂。

苗期立枯病和绵腐病的发生与育秧方式有较大的关系。在水育秧条件下多发生绵腐病，在旱育秧条件下多发生立枯病。水育秧时，低温阴雨，深水灌溉，有利于腐霉菌的生长，造成秧苗缺氧、呼吸受阻、生命活力降低，抵抗不良环境能力下降，则常引发绵腐病。镰刀菌在土壤含水量 10%～25% 条件下生长较好，但在淹水条件下则不能继续生长，故旱育秧或湿润育秧时，由镰刀菌引起的立枯病比较重。

五、病害防治

（一）农业防治

1. 精选种子

选择适应性强、发芽势强、均匀饱满的种子。播前要晒种，盐水或黄泥水精选种子。

2. 选好秧田，加强肥水处理

选择背风向阳、土质肥沃、耕作层深度在 20cm 以上、pH＜6.5（微酸性）、土壤有机质含量高、结构良好、杂草少、无病虫、遇水不板结、干旱不开裂、土质不砂不黏、蓄水保墒和供肥能力强的土壤作秧田。播前 10～15d，每平方米用腐熟农家肥 3～5kg、尿素 40～46g、过磷酸钙 100～150g、硫酸钾（或氯化钾）15～25g、硫酸锌 2～3g，混合拌匀后施入田中。

3. 采用地膜覆盖育秧技术

采用地膜覆盖育秧技术能有效解决低温制约水稻发生烂秧这个生产上的难题，可使土壤的温、光、水（湿）、气重新优化组合，创造有利于水稻生长的良好环境，是预防烂秧、培育壮秧的关键措施之一，一般分为以下 3 个阶段。

1）密封期（1 叶 1 心前）：将薄膜封闭严密，创造高温高湿条件，促进伸根出苗，膜内温度不宜在 35℃以上，超过 35℃时，要揭开膜的两端，通风降温，防止烧芽，待温度降到 30℃以下，再封闭膜。以扎根立苗为主，保持秧板湿润，不能过早灌水，只在沟中灌水即可。

2）炼苗期（1 叶 1 心至 2 叶 1 心）：膜内适温为 25～30℃，晴天时揭膜通风，遇低温仍要密封。炼苗要日揭夜盖，逐渐进行，最后达到全揭。此阶段苗床面可以灌浅水。

3）揭膜期（2 叶 1 心至 3 叶 1 心）：经过 5d 以上炼苗，气温稳定在 13℃，基本没有 7℃以下低温时，在晴好的上午，将膜全部揭掉，及时灌水护苗。移栽前 10d 可施送嫁肥一次，施肥量视苗情和秧田肥力而定。

（二）药剂防治

1. 药剂浸种

选用 0.25% 戊唑醇悬浮种衣剂，或 20% 三环唑可湿性粉剂，或 50% 多菌灵可湿性粉剂，或 25% 咪鲜胺，或 1% 生石灰水等药剂，浸种 24～72h，捞取滤干后，用清水冲洗 2 或 3 次，催芽、播种。

2. 秧板消毒

播种前选用 20% 咪锰·甲霜灵可湿性粉剂，或 3% 甲霜噁霉灵水剂，或 20% 恶霉稻瘟灵微乳剂，或 20% 唑菌胺酯（吡唑醚菌酯）水分散粒剂，或 70% 敌磺钠，或 10% 苯醚甲环唑水分散粒剂等，对苗床进行消毒。

3. 苗期用药

秧苗 3 叶期前后或发病初期，选用 95% 敌磺钠可溶性粉剂，或 25% 甲霜灵可湿性粉剂，或 25% 丙环唑乳油等药剂，喷雾防治。喷药时应保持薄水层。

（三）其他措施

长期灌水秧田发生烂秧后，应立即排水晾干，使种子幼芽与阳光、空气充分接触，促使秧苗迅速扎根。发生黑根的秧田，可采用浅水勤灌，使幼苗恢复健康。

第十一节　水稻一柱香病

一、病害发生与为害

（一）病害发生

水稻一柱香病，又称水稻香亭病。在印度、印度尼西亚、日本、美国、塞拉利昂和新喀里多尼亚均有发生，主要分布在印度的卡纳塔克邦、喀拉拉邦、奥里萨邦和中央邦等地区。在中国主要分布于云南和四川局部地区。在云南的昆明、大理、楚雄、丽江、曲靖、临沧、保山、文山和红河等地的 22 个县都曾发现此病。

（二）病害为害

在印度的奥里萨邦的一些山区（海拔 1500～3500m），常年可见 2%～3% 的稻穗受害。在重病年份，感病品种的受害率可达 10%～11%（Mohanty，1971）。在印度班加罗尔的局部地区，水稻一柱香病被认为是十分重要的病害，其造成的经济损失为 1.75%～3.69%（Shivanandanappa and Govindu，1976）。

在中国，新中国成立前云南病区的病穗率一般为 5%～20%，严重时可达 30%。新中国成立后，该病被列入检疫对象。由于大力推行种子处理，从无病区引进无病良种并改进栽培技术，使该病基本得到控制（夏立群，1979）。

二、病害症状与诊断

图 1-45　水稻一柱香病穗部危害症状

该病主要为害穗部，被侵染的稻穗部分变得有些干瘪。侵染植株通常矮化，剑叶与剑叶鞘上产生与叶脉平行的白粉状条纹，剑叶和叶鞘有时稍微扭曲变形。受害水稻抽穗之前，病菌在颖壳内长出米粒状子实体，将全部花蕊包埋在内，壳内菌丝体从内外颖合缝处延至壳外，形成长条形的菌丝体，或者形成其他形状的菌丝体。外壳渐变黑，菌丝将小穗缠绕，使小穗不能散开，颇似供佛之线香，抽出的病稻穗呈直立圆柱状"小棍棒"，而不是正常的稻穗，故称"水稻一柱香"（图 1-45）。病穗初为淡蓝色，后变白色，上生黑色粒状物，是病原菌的分生孢子座，种子有污斑、干瘪、变形（傅强和黄世文，2005）。

三、病原学

（一）病原

病原菌为稻柱香菌（*Balansia oryzae-sativae*），异名有 *Balansia oryzae*、*Ephelis pallida*、*Ephelis oryzae*，属于半知菌亚门瘤座孢目柱香菌属（或称毡孢霉属）（李伟丰，2006）。

（二）病原形态特征

稻柱香菌菌丝体细长，是被隔膜分开的多节丝状体。分生孢子座散生，黑色，浅杯形或圆球形，直径 1.0～1.5mm，表面生分生孢子。分生孢子梗分枝，无色，大小为 57～85μm×0.8～1.4μm。分生孢子顶生、单生或群生，无色，针形，无隔，直或微弯，大小为 12～22μm×1.2～1.5μm（戴芳澜和相望年，1948）。

（三）病原的生物学特性

菌丝生长适温为 28℃，低于 8℃或高于 34℃均不能生长。分生孢子在 18～30℃下萌发，26℃最适宜分生孢子萌发。分生孢子抗逆性强，贮藏 162d 后仍具有 32% 的萌发率（方中达，1996）。

（四）寄主范围

病菌除侵染水稻（*Oryza sativa*）外，还能侵染稗（*Echinochloa crusgalli*）、高粱（*Sorghum bicolor*）、粱（*Setaria italica*）、黑麦（*Secale cereale*）、毛花雀稗（*Paspalum dilatatum*）、狗牙根（*Cynodon dactylon*）、画眉草（*Eragrostis pilosa*）、千金子（*Leptochloa chinensis*）、柳叶蓍（*Achillea salicifolia*）、有色荩草（*Arthraxon hispidus*）、印度囊颖草（*Sacciolepis indica*）、药用野生稻（*Oryza officinalis*）、狼尾草（*Pennisetum alopecuroides*）等植物。

（五）侵染循环

病菌以分生孢子座混入种子中存活越冬，病稻种为翌年病害的主要初侵染源（Mohanty，1964）。带菌种子播种后，病菌从幼芽侵入，在稻株体内随着植株的生长发育而扩展，在稻株抽穗之前进入幼穗危害，被害幼穗颖壳受破坏而变成蓝黑色，并长出小粒点状的子实体，小穗因被菌丝体缠绕而不能展开，导致抽出的病穗呈圆柱状。病菌也可以在花期侵染，造成种子隔年发病（夏立群，1979）。

（六）病原菌检测方法

1. 常规筛检法

用直径 30～50cm、孔径 2.0mm 的谷物选筛或竹筛对随机抽取的稻种样品进行筛选，将筛下物放入白瓷盘中进行检查，发现干瘪、变形的种子，用尖嘴镊子剖开谷壳，挑选黑色的种胚制成玻片在显微镜下观察。

2. 标准检测方法

国际水稻研究所用于检测稻柱香菌的标准方法主要有以下几种（Misra et al.，1994）。

1）整粒种胚计数检测法：手工剥去谷壳，将谷粒浸泡在含 0.01% 锥虫蓝（台盼蓝）的质量分数为 5% 的氢氧化钠溶液中，在 25～28℃ 下染色 24h。轻轻搅动 2～3min，使种胚分离，倒去溶液，用细刷将漂浮在乳（酸）酚溶液中的种胚收集起来。将洗净的种胚在沸腾的乳（酸）酚溶液中煮沸 2～3min，冷却后在实体显微镜下检查并计数含有稻柱香菌菌丝体的种胚，计算带菌率。

2）印迹装置检测法/吸湿滤纸培养法：在 9.5cm 的玻璃或透明的塑料培养皿中放置 2 或 3 层滤纸，用蒸馏水保湿。从被检验的样品中分类拣取种子，每个培养皿中均匀放置 25 粒。在 22℃ 及白光 12h、黑暗 12h 的光暗循环条件下用紫外线照射培养 6～8d 后，检查和记载种子带菌情况，用两侧照明的实体显微镜逐粒观察。依据种子上菌落的形态，即"吸水纸鉴别特征"来区分真菌种类。检查时应特别注意观察种子上菌丝体的颜色、疏密程度和生长特点、真菌繁殖结构的类型和特征。例如，分生孢子梗的形态、长度、颜色和着生状态，分生孢子的形状、颜色、大小、分隔数，在分生孢子梗上的着生特点等，用百分率表示染病种子数量占总种子数量的比率。

3）冲洗检验方法：将要检测的种子样品放入长颈瓶中，先加入水，再加入润湿剂或乙醇。剧烈振荡以除去黏附在种子表面的物质。将冲洗液移入离心管中，3000～5000r/min 离心 5min。将上清液倒出，对管底沉淀的真菌孢子、菌丝在显微镜下进行镜检。用乳酚蓝对真菌孢子和菌丝染色，用血细胞计数器计数真菌孢子的数量。

四、病害防治

（一）选用抗病品种

从无病田留种或从无病区引种，选择抗性较好的品种。

（二）农业措施

播种前要进行种子处理。实行盐水选种，以减少种子中的病菌子实体；或温汤消毒，种子先在冷水中预浸 4h，用 52～54℃ 温汤浸种 10min，再用 54℃ 热水浸泡 20min。

（三）药剂防治

1. 种子药剂处理

选用 70% 抗菌剂 402 2000 倍液，或 17% 菌虫清 400 倍液，或 50% 多菌灵可湿性粉剂 500 倍液等药剂，浸种 48～60h，捞出洗净，催芽、播种。

2. 大田喷药防治

该病在水稻各个生育时期均能感染，关键是发病初期用药防治。用 40% 灭病威胶悬剂，或 50% 多菌灵可湿性粉剂，或 60% 防霉宝可湿性粉剂等药剂叶面喷施。根据病情，隔 1 周再喷 1 次效果较好。

（四）其他措施

加强检疫，防止带菌种子进入无病区，从无病区引种。

第十二节　水稻条叶枯病

一、病害发生与为害

（一）病害发生

水稻条叶枯病，又称褐条病、窄条斑病。1900 年首次发现于印度尼西亚的爪哇岛。1906 年在北美，1910 年在日本先后有记载（Ou，1985）。该病在亚洲、美洲、非洲等的多个国家均有发生。中国于 20 世纪 80 年代曾有过报道，之后一度销声匿迹。近年来，我国大部分稻区都有该病发生，尤以长江中下游及华南各省的晚稻发生普遍。

（二）病害为害

该病一般导致水稻减产 5%～10%。发病严重的田块，水稻整株呈暗褐色，成片倒伏，减产甚至超过 40%。

图 1-46　水稻条叶枯病感病叶片症状

二、病害症状与诊断

（一）病害症状

水稻条叶枯病可侵害水稻叶片、叶鞘、穗颈、谷粒等部位，以叶片症状最为典型而常见。

叶片多自下而上染病。病斑初期为褐色小点，逐渐扩大呈现与叶脉平行的短条斑，红褐色，长短不一（图 1-46），以长 0.5～1.0cm 的居多。严重时叶面病斑密布，数条条斑连接成小斑块。后期病斑中部呈灰白色，导致叶片干枯。

水稻条叶枯病一般在叶片和叶鞘连接处最先发病。症状与叶片相似，常数个病斑融合成紫褐色斑块，由一小块扩大至一大片，甚至整个稻秆变成紫褐色。

穗颈、枝梗的病斑呈红褐色至紫褐色。发病严重时，颈节上、下部都变为褐色。黄熟期时，会出现穗颈枯死，甚至穗头折断呈倒挂现象，易被误认为穗颈瘟。但穗颈瘟的病斑呈灰色，两端隐约可见细长条斑，而条叶枯病病斑偏紫褐色。

谷粒多发生于护颖部或谷粒表面，呈褐色小斑点，导致谷粒结实差或不结实。

（二）病害诊断

该病在叶片上表现条斑症状，通常与水稻细菌性条斑病难以区分，可通过比较单个病斑长度、对光观察病斑透明度、室内保湿有无菌脓、显微镜下观察有无菌涌现象等方面做出准确诊断（汪爱娟等，2016）。水稻条叶枯病属于真菌病害，其病斑对光不透明，新鲜病斑无菌涌现象，保湿条件下无菌脓产生，但可产生灰色霉层（表1-66）。

表 1-66　水稻条叶枯病与水稻细菌性条斑病叶部症状比较

叶部病斑特征	水稻条叶枯病	水稻细菌性条斑病
干燥条件下病斑大小	0.5～1mm×5mm	0.5～1mm×7mm，单个病斑略比条叶枯病斑长
潮湿条件下溢出菌脓	无菌脓	病斑上有大量细小串珠状黄色菌脓
病斑对光观察	条斑不透明	条斑半透明
低倍显微镜下观察	无菌涌现象	有菌涌现象

三、病原学

（一）病原

病原为稻尾孢菌（*Cercospora oryzae*），属于半知菌亚门丝孢目尾孢属。有性态为稻亚球壳（*Sphaerulina oryzae*），属于子囊菌亚门球壳目亚球壳属（Sah and Rush，1988）。

（二）病原形态及生物学特性

菌丝在6～33℃均可生长，最适为25～28℃。菌丝集结成块粒状，表面略带粉白，内有黑色子座，其上可长出较多的褐色孢子梗与无色的分生孢子。分生孢子梗单生或2～8根簇生，青黄褐色至中度褐色，从表皮或气孔抽出，2～5个隔膜，顶部色泽较浅，基部较宽。分生孢子短鞭状，少数呈圆筒形，淡橄榄色或无色，3～10个隔，大小为12.9～47.2μm×3.9～6.3μm。子囊壳散生或群生，球形或扁球形，直径60～100μm，壳壁纤维质薄膜状，孔口有凸起。子囊棒状，顶端钝圆，大小为50～60μm×10～13μm；子囊孢子双行排列，纺锤形，直或稍弯，3个隔膜，无色，大小为20～33μm×4～5μm（刘大群和董金皋，2007）。

（三）寄主范围

该病原菌寄主范围窄，仅能侵染水稻、李氏禾（*Leersia hexandra*）、铺地黍（*Panicum repens*）。

（四）侵染循环

1. 初侵染源

以菌丝体、分生孢子或子囊孢子在病稻草、病谷上越冬，是翌年发病的初侵染源，其中病稻草是最主要的初侵染源。

1）病稻种：Agarwal 等（1989）发现水稻条叶枯病的种子带菌率可高达 60%，传病率可达 10% 以上。据中国江苏省镇江地区农科所（1978）报告，检测的 23 个晚粳品种中，73% 的品种带有水稻条叶枯病菌，种子带菌率最高达 16.5%。稻种上的病菌可存活至翌年 7 月。在适宜温度下，稻种上的病菌在湿度较高的条件下产生分生孢子，且能随着稻芽的伸长而继续增殖。

2）病稻草：稻草上的病菌可安全越冬。由于存放场所不同，病菌的存活力有较大差别。室内或草堆上的病原菌可存活到翌年 8～9 月。3 月上旬由室内移放到场地土表的，可存活到翌年 5 月。例如，5 月底露置于秧田旁或散放于田水中，或埋于草塘泥表层的病稻草，可维持活力 20～30d。而深埋于草塘内部或混于猪粪中的，则不到 5d 就失去活力。病稻草如遇雨淋，能不断产生分生孢子，特别是堆放在秧田或稻田附近的病稻草，常常是引起周围秧苗或成株发病的初侵染源。田中发病稻株病部产生的分生孢子可引起再侵染。

2. 传播途径

病菌以分生孢子、子囊孢子和菌丝体在病残体上越冬，翌年产生分生孢子，借气流或雨水溅射传播到稻株上，从寄主气孔或伤口入侵致病，向邻近植株扩展发病，形成中心病株。病株主要以分生孢子借风雨传播进行再侵染。

（五）病原毒素

稻尾孢菌能产生紫色的尾孢霉毒素。当病原菌接种在添加 10% 稻叶汁的马铃薯蔗糖培养液中时，3 周后培养液即表现强毒性，培养液和尾孢霉毒素提取物抑制种子胚根生长，引起稻叶褪绿或枯死（陆仕华，1985）。

四、品种抗病性

不同品种对水稻条叶枯病的抗性有明显差别。籼稻较粳稻抗病，早稻、中稻较晚稻抗病，晚粳稻发病较重。多年的观察发现，与农垦 58 亲缘的品种抗性弱；与矮银坊、桂花黄亲缘的品种都较抗病。矮落、宇红 1 号、矮农 69、芝选 1 号、桂花糯、双丰 4 号等品种的抗病性良好。

五、病害发生条件

（一）寄主抗性

同一品种，分蘖期发病较轻，孕穗期后抗性下降，发病随之逐渐加重。满足品种对肥料的要求，可增强抗性，即使是感病品种也可减轻病情（江苏省镇江地区农科所，1978）。

（二）气候因素

温暖多湿的天气有利于发病。在 20～30℃，特别是在 25～28℃ 和高湿条件下，适宜病菌生长繁殖。在水稻生育后期，若遇连续阴雨，气温保持在 22～28℃，植株早衰，抗性减弱，对病害的流行特别有利。

（三）栽培条件

缺肥尤其是有机肥和磷肥不足，植株生长发育不旺盛，易诱发病害。凡施有机肥作基肥，适量追施化肥，水稻生长健壮，发病较轻。有机肥中以绿萍作用最明显。

长期深水灌溉，田脚软烂，土壤通气性差，稻根发育不良，或经常受到旱害的漏水田，或后期脱水田块，特别是寒流来临时脱水的田块，水稻条叶枯病发病严重。

六、病害防治

（一）选用抗病品种

选择优质、高产、抗性较好的品种，合理布局，合理利用。

（二）农业措施

1. 减少初侵染源

病稻草不要用作包稻种的填充物或覆盖物，更不要用来捆扎秧苗或带入作肥料。病稻草若作肥料，必须使其充分腐熟。病区每年要更换秧田，以减少初侵染源。

2. 种子消毒处理

可选用 50% 多菌灵可湿性粉剂 1000 倍液，或 70% 甲基硫菌灵可湿性粉剂 1000 倍液等药剂，浸种 48~60h，或 2% 甲醛溶液浸种 20~30min，再堆闷 3h。Faruq 等（2015）报道热水处理病种子对水稻条叶枯病也有较好的防效。

3. 加强肥水管理

施足有机肥作基肥。能放养绿萍的田块要争取块块养萍，及时倒萍，追施适量化肥。缺磷土壤，增施磷肥。漏水田要多施有机肥，改善土壤质地，增加保水、蓄肥能力。一般大田要防止后期脱水过早，当冷空气来临前要注意灌水保温。浅水勤灌，及时晒田，合理排灌，促进水稻扎根，增强吸肥能力，防止早衰。

（三）药剂防治

以破口期—齐穗期施药防治效果最好，孕穗期前施药无效。可选用 50% 多菌灵可湿性粉剂，或 70% 甲基托布津可湿性粉剂，或 50% 苯莱特（苯菌灵）可湿性粉剂，或 25% 丙环唑乳油等药剂。也可选用 5% 菌毒清水剂，或 70% 甲基硫菌灵可湿性粉剂等药剂，抽穗前后喷 2 或 3 次。重发时，需在水稻破口期、齐穗期各施药 1 次。

第十三节　水稻叶尖枯病

一、病害发生与为害

（一）病害发生

水稻叶尖枯病，也称水稻叶尖白枯病、水稻叶切病。该病在中国、日本、菲律宾、印度等均有分布（Ou，1985）。在中国的江苏、安徽、山东、江西、湖南、广西、四川和辽宁等省（区）均有报道，主要分布于长江中下游和华南稻区（魏景超，1975）。

（二）病害为害

叶尖枯病主要危害水稻顶部上 3 片叶片，特别是剑叶。水稻发病后，上部功能叶提前衰枯，秕谷率增加，千粒重下降，一般造成减产 10% 左右，严重时可达 20% 以上。据江苏省东台县（现为东台市）报道，该县 1980 年发生面积有 1.60 万 hm^2，损失稻谷 987 万 kg，减产 40kg/亩左右。

图 1-47 水稻叶尖枯病症状

二、病害症状与诊断

（一）病害症状

发病一般从叶尖或叶缘开始，有时也始于叶片中部，然后沿叶缘或中部向下扩展，形成长条状病斑（图 1-47）。

病斑初为墨绿色，渐变灰褐色，最后呈枯白色。病健交界处有灰褐色和暗褐色相交互的波浪云纹。湿度高时叶片呈水渍状腐烂，波浪纹不明显，病斑表面可产生少量白色粉状物，后期产生褐色小点，即病菌子囊壳。病部较薄、脆，易破裂，常造成叶尖呈麻丝状或病部纵裂。发病严重时，全叶枯死。稻谷受害，在颖壳上呈现边缘深褐色、中央灰褐色的病斑，病谷结实不饱满。

（二）病害诊断

在田间，水稻叶尖枯病和白叶枯病的症状相似，极易混淆。前者为真菌病害，后者为细菌病害，两者症状的区别见图 1-48 和表 1-67。

图 1-48 水稻叶尖枯病（a）和白叶枯病（b）叶片症状比较

表 1-67 水稻叶尖枯病和白叶枯病的区别

症状	叶尖枯病	白叶枯病
病部边缘颜色	褐色	白色
病健处特征	不呈波浪状，病健不明显	呈波浪状，病健明显（白、绿分明）
后期叶片	破碎，纵裂成条	不破碎
病组织内特征	病组织内可见小斑点	潮湿时病组织上有水珠状菌脓

三、病原学

（一）病原

病原为稻生茎点霉菌（*Phoma oryzicola*），属于半知菌亚门（Sutton，1980）。分生孢子器初埋在稻叶表皮下，后稍外露，黑褐色，近球形或扁球形，大小为 75.3μm×86.1μm，器壁初黄褐色，成熟时黑色。产孢细胞单胞，不分枝，产孢方式为全壁芽生单体式。分生孢子卵圆形、椭圆形或圆筒形，单胞，无色，具油球 1 或 2 个，大小为 2.8～7.0μm×2.5～3.9μm。有性态为稻小陷壳（*Trematosphaerella oryzae*），属于子囊菌亚门。子囊壳生在寄主组织中，呈球形、卵圆形或椭圆形，顶部有小凸起，深褐色。子囊圆筒形，基部稍细、壁薄，子囊间无侧丝。子囊孢子 8 个，排成两列，纺锤形，深黄色，大多弯曲，一般 3～5 个细胞，分隔处稍缢缩。

（二）病原的生物学特性

菌丝生长温度为 10～35℃，最适温度为 22～25℃。分生孢子形成的温度为 15～30℃，最适温度为25℃。孢子萌发温度为 10～35℃，最适温度为 30℃。

（三）寄主范围

除侵染水稻外，病原菌还可侵染稗（*Echinochloa crusgalli*）、西来稗（*E. crusgalli* var. *zelayensis*）、双穗雀稗（*Paspalum paspaloides*）、狗尾草（*Setaria viridis*）、李氏禾（*Leersia hexandra*）、千金子（*Leptochloa chinensis*）、牛筋草（*Eleusine indica*）、虎尾草（*Lysimachia barystachys*）、白茅（*Imperata cylindrica*）、菰（*Zizania latifolia*）、马唐（*Digitaria sanguinalis*）和芦竹（*Arundo donax*）等禾本科植物（徐敬友等，1995）。

（四）侵染循环

病菌以分生孢子器埋生于病叶和病谷颖壳内越冬，翌年分生孢子器稍突起于病组织表面，释放分生孢子而引起水稻发病。老病区以病残体为主要初侵染源。稻种带菌率虽然低，但对新病区传播病害起着重要作用。带菌杂草也是初侵染源之一。越冬分生孢子器遇适宜条件释放出分生孢子，借风雨传播至水稻叶片上，经叶片、叶缘或叶部中央伤口侵入。病叶表面产生的分生孢子落到健叶上，产生再侵染；落到新抽出的稻穗上，侵染稻谷或颖壳，导致谷粒发病。水稻成熟收割后，落在田中的病残体、病稻种成为翌年的初侵染源。

四、品种抗病性

（一）品种抗性

徐敬友等（1997）用剪刀蘸菌液接种，试验表明水稻不同类型和品种（组合）对叶尖枯病的抗性存在明显差异。一般籼型杂交稻感病，常规中籼稻次之，而粳稻、糯稻较抗病。秆高、叶长且披垂的水稻品种（组合）较感病。抗病品种特别是粳稻、糯稻品种在病健交界处表现出明显的褐色过敏性反应。扬稻 3 号、扬稻 4 号、扬稻 3037、南农 3005、兴籼 1 号和协优 136 较抗病。

水稻不同生育期对叶尖枯病的抗、感性有明显差异（徐敬友等，1993）。从病害潜育期和病斑扩展长度来看，苗期和分蘖期叶片较抗病，而孕穗期、扬花期和乳熟期较感病（表 1-68）。

表 1-68　水稻不同生育期叶片的抗病性

生育期	接种叶片数/片	发病叶片数/片	发病率/%	潜育期/d	病斑平均长度/cm
苗期	20	18	90	6	3.3
分蘖期	20	20	100	4	6.0
孕穗期	20	20	100	3	12.8
扬花期	20	20	100	3	13.1
乳熟期	20	20	100	3	11.5

（二）抗病品种鉴定方法

在水稻破口期，采用不同方法进行人工接种技术比较（徐敬友等，1997）。剪刀蘸菌液接种：先用消毒剪刀蘸菌液，后剪去稻叶尖 5cm 左右。剪叶蘸菌液接种：先用消毒剪刀剪去稻叶尖 5cm 左右，后将稻叶伤口蘸上菌液。砂磨接种：木砂轻磨稻叶，再用毛笔蘸菌液涂抹伤口。针刺接种：以注射针头刺伤稻叶，后用毛笔蘸菌液涂伤口。喷雾接种：将菌液喷施于稻叶表面。

结果表明，凡能造成伤口的接种方法，如剪刀蘸菌液接种、剪叶蘸菌液接种、砂磨接种和针刺接种，都能使稻叶发病，而非伤口接种方法不引起水稻发病。其中，剪叶蘸菌液接种能使叶片完全发病，且接种点一致，易于测量记载，简单方便，水稻发病较重。剪刀蘸菌液接种有时由于刀口蘸菌液较少，导致少数叶片不发病。砂磨和针刺接种都能使稻叶发病，但方法较麻烦，病斑大小不易测定。由此可见，病菌主要通过伤口侵入，人工接种方法以剪叶蘸菌液为好。

徐敬友等（1993）以剑叶为观察对象，将水稻叶尖枯病的病情进行分级。0 级，叶片上无病斑；1 级，病斑占叶面积的 5% 以下；2 级，病斑占叶面积的 5.1%～25%；3 级，病斑占叶面积的 25.1%～50%；4 级，病斑占叶面积的 50.1%～75%；5 级，病斑占叶面积的 75% 以上或全叶枯死。

（三）病害发生与产量的关系

水稻剑叶受叶尖枯病危害后，主要导致结实率和千粒重下降。徐敬友等（1993）在发病高峰期进行田间定株分级挂牌，考察不同病级对产量的影响（表 1-69）。与对照相比，不同病级的结实率下降 0.52%～13.99%，且病情越重，结实率下降幅度越大。不同病级的千粒重减少 0.29～2.15g，下降 0.97%～7.22%。其中，3 级、4 级、5 级对千粒重的影响较明显，分别降低 4.37%、5.01%、7.22%。不同病级的产量损失率为 1.50%～20.19%，产量损失率（y）与剑叶病级（x）呈直线回归关系（$y=-5.033+4.905x$，$r=0.9851$），达到极显著水平。叶尖枯病达到 3 级后，对水稻产量影响较大，而 1 级和 2 级产量损失率较小。

表 1-69　水稻叶尖枯病损失率的测定结果

病级	总粒数/粒	实粒数/粒	秕粒数/粒	结实率/%	千粒重/g	产量损失率/%
0 级	6534	5851	683	89.55	29.76	
1 级	7201	6415	733	89.08	29.47	1.50
2 级	7128	6321	786	88.68	29.23	2.74
3 级	7674	6499	807	84.69	28.46	9.57
4 级	7186	5798	1165	80.68	28.27	14.41
5 级	7079	5452	1627	77.02	27.61	20.19

五、病害发生条件

（一）寄主抗性

水稻拔节期至孕穗期开始感病，抽穗期病害迅速扩展，至灌浆后期趋于稳定。

（二）气候因素

温度 25～28℃、多雨、多台风，有利于病害发生。在水稻生长后期（拔节至灌浆初期），若遇到连绵阴雨，特别是暴风雨，造成稻叶伤口，病害易流行。

（三）栽培条件

分蘖肥和穗肥施得过重、偏迟，水稻生长旺盛，叶片疲软，发病较重。水稻生育后期未及时晒田，长期灌深水，栽插密度过大，会加重发病。

六、病害防治

（一）选用抗病品种

重病田应选用抗性好的籼稻或粳稻品种。

（二）农业措施

1. 种子检疫

加强种子检疫，防止病种传入无病区。

2. 增施有机肥

冬季培育紫云英等绿肥，实行稻草还田，培育土壤肥力。注意氮、磷、钾合理搭配，避免偏施氮肥。增施硅、钾、锌、硼肥，其中以硅、钾肥的效果较为显著，防效分别可达 33.5% 和 41.2%（表 1-70）。硅肥被稻株吸收后可增加细胞壁的硅化程度，提高叶片硬度。增施钾肥能够协调植株的生长，提高植株抗性。

表 1-70　硅、钾、锌、硼肥对水稻叶尖枯病的控制作用

肥料	用量/(kg/hm^2)	施用方法	病叶率/%	病叶率防效/%	病指	病指防效/%
硅肥	112.5	基施	22.5	33.2	7.8	39.1
	3.75	追施	30.6	9.2	10.9	14.8
	7.5	追施	22.4	33.5	9.2	28.1
氯化钾	225	基施	19.8	41.2	9.4	26.6
磷酸二氢钾	7.5	追施	26.2	22.2	8.0	37.5
硫酸锌	1.5	追施	28.2	16.3	9.1	28.9
硼砂	3	追施	31.9	5.3	10.0	21.9
对照			33.7		12.8	

3. 合理排灌

适时、适度晒田，控制无效分蘖，生长后期保持干干湿湿。

4. 合理密植

栽培不可过密，适当降低田间湿度。

（三）药剂防治

在播种前采用药剂处理种子。选用 50% 多菌灵 250 倍液，或 50% 甲基硫菌灵 250～500 倍液，或 40% 禾枯灵 250 倍液等药剂，浸种 24～48h，捞出洗净，催芽、播种。

在水稻孕穗至齐穗期进行田间调查，当病丛率达 30% 以上时施药防治。可选用 40% 多菌灵胶悬剂，或 40% 禾枯灵可湿性粉剂，或 15% 粉锈宁可湿性粉剂等药剂，在水稻破口抽穗至齐穗期，病害初发时喷药 1 或 2 次。

第十四节　水稻云形病

一、病害发生与为害

（一）病害发生

水稻云形病，又称水稻褐色叶枯病、叶灼病。在国外，主要分布于东南亚，如日本、越南、泰国、文莱、比利时、哥斯达黎加、危地马拉等地区。在国内，主要发生在长江流域和南方稻区，如云南、江苏、浙江、福建、湖南、广东和广西等稻区。

（二）病害为害

20世纪70年代初，该病在我国广东省因危害严重而受到关注。2000年，江西省崇义县晚稻的发生面积近200hm^2，其中减产四成以上的面积近6.7hm^2。2005年，在浙江省龙泉市单季晚稻普遍发生，发病面积占总面积的25%以上。该病在早稻、晚稻上皆可发生，一般早稻比晚稻发生严重，重病田发病率可达50%以上，造成减产10%～20%，严重的田块稻株大部分干枯，不能抽穗。

二、病害症状与诊断

（一）病害症状

主要危害叶片，通常有两种典型的症状。一种是云形病斑。在下部叶的叶尖或叶缘先产生水渍状小斑，逐渐向叶基或内侧波纹状扩展。病斑中心灰褐色，外缘灰绿色，后期病斑上出现明显的暗褐色波浪状云纹（夏红明，2014）。潮湿阴雨天气，叶片水渍状腐烂，病部深褐色，病健交界处不明显。干燥时，病部呈黄褐色至灰褐色，病健交界明显。高湿条件下，接近病健处产生白色粉状物，即病菌分生孢子；叶尖产生暗褐色小点，即病菌的子囊壳。另一种是褐色叶枯病斑。叶上先出现暗褐色小点，逐渐扩展为长椭圆形、纺锤形、长菱形或短条形病斑，对光观察，病斑周围有较宽的黄色晕圈，病健交界不明，无轮纹，病斑中央淡褐色至枯白色，周围褐色，外围有黄色晕圈，严重时病叶连片枯死。穗轴和枝梗受害，病斑暗褐色或紫褐色，枯死后呈淡褐色至褐色。谷粒受害，出现边缘不明显的褐斑，少数整粒褐变。

（二）4种叶片病害症状的判别

危害水稻叶片的病害，除了水稻云形病，还有水稻叶枯病、白叶枯病和尖叶枯病等。叶片受害后，常出现褐色、黄褐色、白色斑点或条斑，导致叶片提前发白、枯死。这4种病害在叶片上的症状有相似之处，亦有明显不同之处。

水稻云形病多从稻株上部叶片开始，尤以剑叶为多。先在叶尖或叶缘产生水渍状小斑，后迅速向下部或内侧作波浪状扩展，中央灰褐色，外缘灰绿色。病斑发展很快时，叶片呈水渍状腐烂。低温或干燥时，病斑常局限于叶尾或叶缘，且为灰褐色。

水稻叶枯病多从稻株下部叶片开始发生，逐渐向上部叶片蔓延，剑叶很少发病。叶片上先产生褐色小点，随后扩大成不规则形、椭圆形、纺锤形或长条形的病斑，中心灰褐色，边缘深褐色，周围有较宽的黄色晕圈，与胡麻叶斑病很相似，但病斑稍大，边缘界限不明显。病斑多时，连接成片，引起叶片变褐。

水稻白叶枯病多从叶尖和叶缘开始，沿叶缘两侧或中脉发展成波纹状长条斑，病斑黄白色，病健部分界明显，病斑后期灰白色，向内卷曲，远望一片枯槁色。空气潮湿时，新鲜的病斑及病斑的叶缘分泌出水珠状或蜜黄色菌胶，干涸后结成硬粒，即菌脓或菌珠，易脱落。

水稻叶尖枯病从叶尖或叶缘开始出现墨绿色病斑，初为水渍状，后呈灰褐色和暗褐色相交互的波浪云纹，波浪纹不明显。病部碎裂成条或全叶枯死。

三、病原学

（一）病原

病原菌无性态为稻格氏霉（*Gerlachia oryzae*），属于半知菌亚门腔孢纲球壳孢目壳二孢属。有性态为 *Metasphaeria albescens*，属于子囊菌亚门腔囊菌纲隔孢菌目隔孢菌科亚球腔菌属。

（二）病原形态特征

在 PDA 平板上培养，菌丝平伏，毡状，初期为白色，后期变为橘红色、灰黑色、黑色、橄榄绿色、墨绿色等。分生孢子梗极短，无色。分生孢子无色，多为短新月形，少数纺锤形，多数双胞，少数单胞，大小为 8.4～16.8μm×2.6～4.9μm。子囊壳初黄褐色后暗褐色，球形或扁球形，大小为 161.3～183.2μm×62.6～80.1μm。子囊圆柱形，内生子囊孢子 8 个，平行交错排列，大小为 44.7～70.3μm×8.5～13.2μm。子囊孢子椭圆形，无色，有 3 个隔膜，分隔处稍缢缩，两端细胞较细，大小为 14.9～26.4μm×3.6～6.4μm（夏红明，2014）。

（三）病原的生物学特性

病菌的生长温度为 5～30℃，最适温度为 20～25℃。产孢温度为 15～30℃，25℃为最适温度。

（四）寄主范围

主要危害水稻、无芒稗。

（五）侵染循环

主要以病菌的菌丝体在罹病组织内越冬，其次以分生孢子附着在种子表面越冬，病种子播种后引起芽鞘腐烂。病稻草和带菌种子为初侵染源。分生孢子借气流和雨水溅射进行传播，主要从叶片伤口或水孔侵入致病。病部产生的分生孢子再次侵染植株。远距离的还可以通过种子调运传播。

四、品种抗病性

不同品种对水稻云形病的抗性差异较大。一般籼稻发病重于粳稻，杂交稻发病最重，常规中籼稻次之，粳稻发病最轻。叶片窄而挺拔的品种发病较轻，叶片披垂而阔的品种较易发病。

五、病害发生条件

（一）寄主抗性

同一品种的不同生育期，其感病程度不同。苗期极少感病，分蘖末期开始发生，孕穗期发生严重，开花灌浆期病情激增，穗部以谷粒感染最早，但症状不如叶片明显。

（二）气候因素

发病适宜温度为 18～27℃，最适为 20℃，30℃以上发病较轻，18℃以下病害受到明显抑制。在水稻孕穗末期，平均气温为 19～25℃、相对湿度超过 90%，病害易于流行，尤其台风、暴雨频繁的年份，该病往往发生严重。

（三）栽培条件

偏施氮肥，稻株徒长披叶，叶片转色不正常的稻株发病重。深水灌溉、地势低洼或排水不良的稻田发病重。土壤质地对病害的影响也较大，如砂性土壤田块的有机质含量较低，易造成营养失衡，故发病较重；而在壤土田块，该病的发生程度轻。

六、病害防治

（一）农业措施

1. 选用无病种子

选用健康种子，避免在病田留种。

2. 种子消毒处理

稻种消毒可以采用温汤浸种法。先将稻谷在冷水中浸种 24h，然后在 40～45℃温水中浸 5min，移入 54℃的温水中再浸 10min，最后将水温保持在 15℃左右浸至种子吸水达饱和状态。也可用石灰水浸种，50kg 水加入 0.5kg 生石灰。在浸种过程中不要搅动，以免弄破石灰水表面薄膜，导致空气进入而影响杀菌效果。还可用 300 倍液三氯异氰尿酸浸种，先用清水预浸 12h，再用药浸种 12h，清水洗净后，再用清水浸种。

3. 做好病草处理

收获后病稻草除了用于耕牛饲料，均要烧毁或作燃料，以减少病原传播。严禁使用病稻草扎秧、捆秧、盖秧厢等。

4. 土壤消毒

对发病田应进行全面消毒，可选用敌克松、石灰等进行土壤消毒。

5. 合理施肥

防止偏施或迟施氮肥，增施磷钾肥和有机肥。冬季培育紫云英，提高土壤肥力。通过稻草还田、增施硅肥等方式提高水稻抗病能力。

6. 做好科学管水

浅水灌溉，适时搁田，破口抽穗期保持寸水，灌浆结实期保持干干湿湿，增强稻株抗病性。

（二）药剂防治

在水稻破口期—灌浆期进行药剂防治。用 45% 瘟特灵胶悬剂，或 40% 灭病威胶悬剂，或 60% 防霉宝可湿性粉剂，或 20% 粉锈宁乳油，或 40% 禾枯灵可湿性粉剂，或 40% 多硫酮（多菌灵+硫黄+三唑酮）悬浮剂等药剂，细水喷雾。重病田应每隔 7d 喷一次，连喷 3 次，药剂以交替使用效果更好。施药时田间保持寸水 3～5d，以晴天 16：00 后施药效果更佳。

第十五节 水稻叶黑肿病

一、病害发生与为害

（一）病害发生

水稻叶黑肿病，又称水稻叶黑粉病。过去在我国为害较轻，近年在安徽、江苏、四川、贵州、山西、内蒙古、吉林、黑龙江、河南、湖北、湖南、江西、广西、海南、福建等稻区均有发生，在华中和华南稻区发生普遍。

（二）病害为害

多发生于水稻生育后期，引起水稻叶片早衰，造成叶片枯干，对产量影响不大，但局部为害杂交稻，影响水稻的结实率和谷粒充实度。一般造成减产 8%～18%，严重时可达 20%～30%，甚至 30% 以上。

二、病害症状与诊断

主要为害叶片。发病多由基部叶片开始，逐渐向叶片上部扩展。病斑自叶尖或叶缘水孔或伤口处发生，扩展至叶中及叶基部。初为散生或群生的褐色小斑点，沿叶脉呈断续的线状，病斑长 1～4mm、宽 0.2～0.5mm，后稍隆起变成黑色，其内充满暗褐色的冬孢子堆，病斑四周变黄（图 1-49）。严重时叶片病斑密布，有些互相连合为小斑块，致使叶片提早枯黄，叶尖破裂成丝状，下部叶片萎蔫、干枯。

图 1-49 水稻叶黑肿病症状

三、病原学

（一）病原

病原菌为稻叶黑粉菌（*Entyloma oryzae*），属于担子菌亚门。

（二）病原形态和生物学特征

冬孢子堆为黑色长方形，散生，有的为椭圆形或近圆形，埋生在寄主表皮下，大小为 0.5～4mm×0.3～1.4mm。冬孢子近圆形至多角形，壁厚，暗褐色，大小为 7.5～12.5μm×7.5～10μm，萌发时生出短棍棒状无色菌丝，顶生棒状至纺锤形的担孢子 3～8 个，淡橄榄色。担孢子再生次生小孢子，呈叉状排列。冬孢子萌发温度为 21～34℃，适温为 28～30℃。

（三）寄主范围

寄主范围窄，仅危害水稻。

（四）侵染循环

以菌丝体和冬孢子在病残体或病草上越冬。翌年夏季萌发产生担孢子和次生担孢子，借气流或风雨传播入侵致病。

四、品种抗病性

（一）已报道的抗病品种

水稻品种抗性有差异。特优 63、UI63、汕优 10 号、台粳 27、水晶糯等品种较抗病（蔡煌，1996）。在长江流域稻区，杂交稻、农垦品系和加农品系较感病。

（二）抗病品种鉴定方法

按照叶片发病面积及病斑数，水稻叶黑肿病有两种病害分级标准。

庄元卫等（1999）根据叶片发病面积分级，病害分级标准为：0 级，不发病；1 级，病斑面积占全叶的 0.1%～5.0%；2 级，5.1%～10.0%；3 级，10.1%～25.0%；4 级，25.1%～40.0%；5 级，40.1%～65.0%；6 级，65.1%～100.0%。

周杜挺和何可佳（2006）根据病斑数分级，病害分级标准为：0 级，无病；1 级，叶片上病斑数量少于 5 个；3 级，叶片上病斑数量为 6～10 个；5 级，叶片上病斑数量为 11～20 个；7 级，叶片上病斑数量为 21～40 个，叶片发黄；9 级，叶片上病斑数量为 40 个以上，叶片枯死。

五、病害发生条件

（一）寄主抗性

水稻在分蘖盛期至末期开始感病，孕穗至齐穗期病害多集中在植株中下部叶片，灌浆至成熟期为病害激增期。在局部地区的杂交稻上发生偏重，早熟品种较晚熟品种更易发病。

（二）气候因素

发病适温在 20℃左右。大雨或连续阴雨会加重病害发生。

（三）栽培条件

土壤瘠薄的缺肥田，尤其是缺磷、缺钾田块发病重，偏施氮肥的田块发病早。长期深水灌溉、后期断水过早的田块发病较重。

六、病害防治

（一）选用抗病品种

重病区应选用抗病性强、丰产性好的品种。

（二）农业措施

1. 清洁稻田

收割时将病稻草散开，干后填埋，避免病稻草作为肥料。适时种植紫云英、苜蓿等作物，改良稻田土壤。

2. 适期播种，合理密植

培育壮秧，保持田间通风透光。

3. 科学管水

分蘖末期及时晒田，孕穗至抽穗期保持田间湿润，采取早稻间歇式、晚稻递增式的灌水方式，切勿灌深水。

4. 合理施肥

采用配方施肥技术，避免因缺肥而造成早衰，提高植株抗病力。科学施用氮、磷、钾肥，尤其要多施腐熟有机肥，适当增施硅肥。

（三）药剂防治

重发区在病害初发期或上升初期进行喷雾防治，一般在幼穗形成至抽穗前进行，杂交稻应提早到分蘖盛期。孕穗末期病情上升初期，以病丛率达到 30% 为防治指标。用 30% 丙环唑·苯醚甲环唑乳油，或 43% 戊唑醇悬浮剂，或 15% 三唑酮可湿性粉剂，或 50% 多菌灵可湿性粉剂，或 20% 粉锈宁乳油，或 40% 禾枯灵可湿性粉剂等药剂，喷雾防治。

第十六节　水稻叶鞘网斑病

一、病害发生与为害

（一）病害发生

水稻叶鞘网斑病主要分布于中国和日本。在中国多发生于浙江、湖南、江苏、江西等南方稻区，一般年份零星发生，但个别年份和个别地区发生严重。

（二）病害为害

主要为害叶鞘，致使叶片干枯。发病严重时，病株叶片发黄，影响光合作用，造成千粒重下降。1999年在江西省上饶县（现为上饶市），水稻分蘖盛期到拔节期前后暴发叶鞘网斑病，发病面积为 0.3 万 hm^2，病株率为 24%，造成产量损失 11% 左右。在浙江省各稻区均有该病发生的报道，黄岩县（现为黄岩区）马浦（平原）早稻川大籼的丛发病率为 30.1%，龙泉县（现为龙泉市）东书（山区）早稻圭陆矮 8 号的丛发病率为 50.2%，临海县（现为临海市）筱溪早稻矮南早部分田块的丛发病率高达 80% 以上（金敏忠，1991）。

二、病害症状与诊断

（一）病害症状

该病主要危害稻株下部接近水面的叶鞘。初为湿润状黑色小斑点，后逐渐扩大至 2～3cm，椭圆形或纺锤形，稍隆起，呈淡黄褐色或黑褐色，其上布满纵横交错的网格状斑纹。叶鞘内侧的病组织中可见灰白色石灰质颗粒状物，表面长有白色霉状物，即病菌的分生孢子梗及分生孢子。后期可危害剑叶叶鞘，黄绿色，但不软腐。叶片受害先是叶尖黄化，后沿叶缘两侧向下蔓延，严重时病鞘上部叶片枯死，可扩展到谷粒（金敏忠，1991）。

（二）病害诊断

水稻叶鞘网斑病与二化螟低龄幼虫群集危害造成的变色叶鞘相似，很容易混淆。谯天敏等（2015）以水稻叶鞘网斑病病原菌帚梗柱孢霉的 DNA 为模板，以翻译延伸因子和 β 微管蛋白基因的特定序列作为靶标，设计了 EF-S-4/EF-A-4 和 BT-S-9/BT-A-9 两对特异性引物，建立了双基因联合 PCR 检测技术，为早期诊断水稻叶鞘网斑病害提供了技术支持。

三、病原学

（一）病原

病原为帚梗柱孢霉（*Cylindrocladium scoparium*），属于半知菌亚门丝孢目柱枝双孢霉属（Ou，1985）。

（二）病原形态特征

分生孢子梗无色，生 2 或 3 次叉状或轮状分枝的小柄，顶端着生分生孢子。主轴顶端膨大呈头状，大小为 170～320μm×4～8μm。分生孢子无色，圆筒形，具有 1 个分隔，双胞，大小为 49～76μm×3～5μm（方中达，1996）。

（三）病原的生物学特性

病菌生长温度为 5～37℃，以 25～30℃为宜。

（四）寄主范围

该菌除为害水稻外，还能侵染大麦（*Hordeum vulgare*）、荞麦（*Fagopyrum esculentum*）、豌豆（*Pisum sativum*）、大豆（*Glycine max*）、赤豆（*Vigna angularis*）、菜豆（*Phaseolus vulgaris*）、合欢（*Albizia julibrissin*）、刺槐（*Robinia pseudoacacia*）、草莓（*Fragaria×ananassa*）、玉米（*Zea mays*）、甘薯（*Dioscorea esculenta*）、马铃薯（*Solanum tuberosum*）、蚕豆（*Vicia faba*）、花生（*Arachis hypogaea*）、黄瓜（*Cucumis sativus*）、葱（*Allium ascalonicum*）和甘蓝（*Brassica oleracea* var. *capitata*）等多种作物（金敏忠，1991）。

（五）侵染循环

病稻草及土壤内越冬的菌丝和菌核是该病的初侵染源。翌年灌水翻耕，菌丝和菌核漂浮于水面，插秧后附着于稻株近水面的叶鞘上，侵入稻株引起发病，其侵染过程与水稻纹枯病和稻小球菌核病相似。病斑表面形成的分生孢子靠水和风传播，引起再次侵染。

四、病害发生条件

（一）气候因素

多雨、低温、日照少，有利于该病发生。

（二）栽培条件

山区比平原发病重。长期深灌、排水不良或偏施氮肥的田块发病较重。

五、病害防治

（一）选用抗病品种

重病区注意换种抗病良种。

（二）农业措施

1. 加强肥水管理

浅水勤灌，干干湿湿，适时搁田，不宜长期处于淹水状态。避免偏施氮肥，适当增施磷钾肥。

2. 处理好病稻草

禁用稻草还田作肥料。带病稻草可用作燃料、高温堆肥或工业原料。

（三）药剂防治

1. 药剂浸种

用 40% 多菌灵胶悬剂 500 倍液或 40% 禾枯灵可湿性粉剂 250 倍液等浸种 24～48h，捞出洗净、催芽、播种。

2. 大田防治

应抓住分蘖盛期至拔节期前后进行喷药保护，可用 40% 多菌灵胶悬剂、25% 多菌灵可湿性粉剂、40% 禾枯灵可湿性粉剂、25% 粉锈宁可湿性粉剂、50% 甲基托布津可湿性粉剂等。喷雾时要保证用水量，喷到稻株中下部，喷药前 1～2d 宜排水露田。每 7～10d 喷一次，视病情可连续用药 1 或 2 次。

第十七节　水稻霜霉病

一、病害发生与为害

（一）病害发生

水稻霜霉病，又称水稻黄化萎缩病。在国外，主要分布于日本、意大利、美国、新西兰、保加利亚等地区（魏景超，1975）。在我国，早期发生于台湾、吉林、辽宁等水稻栽培区，后来在南方稻区和东北稻区均有发生，其中江苏、浙江发生较普遍（余永年，1998）。

（二）病害为害

双季早稻在本田分蘖初期开始表现症状。中稻在秧田后期开始显症，分蘖盛期症状明显。一般秧田病株率为5%左右，重病田达40%。大田病丛率为8%～10%，重发田达50%。受害病株不能结实，或抽出畸形穗，严重时可减产40%以上。

二、病害症状与诊断

秧田期病株稍矮，病叶增厚，叶色浅绿。移栽到大田后，植株矮化愈加明显，病株高度不及健康植株的1/2（图1-50）。发病初期，叶片上着生黄白色小斑点，圆形或椭圆形，常连成不规则条纹，呈斑驳花叶状。病株心叶淡黄卷曲，不易抽出，下部老叶渐枯死，根系发育不良，白根少。受害叶鞘略显蓬松，表面有不规则波纹或产生皱褶、扭曲。病株分蘖减少，一个感病则其余分蘖都感病。重病株不能孕穗，轻病株能孕穗，但不能正常抽出，包裹于剑叶叶鞘中，或从其侧方拱出呈拳状，扭曲畸形，穗小而不实，有时小穗退化为叶状（胡英，2014）。

图1-50　水稻霜霉病大田症状

三、病原学

（一）病原

病原菌为大孢指疫霉水稻变种（*Sclerophthora macrospora* var. *oryzae*），属于藻菌界卵菌门指疫霉属（余永年，1998）。

（二）病原形态特征

藏卵器球形，淡黄褐色，大小为65.0～95.0μm×64.0～78.0μm。雄器1～4个，侧生，大小为45.0～75.0μm×7.5～10.0μm。成熟的卵孢子近球形或卵圆形，鲜黄色，大小为51.0～75.0μm×51.0～75.0μm，表面光滑或略有皱褶，卵孢子包被于藏卵器壁内。孢子囊卵形或柠檬形，无色或紫褐色，单生于孢囊梗顶端，大小为19.5～26.8μm×14.6～19.5μm。孢子囊遇水萌芽，产生多个游动孢子。游动孢子椭圆形，双鞭毛，静止后呈球形。

（三）病原的生物学特性

游动孢子生长适温为 15～21℃。卵孢子在 10～26℃ 下都可萌发，19～20℃ 最为适宜。

（四）寄主范围

该菌寄主范围广，能侵染水稻、小麦、大麦、玉米和燕麦（*Avena sativa*）等 43 属以上禾本科植物，在稗（*Echinochloa crusgalli*）、看麦娘和马唐等禾本科杂草上也有发生。

（五）侵染循环

以卵孢子在土壤或病株残体中越冬。翌年春季当温度升高到 10℃ 以上时，卵孢子萌发后形成孢子囊，孢子囊成熟破裂，释放出带鞭毛的游动孢子，借水流传播。游动孢子鞭毛消失后，附着在秧苗上，萌发产生菌丝而侵入寄主。游动孢子寿命较短，一般只有 1d 左右。若遇阴雨、低温天气，特别是暴风雨造成秧苗抵抗力弱，易造成病害流行。如果孢子囊释放游动孢子时遇高温干旱，则失去侵染能力。菌丝在植株内生长到后期，通过两性繁殖形成厚壁卵孢子，可以抵抗不利环境，落在土壤中或留在病残体中越冬，完成侵染循环。

四、品种抗病性

（一）水稻抗病性

不同水稻品种（组合）间抗病性存在明显差异。在常规稻中，籼稻发病重，粳稻发病轻。在杂交稻中，汕优发病重，特优发病轻。

（二）抗病品种鉴定方法

薛洪楼（2009）在水稻齐穗期进行品种的抗性调查。以株为单位，病害的分级标准为：0 级，无病；1 级，病株矮化，只有正常植株的 3/4 高度；2 级，病株只有正常植株的 1/2 高度，穗能抽出 1/2 长度以上；3 级，病株只有正常植株的 1/2 高度，穗只能抽出 1/2 长度以下；4 级，病株枯死或不能抽穗。

五、病害发生条件

（一）气候因素

水稻霜霉病属于低温高湿病害。阴雨天越长，降水量越大，越有利于该病发生。卵孢子在 10～20℃ 都能致病，15～20℃ 最适，温度低于 10℃ 或高于 26℃ 不易发病。侵染最适湿度为 90% 以上，低于 70% 则不易发病。早稻播种季节，如遇低温或连续阴雨，育秧期间的温度为 10～20℃ 时适合发病，故早稻发病常重于中、晚稻。

（二）栽培条件

秧苗期是该病的主要感病生育期，大田病株多从秧田带入。秧田水淹、暴雨或连续阴雨时，发病严重。育秧方式不同，发病情况也不同。一般旱育秧田不易发生霜霉病，水育秧田易发病。

六、病害防治

（一）选用抗病品种

要因地制宜地选择抗病性强的优良品种（组合）进行栽培。

（二）农业措施

1. 种子消毒处理

播种前要做好种子消毒处理，以免种子带菌引起病害发生，可选用 25% 甲霜灵可湿性粉剂浸种或拌种。

2. 秧田选择与稻田清洁

育秧田应选择在地势较高、土壤肥沃、有利于排灌、不易被水淹的田块。上年有发病的田块不能作秧田。及时清除秧田周边杂草、病苗，以减少越冬菌源。将发病田块中的稻草、稻桩及稻菟集中烧毁，不能堆放在田埂上过冬。在秧田或大田期一旦发现病株要及时拔除、销毁。

3. 加强肥水管理

注意浅水勤灌，严禁深水淹苗，以免加重病情。低洼秧田应推广旱育秧，防止秧田淹水。对于水育秧，在秧苗 3 叶期前，要坚持秧田湿润管理，及时排除秧畦上的积水。同时，秧田应增施有机肥，熟化土壤，增强土壤透气性。增施磷钾肥，提高禾苗素质，增强抗病性。

（三）药剂防治

该病主要在早、中稻秧苗 3 叶期，以及受水淹后 2～3 周易发生。在大田发病初期或常年易发稻区要采用药剂防治。可用 70% 代森锰锌可湿性粉剂、64% 杀毒矾可湿性粉剂、58% 甲霜灵锰锌可湿性粉剂、70% 乙膦·锰锌可湿性粉剂、50% 烯酰吗啉可湿性粉剂或 72% 霜霉威水剂等兑水喷雾。每隔 5～7d 喷 1 次，连续 2 或 3 次，注意轮换交替使用农药，施药后 4h 遇雨应补喷。被洪水冲淹的田块，排水后可用 1：1：240 波尔多液或选用以上药剂喷施，预防该病的发生。

第十八节　水稻苗疫霉病

一、病害发生与为害

（一）病害发生

水稻苗疫霉病是水稻种植过程中常见的一种苗期病害，于 1973 年在江苏省水稻上被发现，在我国长江流域发生较多（王金生和陆家云，1978）。

（二）病害为害

该病主要为害早、中稻秧苗。秧苗受到感染后，轻则发病率 20%～30%，重则 60%～70%，严重田块可高达 90%，引起秧苗成团枯死。未死秧苗移栽大田后，部分叶片枯死，光合作用减弱，导致秧苗生长瘦弱，分蘖推迟，影响幼穗分化，造成水稻减产 10%～15%。

二、病害症状与诊断

（一）病害症状

在叶片上形成红褐色的不规则条斑，之后条斑中部变成暗灰色或褐色，边缘呈紫褐色。病害急剧发展时条斑相互连合，致使叶片纵卷或弯折。在阴雨天或露水大时，病斑表面有蛛丝状白色霉状物。如遇晴天烈日或干燥有风天气，叶片上病斑快速失水，出现黄白色圆形或椭圆形小斑点，病斑轮廓不清楚，细看略呈水渍状。一般只造成秧苗中、下部叶片局部枯死，严重时全叶或整株枯死，特别是 3 叶期前后常见死苗。病苗移栽大田后，除重病株早期死亡外，轻病株在气温上升后可逐渐恢复生长，除分蘖略少外，叶色、株高、抽穗结实无异常现象。

（二）病害诊断

水稻苗疫霉病在症状上非常容易与水稻霜霉病混淆。黄化萎缩症状、穗期发病时穗畸形和被叶鞘包裹是水稻霜霉病的典型症状；而叶片上出现条斑、局部坏死以及病组织中含有大量卵孢子等显然是水稻苗疫霉病的特点（表 1-71）（王金生，1980）。两种病原菌的孢子囊和卵孢子的尺寸范围比较接近，其重要区分之一是孢子囊中游动孢子的形成过程。水稻苗疫霉菌的游动孢子是在孢子囊内形成的。而霜霉菌不论其孢子囊的形态如何变化总是先在孢子囊外形成泡囊，游动孢子在泡囊内分隔而成，形成泡囊是霜霉菌的特点。

表 1-71　水稻苗疫霉病和水稻霜霉病症状与病原比较

病害	病害性质	症状	病原	
			孢子囊世代	卵孢子世代
水稻苗疫霉病	局部病害，再侵染频繁	株型不变，叶片上形成不规则条斑，初灰绿色，后变褐，有灰白色霉层，病株可恢复正常	自然条件下极易产生，孢囊梗从气孔伸出，伸长，有水时产生孢子囊，孢子囊不脱落	只在病斑部形成，成堆雄器围生
水稻霜霉病	系统病害，再侵染一般不重要	病株黄化萎缩，叶片仅有隐约淡绿斑纹，无局部坏死斑，穗部表现不同程度的畸形或被叶鞘包裹	自然情况下少见，孢子囊从气孔伸出，孢囊梗短，因此叶面一般不产生可见霉层，孢子囊可脱落	在病株所有叶片及叶片各个部位可见，多沿叶脉形成雄器侧生

水稻苗疫霉病与稻瘟病和细菌性褐条斑病有一定的相似性，但在田间较易区分。其主要区别是稻瘟病的病斑呈典型的纺锤形或菱形，病斑表面的霉层呈灰绿色或灰褐色，细菌性褐条斑病是典型的线形条斑、水渍状，并多从叶片和叶鞘交接处沿中脉向上发展。

三、病原学

（一）病原

水稻苗疫霉病病原菌为草莓疫霉稻苗变种（*Phytophthora fragariae* var. *oryzo-bladis*）（又称"稻苗疫霉"），属于藻菌界卵菌门霜霉目腐霉科疫霉属。

（二）病原形态特征

孢囊梗 2～5 根，从叶片气孔伸出，与菌丝无明显分化，单生或束生，偶具 1 或 2 分枝，大小为 6.5～40.5μm×2.9～5.7μm。孢子囊顶生，或侧生，长椭圆形或倒梨形，大小为 43.1～93.1μm×28.8～57.5μm。孢子囊成熟后不脱落，游动孢子逐个从孢子囊顶部的孔口散出，或在孔口外形成的孢囊中短暂聚集后再散放。孢子囊顶部的孔口平阔或稍作圆弧形凹陷，孔径 11.5～20.0μm。一个孢子囊中可形成 9～40 个游动孢子。游动孢子有肾脏形、洋梨形和椭圆形等，休止孢子圆形，直径 10.5～20.0μm。游动孢子从孢子囊中排出后，通过芽管萌发产生次生小型孢囊。

藏卵器和雄器在叶片病斑表面霉层中形成。藏卵器圆形或不规则圆形，黄褐色，直径 39.9～58.1μm，壁厚 2.2μm。雄器围生，扁形，稍扁或略长，淡黄色，大小为 12.2～25.9μm×15～30μm，平均为 19.21μm×21.9μm。卵孢子圆形，淡黄褐色，直径 27.2～48μm，表面平滑，壁厚 3μm。卵孢子壁与藏卵器之间的距离非等距，较大一边的距离平均为 9.3μm，最小为 3.6μm，最大为 18.3μm；较小一边的距离平均为 5.1μm，最小为 1.5μm，最大为 12.4μm。

（三）病原的生物学特性

病菌能在菜豆粉琼脂、燕麦粉琼脂、玉米粉琼脂和马铃薯蔗糖琼脂等培养基上生长，气生菌丝不多，生长速度甚快。25℃培养 24h，菌落直径达 4～6.5cm。在各种固体培养基上，或将菌丝移至蒸馏水和 Petri 营养液中进行培养，均不产生孢子囊和卵孢子，但很快形成厚垣孢子。

在自然情况下，叶片病斑上极易产生病菌的无性繁殖器官，即白色霜霉状的孢囊梗和孢子囊；后期霉层中的有性繁殖器官为藏卵器、雄器和卵孢子。孢子囊在 15～30℃均可产生游动孢子，但以 15～25℃比较适宜。黑暗条件有利于孢子囊的产生，紫外线对孢子产生有抑制作用。适宜产生孢子囊的 pH 为 5～7，pH＞8 和 pH＜4 时可以产生孢囊梗，但不形成孢子囊。游动孢子的生活力随着温度升高而下降。游动孢子在 25℃可以维持 7～9h 的生活力，潜育期短。15℃和 35℃时生活力分别为 36h 和 25h。病菌侵入水稻后，温度对发病影响不大，15～35℃均能发病。

（四）侵染循环

以卵孢子在残余稻株内或土壤中越冬，借水流传播。在淹水条件下，卵孢子萌芽产生游动孢子，游动孢子休止后，再产生菌丝，侵害寄主。病株叶斑部产生孢子囊，释放的游动孢子在水中游动，吸附到稻苗叶片上，生出芽管，从气孔侵入水稻，形成再次侵染。

四、病害发生条件

（一）气候因素

雨水是该病发生的关键因素。遇到连绵阴雨，病害易流行。特别是在稻田深灌、漫灌、淹水情况下，病害流行更快。不仅游动孢子的产生和传播需要水分，侵染后也必须有饱和湿度才能发展为典型病斑。病菌对温度的适应范围比较广，在 15～30℃均能产生游动孢子，引起发病，18～22℃最佳，低于 5℃时病害受到抑制。每年 4 月下旬至 5 月初，气温 12℃以上，水稻苗疫霉病即可发生。5 月中下旬气温在 16～22℃时，为害最严重，而至 6 月上旬日平均气温稳定在 25℃以上时，病情急剧下降。

（二）栽培条件

秧田质量、播种密度和肥水情况对病害的发生均有一定的影响。发病的田块做秧田、田间卫生情况差、使用未腐熟的肥料，均易导致病害发生。田间插播密度过高，秧苗抗病能力差，有利于病菌游动孢子在田间传播。秧畦高低不平，常会造成秧苗局部淹水，受淹秧苗易发病，成为传播中心。适当增施氮肥，特别是 3 叶期的断乳肥，对增强秧苗素质、提高抗病性的作用很大。地膜秧由于避免因降雨和田间水层对秧苗造成影响，同时膜内温度较高，对病害发生不利，一般其发病率显著低于露地秧。

五、病害防治

（一）选用抗病品种

选育抗寒、耐肥、抗逆性较强、丰产性能好、品质优良的品种。

（二）农业措施

1. 减少初侵染源

病稻草不可包稻种，更不要用来捆扎秧苗。如作肥料，必须促其充分腐熟。老病区必须更换秧田，尽量使用未发病的田块做秧田。

2. 提高秧田质量

选择背风向阳、土质好、平整、灌溉方便的地块做秧田。

3. 加强水分管理

前期湿润灌水，中期（现青到 3 叶期）浅水保湿，后期（3 叶期后）浅水勤灌。避免稻田深水漫灌，防止串灌，切忌淹苗。

4. 合理使用肥料

多施腐熟有机肥，作为基肥，提高土壤通透性。适当增施磷钾肥，培养壮苗，提高秧苗抗病能力。

（三）药剂防治

初见秧田或大田发病时，应迅速排水，立即用药防治。可用 50% 代森铵可湿性粉剂 1000 倍液、50% 多菌灵可湿性粉剂 1000 倍液、50% 硫菌灵（托布津）可湿性粉剂 1000 倍液、50% 苯菌灵（苯来特）可湿性粉剂 1000 倍液、50% 乙基托布津可湿性粉剂 1000 倍液等药剂，防治效果都较好。

第十九节　水稻紫秆病

一、病害发生与为害

（一）病害发生

水稻紫秆病，又称褐鞘病、紫鞘病、锈秆黄叶病等。广东湛江、茂名地区农民俗称"黑骨"，台湾称为"水稻不稔症"。我国于 20 世纪 70 年代在广东、广西等地发现该病（李隆术等，1985），后该病常见于气候潮湿的南方。在国外，菲律宾和印度等国有此病发生为害的报道。

（二）病害为害

在水稻孕穗期开始发病，灌浆期症状明显。大多数发生在剑叶叶鞘、倒 2 叶叶鞘和穗部颖壳上，尤其在稻株后期徒长的田块，还发生在倒 3 叶叶鞘，倒 2 叶、倒 1 叶和剑叶的节上。当剑叶叶鞘大部或全部变褐时，剑叶往往较健株提前 7～15d 发黄、纵卷、枯死。穗部颖壳上的病斑对发芽率有直接影响，病谷的发芽率比健谷下降 7%~13%。该病导致稻穗结实率和千粒重明显下降,一般可减产 10%~20%,甚至 40% 以上(李鹏,2012)。

二、病害症状与诊断

发病初期在叶鞘上出现烟灰色散生、针头状的小褐点。随着病斑数目的增加,色泽加深,隐约可见麻疹状的紫色小斑块。随后逐渐聚合成大斑块,致使剑叶叶鞘部分或全部变成紫色或紫黑色,呈典型的"褐鞘"、"紫鞘"和"黑骨"症状(图 1-51)。褐鞘斑面不表现病症,但剥开可见其内壁变褐,表面散布着疏密不等的"粉尘状物"。后期病斑继续延伸,遍及整个叶鞘,使剑叶提前枯黄。重病株的病斑可扩展到穗颈、枝梗,导致秕谷率增加,粒重减轻,甚至穗部腐烂,结实很少或基本不结实。穗颈、枝梗、谷粒以及茎和节上多为不规则的褐色斑点。褐穗严重的田块,常出现稻穗不勾头或半勾头,穗粒不实或半实,有的穗颈明显扭曲,这正是我国台湾省所称的"水稻不稔症"。

图 1-51 水稻紫秆病的田间症状

三、病原学

国内对水稻紫秆病的病原认识不一致,存在着"菌害"和"螨害"的争论,认为其病因有:螨类和昆虫为害、微生物(真菌、细菌和病毒)侵染。

(一)螨类和昆虫

张宝棣和潘泽鸿(1977,1986)认为,紫秆病是由一种稻鞘螨为害所致,只要防螨得当,水稻紫秆病可以大为减轻。陈垂波(1981)认为广东省湛江地区的水稻紫秆病由稻蓟马引起。林坚贞和张艳璇(1983)发现福州地区的水稻紫秆病由跗线螨引致。谢殿采(1985)对水稻紫秆病的病因开展了广泛调查,进行了病菌及跗线螨的分离接种、病组织的生化测定以及电镜扫描、切片透视等研究,认为我国南方稻区多数稻田发生的紫秆病是由水稻跗线螨类群集为害所致的螨害症。李隆术(1990)发现四川地区水稻紫秆病是由鼹鼠跗线螨带菌传病。

(二)真菌

张国淳(1983)从病株上分离真菌,经人工培养后接种水稻,认为此病主要是由头孢霉属真菌

（*Cephalosporium* spp.）侵染引起的。何希树（1984）认为病原菌为丛梗孢目的轮枝霉属真菌（*Verticillium* spp.）。张超然等（1986）认为是由稻顶柱霉（*Acrocylindrium oryzae*）引起的，即水稻叶鞘腐败菌。李学文等（1987）在水稻紫秆病株上分离到顶柱霉属真菌（*Acrocylindrium* spp.）。诸葛根樟等（1991）认为紫鞘病只是叶鞘腐败病菌引起的另一种症状，病菌从伤口侵染往往造成组织坏死产生鞘腐病，病菌从自然孔口侵入导致细胞死亡而产生紫鞘病。廖月华和吴波明（2000）经多次分离、接种以及形态学观察认为，江西省水稻紫秆病的病原为中国帚枝霉（*Sarocladium sinense*）。

（三）细菌

单文周等（1985）和罗宽等（1988）在广西及湖南采集不同水稻紫秆病的病株并分离到病原细菌，通过致病性测定和病原菌的分类鉴定，确定其为稻褐鞘病菌（*Xanthomonas campestris* pv. *brunneivaginae*）。这种细菌很小，在2000倍显微镜下才能比较清楚地看出短杆状形态，喷菌现象不明显，仅在部分水稻导管中见到细菌。

（四）病毒

据Shikata等（1984）报道，水稻叶鞘的褐变可能与水稻跗线螨传播的一种35nm类似球状病毒的粒体有关。但这种说法并没有进一步的实验验证。

综上所述，关于水稻紫秆病的病原种类至今仍无明确的结论，对水稻紫秆病主要病原物的确定成为亟待解决的问题。许多种病原菌（物）均可引起水稻紫秆病。

四、品种抗病性

（一）水稻抗病性

不同水稻品种的抗病性存在着明显差异。王茂才和李顺章（1981）调查了427个品种，发病品种占65.33%，高感品种占11%，早熟品种发病重于晚熟品种，常规稻发病重于杂交稻，常规品种中又以茎秆矮、细、分蘖强的品种发病重，籼稻重于粳稻和糯稻，农家高秆品种发病较轻。品种的抗性水平与氨基酸含量和苯丙烷碳架高分子聚合物含量有密切关系（李学文等，1987）。对同一品种不同播期，或种植在不同海拔的水稻进行病情调查，均无显著差异（李鹏，2012）。

（二）抗病品种鉴定方法

关于病害抗性分级调查标准，缺乏规范、系统的方法。

肖满开和周代友（2001）以株为单位，将病害分为：0级，剑叶及剑叶叶鞘无病，叶片绿色；1级，剑叶绿色，剑叶叶鞘有少量紫斑，紫斑面积占叶鞘的10%及以下；2级，剑叶轻度褪绿，叶鞘紫斑面积占叶鞘的11%～30%；3级，剑叶呈现部分焦枯，叶鞘紫斑面积占叶鞘的31%～50%；4级，穗部出现变色秕粒，叶鞘紫斑面积占叶鞘的51%～70%；5级，穗部变色秕粒多，叶鞘紫斑面积占叶鞘的71%及以上。

张超然等（1986）采用的分级标准为：0级，无病；Ⅰ级，剑叶叶鞘上紫褐色斑块零星发生，病斑不超过全鞘的1/2，剑叶绿色；Ⅱ级，剑叶叶鞘上紫褐色斑块扩大愈合，占全鞘的1/2以上，剑叶枯黄；Ⅲ级，剑叶叶鞘上紫褐色病斑延伸全鞘或形成烂鞘包颈，部分小穗不孕，剑叶枯死；Ⅳ级，剑叶叶鞘全部腐败，稻穗显著变小，大部分小穗不孕，剑叶枯死；Ⅴ级，剑叶叶鞘全部腐败，形成枯孕穗。

罗宽等（1988）采用的分级标准为：0级，无病；1级，1/2以下剑叶叶鞘面积发病；2级，1/2～3/4剑叶叶鞘面积发病；3级，3/4以上剑叶叶鞘面积发病；4级，剑叶发黄及下一叶叶鞘发病。

五、病害发生条件

（一）寄主抗病性

早稻在齐穗期开始发病，乳熟期和蜡熟期为发病高峰期。晚稻在抽穗期开始发病，乳熟期—蜡熟期为发病高峰期，黄熟期逐渐停止。

（二）气候因素

低温和降雨量大且雨日多的天气，有利于病害流行。在水稻孕穗至抽穗期，8月中下旬、9月上旬的降雨量与病害发生程度关系密切，降雨量大，雨日多，病害发生严重。

（三）栽培条件

水稻生育中后期过量施用氮肥或缺肥、转色不正常的受害重。在水稻分蘖期至封行前后施用硅肥，能提高水稻抗病性。水稻植株生长过旺且没有适度晒田、茎秆偏弱的发病重。

六、病害防治

（一）选用抗病品种

已明确的抗水稻紫秆病的品种不多，但可从实际种植过程中判断，若当季水稻品种发病较重，可更换较感病的品种，种植较抗病的品种。

（二）农业措施

1. 清除病稻草

及时清除病稻草，病稻草作为堆肥时，要充分腐熟后再施用。

2. 加强肥水管理

加强肥水管理，使水稻前期生长健壮，中后期促控得当，叶骨硬直，叶色褪淡不过黄，根系保持活力，稳生稳长，增强植株抵抗力。适时适度晒田，水稻中后期合理管水。

3. 铲除田边杂物

铲除杂草、自生苗、再生稻，以减少螨类（跗线螨）滋生场所。

（三）药剂防治

由于难以判断紫秆病发生的病因，用药时既要杀螨又要防治病菌。

防病。可用噻呋酰胺、噻呋·嘧苷素、苯甲·嘧菌酯、苯甲·丙环唑、氟环唑、肟菌酯·戊唑醇等防治纹枯病、稻曲病的同时，兼防该病。

喷药杀螨控病。在幼穗分化期—齐穗期，连续喷药3或4次，隔10～15d喷施1次，特别着重喷剑叶叶鞘。可选用5%阿维菌素乳油1000倍液、20%双甲脒1000倍液、25%单甲脒乳油100倍液、5%尼索朗乳油1500～2000倍液、7.5%农螨丹乳油1000倍液、20%甲氰菊酯乳油1500～2000倍液、50%苯丁锡·硫悬浮剂500～800倍液等药剂。

第二十节　水稻稻叶褐条斑病

一、病害发生与为害

（一）病害发生

1957 年，日本学者在东京水稻种植区发现由稻黑孢菌（*Nigrospora oryzae*）引起的水稻叶斑病，随后世界各稻区也有该病害发生的报道。尽管该病分布较广，但其发生、危害并不严重，故属于小众病害。罗宽等于 1986 年和 1987 年报道该病害在湖南醴陵部分水稻品种上发生。

2010～2012 年，在水稻生长中后期广东有一种引致水稻稻叶褐条斑病的病害分布较广，部分地区发生危害较严重（冯爱卿等，2013）。随后黑龙江水稻种植区也有该病害发生的报道（赵茜等，2022）。目前在我国黑龙江、安徽、江苏、四川、新疆、湖南、广东等主要稻区和世界各地均有分布。国内外的研究表明，稻黑孢菌在水稻上一直可检测到（梁力哲和 Moller，1989；马炳田等，2008）。近年该病害在广东、黑龙江的一些品种上发生严重，初步估计与气候环境变化及水稻品种演变有关。

（二）病害为害

稻黑孢菌危害叶片，形成叶斑，严重时可致全叶枯死；危害稻穗，严重影响抽穗，引起穗枯，致使水稻谷粒结实差或不结实，造成水稻减产，严重时可造成失收（冯爱卿等，2013）。该病在我国水稻主产区危害日趋严重，特别是华南地区，造成该地区经济损失加大（刘芮，2016）。2010 年在广东阳江市阳西县种植的水稻组合博优 998 上该病发生严重，导致结实率严重下降，甚至不能抽穗；2012 年又相继在阳江、曲江、东莞、广州等地田间发生，部分品种如新黄占、曲科占、五优 308 上发生尤为明显（冯爱卿等，2013）。病害引起稻穗枝梗腐烂，可造成不完全结实，造成 5%～25% 的产量损失（Liu et al.，2021b）。

二、病害症状与诊断

（一）秧苗症状

稻黑孢菌尚未发现造成苗期为害症状。但对该病原菌致病性进行测定时发现，3～4 叶期的秧苗接种亦能引起秧苗发病，且可从染病的秧苗重新分离到原来的病原菌。由此可见，在温湿度适宜时，该病菌存在秧田期侵染稻苗的潜在风险（冯爱卿等，2013）。

（二）叶片症状

主要发生在水稻生长中后期的叶片上，形成叶斑（刘芮，2016）。初期在叶面上形成黄褐至黑褐色的短细条状斑，与水稻窄条斑病相似。病斑以黄褐至黑褐色为主，四周黄晕不明显。温湿度适宜时，在感病品种上病斑可扩展成黄褐色或黑褐色斑，圆形或不规则状，发病严重时可致全叶枯死。病害后期，在不同抗性品种上病斑有所不同，有的品种病斑受叶脉限制纵向扩展，多个病斑可连成褐色长条斑；有的品种后期病斑可扩展成梭形、椭圆形或圆形，中央黑褐色，边缘黄晕明显，多个病斑连在一起呈灰白色或浅褐色大斑，感病叶片坏死。

（三）叶鞘症状

初为褐色小条斑，后期连成边缘不明显的褐色至灰白色的大斑。

（四）稻穗症状

Liu 等（2021b）发现并首次报道了在浙江省杭州市富阳区稻田中稻黑孢菌可引起稻穗枝梗腐烂，穗的第一、第二枝梗和花梗均表现出褐色至黑色病变，超过 30% 的稻穗表现出枝梗腐烂症状。发病早的稻穗，整个谷壳变黑褐色，不结实；抽穗后受害的植株一般只在颖壳上有黄褐色病斑。不同品种发病程度差别明显。发病严重的植株在稻穗、颖壳上均可见褐色病斑（图 1-52）。水稻稻叶褐条斑病的穗部症状与稻瘟病相似，两者的区别是：稻瘟病的穗颈瘟可引起穗颈明显变为深褐色，而稻黑孢菌侵染穗颈不会变褐，只会和枝梗一样为黄褐色（冯爱卿等，2013）。

图 1-52　水稻稻叶褐条斑病植株

三、病原学

（一）病原

引起水稻稻叶褐条斑病的病原为稻黑孢菌（*N. oryzae*），属于半知菌亚门丝孢纲丝孢目暗色孢科黑孢霉属。

取 0.5～1.0cm 片段的病害组织，在吸足无菌水的吸水纸或载玻片上保湿 2～3d，叶片、叶鞘可见菌丝，而稻穗上可长菌丝及大量的孢子。

（二）病原形态特征

在 PDA、PSA 培养基上，初期菌丝白色绒毛状，呈放射状扩展，后由中央渐变为墨绿色、灰黑色、黑色，菌落质地疏松，菌丝分隔明显。分生孢子梗单生、分枝、具隔膜、直径 3～7μm。分生孢子从孢子梗簇中长出，单生于极短的淡褐色分生孢子梗顶端。分生孢子单胞，在显微镜下初呈黄褐色，后变黑色，发亮，平滑，圆形或扁圆形，直径 9.5～14.2μm。

（三）病原的生物学特性

稻黑孢菌的生长温度为 10～36℃，最适温度为 20～30℃。15～25℃产孢量最多。当温度低于 10℃或高于 36℃时，基本不产孢。pH 适应范围广，在 pH 3～11 时均可生长，最适 pH 4.5～9.0。病菌对氮源的选择性不强，对 γ-氨基丁酸、酪氨酸、缬氨酸、组氨酸、丙氨酸、苏氨酸、丝氨酸、天冬氨酸、赖氨酸、苯丙氨酸、甘氨酸和精氨酸的利用较好，其次为亮氨酸、盐酸赖氨酸、胱氨酸、半胱氨酸和尿素，但在天冬氨酸和谷氨酸上生长较差，不能利用异亮氨酸。病菌对葡萄糖、果糖、麦芽糖、可溶性淀粉、蔗糖的利用较好，其次为甘露糖、乳糖、阿拉伯糖、棉子糖，而对乳糖、菊糖、鼠李糖、甘露醇、丙三醇、肌醇、甜醇、水杨素和肌酸的利用水平很低（刘芮，2016）。赵茜等（2022）从黑龙江分离纯化获得 20 株不同形态学类型的稻黑孢菌，并研究了这些菌株的生物学特性，发现菌株的生长速度为 11.3～24.7mm/d，其中生长速率最快的菌株是生长速度最慢菌株的 2 倍多。20 株菌株菌落颜色呈灰白与灰色两种，以白色居多。大多数菌株菌落边缘呈现不规则形态，仅有 2 株菌落边缘较规则。此外，3 株菌株明显呈现同心圆菌落。

（四）寄主范围

除侵染水稻外，稻黑孢菌还可侵染高粱（*Sorghum bicolor*）、玉米（*Zea mays*）、小麦（*Triticum aestivum*）、草地早熟禾（*Poa pratensis*）、菩提树（*Ficus religiosa*）、陆地棉（*Gossypium hirsutum*）等多种作物。该病菌可通过种子带菌和风雨传播，在我国的主要稻区和世界各稻区均有分布，特别是在热带地区发生普遍（Khodke and Sandhya，2009；Zhang et al.，2012；Zheng et al.，2012）。

病原菌的越冬越夏场所、传播途径、入侵方式、再侵染以及致病机制尚未见研究报道。

四、品种抗病性

（一）病害分级标准

按叶片上的病斑数量进行病害分级，共分为 6 个级别：0 级，全叶无病症；1 级，每叶有病斑 1～5 个或叶面的病斑面积占整个叶片面积的 5% 以下；3 级，每叶有病斑 6～10 个或叶面的病斑面积占整个叶片面积的 6%～10%；5 级，每叶有病斑 11～15 个或叶面的病斑面积占整个叶片面积的 11%～25%；7 级，每叶有病斑 16～20 个或叶面的病斑面积占整个叶片面积的 26%～50%；9 级，每叶有病斑 21 个以上或叶面的病斑面积占整个叶片面积的 50% 以上。

（二）抗性评价分级标准

根据病指进行抗性评价：0 级，病指 0～10，HR（高抗）；1 级，病指 11～20，R（抗）；3 级，病指 21～30，MR（中抗）；5 级，病指 31～40，MS（中感）；7 级，病指 41～50，S（感）；9 级，病指 51～100，HS（高感）（冯爱卿等，2015）。

（三）抗性鉴定方法

1. 室内接种鉴定

品种抗性鉴定的接种方法有以下 3 种。

1）叶片离体接种：将稻黑孢菌少量孢子悬浮液接种于 PDA 培养基上，置 25℃培养 2～3d，挑取边缘少量菌丝于新的 PDA 培养基上，进行大量培养以获得接种体分生孢子。将病原菌配成 10^6 个孢子/mL 悬浮液，采用喷雾法将孢子悬浮液接种于划伤后的参鉴水稻品种（材料）的离体叶片上。将接种后的水稻叶片置于 25℃、相对湿度 85% 的黑暗条件下保湿 48h 后，再置于正常生长环境中，观察发病情况（赵茜等，2022）。

2）苗期接种：在秧苗 3 叶期，用浓度为 10^6 个孢子/mL 的稻黑孢菌孢子液喷雾接种，喷雾量直到菌液流下为止，接种后的幼苗置于温度 24～26℃、相对湿度 85% 的黑暗条件下保湿 48h 后，再置于正常生长条件下培养。接种 72h 后，当接种的叶片上出现病害症状时，调查、记录品种的发病情况（Liu et al.，2021a；赵茜等，2022）。

3）枝梗接种：将始穗期的稻穗用于枝梗接种。用针刺对穗子的枝梗造成伤口，在伤口处用浓度为 10^6 个孢子/mL 的分生孢子液喷雾接种。将接种后的水稻枝梗置于 25℃、相对湿度 85% 的黑暗条件下培养 24h。当接种的枝梗上出现病害症状时，调查、记录品种的发病情况（Liu et al.，2021b）。

2. 田间自然诱发抗性鉴定

在病害多发、重发稻区，将参鉴水稻品种（材料）按 5cm×6cm 规格种植，3 次重复，品种间随机排列。按常规栽培方式进行田间管理，在分蘖期增施氮肥 20%，害虫防治和其他栽培管理与大田相同，在全生育期内不使用杀菌剂。在水稻黄熟期调查病害发生情况，每个品种每个小区随机调查 45 片叶片，3 次重复，记录各叶发病的严重度，计算病指，评价参鉴品种的抗性（冯爱卿等，2015）。

（四）抗病品种筛选

在水稻稻叶褐条斑病常发病区的广东阳江市白沙镇，对 77 个广东区试水稻品种（组合）进行了自然诱发鉴定，采用病指对品种抗性进行分级评价。结果发现，没有高抗品种，感病的品种居多，表现为高抗、抗、中抗、中感、感、高感的品种数分别为 0 个（占 0）、1 个（1.3%）、7 个（9.1%）、17 个（22.1%）、15 个（19.5%）、37 个（48%）。表现为中抗以上的常规稻有五粤占 2 号、粤澳占、乡意浓 1 号、杂交稻有长优 736（R）、H 两优野占、新两优 117、Y 两优 7886、丰田优 116，在田间的病指均为 20～30；表现为高感的常规稻有鹏稻 2 号、湛黄占、合莉丝苗、粤标 5 号、禅增占，杂交稻有圳优 21、美优丰占、珍丰优 9822、润丰优 3301、Ⅱ优 916 等，在田间的病指均在 50 以上，尤其是鹏稻 2 号，其病指达 100，几乎绝收（冯爱卿等，2015）。

品种的抗性机制未见研究报道。

五、病害发生条件

病害的发生与品种抗性、气候条件、栽培管理有关。

（一）寄主抗性

在进行田间调查病害为害、自然诱发鉴定时均发现，不同的水稻品种（材料）对稻黑孢菌的抗性差异显著。人工接种对水稻品种（材料）进行抗性鉴定，发现有些品种发病明显，有些品种则完全不发病或发病较轻（冯爱卿等，2015）。稻黑孢菌主要引起水稻生长后期叶部病害，穗期病情会明显上升；在秧田期暂未发现稻黑孢菌引起的水稻病害，但在人工接种胁迫下，苗期仍被感染。

罗宽等（1986，1987）在湖南只观察到圆形病斑，且只为害叶片；在广东不同地区不同水稻品种上还观察到窄条形、梭形病斑，可为害叶鞘、稻穗、稻谷。可以推断，广东发现的稻黑孢菌属于较强的致病类型，应引起关注。

（二）气候条件

水稻稻叶褐条斑病适合在温暖、潮湿的环境条件下发生、流行。在水稻生育后期（孕穗–乳熟期），当气温为 20～30℃、连续阴雨或相对湿度 85% 以上时，稻叶褐条斑病易发生、流行，造成产量损失。

（三）栽培管理

长期深水灌溉，尤其在水稻生长后期长期灌水，造成田间湿度大，易发病；重施、迟施（如穗肥）氮肥，特别是尿素，容易导致病害发生。

六、病害防治

由于水稻稻叶褐条斑病属于偶发型小众病害，对其防控方面的研究仅限于防治药剂筛选。肟菌·戊唑醇水分散粒剂、苯甲·嘧菌酯悬浮剂和嘧菌酯悬浮剂对菌丝生长均有较好的抑制作用。10% 苯醚甲环唑水分散粒剂、25% 吡唑醚菌酯乳油、50% 咯菌腈可湿性粉剂对稻黑孢菌毒力较好，其 EC_{50} 分别为 0.5072mg/L、0.6398mg/L、0.9959mg/L，可作为防治该病的潜在药剂进行开发（冯爱卿等，2014b）。苯醚甲环唑、咯菌腈、咪鲜胺锰盐、苯甲·丙环唑等药剂可作为防治该病的候选药剂（李戍清等，2016）。

第二十一节　水稻节瘤病

1995～2001 年，广西某些县（市）一些稻田相继发生一种在稻株节部长出瘤状物的新病害，受害稻株不再长新叶，也不能抽穗。

一、病害发生与为害

（一）病害发生

水稻节瘤病（rice node tumor disease）主要发生于广西的钦州市、邕宁县（现为邕宁区）、平南县、田东县和隆安县等的一些稻田。该病害的病株在稻田的空间分布属于聚集分布（黎起秦等，2002）。2001 年以后，该病害的发生逐步减少，目前该病害已消失，其原因不详。

（二）病害为害

水稻节瘤病仅在广西少数县的部分稻田发生，发病的田块病株率为 2%～10%。由于受害稻株不能抽穗，对水稻的产量造成一定的影响。

二、病害症状与诊断

稻株受害后，初期茎基部稍膨大，剥开叶鞘可见稻株生长点处长出白色或黄白色、长锥形的瘤状物（病原菌的菌核）（图 1-53a）；随着稻株生长瘤状物逐渐膨大，当稻株抽穗灌浆后，膨大的瘤状物分泌出白色胶状物，布满整个瘤的表面（图 1-53b）；随后瘤状物变为黄褐色或黑褐色，外包 2 片叶鞘（图 1-53c）；受害稻株不再长新叶，也不能抽穗；主苗和分蘖苗均可受害，一般以分蘖苗受害多，主苗受害后，分蘖减少，分蘖苗受害后，植株矮小，叶片黄且短。

图 1-53　水稻节瘤病症状
a：稻株生长点处长出白色的瘤状物；b：膨大的瘤状物分泌出白色胶状物；c：瘤状物变黑褐色

三、病原学

水稻节瘤病病原菌的有性世代归属于子囊菌亚门球壳菌目麦角菌科麦角菌属，尚未鉴定到种。

菌核用紫外线（30W，距离30cm）照射1h，或放入冰箱（4℃）中保存6个月，置28℃下培养。用紫外线处理的菌核，培养12d后长出分生孢子器（白色），15d后萌发产生有性子座；放入冰箱保存6个月的菌核，20d后长出分生孢子器，25d后长出有性子座。萌发的子座经12～17d后发育成熟。一个菌核可萌发3～15个子座。子座柄直立，大小为4.0～12.0mm×1.5～4.0mm，白色、黄褐色或紫色，头部扁球形，直径2.0～5.0mm，黄褐色或紫红色，表面有小点，为子囊壳的孔口（图1-54a）。子座头部分内外两层，外层由细胞壁较厚的菌丝交织而成，厚40.32～50.40μm；内层无色，由细胞壁较薄的菌丝交织而成。在内层中沿着外缘有一层排列整齐的子囊壳（图1-54b）。子囊壳烧瓶状，大小为388.80～704.72μm×106.92～170.10μm，平均为477.56μm×141.45μm，孔口圆形，直径10.08～12.96μm，略露于外（图1-54c），子囊束生于子囊壳底部，单层壁，长圆柱形，大小为349.90～539.46μm×5.08～5.96μm，平均为431.32μm×5.42μm，顶端加厚，形似顶帽，侧壁薄，子囊间无侧丝（图1-54d和e）。子囊内生6～8个丝状子囊孢子（图1-54f），直径1.29～1.62μm，长度与子囊相近，无色，易折成小段，可见许多内含物，似有分隔（黎起秦等，2001）。

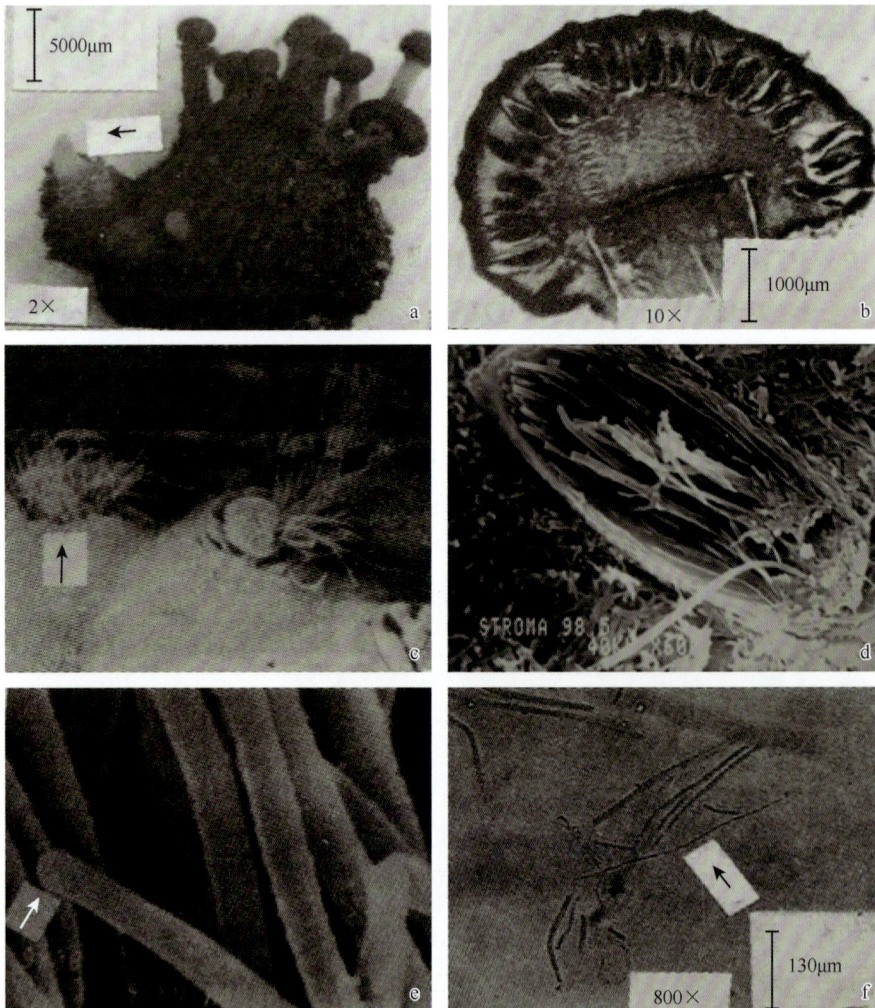

图1-54　水稻节瘤病菌有性结构的形态
a：菌核萌发产生具柄的头状子座及球状分生孢子器；b：子座头部分内外两层，内层外缘有一层排列整齐的烧瓶状子囊壳；c：子囊壳孔口；d：子囊束生于子囊壳内；e：子囊顶部加厚似顶帽；f：丝状子囊孢子

病原菌的侵染循环、侵染寄主植物的方式及其病害的发病条件尚不清楚。

参 考 文 献

敖世恩, 杨媚, 周而勋, 等. 2006. 水稻抗纹枯病突变体的离体筛选. 华南农业大学学报, 27(1): 47-50.

白元俊, 王疏, 刘晓舟, 等. 1997. 水稻稻曲病菌的毒素研究. 辽宁农业科学, (1): 30-33.

蔡洪生, 周永力. 2009. 人工接种后稻曲病菌在水稻穗部增殖状况的观察和检测. 菌物研究, 7(21): 164-166.

蔡煌. 1996. 福鼎县稻叶黑肿病逐年严重. 植物保护, 22(3): 49.

曹妮, 陈渊, 季芝娟, 等. 2019. 水稻抗稻瘟病分子机制研究进展. 中国水稻科学, 33(6): 489-498.

柴荣耀, 金敏忠, 张庆生. 1991. 变色稻谷寄藏的真菌种类及其致病性研究. 浙江农业学报, 3(2): 61-64.

产祝龙, 丁克坚, 檀根甲, 等. 2003. 水稻恶苗病菌对不同抗性品种生理生化指标的影响. 安徽农业科学, 31(1): 29-30.

常浩, 姬明飞, 牟明, 等. 2016. 臭氧对水稻恶苗病菌的抑制作用. 安徽农业科学, 44(35): 157-158, 201.

陈垂波. 1981. 水稻紫鞘症状的田间诊断与分析. 福建农业科技, (5): 27-28.

陈福如, 林廷邦, 甘林, 等. 2013. 稻曲病菌的 SCAR 标记及其 PCR 检测. 植物保护学报, 40(6): 481-487.

陈桂华, 柏连阳, 肖艳松. 2005. 水稻稻瘟病诱导抗病性的研究进展. 中国农学通报, 21(6): 326-330.

陈宏州, 杨红福, 饶鸣帅, 等. 2018a. 水稻恶苗病防治药剂效果评价. 中国农学通报, 34(33): 140-146.

陈宏州, 杨红福, 姚克兵, 等. 2018b. 水稻恶苗病病原菌鉴定及室内药剂毒力测定. 植物保护学报, 56(6): 1356-1366.

陈宏州, 周晨, 庄义庆, 等. 2022. 江苏省水稻恶苗病菌种群鉴定及抗药性检测. 植物保护, 48(2): 48-62.

陈洪亮. 2012. 水稻胡麻叶斑病病原菌的分离鉴定及生物学特性研究. 合肥: 安徽农业大学硕士学位论文.

陈洪亮, 彭陈, 王俊伟, 等. 2012. 水稻胡麻叶斑病病原菌的分离及鉴定. 西北农林科技大学学报（自然科学版）, 40(8): 83-88.

陈嘉孚, 邓根生, 杨治华, 等. 1992. 稻种资源对稻曲病抗性鉴定研究. 作物品种资源, (2): 35-36.

陈利锋, 徐敬友. 2001. 植物病理学（南方本）. 北京: 中国农业出版社: 128-130.

陈利军, 王春生, 田雪亮, 等. 2019. 河南信阳地区水稻穗腐病病原多样性. 成都: 中国植物病理学会 2019 年学术年会.

陈美军, 胡东维, 徐颖. 2004. 稻曲病菌毒素的活性测定、抗体制备与细胞定位. 实验生物学报, 37(4): 310-314.

陈胜军, 王艳丽, 张震, 等. 2011. 稻粒粉粒菌冬孢子萌发影响因素及其产孢培养基的筛选. 浙江农业学报, 23(3): 572-576.

陈夕军, 刘晓维, 左示敏, 等. 2012. 水稻抗感纹枯病品种 Ospgip1 基因的表达特征. 中国水稻科学, 26(5): 629-632.

陈夕军, 卢国新, 童蕴慧, 等. 2007. 水稻恶苗病菌对三种浸种剂的抗性及抗药菌株的竞争力. 植物保护学报, 45(4): 425-430.

陈夕军, 卢国新, 童蕴慧, 等. 2008. 江苏水稻恶苗病病原菌研究. 扬州大学学报（农业与生命科学版）, (3): 88-90.

陈夕军, 潘存红, 孟令军, 等. 2011. 水稻纹枯病菌毒素提纯及其组分初步分析. 扬州大学学报（农业与生命科学版）, 32(1): 44-49.

陈夕军, 王玲, 左示敏, 等. 2009a. 水稻纹枯病寄主-病原物互作鉴别品种与菌株的筛选. 植物病理学报, 39(5): 514-520.

陈夕军, 徐艳, 童蕴慧, 等. 2009b. 水稻纹枯病菌毒素致病机理研究. 植物病理学报, 39(4): 439-443.

陈小龙, 方夏, 沈寅初. 2010. 纹枯病菌对井冈霉素的作用机制、抗药性及安全性. 农药, 49(7): 481-483.

陈银凤, 张家豪, 张孝然, 等. 2013. 不同种植方式对水稻纹枯病发生的影响. 江苏农业科学, 41(12): 127-128.

陈永兵, 周有铭, 刘福明, 等. 2005. 稻曲病田间分布特点及对水稻产量影响因子研究. 浙江农业科学, 17(4): 301-304.

陈志谊, 过崇俭. 1989. 防治水稻纹枯病的新途径. 江苏农业科学, 17(4): 25-27.

陈志谊, 聂亚锋, 刘永锋. 2009. 江苏省水稻品种对稻曲病的抗病性鉴定及病菌致病力分化. 江苏农业学报, 25(4): 737-741.

陈志谊, 许志刚, 高泰东, 等. 2000. 水稻纹枯病拮抗细菌的评价与利用. 中国水稻科学, 14(2): 100-102.

陈志谊, 殷尚智. 1994. 稻种资源对水稻纹枯病抗性鉴定初报. 植物保护, 20(6): 23-25.

陈宗祥, 邹军煌, 徐敬友, 等. 2000. 对水稻纹枯病抗源的初步研究. 中国水稻科学, 14(1): 15-18.

成国英, 张国安, 张才德, 等. 2000. 早稻品种对水稻纹枯病的抗性评比. 华中农业大学学报, 19(6): 547-549.

程开禄, 黄富, 潘学贤. 1997. 稻粒黑粉病菌的生物学研究进展. 水稻高粱科技, (1): 28-31.

代光辉, 赵杰, 何润梅, 等. 2005. 稻曲病不同抗性水稻品种的组织化学及分生孢子侵染途径的初步观察. 植物病理学报, 35(1): 37-42.

戴芳澜. 1979. 中国真菌总汇. 北京: 科学出版社.

戴芳澜, 相望年. 1948. 云南水稻一柱香病. 农学记录, (1): 125-131.

邓根生, 陈嘉孚, 杨治华. 1999b. 杂交稻及亲本抗稻粒黑粉病研究. 陕西农业科学, (1): 5-7.

邓根生, 陈嘉孚, 杨治华, 等. 1996. 稻粒黑粉病侵染时期及防治研究. 陕西农业科学, (5): 22-23.

邓根生, 陈嘉孚, 杨治华, 等. 1999a. 稻粒黑粉病主要发病因素及防治指标. 植物保护学报, 37(4): 289-293.

邓根生, 刘铸德, 杨治华. 1989. 稻曲病分级标准研究. 陕西农业科学, (4): 23-25.

邓根生, 杨治华, 陈嘉孚. 1997. 稻粒黑粉病分级标准研究. 植物保护学报, 35(2): 189-190.

杜宜新, 李科, 石妞妞, 等. 2011. 2007～2009 年福建省稻瘟病菌的生理小种变化研究. 福建农业学报, 26(2): 275-279.

鄂志国, 程本义, 孙红伟, 等. 2019. 近 40 年我国水稻育成品种分析. 中国水稻科学, 33(6): 523-531.

范静华, 周惠萍, 陈建斌, 等. 2002. 稻瘟病诱导抗性研究初报. 云南农业大学学报, 17(4): 325-327.

范西玉, 许国. 1994. 稻粒黑粉病在杂交稻制种田侵染时期试验. 植物保护, 20(6): 24-25.

范学科, 张宝林, 郑爱泉. 2018. 水稻抗稻瘟病基因研究进展. 种子, (5): 45-48, 53.

范锃岚, 王玲, 刘连盟, 等. 2012. 外源施硅对水稻抗纹枯病相关酶及酚类物质的影响. 中国稻米, 18(6): 14-17.

方先文, 汤陵华, 王艳平. 2008. 水稻稻曲病抗性遗传机制. 江苏农业学报, 24(6): 762-765.

方羽生, 黄华林, 陈玉托, 等. 2004. 水稻黑粒病菌生物学特性初步研究. 广东农业科学, 31(1): 40-41.

方中达. 1996. 中国农业植物病害. 北京: 中国农业出版社.

费丹. 2015. 安徽省水稻穗腐病病原生物学特性及防治技术研究. 合肥: 安徽农业大学硕士学位论文.

费丹, 檀根甲, 罗道宏. 2014. 安徽省水稻穗腐病病原鉴定及生物学特性研究. 安徽农业大学学报, 41(5): 777-782.

冯爱卿, 陈深, 朱小源, 等. 2014b. 10 种杀菌剂对水稻稻叶褐条斑病菌的室内毒力. 植物保护, 40(4): 193-197.

冯爱卿, 黄显良, 江先芽, 等. 2015. 水稻品种（组合）对稻黑孢霉菌的抗性评价. 广东农业科学, 42(16): 51-54.

冯爱卿, 汪文娟, 曾列先, 等. 2013. 一种引致水稻稻叶褐条斑的病原鉴定初报. 广东农业科学, 40(12): 78-79, 85.

冯爱卿, 杨健源, 曾列先, 等. 2014a. 稻曲病菌培养特性及致病力研究. 广东农业科学, 41(19): 60-64.

冯爱卿, 朱小源, 汪聪颖, 等. 2022. 13 种杀菌剂对水稻胡麻叶斑病防效研究. 植物保护, 48(5): 352-360.

冯思琪, 张亚玲. 2018. 水稻胡麻叶斑病的研究现状综述. 安徽农学通报, (20): 66-67.

付淑云, 王式媛, 姚健民. 1981. 辽宁水稻纹枯病菌对井冈霉素的耐性观察. 辽宁农业科学, (3): 22-24.

傅强, 黄世文. 2005. 水稻病虫害诊断与防治原色图谱. 北京: 金盾出版社: 15-16.

高必达, 钟杰. 2011. 稻曲病菌侵染过程研究进展. 湖南农业科学, (3): 93-97.

高杜娟, 唐善军, 陈友德, 等. 2013. 稻曲菌素与水稻品种抗稻曲病的相关性研究. 湖南农业科学, (6): 16-17, 20.

高俊, 奚本贵, 吴永方, 等. 2001. 稻曲病产量损失测定及经济阈值初探. 江苏农业科学, 29(3): 36-37, 43.

谷思涵, 李思博, 魏松红, 等. 2020. 辽宁省水稻品种抗稻瘟病基因型鉴定. 沈阳农业大学学报, 51(4): 494-499.

国广泰史, 钱前, 佐藤宏之, 等. 2002. 水稻纹枯病抗性 QTL 分析. 遗传学报, 29(1): 50-55.

过崇俭, 陈志谊, 王法明. 1985. 水稻纹枯病菌 *Thanatephorus cucumeris* (Frank) Donk 致病力分化及品种抗性鉴定技术的研究. 中国农业科学, 18(5): 50-57.

韩月澎, 邢永忠, 陈宗祥, 等. 2002. 杂交水稻亲本明恢 63 对纹枯病水平抗性的 QTL 定位. 遗传学报, 29(7): 622-626.

何希树. 1984. 谈水稻紫鞘病的为害与病原. 植物保护, 10(3): 35.

贺宏, 黎瑞莹, 刘传佳, 等. 2021. 水稻抗纹枯病接种鉴定方法评价. 江西农业大学学报, 43(2): 296-304.

贺晓霞, 曹琦琦, 彭正凯, 等. 2012. 3 种作物纹枯病菌生物学特性差异的比较. 华中农业大学学报, 31(1): 55-61.

侯恩庆. 2013. 水稻穗腐病镰刀菌及相关毒素研究. 南宁: 广西大学硕士学位论文.

侯恩庆, 张佩胜, 王玲, 等. 2013. 水稻穗腐病病菌致病性、发生规律及防控技术研究. 植物保护, 39(1): 121-127.

侯毅平, 曲香蒲, 蔡小威, 等. 2021. 新型琥珀酸脱氢酶抑制剂类杀菌剂氟唑菌酰羟胺对水稻恶苗病的防治研究. 农药学学报, 23(3): 483-491.

胡东维, 王疏. 2012. 稻曲病菌侵染机制研究现状与展望. 中国农业科学, 45(22): 4604-4611.

胡光瑞, 潘财升, 潘红光, 等. 2010. 浙南山区稻曲病重发原因及药剂防控关键技术研究. 安徽农学通报（上半月刊）, (5): 98-100.

胡建坤, 黄蓉, 李湘民, 等. 2021. 东乡野生稻对稻曲病抗性鉴定与分析. 江西农业大学学报, 43(4): 774-782.

胡茂林, 罗来鑫, 李健强. 2018. 稻曲病菌侵染对水稻小穗发育的影响及 H_2O_2 的变化趋势. 植物病理学报, 48(2): 169-175.

胡茂林, 罗来鑫, 李志强, 等. 2017. 种子或带菌土壤传播稻曲病菌的可能性研究. 广东农业科学, 44(11): 104-110, 173-174.

胡颂平, 余建, 魏开发, 等. 2019. 江西水稻穗腐病病原菌鉴定及生物学特性研究. 江西农业大学学报, 41(2): 234-242.

胡贤锋, 李荣玉, 李明, 等. 2017. 贵州省水稻稻曲病菌对咪鲜胺的敏感性基线. 农药, 56(3): 219-221.

胡逸群, 郑求学, 陈晴晴, 等. 2021. 安徽省水稻品种稻曲病抗性鉴定与评价. 作物研究, 35(6): 604-608.

胡英. 2014. 水稻霜霉病的发生与防治. 农业灾害研究, 4(12): 29-31.

黄昌华, 杨丹, 姚学英. 1994. 井冈霉素：不易产生抗性的抗菌素. 湖北植保, (2): 18-19.

黄富. 1992. 国内外稻粒黑粉病研究概况. 中国农学通报, 8(4): 20-23.

黄富, 程开禄, 潘学贤. 1998. 稻粒黑粉病菌的分类学研究进展. 云南农业大学学报, 13(1): 145-148.

黄富, 潘学贤, 程开禄, 等. 1994. 稻粒黑粉病病穗率与病粒率的关系及其分级标准研究. 西南农业大学学报, 16(1): 32-34.

黄世文, 黄雯雯, 王玲, 等. 2009b. 水稻主要病虫害"傻瓜"式防控技术理论与实践（1）. 中国稻米, 15(4): 13-16.

黄世文, 王玲, 黄雯雯, 等. 2009a. 水稻重要病虫草害综合防治核心技术. 中国稻米, (2): 55-56.

黄世文, 王玲, 黄雯雯, 等. 2009c. 水稻主要病虫害"傻瓜"式防控技术理论与实践（2）. 中国稻米, 15(5): 48-51.

黄世文, 王玲, 刘连盟, 等. 2012. 水稻穗腐病病原分离、鉴定及生物学特性. 中国水稻科学, 26(3): 341-350.

黄世文, 王玲, 王全永, 等. 2007. 一份抗纹枯病水稻品种 ZH5 的抗病虫特性和生物学性状. 中国水稻科学, 21(6): 657-663.

黄世文, 王玲, 王全永, 等. 2008. 水稻品种 ZH5 及其杂交后代纹枯病抗性和农艺性状研究. 杂交水稻, 23(4): 7-11.

黄世文, 余柳青. 2002. 国内稻曲病的研究现状. 江西农业学报, 14(2): 45-51.

黄世文, 余柳青. 2003. 水稻品种（组合）与稻曲病的发生及防治. 中国稻米, 9(4): 32-33.

黄月清, 胡务义. 1988. 稻曲病对产量损失的影响. 植物保护, 14(5): 43.

季宏平, 张匀华, 王芊, 等. 2001. 黑龙江省水稻品种（系）对稻曲病的抗性鉴定. 黑龙江农业科学, 24(3): 1-2.

季芝娟. 2016. 水稻恶苗病抗性相关基因的鉴定及多抗基因的聚合育种利用. 沈阳: 沈阳农业大学博士学位论文.

季芝娟, 马良勇, 李西明, 等. 2008. 水稻种质资源恶苗病抗性鉴定. 浙江农业科学, 49(5): 590-592.

季芝娟, 曾宇翔, 梁燕, 等. 2021. 水稻恶苗病抗性研究进展. 中国水稻科学, 35(1): 1-10.

江绍锋, 史云静, 赵美, 等. 2020. 化学物质对水稻纹枯病菌黑色素形成的影响. 华南农业大学学报, 41(4): 49-56.

江苏省镇江地区农科所. 1978. 水稻褐条病. 农业科技通讯, (5): 33.

蒋同生, 吴金钟, 王贵学, 等. 2010. 重庆涪陵稻区水稻叶鞘腐败病的发生与防控技术研究. 西南师范大学学报（自然科学版）, 35(5): 100-105.

蒋钰琪, 舒新月, 郑爱萍, 等. 2021. 水稻与稻粒黑粉病菌互作分子机制研究进展. 生物技术通报, 37(9): 248-254.

金梅松, 蒋文烈. 1997. 浙江省水稻纹枯病菌对井冈霉素的抗药性测定. 浙江农业学报, 9(3): 127-130.

金敏忠. 1989. 弯孢菌引起的变色米初步研究. 植物病理学报, 35(1): 21-26.

金敏忠. 1991. 浅谈水稻叶鞘网斑病. 农业科技通讯, (6): 27-28.

金敏忠, 柴荣耀. 1990. 我国稻瘟病菌生理小种研究的进展. 植物保护, 16(3): 37-40.

金敏忠, 柴荣耀, 张庆生, 等. 1994. 水稻黑粒米症状与病原研究初报. 植物保护, 20(2): 7-8.

况浩池, 曾正明, 蒋钰东, 等. 2016. 高抗稻瘟病三系杂交稻恢复系泸恢 37 的选育及应用. 中国稻米, 22(1): 97-99.

赖传雅. 2003. 农业植物病理学（华南本）. 北京: 科学出版社.

赖传雅, 袁高庆. 2021. 农业植物病理学（华南本）. 2 版. 北京: 科学出版社.

兰波, 李湘民, 王政逸, 等. 2011. 江西省水稻种质资源对纹枯病的抗性评价. 中国稻米, 17(3): 9-10.

雷财林, 凌忠专, 王久林, 等. 2004. 水稻抗病育种研究进展. 生物学通报, 53(11): 4-7.

雷财林, 王久林, 程治军, 等. 2014. 水稻抗稻瘟病单基因鉴别体系研究的概况与展望. 作物杂志, 30(2): 5-8.

雷财林, 张国民, 程治军, 等. 2011. 黑龙江省稻瘟病菌生理小种毒力基因分析与抗病育种策略. 作物学报, 37(1): 18-27.

黎定军, 罗宽, 陈真. 1993. 水稻对恶苗病的抗性与病原菌致病性的研究. 植物病理学报, 23(4): 315-319.

黎起秦, 陈永宁, 林纬, 等. 2002. 水稻节瘤病病株空间分布型及抽样技术研究. 西南农业学报, 21(2): 51-53.

黎起秦, 陈永宁, 蒙姣荣, 等. 2001. 水稻节瘤病有性世代研究初报. 植物病理学报, 31(3): 287-288.

李爱宏, 许薪萍, 戴正元, 等. 2003. 转基因水稻株系的纹枯病抗性分析. 中国水稻科学, 17(4): 302-305.

李芳, 程立锐, 许美容, 等. 2009. 利用品质性状的回交选择导入系挖掘水稻抗纹枯病 QTL. 作物学报, 35(9): 1729-1737.

李芳, 张珏锋, 钟海英, 等. 2022. 利用离体叶片相对病斑面积快速鉴定茭白对胡麻叶斑病的抗性. 浙江农业科学, 63(5): 1091-1093, 1097.

李刚, 袁彩勇, 曹奎荣, 等. 2018. 544 份水稻种质稻瘟病抗性鉴定及抗性基因的分布研究. 中国农业大学学报, 23(5): 22-28.

李华全. 2000. 论水稻制种稻粒黑粉病的发病规律及防治技术. 种子, (5): 55-56.

李桦, 宋成艳, 丛万彪, 等. 2000. 粳稻品种抗纹枯病性鉴定与筛选. 植物保护, 26(1): 19-21.

李环环. 2015. 水稻稻曲病菌对丙环唑的敏感性检测及抗性风险评估. 南京: 南京农业大学硕士学位论文.

李锦江, 肖友伦, 孟秋成, 等. 2012. 水稻抗稻瘟病和抗白叶枯病基因聚合品系抗性分析. 杂交水稻, 27(5): 59-66.

李俊霞, 廖大国. 2011. 四川玉米串珠镰刀菌产毒素条件的研究. 粮食储藏, 40(2): 44-46.

李隆术. 1990. 农业螨类研究进展. 中国农业科学, 31(1): 22-30.

李隆术, 冯明光, 胡国文, 等. 1985. 四川稻区水稻褐鞘症的发生及其原因. 农业科学导报, (1): 44-51.

李马谅. 1995. 稻曲病田间分布及取样技术的分析. 福建稻麦科技, 13(2): 37-42.

李鹏. 2012. 水稻褐鞘病发生规律研究进展. 北方水稻, 42(5): 78-80.

李鹏, 穆娟微, 马德全, 等. 2006. 水稻褐变穗病原菌生物学特性的研究: 环境条件对病原菌菌丝生长和产孢的影响. 现代化农业, (5): 1-2.

李生杰, 林成, 马炳清, 等. 2006. 水稻小球菌核病的发生及防治. 垦殖与稻作, (4): 51-52.

李伟丰. 2006. 水稻香亭病 (*Balansia oryzaes-ativae* Hashioka): 一种影响杂交水稻种子出口的病害. 杂交水稻, 21(3): 10-12.

李宪. 1996. 药剂浸种防治稻曲病和品种抗病性鉴定. 安徽农业科学, 24(3): 245-246, 248.

李小娟, 刘二明, 谭小平, 等. 2010. 3 种防御酶在水稻抗稻曲病中的活性变化. 植物保护, 36(1): 91-94.

李新凤. 2013. 山西镰刀菌种类鉴定及遗传多样性分析研究. 晋中: 山西农业大学硕士学位论文.

李戌清, 傅鸿妃, 李红斌. 2016. 稻黑孢菌生物学特性及杀菌剂筛选. 长江蔬菜, (6): 80-84.

李学文, 唐明远, 罗泽民, 等. 1987. 水稻紫秆病植株体内若干生物化学变化. 植物保护学报, 26(1): 45-49.

李燕, 于俊杰, 刘永锋, 等. 2012. 稻曲病菌产孢能力及致病力测定. 中国农业科学, 45(20): 4166-4177.

李余生, 韩丽华, 杨娟, 等. 2012. 不同环境下水稻稻曲病抗性位点检测. 江苏农业学报, 28(5): 933-937.

李余生, 朱镇, 张亚东, 等. 2008. 水稻稻曲病抗性的主基因+多基因混合遗传模型分析. 作物学报, 34(10): 1728-1733.

梁力哲, Moller K. 1989. 中国水稻种子上常见寄生性真菌的检验识别. 植物保护, 15(2): 42-44.

廖杰, 张长伟, 潘学贤, 等. 2004. 制种田稻粒黑粉病药剂防治的最佳时期. 四川农业科技, (7): 31-32.

廖月华, 吴波明. 2000. 稻紫鞘病病因研究分析. 江西农业大学学报, (5): 62-67.

林坚贞, 张艳璇. 1983. 水稻紫秆症状的病原问题. 植物保护, (2): 35.

林晓燕, 马有宁, 曹赵云, 等. 2020. 水稻稻曲病污染、毒素分析与防控技术研究. 农产品质量与安全, (5): 22-28.

凌定原, Vidhyaseharan P, Borromeo ES, 等. 1986. 运用植物毒素离体筛选水稻抗胡麻叶斑病种质的研究. 遗传学报, 13(3): 194-200.

凌忠专, 雷财林, 王久林. 2004. 稻瘟病菌生理小种研究的回顾与展望. 中国农业科学, 37(12): 1849-1859.

凌忠专, Mew T, 王久林, 等. 2000. 中国水稻近等基因系的育成及其稻瘟病菌生理小种鉴别能力. 中国农业科学, 33(4): 1-8.

刘彬, 叶慧丽, 姚琳, 等. 2007. 不同类型水稻鉴别品种对四川稻瘟病菌生理小种的鉴定与评价研究. 西南农业学报, 20(3): 400-407.

刘斌, 毕振佳, 何平, 等. 2018. 云南省主栽水稻品种抗稻瘟病基因型鉴定. 分子植物育种, 16(22): 7362-7371.

刘大群, 董金皋. 2007. 植物病理学导论. 北京: 科学出版社.

刘恩勇. 2011. 水稻穗腐病主要侵染源的确定及其防治. 南宁: 广西大学硕士学位论文.

刘二明, 朱有勇, 肖放华, 等. 2003. 水稻品种多样性混栽持续控制稻瘟病研究. 中国农业科学, 36(2): 164-168.

刘洪涛, 蔡超, 梁红艳, 等. 2011. 毒素在稻纹枯病菌致病中的作用分析. 植物保护, 37(6): 177-179.

刘洪涛, 卢宗志, 韩润亭. 2002. 吉林省稻瘟病菌生理小种研究概述. 吉林农业大学学报, 24(6): 34-38.

刘芮. 2016. 稻黑孢霉菌菌株 CS-1 中 3 种 RNA 病毒的发现及序列测定. 长沙: 湖南农业大学硕士学位论文.

刘树芳, 董丽英, 赵国珍, 等. 2016. 抗稻瘟病基因 *Piz-t* 和 *Pi9* 连锁标记开发及在云南粳稻中的应用. 西南农业学报, 29(4): 721-725.

刘水芳. 1990. 天津市稻瘟病菌生理小种动态变化研究. 天津农业科学, (1): 15-17.

刘婷婷, 王婷, 胡林. 2019. 基于卷积神经网络的水稻纹枯病图像识别. 中国水稻科学, 33(1): 90-94.

刘永锋, 陈志谊, 吉健安, 等. 2006. 江苏省水稻主栽及区试品种对水稻纹枯病的抗性分析. 江苏农业科学, (1): 24-27, 41.

刘永锋, 陈志谊, 周保华, 等. 2002. 江苏省部分稻区恶苗病菌对水稻浸种剂的抗药性检测. 江苏农业学报, 18(3): 190-192.

刘永锋, 陆凡, 陈志谊, 等. 2000. 江苏省水稻主栽及后备品种对稻曲病的抗性. 作物杂志, (6): 11-13.

刘志恒, 田玲, 杨红, 等. 2012. 水稻菌核秆腐病菌生物学特性研究. 沈阳农业大学学报, 43(1): 18-22.

陆凡, 陈志谊, 陈毓苓, 等. 1996. 稻曲病菌的生物学特性及其侵染循环中某些未确定要点的研究. 江苏农业学报, 12(4): 35-40.

陆家云. 2001. 植物病原真菌学. 北京: 中国农业出版社: 57, 394, 399.

陆剑飞, 谢子正, 黄世文. 2020. 粮油作物主要病虫预测预报及综合防治. 杭州: 浙江科学技术出版社.

陆君. 2013. 稻曲病菌与水稻互作的初步研究. 武汉: 华中农业大学硕士学位论文.

陆仕华. 1985. 水稻尾孢霉毒素. 真菌学报, 4(4): 240-254.

罗俊国. 1995. 水稻恶苗病致病镰孢种类及菌系研究. 中国水稻科学, 9(2): 119-122.

罗宽, 廖小兰, 陈寅, 等. 1988. 水稻褐鞘病发生规律与防治研究. 湖南农业科学, (6): 32-36.

罗宽, 王国平, 黄声仪. 1986. 水稻圆斑病初步研究. 植物病理学报, 16(4): 225-226.

罗宽, 王国平, 黄声仪. 1987. 水稻圆斑病研究. 湖南农学院学报, (1): 59-68.

吕彬. 1994. 水稻种质资源对水稻恶苗病的抗性鉴定初报. 植物保护, 20(3): 20-21.

吕彬. 1996. 水稻抗恶苗病的鉴定方法研究. 作物学报, 22(5): 629-632.

吕贵山, 宋丽芬, 渠美红. 2012. 寒地水稻叶鞘腐败病的发生规律与防治技术研究. 现代化农业, (1): 15-16.

吕国忠, 赵志慧, 孙晓东, 等. 2010. 串珠镰孢菌种名的废弃及其与藤仓赤霉复合种的关系. 菌物学报, 29(1): 143-151.

吕金超, 李会荣. 1955. 水稻粒黑穗病侵染的研究. 植物病理学报, 1(1): 87-93.

马炳田, 王玲霞, 李仕贵, 等. 2008. 四川省杂交水稻种子寄藏真菌研究. 种子, 27(1): 1-5.

马辉刚, 舒畅, 刘康成, 等. 2007. 水稻品种多样性持续控制稻瘟病研究. 中国生态农业学报, 15(2): 114-117.

马军韬, 张国民, 辛爱华, 等. 2010. 黑龙江省稻瘟病菌生理小种鉴定与分析. 植物保护, 36(3): 97-99.

马晓伟, 邢春杰, 于金凤, 等. 2012. 水稻恶苗病菌（*Fusarium fujikuroi*）β-微管蛋白基因克隆及与多菌灵抗药性关系. 微生物学报, 52(5): 581-587.

蒙显标, 陆寿成, 陈强, 等. 1992. 水稻恶苗病穗期危害损失估计模型研究初报. 广西植保, (1): 11-14.

孟峰, 张亚玲, 靳学慧. 2020. 黑龙江省稻瘟病菌无毒基因 *AVR-Pita* 及其同源基因的检测与分析. 中国水稻科学, 34(2): 143-149.

孟峰, 张亚玲, 靳学慧, 等. 2019. 黑龙江省稻瘟病菌无毒基因 *AVR-Pib*、*AVR-Pik* 和 *AvrPiz-t* 的检测与分析. 中国农业科学, 52(23): 4262-4273.

穆娟微, 李鹏, 李德萍, 等. 2006. 水稻新病害——水稻褐变穗. 垦殖与稻作, (5): 46-47.

倪大虎, 易成新, 李莉, 等. 2008. 分子标记辅助培育水稻抗白叶枯病和稻瘟病三基因聚合系. 作物学报, 34(1): 100-105.

欧世璜. 1981. 水稻病害. 北京: 农业出版社.

欧壮喆, 陈绍平. 1999. 水稻颖枯病发生危害及防治. 植物保护, 25(4): 15-17.

潘汝谦, 康必鉴, 黄建民, 等. 1998. 广东省稻瘟病菌生理小种的类型和分布. 植保技术与推广, 18(2): 3-5.

潘汝谦, 康必鉴, 黄建民, 等. 1999. 广东省稻瘟病菌生理小种的消长动态. 植物保护, (3): 5-7.

潘学彪, 陈宗祥, 徐敬友, 等. 1997. 不同接种调查方法对抗水稻纹枯病遗传研究的影响. 江苏农学院学报, 18(3): 27-32.

潘学彪, 陈宗祥, 张亚芳, 等. 2001. 水稻抗纹枯病育种成效的初步评价. 中国水稻科学, 15(3): 218-220.

潘学贤, 程开禄, 黄富, 等. 1995. 杂交稻制种粒黑粉的侵染及发生规律. 植物保护学报, 22(4): 289-296.

潘以楼, 汪智渊, 吴汉章. 1996. 稻恶苗病菌抗感多菌灵菌株的 *nit* 突变株形成. 南京农业大学学报, 19(4): 26-31.

潘以楼, 汪智渊, 吴汉章. 1997. 水稻恶苗病菌（*Fusarium moniliforme*）对多菌灵不同抗性菌株的菌丝生长、产孢和致病力差异. 江苏农业学报, 13(2): 90-93.

潘以楼, 吴汉章. 1998. 稻曲病（*Ustilaginoidea virens*）病穗和病粒的空间分布型. 南京农业大学学报, 21(3): 41-46.

彭陈, 王瑞, 陈洪亮, 等. 2014. 水稻胡麻叶斑病病原菌的培养特性. 江苏农业学报, 30(3): 503-507.

彭绍裘, 曾昭瑞, 张志光. 1986. 水稻纹枯病及其防治. 上海: 上海科学技术出版社.

钱可峰. 2012. 水稻稻曲病抗性遗传分析及普遍率与严重度的关系研究. 成都: 四川农业大学硕士学位论文, 62-67.

谯天敏, 张静, 麻文建, 等. 2015. 双基因联合 PCR 检测水稻叶鞘网斑病菌. 南京农业大学学报, 38(2): 273-278.

全国稻瘟病菌生理小种联合试验组. 1980. 我国稻瘟病菌生理小种研究. 植物病理学报, 10(2): 71-82.

任春梅, 高必达, 何迎春. 2001. 水稻抗纹枯病的研究进展. 植物保护, 27(4): 32-36.

戎念杭, 雍明丽, 徐颖, 等. 2017. 水稻花器细胞壁超微结构与稻曲病菌的选择性侵染分析. 西北植物学报, 37(1): 1-7.

阮宏椿, 石妞妞, 甘林, 等. 2017. 稻曲病菌对戊唑醇的敏感基线及抗药突变体的生物学性状. 西北农林科技大学学报（自然科学版）, 45(6): 148-154.

单文周, 罗宽, 陈寅. 1985. 水稻褐鞘病研究: Ⅰ. 病原细菌分离、致病性测定和鉴定. 湖南农学院学报, (1): 43-45.

沈会芳, 周而勋, 戚佩坤. 2002a. 化学肥料对水稻纹枯病菌菌丝生长和菌核形成的影响. 华南农业大学学报（自然科学版）, 23(2): 94.

沈会芳, 周而勋, 戚佩坤. 2002b. 金属离子对水稻纹枯病菌菌丝生长和菌核形成的影响. 华南农业大学学报（自然科学版）, 23(1): 38-40.

沈乐融, 齐中强, 杜艳, 等. 2019. 江苏省稻瘟病菌致病力分化及无毒基因组成分析. 江苏农业学报, 35(1): 42-47.

沈瑛, 黄大年, 范在丰, 等. 1990. 稻瘟菌非致病性和弱致病性菌株对稻株诱导抗性的初步研究. 中国水稻科学, 4(2): 95-96.

沈永安, 王力. 1989. 吉林省水稻纹枯病发生及防治研究初报. 吉林农业科学, (3): 9-14.

施辰子, 郭玉人, 陆保理, 等. 2003. 水稻稻曲病分级标准及导致产量损失的初步测定. 上海交通大学学报（农业科学版）, 21(2): 152-155.

宋晰, 方媛, 王秋实, 等. 2015. 水稻纹枯病菌对井冈霉素的抗药性机制. 海口: 中国植物病理学会 2015 年学术年会.

孙磊, 王玲, 刘连盟, 等. 2018. 水稻穗腐病菌强致病力且高产伏马菌素菌株筛选. 中国水稻科学, 32(6): 610-616.

谭彩霞, 纪雪梅, 杨勇, 等. 2005. 水稻回交世代中两个抗纹枯病主效数量基因的鉴定与标记辅助选择. 遗传学报, 32(4): 399-405.

谭彩霞, 张亚芳, 陈宗祥, 等. 2004. 两个抗水稻纹枯病主效数量基因的鉴定. 中国生物工程杂志, 24(4): 79-80.

谭清群, 何海永, 陈小均, 等. 2017. 贵州水稻纹枯病菌对噻呋酰胺和己唑醇的敏感性测定. 四川农业大学学报, 35(2): 159-166.

谭阳, 黎玲, 石银丰, 等. 2020. 不同处置条件对稻瘟病菌致病力的影响. 杂交水稻, 35(4): 92-95.

唐春生, 高家樟, 曹国平, 等. 2001. 稻曲病病情分级标准的研究和应用. 植物保护, 27(1): 18-21.

陶家凤. 1992. 立枯丝核菌对水稻侵染过程的研究. 四川农业大学学报, 10(3): 471-477.

陶家凤, 周开达, 朱建清. 1998. 稻粒黑粉菌对水稻不育系的侵染过程. 西南农业学报, 11(2): 68-72.

田雪亮, 薛国正, 郎剑锋, 等. 2012. 串珠镰刀菌粗毒素对玉米幼苗的胁迫作用研究. 中国农学通报, 28(6): 39-42.

童蕴慧, 徐敬友, 潘学彪, 等. 2000. 水稻植株对纹枯病菌侵染反应及其机理的初步研究. 江苏农业研究, 21(4): 45-47.

汪爱娟, 王笑, 李阿根, 等. 2016. 水稻窄条斑病及其种子传病与药剂防治. 植物保护, 42(4): 211-214, 229.

汪金莲, 杨民和, 刘桂保, 等. 1995. 杂交水稻制种田母本粒黑粉病发生规律与防治研究. 江西农业大学学报, 17(2): 222-226.

汪智渊, 杨红福, 张继本, 等. 2003. 苏南地区水稻穗期病害及病原研究. 江苏农业科学, (3): 34-36.

王爱军, 江波, 富蓉, 等. 2018. 水稻稻粒黑粉病病原菌鉴定及致病性测定. 植物病理学报, 48(3): 297-304.

王陈骄子, 贺晓霞, 杨媚, 等. 2015. 水稻、玉米和小麦纹枯病菌对 3 种作物的交互致病性. 华南农业大学学报, 36(6): 82-86.

王拱辰, 陈鸿逵, 徐沛生, 等. 1990. 水稻恶苗病病原菌的研究. 植物病理学报, 20(2): 93-97.

王洪凯, 林福呈. 2008. 稻曲病研究进展. 浙江农业学报, 20(5): 385-390.

王金生. 1980. 关于稻苗疫霉病发生和研究方面几个问题的讨论. 植物保护, (5): 33-36.

王金生, 陆家云. 1978. 水稻的一种新病害: 稻苗疫霉病. 微生物学报, 18(2): 95-101, 175.

王俊伟. 2013. 水稻胡麻叶斑病菌侵染条件及胡麻叶斑病抗性研究. 新乡: 河南师范大学硕士学位论文.

王玲, 黄雯雯, 黄世文, 等. 2010b. 皖鄂地区水稻纹枯病菌致病力分化研究. 中国水稻科学, 24(6): 623-629.

王玲, 黄雯雯, 黄世文, 等. 2010c. 浙皖鄂地区水稻纹枯病菌 5 个种群的遗传结构分析. 生态学报, 30(20): 5439-5447.

王玲, 黄雯雯, 刘连盟, 等. 2010a. 5 个水稻品种对水稻纹枯病菌鉴别能力的比较. 中国稻米, 16(2): 36-38.

王玲, 黄雯雯, 刘连盟, 等. 2011. 对中国南方部分籼型杂交水稻纹枯病抗性的评价. 作物学报, 37(2): 263-270.

王玲, 左示敏, 张亚芳, 等. 2015a. 四川省稻瘟病菌群体遗传结构分析. 中国水稻科学, 29(3): 327-334.

王玲, 左示敏, 张亚芳, 等. 2015b. 中国南方八省（自治区）水稻纹枯病菌群体遗传结构的 SSR 分析. 中国农业科学, 48(13): 2538-2548.

王茂才, 李顺章. 1981. 水稻"紫鞘病"发病规律与损失初步调查. 江西农业科技, (11): 9-11.

王群, 毕云青, 孔垂思, 等. 2021. 云南省六个水稻产区稻瘟病菌三个无毒基因的组成及其致病型. 植物保护学报, 48(4): 723-731.

王群, 陆琳, 何成兴, 等. 2020. 云南省水稻稻瘟病菌无毒基因 AVR-Pia 变异及水稻抗性基因 Pia 的有效性. 植物保护学报,

47(3): 562-571.

王舒婷, 林廷邦, 甘林, 等. 2012. 中国部分地区稻曲病菌培养特性及其遗传多样性分析. 植物保护学报, 39(3): 217-223.

王疏, 白元俊, 刘晓舟, 等. 1996a. 稻曲病菌白化菌株研究初报. 辽宁农业科学, (6): 45-47.

王疏, 白元俊, 刘晓舟, 等. 1996b. 稻曲病接种菌源及接种方法的研究. 辽宁农业科学, (1): 33-35.

王疏, 白元俊, 周永力, 等. 1997. 稻曲病菌白化菌株生物学特性研究. 植物病理学报, 27(4): 321-326.

王疏, 潘雅姣, 樊金娟, 等. 2005. 水稻生殖生长期植株上稻曲病菌的 PCR 检测. 辽宁农业科学, (5): 46-47.

王晓莉, 李哲, 杨红福, 等. 2020b. 应用环介导等温扩增技术检测江苏省水稻苗期与成株期的恶苗病病菌. 江苏农业科学, 48(20): 110-113.

王晓莉, 李哲, 叶文武, 等. 2020a. 江苏省 13 个地区水稻种子携带 4 种不同恶苗病菌的 LAMP 检测. 南京农业大学学报, 43(5): 846-852.

王永强, 樊荣辉, 刘兵, 等. 2009. 中国不同地理来源稻曲病菌 rDNA-ITS 的分析. 植物保护学报, 36(5): 475-476.

王中康, 欧阳秩. 1989. 稻粒黑粉菌生物学特性研究. 西南农业大学学报, 11(4): 331-335.

王子斌, 左示敏, 李刚, 等. 2009. 水稻抗纹枯病苗期快速鉴定技术研究. 植物病理学报, 39(2): 174-182.

韦燕萍, 黄大辉, 陈英之, 等. 2009. 广西野生稻资源抗稻瘟病材料的鉴定与评价. 中国水稻科学, 23(4): 433-436.

魏景超. 1957. 水稻病原手册. 北京: 科学出版社.

魏景超. 1975. 水稻病原手册. 2 版. 北京: 科学出版社.

魏景超. 1979. 真菌鉴定手册. 上海: 上海科学技术出版社.

文景芝, 陆家云. 1991. 内脐蠕孢属、平脐蠕孢属和凸脐蠕孢属的分类鉴定. 东北农学院学报, 22(2): 120-126.

吴彩谦, 李建清, 贝进标, 等. 2009. 昭平县晚稻胡麻叶斑病偏重发生特点及原因分析. 广西植保, 22(1): 34-35.

吴海燕, 范文艳, 辛惠普. 2002. 黑龙江省水稻小球菌核病无性世代分生孢子研究初报. 植物病理学报, 32(4): 368-369.

吴海燕, 辛惠普. 2003. 双曲孢菌 (*Nakataea sigmoidea* Hara) 生物学特性初步研究. 广西科学, 10(2): 139-141, 153.

吴海燕, 辛惠普, 靳学慧. 2001a. 水稻小球菌核病病原菌生物学特性的研究. 黑龙江八一农垦大学学报, 13(4): 122-125.

吴海燕, 辛惠谱, 靳学慧. 2004. 水稻秆腐菌核病及其生物学特性. 植物保护, 30(3): 75-78.

吴海燕, 周勋波, 辛惠普. 2001b. 水稻小球菌核病抗病机制的初步研究. 植物保护, 27(2): 7-8.

吴海燕, 周勋波, 辛惠普, 等. 2005. 寒地水稻秆腐菌核病菌的生物学研究. 植物保护, 31(4): 48-52.

吴荷芳, 王晓宇, 罗楚平, 等. 2013. 江苏省水稻纹枯病菌遗传多样性分析与致病力研究. 江苏农业学报, 29(1): 51-59.

吴婕, 席亚东, 李洪浩, 等. 2015. 四川省水稻纹枯病菌对井冈霉素抗药性监测. 西南农业学报, 28(6): 2501-2504.

吴亚晶, 夏艳涛, 张苗森. 2015. 不同水稻品种抗病性研究. 黑龙江农业科学, (2): 48-49.

夏红明. 2014. 水稻云形病的研究. 农业灾害研究, 4(5): 10-12.

夏立群. 1979. 水稻一柱香病的"菌谷"与侵染. 云南农业科技, (4): 27-29, 54.

向珣朝, 李季航, 张楷正, 等. 2007. 一个水稻抗纹枯病突变体的遗传分析及其基因的初步定位. 西南科技大学学报, 22(2): 76-81.

向珣朝, 王世全, 何立斌, 等. 2005. 一个高抗水稻纹枯病突变体的发现及其遗传特性的初步分析. 作物学报, 31(9): 1236-1238.

肖丹凤, 张佩胜, 王玲, 等. 2013. 中国稻瘟病菌种群分布及优势生理小种的研究进展. 中国水稻科学, 27(3): 312-320.

肖满开, 周代友. 2001. 水稻紫鞘病分级标准及其损失率测定. 植保技术与推广, 21(5): 3-4.

肖勇, 余华强, 郑晓丽, 等. 2010. 水稻亲本纹枯病抗病性鉴定与分析. 湖北农业科学, 49(11): 2782-2784.

谢殿采. 1985. 水稻跗线螨的紫鞘症与紫秆病的区别. 农垦综防, (2): 16.

谢红军, 王建龙, 陈光辉. 2006. 水稻稻瘟病抗性育种研究进展. 作物研究, (5): 417-421.

谢戎, 刘成元, 李永洪, 等. 2015. 转 GO 基因水稻杂交后代稻瘟病抗谱分析. 西南农业学报, 28(5): 1869-1873.

谢学文, 许美容, 藏金萍, 等. 2008. 水稻抗纹枯病 QTL 表达的遗传背景及环境效应. 作物学报, 34(11): 1885-1893.

徐建龙, 薛庆中, 罗利军, 等. 2002. 近等基因导入系定位水稻抗稻曲病数量性状位点的研究初报. 浙江农业学报, 14(1): 14-19.

徐敬友, 童蕴慧, 潘学彪, 等. 1997. 水稻叶尖枯病接种技术及品种的抗病性. 中国水稻科学, 11(1): 47-50.

徐敬友, 童蕴慧, 王彰明, 等. 1995. 水稻叶尖枯病初侵染和再侵染研究. 植物病理学报, 25(2): 123-126.

徐敬友, 王泉章, 周群喜. 1993. 水稻叶尖枯病的损失率测定. 江苏农业科学, (5): 37-38.

徐志健, 农保选, 张宗琼, 等. 2020. 广西水稻地方品种核心种质抗稻瘟病鉴定及评价. 南方农业学报, 51(5): 1039-1046.

许月, 魏松红, 王海宁, 等. 2018. 水稻纹枯病菌及毒素的寄主抗性响应差异. 沈阳农业大学学报, 49(4): 385-392.

薛洪楼. 2009. 水稻霜霉病发生规律及发病条件研究. 湖北植保, (6): 28-29.

杨长登, 郭龙彪, 李西明, 等. 2006. 水稻抗恶苗病微效 QTL 的定位. 中国水稻科学, 20(6): 657-659.

杨根华, 董文汉, 李梅, 等. 2002. 云南省水稻纹枯病菌系研究. 菌物系统, 21(2): 274-279.

杨红福, 吉沐祥, 姚克兵, 等. 2013. 水稻恶苗病菌对咪鲜胺的抗性研究及治理. 江西农业学报, 25(6): 94-96, 105.

杨家珍. 1982. 筛选水稻抗纹枯病抗源品种的研究. 安徽农业科学, (2): 62-65.

杨宁, 王盼, 张荣标, 等. 2017. 基于富集微流控芯片的稻曲病菌孢子光电检测方法. 农业工程学报, 33(20): 161-168.

杨祁云, 朱小源, 雷财林, 等. 2004. 华南籼稻稻瘟病菌致病型单基因鉴别寄主筛选. 植物保护学报, 31(2): 113-120.

杨廷策, 张国仕. 2005. 2004 年晚稻胡麻叶斑病大发生特点及原因分析. 广西植保, 18(3): 34-35.

杨秀娟, 林廷邦, 阮宏椿, 等. 2013. 稻曲病对水稻产量的影响及水稻新品种抗病性测定. 热带作物学报, 34(7): 1309-1313.

杨秀娟, 阮宏椿, 杜宜新, 等. 2007. 福建省稻瘟病菌致病性及其无毒基因分析. 植物保护学报, 34(4): 337-342.

杨一峰, 章跃富, 胡官军. 2008. 稻小球菌核病分级标准和为害损失率的测定. 中国稻米, (2): 71-72.

易润华, 朱西儒, 周而勋. 2003. 水稻纹枯病菌人工接种方法的研究. 广州大学学报（自然科学版）, 2(3): 224-227.

殷跃军. 2008. 水稻抗纹枯病 QTL $qSB-9^{Tq}$ 的遗传分析和精细定位研究. 扬州: 扬州大学博士学位论文.

尹德明, 丁得亮, 郑志广, 等. 2003. 水稻感染小球菌核病后多酚氧化酶活性的研究初报. 天津农学院学报, 10(1): 14-17.

尹为良, 王三春. 1994. 水稻纹枯病流行速率及损失率测定初报. 植物保护, 20(4): 22-23.

尹小乐, 陈志谊, 刘永锋, 等. 2011. 稻曲病拮抗细菌的筛选与评价. 江苏农业学报, 27(5): 983-989.

尹小乐, 陈志谊, 于俊杰, 等. 2014. 江苏省水稻区域试验品种对稻曲病的抗性评价及稻曲病菌致病力分化研究. 西南农业学报, 27(4): 1459-1465.

雍明丽. 2017. 稻曲病菌初侵染源和花丝侵染机制研究. 杭州: 浙江大学博士学位论文.

余建硕. 2018. 江西水稻穗腐病病原鉴定及 30 个抗瘟单基因系对稻瘟病的抗性评价. 南昌: 江西农业大学硕士学位论文.

余永年. 1998. 中国真菌志. 北京: 科学出版社.

俞咪娜, 陈志谊, 于俊杰, 等. 2013. 来源于同一穗不同稻曲球的稻曲病菌的致病性及遗传多样性. 植物病理学报, 43(6): 561-573.

袁筱萍, 魏兴华, 余汉勇, 等. 2004. 不同品种及有关外因对水稻纹枯病抗性的影响. 作物学报, 30(8): 768-773.

袁艳. 1999. 水稻胡麻叶斑病的防治. 安徽农业, 5: 20.

袁咏天, 戎振洋, 叶文武, 等. 2018. 应用环介导等温扩增技术检测江苏水稻种子携带的水稻恶苗病菌. 中国水稻科学, 32(5): 493-500.

袁媛, 陈雷, 吴娜, 等. 2016. 水稻纹枯病图像识别处理方法研究. 农机化研究, 38(6): 84-87, 92.

曾凡成, 周绪鹏, 曾赘, 等. 2020. 巴布亚新几内亚哈根旱稻叶鞘腐败病的发生与防治初报. 湖北植保, (1): 43-44.

曾泉, 胡春锦, 史国英, 等. 2015. 氮素营养对水稻纹枯病菌致病力的影响. 南方农业学报, 46(6): 1012-1017.

曾蓉, 徐丽慧, 吴雁, 等. 2018. 水稻稻曲病菌 PCR 快速检测技术及应用. 上海农业学报, 34(6): 23-26.

曾宇翔, 李西明, 马良勇, 等. 2010. 水稻纹枯病抗性基因定位及抗性资源发掘的研究进展. 中国水稻科学, 24(5): 544-550.

张宝棣, 潘泽鸿. 1977. 水稻新病害: 稻螨褐鞘病. 广东农业科学, (3): 14-16.

张宝棣, 潘泽鸿. 1986. 水稻褐鞘症发生原因的进一步探讨. 植物保护学报, 13(4): 235-240.

张超然, 吴汉章, 汪智渊. 1986. 水稻紫鞘病原及其侵染规律的研究. 植物病理学报, 16(4): 219-223.

张国淳. 1983. 水稻紫鞘黄叶病的发生、为害及药剂防治的研究. 浙江农业科学, (2): 77.

张国良, 戴其根, 霍中洋, 等. 2008. 外源硅对纹枯病菌（Rhizoctonia solani）侵染下水稻叶片光合功能的改善. 生态学报, 28(10): 4881-4890.

张国良, 戴其根, 王建武, 等. 2007. 施硅量对粳稻品种武育粳 3 号产量和品质的影响. 中国水稻科学, 21(3): 299-303.

张国良, 戴其根, 张洪程. 2006. 施硅增强水稻对纹枯病的抗性. 植物生理与分子生物学学报, 32(5): 600-606.

张红生, 朱立宏, 沙学延, 等. 1990. 水稻纹枯病抗性机理的初步研究//朱立宏. 主要农作物抗病性遗传研究进展. 南京: 江苏科学技术出版社: 153-164.

张洪瑞, 杨军, 袁守江, 等. 2019. 山东省水稻恶苗病病原菌的研究. 山东农业科学, 51(7): 80-82.

张江林. 2021. 钾素营养增强水稻抵抗叶鞘腐败病的生理机制. 武汉: 华中农业大学博士学位论文.

张君成, 陈志谊, 张炳欣, 等. 2004. 稻曲病的接种技术研究. 植物病理学报, 34(5): 463-467.

张君成, 张炳欣, 陈志谊, 等. 2003a. 稻曲病菌分生孢子的生物学研究. 植物病理学报, 33(1): 44-47.

张君成, 张炳欣, 陈志谊, 等. 2003b. 稻曲病的接种方法及其效果初探. 中国水稻科学, 17(4): 390-392.

张俊华, 李云鹏, 韩雨桐, 等. 2018. 黑龙江省水稻褐变穗病病原鉴定及生物学特性研究. 东北农业大学学报, 49(1): 27-38.

张楷正, 李平, 李娜, 等. 2006. 水稻抗纹枯病种质资源、抗性遗传和育种研究进展. 分子植物育种, 4(5): 713-720.

张舒, 陈其志, 吕亮, 等. 2006. 湖北省水稻部分主栽品种对稻曲病的抗性鉴定. 安徽农学通报, 12(5): 76-78.

张素芬. 2007. 防治稻曲病的复配剂筛选与应用. 长沙: 湖南农业大学硕士学位论文.

张穗, 郭永霞, 唐文华, 等. 2001. 井冈霉素 A 对水稻纹枯病菌的毒力和作用机理研究. 农药学学报, 3(4): 31-37.

张穗, 许文霞, 薛银根, 等. 1995. 郑州郊区水稻纹枯病菌对井冈霉素敏感性的初步研究. 中国生物防治, 11(4): 171-173.

张贤党, 叶传广, 易孔文, 等. 2009. 中稻稻曲病大流行的原因及防治对策. 现代农业科技, (5): 123, 125.

张祥喜, 林姗姗, 邵见阳, 等. 1993. 水稻稻粒黑粉病为害损失测定及防治指标的研究. 江西农业学报, 5(2): 146-149.

张亚玲, 周万福, 靳学慧, 等. 2010. 水稻褐变穗病原菌生物学特性研究. 安徽农业科学, 38(28): 15683-15684, 15687.

张优, 魏松红, 王海宁, 等. 2017. 东北地区水稻纹枯病菌遗传多样性和致病性分析. 沈阳农业大学学报, 48(1): 9-14.

张玉江, 张汉友, 李彩云, 等. 2009. 水稻胡麻叶斑病的发生及防治措施. 北方水稻, 40(5): 38-40.

张玉书, 王爱君. 1992. 水稻稻曲病分级标准初探及产量损失估测. 云南农业科技, (2): 23-24.

张中义, 冷怀琼, 张志铭, 等. 1988. 植物病原真菌学. 成都: 四川科学技术出版社.

章初龙, 郑重, 王拱辰. 1998. 水稻恶苗病菌的遗传多样性研究. 浙江农业大学学报, 24(6): 583-586.

赵长江, 胡伯里, 鲁国东, 等. 2005. 福建省水稻纹枯病菌的致病力及遗传多样性分析. 西北农林科技大学学报（自然科学版）, 33(S1): 60-64.

赵东磊, 辛文静, 杨莹, 等. 2019. 稻瘟病菌对咪鲜胺的抗药性风险评估. 南京农业大学学报, 42(3): 440-447.

赵茜, 姜树坤, 王立志, 等. 2022. 水稻叶褐条斑病病原菌的分离鉴定与接种技术研究. 安徽农业科学, 50(6): 120-122.

赵渊, 高松, 刘连盟, 等. 2019. 水稻恶苗病菌对咪鲜胺的抗性初探. 浙江农业科学, 60(1): 89-91.

赵正洪, 周政, 吴伟怀, 等. 2014. 湖南稻瘟病菌生理小种的组成及其致病性. 湖南农业大学学报（自然科学版）, 40(2): 173-177.

赵志华. 2007. 水稻恶苗病菌对咪鲜胺抗性机制研究. 北京: 中国农业大学硕士学位论文.

郑镐燮, 吕彬, 吴润植, 等. 1993. 水稻品种抗恶苗病鉴定方法的研究. 植物保护, 19(3): 8-10.

郑睿. 2014. 江苏省水稻恶苗病菌对咪鲜胺和氰烯菌酯的抗药性监测及其敏感性分析. 南京: 南京农业大学硕士学位论文.

中国农业科学院植物保护研究所, 中国植物保护学会. 2015. 中国农作物病虫害: 上册. 3 版. 北京: 中国农业出版社.

钟宝玉, 黄德超, 朱小源, 等. 2018. 近十年广东稻瘟病菌生理小种变化分析. 仲恺农业工程学院学报, 31(1): 24-29.

钟春燕, 孟醒, 王茂辉, 等. 2020. 广东省常规水稻品种稻瘟病抗性研究与分析. 广东农业科学, 47(2): 102-109.

周杜挺, 何可佳. 2006. 4 种杀菌剂防治水稻黑肿病田间药效试验. 农药科学与管理, 25(10): 16, 25-26.

周而勋, 曹菊香, 杨媚, 等. 2002. 我国南方六省（区）水稻纹枯病菌遗传多样性的研究. 南京农业大学学报, 25(3): 36-40.

周而勋, 杨媚. 1999. 广东省水稻纹枯病菌的致病力和融合群研究. 广东农业科学, (5): 36-38.

周华飞, 杨红福, 陈宏州, 等. 2019. 江苏镇江地区水稻恶苗病菌分离鉴定与对咪鲜胺的抗性分析. 西南农业学报, 32(2): 337-341.

周江鸿, 王久林, 蒋琬如, 等. 2003. 我国稻瘟病菌毒力基因的组成及其地理分布. 作物学报, 29(5): 646-651.

周明国, 叶钟音, 刘经芬. 1991. 稻纹枯病菌对井冈霉素抗药性检测、监测和诱导. 中国水稻科学, 5(2): 73-78.

周永力, 谢学文, 王疏, 等. 2006. 采用 nested-PCR 从田间和水稻植株上检测稻曲病菌. 农业生物技术学报, 14(4): 542-545.

朱法林, 王宏亮, 李成山. 2001. 水稻叶鞘腐败病发病规律调查及防治. 黑龙江农业科学, (6): 40-41.

朱桂梅, 潘以楼, 杨敬辉, 等. 2002. 稻恶苗病病株的症状变化及其对产量构成的影响. 上海农业学报, 18(4): 84-89.

朱建清, 周开达, 陶家凤. 1998. 稻粒黑粉菌侵染水稻不育系的细胞学研究. 西南农业学报, 11(1): 67-71.

朱名海, 彭丹丹, 舒灿伟, 等. 2019. 海南南繁区水稻纹枯病菌的遗传多样性与致病力分化. 中国水稻科学, 33(2): 176-185.

朱小源, 杨健源, 刘景梅, 等. 2006. 广东水稻品种抗稻瘟病性分析与利用策略. 广东农业科学, (5): 34-37.

朱小源, 杨祁云, 杨健源, 等. 2004. 抗稻瘟病单基因系对籼稻稻瘟病菌小种鉴别力分析. 植物病理学报, 34(4): 361-368.

朱有勇, 陈海如, 范静华, 等. 2003. 利用水稻品种多样性控制稻瘟病研究. 中国农业科学, 36(5): 521-527.

诸葛根樟, 王连平, 郜海燕. 1991. 水稻褐（紫）鞘病因之探讨. 植物病理学报, 21(1): 41-47.

庄元卫, 王述明, 季万如, 等. 1999. 水稻叶黑肿病的发生与防治研究. 植物医生, 12(3): 23-24.

宗寿余, 吕川根, 姚克敏, 等. 2004. 10 个水稻新光温敏核不育系粒黑粉病调查分析. 江苏农业科学, (3): 18-19.

邹成佳, 唐芳, 杨媚, 等. 2011. 华南 3 省（区）水稻纹枯病菌的生物学性状与致病力分化研究. 中国水稻科学, 25(2): 206-212.

左示敏. 2006. 水稻抗纹枯病数量基因 $qSB-11^{Le}$ 的精细定位、效应研究及其候选基因分析. 扬州: 扬州大学博士学位论文.

左示敏, 王子斌, 陈夕军, 等. 2009. 水稻纹枯病改良新抗源 YSBR1 的抗性评价. 作物学报, 35(4): 608-614.

左示敏, 张亚芳, 殷跃军, 等. 2006. 田间水稻纹枯病抗性鉴定体系的确立与完善. 扬州大学学报（农业与生命科学版）, 27(4): 57-61.

山口富夫. 1982. 最近発生した変色米の病原菌とその問題点. 植物防疫, (3): 99-104.

山崎义人, 高坂淖尔. 1990. 稲瘟病与抗病育种. 凌忠专, 孙昌其, 译, 林世成, 校. 北京: 农业出版社.

泽田兼吉. 1922. 台湾产菌类调查报告. 第二编: 135-136.

竹内博昭, 渡邊朋也, 石崎摩美, 等. 2005. クモヘリカメムシ個体数と斑点米発生数との関係およびその変動要因. 中央農業総合研究センター, (2): 63-69.

Abbas HK, Sciumbato G, Keeling B. 2002. First report of false smut of corn (*Zea mays*) in the Mississippi Delta. Plant Disease, 86(10): 1179.

Agarwal PC, Mortensen CN, Mathur SB. 1989. Seed-borne diseases and seed health testing of rice. New Delhi: National Bureau of Plant Genetic Resources: 266.

Agyen-Sampong M, Fannah SJ. 1980. Dirty panicles and rice yield reduction caused by bugs. International Rice Research Newsletter, 5(1): 11-12.

Ahmadpour A, Castell-Miller C, Javan-Nikkhah M, et al. 2018. Population structure, genetic diversity, and sexual state of the rice brown spot pathogen *Bipolaris oryzae* from three Asian countries. Plant Pathology, 67(1): 181-192.

Ahmed MF, Khalequzzaman KM, Islam MN, et al. 2002. Effect of plant extracts against *Bipolaris oryzae* of rice under *in vitro* conditions. Pakistan Journal of Biological Sciences, 5(4): 442-445.

Ahuja P. 1988. On the nomenclature of false smut fungus of rice. Current Science, 57(1): 35-36.

Ajayi-Oyetunde OO, Bradley CA. 2018. *Rhizoctonia solani*: taxonomy, population biology and management of *Rhizoctonia* seedling disease of soybean. Plant Pathology, (1): 3-17.

Amadioha AC. 2002. Fungitoxic effects of extracts of *Azadirachta indica* against *Cochliobolus miyabeanus* causing brown spot disease of rice. Archives of Phytopathology and Plant Protection, (1): 37-42.

Amatulli MT, Spadaro D, Gullino ML, et al. 2010. Molecular identification of *Fusarium* spp. associated with bakanae disease of rice in Italy and assessment of their pathogenicity. Plant Pathology, (5): 839-844.

Amin KS, Sharma BD, Das CR. 1974. Occurrence in India of sheath-rot of rice caused by *Acrocylindrium*. Plant Disease Reporter, 58: 358-360.

Anderson JP, Sperschneider J, Win J, et al. 2017. Comparative secretome analysis of *Rhizoctonia solani* isolates with different host ranges reveals unique secretomes and cell death inducing effectors. Scientific Reports, 7(1): 10410.

Ashizawa T, Takahashi M, Arai M, et al. 2012. Rice false smut pathogen, *Ustilaginoidea virens*, invades through small gap at the apex of a rice spikelet before heading. Journal of General Plant Pathology, 78: 255-259.

Ashizawa T, Takahashi M, Moriwaki J, et al. 2010. Quantification of the rice false smut pathogen *Ustilaginoidea virens* from soil in Japan using real-time PCR. European Journal of Plant Pathology, 128: 221-232.

Ashizawa T, Takahashi M, Moriwaki J, et al. 2011. A refined inoculation method to evaluate false smut resistance in rice. Journal of General Plant Pathology, 77(1): 10-16.

Ashkani S, Rafii MY, Shabanimofrad M, et al. 2015. Molecular breeding strategy and challenges towards improvement of blast disease resistance in rice crop. Front Plant Science, 6: 886.

Ashkani S, Rafii MY, Shabanimofrad M, et al. 2016. Molecular progress on the mapping and cloning of functional genes for blast disease in rice (*Oryza sativa* L.): current status and future considerations. Critical Reviews in Biotechnology, 36(1): 353-367.

Atkins JG, Robert AL, Adair CR, et al. 1967. An international set of rice varieties for differentiating races of *Piricularia oryzae*.

Phytopathology, 57: 297-301.

Ayyadurai N, Kirubakaran SI, Srisha S, et al. 2005. Biological and molecular variability of *Sarocladium oryzae*, the sheath rot pathogen of rice (*Oryza sativa* L.). Current Microbiology, 50(6): 319-323.

Ballini E, Morel JB, Droc G, et al. 2008. A genome-wide meta-analysis of rice blast resistance genes and quantitative trait loci provides new insights into partial and complete resistance. Molecular Plant-Microbe Interactions, 21(7): 859-868.

Bandong JM, Ou SH. 1966. The physiologic races of *Piricularia oryzae* Cav. in the Philippines. Philippine Agriculture, 49: 655-667.

Banu SP, Meah B, Ali A, et al. 2008. Inheritance and molecular mapping for brown spot disease resistance in rice. Journal of Plant Pathology, (S2): 295.

Barnwal MK, Kotasthane A, Magculia N, et al. 2013. A review on crop losses, epidemiology and disease management of rice brown spot to identify research priorities and knowledge gaps. European Journal of Plant Pathology, 136: 443-457.

Böhnert HU, Fudal I, Dioh W, et al. 2004. A putative polyketide synthase/peptide synthetase from *Magnaporthe grisea* signals pathogen attack to resistant rice. The Plant Cell, 16(9): 2499-2513.

Brooks SA, Anders MM, Yeater KM. 2009. Effect of cultural management practices on the severity of false smut and kernel smut of rice. Plant Disease, 93(11): 1202-1208.

Burger HM, Lombarad MJ, Shephard GS, et al. 2010. Dietary fumonisin exposure in a rural population of South Africa. Food and Chemical Toxicology, 48(8-9): 2103-2108.

Carvalho MP, Rodrigues FA, Silveira PR, et al. 2010. Rice resistance to brown spot mediated by nitrogen and potassium. Journal of Phytopathology, 3: 160-166.

Cavinder B, Sikhakolli U, Fellows KM, et al. 2012. Sexual development and ascospore discharge in *Fusarium graminearum*. Journal of Visualized Experiments, 61: e3895.

Chaijuckam P, Songkumarn P, Guerrero JJG. 2019. Genetic diversity and aggressiveness of *Bipolaris oryzae* in north-central Thailand. Applied Science and Engineering Progress, 12(2): 116-125.

Chakrabarti NK. 2001. Epidemiology and disease management of brown spot of rice in India // Chang YC. Studies on the effect of disease severity of blight on rice yield. Journal of Agricultural Research of China, 2: 202-209.

Chang TT. 1986. The present status of breeding for resistance to rice blast and sheath blight in Taiwan. International Rice Research Newsletter, 2: 1-7.

Channamallikarjuna V, Sonah H, Prasad M, et al. 2010. Identification of major quantitative trait loci *qSBR11-1* for sheath blight resistance in rice. Molecular Breeding, 25: 155-166.

Che KP, Zhan QC, Xing QH, et al. 2003. Tagging and mapping of rice sheath blight resistant gene. Theoretical and Applied Genetics, (2): 293-297.

Chen J, Wei Z, Wang Y, et al. 2021. Fumonisin B1: mechanisms of toxicity and biological detoxification progress in animals. Food and Chemical Toxicology, 149: 111977.

Chen MJ. 1957. Studies on sheath rot of rice plant. Journal of Agriculture (Taiwan), (6): 84-102.

Chen SY, Lai MH, Tung CW, et al. 2019. Genome-wide association mapping of gene loci affecting disease resistance in the rice–*Fusarium fujikuroi* pathosystem. Rice, 12(1): 85.

Chen ZH, Gao T, Liang SP, et al. 2014. Molecular mechanism of resistance of *Fusarium fujikuroi* to benzimidazole fungicides. FEMS Microbiology Letters, 357(1): 77-84.

Clergeot PH, Gourgues M, Cots J, et al. 2001. *PLS1*, a gene encoding a tetraspanin-like protein, is required for penetration of rice leaf by the fungal pathogen *Magnaporthe grisea*. Proc Natl Acad Sci USA, 98(12): 6963-6968.

Dariush S, Darvishnia M, Ebadi AA, et al. 2020. Screening brown spot resistance in rice genotypes at the seedling stage under water stress and irrigated conditions. Archives of Phytopathology and Plant Protection, (5-6): 247-265.

de Bigirimana VP, Hua GKH, Nyamangyoku O, et al. 2015. Rice sheath rot: an emerging ubiquitous destructive disease complex. Frontiers in Plant Science, 6: 1066.

de Jong JC, McCormack BJ, Smirnoff N, et al. 1997. Glycerol generates turgor in rice blast. Nature, 389: 244-245.

Devanna BN, Jain P, Solanke AU, et al. 2022. Understanding the dynamics of blast resistance in rice–*Magnaporthe oryzae* interactions. Journal of Fungi, 8(6): 584.

Dorrance AE, Berry SA, Lipps P, et al. 2004. Characterization of *Pythium* spp. from three Ohio fields for pathogenicity on corn and soybean and metalaxyl sensitivity. Plant Health Progress, 4: 339-349.

Ershad D. 2009. Fungi of Iran. 3rd ed. Tehran (Iran): Iranian Ministry of Agriculture.

Estrada BA, Sanchez LM, Pat C. 1979. Evaluation of screening methods for sheath rot resistance of rice plant. Disease Reporter, 18: 391-420.

Estrada BS, Torres CQ, Bonman JM. 1984. Effect of sheath rot on some yield components. International Rice Research Newsletter, 9: 14.

Faruq AN, Amin MR, Islam MR, et al. 2015. Evaluation of some selected seed treatments against leaf blast, brown spot and narrow brown leaf spot diseases of hybrid rice. Advance in Agriculture and Biology, (1): 8-15.

Fukuoka S, Saka N, Koga H, et al. 2009. Loss of function of a proline-containing protein confers durable disease resistance in rice. Science, 325(5943): 998-1001.

Gelderblom WCA, Jaskiewicz K, Marasas WFO, et al. 1988. Fumonisins-novel mycotoxins with cancer-promoting activity produced by *Fusarium moniliforme*. Applied and Environmental Microbiology, 54(7): 1806-1811.

Ghazanfar MU, Javed N, Wakil W, et al. 2013. Screening of some fine and coarse rice varieties against bakanae disease. Journal of Agricultural Research, 51(1): 41-49.

Goswami RS, Kistler HC. 2004. Heading for disaster: *Fusarium graminearum* on cereal crops. Molecular Plant Pathology, 5(6): 515-525.

Gravois KA, Bernhardt JL. 2000. Heritability and genotype×environment interactions for discolored rice kernels. Crop Science, 40: 314-318.

Groth DE, Nowick EM. 1992. Selection for resistance to rice sheath blight through number of infection cushions and lesion type. Plant Disease, 76: 721-723.

Harish S, Saravanakumar D, Radjacommare R, et al. 2008. Use of plant extracts and biocontrol agents for the management of brown spot disease in rice. BioControl, 53: 555-567.

Hittalmani S, Mahesh HB, Mahadevaiah C, et al. 2016. *De novo* genome assembly and annotation of rice sheath rot fungus *Sarocladium oryzae* reveals genes involved in Helvolic acid and cerulenin biosynthesis pathways. BMC Genomics, 17: 271.

Honkura R, Miura Y, Tsuji H. 1991. Occurrence of white false smut of rice plant that shows the infection route in hill. Annual Report of the Society of Plant Protection of North Japan, 42: 24-26.

Hu ML, Luo LX, Wang S, et al. 2014. Infection processes of *Ustilaginoidea virens* during artificial inoculation of rice panicles. European Journal of Plant Pathology, 139: 67-77.

Huang SW, Wang L, Liu LM, et al. 2011a. Rice spikelet rot disease in China: 1. Characterization of fungi associated with the disease. Crop Protection, 30(1): 1-9.

Huang SW, Wang L, Liu LM, et al. 2011b. Rice spikelet rot disease in China: 2. Pathogenicity tests, assessment of the importance of the disease, and preliminary evaluation of control options. Crop Protection, 30(1): 10-17.

Huang SW, Yu LQ. 2000. Inhibiting efficacy of metabolites of *Streptomyces lavendulohygtroscopicus* and its ultraviolet induced strain on two rice diseases. Chinese Rice Research Newsletter, 2: 5-6.

Husaini AM, Sakina A, Cambay SR. 2018. Host-pathogen interaction in *Fusarium oxysporum* infections: where do we stand? Molecular Plant Microbe Interactions, 31(9): 889-898.

Ikegami H. 1962. Study on the false smut of rice. V. Seedling inoculation with the chlamydospores of the false smut fungus. Annals of the Phytopathological Society of Japan, 27: 16-23.

Ikegami H. 1963. Studies on the false smut of rice. X. Invasion of chlamydospores and hyphae of the false smut fungus into rice plants. Research Bulletin of the Faculty of Agriculture, Gifu University, (18): 54-60.

Ji ZJ, Zeng YX, Liang Y, et al. 2016. Transcriptomic dissection of the rice–*Fusarium fujikuroi* interaction by RNA-Seq. Euphytica, 211: 123-137.

Ji ZJ, Zeng YX, Liang Y, et al. 2019. Proteomic dissection of the rice–*Fusarium fujikuroi* interaction and the correlation between the proteome and transcriptome under disease stress. BMC Genomics, 20: 91.

Jia Y, Correa-Victoria F, McClung A, et al. 2007. Rapid determination of rice cultivar responses to the sheath blight pathogen *Rhizoctonia solani* using a micro-chamber screening method. Plant Disease, 91(5): 485-489.

Jia Y, Liu G, Park DS, et al. 2013. Inoculation and scoring methods for rice sheath blight // Yang Y. Rice Protocols. Totowa: Humana Press Inc.: 257-268.

Jiang HB, Wu N, Jin SM, et al. 2020. Identification of rice seed-derived *Fusarium* spp. and development of LAMP assay against *Fusarium fujikuroi*. Pathogens, 10(1): 1.

Kakar KU, Duan YP, Nawaz Z, et al. 2014. A novel rhizobacterium Bk7 for biological control of brown sheath rot of rice caused by *Pseudomonas fuscovaginae* and its mode of action. European Journal of Plant Pathology, (4): 819-834.

Kang SC, Sweigard JA, Valent B. 1995. The PWL host specificity gene family in the blast fungus *Magnaporthe grisea*. Molecular Plant-Microbe Interactions, 8(6): 939-948.

Khodke SW, Sandhya K. 2009. A new leaf spot of *Ficus religiosa* by *Nigrospora oryzae*. Indian Phytopathology, 62(2): 274.

Kirk PM, Cannon PF, David JC, et al. 2001. Ainsworth and Bisby's Dictionary of the Fungi. 9th ed. Wallingford: CAB International.

Koiso Y, Li Y, Iwasaki S, et al. 1994. Ustiloxins, antimitotic cyclic peptides from false smut balls on rice panicles caused by *Ustilaginoidea virens*. The Journal of Antibiotics, 47(7): 765-773.

Kokkrua S, Ismail SI, Mazlan N, et al. 2020. Efficacy of berberine in controlling foliar rice diseases. European Journal of Plant Pathology, 156(1): 147-158.

Lande R. 2009. Adaptation to an extraordinary environment by evolution of phenotypic plasticity and genetic assimilation. Journal of Evolutionary Biology, 22(7): 1435-1446.

Lanoiselet V, You MP, Li YP, et al. 2012. First report of *Sarocladium oryzae* causing sheath rot on rice (*Oryza sativa*) in Western Australia. Plant Disease, 96(9): 1382.

Latterell FM, Marchetti MA, Grove BR. 1965. Co-ordination of effort to establish an international system for race identification in *Pyricularia oryzae*. Baltimore: Johns Hopkins Press: 257-274.

Lauren SR, Yasin FD, Michael JK, et al. 2019. A sensor kinase controls turgor-driven plant infection by the rice blast fungus. Nature, 574(7778): 423-427.

Lee FN, Tugwell NP, Fannah SJ, et al. 1993. Role of fungi vectored by rice stink bug (Heteroptera: Pentatomidae) in discoloration of rice kernels. Journal of Economic Entomology, 86(2): 549-556.

Lee SC, Matsumoto S. 1966. Studies on the physiologic races of rice blast fungus in Korea during the period of 1962–1963. Annals of the Phytopathological Society of Japan, 32: 40-45.

Leslie JF, Zeller KA, Lamprecht SC, et al. 2005. Toxicity, pathogenicity, and genetic differentiation of five species of *Fusarium* from sorghum and millet. Phytopathology, 95: 275-283.

Li W, Wang B, Wu J, et al. 2009. The *Magnaporthe oryzae* avirulence gene *AvrPiz-t* encodes a predicted secreted protein that triggers the immunity in rice mediated by the blast resistance gene *Piz-t*. Molecular Plant-Microbe Interactions, 22(4): 411-420.

Li ZK, Pinson SRM, Marchetti MA, et al. 1995. Characterization of quantitative trait loci (QTLs) in cultivated rice contributing to field resistance to sheath blight (*Rhizoctonia solani*). Theoretical and Applied Genetics, 91(2): 382-388.

Ling ZZ, Mew TV, Wang JL, et al. 1995. Development of near-isogenic lines as international differentials of the blast pathogen. International Rice Research Notes, 20(1): 13-14.

Liu G, Jia Y, Correa-Victoria FJ, et al. 2009. Mapping quantitative trait loci responsible for resistance to sheath blight in rice. Phytopathology, 99(9): 1078-1084.

Liu LM, Zhao KH, Zhao Y, et al. 2021b. *Nigrospora oryzae* causing panicle branch rot disease on *Oryza sativa* (rice). Plant Disease, 105(9): 2724.

Liu YL, Tang JR, Li Y, et al. 2021a. First report of leaf spots caused by *Nigrospora oryzae* on wild rice in China. Plant Disease, 105(10): 3293.

Mackill DJ, Bonman JM. 1992. Inheritance of blast resistance in near-isogenic lines of rice. Phytopathology, 82(7): 746-749.

Marasas WFO, Miller JD, Riley RT, et al. 2001. Fumonisins occurrence, toxicology, metabolism and risk assessment // Summerell BA, Leslie JF, Backhouse D, et al. *Fusarium* Paul E. Nelson Memorial Symposium. St Paul: APS Press: 332-359.

Masunaka A. 2014. First report of *Pythium* root and stalk rot of forage corn caused by *Pythium arrhenomanes* in Japan. Plant Disease, 98(8): 1155.

Mathur SC. 1981. Observations on diseases of dryland rice in Brazil. International Rice Research Newsletter, 6: 11-12.

Matić S, Bagnaresi P, Biselli C, et al. 2016. Comparative transcriptome profiling of resistant and susceptible rice genotypes in response to the seedborne pathogen *Fusarium fujikuroi*. BMC Genomics, 17(1): 608.

Matić S, Spadaro D, Prelle A, et al. 2013. Light affects fumonisin production in strains of *Fusarium fujikuroi*, *Fusarium proliferatum*, and *Fusarium verticillioides* isolated from rice. International Journal of Food Microbiology, 166(3): 515-523.

Matsumoto K, Ota Y, Yamakawa T, et al. 2021. Breeding and characterization of the world's first practical rice variety with resistance to brown spot (*Bipolaris oryzae*) bred using marker-assisted selection. Breeding Science, 71(4): 474-483.

Meneses PR, da Farias CRJ, de Almeida Caniela AR, et al. 2014. Regional and varietal differences in prevalence and incidence levels of *Bipolaris* species in Brazilian rice seedlots. Tropical Plant Pathology, 5: 349-356.

Mew TW, Gonzales P. 2002. A handbook of rice seedborne fungi. Los Banos, Laguna, the Philippines/Enfield, NH, USA: International Rice Research Institute/Science Publishers.

Miller JC, Tan S, Qiao G, et al. 2011. A tale nuclease architecture for efficient genome editing. Nature Biotechnology, 29(2): 143-148.

Misra JK, Merca SD, Mew TW. 1994. Fungi // Mew TW, Misra JK. A manual of rice seed health testing. Manila, the Philippines: International Rice Research Institute: 25-28.

Mizobuchi R, Fukuoka S, Tsushima S, et al. 2016. QTLs for resistance to major rice diseases exacerbated by global warming: brown spot, bacterial seedling rot, and bacterial grain rot. Rice, 9(1): 23.

Mohanty NN. 1964. Studies on 'Udbatta' disease of rice. Indian Phytopathology, 17: 308-316.

Mohanty NN. 1971. Control of Udbatta disease of rice. Proceedings of the Indian National Science Academy, 37: 432-439.

Motlagh MR, Kaviani B. 2008. Characterization of new *Bipolaris* spp.: the causal agent of rice brown spot disease in the North of Iran. International Journal of Agriculture and Biology, 6: 38-42.

Mourelos CA, Malbrán I, Balatti PA, et al. 2014. Gramineous and non-gramineous weed species as alternative hosts of *Fusarium graminearum*, causal agent of *Fusarium* head blight of wheat, in Argentina. Crop Protection, 4: 100-104.

Musonerimana S, Bez C, Licastro D, et al. 2020. Pathobiomes revealed that *Pseudomonas fuscovaginae* and *Sarocladium oryzae* are independently associated with rice sheath rot. Microbial Ecology, 80(3): 627-642.

Nagasawa A, Higuchi H. 2012. Suitability of poaceous plants for nymphal growth of the pecky rice bugs *Trigonotylus caelestialium* and *Stenotus rubrovittatus* (Hemiptera: Miridae) in Niigata, Japan. Applied Entomology and Zoology, 47: 421-427.

Nair R. 1976. Incidence of sheath rot in rice: a potential problem for Sambalpur, Orissa. International Rice Research Newsletter, (1): 19.

Nakamura K, Izumiyama N. 1992. Lupinosis in rice caused by ustiloxin and a crude extract of fungal culture of *Ustilaginoidea virens*. Proceedings of the Japanese Association of Mycotoxicology, 35: 41-43.

Nakamura K, Izumiyama N, Ohtsubo K, et al. 1993. Apoptosis induced in the liver, kidney and urinary bladder of mice by the fungal toxin produced by *Ustilaginoidea virens*. Mycotoxins, (38): 25-30.

Narayana P, Shivakumar GB, Prasad PS, et al. 2011. Screening of rice genotypes for resistance against sheath rot of rice (*Sarocladium oryzae* Sawada). Trends in Biosciences, (1): 114-115.

Nelson PE, Desjardins AE, Plattner RD. 1993. Fumonisins, mycotoxins produced by *Fusarium* species: biology, chemistry, and significance. Annual Review of Phytopathology, 31: 233-252.

Nelson PE, Dignani MC, Anaissie EJ. 1994. Taxonomy, biology, and clinical aspects of *Fusarium* species. Clinical Microbiology Reviews, 7(4): 479-504.

Nguefack G, Ednar WJ, Blaise LD, et al. 2013. Effect of plant extracts and an essential oil on the control of brown spot disease, tillering, number of panicles and yield increase in rice. European Journal of Plant Pathology, (137): 871-882.

Ning DF, Song AL, Fan FL, et al. 2014. Effects of slag-based silicon fertilizer on rice growth and brown-spot resistance. PLOS ONE, 9(7):e102681.

Orbach MJ, Farrall L, Sweigard JA, et al. 2000. A telomeric avirulence gene determines efficacy for the rice blast resistance gene *Pita*. Plant Cell, 12(11): 2019-2032.

Osés-Ruiz M, Cruz-Mireles N, Martin-Urdiroz M, et al. 2021. Appressorium-mediated plant infection by *Magnaporthe oryzae* is regulated by a *Pmk1*-dependent hierarchical transcriptional network. Nature Microbiology, 6(11): 1383-1397.

Ou SH. 1985. Rice Diseases. 2nd ed. Kew: Commonwealth Mycological Institute.

Padmanabhan SY. 1973. The great Bengal famine. Annual Review of Phytopathology, (1): 11-26.

Padwick GW. 1950. Manual of Rice Diseases. London: CAB Press: 88-92.

Pan XB, Zou JH, Chen ZX, et al. 1999. Tagging major quantitative trait loci for sheath blight resistance in a rice variety, Jasmine 85. Chinese Science Bulletin, 44: 1783-1789.

Pantha P, Shrestha SM, Manandhar HK, et al. 2017. Evaluation of rice genotypes for resistance against brown spot disease caused by *Bipolaris oryzae*. International Journal of Current Research, 9(4): 48562-48569.

Parry DW, Jenkinson P, Mcleod L. 1995. *Fusarium* ear blight (scab) in small grain cereals: a review. Plant Pathology, 44(2): 207-238.

Patel DT, Stout MJ, Fuxa JR. 2006. Effects of rice panicle age on quantitative and qualitative injury by the rice stink bug (Hemiptera: Pentatomidae). Florida Entomologist, 89(3): 321-327.

Paz MAGD, Goodwin PH, Raymundo AK, et al. 2006. Phylogenetic analysis based on ITS sequences and conditions affecting the type of conidial germination of *Bipolaris oryzae*. Plant Pathology, 6: 756-765.

Peeters KJ, Audenaert K, Höfte M. 2021. Survival of the fittest: how the rice microbial community forces *Sarocladium oryzae* into pathogenicity. FEMS Microbiology Ecology, 97(2): fiaa253.

Pigliucci M, Murren CJ, Schlichting CD. 2006. Phenotypic plasticity and evolution by genetic assimilation. Journal of Experimental Biology, 209(12): 2362-2367.

Pinson SRM, Capdevielle FM, Oard JH. 2005. Confirming QTLs and finding additional loci conditioning sheath blight resistance in rice using recombinant inbred lines. Crop Science, 45: 503-510.

Pramunadipta S, Widiastuti A, Wibowo A, et al. 2021. Genetic diversity of the pathogenic fungus *Sarocladium oryzae* causing sheath rot on rice using rep-PCR. The 2nd International Conference on Agriculture and Bio-industry, IOP Conf. Series: Earth and Environmental Science, 667: 012057.

Prasad B, Eizenga GC. 2008. Rice sheath blight disease resistance identified in *Oryza* spp. accessions. Plant Disease, 92(11): 1503-1509.

Pushpam R, Nithya S, Nasrin SF, et al. 2019. Screening of rice cultivars for resistance to sheath rot (*Sarocladium oryzae*). Electronic Journal of Plant Breeding, 10(2): 377-381.

Rezende DC, Rodrigues FÁ, Carré-Missio V, et al. 2009. Effect of root and foliar applications of silicon on brown spot development in rice. Australasian Plant Pathology, 38: 67.

Rheeder JP. 1992. *Fusarium moniliforme* and fumonisins in corn in relation to human esophageal cancer in Transkei. Phytopathology, 82(3): 353-357.

Rheeder JP, Marasas WFO, Vismer HF. 2002. Production of fumonisin analogs by *Fusarium* species. Applied and Environmental Microbiology, 68(5): 2101-2105.

Rioux R, Manmathan H, Singh P, et al. 2011. Comparative analysis of putative pathogenesis-related gene expression in two *Rhizoctonia solani* pathosystems. Current Genetics, 57: 391-408.

Rush MC, Hoff JJ, Mcllrath WO. 1976. A uniform disease rating system for rice disease in the United States//Proceeding of the 16th Rice Technical Working Group. Lake Charles, Louisana, USA: 64.

Rush MC, Shahjahan AKM, Jones JP, et al. 2000. Outbreak of false smut of rice in Louisiana. Plant Disease, 84(1): 100.

Ryder LS, Talbot NJ. 2015. Regulation of appressorium development in pathogenic fungi. Current Opinion in Plant Biology, 26: 8-13.

Sah DN, Rush MC. 1988. Physiological races of *Cercospora oryzae* in the southern United States. Plant Disease, (3): 262-264.

Sakthivel N, Amudha R, Muthukrishnan S. 2002. Production of phytotoxic metabolites by *Sarocladium oryzae.* Mycological Research, 106(5): 609-614.

Samiyappan R, Amutha G, Kandan A, et al. 2003. Purification and partial characterization of a phytotoxin produced by *Sarocladium oryzae*, the rice sheath rot pathogen. Archives of Phytopathology and Plant Protection, (3-4): 247-256.

Saravanakumar D, Lavanya N, Muthumeena K, et al. 2009. Fluorescent pseudomonad mixtures mediate disease resistance in rice plants against sheath rot (*Sarocladium oryzae*) disease. BioControl, (2): 273-286.

Satija A, Chahal SS, Pannu P. 2005. Evaluation of rice genotypes against brown spot disease. Plant Disease Research, (20): 163-164.

Sato H, Ando I, Hirabayashi H, et al. 2008. QTL analysis of brown spot resistance in rice (*Oryza sativa* L.). Breeding Science, 58(1): 93-96.

Sato H, Ideta O, Ando I, et al. 2004. Mapping QTLs for sheath blight resistance in the rice line WSS2. Breeding Science, 54(3): 265-271.

Sato H, Matsumoto K, Ota C, et al. 2015. Confirming a major QTL and finding additional loci responsible for field resistance to brown spot (*Bipolaris oryzae*) in rice. Breeding Science, 65(2): 170-175.

Savary S, Willocquet L, Elazegui FA, et al. 2000. Rice pest constraints in tropical Asia: quantification of yield losses due to rice pests in a range of production situations. Plant Disease, 84(3): 357-369.

Schwanck AA, Meneses PR, Farias CRJ, et al. 2015. *Bipolaris oryzae* seed borne inoculum and brown spot epidemics in the subtropical lowland rice-growing region of Brazil. European Journal of Plant Pathology, 142: 875-885.

Shabana YM, Abdel-Fattah GM, Ismail AE. 2008. Control of brown spot pathogen of rice (*Bipolaris oryzae*) using some phenolic antioxidants. Brazilian Journal of Microbiology, 39(3): 438-444.

Shajahan AKM, Harahap Z, Rush MC. 1977. Sheath rot of rice caused by *Acrocylindrium oryzae* in Lousiana. Plant Disease Reporter, 4: 307-310.

Sharma A, McClung AM, Pinson SRM, et al. 2009. Genetic mapping of sheath blight resistance QTLs within tropical Japonica rice cultivars. Crop Science, 49: 256-264.

Shiba T, Sugawara K. 2005. Resistance to the rice leaf bug, *Trigonotylus caelestialium*, is conferred by *Neotyphodium endophyte* infection of perennial ryegrass, *Lolium perenne*. Entomologia Experimentalis et Applicata, 115(3): 387-392.

Shikata E, Kawano S, Senboku T, et al. 1984. Small virus-like particles isolated from the leaf sheath tissues of rice plants and from the rice tarsonemid mites, *Steneotarsonemus spinki* Smiley (Acarina, Tarsonemidae). Japanese Journal of Phytopathology, 3: 368-374.

Shivanandanappa N, Govindu CH. 1976. Direct and indirect effect of Udbatta disease on total number of panicles per hill in different paddy cultures. International Rice Research Newsletter, 1(1): 12.

Singh A, Rohilla R, Singh US, et al. 2002. An improved inoculation technique for sheath blight of rice caused by *Rhizoctonia solani*. Canadian Journal of Plant Pathology, 24(1): 65-68.

Singh AK, Pophaly DJ. 2010. An unusual rice false smut epidemic reported in Raigarh District, Chhattisgarh, India. International Rice Research Notes, 35: 1-3.

Singh R, Sunder S, Kumar P, et al. 2018. Study of bakanae disease of rice in Haryana. Plant Disease Research, 33(1): 15-22.

Singh RA, Pavgi MS. 1973. Development of sorus in kernal bunt of rice. Riso, 22(3): 243-250.

Sneh B, Burpee L, Ogoshi A. 1992. Identification of *Rhizoctonia* species. Book reviews, New Zealand Journal of Crop and Horticultural Science, (3): 377-382.

Soanes DM, Kershaw MJ, Cooley RN, et al. 2002. Regulation of the *MPG1* hydrophobin gene in the rice blast fungus *Magnaporthe grisea*. Molecular Plant-Microbe Interactions. 15(12): 1253-1267.

Sun XY, Kang S, Zhang YJ, et al. 2013. Genetic diversity and population structure of rice pathogen *Ustilaginoidea virens* in China. PLOS ONE, 8(9): e76879.

Sundaramoo S, Karthiba L, Thiruvengadam R, et al. 2013. Ecofriendly approaches of potential microbial bioagents in management of sheath rot disease in rice caused by *Sarocladium oryzae* (Sawada). Plant Pathology Journal, 12(2): 98-103.

Sunder S, Singh R, Agarwal R. 2014. Brown spot of rice: an overview. Indian Phytopathology, 67(3): 201-215.

Surin AS, Disthaporn S. 1977. Rice abortion of sheath rot–a serious rice disease in Thailand. International Rice Research Newsletter, (2): 16-17.

Sutton BC. 1980. The Coelomycetes. Kew, UK: Commonwealth Mycological Institute: 378-391.

Suzuki F, Sawada H, Matsuda I, et al. 2004. Molecular characterization of the *tox* operon involved in toxoflavin biosynthesis of *Burkholderia glumae*. Journal of General Plant Pathology, (70): 97-107.

Sweigard JA. 1995. Identification, cloning, and characterization of *PWL2*, a gene for host species specificity in the rice blast fungus. The Plant Cell, 7(8):1221-1233.

Takeuchi H, Watanabe T, Ishizaki M, et al. 2005. Relationship between the number of *Leptocorisa chinensis* Dallas (Hemiptera: Alydidae) and pecky grains, and factors affecting the relationship in rice fields. Japanese Journal of Applied Entomology and Zoology, 49(2): 63-69.

Tanaka E, Ashizawa K, Sonoda R, et al. 2008. *Villosiclava virens* gen. nov., comb. nov., teleomorph of *Ustilaginoidea virens*, the causal agent of rice false smut. Mycotaxon, 106(1): 491.

Tang YX, Jin J, Hu DW, et al. 2013. Elucidation of the infection process of *Ustilaginoidea virens* (teleomorph: *Villosiclava virens*) in rice spikelets. Plant Pathology, 62(1): 1-8.

TeBeest DO. 2010. Infection of rice by *Ustilaginoidea viren*. Phytopathology, 100(6S): S125.

Tosa Y, Osue J, Eto Y, et al. 2005. Evolution of an avirulence gene, *AVR1-CO39*, concomitant with the evolution and differentiation of *Magnaporthe oryzae*. Molecular Plant-Microbe Interactions, 18(11): 1148-1160.

Tschen J, Chen L, Hsieh S, et al. 1997. Isolation and phytotoxic effects of helvolic acid from plant pathogenic fungus *Sarocladium oryzae*. Botanical Bulletin of Academia Sinica, (4): 251-256.

Tsuda M, Sasahara M, Ohara T, et al. 2006. Optimal application timing of simeconazole granules for control of rice kernel smut and false smut. Journal of General Plant Pathology, 72(5): 301-304.

Tucker SL, Talbot NJ. 2001. Surface attachment and pre-penetration stage development by plant pathogenic fungi. Annual Review of Phytopathology, 39: 385-417.

Van Nghiep H, Gaur A. 2004. Role of *Bipolaris oryzae* in producing abnormal seedling of rice (*Oryza sativa*). Omonrice, 12: 102-108.

Wang D, Dowell FE, Lan Y, et al. 2002. Determining pecky rice kernels using visible and near-infrared spectroscopy. International Journal of Food Properties, (3): 629-639.

Wang N, Ai P, Tang YF, et al. 2015. Draft genome sequence of the rice kernel smut *Tilletia horrida* strain QB-1. Genome Announcements, 3(3): e00621-15.

Woloshuk CP, Shim WB. 2013. Aflatoxins, fumonisins, and trichothecenes: a convergence of knowledge. FEMS Microbiology Reviews, 37(1): 94-109.

Woo SS. 1965. Some experimental studies on the inheritance of resistance and susceptibility to rice leaf blast disease, *Piricularia orgzae* Cav. Botanical Bulletin Academia Sinica, (6): 208-217.

Wu JY, Sun YN, Zhou XJ, et al. 2020. A new mutation genotype of K218T in myosin-5 confers resistance to phenamacril in rice bakanae disease in the field. Plant Disease, 104(4): 1151-1157.

Xie QJ, Linscombe SD, Rush MC, et al. 1992. Registration of LSBR-33 and LSBR-5 sheath blight-resistant germplasm lines of rice. Crop Science, 32(2): 507.

Yamada M, Kiyosawa S, Yamaguchi L, et al. 1976. Proposal of a new method for differentiating races of *Pyricularia oryzae* Cavara in Japan. Annals of the Phytopathological Society of Japan, 42: 216-219.

Yamamura K, Ishimoto M. 2009. Optimal sample size for composite sampling with subsampling, when estimating the proportion of pecky rice grains in a field. Journal of Agricultural Biological and Environmental Statistics, (2): 135-153.

Yamashita K, Isayama S, Ozawa R, et al. 2016. A pecky rice-causing stink bug *Leptocorisa chinensis* escapes from volatiles emitted by excited conspecifics. Journal of Ethology, 34: 1-7.

Yoshida K, Saitoh H, Fujisawa S, et al. 2009. Association genetics reveals three novel avirulence genes from the rice blast fungal pathogen *Magnaporthe oryzae*. The Plant Cell, 21(5): 1573-1591.

Zhang J, Hou W, Ren T, et al. 2021a. Applying potassium fertilizer improves sheath rot disease tolerance and decreases grain yield loss in rice (*Oryza sativa* L.). Crop Protection, 139: 105392.

Zhang JL, Lu ZF, Ren T, et al. 2021b. Metabolomic and transcriptomic changes induced by potassium deficiency during *Sarocladium oryzae* infection reveal insights into rice sheath rot disease resistance. Rice, 14(1): 81.

Zhang LX, Li SS, Tan GJ, et al. 2012. First report of *Nigrospora oryzae* causing leaf spot of cotton in China. Plant Disease, 96(9): 1379.

Zhao KH, Huang SW. 2021. Different hypotheses for resistance loss of rice varieties to *Magnaporthe oryzae*. Rice Science, 28(1): 11-12.

Zheng L, Shi F, Kelly D, et al. 2012. First report of leaf spot of Kentucky bluegrass (*Poa pratensis*) caused by *Nigrospora oryzae* in Ontario. Plant Disease, 96(6): 909.

Zhou XG, Liao HC, Chern M, et al. 2018. Loss of function of a rice TPR-domain RNA-binding protein confers broad-spectrum disease resistance. Proceedings of the National Academy of Sciences of the United States of America, 115(12): 3174-3179.

Zhou YL, Pan YJ, Xie XW, et al. 2008. Genetic diversity of rice false smut fungus, *Ustilaginoidea virens* and its pronounced differentiation of populations in North China. Journal of Phytopathology, (9): 559-564.

Zou JH, Pan ZX, Chen ZX, et al. 2000. Mapping quantitative trait loci controlling sheath blight resistance in two rice cultivars (*Oryza sativa*). Theoretical and Applied Genetics, 101: 569-573.

Zuo SM, Zhang L, Wang H, et al. 2008. Prospect of the QTL-*qSB-9*^{Tq} utilized in molecular breeding program of Japonica rice against sheath blight. Journal of Genetics and Genomics, 35(8): 499-505.

第二章

水稻细菌性病害

细菌性病害（bacterial disease）是农作物的主要病害，其病害类型、数量、发生频次、发生面积和造成的危害仅次于真菌病害。水稻细菌性病害包括危害叶部的白叶枯病、条斑病、褐条病、褐斑病，危害茎秆叶鞘的叶鞘褐腐病，危害穗部的穗（谷）枯病，危害谷粒的黑腐病，危害根基部的基腐病，危害地上部分的橙叶病，以及最近发现的泛菌叶枯病等。本章主要介绍水稻细菌性病害的病原、发生、流行、危害及防控情况。

第一节 水稻白叶枯病

水稻白叶枯病（rice bacterial leaf blight，BB）是由稻黄单胞菌水稻致病变种（*Xanthomonas oryzae* pv. *oryzae*，Xoo）引起的一种世界性的水稻细菌病害，又称地火烧、茅草瘟、白叶瘟。该病发生范围广、流行速度快、危害大、突变性高，给世界多地水稻种植生产造成了巨大损失，现今除在亚洲等地流行外，在非洲、美洲也都有发生。白叶枯病发生于水稻的各个生育期，通过侵染植物的维管组织，在整个植物中繁殖扩展，形成系统性侵染。水稻与白叶枯病菌的相互作用遵循"基因对基因"假说（gene-for-gene hypothesis），同时，Xoo 具有典型的黄单胞菌特征，易于培养和遗传操作。因此，水稻-Xoo 的相互作用体系（简称"稻–菌"互作体系）被认为是研究植物与微生物相互作用的理想的模式系统，Xoo 也被认为是重要的模式植物病原细菌之一（Niño-Liu et al.，2006；White and Yang，2009）。本章以白叶枯病作为水稻细菌性模式病害，进行重点阐述，对于其他水稻细菌性病害中的类似问题，可参照本节的相关内容。

一、病害发生与为害

（一）病害发生与分布

水稻白叶枯病是第一个被发现的水稻细菌性病害，于 1884 年在日本九州岛上的福冈县筑后川沿岸的三井郡被发现（Nishida，1909），目前已流行于亚洲、非洲、南美洲和大洋洲的多个稻区，欧洲和北美洲也有零星发生的报道。在我国，早在 20 世纪 30 年代，江苏、浙江等地就有发生（章琦，2007）。目前除新疆外，其他各省（自治区、直辖市）均有水稻白叶枯病的发生，以华南、华中和华东稻区最为普遍。白叶枯病具有暴发性和流行性，Xoo 属于主要的植物病原检疫对象。

20 世纪 50 年代，该病在我国仅局限于长江以南的 10 多个省份发生。60 年代以后，随着多肥、密植、高产栽培和矮秆品种的推广，以及病区种子的调运和输出，该病的发生危害日益严重，并很快扩展蔓延。20 世纪 80 年代以前，该病在多地常暴发成灾，尤其在南方沿海稻区、长江中下游稻区发生较为频繁。白叶枯病与稻瘟病、纹枯病曾一起被确定为中国的三大水稻病害（老三大病害）。随着我国主栽水稻品种中

Xa4、*Xa21* 等抗性基因的引入，加之抗生素、杀菌剂的大量使用，白叶枯病曾一度得到有效控制，发病程度越来越轻。2000 年以后，随着全球气候变暖、Xoo 的变异、主栽水稻品种抗病基因的退化等，白叶枯病呈逐年加重的趋势。在我国多个稻区，白叶枯病"老病新发"的问题日益突出，水稻产量损失巨大，严重威胁到粮食安全（陈功友等，2019）。

（二）病害为害

1. 白叶枯病的为害

Xoo 属于半活体营养菌（hemibiotroph），可侵染活的寄主细胞并最终将其杀死，生长在活的或将死的细胞间隙，也可在死的细胞残留物上短期生活。水稻受白叶枯病为害后，叶绿体消解，叶片干枯，光合作用能力下降，病株结实差，瘪谷增多，青粒多，米质松脆，出米率低，千粒重降低，一般减产 20%～30%，严重者可达 50%～60%，甚至颗粒无收。留种时，带菌种子发芽率低。

甘代耀（1993）研究发现，广矮 2 号剑叶受害 1/2 时，千粒重比健株减轻 1.71%，病谷增加 13.07%，产量减少 15.76%；当剑叶全部枯死时，千粒重比健株减轻 5.79%，病谷增加 16.64%，产量减少 23.03%。珍珠矮剑叶受害 1/2 时，千粒重比健株减轻 2.24%，病谷增加 34.39%，产量减少 26.48%；当剑叶全部枯死时，千粒重比健株减轻 2.24%，病谷增加 51.25%，产量减少 34.39%。总之，受白叶枯病为害后，一般稻谷减产 1～2 成，严重者减产 3 成以上。

赵敏等（2015）明确了浙西北单季稻主栽品种中浙优 8 号感染白叶枯病植株的株高、每穗实粒数、每穗空瘪粒数、每穗实粒重、每穗总粒重和千粒重在不同受害级别之间存在显著或极显著差异，但 1～3 级植株与对照差异不显著（原文病害分级值转化参见表 2-1），5 级植株的上述指标显著或极显著少（轻）于对照，而且受害病级越高，这些指标的下降或增加程度越显著。水稻植株受白叶枯病为害较轻时（如 3 级以下，即叶片病斑面积占叶面积的 1/4 以下时），对构成水稻产量的经济性状指标的影响不明显。

表 2-1　水稻白叶枯病病情分级和调查记载标准

病级	寄主抗性反应（适用于自然发病、剪叶接种）	寄主抗性	病菌毒力
0	a. 病斑长度小于接种叶片剩余长度的 5.0%（或无病） b. 或病斑面积小于叶片面积的 5.0%（或无病） c. 或病斑长度小于 1.0cm	高抗（HR）	弱毒菌株（或称低毒菌株）
1	a. 病斑长度占接种叶片剩余长度的 5.1%～12.0%（2cm） b. 或病斑面积占叶片面积的 5.1%～12.0%（1/5 以下） c. 或病斑长度 1.1～3.0cm	抗（R）	
3	a. 病斑长度占接种叶片剩余长度的 12.1%～25.0%（1/4 以下） b. 或病斑面积占叶片面积的 12.1%～25.0%（1/4 左右） c. 或病斑长度 3.1～6.0cm	中抗（MR）	中等毒性菌株
5	a. 病斑长度占接种叶片剩余长度的 25.1%～50.0%（1/2 以下） b. 或病斑面积占叶片面积的 25.1%～50.0%（1/2 左右） c. 或病斑长度 6.1～12.0cm	中感（MS）	
7	a. 病斑长度占接种叶片剩余长度的 50.1%～75.0%（3/4 左右） b. 或病斑面积占叶片面积的 50.1%～75.0%（3/4 左右） c. 或病斑长度 12.1～20.0cm	感（S）	高毒菌株
9	a. 病斑长度大于接种叶片剩余长度的 75.0%（全叶发病） b. 或病斑面积大于叶片面积的 75.0%（全叶发病） c. 或病斑长度＞20.0cm	高感（HS）	

注：表中 a 和 b 参照 IRRI（1990），c 参照章琦（2007）和余腾琼等（2005）

2. 白叶枯病为害分级标准

白叶枯病对水稻的直接影响是叶片失绿、坏死、干枯，光合作用能力显著下降，白叶枯病病情与叶片受害面积成正比。因此，可以根据病斑的长度或者病斑面积，对病害程度进行评级。基本标准均按照国际水稻研究所分级标准（0～9分级法），但具体测量指标，根据研究目的、试验条件、试验内容等，有一定的不同，详见表2-1。对于寄主植物，评价的是其抗感性；对于病原菌，评价的是其致病力或毒力。田间或实验群体的病指按公式（2-1）计算。

$$DI = \frac{\sum(N \times R)}{M \times T} \times 100 \qquad (2\text{-}1)$$

式中，DI为病指；N为病害某一级别的叶片数（片）；R为病害的相对病级数值；M为病害的最高病级数值；T为调查总叶片数（片）。

二、病害症状与诊断

（一）病害症状

白叶枯病主要危害水稻叶片和叶鞘，病斑常从叶尖和/或叶缘开始，沿中脉或叶缘两侧发展成波纹状长条斑，病斑黄白色，病健部界限明显，病害后期病斑转为灰白色，叶片向内卷曲，远望一片枯槁色，故称白叶枯病（图2-1）。有时，病株的心叶青枯卷，或幼苗凋萎。空气潮湿时，病叶新鲜病斑上和病斑的叶缘上分泌出水珠或蜜黄色菌胶，干枯后结成硬粒，即菌脓或菌珠，易脱落（图2-2）。

图2-1　水稻白叶枯病田间感病症状（a，c.何勇强　提供；b，d.黄世文　提供）

a：早期；b：中期；c：后期；d：农事活动田间传病

图2-2　水稻白叶枯病叶枯型与叶表菌脓（a～c.何勇强　提供；d.IRRI　提供）

a：叶缘型；b：中脉型；c：典型菌脓；d：湿度大时，菌脓流动

1. 叶枯型

叶枯型是最常见的白叶枯病典型症状，一般在分蘖期后较明显。发病多从叶尖或叶缘开始，初现黄绿色或暗绿色斑点，然后沿叶脉迅速向下纵横扩展成条块斑，可达叶片基部和整个叶片（图2-2a和b）。病健部交界线明显，呈波纹状（粳稻品种）或直线状（籼稻品种）。

起初病斑黄色或略带红褐色，最后变成灰白色（多见于籼稻）或黄白色（多见于粳稻），病斑长度与病原菌致病力、品种抗病性以及感病后气候条件的变化有关。湿度大时，病部易见蜜黄色珠状菌脓（图2-2c和d）。叶枯型症状按照发病部位，可细分为叶缘型和中脉型。

1）叶缘型：病菌多从叶尖的两侧或叶缘的一端侵染，产生黄绿色或黄褐色斑点，然后沿叶缘叶脉扩展成波状病斑，数日后病斑转为灰白色，并且叶片向内卷曲。

2）中脉型：病菌从叶片中脉伤口侵入，病斑先在叶片的中脉两侧出现，病斑呈枯白色，沿中脉向附近上下两端发展。也有把水稻分蘖期或孕穗期发生的中脉型症状特指为中脉型病症，这个时期，水稻生长较快，病菌沿中脉移动，并向全株扩展。将病叶纵折，用手挤压中脉横截面，有黏稠状黄色菌脓溢出。这种类型的病株属于常见的中心病株，常常没有出穗就死亡。

2. 急性型

急性型也称青枯型，此类型病症多见于叶片的上部，不蔓延到全株。染病叶片病斑暗绿色，几天内可使全叶呈青灰色或灰绿色，呈开水烫伤状，随即纵卷青枯，病部有蜜黄色珠状菌脓（图2-3a和b）。此种症状的出现，表示病害正在急剧发展。

图2-3　水稻白叶枯病急性型青枯（a）、急性型菌脓（b）和凋萎型（c）（a，b.袁高庆　提供；c.IRRI　提供）

3. 凋萎型

凋萎型又称枯心型，国外称为克列赛克（Kresek），多在秧田后期至拔节期发生。病株心叶或心叶下1～2叶先失水、青卷，然后枯萎，随后其他叶片相继青枯。发病轻时仅1或2个分蘖青枯死亡，发病重时整株、整丛枯死（图2-3c）。折断病株的茎基部并用手挤压，可见大量蜜黄色菌液溢出。剥开刚刚青枯的心叶，也常见叶面有珠状黄色菌脓。推测凋萎型病症可能是在水稻苗期，病菌从根部、茎基部侵入维管束系统造成的。

1963年，湖南的研究人员首先观察到这种症状，近年来逐渐增多，经试验证明是系统侵染的结果，多见于杂优品种及一些高感品种，常在移栽后20～25d发生。分蘖期的典型症状是失水、青干、皱缩、卷曲。1莶穴（丛）内，有时主茎或者2个以上分蘖同时发病，心叶失水青枯，随即凋萎而死亡，其余叶片青干卷曲，然后全株枯死；也有的仅心叶枯死，其他叶片仍能正常生长；还有的先从下部叶片开始发病，再向上部叶片扩展，与因螟害造成的枯心苗极为相似，但基部无虫蛀孔。解剖病株，在病叶的叶鞘基部，特别是连接假茎的近水面部位，常呈黄褐色病变，自外向内逐步入侵。当假茎受到严重侵染时，茎节部位变为褐色。剥开病叶，切断病节或病叶叶鞘，用手挤压，可溢出大量黄色菌脓。切片镜检，也可见到病组织的维管束内充满细菌。在重病田的生育后期，除有凋萎枯心外，还可出现因茎节受害或剑叶枯死而引起的与螟害近似的"枯孕穗"或"白穗"。

4. 黄叶（化）型

黄叶型是该病害少见的一种症状，目前国内仅在广东省发现，可能与水稻抗性、天气条件、温湿度等有关。该症状初期心叶并不枯死，可以平展或部分平展，其上常有不规则形褪绿斑，进而发展为枯黄的或大块的病斑，显现这种症状的病叶上检查不到病原细菌。病叶基部偶有水渍状断续的小条形斑出现，可检查到病菌。

（二）病害诊断

1. 病害症状诊断

（1）常规症状诊断

根据前述症状对病害进行诊断。水稻白叶枯病与细菌性条斑病的症状比较相似，可根据表2-2进行区分（方中达，1963）。

表2-2 水稻白叶枯病和细菌性条斑病症状比较（方中达，1963）

病害描述	水稻白叶枯病	细菌性条斑病
发病部位	从叶尖或叶缘开始	任何部位
病斑形状	大条斑，跨越叶脉	纤细条斑，叶脉局限
病斑大小	条斑长可达叶基，宽达整个叶片	$3.0～5.0mm×0.5～1.0mm$
病斑颜色	灰白色（籼稻），黄白色（粳稻）	金黄色-黄褐色，锈红色
迎光透视病斑	不透明	半透明
菌脓颜色、形态	蜜黄色，珠状、粟米粒状	蜜黄色-金黄色，露珠状
菌脓大小	较大	较小
菌脓数量	较少	较多
玻片喷菌	多	少
大田病状	枯白色	锈红色；经历风雨后，转为灰白色

水稻白叶枯病症状的田间简易鉴别法：在田间发现可疑叶片时，用剪刀剪下可疑部位一小片叶，放在

载玻片上滴一滴水，待 0.5～1min 后再用扩（放）大镜观察，如发现有菌液从叶片维管束中冲出，那便是病叶。若无菌液冲出，则不是病叶。也可以利用细菌的折光特性，将玻片对光观察，有助于判断。有时，不借助扩大镜，用肉眼就能看出丝状菌液。也可以用试管或指型管加水或湿沙，剪取约 5cm 长带有健部的病叶，插入管中，一端露出，1～2h 后检查，如切口处排出黄色菌脓，即为白叶枯病。

（2）人工智能症状诊断

随着信息技术、大数据技术的不断发展，植物病害可通过图像技术、光谱技术、遥感技术等进行识别。这些方法均是通过获取病害特征的图像信息或光谱反射值，对病害特征信息进行相关性分析，构建相应的模型等，再通过验证，最后实现对病害的识别。

1）基于图像技术的水稻病害识别与检测：数字图像技术是近几年发展起来的一种有效的水稻病害识别与检测技术，其在作物生长发育监测方面有一定的应用。刘小红（2018）采用 C/S 的网络架构，对前端获取的图像进行裁剪、压缩后，上传至设计好的系统，再利用系统的分析诊断功能，对图像进行识别，可实时、准确地识别出病害种类，并提供准确的诊断信息。

2）基于多种算法的水稻病害识别与检测：方梦瑞等（2018）在研究水稻病害识别系统应用技术和功能的基础上，构建了水稻病害智能识别 APP 整体框架，完成了水稻病害自动识别模型和应用 APP 的设计。该APP 可识别水稻病害、反馈病害防治信息，且通过网络识别与反馈进行网络优化，为快速、准确、及时地实现水稻病害智能识别和防治提供思路。

水稻病害的识别与检测涉及多个学科，如农学、植保、土肥、信息、环境等学科，必须加强学科的交叉融合，才能弄清需要解决的问题，从而推进水稻病害识别与检测研究的快速发展（周驰燕等，2019）。

（3）基于光谱分析的病害识别

曹益飞等（2021）以分蘖期的水稻叶片为研究对象，采集了接种白叶枯病菌的水稻叶片和对照处理的水稻叶片，利用高光谱成像装置获取 373～1033nm 波段的水稻叶片光谱数据，选取 450～900nm 波段的水稻叶片高光谱数据作为样本，从每个样本中选取一个感兴趣区域（region of interest，ROI）并计算平均光谱，将光谱分形维数（fractal dimension，FD）作为定量描述白叶枯病的光谱指数，通过分析光谱指数（spectral index，SI）和 FD，建立 SI 和 FD 之间的多元线性关系，探讨基于光谱反射曲线的圆规分形维数判断水稻叶片是否感染白叶枯病害的可能性。结果表明，白叶枯病害在绿峰（510～560nm）和红谷（650～690nm）波谱内的响应较为敏感。针对健康和感病叶片，FD 与 SI 之间存在较好的多元线性关系，说明 FD 与光谱曲线有较好的对应关系，可以作为定量描述叶片健康状况的光谱指数；与常用监测指数相比，病害监测指数与水稻染病具有更高的相关性，相关系数达 0.9840，指数分布的稳定性更高。该研究结果说明基于光谱反射曲线的圆规分形维数判断水稻叶片是否感染白叶枯病害是可行的，为白叶枯病的宏观、遥感监测提供了一种新方法。

2. 病原检测

（1）菌落形态、菌体形态与科赫法则

1）菌落形态与菌体形态：从水稻叶片或杂草上分离疑似病原物，一般使用营养琼脂培养基（nutrient agar medium，NA）或肉汤培养基，稀释涂布平板法。由于水稻黄单胞菌生长速率较肠杆菌、假单胞菌等慢，一般在涂布平板后 48h 才能看到小米粒大小的蜜黄色菌落，挑取菌落保存。从种子中分离疑似病菌，可使用半选择性培养基 XOS 培养基（Xanthomonas oryzae semiselective medium）（蔗糖、蛋白胨、味精、硝酸钙、磷酸钾、乙二胺四乙酸铁（Fe-EDTA）、环己酰亚胺、头孢氨苄、春日霉素、甲基紫 2B 和琼脂），快速、高效地分离获得水稻黄单胞菌。初分离的疑似白叶枯病菌，在丰富培养基上（如肉汁胨琼脂培养基或 NA）培养，可与典型白叶枯病菌落比较，菌落形态见图 2-4a 和 b。有条件的情况下，可以使用扫描电镜（scanning electron microscope，SEM），获取病原菌的显微菌体形态，与典型的白叶枯病菌的菌体形态（图 2-4c 和 d）作比较，有助于确认病原。

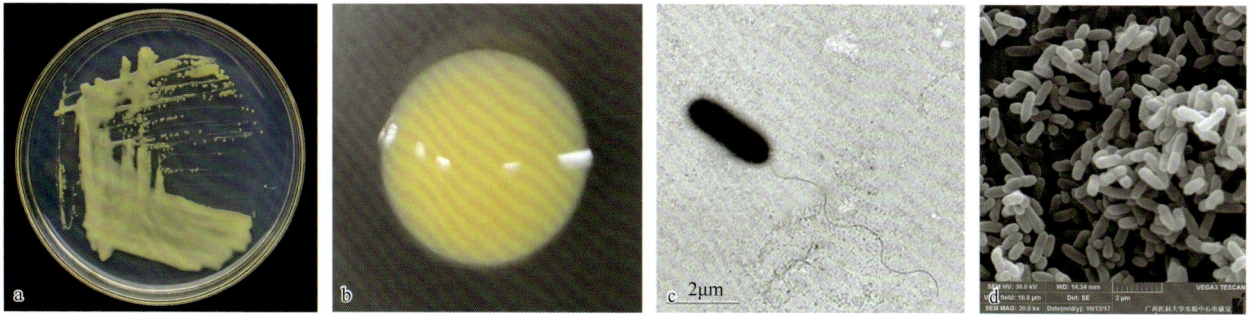

图 2-4　水稻白叶枯病菌菌落形态和菌体单细胞形态（a. 徐小梅　提供；b，c. 许力丹　提供；d. 袁高庆　提供）
a：NA 琼脂划线培养；b：NA 琼脂板菌落；c：透射电镜图（TEM，20 000×）；d：扫描电镜图（SEM，10 000×）

2）科赫法则：由于白叶枯病会表现出多种病害症状，在遇到新的症状时，可遵循科赫法则，将纯化的病菌采用剪叶接种法接种稻叶。若表现为沿叶缘或叶脉失绿黄化，出现典型的白叶枯病病斑，则再以相同的方法分离病菌，再次接种同一寄主的相似部位。若再次出现典型的白叶枯病病斑，可初步确认为白叶枯病菌。值得一提的是，由于水稻泛菌叶枯病（本章第七节）在我国部分稻区发生，遇到疑似白叶枯病样品，务必从多个层面准确鉴定病原（Xue et al.，2021）。

（2）病原生理生化分析鉴定

利用 Biolog 自动微生物鉴定系统对疑似病原物进行生理生化分析，可初步确认新分离物的物种。姬广海等（2001）利用 Biolog 细菌鉴定系统对我国水稻上几种细菌性病原进行了快速鉴定研究。结果表明，16 株供试菌株中，有 12 株准确鉴定到种或致病变种，有 4 株鉴定到属，能有效区分白叶枯病菌与其他水稻病原细菌。使用多元统计分析方法对供试菌株的 Biolog 代谢指纹进行比较研究，通过聚类分析和主成分分析不仅能够区分菌株间的显著差异，而且依据因子权重值可筛选出具有鉴别价值的碳源。

（3）病原物血清学鉴定

方中达等（1957）通过研究 Xoo、Xoc（*Xanthomonas oryzae* pv. *oryzicola*）和李氏禾条斑病菌的血清学差异，发现 Xoo 有其独特的血清学特异性。

许志刚等（1990）用戊二醛固定的 5 株 Xoo 菌株制备了 5 个抗血清，利用琼脂双扩散、试管凝集、免疫电泳和酶联免疫吸附试验研究了 107 株水稻白叶枯病菌株血清学反应的差异，将它们分为 3 个血清型。属于 I 型的菌株（OS-225、F4 等）占供试菌株的 91.6%，分布于全国各稻区；属于 II 型的菌株（OS-209、OS-109 等）占 5.6%，主要来自南方边远地区；III 型仅 1 个菌株（G8），占 0.9%，来自广西东部；其中还有两个菌株和上述抗血清均不能反应，暂不能归型，来自福建。免疫电泳结果表明，不同血清型的免疫源组成是不同的，I 型仅具中性免疫源，II 型具中性及偏碱性免疫源，而 III 型则具中性及偏酸性两种免疫源。研究比较了反向间接血凝试验（reverse indirect hemagglutination test，RIHA）、酶联免疫吸附试验（enzyme-linked immunosorbnent assay，ELISA）和免疫荧光（immunofluorescence，IF）等方法检测病菌的灵敏度，以 IF 最灵敏，可检测到 10^3 个细胞/mL，ELISA 其次（$10^3 \sim 10^4$ 个细胞/mL），RIHA 为 $10^6 \sim 10^7$ 个细胞/mL，双扩散法最差，只有在高达 10^8 个细胞/mL 时才有阳性反应。

高锦樑等（1989）用 Xoo KS-6-6 菌株免疫的 BALB/c 小鼠的脾细胞与骨髓瘤细胞 SP2/0 融合，经筛选和克隆，获得 3 株稳定分泌抗该病原细菌单克隆抗体的杂交瘤细胞株 K1、K2 和 K31。分泌抗体稳定性试验、封闭试验、染色体计数、交叉反应试验等表明单克隆抗体具有株特异性；抗体分属 IgG3 和 IgG26 亚类；腹水抗体滴度为 $1:10^4$ 左右。抗体可用于检测病叶和病种子中的白叶枯病菌，特异性高。

朱华等（1992）从已建立的 15 株稳定分泌抗 Xoo 的单抗杂交瘤细胞株中筛选出 4 株，采用其抗体经琼脂双扩散和酶联免疫吸附试验检测了作者从采集的病叶中分离的和从各地收集的白叶枯病菌菌株 63 株，将其分为 4 个血清型，其结果与常规多抗血清划分的血清型一致。

（4）病原物噬菌体分型（bacteriophage typing）

褚菊征等（1982）的研究表明，北京地区 Xoo 噬菌体在胨蔗糖（PBS）平板培养基上的溶菌斑有两种类型：Ⅰ型为大斑型，直径约 4mm；Ⅱ型为小斑型，直径约 1mm。电镜形态观察结果表明，两者均呈蝌蚪形，具六角形头部，但小斑型为收缩性短尾，大斑型为非收缩性长尾。Ⅰ型头部大小为 60nm×59nm，尾部为 133nm×12nm；Ⅱ型头部为 70nm×59nm，尾部短，为 95nm×16nm。研究比较了两种噬菌体抗血清，大斑型抗血清 K 值为 14，小斑型抗血清 K 值为 300。通过溶斑大小、电镜形态和血清学交叉反应测定的结果，认为北京地区 Xoo 的噬菌体有两种不同的类型。

（5）基于基质辅助激光解吸电离飞行时间质谱的病原鉴定

基质辅助激光解吸电离飞行时间质谱（matrix-assisted laser desorption ionization-time of flight mass spectrometry，MALDI-TOF MS）技术是一种软电离新型生物质谱，开始被用来鉴定蛋白和多肽的相对分子质量及未知蛋白，后来在检测疾病标志物、微生物分类、临床微生物诊断等方面都得到成功的应用。目前 MALDI-TOF MS 已被广泛报道用于检测和鉴定病原微生物，具有快速、重复性好的特点。

Xoo 和 Xoc 在表型上较难区分，Ge 等（2014）基于 MALDI-TOF MS 和傅里叶变换红外光谱（Fourier transform infrared spectrum，FTIR）分析，建立了一种快速、准确分辨两个致病变种的方法。MALDI-TOF MS 分析结果显示，Xoo 有 9 个特异峰，Xoc 有 10 个特异峰，可作为鉴定和鉴别这两个亲缘关系密切的致病变种的生物标志物。FTIR 分析表明，两种不同官能团的能带频率和吸收强度存在显著差异。Xoo 具有 6 个峰（3433cm^{-1}、2867cm^{-1}、1273cm^{-1}、1065cm^{-1}、983cm^{-1} 和 951cm^{-1}），Xoc 有 1 个峰（1572cm^{-1}）。利用质谱和 FTIR 对稻黄单胞菌两种致病变种进行识别和鉴别，可为早期发现和防治由这两种致病变种引起的水稻病害提供依据。

（6）病原分子鉴定

1）指征分子测序与系统进化分析：通过对疑似 Xoo 指征分子测序，如 16S rDNA、ITS 序列和/或保守基因 $gyrB$、$rpoD$、$hrpG$ 和 $hpaA$ 等，构建系统发育树，从而确认病原物的分类地位。

2）PCR 技术鉴定：随着分子检测技术的兴起，聚合酶链反应（polymerase chain reaction，PCR）具有简便、高效、重复性好等优点，PCR 技术以其特异、快速、灵敏和简便的优点在植物病原检测上得到了广泛应用。同种的 Xoo 和 Xoc 亲缘关系非常近，其形态结构、生物学特性、病害流行因素等均存在许多相似之处，易引起混淆，且基因组序列相似性高达 90% 以上，因此，对 PCR 引物的准确性、特异性都有较高要求。目前，基于 PCR 技术已发展多种用于 Xoo 和 Xoc 检测与鉴别的方法。

a. 常规 PCR：冯雯杰等（2013）建立了可以区分 Xoo 与 Xoc 的常规 PCR 方法，成本相对较低，适合在种子检疫站进行推广。

b. 实时荧光 PCR：廖晓兰等（2003）成功建立了 Xoo 与 Xoc 快速检测鉴定的实时荧光 PCR 方法。根据铁载体受体基因设计两菌的通用引物 PSRGF/PSRGR（产物大小 152bp）和特异性探针（Baiprobe 和 Tiaoprobe）并对 13 种细菌和 1 种植原体进行实时荧光 PCR。结果表明，两个特异性探针能分别特异性检测到目标病原菌产生荧光信号而其他参考菌不产生荧光信号。检测的绝对灵敏度是 30.6fg/μL 质粒 DNA 和 10^{3}CFU/mL 菌悬浮液，相当于 1 个细菌细胞的基因，比常规 PCR 电泳检测高约 100 倍，相对灵敏度为 10^{5}CFU/mL。整个检测过程只需 2h，完全闭管，降低了污染的机会，无须 PCR 后处理。采用这两个特异性探针分别对自然感染 Xoo 与 Xoc 的叶片 DNA 提取液和种子浸泡液进行实时荧光 PCR，结果均可特异性地检测到目标菌的存在，完全可将两种病原细菌区分开来并且只需 0.3g 叶片和 10g 种子。

c. 数字 PCR：田茜等（2018）以 Xoo 及其近缘菌为研究对象，基于 Xoo 的 rhs 家族基因建立了 Xoo 的特异数字 PCR 检测体系。对方法的特异性、灵敏度及重复性进行了测试，并用模拟带菌水稻种子及真实种子样品进行了检测验证。结果表明，所建立的特异数字 PCR 检测体系能特异性地检测出目标病原，且具有较高的灵敏度及良好的重复性，在模拟带菌种子及自然带菌种子样品的应用验证中也都得到了满意的结果。

d. 多重 PCR：张华等（2007）建立了检测 Xoo 与 Xoc 的双重 PCR 体系，均可以区分 Xoo 与 Xoc。莫瑾等（2021）根据水稻细菌性穗（谷）枯病菌（Bg）*gyrB* 基因、水稻细菌性叶鞘褐腐病菌（Pf）*pfsI/pfsR* 基因以及 Xoc 和 Xoo 含铁载体受体基因设计引物，建立了 4 种水稻病原细菌的多重 PCR 检测方法。对这些方法进行特异性和灵敏度测试，并对采自不同地区的水稻样本进行检测。结果表明多重 PCR 方法能同步快速地检测出 Bg、Pf、Xoc 和 Xoo，检测灵敏度达 10^3CFU/mL 菌液浓度。利用该方法对我国不同地区的 58 份水稻种子进行检测，其中 17 个样本检测出 Xoc 和 Xoo。

e. 基于 PCR 的病原菌分子标记技术：基于 PCR 的分子标记技术具有简便、高效、重复性好等优点，包括随机扩增多态性 DNA（randomly amplified polymorphic DNA，RAPD）、插入序列 PCR（insertion sequence-PCR，IS-PCR）和基因外重复回文序列 PCR（repetitive extragenic palindrome-PCR，rep-PCR）等。rep-PCR 技术是扩增细菌基因组中广泛分布的短重复序列，通过电泳条带比较分析，揭示基因组间的差异。细菌基因组中广泛分布的短重复序列（repetitive sequence），包括常用的基因外重复回文序列（repetitive extragenic palindrome，REP）、肠杆菌基因间重复共有序列（enterobacterial repetitive intergenic consensus，ERIC）和盒式重复元件（box repetitive element，BOX），它们在菌株、种、属水平上分布有差异，在进化过程中具有相对保守性。

3）环介导等温扩增方法：环介导等温扩增（loop-mediated isothermal amplification，LAMP）技术是一种新型的核酸扩增方法，其特点是针对靶基因的 6 个区域设计 4 种特异性引物，在链置换 DNA 聚合酶（Bst DNA polymerase）的作用下，60～65℃恒温扩增，15～60min 即可实现 10^9～10^{10} 倍的核酸扩增，具有操作简单、特异性强、产物易检测等特点。Lang 等（2014）开发了能够精准监测水稻白叶枯病菌的 LAMP 引物组合，不仅能有效区分白叶枯病菌与条斑病菌，而且能够鉴别 Xoo 的亚洲菌系和非洲菌系。菌体细胞检测阈值为 10^4～10^5CFU/mL，模板基因组 DNA 阈值为 1pg～10fg。检测样本可以是 DNA 材料、菌体、菌落、叶片组织或种子等。Zhu 等（2022）开发了一种不依赖于原间隔区相邻基序（protospacer adjacent motif，PAM），CRISPR/FnCas12a 剪切辅助的 LAMP 检测技术，简称 Cas-PfLAMP。Cas-PfLAMP 巧妙地结合了 LAMP 技术等温扩增、FnCas12a 蛋白反式切割活性的优点，有效提高了 Cas-PfLAMP 检测的灵敏度和特异性，克服了传统的 LAMP 检测假阳性高的缺点。该研究以 3 种水稻病原体（Xoo、水稻条纹病毒和水稻黑条矮缩病毒）为对象，设计了病原菌的特异性引物和 sgRNA，系统评价了 Cas-PfLAMP 技术的特异性、灵敏度和准确性，结果表明，Cas-PfLAMP 能够准确区分 3 种水稻病原菌，灵敏度达 3～9 个拷贝/μL。

4）DNA 条形码：DNA 条形码（DNA barcode）是指生物体内能够代表该物种的、标准的、有足够变异的、易扩增且相对较短的 DNA 片段。以 327 株不同种或致病变种的黄单胞菌为实验材料，基于进化树法及遗传距离法等分别对 16S rRNA 基因、*cpn60*、*avrBs2*、*hrpG*、*hpaA*、*gyrB* 和 *rpoD* 这 7 个候选条形码基因进行了筛选验证及有效性评价。研究结果表明，*cpn60* 基因的 PCR 扩增与测序成功率都要明显优于其他候选基因。基于其构建的系统发育树也显示该基因对黄单胞菌属种及种下阶元的区分鉴定能力最为理想。同时在条形码间隔（barcoding gap）分析和最佳匹配（best close match）测试中该基因也都表现最为出色，其种/致病变种间遗传距离明显大于种/致病变种内遗传距离，而且对不同种/致病变种（包括 Xoo 和 Xoc 的区分）的鉴定正确率达到了 99% 以上，*cpn60* 基因是理想的用于区分鉴定黄单胞菌的条形码基因（Tian et al.，2016）。

5）芯片技术：龙海等（2011）结合双重 PCR 和基因芯片技术同时检测和鉴定我国检疫性细菌，包括 Xoo、Xoc、柑橘溃疡病菌以及甘蓝黑腐病菌。铁载体受体（putative siderophore receptor）基因序列和 sigma 因子 *rpoD* 基因序列为靶标，设计引物和特异性探针，能够同时检测这 4 种重要的病原菌。对 17 个细菌菌株进行芯片检测，仅 4 种靶标菌得到阳性结果，证明此方法具有很高的特异性。4 种致病菌基因组 DNA 的检测灵敏度约为 3pg。检测结果表明，建立的基因芯片检测方法特异性强，能实现上述 4 种黄单胞菌的准确检测和鉴定。

6）染色体水平 DNA-DNA 杂交：DNA-DNA 杂交（DNA-DNA hybridization，DDH）曾经作为基因组水平上原核物种界定的黄金标准，已经被使用了将近 50 年。它作为唯一的提供数字化和相对稳定物种界定的分类学方法，对现在的分类方法有着重要的影响。DNA 双螺旋链水溶液经加热变性后生成游离多核苷酸单链，如果缓慢冷却可重新组合为双螺旋链，该过程为双螺旋复性。不仅来自同一菌株的同源 DNA 单链可复性为双链，而且来自不同菌株的 DNA 单链，只要彼此在核苷酸排列顺序上有相应互补的部分，也可以结合成为异源（或杂合）DNA 双链。从 Xoo 和 Xoc 提取的 DNA 相似性越高，它们的 DNA 单链互补的部分越多，则亲缘关系就越近。DNA-DNA 同源性通常以杂交结合率（也称同源率）表示，它通过 DNA-DNA 杂交测得整个基因组中 DNA 碱基序列相似性的平均值。一般认为，同源性为 60% ～70% 或以上者属于同一个种。同源性不到 50% 者为不同种。DNA-DNA 同源性往往用于有密切关系的微生物种内相似性描述，即适用于种（species）一级水平的研究，尤其是在黄单胞菌属内各个种的划分中发挥了重要的作用。Xoo 不同菌株间的 DDH 同源性为 87%～100%，Xoo 与 Xoc 的 DDH 同源性为 70%～80%，Xoo 与 Xcc（*Xanthomonas campestris* pv. *campestris*）的 DDH 同源性仅为 22%。

　　7）基因组水平的平均核苷酸相似度：平均核苷酸相似度（average nucleotide identity，ANI）是在核苷酸水平比较两个基因组亲缘关系的指标，ANI 被定义为两个微生物基因组同源片段之间平均的碱基相似度，其特点是在近缘物种之间有较高的区分度。随着测序技术的发展，全基因组测序也变得越来越普遍。基于全基因组测序的 ANI 值 95%～96% 与 DDH 值 70%、16S rRNA 基因序列相似性 98.65% 相对应，可作为原核生物种水平的判定阈值（Kim et al.，2014）。全基因组序列数据不仅能够提供菌株的分类鉴定信息，还能提供菌株毒力因子、抗药性产生或耐受以及已知有毒代谢物产生等其他安全特性信息。Lang 等（2019）在表型鉴定、生理生化分析的基础上，借助 ANI 分析，将原分类属于 *Xanthomonas campestris* 的假稻致病变种（*X. c.* pv. *leersiae*，Xcl）划归稻黄单胞菌，命名为（*X. o.* pv. *leersiae*，Xol）。其依据是 Xol 与 Xoo、Xoc 的 ANI 为 97%～99%，而与 Xcc 的 ANI 仅为 85%。基于全基因组 ANI 的系统进化分析，将 Xol 与 Xoo、Xoc 集结于相近的分支上，而与其他黄单胞菌距离较远。

3. 基于"基因对基因"假说的白叶枯病诊断方法

　　水稻与 Xoo 病菌的互作关系遵循"基因对基因"假说，其中，亲和与不亲和的决定因素主要是水稻中的易感因子——糖外排转运蛋白（sugars will eventually be exported transporter，SWEET）基因或者抗病执行因子 Executor 基因是否能被 Xoo 转录激活因子 TALE 效应子激活（将在本节详述）。有些水稻含有不能被 TALE 效应子识别的 EBE 变体，SWEET 基因不会在致病菌侵染时诱导表达，或者 Executor 基因被 TALE 激活，从而获得抗性。基于上述互作原理，Eom 等（2019）研发了一套诊断试剂盒，可用于在大田环境下检测白叶枯病，并鉴定相应的抗性水稻株系。其中包括了一个 *SWEET* 启动子数据库，用于检测 *SWEET* 诱导表达的 RT-PCR 引物；人工构建水稻报告子株系以可视化 SWEET 蛋白的积累；水稻 EBE 敲除株系用于鉴定 Xoo 分离株中的毒力；基于 CRISPR/Cas9 基因组编辑的 Kitaake 水稻株系，评估 EBE 突变后对致病菌抗性的有效性。

三、病原学

（一）病原

1. 学名和译名

　　病原菌学名 *Xanthomonas oryzae* pv. *oryzae*（简称 Xoo），为稻黄单胞菌水稻致病变种，俗称白叶枯病菌，属于黄单胞菌属细菌，稻白叶枯病菌种内的一个致病变种（pathovar）。

　　稻黄单胞菌水稻致病变种的分类地位（基于 NCBI）：Cellular organisms（细胞生物）；Bacteria（细菌）；Pseudomonadota（假单胞菌门）；Gammaproteobacteria（γ- 变形菌纲）；Xanthomonadales（黄单胞菌目）；Xanthomonadaceae（黄单胞菌科）；*Xanthomonas*（黄单胞菌属）；*Xanthomonas oryzae*（稻黄单胞菌）；*Xanthomonas oryzae* pv. *oryzae*（稻黄单胞菌水稻致病变种）。

2. 分类与命名沿革

白叶枯病最初被认为是一种由酸性土壤环境引起的非侵染性病害，直到 1917 年才被证实其为细菌寄生所引起（Nishida，1909），并于 1922 年定名为 *Bacterium oryzae* Ishiyama（Ishiyama，1922）。Dowson 在 1939 年建立黄单胞菌属后，更名为 *Xanthomonas oryzae* (Ishiyama) Dowson。Dye 等在 1978 年将它归入野油菜黄单胞菌种内作为一个变种，即 *Xanthomonas campestris* pv. *oryzae* (Ishiyama) Dye 1978。1990 年以后，重新建立稻黄单胞菌种 *Xanthomonas oryzae* 后，正式命名为 *Xanthomonas oryzae* pv. *oryzae*（Swings et al.，1990；Vauterin et al.，1995）。

由于地理上的隔离，在亚洲、非洲和美洲出现了 3 种在基因组、致病力等方面存在较大差异的白叶枯病菌，分别命名为亚洲菌系（Asian Xoo，简写为 Xoo^S）、非洲菌系（African Xoo，简写为 Xoo^F）和美洲菌系（American Xoo，简写为 Xoo^M）（Gonzalez et al.，2007；Triplett et al.，2011）。本节中，以亚洲菌系为主进行分析、介绍。

（二）病原形态特征

1. 菌落特征

在营养丰富固体培养基（如肉汁胨琼脂）上的菌落为蜜（蜂蜡）黄色或淡黄色，圆形，边缘整齐，质地均匀，表面隆起，光滑发亮，无荧光，有黏性（图 2-4b）。由 Xoo 产生的非水溶性的黄色素，即菌黄素（xanthomonadin），是一类附膜溴化芳香基多烯类黄色素，在溴取代、芳香环甲基化及多烯链链长方面存在结构多样性。菌黄素不仅作为黄单胞菌属的分类和诊断标记，还能保护细菌抵抗光氧化伤害，促进细菌在寄主植物表层的附生，在黄单胞菌致病性和环境适应性方面发挥重要作用。

2. 菌体特征

病菌菌体单生，短杆状，两端钝圆，大小为 1.0～2.0μm×0.3～0.5μm，极生单鞭毛（图 2-4c 和 d），不形成芽孢或荚膜，但在菌体表面有一层胶质分泌物（主要是胞外多糖）（图 2-4a 和 b）。

（三）病原的生物学特性与分离培养

1. 病原的生物学特性

Xoo 生长温度为 8～35℃，最适温度为 25～32℃。无胶膜细菌的致死温度为 53℃（10min），有胶膜细菌为 57℃（10min）。病菌可生长的 pH 4.0～8.0，但以 pH 6.5～7.0 最适宜。培养基含 3% NaCl 时不生长，在含 3% 葡萄糖或 20mg/L 青霉素的培养基上也不能生长（方中达等，1957）。

Xoo 最适合的生长碳源为蔗糖，氮源为谷氨酸。葡萄糖虽然能被利用，但浓度达到 2% 时，即妨碍生长。在马铃薯、蔗糖或葡萄糖琼脂培养基、胁本哲氏培养基［全称为改良胁本哲氏马铃薯半合成培养基（Wakimoto potato dextrose agar，WPDA）］上生长最佳。

Xoo 为专性好气、呼吸型代谢的革兰氏阴性细菌。该菌产生过氧化氢酶，不产生吲哚、酮基葡萄糖酸和尿酶，不能还原硝酸盐和水解卵黄。不能液化或极少液化明胶，不产生氨。碳源利用时，均充分氧化，从不发酵。可水解淀粉，利用木糖、葡萄糖、果糖、半乳糖、纤维二糖、蔗糖、茧蜜糖（也称海藻糖）、延胡索酸钠、乳酸钠、苹果酸钠、草酰乙酸钠和琥珀酸钠，不能利用阿拉伯糖、核糖、鼠李糖、乳糖、蜜三糖、菊糖、甲醇、乙醇、丙醇、丙酸钠、酒石酸钠、乙醛酸钠、酮基葡萄糖酸、鞣酸、苯酚、对苯二酚、间苯二酚、均苯三酚等。可水解七叶苷、吐温。利用葡萄糖、果糖、半乳糖、纤维二糖和茧蜜糖时可产酸，石蕊牛乳不呈酸性反应。

2. 病原的分离与培养

（1）分离方法

病原分离是病原学、病理学、抗病育种研究的基础，Xoo 的分离对象包括：具有典型症状的稻叶、疑似病害的稻株、稻种、杂草、土壤或水样等。对于不同的材料，可选用不同的分离方法，从而快速、准确地获得病原。

1）平板稀释分离法：取灭菌培养皿 4 个，每皿加无菌水 0.5mL。取发病叶片，切取病健交界处组织约 0.4cm×0.5cm，或取水稻种子，用 5% 次氯酸钠泡 30s 左右，灭菌水漂洗 3 次，然后移入第一个培养皿中，用灭菌小剪刀剪碎，放置片刻，用接种环搅拌，取菌液一环，移入第二皿的水滴中，混匀后再采用同法将菌液依次移入第 3、4 皿。完成上述操作后，将融化冷却到 45℃ 左右的培养基倒入 4 个培养皿中，迅速摇匀。冷凝后，将培养皿倒转，在 28℃ 下培养 3～4d，检查是否有菌落长出。

2）划线分离法：在上述第一皿中用接种环蘸取菌液，在事先准备好的表面没有冷凝水的平板培养基上划线，然后将培养皿倒置，在 28℃ 下培养 3～4d 后，检查病原菌落的出现，并将其移到试管斜面纯化保存。

3）插叶分离法：也可以先剪取约 3cm×3cm 的病叶小段，插在灭菌湿沙中，并用灭菌烧杯反扣保湿，置于 26～28℃ 温箱中，使含病菌的菌脓在上部断口溢出，再用接种环蘸取菌脓在培养基平板上划线。

4）稀释涂平板分离法：随着实验器材的进步，实验方法也在不断变化。以往的稀释涂平板分离法多用普通试管或指型瓶进行梯度稀释，用液量多，体积大，不易无菌操作。目前多采用 EP 管，快速完成多梯度稀释，对 10^{-3}、10^{-4}、10^{-5} 稀释度涂平板，可获得较为清晰的单菌落，用于下游实验和鉴定。

（2）培养基

1）胁本哲氏培养基（WPDA）：马铃薯 300g，硫酸亚铁 0.05g，$Ca(NO_3)_2 \cdot 4H_2O$ 0.5g，$Na_2HPO_4 \cdot 12H_2O$ 2g，蛋白胨 5g，蔗糖 20g，琼脂 15g，加水至 1000mL，pH 6.7～7.0。此培养基能获得较多的菌落，但菌落有轻度混浊，不易与其他细菌菌落相区别。

2）改良 SB 培养基（modified Silver and Buddenhagen medium，MSB）：蛋白胨 5.0g，酵母膏 5.0g，蔗糖 5.0g，谷氨酸钠 1.0g，琼脂 17.0g，加水至 1000mL，pH 6.0。MSB 的出菌率较 WPDA 低，但菌落清晰，易与其他细菌菌落相区别。

3）改良诹访（Suwa）培养基（modified Suwa medium）：蛋白胨 1.0～5.0g，谷氨酸钠 2.0g，蔗糖 5.0g，KH_2PO_4 0.1g，乙二胺四乙酸铁（Fe-EDTA）1mg，$MgCl_2 \cdot 6H_2O$ 1.0g，琼脂 17.0g，加水至 1000mL，pH 7.0。用于分离白叶枯病菌，有较好的效果。

4）XOS 培养基（*Xanthomonas oryzae* semiselective medium）：蛋白胨 2.0g，蔗糖 20g，谷氨酸钠 5.0g，$Ca(NO_3)_2$ 0.2g，K_2HPO_4 2g，Fe-EDTA 1mg，环己酰亚胺 100mg，春雷霉素 20mg，氨基苯乙酰去乙酸头孢霉素 20mg，甲基紫 2B 0.3μg，琼脂 17g，加水至 1000mL，pH 6.7～7.0。此培养基为选择性培养基，可用于从稻种上分离白叶枯病菌。

5）Xoo 单细胞分离培养基：谷氨酸钠 5.0g，蔗糖 10g，蛋氨酸 0.1g，NH_4Cl 1.0g，K_2HPO_4 1.0g，$MgCl_2 \cdot 6H_2O$ 1.0g，Fe-EDTA 0.1mg，琼脂 17.0g，加水至 1000mL，pH 6.4～6.7。此培养基有较高的出菌率。

6）丰富培养基（nutrient broth medium，NB）：牛肉膏 3.0g，蛋白胨 5.0g，酵母膏 1.0g，蔗糖 10g，加水至 1000mL，pH 6.0～6.5。加入 15～17g 琼脂，即为琼脂丰富培养基（NB agar medium，NA）。NB 培养基是多种黄单胞菌最常用的培养基，也常用于 Xoo 的扩大繁殖。

（3）菌种的保存和复壮

1）短期冷藏：适用于 Xoo 1～2 个月的短期保存，可将试管斜面或者平皿冷藏在 4℃ 冰箱中。应注意在 4℃ 条件下，白叶枯病菌仍有分泌胞外多糖的能力，平时要注意观察平皿中菌落动态，取菌操作时，注意菌苔流动，避免交叉污染。

2）长期冷藏：简单的方法是将处于对数生长期的病菌取几环稀释到装有双蒸水的试管中。采用下述缓冲液也有较好的效果，取 Na_2HPO_4（A）9.47g、K_2HPO_4（B）9.08g，各加蒸馏水 1000mL，再取 A 61mL、B 38.9mL 混合灭菌消毒，pH 7.0，每个试管装 5mL，接入培养好的几环 Xoo，4℃下保存。这两种方法可保存病菌活力 6~12 个月。

3）长期超低温冷冻：如果条件许可，可用低温冷冻保存方法，保存期达数年。具体操作程序是将对数期的菌体悬浮于 10% 甘油（最终浓度，也有用 15%~20%）或 7%（v/v）二甲基亚砜溶液中，采用常规 2mL EP 管或者特制冷冻管保存于 -20℃或 -80℃冰箱中。使用时用无菌牙签或吸管刮取固体冰碴片，再在平板上划线。

4）贮藏菌株的活化与复壮：菌株活化时，采用 NA 培养基，带有抗生素基因的，可在培养基中加入相应的抗生素。如遇杂菌污染，及时对存菌纯化，可选用筛选培养基进行初筛，选出与原始出发菌株在表型等方面一致的菌株，重新保藏。菌株多次转代培养后，其致病力有变弱的现象。这时需将病菌接种到无病水稻叶片上，发病后进行分离培养，然后测定不同分离物的致病力，选出与原始出发菌株致病力相当或较强的菌株，但务必注意，菌株间的交叉污染，或者水稻叶片带来的外来菌株污染。

3. 病原的噬菌体

（1）Xoo 噬菌体概述

噬菌体是一种细菌病毒，无法独立繁殖。噬菌体有严格的宿主特异性，只侵染敏感菌。噬菌体的繁殖过程有烈性循环和溶源性循环两种途径。烈性循环即噬菌体侵染宿主菌后立即展开复制增殖过程，在短时间内连续完成吸附、侵染、复制、装配、释放 5 个步骤，最终使宿主细胞裂解释放出子代噬菌体；溶源性循环即噬菌体侵染宿主菌后，并不立即使宿主细胞裂解，而是直接将自身的基因组整合到宿主菌基因组上，当出现生物或化学因素刺激时，已经整合的前噬菌体进入复制阶段，从而裂解宿主菌，释放子代噬菌体。根据其增殖方式的不同，将经历烈性循环的噬菌体称为烈性噬菌体，经历溶源性循环的噬菌体称为温和噬菌体。其中，烈性噬菌体在杀菌效果上有着广泛的应用，作为生物农药制剂具有极大的应用价值与应用前景。

早在 1953 年，人们已经开始对 Xoo 噬菌体（Xoo-噬菌体）进行研究，基于这些噬菌体不同的形态学和血清学性质，Wakimoto（1960）初步将侵染 Xoo 的噬菌体分为 OP1 和 OP2 两类，为 Xoo-噬菌体的分类奠定了基础。随着 Xoo-噬菌体分离株的增加，从分子水平结合形态特征分类，Xoo-噬菌体分别属于长尾噬菌体科（*Siphoviridae*）、肌尾噬菌体科（*Myoviridae*）、短尾噬菌体科（*Podoviridae*）。遗传物质均为双链 DNA，前两者形态多为蝌蚪状，有一个呈多面体的头部和长管状尾部；后者呈蜘蛛状，有多面体的头部和较短的尾部及尾纤丝。目前，已经明确分类的 Xoo-噬菌体如下：属于长尾噬菌体科的有 OP1、P8L、P27L、P30L、P59L、P73L、Xop41、Xoo-sp1、Xoo-sp2、Xoo-sp3、Xoo-sp4、Xoo-sp5、Xoo-sp6、Xoo-sp7、Xoo-sp8、Xoo-sp9、Xoo-sp10、Xoo-sp11、Xoo-sp12、Xoo-sp15、Xp10、Xp12、Xp20、Xp411、ΦXOF1、ΦXOF2、ΦXOF3、ΦXOF4、ΦXOT1、ΦXOT2、ΦXOM1、ΦXOM2；属于肌尾噬菌体科的有 OP2、P23M1、P33M、P37L、P37M、P37M1、P41M、P43M、P45M、P47M、P50M、P53M、P54M、P57M、P58M、P60M、P61M、P62M、P66M、P68M、P70M、P71L、P72M、X1、X2、X3、X4、X5、XPP1、XPP2、XPP3、XPP4、XPP6、XPP8、XPP9、XPV1、XPV2、XPV3、Xoo-sp13、Xoo-sp14（Nakayinga et al.，2021）；属于短尾噬菌体科的有 NΦ-1 和 NΦ-3（Liu et al.，2021a）。Lin 等（1998）早期在台湾省分离的 Xoo 噬菌体 Xf 和 phiXo，被鉴定属于丝状噬菌体科（*Inoviridae*）。

Xoo 噬菌体的来源主要包括染病水稻叶片、稻田土壤与田水、稻田及周边的昆虫、杂草等。不同类型的噬菌体其噬菌斑大小、潜育期和致死温度（或失毒温度）不同，血清中和反应特异性强。各自的寄主范围也有明显差别，一般来说，噬菌斑大的，潜育期较短，寄主范围较窄；噬菌斑小的，潜育期较长，寄主范围也较广。Xoo 噬菌体的繁殖量平均为 10~30 个/细胞，一般为 12~16 个/细胞。在潮湿低温条件下，噬菌体能长期保持活性；但在干燥条件下，冬季一般不超过 6 个月，夏季不超过 3 个月。噬菌体对漂白粉、高锰酸钾、肥皂粉、洗净剂等强氧化剂和表面活性物质十分敏感，如与之接触，会很快钝化。水中的噬菌体会在稻田喷施农药后锐减，噬菌体也容易在紫外线照射下失活或发生突变。噬菌体对乙醇、氯仿等不太敏感，故在测定田间噬菌体时可利用氯仿消灭杂菌。

（2）Xoo 噬菌体应用

噬菌体必须生存在与其相对应的宿主细菌中，据此，科学家常利用这种宿主专化性进行一些 Xoo 的生态学研究，章琦和张红生（2007）概括如下。

1）诊断 Xoo 的存在：噬菌体对宿主细菌具有很强的特异性，利用 Xoo 噬菌体可以在不侵害其他细菌的情况下确定是否存在 Xoo。例如，检测 Xoo 可能越冬的场所，诸如稻种、储藏的稻草、残存的病株、杂草、土壤中的病原体等。

2）测定 Xoo 细菌量：估测病原的数量也是植物病理学和水稻抗病能力研究的一个内容，利用噬菌体的特异性及其增殖方式可以间接计算病原细菌的数量。

3）测报 Xoo 发生的消长动态：水稻白叶枯病发病田和经过病田的灌溉水都存在噬菌体，其数量随病情的发展而增多。测定噬菌体的量就标示了 Xoo 的量，可以用来测报白叶枯病发生发展的动态。

（四）寄主范围

Xoo 除侵染亚洲栽培稻（水稻）（*Oryza sativa*）和非洲栽培稻（*O. glaberrima*）外，还侵染稻族（Oryzeae）中其他植物，包括稻亚族（Oryzinae）的稻属（*Oryza*）和假稻属（*Leersia*），菰亚族（Zizaniinae）的菰属（*Zizania*）中的多数成员，以及其他禾本科植物中的少数成员。常见寄主包括：两类栽培稻、杂草稻（*O. sativa* f. *spontanea*）和许多野生稻，如阔叶野生稻（*O. latifolia*）、短舌野生稻（*O. barthii*）、短花药野生稻（*O. brachyantha*）、西非长药野生稻或长雄野生稻（*O. longistaminata*）、紧穗野生稻（*O. eichingeri*）、颗粒野生稻（*O. granulata*）、疣粒野生稻（*O. meyeriana*）、尼瓦拉野生稻（*O. nivera*）、药用野生稻（*O. officinalis*）、高秆野生稻（*O. alta*）、马来野生稻（*O. ridleyi*）、澳洲野生稻（*O. australiensis*）、南方野生稻（*O. meridionalis*）、*O. malampuzhaensis*、*O. perrenis balungea*、*O. ridleyis balungea* 等；假稻属植物，如李氏禾（*L. hexandra*）、假稻（*L. japonica*）、秕糠草（*L. sayanuka*）、蓉草（*L. oryzoides*）；菰属植物，如水生菰（*Z. aquatica*）和沼生菰（*Z. palustris*），以及圆果雀稗（*Paspalum orbiculare*）、结缕草（*Zoysia japonica*）等（方中达等，1957；Wonni et al.，2014）。人工接种时还可侵染马唐（*Digitaria sanguinalis*）、狗尾草（*Setaria viridis*）和看麦娘（*Alopecurus aequalis*）等禾本科杂草，但出现症状较水稻迟（季伯衡等，1984；种藏文等，1998a，1998b）。

在杂草带菌研究方面，种藏文等（1998a，1998b）在 20 世纪 80 年代研究水稻白叶枯病侵染源的基础上，又对杂草带菌进行研究，结果表明：除了可侵染的植物能带菌，无芒稗（*Echinochloa crusgalli*）、千金子（*Leptochloa chinensis*）、狗牙根（*Cynodon dactylon*）、芦苇（*Phragmites australis*）、茵草（*Beckmannia syzigachne*）、鹅观草（*Elymus kamoji*）、艾（*Artemisia argyi*）、紫云英（*Astragalus sinicus*）等植物也带有白叶枯病菌，带白叶枯病菌的杂草种类比带细菌性条斑病的广。带菌量的大小，因带菌植物的种类和样品采集的地点不同而异（季伯衡等，1984）。

（五）侵染循环

1. 初侵染源

白叶枯病属于典型的种传病害，病菌主要由稻种远距离传播。病菌主要在病种子和病草上越冬，其次在李氏禾等杂草上越冬。田间稻草、病残株、再生稻带菌传染，野生稻、李氏禾、茭白，以及稗、狗尾草、看麦娘等田间、田边杂草也会交叉传染（方中达等，1956；种藏文等，1998a，1998b）。

（1）带菌谷种的形成

一是来自系统侵染，病菌通过稻株维管束输导至种子内；二是来源于水稻抽穗开花时，病菌借风雨露滴飞溅，沾染稻穗，入侵谷粒，寄藏在颖壳组织内或胚和胚乳表面越夏越冬。在干燥贮存条件下，可存活

8~10个月，直至第二年播种季节。不过在贮藏期，病菌会逐渐死亡，使播种时种子带菌率低。但由于播种量大，仍有足够的传病来源。从调运稻种引起新病区的出现，足以证明稻种传病。

（2）病稻草和稻桩

干燥条件下堆贮的病稻草上的病菌可存活7个月至1年以上，因而可以越冬传病。散落田间经日晒雨淋或被水浸泡后的病稻草上的病菌则很快死亡，但散落或还田的双季早稻病草在未沤烂的情况下对晚稻秧苗有一定的传病作用。发生凋萎型白叶枯病的稻桩里的病菌可存活到翌年5月以后，成为侵染源。

早期从干稻草分离病菌很难成功，后经江苏研究，剪取一段病草，插入潮湿河砂内保湿，取剪口上溢出的菌脓接种，引起稻苗发病，获得了稻草传病的依据。稻草传病能力与其存放条件有关，干燥贮存，在我国广东、湖北病菌可存活7~9个月，在云南元江可存活11个月，在陕西可存活1年5个月，存活率高，传病率也高。病田稻桩，由于田间湿度大，又易受雨淋霉烂，病菌极易丧失活力，传病可能性不大。只有我国南方稻区的越冬、越夏再生稻病株可成为病菌来源。

（3）杂草及其他植物

马唐、茭白、鞘糠草、秕壳草、虉草（*Phalaris arundinacea*）、看麦娘、异假稻、紫云英等可带菌越冬，并可能有传病作用。

早年对于杂草能否成为越冬菌源，国内外的看法不一。日本认为假稻属（也称李氏禾属）的秕壳草和异假稻是白叶枯病的主要越冬寄主，病菌在其绿色根茎部过冬，翌年早春即开始繁殖传播。中国除在江苏盐城及建湖发现少量假稻（*Leersia japonica*）病株和在广东、湖南、江苏病区发现不多的茭白病株经初步观察与传病关系不大外，尚未发现李氏禾属其他杂草在自然界中发病。关于土壤带菌越年问题，一般认为土壤中病菌不能存活越冬，传病可能性很小。

（4）再生稻及自生稻株

在热带稻区、南亚热带稻区，如我国海南、广东、广西、云南、福建等地，病田的再生稻和自生稻株也是重要的初侵染源。近年来，部分稻区，杂草稻问题日益突出，不仅与栽培稻争光、争肥、争水、争生长空间，而且易感多种水稻病害、带菌量大，值得关注。

（5）新型栽培模式中的病源管理

随着我国城市农业、设施农业、观光农业、文物遗产保护等新业态的发展，水稻栽培模式也发生了一定的变化，立体化、屋顶、楼顶、温室栽培水稻在我国多地出现，这给水稻的病虫害管理带来新的挑战。在新型水稻栽培模式下，病原的存活、沾染、传播等可能会有别于传统农业。病源管理不仅会影响新业态本身的健康发展，更重要的是可能会对区域性水稻安全、高效生产构成潜在威胁，新业态水稻病虫害管理也应纳入当地植保范畴。

2. 传播途径

带菌稻种可远距离传播该病，病田菌脓可借农（机）具，风雨，牛、鸭等动物传播后形成再侵染。水田漫灌、串灌也是传播途径。

在稻草、稻种上越冬的病菌，到翌年播种期间，一遇到雨水，便随水流传播。在病区，田间传病来源很广，除了带病种子，还有带病稻草。如用稻草裹秧包，覆盖或下垫催芽堆，搓秧绳，扎秧把，堵涵洞、水口，或还田做肥料等，都有机会与水接触，病菌随之被大量释放出来。灌溉水和暴风雨是病害传播的重要媒介，秧田期淹水会加重秧苗的感染，淹没的次数越多，病苗数量越大。

Xoo能借助灌溉水、风雨传播到较远的稻田。低洼积水、大雨涝淹以及串灌、漫灌往往引起连片发病。在风雨交加时，病菌可依风速强度和风向传播，传播半径为60~100m。晨露未干时进出病田操作或沿田边行走都能带菌，助长病害扩散。

3. 侵入途径

（1）主要侵入途径

通常情况下，Xoo 主要从寄主叶片的水孔或伤口侵入（图 2-5a），通过输导组织到达维管束或直接从叶片伤口进入维管束后，在导管内大量增殖，引起典型症状，当环境条件特别适宜且品种高度感病时则可引起急性型症状。从变态气孔侵入的病菌只停留在附近的细胞间隙内，不能进入维管束，在适宜条件下再被释放到稻体外，然后从伤口或水孔侵入，才能到达维管束引起病变（图 2-5b）（Niño-Liu et al.，2006）。

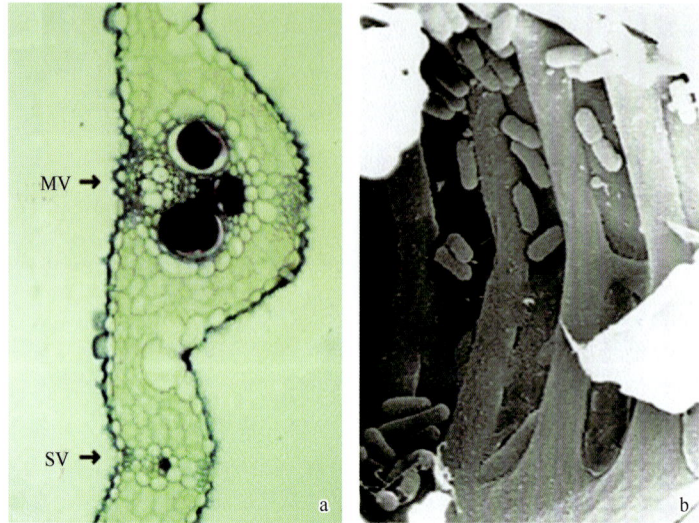

图 2-5　水稻白叶枯病菌入侵与定植（Niño-Liu et al.，2006）
a：中脉（midvein，MV）与次脉（secondary vein，SV）；b：维管束木质部导管定植

水稻抗白叶枯病的形态学包括株型、叶片形态、叶片水孔和排水孔数量等方面。多数抗病品种一般株型紧凑、叶片窄而挺直、开张角度小、叶片茸毛多，感病品种的叶片平展、生长繁茂，株间的相对湿度较高，叶片相互摩擦的概率加大从而增加了接触和造成伤口的机会，有利于病害的散布和扩展，营造了有利的发病条件。Xoo 主要由分布于叶缘或中脉附近的排水组织向外开口的水孔或伤口进入叶片导管，水孔和排水组织等入侵通道的多寡对品种的抗性可能有一定影响。

Horino（1984）通过扫描电镜观察了水孔和气孔的物理结构与 Xoo 的入侵关系。虽然水稻的水孔与气孔结构相似，但水孔的大小约为气孔的两倍，而且水孔上部的保卫细胞没有突起，病菌易于侵入，而气孔上部具有口径仅为 0.9μm 的保卫细胞。Horino 认为 Xoo 不能通过气孔进入的主要原因是 Xoo 菌体细胞过大。但后来研究人员对条斑病菌菌体进行测定后，推翻了这一推测。

对于 Xoo 与 Xoc 的侵入途径差异机制，至今仍是未解之谜。许力丹等（2019）曾通过剪叶、注渗、喷雾等进行了 Xoo 和 Xoc 接种试验，结果表明，即使把 Xoo 菌液注渗进入水稻叶片的脉间叶肉组织，Xoo 病斑也不会扩展。表明 Xoo 和 Xoc 对寄主的侵入具有复杂的机制。揭示 Xoo 和 Xoc 侵入途径分别选择水孔、气孔的机制，对未来发展靶向、高效的防病方法和药物选择具有重要意义。

（2）初侵染的可能途径

1）病种萌芽时，首先感染芽鞘，当真叶穿过芽鞘接触病菌时，叶尖即受侵害而成为带菌苗。

2）秧苗根部先受病菌污染，再从茎基叶鞘基部的伤口侵入。

3）稻苗叶鞘上有部分开张的变态气孔，病菌可以由此侵入，能到达维管束的，就在其内繁殖运转直至发病，无法到达维管束且不能致病的，可就地繁殖，再排出体外进行再侵染。

4）大田水中细菌有集结于根基部的趋势，没有伤口时，虽然不直接侵入为害，但其侵染力有所增强。根基部积聚菌会成为淹水传播、再侵染的菌源之一。

4. 再侵染

在有足够菌源和有利于发病的条件下，白叶枯病的再侵染现象很常见。南方稻区早、中、晚稻交叉栽培时，早稻发病田可对中稻或连作晚稻的秧苗直接再传染。在同一季水稻上，发病中心的病菌，随灌溉水、风雨或农机具向周围稻株或其他田块扩散而再侵染（图2-6）。

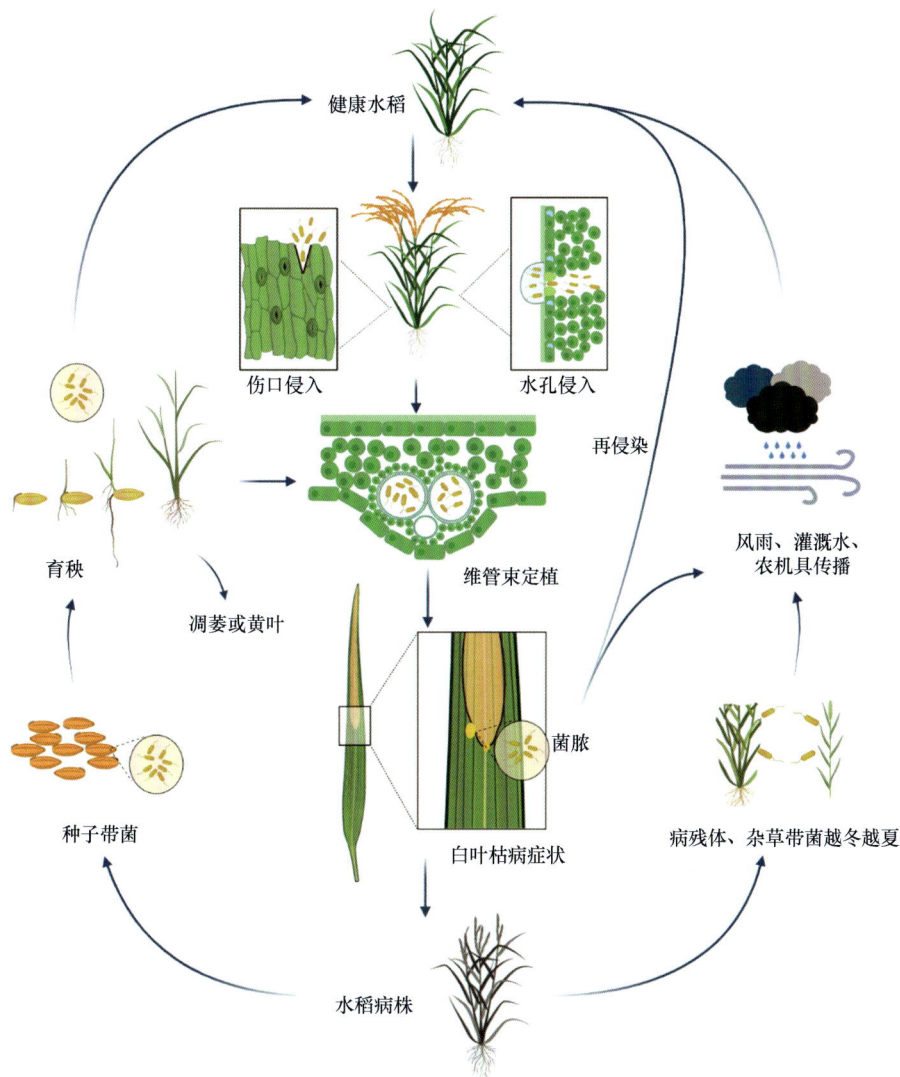

图 2-6　水稻白叶枯病侵染循环示意图（李一鸣　提供）

在初侵染和再侵染阶段，病菌的趋化和运动系统可能发挥重要作用。初侵染阶段，在非系统性质外体（non-systemic apoplastic）定植的黄单胞菌，如辣椒细菌性斑点病菌（*Xanthomonas euvesicatoria* pv. *vesicatoria*）或柑橘黄单胞菌（*X. citri* pv. *citri*）偏好气孔，而在系统性木质部（systemic xylem）定植的病菌，则倾向于在水孔周围积聚。Kumar Verma 等（2018）发现 Xoo 对水稻叶片的吐水、木质部溶液、伤流液等具有明显的正趋性，并证明了 Xoo 的趋化受体 Mcp2 通过感受水稻木质部溶液中的氨基酸和糖类，从而启动了鞭毛介导的趋化性运动，最终使 Xoo 趋向寄主的水孔或伤口。在再侵染阶段，Xoo 通过趋化系统侦测田水中寄主释放或渗漏的化合物，从而定向积聚于稻株周围，在适当的机会侵入水稻，达到寄生的目的。

（六）病原菌毒素

植物病原细菌毒素是重要的植物病原毒素，其化学类别包括胞外多糖、有机酸、肽、糖肽等。不少植物病原菌引起的病害与病原菌产生的毒素有关，致病毒素是诱发植物病害的一类重要化合物，其主要伤害效果是：作用于质膜，使原生质体肿胀，电解质渗漏；抑制光合作用的 ATP 磷酸化的合成，从而引起能量匮乏，导致细胞合成机制破坏，影响叶绿素的合成；结合原生质膜蛋白，从而导致寄主感染。一种病原菌是否产生毒素或其代谢物质是否对植物具有毒性，一般是通过生物测定直接进行检验。用作生物测定的植物材料可以是整株植物，但使用更多的是植物离体器官、组织甚至细胞。病原菌方面常用的是病菌液体培养过滤液，稍加提纯的粗毒素液，偶尔也采用较为纯化的毒素液。测定时将病原物代谢物接种于植物材料，如产生了对照没有的变色、坏死、萎蔫等症状，则该代谢物便被初步确定为毒素或毒性物质。随后的研究是对这些症状表现的解剖学（如超微结构）和生物化学变化进行较详细的分析。生物测定可以确定一种代谢物的生物毒性，但是这种毒性并不一定代表病菌的致病力。

与大多数黄单胞菌类似，Xoo 也可产生胞外多糖和脂多糖等多糖体，具有较强的致萎力，水稻凋萎、叶片枯萎主要是强毒菌株分泌多糖体化合物堵塞和破坏输导组织所致。此外，该菌还能产生其他类型的毒素，在离体条件下产生的毒素由 7 种有机酸组成，然而在活体内仅产生其中的 4 种（孔繁明等，1998）。冯云程等（2013）选用致病性差异较大的 3 个云南高原粳稻 Xoo，采用乙酸乙酯法提取其毒素，采用水稻幼苗浸根法和种子发芽抑制法测定毒素粗提物的生物活性，并用薄层层析法（thin-layer chromatography，TLC）分析毒素组分及组分含量的差异。结果表明 3 个菌株单细胞产毒素量与菌株的致病力强弱呈正相关；对于供试菌株，无论其致病力强弱，其产生的毒素只要有足够的量，都能抑制水稻种子发芽，也能使水稻幼苗萎蔫，且毒素浓度越高，作用越明显；菌株间毒素组分和组分含量存在差异。Xoo 毒素能引起稻苗萎蔫、根芽生长受抑制和根冠细胞死亡，其在水稻叶片上形成与病菌侵染相似的症状。采用毒素处理烟草叶后，烟草细胞膜透性于 2h 内迅速上升（宋从凤等，1999）。雷宇华等（2004）利用 Xoo AH28 产生的毒素处理水稻野败型细胞质雄性不育系珍汕 97A 后，其根冠细胞微丝的密集分布被破坏，纤丝状微丝不复存在，转而形成粗束或碎片状，初步明确毒素对微丝的完整性及其分布有很大的影响。

（七）病原菌抗药性

我国登记使用的防治白叶枯病的药剂主要有春雷霉素、申嗪霉素、氯溴异氰尿酸、三氯异氰尿酸、噻霉酮、噻唑锌、辛菌胺醋酸盐、四霉素、丙硫唑、无机铜制剂（如氧化亚铜）和有机铜制剂（如噻菌铜）等。曾经在防治白叶枯病中发挥过重要作用的农用链霉素和噻枯唑（曾用名叶枯唑、叶枯宁、叶青双、猛克菌）等已退出农药市场，主要原因是 Xoo 对叶枯唑已有明显抗性（周明国等，1997），链霉素因孕穗期施用易产生药害且大量使用后会产生生物浓缩现象和抗性菌。5-氧吩嗪（叶枯净，杀枯净）无内吸性，对病菌只有抑制作用，持效期短，病害易复发。白叶枯病菌的抗药性研究主要是针对链霉素、噻枯唑、噻唑锌、申嗪霉素等进行抗药性检测（徐颖等，2008；李云飞等，2013）。

噻枯唑是四川省化学工业设计研究院于 1976 年研制开发的一种内吸性杀菌剂，主要用于防治白叶枯病、细菌性条斑病和柑橘溃疡病等细菌性病害。自 20 世纪 70 年代以来一直作为防治白叶枯病的主要农药品种。王文相等（1992）研究发现，在稻株上重复使用噻枯唑后，白叶枯病菌对其敏感性明显下降。马忠华等（1996）认为，在已有多年用药历史的白叶枯病老病区，该菌对噻枯唑的抗药性已经形成。沈光斌和周明国（2001）采用活体寄主方法的监测结果表明，1999 年安徽省滁州市田间存在对噻枯唑具抗药性的 Xoo 菌株，并且发现抗药突变体所占比例比前几年有较大程度的升高。Xoo 的抗药性突变体对离体稻叶的伤害作用及引起水稻体内脂质过氧化程度强于敏感菌株，其胞外产物可以降低 Xoo 对噻枯唑的敏感性。病菌产生抗药性与胞外产物关系密切，抗药突变体在无药平板上转移 10 代后，抗药水平明显下降，但致病力变化在不同的突变体间表现出较大差异。

张宇君等（2005）通过紫外诱变获得了抗拌种灵（2-氨基-4-甲基-5-甲酰苯胺噻唑）白叶枯病菌的突变体，这些突变体可以在含 100µg/mL 拌种灵平板上生长，而敏感菌株在 10µg/mL 浓度下则不能生长。敏感菌株琥珀酸脱氢酶活性受拌种灵强烈抑制，而抗药突变体的酶活性较低，且不受药剂抑制。研究应用 6 对引物，从 Xoo 野生敏感菌株和室内诱导抗药性菌株中扩增到琥珀酸脱氢酶基因全序列。该基因全长

3616bp，编码 1115 个氨基酸，含有 2 个内含子。敏感菌株和抗药菌株的琥珀酸脱氢酶序列分析表明，琥珀酸脱氢酶铁硫蛋白亚基中第 229 位氨基酸由组氨酸（CAC）突变为酪氨酸（TAC）是导致 Xoo 对拌种灵产生抗药性的主要原因。

2007 年研究人员采集来自安徽、广东、海南、湖南、江苏、云南、四川和广西等 8 个省（区）的白叶枯病和细菌性条斑病标本，分离到 445 株 Xoo 和 415 株 Xoc。采用区分剂量法，在含药平板上测定了 Xoo 和 Xoc 对链霉素的抗药性：检测了 410 株 Xoo，只在云南省发现 4 株抗药性菌株，监测范围内抗性菌株比率为 0.98%；检测了 399 株 Xoc，未发现抗药性菌株。在含药平板上测定了抗性菌株和随机选取的敏感菌株的最低抑制浓度（minimum inhibitory concentration，MIC），得出了 Xoo 和 Xoc 敏感菌株对链霉素的 MIC 值分布图，进一步确定了上述 2 种病原菌对链霉素抗药性监测的区分剂量值（徐颖等，2008）。

杨雅云等（2014）检测了云南省高原粳稻上 10 种不同致病力的 Xoo 对噻枯唑、叶枯灵和新植霉素 3 种农药的抗药性。采用含有不同浓度农药的 NA 培养基进行 Xoo 的室内抗药性筛选，并设计与菌株抗药性密切相关的 *rpfC* 基因特异性引物，对抗药性不同的菌株进行扩增、测序、基因和氨基酸序列比对分析。结果表明，噻枯唑对参试的所有菌株的 MIC 为 40～180mg/L，而叶枯灵为 10～100mg/L，没有发现对新植霉素产生抗性的菌株。病原菌的致病力与对农药的敏感性相关，致病力强的菌株其抗药性较强。将致病力和抗药性不同的 10 个菌株的 *rpfC* 基因序列与 GenBank 中登录号为 X97865.1 的基因序列比对，序列同源性为 92%～98%，而 RpfC 蛋白序列同源性差异较大（8.3%～99%）。致病力和抗药性最强的Ⅵ型菌株 2001-31 的 RpfC 蛋白序列的 6 个功能域完整，致病力和抗药性最弱的 0 型菌株 DH-L-1 的 RpfC 蛋白序列的信号接收区域 REC 已经消失。在 7 个致病力和抗药性中等的菌株中，Ⅳ型菌的 5 号菌株较为特殊，其 RpfC 蛋白序列已经不能形成功能域。

申嗪霉素是中国自主研发的一种新型微生物源农药，具有高效、安全、广谱等特点，其主要成分是吩嗪-1-羧酸（phenazine-1-carboxylic acid，PCA）。Pan 等（2017）发现吩嗪-1-羧酸能干扰细胞氧化还原平衡，导致 Xoo 和 Xoc 中活性氧的积累，发挥抑菌效果。而 Xoo 和 Xoc 中的 *catB* 基因可编码过氧化氢酶，有助于提升细菌对吩嗪-1-羧酸的耐药性。

（八）病原菌致病力变异与生理小种

1. 稻-菌互作与 Xoo 致病力变异

（1）Xoo 致病力变异

植物与病原之间的协同进化是一个长期的动态过程，在农业生态系统中，植物与病原物之间的协同进化通常用"军备竞赛（arms race）"来描述。在水稻白叶枯病的"稻-菌"互作体系中，水稻与 Xoo 间的互作符合"基因对基因"假说，Xoo 菌株和水稻品种的互作多表现为垂直分化关系，这为人们研究并预测病害的发生、发展、流行提供了"支点"和"抓手"。为了适应寄主品种的更换，病原菌毒性型遗传结构产生相应变化以求生存。病原菌在经受不同品种的选择压力下，一般有连续性和非连续性两种变异类型，亦即寄主-病菌之间弱或强的互作效应。了解病原菌毒性的变异动态，可为品种抗性遗传改良提供重要科学依据。病原菌小种或毒性型的地区分布、优势菌群的消长、小种毒性分化等都是制定抗病育种计划或策略所不可缺少的信息。

（2）Xoo 生理小种

生理小种（physiological race）是种（species）、变种（variety，缩写 var.）或专化型（forma specialis，缩写 f. sp.）内由生物型组成的群体。病菌小种之间没有形态上的差异，而是根据其对携带不同抗性基因品种的致病力差异来划分的，可以理解为与主效抗性基因有特异性互作的毒性类型，或称为致病型（pathotype）。"小种"既是客观存在的也是人为划分的病原菌类群，因为划分小种的数量取决于选用鉴别品种的数量。鉴别寄主中具有的垂直抗病基因越多，所划分的小种数就越多。归在一个小种中的菌株对供试鉴别品种的反应型应该是一致的，但是对这套鉴别品种以外的品种，则可能具有不同的抗性表现型。表明将病原菌划分为小种，不过是暂时、人为地根据菌株在鉴别品种上的毒性反应型进行归类，是有时间性的，不是固定不变的。为了有效监控 Xoo 毒性小种组成以及生产上抗性品种的布局，常通过采集水稻产区白叶枯病样本，分离获得白叶枯病菌，再在含有单一 R 基因的水稻近等基因系上进行致病型或小种划分（许志刚等，2004；Zhang and Wang，2013）。

Xoo 致病力差异的研究始于日本，日本的 Xoo 最初被分为 3 个群，Ezuka 和 Horino（1974）在增加了鉴别品种后进一步扩充为 5 个群。日本 Xoo（Japanese Xoo，JXO）的生理小种分别简称为 JXOⅠ、JXOⅡ、JXOⅢ、JXOⅣ、JXOⅤ等。欧世璜、苗东华从 1975 年开始测定菲律宾 Xoo 的致病力分化，最初分为 4 个致病群，后来发现一个具有很好鉴别性能的品种 Cas209（Xa10），能将第一群菌再区分为两群。Mew（1987）报道了菲律宾 Xoo（Philippine Xoo，PXO）6 个生理小种，简称为 P1、P2、…、P6。其中，P6 的代表菌株即为 Xoo PXO99，在 IR24、IR18（Xa4）、Cas209（Xa10）、IR1545-339（xa5）和 DV85（xa5，Xa7）上的反应型为 SSSSMR。PXO99 及其 5-氮杂胞嘧啶核苷抗性衍生（5-azacytidine-resistant derivative）菌株 PXO99^A 已成为全世界范围内应用最广的实验室菌株（lab strain）和鉴别菌株（Salzberg et al.，2008）。

（3）鉴别寄主

鉴别寄主是指对一种病原物的不同类群或不同小种的侵染具有稳定抗（感）反应的寄主植物。白叶枯病的鉴别寄主既有携带单个 R 基因的水稻近等基因系（near isogenic line，NIL），也有携带多个 R 基因的水稻品种（株系）。世界各国根据本国水稻品种父本、母本的构成和栽培情况，可选择不同的鉴别品种（Zhang and Wang，2013）。鉴别品种的多样性和不断更新也反映出了"稻-菌"互作的复杂性和与时俱进的"Z"形共进化特点。

使用鉴别寄主时，要注意的事项包括：接种方法采用剪叶法，接种的菌体活力和密度要在整个实验周期内保持基本一致；接种时期可选苗期，也可选剑叶期。鉴别品种不同生育期接种鉴定的反应，表现出苗期接种发病重而且较稳定，穗期接种病害较轻。据国际水稻研究所研究，水稻苗期抗性与穗期抗性之间有较高的正相关关系。同时苗期鉴定工作量较轻，管理方便。但不同地区、不同季节，要注意建立病斑指标与病害指数的关系。

我国自 20 世纪 70 年代以来，方中达等（1981）首先开展全国 Xoo 毒性变异研究，并于 1985～1988 年组织全国协作组，初步筛选出一套鉴别品种（图 2-7）。中国主要稻作省（区）农业科研单位和院、校科学家先后对 Xoo 的毒性变异进行了大量研究，取得了翔实的数据和信息，促进了水稻抗白叶枯病育种和应用基础研究，为白叶枯病菌群体结构实时准确监测、抗性品种应用以及抗病育种提供科学依据（章琦，2007）。

图 2-7 方中达教授筛选的部分鉴别品种（南京农业大学校史馆 提供）

2. 中国白叶枯病鉴别体系的建立

（1）中国鉴别寄主（5 个品种）

我国从 1975 年开始进行 Xoo 致病力分化的研究和监控，南京农业大学和江苏省农业科学院先后在 30

个鉴别品种上测试了 600 多个菌株。广东省农业科学院在 43 个鉴别品种上测试了 410 个菌株，在 1980 年前初步鉴定了国内 Xoo 可区分为 4 或 5 个菌系群（方中达等，1981）。1981～1984 年先后从国内各稻区又采（收）集、分离了 835 个 Xoo 菌株，从 1985 年开始，分别在北京、南京、扬州和广州等地开展进一步的研究。通过全国范围内的协作，筛选出适合当时我国白叶枯病"稻-菌"关系研究的第一套中国鉴别寄主 5 个品种（金刚 30、Tetep、南粳 15、Java14、IR26），将国内 Xoo 划分为 7 个致病型（方中达等，1990），随后扩展至Ⅸ型（表 2-3）。

表 2-3　水稻白叶枯病菌株在中国鉴别寄主（5 个品种）上的致病反应

Xoo 致病型	Xoo 代表菌株	鉴别品种				
		金刚 30	Tetep（*Xa2*、*Xa16*）	南粳 15（*Xa3*）	Java14（*Xa1*、*Xa3*、*Xa12*）	IR26（*Xa4*）
0		R	R	R	R	R
Ⅰ	GD1329、GD9240、OS200、JS97-2	S	R	R	R	R
Ⅱ	GZ1008、GD9269、KS-6-6	S	S	R	R	R
Ⅲ	FJ856、GD9279、JS158-2	S	S	S	R	R
Ⅳ	GD9315、GX878、ZHE173、JL86-76	S	S	S	S	R
Ⅴ	GD1358、GD9352	S	S	R	R	S
Ⅵ	OS198、LN85-57	S	R	S	R	R
Ⅶ	OS225、JS49-5	S	R	S	S	R
Ⅷ	—	R	R	R	S	R
Ⅸ	GD1770、GD1975	S	S	S	S	S

注：R 表示抗病，S 表示感病；括弧内为抗病基因；"—"表示未知

（2）选用国际水稻研究所 IR 近等基因系（6 个品种）

杨万风等（2006）选用 IR 近等基因系组成的鉴别寄主（共 14 个品种，IRBB1～IRBB8、IRBB10、IRBB11、IRBB13、RBB14、IRBB21 和 IR24）对我国 285 个水稻 Xoo 菌株的致病力变异进行研究。结果显示，我国大多数 Xoo 菌株能克服 *Xa1*、*Xa10*、*Xa11* 和 *Xa18* 的抗性；而 *Xa2*、*Xa3*、*Xa4*、*xa8*、*xa13* 和 *Xa14* 的抗病能力中等；携带 *xa5*、*Xa7* 和 *Xa21* 抗病基因的品种对绝大多数菌株表现为高抗，其中 IRBB5 和 IRBB7 对许多菌株仅有褐斑反应。在测定的 285 个菌株中，只有采自云南的菌株 YN24 对 IRBB5 高度致病。通过在单基因近等基因材料上的致病反应，明确了不同时期中国水稻 Xoo 毒性变化及小种变异。

通过"稻-菌"间的互作反应分析，杨万风等（2006）认为当时能够区分中国菌株优化后的鉴别寄主为国际水稻研究所 IR 近等基因系（表 2-4），分别为单基因系 IRBB2（*Xa2*）、IRBB3（*Xa3*）、IRBB5（*xa5*）、IRBB13（*xa13*）、IRBB14（*Xa14*）和 IR24（*Xa18*）（Liu et al.，2007）。使用这 6 个品种鉴别近等基因系对我国的 Xoo 进行致病型分析，Xoo 小种以 R1、R2、…、R9 表示，对应的 Xoo 代表菌株分别为：R1（YN18）、R2（YN1）、R3（GD414）、R4（HEN11）、R5（ScYcb）、R6（YN7）、R7（YN11）、R8（FuJ）和 R9（YN24）（括号中为代表菌株号）。

表 2-4　水稻白叶枯病菌株在 IR 鉴别寄主（6 个品种）上的致病反应

小种	鉴别品种					
	IRBB2	IRBB3	IRBB5	IRBB13	IRBB14	IR24
R1（YN18）	R	R	R	R	R	R
R2（YN1）	R	R	R	R	R	S

续表

小种	鉴别品种					
	IRBB2	IRBB3	IRBB5	IRBB13	IRBB14	IR24
R3（GD414）	S	R	R	R	R	S
R4（HEN11）	S	R	R	R	S	S
R5（ScYcb）	S	S	R	R	S	S
R6（YN7）	R	R	R	S	R	R
R7（YN11）	R	S	R	S	R	S
R8（FuJ）	S	S	R	S	S	S
R9（YN24）	S	S	S	S	S	S
R10	R	R	R	R	S	S

注：R 表示抗病；S 表示感病

　　选用 IR 鉴别寄主的优点是其遗传背景清楚，抗病基因明确。但是，也有学者认为 IR 系列鉴别寄主偏重菲律宾菌系的鉴定和监测，可能存在一定的物种地域性差异。章琦等（1998）曾育成了一套以沈农1033（千重浪×福锦，粳型常规水稻）为轮回亲本的中国粳稻近等基因系 CBB2、CBB3、CBB4、CBB7、CBB12、CBB14 和以金刚 30 为轮回亲本的籼稻近等基因系 CBB23（*Xa23*）。值得一提的是，早在 2004 年，许志刚等就将 IR 近等基因系（IRBB14、IRBB3、IRBB4 和 IRBB5）与中国鉴别寄主中的部分品种（金刚 30、Java14）组合成一套鉴别寄主（配合 6 个品种），对来自不同地区的 100 株 Xoo 进行分型尝试，将中国的 Xoo 区分为 8 个小种（C1～C8）。夏立琼等（2016）则把含有 *Xa23* 的籼型近等基因系 CBB23 与 6 个品种 IR 鉴别寄主（杨万风等，2006）组合，对来自海南 18 个市（县）的 25 个菌株进行鉴定，区分出 6 个致病型。

（3）国际水稻近等基因系（7 个品种）

　　Xa21 基因是 20 世纪 90 年代中期被发掘并应用于水稻抗病育种的类受体蛋白激酶基因，源自西非长药野生稻（*O. longistaminata*），对大多数国内外白叶枯病鉴别菌系（如菲律宾小种 1～9、中国致病型小种 1～7 和日本小种 1～3）表现高抗，且完全显性，成株期抗病。但在菲律宾的部分稻区发现能够侵染该基因的 Xoo 菌株。为了有效监控该新型菌株，IRRI 在对 Xoo 系统的生理专化性与寄主特异性研究的基础上，逐渐采用了遗传背景一致、携带不同抗性单基因的近等基因系：IR24、IRBB4、IRBB10、IRBB5、IRBB7、IRBB14、IRBB21（表 2-5），鉴别出的 Xoo 小种分别以 Race1～Race10 分类（章琦，2007）。菲律宾新型菌株的反应型为 SRSRISS，属于小种 10，能够侵染 *Xa21*，却对 *Xa4* 无毒力。在该互作系统中，PXO99 仍然属于小种 6（P6），反应型为 SSSSSSR。该菌株对 *Xa21* 无毒性，但对本套鉴别寄主内的其他 IR 品种致病，表现出 PXO99 的广谱毒性（章琦，2007）。

表 2-5　水稻白叶枯病菌株在 IRBB 鉴别寄主（7 个品种）上的致病反应

小种（菌株）	鉴别品种						
	IR24	IRBB4	IRBB10	IRBB5	IRBB7	IRBB14	IRBB21
Race1（PXO61）	S*	R	S	R	I	S	R
Race2（PXO86）	S	S	R	R	R	S	R
Race3（PXO79）	S	S	S	R	R	S	R
Race4（PXO71）	S	I	S	S	S	S	R
Race5（PXO112）	S	R	S	S	S	R	R
Race6（PXO99）	S	S	S	S	S	S	R
Race7（PXO145）	S	R	R	R	R	S	R

续表

小种（菌株）	鉴别品种						
	IR24	IRBB4	IRBB10	IRBB5	IRBB7	IRBB14	IRBB21
Race8（PXO280）	S	R	S	R	R	R	R
Race9（PXO339）	S	S	S	R	S	S	I
Race10（PXO341）	S	R	S	R	I	S	S

注：* 表示以病斑长度表达抗感反应。R 表示抗病，病斑长度＜5cm；I 表示中抗/中感，病斑长度5～10cm；S 表示感病，病斑长度＞10cm（章琦，2007）

（4）中国 Xoo 致病型划分建议鉴别寄主（9 个品种）

袁斌等（2018）的研究表明，当时所用的 6 个品种鉴别寄主（表 2-4）对 Xoo 的致病型区分能力有限，不能将所有分离到的菌株鉴定出不同的致病型。试验增加 IRBB7 和 CBB23 两个单基因品种，一方面增加了鉴别品系的区分能力，另一方面鉴定 Xa7 和 Xa23 两个基因在湖北省水稻抗白叶枯病育种上的利用价值。

陈功友等（2019）通过 Southern 杂交大规模分析了采自全国多个水稻产区的 500 余株 Xoo 的 tal 基因，并根据我国水稻中 R 基因的应用情况，选择了含有 Xa3、Xa4、xa5、Xa7、xa13、Xa21 和 Xa23 等抗病基因的水稻材料作为鉴别品种（表 2-6），其中感病材料为日本晴和 IR24，因为日本晴完成了基因组测序，IR24 是上述近等基因系的轮回亲本。测定结果（表 2-6）表明，xa5、Xa7 和 Xa23 广谱抗白叶枯病，但仍有少数菌株能够侵染危害，而 xa13 和 Xa21 的抗性可被多数菌株克服，说明 xa13 和 Xa21 的抗性不宜再使用。对于 Xa3，其抗性谱较 Xa4 广，而 Xa4 抗性可被 82.4% 的测试菌株克服，说明我国籼稻中引入的 Xa4 抗性不宜再大面积应用。与前述几套鉴别品种相比，"9 个品种"鉴别品种体系（表 2-6）更适用于我国水稻白叶枯病菌致病型的划分。

表 2-6　适合我国水稻白叶枯病菌致病型划分的鉴别品种及其互作结果

菌株[a]	水稻品系[b]								
	Nip[c]	IR24	IRBB3（Xa3）	IRBB4（Xa4）	IRBB5（xa5）	IRBB7（Xa7）	IRBB13（xa13）	IRBB21（Xa21）	CBB23（Xa23）
GZ-10	R	R	R	R	R	R	R	R	R
Japan-4	R	R	R	R	R	R	S	R	R
GZ299	S	R	R	R	R	R	R	R	R
AH-10	S	R	R	R	R	R	R	R	R
KS-3-7	S	S	R	R	R	R	R	R	R
JL3	S	S	R	R	R	R	R	R	R
LN2	S	S	R	R	R	R	R	S	R
LN1	S	S	R	R	R	S	S	R	R
8572	S	S	S	R	R	R	R	R	R
JL1	S	S	S	R	R	R	S	R	R
JS-137-1	R	R	R	S	R	R	R	R	R
YC12	R	R	S	R	S	S	S	S	R
KS-1-21	S	R	S	S	R	R	R	R	R
Oct-78	S	S	R	S	R	R	R	R	S
GX4	S	S	R	S	R	R	R	R	R
LN3	S	S	R	S	R	R	R	R	R
YC26	S	S	S	S	R	R	R	R	R
AH28	S	S	S	S	R	R	R	S	R
YC15	S	S	S	S	R	R	R	R	R

续表

菌株[a]	水稻品系[b]								
	Nip[c]	IR24	IRBB3（*Xa3*）	IRBB4（*Xa4*）	IRBB5（*xa5*）	IRBB7（*Xa7*）	IRBB13（*xa13*）	IRBB21（*Xa21*）	CBB23（*Xa23*）
YN04-5	S	S	S	S	R	S	R	S	R
XZ40	S	S	S	S	R	R	S	S	R
YC19	S	S	S	S	R	S	S	S	R
JNXO	S	S	R	S	S	R	S	S	R
LYG50	S	S	S	S	S	R	S	S	R

注：R 表示对应水稻与对应菌株互作显示抗病性；S 表示对应水稻与对应菌株互作显示感病性。括弧内为抗病基因（陈功友等，2019）

a. 含有相同 *tal* 基因型的代表菌株，菌株命名采用采集地加编号的方式，如 GZ-10，采集广州的第 10 个分离物；b. 以 IR24 为轮回亲本的水稻近等基因系，含有抗白叶枯病的 *R* 基因，CBB23 除外；c. Nip 为日本晴（Nipponbare）

（5）中国 Xoo 致病型新鉴别寄主体系（10 个品种）

随着 Xoo 毒性变异，适时调整建立鉴别力强的新鉴别体系，对精准监测白叶枯病菌致病型的发生消长动态、白叶枯病抗病育种以及利用抗性品种控制病害意义重大。冯爱卿等（2022）利用中国鉴别寄主（5个品种）以及国内外构建的抗白叶枯病近等基因系共 21 个鉴别寄主，通过对 2018～2021 年采自我国不同稻区共 954 个 Xoo 单胞分离菌株进行致病力测定分析。在中国鉴别寄主（5 个品种）上鉴定出 11 个致病型，包括 SRRRR（Ⅰ）、SSRRR（Ⅱ）、SSSRR（Ⅲ）、SSSSR（Ⅳ）、SSRRS（Ⅴ）、SRSRR（Ⅵ）、SSSSS（Ⅸ）、SSSRS（新型 1）、SRSRS（新型 2）、SRSSS（新型 3）以及 SSRSS（新型 4），其中Ⅸ致病型占比 59.96%，结果提示中国鉴别寄主（5 个品种）可能存在鉴别盲区。对以白叶枯病近等基因系为主的 16 个品种（系）与 954 个菌株组成的抗感互作变量数据矩阵进行因子分析，以解释总变量＞85.0%为界，提取出 8 个主成分因子，组建了以近等基因系为主的 10 个品种（系）组成的白叶枯病菌近等基因系鉴别寄主，按其对变量方差贡献大小，这些寄主分别为 IRBB3（*Xa3*）、IRBB4（*Xa4*）、IRBB5（*xa5*）、IRBB7（*Xa7*）、IRBB10（*Xa10*）、IRBB13（*xa13*）、IRBB21（*Xa21*）、GDBB23（*Xa23*）、IR24（*Xa18*）、金刚 30。与陈功友等（2019）的 9 个品种鉴别寄主相比，共用了 IRBB3、IRBB4、IRBB5、IRBB7、IRBB13、IRBB21 和 IR24 等 7 个近等基因系，增加了 IRBB10 和金刚 30，并用 GDBB23（*Xa23*）替换了 CBB23。GDBB23 是广东省农业科学院构建的以 IR24 为背景的近等基因系，遗传背景、生育期及株型与其他近等基因系保持一致，避免了 CBB23 在监测地区的遗传背景与其他近等基因系不一致、生育期短等问题，此外，加入了对测试的所有菌株普遍感病的高感品种金刚 30（CBBD1，中国鉴别寄主），作为感病对照品种。新鉴别寄主可将 954 个测试菌株划分为 55 个致病型，对测试稻区的 Xoo 菌株表现出较好的鉴别力。该套新建立的鉴别寄主体系是依据我国部分稻区的 Xoo 毒性情况及现有的近等基因系建立起来的，由于我国稻区辽阔、品种结构复杂，因此，该鉴别寄主系统存在着一定的时空局限性，在其他稻区的应用还要根据不同稻区以及不同时期病原结构特点加以甄别、调整及完善，以便更好地指导水稻生产中白叶枯病的预警以及抗病品种布局。

3. 中国 Xoo 致病型划分与生理小种鉴定

（1）中国 Xoo 致病型研究概况

为了探明中国稻区 Xoo 的致病力分化，南京农业大学、江苏省农业科学院（江苏）和广东省农业科学院（广东）从 1975 年开始进行研究。江苏先后在 30 个鉴别品种上测试了 600 多个菌株。广东在 43 个鉴别品种上测试了 410 个菌株。在 1980 年前初步鉴定了国内病菌可区分为 4 或 5 个菌系群。云南、湖南、浙江等院校也相继研究了本省菌系的分化问题。但是由于各单位采用的鉴别品种不一，接种方法、调查标准也不同，难以进行相互比较和了解我国 Xoo 菌系分化的全貌。从 1985 年开始，江苏、广东和中国农业科学院（北京）共同组成全国 Xoo 致病型研究组，共同制定了统一的试验方案，开展进一步的研究。广东负责南方稻区病菌的致病型，江苏测试长江流域稻区病菌的致病型，北京负责北方稻区的新菌株的采集和测试，经过 3 年分片预测试验后，1988 年在南京进行了联合鉴定。

方中达等（1990）采用中国 5 个鉴别寄主，即金刚 30、Tetep、南粳 15、Java14、IR26 对从全国收集到的 835 个菌株进行检测，将中国 Xoo 划分为 7 个致病型。20 世纪 80 年代，病菌致病型分布的地理特点为：北方粳稻区 Xoo 菌株多属于 Ⅱ 型和 Ⅰ 型；南方籼稻区以 Ⅳ 型最多，有少量 Ⅴ 型菌存在；长江流域籼粳稻混栽区以 Ⅰ、Ⅳ 型为多。上述分布特征可能与不同稻区的生态特点、品种有关，如北方为粳稻区，气温低、发病期短。另外，在粳稻上有粳稻专化型，这与日本的菌型较为接近；长江流域为籼粳稻混栽区，品种类型多，栽培条件复杂，菌株以 Ⅱ 型和 Ⅳ 型居多；而南方籼稻区则以 Ⅳ 型为最多，还有少量 Ⅴ 型存在，这与 IRRI 的 Ⅰ 群（P1）和 Ⅱ 群小种（P2）相仿。值得一提的是，原初的 5 个品种是最基本的鉴别品种，各地在进一步的测试时，还可根据各自的要求，适当增减或补充一些当地认为合适的辅助品种。

王春连等（2001）报道有 8 个致病型，其中 7 个与全国菌系联合鉴定一致，另一个是在云南发现的致病力较弱的新致病型。许志刚等（2004）选用国际水稻研究所推出的几个近等基因系，结合原中国鉴别寄主中的部分品种组成新的鉴别寄主，将我国 Xoo 划分成 8 个小种。杨万风等（2006）选用近等基因系组成的鉴别寄主（6 个品种）将全国菌株划分为 9 个小种。阚海勇等（2010）将我国北方 Xoo 划分为 16 个小种。

根据在中国 5 个鉴别寄主（品种）上的反应，2000 年以前，我国 Xoo 可分为 7 个致病型。长江流域以北以 Ⅱ 型和 Ⅰ 型为主，长江流域以 Ⅱ、Ⅳ 型为多，而南方稻区以 Ⅳ 型为多，Ⅴ 型仅在广东和福建少量检出。2000 年以后，Ⅴ 型菌在我国多个稻区出现。陈功友等（2019）的研究表明，*Xa4* 抗性可被 82.4% 的测试菌株克服，说明我国籼稻中引入的 *Xa4* 抗性基因不能再大面积应用；表明克服 *Xa4* 抗性的 Ⅴ 型菌株在我国已成为优势菌群，从另外一方面揭示了近年来我国白叶枯病发生逐渐加重的原因。

值得注意的是，曾列先等（2005）对广东 Xoo 的致病型变异监测中发现，参试菌株在中国鉴别寄主上表现为 SSSSS 反应的新模式强致病型（Ⅸ 型）；陈小林等（2015）在广西稻区的局部范围发现Ⅸ型菌的检出率高达 90% 以上。冯爱卿等（2022）采用中国 5 个鉴别寄主（品种）对我国主要稻区 2018～2021 年主要流行菌株进行检测，从中鉴定出 4 个新的致病型，同时发现Ⅸ型菌作为致病谱最广的强毒菌系已上升为华南和长江中下游湖南及浙江稻区的优势致病型。

除了中国 5 个鉴别品种在我国 Xoo 致病分型中广泛应用，国际水稻研究所 6 个 IR 近等基因系和 7 个鉴别寄主也有一定的应用。Xoo 致病分型研究不仅揭示了我国 Xoo 动态变异规律，而且在指导抗病育种、病害防治及水稻品种布局等方面发挥了重要作用。

（2）我国主要稻区 Xoo 致病型检测

1）华南稻区：中国鉴别寄主检测结果比较表明，1996～2000 年华南 Xoo 致病型分化均为 Ⅰ、Ⅱ、Ⅲ、Ⅳ 和 Ⅴ 这 5 个致病型，优势致病型一直是 Ⅳ 型，但其发生频率有逐渐下降的趋势。在此期间 Ⅴ 型菌逐年上升发展，2014 年检测发现其发生频率高于 Ⅳ 型菌，已取代 Ⅳ 型菌成为华南稻区优势致病型。在我国的 Xoo 致病型中，Ⅴ 型菌是致使携带 *Xa4* 抗病基因的华南主栽抗病品种抗性丧失的强毒菌系，20 世纪末在广东省首先被发现，目前已从华南扩展至长江流域（章琦，2009）。2004 年又发现在中国 5 个鉴别寄主上表现 SSSSS 的全感反应式的菌株，有别于此前我国报道的 Xoo 在中国鉴别寄主上反应模式的 8 个致病型（表 2-3），是一个新的致病型 Ⅸ（SSSSS）（曾列先等，2005）。新致病型 Ⅸ 型菌的致病谱广，毒性也更强，2004 年测得发生频率仅为 5.7%，2014 年测定 Ⅸ 型菌占 16.67%。该致病型迅速上升发展，必须引起高度警惕，需继续密切关注其发生发展动态。陈小林等（2015）测定了同为华南地区广西的 29 个菌株，在中国鉴别寄主上全部表现为 SSSSS 模式的强致病型。强毒菌系 Ⅴ 型和 Ⅸ 型菌均在华南首先被发现并向全国蔓延，说明华南 Xoo 致病性变异快、种群多、毒性强。

陈深等（2017）同时采用中国 5 个鉴别寄主和国际水稻研究所已知抗病基因的 6 个近等基因系 2 套鉴别寄主，对华南 Xoo 致病力分化进行了测定，并结合历史研究和同类试验结果，比较分析了 Xoo 的致病性和变异分化动态。参试菌株可划分为 Ⅰ、Ⅱ、Ⅲ、Ⅳ、Ⅴ、Ⅸ 6 个致病型和 R1、R2、R3、R4、R5、R8 和 R10 7 个致病小种。Ⅴ、Ⅳ 致病型和 R8、R5 小种出现频率分别为 27.40%、19.30% 和 44.67%、15.34%，为华南稻区优势种群。Ⅸ、Ⅴ、Ⅳ 致病型和 R8、R5 小种对 500 份华南稻区品种资源的致病率依次为 96.40%、95.00%、50.40%、62.00% 和 42.60%；Ⅸ 致病型毒性最强且发展很快；强致病菌系 Ⅴ 型已替代 Ⅳ 型发展为华南优势致病菌系。采用华南的 Xoo 主要种群测定华南稻区的品种资源，优势致病种群 V 型菌和 R8 小种以及强毒性 IX 型菌的致病率均较高，目前主栽品种大多数不抗病。毒性较强的 V 型菌已上升为华南主要菌系，优势小种 R8 的强致病性及毒性更强的 IX 型菌上升趋势较快，根据水稻对白叶枯病抗性的研究结果（曾列先等，1997；Chen et al.，2008，2011），华南地区在抗白叶枯病的育种工作中应选用 xa5、Xa7、Xa23 和 xa34 等抗病基因。

冯爱卿等（2022）利用中国鉴别寄主、IR24 以及 15 个抗白叶枯病近等基因系共 21 个鉴别寄主，采用人工剪叶接种方法，对 2018～2021 年采自广东、广西、海南、浙江、湖南、辽宁、云南等省（区）的 954 个单菌落分离菌株进行致病型测定。从中鉴定出 11 个致病型，包括 I、II、III、IV、V、VI、IX、SSSRS（新型 1）、SRSRS（新型 2）、SRSSS（新型 3）以及 SSRSS（新型 4），占测试菌株的比率分别为 11.53%、4.82%、7.34%、6.18%、7.23%、1.05%、59.96%、1.57%、0.10%、0.10%、0.10%。

2）华中稻区：1992～1993 年，杨定斌和陈永坚（1996）从湖北省 8 个地区 38 个县（市）采集的白叶枯病标样中分离纯化出 120 个菌株。采用中国 5 个鉴别品种按国内统一标准进行上述菌株的致病型鉴定。湖北省 Xoo 可分为 0、I、II、III、IV 共 5 种致病型。各致病型在鉴定总菌株中所占比例分别为 9.2%、17.5%、19.2%、22.5%、31.7%，其中 IV 型所占比例最大，为湖北省流行优势致病型。对 1989～1993 年 5 年间湖北省 Xoo 各致病型的年度间变异分析发现，IV 型近年所占比例有所下降，I、II、III 型比例上升，0 型比例变异不大。致病力指数分析表明，湖北省 Xoo 致病力在 1989～1993 年没有显著变化。袁斌等（2018）采用含不同单一白叶枯病抗性基因的 6 个水稻近等基因系鉴定 Xoo 的致病型，2013～2016 年湖北省 Xoo 鉴定为 R8 和 R9 两种类型以及未定型（unknown）。R9 和未定型是优势致病型。先前的研究显示武汉地区的优势致病型为 R4，黄冈地区的优势致病型为 R3、R4，本研究中 R3、R4 这两个类型已不再出现，这与以前的研究结果不同。研究新鉴定出了曾认为在当地没有的 R8 和未定型的菌株（程晓晖，2010；袁斌等，2018）。

3）华东稻区：1985～1987 年，江苏先后收集并测定了国内不同省（市）的 409 个菌株，在 5 个中国鉴别品种上接种测定，结果可分为 I～VII 7 个致病型。长江流域籼粳稻混栽稻区的菌株，以 II、IV 型为多，IV、V 型菌有上升趋势（方中达等，1990）。1990～1994 年，王汉荣等（1995a）对 203 个浙江菌株在 5 个中国鉴别品种上进行监测，表明浙江省 Xoo 菌系存在 0～VII 8 个类型，以 III、IV 型为主，表明浙江省也存在致病力极强的 V 型菌（能克服 Xa4 基因）。III、IV 和 V 型出现的频率有上升趋势。1997～1998 年，承河元等（1999）通过对安徽主栽稻区采集的 30 个菌株在 5 个中国鉴别品种上进行致病型测定，安徽省 Xoo 表现为 0、I、II 与 III 致病型。以 II 型为优势型，2 年结果分别占参试菌株的 45.8% 与 56.7%；I 型分别为 33.3% 与 26.7%；0 型分别为 20.8% 与 10%；III 型仅在 1998 年出现 2 个菌株，占 6.7%。安徽省不同地区 Xoo 致病型流行强度比较表明，合肥市郊的肥东县、肥西县，蚌埠市怀远县，巢湖地区无为县（现为芜湖市无为市），六安地区寿县，滁州地区滁州市等的菌株致病力较强，致病型属于 II、III 型；皖南双季稻区的歙县、广德、宁国，芜湖市繁昌，安庆地区望江、宿松等地的菌株致病力普遍弱，多为 0、I 型。于俊杰等（2011）对江苏南京、南通、宿迁、徐州等地的 Xoo 分离株用 6 个近等基因系品种鉴定出 8 个致病型。其中 R5 和 R8 型菌株为江苏地区最主要的致病型菌株，这与长江中下游 Xoo 致病型一致。获得的菌株中超过半数的 Xoo 菌株能克服 IRBR2（Xa2+Xa12）、IBBR3（Xa3）、IRBB14（Xa14）和 IR24（Xa18）的抗性；40% 的菌株能克服 IRBB13（Xa13）抗性；只有少数 Xoo 菌株能克服 IBBR5（xa5）抗性。由于江苏省 Xoo 田间优势致病型已发生改变（R1、R4、R5、R6 和 R8 为主要致病型），建议在江苏水稻品种对白叶枯病抗性鉴定中加入 R1 和 R5 致病型菌株，以便更好地适应水稻品种抗病性鉴定的要求，并且首次在江苏南京地区检测到 R9 强致病型菌株。

4）西南稻区：何明等（1993）采用 5 个中国鉴别寄主对四川 Xoo 菌株的致病型进行了比较分析。20 世纪 90 年代，四川 Xoo 菌株的致病型 II、III 型为优势菌株。西昌亚热带常发区以 II、III 型为主，川东深丘夏秋伏旱偶发病区以 III 型为主，川南浅丘夏秋高温常发病区以 II、III 型为主，川西南浅丘偶发病区以 III 型为主。和建平等（2020）利用 15 个 Xoo 鉴别品种，对采集自海拔 1800m 以上云南稻区 11 个品种上的 32 份菌株进行致病力研究。结果发现致病力最强的菌株是楚雄州的 CX28-3 和 CX30-1，致病率为 73.33%；

最弱的是大理州剑川县的 JC12-2，致病率为 0。在高海拔粳稻区，菌株的致病力分化与采集地的海拔无关，却与地理距离、采集品种的推广面积有关。但菌株的致病型频率与其采集地的海拔、经纬度、采集品种推广面积的相关性均不显著。鉴别品种毫糯扬（含新基因）、IRBB14（*Xa14*）、IRBB4（*Xa4*）和 Tetep（*Xa2*，*Xa16*）对所有参试菌株表现为高抗或抗。冯爱卿等（2022）利用 5 个中国鉴别品种对全国多地的 Xoo 分离株进行测试，表明目前西南稻区的云南以 Ⅳ 型菌为主，结果与和建平等（2020）的结论基本相符。

　　5）北方稻区与东北稻区：2008～2009 年，阙海勇等（2010）从辽宁、吉林、河北、山东稻区采集 103 个菌株，用 6 个近等基因系作为鉴别品种进行了致病型测定。绝大部分北方菌株的毒力结构符合已建立的 9 个致病型或小种（Liu et al.，2007）；其中 36 个 R5 和 R8 菌株为田间优势菌株，对 6 个鉴别寄主都能致病的 R9 强毒力菌株（SSSSSS）有 9 个。11 个新发现的菌株有 7 种致病反应模式（R10～R16），占总菌株数的 10.68%，表明北方菌株毒力呈现出一定程度的分化。不同致病型菌株的分布与地域无关，优势小种和其他小种在北方各采集区均有分布。研究发现一些新的抗/感病互作类型，R10、R11、R12 菌株与 IR24 间为抗病反应（R），与 R10-IRBB2、R11-IRBB14、R12-IRBB3、R12-IRBB2 间为感病反应（S）。与已鉴定的 R9 小种唯一的代表菌株 YN24（南方优势菌株）相比，9 个 R9 北方菌株对 6 个水稻鉴别品种都能致病，引起典型的叶枯症状。接种后 21d 观察发现，水稻叶片平均病斑长度比 YN24 接种叶片的略短，不引起叶片扭曲和凋萎，表明这 9 个菌株的毒性可能比 YN24 弱（阙海勇等，2010）。张佳环等（2016）用 6 个 IR 近等基因系鉴别寄主针对东北地区 Xoo 生理小种群体的构成、分布以及水稻品种对 Xoo 9 号小种的抗性进行研究，发现东北地区 Xoo 生理小种群体由 R1、R2、R3、R6、R8 和 R9 的六个小种构成。小种 R1、R2 和 R9 在东北三省都有分布，小种 R3 和 R8 只存在于黑龙江省，R6 分布在辽宁省。冯爱卿等（2022）的测试结果表明，东北稻区的辽宁以 Xoo 的 Ⅰ 型菌为主，与南方白叶枯病菌株相比，目前北方菌株的致病谱不宽。

4. 中国 Xoo 致病型遗传多样性的时空变化

　　20 世纪 80 年代和 90 年代，我国 Xoo 菌群遗传多样性估值分别为 0.83 和 0.84，时间段之间的变化不大。但是有些致病型遗传多样性有较大的变化，致病型 Ⅰ、Ⅱ、Ⅲ、Ⅳ、Ⅴ、Ⅵ 和 Ⅶ 的遗传多样性值在 20 世纪 80 年代依次为 0.83、0.52、1.00、0.40、0.00、0.75、0.00，20 世纪 90 年代依次为 0.79、0.77、0.48、0.53、0.79、0.86 和 0.00。10 年间多数致病型的多样性保持原状，Ⅲ 型从 1.00 降至 0.48，下降较多；克服 *Xa4* 的 Ⅴ 型增量大，由 0 增至 0.79。1995～2005 年的病理学检测结果也有相似反映，Ⅴ 型菌在 20 世纪 80 年代的发生频率仅为 0.5%，至 1999 年上升为 16%。中国 Ⅴ 型菌时空变化的分子遗传结构分析与病理学致病力检测结果是对应的。从理论上证实了中国水稻大面积长期种植携带单一抗病基因 *Xa4* 品种，致使能侵袭 *Xa4* 基因的 Ⅴ 型菌群体急剧发展，从原发地广东省扩展至福建、浙江、江苏、安徽等省。病原菌群体结构随寄主基因型分布而变化的情况与菲律宾、尼泊尔等亚洲其他国家的情况十分类似。亚洲七国 Xoo 菌株的系统发育分析表明中国 Ⅴ 型菌被聚类在第 5 簇，首先出现 Ⅴ 型菌的广东省与东南亚国家相邻，品种交流频繁，可以推测 Ⅴ 型菌可能由国外迁移而来，也可能是潜伏于华南本地的弱势菌群因突变或水平基因的获得而毒力增强。上述存疑是一个值得深入研究的问题，对揭示 Xoo 的毒力进化和白叶枯病的有效防控具有重要意义（章琦和林汉明，2007）。

　　1988～2014 年，陈深等（2017）对华南稻区 Xoo 分离株进行分型鉴定，发现华南稻区的 Ⅳ 型优势菌在多数年份的发生频率最高，1988 年以后，Ⅴ 型菌的发生频率逐年上升，而 Ⅳ 型菌的发生频率则逐年下降，至 2014 年强致病菌系 Ⅴ 型已替代 Ⅳ 型成为华南稻区的优势致病菌系。

　　2004 年，曾列先等（2005）对广东 Ⅲ 型菌进行变异监测，发现新模式强致病型 Ⅸ 型，发生频率约为 5%；2014 年 Ⅸ 型在华南稻区的发生频率上升到 16.67%。但 2015 年在广西南宁地区的小样本检测中，Ⅸ 型菌的发生频率高达 90% 以上（陈小林等，2015）。冯爱卿等（2022）报道 Ⅸ 型菌作为目前致病谱最广的强毒菌系已上升为华南和长江中下游湖南及浙江稻区的优势致病型。鉴于 Ⅸ 型菌的致病谱已突破 IR26、Java14、南粳 15、Tetep 和金刚 30 的抗性范围，亟待发展或扩充新的中国鉴别寄主谱系。值得注意的是，Ⅸ 型这种"无敌"菌的流行对未来水稻安全、高效生产的影响值得警惕。

　　相对于南方稻区 Xoo 致病型的快速变异，近年来，北方稻区和西南稻区 Xoo 致病型变化不大，东北稻区的辽宁以Ⅰ型菌为主，西南稻区的云南以Ⅳ型菌为主（冯爱卿等，2022）。反映出 Xoo 在我国不同稻区的演化变异可能与当地环境、气候条件、栽培品种、栽培模式、耕作制度和用药情况等有关。

5. 新致病型的产生与传播

植物病害的发生是寄主植物和病原物拮抗性共生、长期协同进化结果的综合体现，这种此起彼伏的动态"Zigzag model"（"Z"字模型，又称拉锯战模型或峰谷模型）始终贯穿于植物生产中（Jones and Dangl，2006）。水稻群体中至少有 30 个抗白叶枯病基因已经用于传统育种中，这些基因在一定程度上向 Xoo 群体施压，从而产生能够克服现有水稻抗性的新的菌系（Liu et al.，2014）。有研究表明，病菌的毒力因子进化需要 3～8 年，平均 5 年就有可能产生出能够克服原先抗病品种的菌株。日本是最早开始 Xoo 致病型变异研究的国家，1958 年，久原重松等最早提出在 Xoo 中存在着致病力不同的小种。1985 年，Noda 等利用金南风群、黄玉群、Rantil-Emas 群、早爱 3 群和 Java 群 5 个鉴别寄主群检测出日本 Xoo 的新致病型 JXOⅦ；至 20 世纪 80 年代末，在日本白叶枯病鉴别系统中，利用 Kinmaze、Kogyoku、Rantai-Emas、WaseAikoku、Java、Elwee、HeenDikwee、IR8 共 8 个鉴别寄主鉴定出了 JXOⅠA、ⅠB、Ⅱ、ⅢA、ⅢB、Ⅳ、Ⅴ、Ⅵ、Ⅶ共 9 个致病型（Noda et al.，1990）。

我国采用 5 个中国鉴别寄主（品种）鉴定 Xoo 7 个致病型（方中达等，1990）。王春连等（2001）、曾列先等（2005）利用 5 个中国鉴别品种分别在云南省、广东省的 Xoo 中各检测出 1 个新类型 RRRSR（Ⅷ型）、SSSSS（Ⅸ型）。冯爱卿等（2022）从 2018～2021 年的分离株中鉴定出 4 个新致病型，分别是 SSSRS（新型 1）、SRSRS（新型 2）、SRSSS（新型 3）及 SSRSS（新型 4），虽然频率不高，但病菌分化更为多样。LN4 菌株分离自我国东北稻区，对多个水稻鉴别品种均具有较高的毒性。Xu 等（2020）报道了能克服 *Xa3*、*Xa4*、*xa13* 和 *xa25* 基因抗性的 Xoo LN4菌株的全基因组序列。需要关注的是，Carpenter 等（2020）报道在印度和泰国出现了能够克服 *xa5* 抗性基因的 Xoo 菌株 IX-280 与 SK2-3。全基因组分析表明，两个菌株均含有 *pthXo1* 基因，该基因产物 TALE 效应子 PthXo1 能够强烈诱导感病基因 *SWEET11* 的表达，掩盖了隐性抗性基因 *xa5* 的作用，因而对水稻致病。系统进化分析显示，IX-280 与 SK2-3 属于同一克隆菌系，提示该克隆菌系已在国际长距离传播。鉴于我国 Xoo 主要菌系鲜见含有 *pthXo1* 基因的菌株，*xa5* 基因是一个广谱抗性基因，目前我国将 *xa5* 基因作为重要的抗源基因，用于水稻抗病育种中（陈功友等，2019）。IX-280 与 SK2-3 菌株的发现，为下一步防范携带 *pthXo1* 基因的毒株的侵入拉响了警报。

Xa23 是目前最广谱抗白叶枯病的水稻抗病基因，广泛应用于水稻育种中。Chen 等（2022b）报道，一株分离自华南稻区的 Xoo C9-3 菌能够克服 *Xa23* 基因的抗性。基因组分析发现 C9-3 菌株缺少了 *avrXa23* 基因，与其他中国菌株相比，仅仅缺少了一个 *tal* 基因，其他 *tal* 基因的等位基因相当保守。这种截断式（truncated）的基因缺失，类似于人工突变的阅读框内删除（in-frame deletion）突变，其发生机理尚不清楚。Xu 等（2022）从全国各水稻种植区收集发病材料，分离得到 185 个 Xoo 菌株。致病性试验显示，CBB23 对其中 184 个菌株表现抗病性，仅对来自安徽的 AH28 菌株表现感病性。基因组测序和序列比较分析表明 AH28 菌株不含无毒基因 *avrXa23*，而含有一个与 *avrXa23* 类似的 *tal7b* 基因。基因异源表达、接种试验和基因表达分析结果表明 *tal7b* 基因不具有 *avrXa23* 基因的无毒基因功能，不能激发 *Xa23* 抗病基因的抗性。启动子结合试验也表明 Tal7b 蛋白不能与 *Xa23* 启动子的 EBE结合。这些结果揭示了 Xoo 菌株通过突变 TALE 类无毒蛋白中间重复区序列这一策略来逃避抗病基因识别与结合的新机制，为水稻白叶枯病抗性丧失的机理提供了新的见解。自然缺失或突变无毒基因的新型毒株的出现，将不利于 *Xa23* 基因的推广，值得进一步关注和研究。

（九）病原菌致病机制

1. Xoo 对水稻的侵染过程

Xoo 接触到水稻叶片后，在适当的时候首先在水稻叶片上附生（epiphytic growth），通过水孔或伤口进入叶片的维管束导管进行半活体营养型寄生（Ou，1985）。水稻叶片在夜间通常会出现"吐水现象"，这些从水孔中渗漏出的水滴会将叶表面的 Xoo 悬浮起来，从而使 Xoo 通过主动或被动的形式进入叶片细胞。Kumar Verma 等（2018）研究发现，水稻的吐水中含有多种氨基酸、糖类等。Xoo 对吐水有明显的趋性，推测病菌的趋化性在识别寄主、接触、侵入阶段发挥作用。在侵入植物后，Xoo 主要在水稻叶片的下表皮细胞间隙、木质部导管中定植，并沿木质部扩展传播到植物的其他部位。通常情况下，Xoo 的潜育期为 5d，其间 Xoo 及其产生的胞外多糖不断增加，叶内菌量有一个逐渐增加的过程，基本符合逻辑斯谛（logistic）模式。接种后 6d 的发病初期，叶内菌量达 $10^7 CFU/cm^2$ 时，叶片的接种部位或感染部位会出现水渍斑、失绿、失水等现象。随着病程进展，病原菌体快速繁殖并不断扩展；接种后 8d，叶内菌量达 $10^8 \sim 10^9 CFU/cm^2$，病原菌体和胞外多糖会充满木质部导管，并从水孔外溢到叶尖和叶边缘上，形成珠状或丝状溢出物。水渍斑、失绿、失水斑不断向植株方向扩展，逐渐使叶片黄化直至坏死，形成不透明的灰白色病斑，表现为典型的白叶枯病症状，如常见的边缘型、中脉型病斑。接种后 15～20d，在适宜条件下常见的感病品种上，病斑会扩展到整个叶片。

2. 毒力（致病）因子及其作用

植物病原细菌在致病过程中，会产生一些对其致病力起贡献作用的代谢产物，即致病因子。这些致病因子通常会提高植物病原菌在致病过程中的表面黏附、组织侵入、营养获取或对植物免疫的抵抗能力。和其他黄单胞菌属的植物病原菌类似，Xoo 的主要致病因子包括效应子、胞外酶、胞外多糖、脂多糖、毒素和其他类型致病因子、适应因子等。在侵染植物过程中致病基因决定了与植物建立寄生关系和破坏植物正常生理功能的过程，调控了对植物趋性、吸附、侵入、定植、扩展以及破坏寄主和显现症状等病理学过程。

在病原菌和植物的不断进化过程中，病原菌的效应子对不同类型的寄主植物产生不同的反应，有的效应子进入植物细胞后，植物拥有的 *R* 基因与其互作产生抗病反应，这类效应子就被称为无毒因子；而有的效应子在植物体内没有与其互作的抗性基因，植物表现感病，这类效应子即称为毒性因子。水稻与 Xoo 的互作符合典型的"基因对基因"假说，Xoo 是研究病原菌与植物互作的理想模式菌之一（Shen and Ronald，2002；王涛等，2012）。

（1）效应子

植物病原菌往往依赖Ⅲ型分泌系统（type Ⅲ secretion system，T3SS）向寄主细胞中直接分泌一类被称为Ⅲ型效应子（T3SS effector，T3SE）的蛋白质。黄单胞菌属 T3SE 被分为两大类：转录激活因子样效应子（transcription activator-like effector，TALE）和非转录激活因子样效应子（non-transcription activator-like effecor，non-TALE）（White et al.，2009）。

1）转录激活因子样效应子（TALE）：TALE 效应子最早于 1989 年在辣椒斑点病菌（*X. campestris* pv. *vesicatoria*，Xcv）的研究中首次被发现（Bonas et al.，1989）。人们发现 Xcv 能诱导抗性辣椒品种 ECW30R 产生过敏性反应，ECW30R 还含有显性的抗性基因 *Bs3*，该基因表达蛋白能特异性识别自身表达的蛋白。Xcv 中的相应无毒基因（avirulence gene，*avr* 基因）被命名为 *avrBs3* 基因（Bonas et al.，1989）。随后人们又在柑橘溃疡病菌和棉花角斑病菌（*X. campestris* pv. *malvacearum*，Xcm）中分离鉴定了 *pthA* 和 *avrB6* 基因，这些基因与 *avrBs3* 具有相同的结构，*pthA* 和 *avrB6* 在各自病原菌中的致病力方面都起到重要作用。随后在其他植物病原菌中发现了越来越多与 *avrBs3* 结构类似的基因，这些基因编码的蛋白既具有引起寄主过敏性反应的功能，如 AvrBs3，又是病原菌重要的致病因子，如 PthA。在当时的研究中，这类基因被统称为 *avrBs3/pthA* 家族基因（Yang，1996）。随着研究的不断深入，更多的 *avrBs3/pthA* 家族基因被鉴定，其生物学功能呈现多样化，并且该家族基因编码的蛋白能进入寄主细胞核与寄主 DNA 结合，激活下游基因的表达。该类蛋白称为转录激活因子样效应子，*avrBs3/pthA* 家族基因的叫法逐渐被 *tal* 基因替代，简称为 *tal* 基因（Muñoz-Bodnar et al.，2013）。目前 *tal* 基因只在黄单胞菌和茄科雷尔氏菌中被发现，水稻黄单胞菌中含有的 *tal* 基因的数量较多，Xoo 菌株中有 14～19 个（Salzberg et al.，2008）。每个菌株中一般只有 1 或 2 个主效 TALE 效应子。不同 *tal* 基因间的同源性很高（Bogdanove et al.，2010），其结构非常特殊：*tal*

基因的 5′ 端和 3′ 端高度保守，且各有一个 *Bam*H Ⅰ 酶切位点。5′ 端编码的Ⅲ型分泌信号可使 TALE 效应子通过 T3SS 进入寄主细胞；3′ 端编码 1～3 个核定位信号和一个真核生物的转录激活功能域。核定位信号能使 TALE 效应子转运进入细胞核，而转录激活功能域能干扰寄主细胞靶标基因的表达。中间为串联重复区：1 个重复单位 102bp，编码 34 个氨基酸的肽段。不同的 *tal* 基因一般含有 1.5～33.5 个重复单元，重复单元间序列保守性较高。一个 TALE 中每个重复单元的第 12 位和第 13 位氨基酸具有更高的多样性，该区段被称为 RVD（repeat variable di-residue）（Boch et al.，2009；Moscou and Bogdanove，2009）。RVD 的数量、序列和位置的不同决定了效应子结合寄主靶标特异性的不同。研究已发现多种不同的 RVD，其中 HD、HG、NN、NG、NS、NI 和 N* 是最常见的 7 种，它们与 A、T、G、C 4 种核苷酸的结合能力各有不同（Moscou and Bogdanove，2009；Mak et al.，2013）。

　　TALE 效应子通过 *hrp* 基因簇编码的 T3SS 进入植物细胞。TALE 进入植物细胞核后，与特定基因启动子区的 DNA 结合，作用类似于真核基因的转录因子，启动结合位点下游基因的表达，控制植物对病原菌侵染产生的生理生化反应。Xoo 的 TALE 主要结合在 *SWEET* 基因启动子的 TALE 效应子结合元件（TALE-binding element，EBE）部位，从而激活 *SWEET* 基因的表达，最终引起糖分积累，使得水稻感病。TALE 调控水稻中相应的抗/感病（*R/S*）基因的表达，在 Xoo 的致病机制、致病力分化、小种分类等方面起着决定性的作用，也是"基因对基因"假说的生物学基础（White and Yang，2009；An et al.，2020）。

　　病原菌与植物互作时，首先需要克服植物的基础免疫反应才能在植物体内定植。基础免疫反应主要涉及病原体相关分子模式触发的免疫 [pathogen-associated molecular pattern (PAMP)-triggered immunity，PTI]。这种非特异性的防卫反应，包括过敏性反应、活性氧爆发（oxidative burst）、基于细胞壁的防卫反应、接种点附近胼胝质的沉积等（An et al.，2020）。越来越多的证据表明，*tal* 基因的毒性功能除了上述营养掠夺，还可能涉及抑制植物的基础免疫反应（An et al.，2020），如 *avrXa7* 和 *avrXa10* 能够抑制烟草的过敏性反应（Yang et al.，2005；White et al.，2009）。

　　2）非转录激活因子样效应子（non-TALE）：non-TALE 效应子是由分泌信号转运区（secretion/trans-location signal domain）和功能区（function domain）组成。一般具有以下特征：启动子区域存在调控蛋白 HrpX 的作用位点 PIP-box 和−10 区序列（TTCGB-N$_{15}$-TTCGB-N$_{30\sim32}$-YANNRT，B 代表 C、G 或者 T；Y 代表 C 或者 T；R 代表 A、G 或者 T）；N 端前 50 个特定氨基酸组成分泌信号区：脯氨酸（P）和丝氨酸（S）>20%，第 3 位和第 4 位之一为亮氨酸（L）或脯氨酸（P），前 12 位没有冬氨酸（D）和谷氨酸（E）（Furutani et al.，2006）。

　　几乎所有的黄单胞菌中都有 non-TALE 效应子，只是数目有所差异，Xoo 菌株 MAFF311018 和 KACC10331 各有 23 个，PXO99^A 有 28 个（http://www.xanthomonas.org）。关于 non-TALE 效应子功能及机制，目前仅对 XopR、XopAE、XopZ、XopK 等少数几个有研究报道。Song 和 Yang（2010）系统突变了 PXO99^A 菌株的 18 个 Xop 效应子基因，发现仅 *xopZ* 突变体在 IR24 上丧失毒性作用。Xop 效应子施于本氏烟上后，除通过原核表达获得的 XopZ 蛋白外，能大幅度减少胼胝质在叶片表面的沉积量，说明 XopZ 能够抑制植物基本防卫反应。MAFF311018 的 XopR 与水稻蛋白 BIK1 互作可以抑制拟南芥中 Flg22 诱导的气孔关闭，在表达 *xopR* 基因的拟南芥转基因植株上 PTI 受到抑制（Akimoto-Tomiyama et al.，2012）。XopR 部分决定中国菌株 13751 对特优 63 的低毒性，但不影响 IR24 的感病性（Zhao et al.，2013）。MAFF311018 的 XopY 通过与 OsRLCK185 互作，影响其被 OsCERK1 磷酸化过程从而阻止信号传递，抑制几丁质诱导的 MAPK 激活。OsCERK1 是几丁质受体，能将接收的信号传递给下游的 OsRLCK185 进而激活 MAPK，触发植物的 PTI 过程（Yamaguchi et al.，2013）。XopK 具有 E3 泛素连接酶活性，通过与水稻受体样激酶 OsSERK2（somatic embryogenesis receptor kinase）相互作用直接使其泛素化，抑制 PTI 上游 MAPK 激活过程，参与 PXO99^A 在水稻品种 Kitaake 中的定植与毒力发挥（Qin et al.，2018）。XopQ 和 XopX 能抑制细胞壁降解酶介导的水稻的先天性免疫反应，XopQ 具有与水稻 14-3-3 蛋白结合的基序，XopX 则与 14-3-3 互作。XopQ 与 14-3-3 的结合，可能依赖 XopG（Deb et al.，2022）。稻黄单胞菌 non-TALE 效应子功能冗余现象比较明显，Sinha 等（2013）发现，单个突变 *xopN*、*xopQ*、*xopX* 或 *xopZ* 对 Xoo 的毒力影响不大，但同时突变 *xopN* 和 *xopX* 显著降低 Xoo 毒力，*xopN*、*xopQ*、*xopX* 与 *xopZ* 的四基因突变体（quadruple mutant）

不仅使 Xoo 毒力下降，而且可诱导水稻叶片胞间胼胝质积累。Long 等（2018）发现 *xopN*、*xopZ* 或 *xopV* 单个缺失突变不影响 PXO99[A] 在 Kitaake 上的致病力，3 个基因同时缺失时病斑长度显著降低，且 3 个基因中的任何 1 个均能恢复病菌的毒力功能。

（2）胞外酶

植物病原菌通常会将一些蛋白酶、纤维素酶、果胶酶、脂肪酶或淀粉酶等分泌到细胞外，这些胞外酶可能通过降解作用直接破坏了寄主组织和细胞的完整性，为病原提供必需的营养物质。因此，病菌分泌的胞壁水解酶（cell wall degrading enzyme，CWDE）属于重要的致病因子或毒力因子（An et al.，2020）。研究表明，寄主的胞壁降解物还作为损伤相关的分子模式（damage-associated molecular pattern，DAMP）被寄主细胞受体感知，诱导植物发生损伤相关的免疫防卫反应（DAMP-triggered immunity，DTI）（Timilsina et al.，2020）。

Gluck-Thaler 等（2020）报道，Xoo 的纤维素 1,4-β- 二糖苷酶（cellulose 1,4-beta-cellobiosidase）（由 *cbsA* 基因编码）在维管束病害的组织特异性中发挥了关键作用。基因组比较和系统生物学分析结果表明，黄单胞菌在演化过程中，丢失或自发突变了 *cbsA* 基因，导致一些原来在维管束中定植的黄单胞菌丧失了降解纤维素的能力，成为非维管束病害黄单胞菌（Gluck-Thaler et al.，2020）。野生型 Xoo 菌株的胞外蛋白酶活性普遍较低，研究表明胞外蛋白酶对 Xoo 的致病力贡献较小。

（3）胞外多糖

胞外多糖（extracellular polysaccharide，EPS）是细胞合成并分泌到细胞外的多糖类大分子物质。黄单胞菌主要通过 *gum* 基因簇合成并分泌一种被称为黄原胶（xanthan）的胞外多糖。黄单胞菌的胞外多糖已被证实对致病力起作用，从目前观察到的现象来看：胞外多糖在植物病原细菌的侵染过程中通过干扰寄主对病原菌的识别，抑制寄主的基础免疫反应。在一些黄单胞菌引起的维管束病害中，大量产生的胞外多糖会阻断维管束的水分运输（An et al.，2020）。Xoo 在侵染水稻时，在维管束中定植，并能产生大量胞外多糖，除了阻塞导管系统，也可作为毒素，引起细胞凋萎。

（4）脂多糖

作为革兰氏阴性细菌的外膜组分之一，脂多糖主要由 O 抗原、核心寡糖和脂质 A 三个部分组成。与动物病原细菌将脂多糖作为内毒素不同，植物病原菌主要利用脂多糖来维持细胞外膜的选择通透性，提高其抵抗植物内抗菌物质的能力。脂多糖经常会被植物免疫分子所识别而激起植物的免疫反应。

（5）其他类型致病因子和适应因子

在病原菌对植物的致病过程中，除了上述致病因子，趋化因子、黏附因子、抗逆因子、适应因子等在病菌对寄主的识别、入侵、定植、显症中均发挥重要作用。

3. 无毒基因及其功能

无毒基因是病原物中对带有相应抗病基因的寄主植物特异的不亲和、不致病的一类与致病机制相关的基因。许多无毒基因不但能诱发对应寄主植物产生过敏性反应，而且可诱发非寄主植物产生过敏性反应。病原的无毒基因与植物的抗病基因之间的互作，是"基因对基因"假说的实质，也是病菌小种划分、植物专化型抗病的基础。这种基因对基因的垂直抗性也称为效应子诱导的免疫（effector-triggered immunity，ETI）（Chisholm et al.，2006）。另一类是由非特异激发子诱导的植物水平抗性，是植物能够感受病原菌共有的物质——病原体相关分子模式触发的免疫（PAMP-triggered immunity，PTI），称为基础抗性（Jones and Dangl，2006）。

迄今，研究已从白叶枯病菌中发现了 10 多个无毒基因 *avr*，大部分属于 TALE 类 *avrBs3/pthA* 家族的无毒基因，仅有 *avrXa21* 基因产物属于 PAMP 型无毒因子（表 2-7）。若水稻中不含有与 *avr* 对应的抗病基因，则 Xoo 表现为毒性，能够对水稻产生致病性。在水稻上主要表现为引起的病斑长短、苗期水浸症状强弱和病菌在叶内生长能力等。若存在相应的抗病基因，则产生 HR 或免疫反应（刘文平等，2014）。至今鉴定的 Xoo 小种超过 50 个，抗白叶枯病（BB）的 R 基因有 47 个，但从 Xoo 中克隆的无毒基因和从水稻中克隆的 R 基因只是其中的一部分。在 Xoo 与水稻的互作机制研究中，还有很多不清楚的地方，值得进一步系统研究和挖掘。

表 2-7　已克隆的 Xoo 无毒基因和部分毒性基因及对应的水稻基因

avr 基因或 vir 基因 [*]	Xoo 菌株	水稻基因	蛋白类型	文献
avrXa3	JXO Ⅲ	Xa3	RLK	Li et al.，2004
avrxa5/pthXo7	PXO25	xa5	TFIIAγ 型转录子	Zou et al.，2010
avrXa7/pthXo3	PXO86	Xa7	Executor	Hopkins et al.，1992；Chen et al.，2021
avrXa10	PXO86	Xa10	Executor	Boch et al.，2009
avrxa13/pthXo1	PXO99[A]	xa13	Os8N3/SWEET11	Antony et al.，2010；Yuan et al.，2009
avrXa21/raxX [*]	PXO99[A]	Xa21	LRR-STK	Lee et al.，2006
avrXa23	PXO99[A]	Xa23	Executor	Wang et al.，2015
avrXa27	PXO99[A]	Xa27	Executor	Gu et al.，2005
arp3	PXO339	—	—	梁斌等，2005
pthXo2	PXO99[A]	Xa25	Os8N3/SWEET13	Zhou et al.，2015b
pthXo6	PXO99[A]	OsTFX1	bZIP 型转录子	Sugio et al.，2007
talC	Xoo[F] BAI3	xa41	Os11N3/SWEET14	Yu et al.，2011
iTal	PXO99[A]	Xa1（被干扰）	NLR	Ji et al.，2016

* 除标注基因 avrXa21 外，此列基因均为 tal 基因；arp3 为 avrBs3 相关蛋白 3；Xoo[F] 为非洲菌系

1）无毒基因 avrBs3/pthA（avr/pth）家族：AvrBs3 被认为是第一个 TALE 效应蛋白，TALE 效应蛋白具有双重功能，即毒性和无毒性功能。该 tal 基因家族也写为 avrBs3/pthA 家族。avrBs3 无毒基因与抗病基因识别诱导的是 ETI 层面的抗病反应，依赖 Xoo 的 T3SS。已克隆的 Xoo 无毒基因及对应的水稻抗病基因（表 2-7）绝大多数属于 avrBs3/pthA 家族的无毒基因。不同菌株包含不同数目的 avrBs3/pthA 家族成员，Xoo 毒性变异的遗传学基础主要与毒性小种中的 avrBs3/pthA 家族基因数量和种类有关。PXO99[A] 属于菲律宾 6 号小种，该菌株不含有无毒基因 avrXa7、avrXa10 和 avrxa5，在许多水稻品种上表现为亲和性互作，如在包含 Xa1、Xa4、Xa10、xa5 的品种上表现为感病。avrXa3、avrxa5、avrXa10 和 avrXa27 分别与水稻抗病基因 Xa3、xa5、Xa10 和 Xa27 识别，启动抗病反应。Xoo 中存在许多 avr 基因，在与水稻互作中发生致病性作用是某一个基因还是几个基因起作用尚不清楚。利用近等基因系水稻品种可测定相应的 avr 基因所具有的无毒功能，但无法确定其他 avr 基因功能。当 Xoo 中缺失或添加某个 avr 基因进行毒性强弱测定时，其在症状学上的变化很难辨别和定量，avr 基因的生物学功能需要系统地研究和分析。

2）无毒基因 avrXa21（或 Ax21）：无毒基因 avrXa21 与水稻的 Xa21 抗病基因之间的互作引发水稻在 PTI 层面的免疫反应，依赖 Xoo 的 Ⅰ 型分泌系统（type Ⅰ secretion system，T1SS）。在 PXO99[A] 中，avrXa21 无毒基因的基因号为 PXO_03968，编码产物为 AX21（activator of Xa21-mediated immunity，Xa21 介导的免疫激活子），也被称为 RaxX（Pruitt et al.，2015），是一种带有酪氨酸硫酸化位点和 N 端前导序列的小蛋白。raxX 基因序列在大多数黄单胞菌属中具有高度保守性，这种保守性表明 RaxX 具有重要的生物学功能（Liu et al.，2019）。raxX 缺失突变体或 RaxX 的 41 位酪氨酸残基（Y41）突变的菌株不能激起 XA21 介导的免疫反应（Pruitt et al.，2015）。RaxX 的 Y41 被酪氨酸硫酸转移酶 RaxST 硫酸化，硫酸化的 RaxX 以一种 XA21 依赖的方式触发植物免疫应答（Pruitt et al.，2015）。这些发现表明硫酸化的 RaxX 是水稻 XA21 所识别的分子，但是目前没有直接的证据表明硫酸化的 RaxX 可以结合 XA21 并改变其磷酸化状态。

（十）病原菌遗传多样性和基因组特征

病原物与寄主植物之间的协同进化是一个动态过程，涉及相互作用物种间的竞争、互惠和适应性变化，互作双方都在不断进化，以实现适者生存。依据"基因对基因"假说，水稻抗病性的丧失，一方面可能是自身基因的变异，另一方面则是由于 Xoo 群体遗传结构变化，出现了新的小种或致病型。群体遗传结构的变异是指组成一个生物群体的个体之间存在的遗传变异所含有的异质性或多样性，以及这些属性的时空演变。采用传统病理学手段测试病原菌致病力的表现，可以观察到它们能够侵袭哪些寄主基因型，但是不能洞悉病菌群体结构变异及毒性分化的遗传实质，很难深入地分析病菌群体遗传多样性变化和生理小种的系统发育及其演化。遗传变异的实质是基因组 DNA 的变异，在病菌基因组 DNA 水平上分析不同类群病菌的遗传信息、掌握病菌群体结构与有关毒性变化的情况，对于弄清病原的致病机理、毒力进化、寄主特异性等至关重要，可为制定深层次育种策略、品种抗性的持续改良提供重要的前瞻性信息（章琦和林汉明，2007）。

1. 基于分子标记的遗传多样性分析研究方法

检测 DNA 变异的方法有多种，最精准的方法是直接测定生物体全基因组序列，再进行比较基因组学分析。全基因组测序方法烦琐，而且需要较多的经费和时间。在没有全基因组测序的年代，DNA 分子标记技术可以在一定程度上展现生命体之间在基因组内的核苷酸序列差异，是 DNA 水平遗传多态性的直接反映。具有完全个体特异的 DNA 多态性，也被称为某一生物体 DNA 指纹。了解病原菌群体遗传结构变化动态是基于病原菌基因组 DNA 指纹图谱分析，即主要利用随机分散的、具有重复序列的遗传因子，形成能进行数值分析的指纹型。采用的主要技术为酶切图谱 DNA 杂交（如 RFLP 分子标记法）和 PCR 扩增（如 RAPD、rep-PCR 等）。

（1）基于 RFLP 分子标记

限制性片段长度多态性（restriction fragment length polymorphism，RFLP）是根据不同品种（个体）基因组的限制性内切酶的酶切位点碱基发生突变，或酶切位点之间发生了碱基的插入、缺失，导致酶切片段大小发生了变化。这种变化可以通过特定探针杂交进行检测，从而可比较不同品种（个体）的 DNA 水平差异（即多态性），多个探针的比较可以确立生物的进化和分类关系。RFLP 属于第一代分子标记技术，依赖 Southern 印迹检测，其核心问题之一是杂交探针的选择。Leach 等（1990）首先从 Xoo 基因组中检测到两个 DNA 重复序列，其中一个 2.4kb 的 *Eco*R I-*Hind* Ⅲ 片段克隆于 pUC18 质粒内，定名为 pJEL101，该片段携带插入序列 IS1112。在已测试的 Xoo 菌株基因组中，都含有 80 多个 IS1112 拷贝，因此 pJEL101 可以作为 RFLP 探针。重复插入序列（repetitive insertion sequence）家族所具备的特性提供了观察 Xoo 基因组多样性的分子标记。

为了进一步有效地观察病菌 DNA 谱系与毒性之间的关系，Nelson 等（1994）采用不同插入序列作为探针，根据其 *Eco*R I 酶切 Xoo 基因组 DNA 所呈现的杂交谱型，选择了 4 个转座因子（transposable element），包括来自 Xoo 菌株 PXO112 的 TNX1、TNX6、TNX7 和来自菌株 PXO285 的 TNX8。Hopkins 等（1992）从 Xoo 中克隆了一个 3.1kb *Bam*H I 片段的无毒基因 pBSavrXa10 探针，用于基于无毒基因（大部分属于后来统一命名的 *tal* 基因）的分型。

（2）基于 *tal* 基因的白叶枯病菌分型

TALE 效应子是稻黄单胞菌的主要致病因子之一，病原菌中 *tal* 基因的类别和组成与其毒力分化、小种分类紧密相关。对 *tal* 基因进行分型分析，有助于解析病菌致病机理和致病基因多样性。*tal* 基因的 5′ 端和 3′ 端 *Bam*H I 酶切位点内侧的串联重复区常被用作 Southern 杂交的探针（Hopkins et al.，1992；段瑞旭等，2010）。

李玉蓉等（2007）以 *avrXa3* 基因的 3′ 端保守片段为探针，对 Xoo 中国菌系 8 个小种的 *Bam*H I 酶解基因组 DNA 进行 Southern 杂交，发现中国 Xoo 不同小种中存在数量不等的 *tal* 家族基因。Yu 等（2015）以 *talC* 基因的 5′ 端片段为探针，对广西 Xoo 分离株 K74 进行了 *tal* 基因分型分析，在此基础上研发了一套 *tal* 基因快速克隆和序列分析方法。

（3）基于 PCR 的分子标记技术

Vera Cruz 等（1996）通过两个实验比较了 rep-PCR 与 RFLP 分子标记技术检测 Xoo。将 rep-PCR 的 REP 和 ERIC 两个引物扩增产物指纹型的组合数据进行三维聚类统计分析，形成了类似 RFLP 的 4 个谱系，测出属于小种 1 中的一个独特菌株 PXO35，完全符合 RFLP 所测的结果。另一个实验是采用 RFLP 探针 IS1113 与 rep-PCR 引物 ERIC 和 REP 分析了连续种植的感病品种上的 Xoo 群体遗传多样性，两种方法的试验结果一致。用 ERIC 和 REP 等长度为 18～22 个碱基的 rep-PCR 引物分析 Xoo 群体遗传结构的结果比只有 10 个碱基的 RAPD 引物更为稳定和可信。rep-PCR 与 RFLP 方法的分析结果类似，并且可用来大规模分析样品。至今可用来分析 Xoo 群体结构的分子标记有 4 个转座因子、无毒基因家族以及一套基于 PCR 反应的标记。

2. 遗传多样性指纹的数据分析

（1）遗传变异估测

生物群体结构的演变是由突变、选择、迁移、遗传漂变等引起基因频率变化而造成的。病菌群体基因频率是用于测量群体遗传变异度的基本单位。Nei（1987）用基因多样性概念来描述生物的有性和无性群体遗传变异。基因多样性（*H*）是来自一个群体标本的两个单元型个体在一个基因位点获得两个不同等位基因的概率［公式（2-2）］。一个基因的多样性值为 1 时，是指来自一个群体标本基因位点的两个等位基因是不相同的；如果所测标本的基因位点没有等位基因变异，则其多样性值为 0，即在遗传上是一致的。由于不了解许多无性群体中表现型的遗传控制，通常称这种情况为单元型。采用不同单元型组成的复合基因型频率可以衡量其遗传多样性。例如，病菌菌株基因组 DNA 杂交分析（或 PCR 带型）中所呈现的各种各样的指纹型经处理后就可当作单元型对待，用单元型频率代替基因频率以相似的方式即可计算出遗传多样性，其公式如下：

$$H = [n/(n-1)](1 - \sum X_i^2) \qquad (2\text{-}2)$$

式中，X_i 为群体中第 i 个样品的单元型出现的频率；n 是所测菌株数。

（2）系统发育分析

用基因和单元型频率数据构建系统发育树状图可以描绘个体之间的遗传谱系关系。系统发育分析法（phylogenetic analysis）分为距离矩阵法（distance matrix）和最大节约法（maximum parsimony）。前者用原始数据获得相似性或距离矩阵来构建系统发育树，后者直接用核苷酸序列、内切酶位点、指纹杂交带等数据，按照计算程序取其最小值逐步演算，最后形成系统发育树。一般情况下，数据被输入后即形成基因序列或呈现表型的特点。以二进制数值编码，分别以 1 或 0 表达各菌株基因组 DNA 指纹在同一位置上有带或无带，并被指派至相应的各等位基因位点。这时并不知道具体的等位基因位点，将这些数据输入计算机进行 Dice 相似系数分析（Dice similarity coefficient）。采用简单的非加权组平均法（unweighted pair group method of arithmetic mean，UPGMA），将被输入数据转化成相似性矩阵或遗传距离矩阵。距离矩阵法根据相似系数水平构成树状图（phenogram）；最大节约法则分析描绘为进化树（cladogram），用于表明祖先后代的谱系关系。

3. 病原菌基因组学研究

（1）白叶枯病菌全基因组测序概述

从 20 世纪 90 年代末开始，Xoo 全基因组测序经历了三代基因测序技术，早期完成的韩国菌株、日本菌株和菲律宾菌株的全基因组测序都是采用的 Sanger 测序法。由于稻黄单胞菌基因组中含有大量的插入序列（IS）和多拷贝 *tal* 基因，Xoo 和 Xoc 基因组的准确组装非常困难。从 2000 年开始，我国启动了大约 300 个 Xoo 菌株的全基因组测序项目，2020 年发表了在中国完成的第一批完整组装的 Xoo 菌株全基因组序列（Zheng et al.，2020）。截至 2022 年 8 月 1 日，NCBI 的 GenBank 数据库（https://www.ncbi.nlm.nih.gov/genome）中，世界各国递交的 Xoo 测序项目共 441 个菌株，其中仅有 91 个菌株属于完整组装全基因组。基因组分析表明，未达到完整组装的 Xoo 基因组项目多数是由于重复序列干扰，导致重叠群（contig）间的序列间隙（gap）不能补齐，或者组装拼接中遗漏了 *tal* 基因。

由于测序技术、方法、质量和测序数据组装方法、质量的不同，完成测序的各 Xoo 基因组可能存在非生物学导致的差异，如基因组大小、基因组中假基因个数、*tal* 基因个数等，并且在 NCBI 基因组数据库中有些基因组数据还存在一些测序错误。相信随着测序和组装技术的不断发展，Xoo 全基因组测序将会更加准确。

（2）白叶枯病菌基因组特点

1）Xoo 基因组基本特征。从目前已完成全基因组测序的 Xoo 基因组分析来看，Xoo 基因组多数为一条环状染色体，个别 Xoo 菌株中还含有 1 或 2 个质粒。基因组大小为 4.8～5.3Mbp，大多数菌株基因组大小为 4.9Mbp 左右。基因组 GC 含量为 63.60%～63.72%，基本稳定在 63.70%。对 Xoo 菌株基因组进行注释后（所采用的注释平台为 NCBI Prokaryotic Genome Annotation Pipeline）可以看出，Xoo 各菌株中被注释出的基因有 4550～5000 个。编码基因的基因组区域约占整个基因组大小的 87%，其中编码蛋白质的序列（CDS）为 4300～4800 个，平均 CDS 长为 950aa，tRNA 有 53～54 个，rRNA 有 6 个（23S rRNA、16S rRNA 和 5S rRNA 各 2 个），ncRNA 有 143～151 个。最重要的致病基因 *tal* 在 Xoo 各菌株中有 8～19 个，其中多数亚洲菌株含有 17～19 个，少数为 13 个，非洲菌株一般为 8 或 9 个（Salzberg et al.，2008；Tran et al.，2018）。

2）Xoo 基因组结构特征。按照 da Silva 等（2002）确认的黄单胞菌染色体复制起点，通过比较基因组分析和 DNA 双链间的 GC 偏移（GC skew）值的分析，明确了 Xoo 染色体的复制起点（*oriC*）以 *rpmH* 基因与 *dnaA* 基因之间区段中 TTTTCTGCGC 序列的第一个 T 作为染色体核苷酸计数的起点，染色体复制起始子基因 *dnaA* 位于基因组的第 42～1330 位碱基。黄单胞菌染色体的复制方式为 θ 型，推测其复制终点（*ter*）位于复制起点的对称点附近，大约在左、右复制弧的对折处。可以根据 GC skew 的陡变处判断复制终点，真实终点需要测定。

Xoo 基因组的另外一个特点是插入序列（IS）和短重复序列含量高，主要包括 IS3、IS4、IS5、IS256 等 IS 家族，IS 总数可达 600 多个拷贝（Salzberg et al.，2008）。推测是基因水平转移的结果，有助于 Xoo 基因组的演化。基于 MAUVE 软件（Darling et al.，2004）的基因组共线性分析结果显示，Xoo 基因组结构具有显著的多样性，不同菌株间基因组重排、大片段插删事件较多。Xoo 中基因组重排尺度最大的事件应该是 PXO99^A 菌株的 212kb 重复片段，该段 DNA 在日本菌株 MAFF311018、韩国菌株 KACC10331 以及最近完成测序的 PXO99^A-GX 菌株（PXO99^A 菌株是在中国使用的一个克隆株系）中只有一个拷贝，而在 PXO99^A 菌株中有两段几乎完全一致的正向重复片段，两端有多个插入序列 ISXo5（Li et al.，2022）。比较基因组结果表明，在黄单胞菌属内 Xoo 致病变种之间的基因组变异度最大，提示 Xoo 基因组的演化速度快（Salzberg et al.，2008）。有趣的是，Xoo 的寄主水稻是人类最早驯化的作物之一，水稻频繁育种、选种对 Xoo 的协同进化的影响值得关注（Quibod et al.，2020）。

另外，Xoo 基因组中一般都含有成簇的规律间隔的短回文重复序列（clustered regularly interspaced short palindromic repeat，CRISPR）以及 CRISPR 关联基因（CRISPR associated gene，*Cas*），也称为 CRISPR 位点（locus）。该位点由众多短而保守的重复序列区（repeat）和间隔区（spacer）组成。重复序列区含有回文序列，可以形成发卡结构。在上游的前导区（leader）被认为是 CRISPR 序列的启动子，上游还有一个多态性的家族基因 *Cas*，该基因编码的蛋白均可与 CRISPR 序列区域共同发生作用。*Cas* 基因与 CRISPR 序列共同进化，形成了在细菌中的 CRISPR/Cas 系统。CRISPR/Cas 系统是一种原核生物的免疫防御系统，用来抵抗外来遗传物质的入侵，如噬菌体病毒等。它为细菌提供了获得性免疫，当细菌遭受病毒入侵时，会产生相应的"记忆"。当病毒二次入侵时，CRISPR 系统可以识别出外源 DNA，并将它们切断，沉默外源基因的表达，抵抗病毒的干扰。CRISPR 中的间隔区比较特殊，它们是被细菌俘获的外源 DNA 序列。相当于细菌免疫系统的"黑名单"，当这些外源遗传物质再次入侵时，CRISPR/Cas 系统就会予以精确打击。大约 45% 细菌的基因组中含有 CRISPR/Cas 系统的编码基因。依据 CRISPR 基因座的结构、Cas 基因的数量和重复序列特征，可将 CRISPR/Cas 系统大致分为两大类（Class 1 与 Class 2）、6 个型（type）和 33 个亚型（subtype）。第 1 类（Class 1）包括 Ⅰ、Ⅲ 和 Ⅳ 三个型（type），特点是具有多亚基效应子复合体（multi-subunit effector complex）；第 2 类包括 Ⅱ、Ⅴ 和 Ⅵ 三个型（type），特点是具有单一蛋白效应子（Makarova et al.，2020）。基因组分析结果表明，Xoo 基因组编码的 CRISPR/Cas 系统为第 1 类 Ⅰ 型的 Ⅰ-C 亚型（subtype Ⅰ-C）。不同的 Xoo 菌株含有各自特异的间隔区序列，而且在基因组间差异较大，如 PXO99^A 含有 75 个，MAFF311018 和 KACC10331 分别有 48 个和 57 个。CRISPR 位点是 Xoo 基因组变异的热点，间隔区序列的多样性反映出不同菌株曾经历的不同环境和噬菌体胁迫，也是 Xoo 菌株遗传多样性分析的指征序列之一（Salzberg et al.，2008）。

基于 DNA 损伤修复机制，CRISPR/Cas 系统（最初用的是化脓性链球菌 *Streptococcus pyogenes* 的第 2 类 Ⅱ 型 CRISPR/Cas 系统）被人们发展成了对 DNA 进行定点精确编辑的新技术，成为继锌指核酸酶（ZFN）技术、类转录激活因子效应子核酸酶（TALEN）技术之后出现的第三代基因组编辑技术。CRISPR/Cas9 基因编辑技术是通过人工设计的 sgRNA（guide RNA）来识别目的基因组序列，并引导 Cas9 蛋白酶进行有效切割 DNA 双链，形成双链断裂，损伤后修复会造成基因敲除或敲入等，最终达到对基因组 DNA 进行修饰的目的。CRISPR/Cas9 系统具有高效、精准的基因编辑功能和低成本的特点，被誉为"基因剪刀"，已被广泛用于生命科学、基础医学、临床医学、动植物育种的基础研究和应用。CRISPR/Cas9 基因编辑技术是 21 世纪迄今为止最重要的科学进展之一，相关研究人员 Emmanuelle Charpentier 和 Jennifer A. Doudna 共同获得 2020 年诺贝尔化学奖。Liu 等（2021b）对 Xoo 的 Ⅰ-C 型 CRISPR/Cas 系统进行了功能鉴定，发现 Xoo 的 CRISPR/Cas 系统能够在丁香假单胞菌中发挥基因编辑功能。Jiang 等（2022）利用 Xoo 内源的 CRISPR/Cas 系统，实现了对自身基因组的编辑，为下一步运用该系统进行 Xoo 基因组快速编辑奠定了基础。

3）Xoo 主要致病相关基因。病原物与其寄主植物之间的协同进化是一个动态过程，不仅涉及相互作用，双方间生存斗争，也会有互惠和适应性变化，经典的"基因对基因"假说和"zigzag 模型"为解析植物抗病基因和病原毒力效应蛋白之间直接或间接相互作用提供了模型（Jones and Dangl，2006）。Xoo 与水稻的互作关系符合"基因对基因"假说，正是 Xoo 毒力（或无毒）相关基因组与水稻抗（感）病相关基因组之间互作结果的体现。在亲和互作中，病原菌不仅能成功地侵入寄主植物，而且能克服寄主的防卫反应，并在寄主体内大量增殖和扩展，最后导致病害症状产生；在非亲和互作中，病菌在侵入寄主后无法克服寄主的防卫反应，不能在寄主体内大量增殖、扩展，最终不会产生症状。病原菌与侵染和互作过程有关的基因统称为致病基因（pathogenicity gene）。毒性基因由于与寄主的抗病基因相克，使寄主范围扩大，而无毒基因与寄主的抗病基因互补，使寄主范围缩小。

与大多数黄单胞菌的致病机制相似，Xoo 主要依赖 Hrp-Ⅲ 型分泌系统（Hrp-T3SS）遏制寄主植物 PTI、ETI 的免疫、防卫、抗病反应，或直接诱导感病基因表达；依赖 Ⅱ 型分泌系统分泌的酶类瓦解寄主细胞、组织结构，释放营养物质；依赖 Ⅰ 型、Ⅴ 型分泌系统分泌的黏附素等大分子黏附寄主细胞或组织；依赖一系列逆境适应相关因子来适应水稻叶表、维管束等微生境，消解寄主被动或主动产生的有毒物质、氧爆产物及衍生物等。Xoo PXO99^A-GX 全基因组重测序注释与侵染过程关联的基因大约有 630 个，一部分在白叶枯病试验中有证据，大部分是根据同源比对、启动子序列或基因结构特征推测（Li et al.，2022）。正常的 Xoo 具有较完备的各病程阶段的相关基因。由于某些基因可能参与多个病程阶段，仅用病程阶段将致病相关基因进行分类有一定难度，Li 等（2022）将致病相关基因按基因产物可能的生物学功能或参与的代谢途径进行分组，并且标示了这些基因可能参与的致病过程。

四、种质资源抗病性

（一）水稻抗病性鉴定技术

1. Xoo 菌株的选择与活化

进行水稻种质、品种抗病性鉴定时，首选当地代表性的优势（流行）菌株，再根据其他目的选择相应的小种、菌型（不同的鉴别菌系）进行组合检测。鉴于不同菌株之间存在一定的拮抗作用、"稻-菌"之间存在特异互作等问题，要避免多个菌株菌液混合接种造成相互影响。如需多个不同类型菌株接种，应采用同株分蘖分组接种法。

通常情况下，菌株保藏采用超低温甘油管冷冻或 4℃ 琼脂板（或斜面）冷藏，接种前需要在 NA 固体培养基上预先活化菌株。在 28℃ 恒温培养箱中培养 2～3d，观察菌落的表型、均匀程度。如遇杂菌污染，要重新挑取单菌落，进行纯化。活化后的菌落可以转接 NB 液体培养基，在 28℃ 恒温 200r/min 摇床培养 48h，用无菌水或 10mmol/L $MgCl_2$ 将菌液浓度调配至 $OD_{600}=0.5$，用于接种试验；也可转接到 NA 固体平板上，在 28℃ 恒温培养箱中培养 2～3d。接种前采用无菌接种环或移液枪头，用无菌水或 10mmol/L $MgCl_2$ 刮取菌苔，菌液浓度调至 $OD_{600}=0.5$，用于接种试验。

根据不同试验的需要和条件，可选用无菌水、NB 培养基、磷酸缓冲液、生理盐水或 10mmol/L $MgCl_2$ 作为稀释菌液的介质，但要保证同类试验的一致性。

2. 水稻材料

在水稻抗性测试中，单一种质或品种要确保种子的纯度、发芽率。在不同材料的对比测试中，要事先了解各个材料的生物学特点、生长周期，统筹安排接种时期，做好试验方案。

在抗性遗传研究中，测试品种的全套遗传材料包括亲本、F_1、F_2、F_3 或 BC_iF_i（i 为配合世代数）等，应安排在同期接种，避免不同年份、不同外界环境条件下所得的结果无法比较。

多菌系接种同株分蘖分组接种法：水稻对不同菌系白叶枯病的抗性可由一个或几个不同的基因所控制。日本遗传学家和国际品种抗性基因的鉴定均采用几个菌系分析品种的抗性遗传基础，即参试材料的各个个体同时用几个菌系接种。根据所采用的菌株数，用不同颜色的塑料带将各稻株的分蘖分组，每种颜色代表某一菌系，以便同时测定群体中各个个体对不同菌株的实际反应，称为多菌系同株分蘖分组法。

3. 水稻对白叶枯病抗性检测接种法

接种试验是检测寄主抗性和病原致病性、致病力或毒力的主要策略。根据 Xoo 的侵染机制、入侵路径和定植部位等特点，人们先后研制出几种接种方法，包括喷雾法、浸灌法、浸根法、针刺法和剪叶法（章琦，2007）。在具体工作中，可根据研究目的、实验条件等，选择合适的接种方法。目前常用的方法主要是剪叶法和喷雾法。接种试验要安排在温室环境或条件可控的试验田中进行。

（1）剪叶法（也称 Kauffman 接种法）

将新鲜活化的 Xoo 菌株接种到含有相应抗生素的培养基中，于 28℃ 恒温 200r/min 的摇床中振荡培养至对数生长期，以无菌水、缓冲液或培养基稀释（也可稀释平板上的菌落）到 $OD_{600}=0.5$（菌体密度约为 $3×10^8$CFU/mL）。白叶枯病为细菌性维管束病害，采用灭菌剪刀蘸取菌液，剪去叶尖 1～3cm（视稻株生育期而定）。该方法简便易行，病斑与寄主感病性或菌株的致病力呈正相关。在配套了输运菌液装置后，可以实现大面积、快速接种（章琦，2007）。

（2）喷雾法

用喷雾器将 $3×10^8$CFU/mL 浓度的菌液直接均匀喷雾到水稻秧苗或孕穗期的叶片上，喷至叶片上雾滴滴下为止；接种后注意保湿以利于病菌侵入（王文相和张爱芳，2010）。该方法接近自然侵染状况，其潜伏期一般长于剪叶法，常用来判别品种材料抗侵入或抗扩展的特性，也适于比较品种材料的抗性类型和田间抗性水平。

（3）针刺法

用无菌解剖针或大头针，做成双针或多针束（单针的发病率较低）进行接种，针刺位置选在叶片的中部、主脉的两侧。将待接种的叶片平展于浸有接种菌液的海绵上，当针束刺进叶片时也插入了浸有菌液的海绵，拔出针束时就完成了接种操作。

4. 接种时期与调查时间

（1）接种时期

1）苗期接种：鉴于水稻对白叶枯病的抗性存在成株抗性和全生育期抗性，在不了解待测品种资源抗性类型的情况下，应该首先进行苗期接种，从而确定全生育期抗性材料。一般苗期抗病的多为全生育期抗性，并且抗性比较稳定。

2）成株期接种：孕穗期接种是常用的抗性检测方法，优点是叶片成型，通常以剑叶为对象，剑叶完全抽出时接种，早抽穗的品种早接种，晚抽穗的品种晚接种（王文相和张爱芳，2010）。

3）分蘖盛期接种：播种后45～50d水稻进入分蘖盛期，选择基本成型的下位叶片接种。这是国际水稻研究所常采用的抗病检测接种时期，也被用于检测病菌的毒力。

在抗病遗传研究中，需要注意水稻在不同生育期对白叶枯病的抗性表现不同。全生育期抗病品种的遗传分析群体需在分蘖和孕穗期各接种一次，从而确定不同生育期的抗性基因数；对于成株抗性品种，一般在孕穗期接种。

（2）调查时间

无论是苗期还是成株期，都应在感病对照品种充分发病、病情发展相对稳定时进行调查。一般苗期在接种后10～14dpi（days post inoculation），成株期接种和调查时间间隔为14～21dpi。接种与调查的间隔时间因时、因地而异，以参试的感病对照品种充分发病、病情发展相对稳定时调查，必要时可适当延长。

剪叶接种结果可采用目测调查法或者病斑长度测量法（Ke et al.，2017）；喷雾接种结果可采用病斑面积比较法调查。

调查数量和记载。选取3～5片叶片调查每丛稻株对各菌系的抗性反应。一般以病斑占叶片面积的百分率或病斑长度（cm）为抗性反应的鉴定指标。在抗性遗传分析中应根据分离世代群体的抗感分布确定抗感组群界限。可供参考的标准是病斑面积占叶片面积的20%～25%，长度以5cm左右为界（章琦，2007）。

5. 水稻对白叶枯病抗性的分级

接种后所呈现的病斑侵染型也是判断水稻对白叶枯病抗感发展的重要依据。

（1）剪叶症状

感病叶片，从剪叶处开始，先出现暗绿色水浸状线状斑，很快沿线状斑形成黄白色病斑，然后沿叶缘两侧或中脉扩展，变成黄褐色，最后呈枯白色，病斑边缘界限明显。粳稻的病斑转为灰白色，籼稻转为黄色，病健交界处均呈现波纹状。高抗品种叶片剪口处为白色线状，多数抗病的爪哇型品种呈现褐色边缘病斑。这些都是重要的抗病型特征。品种材料间抗病性强弱的划分是相对的，它受接种方法、部位、接种菌液浓度和试验的环境条件以及评定病级尺度的掌握等自然与人为因素的影响。因此抗性鉴定的方法、调查标准应该相对固定（章琦，2007）。

（2）中国白叶枯病病情调查标准

水稻对白叶枯病抗性分级标准可按照表2-1，也可选用全国水稻白叶枯病协作组制定的中国白叶枯病病情调查标准（表2-8）。

表 2-8 中国白叶枯病病情调查标准（章琦，2007）

病级	剪叶法	针刺法
0 级（免疫）	剪口处无病斑	刺口周围无病斑
1 级（抗）	剪口处有小病斑，长度不超过 2cm	刺口处有小病斑，不超过 2cm
2 级（中抗）	病斑向内延伸 2cm 以上，不超过叶长的 1/4	病斑纵向扩展超过 2cm，不超过叶长的 1/4
3 级（中感）	病斑占叶面积的 1/4～1/2	病斑纵向扩展，上半叶枯死
4 级（感）	病斑长度占叶长的 1/2～3/4	病斑长度占叶长的 1/2～3/4
5 极（高感）	病斑长度超过叶长的 3/4	病斑长度超过叶长的 3/4

注：针刺法由于重复性较差，目前已较少用于白叶枯病试验

（3）野生稻白叶枯病抗性鉴定标准

野生稻白叶枯病抗性评价一般采用剪叶法，菌液配置与栽培稻一致。鉴于野生稻的生长周期、分蘖时期、叶片长度等与栽培稻差距较大，若采用病斑长度占全叶长比例作为标准会有一定限制。接种菌液浓度为 $1×10^9$CFU/mL，于分蘖盛期采用人工剪叶法进行接种，选择每蘖完全展开的最上面的健康叶片，每个菌种接种 5～7 片（重复 3 次），接种 21dpi 左右，待感病品种 IR24 或日本晴充分发病时，量取病斑长度，取其平均值作为单株病斑长度（张静等，2022）。抗性评价参照方中达（1998）的标准执行（表 2-1）。

（二）水稻种质资源、品种抗白叶枯病评价

品种抗病性是寄主与病原物互作的结果，有明显的时效性。抗病品种连续种植 3～5 年后，随着 Xoo 生理小种和菌系的变异，品种抗性丧失，会引起病害的暴发流行。水稻抗病性鉴定技术是水稻抗病育种和新品种审定必不可少的一种技术手段，水稻品种区域试验是新品种选育、推广的重要环节，采用科学的水稻抗病性鉴定技术，可为品种审定工作提供科学依据。正确鉴定和评价种质资源与栽培品种的抗病性，可指导抗病育种、抗性基因挖掘、抗病品种合理布局。

我国是亚洲栽培稻的起源地之一，野生稻资源丰富，水稻人工驯化和稻作技术的发展源远流长。早在 20 世纪 30 年代，丁颖就开始调查、收集华南稻区地方稻种资源的工作。1956 年，方中达等（1957）在国内首先研究水稻品种对白叶枯病抗性鉴定的方法，并鉴定了 145 个品种资源对白叶枯病的抗性。1976～1979 年，由农业部委托浙江省农业科学院主持全国稻瘟、白叶枯病等主要病害抗性鉴定协作网；1980～1984 年中国农业科学院作物品种资源研究所组织了国外引进稻种资源抗三病两虫的联合鉴定。

1993 年不完全统计显示，从 70 424 份（次）国内外水稻品种材料中筛选出 2929 份白叶枯病中抗以上的品种资源，从中鉴定出若干优异的抗白叶枯病新基因。其中包括一大批抗性强的野生稻种、地方品种、国外引进种和国内育成品种。有些品种直接在生产上种植，有些用作抗病育种的骨干供体。章琦（2007）详细地介绍了 1956～2006 年我国主要开展的野生稻资源、地方稻种资源、引进稻种资源的白叶枯病抗性评价、研究和利用工作。本节主要介绍近年来我国主要开展的野生稻、水稻种质资源、品种的抗白叶枯病评价工作。

1. 野生稻对白叶枯病抗性评价

野生稻作为栽培稻的始祖，蕴含许多高产、优质、耐寒、抗旱、抗病虫害等优良基因，具有较高的开发利用价值。我国在野生稻抗白叶枯病的机理、功能基因挖掘、野生稻基因渐渗育种法方面做了大量的工作，并培育出一些抗白叶枯病的品种，在水稻安全生产中发挥了重要作用。此前，章琦（2007）系统地总结了我国在野生稻的白叶枯病抗性评价、遗传特点与抗性资源利用方面的进展。以下仅简单介绍近年来我国的野生稻白叶枯病抗性评价。

覃宝祥等（2014）利用华南籼稻区 Xoo 优势菌株（Ⅳ型）对 1498 份广西普通野生稻进行初步抗性鉴定，获得 70 份对白叶枯病抗性稳定的材料。利用广西 Ⅰ～Ⅶ型优势菌株对其中的 60 份材料进行广谱抗性

鉴定。在60份材料中对Ⅰ～Ⅶ型菌株表现中抗以上的材料分别为43份、50份、45份、58份、52份、46份和46份。其中RB11和RB19对Ⅰ～Ⅶ型供试优势菌株均表现为抗病，RB5对Ⅶ型菌均表现为高抗，RB7和RB31分别对Ⅴ型菌表现为高抗。表明广西普通野生稻抗性材料出现的频率与居群遗传多样性指数相关性不显著，但与居群地理纬度呈极显著负相关。李栋等（2018）采用菲律宾菌株PXO86（P2）、PXO71（P4）、PXO112（P5）和PXO99（P6）对采自海南不同地区的15个普通野生稻居群的检测结果表明，海南普通野生稻居群均表现出对白叶枯病菲律宾小种一定的抗性。功能标记检测结果发现，15个居群的普通野生稻中含有 Xa1 或其同源基因，但均不含有 xa5、xa13 抗病基因；YHK3、YDF3、YDZ1、YDZ2、YLG、YWN 和 YWC 等7个居群能够扩增出 Xa27 条带。李鹏林等（2021）通过田间病情调查、抗性鉴定和水稻抗白叶枯病基因检测3种方法，对多年生水稻品种（系），即多年生稻23（PR23）、云大24（PR24）、云大25（PR25）、云大101（PR101）、云大107（PR107）及其父本长雄野生稻、母本RD23和F$_1$（RD23/长雄野生稻）的白叶枯病抗性进行评价。长雄野生稻高抗白叶枯病，品种PR23、PR24、PR25、PR107虽然携带抗白叶枯病基因 Xa1、Xa4、Xa23、xa25 的等位基因，但在田间自然发病条件下均易感白叶枯病。说明这几个抗性基因对这4个多年生水稻品种（系）不起抗病作用。PR101含有白叶枯病抗性等位基因 xa25、Xa27，在田间自然条件下表现为抗白叶枯病，说明这2个基因可能是PR101抗白叶枯病的基因。张静等（2022）用中国Ⅳ型和PXO99菌株对广东省9个县（市）的普通野生稻共20个居群进行抗病鉴定，结果表明广东普通野生稻对广东省典型的致病菌株Ⅳ型小种表现为抗病或高抗，对PXO99小种的抗性反应差异较大，表现出中感到抗病。对Ⅳ型菌株均表现为抗病（即病斑长度小于3cm），占供试群体的100%，但对PXO99菌株表现抗病的材料占供试群体的59.18%。在20个菌群中，3个居群能够扩增出 Xa21 抗病基因条带；4个居群能够扩增出 Xa4 抗病基因条带；5个居群能够扩增出 Xa7、Xa27 抗病基因条带；Xa23、Xa10、Xa26 抗病基因条带分别能够在11个、12个和16个居群中被扩增出；19个居群能检测出 Xa1 的抗病基因条带，所有居群均不含 xa5、xa13 抗病基因。抗谱分析发现，HY2、DB2和GZ23居群中的5份野生稻资源可能含有新的抗性基因。范伟雅等（2023）用PXO99对海南收集的145份普通野生稻和47份药用野生稻进行白叶枯病抗性鉴定，69%的材料表现出中抗及以上，其中5份药用野生稻高抗白叶枯病。与野生稻的整体表现一致，海南野生稻抗白叶枯病的种质资源比栽培稻比例高。

2. 近年来我国育成品种和推广品种的抗性评价

（1）全国范围的综合分析评价

鄂志国等（2019）基于 Asp.net、VB.net、R 语言进行编程和运算，从中国水稻品种及其系谱数据库（http://www.ricedata.cn/variety/）中筛选1979～2018年共40年间生产上大面积应用的品种4159个和省级以上审定品种9563个，提取大面积应用品种（每年推广面积在6666.67hm^{2}以上）年度推广记录17 673条。提取每个品种的单产、抗性和品质等各种数据性状，对库中收录的水稻品种数据进行分析，相关结果用R语言制作图表进行展示。总体而言，1979～2018年共40年间我国水稻主要育成品种对稻瘟病的抗性得到显著增强，白叶枯病抗性有所改善，但不明显，褐飞虱抗性没有显著变化。

（2）六省水稻主栽品种的抗性评价与比较分析

为了弄清我国主要稻区主栽品种的抗白叶枯病品种分布情况，2013～2014年史波等（2016）用人工接种方法鉴定了吉林、云南、浙江、湖南、江苏和广东六省75个水稻主栽品种对我国9个白叶枯病菌小种（R1～R9）的抗性。

1）我国水稻主栽品种对白叶枯病抗性的地域特点：吉林、云南和湖南主栽品种抗性弱、抗谱窄，分别只对其中5个、3个和6个小种有抗性，缺乏对当地优势小种表现抗病的品种；广东、江苏主栽品种对9个小种均有抗性；浙江品种对7个小种，包括对当地优势小种R5和R8均有抗性。

2）我国Xoo主要小种对主栽品种的致病力差异：致病力较强的是小种YN24（R9）和YN1（R2）。在测试的75个品种中，有69个品种对这2个菌株表现感病；小种FuJ（R8）能使90.7%的测试品种表现感病或中感反应，只有7个品种表现中抗或抗病反应。致病力最弱的是小种YN18（R1），有73个品种对其表现出抗病或中抗反应，只有云粳 41 和龙洋 1 号对其表现感病或中感反应；其他 5 个小种可以使 50.7%～82.7% 的品种发病。

3）不同类型水稻品种对白叶枯病的抗性聚类：根据致病结果，75 个主栽品种可以聚类为 23 个簇群，簇群 1～3 的 3 个品种为新黄占（籼稻）、淮稻 5 号（粳稻）和绍糯 9714（粳糯稻），表现为抗谱最宽、抗性最强，占总品种数的 4%；簇群 23 有 20 个品种，占总品种数的 26.7%，表现为抗谱窄、抗性弱；其余簇群的品种抗性介于簇群 1～3 和簇群 23 之间。

4）不同类型水稻品种对白叶枯病的抗性表现：①常规籼稻品种抗性，聚类分析中处于弱抗性簇群 23 的籼稻品种只有五山丝苗，其他籼稻品种抗谱都比较宽，如新银占和航特占。参试籼稻品种的整体抗性水平较高，绝大多数籼稻品种都具有较强的抗性和较宽的抗谱。②常规粳稻品种抗性，不同粳稻品种抗、感表型差异很大，淮稻 5 号和绍糯 9714 分别对 7 个或 8 个小种表现抗病反应。抗性强、抗谱宽。聚类分析中处于弱抗性簇群 23 的 20 个品种中有 15 个是粳稻，占比为 75%，其中 6 个粳稻品种只抗 R1 一个小种，其他品种对 2 或 3 个小种表现出抗病或中感反应。③籼型杂交稻品种抗性，与常规粳稻相似，参试籼型杂交稻间的抗性表现差异较大。有 4 个籼型杂交稻聚类于簇群 23，其余籼型杂交稻品种则被聚类为不同的簇群，各品种间的抗性和抗谱有较大差异，其整体抗性表现介于粳稻和籼稻之间。④粳型杂交稻品种抗性，参试的 5 份粳型杂交稻中除甬优 538 对 R1 和 R3 两个小种表现抗病反应外，其他 4 个品种都分别抗 5 或 6 个小种，抗谱宽于多数籼型杂交稻。粳型杂交稻被聚类于相近的簇群中，不同品种间抗性表现差异较小。

（3）地方推广品种的抗性评价

俞咪娜等（2014）用 4 个不同致病型的 Xoo 菌株 KS-6-6（Ⅱ）、ZHE173（Ⅳ）、PX079（Ⅴ）和 JS49-6（Ⅶ）对 2013 年江苏省的 445 个水稻区试和预试品种进行白叶枯病抗性鉴定。粳稻、籼稻对白叶枯病的抗性差异不是很明显，对 4 个菌株的平均抗性为 59%～77%，其中迟粳、淮南迟播的抗性相对较好，均在 70% 以上。江苏省大面积种植的中粳抗性相对较差，抗性品种比例为 66.9%。各类型水稻对致病型 Ⅱ、Ⅳ 型菌的抗性均较弱，特别是早熟晚粳对 Ⅳ 型菌的抗性比例仅为 16%，与 1995～2005 年的品种抗性鉴定结果相比，抗性比例明显下降（陈志谊等，2006）。供试的水稻品种中，13.1% 早熟晚粳对 Xoo 的 4 种致病型表现为全抗，其他类型品种的抗性均在 40% 左右。

高杜娟等（2014）鉴定了 2010～2013 年参加长江中下游水稻区域试验的 1154 个水稻品种（组合）及 4 年内通过国家审定的 103 个品种对白叶枯病的抗性。1154 个品种（组合）的抗性水平差异明显，无高抗；47 个抗病，占 4.1%；不同品种类型抗病频率为单季晚粳（77.6%）＞中籼（20.0%）＞早籼（15.3%）＞晚籼（6.3%）。103 个审定品种中只有 8 个中抗品种，无抗病或高抗品种。说明当时我国水稻品种白叶枯病抗性较弱，解释了 2000 年以后白叶枯病在部分稻区再次猖獗的原因。

袁斌等（2015）采用 8 个 Xoo 小种（FuJ、GD414、HEN11、YN1、YN7、YN11、YN18 和 ScYc-b）接种，鉴定了湖北省 72 个主栽水稻品种对 Xoo 的抗性。能够同时抗 8 个菌株的仅有鄂粳优 775，抗其中 7 个菌株的仅有广两优 476，能抗其中 6 个菌株的有 5 个品种，14 个品种能抗其中的 5 个菌株，9 个品种能抗其中的 4 个菌株，33 个品种只能抗其中的 2～3 个菌株，两个品种对所有菌株都感病。8 个菌株表现的致病力差异大，FuJ 的致病力最强，仅鄂粳优 775 一个品种对其有抗性；YN1 也有很强的致病力，仅两个品种对其有抗性；16 个品种表现对 ScYc-b 有抗性；50% 以上的品种抗其他菌株。湖北省主栽品种普遍对 Xoo 的抗性不好，尤其是对 FuJ 和 YN1 菌株缺乏抗性，这种状况导致白叶枯病成为该省水稻生产的潜在威胁，也是 2013～2014 年湖北省部分稻区白叶枯病大发生、造成水稻绝收的主因。

杨军等（2017）选择中国流行的 9 个 Xoo 菌株和菲律宾的一个强毒性广谱致病菌株对 64 个水稻品种进行抗性分析。生理小种 YN24、PXO99、YN1 致病力强，致病率均超过 90%，致病力最弱的生理小种是 YN18，致病率只有 3.23%。水稻品种（系）武 21621、A130、圣稻 740 对 10 个生理小种都表现抗病，C418、K18 对 10 个菌株都表现感病，其他品种对 10 个菌株抗性表现不一。同时，PCR 分析表明对 10 个菌株表现抗病的水稻品种圣稻 740 可能含有新的抗病基因，是一个潜在的抗病资源。李栋等（2018）通过接种 4 个菲律宾 Xoo 小种对海南普通野生稻进行抗性鉴定，检测其抗性基因。王洁等（2018）对近 15 年参加北方国家水稻区域试验的品种进行分析，发现年度间抗性品种比例波动较大，对稻瘟病抗性不强、不稳定，受环境条件的影响较大。高杜娟等（2017）鉴定了近30年国家和湖南省审定的水稻品种对白叶枯病的抗性，发现抗病品种逐年减少、抗性频率逐渐下降的趋势。

吕树伟等（2022）采用剪叶接种法对2016～2018年广东省内的261份水稻品种资源进行了白叶枯病抗性鉴定。发现对Ⅳ型菌中抗以上的共23份，占供试总数的8.81%，多数为中抗水平，没有高抗或免疫的材料。

陈晴晴等（2022）采用剪叶接种法对2017～2020年安徽省水稻区试品种进行白叶枯病的抗性鉴定。51.59%表现为感白叶枯病，没有高抗品种。籼稻的抗白叶枯病率（4.81%）小于粳稻（22.81%）。参试品种抗白叶枯病率呈"下降—上升—下降"趋势，兼抗稻瘟病和白叶枯病的品种占比为1.16%～3.07%，呈逐年上升趋势。

（4）引进品种的抗性评价

张红生等（1996）采用剪叶法，用Xoo GD1358（Ⅴ型）菌株在孕穗期接种剑叶和倒2叶，对1992年征集的在美国南部和西部地区广泛种植以及将要推广的42个水稻品种进行抗病检测，美国品种对中国Ⅴ型菌株的抗性表现为：抗病3个（占7.14%）、中抗9个（21.43%）、中感24个（57.14%）和高感6个（14.29%）。

（三）水稻白叶枯病抗病种质资源与抗病品种

发掘和利用白叶枯病抗性新种质，对选育抗病品种，保证水稻高产、稳产具有十分重要的意义。高杜娟等（2016）发现白叶枯病抗源的主要来源为：栽培品种、地方品种、国外品种、野生稻种资源、利用现代技术手段获得的新种质。

1. 地方品种资源

方中达（1963）报道太湖地区抗病种质。籼稻：瘦田赤、湖南白、矮脚齐子、湖南早、一线红、红节川、太和黏、红米子、小冬稻。粳稻：叶里培、陈家种、老大稻、中齐家青、白壳小稻、菊花黄、黑种、齐家青野稻、矮其黄、矮子晓稻、好土粳、笔杆青、霜降乌、湖足糯、红壳糯、晚长长糯和农林16号。

云南是中国稻种优异资源的富集中心，具有中国稻种资源核心种质研究的最佳材料。扎昌龙、丰矮占、中419、Gayabyeo、Bg91-1、CR203、OM997、PSBRC28、广122、滇屯502、Madhukar、云恢290、优27等都是优异的抗病种质。

湖南地方稻种资源紫谷、背子谷、假蚂蚱谷、双抗红、工人糯、金钱糯、二百号、江永香稻、冬香糯、香稻、大叶毛、麻壳糯、响壳糯、麻三百粒、东昇高脚、黄麻粘、长子三十粘、红米糯等均抗白叶枯病。

广东地方稻种资源有：黑君仔、黑谷、高脚早熟、普宁马龙牙、乌督占、圆身早、大黄谷、黄壳赤、惠州占、慢种快、柑沟种、玻璃占、大子谷、大糯、大南糯、丝花白、龙牙仔、广西种、龙虾种、白壳齐眉、早白谷、大熟等不仅抗白叶枯病，而且都兼抗稻瘟病或者稻飞虱。吕树伟等（2022）报道广东水稻种质资源，中抗材料包括白糯米4、新盛常规稻、石角常规稻、中山12、包选2、糯米5、黑糯2、麻壳糯、白壳糯、美香占2号、油粘仔、珍桂1、糯谷7等；抗级种质资源有银湖香占、金马丝苗、红水稻、本地黑糯2、本地糯谷2、大冬糯、岩糯、槟唐香、龙田赤壳谷、糯稻等。

其他地区稻种资源，如福建的卡罗洛、农林系列、京引系列、蔬木、石狩、BL2、矮广2号、75752、窄叶青糯、龙紫11号等；浙江的陶墓种、柑棵红、矮红稻、矮绿稻；天津的叶里藏花；台湾的C731051。

2. 主要栽培品种

特青是高抗白叶枯病的籼型常规稻，以其为亲本的抗病品种有青二籼、云陆101、特青2号、盐稻5号、南京15号、丰新占、特三矮2号、粤香占、特籼占2号等。BG90-2是斯里兰卡选育的抗白叶枯病品种，以其为亲本的抗白叶枯病品种有苏农3037、超产1号、鄂糯7号、恢复系湘恢3399、江恢629等。粳稻抗源主要有南粳 15、南粳 11、关东 60、日本晴、农垦 58、武运粳 7 号等。以南粳 15 为亲本的抗白叶枯病品种有紫金糯、皖粳 1 号、中百 4 号；以南粳 11 为亲本的抗病品种有盐粳 2 号、镇稻 4 号，与南粳 11 有亲缘关系的杂交晚粳春优 2 号、甬优 5 号中抗白叶枯病；以农垦 58 为亲本的抗病品种有鄂宜 105、农虎 6 号、苏州青等，不育系有农垦 58S、广占 63-4S 等；1995 年育成的武运粳 7 号是一个新的粳稻抗源，用其作为亲本选育的镇稻 18 号、武粳 15 号、常农粳 4 号和 3 号、当育粳 10 号、晚粳 22 等抗白叶枯病，以其为父本选育的不育系武运粳 7 号 A 也抗白叶枯病；武运粳 7 号 A 所配组合常优 2 号、常优 4 号、苏优 22 抗病，以武运粳 7 号 A 为母本选育的不育系浙 04A 抗病。

我国利用 IR 系列育成了许多优异的水稻品种，以 IR26 为父本育成的威优 6 号、汕优 6 号都抗白叶枯病，且推广面积都在 667 万 hm² 以上。以 IR26 为亲本共育成品种近 50 个，是我国应用面积较广的恢复系之一；以 IR29 为母本的糯稻湘早糯 1 号中抗白叶枯病；以 IR30 为亲本育成了明恢 63、岳恢 9113 等。与 IR30 有亲缘关系的恢复系测 64-7 是我国应用较多的恢复系，用它作为亲本衍生了一大批优良恢复系和品种。以 IR36 为亲本育成的抗病品种有湘早籼 3 号、HA79317-4、粳籼 89、云国 1 号、镇籼 272；湘早籼 3 号、HA79317-4 衍生了许多抗病品种和不育系，主要有湘早籼系列品种、嘉育 293、嘉育 948、赣早籼系列品种、中 86-44、龙 S、株 1S、陆 18S 等；以 IR54 为亲本育成的金株 1 号、将恢 155、镇籼 232 均中抗白叶枯病。

我国农业部和湖南、安徽、江苏、广东、广西和云南等省（区）对区试品种进行了白叶枯病抗性鉴定，从近年审定的品种中发掘抗白叶枯病种质。国家审定的抗病品种有秀水 123、秀水 09、鄂早 18、浙 733、闽岩糯、嘉早 935 等；湖南审定的湘晚籼 3 号、粤油丝苗、创香 5 号等；安徽审定的皖垦糯 1 号、旱稻 906、宝旱 1 号、富粳 1 号、扬稻 2 号等；江苏审定的宁 9213、苏粳 8 号、南粳 43、苏优 22、嘉 991、武育粳 18 号、华粳 4 号、武粳 15 号、宁粳 1 号、扬辐粳 7 号、淮稻 7 号等；广东审定的黄广莉占、白粳占、白香占、白丝占、佛稻占、黄广秀占、粤禾丝苗、桂晶丝苗、玉晶软占、玉两优红宝、五山丰占、固丰占、华航 33 号；云南在 2014 年审定的靖粳 26 号、楚粳 38 号、楚粳 37 号、塔粳 3 号、陆育 3 号、云粳 39 号、云粳 38 号、会粳 16 号、文陆稻 26 号、云陆 140、玉粳 17 号、云粳 35 号、丽粳 14 号、文粳 1 号、红稻 10 号、文稻 11 号等；浙江审定的宁 84 等。这些高产优良的抗白叶枯病品种，都可以作为水稻抗白叶枯病的优异种质资源（高杜娟等，2016）。

石瑜敏等（2008）鉴定的中抗以上的水稻品种有玉桂占、湘优 402、陆两优 28、T 优 433、T 优 463、中优 106、华优 122、T 78 优、绮优 926、特优航 3 号、梅优 167、青优 119。

其他中抗以上的水稻品种（组合）有黄华占、桂农占、粤晶丝苗 2 号、合美占、特籼占 25、黄莉占、粤广丝苗、新黄占、博 Ⅱ 优 15、湘早籼 2 号、湘早籼 7 号、湘晚籼 12、汕优 77、天优 1120、中优 85、皖稻 135、Ⅱ 优 205、丰优 205、常优 2 号、新香优 906、抗优 63、嘉早 935、丰两优 4 号、新两优 6 号、R19、镇恢 084、25-289、杂合 A402、浙优 18、甬优 12 号。

3. IR 系列品种与近等基因系

（1）IR 系列品种

国际水稻研究所育成的一系列抗白叶枯病品种有 IR20、IR22、IR26、IR28、IR286、IR29、IR30、IR32、IR34、IR36、IR38、IR39、IR40、IR42、IR44、IR46、IR48、IR50、IR52、IR54、IR56、IR58、IR60、IR72 等，其中 IR50、IR56、IR58 和 IR60 与 IR36 有亲缘关系，IR30、IR32、IR38 和 IR40 与尼瓦拉野生稻有亲缘关系。

除了上述遗传背景比较清楚的 IR 系列品种，我国多个省份先后从国际水稻研究所又引进了一大批抗白叶枯病的材料，主要材料代号分别为 IR1545、IR1545-339-2-2、IR2798-88-3-2、IR4442-46-3-3-3、IR5793-55-1-1-1、IR5853-213-6-1、IR8608-82-1-3-1-3、IR11288-B-B-445-1、IR13146-45-2、IR13423-17-1-2-1、IR13429-150-3-2-1-2、IR13540-56-3-2-1、IR15314-43-2-3-3、IR15429-268-1-2-1、IR15723-45-3-2-2-2、IR17494-32-1-1-3-2、IR17525-278-1-1-2、IR19672-140-2-3-2-2、IR19735-5-2-3-2-1、IR19743-46-2-3-3-2、IR19774-23-2-2-1-3、IR22082-41-2、IR22082-91-1-2-2-2、IR25587-133-2-2-2、IR28224-3-2-3-2、IR29658-

43-3-2-1、IR31429-14-2-3、IR32429-122-3-1-2、IR32720-138-2-1-1-2、IR32876-54-2-2-2、IR33059-26-2-2、IR33383-23-3-3-3、IR35346-28-3-3-1、IR35293-125-3-2-3、IR35353-94-2-1-3、IR35366-40-3-2-2、IR35454-18-1-2-2、IR37096-50-1-3-3、IR39357-133-3-2-2-2、IR40931-33-1-3-2、IR43552-18-3-4-3、IR48787-54-1-1-1、IR49772-87-3-1-1、IR3356-22-3-1-2、IR3360-5-3-2-3、IR1545-339-2-2、IR2061-628-1-6-43、IR2070-863-1、IR9828-91-2-3、IR9830-26-3-3、IR71676-34-1-1（孙恢鸿等，1993；高杜娟等，2016）。

（2）IRBB 系列

以感白叶枯病品种 IR24 为背景，获得了一系列单基因、双基因或多基因聚合的近等基因系：IRBB1（*Xa1*）、IRBB2（*Xa2*）、IRBB3（*Xa3*）、IRBB4（*Xa4*）、IRBB5（*xa5*）、IRBB7（*Xa7*）、IRBB13（*xa13*）、IRBB21（*Xa21*）、IRBB27（*Xa27*）、IRBB24（*Xa4+Xa21*）、IRBB50（*Xa4+xa5*）、IRBB51（*Xa4+xa13*）、IRBB52（*Xa4+Xa21*）、IRBB53（*xa5+xa13*）、IRBB54（*xa5+Xa21*）、IRBB55（*xa13+Xa21*）、IRBB56（*Xa4+xa5+xa13*）、IRBB57（*Xa4+xa5+Xa21*）、IRBB58（*Xa4+xa13+Xa21*）、IRBB59（*xa5+xa13+Xa21*）、IRBB60（*Xa4+xa5+xa13+Xa21*）。

（3）CBB 系列

以沈农 1033 为轮回亲本的粳稻近等基因系 CBB2、CBB3、CBB4、CBB7、CBB12、CBB14（*Xa14*）（章琦等，1998）；以 JG30 为轮回亲本，以野生稻 RBB16 为供体的近等基因系 CBB23（*Xa23*）（章琦等，2002）；以 JG30 为轮回亲本，以野生稻 Y238 为供体的近等基因系 CBB30（*Xa30t*）（金旭炜等，2007）。

（4）GDBB 系列

广东省农业科学院植物保护研究所以 CBB23 为供体，IR24 为受体及轮回亲本，育成的 GDBB23（*Xa23*）（冯爱卿等，2022）。

4. 其他国外引进品种

国外水稻品种，除 IRRI 品种外，有 Ayung、B3894-22C-SM-5-1-1、B4075D-PN-13-1、B126D-PN-2-1、B4143D-PN-51-4、B4403F-MR-17-1、BJ1、BR51-49-6-HR63、BR51-282-8/HR29、BR51-282-8/HR45、BR118-3B-17、BR161-2B-53、BR171-2B-8、BR315-12-1-4-1、BR316-15-4-4-1、BR319-1-HR28、BR568-15-4-2-2-3、BR808-17-1-3、C1158-7、C722355、C731051、Camor(Acc17366)、Chianung sen yu13、Chianung sen yu27、Chianung sen yu31、DV85、Hangang chalbyeo (Suweon 290)、Kachamota、KAU 1727、KMP 40、M61B-1-1-2、Milyang82、MRC603-303、RP633-76-1、RP2151-21-22(IET8585)、RP2151-33-2(IET8319)、RP2151-173-1-8(IET8584)、RP2151-192-1(IET8324)、RP2151-192-2-5(1ET8955)、Tainung sen12、Tainung sen glutinous2、TNAU17005、UPR238-42-2-3-TCA1（孙恢鸿等，1993）。

来自日本的早生爱国 3 号（*Xa3*）、八朔糯、AGuDo、BAEKCHUN、HINDADAK、MuAnDo、小北、空育 101、秋力、新潟产越光、滕系 143，来自孟加拉国的 DV85（*xa5、Xa7*）、BR161-2B-53、BR161-2B-58、BR315-12-1-4-1，来自印度尼西亚的 B4075D-PN-13-1，来自朝鲜的水源 290 均中抗白叶枯病，来自印度的 RP2151-173-1-8、RP2151-192-1、RP2151-192-2-5、RP2151-33-2 兼抗白叶枯病和细菌性条斑病（高杜娟等，2016）。

张红生等（1996）对美国主栽品种的抗病测试结果显示：抗级品种包括 BELLEMONT、GULFROSE、IR36M4；中抗品种有 DELLMONT、LA2143、MAYBELLE、MARS、ORION、PECOS、REXMONT、RICO、RICO1。

5. 野生稻种资源

世界上公认的野生稻共有 21 种，我国目前已发现 3 种，即普通野生稻、药用野生稻和疣粒野生稻。通过建设多个国家级野生稻种质资源圃，我国已收集、保存了全部 21 种野生稻，其中明确对白叶枯病有显著抗性的野生稻种类包括：野生稻（*O. rufipogon*）（AA）（注：括弧内为染色体组）、西非长药野生稻（*O. longistaminata*）（AA）、短舌野生稻（*O. barthii*；旧称 *O. breviligulata*）（AA）、药用野生稻（*O. officinalis*）（CC）、阔叶野生稻（*O. latifolia*）（CCDD）、澳洲野生稻（*O. australiensis*）（EE）、长护颖野生稻（*O. longiglumis*）（HHJJ）、短花药野生稻（*O. brachyantha*）（FF）、紧穗野生稻（*O. eichingeri*）（CC）、马来野生稻（*O. ridleyi*）（HHJJ）、疣粒野生稻（*O. meyeriana*）（GG）、小粒野生稻（*O. minuta*）（BBCC）（Amante-Bordeos et al.，1992；汤圣祥等，2008）。尽管总体上看多数野生稻种对白叶枯病表现为抗性，但是不同居群、株系或单株对白叶枯病的抗性存在明显差异，野生稻抗病资源仍需不断筛查和挖掘。

江西东乡普通野生稻 21、23、35、84、186 和 190 号单株抗白叶枯病，53、113 号单株中抗白叶枯病（李湘民等，2006）。

云南抗白叶枯病的野生稻包括：元江抗病野生稻（*Xa23* 和 *Xa3/Xa26*）（注：括号内为携带的抗病基因，下同）、景洪普通野生稻（*Xa1*、*Xa3/Xa26* 和 *Xa27*）、药用野生稻（*Xa3/Xa26*）、疣粒野生稻（*Xa27*）（李定琴等，2015）。

广东普通野生稻对 Xoo 中国Ⅳ型菌高抗的居群包括 DB1（3）、GZ1（3）、GZ2（12）、ZHJ1（6）、ZH2（4）、LF1（7）、LF2（10）、LF3（5）、LF4（3）、LF5（3），抗级的居群有 HY1（3）、HY2（4）、DB2（3）、GZ3（4）、HZ1（5）、LZ1（4）、ZJ1（3）、ZJ2（7）、LF6（4）、TS1（5）（括弧内数字为居群中野生稻材料的份数）；未发现对 PXO99 高抗的居群；对 PXO99 抗级的居群分别是 HY2、DB2、GZ1、GZ2、LZ1、ZHJ1 和 TS1，中抗的居群为 HY1、DB1（3）、GZ3（4）、HZ1（5）、ZH2、ZJ2、LF1、LF4、LF5 和 LF6（张静等，2022）。

海南普通野生稻对菲律宾菌株 PXO86（P2）、PXO71（P4）、PXO112（P5）和 PXO99（P6）具有抗性的居群包括 YHKI、YHK2、YHK3、YCM、YLD、YQH、YDFI、YDF2、YDF3、YDZ1、YDZ2、YDZ3、YLG、YWN 与 YWC 等（李栋等，2018）。

6. 利用现代技术手段获得的新种质

（1）利用分子标记辅助选择（marker assisted selection，MAS）获得的抗病种质

1）单基因抗病种质：我国育种家将 *Xa21* 基因转育到明恢 63、6078、中恢 218、蜀恢 527、R8006、R1176、93-11 和辐恢 838 等恢复系中，选育出一批白叶枯病抗性明显增强的恢复系，并测配出多个抗病、高产杂交稻新组合。育成带 *Xa21* 基因的恢复系 R8006 和 R1176，所配组合中优 6 号、中优 1176 表现抗病，优质，高产（曹立勇等，2003）；将广谱抗性基因 *Xa21* 导入光敏核不育系 3418S，得到抗病且经济性状优良的不育系（罗彦长等，2003）；育成携带抗白叶枯病基因 *Xa23* 不育系先抗 A 和天抗 A（覃宝祥等，2015）；将 *Xa23* 转移到不育系培矮 63S 及恢复系 9311 等背景，获得抗白叶枯病的改良系。

2）双基因或多基因聚合种质：育种家将 *Pi9* 与 *Xa23* 导入闽恢 3189、闽恢 3229 和闽恢 6118，获得多个导入单基因或双基因的改良系（田大刚等，2014）；将抗稻瘟病主基因与 *Xa23* 基因导入明恢 86、蜀恢 527 和浙恢 7954 中，获得了 5 个抗白叶枯病和稻瘟病的双基因或多基因聚合系（潘晓飚等，2013）；选育了携带 *Xa21/Xa23* 双基因纯合稳定的新品系 R106；将 *Xa21* 和 *Xa4* 聚合到感病恢复系绵恢 725 中，得到了蜀恢 207 等 4 个高抗的姐妹系（邓其明等，2006）；将抗稻瘟病基因 *Pi2* 和抗白叶枯病基因 *Xa7*、*Xa21*、*Xa23* 转入 3 个优良的水稻光温敏核不育系 C815S、广占 634S 和华 328S 中，创建了一系列抗性明显改良的不育系新材料（姜洁锋，2015）。

（2）人工突变获得的抗病种质

Nakai 等（1988）通过物理诱变获得抗病诱变体 M41；Taura 等（1992）利用化学处理获得抗病种质 XM5 和 XM6；高东迎等（2002）以 Xoo 菌液为选择压获得了抗病的体细胞无性变异系 HX3。

（3）基于基因编辑创制的抗病种质

近来基因编辑技术快速发展，尤其是 CRISPR/Cas9 基因编辑技术发明后，通过编辑感病基因创制优异资源，服务育种变得更为便捷。利用该技术已成功对白叶枯病感病基因 *SWEET* 进行敲除并使水稻获得了

抗性。Xu 等（2019）利用 CRISPR/Cas9 基因编辑技术对粳稻品种 Kitaake 进行两轮编辑，对 3 个感病基因 *SWEET11*、*SWEET13* 和 *SWEET14* 的 EBE 序列进行了成功编辑，获得广谱抗性的水稻品系 MS134K-18 与 MS134K-19。Oliva 等（2019）对 Kitaake、IR64 与 Ciherang-Sub1（原产地印尼）的 *SWEET11*、*SWEET13* 和 *SWEET14* 三个基因的 EBE 进行了编辑，培育出多个对 Xoo 具有广谱抗性的 Kitaake、IR64 与 Ciherang-Sub1 品系。IR64 与 Ciherang-Sub1 属于水稻大品种（Mega varieties），已在世界范围内推广栽培。编辑后的新品系，更适宜在白叶枯病长期猖獗的热带、亚热带地区栽培。

Wei 等（2021）基于 TALE 激活抗病基因的机理，采用 CRISPR/Cas9 介导的基因敲入技术（knock-in），将来源于野生稻的 28bp EBE$_{AvrXa23}$（AvrXa23 结合的 EBE）精准导入具有 *xa23* 基因（缺少 EBE$_{AvrXa23}$ 的 *Xa23*）的水稻品种中，构建了日本晴的抗 Xoo 品系。该技术也可用于缺失 *Xa23* 基因座的品种，将完整的 "EBE$_{AvrXa23}$+*Xa23* 执行基因" 一起导入受体水稻中，构建 Xoo 抗性品系。

除了 *SWEET* 感病基因，水稻中其他病程相关基因也可用作编辑靶标。郝巍等（2018）的前期转录组测序结果显示，*Pong2-1*（*Os02g20780*）和 *Pong11-1*（*Os11g14160*）在感病亲本 IR24 中激活表达，而在抗病导入系 W6023 中不表达。利用 CRISPR/Cas9 系统定点突变 IR24 的 *Pong2-1* 和 *Pong11-1* 位点，获得了多个突变株，抗、感病测试显示 *Pong2-1* 和 *Pong11-1* 突变后 IR24 的抗性得到一定程度的提高，创制出 6 个抗 Xoo 的水稻材料。郑凯丽等（2020）采用类似策略，对感病籼稻品种 IR24 的 *Xig1*（*Xanthomonas* induced gene，*Os11g39100*）靶点进行基因编辑，获得了多个抗白叶枯病的 *Xig1* 定点突变株系。

（四）白叶枯病抗性遗传

1. 白叶枯病抗性遗传的一般规律

（1）白叶枯病抗性主效基因与微效基因

水稻品种对 Xoo 的抗性表现依其所携带的抗病基因和所面对的病菌小种（致病型）而异。抗病基因有主效和微效之分，主效基因的抗病效应明显，具有小种专化性；微效基因的数目较多，单个效应很小，但有累加效果，可多个累积对一个或多个小种发挥中感至中抗作用。一般情况下，水稻品种对白叶枯病的抗性由主效基因控制，也有若干正向或负向的微效基因起补充和修饰作用。携带某一主效基因的品种，抗一个或几个 Xoo 小种，不抗另一个或一些 Xoo 小种，这一现象十分普遍。日本品种黄玉（*Xa1*）抗 JXOⅠ菌，不抗 JXOⅡ和 JXOⅢ菌；IRRI 品种 IR20（*Xa4*）抗菲律宾 Xoo 小种 P1 和 P5，不抗 P2、P3、P4 和 P6；携带 *Xa21* 的近等基因系 IRBB21 抗菲律宾小种 P1～P9，感 P10；携带 *Xa23* 的近等基因系 CBB23 则抗 P1～P10 小种。表明主效基因的抗谱有宽有窄，其抗性强度也不尽相同。

（2）白叶枯病抗性的显性与隐性问题

水稻品种对 Xoo 的抗性在遗传上较多表现为显性，但也有一些由隐性抗病基因控制的抗性，如 *xa5*、*xa13* 等。显性抗病基因的显性程度有所差异，有完全显性、不完全显性或部分显性之分。在抗病育种中，利用显性基因比隐性基因有利，但显性抗病基因暴露在众多病菌小种或菌株毒性变异的环境中，受侵袭的可能性大；有时隐性抗病基因在培育抗病品种中也能发挥重要作用（章琦，2007）。

（3）全生育期抗性（全抗）与成株期抗性（成抗）

水稻对 Xoo 的抗性有全生育期抗性与成株期抗性之分。前者在整个生长周期均抗病，后者在苗期感病，孕穗或开花之后抗病。在研究成株抗性或其遗传模式时要注意掌握适时的鉴定时间。在华中地区，苗期鉴定为播种后 40d 左右（6～7 叶龄），成株鉴定在 70d 后或 11 叶龄以后为宜（章琦，2007）。

（4）细胞质效应问题

王建设等（2000）系统研究了细胞质效应，无论是杂交稻还是常规稻，其白叶枯病抗性均由核基因控制，与胞质无关。

2. 白叶枯病抗性遗传中质量抗性与数量抗性的关系

（1）水稻白叶枯病数量抗性

水稻对 Xoo 抗性涉及受主效基因控制的简单质量抗性和受多位点微效基因系统控制的数量抗性。早期的研究者都将质量抗性（垂直抗性，完全抗性）和数量抗性（水平抗性，部分抗性）严格区分，通常认为质量抗性是由单个基因或寡基因控制的；数量抗性主要由微效多基因控制，属于数量性状的范畴。据报道，垂直抗性是小种专化的，水平抗性一般不具有专化抗性。随着分子遗传学与数量遗传学的结合，数量性状遗传研究不仅能够揭示作用稍为明显的数量抗性位点，而且同样能够对数量性状中蕴含的主基因做出很好的阐释。水稻分离群体对 Xoo 抗性通常同时表现为质量抗性和数量抗性的遗传特征，主基因与数量性状基因座（quantitative trait locus，QTL）在分子水平上很可能并没有质的差异而只有量的不同，水稻白叶枯病数量抗性性状位点（quantitative resistance locus，QRL）研究对于阐明作物的抗病性遗传机理及持久抗病品种的选育具有十分重要的意义（万建民和郑天清，2007）。

（2）白叶枯病抗性遗传中质量抗性与数量抗性的关系要点

1）白叶枯病抗性既存在主基因控制的质量遗传，也存在多基因控制的数量遗传。

2）数量抗性位点与主效基因很可能在进化上是同源的，它们之间只是等位基因间的差异。抗性位点的遗传效应和作用方式取决于它（们）与毒性/非毒性小种相应位点上的等位基因间的相互关系：如果抗性等位基因与非毒性等位基因相遇，则表现为主基因的作用；如遇到的是毒性等位基因则表现为部分抗性或数量抗性。

3）主基因和数量抗性位点之间的相互作用共同构成了复杂的白叶枯病抗性遗传网络。

4）主基因抗性应当与数量抗性协调发展以实现抗病育种的优化利用。

（3）利用数量抗性性状位点进行水稻白叶枯病育种时值得关注的问题

单一的抗性基因容易对病菌产生过大的选择压力，促使新毒性小种出现而导致抗病品种过早丧失抗性，如 *Xa4* 基因对 V 型菌抗性丧失的问题。在多基因聚合育种时，需要兼顾不同类型基因之间的配合，使育成品种具有不同防卫途径协同配置从而达到理想的抗性效果。早在 2007 年，万建民和郑天清就初步总结了利用 QRL 进行抗病育种时值得关注的问题。

1）有些抗性遗传研究指出，中等抗性甚至感病品种中可能存在抗病等位基因。随着抗性遗传信息在基因组水平上的大量积累，人们可以从分子水平而不仅仅是从表型抗性来鉴定抗性资源，能更充分地利用稻种资源中存在的大量有利的抗性遗传变异。

2）对育成的品种/系建立分子抗性系谱，在品种的选育推广过程中综合考虑不同抗性基因/QRL 的搭配利用，避免出现某个优良抗性基因的过度利用而对病原物造成过大选择压力的现象。

3）抗病基因的分子检测与病原菌无毒/毒性基因的分子检测相互结合。根据病原物毒性基因频率变化，及时调整、选择稻种资源中的有利抗性基因/QRL 组合进入分子设计育种程序。

（五）白叶枯病抗性和抗病基因鉴定

1. 白叶枯病抗性基因的分子标记

（1）基于 DNA 分子杂交的分子标记技术

限制性片段长度多态性（restriction fragment length polymorphism，RFLP）标记是发展最早也是最简单的 DNA 标记技术。RFLP 是指基因型之间限制性片段长度的差异，这种差异是由基因组上限制性酶切位点上碱基的插入、缺失、重排或点突变所引起的酶切产物差异造成的。RFLP 标记遍布整个基因组，在遗传上呈共显性，数量多，实验结果非常稳定，研究已成功构建水稻等大多数农作物的 RFLP 标记图谱。在此基础上，研制了一些改良的分子标记技术，如单链构象多态性（single strand conformation polymorphism，SSCP）限制性片段长度多态性（SSCP-RFLP）和变性梯度凝胶电泳（denaturation gradient gel electrophoresis，DGGE）限制性片段长度多态性（DGGE-RFLP）。

（2）基于 PCR 的分子标记技术

随机扩增多态性 DNA（randomly amplified polymorphic DNA，RAPD）技术是以 PCR 为基础的一种可对整个未知序列的基因组进行多态性分析的分子标记技术。以基因组 DNA 为模板，以单个人工合成的随机多态核苷酸序列为引物，在热稳定的 DNA 聚合酶作用下，进行 PCR 扩增。扩增产物经琼脂糖或聚丙烯酰胺电泳分离、溴化乙锭染色后，在紫外透视仪上检测多态性。扩增产物的多态性反映了基因组的多态性。RAPD 技术现已广泛应用于生物的品种鉴定、系谱分析及进化关系研究。RAPD 技术所需要的 DNA 模板量少，在实验操作上能实现自动化，具有方便快捷的优点。利用 RAPD 技术没有种属的界限，因而一套引物能用于多个物种。RAPD 在实验操作过程中，不需要事先知道模板的序列信息，不存在放射性污染，实验得到的带谱信息明确。

简单序列重复区间：简单序列重复区间（inter-simple sequence repeat，ISSR）扩增多态性的生物学基础是基因组中存在简单序列重复区间。植物广泛存在简单序列重复区间的特点，ISSR 标记就是利用植物基因组中常出现的这种重复序列设计引物。用于 ISSR-PCR 扩增的引物通常为 16～18 个碱基序列，由 1～4 个碱基组成的串联重复和几个非重复的锚定碱基组成，保证了引物与基因组 DNA 中 SSR 的 5′ 端或 3′ 端结合，使位于反向排列、间隔不太大的重复序列间的基因组区段实现 PCR 扩增。ISSR 比 RAPD 结果更可靠，重复性好，没有放射性污染，操作简单而且安全，对模板纯度要求低。但 ISSR 标记扩增出来的条带往往难以分辨出等位基因的信息。该实验的关键是 PCR 反应条件比较严苛，Taq 酶活性、Mg^{2+} 浓度、退火温度等都会影响扩增结果，所以做好 PCR 扩增存在一定的难度。

简单重复序列：简单重复序列（simple sequence repeat，SSR）是近年发展起来的第二代分子标记。SSR 是基于真核生物基因组中均匀分布的一类短的串联重复序列，通常是由 $(CA)_n$、$(AT)_n$、$(GC)_n$、$(GCC)_n$ 组成的简单重复序列，其侧面往往具有比较保守的单拷贝序列。根据两侧的保守序列设计 PCR 引物，进行全基因组 PCR 扩增。其产物通常用高浓度的琼脂糖和聚丙烯酰胺凝胶电泳检测，根据条带的大小便可判断不同品种基因组间 SSR 片段重复的差异。SSR 是一种共显性 DNA 分子标记，能区分杂合子和纯合子，具有重复性好、可靠性高和多态性丰富等优点，操作简单，对模板的纯度要求也不高。

序列标签位点：序列标签位点（sequence tagged site，STS）分子标记是指基因组上任意一段独一无二的已知核苷酸序列的 DNA 片段；它是基因组中任何单拷贝的短 DNA 序列，长度为 100～500bp；任何 DNA 序列只要知道它在基因组中的位置，都能被用作 STS。STS 标记技术是一种共显性标记，对模板的纯度要求不高，实验操作简单，能直接在电泳图上读出数据。STS 标记可以在研究基因的多态性方面提供很多有价值的资料。

（3）基于限制性内切酶和 PCR 技术的分子标记技术

扩增片段长度多态性（amplified fragment length polymorphism，AFLP）是一种通过对限制性酶切片段选择性扩增来显示限制性片段多态性的分子标记技术，该技术既利用了限制性内切酶的方法又利用了 PCR 技术，集 RFLP 和 RAPD 的优点于一身。AFLP 技术是先将基因组 DNA 用限制性内切酶消化，然后将双链接头连接到 DNA 片段的末端；接头序列和相邻的限制性位点序列作为引物结合位点，通过 PCR 扩增，产物用电泳检测多态性。AFLP 技术不但具有 RFLP 稳定可靠性和重复性好的特点，又有 RAPD 快速高效的特点。由于条带丰富，能提供的信息更多。但由于该项技术受到专利保护，实验成本也比较大。

切割扩增多态性序列（cleave amplified polymorphic sequence，CAPS）标记是一种通过对 PCR 扩增片段的限制性酶切来揭示扩增区域多态性的分子标记技术。基本原理是先利用已知位点的 DNA 序列设计一套特异性引物，然后利用这些引物来扩增该位点的 DNA 片段；最后用限制性内切酶切割所得产物进行电泳并分析其条带。优点是操作步骤简单、精确度和多态性高。该项技术易受到实验条件影响，成本较高。

（4）其他分子标记

单核苷酸多态性（single nucleotide polymorphism，SNP）分子标记技术是根据测序技术发展而来的。其分子生物学依据是：基因组核苷酸水平上的变异引起的 DNA 序列多态性，包括单碱基的转换、颠换和单碱基的插入或缺失等。SNP 属于第三代遗传标记，具有在基因组中数量多、分布密度高等优点。随着测序技术的发展，该项分子标记技术可以实现大规模、高度自动化分析，比以 SSR 标记为代表的第二代分子标记技术效率更高，更适合大样本量检测分析。SNP 被认为是很有应用前景的分子标记技术。

单链构象多态性：单链构象多态性（single-stranded conformation polymorphism，SSCP）是一种快速有效地检测 DNA 片段多态性的方法。单链构象多态性是指单链 DNA 由于碱基序列的不同可引起构象差异，这种差异会造成相同或相近长度的单链 DNA 电泳迁移率不同，从而可用于 DNA 中单个碱基的替代、微小的插入/缺失（insert/deletion，InDel）的检测。采用 SSCP 检查基因突变时，通常在疑有突变的 DNA 片段附近设计一对引物进行 PCR 扩增，将扩增物用甲酰胺等变性，进行聚丙烯酰胺凝胶电泳，突变所引起的 DNA 构象差异将表现为电泳带位置的差异，从而作出判断。

可变数目串联重复：可变数目串联重复（variable number of tandem repeat，VNTR）是以一段相同或相似的核苷酸序列为重复单位（核心序列）首尾相连的重复序列。它们在不同个体间的重复数不同，造成生物的多态性。根据其核心序列长度的不同，将串联重复序列分为以下 3 种：核心序列长度大于 100 个核苷酸的卫星 DNA、核心序列长度为 10～100 个核苷酸的小卫星 DNA、核心序列长度小于 10 个核苷酸的微卫星 DNA。

2. 白叶枯病抗性基因的克隆与鉴定

（1）图位克隆技术

图位克隆法是一种分离植物抗病基因的常用方法，基于目标基因在基因组中的位置进行克隆。技术流程如下：首先，构建水稻遗传群体，用于构建遗传图谱和定位目的基因。研究过程中构建的遗传群体有 F_2 群体、双单倍体（doubled haploid）群体、重组自交系（recombinant inbred line，RIL）群体、高代回交群体等。其次，利用分子标记简单重复序列（SSR）、序列标签位点（STS）等分析遗传群体，进行基因粗略定位和精细定位，将目的基因定位于一个较小的物理区间内。在该区域内筛选尽可能多的亲本多态性分子标记，或利用公共数据库（如 NCBI 等）或水稻基因组数据库（Gramene 数据库等）进行序列比对；找寻该区段附近籼稻与粳稻间序列插入或缺失的差异，利用有差异的序列开发新的 InDel 标记来分析相应的定位群体，进一步缩小定位区间直至该区域被缩小至只包含几个开放阅读框的物理范围内。再次，通过基因精细定位、组建特定的 DNA 文库等手段，利用共分离标记分析 DNA 文库，获取包含目标基因区段的相应克隆。最后，分析上述克隆序列，获得最佳候选基因，通过互补实验验证目的基因所对应的表型，鉴定基因的功能。

通过图位克隆与表型特性的连锁来逐步克隆相关的基因，具有很强的目的性，所克隆的基因就是控制该表型特性的基因。抗白叶枯病基因 *Xa21* 是利用该方法克隆的第一个与植物抗病相关的基因（Song et al.，1995）。另外，已克隆的 *Xa27*、*Xa1*、*Xa26*、*xa5*、*xa13*、*Xa25* 水稻抗白叶枯病基因也是采用该方法。

（2）转座子标签克隆法

转座子（transposon）是一段能够在基因组中移位的 DNA 片段，分为"复制拷贝型转座子"和"剪切拷贝型转座子"。基于转座子可整合入所在细胞基因组中的特点，其可作为标签或探针用于感兴趣基因的分离克隆工作。以转座子为探针分离感兴趣基因的流程大体如下：首先构建包含转座子的质粒克隆载体，然后将该载体转入目标植物，对获得的分离后代进行突变体鉴定，最后利用反向 PCR 技术分离目标基因。

（3）保守序列法

保守序列法基于保守序列分离基因。要克隆特定植物的某基因，该基因在另一种植物中的同源基因已成功获得时，便可基于同源基因间的保守序列设计引物，克隆特定植物的目标基因。植物与各种病原物在长期的互作中，进化出了对抗病原物侵染和致病的复杂机制，其抗性基因往往形成多基因家族。多基因家族各成员间的蛋白序列通常具有一定的保守性，即包含富含亮氨酸重复序列、核苷酸结合位点或丝氨酸-苏氨酸激酶等保守结构域。将编码这些保守结构域的基因序列制成探针，可从相应基因组文库中分离相关基因。王石平等（1998）采用上述方法克隆到 10 个基因片段，其在染色体上的位置对应于 8 个已知的水稻抗病基因。

（4）T-DNA 标签法

T-DNA 是某些细菌中 Ti 质粒上可转移的 DNA 片段，它能够将自身 DNA 片段插入寄主植物的核基因组内，进而调控寄主细胞的生长代谢活动，营造有利于细菌增殖的寄主内环境。利用 T-DNA 的可插入、移位特性，可进行基因的克隆。基本原理是以农杆菌为载体转化目标植物，构建 T-DNA 插入突变体库，鉴定突变体库后设计插入片段特异性引物，利用 TAIL-PCR 技术扩增突变基因。最后在野生型对照库中克隆目标基因。

（5）基于 cDNA 的克隆方法

以 mRNA 为模板分离基因是一种有效途径，包括功能克隆法和高通量测序技术。功能克隆法根据目标基因功能不同的原理进行，以差异蛋白为基础，利用蛋白质双向电泳技术寻找差异蛋白点，回收纯化。测序后将其编码基因的核苷酸序列制成特异探针，与 cDNA 文库杂交筛选阳性克隆，测序后获得目标基因序列。

（6）水稻 Xoo 全基因组关联分析

Zhang 等（2021）采用二维全基因组关联（2D GWAS）法，研究了白叶枯病中"稻-菌"相互适应的遗传机制。利用多样性丰富的 701 份水稻种质和 23 个 Xoo 菌株的全基因组序列与表型鉴定，检测到 47 个与 Xoo 毒力相关的基因和 41 个与水稻数量抗性（QR）有关的基因组区域，并鉴定了 Xoo 毒力相关基因与水稻 QR 相关基因组区域之间的互作。研究发现水稻与 Xoo 的相互适应过程中的特点是：Xoo 小种间的强烈分化与水稻的亚种分化相对应；水稻/Xoo 群体的抗性/毒力均有增强趋势；水稻 QR 基因和 Xoo 毒力基因大多具有丰富的遗传多样性；水稻 QR 基因与 Xoo 毒力基因在全基因组范围内呈现出多对遗传互作。这些结果为作物与其病原菌的共适应模式和相关机制研究提供了新线索。

刘茁等（2022）对水稻多样性群体（rice diversity panel 1，RDP-1）中的 216 份种质接种菲律宾 Xoo P2 小种后的抗性进行鉴定。研究发现温带粳稻亚群平均抗性水平最高，其平均病斑长度最短；南亚奥斯稻亚群（aus subpopulation of rice）平均抗性水平最低，平均病斑长度最长。籼稻、香型稻、热带粳稻、混合型水稻亚群的平均抗性水平居中。选择混合线性模型（mixed linear model，MLM）对抗病表型与 700 000 个 SNP 基因型进行全基因组关联分析（GWAS），共检测到分布于 12 条染色体上的 114 个相关联 SNP 位点。通过全基因组关联作图鉴定了分布在水稻第 1、2、4、6、7、8、9、10、11 与 12 号染色体上的 59 个 QTL，这些位点包含 5 个已知的抗白叶枯病基因。从较高阈值 SNP 位点以及附近 2Mb 区段进行候选基因的预测，筛选出 40 个抗白叶枯病相关基因，并最终鉴定出 16 个抗性较好的水稻种质资源。

3. 国际统一的白叶枯病抗性基因鉴定及命名

（1）国际白叶枯病抗性鉴定与命名系统

水稻白叶枯病的抗性遗传研究始于 20 世纪 50 年代后期。1957 年，日本发现原来抗病的水稻品种朝风（粳型常规水稻）表现出感病之后，人们才意识到从病原菌致病性变异和水稻抗病遗传两个方面研究白叶枯病的发病机制。在进行人工接种鉴定水稻品种对白叶枯病抗性的同时，形成了一套对品种抗性遗传评价与利用的规范，奠定了水稻抗性遗传研究的基础。根据日本 Xoo 菌株对日本品种的毒性反应型，将病菌分成了 Ⅰ、Ⅱ 和 Ⅲ 3 个菌群（也称 JXO Ⅰ、JXO Ⅱ 和 JXO Ⅲ），又根据日本品种对这 3 个菌群的抗性反应型划分为 4 个类型的抗性品种群。至此，开启了真正意义上的"基因对基因"的水稻白叶枯病抗病遗传研究。

Sakaguchi（1967）研究了黄玉和兰泰艾玛斯（Rantai Emas）两个抗病品种群的抗性基因，将黄玉和兰泰艾玛斯与对日本菌群都感病的金南风品种杂交，分析了 64 个抗/感组合的 F_1 和 F_2 群体对 JXO Ⅰ 和 JXO Ⅱ 的抗性反应。发现黄玉品种对 JXO Ⅰ 的抗性由一对被命名为 *Xa1* 的显性基因控制；兰泰艾玛斯品种对 JXO Ⅱ 的抗性由两对显性基因控制，分别为 *Xa2* 和 *Xa1*。通过相互易位系法进行连锁分析，将 *Xa1* 和 *Xa2* 定位在第 4 号染色体上，它们之间的重组率为 2%～16%。抗病基因对应的 Xoo 菌株关系分别为 *Xa1*（抗 JXO Ⅰ）、*Xa2*（抗 JXO Ⅰ、JXO Ⅱ）、*Xa3*（抗 JXO Ⅰ、JXO Ⅱ 和 JXO Ⅲ）。随后，日本学者又相继揭示了 *Xa11* 和 *Xa12* 等基因的遗传属性（章琦，2007）。

1982～1987 年，国际水稻研究所（IRRI）与日本热带农业研究中心（Tropic Agriculture Research Center，TARC）合作，制定统一的研究方案，采取统一的鉴别小种，建立一套国际白叶枯病抗性鉴定系统，对各种类型的品种材料进行抗性基因重新鉴定，并结合原始文献记载加以核实、整理，规范抗病基因并登录在案。

根据 TARC 和 IRRI 采用日本和菲律宾两套 Xoo 小种统一检测，Ogawa 等（1987）确认了 *Xa1*、*Xa2*、*Xa3*、*Xa4*、*xa5*、*Xa7*、*xa8*、*Xa10*、*Xa11* 和 *Xa12* 10 个抗性基因的存在，其中 *Xa3*、*Xa7*、*xa8*、*Xa11* 和 *Xa12* 都是成抗基因。此后，他们所用的鉴别小种及其相对应的抗性基因便成为国际公认的白叶枯病鉴别系统。随着菲律宾 Xoo 新小种的出现，许多新的抗病基因又先后被发现并依次予以命名。

（2）水稻中已报道的抗白叶枯病基因

水稻抗性基因从发掘到完成定位需要长期的过程。迄今报道了 48 个水稻白叶枯病抗性基因，39 个抗性基因已定位、19 个被克隆（表 2-9），包括 *Xa1*、*Xa2*、*Xa3/Xa26*、*Xa4*、*xa5*、*Xa10*、*xa13*、*Xa14*、*Xa21*、*Xa23*、*xa25*、*Xa27*、*Xa31*、*xa41*、*Xa45* 等。已报道的抗病基因中，29 个为显性基因，16 个为隐性基因，包括 *xa5*、*xa8*、*xa13*、*xa15*、*xa19*、*xa20*、*xa24*、*xa25*、*xa28*、*xa32*、*xa33*、*xa34*、*xa41*、*xa42*、*xa44* 和 *xa45* 等。这些抗病基因有近 1/3（共 13 个显性抗性基因和 1 个隐性基因）分布在第 11 号染色体上，包括 *Xa3/Xa26*、*Xa4*、*Xa10*、*Xa21*、*Xa22*、*Xa23*、*Xa30*、*Xa32*、*Xa35*、*Xa36*、*Xa39*、*Xa40*、*xa41*、*Xa43*。此外，有较多抗性基因分布在第 4 号和第 6 号染色体。近期的研究发现，第 4 号染色体上分布有多个 *Xa1* 的等位基因，如 *Xa2*、*Xa14*、*Xa31*、*Xa45* 等（Ji et al.，2020；李舟等，2022），说明存在基因的复制和功能进化（陈复旦等，2020）。

（3）已克隆的水稻抗病基因类别

白叶枯病抗性基因编码的蛋白质类型较为丰富，根据蛋白质结构和抗病机理的不同，目前已克隆的白叶枯病抗性基因主要可以分为 5 类（陈复旦等，2020；彭小群和王梦龙，2022）。

1）编码 NLR 蛋白的抗性基因。作为植物特异性免疫系统的受体，NLR（nucleotide-binding domain and leucine-rich repeat）蛋白具有识别病原生物的重要作用。NLR 通过直接或间接的方式识别病原菌分泌的效应子，激活植物的第二级免疫系统，抵御病原菌的侵染。这类抗病基因包括 *Xa1*、*Xa2*、*Xa14*、*Xa31*、*Xa45* 和 *NBS8R* 等。

NLR 类抗病蛋白在水稻抗白叶枯病中发挥着重要功能，Yoshimura 等（1998）采用基于图谱的克隆方法分离了白叶枯病抗性基因 *Xa1* 并确定了其抗病功能。*Xa1* 的 cDNA 编码 5406bp 的开放阅读框，包括 5′ 端 112bp 和 3′ 端 392bp 的序列，其编码产物含有核苷酸结合位点（nucleotide binding site，NBS）和 LRR 结构域，是第一个被报道的水稻抗白叶枯病 NLR 抗性基因。XA1 与 XA21 不同，没有明显的跨膜区，是一类细胞质蛋白。*Xa1* 受病原菌和损伤诱导表达，其诱导表达水平可能与抗性程度有关。研究人员近期成功克隆了 *Xa2*、*Xa14*、*Xa31* 和 *Xa45*（Ji et al.，2020；Zhang et al.，2020a），这 4 个基因作为 *Xa1* 的等位基因，同样编码 NLR 类蛋白。其中 *Xa2* 和 *Xa31* 序列相同，实际为同一个基因。这类基因在核苷酸和预测的氨基酸水平上高度保守，结构相似，主要区别是蛋白 C 端 93 个氨基酸残基的重复数不同，如 XA14 的重复数为 4 个，XA45 的重复数有 7 个。

2）编码类受体激酶蛋白的抗性基因。类受体激酶（receptor like kinase，RLK）蛋白是最早发现的一类白叶枯病抗病蛋白，包括 *Xa21*、*Xa3/Xa26* 和 *Xa4*。*Xa21* 是水稻中第一个被克隆的抗白叶枯病基因，该基因编码一个含 1025 个氨基酸的类受体蛋白激酶；包含富含亮氨酸重复序列（leucine-rich repeat，LRR）和胞内激活下游防卫反应的丝氨酸/苏氨酸激酶（serine/threonine kinase，STK）结构域，其中的 LRR 结构域可识别 Xoo 的模式分子从而激发免疫反应。*Xa21* 的表达不受病原菌或损伤诱导，且在各个生长期表达变化不大，但其介导的抗性从幼苗期到成株期逐渐增强至完全抗性。*Xa21* 具有广谱抗性，包含 P1、P2、P4、P6 等菲律宾小种（Song et al.，1995）。1975 年，Ezuka 等从粳稻 WaseAikoku 3 号中发现 *Xa3* 基因，Yoshimura 等在 1995 年将其定位在第 11 号染色体上，2003 年 Yang 等在籼稻品种明恢 63 中鉴定出 *Xa26* 基因，后被证明是同一个基因。*Xa3/Xa26* 包含 3309bp 的编码区和一个 105bp 大小的内含子，编码由 1103 个氨基酸组成的蛋白激酶。N 端包含一个由 30 个氨基酸组成的信号肽，胞外的结构域由 26 个不完全的 LRR 组成，还有 14 个 N-连接的糖基化共识位点（Sun et al.，2004）。*Xa4* 编码一种细胞壁相关激酶，由 707 个氨基酸组成，含有一个预测的半乳糖醛酸结合域、一个钙结合表皮生长因子结构域、一个跨膜螺旋和一个 STK 结构域。隐性 *xa4* 编码蛋白在预测半乳糖醛酸结合区之后有一个氨基酸变异（D152E）（Hu et al.，2017）。

3）编码抗病执行因子（Executor，简称 E 因子）基因。抗病执行因子基因（*E* 基因）是一类重要的植物抗病基因，编码产物可引发寄主产生细胞程序性死亡，使感染区域出现典型的过敏性坏死反应，从而有效阻止病害发生（Bogdanove et al.，2010）。该类基因的启动子区往往含有 TALE 结合位点 EBE 或称 UPT（upregulated by TAL effector），可被相应的 TALE 转录激活并触发防卫反应。目前，从稻属植物中已克隆到 *Xa7*、*Xa10*、*Xa23* 和 *Xa27* 等抗病基因（表 2-9），对应的无毒基因分别是 *avrXa7*、*avrXa10*、*avrXa23* 和 *avrXa27* 等 *tal* 基因。上述 *avr-E* 互作关系是典型的"基因对基因"的关系，引起的垂直抗病性多表现为全生育期抗性。因此，*E* 基因也是水稻抗病育种中常用的一类抗病基因（Wang et al.，2015；Chen et al.，2021）。

表 2-9　水稻抗白叶枯病基因的克隆、定位、连锁标记与抗病蛋白类型

基因位点	无毒菌株或小种	供体品种	染色体	连锁标记	蛋白类型	参考文献
Xa1[*]	日本菌株 X-17	Kogyoku（黄玉）、Java14	4	C600（0cM）、XNpb235（0cM）、U08750（1.5cM）	NLR	Yoshimura et al.，1998
Xa2[*]	日本菌株 X-17	Tetep	4	HZR950-5～HZR970-4（190kb）	NLR	He et al.，2006
Xa3/Xa26[*]	印度尼西亚菌株 T7174 等	Wase Aikoku（早生爱国）3、明恢 63 等	11	XNbp181（2.3cM）、RM224（0.21cM）、Y6855R（1.47cM）	RLK	Xiang et al.，2006
Xa4[*]	P1（PXO25）	TKM6、IR20、IR22	11	XNpb181（1.7cM）、XNpb78（1.7cM）	WAK	Sun et al.，2003；Hu et al.，2017
xa5[*]	P1（PXO25）	DZ192、IR1545-339	5	RG556（＜1cM）、RG207（＜1cM）、RM122（0.7cM）、RM390（0.4cM）	TFIIA	Iyer-Pascuzzi and Mccouch，2004；Jiang et al.，2006
Xa7[*]	P1（PXO61）	DV85、DV86、DZ78	6	G1091（6.0cM）、AFLP31-10（3cM）、GDSSR02～RM20593（0.21cM）	Executor	Chen et al.，2021
xa8	P1（PXO61）	PI231128	7	RM214（19.9cM）	—	Vikal et al.，2014
Xa10[*]	菲律宾 4 个小种	Cas209	11	O072000（5.3cM）、M491～M419（0.28cM）	Executor	Tian et al.，2014a
Xa11	印度尼西亚菌株 T7174	IR944-102-2-3	3	RM347（2.0cM）、KUX11（1.0cM）	—	Goto et al.，2009
Xa12	JXOV、印度尼西亚小种 Xo7306	Kogyoku、Java14	4	—	Executor	鲍思元等，2006
xa13[*]	P6	BJ1	8	RZ28（5.1cM）、G136（3.8cM）、RP7～ST12（9.2kb）	SWEET	Chu et al.，2006a

续表

基因位点	无毒菌株或小种	供体品种	染色体	连锁标记	蛋白类型	参考文献
Xa14*	P5	TN1	4	RG620（20.1cM）、HZR970-8～HZR988-1（0.68cM）	NLR	鲍思元等，2010
xa15	JXOⅠ～JXOⅣ	M41 诱变体	—	—	—	Nakai et al.，1988
Xa16	JXOⅦ	Tetep	—	—	—	Noda and Ohuchi，1989
Xa17	JXOⅡ	Asominori（阿苏稔）	—	—	—	Ogawa et al.，1987
Xa18	缅甸菌株	IR24、Milyang（密阳）23、Toyonishiki（丰锦）	—	—	—	Yamamoto and Ogawa，1990
xa19	P1～P6	IR24 的诱变体 XM5	—	—	—	Taura and Ichitani，2023
xa20	P1～P6	IR24 的诱变体 XM6	—	—	—	Taura et al.，1992
Xa21*	P1～9；CⅠ～CⅢ；CⅣ、CⅥ、CⅦ；JXOⅠ～JXOⅢ	西非长药野生稻	11	RG103（0cM）	RLK	Song et al.，1995
Xa22t	P1（PXO61）	扎昌龙	11	CR543（7.1cM）、RZ536（10.7cM）、Y6855RA（0.4cM）、G2132B（0.7cM）	—	Wang et al.，2003
Xa23*	P6	普通野生稻 RBB16	11	C189（0.8cM）、CP02662（1.3cM）	Executor	Wang et al.，2015
xa24t*	P1、P2、P4、P6	DV86	2	RM14222～RM14224（10kb）	未知蛋白	Wu et al.，2008
xa25*	P9	明恢 63	12	G1314（7.3cM）、R887（3.0cM）、MZ2（0.38cM）、MZ7（0.06cM）	SWEET	Chen et al.，2002；Liu et al.，2011
Xa25t	P1、P3、P4	明恢 63、无性系突变体 HX3	4	RM6748（9.3cM）、RM1153（3.0cM）	—	Gao et al.，2005
Xa27*	P2、P5	小粒野生稻	6	M964～M1197（0.052cM）	Executor	Gu et al.，2005
xa28t	P2	Lotasail	—	—	—	Lee et al.，2003
Xa29t	P1	药用野生稻	1	C904～R596（1.3cM）	—	谭光轩等，2004
Xa30t	P6	普通野生稻 Y238	11	03STS（2.0cM）	—	金旭炜等，2007
Xa31t*	OS105	扎昌龙	4	G235～C600（0.2cM）	NLR	Wang et al.，2009
Xa32t	P1、P4～P9	澳洲野生稻 C4064	11	ZCK24（0.5cM）～RM6293（1.5cM）	—	郑崇珂等，2009
xa32t	P6	疣粒野生稻	12	RM20A（1.7cM）	—	阮辉辉等，2008
xa33t	泰国小种 TXO16	Ba7	6	RM30～RM400	—	Korinsak et al.，2009
Xa33	印度小种 IXOⅠ～IXOⅧ	普通野生稻、IRGC105710	7	RMWR7.1（0.9cM）～RMWR7.6（1.2cM）	—	Kumar et al.，2012
xa34t	中国菌株 5226	BG1222	1	RM10929～BGID25（204kb）	—	Chen et al.，2011
Xa35t	P1（PXO1）、P5（PXO112）等	小粒野生稻	11	RM6293（0.7cM）～RM7654（1.1cM）	—	郭嗣斌等，2010
Xa36t	P6 和 C5	C4059	11	RM224～RM2136（4.5cM）	—	苗丽丽等，2010
Xa38	IXOⅠ～IXOⅦ	普通野生稻 IRGC81825	4	RM317～RM562（35cM）	—	Bhasin et al.，2012

续表

基因位点	无毒菌株或小种	供体品种	染色体	连锁标记	蛋白类型	参考文献
Xa39	P6 和 CV	PSBRC66	11	RM26985～DM13（97.4kb）	—	Zhang et al.，2015
Xa40	K1、K2、K3、K3a	IR65482-7-216-1-2	11	RM27320～ID55、WA18-5（80kb）	—	Kim et al.，2015
*xa41t**	BAI3	非洲栽培稻	11	RM27320～RM27355（220kb）	SWEET	Hutin et al.，2015
xa42	P1～P6、JXO I ～JXO VI	IR24	3	RM20572～DT46（34.8kb）	—	Busungu et al.，2018
Xa43	K3a（HP01009）等	JMAGIC 系亲本 P8	11	IBb27os11_14～S_BB11.ssr_9（119kb）	—	Kim and Reinke，2019
xa44	K3a（HP01009）等	JMAGIC 系亲本 P6	11	#46.g0689400～5、RM27318（120kb）	—	Kim，2018
*Xa45**	AXO1974、T7174	尼瓦拉野生稻	4	53120-F4b-53120-R4b	NLR	Ji et al.，2020
xa45	菌株 PbXo7	IRGC102600B	8	C8.26737175～C8.26818765（80kb）	—	Neelam et al.，2020
Xa46	C IV（GD9315）	丽江新团黑谷突变株 H120	11	LOC_Os11g37540 allele	—	Chen et al.，2020
*Xa47t**	C5、C9、P6、PB 等	元江普通野生稻 G252	11	R13I14～13rbq-71	—	Xing et al.，2021
*Xa47**	C5、C9、P6、PB 等	G252、02428	11	LOC_Os11g46200 allele	NLR	Lu et al.，2022

资料来源：主要参照章琦（2007）、陈复旦等（2020）与李舟等（2022）的文献

注：* 代表已克隆基因；AXO 为非洲菌株；C 为中国致病型（罗马数字）或中国小种（阿拉伯数字）；IXO 为印度小种；JXO 为日本小种；K 为韩国小种；P 为菲律宾小种；TXO 为泰国菌株；PB 菌株为缺失 *tal3a* 和 *tal3b* 基因的 PXO99^A 突变体；*t* 表示暂时命名；"—"表示信息不详

4）感病基因启动子变异或 *SWEET* 基因变异。*SWEET* 基因是水稻主要的感病基因，编码产物 SWEET 家族蛋白是一类糖转运蛋白，包含 MtN3/saliva 结构域，这种蛋白在真核生物中普遍存在。*SWEET* 基因表达主要受到 TALE 效应子诱导，导致细胞内糖类外排至质外体，病菌获得初侵染碳源来定植、扩增，实现侵染。此类抗病基因主要是 *SWEET* 基因启动子区发生突变，使 TALE 效应子无法或者减少对 *SWEET* 基因的诱导，逃避了病菌 TALE 的诱导，是一种分子水平上的"避病"。在遗传学上，表现为隐性抗性。这类基因主要包括 *xa13* 和 *xa41(t)* 等。

xa13 与其显性等位基因 *Xa13* 仅在启动子上存在差异，抗菲律宾小种 P6。从感病品种 IR24 中鉴定出的显性等位基因 *Xa13*（编码产物 SWEET11/Os8N3），如果抑制其表达，不但能增强对 P6 的抗性，同时也会导致水稻雄性不育（Chu et al.，2006b）。Yuan 等（2010）研究发现 Xoo 通过激活 *Xa13* 基因表达，可调控铜在水稻体内重新分布；铜离子不仅是植物中必不可少的微量元素，也是杀菌剂的主要成分之一，能够抑制 Xoo 的生长。研究发现 XA13 蛋白可通过与 COPT1 和 COPT5 在细胞膜上共同作用，促进木质部导管中铜的移除，使 Xoo 在导管中快速繁殖和传播，从而造成水稻病害。*xa41(t)* 抗病基因的编码区也是 *SWEET*，与其显性等位基因 *Xa41* 相比，*xa41(t)* 的启动子区域存在 18 个碱基缺失，导致启动子与 TALE 蛋白的结合出现差错，从而使基因的诱导表达量降低，最终使得水稻抗白叶枯病（Hutin et al.，2015）。

隐性基因 *xa25* 与前两者不完全一样，*xa25* 位于水稻第 12 号染色体的着丝粒区域，在水稻苗期和成熟期对 PXO339（P9）具有小种专化抗性。与其显性等位基因编码蛋白产物只有 8 个氨基酸的差异，将显性的 *Xa25* 基因转到一个携带隐性 *xa25* 的抗性水稻植株中，发现水稻丧失对菌株 PXO339 的抗性。在不同的 Xoo 菌株中只有 PXO339 能迅速诱导 *Xa25* 的表达，而不能诱导隐性 *xa25* 基因的表达。在稻-菌互作中，*xa25* 编码蛋白的属性和表达模式与其易感等位基因的对比表明，*xa25* 介导的抗性似乎与其他已鉴定的 R 蛋白抗性机制不同（Liu et al.，2011）。

5）转录因子基因变异。通过比较水稻抗病品种 IRBB5 与水稻感病品种 IR24 的 TFIIAγ5，发现隐性抗白叶枯病基因 *xa5* 与显性基因 *Xa5* 编码的 TFIIAγ5/Xa5 的差异为 1 个氨基酸突变（V39E）。TFIIAγ5/Xa5 是

TALE 诱导寄主基因表达的关键成分，携带 TALE 的 Xoo 可利用水稻 TFIIAγ5 激活下游感病相关基因的转录，xa5 编码的 TFIIAγ5V39E/xa5 因突变阻碍了自身与 TALE 的结合，从而抑制 Xoo 的侵染（Yuan et al.，2016）。在水稻抵御 Xoo 侵染的过程中，除了上述的 47 个主效抗病基因，抗病相关因子也在不同阶段参与其中。与主效抗病基因不同，这类因子主要发挥调节作用，正向或负向调控免疫、抗病反应。这些抗病相关因子主要包括：植物激素类抗病因子、WRKY 转录调控因子以及非编码 RNA 等，尽管它们对抗病性的贡献比主效基因低，但多数抗病相关因子介导的抗病性通常没有小种特异性，且具有一定的持久性，因此，在未来的水稻抗/耐病机理研究、抗/耐病育种中，这类抗病相关因子将可能发挥重要的作用。

4. 我国水稻白叶枯病抗病基因研究和利用的典型代表

（1）*Xa23* 抗病基因鉴定和应用

在抗病基因鉴定和功能研究方面，最具中国特色和代表性的水稻抗病基因 *Xa23*，其基因供体为广西农业科学院野生稻资源圃中编号为 RBB16 的野生稻（*O. rufipogon*）种质。1987 年，中国农业科学院与广西农业科学院合作，用中国致病型 II（HB17）、日本小种 JXO III 和菲律宾小种 P1 三个白叶枯病菌群的代表菌株鉴定 871 份野生稻种质，筛选出 61 份高抗材料。采用能克服所有栽培稻抗性基因的菲律宾小种 P6（PXO99）进行重复鉴定，发现其中的 RBB16 在全生育期高抗小种 P6。将 RBB16 与感病籼稻品种金刚 30（JG30）杂交，其 F_1 植株出现野栽杂种特有的杂合抗性，选择高抗植株进行花培，获得纯合双单倍体抗病系 H4，再以 JG30 为轮回亲本与 H4 杂交、回交和自交，同步进行抗性鉴定和农艺性状选择至 BC_5F_4，育成了携带该抗病基因的近等基因系 CBB23。分析金刚 30/CBB23 的 F_2 群体对菲律宾小种 6 的抗性遗传，表明其是由一个显性基因控制其全生育期抗性（章琦等，1994）。2000 年以具有恢复基因的籼稻品种 IR24 为轮回亲本，育成了第二个近等基因系 CBB23（B）（章琦等，2002）。CBB23 在全生育期高抗 10 个菲律宾小种（P1～P10）、7 个中国致病型（I～VII）、3 个日本主要小种（JXO I～JXO III）和 8 个韩国菌株共 28 个小种（致病型）的代表菌株。CBB23 所携带的基因是迄今已定名的抗性基因中抗谱最广、抗性最强的一个。2001 年由国际水稻基因命名委员会正式命名为 *Xa23*。该基因定位于第 11 号染色体上，与 RFLP 分子标记 *RM206* 和 *C1003A* 的图距分别为 1.9cM 和 0.4cM（樊颖伦等，2006）。王春连等（2005）利用表达序列标签（expressed sequence tag，EST）标记，将其定位在第 11 号染色体 *C189* 和 *CP02662* 之间，遗传距离分别为 0.8cM 和 1.3cM；确认 *LOC_Os11g37620* 是 *Xa23* 基因的候选基因。

2015 年，Wang 等（2015）从 CBB23 中克隆了迄今全球抗谱最广、抗性最强的白叶枯病抗性基因 *Xa23* 及其对应的病原菌互作基因 *avrXa23*；揭示了 *Xa23* 基因广谱抗病的分子机理：*Xa23* 基因在正常情况下不表达，但进化出一个启动子陷阱，当 Xoo 侵染携带 *Xa23* 基因的水稻时，*avrXa23* 基因编码的病原菌效应子 AvrXa23 被 *Xa23* 的启动子陷阱捕获，从而激活 *Xa23* 表达，抗病蛋白 XA23（Executor）导致被侵染水稻细胞发生过敏性坏死，限制病菌在水稻组织内的繁殖和扩散（Wang et al.，2015）。因 *avrXa23* 基因在世界各地 Xoo 中的高度保守性，赋予 *Xa23* 基因广谱高抗白叶枯病的特性。

Xa23 基因的挖掘和利用，改变了我国抗白叶枯病育种长期依赖国外基因资源的局面。克隆白叶枯病菌中与 *Xa23* 对应的互作基因 *avrXa23*，揭示了 *Xa23* 的抗病分子机制，为其科学利用奠定了理论基础。创建分子标记辅助选择 *Xa23* 的育种技术体系，被广泛引用，开启了我国抗白叶枯病新品种的更新迭代。在克隆 *Xa23* 的基础上，开发了 *Xa23* 的功能标记，将原有分子标记辅助选择的准确率由 80% 提高到 100%，并用于检测各种育种群体，建立了高效的标记辅助选择 *Xa23* 的育种技术体系。利用该技术及 *Xa23* 基因成功改良了广西、安徽和湖北等地的骨干恢复系或不育系的白叶枯病抗性。全国 50 多个单位或个人引进了 *Xa23* 资源及标记辅助选择技术，既包括国家和省（市）级科研机构，又包括袁隆平农业高科技股份有限公司、安徽荃银高科种业股份有限公司和中国种子集团有限公司等龙头企业。这些引用单位已审定含 *Xa23* 基因抗病新品种 63 个，累计推广面积约 500 万 hm^2（王春连等，2018）。

（2）*Xa7* 抗病基因鉴定和作用机理研究

Xa7 是目前国际公认对 Xoo 抗性最持久的抗病基因（Vera Cruz et al.，2000；White and Yang，2009），

具有重大育种价值和应用前景。*Xa7* 的研究始于 20 世纪 70 年代，最早从孟加拉国籼型栽培品种 DV85 中被发现，国际水稻研究所将 *Xa7* 基因转育到感病品种 IR24 中，获得近等基因系 IRBB7。*Xa7* 属于显性 *R* 基因，对 Xoo 具有高抗、广谱、持久和耐热的特性（Vera Cruz et al.，2000）。鉴于 *Xa7* 基因独特的抗病表现，被称为白叶枯病的"克星"基因，国内外多个高水平研究团队一直在尝试克隆该基因。但由于该基因遗传位点的序列与参考基因组存在很大差异，*Xa7* 克隆一直没有成功，其抗病分子机制这个科学问题也长期悬而未解。

1995 年，Kaji 等将 *Xa7* 基因定位于 107.5cM 的范围内。Porter 等（2003）利用近等基因系 IRBB7 构建作图群体，通过 AFLP、STS、SSR 等一系列多态性分子标记，将 *Xa7* 定位在 M1 和 M3 之间约 2.7cM 的距离范围内。Chen 等（2008）利用 IR24/IRBB7 F_2 作图群体，根据粳稻品种日本晴的参考基因组将 *Xa7* 基因定位于 118.5kb 的区间内。经过众多研究者的不懈努力，2021 年该基因克隆取得了突破性进展。马伯军教授和钱前院士联合团队（Chen et al.，2021）、杨兵团队（Luo et al.，2021）几乎同时发表了 *Xa7* 基因克隆，随后，广东省农业科学院朱小源团队也在线发表了 *Xa7* 基因的克隆（Wang et al.，2021）。此前，该团队于 2019 年独立研究并完成了该功能基因的克隆，当年 3 月提交了 *Xa7* 功能基因序列和蛋白序列的发明专利申请并于 2021 年 5 月获得专利授权（ZL201910174451.X）。*Xa7* 的成功分离鉴定，为发现其他持久抗病基因提供了一个范例。不同于以往鉴定到的其他抗病基因，*Xa7* 编码一个全新的未知功能小蛋白，它激活水稻防卫反应的独特机制值得期待。未来的深入研究将揭示其新的抗病机制，具有重要的理论价值。在已知的 48 个抗白叶枯病基因中，*Xa7* 最为重要，其分离鉴定之路也最为艰辛。从最初发现 *Xa7* 具有持久抗病性到基因克隆已整整 20 年，国际上许多实验室在 *Xa7* 的分离鉴定中做了不懈努力。3 个团队的突破，为这项重要的工作画上了完美的句号，也是我国在国际水稻抗病研究领域的又一重要贡献。

值得一提的是，3 个独立的研究团队采用了不同的研究策略来实现 *Xa7* 功能基因的克隆。浙江师范大学马伯军团队首先构建镇恢 084（含 *Xa7* 的品种）基因组的 Fosmid 文库，从中筛选到了覆盖 *Xa7* 定位区域的 5 个重叠克隆，通过这些重叠克隆的测序和拼接分析获得了 *Xa7* 基因所在的大片段基因组序列。根据基因组比较分析，镇恢 084 与感病对照品种 IR24 在定位区域有 116kb 的差异序列。为了从这 116kb 基因组中鉴定出目标基因，该团队进一步构建了镇恢 084 的大型辐射诱变体库，从中筛选感病突变株系。他们将感病突变体的基因组序列与镇恢 084 进行了比较，将基因座缩小到 28kb 区域，最终分离出了 *Xa7* 功能基因（Chen et al.，2021）。杨兵团队则通过结合高通量的 Illumina 二代测序和超长读长的 Nanopore 三代测序技术，获得了 *Xa7* 定位区域 74kb 的基因组序列。他们又进一步采用 CRISPR/Cas9 结合双向导 RNA（gRNA）介导的基因组目标区域大片段删除技术构建突变体，突变体后代的遗传与抗病表型分析将 *Xa7* 锁定在 53kb 的区域。最后，该团队又采用了 RNA 注释和启动子作图的基因表达分析（RNA annotation and mapping of the respective promoters，RAMPAGE）分析的方法，在定位区间中发现了唯一受对应于 *Xa7* 的病原菌无毒效应蛋白 AvrXa7 诱导表达的 ORF113（Luo et al.，2021）。来自广东省农业科学院的朱小源团队在前期采用构建 IRBB7 基因组的细菌人工染色体（BAC）文库的方法，从中筛选到了 3 个覆盖了 *Xa7* 定位区域的重叠克隆，通过序列测序、组装和比对分析，发现该区间比参考基因组增加了约 106kb 的非线性区。到了这一步，该团队采用了"基于知识（knowledge-based）"的策略：由于 *Xa7* 对应的无毒基因 *avrXa7* 早在 2000 年已被克隆，这类Ⅲ型分泌系统蛋白识别寄主基因组序列的规律也已经被破解。而由德国科学家开发的 TALgetter 就是基于 TALE 蛋白的 RVD 序列检索其识别的 DNA 序列的在线软件。该团队利用 TALgetter 在 106kb 区间鉴定到了两个 *P* 值小于 1.0×10^{-6} 的 AvrXa7 识别的 EBE，其中一个 EBE 位于转座子基因内含子区，而另一个 EBE 位于编码 113aa 未知蛋白的启动子区。而这仅有 113aa 的小蛋白在后续的功能互补和基因敲除实验中被证实是 *Xa7* 功能基因（Wang et al.，2021）。

Xa7 是一个孤儿基因，编码一种与已知抗性蛋白不同的小蛋白。*Xa7* 启动子中的 27bp 效应物结合元件 EBE 对于 AvrXa7 诱导表达模型是必需的。*Xa7* 锚定在内质网上，并能触发水稻和烟草中的细胞程序性死亡。众多实验证据表明，*Xa7* 对 Xoo 具有广谱抗性，抗几乎所有日本小种或亚种，同时也抗多种菲律宾小种。与主效抗病基因 *Xa4* 和 *Xa10* 相比，*Xa7* 具有更持久的 Xoo 抗性。AvrXa7 具有双重功能，不仅可引发 *Xa7* 所介导的抗病性，同时还可与 *OsSWEET14* 启动子上的 TALE 结合元件 EBE 结合，诱导 *OsSWEET14* 基

因的表达，导致水稻感病。PXO61 的 *pthXo3* 与 *avrXa7* 高度同源，其编码蛋白 PthXo3 同样可识别 *Xa7* 和 *OsSWEET14* 的启动子 EBE 序列。*Xoo* 的两个重要 TALE（AvrXa7 和 PthXo3）对 *Xa7* 启动子 EBE 的识别结合可能是导致 *Xa7* 具有广谱抗性的重要原因。此外，诸多证据表明 *Xa7* 在高温条件下对白叶枯病具有更好的抗性，而其他大多数 *R* 基因却相反。不同温度处理实验发现，高温条件下 Xoo 可诱导 *Xa7* 基因更快、更高表达，推测可能是提前激活并增强了水稻对 Xoo 的防御反应。在全球气候逐渐变暖的趋势下，该基因的育种应用将尤为重要。研究结果揭示了一个重要的白叶枯病抗性 *Xa7* 基因及其抗病分子机制，展示了其重要的育种应用价值。

对 3000 多个水稻品种和其他稻族植物基因组分析表明，*Xa7* 基因在大多数品种、地方品种和野生稻材料中都不存在，但在与水稻属较近的外群植物非洲假稻（*Leersia perrieri*）和中国菰（*Zizania latifolia*）中发现了高度同源的 *Xa7* 基因（Wang et al.，2021），这一结果为今后开展植物重要功能基因的进化研究和基因功能挖掘提供了新方向与新材料。

（3）隐性抗病基因的作用机理研究和利用

在抗病育种中，显性基因比隐性基因更加有效，但显性抗病基因长期暴露，受侵袭的机会较多，隐性抗性基因也能发挥重要作用（章琦，2007）。在白叶枯病隐性抗病基因功能研究和利用方面，王石平团队率先克隆了 *xa13* 和 *xa25* 基因，它们对应的 *Xa13* 和 *Xa25* 是显性感病基因。杨兵等克隆了对应 *Xa13* 的毒性基因 *pthXo1*，认为 PthXo1 可结合在 *Xa13* 基因的启动子上，而 *xa13* 基因启动子上被 PthXo1 结合的 EBE 发生了突变，才导致对白叶枯病的抗性。*xa13* 和 *Xa13* 基因的克隆与作用机理研究，直接推动了水稻感病基因的研究。XA13 属于糖转运蛋白 SWEET 家族，在人胚胎肾细胞中异源表达 XA13，其具有将细胞内蔗糖和果糖转运至细胞外的能力；在植株体内其是否具有转运糖的能力目前无直接证据。随后证明水稻白叶枯病感病基因主要是 SWEET 家族Ⅲ组的 5 个基因，分别是 *OsSWEET11/Xa13*、*OsSWEET12*、*OsSWEET13/Xa25*、*OsSWEET14* 和 *OsSWEET15*。隐性 *xa13* 基因不能被白叶枯病菌的 PthXo1 激活；隐性 *xa25* 基因不能被 PthXo2 激活；*OsSWEET14* 可被包括 PthXo3、AvrXa7、TalC 和 Tal5 等在内的 TALE 蛋白激活。目前，我国水稻白叶枯病菌多数携带 *pthXo2* 和 *pthXo3* 毒性基因，还未发现携带 pthXo1 的白叶枯病菌，也未发现激活 OsSWEET12 和 OsSWEET15 的 TALE（陈功友等，2019）。

水稻转录因子 OsTFIIAγ 的编码基因是 *Xa5*，其隐性基因是 *xa5*，由我国科学家朱立煌和美国科学家 McCouch 同时克隆。*xa5* 和 *Xa5* 基因在启动子上没有差别，编码产物仅第 39 位氨基酸发生了突变。王石平团队证实，黄单胞菌（白叶枯病菌、细菌性条斑病菌）的绝大多数 TALE 蛋白可以与 XA5 蛋白结合而不能与 xa5 蛋白结合，导致在含有 *xa5* 基因的水稻中黄单胞菌的毒性 TALE 不能有效激活感病基因表达，表现为对白叶枯病和细菌性条斑病的广谱抗性作用。*xa5* 是完全隐性基因，杂交后代抗性基因纯合快，可较快地获得抗性稳定的品种，是常规稻育种的优异基因（但隐性基因 F$_1$ 抗性不表达在杂交水稻上，直接应用有局限性）。广东省农业科学院植物保护研究所与广州市番禺区农业科学研究所合作，利用国际水稻品种 IRBB5，结合稻瘟病抗源，应用杂交、复交、系谱选育和抗病性同步鉴定等方法，先后选育出抗 Xoo 强毒菌系Ⅴ型菌（1～3 级），兼抗稻瘟病（中抗至高抗），米质优良（广东省标优质 3 级），产量与主栽品种相当（与区试对照品种比较）。系列水稻新品种白香占、白粳占和白丝占在粤西沿海Ⅴ型菌重发区推广种植，凸显出利用品种抗性防控白叶枯病的优势和广泛的应用前景（成太辉等，2020）。

（六）水稻抗白叶枯病分子机制

在寄主抵抗病原菌侵染的程度上，根据病原物与寄主植物的相互关系和抵抗程度的差异，可分为避病（escape）、耐病（tolerance）和抗病（resistance）3 类。从抗病因素方面，可归纳为物理抗病因素（physical defense）和化学抗病因素（chemical defense），两种抗病因素协调发挥作用。水稻对白叶枯病的抗性涉及许多形态学和生理生化方面的因素。水稻的形态结构、稻体内营养物质的组成，以及酚类、植保素和多种防御酶类等，都与抗病性有关。从病原与寄主互作机制方面又可分为固有抗性和诱导抗性。

1. 水稻抗病反应

寄主植物细胞接触到病原后，短期内会诱导发生一系列生化反应来抵抗病原菌的入侵。其结果是可产生植保素（phytoalexin）、毒性小分子酚类化合物等抗真菌活性物质；产生各种病程相关蛋白（PR蛋白），它们能降解一些真菌细胞壁中的几丁质和葡聚糖，在体外抑制一些真菌病原的生长；此外还产生加固和阻止病原生长的细胞壁成分，如伤口部位胞壁栓质化、病菌入侵的胼胝体（callus）的沉积，富含羟脯氨酸和富含甘氨酸的糖蛋白的聚合以及木质素的聚合和导管中侵填体（tylose）的生成等。研究较多的是活性氧（ROS）物质在植物防卫反应中所起的作用。研究已证明植物释放的超氧阴离子、过氧化氢、羟自由基等活性氧物质，除了参与毒性脂肪酸和毒性酚类化合物的形成，其自身对病原菌也有一定的杀伤作用。

上述有些情况也可见于水稻抗 Xoo 侵染的生理生化改变及过敏性反应中。例如，在非亲和性组合中，水稻品种的细胞壁能够积累一定的愈伤葡萄糖，使细胞壁加厚、形成乳突或胼胝体，还能诱导过氧化物酶的产生，这些物质都与植物的抗病性密切相关。

（1）过氧化物酶诱发的防卫反应与木质素积累

在寄主-病原物相互作用中，植物木质素的积累是病原菌入侵后所产生的诱导反应。有些植物病原物并不能分泌分解木质素的酶类，但当植株受伤或受到病菌侵染后，通常在伤口或感染部位产生木质素，木质素和纤维素及其他糖类联结在一起后沉淀于细胞壁上，形成木栓化（suberization），成为病菌入侵的屏障。已有研究表明，水稻内过氧化物酶与木质素代谢产物的作用与 Xoo 抗性有关。Xoo 侵入不亲和品种，接触了维管束的木质部薄壁细胞后，胞内随即产生大量过氧化物酶，加速合成木质素，木质部次生壁加厚，使纹孔直径缩小，缩减了接触病菌的面积。过氧化物酶在参与形成障碍结构和直接抗菌作用的防卫过程中具有实际意义，除了参与木质素合成或木栓层聚合，还能促进细胞壁糖蛋白或多聚糖的交叉集结以及苯酚的二聚化。此外，过氧化物酶的氧化机能及游离自由基中间产物对病原菌也有直接的毒害作用。Bart 等（2010）发现在超量表达 *NPR1 homolog 1*（*NH1*）的转基因水稻中，筛选到一个 *NH1* 介导病斑和抗性形成基因（*SNL6*）的突变，*SNL6* 基因编码 CCR 类蛋白。*snl6* 突变体木质素含量更低，对 Xoo 的抗性下降，从基因层面证明了木质素与抗病性的关系（Bart et al.，2010）。

过氧化氢（H_2O_2）是一种稳定的活性氧分子，能够穿过细胞膜并且在许多细胞生理过程中起到重要的作用。Xoo 的内源 H_2O_2 一般分布在细胞壁中，在细胞分裂周期中 H_2O_2 积累在 2 个分裂子细胞的类间体结构和整个染色体上，推测 Xoo 细胞中可能存在一种由 H_2O_2 介导的细胞分裂机制（李欣等，2012）。鉴于氧爆反应（oxygen burst）是寄主抵御病菌侵染的主要抗病机制之一，Xoo 内源 H_2O_2 是否参与 Xoo 对"稻-菌"互作体系中活性氧爆发的耐受机制，值得关注。

（2）过敏性坏死反应与细胞程序性死亡

植物过敏性坏死反应（hypersensitive response，HR）是植物-病原物不亲和互作后发生的一种细胞快速坏死的典型抗病反应，是植物的一种抗病机制，伴随细胞程序性死亡（programmed cell）。典型的植物过敏性坏死反应是指病原物分泌的无毒基因产物，与植物抗性基因（resistant gene）的产物结合或者发生反应，并通过一系列信号转导过程和生理生化反应，导致组织局部快速坏死（侵染 24h 内）的现象。HR 过程中，植物细胞首先发生异常离子交换（K^+ 出 Ca^{2+} 进）、酸碱度陡变，随后活性氧产生，导致膜脂氧化、膜系统瓦解，细胞渗漏，细胞组件被氧化，表现为可视化的植物组织坏死。对于病原，HR 导致病原的微生境恶化，限制了病原的进一步扩展。HR 可演绎为植物的"断桥、决堤、同归于尽"的抗病斗争策略，是植物与病原间长期协同进化的结果之一。值得一提的是，植物细胞的过敏性坏死与亲和感病坏死不同，表现为两者的动因、进程和生化指标变化的不同，过敏性坏死反应的坏死斑通常在 24h 之内形成，而病程坏死往往发生在接触 6～8 天之后（即定植后）。

褐变反应（browning reaction）是 Xoo 与不亲和水稻互作产生的最典型的过敏性反应的症状表现之一。Kaku 和 Hori（1977）最早在个别 Xoo 菌株与抗性水稻互作研究中发现褐变反应，随后，用针刺法测试的携带 4 个抗病基因 *Xa1*、*Xa2*、*Xa3* 和 *Xa4* 的品种与各自不亲和的菌株的反应中，只有携带 *Xa3* 的水稻上才表现出褐变反应，带有 *Xa1* 基因的水稻（黄玉、Java14）无症状（symptomless），带有 *Xa2* 基因（Rantiai Emas、Tetep）或 *Xa4* 基因（IR20、TKM6）的水稻表现为小黄斑型（small yellow lesions）。*Xoo* 的 *avrXa7*、*avrXa10* 和 *avrXa27* 是典型的无毒基因，分别与水稻中带有的 *Xa7*、*Xa10* 和 *Xa27* 识别，引发水稻过敏性反应，抗病水稻上表现出典型的褐化反应（Yang et al.，2000；Gu et al.，2005；Hummel et al.，2012；Tian et al.，2014a）。

（3）水稻的诱导抗病反应

诱导抗病性（induced resistance）又称获得抗病性，是指植物经病原物接种，或经生物因子、化学物质、物理因子处理后所激发的针对病原物再次侵染的抗病性。诱导抗病性是植物的第二类防卫系统，也是植物的基本防卫系统，即通常所谓的主动抗病性。它又分为局部抗性反应和系统抗性反应。局部抗性反应是受到病原菌侵染的寄主局部组织变褐，已感染的细胞及其周围的部分细胞死亡并形成枯斑。系统抗性反应是能产生远距离输导的诱导性物质使感染区以外的寄主组织产生抗性。其诱导的系统抗性又称为系统获得性抗性（systemic acquired resistance，SAR），具有 SAR 能力的植物组织往往累积病程相关（PR）蛋白。当水稻被病菌侵染后，直接接触细菌的寄主细胞及其周围细胞迅速诱发多种物理或生化反应，诱导寄主组织的形态或结构、代谢过程改变以削弱病菌的危害；其抗病过程是连续的，包括寄主对病原菌的识别及抗病性（不亲和）表达等几个阶段。

植物抗性除了可由物理和化学因子诱导，还可以经病原物（或其组成部分）等生物因子诱导产生。生物因子包括的内容较广，无论是植物的病原物还是弱毒性病原物，只要能使植物改变抗病性都属于诱导因子的范畴，激发子作为病原物的组成部分也是诱导性因素。用非亲和菌株或非病原菌在特定的水稻品种上接种后，再用亲和性菌株接种，其发病就受到明显抑制，这种诱导抗性现象已被用作生物防治白叶枯病的措施。

按照诱导方式和抗病特性，诱导性抗病反应可分为：系统获得抗性（SAR），诱导性系统抗病反应（ISR）和伤害诱发抗性 3 类。这些抗病反应涉及水杨酸、茉莉酸、乙烯、类固醇、脱落酸等植物激素的参与，并依靠复杂的信号系统来协调和控制。

系统获得抗性与 Xoo 抗性的关系密切，局部性的细菌侵染就能引起。启动 SAR 需要水杨酸的累积和 PR 蛋白的表达。PR 蛋白一般是分泌性或定位在液泡内的，并具有抑菌活性，常以 PR 蛋白或基因表达来表明 SAR 的发生情况。水杨酸是在拟南芥 SAR 中发挥作用的重要信号分子，水杨酸的增加可导致 NPR1（non expressor of pathogenesis-related gene 1）蛋白内半胱氨酸残基还原，从而使 NPR1 蛋白有可能进入细胞核。水杨酸还具有还原 TGA 家族转录因子的半胱氨酸残基、促进 TGA 与 NPR1 在细胞核内相结合的功能，从而增加 TGA 型转录因子对 DNA 的结合能力，相应地启动一系列因水杨酸诱发而引起的基因表达。

尽管水杨酸已被认为是一种信号分子，具有将信号从受感染组织传递到整株植物的功能，但由于 SAR 似乎并不需要外源的水杨酸，因此有人认为挥发性较强的乙烯作为信号传递更为合理。水稻内源水杨酸含量本来极高，在病原感染下其变化并不明显，因而对水稻而言水杨酸不具备信号分子的特征；但令人疑惑的是，将拟南芥水杨酸调控基因 NPR1 在水稻中表达，却能引起水稻的抗病表型，从而推测水稻存在与 NPR1 调节同源的系统。进一步研究证实水稻中存在 NPR1 同源蛋白（NH1），它能与 TGA 型转录因子互作并发挥直接作用。TGA 型转录因子是一个较大的基因家族，其成员可能通过与 NPR1 结合而产生不同效应。在上述实例中，已了解到某些 TGA 成员的超量表达（overexpression）能够增强水稻对 Xoo 的抗性，因而显示了 TGA 在抗病过程中所起的正调控效应。有趣的是，当水稻 TGA2.1 基因被敲除（knockout）后，敲除体对 Xoo 的抗性不但没有降低反而增强，表明有些 TGA 成员作为转录因子对 Xoo 抗性具有负调控作用。

水稻 NRR 基因的发现和研究进一步显示 NH1 途径（NPR1 同源途径）在抗 Xoo 中的重要作用。水稻 NRR 作为负调控因子，能与 NH1 蛋白直接作用，研究证明水稻超量表达 NRR 基因能降低其基本抗性。虽然许多证据支持 NPR1 途径在水稻抗病中的重要作用，但却没有强有力的证据来支持水杨酸的调控功能，这可能反映了单子叶和双子叶植物在抗病进化中的不同。由于拟南芥 NPR1 蛋白会同时影响由水杨酸及茉莉酸引起的信号途径，因此莱莉酸是否能通过 NHI 蛋白在水稻中引起 Xoo 抗性还需要深入研究。

2. 水稻抗白叶枯病的分子机理

Xoo 侵入水稻植株后，基础免疫 PTI 与效应触发免疫 ETI 的防御机制被触发。PTI 和 ETI 由受体激酶蛋白、重复序列蛋白以及其他抗病因子介导。PTI 包括活性氧（ROS）的产生、细胞内钙浓度的增加、细胞壁胼胝质沉积、抗菌化合物以及丝裂原活化蛋白激酶（MAPK）的激活等。ETI 是定性抗性，大部分由主效抗病基因调控，对病原菌某个或少数生理小种免疫或高抗；主要在细胞内发挥作用，这些抗性蛋白能够直接或间接识别病原体在寄主细胞内分泌的特定毒力效应子，反映出快速且更强的抗病性。它们通常与感染部位的细胞程序性死亡有关，还涉及其他防卫反应，包括 ROS 的产生、细胞壁的增强、有毒代谢物或蛋白质的积累以及激素水平的改变。在植物抗病这一过程中，抗病基因与抗病相关因子参与植物 PTI 与 ETI 反应，通过编码抗性蛋白、改变植物信号通路、改变细胞形态与结构等多种方式，调控植物抗病反应，最终使植物抵御白叶枯病或减轻植物感病症状等。

（1）PTI 相关免疫反应

Xa21 作为一类编码类受体蛋白激酶的抗病基因，其抗病相关机制研究较为清晰。Pruitt 等（2015）对 XA21 如何监测病原菌侵染的机制作解释。Xoo 自身分泌一种激活 Xa21 介导的免疫所必需的 RaxX 蛋白，缺乏 RaxX 或携带单一 RaxX 酪氨酸残基（Y41）的突变 Xoo 菌株能够逃避 Xa21 介导的免疫。RaxX 的 Y41 被酪氨酸磺基转移酶 RaxST 硫化，硫化的由 21 个氨基酸合成的 RaxX 肽（RaxX21-sY）可以以 Xa21 依赖的方式触发植物免疫反应。RaxX 在许多植物、病原性黄单胞菌中高度保守，但从克服 Xa21 介导的免疫 Xoo 中分离到的一个编码 RaxX 的等位基因，表明寄主和病原菌之间的共同进化和相互作用有助于 RaxX 的多样化。研究已报道多个 XA21 结合蛋白 XB（XA21 binding）负向调控 Xa21 介导的抗病性。XB24 是一个 ATPase，通过其 ATPase 活性促进 XA21 的自磷酸化，负调控 Xa21 介导的免疫（Chen et al.，2010）。XB15 是一个定位于细胞膜的蛋白磷酸酶 2C（PP2C），可以与 XA21 胞内结构域互作，使 XA21 去磷酸化，也负调控 XA21 介导的抗性反应（Park et al.，2008）。Peng 等（2008）报道了 XA21 与一个 WRKY 转录因子 OsWRKY62（XB10）结合。OsWRKY62 基因编码两个剪接变异体（OsWRKY62.1 和 OsWRKY62.2），部分定位于细胞核，也是水稻抗性的负调节因子，参与基础免疫反应和小种特异性免疫反应的调节。XA21 的互作蛋白中也存在不少可以正向调控 XA21 抗性的 XB。XB3 是一个 E3 泛素连接酶，含有一个锚蛋白重复结构域和一个环指基序，锚蛋白重复结构域可与 XA21 的激酶结构域相互作用，环指基序发挥 E3 泛素连接酶活性。XB3 水平的降低会导致 XA21 蛋白水平的降低，因此正向调控 Xa21 介导的抗病性（Wang et al.，2006b）。

Park 等（2013）发现基质细胞衍生因子 2（SDF2）作为 XA21 的分子伴侣调控 XA21 的加工，Xa21 水稻中沉默 SDF2 基因会降低对白叶枯病的抗性。水稻胚胎体细胞受体激酶 OsSERK2 是一种参与多种受体激酶（XA21、XA3 和 OsFLS2）介导的免疫信号调节因子，可以与 XA21 形成络合物并相互磷酸化。在 OsSerk2 沉默的水稻品系中，Xa21 介导的对 PXO99 的免疫、Xa3 介导的对 PXO86 的免疫以及 OsFLS2 介导的基础免疫反应水平均降低（Chen et al.，2014）。此外，类生长素蛋白 XB21 也与 XA21 互作，XB21 过表达能提高对 Xoo 的抗性，预测其可能是在分子筛蛋白介导的内吞作用过程中发挥功能（Park et al.，2017）。

（2）ETI 相关的抗病机制

目前 TALE 依赖的抗病机制研究表明，除了编码 RLK 蛋白的抗病基因，已克隆的 Xa 抗病机制大多与病原菌Ⅲ型分泌系统分泌的 TALE 相关。在病原菌侵染植物的过程中，黄单胞菌Ⅲ型分泌系统会分泌一种效应子 TALE，TALE 的种类和数目因菌种不同而异，但其编码蛋白结构相对保守，一般可通过与寄主靶基因启动子结合而激活靶基因表达。研究发现，有一类显性的白叶枯病抗病基因，通过改变启动子的结构被 TALE 识别，从而被诱导表达产生抗性。Xa27 与其隐性等位基因编码相同的编码蛋白，Xa27 启动子中因含有 AvrXa27 结合位点 UPT$_{AvrXa27}$ 而受 Xoo 诱导表达，参与水稻维管束细胞次生细胞壁的加厚而抗 Xoo（Gu et al.，2005）。*Xa23* 和 *Xa27* 类似，*Xa23* 与其隐性等位基因也编码相同的蛋白质，但 *Xa23* 基因的启动子区含有的 UPT$_{AvrXa23}$ 受 Xoo 分泌的 AvrXa23 诱导表达；与 *Xa27* 不同的是，因 *AvrXa23* 存在于所有白叶枯病生理小种中，因此 *Xa23* 具有广谱抗性（Wang et al.，2015）。*Xa10* 也是一个依赖 TALE 的抗病基因，*Xa10* 启动子区因含有 AvrXa10 的结合位点 UPT$_{AvrXa10}$ 而受 AvrXa10 特异性诱导表达，携带抗病基因 *Xa10* 的品种对携带 *AvrXa10* 的 Xoo 具有小种特异性抗性（Gu et al.，2008）。*Xa10* 编码一个六聚体内质网膜蛋白，与细胞 Ca^{2+} 平衡相关（Tian et al.，2014a）。有一类隐性抗病基因通过突变可被 TALE 识别的启动子序列而不被病原菌诱导，从而达到抗病效果。例如，*xa13* 与其显性等位基因 *Xa13* 编码 MtN3/saliva 家族蛋白，但感病的 *Xa13/SWEET11/Os8N3* 启动子中因含有 PthXo1 的结合序列 UPT$_{PthXo1}$，可被 Xoo 诱导表达（Yuan et al.，2009），定位于细胞膜的 XA13 对植物体内营养元素的分配发挥作用，有利于 Xoo 的生长；反之，隐性基因不诱导产生有利于病原菌生长的 XA13 蛋白，从而使植株表现抗病（Antony et al.，2010；Yuan et al.，2010）。

隐性基因 *xa25* 介导的对 PXO399 的特异性抗性机制与 *xa13* 相似，其显性等位基因 *Xa25/SWEET13* 的启动子中含有 TALE PthXo2 的结合区 UPT PthXo2 从而能被诱导表达（Zhou et al.，2015b）。*Xa25* 和 *xa25* 都编码 MtN3/saliva 家族蛋白，但 *xa25* 因在识别结合区存在突变而不被诱导表达，从而达到抗病效果（Liu et al.，2011）。隐性基因 *xa41* 与其等位显性基因 *Xa41/SWEET14/Os11N3* 同样也编码 MtN3/saliva 家族蛋白，*Xa41* 启动子中含有 AvrXa7、Tal5、PthXo3、TalC 4 种 TALE 的结合位点，可受其诱导表达。而 *xa41* 是 *Xa41* 在启动子处缺失 18bp 的等位基因，缺失的 18bp 与 AvrXa7 和 Tal5 识别位点重叠，因而对含有这两种 TALE 的 Xoo 菌株产生抗性（Streubcl et al.，2013；Hutin et al.，2015）。

Xa1 及其等位基因 *Xa2*、*Xa14*、*Xa31* 和 *Xa45* 作为一类 NLR 基因，其抗病机制的介导也与 TALE 相关。*Xa1* 编码的 NLR 蛋白对菌株产生特异性抗性，XA1 通过识别包括 PthXo1、Tal4 和 Tal9d 在内的几个 TALE 来激发对白叶枯病的抗性。进一步的研究发现，截短的缺乏转录激活结构域的干扰 TALE（interfering TALE，iTALE）可以干扰 XA1 赋予的抗性（Ji et al.，2016）。*Xa1* 等位基因的抗谱在一定程度上受到 iTALE 抑制，其中，*Xa2*、*Xa31* 和 *Xa14* 虽然对 Xoo 的抗谱与 *Xa1* 不同，但也能被 iTALE 抑制（Zhang et al.，2020a）。

（七）抗病育种

1. 水稻抗白叶枯病传统育种

一般来讲，传统育种是指利用传统的系统育种、杂交育种、诱变育种、花培育种等技术选育水稻新品种的方法，是区别于杂种优势利用和现代分子育种（包括分子标记辅助选择和转基因技术）的一类技术手段。在不清楚基因背景的条件下，传统的水稻抗病育种方法通过杂交和各种育种技术，根据植株在田间的表现进行评价与选择。抗病性表现既是主要目标性状，也是唯一线索。

中国水稻抗白叶枯病育种可以追溯到 20 世纪 30 年代，丁颖主持育成了抗白叶枯病品种竹印 2 号（章琦，2007）。20 世纪 50 年代初，我国水稻开始了系统、规模化育种，到 60 年代末，全国水稻品种基本实现了矮秆化，籼稻地区推广种植的矮脚南特、珍珠矮、广场矮等及其衍生品种，虽然高产，但都不抗白叶枯病；加之采用密植、增施肥料等集约化措施，白叶枯病呈暴发态势，对水稻生产造成严重危害。此后，水稻抗白叶枯病育种受到重视，我国有目标、大规模的水稻抗白叶枯病育种始于 60 年代后。

（1）常规稻抗病育种

20 世纪 60 年代末开始全国性抗病育种。农业部先后设置了抗稻瘟、白叶枯病协作研究和"全国水稻高产、优质、抗病育种攻关"项目，抗白叶枯病育种研究工作全面展开，进展很快。1960～1970 年，年推广面积在 0.6 万 hm^2 以上的籼稻品种有 177 个，其中 17 个抗白叶枯病，占 9.6%；1971～1980 年有 296 个，53 个抗病，占 17.9%；1981～1986 年有 87 个，32 个抗病，占 36.8%。在南方稻区大面积种植的高产、优质、抗病的籼稻品种有双竹占、鄂早 6 号、二九丰、特青、湘早籼 3 号、扬稻 2 号等。至 2005 年，通过国家审定的 34 个籼稻中的 12 个（35.3%）抗白叶枯病，如扬稻 6 号、嘉育 948 等，抗 3 种病虫害的有特汕占 25。

1960～1970 年，年推广面积在 0.67 万 hm² 以上的粳稻品种有 123 个，25 个抗白叶枯病，占 20.3%；1971～1980 年有 182 个，52 个抗病，占 28.6%；1981～1986 年有 46 个，13 个抗病，占 28.3%。在南方稻区大面积种植的主要抗病粳稻品种有农垦 58、农垦 57 及其衍生品种农虎、鄂宜、鄂晚、矮粳、城特和杨粳等。北方稻区有引自日本的品种秋光、丰锦和黎明等以及我国育成的中系、中作、中花系列、冀粳 8 号、新稻 68-11 等。至 2006 年，通过国家审定的 6 个南方粳稻中，武运粳 7、浙农大 454 等 4 个品种抗病；64 个北方粳稻中，中作 93、辽粳 294 和新稻 10 号等 5 个品种抗白叶枯病（章琦，2007）。

（2）杂交稻抗病育种

在籼型杂交稻中，20 世纪 80 年代中期前育成的 87 个组合中的 35.6% 中抗白叶枯病。年最高推广面积 133.33 万 hm² 以上的有威优 64、威优 6 号和汕优 6 号。至 2005 年，通过国家审定的高产、优质双抗白叶枯病和稻瘟病、大面积推广种植的组合有 II 优 084、汕优 77、国丰 1 号和特优多系 1 号等。粳型杂交稻中，东北稻区的 5 个组合中有 3 个中抗白叶枯病，其中黎优 57 累计种植 66.67 万 hm² 以上。2000～2005 年审定了一批南方稻区抗白叶枯病并兼抗其他病（虫）的粳型杂交稻组合，如甬优系列、69 优 8 号、嘉乐优 2 号、榆杂 2 号和常优 2 号等。2000 年以后通过省级审定的高产、优质、抗多种病（虫）组合的两系杂交稻，如抗白叶枯病且兼抗稻瘟病、细菌性条斑病或褐飞虱的组合培杂山青、培杂茂选、培两优特青、培两优余红和云光 8 号（粳）等。2006 年以前通过国家审定的 21 个组合中，两优培九、培杂双七、70 优 9 号（粳）等 6 个组合都双抗白叶枯病和稻瘟病。2005 年，优质、高产籼型杂交组合两优培九在南方 16 个省（自治区、直辖市）累计种植了 468.1 万 hm²，占国内两系杂交稻总面积的 50%（章琦和阙更生，2007）。

中国水稻抗白叶枯病育种的主要问题是利用的抗性基因源单一，籼稻和粳稻分别以 *Xa4* 和 *Xa3* 抗性基因为主。20 世纪 90 年代以后我国已开始利用 *Xa7*、*xa5*、*Xa21*、*Xa23* 等广谱抗性基因，采用常规结合分子标记辅助选择及转基因技术培育抗病基因聚合系。

2. 分子育种

白叶枯病抗性基因的鉴定、定位和克隆取得的成果促进了水稻抗白叶枯病的分子育种研究。白叶枯病抗性基因的利用方式主要有单基因和多基因 2 种，通过分子标记辅助选择和转基因 2 种方法进行抗白叶枯病育种。随着基因编辑技术的发展和不断完善，基因编辑育种开始得到应用。目前，在杂交稻抗病育种上应用较多的基因有 *Xa4*、*Xa21* 和 *Xa23* 等（Balachiranjeevi et al.，2018）。在我国，种植的杂交稻中大多含有 *Xa4* 基因，其次是 *Xa21* 和 *Xa23* 基因，并且利用这 3 个基因选育出了其他许多抗病品种（陈析丰等，2020）。

（1）分子标记辅助选择育种

分子标记辅助选择育种是通过分析与目标基因紧密连锁的分子标记的基因型，借助分子标记对目标性状基因型进行选择的方法。分子标记辅助选择育种是目前应用较为广泛的育种方法，该方法既不受环境条件的限制，也不受病原菌生理小种的影响，可大大缩短选育抗白叶枯病水稻品种的时间。目前使用的辅助选择分子标记主要有简单重复序列（simple sequence repeat，SSR）标记、单核苷酸多态性（single nucleotide polymorphism，SNP）标记、插入缺失（insertion/deletion，InDel）标记、序列标签位点（sequence tagged site，STS）标记、酶切扩增多态性序列（cleaved amplified polymorphic sequence，CAP）标记和功能性标记。

分子标记辅助选择可分为单基因和多基因聚合育种 2 种类型。薛庆中等（1998）利用分子标记辅助选择法，选出含有 *Xa21* 基因的供体亲本 IRBB21，然后通过与明恢 63、密阳 46 等感病恢复系杂交或回交，获得了抗白叶枯病的改良恢复系，并进一步筛选出抗白叶枯病的杂交水稻新组合。郑家团等（2009）利用分子标记辅助选择，选育出许多携带 *Xa23* 基因的抗白叶枯病品种或材料。Ellur 等（2016）也通过分子标记辅助选择，在印度香米品种 PB1121 和 PB6 中成功导入 *xa13* 和 *Xa21* 基因，提高了它们对白叶枯病的抗性。相对于多基因抗病育种，单基因抗病育种较为简单。但由于大多数情况下单基因的抗病能力较弱，且抗病谱窄，利用分子标记辅助选择方法选择具有广谱且持久抗性的主效基因，通过多基因聚合筛选抗病育种材料已成为当前较为普遍的抗病育种方式。除单基因选择育种外，还有不同抗白叶枯病基因的聚合育种，包括二基因、三基因和四基因的聚合，主要目的是增强抗性和拓宽抗谱。

（2）抗白叶枯病基因聚合育种

在采用 MAS 聚合抗白叶枯病基因研究方面，Yoshimura 等（1992）首先利用分子标记辅助选择育成 *Xa1+Xa3+Xa4* 聚合系。徐建龙等（1996）研究认为，聚合了 *xa5* 和 *Xa3* 抗性基因的晚粳品系 D601、D602、D603 的抗性水平和抗扩展能力强于双亲，抗谱宽于含单个基因 *Xa3* 的秀水 11。Huang 等（1997）利用分子标记辅助选择对 *Xa4*、*xa5*、*xa13* 和 *Xa21* 4 个抗性基因进行聚合，培育出分别含有 2 个、3 个及 4 个不同抗病基因的聚合系，聚合系的抗病性较单个抗病基因的材料有较大提高。Priyadarisini 和 Gnanamanickam（1999）利用从印度南部收集的 140 个 Xoo 菌株，在最高分蘖期鉴定 IR24、IRBB21（*Xa21*）和 NH56（*Xa4+Xa5+xa13+Xa21*）的抗性。IR24 对 140 个菌株均高感，20 个菌株对 IRBB21 表现致病，NH56 对所有菌株均表现高抗；说明多个抗病基因的聚合提高了品种的抗病性，表明在印度南部单独使用 *Xa21* 防治白叶枯病不是一个稳妥的策略。Sanchez 等（2000）应用 STS 的 MAS 将 *xa5*、*xa13* 和 *Xa21* 基因导入 3 种水稻中，发现 BC_3F_3 群体有超过一个的抗性基因，与单个抗性基因相比具有更强、更广谱的抗 Xoo 性能。易懋升等（2006）通过 MAS 获得了完全纯合的聚合有 2 个恢复基因 Rf_3、Rf_4 和 4 个抗白叶枯病基因 *Xa4*、*xa5*、*xa13* 和 *Xa21* 的新材料。秦钢等（2007）对 *Xa4* 和 *Xa23* 分子聚合进行了研究，以含 *Xa23* 的水稻品种 WBB1 为亲本，分别与含 *Xa4* 的恢复系杂交，对后代进行 Xoo 接种及 SSR 分子标记检测，观察 *Xa23* 和 *Xa4* 的聚合及 *Xa23* 显性程度，表明 F_1 具有较广抗谱；SSR 标记 RM206 与 *Xa23* 紧密连锁且共分离，桂 99×WBB1、R402×WBB1 和 IR30×WBB1 的 F_2 群体中共分离的准确率分别达到了 97%、96% 和 98%。*Xa23* 与 *Xa4* 的聚合体比单独含 *Xa4* 的恢复系对白叶枯病的抗性有很大提高，经 C1～C7 菌系接种，病斑普遍在 1cm 以下，达到高抗水平。

Yugander 等（2018a）通过分子标记辅助选择方法，将 *Xa21* 和 *Xa38* 基因成功导入恢复系 APMS6B 中，使 APMS6B 表现出白叶枯病菌高抗表型，同时也保留了原有的农艺性状。Singh 等（2001）和 Pradhan 等（2015）通过分子标记辅助选择技术，成功将 *xa5*、*xa13* 和 *Xa21* 3 个基因分别聚合于籼稻品种 PR106 和 Jalmagna 中，显著提高了它们对白叶枯病的抗性。Luo 等（2012）通过分子标记辅助选择法将 *Xa21*、*Xa27* 和 *Xa4* 基因聚合到水稻恢复系 XH2431 中，成功获得了 *Xa21/Xa27/Xa4* 的聚合材料，使其对白叶枯病具有广谱和强抗性。Ramalingam 等（2017）通过分子标记辅助选择方法，以含有 *xa5*、*xa13* 和 *Xa21* 基因的 IRBB60 为供体亲本，成功将 *xa5*、*xa13* 和 *Xa21* 三基因聚合于细胞质雄性不育保持系 CO2B、CO23B 和 CO24B 中，为开发新的、适应性广泛的杂交水稻新品种提供基础。Hsu 等（2020）利用分子标记辅助选择技术成功选育出含有 *Xa4*、*xa5*、*Xa7*、*xa13* 和 *Xa21* 5 个基因的粳稻品种 Tainung82，不仅大大提高了该品种对白叶枯病的抗性，还保持了其原有的高产和优良品质。

（3）转基因育种

转基因育种是指利用遗传转化技术将一个或多个目标基因整合到受体基因组中，从而使受体材料获得相应改良特征的方法。该方法在一定程度上可有效地解决传统育种中籼-粳杂交不育和栽培稻-野生稻杂交不亲和等问题，可大大缩短育种时间。黄大年等（1997）利用转基因的方法，在中百 4 号和京引 119 中转入抗菌肽 B 基因，获得具有明显白叶枯病抗性的京引 119B 植株。Zhai 等（2000）利用转基因方法将 *Xa21* 转入不同品种中，获得了对白叶枯病具有抗性的转基因植株。张小红等（2008）利用转基因方法，获得了 *Xa23* 的转基因水稻，通过对这些转基因水稻进行鉴定和分析，发现它们都具有明显的白叶枯病抗性。李娟等（2008）将 *OsNPR1* 导入粳稻 TP309 得到转基因植株，通过自交纯合，得到 17 个纯合株系；对 T_3、T_4 代纯合株系进行 PCR 鉴定，证实转基因纯合株系中外源 *OsNPR1* 基因具有遗传稳定性。抗病性检测结果表明，在 T_1、T_2 代中 70% 以上的株系对白叶枯病的抗性显著提高，T_3 代中约 67% 的株系对白叶枯病的抗性显著提高。说明这种 *OsNPR1* 基因可作为选育水稻抗白叶枯病新种质的一个良好的候选基因。沈玮玮等（2010）以菰 NBS-LRR 类抗病基因同源序列 FZ14（GenBank 登录号：DQ239432）为模板设计特异性引物 FZ14P1/P2，通过克隆池 PCR 法进行分级筛选，从菰基因组可转化人工染色体（transformation-competent artificial chromosome，TAC）文库中获得 1 个阳性克隆（ZR1），序列分析比对证实该阳性克隆为含有菰抗病基因同源序列 FZ14 的抗病基因候选克隆。ZR1 具有植物 NBS-LRR 类型抗性基因中的 P-loop（kinase 1a）、kinase 2、kinase 3a 和 GLPL（Gly-Leu-Pro-Leu）等保守基因序列，可能为抗性基因的部分序列。通过农杆菌介导转化日本晴，获得 36 个对 Xoo 菌株的 PXO71 具有明显抗性的独立转化子。表明菰 ZR1 克隆中至少含有 1 个白叶枯病抗性基因，也说明外源基因的导入可提高水稻对白叶枯病的抗性。虽然通过转基因方法可获得抗白叶枯病水稻，但转基因育种应用极少，因利用该方法获得的水稻属于转基因水稻，至今转基因水稻尚未得到批准使用。

邵敏等（2006）发现转 *hrf1* 的水稻对 JXOV 和 PXO79 小种的抗性显著提高，*npr1* 基因的表达明显增强，推测转 *hrf1* 基因水稻可能通过激发水稻中信号转导基因的表达对 Xoo 不同小种具有抗性。在粳稻品种 Nagdong 中，高表达来自 KXO18 菌株的 *hpa1* 基因，可显著提升转基因水稻株系对白叶枯病的抗性。

Xa21 对 Xoo 具有广谱抗性，转育性较强，目前的一些主要栽培品种均不携带该基因，可通过转基因的方法将 *Xa21* 转化到多个水稻材料中（虞玲锦等，2012）。

（4）基因编辑育种

基因编辑技术是指基于 DNA 靶向损伤和修复机制对目标基因进行删除、替换、插入等操作，进而改写遗传信息，以获得新的功能或表型的技术。与转基因技术相比，基因编辑技术对目标基因组的影响较小，在后代细胞中，几乎不保留外来 DNA 序列，特别是抗性标记序列，也被称为无转基因残留的基因修饰技术。该技术是一种新兴的、较精确的、能对生物体基因组特定目标基因进行修饰的一种基因工程技术，能够高效率地进行定点基因组编辑，在基因研究、基因治疗和遗传改良等方面展示出了巨大的潜力。

白叶枯病发病的主要原因是水稻感病基因被 Xoo 的 TALE 效应子启动表达而导致的一种寄主与病原亲和互作。目前已经鉴定的白叶枯病的感病基因主要是 SWEET 家族基因 *SWEET11*、*SWEET13* 和 *SWEET14*。SWEET 属于一类糖转运载体基因，其启动子区包含了一段效应子结合元件（TALE-binding element，EBE），被 TALE 效应子激活后，寄主维管束中糖分积累，使水稻感病。感病基因启动子区 EBE 中碱基的改变会影响 TALE 蛋白与 EBE 的结合，导致基因表达发生变化，被认为是理想的基因编辑靶标。通过基因编辑方法对目标基因的启动子进行编辑，最终获得具有抗白叶枯病的品种（Wang et al.，2020a）。目前，通过 CRISPR/Cas9 介导的基因编辑手段同时对感病的 *SWEET* 家族基因 *SWEET11*、*SWEET13* 和 *SWEET14* 的启动子进行编辑，成功培育出对白叶枯病具有广谱抗性的多个水稻材料（Oliva et al.，2019；Xu et al.，2019）。表明可通过基因编辑改变感病基因的表达来创造广谱抗白叶枯病的水稻种质，具有广阔的应用前景。

Wei 等（2021）通过 CRISPR/Cas9 介导的基因同源定向敲入技术（CRISPR/Cas9 mediated homology directed knockin）建立了一套新的创制抗白叶枯病水稻种质的方法，成功地将 *AvrXa23* 基因的 EBE 序列插入日本晴水稻的感病基因 *xa23* 等位基因位点，获得了抗白叶枯病的基因编辑品系。Ni 等（2021）对同一水稻的 *SWEET11*、*SWEET14* 和 *OsSULTR36* 3 个感病基因的 EBE 依次进行编辑和筛选，获得了能正常表达上述 3 个基因但不再被 TALE 结合及诱导的水稻品系。这些水稻新种质既抗白叶枯病又抗细菌性条斑病，其他生物学性状正常。该工作为进一步培育多抗的水稻抗病新品种奠定了基础。

关于基因编辑水稻广谱抗病（broad-spectrum resistance，BSR）的持久性问题，Wang 等（2020a）基于稻-菌之间的协同进化机制，提出了展望和建议：采用基因编辑技术培育的白叶枯病 BSR 水稻品种应在多个水稻种植区测试并对农艺性状进行全面评估；要特别关注基因编辑品种中的脱靶突变及种植地区潜在超级病原菌的流行；考虑将其他类型的抗病基因引入已编辑的种植品种中，增加这些品种的抗性持久性。

3. 水稻白叶枯病抗病育种设想与展望

Xoo 的 *tal* 基因和水稻的 R 基因是长期相互选择的结果，两者间的协同进化动态变化规律也遵循 Jones 和 Dangl（2006）提出的"Z 模型"，说明人类防控白叶枯病的努力仍将是长期的。陈功友等（2019）、陈复旦等（2020）、徐如梦等（2022）在全面、系统分析水稻与 Xoo 的互作机理、Xoo 菌系动态、水稻抗病育种现状的基础上，提出了未来白叶枯病抗病育种的设想与展望。

（1）野生稻抗病新基因的发掘

目前从野生稻克隆的有效抗白叶枯病基因约占 1/4，如 *Xa21* 源自西非长药野生稻（*O. longistaminata*），*Xa23* 筛选自野生稻（*O. rufipogon*），*Xa30* 来自普通野生稻 Y238，*Xa27* 和 *Xa35* 由四倍体小粒野生稻（*O. minuta*）导入栽培稻，*Xa29* 从药用野生稻（*O. officinalis*）渗入栽培稻，*Xa32* 从澳洲野生稻转育系 C4064 中获得，*xa32* 来自疣粒野生稻（*O. meyeriana*），*Xa36* 来源于澳洲野生稻和栽培稻的杂交系，*Xa38* 来自一年生尼瓦拉野生稻（*O. nivara*），*xa41* 位点存在于非洲的短舌野生稻（*O. barthii*）。研究人员从尼瓦拉野生稻中克隆到了 *Xa1* 的等位基因 *Xa45*（Hutin et al.，2015；Ji et al.，2020），可以推断野生稻中应该还有很多新的白叶枯病抗病基因或优异等位基因，可以系统发掘并加以应用。

（2）隐性抗病基因利用与感病基因编辑育种

水稻抗白叶枯病的一部分隐性基因是基于感病基因的点突变产生的，如隐性抗病基因 *xa5* 由 1 个氨基酸突变导致；*SWEET* 感病基因家族 *Xa13*、*Xa25* 和 *Xa41* 是由于启动子存在 TALE 结合元件，被病原菌识别而诱导表达。部分感病基因通过基因编辑技术获得了广谱抗病的育种材料（Oliva et al.，2019；Xu et al.，2019），今后可以在高产优质品种或超级杂交稻亲本中直接编辑这类感病基因、规模化创造高产高抗新品种。某些 TALE 依赖的显性 *Xa* 基因表达受到 TALE 限制，如只有含 *avrXa10* 的 Xoo 侵染才能激活 *Xa10* 的表达，所激发的抗性较为单一，将其他如 AvrXa27、PthXo1、PthXo6 和 PthXo7 的 TALE 识别元件引入 *Xa27* 启动子区能扩大 *Xa27* 的抗谱（Zeng et al.，2015）。显性抗病基因的启动子通过基因编辑能扩大基因抗谱，为育种工作提供新的方向。

（3）PTI 与 ETI 抗病机制叠加与多 R 聚合

水稻与 Xoo 之间互作关系的动态变化规律也遵循 Jones 和 Dangl（2006）提出的协同进化"峰谷模型"。在进化的过程中，改变抗病基因可识别的无毒基因并进化出新的毒力因子是 Xoo 逃避和抵消水稻免疫力的两种常见机制，而植物则是通过进化出 PTI 和 ETI 两层免疫系统抵御病原物的入侵。目前生产上单个 *Xa* 基因很容易丧失抗病性，根据植物免疫理论，细胞质膜 RLK 受体如 XA21、XA3/XA26 调控基础抗病性（如 PTI），这类基因调控的抗性也具有小种专化性的特征，这是由于 Xoo 菌系分化/突变；而胞内 NLR 受体如 XA1 等调控的是经典的专化抗病性（如 ETI）。从机制上来说，聚合这两类抗性可以产生广谱抗性。已有的育种实践证明 *Xa21*、*Xa23* 和 *Xa4* 等基因叠加材料的抗性要强于单基因产生的抗性。随着新的 RLK 和 NLR 基因的发掘，可考虑将 PTI 与 ETI 抗病机制广泛叠加的育种策略，选育更持久广谱的抗性品种。

（4）水稻抗白叶枯病与产量性状协调

目前克隆的一些高抗白叶枯病抗病基因，尤其是隐性突变基因，往往影响生长发育，限制了其应用于抗病育种的潜力。抗病基因叠加也可能引起产量下降等抗性代价问题。要克服这类问题：一是解析清楚水稻抗病与产量性状的交互作用机制；二是可以利用分子设计育种策略。有两种途径可以探索：采用基因编辑技术阻断抗病蛋白对产量途径基因的影响，或针对性引入提高相应产量效应的基因位点，弥补产量性状缺陷。

（5）发掘 non-TALE 的抗病基因与抗病机制

根据已报道的水稻抗白叶枯病基因发挥抗病反应的机制，Xoo 通过Ⅲ型分泌系统分泌 TALE 效应子激发感病基因是其侵染寄主的主要毒性途径，而 NLR 受体应该是接收 non-TALE 效应子从而启动免疫反应。因此发掘新的 non-TALE 介导的抗病性及其相应的 NLR 受体是一个新的机遇与挑战。这也将为聚合 PTI 与 ETI 抗病机制提供新的抗病基因资源，可望在机制上有效指导水稻抗 Xoo 分子育种，具有重要的理论和育种实践价值（陈复旦等，2020）。

五、病害发生条件与预测预报

（一）病害发生条件

1. 病原积累

水稻白叶枯病的初侵染源主要来自带菌种子和病稻草，如种子消毒不彻底，未对收割后的稻草及留在田间的病残株、稻桩等及时进行清理，甚至用带病稻草覆盖、捆扎秧苗，致使病菌大量积存，为病害的发生创造了条件。

2. 寄主抗病性和感病性

水稻感白叶枯病品种的大面积种植及抗病品种的抗性退化与白叶枯病的发生流行密切相关。不同水稻类型品种和同一品种的不同生育期抗性不同，总体来说，籼稻抗病性最弱，粳稻较强，而糯稻抗病性最强。籼稻各品种间抗性亦有明显差异，同一品种孕穗和抽穗期抗性最弱。水稻品种抗性是控制病害流行的决定因素，目前尚未发现完全抗白叶枯病的品种。如果大面积种植感病品种，会造成病害的大暴发、大流行，长期种植单一的抗病品种会导致病菌产生新的变异而失去抗性，因此需要合理地布局抗病品种并适时轮换。

3. 气象因素

温度、雨量、湿度以及台风、暴雨是影响白叶枯病发生发展的重要因素。白叶枯病发病的最适温度为25～30℃，最适相对湿度为80%～90%。温度在20℃以下或33℃以上，相对湿度低于80%时，病害一般不会流行。在适温多雨和日照不足时有利于发病，特别是暴风雨与洪涝常引起严重发病。雨水有利于病菌的传播，同时狂风暴雨有利于稻叶摩擦造成伤口，促进病菌侵入，淹水会降低稻株的抗性。

病原菌在28℃下可存活4d，21℃下可存活10d以上。病害潜育期的长短，与温度高低、湿度大小有关。日平均气温稳定在25℃以上时，潜育期7～8d，遇到台风暴雨，风速大，湿度高，可缩短至5d。在23℃左右时约14d，20℃以下时，病斑几乎不延展。

4. 栽培条件

耕作制度对白叶枯病的流行有重要影响。一般以中稻为主的地区和早稻、中稻、晚稻混栽区病害易于流行，而纯双季稻区病害发生轻。

田间管理与病害发生关系密切。水稻机械化生产水平不断提高，水稻高效率生产的同时也带来了病害发生的隐患。例如，机械化收割导致稻桩过长，机械化田间作业导致植株伤口较多等问题。氮肥施用过多或过迟，或绿肥埋青过多，均可由于秧苗生长过旺使稻株体内游离氨基酸和可溶性糖含量增加，抗病力减弱；氮肥过多，稻株生长茂密、浓绿造成郁闭、高湿等适于发病的小气候，加重发病。深水灌溉或稻株受淹既有利于病菌的传播和侵入，也由于植株体内呼吸基质大量消耗，分解作用大于合成作用，可溶性氮含量增加而降低抗病性，加重发病。田水漫灌、串灌可促使病害扩展与蔓延。

（二）病害预测预报

水稻病虫害预测预报工作是贯彻落实"预防为主、综合防治"的植保方针，为品种布局和农业区划提供决策依据。

1. 水稻白叶枯病病害流行的常规预测方法

影响水稻白叶枯病发生流行的因素较为复杂，一般认为与菌源数量、水稻品种、气象条件、肥水管理和防治等有关。章琦（2007）总结了白叶枯病常规预测方法，根据服务区域内的种子带菌、稻田水层中初始菌量及其消长作为预测发病基数；采用噬菌体法或染色法检测早、中、晚稻秧苗的带菌状况，按照病情测报要求，在检查菌量和田间发病中心的基础上，结合品种抗（感）性及其布局和气象条件进行预测，综合整理分析后发出预报。

（1）种子带菌测定

种子带菌是我国白叶枯病发生的主要初侵染源。在一个服务地区范围内种子带菌和稻田水中初始的菌量及其消长变化是预测病害发生发展的基本依据。

（2）设立预测圃观测始病期

在历年发病地区选择低洼肥沃稻田，种植当地代表性感病品种和推广品种，作为预测圃。预测圃中适当多施氮肥，密植和深水灌溉，或在分蘖期淹苗 1 或 2 次诱发病害发生。开始发病前勤加检查，一旦出现发病中心株丛，则每隔 5d 检查一次病情扩展情况。将若干疑似有病菌潜伏的病叶带回室内浸于水中后剪下，立即将其基部插入红色墨水与清水各半的混合液中，25～30℃下 15～30min 后观察其是否变色。如为健叶则全部染成红色，而有病斑的叶片仍为绿色，可根据病斑数量及不同气温条件下的潜育期来预测病害可能发生与发展的情况。如出现急性型病斑或病叶出现较多菌脓，应结合雨日、雨量、暴风雨等气象情况发出病情警报。

（3）品种抗感性测定

当预测圃内开始发病时，对地区内种植的抗（感）病品种分期分类（按生育期、田间长势等）进行抗性普查。将感病和早熟品种、长势好及偏施氮肥或低洼积水稻田列为优先检查田块。水稻品种对 Xoo 不同致病型的抗（感）性有较大差异，根据这种差别以每个品种可抗御的致病型数作为分子，不能抵御的致病型数作为分母，列出抗谱式以示该品种对白叶枯病抗谱的宽窄。抗谱宽的品种其田间抗性较为稳定持久，可在较大范围内使用；抗谱窄的品种应安排在非致病型流行的地区种植；对所有致病型都不具有抗性的品种，只能在无病稻区种植。

（4）根据气候条件的发病趋势预测

在品种感病并存在较多菌源的前提下，白叶枯病流行与否取决于气候条件。在华南稻区，4～10 月的月平均气温达到或超过 22℃、月雨量 250～300mm、雨日 15d 以上，均适宜发病。5 月以前病害能否提前发生、10 月以后病害能否延迟终止则主要取决于温度；5～9 月能否暴发流行，主要看雨量、雨日及台风频率。在长江中下游地区，6 月下旬每月雨日数达 8d 左右，早稻可能严重发病；7 月至 8 月中旬，阴雨达 20d 以上、平均气温在 30℃ 以下，中稻有大发病的危险；7～8 月阴雨日多，台风、暴雨交加的天数达 6d 以上时，晚稻严重发病。

2. 水稻白叶枯病的预测模型研究

（1）白叶枯病发生为害损失动态与模型预测

2010 年以来水稻白叶枯病在我国多地复发，浙江稻区属于常发流行区之一。王华弟等（2016）调查分析了 1971～2014 年浙江桐庐，近年温岭、温州多地该病发生流行情况、为害与损失、影响发病流行因素等，基本探明了水稻白叶枯病在浙江的发生流行历史动态。20 世纪 70 年代到 20 世纪末为该病重发流行阶段，进入 21 世纪后的前十来年为偏轻发生为害阶段，2010 年后病害呈上升态势。揭示了该病各种病情指标与为害损失的关系，建立了水稻初发病期、激增期和稳定期为害损失模型，初步提出了该病的防控指标为水稻株发病率 5%、叶发病率 3%。分析了该病发生程度与气候因子的关系，组建了中长期预测模型，平均预测准确率达 93.18%，为指导病害防治提供了科学依据。

1）基于病情指标的产量损失模型。桐庐植保站 2013～2015 年对晚稻白叶枯病发生与危害进行系统调查测定。随着水稻株发病率（X_1）、叶发病率（X_2）和病指（X_3）的上升，水稻产量损失率（Y，%）加大，两者呈极显著正相关性，明确了白叶枯病为害率与产量损失的关系，建立了发病初期、激增期和稳定期为害损失相关模型。

发病初期：$Y=0.1747X_1+34.785$（$r=0.446^{**}$），$Y=0.4861X_2+35.199$（$r=0.488^{**}$），$Y=1.9803X_3+35.083$（$r=0.491^{**}$）。

激增期（初见后 7d）：$Y=0.2166X_1+28.741$（$r=0.311^{*}$），$Y=0.5836X_2+26.676$（$r=0.483^{**}$），$Y=2.1254X_3+24.571$（$r=0.542^{**}$）。

激增期（初见后 14d）：$Y=0.3837X_1+13.388$（$r=0.404^{**}$），$Y=0.6379X_2+21.545$（$r=0.527^{**}$），$Y=0.8926X_3+27.070$（$r=0.465^{**}$）。

病情稳定期：$Y=0.1961X_1+25.754$（$r=0.334^{*}$），$Y=0.4616X_2+24.613$（$r=0.508^{**}$），$Y=0.5883X_3+25.881$（$r=0.492^{**}$）。

2）白叶枯病预测模型。根据浙江桐庐 1971～2014 年白叶枯病发病与气候情况的历史观测资料和相关性分析。病害严重程度与流行前二旬的降水量和降水量 ≥20mm 的日数呈极显著的相关性，组建了预测模型。

$$\lg Y=0.2158\lg X_1+2.0753\lg(X_2+1)-0.3145$$

式中，Y 为单季晚稻乳熟后期的病指；X_1 为病害流行前 20d 的降水量；X_2 为病害流行前 20d 降水量 ≥20mm 的日数。

对 1971～2014 年共 44 年的历史资料进行回验，仅 1977 年、1995 年、2007 年预测值与实测值之间相差一个级别，其余 41 年基本吻合，平均预测准确率为 93.18%。应用该模型，成功预测了 2015 年桐庐白叶枯病发病流行程度，总体为偏轻发生，与实际发生情况完全相符。

（2）白叶枯病发生流行与气象条件关系及预测模型

华南稻区是我国主要的双季稻产区，也是白叶枯病主要流行区之一。为了明确气象条件与白叶枯病发生的关系，提高预报能力，彭荣南等（2020）利用 1985～2015 年化州市晚稻白叶枯病病情资料及气象数据进行相关性分析。该市 9～10 月降水量、降水日数、相对湿度、台风与发病程度呈正相关；日照时数、气温与发病程度呈负相关。影响白叶枯病发生的关键气象因子分别是 8 月中旬至 9 月中旬降水量（X_1）、9～10 月降雨系数（X_2）、8 月下旬降水强度（X_3）和 9 月台风次数（X_4）。采用逐步回归统计方法建立化州市晚稻白叶枯病发病程度气象等级预测模型。

$$Y=-2.2687+0.0057X_1+0.0209X_2+0.0346X_3+0.5796X_4$$

模型的复相关系数 R 为 0.9000，通过 $P=0.01$ 的显著性检验。模型拟合准确率为 89.4%。利用该模型对 2016～2018 年该市白叶枯病发生等级进行试报检验，平均试报准确率达 93.3%。模型拟合结果和试报准确率均较好，可为白叶枯病的综合防治及科学决策提供依据。

1）病害发病程度与单气象因子关系分析。气温：温度 25～30℃时最适宜白叶枯病的发生流行，温度影响病害潜育期的长短。化州市 9～10 月晚稻生长季月平均气温为 23～29℃。气温对白叶枯病的发生有一定的影响，9～10 月各旬中，总的趋势是前期（10 月上旬前）呈负相关，气温增高不利于白叶枯病的发生发展。其中 9 月上旬气温与白叶枯病发病程度呈负相关，相关系数为 -0.3466，通过 $\alpha=0.10$ 信度检验；后期（10 月中旬后）呈正相关，气温高则病害重，但未达到显著差异。气温、相对湿度均与雨日和降水量密切相关，雨日多、降水量大，气温自然不高，相对湿度加大，白叶枯病的发生流行就必然加重。化州市一般 9 月雨日数、降水量多于 10 月，所以 9 月气温与病害呈负相关。

日照时数：日照对晚稻白叶枯病的发生有一定的影响。化州市 9～10 月日照时数与白叶枯病发病程度呈负相关，说明日照充足时，禾苗生长势好，对白叶枯病有一定的抑制作用。其中 9 月日照时数与晚稻白叶枯病的发病程度呈负相关，相关系数为 -0.3475，通过 $\alpha=0.10$ 信度检验。日照时数与降水量、雨日数之间具有很强的关联度，这是由于日照时数对白叶枯病的影响中降水量、雨日数对病害所起的作用，因此在预报上可作为辅助因子。

相对湿度：当相对湿度超过 80% 时，有利于病害大发生。化州市 9～10 月晚稻易感病关键期平均相对湿度为 69%～87%，9～10 月平均相对湿度与白叶枯病发病程度存在正相关关系，相关系数为 0.3488，通过 $\alpha=0.10$ 信度检验。说明相对湿度越大，越有利于该病害的发生，发病程度就越重。

降水量：水可以改变湿度、温度、光照等，直接影响病原物的繁殖、传播和侵入。化州市 9～10 月降水量与晚稻白叶枯病发病程度表现出很强的正相关性，相关系数为 0.5331，通过 $\alpha=0.01$ 信度检验。降水量增加，白叶枯病发病程度也增大，说明降水量是影响白叶枯病发病程度的重要因子。

降雨天数：化州市9～10月雨天与晚稻白叶枯病发病程度呈极显著正相关，相关系数为0.4609，通过$\alpha=0.01$信度检验。说明9～10月雨天越多，湿度越大，日照越少，病害越重。

台风：台风暴雨易使稻叶互相碰撞形成伤口，有利于病菌侵入，容易引起细菌感染，且暴风雨能增加病菌的传播机会，加速病害的扩散流行。台风出现的次数、风力、时间与晚稻白叶枯病发病程度有相关性。9月台风强度（平均风力6级记为1；7级及以上记为1.5）与晚稻白叶枯病发病程度呈正相关，相关系数为0.5006，通过$\alpha=0.01$信度检验。9月为当地晚稻孕穗期，是水稻最易感病的生育期。

2）不同因子间交互作用影响。水、热不同因子间交互作用以降雨系数、温雨系数、降水强度对化州市晚稻白叶枯病发病程度的影响最为明显。经$P=0.05$或$P=0.01$水平的显著性检验，晚稻白叶枯病发病程度与9～10月降雨系数、温雨系数、降水强度显著或极显著正相关。相关系数分别为0.5469、0.5266、0.3947。化州市晚稻易感白叶枯病的关键期9～10月，降水增加、雨日增多、相对湿度增大，有利于Xoo的传播，不利于排水露田和稻叶转色及化学防治，加剧了病害的发展蔓延。日平均雨量偏高导致洪涝淹浸，挫伤稻株元气从而加速发病。

3）预报模型。关键气象因子的筛选：将影响化州市晚稻白叶枯病发病程度的相关气象因子与逐年白叶枯病实际发病程度进行逐步回归，筛选出紧密相关因子：8月中旬至9月中旬降水量（X_1）、9～10月降雨系数（X_2）、8月下旬降水强度（X_3）、9月台风次数（X_4）。

预报模型的建立：根据筛选出的预报因子，建立化州市晚稻白叶枯病发病程度气象预报模型。

$$Y=0.2687+0.0057X_1+0.0209X_2+0.0346X_3+0.5796X_4$$

对各气象因子的偏回归系数进行显著性检验，表明所选取的4个因子的偏回归系数均达到极显著水平（$P<0.01$）。

预报模型检验将逐年气象资料代入所建立的模型进行拟合，研究发现模型的拟合率较好，白叶枯病年度间发病程度变化较大，历史拟合率为89.4%；拟合值与实际值的相关性达到极显著水平（$R^2=0.9000$，$P<0.01$），表明该模型可应用于生产实践。利用建立的模型对2016年、2017年、2018年晚稻白叶枯病发病程度进行延伸预报检验，3年的应用表明，预测符合率达93.3%，说明该预测模型对化州市晚稻白叶枯病具有很好的预测性。

（3）白叶枯病发病率和病情指数关系模型

谢春生等（2022）对2015～2017年广东化州市白叶枯病发病率和病指开展田间调查，应用线性函数、指数函数、幂函数、对数函数、二次函数和三次函数6种不同模型进行曲线拟合。基于数理统计原理，分别以发病率（X）和病指（Y）为自变量和因变量，利用SPSS数据处理软件对2015～2017年89组实测数据进行曲线估计回归分析，采用2019～2020年调查的9组数据进行模型验证。白叶枯病发病率（Y）和病指（X）的关系可用幂函数描述：

$$Y=0.1606X^{1.2648}\quad (R^2=0.9667，P<0.01)$$

2019～2020年实测数据验证发现，该模型估测精度达91.7%。利用建立的白叶枯病发病率与病指的数学模型，在白叶枯病发生期通过调查当地白叶枯病发病率可估算病指，计算过程简便，易于掌握，有利于减轻基层测报人员的调查工作量，具有普遍的应用价值，对白叶枯病病情预测预警、发生动态研究及危害风险评估具有重要意义。

六、病害防治

鉴于水稻细菌性病害发生、流行具有一定的地域特点，我国从国家层面到各省（自治区、直辖市）的农技、植保部门，在充分做好病害预测预报的基础上，针对当地农业生态条件、气候类型、耕作水平、水稻品种等因素，编制了一系列具有地方特点的《水稻主要细菌病害防控技术规程》，为水稻的安全生产和病害的高效防控提供了指南。

白叶枯病的防治应坚持"预防为主、综合防治"的植保方针，以监测预警预报、选用抗病良种为基础，以杜绝病菌来源为前提，以秧田防治为关键，做好肥水管理，抓住初发病期关键环节，及时做好施药预防保护，有效控制病害的发生流行和危害。

（一）推广抗（耐）病良种

抗病品种是防治白叶枯病最经济有效的措施，要加强抗病品种选育，广泛收集抗性种质资源，研究抗病性遗传和菌系变化规律，加强抗病机理研究，加快抗病新种质的创制，加快选育抗白叶枯病的新品种。在白叶枯病发病流行区，要因地制宜地选育推广抗（耐）病品种，及时淘汰高感品种，加强品种轮换；避免单一品种的长期种植从而导致品种抗性的退化和丧失，引发病害的流行。尽量选用无病菌种子，切实进行种子消毒。

在制种过程中，严格执行《水稻种子产地检疫规程》（GB 8371—2009）和《水稻白叶枯病菌、水稻细菌性条斑病菌检疫鉴定方法》（GB/T 28078—2011），在稻种调运中，严格执行《农业植物调运检疫规程》（GB 15569—2009）。

（二）种子包衣

白叶枯病属于典型的种传病害，水稻在种子萌发期和苗期较为脆弱，易受病虫害和低温等因素影响，如果秧苗期出现问题，会造成大面积减产。种衣剂是用于作物或其他植物种子、种苗包衣的处理剂，水稻种衣剂的作用是保护作物安全度过秧苗期。种衣剂是以农药（杀虫剂、杀菌剂、除草剂、杀线虫剂、植物生长调节剂）、肥料等为活性成分，辅以成膜剂、分散剂、乳化剂、渗透剂及警戒色等非活性组分的配套助剂加工而成的。水稻种子包衣技术已逐渐成熟，种衣剂在水稻安全生产中有望发挥重要作用。

在绿色植保理念的指导下，我国生物型种衣剂发展迅速。生物型种衣剂是以活体微生物（有益或拮抗）或微生物代谢产物为活性成分，辅以一些助剂配方（如营养元素、成膜剂、防冻剂和分散剂等），通过发酵、剂型加工等制成的种衣剂。生物种衣剂能在种子表面形成具有一定强度和通透性的生物保护膜；生物种衣剂中的微生物能伴随种子的萌发在其表面和内部定植，并随着植株的生长在根系和土壤中扩展和定植，从而达到防病杀虫的目的。

浙江省种子公司生产的生物型种衣剂（Zhejiang Seed Biotype，ZSB），以短芽孢杆菌为拮抗菌，制成水稻种衣剂。该产品无毒、无公害，对人畜安全，使用方便。使用生物种衣剂包衣后的种子，对出苗率和成秧率基本没有影响，并能提高秧苗素质和抗病能力，促进作物生长发育和提高产量，尤其是对白叶枯病和细菌性条斑病有特殊防治效果（商晗武等，1997）。

（三）做好育秧与秧田保护

种子处理用 10% 三氯异氰尿酸 500 倍液浸种 48h，还可用 45% 代森铵水剂 500～800 倍液浸种 24～48h。水稻秧苗期是 Xoo 易感染期，是防治重点。培育无病壮秧，秧田应选择在地势较高、排灌方便、远离病田之处，采用旱育秧和半旱育秧，防止淹水。对于老病区，秧田防治是关键，在秧苗 3 叶期和移栽前 5d 各喷药预防一次，带药下田，严防秧苗期病菌的侵染发病。

（四）加强大田管理

及时清理病稻草、病稻桩及病谷，以减少菌源。病区强调不用病稻草扎秧把、不用病草作草套围秧畦、不用病草作为浸种催芽覆盖物、不用病草堵塞水口和涵洞、不用病草铺垫拖拉机道路等。打谷场及村庄附近应开截水沟，防止带菌水流入水渠从而污染大田。肥水管理不当是诱发白叶枯病的重要因素，要做到基肥足、追肥早，巧施穗肥和氮、磷、钾配合，避免偏施、迟施氮肥，防止贪青徒长。要浅水勤灌，适时晒田，防止串灌、漫灌和深水淹苗。受水淹田块，在洪水退后立即排干田水，受淹严重田块施用速效氮肥和磷肥，使水稻快速恢复生长，增强抵抗能力。

刘红芳等（2016）试验发现，施硅能提高感病水稻叶片中超氧化物歧化酶（SOD）、过氧化氢酶（CAT）、抗坏血酸过氧化物酶（APX）活性，降低水稻叶片中丙二醛（MDA）含量，有效清除植物体内活性氧（ROS），从而增强了水稻抗白叶枯病的能力；在高量供氮水平下，硅、钙肥抵御白叶枯病的效果好于硅酸钠。

（五）生物防治

1. 微生物农药

微生物农药是以微生物活体为主要活性成分、用于防控有害生物的一类生物制品。用于防治白叶枯病的主要有 3 类：拮抗菌、低毒菌株和噬菌体。

（1）拮抗菌

对 Xoo 具有抑菌作用的微生物主要有：白黄链霉菌（*Streptomyces alboflavus*）、禾草链霉菌（*S. gramineus*）、硫藤黄链霉菌（*S. thioluteus*）（马静静等，2022）、毒三素链霉菌（*S. toxytricini*）、玫瑰轮丝链霉菌（*S. roseoverticillatus*）等放线菌，枯草芽孢杆菌（*Bacillus subtilis*）（刘永锋等，2012）、蜡样芽孢杆菌（*B. cereus*）、解淀粉芽孢杆菌（*B. amyloliquefaciens*）（刘永锋等，2012）、贝莱斯芽孢杆菌（*B. velezensis*）（Zhou et al.，2022）、甲基营养型芽孢杆菌（*B. methylotrophicus*）、抗生素溶杆菌（*Lysobacter antibioticus*）、变棕溶杆菌（*L. brunescens*）（朱润杰等，2019）、荧光假单胞菌（*Pseudomonas fluorescens*）（Sivamani et al.，1987）、铜绿假单胞菌（*P. aeruginosa*）（Kanugala et al.，2019）、恶臭假单胞菌（*P. putida*）（余山红等，2022）、新洋葱伯克氏菌（*Burkholderia cenocepacia*）（余山红等，2022）等细菌，以及稻镰状瓶霉（*Falciphora oryzae*）、长枝木霉（*Trichoderma longibrachiatum*）（Zhang et al.，2022）等真菌。

生防菌株的来源非常广泛，主要包括寄主和非寄主植物的叶围、根围和内生菌，也有的来自土壤、水体等环境样本。生防作用机理多样，除了抑菌，部分菌株还具有干扰病原群体信号转导、诱导寄主抗病、促进植物生长等作用。在应用基础研究方面，主要开展了"菌-菌复合""菌-药复合"等复合增效研究，以及加工剂型、纳米载体、新型施药方式等方面的研究。

目前，真正用于白叶枯病防治、获得农药登记并在田间使用的菌剂不多，大多处于研发阶段。国内正式登记用于防治白叶枯病和细菌性条斑病的生物活性制剂有 4 种，分别是德强生物股份有限公司生产的 100 亿芽孢/g 枯草芽孢杆菌 WP（PD20140340）、陕西恒田生物农业有限公司生产的 80 亿芽孢/g 甲基营养型芽孢杆菌 LW-6 WP（PD20181621）、湖南新长山农业发展股份有限公司研制出的 2 亿 CFU/mL 嗜硫小红卵菌 HNI-1 悬浮剂（PD20190021）和江苏省苏科农化有限责任公司研制的 60 亿芽孢/mL 解淀粉芽孢杆菌 LX-11 悬浮剂（PD20190018）。

（2）Xoo 低毒菌株（植物疫苗）

利用弱毒菌株或无毒突变体防治植物病害，在植物病毒病害（如番茄花叶病毒和柑橘速衰病毒）、细菌病害（如细菌性冠瘿病和青枯病）以及真菌病害（如镰刀菌枯萎病和荷兰榆树病）等的生防中都有比较成功的事例。这些弱毒菌株或无毒突变体也被称为植物疫苗。20 世纪末，王金生等（1995）提出通过构建 Xoo 解武装菌株，开展生物防治的研究。所谓植物病原菌的解武装菌株（disarmed strain）是一类因致病基因突变导致致病力丧失或显著下降，而仍能在寄主植物体内生长的病原菌突变株。其具有与致病菌竞争微生态位点、诱导寄主抗性的能力。这一机制已成为在病原菌致病基因研究基础上构建基因工程生防菌的重要策略之一。Xoo Du728 菌株是一个日本 JXOⅢ 小种的 *hrp* 基因突变体，用剪叶和喷雾接种法证明 Xoo Du728 菌株与野生型菌株一样能从自然孔侵入并在叶片维管束中增殖。接种后 10d 的增殖量剪叶法为 $10^5 \sim 10^7 \text{CFU/g}$ 叶鲜重，喷雾接种法为 $10^2 \sim 10^3 \text{CFU/g}$ 叶鲜重。温室和田间小区试验表明，在水稻品种金南风上有 60% 左右的防病效果，增产 4.6%～19.5%；在汕优 63 的大田试验中，发病初期喷雾防治与化学农药叶枯灵的防效相当，但增产效果高于化学农药，显示出较好的应用前景。刘凤权和王金生（1998）的研究结果提示，Du728 菌株作用机制主要是位点竞争，即无致病性的 Du728 占据侵染位点后部分阻止 Xoo 的侵入，其次 Du728 还能诱导稻株产生对 Xoo 的抗性。Du728 处理后可迅速提高处理叶片中苯丙氨酸解氨酶（PAL）、过氧化物酶（POD）和几丁质酶（CHT）活性及相应基因转录活性。推测处理叶片对白叶枯病的诱导抗性可能与这些基因快速和高强度的协同表达有关（刘凤权等，2003）。

（3）基于噬菌体的生物防治

噬菌体是一种病毒，分为烈性噬菌体和温性噬菌体。用于生物防控病原菌的噬菌体主要为烈性噬菌体，可使宿主细菌迅速裂解并引起溶菌反应。烈性噬菌体可以侵入细菌细胞内，通过酶的作用破坏细胞壁，使细菌裂解。噬菌体是替代抗生素的一种新型杀菌微生态制剂，具有特异性强、能自我复制、筛选周期短、绿色环保等抗生素无法比拟的优点，已在医学、畜牧、渔业、食品、发酵等行业得到应用。在植物细菌病害的防控方面，噬菌体治疗也被用于控制青枯病菌（Fujiwara et al.，2011）、马铃薯黑胫病、胡萝卜软腐病、玉米细菌性枯萎病等，取得了一定成效。

一开始人们就对噬菌体防控水稻白叶枯病寄予了很大的希望。早期的研究取得了一定的成效。由于噬菌体的宿主特异性、宿主对噬菌体的抗性、环境因素等，出现了噬菌体防病效率和可行性等问题，导致噬菌体的大田应用没有像期望的那样发展，也没有开发出能够用于防治植物病害的噬菌体制剂（Okabe and Goto，1963）。我国台湾省的 Kuo 等（1971）曾报道，接种病菌前的 1d、3d 和 7d 施用纯化的噬菌体，水稻白叶枯病发病率可分别下降 100%、96% 和 86%。防治效果非常明显，但后期的开发研究未见报道。

进入 21 世纪，随着 DNA 测序技术的发展，人们对噬菌体和 Xoo 的遗传多样性有了进一步的认识，利用噬菌体防控白叶枯病的研究又被重视起来。田波等（2004）发现特异性噬菌体能显著降低白叶枯病的发病率，使其从 95% 下降到 38% 以下，同时还对白叶枯病有显著的预防效果。采用噬菌体处理秧苗根部，能将发病率从 95% 降至 0。Chae 等（2014）报道，施用脱脂牛奶悬浮的噬菌体白叶枯病发病率为 18.1%，显著低于脱脂牛奶对照 87.0% 的发病率。Ogunyemi 等（2019）从一株感染白叶枯病的水稻叶片上分离获得的肌尾噬菌体科（Myoviridae）噬菌体 Xoo-X3，制成 10^9PFU/mL 悬液的种子处理剂，对白叶枯病的防效可达 95.4%；Xoo 接种前用 10^8PFU/mL 噬菌体 Xoo-X3 悬液喷雾处理，防效达 83.1%；接种后 2d、4d、6d，用 10^9PFU/mL 噬菌体 Xoo-X3 悬液浸叶处理，防效分别为 73.9%、49.6% 和 28.9%。Dong 等（2018）报道，分离自江苏土壤的一株长尾噬菌体科（Siphoviridae）的噬菌体 Xoo-sp2，对我国的 Xoo 主要代表小种菌株 YN1、YN7、YN11、YN18、YN24、GD414、HEN11、FuJ 和 ScYc-6 均有裂解作用，而对国际标准菌株 PXO99[A] 没有裂解作用。在 Xoo YN7 菌株中扩繁 *Xoo*-sp2，制备了浓度为 10^{11}PFU/mL 的悬液。接种 YN7 后 1d，用 0.3% 脱脂牛奶悬浮的 10^{10}PFU/mL 的 Xoo-sp2 喷雾处理；病菌接种后 12d 的病情分别为：噬菌体处理组与脱脂牛奶对照组的病斑长度分别为（13.31±1.69）cm 和（19.29±2.07）cm，叶片 Xoo 病菌载量分别为 $4.7×10^6$CFU/叶和 $5.37×10^8$CFU/叶。病斑防效约为 31.0%，叶片中病菌增殖下降了 2 个数量级。Liu 等（2021a）从生活在稻田周围的白蚁体内分离了两株属于有尾噬菌体目（Caudovirales）短尾噬菌体科（Podoviridae）并且对 Xoo 具有强裂解能力的噬菌体 NΦ-1 和 NΦ-3。这两株噬菌体对寄主专一性强，对多数生防菌没有裂解作用，具有较高的微生态安全性。表明噬菌体对白叶枯病的防效显著，但也存在宿主差异、防控结果不稳定、不理想的问题。随着人们对噬菌体遗传多样性认识的深入，以及前噬菌体的激化和"鸡尾酒"疗法的引入，基于噬菌体的白叶枯病防控技术将会有新的突破，期待在不久的将来用于水稻病害的绿色防控中（Stefani et al.，2021）。

与传统农药防治作物细菌性病害相比，噬菌体具有以下优势：噬菌体为有限自我复制的病毒，它们只在有寄主的条件下才能生存与复制，在寄主缺乏的情况下，噬菌体将会很快凋亡；噬菌体对环境没有毒性，不会造成污染，能满足绿色无公害农业要求；噬菌体特异性强，只针对相应的致病细菌，不会破坏正常菌群。传统农药防治在杀灭致病菌的同时，也破坏了土壤中的有益菌群，从而导致土壤微生物失衡，对环境造成不利影响。噬菌体的指数增殖能力是噬菌体治疗的一个显著优势，采用少量的噬菌体制剂就可以杀灭细菌，而采用传统的农药，需要达到一个比较高的含量才能实现杀菌的目的。化学防治还导致土壤农药残留较大，污染环境。细菌不易对噬菌体产生抗性。另外，噬菌体也可产生适当的变异以适应宿主菌的变异，传统细菌病害防治手段则不具备这种优势。噬菌体的研制开发所需时间短，成本低，容易保存。作为一种新兴的生物农药，噬菌体可以作为植物细菌性病害综合治理的一部分；若与其他化学制剂和生物试剂联合使用，在未来将会有广阔的发展前景。

（4）外寄生菌

蛭弧菌（*Bdellovibrio bacteriovorus*）是寄生于其他细菌（也可无寄主而生存）并能导致其裂解的一类细菌。它虽然比通常的细菌小，能通过细菌滤器，有类似噬菌体的作用，但它不是病毒，是一类能寄生细菌的细菌，也称细菌的外寄生菌。

日本植松勉曾从稻田里分离到寄生在水稻 Xoo 上的蛭弧菌，其菌体大小为 0.75～1.87μm×0.28～0.30μm，能侵染在平板培养基上生长的 Xoo，形成类似噬菌体的透明溶菌斑。此菌的生育适温为 30～32℃，但在培养基上形成溶菌斑的适温则为 32～34℃。其寄主范围较宽广，不仅可寄生于活菌细胞上，还可以在死细胞上营腐生生活。在生产上，有人将水生蛭弧菌加入农田灌溉水中，利用蛭弧菌降低田水中的致病菌密度。

2. 蛋白类诱抗剂

超敏蛋白 Harpin 是植物病原细菌 *hrp* 基因编码蛋白激发子，在多种细菌病原中存在和分布，通常认为它是一类 PAMP，但能激活类似 ETI 的防卫反应。目前，Harpin 被用作植物免疫诱抗剂，又称蛋白类植物疫苗，在防治作物病害、提高抗虫性和抗逆性等方面发挥作用。

闻伟刚和王金生（2001）从 Xoo JXOⅢ 菌株中克隆了基因 *hrf1*（即 *hpa1*），其编码产物被命名为 Harpin$_{Xoo}$。该蛋白能够在烟草上引起典型的过敏性反应，富含甘氨酸、具有较高的热稳定性，对蛋白酶敏感。李琳等（2012）将 Harpin$_{Xoo}$ 制备成蛋白纳米粒，也能在烟草叶片上激发过敏性反应和活性氧爆发现象，对烟草种子萌发具有促进作用。

田大伟等（2012）将水稻细菌性条斑病菌的 Harpin 蛋白编码基因 *hpaG$_{Xoc}$* 引入芽孢杆菌 OKB105 和 FZB42 菌株中，构建了表达 Harpin 蛋白的基因工程菌 OKBHF 和 FZBHarpin。结果表明，无论在温室还是在田间复杂环境下，生防芽孢杆菌及其工程菌都表现出对白叶枯病良好的生防效果。工程菌效果均显著优于相应出发菌株，说明生防芽孢杆菌和 Harpin 蛋白都能够发挥作用，表现出了相互协同作用。整合生防芽孢杆菌和 Harpin 蛋白这两类对植物有益的因子为一体，能够更好地提高植物抗病性和促进植物生长，为研究 Harpin 蛋白与芽孢杆菌的协同增效提供了证据。乔俊卿等（2013）采用工程菌株 FZBHarpin 的发酵液对盆栽白叶枯病的防效为 51.9%，比出发菌株 FZB42 的防效（17.4%）显著提高，且促生作用也比 FZB42 显著增强。訾倩等（2014）通过构建来自稻瘟病的 MoHrip1 和 MoHrip2 表达载体，诱导蛋白表达，发现不同浓度蛋白激发子 MoHrip1 和 MoHrip2 可以显著激活水稻对白叶枯病的防御能力。

（六）药剂防治

1. 使用的药剂

防治水稻白叶枯病的药剂有化学合成药剂和天然产物制剂，天然产物分为微生物次生代谢物和植物源药剂。

（1）微生物次生代谢物

微生物次生代谢物主要有金核霉素、中生菌素、申嗪霉素和野尻霉素。金核霉素为含腺嘌呤的核苷类抗生素，从金色链霉菌苏州变种中分离获得。发病初期用 30% 金核霉素 WP 稀释 500～1000 倍喷雾。在 58℃ 中生菌素 100mg/kg 药液中浸种 48h，稻种表面及内部的 Xoo 可全部被杀死，且对种子的发芽率及生长速度均无不良影响，是杜绝种子带菌传病的有效措施。先用中生菌素温药液浸种，杜绝种子带菌，减少初侵染源，加上秧田期 2 次施药保护，可明显推迟田间白叶枯病的始发期，且防效高达 90%；在轻发病年份的轻病田可不用防治；重发病年份的重病田只需在分蘖期用中生菌素喷 1 次即可有效控制病情（张桂芬等，1998）。30mg/kg 中生菌素浸种和秧田处理可长期诱导水稻植株抗性（蒋细良等，2003）。郑文君（2010）发现申嗪霉素对 Xoo、Xoc 有很高的抑菌活性，对 Xoo 有良好的保护作用，但治疗作用有限。

值得注意的是，原先常用于防治白叶枯病的链霉素、新植霉素（链霉素和土霉素复配）已被禁用，亟待开发新的、高效微生物次生代谢产物用于白叶枯病防控。随着生物技术和分离技术的发展，研究已分离鉴定越来越多的白叶枯病拮抗菌及其抑菌产物，有望从中开发出适用于白叶枯病防控的新的农用抗生素（朱润杰等，2019）。

（2）植物源药剂

植物中含有大量的广谱抑（抗）菌活性物质，从中找寻抑菌活性物质是控制白叶枯病危害的一条重要途径。目前用于防治白叶枯病的商品化的植物源杀菌剂主要有大蒜素、乙蒜素等。

骆海玉等（2010）采用带药平板涂布法测定了 24 种植物甲醇提取物、3 种植物化合物、1 种植物精油和 13 种杀菌剂对 Xoo 的抑菌活性，结果发现广西地不容（*Stephania kwangsiensis*）、血散薯（*Stephania dielsiana*）、石菖蒲（*Acorus tatarinowii*）和木防己（*Cocculus orbiculatus*）的块（根）茎粗提物对 Xoo 有抑菌活性，最低抑制浓度（MIC）分别为 2.0mg/mL、6.0mg/mL、2.0mg/mL 和 6.0mg/mL。从广西地不容块根中分离纯化获得的罗默碱对 Xoo 有很好的抑制活性，最低抑制浓度为 0.025mg/mL；石菖蒲精油对 Xoo 的最低抑制浓度为 1.0mg/mL。杨平（2021）发现小檗碱不仅明显地降低了 Xoo GX13 菌株对水稻的致病力，且降低其在水稻叶片定植的数量。室内试验表明，0.5mg/mL 小檗碱能有效地抑制白叶枯病病斑的扩展，接种 15d 后的抑制率为 84.2%，表明小檗碱对白叶枯病具有较好的防治效果。

褪黑素是一类广泛存在于植物组织中的吲哚类小分子化合物，具有特殊的生物学功能。陈贤等（2018）以 Xoo PXO99 为研究对象，发现植物源褪黑素对 PXO99 具有显著的抑制作用，1.0mg/mL 褪黑素完全抑制了 PXO99 的生长。利用透射电镜观察细菌体，发现 200μg/mL 褪黑素影响了 PXO99 菌体的形态。

Vicente 等（2022）报道小毛孢藻（*Chnoospora minima*）、芋根江蓠（*Gracilaria blodgettii*）、帚状江蓠（*Gracilaria edulis*）、钩沙菜（*Hypnea musciformis*）、红藻沙菜（*Hypnea valentiae*）、波氏团扇藻（*Padina boergesenii*）、围氏马尾藻（*Sargassum wightii*）、薛羽藻（*Spyridia hypnoides*）、拟小叶喇叭藻（*Turbinaria conoides*）、曲浒苔（*Ulva flexuosa*）和石莼（*Ulva lactuca*）等海草类植物的提取物对 Xoo 的生长有显著抑制作用。抗菌活性物质包括极性和非极性分离物，如自由脂肪酸（free fatty acid）、磺基糖脂（sulfonoglycolipid）、酚酸（phenolic acid）、棕榈酸（palmitic acid）等。Roy 等（2022）报道，长心卡帕藻（*Kappaphycus alvarezii*）的水相提取物中分子量小于 1kDa 的硫酸低聚半乳糖（sulphated galactooligosaccharide）对白叶枯病菌没有直接的抑菌活性，但将其 1000 倍稀释液喷施于水稻叶面，具有激发水稻免疫反应的能力，白叶枯病病斑仅为对照的 30%（9dpi）。喷施 48h 后，水稻叶片中 *SID2/ICS1*（salicylic acid-induction deficient 2/isochorismate synthase 1）和 *PR1a*（pathogenesis-related protein 1a）基因的相对表达量比对照分别提高了 3 倍和 1.5 倍。

（3）动物源抑菌物质

蜂毒肽（melittin）是从西方蜜蜂（*Apis mellifera*）的毒液中分离得到的由 26 个氨基酸残基组成的阳离子抗菌肽，具有较强的杀菌作用。Shi 等（2016）通过检测蜂毒肽对 Xoo 的抑菌圈大小和抑菌曲线发现，10μmol/L 蜂毒肽表现出较强的抑菌活性，可以完全抑制细菌生长；荧光显微镜检测发现，蜂毒肽可以与 Xoo 结合；分光光度计测定胞内内容物，在 260nm 吸光值检测蜂毒肽对细菌细胞膜完整性的影响，并结合扫描电镜与透射电镜观察蜂毒肽对细菌细胞膜的作用。研究发现蜂毒肽破坏了细菌细胞膜结构，损伤细胞质膜，细胞内容物被释放出来；通过 ATP 试剂盒检测细菌细胞膜上的 ATP 水平，发现蜂毒肽并没有引起细胞膜上 ATP 活性发生变化。

研究利用激光共聚焦实验检测蜂毒肽是否进入细菌内，结果发现蜂毒肽可以穿过细菌细胞膜聚集到细胞内；荧光光谱检测蜂毒肽对胞内 DNA 或者 RNA 含量的影响，结果发现蜂毒肽处理后显著影响了 DNA 和 RNA 的合成；凝胶阻断结合限制性内切酶实验表明，蜂毒肽具有与 DNA 或 RNA 结合的能力；蛋白电泳实验检测蜂毒肽是否影响蛋白质的合成，结果发现蜂毒肽处理 10h 后蛋白质的合成表达量明显减少，甚至有些蛋白质丢失。植株感染保护实验表明，向水稻植株体内注射蜂毒肽后抑制了 Xoo 的蔓延，缓解了病情，表明蜂毒肽对水稻植株具有抗菌保护作用。

（4）化学合成药剂

目前我国已登记防治白叶枯病的药剂有 9 个单剂配方 32 个产品，主要有氯溴异氰尿酸、噻菌铜、噻霉酮、噻森铜、噻唑锌、三氯异氰尿酸、辛菌胺醋酸盐等（数据来源于农业农村部农药检定所）。生产上，可选用 20% 噻唑锌 SC 450.00mL/hm²、50% 氯溴异氰尿酸 WP 300～450g/hm²、20% 噻菌铜 SC 300～390g/hm²、20% 噻森铜 SC 300～375g/hm²、1.8% 辛菌胺醋酸盐水剂 125～187.5g/hm²、36% 三氯异氰尿酸 WP 324～486g/hm² 或者 5% 噻霉酮 500～750g/hm² 等。浙江、江西、广东、江苏、安徽五省的联合试验表明，20% 噻唑锌 SC、20% 噻菌铜 SC、20% 噻森铜 SC 防治白叶枯病的效果达 85.4%～90.7%，对病害具有良好的防治效果，且施用安全。大田要及时喷药封锁发病中心，如气候有利于发病，实行同类田普遍防治，从而控制病害蔓延。在白叶枯病常年发病或流行区，应抓住台风暴雨过后至初现病情的关键时期，合理用药以控制病害发生。

值得关注的是，近年来多个农药品种因环境、安全和耐药性等问题先后退出市场，其中包括白叶枯病常用药链霉素和噻枯唑（曾用名叶枯唑、叶枯宁、叶青双、猛克菌等）。自 2013 年起，开始对叶枯唑开展再评价，由于毒理学试验资料不完善，安全风险存在隐患和不确定性，经评估论证，暂停批准叶枯唑的新增登记和续展登记。为了弥补空缺，新药也在不断研发和登记，其中新药氟苄噁唑砜是贵州大学研制的新型杀菌剂，在田间表现出对白叶枯病良好的防控效果（方静静，2016）。Dichlobentiazox 为日本开发的苯并噻唑类杀菌剂，含有苯并异噻唑和异噻唑基团，对包括白叶枯病、稻瘟病等多种水稻病害有防治作用，并对水稻有防御激活功能（顾林玲，2022）。

2. 适期用药

应俊杰等（2022）研究了不同阶段防治措施对白叶枯病的影响，在白叶枯病常发流行区域，田间菌源是影响白叶枯病发病的主要因素。药剂是白叶枯病应急防控的主要措施，大田中，在水稻分蘖期及孕穗期的初发阶段，当水稻出现病斑时应及时施药防治。可在白叶枯病常发流行区域设立不采取秧田预防措施的空白田，利用显症的时间差开展白叶枯病发生流行的预测预报，并在大田显症前及时施药预防，提高防治效果。在历年未发生白叶枯病的田块，带病菌的种子是极为重要的扩散传播源，病区周边以及种植易感品种区域必须做好种子处理+带药移栽等秧田预防措施，阻止或延缓白叶枯病的发生，切实保障粮食生产安全。

（七）白叶枯病防控新方法和新技术

1. 纳米制剂防治白叶枯病研究

纳米农药是利用纳米材料与制备技术，将原药、载体与辅剂进行有效配伍创制的农药产品。纳米载药系统具有提高农药分散性、稳定性、利用率和延长持效期、降低残留量等优点，是缓解农药残留污染和提高有效利用率的重要手段。利用纳米材料与技术开发新剂型纳米农药，已经成为国际农业领域的研究热点之一。

Li 等（2016）发现壳聚糖/二氧化钛纳米复合材料（chitosan/TiO₂ nanocomposite）在光照条件下抗 Xoo 的活性明显高于两者单独存在时的抗菌活性；另外，被提取了胞外多糖的病原菌对壳聚糖和壳聚糖/二氧化钛纳米复合材料的敏感性明显增强。红外光谱显示纳米二氧化钛能明显降低蛋白质等物质的浓度，这可能是壳聚糖/二氧化钛纳米复合材料抗菌机制之一。Abdallah 等（2020）报道生物合成的壳聚糖/氧化锌纳米颗粒（chitosan and zinc oxide nanoparticle）对 Xoo 有显著的抑菌活性，高于壳聚糖纳米材料或氧化锌纳米材料单独使用。Ahmed 等（2022）报道了生物工程壳聚糖-铁纳米复合材料（bioengineered chitosan-iron nanocomposite，BNC）提高水稻抵抗白叶枯病等生物胁迫能力，测定了 BNC 的体外和体内杀菌活性，评估了 BNC 对健康和感染白叶枯病的水稻植株内生微生物群的影响，提出了 BNC 减轻白叶枯病危害的内在机制。BNC 可通过直接和间接作用等多种机制抑制 Xoo。首先，BNC 与细菌互作引起 Fe^{2+} 的受控释放，导致细胞膜破裂、活性氧形成、DNA 损伤、蛋白质和酶变性以及细胞内容物的泄漏，最终导致 Xoo 细胞死亡；其次，BNC 可通过气孔进入叶片，并在海绵状叶肉细胞的大空间内分散，BNC 在植物体内的积累触发了水杨酸信号通路、抗氧化剂防御机制，改善了光合特性和养分获取，维持了离子动态平衡，最终清除活性氧并缓解水稻植株的细胞氧化应激。高通量测序结果表明，BNC 通过重塑水稻叶面和根内生细菌群落，降低了黄单胞菌的相对丰度，增加了健康和患病植物的细菌群落多样性，特别是异根瘤菌和缓生根瘤菌等生物固氮微生物的相对丰度显著增加，或许也在白叶枯病的纳米制剂防治中发挥了重要的作用。

2. 推广无人机统防统治与绿色防控相结合

植保无人机是现代最前沿的植保施药手段之一，属于超低容量喷雾防治技术，具有防治效率高、无须专用起降场地、低空作业不受航空管制、作业人员农药中毒风险低等优点，适应现代农业和植保的需求。白叶枯病具有突发性强、传播侵染速度快等特点，一旦暴发很难控制水稻的受害程度。无人机能够在短时间内大面积施药，从而有效控制病情。

应俊杰等（2021）报道，采用不同器械施药对水稻白叶枯病的防效存在较大差异，用植保无人机施药、担架式喷雾机和背负式智能电动喷雾器施药对白叶枯病的防效分别为 84.36%、77.12% 和 75.95%。用植保无人机施药对白叶枯病的防效极显著优于用担架式喷雾机和背负式智能电动喷雾器施药；担架式喷雾机和背负式智能电动喷雾器施药两者之间则无显著差异。植保无人机施药防效极显著优于担架式喷雾机和背负式智能电动喷雾器施药，主要表现在担架式喷雾机或背负式智能电动喷雾器在施药过程中容易对水稻叶片产生大范围机械损伤，人为造成发病中心扩散。此外，用无人机飞防施药虽然具有喷雾均匀、田间作业效率高、劳动强度低以及节本增效等诸多优点，但是也存在一些不足。一是无人机购置成本高、更新迭代快、操作要求高，需要加大政策扶持力度，培养熟练机手；二是无人机施药时兑水量少，且药液不能到达水稻植株中下部，因此不能兼治纹枯病、稻飞虱、二化螟等的危害；三是对于病害防治，无人机飞行高度应尽可能高一些，以减少对水稻植株的冲击力，进而减少植株、叶片之间的摩擦损伤，减轻病原菌的侵入。

应推进无人机统防统治与绿色防控的融合，充分发挥植保新技术效果和优势，发挥导向和示范带动作用。统防统治使用高效、低毒、低残留农药，推进农药减量增效，做到统一时间、统一药剂进行连片防治，做到省工、省力、提高防效，将白叶枯病的危害损失降到最低（侯琴慧，2020）。

3. 智慧型无人机在白叶枯病防治中的应用研究

与其他侵染性病害一样，白叶枯病在田间常有发病中心。发病中心的稻叶往往会先出现病斑，叶色失绿变黄。通常情况下，在田埂上观察很难发现发病中心，从而错过最佳防治时机。智慧型无人机通过携带彩色水稻病害图像识别仪达到诊断、防控病害一体化。智能无人机飞行在稻田上空侦测白叶枯病的发生情况，安装在智能无人机下方光电吊舱中的相机、摄像机将侦测到的稻田中的彩色水稻病害图与已储存的彩色水稻病害图像进行对比，识别并确认病害种类及危害状况，将白叶枯病的危害信息输入计算机喷药治病指令信息系统进行处理，制定喷药治病指令，压力泵按照喷药治病指令向药剂液体施加压力，加压后的化学农药液体通过装载治疗白叶枯病化学农药液体的喷雾器向稻田喷雾，高效防治白叶枯病。

第二节　水稻细菌性条斑病

一、病害发生与为害

（一）病害发生与分布

水稻细菌性条斑病（rice bacterial leaf streak，BLS）简称细条病或条斑病，俗称红叶病，于1918年在菲律宾被发现。由于该病害在叶片上形成"条纹"症状，因此将其称为水稻细菌性条纹病（Reinking，1918；Niño-Liu et al.，2006）。1957年我国方中达等将该病害称为水稻细菌性条斑病（bacterial leaf streak，BLS）。该病在南亚、东南亚、西非等国家也有发生为害的报道；在亚洲热带稻区、非洲西部和澳大利亚广为流行，但东亚稻区的日本和韩国未见有关该病的报道。

我国广东珠江三角洲于1955年首次发现该病害（范怀忠和伍尚忠，1957；方中达等，1957），20世纪60年代初，此病仅在华南局部地区发生流行，经采取栽种无病种子等措施，基本控制其为害。20世纪80年代以来，由于杂交稻的推广和稻种的南繁北调，此病不仅在华南稻区死灰复燃，而且迅速向华中、西南、华东稻区蔓延，病区超过11个省份（张荣胜等，2014a）。在黄河以北、东北、西北稻区的田间尚未发现细条病，但已在吉林和辽宁多地稻田样本中分离到细条病菌（王婧琪，2019）。目前，细条病是我国水稻的常发病害之一，也是我国植物检疫性病害之一。

（二）病害为害

1. 细条病的为害

细条病在水稻整个生育期皆可发生，以孕穗-抽穗始期发生危害最大，植株功能叶染病，造成条形叶斑、叶尖萎蔫、叶绿体瓦解、光合作用下降，影响谷粒灌浆，一般减产15%～25%，轻病田减产6%～15%，严重时可达40%～60%（Ou，1985）。染病较轻时，即使湿谷产量变化不大，米质也往往松脆不坚实，碾磨加工时，米粒易碎，出米率低。食味和营养品质也显著降低。水稻细条病对不同类型、品种为害造成的损失相差较大，损失与抗病性成反比。糯稻的抗性最强，影响较小，其次是粳稻抗性，籼稻抗性最差，染病时损失大。田间气象条件对发病程度和损失程度的影响也很明显。例如，IR20染病后，如遇28～30℃高温、相对湿度90%以上高湿，产量损失为8.3%～17.1%，如果染病后的温湿度不满足病害发生的要求，则损失较轻，为1.5%～5.9%。

2. 细条病病害分级标准

自然发病田，一般采用病斑面积占整叶面积的比例进行分级，具体分级数、病斑面积的占比值，则可根据试验目的、条件、水稻生长发育阶段确定。

王长方等（1989）将细条病为害程度分为6个病级：0级，无病；1级，病斑面积占整叶面积1/10以下；2级，病斑面积占整叶面积1/5以下；3级，病斑面积占整叶面积1/3以下；4级，病斑面积占整叶面积1/2以下；5级，病斑面积占整叶面积3/5以下（王长方等，1989；陈玉奇等，1990）。这种分级方法容易把握，适合田间大规模调查。

谢德龄等（1995）采用5个病级：0级，无病；1级，病斑面积占整叶面积1/5以下；2级，病斑面积占整叶面积1/5～1/3；3级，病斑面积占整叶面积1/3～1/2；4级，病斑面积占整叶面积1/2以上。

童贤明等（1995）根据多年试验分析，以病斑占病叶面积百分率制定的细条病分级标准分为7个病级：0级，无病斑；1级，病斑面积占整个叶面积的5%以下；2级，病斑面积占整个叶面积的6%～15%；3级，病斑面积占整个叶面积的16%～35%；4级，病斑面积占整个叶面积的36%～55%；5级，病斑面积占整个叶面积的56%～75%；6级，病斑面积占整个叶面积的76%～100%，并将对应的病级转换为计算权值（0、

1、3、7、11、15、20），用于计算水稻产量损失与病斑总面积的关系。

目前，多采用9级标准对水稻细条病严重度进行分级（表2-10），适用于田间自然发病评价，或采用喷雾法、浸泡法、针刺法接种检测水稻抗病性或者 Xoc 菌株的毒力评价（徐羡明等，1991；冯爱卿等，2018a）。田间或试验群体病指计算见公式（2-3）。

$$病情指数=\sum（各级病叶数×相对级数值）/（调查总叶数×最高级数值）×100 \qquad （2-3）$$

表 2-10　水稻细条病病情分级和调查记载标准

病级	病斑占病叶面积百分率	症状描述	水稻抗感	病菌毒力
0	0	叶片上无病斑	HR	
1	1% 以下	叶片仅有半透明、水渍状病斑	R	低毒
3	2%～5%	叶片有零星短而狭的条斑	MR	中毒
5	6%～25%	叶片病斑较多，连接在一块	MS	
7	26%～50%	叶片病斑密布	S	高毒
9	51%	叶片变橙褐色，卷曲，枯死	HS	

注：经初鉴为0～3级的抗性材料，经1或2次重复鉴定，才最后确定其抗病等级

3. 细条病严重度与产量损失的关系

陈玉奇等（1990）连续两年的调查测定表明，水稻（汕优63）受细条病为害后，随着被害叶片面积的增加，其空秕率随之增加，千粒重降低。病级1～5级的空秕率比0级增加4.99%～28.86%，千粒重下降0.25～3.5g，损失率为0.82%～11.48%。总损失率：1级为5.61%，2级为16.48%，3级为27.37%，4级为39.84%，5级为46.16%。

童贤明等（1995）用原丰早和 Tetep 两个品种测定细条病分级标准（前述7级）与严重度（病情指数）之间的关系，发现水稻产量损失随病斑总面积增加而递增，当病斑面积占叶面积比例低于13.07%（2级）的临界值时，无论是原丰早还是 Tetep，病害对其有效穗的影响均不显著，当病害较轻时，对原丰早的空秕率和千粒重无显著影响；当病叶平均病斑面积占3.37%（1级）时，空秕率比对照增加3.34%，千粒重降低1g左右，理论产量减少2.27%；而当病斑面积占病叶面积比例达13.07%，空秕率比对照增加5.12%，千粒重降低2.03g，理论产量减少23.27%。病害对 Tetep 的空秕率有显著影响，而对其千粒重影响不大。

二、病害症状与诊断

（一）病害症状

1. 叶片症状

水稻细菌性条斑病菌主要通过气孔、伤口侵入叶片，在叶肉组织定植。病斑初为沿叶脉扩展的暗绿色或黄褐色纤细条纹，宽×长=0.5～1.0mm×3.0～5.0mm，后病斑增多并联合成不规则形或长条状白色条斑（图2-8），对光观察，病斑为许多半透明的小条斑愈合而成，病部产生较多细小的蜜黄色菌脓（图2-8）。发病中期，病叶渐呈红褐色或黄褐色，田间呈火烤暗红色，因此，该病在我国部分稻区也被称为红叶病（图2-9）。病叶表面菌脓密集，干燥后不易脱落。病害严重时条斑融合成不规则形黄褐至枯白大斑，后期与白叶枯病类似，但对光看可见许多半透明条斑，叶片卷曲，经风吹雨淋呈现一片黄白色（图2-9）。两病比较可参照表2-2，注意白叶枯病和细条病的特点与差异。

2. 叶鞘症状

当染病叶鞘出现黄褐色短条斑，稻株生长环境偏潮湿时，会快速显现出病症（菌脓），通常在分蘖后出现病症，以孕穗和抽穗两个时段最为突出。

图 2-8 水稻细菌性条斑病典型病斑（a，b. 何勇强 提供；c，d. 牛祥娜 提供）

a：初期，条型水渍；b：中期，水渍斑扩展，弥散型菌脓；c：中期，半透明条状病斑；d：后期，病斑褐色连片，菌脓多

图 2-9 水稻细菌性条斑病大田症状（a，b，d. 何勇强 提供；c. 牛祥娜 提供）

a：初期；b：中期叶尖发红；c：发病中期红叶；d：发病后期，经过风雨后菌脓脱落，枯叶褪色呈灰白色

（二）病害诊断与病原检测

1. 症状诊断与传统检测方式

（1）症状诊断

1）常规症状诊断：根据前述的症状对病害进行诊断。细条病与白叶枯病的症状比较相似，可根据表 2-2 进行区分、诊断。

水稻细条病主要为害水稻叶片，幼龄叶片最易受害。病菌多从气孔侵入，还可由伤口侵入，病斑局限于叶脉间的薄壁细胞，初为深绿色水浸状半透明小点，逐渐向上、下扩展，成为淡黄色狭条斑，由于受叶脉限制，病斑不宽，但许多条斑可连成大块枯死斑。田间诊断时，对光观察，病斑部半透明，水浸状，病部菌脓很多，琥珀色，呈串珠状分布在条斑上，不易脱落。水稻在苗期到孕穗期都可见到典型病状。病菌侵染种子颖壳后，出现变色斑点，但很难与其他病害的斑点相区分。与白叶枯病的最大区别是发病中后期，田间染病稻叶出现大面积的锈红色（表2-2），在长江中下游稻区比较明显，也是田间诊断的依据之一。

2）人工智能症状诊断：由于 Xoo 和 Xoc 为同种下的不同致病变种，且白叶枯病与细条病的寄主相同、发生规律类似等，人工智能诊断可参考白叶枯病相关内容，并根据具体症状加以区分。

3）基于光谱分析的病害识别：为了快速、准确、有效地识别发病早期的细菌性条斑病，袁培森等（2021）提出基于随机森林（random forest，RF）算法的细条病识别方法。利用光谱成像技术获取该病害的高光谱数据，通过多元散射校正减少和消除噪声及基线漂移对光谱数据的不利影响。利用随机森林的重要性指标，选取逻辑回归（LR）、朴素贝叶斯（NB）、决策树（DT）、支持向量分类机（SVC）、k 最近邻（KNN）和梯度提升决策树（gradient boosting decision tree，GBDT）算法进行对比试验。同时筛选出 12 个位于 $450\sim664\mathrm{nm}$ 处对识别模型有重要影响的光谱波段，并与全波段进行分类结果比较。研究结果表明，RF 算法的分类准确率为 95.24%，与试验选取的其他算法相比效果最优，比 NB 准确率提高了 20.97%；与全波段分类结果相比，基于 12 个波长的识别，利用 RF 算法波长数减少了 98.05%，识别精确率为 94.66%，召回率为 99.55%，综合评价指标 F1 值为 97.04%，准确率为 94.32%。虽然精确率减少了 2.97%、准确率减少了 0.85%，但召回率增加了 4.4%、F1 值增加了 0.67%，模型精度满足要求（袁培森等，2021）。

（2）传统检测方式

1）产地检疫：在国内引种和调种前，到产地进行实地考察及全面检测，特别是在孕穗期和抽穗期，需要对繁种田块进行产地检验。种子调运依据《农业植物调运检疫规程》（GB 15569—2009），参考《进出境植物及植物产品检疫抽样方法》（SN/T 2122—2015）进行抽样；抽样样品采用 PMA-PCR 进行检测。

2）育苗生长观测法：将种子播种在温室或田间观测幼苗的生长状况，记录其是否在叶脉间出现暗绿色水浸状透明小点，是否最终形成暗绿色至黄褐色细条状病斑。这是一种传统而经典的检测方法，但是由于受季节与外界环境的影响，需要严格控制种植条件，同样费时费力，很难应用于大批量的检测工作中。

3）显微镜观察：在水稻细菌性病害发生初期，还没有出现典型性症状时，由于发病部位的维管束组织和薄壁细胞上会存在大量的细菌，所以可以在低倍显微镜下进行检查，将切取的小块发病组织置于载玻片上，如果出现喷菌现象，则可判定是细菌性病害（刘维等，2022）。

2. 病原检测

（1）病原物分离

病原物分离一般使用丰富培养基 NA 或肉汤培养基，从水稻叶片或杂草上分离获得疑似病菌。使用 XOS 培养基，从水稻种子上分离疑似病菌。

Xoc 的纯化是将分离的病菌在丰富培养基上（如肉汁陈琼脂培养基或 NA）培养，如果是 Xoc，菌落为圆形，周边整齐，中部稍隆起，蜜黄色；在含有 0.1% 四唑盐的培养基上不生长，硝酸盐还原阴性，淀粉和明胶测试阳性。纯化的病菌，用压渗、针刺或喷雾等方法接种稻叶，能够还原病斑特征（Bradbury，1986；Lelliott and Stead，1987）。

当依据病害症状不能确定是否是细条病的标样时，可对疑似病害标样的病原进行检测。噬菌体也曾用于细菌性条斑病菌的检测，该方法虽然简单快速，但是由于噬菌体的专化性容易造成假阴性以致漏检（田筱君，1988）。因此，病原检测最准确的方法是对疑似病害标样的病原进行分离、纯化和鉴定，从而确定是否是细条病。Xoc 的鉴定可采取以下几种方法。

（2）病原物血清学鉴定

方中达等（1957）通过研究 Xoc、Xoo 和李氏禾条斑病菌的血清学差异，发现 Xoc 有其独特的血清学特异性。谢关林等（1990）应用免疫放射分析法（immunoradiometric assay，IRMA）对 Xoc 进行快速检测，该方法的检测灵敏度为 $10^2 \sim 10^3$ 个细胞/mL，制备的抗体除了与 Xoc 有交叉反应，还与 Xoo 有交叉反应，但与其他病原菌的交叉反应极其轻微。宁红等（1991）采用 ELISA 检测 Xoc 灵敏度达 $10^4 \sim 10^5$ CFU/mL。刘宏迪等（1991）利用富含 A 蛋白的金黄色葡萄球菌与水稻细菌性条斑病菌的抗血清结合，与待检样品进行协同凝集反应（coagglutination），即能迅速准确地进行早期诊断。在实验室及田间均能较准确地对青枯病、白叶枯病等的交叉及白叶枯病的血清分型进行区分、鉴别。

（3）病原生理生化分析鉴定

姬广海等（2001）利用 Biolog 系统对 Xoc、Xoo 及其相关菌株进行了快速鉴定研究。聚类分析显示李氏禾条斑病菌和"稻短条斑病菌"的 Biolog 代谢指纹相似性高，与小麦黑颖病菌（TAS）的亲缘关系较近，而与 Xoc、Xoo 具有明显差异。

（4）基于 MALDI-TOF MS 的病原鉴定

王文彬等（2016）采用哥伦比亚培养基培养了 Xoc、水稻细菌性谷枯病菌、水稻细菌性褐斑病菌。菌落采用乙醇/甲酸处理法处理后用基质辅助激光解吸电离飞行时间质谱（MALDI-TOF MS）分析其蛋白质指纹图谱，用 Bruker 公司标准方法建立了 Xoc 蛋白质指纹图谱库。采用水稻叶片作为空白样品添加了上述植物病原细菌。回收实验结果表明，3 种植物病菌均可以用本方法检测，发展了一套用 MALDI-TOF MS 检测 Xoc、水稻细菌性谷枯病菌、水稻细菌性褐斑病菌的方法（王文彬等，2016）。

（5）病原分子鉴定

1）16S rDNA、ITS 序列和/或保守基因测序与系统发育分析：通过对指征分子测序，如 16S rDNA、ITS 序列和/或保守基因等，构建系统发育树，从而确认病原物的分类地位（肖永胜等，2011；谢仕猛等，2017）。

2）常规 PCR 技术鉴定：随着分子检测技术的兴起，PCR 技术以其特异、快速、灵敏和简便的优点在植物病原检测上得到了广泛应用。目前已发展了多种 PCR 技术用于 Xoc 检测，廖晓兰等（2003）建立了快速检测 Xoc 的实时荧光 PCR 方法，该方法可以区分 Xoo 与 Xoc。张华等（2008）通过 GenBank 比对发现 Xoc 与 Xoo 的电子转移黄蛋白 α 亚基和跨膜蛋白的基因，设计了特异性引物，实现了对 Xoc 的专化性检测。Tian 等（2014b）针对 Xoc 与 Xoo 应用 padlock 探针，以此探针为基础，结合芯片技术，这种多重检测方法具有较强的特异性、灵敏性及稳定性。

Louws 等（1994）对黄单胞菌属内不同种或致病变种进行 rep-PCR 指纹图谱分析，结果表明 rep-PCR 技术可以区分同种内不同致病变种，如 Xoo 和 Xoc 等。姬广海等（2002a）采用 rep-PCR 技术对 30 个细条病菌株进行遗传多样性分析，同时对李氏禾条斑病菌等其他 10 个参试菌株也进行了比较；表明 rep-PCR 技术可有效地用于监测 Xoc 的遗传变异，还可应用于菌株的鉴定和分类学研究。

3）数字 PCR 检测鉴定：Xoc 与 Xoo 属于同种下的 2 个致病变种，正确鉴别 Xoo 和 Xoc 对病原检疫与病害防控至关重要。Xoo 和 Xoc 中的铁-红酵母酸/铁-粪生素受体基因 *fhuE* 因不同程度地缺失成为假基因。针对 Xoc 中存在而 Xoo 中缺失的 *fhuE* 部分序列设计引物，筛选出 Xoc 特异性引物 XocFhuE-F（5′-ATCGAACGATGTCACCAGGG-3′）和 XocFhuE-R（5′-AGAAACGTGCGGCCAGATAA-3′）。用 XocFhuE-F/XocFhuE-R 能从 Xoc 菌株中仅扩增出 159bp 片段，结合荧光染料 SYBR Green Ⅰ建立了实时荧光定量 PCR（qPCR）和数字 PCR（dPCR）方法来检测鉴定 Xoc。dPCR 检测菌悬液中 Xoc 的下限是 1.6×10^3 CFU/mL，检测带菌种子中 Xoc 的下限是 1.2×10^2 CFU/粒。综上所述，基于 Xoc 特异性引物 XocFhuE-F/XocFhuE-R 建立的 SYBR Green qPCR 和 dPCR 为检疫 Xoc 与监测、预警水稻细菌性条斑病提供了高效的检测方法（张健男等，2023）。

4）PMA-PCR 方法检测 Xoc 细胞活性：叠氮溴化丙锭（propidium monoazide，PMA）是一种特异性的活性染料，在强光下与死细胞 DNA 进行不可逆的共价结合，阻碍死细胞 DNA 进行 PCR 扩增。使用 PMA 对菌悬液进行预处理后提取样本 DNA，结合 qPCR 进行扩增。qPCR 扩增后的 C_t 值为样本中活细胞的 C_t 值，排除了死细胞的干扰。于贵成等（2023）将 PMA 与 qPCR 技术相结合，建立了一种适于 Xoc 活细胞快速检测的 PMA-qPCR 方法。结果表明，当样品中 PMA 质量浓度为 5μg/mL 时，在避光条件下，孵育 5min，曝光 20min，PMA 可有效抑制死亡菌体细胞中的 DNA 扩增，且对活菌 DNA 的扩增无影响。最低检测浓度为 $2×10^4$CFU/mL。该方法能够有效地区分水稻细菌性条斑病菌死细胞和活细胞，可为水稻病原细菌检疫、清洁育苗、病情测报等提供技术支持。

5）DNA 条形码（DNA barcode）：Tian 等（2016）经过大量筛选，确认 *cpn60* 基因为黄单胞菌属 DNA 条形码基因，利用 *gyrB* 基因可以区分 Xoo 和 Xoc（Tian et al.，2016）。

三、病原学

（一）病原

1. 学名和译名

病原菌学名 *Xanthomonas oryzae* pv. *oryzicola*（简称 Xoc）（Swings et al.，1990），为稻黄单胞菌稻生（或稻栖）致病变种，俗称水稻细菌性条斑病菌，属于黄单胞菌属细菌，稻黄单胞菌种内的一个变种。

2. 分类与命名沿革

水稻细条病于 1918 年在菲律宾被发现后，当时没有鉴定其病原（Reinking，1918；Niño-Liu et al.，2006）。直至 1957 年，我国方中达等将该病害的病原鉴定为 *Xanthomonas oryzicola*，作为黄单胞菌的一个种（species）。后又被先后划分在半透明黄单胞菌（*Xanthomonas translucens*）和野油菜黄单胞菌（*Xanthomonas campestris*）种下，分别命名为半透明黄单胞菌稻生转化型（*Xanthomonas translucens* f. sp. *oryzicola*）和野油菜黄单胞菌稻生致病变种（*Xanthomonas campestris* pv. *oryzicola*）。1990 年以后，重新建立稻黄单胞菌种（*Xanthomonas oryzae*）后，正式命名为稻黄单胞菌稻生致病变种（*Xanthomonas oryzae* pv. *oryzicola*）（Swings et al.，1990；Vauterin et al.，1995）。

稻黄单胞菌稻生致病变种的分类地位（基于 NCBI）：细胞生物（cellular organism）；细菌（bacteria）；假单胞菌门（Pseudomonadota）γ-变形菌纲（Gammaproteobacteria）黄单胞菌目（Xanthomonadales）黄单胞菌科（Xanthomonadaceae）黄单胞菌属（*Xanthomonas*）稻黄单胞菌（*Xanthomonas oryzae*）稻黄单胞菌稻生致病变种（*Xanthomonas oryzae* pv. *oryzicola*）。

（二）病原形态特征与生物学特性

1. 菌落特征

在肉汁胨琼脂培养基或 NA 培养基上菌落圆形，周边整齐，中部稍隆起，蜜黄色（图 2-10a 和 b）。

2. 菌体特征

菌体单生，短杆状，大小为 1～2μm×0.3～0.5μm，极生单鞭毛（图 2-10c），革兰氏染色阴性，不形成芽孢荚膜，能分泌胞外多糖，见图 2-10b。

3. 病原的生物学特性

Xoc 生长最适温度为 25～28℃，最低温度为 8℃，最高温度为 38℃，28℃下生长良好，致死温度为 51℃，对铜的耐性不高，以硫酸铜溶液测试，MIC 为 0.1mmol/L。

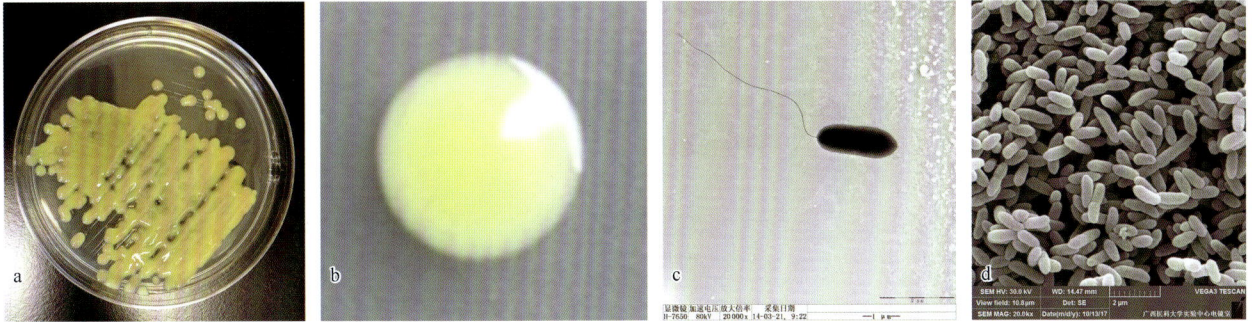

图 2-10　水稻细菌性条斑病菌落和菌体形态（a. 何勇强　提供；b，c. 牛祥娜　提供；d. 袁高庆　提供）

a：划线培养；b：典型菌落特征；c：透射电镜图（TEM，20 000×）；d：扫描电镜图（SEM，10 000×）

该菌生理生化反应与 Xoo 相似，不同之处是该菌能使明胶液化，使牛乳胨化，与葡萄糖、蔗糖、阿拉伯糖和甘露糖发酵能够产生酸，与乳糖和麦芽糖等发酵不会产生酸。

在营养琼脂培养基上，菌落淡黄色、圆形、光滑、全缘、凸起、黏性，斜面上线性生长。在营养肉汤中，中度混浊，后期有沉淀，表面环状生长，但不形成显著的菌苔。在含有 5% NaCl 的肉汁培养基中不生长，在孔氏和费美氏营养液中不生长。能使明胶液化，使牛乳不凝结，但可完全胨化，石蕊反应呈微碱性且使石蕊大部分还原。硝酸盐不还原成亚硝酸盐，产生氨和硫化氢，不产生吲哚。使阿拉伯糖、葡萄糖、蔗糖、木糖和甘露糖发酵产酸，乳糖、麦芽糖、阿戊糖、甘露醇、甘油和柳醇不产酸。固体培养基对淀粉、羧甲基纤维素降解能力差，MR 试验（methyl red test，甲基红试验）和 V-P 试验（Voges-Proskauer test，乙酰甲基甲醇试验）均为阴性，对青霉素、葡萄糖反应不敏感。

Xoc 的培养特性与 Xoo 接近，常用培养基可参照第一节培养基配方。

（三）寄主范围

Xoc 的寄主范围与 Xoo 的基本一致，包括栽培稻、杂草稻和多种野生稻，以及茭白、李氏禾、看麦娘等（方中达等，1957；种藏文等，1998；Wonni et al.，2014）。

（四）侵染循环

1. 初侵染源

病菌主要在病种子和病草上越冬，其次在李氏禾等杂草上越冬。与白叶枯病相似，田间稻草、再生稻带菌传染，杂草稻、野生稻、茭白，以及李氏禾、稗、竹根草、看麦娘等田间、田边杂草也会交叉传染。

2. 传播途径

带菌稻种可远距离传播该病，菌脓可借农（机）具、风雨、牛鸭等传播后进行再侵染。水田漫灌、串灌也是传播的途径（张荣胜等，2014a）。

3. 侵入途径

病菌主要从气孔、伤口侵入，在薄壁组织的细胞间隙繁殖扩展（谢关林等，1991；Niño-Liu et al.，2006），见图 2-11。

谢关林等（1991）在温室和田间进行了 3 年 Xoc 和 Xoo 侵入途径研究。结果发现，Xoo 通过水孔和各种伤口侵染植株。而 Xoc 通过气孔和微伤口引起发病，伤口和气孔同时被侵入，发病普遍而严重。通过对 202 个水稻品种的显微形态观测，气孔密度大和开张度大，则发生的细条病一般较重。有些发病轻的品种虽然气孔密度较高，但开张度很小；相反，有些开张度较大，但密度较低，同样发病较轻。总体上，在自然情况下细条病菌 Xoc 主要通过气孔进入植株，所以气孔的密度和开张度可作为品种形态抗性的一个参数。

Xoo 最容易从剪叶的伤口侵入，但 Xoc 则不然，剪叶接种后发病率很低，而且发病很慢。这是否是由于伤口过大，不利于病菌的直接侵入或稻株产生了某种物质抵御了病菌的入侵，有待研究证实，见图 2-11。

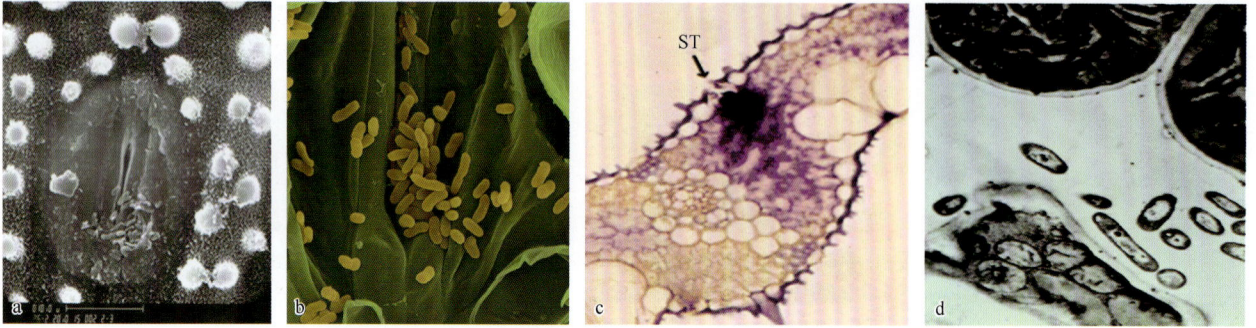

图 2-11　水稻细菌性条斑病菌入侵与定植观察（Moscou and Bogdanove，2009；Niño-Liu et al.，2006）

a：Xoc 从水稻气孔侵入的电镜观察；b：从折断的水稻叶片内部观察 Xoc 通过气孔侵入；

c：Xoc 侵入气孔（ST）的显微观察；d：Xoc 在叶肉细胞间隙定植

总体上，Xoc 与 Xoo 除了在侵入途径、定植部位具有明显差异，两者在种子带菌、侵染源、中间寄主、越冬条件、越冬场所等方面基本一致，整个侵染循环也类似，见图 2-12。

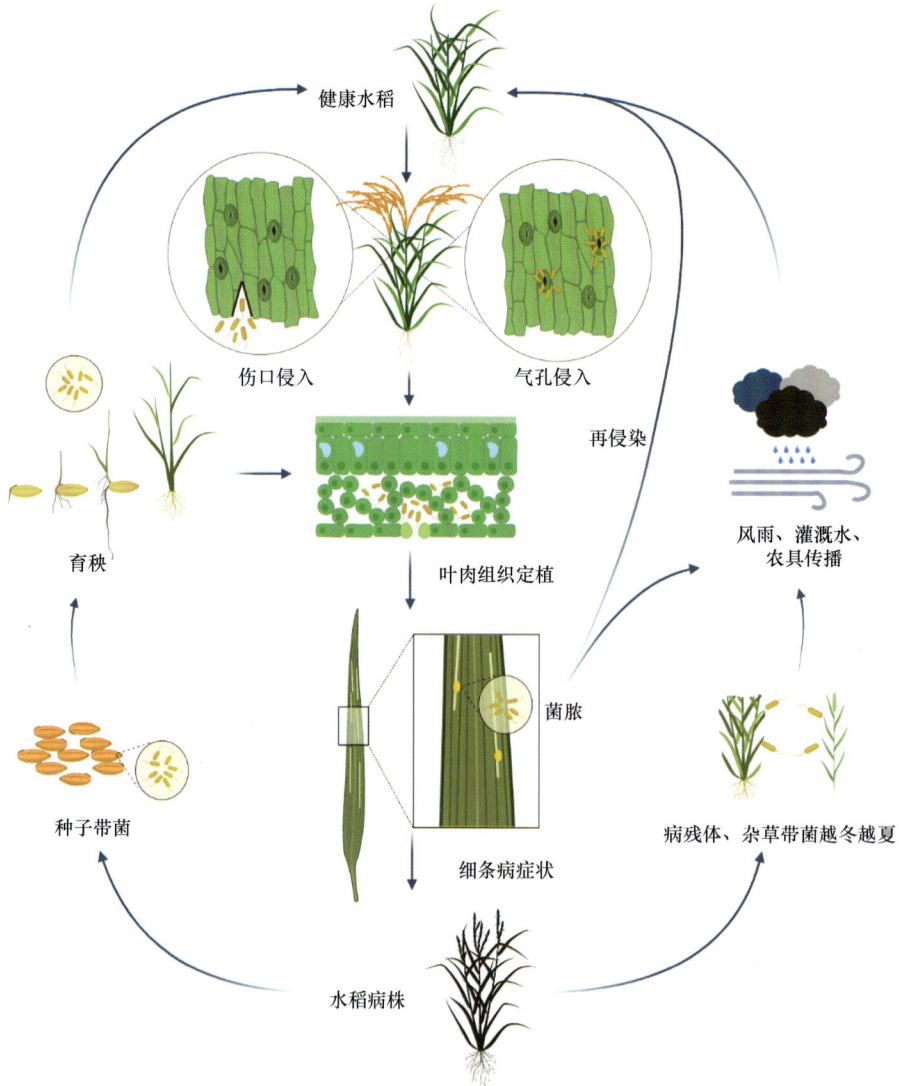

图 2-12　水稻细菌性条斑病菌侵染循环示意图（李一鸣　提供）

（五）病原抗药性

防治细条病的化学药物与防治白叶枯病的药物相似，主要有无机铜制剂（如氧化亚铜）和有机铜制剂（如噻菌铜）、氯溴异氰尿酸、三氯异氰尿酸、噻霉酮、噻唑锌、辛菌胺醋酸盐、春雷霉素、申嗪霉素、四霉素、丙硫唑等。值得注意的是，Xoc 对铜制剂的抗性弱于 Xoo。在生产实践中，噻菌铜对条斑病的防效要优于对白叶枯病的防效（实验室未发表数据）。

目前，Xoc 的抗药性研究主要是针对链霉素、噻唑锌、申嗪霉素等的抗药性检测（李云飞等，2013；周丽洪等，2014）。2007 年徐颖等（2008）采集来自安徽、广东、海南、湖南、江苏、云南、四川和广西等 8 个省（区）的细条病标本，分离到 415 株 Xoc 菌株。采用区分剂量法，在含药平板上测定了 399 株菌株的抗药性情况，未发现抗药性菌株。李云飞等（2013）于 2010～2011 年对安徽主要稻区的 276 株 Xoc 进行检测，在含 10μg/mL 链霉素的 NA 平板上不能生长，被认为是对链霉素的敏感菌株，未发现抗药性菌株。周丽洪等（2014）研究发现，云南、贵州和四川三地 Xoc 对链霉素的敏感性存在一定差异，三地菌株的链霉素 EC_{50} 值为 0.165～1.532μg/mL，将其均值 0.667μg/mL 作为西南地区 Xoc 对链霉素的敏感基线。

Zhang 等（2011）采用紫外诱变 Xoc RS105 菌株，获得了 7 个链霉素抗性突变体，这些突变体可以在 100μg/mL 链霉素下生长，而野生型菌株（RS105）在 5μg/mL 浓度下不能生长。测序表明，rpsL 基因大小为 375bp，编码 125 个氨基酸残基为核糖体蛋白 S12。在所有耐药菌株中，AAG 取代 AGG（Lys→Arg）的突变发生在密码子 43 或 88 处。通过质粒携带 rpsL 突变基因，可以反式互补野生型菌株，获得链霉素抗性。通过人工突变导致 Xoc 对链霉素产生抗性，提示 Xoc 在自然条件下也有一定的产生链霉素抗性菌株的概率。

从云南、贵州、四川三地分离得到 43 株 Xoc，离体条件下检测菌株对申嗪霉素及噻唑锌的敏感性。不同地理来源的菌株对两种药剂的敏感性均存在一定差异。噻唑锌及申嗪霉素对不同地理来源的菌株的 EC_{50} 值分别为 0.439～2.549μg/mL 和 0.035～1.598μg/mL，平均值分别为 1.641μg/mL、0.868μg/mL。初步确定将四川、贵州、云南三地菌株的 EC_{50} 平均值 1.641μg/mL、0.868μg/mL 分别作为西南地区 Xoc 对噻唑锌及申嗪霉素的敏感基线（周丽洪等，2014）。

（六）病原菌毒力因子与致病相关基因

1. 细条病菌毒力因子（致病因子）

与 Xoo 相似，Xoc 的主要致病因子包括效应子、胞外酶、胞外多糖、脂多糖和其他类型致病因子、适应因子等（Guo et al.，2012）。

（1）Ⅲ型效应子

1）转录激活因子样效应子（TALE）：目前关于 Xoc 的 TALE 研究不多，2014 年 Bogdanove 团队发现了 Xoc 菌株 BLS256 的重要毒力因子 Tal2g 可以靶向诱导水稻 OsSULTR3;6 基因，其编码产物为硫酸盐转运蛋白（sulfate transporter）。Tal2g 通过与启动子区 EBE 结合并转录激活 OsSULTR3;6 的表达使水稻对 Xoc 的感病性增加，OsSULTR3;6 基因被认为是水稻对 Xoc 的主效感病基因（Cernadas et al.，2014）。Wu 等（2022a）通过比较基因组学发现，中国 Xoc 菌株 RS105 比菌株 HGA4 缺少了 4 个 tal 基因，编码产物分别为 Tal2b、Tal2c、Tal2d 和 Tal2e。Tal2b 可以靶向水稻的 $OsF3H_{03g}$ 基因启动子区，诱导该基因表达。$OsF3H_{03g}$ 基因的编码产物为依赖 α-酮戊二酸的双加氧酶，能直接降低水杨酸（SA）含量，从而负调控水杨酸相关的抗病反应。$OsF3H_{03g}$ 蛋白还能与尿苷二磷酸糖基转移酶蛋白（OsUGT74H4）互作。OsUGT74H4 能够正调控水稻对条斑病的感病性，可能通过糖基化修饰使 SA 失活（Wu et al.，2022a）。Tal2c 能够激活 $OsF3H_{04g}$ 的表达，促进 Xoc 对水稻的侵染（Wu et al.，2022b）。有趣的是，$OsF3H_{04g}$ 是 $OsF3H_{03g}$ 的同源基因，将 Tal2c 转入菌株 RS105 可诱导 $OsF3H_{04g}$ 表达，与水稻的敏感性增加相吻合。与野生型相比，过表达 $OsF3H_{04g}$ 可导致更高的敏感性和更少的水杨酸产量。通过 CRISPR/Cas9 系统对 $OsF3H_{03g}$ 或 $OsF3H_{04g}$ 启动子中的效应子结合元件进行编辑，编辑的水稻可以特异性增强对 *tal2b* 或 *tal2c* 转化菌株的抗性，但对菌株 RS105 或 HGA4 的抗性均无影响。此外，转录组分析显示，与 $OsF3H_{04g}$ 过表达系相比，$OsF3H_{03g}$ 过表达系中发现的 SA 和防御相关基因的表达发生了变化。该研究结果揭示了强毒力 Xoc 菌株以效应子功能叠加机制增强致病力，即通过 Tal2b 和 Tal2c 串联，特异性靶向寄主感病基因同源序列，通过降低水杨酸（SA）含量或活性来干扰水稻免疫（Wu et al.，2022a）。

Xoc 菌株 RS105 可抑制 *avrXa10-Xa10* 介导的基因对基因抗性，推测 RS105 菌株中的 TALE 可能发挥了作用。若将 Xoo 的 *avrXa10* 导入 RS105 菌株中构建功能互补菌株，该菌株在含有 *Xa10* 的 IRBB10 水稻上仅能激发微弱的过敏性反应；经 DNA 印迹（Southern blotting）和基因文库筛选分离到 *tal5d* 基因，其能够抑制 *avrXa10-Xa10* 介导的抗病性。序列分析表明，另外 11 个 Xoc 菌株中也存在与 Tal5d RS105 相同或相似的 TALE，将其统称为 Tal5d 类 TALE，分为 4 种类型。EBE 预测结果显示，Tal5d 类 TALE 在水稻中的靶标基因可能均为 *OsSULTR3;6* 基因。这些研究为进一步揭示 Xoc 克服 BLB 抗病基因抗性的机理，解决 BLS 抗病基因缺乏的问题提供了新的线索（李子阳等，2021）。

2）非转录激活因子样效应子（non-TALE）：已证明 AvrBs2、XopN 在 Xoc 致病中的重要作用（Li et al.，2015b；Liao et al.，2020）。AvrRxo1（XopAJ）是一个能与玉米来源的 *Rxo1* 抗病基因产物相互识别并发生过敏性反应的效应子（Zhao et al.，2004）。将 *Rxo1* 基因导入水稻后，能显著提升水稻对 Xoc 的抗性（Zhou et al.，2010）。但在水稻中至今未发现与 AvrRxo1（XopAJ）互作的抗病基因。AvrRxo1（XopAJ）是一个具有双重功能的三型效应子，属于 Zeta 毒素家族的糖-核苷酸激酶（sugar nucleotide kinase）。在植物体内，能够磷酸化植物中的烟酰胺腺嘌呤二核苷酸（nicotinamide adenine dinucleotide，NAD），其激酶催化位点是其产生毒性和诱发抗性所必需的（Shidore et al.，2017）。

Wang 等（2021）首先揭示了 Xoc 的 XopC2 是一个在植物病原细菌中广泛分布的保守效应蛋白家族，XopC2 能够磷酸化泛素连接酶复合体 SCF COI1 中关键蛋白 OSK1 的第 53 位丝氨酸残基。该位点的磷酸化提升了 OSK1 蛋白与 COI1b 蛋白互作的强度，有利于 SCF COI1 复合体的形成。在茉莉酸信号通路中，SCF COI1 复合体的形成能促进转录抑制因子 JAZ 蛋白的降解，从而增强茉莉酸信号的响应，抑制水稻气孔关闭。该研究揭示了 Xoc 打破水稻气孔免疫、成功入侵水稻的重要机制，为绿色防控水稻病害提供了思路。

（2）胞外酶

尽管 Xoo 和 Xoc 的分类地位接近，但是两者的胞外酶谱差异较大。Zou 等（2012）报道胞外蛋白酶在 Xoc 致病中发挥重要作用，而 Xoo 则缺乏胞外蛋白酶（Zou et al.，2012）。反之，Xoo 具有较强的纤维素酶活性，而 Xoc 的纤维素酶活性相对较低。Gluck-Thaler 等（2020）认为 Xoc 不具有纤维素 1,4-β-纤维素二糖苷酶（由 *cbsA* 基因编码）活性，导致其丧失了降解纤维素的能力，这很可能是 Xoc 成为非维管束病害黄单胞菌的原因之一。

（3）胞外多糖

胞外多糖在 Xoo 和 Xcc 中的作用可能是阻断寄主的维管束的水分运输（An et al.，2020）。Xoc 在侵染水稻时也能观察到产生大量胞外多糖；由于 Xoc 一般不在维管束中定植，作为一种致病因子，胞外多糖在 Xoc 致病中的作用机理目前仍不明确。

（4）脂多糖

脂多糖经常会被植物免疫所识别而激起植物的免疫反应。例如，拟南芥可以通过识别十字花科黑腐病菌的核心寡糖和脂质 A 来激起免疫反应。但有些植物病原菌却能利用脂多糖来抑制植物产生免疫。已有研究表明，Xoc 中一个参与了 LPS 合成的基因 *wxocB* 突变时会导致 O 抗原丧失，该突变会降低 Xoc 在水稻上的致病力。

（5）其他类型致病因子和适应因子

和 Xoo 相比，Xoc 含有更多的基因编码趋化因子、黏附因子、抗逆因子、适应因子等，推测它们也在病菌对寄主的识别、入侵、定植中发挥重要作用。

赤霉素（GA）是一种重要的植物激素，参与植物生长发育的许多方面，包括植物与微生物的相互作用，它导致了与植物相关的真菌和细菌产生赤霉素。虽然赤霉素在植物和真菌中的生物合成途径已经被阐明，并发现该途径是通过收敛进化独立产生的，但关于细菌中的赤霉素生物合成途径很少发现。Lu 等（2015）发现 Xoc 中含有一个合成赤霉素前体的操纵子，证明 Xoc 可以合成贝壳杉烯。推测 Xoc 会以贝壳杉烯为来源的二萜赤霉素对抗茉莉酸（JA）在水稻抗病中的效应，贝壳杉烯应是一种新发现的 Xoc 的致病因子（Lu et al.，2015）。

2. Xoc 致病相关基因

（1）细条病菌 *hrp* 基因与Ⅲ型效应子基因

革兰氏阴性植物病原细菌能引起植物枯萎、萎蔫、溃疡和叶斑，其在抗性寄主和非寄主植株上引起过敏性反应以及在寄主植株上产生致病性。寄主植株上的致病性主要由 *hrp* 基因簇决定。*hrp* 基因簇主要由 *hrp*、*hrc* 和 *hpa* 三类基因组成，共同编码Ⅲ型分泌系统，病原菌能利用Ⅲ型分泌系统直接将效应蛋白注入植物细胞内（陈功友等，2000）。Zou 等（2006）从 Xoc 基因组中克隆了完整的 *hrp* 基因簇，并完成全序列的测序工作。Xoc 的 *hrp* 基因簇包括核心基因簇和调节基因簇，核心 *hrp* 基因簇由 27 个 *hrp* 基因构成，其中包括 8 个 *hpa*（*hrp*-associated）、9 个 *hrc*（*hrp*-conserved）和 10 个 *hrp* 基因。根据动植物病原细菌组成 T3SS 装置组分结构上的保守性推测，HrcV蛋白与 HrcT、HrcR、HrcS 形成复合体，位于细菌内膜。HrcC 蛋白位于细菌外膜，效应分子通过 T3SS 装置分泌至连接于 HrcC 并延伸进入寄主细胞壁的 Hrp 菌毛顶端，再由结合于寄主细胞膜上形成转位装置的 HrpF 转位进入寄主细胞中。研究还发现 *hrcQ*、*hrcJ* 是 Xoc 产生致病性和非寄主激发过敏性反应的关键因子。

Ji 等（2014）对中国 Xoc 菌株的 *tal* 基因进行了全面比较分析，重要毒力因子 *tal2g* 基因（BLS256 菌株的编号）非常保守，部分 *tal* 基因在中国菌株间具有显著的遗传多样性。Wu 等（2022a）发现中国菌株 HGA4 比另一个常用中国菌株 RS105 的毒力高，前者比后者多了 4 个 *tal* 基因，分别编码 Tal2b、Tal2c、Tal2d 和 Tal2e 等 TALE 效应子，并已证明 *tal2b*、*tal2c* 基因参与了 HGA4 的高毒力调控。

（2）胞外多糖合成相关基因

多种植物病原细菌的胞外多糖（EPS）被证明是主要的毒性因子之一。黄单胞菌产生的 EPS 主要由 *gum*、*xan* 和 *wxoc* 等 3 个基因簇控制，不同的黄单胞菌中这 3 个基因簇的遗传组成差异很大。水稻黄单胞菌 2 个致病变种中 *wxoc* 基因簇差异较大，*wxocA* 和 *wxocB* 基因存在于 Xoc 中而不存在于 Xoo 中。周丹等（2011）发现 *xopQ*、*pilY* 和 *fimO* 等功能已知的基因与黄单胞菌 EPS 的形成有关，对于 EPS 增多的突变体，其致病力并未显著增加。

（3）胞外水解酶类基因

基因组分析表明，Xoc 具有编码胞外蛋白酶、纤维素酶、果胶酶的基因。Xoc 菌株 BLS256 中关键的蛋白酶基因为 *XOC_1545*，编码产物为 M35 家族金属蛋白酶，与 Xoc 的致病力相关（Zou et al.，2012）。而 Xoc 中的纤维素酶基因 *cbsA-like*（*XOC_0644*）不完整，编码产物不具有纤维素 1,4-β-纤维二糖苷酶活性）。

（4）群体感应与可扩散性信号相关基因

原核生物界细胞间普遍存在着信号转导，这种胞间的信号转导通常被称为群体感应（quorum sensing，QS）。在黄单胞菌属中发现的依赖可扩散信号（diffusible signal factor，DSF）分子的 QS 系统是一种新的调节机制（He and Zhang，2008）。有研究报道，*rpf* 基因簇是 DSF 型 QS 系统的核心基因，包括 *rpfF*、*rpfC* 和 *rpfG*，RpfF 是催化合成 DSF 信号分子的关键酶。应答调节蛋白（RpfG）和感应磷酸激酶（RpfC）组成一个双组分系统来感应和转换细胞间的 DSF 信号（He and Zhang，2008）。基因组和遗传分析表明，DSF

型 QS 信号转导路径调节多种生物学功能，包括致病性、运动性、生物膜消散等特性（Dow et al.，2003）。Zhao 等（2011）通过蛋白质组学比较 *rpfF* 野生型突变体菌株，发现 48 个蛋白表达上调，其中 18 个蛋白主要参与氮素转移、蛋白质折叠、消除超氧自由基和鞭毛形成等，认为 DSF 信号分子在 Xoc 致病力中起重要作用。殷芳群等（2011）发现 FlgD、FlgE 是 Xoc 鞭毛形成所必需的因子，DSF 通过调控 *flgD*$_{xoc}$ 和 *flgE*$_{xoc}$ 基因表达来影响 Xoc 的致病力。

（5）Xoc 其他致病、适应相关基因

病原物的 PAMP，如病原体的脂多糖、肽聚糖、类脂、鞭毛，大肠杆菌的延伸因子 EF-Tu 等，其激发的广谱免疫抗性是植物防御病原菌侵染的基本屏障。部分病原进化出一系列新的适应与侵染机制，能够打破 PAMP 激发的 PTI，为其在寄主体内的生存开辟了新的途径。

杨阳阳等（2018）研究发现，Xoc 中 *pilT* 为重要的毒性相关基因，其致病性、游动性和生物膜含量变化相关，受 *clp*、*rpfG*、*pilA*、*pilC* 等基因调控。*pilT* 基因编码的 PilT 蛋白是构成 Ⅳ 型菌毛的亚基之一，为菌体运动提供能量。*pilT* 突变后，*hrpG*、*hrpX*、*hrcC*、*clp*、*rpfG*、*pilA*、*pilC* 等基因表达下调，提示 *pilT* 通过 Ⅲ 型分泌系统影响 Xoc 对非寄主烟草激发过敏性反应的能力。对 *pilT* 基因的功能研究为进一步分析 Ⅳ 型菌毛在 Xoc 中的功能提供了线索。

（七）病原遗传多样性和基因组特征

1. Xoc 遗传多样性

Raymundo 和 Briones（1995）利用重复 DNA 序列作探针，对 Xoc 作 RFLP；同时用 *Pst* Ⅰ 酶切基因组 DNA 进行染色体 DNA 指纹分析。将菲律宾 124 个菌株划分为 4 个谱系，群体遗传多样性值为 0.92。姬广海和许志刚（2000）等利用筛选出的 20 条随机引物对中国不同稻区的 Xoc 进行 DNA 多态性研究，发现菌株的致病类群与其 DNA 的遗传变异具有弱相关性。Gonzalez 等（2007）用 RFLP 和 rep-PCR 技术对西非和亚洲 Xoc 菌株进行遗传聚类，得出其与地域来源具有相关性。姬广海等（2002b）采用 ERIC 和 BOX-PCR 将不同 Xoc 在 80% 相似率条件下分为 6 个簇和 10 个簇，不同引物的分辨率不一致。2 组引物扩增 DNA 指纹图谱综合数据分析显示，树状图与单个引物相比对 Xoc 群体遗传多样性的分析更加准确。张华等（2008）设计 Xoc 的专化性引物，建立了相应的 PCR 检测体系，对 31 株 Xoc 和 15 株 Xoo 及其他相关菌株进行了测试。建立的 PCR 检测体系可专化性检测 Xoc，而 Xoo 和其他菌株均没有扩增信号。检测灵敏度可达 20 个细菌菌体。从自然发病和人工接种发病的水稻种子中成功检测出 Xoc，实现了对 Xoc 的快速和专化性检测。

郑伟等（2008）用专化引物 IS1113 和 ERIC 能区分来自中国、日本和菲律宾的 Xoo，三国的菌株主要集中在第 2 簇和第 3 簇，中国和菲律宾菌株在第 2 簇和第 3 簇的基础上有各自的特异性分化。张荣胜等（2011）采用 ERIC 和 BOX-PCR 引物分别对江苏、云南、江西、湖南和安徽等省的 Xoc 进行遗传多样性分析，发现其遗传分簇与地理位置密切相关。张立新等（2014）利用 rep-PCR 指纹技术分析了来自安徽 11 个不同县（市）的 Xoc 群体遗传结构，用引物 BOX、REP 和 ERIC 分别对 94 个菌株的基因组 DNA 进行了 PCR 扩增。结果表明，3 组引物共扩增出了 49 条指纹条带，所扩增出的 DNA 条带均为多态带。在群体平均水平上，安徽省 Xoc 群体 Nei's 基因多样性指数（*H*）为 0.32，Shannon 指数（*I*）为 0.49，表明安徽省 Xoc 的遗传多样性丰富，但病菌的遗传多样性在地区间存在差异。UPGMA 聚类分析表明，来自毗邻地区的 Xoc 种群大都聚为一类，Xoc 种群遗传谱系与地理区域分布呈现一定的相关性。同时，安徽省 Xoc 群体存在一定的遗传分化，遗传变异主要来源于群体内部。周丽洪等（2014）采用鉴别寄主、毒性相关基因差异、可变数目串联重复序列（VNTR）3 种方法比较了对 Xoc 进行小种分类的优劣。结果显示，利用可变数目串联重复序列进行 Xoc 小种分类具有快速有效且精准方便的优势；利用 10 个可变数目串联重复序列位点分析全国 40 份菌株，10 个 VNTR 均具有多样性，聚类分析显示，利用多个可变数目串联重复序列进行 Xoc 遗传多样性分析是一种快速而有效的研究技术，能反映出 Xoc 不同菌株水平的基因型、系统发育和分类学关系，可应用于种以下水平的分类和鉴定。

2. Xoc 基因组信息

（1）Xoc 基因组测序状况

2011 年第一株 Xoc 菌株 BLS256 全基因组测序完成后，目前已完成了菲律宾分离株 BLS256（GenBank Accession：CP003057，下同）、BLS279（CP011956）、中国分离株 RS105（CP011961）、L8（CP011960）、B8-12（CP011955）、YM105（CP007810，draft），马来西亚分离株 CFBP2286（CP011962），印度分离株 BXOR1（CP011957）以及马里分离株 CFBP7331（CP011958）、MAI10（NZ_AYSY01000860，draft），布基纳法索分离株 CFBP7341（CP011959）、CFBP7342（CP007221）等 12 株 Xoc 的全基因组测序，为更准确和便捷地进行组学水平上的研究提供了平台基础，见表 2-11。

表 2-11　Xoc 代表菌株全基因组测序信息表

基因组特征	BLS256	RS105	GX01	BXOR1	CFBP2286	CFBP7331
登录号	CP003057	CP011961	CP080589	CP011957	CP011962	CP011958
基因组大小/bp	4 831 746	4 779 952	4 811 977	4 692 590	4 969 419	5 008 292
G+C 含量/%	64.10	64.10	63.97	64.10	63.98	63.90
编码密度/%	86.68	86.55	87.44	86.48	87.37	86.76
基因/个	4 343	4 332	4 441	4 244	4 567	4 546
蛋白质编码序列/个	4 118	4 108	4 217	4 025	4 341	4 324
tRNA/个	53	53	55	53	53	53
rRNA/个	6	6	6	6	6	6
ncRNA/个	166	165	163	160	167	163
TALE 基因/个	28	24	27	27	28	22
平均编码序列长度/bp	1 005	994	981	993	989	983
假基因/个	519	501	503	489	523	535
质粒/个	0	0	1	0	1	0
来源	菲律宾	中国	中国	印度	马来西亚	马里

注：BLS256、RS105 等为 Xoc 菌株号

（2）Xoc 基因组基本特征

以广西大学完成的中国菌株 Xoc GX01 为例进行说明，Xoc GX01 全基因组由一条 4 793 207bp 的染色体和一个 53 206bp 的环形质粒组成，两者分别注释出 4951 个和 64 个基因，其中包括 381 个致病相关基因，主要为编码 I 型、II 型、III 型、IV 型、VI 型、Sec-SRP 和 TAT 分泌系统的基因，III 型、VI 型分泌系统效应子基因，胞外水解酶类基因，胞外多糖、脂多糖合成相关基因，致病调控相关基因，黏附因子基因，抗氧爆与逆境适应相关基因，群体感应相关基因及趋化与运动相关基因等。

（八）病原致病性（生理小种）变异与致病力分化

1. 病原致病力检测

（1）Xoc 接种方法比较

Xoc 对水稻的侵染主要通过气孔和伤口，在检测 Xoc 致病能力或水稻抗病能力时，采用不同的接种方法，其结果会有不同。肖友伦等（2011）认为，大田接种时针刺法和喷雾法（也称喷湿法）的致病效率大致相同。农秀美等（1991）认为喷雾法和针刺法发病率相同，但喷雾法发病较轻，针刺法发病严重，以病斑长度作为测量标准，针刺法比喷雾法更标准。谢仕猛等（2017）在室内细条病鉴定中发现，针刺法的

致病效果明显优于喷雾法。美国 Bogdanove 团队则认为压渗法接种比其他方法可靠性高（Cernadas et al.，2014；Read et al.，2016）。为规范细条病抗性鉴定方法，赵严等（2018）分别采用喷雾法、剪叶法、针刺法和压渗法对 10 份水稻材料进行抗性鉴定。结果表明，喷雾法可以准确地区分水稻材料的抗、感差异，抗性材料发病较轻或不发病，感病材料发病严重，但病斑位置分布不均匀，无法通过测量病斑面积量化分级。剪叶法发病较轻或不发病，无法区分水稻材料的抗、感差异。针刺法和压渗法都可以准确地区分出水稻材料的抗、感差异，且对 10 份水稻材料的抗性级别鉴定结果基本一致。总体上针刺法测量病斑的变异系数要大于压渗法，且对于同一水稻材料采用针刺法所测的病斑长度要小于压渗法。目前，在水稻细条病抗性鉴定中使用较为广泛的是喷雾法和针刺法。

（2）Xoc 致病力测定

Xoc 致病力检测就是测定接种后一定时间病原菌造成水稻叶片伤害的程度。根据不同场地、菌株数量，从喷湿、浸泡、浸泡真空、针刺或压渗等方法中选用一种或多种接种法进行测试。针刺法和压渗法以病斑长度为指标。喷湿、浸泡、浸泡真空法以病斑面积为指标。

喷雾法接种可以区分抗病或感病材料，但病斑分布不均匀，难以通过测量叶面积进行量化分级。但该方法操作简单易行，可大批量用于水稻品种的初步鉴定，快速区分水稻材料间的抗、感差异。剪叶法发病较轻或不发病，不适用于水稻细条病的抗性鉴定。针刺法接种发病率高，病害发生严重。采用测量病斑长度来衡量品种抗病性，可以对水稻材料进行抗性量化分级，可用于抗性材料复筛和基因定位研究；压渗法接种发病率高，病情较针刺法严重，可以通过病斑长度对水稻材料进行抗性量化分级，精准度高。但由于压渗法操作烦琐、技术要求高，不及针刺法简便省时，更适于小范围的接种鉴定（赵严等，2018）。

2. 病原致病型划分

病原物致病力分化本质上是病原物遗传变异的结果，体现在对寄主不同个体的致病力差异上，一定程度上可将病原物划分为不同的致病型。

（1）Xoc 鉴别体系的建立

自 1965 年起，世界各地学者先后对 Xoc 的致病力分化进行了系列研究，1965 年 Goto 最早发现来自菲律宾和日本的 Xoc 菌株对同一品种的致病力不同。1972 年 Shekhawa 根据病菌在 10 个品种上的抗、感反应，将来自不同地区的 15 个菌株分成了 8 个小种群，首次提出菌株间致病力存在小种特异性差异。大部分学者普遍认为来自不同地区的 Xoc 的致病力存在分化，菌株与品种间存在特异性互作现象（冯爱卿等，2018a）。1987 年以来，农秀美（1989）等对广西 Xoc 致病类型进行了研究。在水稻成株期先后用 88 个（次）菌株，分别接种 65 个（次）国内外品种，不同菌株的致病力差异显著。根据广西水稻 50 个 Xoc 菌株在民科占、南抗一号、IR50、团结一号、IR26 鉴别品种上的致病力差异和特征，可将广西的 Xoc 划分为 0、Ⅰ～Ⅷ致病型，反应模式分别是 RRRRR、SRRRR、SSRRR、SSSRR、SSSSR、SSSSS、RSRRR、RRSRR、RSSRR。其中Ⅱ型（SSRRR）和Ⅲ型（SSSRR）是广西优势致病型，各地均有分布，有些菌株与品种之间存在强互作反应。徐羡明等（1992）以 DD100、DV85、BJ1、南粳 15、辛尼斯、IR8 和水源 290 等 7 个品种测试了广东省 7 个县（市）采集、分离的 31 个 Xoc 菌株，根据其在 7 个鉴别品种上的抗、感反应，将广东 Xoc 初步划分为 6 个菌系群。郭亚辉等（2004）以 IRBB4、IRBB5、IRBB14、IRBB21、IR24 和金刚 30 等 6 个品种测定了国内南方稻区 62 个 Xoc 菌株的致病力分化，将国内供试 Xoc 菌株分为 6 个小种群。研究认为大多数 Xoc 菌株在鉴别品种上的反应表现为弱互作模式，部分菌株与品种间存在强互作关系。

在植物病原菌的致病力分化研究中，鉴别品种的选用非常重要，不同的鉴别品种划分病原菌的致病型或生理小种完全不同。刘友勋等（2004）以金刚 30、窄叶青、XM5、XM6、M41 等 5 个品种为鉴别品种，将中国南方的 75 个条斑病菌划分为 7 个致病型。王绍雪等（2010）选用 IRBB4、IRBB5、IRBB14、IRBB18、IRBB21、IR24 等 6 个鉴别品种测定了中国西南地区 75 个菌株的致病力反应，将其分为 13 个小种。陈志谊等（2009）选用 IRBB4、IRBB5、IRBB14、IRBB21、IR24 和金刚 30 等 6 个品种鉴别江苏徐淮地区 82 个 Xoc，将其分为 8 个致病型。目前对 Xoc 小种划分标准并不统一，不同生态稻区鉴别品种也不完全相同，因此划分病原菌的致病型或生理小种就完全不同。应用较多的是 IRBB4、IRBB5、IRBB14、IRBB21、IR24 和金刚 30 这 6 个鉴别品种（陈志谊等，2009；张荣胜等，2011）。何涛等（2014）采用 IRBB4、IRBB5、IRBB14、IRBB21、IR24 和金刚 30 等 6 个水稻鉴别品种，对获得的 Xoc 种群进行了致病型监测。结果表明，从安徽省 11 个不同县（市）的水稻条斑病样品中共获得 72 株 Xoc，来源于不同地区的 Xoc 种群存在明显的毒力分化，强毒性菌株和弱毒性菌株并存，且多数菌株与品种间表现为弱互作关系，部分菌株与寄主存在强互作模式。依据其毒力差异可将其划分为 Ⅰ、Ⅱ、Ⅲ、Ⅳ、Ⅴ、Ⅵ 等 6 个致病型。研究显示安徽省 Xoc 种群致病型分化明显，Xoc 种群的毒力与地域分布具有一定的相关性。杨俊等（2020）为明确云南省 Xoc 的致病力分化以及不同类型品种对 Xoc 的抗、感特性，通过针刺接种法将云南省 8 个稻区采集的 86 株 Xoc 菌株接种于 6 个携带不同抗性基因的水稻鉴别品种（IRBB4、IRBB5、IRBB14、IRBB18、IRBB21 和 IR24）中，根据这些菌株在鉴别品种上的毒力差异进行了 UPGMA 聚类分析，将其划分为 9 个致病型（Ⅰ～Ⅸ型）（注：条斑病菌致病型划分，尚未统一）。其中，Ⅰ 型（SSSSSSS）为优势菌群，分布频率为 50.5%。对不同稻区的优势菌群进行分析，发现云南省各稻区 Xoc 的致病型呈多样性分布，以强毒力的 Ⅰ 型为高频率致病型。冯爱卿等（2018b）以金刚 30、IR24、IRBB21、IRBB14、IRBB5、IRBB4、五山丝苗等为鉴别品种，对来自广东的 72 个 Xoc 菌株进行致病力分化测试，开展了部分广东主栽品种对广东 Xoc 优势菌系抗性鉴定。结果表明，广东的 Xoc 菌株致病力分化明显，测试菌株可分为 19 个致病型，其中优势致病型为 C18（SSSSRSS）和 C5（SRRRRRS），分别占 25%、23.61%；强致病性菌系菌株 C17（SSSRSSS）、C18（SSSSRSS）、C19（SSSSSSS）占测试菌株的 27.78%，主要分布在广州、惠州、阳春、茂名、新会、广宁、雷州地区。在测试的 18 个广东主栽品种中，除新银占对测试的优势菌系 C18（SSSSRSS）表现中感，其余的均表现感病。

（2）我国 Xoc 分型现状

在 Xoc 致病力分化研究中，近年来国内多采用金刚 30、IR24、IRBB21、IRBB14、IRBB5、IRBB4 等作为鉴别品种。何涛等（2014）将来自安徽省的 72 个 Xoc 菌株划分为 6 个致病型，张荣胜等（2011）将来自江苏、云南、江西、湖南和安徽等省的 69 个 Xoc 菌株划分为 13 个致病型，郭亚辉等（2004）将来自南方稻区的 62 个 Xoc 菌株划分为 6 个小种（致病型），李信申等（2017）将江西省的 129 个 Xoc 菌株划分为 9 个致病型。其中何涛等、张荣胜等、李信申等研究的菌系中均出现了强毒菌系（SSSSSS），安徽、江苏、云南、江西、湖南等省份均有分布，而强致病力菌株（SSSSRS）在张荣胜等（2011）、李信申等（2017）研究的菌系中均有出现，且李信申等研究表明强致病力菌株（SSSSRS）是江西省的优势菌株。以上研究者采用的人工接种法是针刺法，而本研究采用的接种方法是喷雾法，两种方法的研究结果均表明 Xoc 致病性存在明显分化。国内不同的研究表明，Xoc 强致病型（SSSSRS、SSSSSS）菌株已经出现，在不同地域的比例不同。

冯爱卿等（2018a）发现近年来国内采用的鉴别品种存在一定的局限性，需要进一步改进：①金刚 30 均比其他几个近等基因系品种的生育期短，抽穗早，而五山丝苗的生育期与其他几个近等基因系品种的生育期更相近，且对菌株的抗性频率与金刚 30 相当，甚至更感病，因此可考虑将五山丝苗替代金刚 30；②目前这套鉴别品种只有籼稻品种，没有粳稻品种；③有些鉴别品种对病菌的鉴别力差异不大，在本研究中，IRBB4、IR24、IRBB21 的鉴别力较相近（72 个测试菌株中对 3 个品种表现抗病的菌株分别为 28 个、29 个、30 个，其中 IRBB4 与 IR24 共同表现抗病的菌株有 26 个，IRBB4 与 IRBB21 共同表现抗病的菌株有 24 个），因此，将来应研究筛选差异更明显的鉴别品种。

四、种质资源抗病性

利用抗病品种是防治植物病害的经济、环保措施。尽管研究人员在细条病的抗性鉴定和抗源筛选方面做了大量工作，但目前还未选育出高抗细条病的品种。发掘和利用新抗源，定位、克隆抗性基因及深入了解病原菌与水稻之间的相互作用机理等对于水稻抗细条病具有重要意义（张荣胜等，2014b）。

（一）水稻抗病鉴定技术

1. 水稻对细菌性条斑病抗性检测接种法

（1）针刺接种法

参照谢关林的方法采用针刺接种法进行抗性鉴定（谢关林等，1991）。在丰富培养基中，将 Xoc 培养到对数生长中期，收集菌体，以生理盐水或 10mmol/L $MgCl_2$ 进行调试至 $OD_{600}=0.5$。将两枚灭菌大头针固定在橡皮块上，两针间距 0.8cm，灭菌备用。在培养皿中放置直径 9cm、厚 2cm 的吸水海绵，海绵吸足接种菌液后，将距叶尖 15cm 处的叶片放置于海绵碟上，用橡皮上的两枚大头针隔叶脉刺下，使橡皮挤压海绵，保证针刺伤口接触到菌液。接种过程中根据需要适当补充海绵碟中的菌液。接种完毕后盖膜保湿 24h。初筛仅在成株期进行抗性鉴定，每份材料以混合菌液接种 5 株，每株接种 3 片健康叶片，接种 15dpi 后待感病对照金刚 30 充分发病时调查针孔处病斑长度，以每个材料的病斑平均长度划分抗性级别。

针刺接种和喷雾接种两种方法得到的品种抗性结果极显著相关（$R=0.7949>r_{0.01}=0.2979$）。表明品种的抗性既具有抗侵入能力，又具有抗扩展能力，同时也说明两种接种方法鉴定出来的结果基本一致。

复筛在苗期、分蘖初期、成株期 3 个时期进行，3 期材料分期播种，同时进行接种处理；接种时采用分菌株接种，每份材料每个菌株每个处理接种 5 株，每株接种 3 片健康叶片，接种 15dpi 后待感病对照金刚30 充分发病时调查针孔处病斑长度，以 3 次试验重复的病斑平均长度划分抗性级别。

（2）注渗接种法

注渗接种法（infiltration），简称注渗法，也称压渗法或无针头注射法。用 1mL 无菌注射器吸取接种菌液 1mL（过夜培养菌液，以生理盐水或 10mmol/L $MgCl_2$ 调试至 $OD_{600}=0.5$），去掉针头，对准叶片背面主脉两侧的部分，将菌液轻轻压入叶肉细胞间隙，接种后的叶片在压渗过的位置出现明显的水浸润圈（赵严等，2018）。置温度 28℃，相对湿度保持 95% 以上。接种 14dpi 或 21dpi 后，测量接种点的病斑长度。

（3）喷雾接种法

参照冯爱卿等（2018a）的方法采用喷雾接种法进行抗性鉴定。接种菌株在 NA 培养基中于 28℃条件下培养，接种菌龄为 48～72h，采用麦氏比浊法，配制 3×10^8CFU/mL 细菌悬液进行接种（可加入 0.05% 吐温20）。接种时期为秧苗大部分长至 4 叶龄左右。每盆喷菌液量为 20～30mL，以叶片布满液珠为止。接种后置于 28℃恒温、相对湿度 95% 以上保湿培养箱中 24h。然后移到 28～32℃恒温室中，定时喷雾保湿，21d后当高感品种发病充分时调查各鉴别品种和主栽品种的抗、感病情况。

（4）病田自然诱发（病圃接种）

待测品种先育苗，之后移栽到鉴定圃中（可控的病圃），按常规的行间距即可，随机布置，每个 3 次重复，四周均种植感病品种（组合）。实验期内人工淹水两次，第一次在苗期淹至心叶下，第二次在苗高 40～45cm 时，淹水时间均为 48h。管理上只治虫，不治病。品种抗性标准分为三等：R（0～1 级），M（2～3 级），S（4～5 级）（王长方等，1989）。

2. 水稻对细菌性条斑病抗性分级

（1）针刺接种法与注渗接种法抗性分级

抗性级别划分：针刺接种法参考肖友伦等（2011）的病情分级标准、注渗接种法参照冯爱卿等（2023）的病情分级标准（表 2-12）。采用针刺接种法判定抗、感反应的标准是病斑长度小于或等于 1.0cm 为抗性反应（0、1、3 级），病斑长度大于 1.0cm 为感性反应（5、7、9 级）；注渗接种法则以 1.5cm 作为临界值。

表 2-12 针刺接种法和注渗接种法水稻细菌性条斑病病情分级

病级	针刺接种法/cm	注渗接种法/cm	水稻抗感性	病菌毒力
0 级	0	注渗斑	HR	低毒
1 级	$L \leq 0.5$	$0.5 < L \leq 1.0$	R	
3 级	$0.5 < L \leq 1.0$	$1.0 < L \leq 1.5$	MR	中毒
5 级	$1.0 < L \leq 1.5$	$1.5 < L \leq 3.0$	MS	
7 级	$1.5 < L \leq 2.0$	$3 < L \leq 6.0$	S	高毒
9 级	$L > 2.0$	$L > 6.0$	HS	

注：喷雾接种法、浸泡法、涂（刷）抹法等病级参见表 2-10。成株期全展叶接种，21dpi。L 代表病斑长度（Lesion length）。

（2）喷雾接种法抗性分级

冯爱卿等（2018a）采用喷雾接种法，接种后 21d 观测。按病斑特征和国际水稻研究所分级标准（0～9 级）综合评价参测品种的抗感性，抗性分级标准（表 2-10）：高抗（HR），无病征；抗（R），病斑面积占叶面积比例小于 1%；中抗（MR），病斑面积占叶面积比例 1%～5%；中感（MS），病斑面积占叶面积比例 6%～25%；感（S），病斑面积占叶面积比例 26%～50%；高感（HS），病斑面积占叶面积比例 51%～100%。参测品种叶片呈现水渍状、黄色、扩展长条斑，菌脓较多为感病反应，参测品种叶片只呈现黄褐至黑褐色短条斑，菌脓较少，此症状为抗病反应。计算鉴别品种抗性频率，参见公式（2-4）（冯爱卿等，2018b）。

$$抗性频率（\%）= \frac{抗病（不侵染）菌株数}{接种总菌株数} \times 100\% \tag{2-4}$$

（二）水稻品种细菌性条斑病抗性评价

1. 栽培稻对细菌性条斑病抗性评价

中国拥有丰富的稻种资源，普通野生稻作为亚洲栽培稻的祖先，蕴含着一定的抗病基因源，但是，在生产上还未见抗细菌性条斑病品种的大面积推广应用。抗病品种和种质资源的挖掘，不仅有助于抗病基因的鉴定，而且可以利用传统杂交育种和系谱选育的方法进行抗细菌性条斑病品种的培育。戴良英和陈寅（1988）采用室内喷雾法，用强毒株 Xoc S2 对 550 份湖南栽培品种（其中包括引进品种）进行了抗病鉴定，供试品种对细菌性条斑病的抗性存在明显的差异，共筛出 1 个高抗、30 个抗病、72 个中抗品种。其中国外引进品种在抗级以上的比例较高，而绝大多数当家品种为高感。余功新等（1989）在自然发病条件下鉴定了 3569 份云南稻种对水稻细菌性条斑病的抗性，结果显示供试稻种中有高抗材料 286 份，其出现频率为 8.02%，中抗材料 718 份，其出现频率为 20.1%，抗病品种的出现频率与稻种类型有关，也具有明显的地区性。根据试验结果，可将云南省划分为 5 个抗病品种分布区。何月秋等（1991）对江西 3000 多份栽培稻进行了细菌性条斑病抗性检测，结果表明细菌性条斑病的抗性以资源品种较好，抗病类型达 31.46%，杂交稻区试品种抗性最差，抗病类型仅达 3.32%，这与大田生产中杂交稻易感病的实际情况相符。夏怡厚等（1992）采用喷雾接种法在苗期对 969 份水稻品种进行抗细菌性条斑病鉴定，发现抗性品种占 14.55%，中抗品种占 55.83%，少数品种具有强抗扩展能力，其中 ACC8518 和 ACC8558 是对水稻细菌性条斑病具有广谱性的高抗品种。张晓葵等（1992）鉴定了 2551 份稻种材料，发现 3 份高抗材料，538 份抗病材料，说明稻种中细菌性条斑病的抗源比较丰富。李友荣等（1994）鉴定了 5024 份（次）品种（系、组合），发现抗病材料占 1.0%、中抗材料占 3.5%、感病材料占 95.5%。王汉荣等（1995b）鉴定 3343 份水稻品种（系），结果表明抗性材料占 5.77%，中抗材料占 15.55%。成国英和黄昌华（1996）对早、中、晚稻品种进行抗性分析，发现早稻全表现为抗性，中稻有 25% 表现抗性，晚稻抗病品种较少。张红生等（1996）采用针刺接种法，用 Xoc BS93 高毒菌株在孕穗期接种剑叶和倒 2 叶，对 1992 年征集的在美国南部和西部地区广泛种植及将要推广的 42 个品种进行抗病检测，美国品种对中国菌株 BS93 的抗性表现为：抗病 8 个（占 19%）、中抗 16 个（38.1%）、中感 11 个（26.2%）和高感 7 个（16.7%）。周明华等（2001）、陈志谊等（2009）对江苏地区不同类型品种进行鉴定发现，中籼和杂交中粳抗性比率分别为 0 和 40.00%。肖友伦等（2011）鉴定了湖南地区 54 个不同类型水稻品种对细菌性条斑病的抗性，中抗以上品种有 8 个，占鉴定总数的14.81%。洪登伟等（2017）对 1100 份具有丰富遗传背景的品种进行抗性鉴定，发现 14 份抗细菌性条斑病品种，占全部材料的 1.27%。其中 3 份具有广谱抗性，占全部材料的 0.27%，抗性程度高，可利用其作为抗病育种的亲本（洪登伟等，2017）。冯爱卿等（2018a）采用苗期喷雾接种法对中国 59 个品种、318 份国外稻种资源以及 13 个抗白叶枯病近等基因系进行了细菌性条斑病抗性评价。测定的 59 个中国品种对测试的Xoc 均表现出感病；318 份国外稻种资源中抗细菌性条斑病的材料有 82 份，其中高抗和抗的有 POPONG、IR63372-8、WEDA HEENATI、BALAYAN、GHARIBE 等 17 份；在测试的 13 个抗白叶枯病近等基因系中，仅有 IRBB5 表现出抗细菌性条斑病，对白叶枯病抗谱较广的 IRBB21、CBB23 对测试的病菌表现出高感。采用 SPSS 统计软件对 82 个抗细菌性条斑病的稻种资源和 13 个抗白叶枯病近等基因系的细菌性条斑病及白叶枯病的抗性进行相关性分析，结果分别为 r 值 0.103 和 P 值 0.358（＞0.05）、r 值 0.527 和 P 值0.064（＞0.05）。表明测试稻种对两种病害的抗性没有表现出相关性。研究利用 $xa5$ 基因功能标记，对 79份抗细菌性条斑病资源进行了 $xa5$ 基因检测，有 30 个品种含有 $xa5$ 基因，其余 49 个不含 $xa5$ 基因。杨俊等（2020）选用 Xoc Ⅰ型、Ⅱ型和Ⅵ型代表菌株对云南省的 80 个主栽品种和区试品种进行抗性评价，对 3个致病型表现抗性的材料比例分别为 30.0%、35.0% 和 57.5%。筛选出 9 个对 3 种致病型都表现为抗性的品种，其中 Deyou16 和 Changgui2 表现为高抗。

上述结果均表明水稻种质存在一定的抗细菌性条斑病资源，对抗细菌性条斑病基因的挖掘以及品种的创制具有一定的价值。然而，与国外品种相比，我国无论地方品种、栽培品种，还是种质材料，中抗以上的品种（材料）比例偏低。

2. 野生稻对细菌性条斑病抗性评价

与栽培稻相比，野生稻的细菌性条斑病抗性资源较为丰富。彭绍裘等（1982）对分布于云南省的 3 种野生稻进行了生态和病害的考察，发现疣粒野生稻和药用野生稻对白叶枯病与细菌性条斑病均表现出高抗。何月秋等（1991）对东乡野生稻进行抗性检测，东乡野生稻对白叶枯病和细菌性条斑病的抗性较好，抗病类型分别占 81.82% 和 81.65%，而且对两种病害的抗性高度相关，相关系数达 0.808。表明东乡野生稻中含有较好的抗白叶枯病和细菌性条斑病基因，两种病害的抗性基因可能同时遗传，这对抗病育种极为有利。徐羡明等（1991）从 2017 份普通野生稻中筛选出 30 份抗细菌性条斑病材料。岑贞陆等（2007）鉴定了 1251 份野生稻和栽培稻材料，其中，977 份广西野生稻中有 37 份表现为抗性反应，150 份国际稻圃材料中有 23 份表现为抗性反应，124 份广西区试品种中有 3 份表现为中抗。表明野生稻、地方老品种及外引品种中抗源较为丰富。黄大辉等（2008）从 31 份药用野生稻中发现了 15 份抗病材料，抗性材料比率高达48.4%。

上述试验所采用的病害程度分级记载标准、品种种类、鉴定数量不同，接种用菌株的致病力强弱有差异，虽然未发现对细菌性条斑病免疫的品种，但细菌性条斑病的抗性资源丰富，粳稻比籼稻抗病，常规品种比杂交品种及其三系材料抗病。我国野生稻中存在丰富的抗性资源，发掘野生稻的细菌性条斑病抗性资源，对抗病品种的选育有着重要的意义。

（三）水稻细菌性条斑病抗病品种与抗病资源

从上述介绍中可知，自从在我国发现细菌性条斑病后，我国学者就非常重视水稻抗细菌性条斑病资源和品种的挖掘，开展了多次抗病评价和鉴定工作，然而，一部分研究未能公布抗病品种、资源的信息，本部分仅对公开发表的抗病信息作一简介。

1. 地方品种资源和栽培品种

（1）高抗品种

高抗品种有 ACC8518 与 ACC8558（夏怡厚等，1992）、早丰 9 号粳、镇稻 88 粳、31158 粳、武育粳 3 号、9003 粳、9156 粳（姬广海和许志刚，2001）。

（2）全期抗级品种

全期抗级品种有 F66（籼稻，湖南）（张晓葵等，1992）；HA361（晚籼）、84010、Hv-2（早籼）、HA87-103-109、87-178、87-187、A152（常规稻品系）、籼糯、麻谷早、苦根谷（地方品种）（李友荣等，1994）；扬粳 186（姬广海与许志刚，2001）；deyou16、changgui2（杨俊等，2020）。

（3）全期中抗品种

全期中抗品种有早 05、加七、119、漳糯 2 号、密阳 46 选、金早 7 号、浙幅 9 号、汕优 k68、汕优 K133、78-130、协 64、冈 451B（夏怡厚等，1992）；HR8709、BR315-12-1-4-1（李友荣等，1994）；桂 31901、青华矮 6 号、双桂 36、宁粳 15 号、珍桂矮 1 号、秋桂 11、双朝 25、广优、梅优、三培占 1 号、冀粳 15 号、博优 1652、择协优 084、纯王优 2 号等杂交品种、西光、淮稻 4 号、龙粳 29、桂 31901、金优 198、晚籼 361、湘早籼 7 号等品种。

（4）苗期感病和成株期抗病的品种

该品种主要有协优 49、86 早 617、88d22、A44、A4037、89-113、89-132、89-134、5-57、选白糯（李友荣等，1994）。成株高抗品种有 90246（粗稻，江西）、M57（粗稻，湖南）；成株抗级品种有 Ns5-5、7745、S4-33、S-75、S4-101、Milyang46、Milyang68、29 丰、M5、811-67、86-08、84-15、86-317、明恢 63、中作 8462、早恢 1 号、制 24、恢 198 湘晴等（张晓葵等，1992）。

（5）苗期重复鉴定 2 次表现抗病的品种

该品种主要有 6-170、6-176、87-202（常规稻品系）、梅星谷、嘉平、红团谷、无芒析、白谷糯、东方 3 号、黄冈赤壁 1 号、湘 6085、74-44（地方品种）（李友荣等，1994）。

2. 境外引进水稻品种

（1）高抗品种

高抗品种有 POPONG（马来西亚）、UPRH184（*xa5*，印度）（冯爱卿等，2018a）（括弧内为来源国或研究所，*xa5* 表示含有该基因；下同）。

（2）抗级品种

抗级品种有 BALAYAN（马来西亚）、DA29(SR26B)（孟加拉国，以下简称孟）、CHANDARHAT（*xa5*，孟）、DHALA BHADOI（*xa5*，孟）、FULKATI（*xa5*，孟）、GHARIBE（伊朗）、JABOR SAIL（*xa5*，孟）、SHADA SHAITA（*xa5*，孟）、SOLOI（*xa5*，孟）、SREERAMPUR SHAITA（*xa5*，孟）、SULTANJATA（*xa5*，孟）、TI KU（原产于中国）、WEDA HEENATI（斯里兰卡）（冯爱卿等，2018a）；DV85（孟）、BR161-2B-53（孟）、BR161-2B-58（孟）、RP2151-173-1-8（印度，以下简称印）、RP2151-33-2（印）、RP2151-192-1（印）、B4075D-PN-13-1（印度尼西亚）（李友荣等，1994）；GULFROSE（美国，以下简称美）、IR36M4（美繁殖种）、JACKSON（美）、LA2143（美）、MARS（美）、PECOS（美）、SKYBONNET（美）、SRICO（美）（张红生等，1996）；Paduy（籼稻，日本）、古 154（日本）、Moroberekan（科特迪瓦）（张晓葵等，1992）。

（3）中抗品种

中抗品种有 182（巴基斯坦）、ARC10352（印）、ARC11559（印）、ARGO（意大利）、AUS196（*xa5*，孟）、AUS41（*xa5*，孟）、AUS JOTA（*xa5*，孟）、BAILAM（*xa5*，孟）、BAULAN（*xa5*，孟）、BAWOI（*xa5*，孟）、BENAMURI（*xa5*，孟）、BENGIZA（马达加斯加）、BHADOIA303（孟）、BOILAN（*xa5*，孟）、BORABI（印）、BOTPA BARA（不丹）、C8434（巴布亚新几内亚）、CHENGRI2（*xa5*，孟）、CHIADI NAKI（印）、CO39-1（印）、DA28（*xa5*，孟）、DA8（*xa5*，孟）、DA9（孟）、DAL KASHAI（孟）、DHALA SHAITA（*xa5*，孟）、DHALI KHAMA（孟）、DHARIA BOALIA（*xa5*，孟）、DIXIEBELLE（*xa5*，美）、DULAR（*xa5*，印）、IAC164（巴西）、INUWAY（菲律宾）、IRAT170（科特迪瓦）、IRAT2（塞内加尔）、IRAT364（尼加拉瓜）、JC111（印）、JHUM SONALICHIKON（*xa5*，孟）、KI68（印）、KOALARETA（印）、KPOGON（科特迪瓦）、KULOB（马来西亚）、KUROKA（日本）、LEVANTE HOMEM（巴西）、MADHABSAIL741（孟）、MAT MERAH（印）、MERY（孟）、MIKOTCHU（孟）、MIMIDIM（孟）、MOSHUR（*xa5*，孟）、NARIKEL JHUPI（*xa5*，孟）、NCS160（印）、PANKHIRAJ（*xa5*，孟）、PECOS（美）、SACIA1(TACU)（玻利维亚）、SACIA4（JISUNU）（玻利维亚）、SAO（科特迪瓦）、SERETY（孟）、SHIRKATI（*xa5*，阿富汗）、TAINAN IKU512（*xa5*，原产于中国台湾）、TAREME（伊朗）、TUNG CH'IU AI（原产中国）、VARY MAINTY（马达加斯加）、WAB99-16（科特迪瓦）、YAKADA（斯里兰卡）（冯爱卿等，2018）；BELLEMONT（美）、MAYBELLE（美）、NEWNEX（美）、BENGAL（美）、ORION（美）、BLUEBELLE（美）、RICO（美）、CP231（美）、RICO1（美）、CYPRESS（美）、RT7015（美）、SBR5（美）、DELLMONT（美）、TEBONNET（美）、TEXMONT（美）、GULFMONT（美）、LA2168（美）（张红生等，1996）。

（4）苗期重复鉴定 2 次表现抗病的品种

该品种主要有中褙（日本）、RP2151-192-2-5（印）（李友荣等，1994）。

3. IR 品种与近等基因系

（1）IR 系列品种

IR 系列品种有 IR26、IR30、IR36、IR38、IR43、IR54、IR1545-339、IR1545-339-2-2、IR2006-P12-12-2、IR2037-6-4-1、IR33356-22-3-1-2、IR33360-5-3-2-3、IR63372-8；IR841-h、IR1111-22、IR25898-69-2-2、IR42074-198-2-2-1-22、IR44491-74-3-2-2、IR44592-62-1-3-3-2、IR749137-6-6-1（张晓葵等，1992）；IR32720-138-2-1-1-2、IR43449-4-3-43-3（岑贞陆等，2007）。

（2）近等基因系

IRBB1（*Xa1*）、IRBB2（*Xa2*）、IRBB3（*Xa3*）、IRBB5（*xa5*）、IRBB7（*Xa7*）、IRBB8（*xa8*）、IRBB10（*Xa10*）、IRBB11（*Xa11*）、IRBB13（*xa13*）、Aominori 阿苏稔（*Xa17*）等对 RS105 表现为抗级，但是除了 IRBB5（*xa5*）、Aominori（*Xa17*）、IRBB1（*Xa1*）和 IRBB1（*Xa7*），其他近等基因系品种对其他 Xoc 菌株高感（姬广海等，2000）。

4. 野生稻种资源

广东普通野生稻达到抗级的株系为 S7004、S7164；中抗株系为 S2034、S2195、S2233、S3144、S3163、S316T、S3192、S3335、S3342、S3375、S3418、S6013、S7004、S7008、S7142、S7247、S7499、S7515、S7556、S7558、S7596、S7597、S8106、S9080 等（徐羡明等，1991）。海南普通野生稻中抗株系为 S1001、S1208、S1140 和 S1142 等（徐羡明等，1991）。江西东乡普通野生稻 23、35、53、186 和 190 号单株抗细菌性条斑病，84 号单株中抗（李湘民等，2006）。

在国家种质南宁野生稻圃中，抗级以上的有普通野生稻 733、752、928、933，药用野生稻 1532、

1552、1559、1568、1581（岑贞陆等，2007）。广西普通野生稻抗源有 DY3、DY16、DY17、DY20（贺文爱等，2010）。

云南药用野生稻 Jingnashanggou1、Mengzhe4、Mengzhe5、Menghai7、Kuangye24 等对 RS105 菌株达到抗级水平（杨雅云等，2019）。

5. 利用现代技术手段获得的新种质

利用农杆菌介导的转化系统将从玉米中克隆的细菌性条斑病非寄主抗性基因 *Rxo1* 转入我国 2 个杂交稻恢复系和 2 个常规品种中，并通过与 *CBB23-2* 基因聚合获得 LYZ-Xa23-Rxo1，该品种对 Xoo 和 Xoc 具有双重抗性（Zhou et al.，2009）。将生防菌枯草芽孢杆菌 Bs-916 的鞭毛蛋白基因转入水稻中，获得的 3 个转基因株系 fla-W1、fla-W19 和 fla-W21 对 Xoc 具有较高的抗性（王晓宇等，2014）。

Xu 等（2020）采用 CRISPR/Cas9 基因编辑技术，对细菌性条斑病感病基因 *OsSULRT3;6* 的启动子区进行编辑，有效提高了水稻对 Xoc 的抗性，基因编辑株系 SU-1、SU-2、SU-3、SU-4、SU-5 对 Xoc BLS256 和 RS105 菌株具有显著抗性。

Ni 等（2021）利用 CRISPR/Cas9 基因编辑技术对同一水稻的 *OsSWEET11*、*OsSWEET14* 和 *OsSULTR3;6* 三个感病基因的 EBE 进行依次编辑和筛选，获得了 *OsSWEET11*、*OsSWEET14* 和 *OsSULTR3;6* 仍能正常表达但不再被 TALE 结合及诱导的水稻株系。基因编辑水稻品系 GT0105（来自桂红 1 号）和 ZT0918（来自中花 11）不含转基因标签，株高、穗长、千粒重、育性等重要农艺性状与其相应的亲本之间无显著差异，对 Xoc GX01 和 Xoo PXO99^A 的抗性极显著提高。

（四）水稻细菌性条斑病抗性基因遗传分析与基因功能研究

1. 水稻细菌性条斑病抗性基因遗传分析

在水稻细菌性条斑病抗性遗传研究方面，国内外科技工作者做了大量工作，取得了一定的进展。张红生等（1996）按照病斑长度的分布特征进行抗感分组，认为 Dular（杜勒）和 IR36 的抗性是由 1 对主效基因控制的。周明华等（1999）认为 Dular 和 IR36 对细菌性条斑病的抗性都是由 2 对隐性基因控制的。何月秋等（1994）认为杂交稻的抗性取决于恢复系，抗病恢复系的抗性由 1 或 2 对主效基因控制，抗病对感病为显性。黄大辉等（2008）研究发现，8 份普通野生稻的抗性均是隐性遗传。因存在"基因对基因"关系的抑制因子（Makino et al.，2006），Xoc 与水稻互作过程中存在致病力分化现象，认为水稻对细菌性条斑病抗性属于数量性状遗传。唐定中和李维明（1998）认为，ACC8518 和 ACC8558 对细菌性条斑病的抗性属于多基因控制的数量性状。由于接种所用菌株及材料的遗传背景不同，可能影响对实际抗性的判断。关于水稻抗细菌性条斑病的遗传规律研究目前大都处于起步阶段，同一抗病品种和不同材料在不同的杂交组合中，对不同菌株的抗性基因组成和遗传规律并不一致，有待进一步深入研究。

2. 水稻细菌性条斑病抗病基因的分子定位

数量遗传性状的基因定位具有较高的挑战性，以基因组为基础的遗传标记的发展加快了抗性基因的定位。吴为人等（1998）、Tang 等（2000）从高感细菌性条斑病 H359 和高抗细菌性条斑病 ACC8558 的重组自交系群体中检测出了 11 个 QTL，分别定位在第 1、2、3、4、5、7、8 和 11 号染色体上。陈志伟等（2006）先期发现抗病近等基因系 H359R 包含 3 个来自抗病亲本 ACC8558 的抗性 QTL 区段，1 个来自感病亲本 H359 的抗性 QTL 区段，证实了之前对细菌性条斑病抗性 QTL 初步定位的可靠性。研究人员对效应最大的抗性 QTL *qBlsr5a* 进行了验证和更精确的定位，将 *qBlsr5a* 精确定位于第 5 号染色体短臂上 SSR 标记的 RM7029 与 RM413 之间。韩庆典等（2008）通过建立单个抗性 QTL 近等基因系分离的 F_2 群体，采用选择极端抗性表型个体并通过其后代株系进行验证的方法，将 *qBlsr5a* 精细定位在 SSR 标记的 RM153 和 RM159 之间，大约 2.4cM 或 290kb 的范围内。*qBlsr5a* 区段对抗病遗传表型变异贡献率最大，达 14%。研究利用 Affymetrix 基因芯片对抗病品种 ACC8558 和感病品种 H359 中受 Xoc 侵染调控的基因进行高通量检测，发现有 30 个差异表达基因的位置与已报道的控制水稻细菌性条斑病的 QTL 吻合，表明这些定位的抗病基因在染色体上的位置与 QTL 间有较好的对应关系。另有研究发现第 2、5、7 和 11 号染色体上含有细菌性条斑病抗性 QTL（贺文爱等，2010）。水稻细菌性条斑病抗性 QTL 的分子标记定位为水稻细菌性条斑病抗性基因的克隆、揭示水稻细菌性条斑病抗性的分子遗传机理奠定了基础。

牛鹏威等（2022）通过全基因组关联分析，对 207 份水稻品种的细菌性条斑病抗性表型的调控位点进行鉴定。分别利用一般线性模型（general linear model，GLM）和混合线性模型（mixed linear model，MLM）方法进行关联分析，GLM 分析得到 7 个细菌性条斑病抗性表型关联位点，分布于第 2、3、8、11 及 12 号染色体上。MLM 分析得到 4 个细菌性条斑病抗性表型关联位点。获得的这些关联位点中有 2 个与前人鉴定的位点共定位，5 个为新的细菌性条斑病抗性关联位点。研究在两种模型分析获得的相同的抗性表型关联位点中鉴定得到 28 个候选基因。这些基因为水稻细菌性条斑病抗性育种提供新的基因资源，也为细菌性条斑病抗性基因的鉴定提供了参考。

3. 细菌性条斑病抗性主效基因的精细定位与鉴定

水稻对细菌性条斑病菌的抗性为数量抗性，由多个微效基因控制，遗传机制复杂。尽管已经鉴定到了 32 个抗 BLS 的 QTL，但在主效基因的发掘和鉴定方面仍然存在一定困难。目前，仅有 2 个显性抗病基因 *Xo1* 和 *Xo2*，以及 3 个隐性抗病基因 *qBlsr5a*、*bls1* 和 *bls2* 被精细定位和初步鉴定（Read et al.，2020；Chen et al.，2022a；Wang et al.，2020b；He et al.，2012；罗登杰等，2021）。

He 等（2012）发现了一个能够赋予对 Xoc 菌株 JZ-8 产生特异性抗性的隐性抗性基因 *bls1*，并将其粗略定位在第 6 号染色体短臂的 4.0cM 区域。研究进一步将 *bls1* 精细定位到跨越 4 个基因的 21kb 区域。其中，编码 MAPK 蛋白（OsMAPK6）的 *LOC_Os06g06090* 基因最可能是 *bls1* 的候选基因。表明 *OsMAPK6* 的低水平表达可能在水稻对 Xoc 菌株 JZ-8 的抗性调控中发挥重要作用。过表达 *OsMAPK6*（*BLS1*）能够完全消除 *bls1* 介导的抗性，表明 OsMAPK6 确实是 *bls1* 的靶标基因（He et al.，2012）。

Xie 等（2014）在 H359-BLSR5A 染色体片段置换系（chromosome segment substitution line，CSSL）的基础上，利用一套次级染色体片段置换系（sub-CSSL）将 1 个抗性效应较大的 QTL 即 *qBlsr5a*（表型贡献率为 12.8%～15.9%）精确定位到 30kb 范围内，在此区间内只能预测到 3 个基因，其中 *LOC_Os05g01710* 很可能是 *qBlsr5a* 的候选基因。Triplett 等（2016）研究发现，美国本土品种 Carolina Gold 的 BLS 抗性基因 *Xo1* 定位于第 4 号染色体长臂 1.09Mb 范围内，但该基因不抗亚洲细菌性条斑病菌株。Wang 等（2020b）利用 24 个重叠染色体置换系将 1 个效应较小的 QTL 即 *qBlsr3d*（表型贡献率为 6.4%～9.8%）定位至第 3 号染色体上 81kb 范围内，找到了一个关键候选基因 *LOC_Os03g03570*。罗登杰等（2021）将水稻细菌性条斑病抗性基因 *bls2* 精细定位至第 2 号染色体 RM13592 和 RM13599 之间 240kb 范围内。*bls2* 基因抗细菌性条斑病效应大，RM13592 和 RM13599 与细菌性条斑病抗性基因 *bls2* 紧密连锁，具有易于 PCR 扩增、易于识别、准确性高的特点，可作为水稻抗细菌性条斑病育种上分子标记辅助选择的有效标记。

Chen 等（2022b）通过大规模种质资源鉴评，筛选出一个来源于孟加拉国的抗细菌性条斑病稻种 X455。首先构建了 X455 抗病基因作图大群体，经抗病遗传分析鉴定了 X455 的一个抗细菌性条斑病显性基因 *Xo2*，结合水稻 SNP 芯片和抗病基因关联分析，将基因精细定位于第 2 号染色体 110kb 区域内，进一步通过从头测序（*de novo*）结合转录组测序（RNA-seq）表达分析确定了 *Xo2* 的候选抗性基因。研究结果为抗细菌性条斑病基因标记辅助育种和 *Xo2* 的后续研究奠定了基础。

4. 细菌性条斑病抗性相关基因和抗病相关蛋白

Xie 等（2014）的研究表明，位于 *qBlsr5a* 区段内的 *LOC_Os05g01710* 基因可通过控制 RNA 聚合酶 II 的合成来实现对细菌性条斑病菌的抗性。同样位于 *qBlsr5a* 区域内的 *OsPGIP4* 基因通过调节多聚半乳糖醛酸酶抑制蛋白（PGIP）的合成来提高水稻对细菌性条斑病菌的抗性（Feng et al.，2016）。Ju 等（2017）发现，水稻中的激酶基因家族参与了水稻对细菌性条斑病菌的抗性，其中热激蛋白家族中的 *OsHSP18.0-CI* 基因和 4 种调节应激活化蛋白激酶（OsSAPK）活性的基因可在细菌性条斑病菌的胁迫下通过调节水稻体内控制水杨酸与茉莉酸基础防御途径基因的表达来实现对细菌性条斑病菌的抗性。此外，抑制水稻体内生长素信号传播的 GH3-8 基因与抑制吲哚乙酸（indole acetic acid，IAA）-氨基酸结合的 GH3-2 基因也被证实参与了水稻对细菌性条斑病的抗性。生长素在水稻体内的合成和积累会导致植物细胞壁结构的松弛，从而有利于病原菌的侵入。GH3-8 和 GH3-2 从不同层面抑制了 IAA 的作用，均属于具有广谱抗病性的基因（Ding et al.，2008；Fu et al.，2011）。

李东霄等（2010）以水稻品种 9311 为研究对象，通过差异蛋白质组学方法，研究了病菌侵染 48h 后水稻叶片的差异表达蛋白质。通过分析比对、质谱分析以及数据库检索，从中选择了 7 个上调表达的鉴定蛋白，包括 4 个水稻 RLK 类基因，2 个 NBS-LRR 类基因和 1 个 PR-10 基因家族成员基因。通过设计相应的 PCR 引物，从水稻 cDNA 中获得相关基因片段做探针，进行 Northern 杂交分析，上述基因在接种病原菌 12h 或 48h 后表达量增加，表明这些蛋白质参与了抗病反应。

5. 细菌性条斑病感病相关基因与抗病负调控基因的鉴定

近年来，人们也鉴定出了一些负调控水稻对细菌性条斑病抗性的基因。控制胞质类受体激酶活性的 NRRB 基因和 1 个能够编码富含亮氨酸结构和核苷酸结合位点蛋白的 DEPG1 基因被证实负调控水稻对细菌性条斑病的抗性。在水稻中对这些基因进行超量表达，都会增加水稻对细菌性条斑病菌的敏感性从而导致植株更易感病（Guo et al.，2014）。Tao 等（2009）发现一对等位基因 OsWRKY45-1 和 OsWRKY45-2 对细菌性条斑病具有相反的抗性调节现象。基因 OsWRKY45-1 负调节水稻对细菌性条斑病的抗性，而基因 OsWRKY45-2 正调节水稻对细菌性条斑病的抗性。抗病负调控基因、感病基因均被认为是通过基因编辑培育抗病品种的理想靶标。

值得一提的是，尽管 Xoc 与 Xoo 属于同一个物种，寄主范围几乎一样，两者都含有大量的 TALE 编码基因，但令人困惑的是，水稻中的多个 SWEET 基因是白叶枯病的感病基因，与细菌性条斑病没有关联，不属于细菌性条斑病的感病基因。水稻细菌性条斑病的感病基因仅有 OsSULTR3;6，该基因的启动子区可以被 Tal2g 效应子识别。目前，通过编辑水稻的 OsSULTR3;6 基因 EBE，实现了对细菌性条斑病菌的抗性（Ni et al.，2021；Xu et al.，2021）。

6. 外源抗细菌性条斑病基因的研究

细菌性条斑病抗性基因的克隆进展缓慢，迄今在水稻上未克隆出细菌性条斑病的抗性基因。目前在国内外已鉴定出非水稻来源的细菌性条斑病的单抗基因，Rxo1 基因是从玉米中克隆的第一个非寄主抗性基因，该基因是改良水稻特别是杂交稻对细菌性条斑病抗性的优良抗源（Zhao et al.，2005）。Zhou 等（2009）利用 Rxo1 基因改良水稻，并培育出对白叶枯病、细菌性条斑病具有高度抗性的水稻品种 LYZ-Xa23-Rxo1，利用非寄主抗性基因对于培育细菌性条斑病抗性品种具有巨大的启发性与应用价值。

（五）水稻抗病机制

1. 水稻抗细菌性条斑病的抗病形态表型

冯爱卿等（2018a）发现，在喷雾接种情况下，抗病品种的病斑均表现为长度较短、菌脓少或没有、病斑边缘黑褐色，甚至没有病斑；感病品种的病斑呈现水渍状、黄色、扩展成长条斑、菌脓较多。本研究将病斑特征和病斑面积占叶面积的百分率作为品种的抗感评价标准，使研究结果较准确可靠。

严位中等（1980）通过对稻株表型的调查，认为杂交稻易感细菌性条斑病的原因之一是叶片宽、气孔多。而叶片窄、气孔少可能起到避病效应。戴良英和陈寅（1988）报道，高抗品种 Dular 的气孔密度（36.29 个/单位视野，400 倍显微镜，90 次平均）高于感病品种湘资 5116（32.03 个/单位视野），而前者的孔隙大小（27.10μm²）比后者小（36.50μm²）。戴良英和陈寅（1988）、何月秋（1993）等均认为气孔密度不是抗病、感病的关键因素，谢关林等（1991）则提出气孔密度和开张度共同作为品种形态抗性的参数。

2. 水稻抗细菌性条斑病的生理生化反应

（1）水稻响应 Xoc 侵染的生化物质变化

采用 Xoc 接种不同抗感反应的水稻品种，各品种对照（不接菌）健叶的总酚及黄酮类化合物含量虽然有一定的差异，但与品种抗病性无关；接菌后病叶中总酚、黄酮类化合物含量均高于相应品种的对照健叶。在抗病品种中总酚、黄酮类化合物在发病早期增加迅速，而在感病品种中发病早期变化不大，到后期才有较大积累。接菌后，抗病品种与感病品种的主要酚类物质种类相同，共 4 种，其中 2 种为黄酮类化合物，抗病品种酚类物质各组分的同体积分离液对细菌性条斑病菌的抑菌作用比感病品种大。戴良英和陈寅（1988）认为，抗性品种的酚类化合物、可溶性糖的含量较高，而游离氨基酸的含量比感病品种少。何月秋等（1993）认为，抗性较好的品种中过氧化物酶同工酶、酯酶同工酶的活性较高，蛋白质和游离氨基酸的含量少。

（2）水稻响应 Xoc 侵染的酶活性变化

何圣贤等（2020）以水稻抗、感近等基因系 LR19 和 LS19 作为材料，采用针刺法接种细菌性条斑病菌，无菌水模拟接菌作为对照。Xoc 侵染后，LR19 和 LS19 的过氧化氢酶（CAT）、苯丙氨酸解氨酶（PAL）、过氧化物酶（POD）、多酚氧化酶（PPO）、超氧化物歧化酶（SOD）的活性均增加，但 LR19 都高于 LS19；LR19 和 LS19 的丙二醛（MDA）含量降低，且 LR19 总体低于 LS19。表明 CAT、PAL、POD、PPO、SOD 活性的增强有助于提高对细菌性条斑病的抗性，而 MDA 含量的积累与细菌性条斑病抗性呈负相关，上述酶活性可作为水稻细菌性条斑病抗性鉴定的辅助评价指标。Xoc 对抗病和感病品种叶片中过氧化物酶活性的影响不同，尽管两者酶活性都存在先降低后升高的过程，但感病植株酶活性上升的时间早于抗病植株。过氧化物酶同工酶谱带的差异主要表现在等电点（pI）为 4.2~5.3 的酶带，暗示细菌性条斑病菌能诱导过氧化物酶的某些等位基因的表达，表现为多条同工酶带的变化。

（3）水稻响应 Xoc 侵染的基因表达分析

陈芳育等（2007）运用双向电泳分析高抗品种佳辐占受强毒力 Xoc 侵染 2d 后的叶片蛋白质组变化，共发现 38 个蛋白质发生差异表达，其中 32 个上调、5 个下调、1 个新增。采用 MALDI-TOF MS 分析和数据库检索鉴定出其中的 33 个差异表达蛋白质，并将它们分为 4 个功能类群，即信号转导相关蛋白、防卫相关蛋白、代谢相关蛋白和蛋白质稳定相关蛋白。这些蛋白分别参与了信号识别、信号传递、抗氧化、糖代谢、细胞壁加固、植保素合成等抗病生理反应。研究表明水稻对 Xoc 的侵染存在着一个复杂的抗病信号应答和代谢调控网络，其作用机理可以通过差异表达的蛋白质（酶）反映出来，其中差异表达的 8 个 R 蛋白和 3 个 PR 蛋白可能与水稻对细菌性条斑病的抗病性密切相关。张慧等（2022）采用转录组测序（RNA-seq）分析了水稻抗性近等基因系 NIL-*bls2* 应对高毒野生型 Xoc GX01W 及其无毒突变株 GX01M 侵染 12h 后的基因表达差异，共鉴定出 415 个差异表达基因（DEG），分别为 212 个上调基因和 203 个下调基因。其中与植物抗性相关的基因涉及 7 个转录因子（MYB、ERF、WRKY、bHLH、MADS 等）、20 个类受体蛋白激酶（WAK、CRK、NBS-LRR 等）、4 个 NBS-LRR 受体蛋白、11 个抗性相关蛋白（硫相关蛋白、CYP450 蛋白）和 3 糖基转移酶。GO 功能富集分析发现 303 个 DEG，KEGG 代谢途径富集分析发现 79 个 DEG 参与苯丙氨酸生物合成、植物 MAPK 信号转导、植物激素信号转导、植物-病原互作等生物途径。然而，由于缺少感病对照材料的基因表达信息，NIL-*bls2* 的抗病机理仍有待进一步研究。

Liao 等（2019）采用互作转录组测序（Dual RNA-seq）技术分析了 Xoc 与水稻动态互作基因表达状况。采用注渗法分别用 Xoc GX01 及其 III 型缺陷突变体 T3SD 侵染日本晴水稻叶片，对 1pdi 的样本进行了互作转录组测序分析。结果表明，受 GX01 与 T3SD 侵染后水稻的差异表达基因（DEG）为 442 个，其中 261 个受 GX01 诱导表达，包括 WAK 基因（*OsWAK82* 与 *OsWAK112*）、NBS-LRR 型 *R* 基因（*OsRPM1* 与 *OsRPS2*）、RLCK 基因（*OsRLCK153* 与 *OsRLCK298*），以及水稻细菌性条斑病的主要感病基因 *OsSULTR3;6*。此外，一些过去未曾报道与 Xoc 侵染相关的基因，如与植物细胞伸长相关的基因（α-膨胀素、β-膨胀素和木葡聚糖内糖基转移酶基因等）的表达量升高了 10 倍多，推测这些基因的表达受 Xoc 的诱导，有利于病菌在寄主组织中扩展。同时分析的 Xoc 基因表达结果表明，GX01 菌株受寄主诱导表达的基因有 1036 个，受寄主抑制表达的有 488 个。诱导表达的基因主要涉及营养代谢、趋化与运动、逆境适应、黏附，以及多个分泌系统的基因。这些发现表明，在适应植物体内环境、实现侵染的过程中，Xoc 需要多种代谢途径的参与。该研究成功地将互作转录组测序技术应用于水稻细菌性条斑病致病机理的研究中，在分子水平上直接研究物种间的动态相互作用，有助于更好地理解感染过程中病原体和寄主的生理变化，从而揭示潜在的防控新靶点。

3. 水稻抗细菌性条斑病的抗病分子机理

（1）隐性抗病基因

水稻 xa5 基因对白叶枯病、细菌性条斑病均具有抗性。xa5 位于第 5 号染色体上，cDNA 全长 906bp，包含 3 个外显子，编码一个由 106 个氨基酸组成的蛋白产物，该蛋白产物是一个转录因子 ⅡA 的 γ 亚基（TFⅡAγ），与已知抗病基因有不同的结构，TFⅡAγ 是一般真核生物的转录因子，但以前对其在抗病基因中的作用未知。xa5 在抗病品种 IRBB5 和感病品种日本晴及 IR24 中有两个碱基的差异，导致 IRBB5 中的第 39 位缬氨酸在日本晴及 IR24 中变成谷氨酸。xa5 的 3'-UTR 在 IRBB5 和 IR24 之间发生 5bp 的置换，但发生置换的这 5bp 在 IRBB5 和日本晴中是一样的，说明这个差异并不引起抗病性的差异。xa5 是一个隐性抗病基因，其基因结构与其他典型的抗病基因结构都不一样。xa5 的序列在抗病和感病品种中有两个碱基的差异，导致一个氨基酸的改变（缬氨酸变成谷氨酸）；该氨基酸位点位于蛋白三维结构的表面，可能与蛋白的相互作用有关。该氨基酸位点的差异可引起抗病性差异在其他抗病和感病品种中也存在，说明 xa5 基因型与抗病表型的相关性是保守的。

（2）拟抗病基因

水稻细菌性条斑病菌相关类受体激酶 XCRK（Xoc-associated receptor-like kinase）基因对 Xoc 侵染应答，是差异蛋白质组学研究中发现的一个拟抗病基因。生物信息学分析显示，该基因位于水稻的第 1 号染色体上，编码一个含有 322 个氨基酸的蛋白激酶。组织表达分析显示，XCRK 基因在根、茎、叶、花序等组织中均表达，且其表达受高盐、H_2O_2 和脱落酸（ABA）的诱导。为了探究 XCRK 基因在水稻细菌性条斑病中的作用，通过 PCR 扩增 XCRK 基因编码区，构建超量表达载体，并转化水稻愈伤组织，获得了超量表达 XCRK 基因的转基因水稻植株；构建了 RNA 干扰（RNAi）表达载体，并获得了抑制表达 XCRK 基因的转基因植株。对 T_1 代转基因水稻植株进行了细菌性条斑病抗性分析：超量表达 XCRK 基因明显增强了转基因水稻对 Xoc 的抗性；相反，抑制 XCRK 基因表达的转基因水稻对 Xoc 的敏感性则略有增强。说明 XCRK 基因正调控水稻对细菌性条斑病的抗性，这为进一步研究该基因的作用机制提供了理论依据（Zhang et al., 2017a）。

（六）抗病育种

1. 水稻细菌性条斑病抗病育种概述

细菌性条斑病抗性品种的培育通常可直接利用现有的栽培稻和野生稻中已存在的抗性资源，但由于多数高抗资源来自热带地区，如中国的广西、海南等地，农艺性状不佳，直接利用的难度较大，所以通过改良热带地区抗性品种的农艺性状是细菌性条斑病抗性育种的关键。研究将热带地区抗细菌性条斑病品种与农艺性状优良的品种先进行杂交，然后再回交，转换成抗性和农艺性状俱佳的品种再进行种植（曾建敏和林文雄，2003）。辐射诱变育种也是水稻细菌性条斑病抗病育种的重要组成部分，如细菌性条斑病高抗品种佳辐占就是通过佳禾早占与佳辐 418 杂交而来，佳辐 418 是水稻经辐射诱导而来的突变体（王侯聪等，2006）。分子标记辅助选择育种（MAS）技术也在细菌性条斑病的抗病育种中得到了充分的应用。李齐向等（2012）通过筛选出与细菌性条斑病抗性 QTL 紧密相连的 SSR 分子标记，再以此为筛选标记，经过回交，培育出聚集 2~4 个抗性 QTL 的抗性品种，MAS 表明，有效聚合多个抗性 QTL 是培育广谱抗细菌性条斑病品种的有效途径。

2. 转基因抗病育种

（1）转 *Rxo1* 基因

将非寄主抗性基因 *Rxo1* 转到水稻体内，产生了明显的细菌性条斑病抗性（Zhao et al.，2005），培育出对细菌性条斑病具有高度抗性的水稻品种 LYZ-Xa23-Rxo1。利用非寄主抗性基因对于培育细菌性条斑病抗性品种具有巨大的启发性与应用价值。

（2）转鞭毛蛋白基因

王晓宇等（2014）从生防菌枯草芽孢杆菌 Bs-916 中克隆了鞭毛蛋白基因，利用转基因载体 pCAMBIA1300 将其转入水稻，筛选得到 98 株阳性转基因植株。分子检测结果表明，有 12 个转基因株系可检测到目的基因的表达。随后抗病性鉴定表明，有 3 个转基因株系对细菌性条斑病具有较高的抗性。

3. 基因编辑抗病育种

（1）编辑感病基因 *OsSULRT3;6* 的启动子区

Ni 等（2021）和 Xu 等（2021）利用 CRISPR/Cas9 系统，对细菌性条斑病感病基因 *OsSULRT3;6* 的启动子区进行编辑，有效提高了水稻对细菌性条斑病的抗性。由 T3SS 分泌的 TALE 是 Xoc 的主要致病因子，TALE 蛋白通过其中间的 RVD 识别并结合寄主感病基因启动子区的效应子结合元件（EBE），激活感病基因的转录表达，使寄主感病。鉴定 TALE 蛋白在寄主中的靶标基因，利用基因编辑技术修饰感病基因 EBE，是提高寄主抗病性的有效手段。研究发现，中国 Xoc RS105 菌株中存在的 Tal5d，其 10 位的 RVD 不同于菲律宾来源的 BLS256 菌株的 Tal2g，能结合水稻中编码硫酸盐转运蛋白的 *OsSULRT3;6* 基因启动子，两种类型的 TALE 蛋白在 Xoc 菌株中广泛存在。利用 CRISPR/Cas9 系统对 *OsSULRT3;6* 的 EBE 进行修饰，获得了 5 种修饰类型的水稻纯合株系。致病性测定结果显示，EBE 序列无论是单个碱基的插入或缺失还是多个碱基的缺失，均显著提高了水稻对细菌性条斑病的抗性，且感病基因 *OsSULRT3;6* 没有受到病原菌诱导表达。这是在对白叶枯病感病基因进行编辑培育抗白叶枯病新种质的基础上，再次通过基因编辑修饰细菌性条斑病感病基因培育对细菌性条斑病和白叶枯病双抗的水稻新种质的成功案例之一。

（2）编辑负调节基因 *OsF3H*$_{03g}$

Wu 等（2022a）发现，*OsF3H*$_{03g}$ 是一个与水稻感病性有关的基因，通过基因编辑修饰 *OsF3H*$_{03g}$ 的启动子区，可提高水稻对细菌性条斑病、白叶枯病的广谱抗性。

五、病害发生条件与预测预报

（一）病害发生条件

植物病害发生主要取决于寄主、病原菌和环境条件三者相互作用的结果，缺少任何一个因素均不可能使病害发生。新的稻区细菌性条斑病发病的主要原因是种植带菌的品种，田间发病后，风雨、灌溉水及带病植株间的摩擦均可导致病害的传播和蔓延。病菌可在病稻草上存活。高温高湿有利于病害的发生、发展及流行。

1. 品种抗性

杂交稻比常规稻易发病，糯稻比籼稻和粳稻抗病。叶片气孔密度较小及气孔开展度较低的品种抗病性较强（张荣胜等，2014b）。

当一个地区大面积种植感病品种，在菌源大量存在和发病条件适宜时，若寄主正处于易感病的生育期，就会造成细菌性条斑病的流行。20世纪60年代初在浙江嘉兴等地推广矮脚南特、珍珠矮等品种，由于这些品种感病性强，引起细菌性条斑病的发生流行。1984年以来，随着感病性较强的籼型杂交稻品种汕优63、威优64等的推广种植，发病面积逐年增加。

2. 初侵染源

通常情况下，带菌种子既是细菌性条斑病的初侵染源，又是该病菌远距离传播的重要途径。带菌根茬、田间、田边的越冬、越夏杂草、野生稻或自生稻，也是部分稻区该病连年发生的侵染源。

冯家望等（1994）采用免疫金探针定位和定量测定稻种中的细菌性条斑病菌，发现该病菌分布于谷壳、籽实皮、胚和胚乳，但主要集中在谷壳上。谷壳外表带菌量多于内表面。籽实皮外表面由于受谷壳污染较内表面带菌量多。籽实皮内表面、胚和胚乳的带菌量均较少，差异不显著。谷壳、谷壳内表面、籽实皮、胚乳（或胚）带菌量的比例是36:13:9:1。采用免疫组织化学的方法进行了稻种带菌的定位和定量研究，对稻种各部分的带菌情况有了较准确和详细的定位与定量，这对稻种的消毒方法和种子消毒剂的筛选具有指导意义。

3. 气候因素

高温高湿有利于病害发生，台风暴雨使叶片间相互摩擦造成伤口，病害容易流行或暴发。一般水稻分蘖盛期至始穗期是植株抗病能力最弱的阶段，双季晚稻在该生育期恰逢高温天气，如遇连续降雨或相对湿度80%以上、日照不足等气候条件，有利于细菌性条斑病的发生和流行；其中台风暴雨是造成细菌性条斑病大面积流行的最主要因素。

1996年温州晚稻受第7、8号台风影响，全市细菌性条斑病的发生面积达3.17万 hm²，1997年晚稻又连续遭遇第11、14号台风袭击，发病面积为3.47万 hm²，占全市连作晚稻总面积的36.64%，是温州市近20年来发病最重的一年。1997年，衢州等地晚稻生产期间，曾大面积干旱，但细菌性条斑病也同样发生与流行。这可能与田间小气候有关，立秋后昼夜温差开始增大，早晨常出现雾、露天气，当相对湿度达85%以上时，开始有菌脓溢出，相对湿度达96%～100%时渗出菌脓最多，这可能是干旱年份细菌性条斑病发生和流行的主要原因。

细菌性条斑病菌潜育期的长短与气温有关。气温在16℃以下时，无新病斑出现。当平均气温为27℃、相对湿度88%时，发病最快。

该病在华南地区的早稻上一般轻微发生，主要发生在晚稻。病害发生轻重主要与8～10月的降水量、降雨天数和风等天气因素有较大关系。8月正值中、晚稻禾苗分蘖盛期和幼穗分化期，适当的降雨有利于禾苗的早生快发，但如果降水量太大，降雨日数偏多，日照时数少，影响光合作用，则禾苗容易出现徒长、植株柔嫩、抗病力弱，加上田间温度高、湿度大，有利于细菌生长，禾苗极易感病。此外，还与温度、台风暴雨关系密切，温度在28～30℃，遇上台风暴雨，发病就重。2018年台风"山竹"造成华南稻区（广东、广西、海南）晚稻大面积发生水稻细菌性条斑病，减产严重。

4. 栽培条件与田间管理

在发病田块，往往进水口附近发病重，非进水口处发病轻，主要是流水传播。感病植株溢出的菌脓落入田间的水中，随着灌溉水传播到其他田块。因此，低洼积水，大雨淹没以及串灌、漫灌等往往容易引起水稻细菌性条斑病连片发生。发病前期，如不注意 N、P、K 配合施用，偏施、迟施氮肥，易造成水稻植株徒长、叶片嫩绿、抗病力下降而发病严重。偏施氮肥，灌水过深则加重发病。沿江、沿河的低洼易淹稻田发病较重（张荣胜等，2014a）。

在发病地块，部分种植户没有等到晨露消失后再从事农活，或者雨后未等土壤干燥就展开喷药、拔草等农业生产，病菌可通过水分加快侵染，农田扩散情况严重。

（二）病害预测预报

多年的经验表明，暴风雨特别是强台风会引起水稻细菌性条斑病的发生，甚至暴发。农业部门要密切关注当地的天气预报，及时做好防控准备和风雨过后的防治工作。

董鹏等（2008）对化州市连续多年（2003~2007年）田间水稻细菌性条斑病自然发病情况进行调查，获得了72组细菌性条斑病发病率和病指间的对应关系（I-S）数据。分析表明，细菌性条斑病的I-S关系可用幂函数曲线 $y=axb$（$b>1$）来描述。试验验证显示，预测的平均准确率为84.7%。

根据1990~2014年细菌性条斑病发生的历史资料，研究应用通径分析法分析了温州市晚稻细菌性条斑病发生程度与发病时间、雨日、雨量、相对湿度、平均气温之间的关系，指出影响晚稻细菌性条斑病发病程度最大的因子是发病时间，雨日、雨量、平均气温、相对湿度对发病程度的直接作用较小。但在始发病时间早的情况下，能明显促进细菌性条斑病的发生（李仲惺等，2016）。

陈冰等（2020）利用1989~2016年广东省化州市晚稻细菌性条斑病资料和同期气象资料，采用合成分析和秩相关分析筛选出影响细菌性条斑病发生的关键气象因子；基于经验法则，利用细菌性条斑病发生阶段的温度、降水距平，判别细菌性条斑病发病程度，建立回归方程，确定了细菌性条斑病发生流行的气候类型与预测指标。经历史回代，判别细菌性条斑病发病程度符合率为82.1%，对2017~2019年的外延指标进行判别，符合率达100%，综合判别符合率在83%以上。

六、病害防治

全面贯彻"预防为主、综合防治"的植保方针；牢固树立"公共植保，绿色植保"的新理念；坚持以农业防治、物理防治为主，化学防治为辅的无害化防治原则。

（一）种子管理

1. 植物检疫

Xoc属于外来入侵物种，被列入我国主要的植物病原检疫对象。种子生产经营单位应遵守相关生产和调运程序，无病区不宜从病区调种，病区应建立无病留种田，严格控制带菌种子外调，防止调运带菌种子远距离传播。违章调种是引起细菌性条斑病蔓延扩大的一个重要因素，随着流通领域的不断扩大，违法经营杂交稻种子时有发生，一旦发生危险性病害，难以追根寻源。各级植物检疫部门要加大执法力度，为农业生产把关与服务的同时，对违章调种的单位和个人，要坚决查处，决不手软。

2. 选育抗病品种

优化完善品种审定制度，将水稻重要病害的抗性问题纳入品种审定制度中，适当提高审定品种的抗细菌性条斑病要求。

抗（耐）病水稻品种的选用，根据当地水稻种植条件，可从本节"水稻条斑病抗病品种与抗病资源"中选择适宜品种。

3. 加强制种管理

制种田块要远离疫病区，认真核查隔离安全情况、科学选择放心农资产品，加强田间管理；要求各制种企业严格执行种子生产操作规程，保证将各项管理措施落实到位，以确保无病种子的繁育。

（二）农业措施

1. 选用抗病品种

根据当地气象、土壤类型、环境条件，以及农业区划布局和风俗习惯，选用相应的抗病水稻品种（肖友伦等，2011）。可选用徐稻 3 号、徐稻 4 号、盐粳 8 号、扬粳 9538 等品种。广西少数民族地区长期栽培的糯稻，具有明显的抗细菌性条斑病的表现。

2. 种子消毒

在选用抗病品种的基础上，做好种子消毒，40% 三氯异氰尿酸 300～500 倍液浸种 12h，捞起洗净后催芽播种。也可以采用热水浸种，稻种在 50℃温水中预热 3min，然后放入 55℃温水中浸泡 10min，其间，至少翻动或搅拌 3 次。处理后立即取出放入冷水中降温，可有效杀死种子上的病菌。

工厂化育秧应严格按照机械化流程进行育秧；传统方法育秧要选用未发生水稻细菌性条斑病的田块作秧田。采用旱育秧或湿润育秧，严防淹苗，做好秧苗科学施肥，使秧苗生长健壮。

3. 田间管理

本田管理应加强"浅、薄、湿、晒"的科学排灌技术，避免深水灌溉和串灌、漫灌，防止涝害和传菌。暴风雨后迅速排出稻田积水，感病品种每亩施"黑白灰"（草木灰：生石灰按 3：2 混合）30～40kg。严控发病稻田田水串流，以免病菌蔓延。

施肥要适时适量，氮、磷、钾搭配，多施腐熟有机肥，增强稻株抗病力。切忌中期过量施用氮肥。对于长势较弱的病稻田，施药后可适当施用尿素、氯化钾各 3～4kg/亩，以利于水稻恢复生机。避免偏施、迟施氮肥，配合磷、钾肥，采用配方施肥技术。

在水稻有效分蘖末期、颖花分化期和抽穗前 5～7d，适当适时排水晒田至田面干燥微裂，抑制病菌生长。

对零星发病的新病田，早期摘除病叶并烧毁，减少菌源。收获后，可集中处理带病稻草，用作燃料或工业原料，田间病残体应清除烧毁或沤制腐熟作肥，不宜用带病稻草作浸种催芽覆盖物或扎秧把等。华南地区田边杂草也会成为初侵染源，应及时做好杂草的防除。

（三）生物防治

鉴于目前化学药剂存在一定的污染和毒害，选育抗病品种周期长、持久性短的问题，利用生物防治水稻细菌性条斑病是一种长效、安全、低碳环保的重要措施。

拮抗微生物是生物防治的主要组成，至今已鉴定到 10 余个种类的微生物对 Xoc 具有拮抗作用，部分微生物还具有激发植物免疫功能、促进植物生长和调理土壤肥力的作用。

朱凯等（2010）发现禾长蠕孢菌（*Helminthosporium gramineum*）及其代谢产物对 Xoc 室内防治效果显著高于 20% 叶枯唑 WP，其粗毒素对细菌性条斑病菌的最低杀菌浓度为 1.5625mg/mL。张荣胜等（2011）筛选获得的解淀粉芽孢杆菌（*Bacillus amyloliquefaciens*）Lx-11 对水稻有较好的促生防病作用，能诱导水稻植株产生系统抗病性，对细菌性条斑病有较好的防治效果，田间对细菌性条斑病的防效显著高于 20% 叶枯唑。庄春和李红阳（2017）用甲基营养型芽孢杆菌（*B. methylotrophicus*）80 亿活芽孢/g WP 防治细菌性条斑病，结果显示，该菌剂用量 1500g/hm^2、1800g/hm^2 对细菌性条斑病的病指防效分别为 53.3% 和 61.8%，极显著高于 50% 氯溴异氰尿酸 WP 的防效。王彦芳等（2020）研究发现，阴沟肠杆菌（*Enterobacter cloacae*）与抗生素溶杆菌（*Lysobacter antibioticus*）对水稻细菌性条斑病具有协同生防作用。黄梦桑等（2021）发现高地芽孢杆菌（*B. altitudinis*）181-7 对水稻细菌性条斑病具有一定的防治潜力。Zhou 等（2022）从中药材土贝母中分离获得一株贝莱斯芽孢杆菌（*B. velezensis*），能拮抗多种水稻病原菌，该菌株对水稻细菌性条斑病具有预防和控制效果。

目前，针对细菌性条斑病已有商品化的生防菌剂，用解淀粉芽孢杆菌 Lx-11 制成的 60 亿芽孢/mL 生物农药"叶斑宁"水剂已获得农业农村部临时登记证，用于防治在水稻上的细菌性条斑病和白叶枯病。叶斑宁对细菌性条斑病的防效为 70.8%～85.0%，显著好于叶枯唑的 60% 左右的防效，是替代目前已经出现抗性的化学药剂的理想产品。

（四）药剂防治

1. 适用于防治水稻细菌性条斑病的药剂

药剂防治仍然是目前控制细菌性条斑病的最主要防治方法，用于防治水稻细菌性条斑病的药剂有化学农药、农用抗生素和植物源农药。

（1）化学农药

防治细菌性条斑病主要有 30% 噻森铜悬浮剂、20% 噻菌铜悬浮剂、50% 氯溴异氰尿酸、36% 三氯异氰尿酸 WP、20% 喹啉钙 SC、5% 噻霉酮悬浮剂、1.2% 辛菌胺醋酸盐水剂、21.4% 络铜·柠铜水剂、20% 噻唑锌水分散颗粒剂、10% 丙硫唑悬浮剂等，按推荐用量的中间量即可。Xoc 对铜制剂的抗性弱于 Xoo，在生产实践上，噻菌铜对细菌性条斑病的防效稍优于对白叶枯病的防效。

（2）农用抗生素

农用抗生素是微生物发酵过程中产生的次生代谢产物，在低浓度时可抑制或杀灭作物的病、虫、草害及调节作物生长发育。

对水稻细菌性条斑病有防治作用的农用抗生素主要有链霉素、申嗪霉素、中生霉素等。目前，链霉素已在农业生产中停用。四霉素目前登记在水稻细菌性条斑病上，有推广应用的前景。

申嗪霉素是一种具有广谱抗菌活性的吩嗪类微生物次生代谢产物，具有促进植物生长的双重作用，目前在中国已经被用来防治多种植物病害。

中生菌素是微生物发酵产生的一种农用抗生素类广谱杀菌剂，属于 N-糖苷类农用抗生素。其杀菌机理主要是抑制病原菌菌体蛋白质的合成，使丝状真菌畸形，抑制孢子萌发和杀死孢子，具有广谱、高效、低毒、无污染等特点。喷施后可刺激植物体内植保素及木质素前体物质的生成，进而提高植株的抗病能力。中生菌素可与多菌灵、苯醚甲环唑、代森锌、烯酰吗啉等杀菌成分混配，用于生产复配杀菌剂。先期在防治水稻细菌性条斑病上，0.3% 中生菌素水剂稀释 100 倍，用药一次防效可达 61.32%～80.00%，用药两次防效达 74.18%～91.39%。中生菌素和三氯异氰尿酸的防效极显著优于叶青双（已退市），但中生菌素不同用量间差异不显著。三氯异氰尿酸有较好的保产作用，而中生菌素则具有明显的增产效果，增产幅度为 8.21%～11.01%。

（3）植物源农药

植物源农药是来源于植物体的农药，其有效成分通常不是单一化合物，而是植物有机体中的一些甚至大部分有机物质。植物源农药具有环境友好、对非靶标生物安全、不易产生抗药性、作用方式特异、促进作物生长并提高抗病性、种类多、开发途径多等特点。

魏昌英等（2015）研究发现，佛甲草（*Sedum lineare*）的甲醇提取物对 Xoc 具有较强的抑菌活性。浓度为 300mg/mL 的佛甲草甲醇提取物离体和盆栽防治细菌性条斑病，先喷药后接种，离体和盆栽的防效分别为 85.19% 和 66.67%；先接种后喷药，离体和盆栽的防效分别为 69.63% 和 57.65%。汪锴豪等（2018）通过液-液萃取、硅胶和凝胶柱层析法，从佛甲草中分离出一种可以抑制细菌性条斑病菌生长的单体化合物，经鉴定确定该化合物为没食子酸（gallic acid，GA）。在 30mg/mL 浓度下 GA 能抑制多种细菌病害病原菌，特别是细菌性条斑病菌。

2. 种子处理用药

稻种经预浸后，用 300～400 倍三氯异氰尿酸溶液浸种 12h，洗净后视种子吸水情况进行催芽或继续浸足水；或者用 500 倍 50% 代森铵溶液浸种 12～24h，洗净药液后催芽。

可用 40% 三氯异氰尿酸 300～600 倍液充分浸泡 12h 以上，捞起洗净后催芽播种；也可用 30% 三氯异氰尿酸 500 倍液浸泡 1～2d。

3. 育秧及秧田用药

疫情发生区可在秧苗 3～4 叶期用 1 次药，做到带药下田；可选用 36% 三氯异氰尿酸 50～100g 或 20% 噻菌铜（龙克菌）悬浮剂 100～150g，兑水 50kg 喷雾预防，移栽前再喷 1 次。在 4～5 叶期和水稻移栽前 3～5d，各喷 500 倍液的中生菌素 1 次，或用 50% 氯溴异氰尿酸（消菌灵）水溶性粉剂 25～50g/亩，兑水 50kg 喷雾。

4. 大田用药

施药应根据田间病情调查及预测趋势进行，重点在秧苗期喷药保护和大田期封锁发病中心。暴风雨、台风及洪涝之后应立即喷药。

在细菌性条斑病发生前的分蘖期或稻田刚见零星病斑时，用 50% 氯溴异氰尿酸 WP 50～60g/亩喷雾，隔 7～10d 喷 1 次，视病情连防 2 或 3 次，控制病害蔓延。施药时田间保持 5～7cm 的水层，施药后保水 5d。也可用 10% 丙硫唑悬浮剂 90～100mL/亩均匀喷雾，视病情连防 1 或 2 次。在细菌性条斑病发生前的拔节期或发生初期，用 20% 噻菌铜悬浮剂 125～160mL/亩，或 30% 噻森铜悬浮剂 70～85mL/亩均匀喷雾，可兼防白叶枯病。在细菌性条斑病发生前的孕穗期、结实期或发生初期，用 36% 三氯异氰尿酸 WP 60～90g/亩，兑水后均匀喷雾，兼防白叶枯病、纹枯病、稻瘟病。在细菌性条斑病发生初期，用 5% 噻霉酮悬浮剂 35～50mL/亩均匀喷雾。施药时应避免药液漂移到其他作物上，以防产生药害。也可选用 30% 噻唑锌悬浮剂 70～100mL/亩，或 3% 辛菌胺醋酸盐 WP 215～265g/亩，均匀喷雾，视病情连防 2 或 3 次。或用 21.4% 络铜·柠铜水剂 400～600 倍液/亩均匀喷雾，控害保穗。

范文忠等（2019）研究发现，20% 喹啉钙 SC 532.8mg/L+0.3% 四霉素 CS 888.8mg/L 或 20% 喹啉钙 SC 100.0mg/L+3% 噻霉酮 ME 1999.8mg/L 对细菌性条斑病及白叶枯病的防效在 85% 以上。病害暴发时建议隔 7d 左右打一次药，连打 2 或 3 次，有较好的控制效果。

第三节　水稻细菌性基腐病

一、病害发生与为害

（一）病害发生

由玉米狄克氏菌（*Dickeya zeae*，原 *Erwinia chrysanthemi* pv. *zeae*）引起的水稻细菌性基腐病（简称"细基病"或"基腐病"，rice bacterial foot rot），于 20 世纪 70 年代首次在日本报道（Goto，1979），随后在朝鲜、韩国、印度、孟加拉国、菲律宾、印度尼西亚等国家都有报道，现已成为印度、孟加拉国水稻上的重要细菌病害之一（Singh et al.，2001）。该病在我国于 20 世纪 80 年代初在浙江省首先被发现（洪剑鸣等，1983），此后，江苏、江西、湖南、湖北、安徽、广西、上海、四川、贵州、云南、福建、海南、广东、黑龙江等省（自治区、直辖市）都有发生报道（王金生等，1989；刘琼光等，2013）。

（二）病害为害

据刘琼光等（2008）研究，在水稻移栽期、分蘖期、孕穗期和抽穗期等不同时期接种病菌，与对照相比产量分别下降53.60%、40.20%、15.10% 和 5.47%。田间发病，通常造成 10%～20% 的产量损失，严重的可造成 90% 的产量损失（洪剑鸣等，1983）。

张宏俊等（1993）测定了水稻基腐病对水稻造成的产量损失。按 0～4 级对病情分级，1～4 级的损失率分别为 11.6%、23.3%、34.4%、41.3%。减产原因是单穗实粒数减少（分别减少 12.55%、18.38%、23.70% 和 22.15%）和千粒重降低（分别降低 0.48%、6.11%、15.55%、25.24%）。

二、病害症状与诊断

（一）病害症状

水稻种子萌芽过程中被病菌入侵，可造成烂种、烂芽。大田期一般在分蘖至灌浆期发病。

水稻分蘖期染病，初期在近土表茎基部叶鞘上产生水浸状椭圆形斑，然后扩展为边缘褐色、中间枯白的不规则大斑；剥去叶鞘可见根节部变黑褐色，有时可见深褐色纵条，根节腐烂，伴有恶臭，病株先是心叶青卷，随后枯黄，外观似螟虫危害的枯心苗。

拔节期发病，叶片自下而上变黄，近水面叶鞘边缘褐色，中间有灰色长条形斑，根节变色并伴有恶臭。

穗期后发病，常表现为急性青枯死苗现象，病株先失水青枯，形成枯孕穗、半枯穗和枯穗，有的病株基部以上 2 或 3 个茎节也同时变褐黑色，并生有少量倒生根，有恶臭味。

水稻细菌性基腐病的独特症状是病株根节褐色或深褐色腐烂（林兴祖和冯健敏，2006；冯成玉，2009）（图 2-13a 和 b）。

图 2-13　水稻基腐病根基部症状与田间症状
a：基部受害症状（刘琼光　提供）；b：根部受害症状（李明桃，2013）；c：大田症状（黄世文　提供）

大田发病一般有 3 个明显高峰：分蘖期进入第一个发病高峰，即前期"枯心死"；孕穗期进入第二个发病高峰，即中期"剥皮死"；抽穗灌浆期进入第三个发病高峰，即后期"青枯死"（图 2-13c）。"枯心死"幼苗 100% 在拔节前死亡，"剥皮死" 10% 不能抽穗而枯死，"青枯死"导致许多枯孕穗（曹振乾，1986；冯成玉，2009）。

田间病株呈零星分布，在同一稻丛中常与健株混生，黄化。病株茎基部和根节变为褐色、深褐色，腐烂发臭（图 2-13a 和 b）。

（二）病害诊断

1.病害症状诊断

水稻细菌性基腐病有别于细菌性褐条病心腐型、白叶枯病急性凋萎型及螟害枯心苗等。该病常与稻小球菌核病、恶苗病、还原性物质中毒等同时发生；也有的在基腐病株枯死后，恶苗病菌、稻小球菌核病菌等腐生其上。根据基腐病病株茎基部和根节变为褐色、深褐色，发生腐烂，有恶臭产生等水稻细菌性基腐病的独特症状（图 2-13a 和 b），可与上述病害区别开来（洪剑鸣等，1984；王园媛等，2012；刘思华等，2019）。

2.病害分子诊断

（1）病原菌的 16S rDNA 序列分析

以细菌 16S rDNA 通用引物 27F/1492R，对疑似病原的基因组 DNA 进行 PCR 扩增，经电泳检测获得长度约 1500bp 的 DNA 片段。回收该片段进行 DNA 测序，得到 16S rDNA 序列。在 GenBank 中进行 BLAST，获得高度一致性的同源序列，用 MEGA11 软件构建基于 16S rDNA 序列的系统发育树，分析与疑似病原序列聚在同一最小分支内的其他序列物种，自展支持率越高，表明它们的亲缘关系越近。16S rDNA 序列分析能确保属（genus）水平的诊断。

（2）病原菌的多基因分子鉴定

根据已经报道的水稻细菌性基腐病菌的 *dnaX*、*gyrB*、*recA*、*fliC* 等基因序列设计引物，以分离到的疑似水稻基腐病菌的基因组为模板，进行 PCR 扩增，将 PCR 产物进行回收、克隆并测序，得到相关基因序列。经与水稻细菌性基腐病菌标准菌株的序列比对和分析，并构建多基因串联序列系统进化树，确认水稻细菌性基腐病菌（Pu et al.，2012；李文奇等，2014）。除了上述根据基因序列设计引物，还可以选择 *atpD* 和 *infB* 等基因设计引物鉴定水稻细菌性基腐病菌（Wang et al.，2020c）。

（3）实时荧光 PCR 检测

周海亮等（2013）根据水稻细菌性基腐病菌 ITS 序列的特异区间，设计了 1 对水稻细菌性基腐病菌特异性扩增引物 X1（GAGTAGAAGTGCCTGCGTG）和 X2（AGCTTACCGTTGACCGTGC），拟建立水稻细菌性基腐病实时荧光 PCR 检测方法。用该方法对 8 种细菌进行检测，可特异性地扩增出水稻细菌性基腐病菌的目标条带，实时荧光 PCR 能够检测出的目标菌 DNA 量最低浓度为 5×10^{-3}ng/μL，比常规 PCR 的灵敏度高 100 倍，实时荧光 PCR 也能够在人工接种的水稻中检测到病菌的存在。

三、病原学

（一）病原菌

1.学名和译名

病原菌学名 *Dickeya zeae*，为玉米狄克氏细菌，俗称水稻细菌性基腐病菌，属于狄克氏菌属细菌（Pu et al.，2012）。

2.分类与命名沿革

狄克氏菌属（*Dickeya*）是于 2004 年建立的细菌新属，*Dickeya zeae* 原为菊欧文氏菌（*Erwinia chrysanthemi*）的玉米致病变种 *E. chrysanthemi* pv. *zeae*（Sabet）Victria，Arboleda et Munoz.（王金生等，1984；Goto，1979；Samson et al.，2005）。*D. zeae* 已成为世界性重要植物病原细菌，发生范围不断扩大（Stead et al.，

2010）。分子进化和遗传多样性研究表明，玉米狄克氏菌与 *Dickeya* 其他种的关系较远，玉米狄克氏菌类群（clade）包含多个序列变种（sequevar），包括所有分离自玉米（*Zea mays*）的菌株。该类群可进一步分为 P Ⅰ 和 P Ⅱ 两个主要的进化型（phylotype），寄主范围达 13 种植物，包括马铃薯和香蕉（Parkinson et al.，2009）。

Wang 等（2020c）分析主要脂肪酸为特征 3（C16:1ω7c 和/或 C16:1ω6c）、C16:0 和特征 8（C18:1ω7c 和/或 C18:1ω6c）。研究基于 2940 个核心基因序列进行系统基因组，用 5 个串联基因（16S rRNA、*atpD*、*infB*、*recA* 和 *gyrB*）进行多位点序列分析，表明疑似水稻细菌性基腐病菌 ZYY5T 与 EC1、ZJU1202、DZ2Q、NCPPB3531、CSLRW192 菌株形成了一个高置信度的聚类，同时与玉米狄克氏菌的其他菌株相分离。这 6 个菌株的平均核苷酸相似度（ANI）和数字 DNA-DNA 杂交（dDDH）值分别为 96.8%～99.9% 和 73.7%～99.8%，说明它们属于同一物种。ZYY5T 菌株与玉米狄克氏菌 DSM 18068T 标准菌株的 dDDH 值为 58.4%，ANI 值为 94.5%，低于 dDDH 和 ANI 的物种阈值。基因组分析表明，菌株 ZYY5T 含有的毒力相关基因与狄克氏菌属的相关菌株类似。基于多种试验、分析方法的结果，Wang 等（2020c）提出菌株 ZYY5T 代表狄克氏菌属中的一个新物种，命名为 *Dickeya oryzae* sp. nov.（=JCM33020T=ACCC61554T）。菌株 EC1、ZJU1202、DZ2Q、NCPPB3531 和 CSLRW192 也应划分为与 ZYY5T 相同的水稻狄克氏菌。目前，NCBI 的物种分类系统已出现种名 *D. oryzae*，但 Wang 等（2020c）提出包括 EC1、ZJU1202、ZYY5T 等菌株的 *D. oryzae* 新的分类结果尚未被 NCBI 正式确认。

Zhang 等（2020b）从感染水稻基腐病的病部分离了一株玉米狄克氏菌菌株 EC2，该菌株缺少 *hrp* 基因簇，对水稻仍然能引起典型的基腐病。基于全基因组序列系统进化分析，EC2 菌株与 EC1、ZJU1202 和 NCPPB 3531 等 *D. oryzae* 菌株分开聚类，而与其他玉米狄克氏菌菌株一起聚类。表明水稻基腐病菌不是单一的 *D. oryzae*（水稻狄克氏菌），一部分玉米狄克氏菌菌株仍然是水稻基腐病的病原。

水稻基腐病菌的分类地位（基于 NCBI）：细胞生物（cellular organisms）；细菌（bacteria）；假单胞菌门（Pseudomonadota）γ- 变形菌纲（Gammaproteobacteria）肠杆菌目（Enterobacterales）果胶杆菌科（Pectobacteriaceae）狄克氏菌属（*Dickeya*）玉米狄克氏菌（*Dickeya zeae*）。

（二）病原形态与生物学特征

1. 病原菌分离

采用平板划线分离法进行病原细菌分离（方中达，1998）。将发病的水稻茎基部和根用清水洗净，用刀片切成约 5mm 长的病组织，70% 乙醇消毒，灭菌水冲洗 3 次后，放在灭菌载玻片的灭菌水中，用灭菌玻璃棒碾碎。静置一段时间后，用灭菌的移植环蘸取组织液在琼脂平板上划线，28℃恒温培养 4～5d。挑取单菌落纯化培养 4 或 5 次；根据柯赫法则，从分离纯化的病原菌上挑取单菌落进一步培养，采用针刺法回接水稻根系，待出现基腐病典型症状后保存菌株（李文奇等，2014）。

对于病害初期的疑似病例，采集疑似水稻病样，于病健交界处切取 1cm^2 的组织小块，用 75% 乙醇浸泡 30s，0.1% 升汞消毒 1min，然后用无菌水冲洗 3 次，再将其放至灭菌的研钵中，加入 5mL 无菌水并充分研磨，用灭菌接种环蘸取研磨液在 NA（NaCl 5g、牛肉膏 3g、蛋白胨 10g、琼脂 15g、水 1000mL，pH 7.0～7.2；不加琼脂为 NB 液体培养基）培养基平板上划线，置 28℃恒温培养 24h，挑取优势单菌落纯化。

致病回接试验：将分离纯化得到的病原菌接种至 NB 液体培养基，于 28℃恒温 200r/min 振荡培养 24h，得到浓度为 1×10^{8}CFU/mL 的菌悬液，以白菜软腐病菌（与被测菌等剂量）和清水作对照，进行回接致病试验。将秧龄 30d 的日本晴品种秧苗根部浸于上述菌液和清水中，每个处理 10 株秧苗。浸根 1h 后插植于小盆中，置光照培养箱中（27℃±2℃，6000lx），每天光照/黑暗=12h/12h。接种后第 3 天，接种处理秧苗有 2 株叶片干枯纵卷，接种后 7d，大多数秧苗表现叶片纵卷干枯的症状，病株根部及茎基部发黑腐烂，有恶臭。接种对照菌株和清水对照均不发病。接种症状与田间分蘖期的枯心症状一致，初步确认为水稻基腐病菌（郭兰泽等，1989）。

2. 菌落特征

在牛肉膏蛋白胨琼脂培养基上菌落呈假根状和可变形虫状，边缘不整齐，表面稍凸，不透明，色暗淡；菌苔直线形，边缘锯齿状，凸起，初为乳白色，后逐渐变成淡土黄色，表面稍皱缩，无光泽（刘琼光等，1997；陈建斌等，2002）。

3. 菌体特征

菌体短杆状，大小为 0.7～1.0μm×1.4～1.75μm，细菌单生，两端钝圆，周生多鞭毛（图 2-14），无芽孢和荚膜（刘琼光等，1997；陈建斌等，2002）。

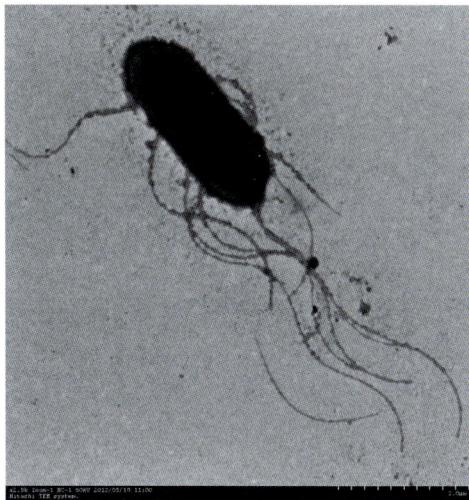

图 2-14　水稻基腐病菌菌体形态（刘琼光　提供）
透射电镜图（TEM，20 000×）

4. 病原的生物学特性

该菌革兰氏染色反应阴性，兼性厌气，不耐盐，能使多种糖产酸，明胶液化，产生吲哚；对红霉素敏感，产生抑制圈。病菌可液化明胶，但不能水解淀粉；可分解蛋白胨生成吲哚，不能分解半胱氨酸产生 H_2S；硝酸盐还原反应和 V-P 试验为阴性；不能利用苯丙氨酸；可发酵葡萄糖产酸，但不产气；能利用木糖、甘露醇、甘露糖、棉子糖、果糖、蔗糖，但不能利用乳糖、麦芽糖和山梨醇。

刘琼光和曾宪铭（1999）对广东的病原研究表明，水稻细菌性基腐病菌生长的适宜温度为 28～36℃，其中以 32℃ 最适，生长的最低温度为 12℃，最高为 41℃，致死温度为 53℃（10min）。pH 5～11 均可生长，以 pH 7 最适。陈建斌等（2002）对来自云南省昆明市晋宁区的病原研究结果表明，其致死温度为 58℃（10min）。

（三）寄主范围

王金生和杨晓云（1991）用 5 个水稻菌株、2 个马铃薯、1 个芋头上的菊欧文氏菌和 4 个胡萝卜软腐欧文氏菌胡萝卜变种的菌株分别测定其对马铃薯块、水稻和玉米植株的致病能力。结果表明，所有菌株都能引起马铃薯块组织软腐，只有水稻菌株能引起水稻和玉米植株发病。在致病性比较中，水稻菌株比玉米菌株致病力强，寄主范围广。寄主范围主要包括水稻（*Oryza sativa*）、玉米（*Zea mays*）、甘蔗（*Saccharum officinarum*）、凤梨（别名菠萝）（*Ananas comosus*）、烟草（*Nicotiana tabacum*）、鸢尾（*Iris tectorum*）、射干（*Belamcanda chinensis*）、凤仙花（*Impatiens balsamina*）、萱草（*Hemerocallis fulva*）、象草（*Pennisetum purpureum*）、大白菜（*Brassica pekinensis*）、落花生（*Arachis hypogaea*）、马铃薯（别名洋芋、阳芋、土豆、地蛋）（*Solanum tuberosum*）、胡萝卜（*Daucus carota*）等（周佳暖等，2015）。

（四）侵染规律

1. 初侵染源

水稻细菌性基腐病菌可在土壤、田水、水稻病残体以及田边的杂草上存活，均可成为其主要越冬场所；种子带菌也可能成为初侵染来源之一。在种子播种或秧苗栽插后，病菌可在水稻根系大量聚集，一旦根系受伤，病菌极有可能侵入（姚革等，1994；刘琼光等，2003a）。

2. 传播途径

带菌的稻种、稻株可远距离传播，菌体可借农（机）具，风雨，牛、鸭等动物传播。水田漫灌、串灌也是传播的途径。

3. 侵入途径

病菌可从叶片上的水孔、伤口、受伤的叶鞘和根系侵入，主要从根系伤口侵入，引起不同类型症状。根系及根茎基部受伤，土壤或田水中的病原菌均有可能从其伤口处侵入（王金生等，1987；刘琼光和王振中，2004）。病菌侵入后，主要集中于根茎基部，且有潜伏侵染现象（刘琼光和王振中，2004）。该病菌也可在种子萌芽过程中侵入，造成烂种、烂芽和降低幼苗的出苗率及萌发率，幼苗生长受到抑制，其中根的生长受抑制最为明显（刘琼光和王振中，2004）。

秧苗浸根接菌试验结果表明，病菌侵入后，先分布在根内，然后向根颈和茎基部转移，病菌主要集中于茎基部。接菌7d后2cm以上的茎、叶等组织采用富集法均分离不到病菌，但茎部叶鞘可分离到病菌（刘琼光与曾宪铭，1999）。

4. 侵染循环

侵染循环见图2-15。病菌可在病稻草、病稻茬和杂草上越冬，成为翌年的初侵染源。越冬病菌可随灌溉水和雨水传播到秧苗上引起发病，病菌从水稻水孔、伤口及叶鞘和根系伤口侵入，以从根部和茎基部伤口侵入为主，侵入后在根基部气孔中系统感染，在整个生育期重复感染。

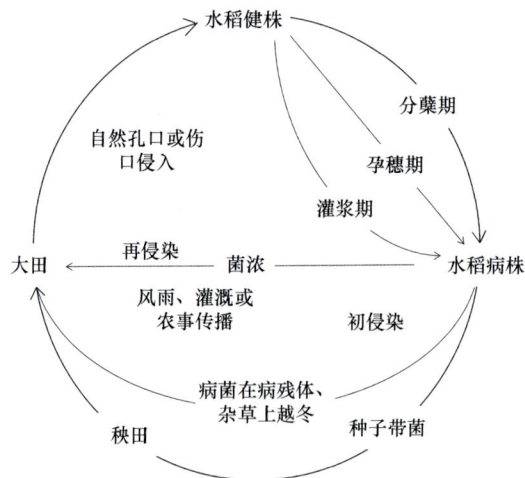

图2-15 水稻细菌性基腐病侵染循环（周健平 提供）

水稻细菌性基腐病菌能在病稻草或田间的病残体上越冬，也会通过种子携带病菌。一般情况下，通过水稻植株的伤口入侵。大田水稻该病害高峰期主要包括3个阶段：分蘖期为第一次高峰期，主要症状为枯心；孕穗期为第二次高峰期，主要症状为剥皮死（也称剥死型）；抽穗灌浆期为第三次高峰期，主要症状为出现白穗等。

（五）病原菌毒素

刘琼光和王振中（2004）在研究水稻细菌性基腐病菌侵染规律时发现，该菌具有潜伏侵染和抑制水稻根生长的现象，首次提出病菌可能产生致病毒素。研究采用 AB-8 吸附树脂、多次聚酰胺柱层析、葡聚糖凝胶层析和薄板层析等方法，获得了毒素活性组分 T3。该毒素组分能引起烟草细胞坏死，导致水稻秧苗致萎等生物学特性。毒素组分 T3 溶于甲醇、正丁醇、乙腈、水和甲酸，不溶于三氯甲烷、乙酸乙酯，微溶于丙酮，为非糖类和非蛋白质类物质，未进一步鉴定出其分子结构（刘琼光等，2008）。Wu 等（2010）和 Zhou 等（2011）采用核磁共振和质谱分析，分别确定了水稻基腐病菌 2 个毒素的结构，命名为 zeamine 和 zeamine II，均属于聚酮多胺类化合物。其中 zeamine 分子式为 $C_{49}H_{105}O_4N_6$，$[M+H]/e$ 为 841.8218，占水稻基腐病菌 EC1 菌株产毒素量的 60%，zeamine II 分子式为 $C_{40}H_{88}ON_5$，$[M+H]/e$ 为 654.6993，占 EC1 产毒素量的 40%（Zhou et al.，2011）。毒素 zeamine 和 zeamine II 被认为是造成寄主范围差异的一个重要原因，在致病过程中起到非常重要的作用。zeamine 对多种革兰氏阴性细菌和革兰氏阳性细菌具有广谱的抗菌活性。研究表明，zeamine 合成编码基因簇由 18 个阅读框编码基因组成，其中 *zmsA* 和 *zmsK* 是 zeamine 和 zeamine II 合成必需的基因。*zmsA* 突变则失去抗菌活性，且致病力明显减弱，表明 ZmsA 是水稻基腐病菌毒素合成所必需的，毒素是水稻基腐病菌的重要致病因子（Zhou et al.，2011）。高浓度毒素抑制水稻、玉米、番茄、烟草 4 类作物种子的根、芽生长，低浓度毒素对 4 类作物种子根、芽生长有促进作用，且水稻根相对于水稻芽对病菌毒素更敏感；毒素也能较强地诱导水稻植株体内 POD、PAL 活性，使抗病品种的酶活增幅更大（刘琼光等，2008）。

Hussain 等（2008）的研究表明，水稻基腐病菌 EC1 菌株在非常低的细菌浓度（10^2CFU/mL）接种条件下，能明显抑制水稻种子萌发，而亲缘关系比较近的菊狄克氏菌（*D. chrysanthemi*）EC3937 菌株即使接种浓度很高（10^6CFU/mL），也没有任何抑制效果。进一步研究发现，水稻基腐病菌产生致病毒素，该毒素可能是病菌侵染单子叶植物的重要致病因子。在病菌侵染水稻的致病作用中起关键作用（Hussain et al.，2008）。

采用水稻基腐病菌毒素注射烟草叶片后，烟草细胞中 NO 大量增加，SOD、CAT 和 POD 等酶的活性发生变化，细胞电导率增大和膜透性增加。毒素引起烟草细胞死亡，没有细胞程序性死亡（PCD）的 DNA 特征。电镜超微结构显示，毒素处理 8h 后，叶绿体变形，叶绿体基质片层大部分消解，基粒结构消失，叶绿体外膜和内膜剥离，质壁分离和细胞膜内陷，细胞器消解；48h 后，细胞内含物完全消解，细胞膜消失，细胞壁皱缩变形。表明水稻基腐病菌毒素的作用位点是在寄主细胞质膜、叶绿体等细胞结构上（刘琼光等，2009）。

水稻基腐病菌毒素还表现出对其他植物病原细菌，如丁香假单胞菌番茄致病变种（*Pseudomonas syringae* pv. *tomato*）、根癌土壤杆菌（*Agrobacterium tumefaciens*）、茄科雷尔氏菌（*Ralstonia solanacearum*）、荧光假单胞菌（*P. flourosense*）、野油菜黄单胞菌野油菜致病变种（*Xanthomonas campestris* pv. *campestris*）、野油菜黄单胞菌秋海棠致病变种（*X. campestris* pv. *begoniae*）、野油菜黄单胞菌一品红致病变种（*X. campestris* pv. *poinsettiicola*）、野油菜黄单胞菌菜豆致病变种（*X. campestris* pv. *phaseoli*）、马铃薯环腐病菌（*Clavibacter michiganensis* subsp. *sepedonicus*）、白叶枯病菌（*X. oryzae* pv. *oryzae*）等病原细菌具有明显的抑制作用。其中对白叶枯病菌和甘蓝黑腐病菌的抑菌作用较强（刘琼光等，2008）。

比较基因组结果显示，水稻基腐病菌 EC1 菌株的 *zms* 毒素基因簇在同种但不同的分离菌株玉米狄克氏菌（*D. zeae*）EchE586 及近缘种达旦提狄克氏菌（*D. dadantii*）3937、香蕉狄克氏菌（*D. paradisica*）Ech703 和菊狄克氏菌（*D. chrysanthemi*）Ech1591 中没有高度同源序列，表明该基因簇为水稻致病菌株所特有，具有菌株特异性（周佳暖等，2015）。

（六）病原菌抗药性

水稻基腐病菌的抗药性研究不多，已有报道该菌抗农用链霉素。王园媛等（2012）报道，在云南省部分稻区由于长期使用叶枯唑防治各种细菌病害，导致抗药性增强，对细菌性基腐病的防治效果较差。

（七）病原菌致病性变异

王金生等（1984）用来自 4 个省的 10 个水稻菌株和 2 个玉米菌株在 20 个水稻品种上人工接种测定，结果发现不同地区的水稻菌株并无致病性分化现象，玉米菌株对水稻的致病力相对较弱。目前，尚无有关玉米狄克氏菌（*D. zeae*）菌种内存在生理小种的报道，但不同菌株存在一定的致病力差异，同时，也有研究表明水稻品种间对基腐病抗性有显著差异（刘琼光等，2013），因此，水稻基腐病菌的致病性分化问题值得进一步关注。

（八）病原菌致病机制

1. 毒力因子（致病因子）

狄克氏菌属细菌具有较为保守的致病系统，毒力因子主要包括：果胶裂解酶、纤维素酶、蛋白酶、木聚糖酶、多聚半乳糖醛酸酶、果胶甲基酯酶、铁载体（siderophore）、靛蓝色素（pigment indigoidine）、胞外多糖和聚酮多胺类毒素，以及通过Ⅲ型、Ⅳ型、Ⅵ型分泌系统分泌的效应子等。群体感应调控系统也在细菌侵染和致病过程中起相应的作用（周佳暖等，2015）。多数狄克氏菌属病菌只侵染双子叶植物，水稻基腐病菌具有侵染双子叶和单子叶植物的能力；表明玉米狄克氏菌可能已经获得了更多的致病相关因子，从而扩大其寄主范围（刘琼光等，2013；Toth et al.，2011；Charkowski，2018）。

（1）胞外水解酶

细胞壁降解酶的种类很多，是病原菌侵染过程中起重要作用的一类致病因子。通常根据酶作用的底物，分为角质酶（cutinase）、果胶酶（pectinase）、纤维素酶（cellulase）、半纤维素酶（hemicellulase）、蛋白酶（protease）和其他酶类。狄克氏菌属细菌已知可产生并分泌多种胞外酶，主要包括果胶裂解酶（pectate lyase，Pel）、蛋白酶（protease，Prt）和纤维素酶（cellulose，Cel）等（Tardy et al.，1997；Laatu and Condemine，2003）。其中果胶裂解酶、纤维素酶和蛋白酶含有多个同工酶，这些酶有选择性地在植物体内被诱导，引起植物组织软腐崩溃，有利于病原菌的进一步入侵和感染。

软腐病的典型症状为植物组织浸渍腐烂，主要是果胶酶引起的果胶解聚的结果。果胶酶的攻击被认为是其他细胞壁降解酶作用的先决条件。果胶质是一种复杂的混合多糖，占初生细胞壁多糖含量的 30% 左右，由线性的多聚半乳糖醛酸和穿插其间的鼠李糖半乳糖醛酸聚糖组成。在狄克氏菌属细菌中，目前只报道了一种鼠李糖半乳糖醛酸降解酶，即鼠李糖裂合酶 RhiE。采用遗传和生化方法已经鉴定出多种参与降解多聚半乳糖醛酸的酶，包括 2 个果胶乙酰酯酶（PaeY 和 PaeX）、2 个果胶甲基酯酶（PemA 和 PemB）、8 个果胶酸内裂解酶（PelA、B、C、D、E、I、L 和 Z）、2 个果胶酸外裂解酶（PelW 和 PelX）和 4 个多聚半乳糖醛酸酶（PehV、PehW、PehX 和 PehN），这些酶合称为果胶酶。其中，Pel 是果胶酶中最重要的酶。次级果胶酶 PelI、L 和 Z 的酶活性很低，但在侵染过程中及寄主专一性上发挥重要作用。在狄克氏菌属细菌中，对果胶酶研究最深入的是 *D. dadantii* 菌株 3937，Pel、Pme 和 Pnl 等酶类是该菌引起病害的重要致病因子（周佳暖等，2015；Charkowski，2018）。

纤维素是植物细胞壁的主要组成部分，是一种由葡萄糖分子链构成的多糖。纤维素酶主要表现葡聚糖酶活性，首先降解纤维素，然后降解寄主的细胞壁。在狄克氏菌属细菌中，研究鉴定了 2 个纤维素酶 CelV 和 CelS，另一个纤维素酶 Cel5 的结构及其分泌机理也有相关报道。Ce15 由催化区、连接区和纤维素结合区三部分组成，改变纤维素结合区的单个色氨酸残基，则阻止狄克氏菌属细菌通过Ⅱ型途径分泌（Chapon et al.，2000）。在菌株 *D. dadantii* 3937 中，纤维素酶的产生在生物膜形成以及耐氯处理上起着重要的作用（Jahn et al.，2011）。

高等植物的初生壁含有各种蛋白质，其中多数为糖蛋白。在某些植物中，蛋白质含量占整个细胞壁的

15%，同时起到细胞构件和酶的作用（Showalter，1993）。有研究表明，在病原菌产生的细胞壁降解酶中，蛋白酶是最先检测到的，这说明在病原菌侵染初期蛋白酶就发挥了作用（Carlile et al.，2000）。在蛋白酶破坏植物细胞、为细菌提供营养的同时，也引起植物的防卫反应。在已报道的研究结果中，狄克氏菌属细菌含有 PrtA、PrtB、PrtC、PrtG 等蛋白酶，它们属于金属蛋白酶（Ghigo and Wandersman，1992）。

（2）胞外多糖与脂多糖

植物病原细菌的毒性常常与胞外多糖的产生密切相关。已有报道表明，胞外多糖（EPS）是病原细菌产生水渍和萎蔫症状的主要毒性因子。葡聚糖（OPG）是革兰氏阴性细菌细胞膜表面的成分，具有调节渗透压的作用，也是达旦提狄克氏菌在系统侵染植物过程中必不可少的毒力因子。研究发现，与 OPG 合成有关的 2 个基因（*opgG* 和 *opgH*）的突变株缺乏产生 OPG 的能力，致病性丧失，并具有多效性表型，表现为胞外酶合成能力降低、胞外葡聚糖合成过剩和侵染性降低，胞外酶合成能力降低导致致病力降低。突变株和野生型菌株联合接种试验表明，OPG 是病原菌在植物中生长所必需的（Schoonejans and Expert，1987）。

狄克氏菌属细菌可能的致病因子还有脂多糖（LPS），LPS 合成基因的突变减轻了病原菌在寄主上的毒性和对噬菌体的抗性（Schoonejans and Expert，1987）。研究发现一些达旦提狄克氏菌的抗生素抗性突变株的 LPS 核心区结构发生变化，导致致病力降低，但是胞外酶的分泌和其他性状不受影响（Pérombelon，2002）。

（3）鞭毛和趋性运动

狄克氏菌属细菌具有周生鞭毛，参与细胞运动和趋性反应。鞭毛相关蛋白参与鞭毛亚基的合成和鞭毛的组装，趋化蛋白负责化学信号识别与信号转导。趋化系统与鞭毛运动在狄克氏菌属细菌的趋化性、寄主识别、侵染早期和微生态位定植中发挥重要作用（Jahn et al.，2008）。*Dickeya* spp. 只编码一种类型的鞭毛，表达一种类型的鞭毛素（Zhou et al.，2015a）。周生鞭毛除了参与运动，还在黏附植物组织中发挥作用（Jahn et al.，2008），鞭毛蛋白也可能作为 PAMP，激发植物的先天免疫反应。

（4）Ⅱ型分泌系统

狄克氏菌属细菌具有Ⅱ型分泌系统（T2SS），由 *out* 基因簇编码，参与许多胞外水解酶类包括 Pel、Cel 和 Prt 的分泌，在致病中起重要作用（Condemine et al.，1992）。

（5）Ⅲ型分泌系统及其效应子

多种植物病原细菌Ⅲ型分泌系统（T3SS）与寄主的过敏性反应和病原菌的致病性（hypersensitive response and pathogenicity，*hrp*）相关，该分泌系统由 *hrp* 基因簇编码合成（Bauer et al.，1994；Yang et al.，2002）。在狄克氏菌属细菌中，*hrp* 基因在病原菌的致病性及与寄主的互作过程中起着重要的作用（Bauer et al.，1994；Yang et al.，2002）。T3SS 除了参与植物–微生物相互作用，还与狄克氏菌属细菌在气液相界面上的细菌生物膜形成有关（Yap et al.，2005，2008）。依赖 T3SS 的超敏蛋白 Harpin 也被认为是 *Dickeya* 细菌的致病性关键因子之一，Harpin 能在多种非寄主植物上诱导产生过敏性反应（Bauer et al.，1995）。目前，Harpin 是一种新型环保类微生物蛋白农药，其产品无毒性，可以促进植物生长和增强植物抗病性，同时可以更有效地提高果品质量。

典型的水稻基腐病菌 EC1、ZJU 等菌株中均有完整的 *hrp* 基因簇，Zhang 等（2020b）发现，缺少 *hrp* 基因簇的水稻基腐病菌 EC2 菌株对水稻仍具有致病力，回接时致病症状与田间症状基本一致，但明显低于 EC1 菌株的致病力。提示水稻基腐病的病原可能不是单一类型的病菌；同时，Ⅲ型分泌系统可能不是水稻基腐病菌致病的必需系统。

（6）Ⅵ型分泌系统

Ⅵ型分泌系统（T6SS）是新近发现的大分子分泌系统，主要介导细菌与细菌间的竞争、细菌和真核生物间的合作或竞争作用（Mougous et al.，2006；Boyer et al.，2009），参与细菌生物膜的形成（Schwarz et al.，2010）、在寄主植物上的定植以及对寄主的致病性（Tian et al.，2017）。

2. 致病性调控

（1）群体感应系统

水稻基腐病菌依赖一套酰基高丝氨酸内酯型（acyl-homoserine lactone-type）的群体感应（quorum sensing，QS）系统调控菌体运动、菌体积聚和致病力（Hussain et al.，2008）。该群体感应系统由 ExpI（LuxI 的同源蛋白)/ExpR（LuxR 的同源蛋白）组成调控系统。其中，ExpI 为酰基高丝氨酸内酯（acyl-homoserine lactone，AHL）家庭群体感应信号合成酶，ExpR 为 AHL 信号受体。水稻基腐病菌 EC1 菌株可以合成 N-(3-氧代-己酰基)-高丝氨酸内酯 [N-(3-oxo-hexanoyl)-homoserine lactone，OHHL]，ExpR 与 AHL 信号结合以后，变成一个活跃的转录因子，从而调节毒力基因的表达。突变 *expI* 基因导致水稻基腐病菌的运动能力增强，生物被膜的积聚能力下降，降低了 EC1 菌株对水稻和马铃薯的致病能力（Hussain et al.，2008；Zhou et al.，2015a）。

（2）双组分系统对致病性的调控作用

双组分系统（two-component system，TCS）是细菌中普遍存在和非常保守的一种重要调节机制，通常由 1 个结合在膜上的感受蛋白（多数是组氨酸激酶，histidine kinase，HK）和细胞质中的反应调节蛋白（response regulator，RR）组成。一般情况下，感受蛋白通过 N 端感受信号，C 端保守的组氨酸残基磷酸化，磷酰基随后转移到反应调节蛋白中类似于 CheY 接受区（REC）的天冬氨酸残基上，被磷酸化的调节蛋白即具有了调节其他有关基因表达的活性（Stock et al.，2000）。

细菌进化产生多种双组分系统以应对环境因素改变，参与逆境适应、综合调控病原细菌的致病性。在狄克氏菌属细菌中，迄今只报道了 6 对双组分系统的生物功能，包括参与 T3SS 调控的 HrpY/HrpX（Yap et al.，2008），参与病原菌寄主互作、细菌群集性基因调控的 GacS/GacA（Yang et al.，2008），与细菌定植相关的 PhoQ/PhoP（Haque et al.，2008），调控群体感应系统的 ExpS/ExpA（杨利平等，2011），调控胞外降解酶产生的新型群体感应信号 *vfm* 基因簇中的 VfmH/VfmI（Nasser et al.，2013），以及调控多种毒力因子的 NtrE/NtrF（周佳暖等，2015）。

HrpX/HrpY 在狄克氏菌属细菌中保守，也是水稻基腐病菌中的一个主要参与致病性调控的双组分系统，调节病原细菌的运动性、菌膜的形成和病菌的致病力，正向调控一些下游 *hrp* 基因的表达（陈雪凤等，2014）。ExpS/ExpA 双组分调控系统参与对群体感应系统的调控。ExpS 包含 5 个结构域，分别为 HAMP、HisKA、HATPase、REC 和 HPT，HAMP 连接跨膜区和细胞质中信号发送区，将胞外信号传递给胞内激酶；HisKA 能够自身磷酸化形成二聚体；HATPase 具有结合和水解 ATP 的激酶活性；REC 具有接受高能磷酸基团的活性位点；HPT 接受来自感受蛋白本身的或其他蛋白的磷酸基团，再传递给下游蛋白，在信号传递过程中起到承上启下的作用。在水稻基腐病菌 EC1 菌株中，缺失 HAMP 结构域会严重影响细菌毒素的产生和致病性（杨利平等，2011）。NtrE/NtrF 不仅参与病原菌毒素的产生，还调控其他致病因子的形成，如胞外蛋白酶、纤维素酶、果胶裂解酶和多聚半乳糖醛酸酶的合成（周佳暖等，2015）。

（3）第二信使——环二鸟苷酸

环二鸟苷酸（cyclic-di-GMP 或 c-di-GMP）是细菌中普遍存在的第二信使，参与调节细菌生物膜的合成与降解、运动、毒性、细胞周期、细胞分化等多种活动过程。细胞中环二鸟苷酸的水平受两类作用相反的酶控制，即二鸟苷酸环化酶（diguanylate cyclase，DGC）和磷酸二酯酶（phosphodiesterase，PDE）。DGC 通过 GGDEF 保守结构域催化形成环二鸟苷酸，PDE 通过 EAL（或 HD-GYP）结构域将环二鸟苷酸裂解成线性二核苷酸（Simm et al.，2004；Dow et al.，2006）。在狄克氏菌属中，对环二鸟苷酸信号系统的研究主要集中在达旦提狄克氏菌 3937 上，两个 EAL 蛋白 EcpB 和 EcpC 被证明调控环二鸟苷酸相关表型，包括生物膜的形成和细胞运动、胞外酶的产生和 T3SS 的表达。遗传分析表明，两个 sigma 因子 RpoN 和 HrpL 参与了环二鸟苷酸对 T3SS 的调控过程（Yi et al.，2010）。

（4）转录因子

转录因子（transcriptional factor，TF）是细菌细胞内的一大类调控因子，参与调控多种细菌的生理生化过程，目前已报道的转录因子有许多家族。在狄克氏菌属细菌中，研究调控因子集中在达旦提狄克氏菌3937上。Reverchon 等（2010）报道了 4 个 MarR/SlyA 家族基因和另外 10 个 MarR 家族调节子，这些基因控制着细胞的各种生物过程，包括适应不利的环境和毒力。SlyA 对果胶裂解酶起着重要的正调控作用，但不影响其他胞外酶的产生。*slyA* 突变体的 *pelA*、*pelB*、*pelC*、*pelD*、*pelE*、*pelI*、*pelL* 表达水平较之野生型有明显的下降（Haque et al.，2009）。与 SlyA 相反，KdgR 作为负调节因子参与致病基因的调控。在不发生侵染时，KdgR 结合在一些不同基因的操纵子保守结合位点上，这些基因包括果胶酸盐裂解酶基因、纤维素酶基因、蛋白酶基因和 T2SS 及 T3SS 蛋白基因。开始发病时果胶降解中间产物逐渐增多，它们和 KdgR 互作，使 KdgR 从结合位点上解离从而诱导致病因子的产生。这些在侵染特定时期协同表达的酶和其他致病因子对于病原菌"战胜"植物的防卫反应并引起发病的过程中是必需的。PecT 属于 LysR 家族转录调节因子，控制果胶裂解酶基因的表达，也控制胞外多糖生物合成有关基因的表达（Rouanet et al.，2004）；*pecS* 基因簇含有两个不同转录基因 *pecS* 和 *pecM*，在达旦提狄克氏菌 3937 中，PecS 可以负调控纤维素酶和鞭毛的生物合成，正调控 *peh* 基因的表达（周佳暖等，2015；Hugouvieux-Cotte-Pattat et al.，2002）。

四、品种抗病性

（一）水稻抗病性鉴定方法

采用浸根法接种鉴定品种的抗病性。将 20d 秧龄的水稻秧苗伤根后，浸入基腐病菌液（浓度为 $1×10^8$CFU/mL）中 3h，然后移栽入土中。每个材料 50 株苗，设 3 个重复，以液体培养基作为阴性对照，移栽后 7～10d 开始调查发病情况。调查的分级标准为：0 级，无症状；1 级，心叶枯萎 1/3 以下（不含 1/3）；2 级，心叶枯萎 1/3～1/2（不含 1/2）；3 级，心叶枯萎 1/2～3/4（不含 3/4）；4 级，心叶枯萎 3/4 及以上。抗性分级标准为：高抗，病指 0～5；中抗，病指 5.1～12.4；中感，病指 12.5～19.9；高感，病指 20 及以上（刘琼光等，2003b）。

（二）品种抗性

目前尚未发现对水稻细菌性基腐病完全免疫的水稻品种，但不同品种对水稻细菌性基腐病的抗感性存在差异。一般抗病能力表现为：早稻＞中稻、晚稻，杂交稻＞常规稻，籼稻＞糯稻＞粳稻（王园媛等，2012）。

研究采用浸根接种测定了国内外 622 个水稻品种对细菌性基腐病菌的抗性。不同品种间抗性差异显著，其中高抗品种有 127 个，中抗 210 个，中感 189 个，高感 96 个。粳稻发病重于籼稻，国际水稻品种（IR 系统）较为抗病，斯里兰卡品种（BG 系统）较为感病。抗病品种占 54.2%，感病品种占 45.8%。抗病品种（系）包括 IR6、IR20、IR22、IR26、籼糯 202、ToachinA-74、通科粳、宁恢 1 号、朝阳等 69 个品种（系、材料）。高感品种有邳早 5 号、贵州麻谷、Remtai-emas、珍朝 34、先锋 1 号等 52 个品种（系、材料）（王金生等，1989）。

刘琼光等（2003b）对广东省 42 个品种进行了细菌性基腐病菌抗性鉴定，Ⅱ优 128、特优 63、培杂 72、培杂 77、博优 713 品种表现高抗细菌性基腐病菌；培杂 981、博优 122、大丰占、博优 903 等 21 个品种中抗；三二矮、特籼 13 等 10 个品种中感；95 占、雪花占、三七早占等 6 个品种高感。李文奇等（2014）对来自太湖流域的 56 份水稻资源抗细菌性基腐病菌进行监测，从中筛选到 26 份抗性资源，包括高抗品种飞来凤、帽子头、野凤凰、凤凰稻、爱柴白、千山树、青壳种、早石稻，中抗品种铁壳稻、白壳晚稻、小百野稻等 12 个。2015 年，毛颖盈等对奉化市（现为奉化区）水稻分蘖期细菌性基腐病流行原因进行调研，发现在杂交稻严重发病的地区，常规单季晚稻，如黄华占、宁88等未发生细菌性基腐病，提示这些常规单季稻对细菌性基腐病具有一定的抗性，具体原因值得进一步研究。

（三）水稻抗病机制

目前对水稻抗细菌性基腐病的机制尚不清楚。在抗性生理学方面，刘琼光等（2007）研究发现，H_2O_2含量、过氧化氢酶（CAT）和超氧化物歧化酶（SOD）活性与水稻细菌性基腐病抗性密切相关，丙二醛（MDA）含量与品种抗性呈正相关。

五、病害发生条件与特点

（一）病害发生特点

1. 突发性

在水稻细菌性基腐病新病区该病具有明显的突发性。江苏省海安县（现为海安市）未曾有该病发生的报道，2007年水稻生长中前期，细菌性基腐病在该县的稻田内一直未显症；当水稻进入穗期后突然出现发病植株，局部田块发病急促、病情严重、损失较大（冯成玉等，2008）。

2. 偶发性

可能受多种因素影响，在不同地区、年度或田块间，水稻细菌性基腐病发病与否以及发病程度的轻重存在较大的偶然性。上一年的重病区或重病田在下一年不一定重度发生，有的甚至不发病（冯成玉，2009）。

3. 病情发展快

发病时期往往在水稻的旺盛生长时期，在适宜气候条件（高温、高湿）下加快侵染进程，从见病到植株死亡不超过7d（项海兰等，2012）。水田环境使该病菌迅速传播蔓延，导致整块稻田罹病。

4. 严重性

该病一旦发生，病情均相对较重，并引起较大的产量损失。侵入感病期越早，病情越重。

（二）病害发生条件

1. 寄主抗性

不同水稻品种对细菌性基腐病的抗感性存在差异，种植感病品种是导致水稻细菌性基腐病发生的先决条件。

2. 秧苗状况

田间调查显示，在发生细菌性基腐病的田块中，秧苗素质差、秧龄长，栽后返青慢，则容易发病；秧苗素质好、秧龄适中，栽后返青快，则抗病能力较好，发病轻（危崇德，2013）。移栽过程中要注意避免断根、伤叶，及时采用药剂喷根处理，减少病菌侵入。采用拔秧移栽很容易对秧苗根茎部造成损伤，有利于病菌的侵入，导致移栽后发病重（王园媛等，2012）。

3. 气候因素

细菌性基腐病属于高温、高湿病害。水稻适宜高温、高湿的生长环境，这也有利于细菌性条斑病菌的生长。移栽后旬均温达 20℃时，田间开始发病，旬均温 25℃以上或遇台风、暴雨等极端天气，则病情在短时间内快速加重发生。云南省 7 月、8 月进入雨季，雨水增多，整体气候表现为高温高湿，暴雨频繁发生，有利于该病的暴发和流行，是该病高发期（王园嫒等，2012）。2015 年 6 月中旬至 7 月上旬，正好是奉化市梅雨季节，雨量充足，单季稻正值分蘖盛期，遇"灿鸿"台风侵袭，雨量达 250mm 以上；由于江口、西坞等区域地势低洼，排水缓慢，土壤通透性差，使水稻长时间受淹；同时，在排水过程中水田之间串灌、漫灌，菌源随水流传播，引起交错感染，造成细菌性基腐病的暴发流行（毛颖盈等，2015）。

4. 栽培管理

早稻在移栽后开始出现症状，抽穗期进入发病高峰。晚稻秧田即可发病，孕穗期进入发病高峰。轮作、直播或小苗移栽发病轻；偏施或迟施氮肥，稻苗柔嫩，发病重；分蘖末期不晒田或烤田过度易发病；地势低、黏重土壤通气性差，发病重。

水稻大田做好科学管理。水稻分蘖期—幼穗分化初期进行适当搁（晒）田；在水稻生育后期采取间歇性灌溉，断水不能太早，从而提高植株的抗病和抗旱能力；水稻生育后期要坚持浅水勤灌，促进秆壮、穗大，有利于后期灌浆，增加粒重，提高结实率（韩玉，2022）。

六、病害防治

水稻细菌性基腐病主要侵害水稻的茎基部及根部，引起腐烂，药剂防治难度大、效果差。水稻细菌性基腐病防治应以农业防治为主，化学防治为辅，通过合理安排品种，加强水浆管理，减少受淹时间，切忌串灌、漫灌，抓好药剂防治等综合防治措施（洪剑鸣等，1984）。

（一）选用抗病品种

栽种抗病品种是防治此病最经济有效的措施，尽早淘汰易感品种和在本地已普遍发病的品种，避免从重病区调种和引种。

可供选用的抗病品种有：黄华占、宁 88、Ⅱ优 128、特优 63、培杂 72、培杂 77、博优 713、四梅 2 号、广陆矮 4 号、矮粳 23、浙福 802、农林百选、盐粳 2 号、武香粳、汕优 6 号、双糯 4 号、中粳 574、南粳 34 等。

（二）种子处理

除了病稻草和田间病残体上的病菌，种子带菌有可能成为初侵染源，特别是新病区可能是重要的初侵染源。种子处理是控制该病扩散蔓延的重要措施之一。采用 80% 的 402 抗菌剂 2000 倍液浸种 48h、三氯异氰尿酸 3000 倍液浸种 24h 或 25% 咪鲜胺乳油浸种 24～48h 对控制该病的发生和危害有显著效果。

（三）土壤和病残体处理

对已发病田块的病稻草和病稻茬及时深埋、堆腐、焚烧销毁，未经处理的病稻草和病稻茬不得还田，降低病原越冬基数。对常发、重发田块实行水旱轮作，降低病菌在田间的残留基数，减轻病害发生程度。对地势低洼、烂泥田、土壤黏重的田块撒施石灰，一般每亩施用量为 80～100kg，中和土壤酸性，降低土壤中的还原性有毒物质，同时杀死部分病菌和害虫。

（四）改进肥水管理和栽培模式

一是配方施肥，早施追肥，重施钾肥，避免偏施、迟施氮肥，使水稻长势健壮，田间通透性强，增强水稻的抗逆性。二是分蘖期浅水勤灌，经常露田，分蘖末期适时适度晒田，后期湿润管理，避免长期灌深水或脱水过早，促进水稻根系生长良好，可有效控制水稻细菌性基腐病的发生与蔓延。三是在已发病稻区进行合理排灌，尽量做到每个田块单灌、单排，避免漫排串灌。四是加强水育秧田管理，使秧苗易拔易洗，减少秧苗根系损伤，避免扦插过深；对重发病田块提倡直播或旱育秧或软盘育抛植，达到不损伤或少损伤秧苗和根系的目的，降低病害侵入发生概率。五是不论水育移栽或旱育秧还是软盘育抛植，要求秧龄较短，秧苗健壮，此类苗在移栽后返青快，抗病能力强，发病轻，反之则易于发病。

（五）做好药剂预防

在水稻分蘖期、拔节期和孕穗期，对种植易感病品种田块、上年发病田块及处在上年发病田块同一水系的田块进行 3 次药剂预防。分蘖期和拔节期的预防可在始见细菌性基腐病后进行。对孕穗期潜在发病田块、分蘖期和拔节期已发病的田块进行普防，防效可达 95% 以上；如发病后再进行防治，其一般发病株率仍维持在 20%，对照主动预防田块减产 15% 左右。防治药剂可用 50% 氯溴异氰尿酸、38% 噁霜嘧铜菌酯 1000 倍液、宁南霉素 300 倍液均匀喷施；30% 甲霜噁霉灵 800 倍液灌根，5d 左右实施一次，视病情程度进行 2 或 3 次。也可选用 20% 噻菌铜 SC 100g/亩和 20% 二氯异氰尿酸 SP 20g/亩，用药时应尽量排干田水，同时加大喷雾用水量，将喷头伸至基部，施药后 3~5d 不要灌水，确保防治效果（艾新龙等，2011）。

第四节　水稻细菌性穗（谷）枯病

一、病害发生与为害

（一）病害发生

水稻细菌性穗（谷）枯病（bacterial panicle blight of rice）又称为细菌性颖枯病、水稻苗腐病。该病最早于 1956 年在日本九州被发现，1967 年 Kurita、Tabei 首次将病原定名为颖壳假单胞菌（*Pseudomonas glumae* Kurita et Tabei），1994 年改名为颖壳伯克氏菌（*Burkholderia glumae*）（Kurita and Tabei，1967；罗金燕等，2003）。由于 20 世纪 50 年代日本首次发现该病时引起的症状是谷粒腐烂（grain rot），故被称为细菌性谷枯病，但后来发现该病原菌主要引起严重的稻苗腐。20 世纪 70 年代前该病一直是日本水稻上的次要病害，但到 20 世纪 70 年代后期日本水稻实行机械化生产而进行大规模的工厂化育秧，导致颖壳伯克氏菌引起的水稻苗腐病大流行，成为日本水稻上最严重的病害之一。美国 2012 年报道该病已在多个州蔓延并造成严重产量损失，并认为日本定的该病名称"谷枯"（grain rot of rice）不够确切，认为"穗枯"（panicle blight of rice）更合适，目前所有美洲及世界其他英语国家均称该病为穗枯病。

由于气候变暖，水稻细菌性穗（谷）枯病已成为新上升的水稻重要病害。该病是一种种传病害，1980年仅在亚洲的 2 个国家发生，到 2012 年，包括亚洲、非洲、北美洲和南美洲的 17 个国家均有此病发生甚至暴发流行的报道，其中美国稻区发病尤其严重。亚洲的日本、韩国、越南、菲律宾、印度、印度尼西亚、马来西亚、斯里兰卡、泰国等水稻种植国家中均有水稻细菌性穗（谷）枯病发生的报道（Tsushima，1996；Nandakumar et al.，2005，2007；Wang et al.，2006a，2006b；Kim et al.，2010；Quesada-González and García-Santamaría，2014；Riera-Ruiz et al.，2014；Zhou，2014；Mondal et al.，2015）。从非洲的南非和坦桑尼亚、美洲的美国、多米尼加、委内瑞拉、厄瓜多尔、巴西、巴拿马、哥伦比亚、尼加拉瓜和哥斯达黎加水稻上均已分离出颖壳伯克氏菌（*B. glumae*）、伯克氏菌（*B. plantarii*）、唐菖蒲伯克氏菌（*B. gladioli*）（赵友福，1991；罗金燕等，2003；Mirghasempour et al.，2017）。

在我国，此病早期在台湾省和东北稻区有发生报道。台湾省在 1983 年（简锦忠，1983）、大陆在 2004年和 2005 年 8 月中旬在黑龙江省佳木斯地区调查水稻病害时发现该病（王昌家等，2006）。据黄世文等近年的田间广泛调查、采样分离，发现我国东起台湾省、西至四川省、南自海南岛、北至黑龙江省的田间水稻上均发现穗（谷）枯病症状，并从其中的样本上分离出病原菌 *B. glumae*（李路等，2015）。

（二）病害为害

水稻细菌性穗（谷）枯病由种子带菌引起，一般可引起死芽、秧苗腐烂死亡，侵染叶鞘，最主要是危害稻穗谷粒，造成颖壳不闭合、不结实、半空壳和空壳。一般水稻细菌性穗（谷）枯病受害稻穗每穗病谷粒 10~20 粒，发病早而重的稻穗呈直立状，不易弯曲，发病谷粒大多数不饱满或者不结实。在美国，水稻细菌性穗（谷）枯病发生非常严重的感病稻田中有典型的直立穗，每个受害穗的病谷粒一般 20~30 粒，发病重的 50% 以上谷粒枯死（Xie et al.，2003）。对水稻产量为害损失为 3%~10%，严重时造成 15%~20% 的减产。该病害在美国发病严重，可导致 80% 的产量损失（Shahjahan et al.，2000；Suzuki et al.，2004）。1992 年，在越南超过 10 万 hm^2 的水稻遭受细菌性穗（谷）枯病的危害，造成 10%~75% 的产量损失（指严重感病田块而不是所有感病田）（Ha et al.，1993；Trung et al.，1993）。

二、病害症状与诊断

（一）病害症状

水稻细菌性穗（谷）枯病的初侵染源以种子带菌为主，是危害严重的种传病害。根据水稻感染时期不同，颖壳伯克氏菌能抑制种子萌发、降低水稻秧苗素质或导致秧苗腐烂、死亡，可引起谷粒不灌浆、小穗不结实、颖壳不闭合、粒重减轻，导致瘪谷，谷粒上具褐色斑点（Goto and Ohata，1956；Kurita and Tabei，1967；Uematsu et al.，1976；Goto et al.，1987）。

1. 苗期症状

病苗常腐败、枯死。感病轻时种子带菌少，播种后能正常发芽、出苗、生长，秧苗弱、细，但不死苗，秧苗可存活，移栽后秧苗长势正常，直到孕穗后期开始显症；感病重时种子带菌多，播种后抑制种子萌发，或发芽后芽僵、不出苗、叶鞘变褐色、叶片发白、芽鞘卷曲，或水渍状黑褐、腐烂死亡，甚至成片腐烂、枯死（Nandakumar et al.，2009），见图 2-16。

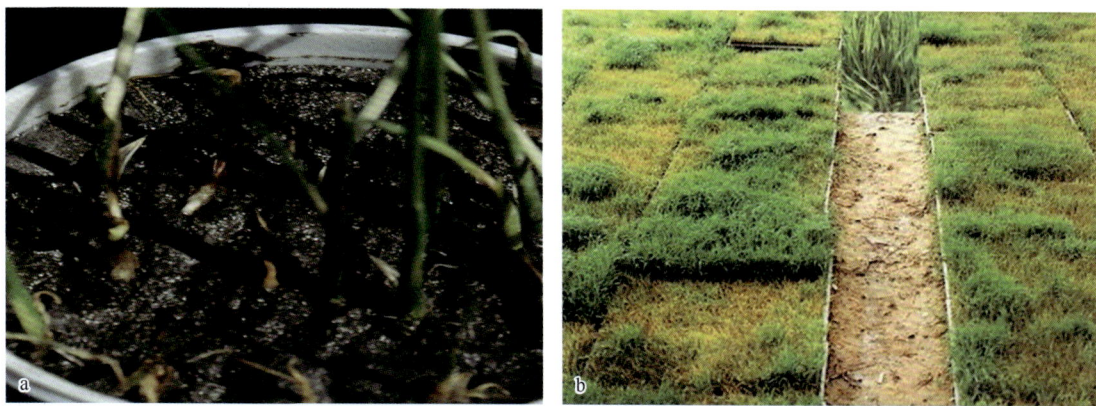

图 2-16　水稻穗（谷）枯病的苗期症状
a：苗芽褐腐死亡；b：严重感染穗（谷）枯病的秧苗成片死亡

2. 孕穗期叶鞘症状

发病轻者孕穗后期剑叶叶鞘里面出现长条状褐色病斑；发病重者剑叶叶鞘外部出现较大的条状褐色病斑，见图 2-17a；严重感病时叶鞘外面出现长条状褐色、水渍状病斑，见图 2-17b 和 c。

图 2-17　水稻穗（谷）枯病的孕穗期症状

a：穗（谷）枯病（轻）叶鞘内病斑；b：穗（谷）枯病重（上）、轻（下）叶鞘症状；c：感病剑叶叶鞘和感病穗症状

3. 穗期症状

病原细菌侵染幼苗后潜伏在叶鞘等部位，随着稻株的不断生长渐向上位叶鞘扩展，孕穗期病菌急剧增殖直达剑叶叶鞘和幼穗，引起穗部病害。剑叶上叶舌被感染后，病原细菌在叶舌上繁殖，分蘖期不表现症状，当稻穗抽出时接触叶舌，病原细菌极易附着在稻穗上而感染幼颖从而引起发病。

水稻抽穗期细菌性穗（谷）枯病病穗在田间呈块状分布。谷粒感染后，开始呈现苍白色似缺水状萎凋，渐渐变为灰白色或淡黄褐色，内外颖尖端或基部呈紫褐色，护颖呈暗紫褐色；而穗轴和枝梗均为健康的绿色（真菌性谷枯病往往同时危害穗轴和枝梗，造成枯萎症状）。发病早而重的稻穗颖壳不闭合，谷粒大多数不饱满或者不结实，稻穗呈直立状，不易弯曲，病部多呈褐色或深褐色带状，见图 2-18。病谷上半部枯死，下半部正常，病健部交界明显，有一明显的棕色分界线，病谷的米粒大多萎缩且畸形。其中一部分或全部变为灰白色、黄褐色或深褐色，拨开谷（颖）壳，米粒症状与病谷粒症状一样，病健部交界明显，病部多呈褐色或深褐色带状，见图 2-19。有的感病植株会出现倒生根（与恶苗病症状相同），见图 2-20。孕穗期

图 2-18　水稻穗（谷）枯病的穗期感病稻穗症状

a：籼型杂交稻穗（谷）枯病感病稻穗：颖壳不闭合、直立不勾头；b：严重感染穗（谷）枯病的稻穗

图 2-19　水稻穗（谷）枯病的穗期感病谷粒症状

a：严重感病稻穗的不同病粒；b：籼粳杂交稻穗（谷）枯病谷粒症状；c：粳稻穗（谷）枯病谷粒症状；d：感病米粒症状

人工注射接种穗苞，会在剑叶叶鞘上出现长条状褐色病斑，接种成功率较高，出现典型穗（谷）枯病症状，见图 2-21。

后期田间症状可以用"秆青，叶绿，穗腐，谷枯"简单概括（李路等，2015）。

图 2-20　水稻穗（谷）枯病植株形成倒生根

图 2-21　注射接种穗（谷）枯病症状

（二）病害诊断

1. 症状诊断

水稻细菌性穗（谷）枯病症状主要表现谷粒感病、感病谷粒播种后的秧苗感病，孕穗后期的剑叶叶鞘，抽穗后的稻穗、谷粒感病。具体症状描述见上文病害症状部分。

穗（谷）枯病秧苗苗腐可以通过药剂种子处理、苗床处理和苗期处理进行鉴别。当种子用杀真菌剂处理（浸种、包衣、拌种）后播种，苗床用杀（真）菌剂消毒，秧苗期出现烂秧死苗症状后用杀（真）菌剂进行防治，仍然毫无效果，同时排除了生理性烂秧、死苗的情况下，则基本可以判断症状是由细菌性穗（谷）枯病引起的。

2. 病原菌检测

为了预防病原菌扩散和有效防治病害，急需建立一种准确、快速、灵敏和实用的从水稻中检测出颖壳伯克氏菌的方法（罗金燕等，2014）。

（1）培养性状

过去水稻病原细菌的鉴定通常利用普通细菌培养基，如牛肉胨培养基等，将细菌从病株或病谷上分离出来，在金氏培养基上纯化后，进行致病力测定。再用传统的细菌学、血清学或数值分类（如 Biolog、脂肪酸分析等）、分子生物学（如 PCR）等方法进行鉴定。1986 年日本 Tsushima 等创建了水稻细菌性穗（谷）枯病菌鉴别性培养基，即 S-PG 培养基，它能有效地抑制其他病原菌的生长，但不抑制颖壳伯克氏菌的生长，可从病谷和病株上直接分离病原细菌。

通过选择性培养基 S-PG、半选择性培养基 CCNT 的培养，根据病原细菌在培养基上生长的菌落大小、形态特征、颜色，利用聚合酶链反应（PCR）结合细菌 DNA 旋转酶基因（*gyrB*）特定标识，可对颖壳伯克氏菌进行检测、鉴定。

Zeigler 和 Alvareg（1989）报道，在加有溴酚蓝的 Ayer 矿物质培养基上，水稻穗（谷）枯病菌可与其他 3 种常见的水稻病原细菌分开：颖壳伯克氏菌无荧光，水稻细菌性褐条病菌（*Acidovorax avenae* subsp. *avenae*）不生长、即使加入蔗糖也不生长，褐鞘假单胞菌（*P. fuscovaginae*）有荧光，丁香假单胞菌（*P. syringae*）48h 内不生长，但加入蔗糖后即可生长。

1）Tsushima's 选择性培养基（S-PG）。Tsushima 等（1986）介绍了一种选择性培养基 S-PG，可从谷粒中分离到穗（谷）枯病菌。其培养基配方为：Na_2HPO_4 1.2g、KH_2PO_4 1.3g、$MgSO_4 \cdot 7H_2O$ 0.25g、$(NH_4)_2SO_4$ 5g、乙二胺四乙酸铁（Fe-EDTA）10mg、L-胱氨酸 10μg、D-山梨醇 10g，苯氧乙基青霉素甲盐 50mg，氨苄青霉素钠盐 10mg，盐酸西替利嗪（cetirizine）10mg、甲基紫 1mg、酚红 20mg、琼脂 15g、水 1000mL。但需要注意的是，由于菌株类型不同，在 S-PG 培养基上的菌落会出现 A 和 B 两种类型：A 型菌落红褐色、圆形、光滑、隆起；B 型菌落的形态与 A 型相似，但为淡紫色，而水稻细菌性褐条病菌在 S-PG 培养基上也会产生 B 型菌落。所以，S-PG 鉴别性培养基用于病原的检测还需与血清学方法相结合。

2）半选择性培养基（CCNT）。Kawaradani 等（2000）开发了一种新的颖壳伯克氏菌半选择性培养基，该培养基比目前采用的 S-PG 选择性培养基成分更简单、选择性更强。CCNT 半选择性培养基配方：酵母浸膏 2.0g，多聚蛋白胨 1.0g，肌醇 4.0g，三磷酸吡啶核苷酸（triphosphopyridine nucleotide）100mg，溴化十六烷基三甲胺 10mg，氯霉素 10mg，新生霉素 1mg，琼脂 18g，加水至 1000mL，pH 4.8。在 CCNT 半选择性培养基上颖壳伯克氏菌产生具有扩散性黄色色素的黄白色菌落。在 41℃下培养 2～4d，很容易和其他细菌种类区分开。

通过对分离菌进行革兰氏染色、氧化酶试验、40℃下生长试验、4% NaCl 抑制生长试验、精氨酸双水解酶试验、明胶水解试验等项目测试，同时可进行多项碳源利用和糖代谢试验、生化试验等来确证是否为水稻细菌性穗（谷）枯病菌。此外，还可采用 Biolog 细菌鉴定系统或脂肪酸分析仪进行鉴定，对分析测试为细菌性穗（谷）枯病菌的可进一步进行致病力测定。根据各项试验结果确证是否为细菌性穗（谷）枯病菌。

颖壳伯克氏菌可在选择性培养基 S-PG 和半选择性培养基 CCNT 上生长出具不同特点的菌落，还能在实验室若干基本培养基，如 LB、KB 和 NA 上生长（Tsuchima et al.，1996；Ham et al.，2011）。研究从 16S～23S rDNA 间隔区开发出特定的引物，利用该引物能够将伯克氏菌和颖壳伯克氏菌区分开。此外，水稻种子上是否存在颖壳伯克氏菌和植物伯克氏菌及其数量可以采用 RT-PCR 检测（Takeuchi et al.，1997；Ham et al.，2011）。

（2）分子生物学检测

水稻细菌性穗（谷）枯病菌于 2007 年被列为我国进境植物检疫性有害生物，国内急需建立针对该菌切实可行的检测技术，从而有效控制该病菌在我国的传播。目前分子生物学方法已成为鉴定病原细菌的常用手段。研究分别设计了检测水稻细菌性穗（谷）枯病的引物，如采用引物对（5′-ACGTTCAGGGATRCTGAGACAG-3′，5′-AGTCTGTCTCGCTC TCCCGA-3′），可从穗（谷）枯病菌 ITS 序列扩增 282bp 特异性片段。采用指纹图谱分析技术 rep-PCR 对伯克氏菌属（*Burkholderia*）的不同种进行鉴定，用 22 个不同的指纹图谱检测出了 25 种不同的菌株（Sayler et al.，2006）。根据水稻细菌性穗（谷）枯病菌 *gyrB* 基因，设计并合成特异性引物和探针，即 gyrB-F：5′-GCAGCGGCAAGGAAGACG-3′；gyrB-R：

5′-GTCGTCGCCCGACGTCTC-3′；gyrB 探针：5′-FAM-CATCGGCGAGAAGGACGGCG-TAMARA-3′；可检测细菌性穗（谷）枯病菌（莫瑾等，2010）。利用 TaqMan 探针建立了水稻细菌性穗（谷）枯病菌实时荧光 PCR 检测方法，对 8 株不同来源的水稻细菌性穗（谷）枯病菌和其他同属或同寄主的菌株进行了检测。该方法检测的特异性强，灵敏度可达菌悬液浓度 10^2CFU/mL。该方法快速、简便、准确，适用于出入境检验检疫及种子健康检测领域（李巍等，2010）。

　　根据水稻细菌性穗（谷）枯病菌 ITS 序列和 gyrB 基因序列，设计两对特异性 PCR 检测引物。根据 ITS 序列（GenBank 登录号：D87080）设计的引物为 BGF1（5′-ACACGGAACACCTGGGTA-3′）和 BGR1（5′-TCGCTCTCCCGAAGAGAT-3′）；根据 gyrB 基因（GenBank 登录号：AB207074）设计的引物为 BGF3（5′-GCAGCGGCAAGGAAGACG-3′）和 BGR3（5′-GTCGTCGCCCGACGTCTC-3′）（朱金国等，2010a）。研究采用双重 PCR 结合变性高效液相色谱技术（polymerase chain reaction-denatured high performance liquid chromatography，PCR-DHPLC）检测水稻细菌性穗（谷）枯病菌的方法。PCR-DHPLC 检测的特异性强，灵敏度为菌浓度 4×10^2CFU/mL。该方法能简便、灵敏、高特异性地对水稻细菌性穗（谷）枯病菌进行高通量自动化检测（朱金国等，2010b）。

　　采用实时荧光 PCR 和经典 PCR 技术进行水稻细菌性穗（谷）枯病菌检测。供试穗（谷）枯病菌都能产生 139bp 左右的特异性片段，非穗（谷）枯病菌株均无特异性片段产生。两种检测方法的灵敏度比较结果表明，常规 PCR 技术在病菌浓度为 10^4CFU/mL 时可检测到，实时荧光 PCR 技术在病菌浓度为 10^2CFU/mL 时即可检测到，后者比前者的灵敏度高 100 倍。将模拟带菌种子与灭菌种子按 1∶100 混合，采用实时荧光 PCR 技术可以检测到颖壳伯克氏菌的存在。特异性引物 glu1 和 glu2 来源于水稻细菌性穗（谷）枯病菌标准菌株的 16S～23S rDNA，引物间的片段长度为 139bp，核苷酸序列的上游和下游引物分别为：5′-CTCTGCAACTCGAGTGCATGAGC-3′ 和 5′-CGGTTAGACTAGCCACTTCTGGTAAA-3′（怀雁等，2009）。

　　利用分子生物学方法鉴定水稻细菌性穗（谷）枯病菌，在实际应用中已有许多成功案例。根据 16S～23S rDNA 间隔区序列设计的特异性引物可以区分水稻细菌性穗（谷）枯病菌和水稻伯克氏菌（Takeuchi et al.，1997）；利用 ITS 序列分析水稻细菌性穗（谷）枯病菌的 6 个美国菌株和 1 个日本菌株的遗传多样性，其 ITS 序列同源性超过 99.5%（Sayler et al.，2006），20 个日本菌株的 ITS 序列完全相同。实时荧光 PCR 技术能够定量检测水稻种子中的细菌性穗（谷）枯病菌，灵敏度达 10^2CFU/mL（Nandakumar et al.，2009）。利用 rep-PCR 指纹分析方法从 25 个水稻细菌性穗（谷）枯病菌株中检测出 22 个不同的指纹图谱，可以区分不同的菌株。根据 gyrB 基因序列设计的引物能够区分水稻细菌性穗（谷）枯病菌、水稻伯克氏菌和唐菖蒲伯克氏菌。水稻细菌性穗（谷）枯病菌的所有日本菌株的 gyrB 基因序列都相同，而 rpoD 基因序列仅 1 或 2 个碱基有差异。对 rpoB、rpoD、gyrB 和 recA 等基因的系统发育相关研究认为，水稻细菌性穗（谷）枯病菌与水稻伯克氏菌、唐菖蒲伯克氏菌的遗传关系密切，与洋葱伯克氏菌的关系疏远。而洋葱伯克氏菌和动物致病菌鼻疽伯克氏菌（B. mallei）以及类鼻疽伯克氏菌（B. pseudomallei）的遗传关系较近。

　　MALDI-TOF MS 测定技术：基质辅助激光解吸电离飞行时间质谱（matrix-assisted laser desorption ionization time-of-flight mass spectrometry，MALDI-TOF MS）测定技术首次应用于检测医院微生物。水稻细菌性穗（谷）枯病是由颖壳伯克氏菌（Azegami，1987；Riera-Ruiz et al.，2014）和唐菖蒲伯克氏菌唐菖蒲致病变种（B. gladioli pv. gladioli）（Cother et al.，2010）引起的。将待测菌株置于酵母提取物–麦芽糖提取物琼脂培养基上（4g/L 酵母提取物、10g/L 麦芽糖提取物、4g/L 葡萄糖、18g/L 琼脂，pH 7.3），在 25℃条件下培养，或在 YM 液体培养基中振荡培养 2d。YM 液体培养后，15 000r/min 离心 5min，用无菌水洗涤收集细菌。将 50μL 细菌悬液加入 1 周秧龄的稻苗中（Kajiwara，2016）。通过利用 MALDI-TOF MS 测定技术，可以从水稻秧苗提取物中直接检测出细菌颖壳伯克氏菌、唐菖蒲伯克氏菌唐菖蒲致病变种和菊欧文氏菌玉米致病变种。该方法不需要在人工培养基上培养病原菌。不同检测方法和相应的引物及其检测灵敏度见表 2-13。

表 2-13　颖壳伯克氏菌的分子检测方法及其灵敏度比较

方法	引物	检测浓度限/(CFU/mL)
普通 PCR 技术	F: 5′-GCTCTGCAACTCGAGTGCATGAGCG-3′	$1×10^5$
	R: 5′-GCGGTTAGACTAGCCACTTCTGGTAAAG-3′	
免疫捕捉 PCR 技术	F: 5′-GGAAGTGTCGCCGATGGAGG-3′	$1×10^3$
	R: 5′-GCCTTCACCGACAGCACGCATG-3′	
双重 PCR 结合变性	BGF1: 5′-GACACGGAACACCTGGGTAG-3′	
高效液相色谱技术	BGR1: 5′-GTCGCTCTCCCGAAGAGATG-3′	$1×10^2$
	BGF3: 5′-GGCAGCGGCAAGGAAGACGG-3′	
	BGR3: 5′-GGTCGTCGCCCGACGTCTCG-3′	
实时荧光 PCR 技术	F: 5′GCTCTGCAACTCGAGTGCATGAGCG-3′	<100
	R: 5′GCGGTTAGACTAGCCACTTCTGGTAAAG-3′	

三、病原学

（一）病原

　　水稻细菌性穗（谷）枯病不仅由颖壳伯克氏菌引起，同时也可由唐菖蒲伯克氏菌引起，目前已从水稻细菌性穗（谷）枯病感病标样中分离到 3 个细菌：颖壳伯克氏菌、植物伯克氏菌（B. plantarii）和唐菖蒲伯克氏菌（Ura Hiroyuki et al.，2006），见图 2-22。

图 2-22　穗（谷）枯病感病标样中分离的细菌
a：颖壳伯克氏菌（白色菌落）；b：成团泛菌（菠萝氏菌）；c：丁香假单胞菌

1. 分类地位

　　水稻细菌性穗（谷）枯病菌属于变形菌门（Proteobacteria）β-变形菌纲（Betaproteobacteria）伯克氏菌目（Burkholderiales）伯克氏菌科（Burkholderiaceae）伯克氏菌属（Burkholderia）颖壳伯克氏菌（B. glumae，原名颖壳假单胞菌 P. glumae）。

2. 病原菌分离

　　选取具有细菌性穗（谷）枯病典型症状的谷粒 3～5 粒，经 70% 乙醇和 1% 次氯酸钠溶液消毒及无菌水冲洗后，剪碎谷粒，加入 1mL 无菌水，用镊子挤压剪碎的谷粒，用接种环蘸取挤压液，在含有 50μg/mL 氨苄青霉素（Amp）的 NA 培养基平板上划线，37℃培养 16～24h。将分离纯化的颖壳伯克氏菌液 100μL 涂布于 NA 培养基平板，置于 37℃培养 16～24h 后，4℃冰箱保存；或将颖壳伯克氏菌在液体 NA 培养基中 37℃振荡培养 16～24h，然后加入甘油（终浓度为 25%），−80℃条件下长期贮存。另外，选用含 50μg/mL 氨苄青霉素的 KB 平板培养基，采用划线法将感染细菌性穗（谷）枯病的样本碾磨液在 KB 平板培养基上划线，25℃或 37℃培养 24～36h，可准确、快速、高效地分离出水稻穗（谷）枯病病原菌（徐以华等，2018）。利用该分离技术，从广西、广东、福建、浙江田间采集的 43 份感病水稻样品中分离到了 61 株穗

（谷）枯病菌分离菌株，均具有强致病力。

在吉林省，水稻细菌性穗（谷）枯病有3种症状类型：一是谷粒上刚出现少量褐色斑点，谷粒仍饱满；二是谷粒一半健康，另一半呈褐色，病健交界明显，严重的整个呈深褐色，谷粒枯瘪不结实；三是谷粒失绿，呈苍白色，病健交界处有一条明显的褐色分界线，严重的整个谷粒枯死。其中第一种症状类型未发现有致病性的病原菌，第二种和第三种症状类型穗（谷）枯病病原菌的分离率分别为13.02%和63.16%，病原菌所占比率分别为32.7%和67.3%（高明瑞，2020）。

江西省分离到的水稻细菌性穗（谷）枯病菌经分子鉴定及16S rDNA序列分析，该菌序列与颖壳伯克氏菌（*B. glumae*）的同源率为100%，将其鉴定为颖壳伯克氏菌；*B. glumae*与*B. metallica*、*B. stabilis*、*B. cepacia*、*B. viemamiensis*、*B. plantarii*、*B. gladioli*及*B. cocovenenans*的16S rDNA序列存在明显的差异性区域，主要集中在180～210bp、440～470bp、580～590bp、640～650bp、1000～1040bp、1130～1150bp和1240～1250bp。*B. glumae*与*B. plantarii*、*B. cocovenenans*及*B. gladioli*的亲缘关系较近，聚为一个组群，其他菌株则聚为另一个组群（周求根等，2014）。

研究针对从浙江省采集的623份稻种进行水稻病原细菌的分离，从无明显水稻细菌性穗（谷）枯病症状的2份籼稻种子上分离到了6株水稻细菌性穗（谷）枯病病原细菌，分离率为0.32%，但这些稻种始终未见像日本和美国描述的典型穗（谷）枯症状。表明"健康稻种"也可能存在水稻细菌性穗（谷）枯病菌（罗金燕等，2008）。

（二）病原菌形态特征

水稻细菌性穗（谷）枯病菌为革兰氏阴性菌，短杆状或棒状，大小为1.5～2.5μm×0.5～0.7μm，具1～7根极生鞭毛，好气性，有荚膜，不形成芽孢。菌体胶囊包裹、能移动、丛生鞭毛、具果胶酶。在NA培养基上培养产生的菌落生长慢、圆形、凸起、中高、光滑、白色黏性，在培养基上可见淡黄色色素；在PDA培养基上培养产生的菌落小，黄乳白色。在KB培养基上不产生荧光。

（三）病原菌生物学特性

1. 生长温度

颖壳伯克氏菌最低发育温度为8～12℃，最高为42℃，最适温度为30～35℃，致死温度为50～52℃，生长最适pH 6.0～7.5。4% NaCl或5mg/L氯霉素能抑制其生长。值得一提的是，绝大多数作物病原真菌、细菌的最佳生长温度为26～28℃。但水稻上有两个细菌性病害病原菌：细菌性穗（谷）枯病菌颖壳伯克氏菌菌株的最佳生长温度为30～35℃，水稻细菌性基腐病菌（菊欧文氏菌玉米致病变种）的最佳生长温度为32℃。菊欧文氏菌玉米致病变种生长的最低温度为12℃，适宜温度为28～36℃，其中以32℃为最适，最高温度为41℃、致死温度为53℃（10min），该病菌生长的pH 5～11，其中pH 7最适宜（见本章第三节水稻细菌性基腐病）。

颖壳伯克氏菌的生长温度范围较宽，在25～40℃均能生长，其最适生长温度为35～40℃，是一种适合在较高温度条件下生长的病原细菌。而一般的植物病原菌不耐高温，最适生长温度为26～28℃，而且低温条件不利于生长。故在分离颖壳伯克氏菌时可选用25℃或40℃作为分离温度，这样会抑制一些细菌和真菌的生长，减少杂菌。

2. 培养基

颖壳伯克氏菌可使明胶液化，但不水解熊果苷和七叶苷，淀粉水解在不同菌系间有变化，水解吐温80、产氨（NH_3）但不产生吲哚和H_2S，还原石蕊和硝酸盐（罗金燕等，2003），能利用牛乳，凝固并消化。过氧化氢酶和卵磷脂酶阳性，不能利用鼠李糖产酸。氧化酶、酪氨酸酶、精氨酸双水解酶、苯丙氨酸脱氨酶都是阴性反应。能利用阿拉伯糖、果糖、半乳糖、葡萄糖、甘油、甘露醇、甘露糖、山梨醇、木糖、乳糖和棉子糖产酸，但不产气。利用乳糖和棉子糖产酸的反应在不同菌系间有变化，在糊精、菊粉、麦芽糖、鼠李糖、水杨苷和蔗糖上不产酸。

颖壳伯克氏菌 LMG2196 菌株能在多种培养基上生长，在不同培养基上其生物学特性有差异。在 KB、Luria-Bertani（LB）、NA、PDA 平板上的菌落均呈圆形，隆起，灰白色，边缘光滑。在 KB、LB、NA 平板上生长较好，菌落相对较大（直径在 0.7mm 左右），其中在 KB 平板上菌落密集处的培养基呈黄色；在 NA 平板上 LMG2196 菌落聚集区域培养基呈淡蓝色，对光观察更为明显；在 LB 平板上菌落聚集区域培养基颜色几乎无变化。LMG2196 菌株在 PDA 平板上生长较慢，菌落较小（直径为 0.15～0.39mm），培养基颜色几乎无变化。因 LB 是细菌的通用培养基，有利于其他病原细菌的生长，故选用 NA 和 KB 培养基作为分离培养基，可以提高分离的准确性。

3. 抗生素的影响

颖壳伯克氏菌对卡那霉素（Kan）、链霉素（Str）、利福平（Rif）比较敏感，而对氨苄青霉素（Amp）有抗性，能够在含有 50μg/mL Amp 的抗生素培养基中正常生长，但很多植物病原真菌和细菌对 Amp 是敏感的，不能在含 Amp 培养基中生长。故在培养基中添加一定浓度的 Amp，能进一步排除一些杂菌。在 25℃条件下培养 36h，只有 KB（Amp$^+$）平板上穗（谷）枯病菌菌落最多且杂菌最少。故用含 Amp 的 KB 培养基在 25℃条件下划线培养 36h，分离效果最好。不含 Amp 的 KB 培养基对颖壳伯克氏菌的分离率仅为 23.1%，含 Amp 的 KB 培养基的分离率为 61.5%。故分离颖壳伯克氏菌时可选用含 Amp 的 KB 培养基，25℃培养 36h。

4. 病原菌的不稳定性

颖壳伯克氏菌的致病性在遗传上是不稳定的，在培养过程中经常出现菌落形态突变体（colony morphology mutant，CMM）。CMM 有不同的表型，有的失去致病性，有的降低对秧苗和小穗的毒性。群体感应系统（QSS）在颖壳伯克氏菌毒性中起着重要作用。有的 CMM 产生植物毒素的能力和运动性丧失或下降。此外，野生菌株在 LB 培养基上培养时 pH 会下降，但 CMM 的 pH 会上升。已知许多细菌在 LB 培养基上培养时 pH 会上升，但颖壳伯克氏菌在 LB 培养基上培养会使其 pH 降低，可能是该菌的独有特性；CMM 降低或失去产植物毒素、运动性和致病性的能力可能受产酸能力降低的影响（Kato et al.，2013）。

（四）寄主范围

水稻细菌性穗（谷）枯病菌的寄主范围很广，能够寄生多种植物，有的还能寄生动物，或从动物和人体中分离出伯克氏菌，有的伯克氏菌是植物病虫害很好的生防菌。

1. 寄主植物

颖壳伯克氏菌除能寄生水稻外、还能寄生很多种作物和杂草，如须芒草（*Andropogon gayanus*）、野古草（*Arundinella hirta*）、毛颖草（*Alloteropsis semialata*）、薏苡（*Coix lacryma-jobi*）、弯叶画眉草（*Eragrostis curvula*）、多花黑麦草（*Lolium multiflorum*）、洋野黍（*Panicum dichotomiflorum*）、大黍（*Panicum maximum*）、狼尾草（狗尾巴草、芮草）（*Pennisetum alopecuroides*）、梯牧草（*Phleum pratense*）、芦苇（*Phragmites australis*）、狗尾草（*Setaria viridis*）、燕麦（*Avena sativa*）、扁穗雀麦（*Bromus catharticus*）、牛筋草（*Eleusine indica*）、苏丹草（*Sorghum sudanense*）、早熟禾（*Poa annua*）、蓉草（*Leersia oryzoides*）、看麦娘（*Alopecurus aequalis*）、升马唐（*Digitaria ciliaris*）、黑麦（*Secale cereale*）、双穗雀稗（*Paspalum distichum*）、毛花雀稗（*Paspalum dilatatum*）、稷（*Panicum miliaceum*）、羊草（*Leymus chinensis*）、须芒草属的一些杂草，以及辣椒（*Capsicum annuum*）、茄子（*Solanum melongena*）、芝麻（*Sesamum indicum*）和番茄（*Solanum lycopersicum*）等。在人工接种的情况下，颖壳伯克氏菌能够感染禾本科、菊科、豆科、蓼科和车前科的 20 多种植物，同时也能使一些兰科植物（如兰花、石斛兰、金蝶兰）叶片、剑兰叶和洋葱等

致病（Ura Hiroyuki et al.，2006）。

2. 人类/动物寄主

颖壳伯克氏菌除引起水稻烂秧、叶鞘褐色病斑和穗（谷）枯外，研究发现在美国的医院里分离到的颖壳伯克氏菌可引起幼儿的慢性肉芽肿病（Weinberg et al.，2007）。因此，有研究者认为，颖壳伯克氏菌的某些菌株是人类机会致病菌。已知多个其他的伯克氏菌属的一个种内会同时包含动物和植物的致病菌株。在医院发现了感染人体的洋葱伯克氏菌菌株，也发现了感染植物的菌株（张立新等，2006，2007；Weinberg et al.，2007）。某些医院菌株可以引起洋葱浸渍症状（Springman et al.，2009）。唐菖蒲伯克氏菌可引起水稻穗（谷）枯病，而该菌也曾从染病人体上分离到（Kennedy et al.，2007）。虽然还不清楚从植物上分离到的水稻细菌性穗（谷）枯病病原菌能否感染人类，但是颖壳伯克氏菌临床菌株 AU6208 对水稻有很强的致病力（Devescovi et al.，2007）。像颖壳伯克氏菌一样，引起水稻细菌性穗（谷）枯病的唐菖蒲伯克氏菌（B. gladioli）也从患者身上分离到（Kennedy et al.，2007）。

但是，在伯克氏菌属种内，植物和动物/人类病原菌间的遗传差别还不清楚，很可能是某些自然环境引起的，或植物致病菌同样也能感染人类和动物。因此，急需综合性地研究"田间"和"医院"菌株间的遗传（基因）关联性，评价来自稻田的菌株对人类健康的潜在危害（Ham et al.，2011）。

3. 人体-动物-植物混合致病菌

洋葱伯克氏菌（*Burkholderia cepacia*，简称 Bc）是一种广泛存在于土壤、水和植物表面，与医院感染患者密切相关的革兰氏阴性细菌（张立新等，2006）。该菌既能引起水稻穗（谷）枯病，还能作为生防菌防治作物土传病害，同时也是人体致病菌，可以称为"益害两面菌"，类似的还有其他一些菌（方媛等，2006），见表 2-14。

表 2-14　与人体致病相关的植物生防菌

生防微生物	敏感人群	生防目标病害
洋葱伯克氏菌［*Burkholderia cepacia*（Bc）］	囊性肺纤维化（CPF）及慢性肉芽肿病患者	主要防治土传植物病害
成团肠杆菌（*Eterobacter agglomerans*）	医院患者	防治梨火疫病
阴沟肠杆菌（*Enterobacter cloacae*）	婴儿、医院患者和老人	用于处理种传病原真菌
绿脓杆菌（铜绿假单胞菌）（*Pseudomonas aeruginosa*）	CPF、脓血症和菌血症患者	防治植物线虫和真菌病害、诱导植物抗病
粘质沙雷氏菌（灵杆菌）（*Serratia marcescens*）	医院患者	诱导植物抗病、防治害虫
嗜麦芽窄食假单胞菌（*Stenotrophomonas maltophilia*）	CPF、肺炎患者	防治土传真菌病害

20 世纪 80 年代初，洋葱伯克氏菌作为人体条件致病菌被广泛报道，在医院常常污染自来水、体温计、喷雾器、静脉导管、医疗器械等，造成医院内传播，导致各种疾病感染（年华等，2000；Holmes et al.，1999），尤其成为免疫缺陷及囊性肺纤维化（CPF）患者易感染细菌之一（Govan et al.，1996；Agodi et al.，2001）。洋葱伯克氏菌（Bc）在农业领域中具有生物防治、生物降解及促进植物生长等多种功能，同时展示了其在农业生产上良好的应用前景。而洋葱伯克氏菌复合型（Bcc）在农业环境中广泛分布于土壤、水及植物根围，其在作物根围的数量为 $10^3 \sim 10^5$ CFU/g（Nacamulli et al.，1997）。

能直接或间接促进植物生长的细菌被称为根围促生菌（PGPR）（陈晓斌和张炳欣，2000；Kevin，2003）。研究采用平板稀释分离法仅从 15% 的土样中分离到 Bcc，而采用 PCR 技术可从 82% 的土样中检测到该菌，表明采用分子生物学技术能更精确地认识 Bcc 在自然环境的分布及其多样性（Miller et al.，2002）。Bcc 菌株在离体条件下能明显抑制水稻纹枯病菌和恶苗病菌的生长（谢关林等，2003），是一种很好的水稻生防菌。从堆肥样本中分离的洋葱伯克氏菌株 CF-66 对立枯丝核菌、尖孢镰刀菌以及酵母菌等表现出了很强的抗菌活性，初步鉴定该菌属于洋葱伯克氏菌基因型 V（范青等，2001）。Bcc 作为根围优势菌能够显著促进玉米、小麦、水稻等农作物生长和提高其产量（Parke and Gurian-Sherman，2001）。玉米种子用 Bcc 菌株 MCI 7

包衣后，其植株感染病原镰刀菌的概率大大降低，且植株鲜重和株高均显著增加（Bevivino et al.，2000）。

在医院，Bcc 可引起多种感染病，如败血症、肺炎、心内膜炎和伤口感染等，尤其采用导管植入治疗者易感染。自从 20 世纪 70 年代末首次从 CPF 患者痰液中分离到 Bcc 菌以来，到 80 年代，由该菌引起的 CPF 患者出现"洋葱伯克氏菌综合征"的数量急剧增加（Parke and Gurian-Sherman，2001）。1986～1992 年，Bcc 菌株在英国、加拿大等 CPF 患者中大流行并导致多人死亡。流行病学研究发现，导致 CPF 患者死亡的流行菌株为单一、高毒力菌株 ET12，说明该菌株可在患者间传播。中国也有类似报道，中国人民解放军总医院于 2004 年 10 月收治了一位 78 岁男性发热患者，其肺部大面积感染，最终治疗无效死亡，确诊洋葱伯克氏菌综合征。

近年来该菌在中国医院临床标本中的分离率呈逐年上升趋势，仅次于铜绿假单胞菌，尤其是重症监护治疗病房（ICU）和呼吸道的标本分离率最高（年华等，2000；尤荣开等，2003）。说明该菌是主要致呼吸道感染的病原菌。从 CPF 患者中分离的菌株以基因型Ⅲ最多，分离频率最高，其次是基因型Ⅱ，其他基因型分离数量较少。这意味着 Bcc 菌株基因型Ⅲ和Ⅱ可能是医院中强毒力且具有传染性的人体致病菌（Parke and Gurian-Sherman，2001）。尽管从土壤中分离的 Bcc 菌株大多数是基因型Ⅰ、Ⅶ和Ⅸ，但也有从植物根围和土壤中分离到大量基因型Ⅲ的报道（Balandreau et al.，2001；Lipuma et al.，2002）。

（五）侵染规律

1. 侵染途径

水稻细菌性穗（谷）枯病菌为种子带菌，带菌种子是主要的初侵染源。感病种子浸种催芽时会污染健康种子，在育苗期间感染发病，造成秧苗腐烂、枯死，或种子感染较轻（带菌少），带菌秧苗移栽本田后，其病菌潜伏并随稻株生长，直到孕穗开花时再在叶鞘内外、谷粒显症，形成轻重不同的穗（谷）枯病状和带菌种子。播种带菌谷粒（种子），遇到适宜的发病条件，如水稻抽穗前后 1 周，高温、少日照且降水量适当，则易造成穗（谷）枯病的迅速蔓延。土壤中病谷和病草中的病菌可存活到翌年 7～8 月，秧苗移栽后进行侵染。试验发现，将感病（带菌）稻谷埋在田间可以正常越冬，翌年进行稻种育秧时，感病谷粒的病原细菌可感染稻株发病。1987 年台湾省简锦忠等也通过试验证实稻种上带有该病原，播种后可引起严重的腐败症。

细菌性穗（谷）枯病菌在水稻穗期的侵染方式是：病原菌最初分布在颖片表面，定植在颖片和内外稃细胞边缘，颖片毛基部是其定植的最初部位。细菌在颖片周围繁殖，穿透进入内外稃的内表面，通过接触分布到雌蕊和雄蕊。颖壳伯克氏菌在穗中的分布主要通过接触或感染颖片和叶鞘，但在雄蕊内部的扩散主要是通过花药连接组织。同时还在雄蕊、雌蕊和颖片中检测到不同的细菌内含物。

颖壳伯克氏菌在小穗中的生长期可分为两个部分：接种后 10d，所有部分的生物量持续增长到近 10^8 CFU/g，导致枯萎症状和停止授粉。表明颖片在颖壳伯克氏菌的最初定植中扮演着非常重要的角色（Li et al.，2017）；病菌还可以通过胚芽鞘和叶片的气孔侵入寄主，另外也可以通过由第一片叶子或次生根的出现造成的伤口侵染寄主，一些昆虫咬食造成的伤口也可为病原菌的入侵提供方便。病原细菌侵染幼苗后潜伏在叶鞘等部位，随着稻株的不断生长渐向上位叶鞘扩展。水稻剑叶的叶鞘、叶舌被感染后，病原细菌在叶鞘、叶舌上繁殖，当稻穗抽出时接触叶鞘、叶舌，病原细菌极易附着在稻穗上，感染稻谷从而引起发病。孕穗期以喷雾法、注射法接种病原，具有非常高的发病率。叶舌被感染再传给稻穗，可能是其主要原因。为了解本病在田间的消长情形，将稻种接种病原细菌后播种，育成秧苗并移栽到大田。研究发现幼苗期稻株上的病原细菌浓度很高，但插秧时稻株上几乎分离不到病原，直到分蘖盛期以后，稻株上的病原密度才逐渐升高，病原在各龄期稻株上的变化机制尚未明了。

2. 侵染循环

水稻的一生是从稻种到稻穗（稻谷、稻种），细菌性穗（谷）枯病菌的侵染循环：感病稻种浸种催芽→感染其他健康稻种→侵染胚芽→播种→秧苗腐烂枯死；或秧苗长势弱→移栽后正常生长→直到孕穗后期叶鞘显症→稻穗抽出，谷粒感病→稻穗（谷粒）腐坏，或形成感病（带菌）种子，见图 2-23。

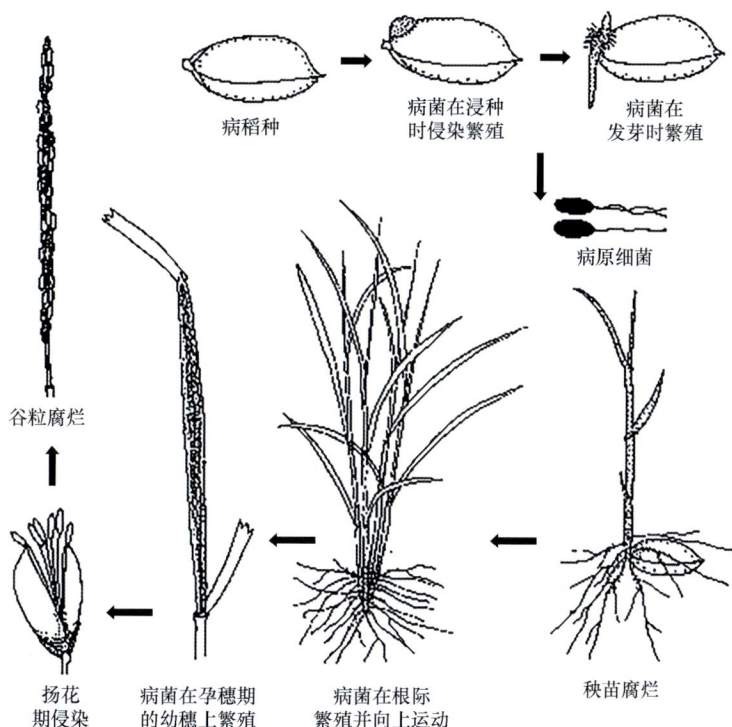

图 2-23　水稻细菌性穗（谷）枯病菌的侵染循环（罗金燕等，2003，仿 Goto，1992）

植物伯克氏菌常分布于稻田土壤、田水、植物种子及动植物残体（尤其是杂草残株）中，在适宜的条件下完成侵染，主要通过种子、土壤、杂草传播和扩散。研究还发现，高温高湿的气候条件和温室育秧的环境有利于植物伯克氏菌的生长和繁殖，尤其是全球温室效应的加剧和大棚育秧技术的推广，极大地增加了该病害暴发流行的风险（Azegami et al.，1988a）。

水稻种子感染颖壳伯克氏菌与多种内源性和外源性因素有关，如寄主易感性、接种密度、温度及湿度等，高温高湿的环境非常适宜颖壳伯克氏菌生长。水稻细菌性穗（谷）枯病的初侵染源有 3 种：一是带病菌的稻种，颖壳伯克氏菌寄生于种子内部，病原菌在室内的病种上可存活 3 年，因此，该病菌可随种子远距离传播；二是暴发过穗（谷）枯病的土壤；三是被该细菌寄生的田间杂草，其中发病的稻穗是再侵染的重要因素（罗金燕，2007；李路等，2015；Tsushima et al.，1989）。病菌通过胚芽鞘、叶片的气孔、小穗（刚抽出的小穗颖壳是张开的，病菌极易侵入）、组织生长或昆虫咬食造成的伤口侵染寄主。一部分在育苗期间感染发病，直接烂秧枯死；幸存下来的一部分带菌苗中，病菌潜伏在叶鞘等部位，引起叶鞘薄壁组织分解的同时，随着稻株的生长渐向上位叶鞘扩展，感染剑叶的叶舌，一旦稻穗抽出接触叶鞘、叶舌，便极易感染稻谷（徐丽慧，2008），形成轻重程度不同的穗（谷）枯病症状以及带菌稻种。来年再次播种带菌谷粒，在适宜的发病条件下极易发病，由此形成一个病害循环，见图 2-24。若在花期遭遇强风，稻穗相互摩擦，造成伤口，则有利于病菌侵入，使病害更加严重。此外，隐藏在土壤、病谷和病草中的病菌可存活到翌年 7～8 月，发病潜伏期较长。

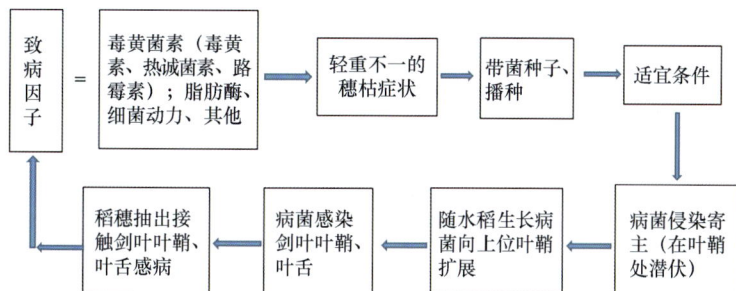

图 2-24　水稻细菌性穗（谷）枯病侵染循环

3. 传播途径

水稻细菌性穗（谷）枯病种子带菌是远距离传播的主要途径，病菌在植株体内繁殖，在细胞间扩散，引起叶鞘薄壁组织的分解。在一些寄主植物的花、叶和种子上可以携带病菌。由于该病原菌寄主范围广，一些杂草、蔬菜等也可感染此病害，如辣椒、茄子和番茄等重要经济作物。

4. 病害流行

水稻细菌性穗（谷）枯病的严重性取决于多种因素，如寄主的感病性、接种体（病原）数量和气候条件（湿度和温度）。在水稻生长季，经常出现夜晚高温、频繁下雨等环境条件，有利于颖壳伯克氏菌的繁殖生长，容易诱发穗（谷）枯病的暴发流行。

颖壳伯克氏菌可以在水稻叶片和叶鞘上越冬，其在水稻叶鞘上出现对于病害初感染非常重要，这为抽出的稻穗提供了主要的初侵染源。在初侵染过程中，水稻组织中的颖壳伯克氏菌扮演着关键角色。此外，鞭毛在颖壳伯克氏菌最初定植过程中起着至关重要的作用，当病原菌注射到孕穗穗苞中时，观察到的可见症状总是首先出现在剑叶叶鞘上，然后再出现在稻穗上。剑叶叶鞘上的症状可预测穗上的病害，因为剑叶叶鞘紧挨着稻穗，其感染最初发生在抽穗期。

研究已发现水稻细菌性穗（谷）枯病在前期的流行、传播中需要高温和高湿的气候条件。当日温度在25～32℃，晚上温度较高以及频繁下雨时有利于病害暴发、流行。1995年和1998年水稻细菌性穗（谷）枯病在美国路易斯安那州及其南部邻近州严重暴发，造成某些田块40%的水稻产量损失（Shahjahan et al.，2000）。在这些季节里记录到创纪录的高温，且高温延续到晚上。如前面所提到的，抽穗和扬花期是细菌性穗（谷）枯病最易感染的时期，在此期间，持续的高温和频繁下雨是该病害流行的重要环境因素。

（六）病原毒素

水稻细菌性穗（谷）枯病病原菌主要产生两种毒素：植物毒素和环庚三烯酚酮。

1. 植物毒素

颖壳伯克氏菌产生两种主要的毒性因子，即植物毒素——毒黄菌素（毒黄素）[1,6-二甲基嘧啶并(5,4-e)-1,2,4-三氮杂苯-5,7(1H,6H)-二酮]（一种黄色色素，是致病性必需的）。颖壳伯克氏菌主要通过分泌毒黄素对寄主产生致病性，产生3种分子结构类似的植物毒素，即毒黄素（toxoflavin）、热诚菌素（fervenulin）和路霉素（reumycin）。毒黄素和热诚菌素是颖壳伯克氏菌引起稻苗和谷粒腐烂，抑制秧苗叶片和根的生长，同时造成稻穗萎黄症状非常重要的致病性因素，在稻穗上表现典型的穗（谷）枯病症状（Jeong et al.，2003；Mirghasempour et al.，2017）。

迄今为止，大多数毒素研究都集中在毒黄素，其合成和转运分别受2个操纵子 *toxABCDE* 和 *toxFGHI* 控制（Suzuki et al.，2004）。毒黄素的产生依赖于由辛酰基高丝氨酸内酯介导的 TofI/TofR 群体感应系统。作为一种非常有效的电子载体，毒黄素能够产生活性氧（ROS），损伤线粒体和基底膜，引起循环和呼吸系统显现病理性损害（李路等，2015；Kim et al.，2013）。

颖壳伯克氏菌属于喜高温菌，毒黄素的产生取决于生长温度，在37℃时产毒达到最高水平，而在25～28℃则检测不到毒黄素的合成。研究利用分光光度法测定了在不同温度、不同营养条件下毒黄素的产生。LMG2196菌株现作为颖壳伯克氏菌标准菌株，毒性较强，该菌株在25～40℃均能产生毒黄素，在营养条件不同的LB和PPG液体培养基中，同一温度下，总体上表现为：在PPG中产生的毒黄素要比LB中的多，且LB的最适产毒黄素温度是28～30℃，PPG的是37℃。表明毒黄素的产生与温度和营养条件有关（徐以华等，2018）。其他的已知对颖壳伯克氏菌起完全毒性作用的毒性因子包括PehA和PehB，聚半乳糖醛酸，KatG过氧化氢酶和Hrp-Ⅲ型分泌系统（Hrp-T3SS）。多聚半乳糖醛酸内切酶和胞外多糖在颖壳伯克氏菌致病机制中也是良好的候选物，具有一定作用。

2. 环庚三烯酚酮

颖壳伯克氏菌还产生一种叫环庚三烯酚酮（tropolone）的毒素，该代谢产物具有强烈的细胞毒性和阳离子螯合能力，被鉴定为颖壳伯克氏菌产生的一种细菌毒素，是导致水稻苗期发病的重要毒力因子（Azegami et al.，1988b）。

（七）病原菌致病性（生理小种）变异

已知水稻穗（谷）枯病病原菌颖壳伯克氏菌通过多种毒力因子，如毒黄素、脂肪酶、Ⅲ型分泌系统（T3SS）、鞭毛等引起水稻谷粒坏死和腐烂，同时引起苗枯、腐烂。群体感应（QS）系统和分泌系统在颖壳伯克氏菌的致病性中同样扮演了重要角色。毒黄素和脂肪酶被认为是颖壳伯克氏菌的主要毒性因子。

目前，尚未见水稻细菌性穗（谷）枯病菌颖壳伯克氏菌有生理小种（菌系）变异的报道。但研究发现高毒力菌株 LMG2196；另外，不同地区感病样本上分离获得的颖壳伯克氏菌菌株致病力间有一定差异，如从美国分离的菌株 336gr-1 毒力较高。

（八）病原菌致病机制

许多国家，特别是热带、亚热带国家都认为细菌性穗（谷）枯病是潜在的高风险水稻细菌性病害（Ham et al.，2011）。在中国，依据对其生物危险性分析，认为颖壳伯克氏菌是潜在的高危险性有害生物（Luo et al.，2007）。了解颖壳伯克氏菌毒性的分子机制和水稻防御该病原菌的机理，将有利于研发水稻细菌性穗（谷）枯病防控的更好方法。

水稻细菌性穗（谷）枯病病原菌颖壳伯克氏菌最主要的致病因素是毒黄素、脂肪酶和鞭毛依赖的运动性，其他因子包括 KatG 过氧化氢酶、T3SS、PehA 和 PehB、多聚半乳糖醛酸酶及胞外多糖（EPS）等。这些因子主要受 LuxI 和 LuxR 的同源蛋白 TofI 和 TofR 介导的群体感应（QS）系统调控（Kim et al.，2014）。

1. 植物毒素

颖壳伯克氏菌产生的 3 种分子结构类似的植物性毒素即毒黄素、热诚菌素和路霉素是主要的致病因子。毒黄素和热诚菌素是颖壳伯克氏菌引起稻苗和谷粒腐烂，导致抑制秧苗叶片和根的生长，同时造成稻穗萎黄症状非常重要的致病性因素，在稻穗上表现典型的穗（谷）枯病症状（Jeong et al.，2003；Mirghasempour et al.，2017）。

毒黄素是目前已知的水稻细菌性穗（谷）枯病菌颖壳伯克氏菌最主要的致病因子，其产生依赖群体效应系统，该系统的损害会导致病菌丧失致病力。群体效应是细菌细胞间的通讯机制，控制基因的表达。当细菌的群体密度达到一定阈值时，才启动一些基因的表达。N-酰基高丝氨酸内酯（N-AHL）是群体效应系统中常见的信号。在植物病原菌中，一些毒力因子的产生，如胞外多糖、降解酶和 Ti 质粒转移组分等，都是由 N-AHL 群体效应控制的。在颖壳伯克氏菌中，群体效应由 N-AHL 分子 N-辛酰基高丝氨酸（C8-HSL）控制，C8-HSL 除了控制毒黄素的产生，还控制其他一些细胞程序，如鞭毛合成、触酶活性。研究比较野生菌株和群体效应缺陷菌株的蛋白质组，发现了一些其他受群体效应调控的蛋白质，它们具有特定的细胞学功能，如抗氧化和细胞附着。

以毒黄素为代表的毒素是颖壳伯克氏菌重要的毒力因子。颖壳伯克氏菌产生的毒黄素、热诚菌素和路霉素分子结构类似。其中，毒黄素对水稻的毒害最大，属于咪唑类抗生素，最早从椰毒伯克氏菌（B. cocovenenans）中分离得到，并确定了其分子结构。它抑制水稻根和苗的生长。在水稻穗上引起典型的穗（谷）枯病症状。颖壳伯克氏菌的毒黄素缺陷型菌株几乎对水稻无致病力。但是，毒黄素合成基因受损的突变体仍然能在水稻穗上引起症状，致病力比亲本稍弱。但该病菌致病是多种毒力因子参与的复杂过程。一些研究发现了毒黄素的调控因子位于 toxABCDE 操纵子下游的 1 个开放阅读框，toxR 编码 1 种转录调控因子，结合到 *toxA* 的启动子区，可能会激活 *tox* 操纵子的转录。调控第 2 个多顺反子的操纵子 *toxFGHI* 菌素的运输。

2. 脂肪酶

颖壳伯克氏菌具有很强的产脂肪酶能力，此酶能水解三酰甘油和合成酰基甘油酯。LipA 是一种活跃的细胞外脂肪酶，和颖壳伯克氏菌致病性的相关性最强，它通过Ⅱ型分泌系统分泌（Ham et al.，2011），在调控植物的防卫反应等生理活动中发挥重要作用（李春宏等，2014）。另一种重要的脂肪酶是 LipB，它参与 LipA 的生物合成，对获得活性 LipA 必不可少，同时对水解蛋白的稳定性也有深远影响。在不利条件下，Ca^{2+} 对稳定颖壳伯克氏菌的脂肪酶结构发挥积极作用。

3. 依赖鞭毛的运动性

在颖壳伯克氏菌的致病性中，鞭毛的运动也发挥着重要作用。鞭毛能够使细菌到达潜在寄主的感染部位，并在感染的初始阶段发挥显著的选择性优势。颖壳伯克氏菌的极性鞭毛负责细菌的两种运动：游动（swimming）和群集（swarming）。鞭毛的极性和运动性还受 QS 和温度之间相互作用的影响，在 28℃下病原菌明显产生更多的极性鞭毛（Jang et al.，2014），此时几乎不合成毒黄素。因此，毒黄素和依赖鞭毛的运动可能在不同温度下起作用，进而成功地感染水稻。QS 缺陷株在 37℃下鞭毛几乎失去极性和运动性（Nickzad et al.，2015）。鞭毛驱动的运动对细菌致病性很重要，鞭毛合成有缺陷的颖壳伯克氏菌突变株都存在运动障碍，几乎都丧失了对水稻的致病力。说明鞭毛驱动的运动就该病菌产生致病力而言是必需的。

4. Kate G 过氧化氢酶

过氧化氢酶具有保护细菌免受光毒性作用，当颖壳伯克氏菌暴露在可见光下时会产生大量过氧化氢，Kate G 是一种主要的过氧化氢酶，在光照条件下对稻穗表面颖壳伯克氏菌的生存至关重要（Chun et al.，2009）。

5. Hrp-Ⅲ型分泌系统

Ⅲ型分泌系统（T3SS）在许多革兰氏阴性细菌病原毒力中发挥关键作用。一项关于颖壳伯克氏菌的蛋白质组学研究显示，34 个编码Ⅲ型分泌系统的基因中，21 个在其上游调控区具有特定的 HrpB 结合序列，其编码的 46 种蛋白质中，有 34 种胞外蛋白的分泌独立于 Hrp-T3SS，并且有 16 种通过Ⅱ型分泌系统（T2SS）分泌。缺乏 T2SS 或 Hrp-T3SS 的突变体仍会产生毒黄素，但对稻穗的毒性较低（叶雯澜等，2019）。研究已证明颖壳伯克氏菌能激发烟草产生过敏性反应，并发现编码Ⅲ型分泌系统的基因簇和 28 种胞外蛋白。Ⅲ型分泌系统有缺陷的菌株对水稻的致病力下降，但仍能分泌这 28 种胞外蛋白。

研究人员利用表型组学、比较基因组学以及比较蛋白质组学等手段，对颖壳伯克氏菌的水稻和人体致病菌株进行初步分析，发现人体致病菌株比水稻致病菌株对水稻的致病性更强，其原因可能与其致病相关分泌系统的基因簇更紧凑、对氧胁迫的耐受性更强有关。利用生物信息学方法对颖壳伯克氏菌的人体和水稻菌株与引起水稻细菌性褐条病的燕麦食酸菌燕麦亚种（*Acidovorax avenae* subsp. *avenae*）菌株预测的非编码 RNA（non-coding RNA）进行比较分析和功能验证，推测非编码 RNA 参与调控细菌多个生物学过程，调控蛋白的表达和修饰（崔舟琦等，2015）。

6. 胞外多糖

胞外多糖是许多植物病原菌的重要毒力因子，如茄科雷尔氏菌（*Ralstonia solanacearum*）和梨火疫病菌（*Erwinia amylovora*）。颖壳伯克氏菌能在辣椒、茄子等植物上引起萎蔫症状，在酸水解酪蛋白胨葡萄糖（CPG）培养基上产生胞外多糖。推测胞外多糖在颖壳伯克氏菌致病过程中也发挥着一定作用。

7. 多聚半乳糖醛酸酶

果胶酶降解果胶聚合体，是许多植物病原菌的重要毒力因子。在颖壳伯克氏菌的基因组中发现了 *pehA* 和 *pehB* 基因，但其在致病过程中所起的具体作用尚不清楚。

四、品种抗病性

（一）品种抗性

迄今已有一些水稻细菌性穗（谷）枯病抗性相关的研究，尚未发现完全免疫或高抗的水稻品种，但品种间对穗（谷）枯病的抗性具有一定差异。Sha 等（2006）检测了 100 个水稻品种对颖壳伯克氏菌的抗性，未发现完全抗病的品种；在被认定具有部分抗性的水稻品种中，Jupiter 表现出相对比较明显的抗病性。Pinson 等（2010）从 Lemont 的突变株中筛选到 1 个突变体 LM-1，该突变体表现出明显的抗细菌性穗（谷）枯病性状。前人研究中发现的这些具有部分抗性的水稻品种，为后续研究水稻抗细菌性穗（谷）枯病遗传和分子机制提供了材料并奠定了基础。

水稻品种 Jupiter 在田间对细菌性穗（谷）枯病、穗颈瘟和纹枯病具有较好的抗性。田间小区采用颖壳伯克氏菌进行了接种试验，Jupiter 对颖壳伯克氏菌表现出明显的部分抗性，在平均病害等级为 9 级的评价标准中为 3 级（0=没病，9=谷粒大部分被病害毁掉）。与其他商品化的长粒型水稻品种和中等粒型的孟加拉国品种相比，Jupiter 表现出对细菌性穗（谷）枯病的抗性增强，产量损失很低。Jupiter 可作为抗性育种资源用于培育新的抗病品种。

研究采用分离得到的水稻细菌性穗（谷）枯病菌致病性最强的两种病原菌，即颖壳伯克氏菌代表菌株 C17 和唐菖蒲伯克氏菌代表菌株 C23 对我国东北三省种植的 144 个主要水稻品种进行抗性分析。所有供试品种对 C17 和 C23 菌株的抗性差异性不大，说明两种病原菌的致病性效果相近。在 144 个水稻品种中未发现高抗品种，鉴定出九稻 44、九稻 68 等 10 个抗性品种，感病品种 4 个，高感品种 1 个，大部分品种对两个菌株的抗性为中抗和中感（高明瑞，2020）。采用颖壳伯克氏菌标准菌株 LMG2196 进行种子处理和幼苗接种，测定了 57 个水稻品种对穗（谷）枯病的苗期抗性，发现镇稻 11、秀水 09、日本晴、秀水 134 相对抗病；中嘉早 17、湘早籼、测 64-7、C98、BL-7 相对感病。选取苗期表现为抗病、中抗和感病的 10 个品种进行成株期抗性鉴定，发现多数品种在苗期和穗期的抗病反应表现一致，但少数苗期表现抗病的品种在穗期的抗性降低（徐以华等，2018）。

（二）水稻抗病机制

目前已发现与抗性有关的基因包括防御素基因、种子进化蛋白基因和有关信号转导、淀粉代谢、转录调节以及其他细胞活动的基因（Nandakumar and Rush，2008）。Magbanua 等（2014）通过转录组测序（RNA-Seq）提出水稻抗细菌性穗（谷）枯病的模型。当 NBS-LRR 抗性基因、第 8 号和第 11 号染色体中相关类型的抗性基因簇激活，当 PIF-like ORF1 转录水平提高以及 ATP 与蛋白质结合富集时，都可增强水稻对细菌性穗（谷）枯病的抗性。

截至目前，已在水稻中报道了 2 个细菌性穗（谷）枯病抗性 QTL。对 Nona Bokra（抗性）和 Koshihikari（易感）及其杂交得到的染色体片段置换系进行分析，在第 10 号染色体短臂上检测到 1 个抗性 QTL（qRBS1），并将其定位于 RM24930～RM24944 之间 393kb 的物理范围内（Mizobuchi et al.，2013a，2013b）。对高抗的籼稻 Kele 和易感病的粳稻 Hitomebore 及其后代 110 个重组自交系进行分析，检测到 1 个位于第 1 号染色体长臂上的主效 QTL，分别解释了重组自交系中感病小穗比例和感病小穗面积 25.7% 和 12.1% 的变异，遗传分析进一步将其定位于 RM1216～RM11727 之间 502kb 的物理范围内（Mizobuchi et al.，2013a，2013b，2015）。如果有更多的穗（谷）枯病抗性位点被发现，通过选取效应值较大的几个位点，运用常规的分离手段，逐步缩短这些位点的物理距离，构建关于这些位点的近等基因系，然后进行多个抗性 QTL 的聚合，就可应用于抗细菌性穗（谷）枯病育种。目前，关于水稻细菌性穗（谷）枯病的 QTL 定位研究水平还远远落后于水稻其他病害。

水稻在孕穗期比苗期更容易感染穗（谷）枯病并出现病症。采用喷雾法和注射法分别对苗期和孕穗期的抗、感病水稻品种接种颖壳伯克氏菌，然后测定处理组与对照组 3 种抗氧化酶［过氧化物酶（POD）、过氧化氢酶（CAT）、超氧化物歧化酶（SOD）］的活性差异，利用实时荧光定量 PCR 测定 5 种防卫反应基因（*PR1a*、*PR10b*、*Rcht*、*LOX*、*PAL*）的表达量。颖壳伯克氏菌的侵染能引起水稻活性氧的积累，提高抗氧化酶活性，使部分防卫反应基因大量表达，但是苗期和孕穗期的应答有较大区别。水稻孕穗期的抗氧化酶（SOD、CAT 和 POD）活性和防卫反应基因（*PR10b*、*Rcht* 和 *PAL*）的表达量比苗期高，而 *PR1a* 和 *LOX* 的表达量却低于苗期。颖壳伯克氏菌能诱导孕穗期的水稻产生更多抗病反应，参与抗病反应的主要是水杨酸信号转导途径（李路等，2017）。

对抗病品种镇稻 11 和感病品种中嘉早 17 的苗期进行接菌和不接菌处理，测定植株中茉莉酸（JA）、水杨酸（SA）、赤霉素（GA3）、脱落酸（ABA）、吲哚乙酸（IAA）、芸苔素内酯（BR）和玉米素（ZT）内源激素的含量，发现这两个品种接菌与同期各自不接菌对照相比，接菌的植株内源激素含量变化较大，JA、SA 含量明显上调，ZT 上调相对不显著，GA3、ABA、IAA 在接种初期含量下调，后期波动变化，BR 含量也相对下调；不同的抗性品种，其内源激素含量的变化趋势有所差异，但抗病品种的含量变化更显著。秧苗喷施 SA 后能减轻穗（谷）枯病的发病程度，其缓解病情的作用与诱导植株体内防御酶活性有关。SA 处理过的水稻体内 CAT、POD 和 SOD 的活性增加明显，能够在较短的时间内达到较高的水平（徐以华等，2018）。

（三）抗病育种

数量性状基因座（QTL）的遗传作图发现，水稻抗细菌性穗（谷）枯病的 QTL 位于第 1 号染色体的长臂上（Mizobuchi et al.，2013，2015）和第 10 号染色体的短臂上（Mizobuchi et al.，2013a，2013b），这或许有助于发现抗性基因，培育抗性品种。由于水稻细菌性穗（谷）枯病在我国属于检疫性病害，国内对该病的研究处于起步阶段，至今尚未开展抗穗谷枯病育种方面的研究。

（四）抗病品种鉴定方法

水稻品种抗细菌性穗（谷）枯病的鉴定方法与抗其他水稻细菌性病害的鉴定方法相似，但该病害的人工鉴定以注射叶鞘和抽穗期喷雾接种为主，剪叶接种无法成功。笔者曾用颖壳伯克氏菌菌液剪叶接种抗穗（谷）枯病品种秀水 09、日本晴、秀水 134，感穗（谷）枯病品种中嘉早 17、湘早籼。研究发现无论是抗病品种还是感病品种，剪叶接种后病斑都不往下扩展，剪口处似烧焦状（相当于免疫水平）；但在孕穗期注射孕穗苞接种，或抽穗杨花期喷雾接种，感病品种发病严重，表现出典型的叶鞘褐斑症状和穗（谷）枯症状。

1. 接种体准备

从美国犹他州立大学农学院植物病害实验室得到颖壳伯克氏菌的 3 个分离菌（CHBJ、IR64 和 ICPRC），包括来自德国微生物菌种保藏中心（DSMZ）培养收集的颖壳伯克氏菌一型菌系 DSM 9512T。通过划线接种技术接种在金氏（King's）B 培养基上（Nandakumar et al.，2009），在 30℃恒温下培养 24h，然后置-80℃超低温冰箱冷冻并长期保存备用。

取-80℃冻存的颖壳伯克氏菌株以 1∶1000 的比例转接于 NA 液体培养基上，培养基中含有 50μg/mL 氨苄青霉素，在 37℃ 200r/min 的条件下振荡培养 16～24h，用灭菌的蒸馏水稀释菌液，使其 OD_{600} 值为 0.3～0.4（含 0.01% 的吐温 20），作为接种体备用。

2. 细菌接种

当水稻进入孕穗期时，用 1mL 注射器（BD™ 23G1 针）（Nandakumar et al., 2009）将浓度为 10^8CFU/mL 的 0.5mL 菌悬液注射到叶鞘中，无菌水作为阴性对照。或在水稻 30%～40% 的穗抽出时，采用喷雾法于 16:00～18:00 进行第 1 次接种。将 OD_{600} 值为 0.2～0.3 的菌液（含 0.01% 的吐温 20）装入容积为 1000mL 的园艺用塑料喷壶中，对稻穗前、后、上、下均匀喷雾，直至叶片有微小菌液滴形成，之后隔 1d 喷雾一次，共喷 3 次。每份鉴定材料重复 3 次，每次重复接种 24 丛水稻。

3. 病情调查标准

观测鉴定材料的发病情况，根据病情症状描述，调查每穗的病粒比率，记载病情级别，计算鉴定材料的病指（DI）。每份鉴定材料调查发病最严重的 10 丛，记载每丛水稻发病最严重的稻穗的变色谷（病）粒比率，调查记载标准见表 2-15。

表 2-15　水稻细菌性穗（谷）枯病病情级别

病情级别	病情描述
0 级	稻穗上谷粒未变色
1 级	稻穗上有少量谷粒变色，每穗变色谷粒数占总谷粒数的 0.1%～20.0%
3 级	稻穗上有小部分谷粒变色，每穗变色谷粒数占总谷粒数的 20.1%～40.0%
5 级	稻穗上有一半左右谷粒变色，每穗变色谷粒数占总谷粒数的 40.1%～60.0%
7 级	稻穗上大部分谷粒变色，每穗变色谷粒数占总谷粒数的 60.1%～80.0%
9 级	稻穗上谷粒基本全部变色，每穗变色谷粒数占总谷粒数的 80.1% 以上

4. 病指计算及抗性评定

病指计算见公式（2-5）。

$$DI = \frac{\sum (Bi \times Bd)}{M \times Md} \times 100 \tag{2-5}$$

式中，DI 为病情指数；Bi 为各病情级别的稻穗数；Bd 为各病情级别的代表数值；M 为调查总稻穗数；Md 为最高病情级别的代表数值（此处为 9）。

依据鉴定材料 3 次重复的病指（DI）平均值确定其对水稻细菌性穗（谷）枯病的抗性水平，划分标准见表 2-16。

表 2-16　水稻细菌性穗（谷）枯病抗性评价标准

病指（DI）	抗性评价
DI=0	免疫（I）
0.0＜DI≤10.0	高抗（HR）
10.0＜DI≤20.0	抗病（R）
20.0＜DI≤40.0	中抗（MR）
40.0＜DI≤60.0	中感（MS）
60.0＜DI≤75.0	感病（S）
75.0＜DI≤100.0	高感（HS）

当鉴定圃中感病对照品种病情指数（DI）大于 60 时，认定该次水稻细菌性穗（谷）枯病抗性鉴定有效。

另外，一种较为简单的判别抗性的方法是根据水稻病害株发生率进行，见表 2-17（Groth et al., 1991）。

表 2-17 水稻对穗（谷）枯病抗性标准

抗性标准	病害株发生率/%
抗	0
中抗	20～30
感	50～60
高感	100

病害严重性：采用 Agrios（2005）的公式（2-6）进行病害严重性统计。

$$DS = [\sum(n \times v) / N \times Z] \times 100\% \qquad (2\text{-}6)$$

式中，DS 为病害严重性；n 为每个病级植株的数量；v 为每个植株的病级数值；Z 为最高危害级值；N 为调查总植株数。

病害级别表示病害严重性等级，Devescovi 等（2007）修正的水稻抗穗（谷）枯病评价标准如下：0 级，整穗谷粒健康；1 级，穗谷粒的 0～20% 变色；2 级，穗谷粒的 20%～40% 变色；3 级，穗谷粒的 40%～60% 变色；4 级，穗谷粒的 60%～80% 变色；5 级，穗谷粒的 80%～100% 变色。

鉴别品种：笔者经过多年研究，反复筛选，初步确定了一套水稻细菌性穗（谷）枯病抗性鉴定采用的 5 个鉴别品种为：特青（籼型常规稻）抗病品种，明恢 63（籼型常规稻）中抗品种，中丝 3 号（籼型常规稻）中感品种，鄂宜 105（粳型常规稻）感病品种，松早香 1 号（粳型常规稻）高感品种。当然各地在鉴定当地的水稻细菌性穗（谷）枯病菌的致病性时可根据当地的实际情况，增减适宜于当地的鉴别品种，如北方可适当增加抗、感病的粳稻品种，南方则可适当增加抗、感病的籼稻品种。

在印度尼西亚接种鉴定的 5 个水稻品种 Cisokan、Inpari 4、Situbagendit、Inpari 32 和 Cidenu 均高感细菌性穗（谷）枯病（Wahidah et al.，2019）。

五、病害发生条件与预测预报

（一）病害发生条件

1. 寄主抗性

至今虽然无免疫或高抗细菌性穗（谷）枯病的水稻品种，但鉴定结果和田间调查发现，品种（系）间的抗性存在明显差异。相对地，籼稻品种较粳稻品种感病。种植相对抗病的品种可以减轻病害发生。

2. 气候因素

气候条件（湿度和温度）对病害流行起关键作用，高温高湿的环境非常适宜颖壳伯克氏菌的生长。研究已发现水稻细菌性穗（谷）枯病在前期的流行、传播中需要高温和高湿的气候条件。当日温度在 25～32℃，晚上温度较高以及频繁下雨等有利于颖壳伯克氏菌的繁殖生长，容易诱发穗（谷）枯病的暴发流行。

3. 栽培条件

苗期高温高湿（如大棚温室育秧）、播种密度过高（机插秧），不论苗期还是大田成株期施肥过多（尤其是尿素和氮肥），长期深水漫灌，孕穗后期至抽穗期遇到高温多雨（高湿）等会加重病害发生、流行。

（二）病害预测预报

基于水稻抽穗期间的不同因子，包括病原菌在剑叶叶鞘中出现，在抽穗初期严重感病稻穗和微气候条件等，研究人员已研发了多个预测水稻细菌性穗（谷）枯病的模式。另外，在观察细菌性穗（谷）枯病在田间的分布和空间模式时发现，严重感染的病穗是重要的初侵染源，会在田间形成感染中心，感染中心点的形成与病害早期发生和感病稻穗的严重性密切相关。相比国内对水稻细菌性穗（谷）枯病的研究才刚刚起步，国外从各个方面对该病的研究都较多、较深入和透彻（Jong et al.，2011）。

1. 监测、处理及风险管理

在我国，目前水稻细菌性穗（谷）枯病属于检疫对象，该病通过种子及相关植物材料传入的风险较大。我国不同区域都有大面积水稻种植，从东北到海南省的地理环境条件都适宜水稻细菌性穗（谷）枯病的侵入和定植。我国部分地区已实行机械插秧，需要特别警惕像日本 20 世纪 70 年代那样的水稻细菌性烂秧的发生。我国已构建了以有害生物为起点的水稻细菌性穗（谷）枯病菌等有害生物风险分析（pest risk analysis，PRA）体系，量化分析后认为并验证了颖壳伯克氏菌属于高度危险性有害生物（罗金燕，2007）。在外贸或交流时，对输入的水稻种子和相关的植物种苗均需进行水稻细菌性穗（谷）枯病的检验，对田间种植和仓库储藏的水稻种子均应实施疫情监测和管理。一旦检测发现携带该病害的种子和相关植物材料应及时进行除害处理，防止该病向环境扩散。

辣椒、茄子和番茄等重要经济作物的种子及相关产品作为感病作物，也需根据条件进行水稻细菌性穗（谷）枯病菌的检测，同时还需密切关注我国是否存在像美国那样的引起人体病害的细菌性穗（谷）枯病菌。

2. 检验检疫方法

1）田间检验：田间检验需抓住水稻细菌性穗（谷）枯病发病的两个关键时期，即秧苗 4 叶期前和孕穗至齐穗期。在水稻育秧田或温室检查秧苗的烂秧症状，在水稻后期检查谷粒感染和受害情况。将有症状或可疑的样本材料送实验室进行进一步的病原确证。

2）种子取样：可参照国际种子检验规程（International Rules For Seed Testing 1996 ISTA）要求和说明进行抽样，根据包装袋数量，或按种子批量的大小和种子重量的范围确定抽取初次样品的数量。将所抽取的初次样品视情况混合成适当数量的混合样品。可将整个送检样品或一部分作为试验样，通常试验样品不得少于 400 粒净种子。

3）种子检验：目前对细菌性穗（谷）枯病菌的检验主要采用分离培养方法。将种子表面消毒处理后，采用选择性培养基分离培养，对疑似菌株进行生化分析、分子生物学检测和致病性试验。也可将洗涤液先用血清学方法进行筛选检测，常用的是荧光染色检验法和 ELISA 检测，多数采用 ELISA 方法和分子生物学方法对种子进行快速筛选检测，目前已推出水稻细菌性穗（谷）枯病的 ELISA 检测试剂盒。

4）具体检验方法：将种子先进行表面清洗，通过浸软种子或将种子放入 5～15℃低温磷酸缓冲液中浸泡数小时制备样品提取液。在提取的缓冲液中添加 0.001% 吐温 20 的去垢剂，能提高种子的细菌回收率，而添加放线酮则可降低真菌的干扰。小量种子可直接将其研磨，如将 20 粒种子加入 10mL 灭菌的磷酸缓冲液中，用灭菌棒和研钵或机械方式将种子压碎。将悬浮液置入 25～28℃室温中 2h，充分振荡后再制成不同梯度溶液，接种于 TSA 或选择性培养基中，28℃培养 2～3d。分离穗（谷）枯病菌时，取未稀释的和 0.1、0.01 以及 0.001 三个稀释度的提取缓冲液各 0.1mL，涂布到 3 个分离培养基的平皿中。

通过对分离菌进行革兰氏染色、氧化酶试验、40℃下生长试验、4% NaCl 抑制生长试验、精氨酸双水解酶试验、明胶水解试验等项目测试；同时可进行多项碳源利用和糖代谢等生化试验来确证是否为水稻细菌性穗（谷）枯病菌；也可采用 Biolog 细菌鉴定系统或脂肪酸分析仪进行鉴定，对分析测试为细菌性穗（谷）枯病菌的可进一步进行致病性测定。根据各项试验结果确证是否是细菌性穗（谷）枯病菌。

六、病害防治

所有植物病害的防控都应遵循"预防为主、综合防治"的原则。总体而言，由病原细菌引起的植物病害防治难度处于由病原真菌和病毒引起的病害之间。病原细菌引起的病害多为系统性病害，防控较为困难。

（一）加强检疫和疫情监测

细菌性穗（谷）枯病在我国属于检疫性病害，要加强外检，对外引的品种（包括已感病的蔬菜种子）、交流的材料要严格检疫。国内亦要进行检疫，防止发病稻区的种子（材料）向非疫区输送。

（二）选用抗病品种

至今虽然无免疫和高抗水稻细菌性穗（谷）枯病的品种，但品种间抗性程度有差异，在生产实际中可选用相对抗病的品种，如可选用 Jupiter、镇稻 11、秀水 09、日本晴、秀水 134 等，可有效减轻穗（谷）枯病的发生、流行和危害。

（三）农业措施

1. 种子消毒

水稻上的细菌性病害多为种子带菌病害，带菌的种子是水稻细菌性穗（谷）枯病发生的主要初侵染源，培育无病壮秧是防治该病的关键措施之一。播种前可用 2000 倍的 80% "402" 液浸种 48h 后催芽播种；或在播种前先将稻种用清水预浸 12～14h，再用 40% 三氯异氰尿酸 200 倍液浸种 12h，用清水洗净后催芽播种。在培肥床土的基础上，确保壮苗健苗，采用湿润、匀播和稀播育秧，可增强秧苗的素质。

2. 加强健株栽培

有条件的地方积极推行水旱轮作方式；把好移栽质量关，做到避免过多植伤和适期栽插。

不同栽植方式的细菌性病害发生程度差异较大，以直播田、抛秧的细菌性病害发生轻，机插和手插秧病害发生重。手插稻田的水稻细菌性病害丛发病率平均为 75.0%，机插稻田为 52.3%，直播田为 8.0%。手插稻田水稻株发病率为 21.0%，机插稻田为 8.0%，直播稻田为 1.7%。因此，尽量选择直播、抛秧或机插方式，不要或减少手插秧方式。

3. 合理施肥，科学管水

在施足基肥的基础上，实施配方施肥，依据实际土壤肥力水平进行氮、磷、钾合理搭配使用，增施磷肥、钾肥、有机微生物肥。大田基肥主推氮、磷、钾，三者的配比为 11∶5∶9 或 18∶9∶18 的水稻专用配方肥，或增施农家肥和钾肥。避免过多施用化肥特别是氮素肥料。实行浅水勤灌、干湿交替的管水方式，保持土壤通透性，协调稻田营养平衡，改变稻田土壤理化性质，控制稻苗贪青旺长，增强稻株抗病能力，减轻病害的发生。

4. 移栽期打送嫁药、收获后清洁菌源

疫情发生区在秧苗 3～4 叶期，移栽前 5～7d 各喷施 10% 三氯异氰尿酸或 20% 噻唑锌液进行预防；水稻收获后，及时清洁田间带菌稻草、稻庄等菌源。

（四）生物防治

伯克氏菌的几个无毒菌株对细菌性穗（谷）枯病菌有抑制作用。唐菖蒲伯克氏菌的无毒菌株和细菌性穗（谷）枯病菌一起接种水稻，几乎完全抑制穗（谷）枯病的发生（Miyagawa and Takaya，2000）。采用细菌性穗（谷）枯病菌的无毒菌株处理水稻种子，也能抑制细菌性苗腐病。筛选对穗（谷）枯病菌有拮抗作用的拮抗细菌进行生物防治是较理想的防治措施，荧光假单胞菌（*P. fluorescens*）、恶臭假单胞菌（*P. putida*）、洋葱伯克氏菌（*B. cepacia*）和芽孢杆菌（*Bacillus* spp.）是应用较多的类群。

（五）药剂防治

目前尚无针对细菌性穗（谷）枯病的有效防治手段，防治药剂较少且效果不好。常用次氯酸钙浸泡处理种子，防治效果为48%～59%；用春日霉素或铜混合剂在孕穗-抽穗时喷药保护植株。Hikichi等（1993）采用恶喹酸对水稻种子中的细菌性穗（谷）枯病菌进行除害处理，种子中病菌的存活率由92%降低到了3%。由于细菌产生自然抗性，已在美国等地陆续报道抗恶喹酸的水稻细菌性穗（谷）枯病菌。

研究采用抑菌圈法在室内进行生测，从24种药剂中筛选出9种对细菌性穗（谷）枯病菌有明显抑制效果的药剂，结合田间防效试验，获得了6种有效的防治药剂。其中45%代森铵AS防治效果达80%以上，可作为防治水稻细菌性穗（谷）枯病的首选药剂。30%琥胶肥酸铜SC、30%壬菌铜ME、30%王铜SC、50%氯溴异氰尿酸SP、2%春雷霉素AS的防治效果达70%以上，可作为备用药剂（高明瑞，2020）。20%噻唑锌、3%噻霉酮和40%春雷·噻唑锌对细菌性穗（谷）枯病也具有较好的防治效果。

作者经多年的室内和田间试验，目前防治水稻细菌性穗（谷）枯病的首选药剂为噻唑锌。另外，针对10多种杀真菌和杀细菌单剂及其相关复配组合，进行细菌性穗（谷）枯病菌颖壳伯克氏菌平板抑菌生长试验，获得了一些单剂和复配剂对颖壳伯克氏菌的抑菌中浓度，一些单剂和复配组合对颖壳伯克氏菌的抑制中浓度 EC_{50}（μg/mL）非常低，抑制生长效果非常好，可作为防控细菌性穗（谷）枯病的备选药剂或复配组合，见表2-18（未发表的资料）。

表 2-18　对水稻细菌性穗（谷）枯病菌抑菌中浓度较好的单剂及复配剂

药剂	配比	EC_{50}/(μg/mL)	药剂	配比	EC_{50}/(μg/mL)
中生菌素		15.83	噻霉酮		2.2
肟菌戊唑醇+氢氧化铜（专利）	1：9	29.66	专利：噻森铜+中生菌素	1：1	6.11
				3：7	6.30
				7：3	11.44
				1：9	6.42
咪鲜胺+氢氧化铜（专利）	3：7	31.95	专利：氧化亚铜+中生菌素	1：1	11.52
				3：7	7.57
				7：3	13.41
				1：9	3.78
氢氧化铜+中生菌素（专利）	1：1	14.29	中生菌素+噻霉酮	1：1	0.58
	3：7	8.00		3：7	0.13
	7：3	17.90		7：3	0.19
	1：9	5.87		1：9	0.21
				9：1	0.54
中生菌素+恶喹酸	1：1	10.95	/	/	/

第五节　水稻细菌性褐条病

一、病害发生与为害

（一）病害发生

水稻细菌性褐条病（rice bacterial brown stripe，RBBS）又称为水稻细菌性心腐病（简称褐条病、心腐病），主要引起秧苗叶片和叶鞘上的褐色条斑，并伴有早穗、高穗、畸形穗、不实率增加等症状，严重时会使水稻枯心而死。水稻细菌性褐条病主要分布于日本、菲律宾和中国，是中国南方双季稻区的常见病害，在浙江、江苏、福建、贵州、湖南、东北等省份均有发生（方媛等，2022）。该病害最早于1956年在日本九州由Goto和Ohata（1956）发现，中国最早报道该病是在1961年，中国台湾省发现疑似日本的病例（谢联辉，1997）。1973年，湖南、江西、浙江等发生疑似水稻细菌性褐条病，广东等地发现水稻细菌性心腐病（陈绍光，1983）。1975年，江西修水县发生百年特大洪水，雷国明（1975）在调查中发现，大面积水淹区的早稻田发生细菌性褐条病。2013年，在广西钦州市晚稻局部地区发生较重、损失较大（申荣萍和韦鸿雁，2015）。Huang（2018）报道，在四川、湖南、湖北、重庆等沿长江中游的老病区水稻细菌性褐条病大暴发，同时，东北稻区的辽宁、吉林多地，该病也发生严重，表明该病已扩展到我国多数稻区。

（二）病害为害

水稻细菌性褐条病的发生与气温高低、稻苗受淹程度、生育期及品种抗性等因素有关。侵害对象可包括幼苗、叶鞘、心叶、穗部、成株叶片等，且在水稻苗期至穗期均可能被侵害。

此病一般在早、中稻秧田期发生比较普遍，早稻本田期也常在江河两岸以及地势低洼等易涝地区造成严重危害。洪涝过后，受浸的稻田往往会引起发病（雷国明，1975；陈绍光，1983）。

在常见的水田中，感染水稻褐条病的病株率为20%～25%，病害发生严重，幼苗死亡率可达60%以上（Huang，2018）。2008年，广西合浦县发生连日暴雨，局部地区晚稻发生严重的细菌性褐条病，植株发病率高达56%，产量损失严重（黄向荣和刘暮莲，2009）。

孕穗期发病，苞叶（剑叶及叶鞘）不表现症状，但病菌在苞内繁殖，剥开苞叶微臭，有黄色黏状菌脓，造成"死孕穗"，即使抽穗，穗部也呈褐色弯曲，不实。发病轻的减产1～2成，重的则减产3～4成，见图2-25和图2-26。

图2-25　水稻细菌性褐条病症状

a：无土砂培盆栽自然发病；b：无土砂培盆栽人工接种发病（Li et al.，2011）；c：田间典型症状；d：叶鞘部菌脓积聚（Huang，2018）

图2-26　水稻细菌性褐条病的田间症状（Huang，2018）

二、病害症状与诊断

（一）病害症状

1. 水稻细菌性褐条病发病症状

（1）秧苗期

病原菌丁香假单胞菌黍致病变种（*Pseudomonas syringae* pv. *panici*）和燕麦食酸菌燕麦亚种（*Acidovorax avenae* subsp. *avenae*）引起的水稻细菌性褐条病在苗期症状基本相同，初在叶枕处出现水渍状褐色小点，然后沿中脉上下扩展成黄褐色至深褐色长条斑，可与叶片等长，边缘清晰。病叶凋萎枯黄，秧苗停止生长，严重时可造成植株枯死。

（2）成株期

1）普通型：褐条病最常见的典型症状。病原菌侵染节间已伸长的节部较老叶片，多从叶枕处侵入，先产生水渍状斑点，随后沿中脉向上扩展成黄褐色至深褐色长条斑，可到达叶尖；向下沿叶鞘中脊扩展成褐条，整个叶鞘部呈黄褐色水渍状腐烂，严重时叶片纵卷枯黄，稻苗生长停滞。

2）伸长型：病原菌侵入节间未伸长或尚在伸长的节部叶片，叶片和叶脊（脉）产生的症状与普通型基本相似，受害叶鞘基部的下一个节间显著伸长。发病的叶鞘多枯死腐烂，病叶常从叶鞘中部折倒而枯黄。

3）心腐型：病菌侵害刚伸长露尖的心叶，使幼嫩心叶发生腐烂，迅速向下扩展致使心腐。当心叶已伸出但未展开之前，病菌多从叶枕处侵入，向上沿中脉扩展成深褐色长条，向下扩展使幼嫩叶鞘腐烂，心叶青卷，随后变为褐色枯心。

用手挤压上述成株期3种症状类型的病组织，均可观察到菌液。发病严重的植株，一般认为丁香假单胞菌黍致病变种会产生鱼腥味，燕麦食酸菌燕麦亚种鱼腥味较轻。病株多在抽穗前枯死，能抽穗的常伴有早穗现象，叶穗畸形，小枝梗弯曲，谷粒不实。

（二）病害诊断

1. 病害症状诊断

水稻细菌性褐条病从苗期到穗期都有可能发生，根据该病的典型病征和病状进行初步诊断，参照申荣萍和韦鸿雁（2015）及方媛等（2022）的描述，具体步骤整理如下。

（1）检查稻苗枯死

苗期细菌性褐条病主要在秧苗1~4叶期发生，幼苗受侵，病叶凋萎枯黄，导致植株停止生长甚至枯死。

（2）观察典型叶部症状

苗期叶部症状特点是幼叶叶面和叶枕部出现褐色小斑，后扩展形成紫褐色长条斑。成株期叶部症状特点是初期叶片与叶鞘交界处产生水渍状褐色斑点，随后沿中脉上下延伸成长条状，最后全叶鞘呈现黄褐色水渍状腐烂，严重时叶片失水纵卷枯黄。或者叶鞘基部下一节间会有明显伸长，最终叶鞘大多腐烂枯死，病叶从叶鞘中部折断而枯黄。

（3）检查枯心

心腐是成株期细菌性褐条病的另一个典型表现。病菌从叶枕处侵入，先导致稚嫩心叶产生水渍状腐烂，再上下扩展为深褐色长条，致使幼嫩叶鞘腐烂，心叶青卷，逐渐变成褐色枯心。

（4）检查"闷死胎"

病株大多在抽穗前枯死，少数存活下来的病株常提早抽穗。孕穗期穗苞染病导致穗早枯，穗颈异常伸长，小穗梗淡褐色且弯曲畸形，谷粒呈褐色，不实，部分稻穗或还未伸长就从剑叶叶枕下破叶鞘而出，或裹在叶鞘内成"闷死胎"。

（5）菌脓观察与气味

显症后的稻株，组织均极易折断，用手挤压会溢出乳白色至淡黄色菌脓，病部组织有腥臭味。发病中后期，病田大面积发病时有腥臭味。

2. 病原诊断

对于植物病原细菌的鉴定，一般先通过病原菌的致病性、形态特征、培养性状、生理生化反应等传统方法对其进行初步鉴定，然后再结合分子鉴定，如 16S rDNA、ITS，以及保守基因系统进化分析等（详见本章第一节）。

由于存在两种病原菌的可能性，我国学者在世纪之交，对水稻细菌性褐条病的病原进行了系统鉴定。谢关林等（1998）、徐丽慧等（2008）采用 Biolog 微生物自动鉴定系统和脂肪酸甲酯（FAME）分析，初步明确华东地区水稻细菌性褐条病的病原为 *A. avenae* subsp. *avenae*。台湾省的 Lai 和 Huang（2018）采用 API 20NE 微生物生化鉴定系统对台湾水稻细菌性褐条病病原菌进行鉴定，首次报道了台湾省水稻细菌性褐条病病原为 *A. avenae* subsp. *avenae*（现为 *Acidovorax oryzae*）。

三、病原学

（一）病原

1. 学名和译名

目前，对水稻细菌性褐条病的病原尚有争议，普遍认为该病的病原菌有两种。一种认为是燕麦食酸菌燕麦亚种（*Acidovorax avenae* subsp. *avenae*，简称 Aaa），属于食酸菌属细菌，在金氏培养基上无荧光，其发病组织没有恶臭气味。鉴于燕麦食酸菌燕麦亚种具有包含可引起麦类细菌性褐条病和水稻细菌性褐条病的两种病原，Schaad 等（2008）建议将其中引起水稻细菌性褐条病的病原物确立为新种 *Acidovorax oryzae* sp. nov.，中文译名为水稻食酸菌新种。目前，两个学名及译名都有使用，下文采用新命名 *Acidovorax oryzae* sp. nov.。另一种认为是丁香假单胞菌黍致病变种（*Pseudomonas syringae* pv. *panici*），在 King's 培养基上有荧光，其发病的水稻组织具有恶臭味，与细菌性褐条病病症吻合（Huang，2018；傅强和黄世文，2019）。

2. 分类与命名沿革

水稻细菌性褐条病自 1956 年被发现以来，其病原菌的命名经历了多次演变（Goto and Ohata，1956）。目前，在水稻细菌性褐条病病原菌方面普遍认为有两类病原，分别是 *Acidovorax oryzae* 和 *Pseudomonas syringae* pv. *panici*。

（1）*Acidovorax oryzae*（曾用 *A. avenae* subsp. *avenae*）的命名沿革

1956 年日本研究人员首次报道了该病害（Goto and Ohata，1956），病原菌被鉴定为 *Pseudomonas avenae*。1992 年细菌分类系统调整，假单胞菌属（*Pseudomonas*）中的非荧光菌独立出来形成多个属，其中 *P. avenae* 被归入食酸菌属（*Acidovorax*），并被命名为燕麦食酸菌燕麦亚种（*Acidovorax avenae* subsp. *avenae*）（Willems et al.，1992）。2008 年，Schaad 等建议将燕麦食酸菌燕麦亚种中引起水稻细菌性褐条病的病原物确立为新种 *Acidovorax oryzae* sp. nov.，中文译名为水稻食酸菌新种。

　　水稻细菌性褐条病菌 *Acidovorax oryzae* 的分类地位（基于 NCBI）：细胞生物（cellular organisms）；细菌（bacteria）；假单胞菌门（Pseudomonadota）β- 变形菌纲（Betaproteobacteria）伯克氏菌目（Burkholderiales）丛毛单胞菌科（Comamonadaceae）食酸菌属（*Acidovorax*）水稻食酸菌（*Acidovorax oryzae*）（先前为 *Acidovorax avenae*）或 *Acidovorax oryzae* sp.（先前为 *Acidovorax avenae* subsp. *avenae*）。

（2）*P. syringae* pv. *panici* 的命名沿革

　　1961 年，Goto 和 Ohata 报道了在台湾省发现的水稻细菌性褐条病，其病原起初鉴定为 *P. setariae*。随后的系统命名认为病原应为 *P. panici* (Elliott)，中文译名为黍假单胞菌（Goto，1964）。*P. panici* (Elliott) 最早于 1923 年第一次从黍上分离得到，当时被命名为 *Pseudomonas panici*，1947 年又被命名为 *Xanthomonas panici* (Elliott 1923) Savulescu 1947。1978 年，该菌重新归于 *Pseudomonas*，被更名为 *P. syringae* pv. *panici* (Elliott 1923)，中文译名为丁香假单胞菌黍致病变种，沿用至今（Young et al.，1978）。

　　水稻细菌性褐条病菌 *Pseudomonas syringae* pv. *panici* 的分类地位（基于 NCBI）：细胞生物（cellular organisms）；细菌（bacteria）；假单胞菌门（Pseudomonadota）γ- 变形菌纲（Gammaproteobacteria）假单胞菌目（Pseudomonadales）假单胞菌科（Pseudomonadaceae）假单胞菌属（*Pseudomonas*）丁香假单胞菌群（*Pseudomonas syringae* group）丁香假单胞菌基因组复合群-1（*Pseudomonas syringae* group genomosp. 1）丁香假单胞菌（*Pseudomonas syringae*）丁香假单胞菌黍致病变种（*Pseudomonas syringae* pv. *panici*）。

（3）我国对两类水稻细菌性褐条病病原的鉴定

　　从上述病原菌的鉴定和命名沿革可以看出，水稻细菌性褐条病的病原可能存在两种类型，日本水稻细菌性褐条病病原为 *A. avenae* subsp. *avenae*，中国台湾病原为 *P. syringae* pv. *panici*。

　　我国最早报道该病是在 1975 年，江西省修水县发生百年特大洪水，大面积水淹区的早稻田发生细菌性褐条病（雷国明，1975），随后在我国南方多地报道此病（洪剑鸣等，1983；段永平等，1986；孙艳梅等，2008；徐丽慧等，2008；Huang，2018）。我国学者对中国发生的水稻细菌性褐条病的病原也认为是两种病菌。洪剑鸣等（1984）认为是黍假单胞菌 [*P. panici* (Elliott) Stapp 或 *P. syringae* pv. *panici* (Elliott)]，这种观点也见于教科书和部分研究论文（李俊平和朱文华，2003；洪剑鸣等，2006）。陈绍光（1983）、段永平等（1986）通过对几种有关细菌的致病性，细菌学性状和 DNA 中 G+C 含量的比较研究，认为发生在我国的水稻细菌性褐条病是由 *Pseudomonas avenae* Manns 引起的，即后来的 *A. avenae* subsp. *avenae*。谢关林等（1998）通过形态、分子鉴定，确认浙江分离株为 *A. avenae* subsp. *avenae*。通过批量分析田间水稻细菌性褐条病样品分离物，推断我国尚未见由 *P. syringae* pv. *panici* 引起的水稻细菌性褐条病病原鉴定报告（徐丽慧等，2008）。

　　有趣的是，2018 年 Huang（2018）对我国多地暴发的水稻细菌性褐条病的病原进行系统分析，鉴定结果为 *P. syringae* pv. *panici* (Elliott)。巧合的是，同年台湾省学者 Lai 和 Huang 首次报道在台湾省发现 *A. avenae* subsp. *avenae*（即后来的 *Acidovorax oryzae*）引起水稻细菌性褐条病（Lai and Huang，2018）。

（二）病原形态特征

1. *Acidovorax oryzae* 的菌落特征

　　菌体为短杆状，大小为 0.9～2.5μm×0.5～1.0μm。不形成芽孢和荚膜，具极生鞭毛 1 根，革兰氏阴性（Kadota and Ohuchi，1990）。在琼脂培养基上菌落圆形、隆起、边缘整齐、半透明、表面光滑、无荧光。菌落对光观察略带虹色光彩。

2. *Pseudomonas syringae* pv. *panici* 的菌落特征

　　菌体单细胞短杆状，两端钝圆，大小为 1.5～2.5μm×0.5～0.8μm。具极生鞭毛 1～5 根，多为 1 或 2 根，能游动、好气性、无芽孢、无荚膜、革兰氏染色阴性，在肉汁胨琼脂平板培养基上菌落圆形、灰白色隆起、表面平滑、有光泽、半透明、不产生褐色素、有荧光。菌落对光观察有明显的同心圆。在胁本哲氏培养基、金氏 B（King's 或 KMB）培养基上生长迅速。

（三）病原的生物学特性

A. oryzae（当时命名为 *P. avenae*）在平板稀释培养时，生长的最低温度为 11～12℃，最高温度为 43℃，最适温度为 25～32℃。pH 小于 5 或大于 9.8 时不能生长，以 pH 6.8～7.8 时生长最佳（陈绍光，1983）。*P. syringae* pv. *panici*（当时仍用 *P. panici*）生长的最低温度为 2～6℃。在逆境适应方面，前者耐受高温（41℃）的能力强，而后者耐盐性较强。低温处理，后者还有冰核效应（段永平等，1986）。

在碳源利用方面，*A. oryzae*（当时为 *P. avenae*）和 *P. syringae* pv. *panici*（当时仍用 *P. panici*）两类菌都能利用葡萄糖、半乳糖、甘露醇、甘油、木糖、果糖、棉子糖、山梨醇、甘露糖、丙二酸盐，后者还可以利用蔗糖、肌醇、阿拉伯糖，两者都不能利用水杨苷、麦芽糖、乳糖、糊精、鼠李糖（段永平等，1986）。

在生理生化反应方面：在葡萄糖氧化/发酵试验（O/F 试验）、接触酶检测、吐温 80 水解、淀粉水解、Fermi 氏培养液、Uschinsky 培养液等检测中，两类菌表现一致，均呈阳性反应；石蕊牛乳测试表明，能产碱、胨化、还原，都能使烟草产生过敏性反应。在 MR 试验、V-P 试验、Cohn 氏培养液、卵磷脂酶检测、硫酸盐呼吸、吲哚产生方面，都表现为阴性反应。均能使明胶液化，*P. syringae* pv. *panici* 的能力更强。在产气方面，两者均能产生氨（NH_3），但前者能产生 H_2S，后者不能。前者的氧化酶、精氨酸双水解酶、硝酸还原测试均为阳性，而后者均为阴性。前者不产果聚糖，后者可以。

（四）寄主范围

病原菌 *A. oryzae* 和 *P. syringae* pv. *panici* 能引起水稻、稗、玉米、燕麦、甘蔗、稷（*Panicum miliaceum*）、大看麦娘（别名狐尾草）（*Alopecurus pratensis*）等植物发生病害。水稻、甘蔗和稗可自然感病，人工接种还可侵染黍、粱（*Setaria italica*）、大麦（*Hordeum vulgare*）、李氏禾（*Leersia hexandra*）和狗牙根（*Cynodon dactylon*）。

早在 20 世纪 80 年代，我国学者陈绍光（1983）、段永平等（1986）已经观察到，同一种名不同来源的 *A. avenae* subsp. *avenae* 菌株（原称 *P. avena*），对不同植物的致病力有明显差异，这也是后来 Schaad 等（2008）提议建立新种 *Acidovorax oryzae* sp. nov. 的依据之一（Schaad et al., 2008）。

（五）侵染循环

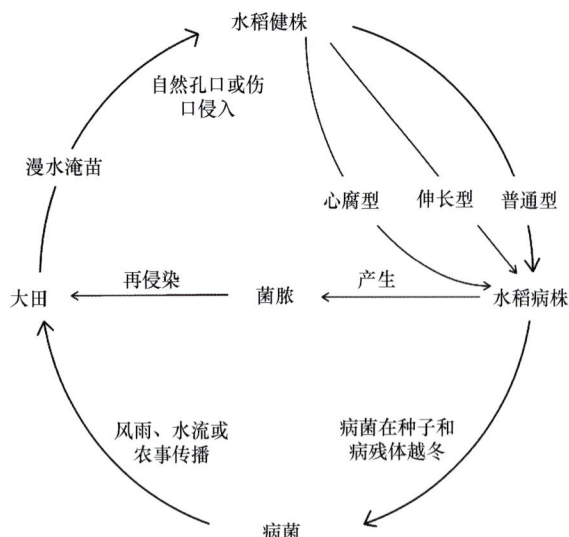

图 2-27　水稻细菌性褐条病侵染循环示意图（周健平　提供）

1. 初侵染源

两种病原菌均在病残体或种子上越冬，病株残体、病田土壤和病田种子均可带菌越冬而成为初侵染源（陈绍光，1983；Shakya et al., 1985；Xie et al., 2011）。侵染循环见图 2-27。

2. 传播途径

带菌稻种可远距离传播该病。田间稻苗的第一片真叶即可发生明显症状，溢出的菌浓随雨水、灌溉水传播，扩大蔓延，菌脓也可借农（机）具、牛、鸭等动物传播，形成再侵染。

3. 侵入途径

病菌主要从稻苗各个部位的伤口或自然孔口侵入，在薄壁组织的细胞间隙繁殖扩展。稻田淹浸是该病发生的主要诱因。

（六）病原致病机制

在两种菌上有关水稻细菌性褐条病致病机理方面的研究都不多。目前，国内主要以 *A. oryzae* 为研究对象，开展致病基因的鉴定和致病系统研究（方媛等，2022）。

1. *A. oryzae* 致病因子

与其他食酸菌的致病机制相似，水稻细菌性褐条病菌致病过程中有各种致病生化因子参与，已证明多个大分子分泌系统、效应子、胞外多糖、脂多糖、水解酶类、蛋白酶及各种毒素均参与了 *A. oryzae* 的致病作用。

（1）Ⅲ型分泌系统及其效应子

目前，研究已经证明 *A. oryzae* 的Ⅲ型分泌系统（T3SS）和Ⅲ型效应子是其关键致病因子。Masum（2019）通过对 *Ao* RS-2 菌株 *hrp* 基因簇多个基因的突变研究，表明 T3SS 参与 *Ao* 菌株 RS-2 中的细菌致病性、生物膜形成、细菌游动性和 EPS 的产生等。在 *A. oryzae* 的 T3SS 及其 T3SE 方面的研究不多，可参考、借鉴相近的同属西瓜食酸菌（*Acidovorax citrulli*）的研究进展（Jiménez-Guerrero et al.，2020）。

西瓜食酸菌基因组中含有较为完整的 *hrp* 基因簇，以及Ⅲ型分泌系统调控的核心基因 *hrpG* 和 *hrpX*（Zhang et al.，2018）。在表达调控机制上，西瓜食酸菌与黄单胞菌属于一类，即 Group Ⅱ。HrpX 在两菌中高度相似，同属 AraC 家族转录调控因子都通过对含 PIP 框启动子的结合控制下游基因表达。杨琳琳（2019）首先研究证实西瓜食酸菌 T3SE 效应子 Ace0201 和 Ace1242 均能通过抑制活性氧（ROS）爆发抑制烟草 PTI 反应；张晓晓（2018）通过检测外泌功能鉴定到 Ace1，发现该蛋白通过影响 ROS 爆发和胼胝质沉积从而影响 PTI 途径；Jiménez-Guerrero 等（2020）通过无毒基因报告系统，检测验证了 7 个具有 PIP 框保守序列的 T3SE；Zhang 等（2020c）研究发现，AopN 是一个既能抑制 PTI 又能激活 ETI 的效应子；Zhang 等（2020d）从西瓜食酸菌鉴定到一个新的效应子 AopP，发现该蛋白可以靶向 WRKY6，抑制 ROS 爆发和降低水杨酸（salicylic acid，SA）含量，遏制 PTI 反应，增强对宿主的毒力；陈宝强等（2023）证明，西瓜食酸菌的 AopW 为Ⅲ型分泌系统分泌的 Harpin 蛋白，其与烟草互作中可以触发植物 PTI 和激素抗病信号通路并引发细胞坏死，是否可以作为免疫蛋白应用于植物病害防控，有待进一步研究。

（2）Ⅵ型分泌系统及其效应子

Ⅵ型分泌系统（T6SS）是新发现的细菌分泌系统，目前有关 T6SS 影响细菌毒力的报道不多，在植物病原细菌中的作用尚不十分清楚。单长林（2014）在研究 T6SS 的效应子 VgrG 蛋白时，通过同源重组敲除特定的基因从而获得水稻细菌性褐条病菌的突变体，证明了可通过调控 T6SS 的 VgrG 蛋白来控制水稻细菌性褐条病菌的致病性。Zhang 等（2017b）也对 T6SS 的脂蛋白 ClpB 的功能进行了研究，发现 *clpB* 基因被敲除后能够严重影响水稻细菌性褐条病菌 RS-1 菌株的生长、毒力和 EPS 合成，充分说明它在病菌的致病过程中发挥了重要作用。杨樱子（2017）和 Masum 等（2017）进一步证实了 T6SS 中 *pppA*、*clpB*、*hcp*、*dotU*、*icmF*、*impJ* 和 *vgrG* 等基因可能通过减少 Hcp 蛋白的分泌起到减弱毒力的作用，初步揭示了 T6SS 在水稻细菌性褐条病菌致病机制中的作用。

（3）胞外水解酶类

水稻细菌性褐条病菌在生命活动中会产生各种不同的胞外酶，进入胞外基质中，包括蛋白酶、胞外磷脂酶、纤维素酶、果胶酶、淀粉酶等降解酶，这些降解酶通过降解植物原有的抗侵染物理屏障在摄取寄主营养中起到非常重要的作用。

（4）胞外多糖

胞外多糖有助于细菌吸附于寄主上并吸收其营养，也有助于抵抗干旱环境，同时也是毒力因子之一。邱慧（2014）在研究水稻细菌性褐条病菌 *clpB* 和 *impM* 基因的致病性及氧胁迫条件下全蛋白的表达分析时也发现，褐条病菌胞外多糖的含量增加会使其致病性增强。胞外多糖与细菌致病性之间有着密切的联系，作为重要的致病因子，胞外多糖的致病机制可能是：黏稠的胞外多糖堵塞维管束的运输道路，干扰寄主的免疫识别，提高菌体的侵染性和降低寄主植物的抗性。

（5）生物被膜

生物被膜（简称被膜）是细菌的一种具有保护性的生长模式，是细胞间相互协调作用的复杂的多细胞群体，结构和代谢复杂；形成生物被膜的黏附细菌群也可以释放出生长迅速的浮游细菌，是潜在的"菌巢"（Hall and Mah，2017）。研究发现，无论是在人工条件还是在自然条件下，水稻细菌性褐条病菌都倾向于形成细菌生物膜而不是成为浮游细菌。生物膜是细菌性褐条病菌为了更好地适应自身所处的环境所形成的。在生物膜上存在的一些胞外基质如脂类、磷脂、蛋白质、DNA、RNA、多糖等使其可以附着于生物或非生物的表面，并聚集成群。生物膜就是细菌性褐条病菌抵抗外界不良环境的天然屏障，这使得病菌在侵害生物体时对寄主的防御系统具有天然的抵抗力，所以生物膜在水稻细菌性褐条病菌侵染植物体并完成病害循环中起到极其重要的作用。

2. *A. oryzae* 致病机制

与其他植物病原细菌相似，水稻细菌性褐条病菌的主要致病系统包括：Ⅲ型和Ⅵ型分泌系统及其效应子、胞外酶、胞外多糖、脂多糖、鞭毛、菌毛以及毒素等。当水稻细菌性褐条病菌入侵植物组织后，通过Ⅲ型分泌系统将效应蛋白输入寄主细胞，抑制植物免疫反应和抗病反应，从而逃避寄主植物的攻击。同时，病菌依靠Ⅵ型分泌系统在微生态位竞争中发挥重要作用，通过分泌胞壁降解酶、毒素等物质破坏植物细胞的细胞壁、细胞膜等方式导致植物发病。在与植物相互作用中，胞外多糖、脂多糖发挥干扰植物免疫识别、抵抗氧爆或抑菌物质的伤害等作用。生物被膜在细菌侵入前的附生阶段、定植后的潜育阶段发挥作用，增强菌群对抗生素、杀菌剂以及植物免疫、防卫和抗病反应的耐受能力（Hall and Mah，2017）。

四、种质资源抗病性

（一）水稻抗病性鉴定技术

1. 抗性检测方法

（1）穿刺接种法

水稻培育至 2 叶 1 心期接种。将供试菌株活化、在 NA 平板上 28℃恒温培养 48h，用菌苔配制菌液，也可以在 28℃恒温液体中培养 36～48h。用无菌水稀释菌液，至浓度为 9×10^{8}CFU/mL。将 3 号昆虫针两根捆在一起，蘸取菌液，刺入水稻基部叶鞘。置于 28℃温室培养，其间观察、记录病情，接种 8～12d 后统计发病情况（陈绍光，1984）。

不同水稻品种、不同温湿度条件下，田间发病进程可能不一样，最后的观察日期要根据发病进程而定，避免烂苗，无法记录实验结果。

（2）菌液注苞法

水稻培育至孕穗末期接种。用 5mL 注射器、4.5 号针头，吸取浓度为 6×10^{8}CFU/mL 的菌液，刺入苞内，每苞注入菌液 0.2mL。在 28℃培养，接种 8～12d 后统计发病情况（陈绍光，1984）。

（3）菌液淹苗法

采用秧盘育苗，水稻培育至2叶1心期接种。根据参试稻苗的数量，菌液稀释至6×10⁸CFU/mL，将菌液淹没秧盘中的秧苗62h，转入28℃温室培养，其间观察、记录病情，接种8～12d后统计发病情况（陈绍光，1984）。

（4）菌液浸种法

种子经消毒、催芽后，选择出芽较为整齐一致的种子，用$OD_{600}=1$（菌体浓度大约为$10^9CFU/mL$）的菌液浸种2h。将种子点播在灭菌的珍珠岩中，每个处理4盆，每盆播种25粒种子，试验独立重复2次。放置培养箱中（30℃光照18h，23℃黑暗6h）培养，其间向培养箱中加入适量水保湿，10d后观察发病情况，测量并记录株高、根长和出苗率，统计分析结果（Li et al.，2011）。

2. 水稻细菌性褐条病的抗性分级

采用不同方法进行抗病性测定的结果表明，菌液淹苗的结果与田间自然发病情况相符，而穿刺接种却不尽相同。究其原因，可能是在穿刺接种的情况下，寄主的抗侵入系统遭到破坏，所体现的差异主要是抗扩展的差异，因而不能反映品种的全部抗病性；而菌液淹苗所体现出来的差异包括寄主的抗侵入和抗扩展在内的总差异，而且这一鉴定方法采用的淹苗条件与田间发病时的生态条件相近，所以鉴定的结果更接近品种在田间所展现出来的抗病性。因此，采用菌液淹苗的方法鉴定水稻对细菌性褐条病的抗病性比较合适（陈绍光，1984）。菌液淹苗法接种评价水稻对细菌性褐条病抗性的病情分级见表2-19。

表 2-19 水稻细菌性褐条病病情级别

病情级别	病情描述	抗性级别（淹苗法）
0 级	无症状	免疫
1 级	病斑长度小于叶片、叶鞘总长度的 1/10	高抗
3 级	病斑长度小于叶片、叶鞘总长度的 1/4	中抗
5 级	病斑长度在叶片、叶鞘总长度的 1/4～1/2	中感
7 级	病斑长度在叶片、叶鞘总长度的 1/2～3/4	感病
9 级	病斑长度大于叶片、叶鞘总长度的 3/4 或病叶凋萎即将枯死（包括枯心）	高感

注：参照陈绍光（1984）的文献

（二）水稻细菌性褐条病抗病品种与抗病资源

陈绍光（1984）采用菌液淹苗法，初步鉴定水稻品种对细菌性褐条病的抗性。抗性品种为温选青、南粳15、金围矮、谷农矮13、红410等；高感品种为窄青叶8号、金刚30、竹系26；感病品种为原丰早、二九青、GB-910、珍珠矮、IR8、IR26、珍龙13、广陆矮4号；中感品种为竹莲矮、汕优3号、V20A×窄叶青8号、湘矮早7号、湘矮早9号、74-144、珍籼97A×IR2588；中抗品种为GB-929、桂朝13、74-105、79-1163、V优6号。

五、病害发生条件

水稻细菌性褐条病发生与否、发病的轻重，与稻苗受淹程度、气温高低、稻株生育期和长势、品种抗性等有关。一般来说，稻苗受淹是病害发生与否和危害程度的重要条件。淹水不但有利于病菌的传播，而且稻苗受淹后，光合作用减弱或停止，生理活动紊乱，削弱了抗病力。水流的冲刷造成稻苗伤口，同样有利于病菌侵染。水稻细菌性褐条病在有菌源的情况下，一旦淹水，无论是秧田还是大田，一般都有发生病害的可能。

（一）菌源充足

初侵染源为外来的杂交稻带菌种子，以及本地染病的常规稻种、稻草等。病原细菌可在种子、稻草和禾本科杂草寄主上越冬，如感病稗在自然条件下率先发病，然后侵染稻株并引起水稻发病。该病在秧田发病后，随秧苗移栽迁移至大田。病原菌积累，为当年细菌性褐条病的发生提供了足够的菌源条件。

（二）气象因素

雨量偏大、台风等，造成排涝不及，稻田串灌或淹苗，是重要的发病诱因。在华南地区，高温、高湿、阴雨天气有利于发病。但是，有时温度偏低也是发病的诱因，早稻本田期多发生在偏低温度的水涝后，而晚稻本田期极少发生，表明该病的发生与温度偏低关系密切。

（三）淹水时间过长

病害发生轻重与稻苗受淹程度有关，受淹时间越长，淹水越深，发病越严重。大水淹没稻株是该病发生与流行的根本条件，淹水超过24h就有可能形成侵染，如有伤口，被感染的时间会缩短。由于淹水，植株呼吸作用严重受阻，生理机能失调，降低了抗逆性，同时大水冲击植株，造成许多伤口，便于病菌侵入。该病一般在稻株受淹后5～8d开始出现症状。

（四）管理措施不到位

苗床发病的原因：一是床面长时间处于高温状态；二是床面保水及秧苗淹水时间较长。水稻细菌性褐条病的发病高峰期一般在秧苗长出3叶以后，首先在叶片或叶鞘上产生水浸状小点，后变为紫褐色条斑，并逐渐向两端延伸，最后与叶片等长，同时病斑表面常有菌脓泌出。

大田稻苗长势方面，淹水时氮肥过多，过于嫩绿的稻苗比生长正常的健壮稻苗发病重。偏施重施尿素、高氮复合肥等，造成氮、磷、钾施肥比例失调，有机肥施用偏少。稻丛贪青、荫蔽、叶片披垂，通风透光性差，田间湿度大，稻株体内蛋白质等有机物大量降解，游离氨基酸和可溶性糖含量增加，叶片气孔、水孔开张度较大，皆有利于病菌传播扩散。

发病初期，如果不能准确诊断，在防控方面就会错失良机。加上用药不准、施药不及时等，都可能导致该病大流行。

（五）发病特点

水稻细菌性褐条病是非常发病害，具有突发性，2018年在我国多个省份暴发，造成很大的经济损失（Huang，2018）。

矮秆品种、杂交水稻发病重于高秆品种和常规稻。同类型的不同品种，其抗病性也有差异。同一品种的不同生育期抗病性也不一样，一般秧苗期发病重于本田期，本田期又以分蘖期最易感病。

六、病害防治

（一）加强种子管理及消毒工作

带菌种子是该病害传播的主要途径，杜绝引种带菌稻种，从根源上减少病原基数。同时做好种子消毒工作，培育无病壮秧，能有效减轻细菌性褐条病的发生，可选用三氯异氰尿酸浸种消毒。

（二）铲除田间越冬杂草，及时处理病株

该病菌不仅能在残茬和自生稻上存活，也在多种杂草上寄生，铲除越冬寄主和杂草是控制田间菌量的主要途径。在秧田期，及时发现并剔除病苗也是控制该病害流行的方法。

（三）做好农田基本建设，积极防汛抗台治涝

防治任何一种作物病害，做好农田基本建设是首要任务。开展小流域治理，控制地表径流，改善并加固水利排灌管网，疏浚沟渠，优化地面排涝和灌溉系统配套，保障农田灌溉水出流畅通。灾后进行农业恢复生产自救，实施河道水网清淤除杂行洪，修复水毁防洪工程，增设暗管及明沟、鼠道或缝沟等辅助性农田排水设施，避免长期滞水或禾苗被洪水淹没。一旦稻田淹没，就要立即排水晒田，防止病害发生、流行。

（四）加强农业防治和田间管理

合理搭配施用有机肥，控制氮肥用量，适时适度露晒稻田，及时处理病稻草等，均能降低病害发生程度（周扬等，2016）。

增施有机肥，平衡氮、磷、钾养分，三者施肥比例为15:6:9，提高水稻的抗逆性，切勿偏施、重施、迟施氮肥。大田适时适度露晒田，可抑制病原菌繁殖，减少稻株体内游离氨基酸含量，促进有效分蘖，提高水稻植株抗性。秧田期防止串灌、漫灌和淹苗，始病田首要是排水耘田追肥。台风暴雨过后，受淹田块应尽快导洪排涝降墒，扶苗洗苗再喷施磷酸二氢钾等叶面肥；每亩病田均匀撒施石灰或草木灰15~20kg诱发新根；适当追施速效氮肥，促进稻株恢复生长和新的分蘖（申荣萍和韦鸿雁，2015）。

淹水过后的田间管理是控制病害的关键，一旦洪水退后，应立即排水，撒施石灰、草木灰，控制病害扩展，促进稻根再生；当新稻根出现时，抓紧追施速效氮肥，促进稻株恢复生长，减少损失。

（五）生物防治与化学防治

水稻细菌性褐条病的病原菌是一种弱寄生菌，在植株正常生长的情况下再次侵染力不强，流行比较短暂。可以通过拮抗菌的微生态位竞争，减少病原进入稻株定植的机会。在发病初期，或者淹水过后，及时施用生防菌或生物源药剂，可以减少化学农药的施用量。

目前，已经筛选到多种可有效拮抗水稻食酸菌的拮抗菌，如解淀粉芽孢杆菌（*Bacillus amyloliquefaciens*）（Masum et al.，2018）、侧孢短芽孢杆菌（*Brevibacillus laterosporus*）（Kakar et al.，2014）。在生物源药物的发掘方面，杨春兰（2015）发现壳聚糖对水稻细菌性褐条病具有明显的抑制作用；Dong 等（2016）研究发现喜树碱对水稻细菌性褐条病菌的细胞活性和游动性抑制作用较为显著，对病菌的细胞结构具有明显的破坏作用。在应用噬菌体控制水稻细菌性褐条病方面，王丽（2016）获得了一株高效价、潜伏期短的噬菌体。防控试验结果表明，噬菌体在病害感染初期应用有较好的防治效果。在纳米农药研发方面，Ahmed 等（2021）成功合成壳聚糖-镁纳米复合材料（chitosan-magnesium nanocomposite），能显著抑制 *A. oryzae* 的生长。该纳米制剂的颗粒大小为29~60nm，呈球状体。超微结构分析表明，该纳米材料能对细菌的细胞壁造成损伤，从而抑制细菌的生长，大田药效试验正在进行中。

在必要的情况下仍需适当施用化学农药才能快速控制病害。可防治水稻细菌性褐条病的化学药物主要有春雷霉素、申嗪霉素、氯溴异氰尿酸、三氯异氰尿酸、噻霉酮、噻唑锌、无机铜制剂（如氧化亚铜）和有机铜制剂（如噻菌铜）等。对于已经发病的农田，要依据发病情况轮换、单用或者混合使用高效对口农药，可供选择的药剂有喹啉铜、50%氯溴异氢尿酸（独安定）等。秧田期发病，用20%噻森铜 SC 100~125g/亩，兑水喷雾，秧苗3叶期和移栽前5~7d各防治1次。在本田发病始期，用20%噻菌铜 SC 320g/亩或46%氢氧化铜 WG 40g/亩，兑水 60kg 喷雾，隔7~10d再喷1次药，事先排干积水，直接将药液喷到稻丛心叶基部。施药后如遇降雨，雨后应及时抢晴补喷1次。

第六节　水稻细菌性褐斑病

一、病害发生与为害

（一）病害发生

水稻细菌性褐斑病（rice bacterial brown spot disease）早在 1952 年于我国东北三省就有发生记载，1955 年 Klement 氏称为水稻 Bruzone 病，胡吉成和白金鎧（1960）对该病害病原进行分离及鉴定，发现与 Klement 氏在匈牙利报道的水稻细菌性病害的病原相似，对此将该病害命名为"水稻细菌性褐斑病"。同年，方中达和任欣正（1960）在浙江省杭州地区发现一种水稻细菌性新病害并对其进行研究，推测该病害可能是从东北随稻种传播到浙江地区。随后其他水稻栽培国家也发现此病，该病害在世界多个水稻产区均有发现和一定分布（Ou，1985）。

水稻细菌性褐斑病是寒地水稻栽培过程中很容易发生流行的一种常见病害，在我国东北稻区为常见病害，其他稻区为偶发病害（Peng et al.，2022）。

（二）病害为害

水稻细菌性褐斑病在东北三省不同地区一直有不同程度的发生，发病率一般为 20%～30%，重时可达 100%。水稻细菌性褐斑病是寒地稻作区发病危害仅次于稻瘟病的第二大病害，一般减产 5%～10%，重的减产 20% 左右（胡吉成和白金鎧，1960；李贵霞和李贵昌，2011；姜秀彬，2013）。该病不仅严重影响水稻产量，还造成水稻品质下降（Peng et al.，2022）。

二、病害症状与诊断

（一）病害症状

水稻细菌性褐斑病主要发生在叶片、叶鞘、穗部。水稻苗期感染该病害时，叶片会出现水浸状小斑点，之后形成褐色小点，开始主要在水稻剑叶尖端叶缘周围发生，后期严重时褐色坏死病斑向叶片下端扩散，感病严重的叶片发黄干枯。水稻成熟期感染该病害时，水稻剑叶尖端叶片上会出现纺锤形或不规则形褐色小病斑，随后褐色小病斑逐渐变大形成褐色坏死，病斑中心呈灰褐色，边缘出现黄色晕圈，严重时病斑融合形成局部褐色坏死，导致叶片部分发黄（胡吉成和白金鎧，1960）。叶鞘受害多发生在待抽穗的幼苗穗苞上，症状常为褐色点状，病斑融合成中央灰褐色，组织坏死，剑叶发病严重时植株无法抽穗，导致水稻产量受到影响。已抽穗的植株受损部位多数位于新抽穗的颖壳上，初期形成褐色小点，发病严重时整个颖壳变为褐色，病原菌深入稻谷粒中，导致水稻作物受损减产（李俊等，1998；佟立杰等，2015）。

（二）病害诊断

1. 病害症状诊断

根据上文"病害症状"进行初步判断。水稻细菌性褐斑病与常见水稻病害的区别：水稻细菌性褐斑病和稻瘟病的症状十分相似，但是两种病害的发病条件不同。稻瘟病有着更为严格的温度和湿度要求，达不到相应的温湿度通常不会引发病害；细菌性褐斑病的发病要求相对较低。水稻细菌性褐斑病和稻瘟病的发病部位不同，稻瘟病主要表现为叶部出现危害，一般从叶片的中央开始向外逐渐扩展，而细菌性褐斑病则是从叶尖开始。两种病害病斑形状不同，稻瘟病属于条形病斑，急性发病的在病斑上会形成一层霉菌。慢性发病的通常不会出现坏死病斑。细菌性褐斑病在叶片上通常不会出现坏死点。两种病害的发病时间不同，稻瘟病以穗部发病为主，多发生在水稻乳熟期，细菌性条斑病则发生在抽穗期。水稻细菌性褐斑病与胡麻斑病的症状有些相似，但也存在一定差异。胡麻斑病一般不形成连片的病斑，而细菌性褐斑病往往会在叶表面形成连片的枯死病斑。胡麻斑病的中心不存在坏死组织，细菌性褐斑病的中心存在坏死病变。危害穗部之后，两种病害的发生时间也存在一定的差异性。胡麻斑病的发生时间通常集中在乳熟后期，而细菌性褐斑病主要集中在穗期（杨江山，2021），见图 2-28。

图 2-28　水稻细菌性褐斑病症状

a：田间早期症状；b：田间接种症状（喷雾法，14pdi）（Peng et al.，2022）；c：苗床症状（寒地水稻栽培技术推广协会）；d：田间重症叶片症状

2. 病害分子诊断

（1）病原菌的 16S rDNA 或 ITS 序列分析

以细菌 16S rDNA 通用引物对 27r/1541r（AGAGTTTGATCCTGGCTCAG/AAGGAGGTGATCCAGCCGCA）对疑似病原的基因组 DNA 进行 PCR 扩增，经电泳检测获得长度约为 1500bp 的 DNA 片段。回收该片段进行 DNA 测序，得到 16S rDNA 序列，采用 MEGA 软件构建系统发育树（Peng et al.，2022）。

原核生物 rDNA 的内在转录间隔区（internal transcribed spacer，ITS）通常是指 16S 和 23S 之间的基因间隔序列。在不同物种之间，这段间隔片段的序列、长度存在一定差异。相对于 16S rDNA 序列，ITS 序列上存在更多的遗传多样性，呈现出高度的可变性，可以在种（species）的水平上鉴别细菌（朱金国等，2010a）。用于 PCR 扩增 ITS 的通用引物为 P1/2（AGAGTTTGATCATGGCTCAG/ACGGTTACCTTGTTACGACTT）。

（2）病原菌的多基因分子鉴定

依照水稻细菌性褐斑病菌的 *gyrB*、*rpoD* 和 *gltA* 等基因序列设计引物，以被测疑似病菌的基因组为模板，进行 PCR 扩增。将 PCR 产物进行回收、克隆并测序，得到相关基因序列。经与水稻细菌性褐斑病菌标准菌株的序列比对和分析，构建多基因串联序列系统进化树，确认水稻细菌性褐斑病菌（Peng et al.，2022）。

（3）基因组指纹图谱分析

基因组指纹图谱分析（genomic finger printing，类似 DNA 指纹图谱分析）是一种研究基因组 DNA 序列多样性的技术体系，基于重复序列 PCR（rep-PCR）分析是其中的常用方法之一（Versalovic et al.，1994）。Peng 等（2022）采用 BOX-PCR 和 ERIC-PCR 对丁香假单胞菌（*Pseudomonas syringae*）不同分离株进行了分析。rep-PCR 扩增通过以下循环进行：1 个循环，在 95℃下持续 7min；94℃下进行 34 次循环变性 1min，退火 1min（BOX-PCR 中为 53℃，ERIC-PCR 中为 52℃），以及在 65℃下延长 8min，在 65℃下进行 15min 的单次最终延长循环，最后在 4℃下保存。PCR 扩增重复 3 次。分离放大的 PCR 产物在 1×TAE 缓冲液中的 2% 琼脂糖凝胶上进行凝胶电泳、在 5V/cm 下 1.5h，用 0.05μL/mL 溴化乙锭染色，在紫外线下观察照明，对分离菌株产生的指纹进行 DNA 条带比较（Peng et al.，2022）。

（4）丁香霉素合成酶基因 *syrB* 分析

丁香假单胞菌致病变种能产生一种丁香霉素（syringomycin）的毒素，由 *syrB* 基因的编码产物负责合成。采用引物 B1/B2（CTTTCCGTGGTCTTGATGAGG/TCGATTTTGCCGTGATGAGTC）对疑似病原分离物进行 PCR 扩增，目标长度 752bp。该基因仅在 *P. syringae* pv. *syringae* 中存在，因此 *syrB* 基因可以作为鉴别水稻细菌性褐斑病菌的指征分子（Mo and Gross，1991；Peng et al.，2022）。对 *syrD* 基因扩增的引物序列为 5′-AAACCAAGCAAGAG AAGAAGG-3′（primer D1）和 5′-GGCAATACCGAACAGGAACAC-3′（引物 D2）。这些引物分别位于 *syrD* 基因开放阅读框 466～912bp 处，扩增产物为 446bp 的 DNA（Sorensen et al.，1998）。

三、病原学

（一）病原

1. 学名和译名

水稻细菌性褐斑病的病原菌学名为 *Pseudomonas syringae* pv. *syringae*，译为丁香假单胞菌丁香致病变种，俗称水稻细菌性褐斑病菌，属于假单胞菌属细菌（Ou，1985）。水稻细菌性褐斑病菌 *P. oryzicola* Klement 为 *P. syringae* pv. *syringae* 的同物异名（胡吉成和白金铠，1960；Young，1991）。

2. 分类与命名沿革

该病害的病原菌最初命名为 *Pseudomonas oryzicola*（Klement，1955），Ou 于 1985 年重新确认该菌为 *P. syringae* pv. *syringae* Van Hall。

水稻细菌性褐斑病菌的分类地位（基于 NCBI）：细胞生物（Cellular organisms）；细菌（Bacteria）；假单胞菌门（Pseudomonadota）γ-变形菌纲（Gammaproteobacteria）假单胞菌目（Pseudomonadales）假单胞菌科（Pseudomonadaceae）假单胞菌属（*Pseudomonas*）丁香假单胞菌群（*Pseudomonas syringae* group）丁香假单胞菌基因组复合群-1（*Pseudomonas syringae* group genomosp. 1）丁香假单胞菌（*Pseudomonas syringae*）丁香假单胞菌丁香致病变种（*Pseudomonas syringae* pv. *syringae*）。

丁香假单胞菌有 64 个不同的致病变种，丁香假单胞菌丁香致病变种为其中一个致病变种。Peng 等（2022）从黑龙江稻区典型病样中分离到疑似病原，经分子鉴定均为该致病变种（图 2-29）。Girard 等（2021）把一株分离于水稻根际的 *P.* sp. 命名为 *P. oryzicola* sp. nov.，该菌属于 *P. putida* subgroup 的一个新种，对水稻没有致病性（Girard et al.，2021）。该菌与先前的 *P. oryzicola* Klement 没有任何关联（Klement，1955），而且与 Young 等（1978）确认的 *P. oryzicola* 为 *P. syringae* pv. *syringae* 的异名同义的结果相矛盾。Girard 等（2021）的命名结果，可能会在一定程度上误导读者。

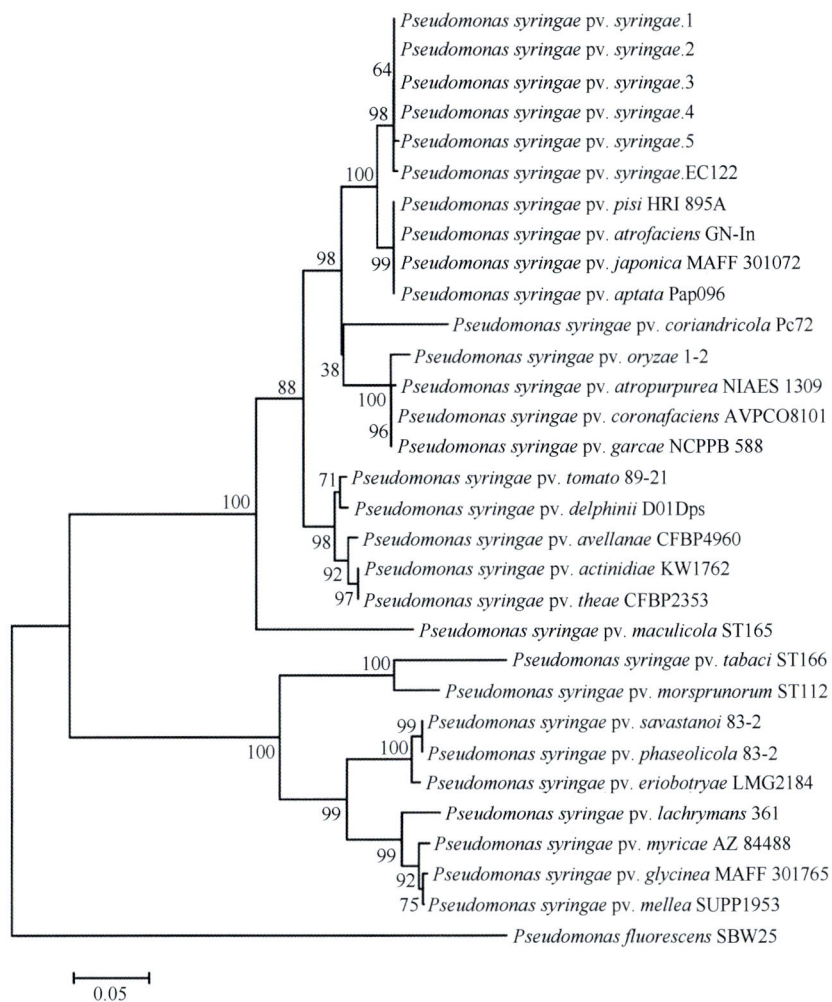

图 2-29　水稻细菌性褐斑病病原菌的系统进化分析（Peng et al.，2022）
基于 *gyrB-rpoD-gltA* 多基因序列串联，NJ 法建树

（二）病原菌形态与生物学特征

1. 菌落特征

在牛肉膏蛋白胨或 NA 培养基上培养的菌落形态呈乳白色或半透明状，圆形，中央轻微凸起，菌落直径为 2～3mm（图 2-30a）。

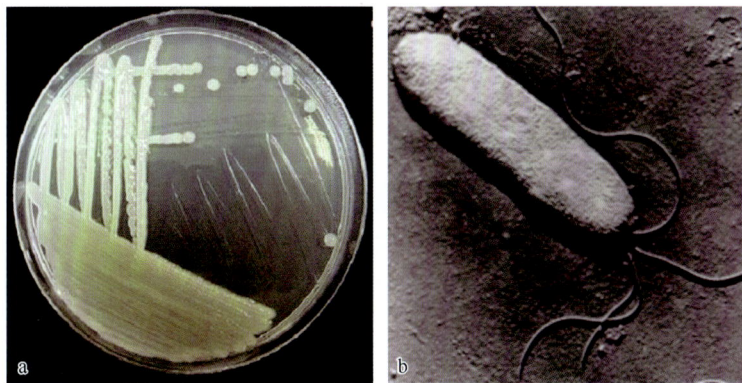

图 2-30　丁香假单胞菌丁香致病变种的菌落形态和菌体形态
a：NA 培养基上的菌落形态；b：扫描电镜中的显微菌体形态

2. 菌体特征

病原细菌是两端钝圆的杆状菌，有时微弯，大部分单生，或形成双链；大小为 0.8～1.0μm×1.0～3.0μm，不形成芽孢和荚膜，革兰氏染色阴性，抗酸性染色反应阴性，具 1～3 根极生鞭毛（图 2-30b）。

3. 病原生物学特性

该菌为需氧型细菌，最适生长温度为 28℃左右，最适生长 pH 6.8。在肉汁胨琼脂培养基上菌落圆形、光滑、直径 1～2mm、边缘整齐不突出、乳白色，在肉汁胨琼脂斜面上呈线状生长，产生绿色荧光。在肉汁培养液中生长很好，有沉淀，但不形成菌苔。在 Fermi 氏培养液中生长很好，形成菌苔，产生绿色荧光。在马铃薯块上发育良好，菌落白色、发亮，薯块不变色。在 Conn 氏培养液中不能生长。

明胶液化能力很强。石蕊牛乳反应呈微酸性，显藤萝紫色，不凝固，但全部胨化并大部分还原，硝酸盐不能还原成亚硝酸盐。不产生吲哚和硫化氢，但能产生氨气。能分解葡萄糖、果糖、半乳糖、阿拉伯树糖、木糖、蔗糖、甘露糖、甘露醇、甘油及能微分解糊精、麦芽糖、鼠李糖、棉子糖等糖（醇）类化合物，产生酸而不产生气体。不能分解甜醇、乳糖、菊糖、水杨苷。在淀粉琼脂平板培养基上能水解淀粉，但水解能力较弱。在淀粉蛋白胨培养液中培养 15d 能完全水解淀粉。MR 试验和 V-P 试验均为阴性（胡吉成和白金铠，1960）。

（三）寄主范围

自然条件下水稻细菌性褐斑病菌可侵染的野生禾本科植物有稗（*Echinochloa crusgalli*）、水田稗（*E. oryzoides*）、蔺草（*Schoenoplectus trigueter*）、狗尾草（*Setaria viridis*）、吉林鹅观草（*Elymus nakaii*）、雀麦（*Bromus japonicus*）、偃麦草（*Elytrigia repens*）、拂子茅（*Calamagrostis epigeios*）、画眉草（*Eragrostis pilosa*）、匍茎剪股颖（*Agrostis stolonifera* var. *gigantea*）、披碱草（*Elymus dahuricus*）、垂穗披碱草（*Elymus nutans*）、无芒雀麦（*Bromus inermis*）及荻草（*Miscanthus sacchariflorus*）等。经人工接种而感病的禾本科植物有知风草（*Carex breviculmisa*）、泽地早熟禾（*Poa palustris*）、看麦娘（*Alopecurus aequalis*）、老芒麦（*Elymus sibiricus*）、雀麦、草地早熟禾（*Poa pratensis*）、稗、长芒稗（*Echinochloa caudata*）、紫羊茅（*Festuca rubra*）、短穗看麦娘（*Alopecurus brachystachyus*）、长叶早熟禾（*Poa longifolia*）、加拿大雀麦（*Bromus ciliatus*）及小糠草（*Agrostis alba*）等（胡吉成，1963）。

丁香假单胞菌丁香致病变种是一个杂合的分类单元，寄主范围涉及 40 多种植物，除了水稻和上述田间杂草，还有丁香属（*Syringa*）植物、小麦（*Triticum aestivum*）、番茄（*Solanum lycopersicum*）、三七（*Panax notoginseng*）、辣椒（*Capsicum annuum*）、茄子（*Solanum melongena*）、紫苜蓿（*Medicago sativa*）、梨（*Pyrus* spp.）、杧果（*Mangifera indica*）、南瓜（*Cucurbita moschata*）、西葫芦（*Cucurbita pepo*）、西瓜（*Citrullus lanatus*）、丝瓜（*Luffa aegyptiaca*）、扁豆（*Lablab purpureus*）和菜豆（*Phaseolus vulgaris*）等（Young，1991）。

（四）侵染循环

1. 初侵染源

病原菌主要在病株残体、种子以及各种野生类的禾本科杂草上越冬，在干燥的组织中，一般能够存活 8 个月以上（邓维娜，2011；杨江山，2021）。病原菌在土壤中能存活 9～13d，在灌溉水中的生活力可达 20 余天。

2. 传播途径

带菌的稻种、稻株可远距离传播该病，菌体可借农（机）具、风雨等传播。水田漫灌、串灌也是传播的途径。

3. 侵入途径

通常情况下，病菌可从伤口或气孔、水孔侵入。胡吉成和白金铠（1960）研究发现，大风过后或在稻田风口处，植株叶、叶鞘大量撞伤，发病显著增多。田间观察叶尖及叶的外缘最先发病，之后扩展至其他部位。这可能是因为叶尖、叶缘最易受到创伤，以致发病严重，充分说明伤口是主要侵染途径。

4. 侵染过程

病菌可在病稻草、病稻茬和杂草上越冬，成为翌年的初侵染源。越冬病菌可随灌溉水和雨水传播到秧苗上引起发病，病菌从水稻的水孔、伤口及叶鞘和根系伤口侵入，以根部和茎基部伤口侵入为主，侵入后在根基部气孔中系统感染，在整个生育期重复感染（图2-31）。

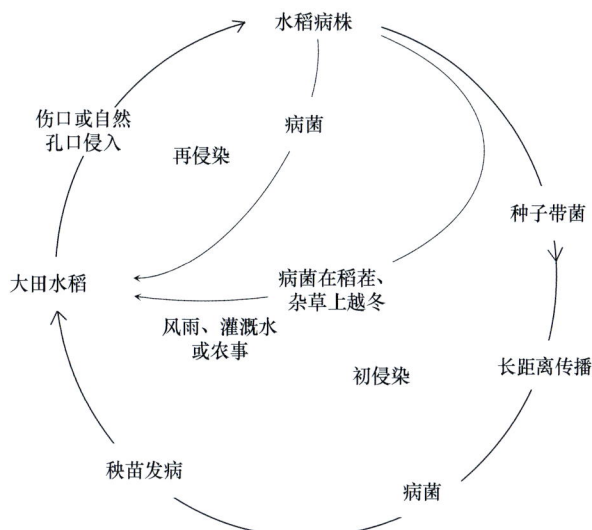

图 2-31　水稻细菌性褐斑病侵染循环示意图（徐小梅　提供）

（五）病原毒素

丁香假单胞菌能产生多种类型植物毒素（phytotoxin），其产生的毒素主要有冠毒素（coronatine）、菜豆毒素（phaseolotoxin）、丁香霉素（syringomycin）、丁香肽素（syringopeptin，丁香假单胞菌产生的肽素）、万寿菊菌毒素（tagetitoxin）以及烟毒素（tabtoxin）等，这些毒素的作用机理包括破坏细胞膜的完整性、通透性，抑制植物酶的活性等（Bender et al.，1999）。丁香假单胞菌的不同致病变种产生的毒素类型有明显差别。多数丁香假单胞菌致病变种能生成冠毒素，而丁香假单胞菌丁香致病变种则不能（Bereswill et al.，1994）；反之，丁香假单胞菌丁香致病变种能生成丁香霉素，而其他致病变种则不能合成该毒素。多数丁香假单胞菌丁香致病变种菌株，包括水稻细菌性褐斑病菌能产生丁香霉素和丁香肽素。个别丁香假单胞菌丁香致病变种菌株可以生成菜豆毒素，如紫薇细菌性病害菌株 CFBP3388 能合成该毒素（Tourte and Manceau，1995），而水稻细菌性褐斑病菌未见有该毒素的报道。丁香假单胞菌不同致病变种间在毒素构成上的差异是否与病菌的寄主特异性相关，值得进一步研究。

丁香霉素和丁香肽素均属于环脂肽（cyclic lipopeptide）类毒素，具有两亲性的物化性质。脂肽毒素主要是通过细菌Ⅰ型分泌系统（T1SS）分泌到胞外。作为毒力因子，在植物体内有高度的可扩散性，通过破坏细胞的通透性、抑制酶活性等机制，可加剧寄主植物细胞坏死，可使植物在远离病原菌侵染和繁殖的部位出现褪绿或坏死等症状。在非寄主植物上，可诱导植物抗病反应。对于其他微生物，可起到有效抑制的作用。

（六）致病机理

与其他丁香假单胞菌种的植物病原细菌相似，水稻细菌性褐斑病菌的主要致病系统包括Ⅲ型分泌系统及其效应子、胞外酶、胞外多糖、脂多糖、鞭毛、菌毛及毒素等，作用机理可参照白叶枯病菌，但丁香假单胞菌没有 *tal* 基因。

当丁香假单胞菌进入植物组织的质外体后，通过Ⅲ型分泌系统将效应蛋白输入寄主细胞，抑制植物免疫反应的信号途径，从而逃避寄主植物的防卫反应，成功定植。编码 T3SS 结构蛋白和效应分子的基因在侵染寄主植物早期阶段被诱导表达。丁香假单胞菌的 T3SS 由 *hrp* 和 *hrc* 基因簇的产物编码及调控，与许多 T3SS 效应基因聚集在一起，形成一个致病相关的岛。T3SS 存在一个高度复杂的调控网络，控制着丁香假单胞菌的致病性。细菌将 T3SS 针尖插入寄主细胞膜，通过接触依赖性转运将效应蛋白注入寄主真核细胞，遏制寄主的免疫、防卫和抗病反应。丁香假单胞菌在寄主植物的叶肉组织的质外体定植，通过分泌胞壁降解酶、毒素等物质破坏植物细胞的细胞壁、细胞膜等方式导致植物发病。

四、品种抗病性

（一）水稻抗性鉴定方法

1. 接种方法

水稻种子播种前用 75% 乙醇进行表面消毒，用无菌水反复冲洗干净。于 5 月中旬进行盆栽（盆高 10.5cm，直径 11.5cm）播种，每个品种每盆播种 20～25 粒。每盆为 1 次重复，每个处理设 3 次重复。6 月下旬，待水稻长到 5～6 叶期，对盆栽水稻植株进行喷雾或针刺接种（也可用束针）。将供试菌株于 NA 培养基上划线纯化培养 48h，挑取单个菌落到 NA 液体培养基上，27℃恒温摇床 150r/min 培养 24h，配制成 $3×10^8$CFU/mL 的菌悬液。喷雾接种时采用喷壶手动喷雾，将菌液均匀地喷洒在水稻叶片上，每盆喷菌量 3～5mL，接种后套袋保湿，置于湿度 70%～90%、28℃左右温室培养，21d 后调查不同品种的发病情况，记录每株水稻的总叶数、病叶数、病叶级数。针刺接种时选择平展叶片，利用单针蘸取菌悬液进行接种。针刺部位位于叶片中上部中脉两侧，每片叶接种 5 个点，每盆接种 15 片叶；针刺接种菌悬液浓度为 $3×10^8$CFU/mL，使针刺部位与菌悬液接触充分，保证接种成功；套袋保湿，21d 后每盆测量 10 个病斑，记录病斑长度，通过 SPSS 软件计算每个处理的平均值，将病斑的平均长度作为衡量不同品种抗感水平的分级标准（张瑶等，2020）。

2. 病害、品种抗性分级标准

水稻细菌性褐斑病分级标准（以完整叶为标准）：0 级，无病斑；1 级，病斑面积为叶面积的 10% 以下；3 级，病斑面积为叶面积的 11%～25%；5 级，病斑面积为叶面积的 26%～45%；7 级，病斑面积为叶面积的 46%～59%；9 级，病斑面积为叶面积的 60% 以上。

品种抗性分级标准：高抗（HR），平均病斑长度≤1mm；中抗（MR），1mm＜平均病斑长度≤2mm；中感（MS），2mm＜平均病斑长度≤3.5mm；高感（HS），平均病斑长度＞3.5mm（张瑶等，2020）。

（二）品种抗性

张瑶等（2020）用水稻细菌性褐斑病菌 PR701 菌株，采用苗期喷雾法和针刺法对黑龙江省 42 个水稻主栽品种进行抗性鉴定。结果表明，利用针刺法鉴定的各个水稻品种中表现中抗以上的品种有 14 个，其中高抗品种 2 个，对病斑长度进行差异显著性分析，42 个水稻主栽品种间抗性存在显著差异。利用喷雾法鉴定各个品种，病级表现为 1 级的有 7 个，占 16.7%。对数据进行比较分析，针刺法和喷雾法对抗病品种鉴定的结果基本一致。综合判断，对 PR701 菌株表现中抗水平以上的品种有 14 个，如牡丹江 29、龙泽 16 号、丰育 2 号、垦稻 17 等，这些品种既可作为抗病品种在田间种植，又可以作为抗水稻细菌性褐斑病品种选育的良好抗源。从这些品种中发现，龙粳、龙稻、松粳系列品种大多数表现中感以上水平。而牡丹江、龙泽系列、部分垦稻系列品种对水稻细菌性褐斑病的抗性较好，揭示父母本的抗病性与品种的抗病性密切相关，这些抗性较好的亲本材料也可以作为抗细菌性褐斑病的优质抗源材料（张瑶等，2020）。

闵凡华等（2012）对寒地水稻 10 个垦稻品种的对比试验结果表明，不同品种之间细菌性褐斑病的发病率存在较大的差异。与当地的主栽品种空育 131 相比，垦稻 9 的发病率最高，比空育 131 高 4.7%，其次是垦稻 15，比空育 131 高 4%，垦稻 19 的发病率相对最低，比空育 131 高 0.1%。由发病率大致估计的各个品种对细菌性褐斑病的抗性次序为：空育 131＞垦稻 19＞垦稻 13＞垦稻 12＞垦鉴稻 3＞垦鉴稻 6＞垦稻 17＞垦稻 21＞垦稻 15＞垦稻 9（闵凡华等，2012）。

五、病害发生条件

（一）病害菌源

水稻细菌性褐斑病的发生与稻田中的越冬菌源密切相关。一般上一年水稻受到病原体侵染的植株数量较多，如果得不到妥善有效的消毒处理，均会造成第二年培育出来的水稻秧苗天然携带细菌性褐斑病菌，病害发生严重。另外，稻田间禾本科杂草上被病原侵染，也可加重病害的发生（胡吉成和曹功懋，1962）。上一年残存的病残体、病种子数量多，如不经处理，均可引起来年发病。野生寄主菌源多，也可加重病害（邓维娜，2011）。

（二）寄主抗性

品种的生长和抗病能力也是造成多种水稻病害发生流行的一个主要原因。目前，水稻品种繁多，不同品种间的抗病性存在一定差异，在栽培过程中应该做到科学、合理选种（邓维娜，2011）。

（三）气候因素

水稻细菌性褐斑病的病原菌一般通过伤口及自然孔口侵入水稻植株中，田间该病害主要靠风、雨水进行传播。东北地区 7~8 月天气如遇阴冷气候条件，再加上大风，尤其是暴风雨会使稻株叶片伤口增多，可加重病情（邓维娜，2011）。湿度也是影响病害发生的关键性因素，一般在 7 月下旬至 8 月初水稻抽穗扬花前后，由于天气阴冷，面临着大风侵袭，降雨量相对较大，降雨频率增加，田间持续阴冷寒湿的条件，会引发病情的快速传播蔓延（陆振威和马琳，2011）。

（四）栽培条件

稻田肥水管理不当，长期深水淹灌，水稻生育不良，则病害发生较重。氮肥施入过量，稻田在早期郁闭，通风透光条件较差，湿度较大，则有利于病原的繁殖、病害的发生。未能采取正确的防治措施，如用药不当、用药不及时、方法错误等，也会导致病害的失控、快速传播蔓延（邓维娜，2011）。

六、病害防治

（一）选用抗病品种

选用抗病能力较强的水稻品种，因地制宜地选育和推广抗病适应能力较强的品种。在东北地区，可供选用的抗病品种有牡丹江 29、龙泽 16 号、丰育 2 号、垦稻 17 等（张瑶等，2020），以及空育 131、垦稻

19、垦稻 13、垦稻 12 等（闵凡华等，2012）。

在选用抗病品种的同时，要加强种苗检疫防控。研究表明，水稻细菌性褐斑病属于种传病害，种子可以带菌传病，因此，要加强对国外引进及国内不同区域种质资源的检疫防控，从源头上隔绝病害的传播。引进的外来水稻幼苗品种也要进行严格的检疫制度，一旦发现有发病幼苗应及时与健康幼苗隔离并销毁。

（二）农业措施

一是生产无病种子及无菌幼苗。带菌的种子是细菌性褐斑病的初侵染源，处理好带菌种子可以降低该病的发病率。采用 10% 叶枯净 2000 倍液或用 40% 三氯异氰尿酸 200 倍液浸泡种子，在水稻播种前进行种子消毒处理。选用消毒过的无菌种子催芽育苗，选择清洁、温度适宜、空气流通的环境培育秧苗，在培育秧苗过程中一旦发现有发病秧苗应及时拔除并使用杀菌剂处理；移栽前如发现秧苗大面积感病，则此秧苗不可用作栽培种苗，水稻移栽过程中要避免人为损伤秧苗（胡吉成和曹功懋，1962）。

加强田间栽培管理，保持栽培工具及环境的清洁，可以有效控制病害流行。稻田附近或者田埂上的野生杂草应及时去除，对感病植株应及时拔除，进行深埋或焚烧处理，减少大田初侵染源的密度。

水稻秧苗移栽时，可用 10% 漂白液对移栽工具进行消毒处理，移栽过程中应尽量避免人为对秧苗的损伤使植株造成伤口，减少或避免病原菌由伤口侵入。大田管理要严格控制氮肥、磷肥、钾肥的使用量，浅水灌溉。苗期结合水稻的生长情况合理追施氮肥，合理用量，避免水稻徒长或缺肥造成的生长不良，有利于病害发生。根据土壤养分含量，可以适当补充锌肥、硅肥，提高水稻抗性（赵伟等，2016）。

对常年发病田块，要针对阻断侵染循环的措施实行水旱轮作或休耕、种植绿肥等。水旱轮作时，开深沟排水，降低地下水位，增施有机肥，改良土壤结构，增强土壤通透性，经旱作 1～2 年再种植水稻。

（三）药剂防治

对该病效果较好的药剂有三氯异氰尿酸、氯溴异氰尿酸、乙蒜素、胶胺铜等（邓维娜，2011），以及井冈霉素·蜡样芽孢杆菌、多抗霉素、宁南霉素、春雷霉素等（裴鑫宇，2021）。张兴福和张伟（2008）曾采用群科（80% 乙蒜素乳油）25mL 兑水 100L 浸种，对水稻细菌性褐斑病的防效达 100%。

第七节　水稻泛菌叶枯病

一、病害发生与为害

（一）病害发生

水稻泛菌叶枯病（rice leaf blight caused by *Pantoea*）是一类新的水稻叶片枯萎病害，由菠萝泛菌（*Pantoea ananatis*）引起（Doni et al.，2022），主要危害水稻叶片，起初水稻叶尖产生水渍状病变，继而病变逐渐沿着叶片向下蔓延，被侵染的叶片最终变成浅棕色，表现出枯萎的外观，抽穗扬花后该病严重。病害最早于 2004 年在澳大利亚新南威尔士的立顿田间实验站（Leeton Field Station，NSW，Australia）被发现（Cother et al.，2004）。目前，在亚洲的印度、马来西亚、泰国、土耳其、韩国、俄罗斯远东的滨海边疆区（Primorskiy Kray），非洲的多哥、贝宁，欧洲的德国、意大利，以及南美洲的巴西、委内瑞拉等地相继报道了由泛菌引起的新型水稻细菌性叶枯病（Lv et al.，2022）。在地理位置上，该病的发生多呈点状分布，具有明显的地域局限性；在时间上断续，具有一定的偶发性。在澳大利亚（2004 年）、韩国（2010 年）、俄罗斯（2015 年）等国的病例均为孤例报道。该病分布的南北跨度比白叶枯病大，南至澳大利亚新南威尔士，北至俄罗斯远东地区（Egorova et al.，2015）。在东西方向分布上，有欧洲的德国、意大利，南美洲的巴西和委内瑞拉等，也超过了白叶枯病的分布范围，属于世界范围的病害。

该病害在我国浙江、辽宁、广东、四川均有发生（王琦，2018），同样具有点状分布特征。在四川、广东等地还发现由菠萝泛菌与阿氏肠杆菌（*Enterobacter asburiae*）协同侵染水稻的病例（Xue et al.，2021）。

关于水稻泛菌叶枯病，目前尚存在诸多不明和争议之处，本节仅对国内外近年来的相关工作进行汇集，以供参考。

（二）病害的发现与鉴定

水稻泛菌叶枯病是一类新发现的由菠萝泛菌（*P. ananatis*）引起的新型水稻病害，该病于 2004 年在澳大利亚被首次报道后，并未引起重视。直到 2008 年在印度的北部（北方邦、哈里亚纳邦和旁遮普邦）再次被发现，水稻泛菌叶枯病才被重新认识。Mondal 等（2011）系统地鉴定了这一新病害，该病害症状是：首先在水稻叶尖产生水渍状病变，然后病变逐渐沿着叶片向下蔓延，被侵染的叶片最终变成浅棕色，表现出枯萎的外观，在开花后阶段该病严重。通过柯赫法则证实病症由菠萝泛菌引起。这也是印度首次报道由菠萝泛菌引起的水稻叶枯病。2011～2015 年，Kini 等（2017）在贝宁调查分析水稻白叶枯病流行情况，对收集到的病样进行病原菌鉴定，多重 PCR 检测发现超过 3000 个样品测试结果全部为 Xoo 阴性。后经分析鉴定，确定病原菌为菠萝泛菌，该报道是当地首次出现由菠萝泛菌引起的水稻叶枯病害。在多哥对疑似白叶枯病的调研结果证实，病原菌为菠萝泛菌和斯氏泛菌（*P. stewartii*）。2014 年，俄罗斯远东地区出现水稻叶枯病和谷粒变色病症，经柯赫法则证实病原菌为菠萝泛菌（Egorova et al.，2015）。近年来，马来半岛多地发生水稻泛菌叶枯病，2017～2018 年，马来西亚的雪兰莪州（Selangor）和吉打州（Kedah）两个州的稻田该病大暴发，导致减产 80%（Azizi et al.，2019）。Toh 等（2019）从水稻叶枯病重灾区的病叶中分离获得了两种泛菌，分别为菠萝泛菌和分散泛菌（*P. dispersa*）。通过多次接种和分离实验证明，两种泛菌都是叶枯病的病原。该病造成的减产一般为 20%～30%，严重情况下为 70%～80%，极端的田块甚至为 100% 的产量损失（Lv et al.，2022）。

Doni 等（2022）对近年来全球范围内发生的水稻泛菌叶枯病的病原进行综合分析，认为水稻泛菌叶枯病的病原包括多个泛菌的种。研究已证明能引起水稻叶枯病的泛菌有：菠萝泛菌（*P. ananatis*）、成团泛菌（*P. agglomerans*）、斯氏泛菌、分散泛菌、沃氏泛菌（*P. wallisii*）。这些泛菌在不同的稻区有报道，引起的水稻叶枯病的症状类似，本部分将主要以菠萝泛菌为例，进行该病的致病机理与防控等分析讨论。

我国学者早在 2010 年就已关注到了成团泛菌引起黑谷病的问题（Yan et al.，2010）。近年来，菠萝泛菌引起的水稻叶枯病才慢慢显现出来。王琦（2018）的研究表明，2016 年和 2017 年发生在辽宁和吉林的新型水稻叶部病的病原为菠萝泛菌；Yu 等（2022b）报道浙江、江西出现大面积由泛菌引起的叶枯病；Xue 等（2021）还发现菠萝泛菌与无囊肠杆菌协同侵染水稻，引起水稻叶枯病。总体上，水稻泛菌叶枯病在我国尚属偶发病害。随着全球气候变暖，泛菌引起的水稻叶枯病在不断加重，对世界多地的水稻安全生产形成了巨大威胁。尽管目前我国还没有大规模流行由泛菌引起的叶枯病，但从印度、马来西亚等国该病的发生发展趋势和多菌种协同侵染来看，值得我们引起高度关注，提高防范意识。

（三）病害为害

该病造成的减产一般为 20%～30%，严重情况下为 70%～80%，极端的田块甚至颗粒无收（Lv et al.，2022）。在引起生物量减产的同时，泛菌还会引起谷壳褐化、米粒变色腐烂等，严重影响水稻品质。

二、病害症状与诊断

（一）病害症状

发病初期，染病的叶片叶尖出现水渍状病斑，随后病斑沿叶片纵向向下扩展，叶片失绿变为浅棕色，受害部位较为均匀地变为土色，表现为叶枯症状（图 2-32）。严重时，水稻茎部受害症状为茎坏死、叶鞘腐烂。稻穗受害籽粒腐烂，变为褐色。

图 2-32　水稻泛菌叶枯病症状

a：泛菌叶枯症状对比（Doni et al.，2021）；b：叶缘型病斑（Doni et al.，2021）；c：剪叶接种症状（Doni et al.，2019）；d：典型的泛菌叶枯症状（Egorova et al.，2015）；e：典型的泛菌叶枯症状和秆枯症状（晚期）（Cother et al.，2004）；f：大田中期症状（Doni et al.，2021）；g：大田晚期症状（Doni et al.，2019）

（二）病害诊断

1. 病害症状诊断

水稻泛菌叶枯病菌与白叶枯病菌引起的叶枯症状非常接近，在多数情况下，仅凭病害症状，不易准确诊断。两菌引起的叶枯症状差异：Xoo 引起的白叶枯病，感病品种的病斑延伸较快，病健交界清楚，没有明显的褐色，病叶灰白色、叶片变脆。而水稻泛菌叶枯病的病斑症状为土黄色，变薄，较为柔软，没有菌脓。

2. 病原诊断

1）分子诊断：水稻泛菌叶枯病菌的鉴定一般不用 16S rDNA，而采用多基因序列法，如 *gyrB-leuS-rpoB* 或者 *atpD-gyrB-infB-rpoB* 串序的系统进化分析，可以对该病菌进行准确鉴定（Asselin et al.，2016；Yu et al.，2022a）。另外，常用于水稻其他细菌的检测方法均可以参考使用。

2）Biolog 自动微生物鉴定：疑似病原经 Biolog Gen Ⅲ 全自动微生物鉴定系统碳源分析后，分离菌株与标准菌株 *Pantoea ananatis* 的相似性（SIM）值为 0.659，可能性（Prob）值为 0.659，仪器分析显示鉴定结果为菠萝泛菌。Biolog 结果与该菌形态特征观察及生理生化测定结果再进行比较，即可确认为菠萝泛菌。

三、病原学

（一）病原

1. 学名和译名

水稻泛菌叶枯病的病原为 *Pantoea ananatis*，译名为菠萝泛菌。

2. 分类与命名沿革

菠萝泛菌最初从菲律宾的菠萝中分离出来，最初命名为 *Erwinia*（or *Bacillus*）*ananus* sp. nov.（Serrano，1928）。

泛菌属在分类学上最早属于欧文氏菌属，1989 年划分出泛菌属，之后陆续鉴定出更多菌种。泛菌属存在于自然界各种环境中，适应性极强，能够在土壤、植物表面和水中分离到，也可以在人体和动物的伤口、尿液中分离到。早期对泛菌属的研究多是鉴定为病斑腐生菌，并且没有发现其侵染植物造成病害，近十年间有多篇文章报道有关泛菌属菌株造成的新型植物病害，且寄主范围十分广泛。

菠萝泛菌的分类地位（基于 NCBI）：细胞生物（Cellular organisms）；细菌（Bacteria）；假单胞菌门（Pseudomonadota）γ-变形菌纲（Gammaproteobacteria）肠杆菌目（Enterobacterales）欧文氏菌科（Erwiniaceae）泛菌属（*Pantoea*）菠萝泛菌（*Pantoea ananatis*）。

（二）病原形态特征

菌体为杆状，大小为 1.1～2.3μm×0.4～0.7μm（图 2-33）。不形成芽孢和荚膜，周生鞭毛 3～6 根，革兰氏阴性。在营养琼脂培养基上（37℃，24h），菌落圆形，黏液状隆起，边缘整齐，半透明，表面光滑，无荧光，呈黄色。

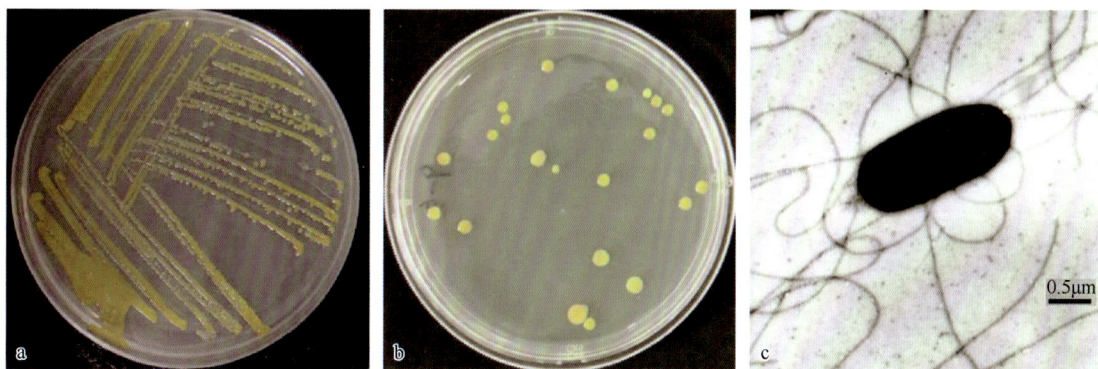

图 2-33　菠萝泛菌的菌落特征和菌体特征
a：病菌划线培养；b：NA 平板上的菌落特征（王琦，2018）；c：菌体特征（TEM，20 000×）（Zeng et al.，2020）

（三）病原的生物学特性

菠萝泛菌在 4～41℃时均能生长，适宜生长温度为 28～32℃，温度过高停止生长，过低则生长速率放缓，菌株的致死温度为 53℃；最适 pH 7，但能在 pH 2～8 下生长。弱碱性环境下生长速率降低，强酸强碱环境下无法生长。在低盐浓度下菌株生长状况良好，环境盐浓度增加则生长速率逐渐降低，盐浓度高于 9% 时无法生长。菠萝泛菌的生长速率较快，往往能成为优势菌株从而大量繁殖，环境适应性强。

果糖发酵、蔗糖发酵、吲哚试验、V-P 试验、过氧化氢酶、明胶和淀粉水解试验为阳性反应；能通过海藻糖、蔗糖、麦芽糖和 L-阿拉伯糖 4 种碳源产酸，但对柠檬酸盐利用、硝酸盐还原、乳糖利用、丙二酸盐利用、精氨酸二氢酶、苯丙氨酸脱氨酶、山梨醇发酵、甘油产酸等试验表现出阴性反应。

（四）寄主范围

菠萝泛菌的常见寄主包括水稻、玉米、小麦、甘蔗、凤梨（*Ananas comosus*）、洋葱（*Allium cepa*）、高粱（*Sorghum bicolor*）、苏丹草（*Sorghum sudanense*）、香蕉（*Musa nana*）、棉花（*Gossypium* spp.）、樱桃（*Prunus pseudocerasus*）、番石榴（*Psidium guajava*）、桉（*Eucalyptus robusta*）、毛白杨（*Populus tomentosa*）、茶（*Camellia sinensis*）等植物，甚至包括多种大型真菌，如杏鲍菇（*Pleurotus eryngii*）也是其寄主。

菠萝泛菌不仅是植物致病菌，还属于冰核活性细菌，可在−3～−2℃时诱发植物细胞水结冰而发生霜冻。

（五）侵染循环

1. 初侵染源

菠萝泛菌主要在病种子和病草上越冬。田间感病稻草、病残株、杂草稻、再生稻带菌传染，野生稻、李氏禾等田边杂草也会交叉传染。菠萝泛菌在土壤中的菌源相对较高，农田土壤、秧田土都可能为该病的初侵染源。

2. 传播途径

带菌稻种可远距离传播该病，菌脓可借农（机）具、风雨、牛、鸭等传播，之后进行再侵染；水田漫灌、串灌也是传播途径。

3. 侵入途径

种子带菌或越冬的病菌随流水传播到秧苗，稻根的分泌物可吸引周围的病菌向根际聚集，或使生长停滞的病菌活化增殖，然后从叶片的水孔、气孔、伤口或茎基和根部的伤口以及芽鞘或叶鞘基部的变态气孔侵入。新伤口较老伤口更有利于病菌侵入。该菌的定植部位不是维管束导管，其微生态位有待进一步研究。

4. 再次侵染

该病在有足够菌源和有利于发病的条件下，有再侵染现象。发病中心的病菌，随灌溉水、风雨或农机具向周围稻株或其他田块扩散而再次侵染。另外，泛菌可以在昆虫体内繁殖生长，该病可通过昆虫媒介形成再侵染（图 2-34）。

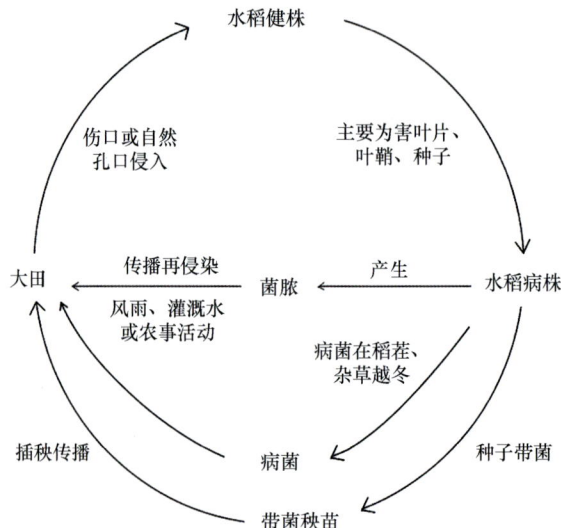

图 2-34　水稻泛菌叶枯病侵染循环示意图（周健平　提供）

（六）病原致病机制

比较基因组学分析揭示，部分完成全基因测序的菠萝泛菌缺少了Ⅱ型、Ⅲ型和Ⅳ型分泌系统。

生理生化分析结果表明，菠萝泛菌可产生多种植物细胞壁降解酶类，如纤维素酶、半纤维素酶、木质素降解酶等，这些酶可以通过有效降解稻草、纤维素、半纤维素和木质素等参与致病性，从而帮助细菌入侵植物细胞并侵染寄主组织（Ma et al.，2016）。该菌能合成生长素（IAA），分泌大量的胞外多糖。研究已经证明菠萝泛菌的Ⅵ型分泌系统在致病和对抗生素的抗药性方面发挥作用（De Maayer et al.，2011；Shyntum et al.，2015）。系统进化分析表明（图2-35），菠萝泛菌与斯氏泛菌斯氏亚种（*Pantoea stewartii* subsp. *stewartii*）的亲缘关系最近（Lv et al.，2022）。斯氏泛菌是造成玉米细菌性枯萎病的病原，该病对玉米危害很大，目前尚未传入我国，但在致病机理研究、病害防治方面可以借鉴该病的经验。

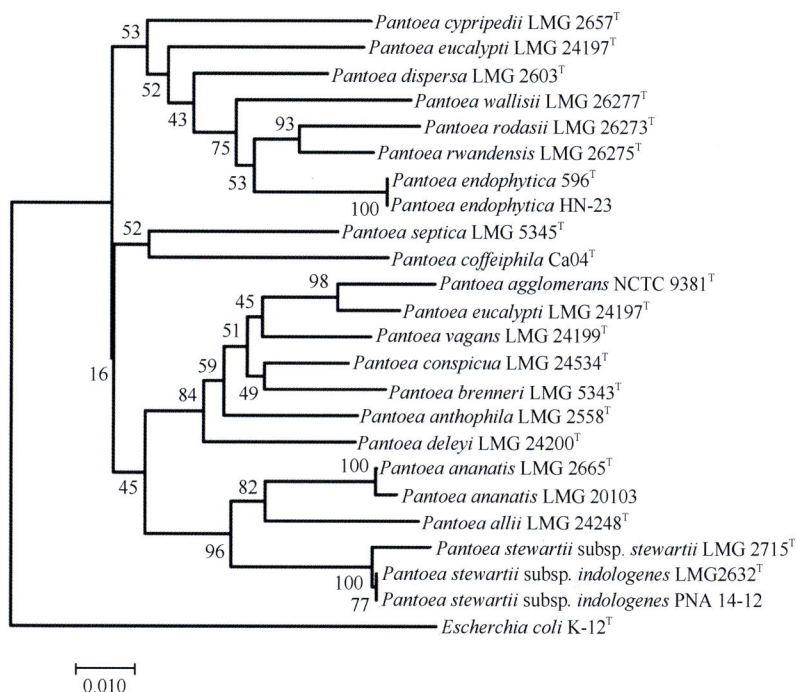

图 2-35　泛菌属各成员的系统进化关系示意图（Lv et al.，2022）

邻接法，*atpD-gyrB-infB-rpoB* 串序的系统进化分析，1000 次自举重复

四、种质资源抗病性

（一）接种方法与接种时期

1. 接种方法

Kini 等（2020）采用剪叶接种和注渗接种两种方法对比，认为注渗接种法更适合水稻泛菌叶枯病的致病力和水稻抗病性的鉴定。王琦（2018）和 Yu 等（2022a）认为，水稻泛菌叶枯病与白叶枯病相似，可采用剪叶接种法。

（1）剪叶接种法

将新鲜活化的菠萝泛菌菌株接种到 NB 培养基中，于 28℃在 200r/min 的摇床中培养至对数生长期（也可以用平板上的菌落稀释），以无菌水、缓冲液或培养基稀释到 $OD_{600}=0.5$（菌体浓度约为 $3×10^8$CFU/mL）。采用灭菌手术剪蘸取菌液后剪去叶尖 1～3cm（视稻株生育期而定），剪刀在剪口停留 2s 使菌液直接进入切伤口。该法简便易行，病斑与寄主抗病性或病菌的致病力呈正相关。在配套了输运菌液装置后，可以实现大面积、快速接种。在温度为28℃，湿度保持在95%以上，接种30～35d后，测量接种点的病斑长度。

（2）注渗接种法

采用上述菌液，用培养基稀释到OD_{600}=0.5（菌体密度约为$3×10^8$CFU/mL），用1mL无菌注射器吸取之前准备好的菌液1mL，去掉针头，对准叶片背面的主脉两侧部分，将菌液轻轻压入叶肉细胞间隙。接种过后的叶片在注渗过的位置出现明显的水浸润圈。在28℃恒温条件下保持相对湿度95%以上。接种30～35d后测量接种点的病斑长度。

2. 接种时期

（1）苗期接种

鉴于水稻对白叶枯病的抗性存在成株抗性和全生育期抗性，在不了解待测品种资源抗性类型的情况下，应该首先进行苗期接种，以确定全生育期抗性材料。一般苗期抗病的则多为全生育期抗性，并且抗性比较稳定。

（2）成株期接种

孕穗期接种是常用的抗性检测方法，优点是叶片成型，通常以剑叶为对象，剑叶完全抽出时接种，早抽穗的品种早接，晚抽穗的品种晚接。

（3）分蘖盛期接种

播种后45～50d，水稻进入分蘖盛期，选择基本成型的下位叶片接种。

（二）水稻对泛菌叶枯病的抗性分级

可参照白叶枯病的抗性分级（表2-1）。由于目前尚未发现对泛菌具有抗性的品种，Kini等（2020）尝试采用不同时段记录接种后叶片症状进程的方式，制成病谱，演绎水稻的抗病性和菌株的致病力。选用4～5周龄的水稻苗，采用注渗接种法，选择叶片的中段（叶尖至叶枕中部），从叶背注渗入中脉。28℃恒温、湿度保持在95%以上，实验周期为35d。

1. 泛菌接种后水稻叶枯病病情调查

接种后，每日观察、记录病程进展和病斑的延伸情况，病情谱结果见图2-36。接种后4～5d（days after inoculation，DAI），感病反应表现为接种部位出现明显的水渍斑，抗病反应的水渍斑不明显。大约8DAI后感病品种的接种部位产生坏死斑，并沿主脉纵向向叶尖扩展。病斑不断扩展，病斑部位的颜色从稻草黄色变为浅棕色。15～21DAI时发展成典型的叶枯病症状（图2-36），应立即调查。

2. 病情分级

对于水稻品种的抗病性鉴定，可参照图2-36。发病程度如下：1级，接种点浸水；2级，接种点的黄色坏死病灶向横、纵两个方向扩散；3级，接种点处的黄色坏死病斑沿主脉纵向增加并且朝向叶的尖端；4级，叶尖呈0.5～1cm的不对称黄色坏死；5级，3类叶区出现，即灰色坏死区域（叶片末端）、

图2-36　泛菌接种后水稻叶枯病病情谱（Kini et al.，2020）
A：2～4DAI：在接种点产生水渍状。B：5～7DAI：接种点处的黄色坏死病灶向两个方向扩展（长度和宽度）。C：10～12DAI：接种点处的黄色坏死病变沿着主脉向叶尖纵向增加。D：14～17DAI：叶尖呈0：5～1cm不对称黄色坏死。E：21～23DAI：接种叶片出现3种症状，i）灰色坏死区域（叶尖）；ii）绿色区域，iii）黄色区域（其将区域i与ii分开），区域iii可以发展。F：28～30DAI：从接种点到叶尖呈现灰色坏死斑

绿色区域、黄色区域（将区域 i 与区域 ii 分开），绿色区域可以缩小，部分与坏死区域合并；6 级，从接种点到叶尖呈现灰色坏死斑；7 级，完全坏死的灰色/棕色叶片，叶片卷曲。其中，1 级为抗病，2～3 级为中抗，4～5 为中感，6 级为感病，7 级为高感。

五、病害发生条件

（一）菌源

通常情况下，带菌种子既是水稻泛菌叶枯病的初侵染源，又是该病菌远距离传播的重要途径。带菌根茬，田间和田边的越冬、越夏杂草、野生稻或自生稻，也是部分稻区该病连年发生的侵染源。

泛菌属细菌是一种普遍存在的细菌，具有高度多样性和多种生活方式，如病原体、附生菌、内生菌和腐生菌；通常从各种地理生态位和宿主（如动物、人类和植物）以及一些其他环境系统（如水和土壤）中分离出来。稻田环境适合泛菌的生长。泛菌属中多个种都具有侵染水稻，形成叶枯病的能力（Doni et al.，2022）。

值得注意的是，泛菌也是食用菌（蘑菇生产）的主要病原菌，在农村一些地区，蘑菇培养基的废弃物和残留物被用作有机肥料，这可能是水稻泛菌病病原体的新来源（Lv et al.，2022）。

（二）品种

澳大利亚的参试水稻品种分别为 M201、Amaroo 和 Quest，均表现为感病（Cother et al.，2004）。2009 年印度北方地区大面积栽植 Basmati 系列品种，导致水稻泛菌叶枯病大暴发（Mondal et al.，2011）。马来西亚的易感水稻品种分别为 MR284、MR269 和 CL，这些品种对 Xoo 均有一定抗性，但在 2015～2019 年，多次暴发水稻泛菌叶枯病（Doni et al.，2022）。籼型水稻品种 CO39 为易感泛菌品种（Xue et al.，2021）。尚未有报道对水稻泛菌叶枯病具有抗性的品种。

（三）气候因素

近年来该病发生最严重的地区是马来西亚和印度，这些地区位于热带。高温高湿有利于病害发生，台风暴雨使叶片之间相互摩擦造成伤口，病害容易侵染、流行和暴发。一般，水稻分蘖盛期至始穗期是植株抗病能力最弱的阶段，双季晚稻在该生育期恰逢高温天气，如遇相对湿度 80% 以上、连续降雨和日照不足等气候条件，有利于细菌性病害的发生和流行，其中台风、暴雨是造成细菌性病害大面积流行的最主要原因。

（四）栽培条件与田间管理

南亚地区终年气温为 20～40℃，适合水稻的周年生产。水稻偏施氮肥是增加产量的主要措施。但氮素过多会使水稻叶片中游离氨基物质增加，容易受到病菌的侵染。施药不及时、用药品种不对标也是导致该病害大流行的原因。

六、病害防治

（一）加强检疫

目前已经发现，泛菌属的多个成员都能引起水稻叶枯病，同样的，菠萝泛菌既有高毒菌株，也有低毒菌株。因此，要从源头抓起，加强检疫，严防高毒菌株流入我国。

（二）农业措施

一是生产无病种子及无菌秧苗。水稻带菌种子是泛菌叶枯病的初侵染源，处理好带菌种子可以降低该病害的发病率。种子消毒处理：10% 叶枯净 2000 倍液或 40% 三氯异氰尿酸 200 倍液浸泡种子，浸泡数小时后，无菌水冲洗干净，催芽播种。选用消毒过的种子催芽育苗，选择清洁、温度适宜、空气流通的环境培育秧苗。育秧过程中一旦发现有发病秧苗应及时拔除并使用杀菌剂处理，发病秧苗不能再移栽，苗期水稻移栽时要避免人为损伤秧苗。

加强田间栽培管理，保持栽培工具及环境的清洁可有效控制病害流行，稻田附近或田埂上的杂草、感病水稻植株应及时拔除深埋或焚烧。

（三）药剂防治

对该病可以参照其他细菌病害的用药，效果较好的药剂有三氯异氰尿酸、氯溴异氰尿酸、乙蒜素、胶胺铜及井冈霉素·蜡样芽孢杆菌、多抗霉素、宁南霉素、春雷霉素等（杨雪等，2022）。水稻泛菌叶枯病的防治也可参照防治玉米细菌性枯萎病菌斯氏泛菌的方法和药物。

第八节　水稻橙叶病

一、病害发生与为害

（一）病害发生

水稻橙叶病（rice orange leaf disease）是一种水稻叶片褪绿黄化病害（图 2-37），其病原为植原体（phytoplasma），属于原核生物界无壁菌门植原体属（Li et al.，2015a）。该菌主要由媒介昆虫电光叶蝉（*Inazuma dorsalis*）和黑尾叶蝉（*Nephotettix cincticeps*）传播（图 2-38），在水稻韧皮部筛管中定植、扩展，形成系统性侵染。病菌可生长于水稻韧皮部筛管以及电光叶蝉、黑尾叶蝉体内，水稻种子不带菌（何园歌等，2016；Saito et al.，1976）。2020 年，Jonson 等在菲律宾发现二点黑尾叶蝉（*N. virescens*）也可以传播水稻橙叶病病原植原体，引起水稻橙叶病。

水稻橙叶病于 1960 年在泰国北部首次被发现，1963 年在菲律宾将其鉴定为水稻上的一种新的病毒病。此后，在印度（1967 年）、马来西亚（1969 年）、斯里兰卡（1970 年）等国均有发生的记载（Saito et al.，1976）。1978 年，我国首次于云南西双版纳发现该病害（吴自强等，1980），随后在福建、广东、海南、广西等均有发生报道，主要分布在北回归线以南稻区（林奇英等，1983；张曙光等，1994；陈景成等，

图 2-37 水稻橙叶病症状（Li et al.，2015a）

a：发病稻株，表现为橙黄叶片和矮化症状；b：轻度发病稻株与未发病稻株；c：水稻橙叶病大田重症状，几乎绝产

图 2-38 水稻橙叶病传病昆虫

a：电光叶蝉（Saito et al.，1976）；b：黑尾叶蝉（Li et al.，2015a）；c：二点黑尾叶蝉（Jonson et al.，2020）

2001）。20 世纪 80 年代末至 90 年代初，该病曾在华南局部稻区暴发成灾（张曙光等，1994），1991～1992 年广东茂名信宜、高州、电白、化州等地成为水稻橙叶病重灾区，危害总面积约为 2 万 hm² （张曙光等，1995）。2001 年，与广东接壤的广西陆川县报道了该病（陈景成等，2001）。此后的十多年，未见该病害严重发生的报道。近年来，华南地区多地又见该病害发生，且部分地区发病较重。据不完全统计，广东老病区罗定市太平镇 2013 年和 2015 年严重受害面积均超过 50hm²，新病区雷州市 2015 年发病面积超过 700hm² （何园歌等，2016）。2018 年，该病在广西、广东的晚稻上大面积暴发，局部地区的田块发病率高达 60% 以上，甚至出现了部分田块绝收（韦洁玲等，2019）。2020 年，黄圳等报道广东封开严重发生水稻橙叶病。

（二）病害为害

1. 水稻橙叶病的为害

水稻橙叶病发病田减产 5%～15%，重病田减产达 30%～50%，甚至颗粒无收。我国在 1978 年首次在云南西双版纳稻区发现该病；1983 年在福建和海南曾零星发生；1991 年广东茂名市所属各县晚稻突然暴发流行。2015 年晚稻发病面积为 50hm²，发病田减产 10%～40%；2016 年病害轻微发生，未对水稻生产造成影响；2017 年早稻和晚稻病田发病株率分别为 0.01%～0.05%、0.50%～0.80%（黄圳等，2020）。

周润声（2020）发现，水稻橙叶病高发地区的广东省雷州市，2018 年电光叶蝉种群数量增多，发生面积为 1380 公顷次，水稻橙叶病发生面积为 153.3 公顷次；2019 年电光叶蝉发生面积为 800 公顷次，水稻橙叶病发生面积为 46.7 公顷次。提示电光叶蝉的种群数量与水稻橙叶病的发生有显著的正相关。

2. 水稻橙叶病分级标准

水稻橙叶病的发生和发病程度参照南方水稻黑条矮缩病的病情分级（陈卓等，2010；韦洁玲等，2019），病指计算参见公式（2-5），防效计算方法参见公式（2-7）。

$$防效（\%）=\frac{对照病情指数-处理病情指数}{对照病情指数}\times100\% \qquad (2-7)$$

0级，全株无病；1级，下部叶片1～3叶变橙色，较轻，没有明显的矮化；3级，矮缩明显，基部3叶以上叶片橙色，高度比健株矮20%～35%；5级，矮缩严重，半数以上叶片橙色，高度比健株矮35%～50%；7级，矮缩严重，整株水稻橙色或枯死，高度比健株矮50%以上（陈卓等，2010）。

二、病害症状与诊断

（一）病害症状

植原体借助传毒昆虫侵入水稻叶片后，定植于植物韧皮部筛管细胞中。植原体大量存在于寄主植物的韧皮部筛管细胞中，通过叶蝉、飞虱、木虱等半翅目昆虫在韧皮部取食、带菌传播。一旦植原体进入植物筛管细胞，很快在筛管内繁殖并向整个植株扩散蔓延，使筛管功能受损进而导致其他生理功能受损。随着寄主植物生理功能的损害，光合作用也发生变化，包括光合作用减少、影响气孔导度和根系呼吸，次生代谢的改变，干扰植物激素平衡等导致韧皮部功能障碍。植原体病害主要引起植物的丛枝、黄化、花变叶、衰退、矮缩、白叶等症状。水稻橙叶病的主要症状为叶片黄化与矮缩，由于正常的生理功能受损，稻株早期死亡、营养不良、灌浆受损，一旦病害流行，表现在生产上则为大面积显著减产，造成严重的经济损失（何园歌等，2016）。

水稻橙叶病为系统性病害，发病植株部分或全部叶片表现为鲜明的橙黄色。橙叶病在水稻苗期至成株期均可感染。病株基部叶片的叶尖先现黄化，继而向下或从叶缘向中脉扩展，终致全叶变橙黄色。随着病情的发展，病株中上部叶片亦逐渐变黄、植株矮小、新根和分蘖均减少，叶片短窄，病株叶片与茎秆交角增大近乎直角，这与黄矮病症状相似，但病株无恢复现象。苗期及分蘖后发病易枯死，少数不枯死的植株则表现抽穗迟，穗小扭曲，空粒多，千粒重下降，或呈包颈穗。

大田稻株进入分蘖盛期后开始出现病窝（发病中心），严重时全田发黄，在孕穗前枯死或不能抽穗。被带毒昆虫侵染8～20d后，稻苗基部叶片的叶尖出现黄色，先从叶尖向叶基或从叶缘向中脉扩展，后全叶变为橙黄色，随病情扩展，病株上部叶片逐渐发黄、植株矮小、新根少、分蘖少。生长中后期染病植株虽然能抽穗，但穗小，空粒多（黄圳等，2020）。

（二）病害诊断

1. 病害症状诊断

根据本节前述症状对病害进行诊断，水稻橙叶病的主要症状为叶片黄化与矮缩。受害的植株先从基部的第1片叶尖开始褪色，逐渐黄化至叶片1/2处。当第1片整张叶褪色黄化时，整株水稻的叶片从基部向上依次褪色黄化（呈橙黄色），黄化的叶片直立而短窄，不发蔸、矮化，严重的枯死。受害严重的田块一片橙黄色（陈景成等，2001）。

田间观测发现，发病多为分蘖期的水稻，不同程度地出现植株矮缩，叶片黄化呈现橙黄色至金黄色，根系生长弱，分蘖小、新根少，老根坏死变黑，严重的病株整片萎缩死亡（黄圳等，2020）。

2. 病害微观症状诊断

由于水稻橙叶病没有典型的病征，在观测田间症状特点、病害分布的基础上，可以采用显微技术，借助显微镜辨别水稻叶片结构、器官的病变，或植原体细胞的群集现象等（何园歌等，2016；Ong et al.，2021）。

染色后在 EM400 型电镜下观察，在病叶中脉的韧皮部筛管细胞中看到大量多形态的植原体，直径 96～639nm。

3. 病原分子检测

目前对植原体的检测方法主要依赖分子生物学方法，主要手段有 PCR、qPCR。qPCR 检测方法的特异性和灵敏度比普通 PCR 大大提高，但成本要远远高于 PCR。将其应用于生产实际，大批量鉴定检测水稻橙叶病不现实。植原体的分子检测主要通过对其 16S rRNA、23S rRNA、16S～23S rRNA 间隔区的序列进行分析，设计特异性引物或通用引物进行扩增（张松柏等，2008）；但由于这些区域在细菌中有高度的保守性，很容易引起检测结果假阳性。Li 等（2015a）利用已报道的植原体通用引物及特异性引物建立了水稻橙叶病的巢式 PCR 扩增体系，通过内外两层引物的扩增得到了水稻橙叶病植原体的特异性扩增。

何园歌等（2016）在此基础上建立了水稻橙叶病的另一种巢式 PCR 检测体系，同样得到水稻橙叶病的特异性扩增。巢式 PCR 检测方法特异性强的优点众所周知，但其操作流程较烦琐，相较于一步法 PCR 或 RT-PCR 成本高 2 倍，将该检测技术应用于生产实际中还需进一步完善。采用 CTAB 法抽提水稻叶组织或单头介体叶蝉总 DNA，以植原体通用引物 P1/P7（Smart et al.，1996）和 R16mF2/R16mR2（Lee et al.，1993）进行巢式 PCR 扩增，获得水稻橙叶病植原体 16S rDNA 序列。以抽提的总 DNA 为模板，采用引物对 P1/P7 进行第 1 轮 PCR 扩增，扩增产物稀释 50 倍后作为模板，采用引物对 R16mF2/R16mR2 进行第 2 轮 PCR 扩增，扩增产物经 1.0% 琼脂糖凝胶电泳和溴化乙锭染色，可在紫外灯下看到约 1370bp 的条带。

P1/P7 引物对：P1，5′-AAGAGTTTGATCCTGGCTCAGGATT-3′；P7，5′-CGTCCTTCATCGGCTCTT-3′。R16mF2/R16mR2 引物对：R16mF2，5′-CATGCAAGTCGAACGGA-3′；R16mR2，5′-CTTAACCCCAATCATCGA-3′。

4. 介体昆虫发生量及带菌检测

何园歌等（2016）的研究表明，发病田块均发现介体昆虫电光叶蝉和（或）黑尾叶蝉，介体昆虫的田间种群密度与病害发生程度呈正相关。发病严重的田块介体虫量大；发病较轻或零星发生的田块介体昆虫少见。以广东罗定市太平镇为例，水稻橙叶病重病田，来回扫网 10 次，捕捉黑尾叶蝉约 100 头，电光叶蝉 7 或 8 头。无论是无病田还是轻病田及重病田，黑尾叶蝉虫量均大于电光叶蝉。巢式 PCR 检测表明，病田捕获的黑尾叶蝉均有一定比例的个体呈水稻橙叶病植原体阳性。

将在发病田所捕获的黑尾叶蝉饲喂于健康的 3 叶期水稻幼苗上，14d 后对水稻植株进行巢式 PCR 检测。结果显示，部分供试植株呈植原体阳性，证实了 Li 等（2015a）的研究结果，即黑尾叶蝉是水稻橙叶病的有效传播介体。2015 年 4～6 月从广东、广西、海南三地水稻橙叶病病田采集叶蝉成虫进行巢式 PCR 检测，结果表明，不同地区病田内介体叶蝉的带菌率差异较大，广东西南部罗定市太平镇的黑尾叶蝉和电光叶蝉带菌率分别达 83% 和 30%，广东东北部兴宁市习坊镇和新陂镇的黑尾叶蝉带菌率均为 46.2%，海南中南部保亭县三道镇的黑尾叶蝉和电光叶蝉带菌率分别为 30% 和 12%。

三、病原学

（一）病原

1. 学名和译名

橙叶病病原为水稻橙叶病植原体（rice orange leaf phytoplasma，ROLP），属于 *Candidatus* Phytoplasma asteris 16SrI-B 亚组（subgroup）（Ong et al.，2021）。

2. 分类与命名沿革

ROLP 的鉴定与分类存在多次变动，也体现了人们对该病及其病原物的逐渐认识过程。水稻橙叶病于 1960 年在泰国北部首次被发现，1963 年菲律宾也出现该病。菲律宾的研究人员首次在电镜下观察了传病介体电光叶蝉的超薄切片，报道该病的病原是直径为 15nm 的球形病毒（Ling，1972）。1971 年日本学者在电子显微镜下观察采自泰国的水稻橙叶病组织切片，发现类菌原体和直径为 30nm 的球形病毒同时存在。1976 年又报道采自泰国和马来西亚的水稻橙叶病组织中有大量类菌原体（Saito et al.，1976）。

沈菊英等（1983）在电镜下观察到，水稻橙叶病叶鞘筛管韧皮部细胞中有大量直径为 100～623nm、形态多样的类菌原体；在对照的健康样品中没有发现类菌原体，认为水稻橙叶病病原是类菌原体。林奇英等（1983）则在电子显微镜下观察到水稻橙叶病组织韧皮部细胞中存在类似病毒的直径约 15nm 的小球状颗粒，在健康植株组织中没有发现，指出我国水稻橙叶病病原是病毒而非类菌原体。四环素治疗实验表明该病害对四环素不敏感。

张曙光等（1995）用经过电光叶蝉传染后表现典型症状的水稻橙叶病组织，以及电光叶蝉保毒虫制作超薄切片，在电镜下均观察到大量的直径 96～639nm 的类菌原体，而健康对照的两个切片样品未发现。结合前人研究，认为上述在电镜下观察到的 30nm 病毒颗粒是水稻东格鲁球状病毒；推测其所采标样为水稻橙叶病与水稻东格鲁病毒复合侵染；同时推测前人在电镜下观察到的直径为 15nm 的病毒颗粒不是水稻橙叶病的病原。治疗试验证实，四环素对该病有明显的抑制作用，故鉴定水稻橙叶病的病原为类菌原体（Saito et al.，1976）。

1994 年，第十届国际菌原体组织大会将类菌原体（MLO）改称为植原体（phytoplasma），将其归于原核生物界（细菌）无壁菌门植原体属，后将其细划分为细菌界柔膜菌纲无胆甾原体科植原体候选属（*Candidatus* Phytoplasma）。

植原体没有细胞壁，由膜包被，其形态容易受植物体内水分的吸收、细胞液浓度以及渗透压等的影响而变化较大，一般有球形、长杆形、椭圆形、带状形、梭形等多种不规则形状，直径 60～800nm，分布于植物韧皮部筛管细胞中（图 2-39a）。

图 2-39　水稻橙叶病植原体电镜观察与典型水稻橙叶病症状

a：水稻橙叶病植原体电镜观察照片（Li et al.，2015a）；b：典型橙叶病症状（Li et al.，2015a）；c：水稻综合缺素症状（周健平等，2022）

水稻橙叶病植原体的分类地位（基于 NCBI）：细胞生物（Cellular organisms）；细菌（Bacteria）；地细菌群（Terrabacteria group）；柔壁菌门（Tenericutes）柔膜菌纲（Mollicutes）无胆甾原体目（Acholeplasmatales）无胆甾原体科（Acholeplasmataceae）暂定植原体属（*Candidatus* Phytoplasma）紫菀植原体种（*Candidatus* Phytoplasma asteris）紫菀植原体 16SrI-B 序列群（*Candidatus* Phytoplasma asteris 16SrI-B）。

（二）病原形态特征

1. 电镜检测样本制备

植原体迄今还不能在人工培养基上纯培养，不能像传统的细菌分类一样进行菌落和个体的形态观察以及生理生化指标鉴定。

采集发病田的水稻橙叶病稻株幼嫩叶片，切取 1mm 大小的长条，用 0.1mol/L 磷酸缓冲液（pH7.0）冲洗干净，经戊二醛、四氧化锇双重固定，丙酮系列脱水，Epon812 渗透、包埋、聚合，再用超薄切片机切片，以 2% 乙酸铀染色，在透射电镜下观察、拍照。

2. 菌体特征

电镜下观察水稻橙叶病病株幼叶叶脉，筛管细胞中存在大量的植原体，菌体多数为近球形和椭圆形，有一些为哑铃形，还有一部分为不规则形，在一些菌体中观察到类似酵母菌出芽状态的结构，也观察到部分菌体处于二分裂的状态。菌体大小差异较大，最小的菌体直径约为 80nm，最大的菌体约为 600nm，平均大小为 320nm（图 2-39a）。植原体仅见于典型橙叶病症状（图 2-39b）的水稻幼叶中，而在缺素黄化的水稻幼叶中未检出（图 2-39c）。

（三）寄主范围

在自然条件下，水稻是病原的唯一植物寄主，越冬寄主植物只有水稻的再生稻株和落粒自生稻株。秧苗在 1～8 叶龄均可感病，3～5 叶龄期最易感病，6 叶龄后耐病性逐渐增强（黄圳等，2020）。

（四）侵染循环

1. 初侵染源

此病的介体多为电光叶蝉，后来发现黑尾叶蝉和二点黑尾叶蝉也可带毒，初侵染源为越冬带病的再生稻、自生稻（谢双大等，1996；何园歌等，2016）。能传病的叶蝉个体占 13%～68%，属于持久性非经卵传播。气温为 25～30℃，平均为 28℃时在水稻上潜育期为 8～36d，平均为 20.5d。该病仅能通过叶蝉介体越冬。染病株易干枯死亡，病株一旦死亡，就不再成为该病病原体来源。但由于该病病原体在叶蝉介体内循回期较短，在稻株内的潜育期为 11～29d。因此，其侵染循环快，偶尔也可造成该病在一些地区或局部田块流行。

在平均气温 28℃下，此类菌原体在电光叶蝉成虫体内的潜育期为 7～26d，保毒虫能终生传毒，但有间歇传病现象；其传毒力的大小与保毒虫的寿命呈正相关，个别保毒虫可传病 50d。用电光叶蝉保毒虫接种 1～3 叶龄的桂朝品种稻苗，当气温 25～30℃时，此病的潜育期为 8～36d。室内用 0.4mg/L 和 0.5mg/L 的盐酸四环素液处理病稻苗，可达到降低电光叶蝉获毒传病效率 60%、明显延长病株生长期 50d 左右的效果（张曙光等，1994）。

2. 传播途径

从地理分布来看，我国过去从未见到这种病害，自 1978 年以来先后在西南、东南和华南的一些稻区发生，提示我国发生的水稻橙叶病也许是由泰国、菲律宾等地通过带毒叶蝉迁飞传入的。因此，进一步摸清以叶蝉为中心的介体昆虫的迁飞传病规律，以期有效制止有关病毒病的传入（林奇英等，1983）。

张曙光等（1994）早期在网室内进行虫传试验，结果表明，电光叶蝉是水稻橙叶病病原的唯一传播昆虫介体。Li 等（2015a）、何园歌等（2016）先后证实黑尾叶蝉也是传播水稻橙叶病的传染介体和越冬介体昆虫。保毒虫能终生传毒，但不经卵传到下一代若虫（黄圳等，2020）。

3. 侵入途径

带菌电光叶蝉、黑尾叶蝉等介体昆虫刺吸水稻叶片时，将植原体带入植物的维管束韧皮部，在韧皮部筛管中定植，并沿维管束组织扩展，形成系统性侵染（Ong et al., 2021）。侵染循环见图2-40。

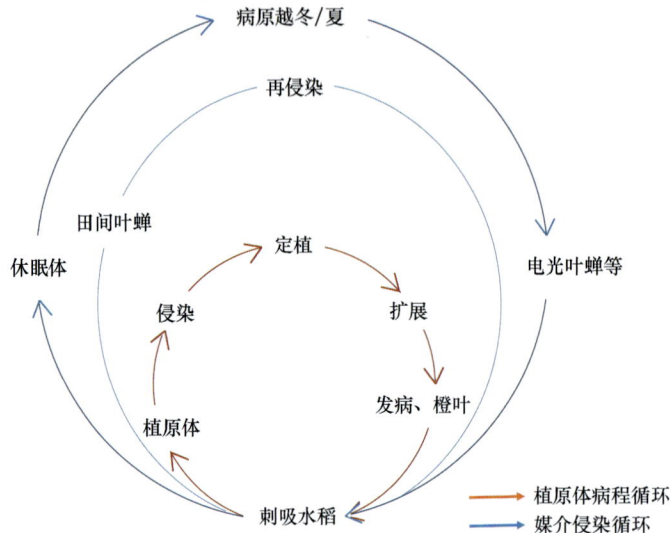

图2-40 水稻橙叶病侵染循环示意图（徐小梅 提供）

（五）病原致病机制

作为一种能够同时寄生于植物和动物（昆虫）的病原微生物，植原体的寄生形成了"植物-动物-微生物"之间复杂的互作和协同进化关系。早先认为，植原体吸取寄主营养，导致寄主发生病症。致病效应子的发现，表明植原体具有入侵性，能通过分泌效应蛋白改变寄主基因的表达。植物寄主出现的丛枝、花变叶等性状，有利于昆虫刺吸和产卵繁殖，进而有利于植原体的传播（李继东等，2019）。

植原体专性寄生于植物韧皮部，其侵染会导致韧皮部组织坏死且筛管内出现胼胝质积累和嗜锇颗粒增多的现象（图2-41），从而阻碍植物对营养物质的运输，导致叶片由于营养不足，出现叶绿体解体，表现为黄化症状（Ong et al., 2021）。水稻橙叶病感染水稻叶片的扫描电镜观察显示（图2-42），维管束鞘和薄壁组织中含有大量贮藏淀粉（Ong et al., 2021）。

（六）病原遗传多样性和群体遗传结构

1. 水稻橙叶病植原体遗传多样性

自1960年在泰国北部首次发现第一例水稻橙叶病以来，已有10多个国家报道了水稻橙叶病，如泰国、马来西亚、斯里兰卡、菲律宾、中国、印度、越南、柬埔寨、孟加拉国、缅甸等（Ong et al., 2021），大部分得到了电镜观察的证实。为弄清水稻橙叶病植原体的遗传多样性和地理分布，Ong 等（2021）对来自泰国、菲律宾、中国、印度、柬埔寨、越南等六国共66个水稻橙叶病植原体株系进行了16S rDNA序列分析，采用最大似然法（maximum likelihood phylogenetic analysis）进行了遗传进化建树（图2-43）。结果显示，水稻橙叶病植原体被划分为4个基因型（genotype），分别为 Thai-A 型、Thai-B 型、Mekong-Ph 型和未定型（unknown type）。中国的代表株系 LD1 属于 Mekong-Ph 型，该型主要包括来自中国、菲律宾、柬埔寨、越南等四国的水稻橙叶病植原体株系，16S rDNA 序列变异不大。Thai-A 型包含的株系都来自泰国，16S rDNA 序列基本一致。Thai-B 型最复杂，基因型内具有明显的遗传多样性。株系除了来自泰国，还有一部分来自印度和柬埔寨。未定型主要是指来自印度尼西亚、马来西亚、斯里兰卡的株系，未参加此次系统进化分析（Ong et al., 2021）。

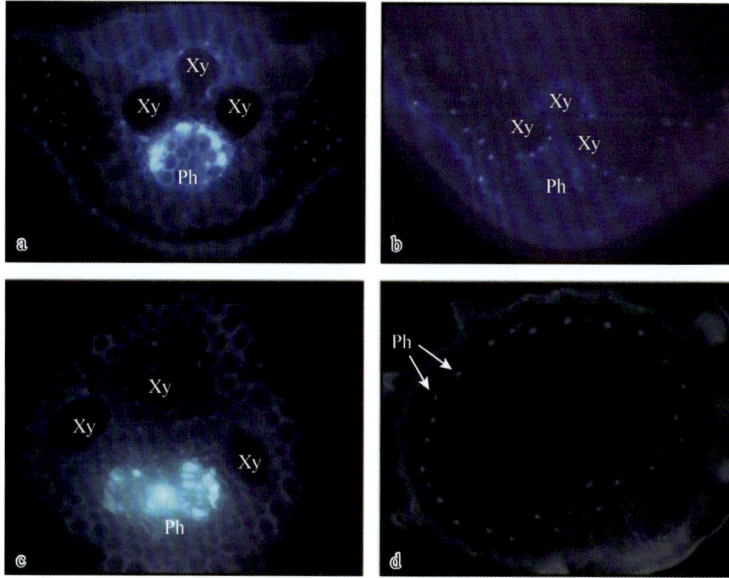

图 2-41　水稻橙叶病水稻样本荧光染料染色观察（Ong et al.，2021）

图中荧光染料为 4′,6-二氨基-2-苯基吲哚（DAPI），荧光显微镜观察。a：ROLP 感染；b：健康水稻植株的叶组织横截面；c：DAPI 染色的 ROLP 感染水稻根中柱组织横切面高倍镜观察（×200）；d：低倍镜观察（×50）。Ph：韧皮部；Xy：木质部导管

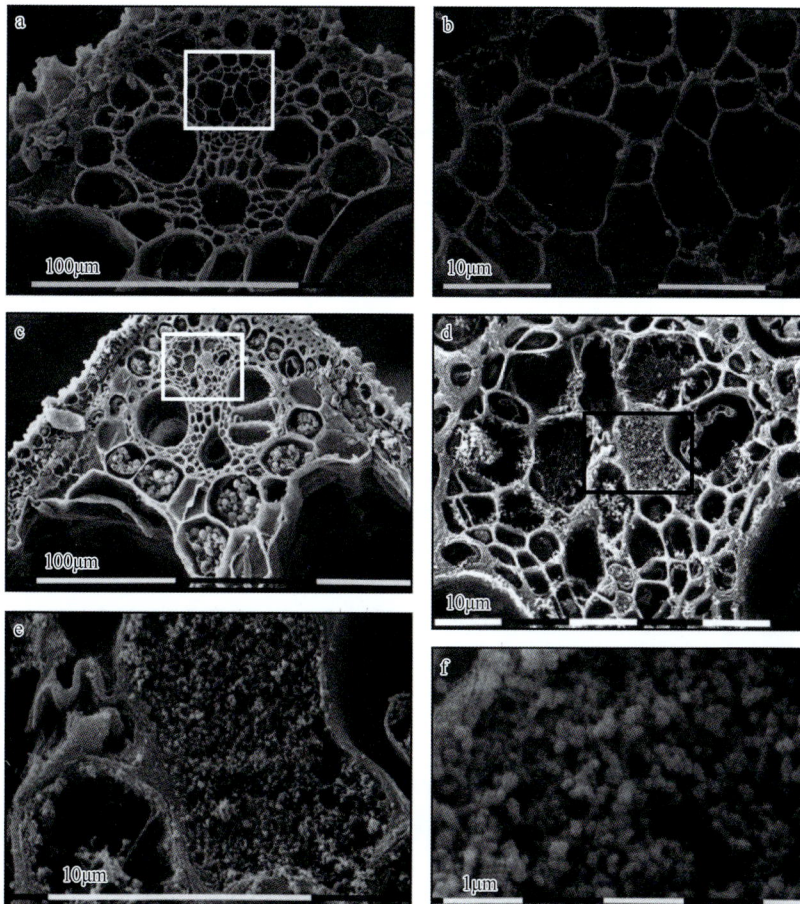

图 2-42　水稻橙叶病感染水稻叶片扫描电镜观察（Ong et al.，2021）

a：健康水稻叶片切片；b：健康叶片放大图像，显示韧皮部；c：ROLP 感染水稻叶片切片，矩形框显示在图 d 中放大，维管束鞘和薄壁组织中含有大量贮藏淀粉；d：感染叶片放大图，显示韧皮部；e：图 d 中矩形的放大图像，显示韧皮部，小颗粒紧实；f：ROLP 感染叶片韧皮部中的小颗粒。图片底部的黑白线条指示尺寸的比例尺

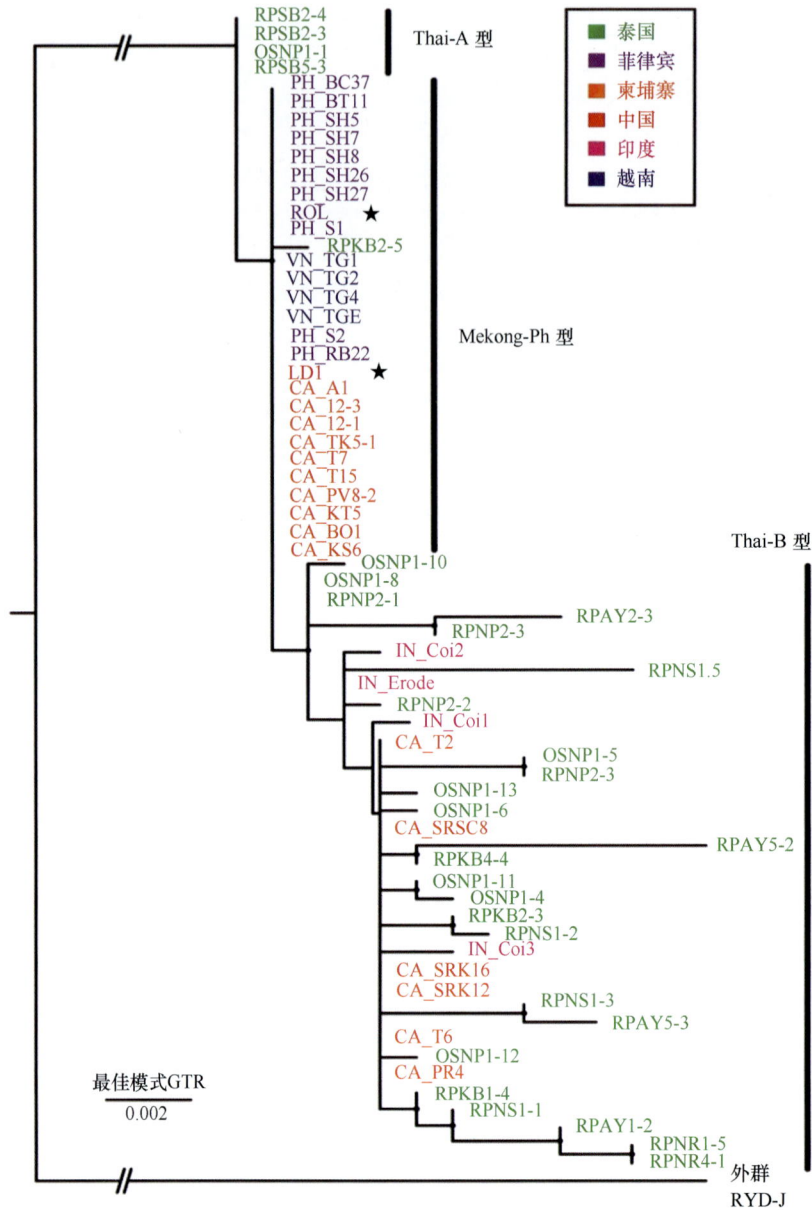

图 2-43　水稻橙叶病植原体主要株系系统进化分析（Ong et al.，2021）

图中：指征分析为 16S rDNA 序列，来自 GenBank 数据库。建树采用最大似然法。株系来源，采用色彩标识：泰国（绿色）、菲律宾（紫色）、柬埔寨（橘红色）、中国（红色）、印度（粉红色）和越南（蓝色）。五角星分别指向菲律宾第一例水稻橙叶病植原体基因组测序株系 ROL 与完成基因组草图（draft）的中国 LD1 株系

2. 水稻橙叶病植原体基因组分析

鉴于水稻橙叶病植原体较难进行体外培养、纯化，基因组测序比较困难，至今，我国完成了一例水稻橙叶病植原体的测序，LD1 株系，序列登记号为 MIEP00000000（Zhu et al.，2017）。对感病水稻叶鞘组织总 DNA 构建文库，通过 Illumina HiSeq 2000 平台对文库进行测序，获得 21 751 038 个 Raw Reads。采用基因拼接软件 CLC Genomics workbench（CLC-bio，Denmark）对获得的序列进行 de novo 拼接，获得总长为 285 321 174bp 的 74 342 条 contigs。利用本地化 BLAST 比对已报道的植原体参考基因组，筛选出总长 563 399bp 与植原体匹配的 60 个 contigs。采用 PCR 扩增获得各 contig 之间的 gap 序列，最终获得近全长水稻橙叶病植原体基因组序列，命名为 LD1 株系。所得序列总长为 60 6884bp，GC 含量为 28.2%，编码 661 个蛋白，包含 35 个 tRNA 和 2 个 rRNA 操纵子。同时获得一个长度为 4197bp 的完整质粒序列。

植原体基因组只有一些基本的细胞功能基因，如 DNA 复制、转录、翻译、蛋白质输导等，缺少氨基酸合成、脂肪酸合成、三羧酸循环、氧化磷酸化、戊糖磷酸途径等生化途径的基因，这也解释了它们只能寄生于寄主体内营养物质丰富的器官或组织，如植物的韧皮部、昆虫的口器唾液腺等（Oshima et al.，2004；Bai et al.，2006）。植原体基因组中还含有超氧化物歧化酶基因 *sodA*，该基因编码的超氧化物歧化酶可以使活性氧失活，抵御寄主植物释放活性氧的防御机制，有利于植原体寄生（Tran-Nguyen et al.，2008）。以上这些代谢途径的功能基因在不同的植原体基因组之间有较高的同源性，且多数拷贝数较少或为单拷贝，为基因组的较小组成部分。转运相关基因则为植原体基因组的较大组成部分，拷贝数较多，可以满足植原体将获取的营养转运至自身细胞内的需求。

四、种质资源抗病性

品种间发病程度有明显的差异。以常规稻的珍桂矮、双朝 23、七三占、七桂早等受害最重，而杂优稻的汕优 64、汕优 3550、特优 83、博优 3550 等也高度感病（张曙光等，1994）。陈怡光（2015）在广东罗定市的调研结果表明，推广品种丰田优 9802、美优 9802、星优 712、中研优 519、美香占等比本地常规稻黑叶谷的发病率低。品种间发病轻、重的原因值得进一步研究。杂交稻博优 315、博 7118、博Ⅲ优 758、博Ⅲ优 868、百优 1991、泰优 1509 均有发生，其中博优 315 发生较重，发病株率为 35%，其余品种发生较轻，发病株率多为 8%～20%，博优 5058 与一些常规稻品种未发现病株（黄圳等，2020）。

五、病害发生条件与预测预报

（一）水稻橙叶病的发生条件

水稻橙叶病的发生条件与南方水稻黑条矮缩病、水稻瘤矮病等病毒病类似，与传播介体、气候条件、品种抗性、栽培管理关系密切。

1. 病原传播介体

前人报道电光叶蝉是水稻橙叶病的唯一传播介体，Li 等（2015a）报道黑尾叶蝉也是该病的有效传播介体，何园歌等（2016）报道水稻橙叶病近年来在华南局部地区流行，新介体黑尾叶蝉可能是病害再次流行的主要原因。电光叶蝉与黑尾叶蝉对水稻橙叶病的传播属于持久性传播，传播昆虫在水稻茎秆、叶鞘、叶片等部位取食，一旦取食获得病菌则终生带菌。已经携带水稻橙叶病植原体的介体叶蝉通过取食其他稻株进行病害的传播、侵染及复合侵染。电光叶蝉的种群数量与水稻橙叶病的发生有显著的正相关。介体叶蝉田间基数大，则水稻橙叶病发病严重；反之发病较轻。

2. 气候条件

冬季温度相对较高，有大量的带菌介体叶蝉顺利越冬，为水稻橙叶病的发生准备了有利的先决条件；气温在 28℃左右，田间相对湿度 75% 以上有利于介体叶蝉的大量繁殖和水稻橙叶病的传播。南方冬季气候偏暖，电光叶蝉在粤西冬季可存活 105～125d，繁殖 1 或 2 代，越冬后病原以"虫-稻-虫"的方式交互传递，成为水稻橙叶病早稻发病的侵染源。

黑尾叶蝉、电光叶蝉的越冬通常以高龄若虫及成虫在田边杂草潜伏，适宜的气温和生存环境能提高越冬成活率，增加种群数量，从而增加来年水稻感病的风险。

3. 品种抗性

杂交稻发病普遍比常规稻重，晚稻田比早稻田发病重。品种间的发病差异还与媒介昆虫的嗜食性等有关。种植感病品种，且秧苗期没有进行防虫处理，则病害发生偏重（陈怡光，2015）。

4. 栽培管理

（1）耕作方式

近年水稻生产效益低，耕作模式不断向简便型转变。春耕、夏耕普遍是一次翻耙即插秧，造成冬季田间再生稻和落粒自生稻存活时间长，成为叶蝉越冬食料和病原传播媒介。夏播秧苗也多在成熟期的早稻田旁边，秧苗嫩绿，更易吸引叶蝉转移集中危害（黄圳等，2020）。

（2）田间管理

由于叶蝉传毒时间短，最短传毒期小于5min，现在使用的多是低毒缓效农药，叶蝉汲取含有毒性的植株汁液后，仍有一段存活传毒时间，导致病害扩展。

施氮肥过多、水稻生长旺盛、叶色浓绿的田块，带毒叶蝉侵染概率增大，病害发生重。

（二）病害预测预报

目前，生产上尚无针对水稻橙叶病的防治药剂，对该病的防控需采取针对传病介体的预防性措施，首先要做好病害测报工作，老病区要进行介体虫量及带菌率监测，做好各年度病害发生趋势预测，新病区要注意病害逐年积累情况调查，防止病害突然暴发成灾。

水稻橙叶病与水稻旱改水综合缺素黄化病、高温胁迫失绿病等的病状有类似之处，均表现出橙黄或金黄叶片（周健平等，2022）。近年来华南稻区误诊、误报的橙叶病病情屡有发生，疑似病株样本的植原体检出率低于10%，部分送检批次未能检出植原体（检测部门为浙江大学农业与生物技术学院生物技术研究所）。因此，在田间发现疑似黄叶，应及时进行分子检测，以免导致药物滥用、贻误农时。

六、病害防治

水稻橙叶病主要由电光叶蝉、黑尾叶蝉等介体传播而发生，预防水稻橙叶病的根本是在秧苗1～8叶龄敏感期防止带毒叶蝉的侵害传毒。

（一）加强监测预警

在早、晚稻秧苗移植后症状明显期，加强对电光叶蝉、黑尾叶蝉数量和病株的普查监测工作，做好虫情测报和病害发生趋势分析。如介体叶蝉和病苗多，则预示存在偏重发生的风险，需注意防治，防止病害蔓延扩散（黄圳等，2020）。

（二）选用抗病、抗虫品种

最有效的防治措施是选用抗、耐病品种，合理进行品种间的套作、轮作。调查显示，杂交稻发病普遍比常规稻重，晚稻田比早稻田发病重。品种间的发病差异还与媒介昆虫的嗜食性等有关。参照水稻病毒病的防治对策"抗、避、除、治"，以"抗"为首，即选用抗病品种是最为有效的防治方法，选择适应性强、抗逆性好、高产优质等经审定的品种。华南稻区的常发区域，可选用丰田优9802、美优9802、星优712、中研优519、博优5058等品种。

（三）农业防治

1. 秧田期

目前关于水稻橙叶病的研究以及相关防控技术方案相对比较少，特别是有效的防控药剂和防控方法较欠缺。结合资料查询和实际调查，不同时期为害造成不同程度的矮化，秧田期为害矮化最严重，可造成绝收，由此看来，秧田期是防控的关键时期（陈怡光，2015；韦洁玲等，2019）。

2. 大田防控结合栽培技术

注重栽培管理措施，适当调整水稻的插播期，使水稻的秧苗感病期与介体昆虫的传病期或传病高峰期错开。春、夏季育秧时提前清除田间杂草，剿灭传播介体昆虫叶蝉的生存环境；健苗栽培，做好田间管理，少施氮肥，增施磷、钾肥，提高水稻抗逆性。田间一旦发现病株，及时拔除深埋，以减少田间病害再次侵染。对受害稻田补栽健康秧苗，增加苗数，稳定产量架构，对重病田及时翻耕改种，以降低减产损失（黄圳等，2020）。

（四）物理防治

利用叶蝉成虫的趋性，田间利用黑光灯、采用 200W 白炽灯、粘虫黄板诱杀成虫，降低田间虫口密度。

（五）化学防治

1. 治虫防病，加强秧田管理，治秧田保大田，治早稻保晚稻

水稻橙叶病是虫传病害，各地应组织发动农户及时防治水稻叶蝉，防治药物有毒死蜱、吡虫啉、噻虫嗪、吡蚜酮、蚜虱净、敌敌畏等。在秧苗移栽前 2～3d，与田间其他病虫防治相结合，用 25% 吡蚜酮悬浮剂 8g 或 35% 吡虫啉悬浮剂 4g 兑水 15kg 喷施苗床，通过药剂的内吸作用，带药移栽以防治本田早期的电光叶蝉（陈怡光，2015）。

2. 针对性抑菌剂的施用

研究表明，20% 毒氟磷悬浮剂和 30% 毒氟磷 WP 对水稻橙叶病有较好的防控效果，在秧田期和分蘖初期结合杀虫剂施用，可在切断毒源的同时激活水稻系统抗逆性，达到预防水稻橙叶病的目的（韦洁玲等，2019）。

第九节　其他水稻细菌性病害

目前已知的水稻细菌性病害有 10 余种，在生产实际中较为重要且研究较多的有前面第一至第八节论述的 8 种病害，还有一些小众的水稻细菌性病害，在本节简要介绍。

一、水稻细菌性叶鞘褐腐病

水稻细菌性叶鞘褐斑病（bacterial sheath brown rot of rice）是由褐鞘假单胞菌（*Pseudomonas fuscovaginae*）引起的一类水稻叶鞘部病害。该病最早由 Tanii 等于 1976 年在日本发现，随后，在世界多地零星发生（谢联辉，1997）。在我国，该病最早由谢关林（2001）报道，他们于 1996～1999 年在浙江嘉兴、余杭等地的水稻叶鞘腐败病病斑上分离到一种病原细菌，经鉴定确认为褐鞘假单胞菌。此前，段永平等（1986）曾报道从田间杂草看麦娘上分离到褐鞘假单胞菌，但没有该菌引起水稻病害的相关研究。

（一）症状

水稻幼苗病害，最初在基部叶鞘上产生暗绿色水渍状小斑点，后愈合成灰褐至暗褐色的长条斑，有时病斑可扩展至叶片中脉上，严重时叶鞘软腐，幼叶呈青枯状且伴有臭味。孕穗期受害，最初在叶鞘产生暗

绿色水渍状的不规则小斑点，后扩展成灰褐至暗褐色病健交界不明显的斑块，严重时叶鞘坏死，导致幼穗凋萎或呈"包颈穗"。受害谷粒部分呈锈色状或整粒变褐，受害稻株无菌脓出现。

（二）病原

P. fuscovaginae，译名褐鞘假单胞菌。革兰氏反应阴性，菌体杆状，具1～4根极生鞭毛，能游动，好气性，不产生芽孢。在NA培养基上于28℃恒温生长3～4d，菌落白至乳白色，半透明，表面光亮，稍突起，奶油状，直径2～3mm。在KMB培养基上产生绿色荧光色素。

碳源利用方面：能利用葡萄糖、半乳糖、甘露醇、甘油、木糖、果糖、棉子糖、山梨醇、甘露糖、丙二酸盐、阿拉伯糖，不能利用水杨苷、肌醇、蔗糖、麦芽糖、乳糖、糊精、鼠李糖。

生理生化反应：在葡萄糖氧化/发酵（O/F）试验、接触酶检测、吐温80水解、淀粉水解、Fermi氏培养液、Uschinsky培养液等检测中，均为阳性反应；石蕊牛乳测试，能产碱、胨化、还原，使烟草产生过敏性反应。在MR试验、V-P试验、Cohn氏培养液、卵磷脂酶检测、硫酸呼吸、硝酸还原测试、吲哚的产生方面，都表现为阴性反应。明胶液化，氧化酶、精氨酸双水解酶试验均为阳性，不产果聚糖。

分子鉴定：莫瑾等（2021）根据水稻细菌性叶鞘褐腐病菌*pfsI/pfsR*基因，设计了一对特异性引物，引物信息如下：PfsI/R-F，5'-AGTGAATGGGAGTGCCAGGAC-3'；PfsI/R-R，5'-TGTAGCGAAATAACCCGAGCC-3'。

片段大小为494bp，该对引物可以用于鉴定细菌性叶鞘褐腐病菌，并可与其他病菌的特异性引物进行组合，进行多重PCR检测。结果显示，多重PCR方法能同步快速地检测出水稻细菌性穗（谷）枯病菌、水稻细菌性叶鞘褐腐病菌、Xoc或Xoo，检测灵敏度达10^3CFU/mL菌液浓度，利用该方法对我国不同地区的58份水稻种子进行检测，其中17个样本中检测出Xoc或Xoo（莫瑾等，2021）。

（三）侵染循环

水稻细菌性叶鞘褐腐病是一种土壤习居菌，可通过种子传病。段永平等（1986）报道，从杂草上分离到褐鞘假单胞菌，表明田间杂草与前茬、土壤带菌等都可作为初侵染源。病菌能从叶片、伤口和自然孔口进入植株，也可由受伤的叶鞘入侵。侵入的细菌在通气组织中生长繁殖，会在叶鞘气腔堆积，阻塞叶鞘，导致叶鞘褐腐（Arsenijevic，1991）。

（四）寄主范围与为害

寄主包括水稻，玉米（*Zea mays*），高粱（*Sorghum bicolor*），小麦（*Triticum aestivum*），以及黑麦（*Secale cereale*）、大麦和看麦娘（*Alopecurus aequalis*）。

谢关林（2001）的研究表明，该病的种子传病率为0.1%～2.5%，水稻细菌性叶鞘褐腐病在日本是一个较普遍而严重的水稻细菌性病害，一般导致减产7%～22%，严重时达22%～58%。但在我国尚属零星发生，目前国内对该病的了解甚少，之后如能在病害的适生性方面开展研究，将有利于该病的治理。

（五）病害防治

水稻细菌性叶鞘褐腐病在我国属于偶发水稻病害，除了谢关林（2001）报道的第一例病情，尚未发现其他病例。该病病原属于假单胞菌属，可参照其他假单胞属病害的防治方法和用药。

二、水稻米粒细菌性黑腐病

童蕴慧等（1998）报道，江苏部分农场的水稻籽粒上出现"黑米"症状。据初步调查，品种主要为镇稻88，籽粒发病率为3.3%～8.3%。显微镜检查显示，米粒黑斑处有大量细菌液溢出，分离培养后，在丰富培养基上形成黄色细菌菌落。该病与日本于 1931 年报道的黑蚀米病类似，主要分布在日本、朝鲜和我国的东北、台湾省。

（一）症状与为害

1. 症状

病害症状仅产生在米粒上，颖壳表面没有病斑，有的颖壳上出现的褐色斑点与米粒上的病斑无关。在强光照射下，颖壳表面可隐约透出米粒上的黑斑。米粒病斑黑褐色，病健交界模糊，病斑宽度一般为 1mm 左右，长度不等。病斑多数从胚一侧的米粒中部开始，扩展方式有两种：一是沿米粒的长轴方向扩展，可达米粒基部（胚部）和米粒顶部，胚部也会变成黑色；另一种是沿米粒短轴方向扩展，黑色病斑环绕米粒。有时病斑会沿扩展方向开裂，环状病斑易造成米粒从病斑处断裂，发病较重的米粒瘦小，表面皱缩。黑褐色病斑不深入米粒内部，但沿病斑剖视病粒，可见病斑下胚乳变为乳白色、不透明，重病米粒内部胚乳全部变成糠心状。

日本报道的黑蚀米病主要侵害米粒，引起米粒黑腐。常在谷粒顶端发生黑色斑点，有时在中部，少有在基部分生。种皮、蛋白层及胚乳的上部变黑腐蚀，刨光后病部仍不能去净，米质变差。

2. 病害为害

病害对稻谷的千粒重有明显的影响，病粒千粒重为 21.28g，健种为 27.74g，病粒千粒重比健粒下降 23.3%。病种的发芽率为 20.4%，健种为 95.5%，病种发芽率比健种下降 78.6%，病害对种子的发芽率影响较大。健种用细菌悬浮液浸泡，其发芽率不受影响。发芽 5d 后，测量胚根、胚芽长度，病种分别为 4.9mm 和 4.0mm，用细菌液浸泡的健种分别为 3.6mm 和 4.4mm，健种平均分别为 10.2mm 和 5.9mm，病种胚根、胚芽的生长势明显比健种弱。用菌液浸泡的健种，虽然发芽率不受影响，但胚根、胚芽的生长受到显著抑制，比健种的根长和芽长分别下降 64.7% 和 25.4%。1 叶 1 心期的幼苗高度，病种平均为 22.7mm，菌液浸泡的健种为 32.1mm，健种为 43.8mm；表明病害不仅能抑制种子发芽和胚根、胚芽生长，而且会影响幼苗的生长高度。健种被菌液沾污后，幼苗生长也会受到一定的抑制，浸种时病粒内细菌液大量外溢，会污染健康种子，从而使多数稻苗的生长受到危害。

（二）病原

该病病原早期认为是 *Pseudomonas itoana*，后改为 *Xanthomonas itoana* (Tochinai) Dowson，但该学名一直未被国际上承认。随后，有人提出病菌是 *Enterobacter agglomerans* 或 *Erwinia herbicola*。建立泛菌属（*Pantoea*）后，*Erwinia herbicola* 和 *Enterobacter agglomerans* 作为成团泛菌（*Pantoea agglomerans*）的异名，并入 *Pantoea agglomerans*（童蕴慧等，2001）。

菌体短杆状，大小为 1.2～3.5μm×0.5～0.8μm，两端圆，单生或成对，极生鞭毛 1 或 2 根，无芽孢、无荚膜，好气，产生菌黄素。革兰氏反应阴性。不能液化明胶，淀粉酶弱，能使硝酸盐还原，不通过糖或甘油产气；使牛乳凝固，长期生长后使石蕊牛乳变红，产生吲哚，不产生氨气，在 Uschinsky 培养基上能生长，在 Cohn 氏培养基上生长微弱，最适温度为 29℃，最低温度为 10℃，最高温度为 38℃，致死温度为 51℃（10min）。

三、水稻细菌性短条斑病

1976 年，孙恢鸿等（1983）在广西扶绥县早稻田发现早稻前、中期叶片上有一种细菌性"短条斑"型的病害，其症状很像细菌性条斑病的初期病斑。

（一）症状

症状很像细菌性条斑病的初期病斑，短条斑病菌与Xoc引起的症状差异明显。短条斑病菌致病力较弱，病斑短小，不扩展或扩展很慢，其上一般没有菌脓，即使有也极少。根据这个特点，孙恢鸿等（1983）将该病命名为"水稻细菌性短条斑病"。姬广海等（1999）从分子水平验证了水稻细菌性短条斑病菌为李氏禾条斑病菌。

在人工接种的情况下，同一时间内，初期短条斑病菌与Xoc引起的症状比较接近（相似），但随着时间的推移，两者差异明显不同。短条斑病菌引起的病斑短小，其长度仅相当于水稻细菌性条斑病病斑长度的1/10～1/3。

（二）病原

水稻细菌性短条斑病病原菌为*Xanthomonas oryzea* pv. *leersiae*（Xol），译名为稻黄单胞菌李氏禾致病变种，简称李氏禾条斑病菌。

菌体两端钝圆，杆状，多数单生，有时也见双链，极端单生鞭毛，鞭毛长度为菌体长的5倍左右。革兰氏染色阴性。在肉汁胨蔗糖琼脂培养基上，菌落黄色、圆形，边缘整齐，略凸起，表面光滑发亮。与Xoc等一样属于黄单胞菌属的致病菌。

Xol、Xoo和Xoc不能利用硝酸钾、硝酸钠、硝酸钙等3种硝态氮，针对硫酸铵、氯化铵和磷酸氢二铵等3种铵态氮以及天冬氨酸、亮氮酸和酪氨酸等3种有机氮，Xoo的利用能力最弱，仅亮氨酸可以生长，而Xol和Xoc虽然都能不同程度地利用，但不论是哪种有机氮或铵态氮，Xoc比短条斑病菌生长好，短条斑病菌对氮素营养的要求比Xoc还严格。在明胶液化、牛乳胨化、青霉素和葡萄糖反应等方面，短条斑病菌与Xoc和Xoo存在明显的差异性。

（三）侵染循环

Xol通过气孔和伤口侵入水稻，与Xoc类似，在叶肉组织中定植，沿叶脉外部扩展，形成短的失绿、透明病斑。

（四）寄主范围与为害

稻短条斑病菌（李氏禾条斑病菌）可侵染水稻和李氏禾。但多数Xoc菌株只能侵染水稻，不能侵染李氏禾。

（五）病害防治

李氏禾条斑病菌的主要寄主是假稻属植物，如李氏禾等。该菌对水稻的致病力较弱，在我国的华南、华东稻区均有水稻携带该菌的报道（方中达等，1957）。该菌引起的水稻短条斑病仅限广西报道的一例。鉴于该菌属于稻黄单胞菌，症状上类似细菌性条斑病，在防治上可参考细菌性条斑病的防治方法和用药。

四、栖稻假单胞菌引起的水稻病害

栖稻假单胞菌（*Pseudomonas oryzihabitan*）是人类和动物的机会病原菌之一，也是农业生产中的生防菌之一。Hou等（2020）首次报道该菌能导致水稻的穗枯和米粒变色，严重影响水稻的品质。

（一）症状

2018 年，在浙江富阳的稻田中观察到水稻发生严重的穗（谷）枯病（株发病率约为 15%），受影响的谷壳最初表现出浅棕色斑点，之后颖片完全为深棕色，这与由颖壳伯克氏菌感染颖片产生的红棕色谷物不同。这些变色的谷物灌浆不满或干瘪，导致圆锥花序枯萎。

（二）病原

Pseudomonas oryzihabitan，译名栖稻假单胞菌。在丰富培养基 NA 平板上划线，37℃下孵育 16～24h，单菌落圆形、黄色、边缘光滑。菌体杆状，革兰氏反应阴性，能利用 L-阿拉伯糖、D-葡萄糖、D-甘露糖、D-甘露醇、苹果酸、葡萄糖酸钾和柠檬酸三钠；氧化酶阳性，过氧化氢酶阴性。

生物化学分析与分子鉴定确认分离株为栖稻假单胞菌（Hou et al.，2020）。

（三）侵染循环

栖稻假单胞菌通过气孔和伤口侵入水稻，目前该菌的侵染循环尚不清楚，在一定程度可以借鉴颖壳伯克氏菌的致病机理和侵染循环。

（四）寄主植物

寄主植物有水稻、花椒（*Zanthoxylum bungeanum*）、烟草（*Nicotiana tabacum*）、甜瓜（*Cucumis melo*）等（Li et al.，2021）。

参 考 文 献

艾新龙, 陈亮, 魏先尧, 等. 2011. 水稻细菌性基腐病发生与防治初探. 湖北植保, 18(6): 17-18, 32.

鲍思元, 谭明谱, 林兴华. 2006. 水稻抗白叶枯病基因 *Xa12* 区间连锁图的构建. 亚热带植物科学, 35(3): 1-4.

鲍思元, 谭明谱, 林兴华. 2010. 水稻抗白叶枯病基因 *Xa14* 的遗传定位. 作物学报, 36(3): 422-427.

曹立勇, 庄杰云, 占小登, 等. 2003. 抗白叶枯病杂交水稻的分子标记辅助育种. 中国水稻科学, 17(2): 184-186.

曹益飞, 袁培森, 王浩云, 等. 2021. 基于光谱分形维数的水稻白叶枯病害监测指数研究. 农业机械学报, 52(9): 134-140.

曹振乾. 1986. 水稻细菌性基腐病危害情况与发病因素调查. 植物保护, 2(1): 12-14.

岑贞陆, 黄思良, 李容柏, 等. 2007. 稻种材料抗细菌性条斑病性鉴定. 安徽农业科学, 35(22): 6850-6851.

陈宝强, 马博雅, 李莹莹, 等. 2023. 西瓜食酸菌Ⅲ型分泌效应物基因 *aopW* 功能初步分析. 微生物学通报, 50(5): 1973-1987.

陈冰, 林汉龙, 宋祖钦, 等. 2020. 基于经验法则的水稻细菌性条斑病气候年型分析. 气象研究与应用, 41(1): 26-30.

陈芳育, 黄青云, 张红心, 等. 2007. 水稻品种"佳辐占"应答细菌性条斑病病原菌侵染的蛋白质组学分析. 作物学报, 33(7): 1051-1058.

陈复旦, 颜丙霄, 何祖华. 2020. 水稻白叶枯病抗病机制与抗病育种展望. 植物生理学报, 56(12): 2533-2542.

陈功友, 徐正银, 杨阳阳, 等. 2019. 我国水稻白叶枯病菌致病型划分和水稻抗病育种中应注意的问题. 上海交通大学学报（农业科学版）, 37(1): 71-77.

陈功友, 张学民, 张信娣, 等. 2000. 水稻细条斑病菌的化学诱变及 *hrp* 基因突变体的功能互补研究. 农业生物技术学报, 8(2): 117-122.

陈建斌, 周惠萍, 李作森, 等. 2002. 云南省水稻细菌性基腐病病原的初步鉴定. 云南农业大学学报, 17(4): 370-392.

陈景成, 刘华荣, 彭启德. 2001. 陆川县发生水稻橙叶病. 广西植保, 14(2): 33.

陈晴晴, 王春林, 张海珊, 等. 2022. 安徽省水稻区试品种稻瘟病和白叶枯病抗性分析. 中国农学通报, 38(3): 134-139.

陈绍光. 1983. 水稻细菌性褐条病（*Pseudomonas avenae* Manns）的研究-Ⅰ. 病原菌的致病性及分类地位. 湖南农学院学报,

9(4): 45-54.

陈绍光. 1984. 水稻细菌性褐条病（*Pseudomonas avenae* Manns 1909）的研究Ⅱ. 病害发生发展规律. 湖南农学院学报, 10(1): 37-44.

陈深, 汪聪颖, 苏菁, 等. 2017. 华南水稻白叶枯病菌致病性分化检测与分析. 植物保护学报, 44(2): 217-222.

陈析丰, 梅乐, 冀占东, 等. 2020. 中国稻种资源中新抗白叶枯病基因的发掘. 浙江师范大学学报（自然科学版）, 43(1): 8-12.

陈贤, 赵延存, 朱润杰, 等. 2018. 褪黑素抑制白叶枯病菌生长的转录组学分析. 中国植物病理学会 2018 年学术年会论文集: 351.

陈小林, 颜群, 高利军, 等. 2015. 广西水稻白叶枯病菌致病型的初步鉴定. 南方农业学报, 46(2): 236-240.

陈晓斌, 张炳欣. 2000. 植物根围促生细菌（PGPR）作用机制的研究进展. 微生物学杂志, 20(1): 37-41.

陈雪凤, 魏楚丹, 张庆, 等. 2014. 水稻基腐病菌 HrpX/HrpY 在致病性中的功能分析. 中国农业科学, 47(4): 675-684.

陈怡光. 2015. 广东省罗定市水稻橙叶病发生原因分析及其防控对策. 安徽农业科学, 43(19): 87-88.

陈玉奇, 余明志, 乐承伟, 等. 1990. 水稻细条病发病程度与损失率的关系. 植物保护, 16(4): 52.

陈志伟, 景艳军, 李小辉, 等. 2006. 水稻细条病抗性 QTL qBlsr5a 的验证和更精确定位. 福建农业大学学报, 54(6): 619-622.

陈志谊, 刘永锋, 刘凤权, 等. 2009. 江苏省水稻品种细菌性条斑病抗性评价与病原菌致病力分化. 植物保护学报, 36(4): 315-318.

陈志谊, 刘永锋, 吉健安, 等. 2006. 2001～2005 年江苏省水稻区试品种（系）抗病性鉴定和评价. 江苏农业学报, 22(4): 384-387.

陈卓, 刘家驹, 宋宝安, 等. 2010. 2010 年南方水稻黑条矮缩病应急防控试验探究. 贵州大学学报（自然科学版）, 27(5): 38-40.

成国英, 黄昌华. 1996. 水稻品种对稻细条病菌的抗性测定. 湖北植保, 8(3): 22-25.

成太辉, 陈深, 杨健源, 等. 2020. 水稻抗白叶枯病Ⅴ型菌 *xa5* 基因利用现状及前景. 广东农业科学, 47(1): 92-97.

承河元, 章健, 檀根甲, 等. 1999. 安徽省水稻白叶枯病菌致病型测定. 安徽农业科学, 27(5): 484-485.

程晓晖. 2010. 湖北省水稻白叶枯菌致病小种鉴定及其遗传多样性分析. 武汉: 华中农业大学硕士学位论文.

种藏文, 王长方, 卢学松, 等. 1998a. 水稻细菌性条斑病和白叶枯病杂草寄主比较研究. 福建农业学报, 13(S1): 162-167.

种藏文, 肖锋, 王长方, 等. 1998b. 福建省水稻白叶枯病和细条病比较研究. 福建农业科技, 29(6): 3-6.

褚菊征, 邹雪蓉, 商玉霞, 等. 1982. 北京水稻白叶枯细菌噬菌体的形态和血清学的研究. 植物病理学报, 28(3): 35-42.

崔舟琦. 2015. 水稻细菌性穗枯病菌分子检测技术及致病机理研究. 杭州: 浙江大学博士学位论文.

戴良英, 陈寅. 1988. 水稻品种对水稻细菌性条斑病抗性鉴定和抗性机制的研究. 湖南农学院学报, 38(4): 39-46.

邓其明, 王世全, 郑爱萍, 等. 2006. 利用分子标记辅助育种技术选育高抗白叶枯病恢复系. 中国水稻科学, 20(2): 153-158.

邓维娜. 2011. 水稻细菌性褐斑病防治技术. 现代农业, 37(5): 68.

董鹏, 吴冠清, 陈观浩. 2008. 水稻细菌性条斑病发病率与病情指数关系初步研究. 广东农业科学, 44(5): 58-59.

段瑞旭, 张桂英, 王春平, 等. 2010. 白叶枯病菌 *avrBs3/pthA* 家族基因的随机缺失突变体 PXO99Δ*avr* 功能的研究. 南京农业大学学报, 33(1): 59-64.

段永平, 陈寅, 王金生, 等. 1986. 禾谷类作物细菌性褐条病病原菌的鉴定. 植物病理学报, 16(4): 228-235.

鄂志国, 程本义, 孙红伟, 等. 2019. 近 40 年我国水稻育成品种分析. 中国水稻科学, 33(6): 523-531.

樊颖伦, 陈学伟, 王春连, 等. 2006. 水稻抗白叶枯病基因 *Xa23* 的 RFLP 标记定位及其 STS 标记的转化. 作物学报, 57(6): 931-935.

范怀忠, 伍尚忠. 1957. 广东省珠江三角洲水稻细菌性条斑病（白叶枯病）研究简报. 植物知识, 1(1): 6-8.

范青, 田世平, 姜爱丽, 等. 2001. 采摘后果实病害生物防治拮抗菌的筛选和分离. 中国环境科学, 21: 313-316.

范伟雅, 刘自然, 云勇, 等. 2023. 海南野生稻白叶枯病抗性种质资源的收集与初步鉴定. 植物遗传资源学报, 24(1): 117-125.

范文忠, 王培颖, 杨祥波, 等. 2019. 8-羟基喹啉钙防治细菌性病害室内毒力及田间药效试验. 农药, 58(9): 690-693, 696.

方静静. 2016. 防治水稻白叶枯病新药剂的田间应用技术研究. 贵阳: 贵州大学硕士学位论文.

方梦瑞, 吕军, 姚波. 2018. 水稻病害智能识别 APP 框架的设计. 安徽农学通报, 24(24): 51-52.

方媛, 潘晨阳, 李梦佳, 等. 2022. 水稻细菌性褐条病研究进展. 浙江师范大学学报（自然科学版）, 45(1): 76-81.

方媛, 谢关林, 吕火祥, 等. 2006. 人体条件致病细菌——洋葱伯克氏菌在农业上的研究现状及风险分析. 浙江农业学报, 18(4): 284-288.

方中达. 1963. 水稻白叶枯病. 2 版. 南京: 江苏人民出版社.

方中达. 1998. 植病研究方法. 3 版. 北京: 中国农业出版社.

方中达, 刘經芬, 朱家琳. 1956. 水稻白叶枯病（*Xanthomonas oryzae*）侵染循环的初步研究. 植物病理学报, 2(2): 173-185.

方中达, 任欣正. 1960. 我国水稻上的一种新的细菌性病害. 植物病理学报, 6(1): 90-92.

方中达, 任欣正, 陈泰英, 等. 1957. 水稻白叶枯病及条斑病和李氏禾条斑病病原细菌的比较研究. 植物病理学报, 3(2): 99-124.

方中达, 许志纲, 过崇俭, 等. 1981. 水稻白叶枯病细菌致病性的变异. 南京农业大学学报, 26(1): 28-38.

方中达, 许志刚, 过崇俭, 等. 1990. 中国水稻白叶枯病菌致病型的研究. 植物病理学报, 20(2): 3-10.

冯爱卿, 陈深, 杨健源, 等. 2018a. 水稻品种资源对细菌性条斑病菌的抗性评价. 植物遗传资源学报, 19(6): 1045-1054.

冯爱卿, 汪聪颖, 苏菁, 等. 2023. 水稻细菌性条斑病抗性新品系的创制及其农艺性状分析. 中国水稻科学, 37(6): 587-596.

冯爱卿, 汪聪颖, 汪文娟, 等. 2018b. 广东水稻细菌性条斑病菌致病性分化研究. 广东农业科学, 45(9): 84-89.

冯爱卿, 汪聪颖, 张梅英, 等. 2022. 中国水稻主产区白叶枯病菌致病型分析及近等基因系鉴别寄主的构建. 中国农业科学, 55(21): 4175-4195.

冯成玉. 2009. 水稻细菌性基腐病发生情况与研究进展. 中国稻米, 16(4): 21-23.

冯成玉, 孟爱中, 于宝富, 等. 2008. 水稻细菌性基腐病调查初报. 植物保护, 34(1): 153-154.

冯家望, 曾宪铭, 范怀忠, 等. 1994. 应用免疫金探针定位和定量测定稻种中的水稻细菌性条斑病菌. 植物病理学报, 40(3): 233-238.

冯锐, 郭辉, 秦学毅, 等. 2014. 利用广西普通野生稻创新选育抗白叶枯病优质水稻三系不育系. 作物杂志, 30(4): 64-67.

冯雯杰, 常清乐, 杨龙, 等. 2013. 水稻白叶枯病菌和细菌性条斑病菌的分子标记筛选及检测. 植物生理学报, 43(6): 581-589.

冯云程, 阿新祥, 刘自单, 等. 2013. 云南高原粳稻白叶枯病菌毒素及其与致病性关系. 植物病理学报, 43(6): 622-629.

傅强, 黄世文. 2019. 图说水稻病虫害诊断与防治. 北京: 机械工业出版社.

甘代耀. 1993. 白叶枯病对水稻产量影响测定. 福建稻麦科技, 11(2): 40-41.

高东迎, 许志刚, 陈志谊, 等. 2002. 体细胞突变体 HX-3 抗水稻白叶枯病基因的鉴定. 遗传学报, 29(2): 138-143.

高杜娟, 唐善军, 陈友德, 等. 2014. 长江中下游水稻品种白叶枯病抗性评价. 湖南农业科学, 44(23): 46-48, 52.

高杜娟, 唐善军, 陈友德, 等. 2016. 水稻抗白叶枯病种质资源. 中国种业, 35(8): 26-29.

高杜娟, 唐善军, 陈友德, 等. 2017. 近 30 年国家和湖南省审定的水稻品种白叶枯病抗性分析. 中国稻米, 23(1): 65-68.

高锦樑, 朱华, 李清铣. 1989. 水稻白叶枯病原细菌单克隆抗体杂交瘤细胞株的建立及初步应用. 植物病理学报, 35(4): 55-59.

高明瑞. 2020. 吉林省水稻细菌性谷枯病病原鉴定及防治药剂筛选的初步研究. 长春: 吉林农业大学硕士学位论文.

顾林玲. 2022. 新近登记、上市的 16 种农药品种. 世界农药, 44(3): 9-20.

郭兰泽, 林立秉, 曾宪铭. 1989. 潮阳县水稻细菌性基腐病调查研究. 广东农业科学, 21(6): 29-31.

郭嗣斌, 张端品, 林兴华. 2010. 小粒野生稻抗白叶枯病新基因的鉴定与初步定位. 中国农业科学, 43(13): 2611-2618.

郭亚辉, 许志刚, 胡白石, 等. 2004. 中国南方水稻条斑病菌小种分化研究. 中国水稻科学, 18(1): 83-85.

韩庆典, 陈志伟, 邓云, 等. 2008. 水稻细菌性条斑病抗性 QTL qBlsr5a 的精细定位. 作物学报, 34(4): 587-590.

韩玉. 2022. 水稻细菌性病害的发生与防治. 种子科技, 40(13): 81-83.

郝巍, 纪志远, 郑凯丽, 等. 2018. 利用基因组编辑技术创制水稻白叶枯病抗性材料. 植物遗传资源学报, 19: 523-530.

何明, 张成瑞, 罗显芝. 1993. 四川水稻白叶枯病致病型研究. 西南农业学报, 12(S1): 1-5.

何圣贤, 万瑶, 张慧, 等. 2020. 水稻细菌性条斑病侵染后抗、感近等基因系酶活性的变化. 广东农业科学, 47(8): 88-96.

何涛, 于建红, 张立新, 等. 2014. 安徽省水稻条斑病菌种群的分离及其致病型监测. 中国农学通报, 30(10): 299-302.

何园歌, 李舒, 郝维佳, 等. 2016. 水稻橙叶病分子检测及其在华南地区的发生与分布研究. 中国植保导刊, 36(2): 9-12.

何月秋, 黄瑞荣, 文艳华, 等. 1993. 水稻品种抗细菌性条斑病机制研究. 江西农业学报, 5(2): 133-139.

何月秋, 文艳华, 黄瑞荣, 等. 1994. 杂交水稻对细菌性条斑病抗性遗传研究. 江西农业大学学报, 16(1): 62-65.

何月秋, 曾小萍, 黄瑞荣, 等. 1991. 水稻品种（系）的四种病害抗性鉴定. 江西农业科技, 18(4): 23-24.

和建平, 杨雅云, 张斐斐, 等. 2020. 云南高海拔粳稻区白叶枯病菌致病力差异分析. 中国稻米, 26(2): 54-59.

贺文爱, 黄大辉, 刘驰, 等. 2010. 普通野生稻抗源对细菌性条斑病的抗性遗传分析. 植物病理学报, 40(2): 180-185.

洪登伟, 赵严, 罗登杰, 等. 2017. 水稻细菌性条斑病的广谱抗性资源筛选. 南方农业学报, 48(2): 272-276.

洪剑鸣, 狄广信, 谢良泰, 等. 1983. 水稻细菌性基腐病病原细菌的鉴定. 浙江农业大学学报, 9(4): 339-342.

洪剑鸣, 童贤明, 徐福寿. 2006. 中国水稻病害及其防治. 上海: 上海科学技术出版社: 167-171.

洪剑鸣, 谢良泰, 狄广信, 等. 1984. 水稻细菌性基腐病与几种相似病害症状的比较研究. 浙江农业大学学报, 10(4): 75-79.

洪纤纤. 2021. 噬菌体内溶素的裂解机制及其在宿主水稻细菌性褐条病菌中的抗氧化功能探究. 杭州: 浙江大学硕士学位论文.

侯琴慧. 2020. 植保无人机水稻病虫害专业化统防统治应用探究. 江西农业, 13(12): 22-23.

胡吉成. 1963. 水稻细菌性褐斑病的研究Ⅲ. 病原细菌的寄主范围. 植物病理学报, 6(2): 119-125.

胡吉成, 白金铠. 1960. 水稻新病害: 细菌性褐斑病的研究第一报 发生为害、病症及病原鉴定. 植物病理学报, 6(1): 93-105.

胡吉成, 曹功懋. 1962. 水稻新病害: 细菌性褐斑病的研究第二报 病原细菌的传染途径. 植物保护学报, 1(3): 237-242.

怀雁, 徐丽慧, 余山红, 等. 2009. 水稻细菌性谷枯病菌的实时荧光 PCR 检测技术研究. 中国水稻科学, 23(1): 107-110.

黄大辉, 岑贞陆, 刘驰, 等. 2008. 野生稻细菌性条斑病抗性资源筛选及遗传分析. 植物遗传资源学报, 9(1): 11-14.

黄大年, 朱冰, 杨炜, 等. 1997. 抗菌肽 B 基因导入水稻及转基因植株的鉴定. 中国科学, 2(1): 55-62.

黄佳男, 王长春, 胡海涛, 等. 2008. 疣粒野生稻抗白叶枯病新基因的初步鉴定. 中国水稻科学, 22(1): 33-37.

黄梦桑, 杨瑞环, 阎依超, 等. 2021. 一株具有防治水稻条斑病潜力的高地芽胞杆菌 181-7. 植物病理学报, 51(6): 962-974.

黄向荣, 刘暮莲. 2009. 2008 年合浦县局部地区水稻细菌性褐条病严重发生原因分析及防控措施. 广西植保, 22(4): 40-41.

黄圳, 唐建清, 梁居林. 2020. 封开县水稻橙叶病的发生与防治. 现代农业科技, 17(6): 109, 111.

姬广海, 孔繁明, 沈秀萍, 等. 1999. 水稻上三种条斑病细菌 DNA 的多态性初析. 植物病理学报, 29(2): 120-125.

姬广海, 许志刚. 2000. 水稻细菌性条斑病菌 DNA 多态性与致病性研究. 华中农业大学学报, 19(5): 430-433.

姬广海, 许志刚. 2001. 水稻品种对细菌性条斑病的抗性研究. 西南农业大学学报, 23(2): 164-166.

姬广海, 许志刚, 张世光. 2000. 水稻近等基因系对白叶枯病、条斑病抗性的比较研究. 云南农业大学学报, 15(3): 187-191.

姬广海, 许志刚, 张世光. 2001. 植物病原细菌的 BIOLOG 系统鉴定及其多元统计初析. 山东农业大学学报（自然科学版）, 32(4): 467-470, 474.

姬广海, 许志刚, 张世光. 2002a. Rep-PCR 技术对中国水稻条斑病菌的遗传多样性初析. 植物病理学报, 32(1): 26-32.

姬广海, 张世光, 魏兰芳. 2002b. PCR 技术在植物病原细菌研究中的应用. 微生物学通报, 29(4): 77-81.

季伯衡, 郭嘉骥, 彭钢, 等. 1984. 水稻白叶枯病杂草带菌的检验. 植物保护学报, 23(3): 169-173.

简锦忠. 1983. 台湾水稻新病害: 稻细菌性谷枯病. 中国农业研究, 32(4): 360-366.

简锦忠, 张义璋. 1987. 水稻不同龄期及品种对稻细菌性谷枯病菌之感病性. 中华农业研究, 36(3): 302-310.

姜洁锋. 2015. 分子标记辅助选择培育抗稻瘟病和白叶枯病水稻光温敏核不育系. 武汉: 华中农业大学博士学位论文.

姜秀彬. 2013. 浅谈水稻细菌性褐斑病综合防治技术. 现代农业, 38(12): 37.

蒋细良, 朱昌雄, 姬军红, 等. 2003. 中生菌素对水稻白叶枯病的防治机制. 中国生物防治, 19(2): 69-72.

金旭炜, 王春连, 杨清, 等. 2007. 水稻抗白叶枯病近等基因系 CBB30 的培育及 *Xa30(t)* 的初步定位. 中国农业科学, 46(6): 1094-1100.

孔繁明, 许志刚, 马春红, 等. 1998. 水稻白叶枯病菌毒素对水稻不育系珍汕 97A 的专化毒性. 植物病理学报, 44(2): 18-21.

雷国明. 1975. 水稻细菌性褐条病调查简报. 湖北农业科学, (11): 25-27.

雷宇华, 马春红, 魏建昆. 2004. 白叶枯病菌毒素对水稻根冠细胞微丝分布的影响. 生物学杂志, 22(6): 17-18.

李春宏, 付三雄, 戚存扣. 2014. 应用基因芯片分析甘蓝型油菜柱头特异表达基因. 植物学报, 49(3): 246-253.

李定琴, 陈玲, 李维蛟, 等. 2015. 云南 3 种野生稻中抗白叶枯病基因的鉴定. 作物学报, 41(3): 386-393.

李东霄, 张国广, 郭立佳, 等. 2010. 细菌性条斑病侵染水稻抗性相关蛋白研究. 中国农业科技导报, 12(5): 62-67.

李栋, 何美丹, 吴丹, 等. 2018. 海南普通野生稻对水稻白叶枯病的抗性鉴定. 分子植物育种, 16(3): 832-839.

李贵霞, 李贵昌. 2011. 水稻细菌性褐斑病防治技术. 现代农业, 36(4): 32.

李继东, 陈鹏, 倪静, 等. 2019. 植原体致病分子机理研究进展. 园艺学报, 46(9): 1691-1700.

李娟, 罗雪梅, 韦海宏, 等. 2008. 过量表达 *OsNPR1* 基因稳定提高水稻对白叶枯病的抗性. 广西农业生物科学, 27(4): 335-342.

李俊, 代玉梅, 纪关正, 等. 1998. 水稻细菌性褐斑病与叶鞘腐败病对产量的影响. 现代化农业, 20(12): 5-6.

李俊平, 朱文华. 2003. 水稻细菌性褐条病的发生及防治. 贵州农业科学, 31(2): 4-36.

李琳, 万三连, 刘文波, 等. 2012. Harpin 类蛋白纳米粒的制备及促生作用. 热带生物学报, 3(2): 147-154.

李路, 刘连盟, 王国荣, 等. 2015. 水稻穗腐病和穗枯病的研究进展. 中国水稻科学, 29(2): 215-222.

李路, 徐以华, 梁梦琦, 等. 2017. 水稻对穗枯病的抗病机理初步研究. 中国水稻科学, 5(31): 551-558.

李明桃. 2013. 水稻细菌性基腐病的发生原因与预防措施探析. 农业灾害研究, 3(7): 36-38.

李鹏林, 秦世雯, 张石来, 等. 2021. 多年生稻白叶枯病抗性评价. 中国稻米, 27(2): 63-67.

李齐向, 周元昌, 陈由禹. 2012. 水稻细菌性条斑病抗性 QTL 微卫星标记的筛选及其在基因聚合育种研究中的应用. 福建农业学报, 27(5): 470-474.

李巍, 莫瑾, 彭梓, 等. 2010. 利用 *Taq*Man 探针检测水稻细菌性谷枯病菌. 植物检疫, 24(4): 32-34.

李文奇, 王军, 范方军, 等. 2014. 江苏省水稻细菌性基腐病病原分离与抗性资源鉴定. 江苏农业科学, 42(11): 139-142.

李湘民, 黄瑞荣, 兰波, 等. 2006. 东乡野生稻种质资源的抗病性研究. 江西农业大学学报, 28(4): 493-497.

李晓琴, 张绪科, 杨国兆. 2017. 解淀粉杆菌（Lx-11）防治水稻细菌性条斑病田间防效. 大麦与谷类科学, 34(2): 43-45.

李欣, 李鑫玲, 庞新跃, 等. 2012. 水稻白叶枯病菌内源过氧化氢在细胞分裂周期中的时空定位变化. 中国农业科学, 45(8): 1499-1504.

李信申, 邹丽芳, 蔡耀辉, 等. 2017. 江西省细菌性条斑病菌的致病型划分和水稻抗性资源的鉴定. 植物病理学报, 47(6): 808-815.

李友荣, 侯小华, 魏子生. 1994. 水稻品种对细菌性条斑病的抗性研究. 湖南农业科学, 24(1): 39-40.

李玉蓉, 邹丽芳, 武晓敏, 等. 2007. 水稻黄单胞菌 *avrBs3/pthA* 家族基因研究进展. 中国农业科学, 48(10): 2193-2199.

李云飞, 陈雪娇, 檀根甲, 等. 2013. 安徽省四地市水稻细菌性条斑病对链霉素的抗药性监测. 中国农学通报, 29(36): 347-350.

李仲惺, 楼珏, 卢华金. 2016. 水稻细菌性条斑病发病程度与发病因子关系探讨. 中国稻米, 22(4): 62-64.

李舟, 杨雅云, 戴陆园, 等. 2022. 水稻白叶枯病抗性基因和相关因子研究利用进展. 中国农学通报, 38(30): 91-99.

李子阳, 徐正银, 李颖, 等. 2021. 水稻条斑病菌 Tal5d 对 *avrXa10-Xa10* 介导抗性的抑制作用研究. 植物病理学报, 51(6): 934-942.

梁斌, 张鑫军, 杨晨, 等. 2005. 水稻白叶枯病菌无毒新基因的克隆和序列分析. 复旦学报（自然科学版）, 44(4): 534-539.

廖晓兰, 朱水芳, 赵文军, 等. 2003. 水稻白叶枯病菌和水稻细菌性条斑病菌的实时荧光 PCR 快速检测鉴定. 微生物学报, 43(5): 626-634.

林奇英, 谢联辉, 朱其亮. 1983. 水稻橙叶病的研究. 福建农学院学报, 12(3): 195-201.

林世成, 李道远. 1993. 广西普通野生稻 RBB16 抗白叶枯病育种初报. 南方农业学报, 30(1): 1-5.

林兴祖, 冯健敏. 2006. 海南南繁基地水稻细菌性基腐病的发生与防治. 杂交水稻, 21(6): 48.

刘凤权, 胡白石, 王金生. 2003. *hrp* 基因突变体 *Du728* 诱导水稻抗白叶枯病的机制研究. 南京农业大学学报, 48(3): 27-31.

刘凤权, 王金生. 1998. 毒性基因缺失突变体 *Du728* 防治水稻白叶枯病的初步研究. 中国生物防治, 14(3): 20-23.

刘红芳, 宋阿琳, 范分良, 等. 2016. 施硅对水稻白叶枯病抗性及叶片抗氧化酶活性的影响. 植物营养与肥料学报, 22(3): 768-775.

刘宏迪, 谭洁, 吴晓军, 等. 1991. 水稻细菌性条斑病原菌的快速诊断. 微生物学通报, 18(5): 265-267, 323.

刘琼光, 和兰娣, 张静一, 等. 2007. 水稻与基腐病菌互作中的活性氧代谢. 华中农业大学学报, 19(4): 451-455.

刘琼光, 王振中. 2004. 水稻细菌性基腐病菌侵染规律研究. 华南农业大学学报, 25(3): 55-57.

刘琼光, 王振中, 区伟明, 等. 2003a. 水稻基腐病菌的越冬与侵染途径研究. 华南农业大学学报（自然科学版）, 24(1): 24-26.

刘琼光, 王振中, 周国明, 等. 2003b. 水稻细菌性基腐病品种抗性鉴定. 华南农业大学学报（自然科学版）, 24(2): 89-90.

刘琼光, 曾宪铭. 1999. 广东水稻细菌性基腐病的致病性及生物学特性研究. 华南农业大学学报, 20(1): 9-12.

刘琼光, 曾宪铭, 李伯传. 1997. 广东省水稻一种新病害——水稻细菌性基腐病病原初步鉴定. 华南农业大学学报, 18(4): 128-129.

刘琼光, 张静一, 冯敏珊, 等. 2009. 水稻基腐病菌毒素对烟草活性氧代谢及细胞超微结构的影响. 植物生理学报, 39(3): 262-271.

刘琼光, 张静一, 王玉涛, 等. 2008. 水稻基腐病细菌毒素的遗传特性和产毒相关的分子标记. 微生物学报, 48(4): 446-451.

刘琼光, 张庆, 魏楚丹. 2013. 水稻细菌性基腐病研究进展. 中国农业科学, 46(14): 2923-2931.

刘思华, 万春燕, 赵军秦松, 等. 2019. 水稻细菌性基腐病的发生规律与防治方法. 湖北植保, 26(3): 46-47.

刘维, 刘芳丹, 陆展华, 等. 2022. 水稻细条病的发生发展及抗病基因研究进展. 农学学报, 12(10): 15-20.

刘文平, 吴宪, 郭东梅, 等. 2014. 水稻白叶枯病致病性基因研究进展. 黑龙江农业科学, 37(6): 140-144.

刘小红. 2018. 基于 Android 平台的水稻病害智能诊断关键技术研究. 安徽农业科学, 46(10): 183-184, 193.

刘永锋, 陆凡, 陈志谊, 等. 2012. 拮抗细菌 T429 和 T392 的生物活性及其对水稻白叶枯病的防治效果. 江苏农业学报, 28(4): 733-737.

刘友勋, 成国英, 涂立超, 等. 2004. 中南 4 省水稻细菌性条斑病菌致病型的比较. 华中农业大学学报, 23(5): 504-506.

刘苗, 彭莎莎, 陈建芝, 等. 2022. 水稻抗白叶枯病基因全基因组关联分析. 湖南农业大学学报（自然科学版）, 48(1): 46-53.

龙海, 李一农, 李芳荣. 2011. 四种黄单胞菌的基因芯片检测方法的建立. 生物技术通报, 27(1): 186-190.

陆振威, 马琳. 2011. 浅谈水稻细菌性褐斑病发生与综合防治技术. 现代农业, 37(1): 42.

罗登杰, 万瑶, 覃雪梅, 等. 2021. 水稻细菌性条斑病抗性基因 *bls2* SSR 分子标记开发. 南方农业学报, 52(5): 1167-1173.

罗金燕. 2007. 水稻细菌性谷枯病菌的风险分析、鉴定检测及其拮抗细菌的研究. 杭州: 浙江大学博士学位论文.

罗金燕, 陈磊, 秦萌, 等. 2014. 免疫捕捉 PCR 和经典 PCR 方法检测水稻细菌性谷枯病菌灵敏性比较. 浙江农业学报, 26(2): 371-377.

罗金燕, 谢关林, 李斌. 2003. 水稻细菌性谷枯病的生物学特征及其检疫意义. 植物检疫, 17(4): 243-245.

罗金燕, 徐福寿, 王平, 等. 2008. 水稻细菌性谷枯病病原菌的分离鉴定. 中国水稻科学, 22(1): 82-86.

罗彦长, 王守海, 李成荃, 等. 2003. 应用分子标记辅助选择培育抗稻白叶枯病光敏核不育系 3418S. 作物学报, 29(3): 402-407.

骆海玉, 邓业成, 秦卉, 等. 2010. 植物提取物及杀菌剂对水稻白叶枯病菌的抑菌活性. 作物杂志, 26(6): 87-90.

吕树伟, 江立群, 唐璇, 等. 2022. 广东省水稻种质资源系统收集与鉴定评价. 植物遗传资源学报, 23(2): 412-421.

马静静, 潘妍妍, 杨孙玉悦, 等. 2022. 硫藤黄链霉菌 St-79 对水稻白叶枯病的防效和促生作用. 中国水稻科学, 36(6): 623-638.

马忠华, 周明国, 王建新, 等. 1996. 水稻白叶枯病菌对噻枯唑的抗药性. 南京农业大学学报, 41(2): 22-25.

毛颖盈, 周存悦, 徐志明, 等. 2015. 2015 年奉化市水稻分蘖期细菌性基腐病流行原因分析及控制对策. 现代农业科技, 27(21): 143-144.

苗丽丽, 王春连, 郑崇珂, 等. 2010. 水稻抗白叶枯病新基因的初步定位. 中国农业科学, 43(15): 3051-3058.

闵凡华, 杨桂杰, 蒋立冬, 等. 2012. 寒地水稻 9 个垦稻品种的对比试验. 辽宁农业科学, 53(5): 35-38.

莫瑾, 王哲, 周慧平, 等. 2021. 利用多重 PCR 技术快速检测 4 种水稻病原细菌. 植物保护, 47(3): 160-164.

莫瑾, 朱金国, 彭梓, 等. 2010. 利用双重 PCR 技术快速检测水稻细菌性谷枯病菌. 植物保护学报, 37(3): 222-226.

年华, 褚云卓, 赵敏, 等. 2000. 洋葱伯克氏菌监测结果分析. 临床检验杂志, 18: 238-239.

宁红, 陶家凤, 江式富. 1991. 用酶联免疫吸附技术（ELISA）检测水稻细菌性条斑病菌的研究. 植物检疫, 5(2): 94-97.

宁茜, 张维林, 黄佳男, 等. 2014. 来源于疣粒野生稻的白叶枯病新抗源的鉴定. 植物遗传资源学报, 15(3): 620-624.

牛鹏威, 刘英, 罗继景. 2022. 水稻细菌性条斑病抗性位点的全基因组关联分析. 基因组学与应用生物学, 41(2): 344-351.

农秀美. 1989. 水稻细菌性条斑病在广西的发生发展及防治对策. 广西农业科学, 26(6): 33-37.

农秀美. 1992. 广西条斑病菌致病力分化研究. 西南农业学报, 4(2): 94-97.

农秀美, 廖恒登, 刘志明, 等. 1991. 广西水稻细菌性条斑病菌致病力分化研究初报. 西南农业学报, 4(4): 94-98.

潘晓飚, 陈凯, 张强, 等. 2013. 分子标记辅助选育水稻抗白叶枯病和稻瘟病多基因聚合恢复系. 作物学报, 39(9): 1582-1593.

裴鑫宇. 2021. 几种生物农药对水稻褐变穗、细菌性褐斑病及纹枯病防治效果. 现代化农业, 43(10): 5-6.

彭荣南, 陈冰, 陈观浩, 等. 2020. 水稻白叶枯病发生流行与气象条件关系及预测模型研究. 农学学报, 10(2): 29-33.

彭绍裘, 魏子生, 毛昌祥, 等. 1982. 云南省疣粒野生稻、药用野生稻和普通野生稻多抗性鉴定. 植物病理学报, 28(4): 60-62, 74.

彭小群, 王梦龙. 2022. 水稻白叶枯病抗性基因研究进展. 植物生理学报, 58(3): 472-482.

乔俊卿, 伍辉军, 霍蓉, 等. 2013. 表达 Harpin 蛋白的芽孢杆菌工程菌的构建及其生防效果. 南京农业大学学报, 6(6): 37-44.

秦钢, 李杨瑞, 李道远, 等. 2007. 水稻白叶枯病抗性基因 *Xa4*、*Xa23* 聚合及分子标记检测. 分子植物育种, 5(5): 625-630.

覃宝祥, 刘驰, 焦晓真, 等. 2014. 广西普通野生稻白叶枯病广谱抗源的鉴定与评价. 南方农业学报, 45(9): 1527-1531.

覃宝祥, 张月雄, 杨萌, 等. 2015. 抗白叶枯病水稻不育系先抗 A 和天抗 A 的选育. 杂交水稻, 30(2): 6-9.

邱慧. 2014. 水稻细菌性褐条病菌 *clpB* 和 *impM* 基因的致病性及氧胁迫条件下全蛋白的表达分析研究. 杭州: 浙江大学硕士学位论文.

阙海勇, 陈华民, 王继春, 等. 2010. 水稻白叶枯病菌北方菌株的分子鉴别和致病型分析. 植物生理学报, 40(4): 351-356.

阮辉辉, 严成其, 安德荣, 等. 2008. 疣粒野生稻抗白叶枯病新基因 *xa32(t)* 的鉴定及其分子标记定位（英文）. 西北农业学报, 17(6): 170-174.

单长林. 2014. 调控 Ⅵ型分泌系统 *vgrG* 基因控制水稻细菌性褐条病. 杭州: 浙江大学硕士学位论文.

商晗武, 徐加生, 邵宝富, 等. 1997. ZSB 生物种衣剂对水稻细菌性条斑病抑制作用的研究. 中国农学通报, 13(3): 15-17.

邵敏, 李林, 穆东升, 等. 2006. Harpin$_{xoo}$ 在水稻中表达提高对白叶枯病不同小种抗性. 中国生物防治, 22(2): 133-136.

申荣萍, 韦鸿雁. 2015. 水稻细菌性褐条病发生特点及防控对策. 安徽农学通报, 21(16): 78-79.

沈光斌, 周明国. 2001. 水稻白叶枯病菌噻枯唑抗药突变体生物学性质研究. 南京农业大学学报, 46(4): 33-36.

沈菊英, 陈作义, 彭加木, 等. 1983. 水稻橙叶病在云南的发生续报: 病原的电子显微镜研究. 植物病理学报, 13(3): 55-56.

沈玮玮, 宋成丽, 陈洁, 等. 2010. 转菰候选基因克隆获得抗白叶枯病水稻植株. 中国水稻科学, 24(5): 447-452.

石瑜敏, 谢丽萍, 韦善富, 等. 2008. 广西育成水稻品种抗病性现状及改良途径. 种子, 28(10): 82-84.

史波, 吴云雨, 陈浩, 等. 2016. 6 省水稻主栽品种对白叶枯病菌的抗性鉴定. 南京农业大学学报, 39(3): 349-357.

宋从凤, 潘小玫, 杨悦, 等. 1999. 水稻白叶枯病菌及其毒素引起烟草叶片组织坏死机制的研究. 植物病理学报, 45(1): 58-63.

孙恢鸿, 农秀美, 陈永惠. 1983. 稻细菌性短条斑病的病原鉴定. 植物病理学报, 13(1): 15-21.

孙恢鸿, 农秀美, 黄福新, 等. 1993. 国际水稻白叶枯病鉴定圃材料的抗性鉴定. 广西农业科学, 30(1): 35-37.

孙艳梅, 王广耀, 范文中. 2008. 水稻细菌性褐条病的发生与室内药剂筛选初报. 吉林农业科学, 33(1): 38-39.

谭光轩, 任翔, 翁清妹, 等. 2004. 药用野生稻转育后代一个抗白叶枯病新基因的定位. 遗传学报, 31(7): 724-729.

汤圣祥, 魏兴华, 徐群. 2008. 国外对野生稻资源的评价和利用进展. 植物遗传资源学报, 9(2): 223-229.

唐定中, 李维明. 1998. 水稻细菌性条斑病的抗性遗传. 福建农业大学学报, 27(2): 133-137.

唐明远, 陈贲, 周仲文. 1982. 稻株体内有机物成分与稻白叶枯病抗性的关系. 湖南农业科学, 12(1): 8, 13-16.

田波, 李卫, 周世力. 2004. 关于噬菌体在防治水稻白叶枯病上的研究. 福建稻麦科技, 22(2): 24-26.

田大刚, 陈在杰, 陈子强, 等. 2014. 分子标记辅助选育聚合抗稻瘟病基因和抗白叶枯病基因的水稻改良新恢复系. 分子植物育种, 12(5): 843-852.

田大伟, 乔俊卿, 王伟舵, 等. 2012. 表达 Harpin 蛋白的芽孢杆菌工程菌防治水稻白叶枯病的研究. 中国生物防治学报, 28(2): 250-254.

田茜, 李云飞, 王明生, 等. 2018. 水稻细菌性条斑病菌和白叶枯病菌数字 PCR 检测方法的建立. 植物检疫, 32(6): 25-31.

田筱君. 1988. 水稻细菌性条斑病噬菌体测试研究. 西南农业学报, 7(3): 97-98.

佟立杰, 王凤莲, 金龙日, 等. 2015. 水稻细菌性褐斑病的发生及防治. 北方水稻, 45(5): 47-48.

童贤明, 徐鸿润, 朱灿星, 等. 1995. 水稻细菌性条斑病产量损失估计. 浙江农业大学学报, 40(4): 357-360.

童蕴慧, 徐敬友, 陈夕军. 1998. 我国水稻籽粒上的一种细菌性病害. 植物病理学报, 28(4): 366.

童蕴慧, 徐敬友, 陈夕军. 2001. 水稻粒黑腐病病原鉴定和侵入途径的初步研究. 扬州大学学报（自然科学版）, 4(1): 52-54.

万建民, 郑天清. 2007. 水稻白叶枯病的数量抗性遗传. 见: 章琦. 水稻白叶枯病抗性的遗传及改良. 北京: 科学出版社: 178-196.

汪锴豪, 魏昌英, 谢慧婷, 等. 2018. 抑制水稻细菌性条斑病菌的没食子酸分离及其对水稻细菌性条斑病的防治作用（英文）. 广西植物, 38(1): 119-127.

王昌家, 罗鸿燕, 陈德强. 2006. 水稻颖枯病的发生与识别初报. 现代化农业, 4: 6.

王长方, 种藏文, 卢同, 等. 1989. 水稻品种抗细菌性条斑病鉴定初报. 福建农业科技, 20(4): 7-8.

王春连, 戚华雄, 潘海军, 等. 2005. 水稻抗白叶枯病基因 Xa23 的 EST 标记及其在分子育种上的利用. 中国农业科学, 38(10): 1996-2001.

王春连, 章琦, 刘丕庆, 等. 2018. 水稻抗白叶枯病基因 Xa23 的发掘与利用. 2018 全国植物生物学大会论文集.

王春连, 章琦, 周永力, 等. 2001. 我国长江以南地区水稻白叶枯病原菌遗传多样性分析. 中国水稻科学, (2): 52-57.

王公金, 宋献玳, 唐彬, 等. 1988. 水稻细条病病原的快速免疫放射检测法. 江苏农业科学, 16(7): 26-28.

王汉荣, 谢关林, 冯仲民, 等. 1995b. 水稻品种（系）对水稻细菌性条斑病的抗性评价. 中国农学通报, 11(3): 17-19.

王汉荣, 谢关林, 金立新, 等. 1995a. 浙江水稻白叶枯病菌菌系的动态及分布. 浙江农业科学, 36(5): 262-263.

王侯聪, 黄华康, 邱思密, 等. 2006. 优质早籼稻新品种佳辐占的选育及应用. 厦门大学学报（自然科学版）, 76(1): 114-119.

王华弟, 沈颖, 赵敏, 等. 2016. 水稻白叶枯病发生危害损失动态与模型预测的探讨. 中国植保导刊, 36(4): 40-44.

王建设, 朱立宏, 张红生, 等. 2000. 杂交稻抗白叶枯病的遗传机制. 作物学报, 51(1): 1-8.

王洁, 曾波, 雷财林, 等. 2018. 北方国家水稻区域试验近 15 年参试品种分析. 作物杂志, 34(1): 71-76.

王金生, 何晨阳, 饶军华, 等. 1995. 水稻白叶枯病菌解武装菌株的构建及其生防作用. 全国生物防治学术讨论会论文摘要集: 339.

王金生, 韦忠民, 方中达. 1984. 水稻细菌性基腐病的病原及其致病性研究. 植物病理学报, 14(3): 130-133.

王金生, 杨晓云. 1991. 水稻基腐病细菌和玉米茎腐病细菌的比较研究. 植物病理学报, 21(3): 181-184.

王金生, 杨晓云, 方中达. 1987. 水稻细菌性基腐病的侵染规律和病理解剖学研究. 植物病理学报, 17(2): 17-21.

王金生, 姚革, 方中达. 1989. 水稻品种对细菌性基腐病的抗性及病原细菌致病力分化的研究. 植物保护学报, 16(3): 181-185.

王婧琪. 2019. 吉林和辽宁两省主要稻区四种水稻细菌性病害初侵染源快速检测分析. 长春: 吉林农业大学硕士学位论文.

王丽. 2016. 两种水稻主要病原细菌噬菌体的分离、鉴定和特征化研究. 杭州: 浙江大学硕士学位论文.

王茂华. 2014. 水稻害虫黑尾叶蝉的识别与防治. 农业灾害研究, 4(4): 45-48.

王琦. 2018. 水稻新致病菌 *Pantoea ananatis* 的分离鉴定. 合肥: 安徽农业大学硕士学位论文.

王绍雪, 马改转, 魏兰芳, 等. 2010. 西南地区水稻细菌性条斑病菌致病力的分化. 湖南农业大学学报（自然科学版）, 36(2): 188-191.

王石平, 刘克德, 王江, 等. 1998. 用同源序列的染色体定位寻找水稻抗病基因 DNA 片段. 植物学报, 40(1): 42-50.

王涛, 王长春, 张维林, 等. 2012. 水稻与白叶枯病菌互作机制研究进展. 生物技术通报, 28(5): 1-8.

王文彬, 匡华, 徐丽广, 等. 2016. MALDI-TOF-MS 鉴定 3 种水稻细菌的方法. 食品与生物技术学报, 35(4): 370-374.

王文相, 夏静, 顾江涛, 等. 1992. 水稻白叶枯病对叶枯宁的抗药性活体产生规律初探. 安徽农业科学, 32(4): 328-332.

王文相, 张爱芳. 2010. 水稻白叶枯病剪叶接种和喷雾接种方法的比较. 安徽农业科学, 38(12): 6247-6249.

王晓宇, 陈志谊, 刘文真, 等. 2014. 转鞭毛蛋白基因水稻细菌性条斑病抗性研究. 西北植物学报, 34(8): 1534-1539.

王彦芳, 杨俊, 代真林, 等. 2020. 阴沟肠杆菌 MY01 的鉴定及防治水稻细菌性条斑病研究. 植物病理学报, 50(4): 471-478.

王园媛, 刘振华, 李晓菲, 等. 2012. 水稻细菌性基腐病的发生与防治. 云南农业科技, 24(5): 54-55.

危崇德. 2013. 水稻细菌性基腐病的发生与防控技术探讨. 福建稻麦科技, 31(4): 35-36.

韦洁玲, 高亚楠, 李现玲, 等. 2019. 毒氟磷在秧田及大田期施用防控水稻橙叶病的效果评价. 植物医生, 32(5): 32-35.

魏昌英, 谢慧婷, 龙健, 等. 2015. 抑制水稻细菌性条斑病菌的植物筛选. 广东农业科学, 42(10): 59-63.

闻伟刚, 王金生. 2001. 水稻白叶枯病菌 harpin 基因的克隆与表达. 植物病理学报, 31(4): 295-300.

吴为人, 唐定中, 李维明, 等. 1998. 水稻细菌性条斑病抗性基因定位. 高技术通讯, 8(7): 49-52.

吴自强, 何云昆, 徐守蓉, 等. 1980. 水稻橙叶病在云南的发生. 植物病理学报, 10(1): 55-58.

夏立琼, 李明容, 谢仕猛, 等. 2016. 海南水稻白叶枯病菌优势生理小种的分离及致病力分析. 分子植物育种, 14(5): 1336-1340.

夏怡厚, 林维英, 陈藕英. 1992. 水稻品种（系）对稻细菌性条斑病的抗性鉴定和抗性筛选. 福建农学院学报, 21(1): 32-36.

项海兰, 韩玉江, 陈祥敏, 等. 2012. 枝江市水稻细菌性基腐病初步研究. 湖北植保, 19(1): 28-30.

肖永胜, 韦雪雪, 邰惠苹, 等. 2011. 一株水稻细菌性条斑病菌的鉴定与遗传操作系统的建立. 基因组学与应用生物学, 30: 33.

肖友伦, 肖放华, 刘勇, 等. 2011. 湖南水稻主栽品种对水稻细菌性条斑病的抗性鉴定. 植物保护, 27(1): 45-49.

谢春生, 陈红春, 袁传, 等. 2022. 水稻白叶枯病发病率和病情指数关系模型的建立与应用. 中国植保导刊, 42(5): 30-33.

谢德龄, 蒋细良, 倪楚芳, 等. 1995. 中生菌素对水稻细菌性条斑病的防治试验. 中国生物防治, 11(2): 44-45.

谢关林. 2001. 水稻细菌性叶鞘褐腐病研究. 植物保护学报, 28(2): 97-102.

谢关林, 金扬秀, 徐传雨, 等. 2003. 我国水稻纹枯病拮抗细菌种类研究. 中国生物防治, 19(4): 166-170.

谢关林, 孙漱沅, 王公金, 等. 1990. 水稻细菌性条斑病种子带菌检测研究 I. 免疫放射分析法. 中国水稻科学, 4(3): 127-132.

谢关林, 孙祥良, Mew TW. 1998. 稻种病原菌 *Acidovorax avenae* subsp. *avenae* 的特征化研究（英文）. 中国水稻科学, (3): 165-171.

谢关林, 王汉荣, 陈军昂, 等. 1991. 水稻细菌性条斑病菌侵入途径研究. 植物检疫, 13(1): 1-4.

谢联辉. 1997. 水稻病害. 北京: 中国农业出版社.

谢仕猛, 花龙, 韦永选, 等. 2017. 水稻细菌性条斑病原菌室内快速分离与鉴定方法. 分子植物育种, 15(5): 1927-1932.

谢双大, 周小毛, 虞皓, 等. 1996. 广东水稻橙叶病病原（MLO）的越冬. 植物保护学报, 23(1): 29-32.

徐建龙, 林贻滋, 翁锦屏, 等. 1996. 水稻白叶枯病抗性基因的聚合及其遗传效应. 作物学报, 47(2): 129-134.

徐丽慧, 邱文, 张唯一, 等. 2008. 水稻细菌性褐条病病原的鉴定. 中国水稻科学, 22(3): 302-306.

徐如梦, 李冬月, 刘秀丽, 等. 2022. 水稻白叶枯病发病过程及抗病育种新思路. 浙江农业科学, 63(1): 114-120, 123.

徐羡明, 林璧润, 曾列先, 等. 1991. 普通野生稻种质资源对细菌性条斑病的抗性鉴定. 植物保护, 7(6): 4-5.

徐羡明, 曾列先, 林璧润, 等. 1992. 广东水稻细菌性条斑病菌致病力分化研究初报. 广东农业科学, 28(6): 31-32.

徐以华. 2018. 水稻穗枯病菌的分离及品种内源激素与抗病性关系研究. 南宁: 广西大学硕士学位论文.

徐以华, 孙磊, 王玲, 等. 2018. 水稻细菌性穗枯病菌分离条件的优化及产毒黄素观察. 植物保护, 44(6): 38-44.

徐颖, 周明国, 祝晓芬, 等. 2008. 水稻白叶枯病菌和细菌性条斑病菌对链霉素和噻枯唑的抗药性监测. 中国植物病理学会 2008 年学术年会论文集.

许力丹, 赵敏, 李美霖, 等. 2019. 水稻黄单胞菌 2 个致病变种的表型和趋化性比较研究. 广西师范大学学报（自然科学版）,

　　　　37(2): 179-187.

许志刚, 曹景显, 方中达. 1990. 水稻白叶枯病菌的血清学研究. 植物病理学报, 20(3): 13-19.

许志刚, 孙启明, 刘凤权, 等. 2004. 水稻白叶枯病菌小种分化的监测. 中国水稻科学, 18(5): 469-472.

薛庆中, 张能义, 熊兆飞, 等. 1998. 应用分子标记辅助选择培育抗白叶枯病水稻恢复系. 浙江农业大学学报, 43(3): 19-20.

严位中, 孙茂林, 曾令凑. 1980. 水稻细菌性条斑病发生情况的调查. 云南农业科技, 9(6): 26-29.

杨春兰. 2015. 水稻细菌性褐条病菌 lipO 和 pppA 基因功能及壳聚糖的抑菌机理研究. 杭州: 浙江大学硕士学位论文.

杨定斌, 陈永坚. 1996. 湖北省水稻白叶枯病菌致病型鉴定及其变异分析. 植物保护, 34(4): 20-22.

杨江山. 2021. 水稻细菌性褐斑病的预防和治疗方法. 农家参谋, 39(11): 58-59.

杨军, 郭涛, 王海凤, 等. 2017. 水稻白叶枯病抗性资源筛选及遗传分析. 中国植物病理学会 2017 年学术年会论文集.

杨俊, 王星, 王彦芳, 等. 2020. 云南省水稻细菌性条斑病菌的致病型划分和水稻抗性资源的鉴定. 植物病理学报, 50(2): 218-227.

杨利平, 谭秀明, 周佳暖, 等. 2011. 水稻基腐细菌 ExpS 感受蛋白中 HAMP 结构域的敲除及功能分析. 华南农业大学学报, 32(3): 48-52.

杨琳琳. 2019. 西瓜噬酸菌效应蛋白 Ace0201 和 Ace1242 的鉴定及生物学功能初步分析. 沈阳: 沈阳农业大学硕士学位论文.

杨平. 2021. 小檗碱对水稻白叶枯病菌的抑制作用及机制研究. 南宁: 广西大学博士学位论文.

杨万凤, 刘红霞, 胡白石, 等. 2006. 中国水稻白叶枯病菌毒性变异研究. 植物生理学报, 52(3): 244-248.

杨雪, 徐会永, 臧昊昱, 等. 2022. 水稻病害防控现状及对策建议. 现代农药, 21(3): 1-5.

杨雅云, 张敦宇, 陈玲, 等. 2019. 云南药用野生稻对四种水稻主要病害的抗性鉴定. 植物生理学报, 49(1): 101-112.

杨雅云, 张恩来, 阿新祥, 等. 2014. 云南高原粳稻白叶枯病菌的抗药性室内鉴定及其 rpfC 基因序列分析. 中国水稻科学, 28(6): 665-674.

杨阳阳, 蔡璐璐, 邹丽芳, 等. 2018. 水稻条斑病菌 pilT 基因在致病性中的功能分析. 微生物学报, 58(5): 773-783.

杨毅, 姜蕾, 李世访. 2020. 植原体分类鉴定研究进展. 植物检疫, 34(5): 13-20.

杨樱子. 2017. 水稻细菌性褐条病菌 RS-2 六型分泌系统致病机制的研究. 杭州: 浙江大学硕士学位论文.

姚革. 1991. 四川省水稻上的一种新病害: 细菌性基腐病. 四川农业科技, 3(1): 14.

姚革, 王金生, 方中达. 1994. 水稻细菌性基腐病原菌的越冬与存活. 南京农业大学学报, 17(增刊): 58-62.

叶雯澜, 马国兰, 袁李亚男, 等. 2019. 水稻细菌性穗枯病的病原特性和抗性研究进展. 植物学报, 54(2): 277-283

易懋升, 丁效华, 张泽民, 等. 2006. 水稻抗白叶枯病恢复系的分子育种. 华南农业大学学报, 27(2): 1-4.

殷芳群, 赵延存, 刘春晖, 等. 2011. 水稻细菌性条斑病中受 DSF 调控的鞭毛基因 flgD、flgE 的功能分析. 微生物学报, 51(7): 891-897.

应俊杰, 杨俞娟, 周奶弟, 等. 2021. 不同器械施药对水稻白叶枯病防效比较及无人机飞防新技术. 中国稻米, 27(3): 103-104, 110.

应俊杰, 余山红, 项加青, 等. 2022. 不同阶段防治措施对水稻白叶枯病的影响. 浙江农业科学, 64: 1-3.

尤荣开, 陈秀平, 蒋贤高, 等. 2003. 86 株伯克氏菌的分布与耐药性. 中国抗感染化疗杂志, 3(1): 34-36.

于贵戌, 赵玉强, 姜培, 等. 2023. PMA-PCR 方法进行水稻细菌性条斑病菌细胞活性检测的建立与初步应用. 植物病理学报, 53(5): 1-8.

于俊杰, 刘永锋, 尹小乐, 等. 2011. 江苏水稻白叶枯病菌致病型的检测. 江苏农业学报, 27(5): 1151-1153.

余功新, 戴陆园, 张端品, 等. 1989. 云南稻种对细菌性条斑病抗性的研究. 华中农业大学学报, 8(4): 327-330.

余山红, 谢关林, 严成其. 2022. 水稻根围白叶枯病与细菌性条斑病生防细菌的筛选与鉴定. 浙江农业科学, 63(9): 2086-2089, 2143.

余腾琼, 梁斌, 叶昌荣, 等. 2005. 云南高原粳稻区白叶枯病菌致病型鉴定及主栽品种抗性反应初析. 中国农业科学, 46(6): 1148-1155.

俞咪娜, 于俊杰, 尹小乐, 等. 2014. 2013 年江苏省水稻区试品种抗细菌性病害的鉴定和评价. 江苏农业科学, 42(8): 109-110.

虞玲锦, 张国良, 丁秀文, 等. 2012. 水稻抗白叶枯病基因及其应用研究进展. 植物生理学报, 48(3): 223-231.

袁斌, 刘友梅, 黄薇, 等. 2018. 湖北省水稻白叶枯病菌致病型分化检测与分析. 湖北农业科学, 57(24): 100-103.

袁斌, 张舒, 吕亮, 等. 2015. 湖北省水稻主栽品种对白叶枯病菌的抗性鉴定. 湖北农业科学, 54(23): 5912-5915.

袁培森, 曹益飞, 马千里, 等. 2021. 基于 Random Forest 的水稻细菌性条斑病识别方法研究. 农业机械学报, 52(1): 139-145, 208.

曾建敏, 林文雄. 2003. 水稻细菌性条斑病及其抗性研究进展. 分子植物育种, 1(2): 257-263.

曾列先, 黄少华, 林壁润. 1997. 水稻对白叶枯病强毒菌系 V 型菌的抗性研究. 植物保护学报, 36(4): 289-292.

曾列先, 朱小源, 杨健源, 等. 2005. 广东水稻白叶枯病菌新致病型的发现及致病性测定. 广东农业科学, 29(2): 58-59.

张桂芬, 程红梅, 鲁传涛, 等. 1998. 水稻白叶枯病防治技术研究. 植物保护学报, 25(4): 295-299.

张红生, 陆志强, 韩亮, 等. 1996. 美国稻品种对白叶枯病和细菌性条斑病的抗性鉴定. 中国水稻科学, 10(3): 177-180.

张红生, 陆志强, 朱立宏. 1996. 四个籼稻品种对细菌性条斑病的抗性遗传研究. 中国水稻科学, 10(4): 193-196.

张宏俊, 万美娟, 黄兴斌, 等. 1993. 水稻细菌性基腐病的发生与防治研究. 植保技术与推广, (2): 9, 12.

张华, 胡白石, 刘凤权. 2007. 双重 PCR 技术检测水稻白叶枯病菌和细菌性条斑病菌. 植物检疫, 29(S1): 34-35.

张华, 姜英华, 胡白石, 等. 2008. 利用 PCR 技术专化性检测水稻细菌性条斑病菌. 植物病理学报, 38(1): 1-5.

张慧, 唐敏, 万瑶, 等. 2022. 水稻响应细菌性条斑病菌侵染的转录组分析. 分子植物育种, 20(4): 1045-1059.

张佳环, 马周杰, 刘巍, 等. 2016. 东北水稻白叶枯病菌生理小种及水稻品种对 9 号小种的抗性. 植物保护, 42(3): 204-207.

张健男, 王依名, 张洁净, 等. 2023. 利用实时荧光定量 PCR 和数字 PCR 检测鉴定水稻细菌性条斑病菌. 浙江大学学报（农业与生命科学版）, 49(1): 55-64.

张静, 范芝兰, 潘大建, 等. 2022. 广东普通野生稻对水稻白叶枯病的抗性评价及分析. 植物遗传资源学报, 23(2): 422-429.

张立新, 何涛, 于建红, 等. 2014. 安徽省水稻条斑病菌群体遗传结构分析. 植物病理学报, 44(5): 521-526.

张立新, 宋幼良, 罗远婵, 等. 2007. 水稻根围和人体洋葱伯克氏菌的基因型比较. 中国水稻科学, 21(4): 431-435.

张立新, 谢关林, 罗远婵. 2006. 洋葱伯克氏菌在农业上应用的利弊探讨. 中国农业科学, 39(6): 1166-1172.

张齐凤, 王春荣, 司兆胜, 等. 2021. 2020 年黑龙江省水稻病虫害发生特点与分析. 农业科技通讯, 50(4): 215-218.

张荣胜, 陈志谊, 刘永锋. 2011. 水稻细菌性条斑病菌遗传多样性和致病型分化研究. 中国水稻科学, 25(5): 523-528.

张荣胜, 陈志谊, 刘永锋. 2014a. 水稻细菌性条斑病研究进展. 江苏农业学报, 30(4): 901-908.

张荣胜, 戴秀华, 王晓宇, 等. 2014b. 江苏省水稻品种对水稻细菌性条斑病抗性鉴定及评价. 植物保护学报, 41(4): 385-389.

张曙光, 范怀忠, 肖火根, 等. 1995. 广东新发生流行的水稻橙叶病的鉴定. 植物病理学报, 25(3): 233-237.

张曙光, 范怀忠, 徐秀华, 等. 1999. 广东水稻橙叶病发病条件及防治研究. 植物保护学报, 26(3): 230-234.

张曙光, 谢双大, 蔡汉雄, 等. 1994. 广东水稻新病害 "橙叶病" 在茂名市发生流行. 华南农业大学学报, 15(2): 156-157.

张松柏, 罗香文, 李华平. 2008. 水稻橙叶病 PCR 检测体系的建立. 华南农业大学学报, 29(1): 28-31.

张松柏, 张德咏, 罗香文, 等. 2009. 水稻橙叶病植原体 16S rDNA 基因的序列分析. 华南农业大学学报, 30(2): 37-39.

张小红, 王春连, 李桂芬, 等. 2008. 转 *Xa23* 基因水稻的白叶枯病抗性及其遗传分析. 作物学报, 34: 1679-1687.

张晓葵, 肖利人, 黄河清, 等. 1992. 稻种资源抗水稻细菌性条斑病鉴定. 湖南农业科学, 22(2): 33-35.

张晓晓. 2018. 西瓜噬酸菌效应蛋白 Ace1 功能研究及光照黑暗条件下致病性差异分析. 北京: 中国农业科学院博士学位论文.

张兴福, 张伟. 2008. 水稻应用群科浸种防病试验. 现代化农业, 30(2): 8-9.

张瑶, 宋爽, 杨明秀, 等. 2020. 黑龙江省水稻品种资源对水稻细菌性褐斑病的抗性鉴定. 植物保护, 46(4): 194-198.

张宇君, 李俊, 赵伟, 等. 2005. 水稻白叶枯病菌对拌种灵抗药性分子机制研究. 中国农业科学, 46(1): 64-69.

章琦. 2007. 水稻白叶枯病抗性的遗传及改良. 中国水稻科学, 21(6): 572.

章琦. 2009. 中国杂交水稻白叶枯病抗性的遗传改良. 中国水稻科学, 23(2): 111-119.

章琦, 林汉明. 2007. 水稻抗白叶枯病的群体结构和遗传多样性. 见: 章琦. 水稻白叶枯病的抗性及遗传改良. 北京: 科学出版社.

章琦, 阙更生. 2007. 水稻抗白叶枯病常规育种. 见: 章琦. 水稻白叶枯病的抗性及遗传改良. 北京: 科学出版社.

章琦, 施爱农, 王春莲, 等. 1994. 9 个水稻品种对水稻白叶枯病（*Xanthomonas oryzae* pv. *oryzae*）的抗性遗传研究. 作物学报, 45(1): 84-92.

章琦, 王春连, 赵开军, 等. 2002. 携有抗白叶枯病新基因 *Xa23* 水稻近等基因系的构建及应用. 中国水稻科学, 16(3): 206-210.

章琦, 杨文才, 施爱农, 等. 1998. 3 个粳稻抗白叶枯病近等基因系的构建. 作物学报, 26(6): 799-804.

章琦, 张红生. 2007. 水稻白叶枯病概述. 见: 章琦. 水稻白叶枯病的抗性及遗传改良. 北京: 科学出版社.

赵敏, 严成其, 黄元杰, 等. 2015. 浙西北单季稻白叶枯病发病率与稻谷损失关系的研究. 浙江农业学报, 27(12): 2147-2151.

赵伟, 王庆锋, 李海军. 2016. 水稻应用硅肥对抗病性的作用试验总结. 现代化农业, 38(12): 36.

赵严, 罗登杰, 何圣贤, 等. 2018. 水稻细菌性条斑病 4 种接种方法的比较. 亚热带农业研究, 14(4): 242-246.

赵友福. 1991. 禾本科作物的细菌病害及其检疫重要性. 植物检疫, 5(4): 287-289.

郑崇珂, 王春连, 于元杰, 等. 2009. 水稻抗白叶枯病新基因 *Xa32(t)* 的鉴定和初步定位. 作物学报, 35(7): 1173-1180.

郑家团, 涂诗航, 张建福, 等. 2009. 含白叶枯病抗性基因 *Xa23* 水稻恢复系的分子标记辅助选育. 中国水稻科学, 23(4): 437-439.

郑凯丽, 纪志远, 郝巍, 等. 2020. 水稻白叶枯病感病相关基因 *Xig1* 的分子鉴定及抗病资源创制. 作物学报, 46(9): 1332-1339.

郑伟, 刘晓辉, 成国英, 等. 2008. 中国、日本和菲律宾水稻白叶枯病菌遗传多样性比较分析. 微生物学通报, 35(4): 519-523.

郑文君. 2010. 申嗪霉素对水稻白叶枯病菌和油菜菌核病菌的生物学活性及抗性风险评估. 南京: 南京农业大学硕士学位论文.

周驰燕, 朱宇涵, 姚照胜, 等. 2019. 基于信息技术的水稻病害识别与检测研究进展. 现代农业科技, 48(7): 111-113.

周丹, 邹丽芳, 邹华松, 等. 2011. 水稻条斑病菌胞外多糖相关基因的鉴定. 微生物学报, 51(10): 1334-1341.

周海亮, 蔡丽, 侯明生. 2013. 水稻细菌性基腐病病菌实时荧光 PCR 检测. 中国植保导刊, 33(11): 10-12, 21.

周佳暖, 姜子德, 张炼辉. 2015. 细菌性软腐病菌 *Dickeya* 致病机理的研究进展. 植物病理学报, 45(4): 337-349.

周健平, 卢洁, 兰志斌, 等. 2022. 广西来宾市旱改水稻田水稻黄化病因调查与综合诊断. 西南农业学报, 35(10): 2334-2342.

周丽洪, 韩阳, 李淼, 等. 2014. 西南地区水稻细菌性条斑病菌链霉素抗性研究. 云南农业大学学报（自然科学）, 29(5): 654-660.

周丽洪, 杨俊, 李淼, 等. 2014. 水稻条斑病菌遗传多样性研究. 江西农业大学学报, 36(4): 750-759.

周明国, 马忠华, 党香亮, 等. 1997. 对噻枯唑具有抗性的水稻白叶枯病菌菌株的性质. 植物保护学报, 36(2): 155-158.

周明华, 许志刚, 沈秀萍. 2001. 水稻品种对水稻细菌性条斑病的抗性鉴定. 植物检疫, 15(2): 65-67.

周明华, 许志刚, 粟寒, 等. 1999. 两个籼稻品种对水稻细菌性条斑病抗性遗传的研究. 南京农业大学学报, 22(4): 27-29.

周求根, 兰波, 徐沛东, 等. 2014. 水稻细菌性谷枯病菌的分子鉴定及 16S rDNA 序列分析. 江西农业大学学报, 36(4): 760-765.

周润声. 2020. 2018—2019 年广东省雷州市电光叶蝉灯诱虫量和雨量的关系. 中国植保导刊, 40(7): 55-57.

周扬, 徐岚, 朱国芳. 2016. 水稻细菌性病害发生特点及防控技术. 湖北植保, 5: 53-55.

朱华, 黄奔立, 高锦梁, 等. 1992. 水稻白叶枯病菌单克隆抗体酶联试剂盒的研制及其应用. 江苏农学院学报, 13(3): 73-78.

朱金国, 龚强, 莫瑾, 等. 2010a. 基于 ITS 序列的 PCR 方法鉴定杂交水稻致病菌 *Pseudomonas syringae* pv. *syringae*. 中国植物病理学会 2010 年学术年会论文集.

朱金国, 莫瑾, 朱水芳, 等. 2010b. 利用双重 PCR-DHPLC 技术检测水稻细菌性谷枯病菌的研究. 植物病理学报, 40(5): 449-455.

朱凯, 段桂芳, 张建萍, 等. 2010. 禾长蠕孢菌代谢产物抑制水稻细菌性条斑病菌. 中国农学通报, 26(8): 240-242.

朱润杰, 赵延存, 凌军, 等. 2019. 变棕溶杆菌 OH23 次生代谢产物抗菌活性的分析及其发酵培养基优化. 中国生物防治学报, 35(3): 426-436.

朱英芝, 何园歌, 周国辉. 2016. 水稻橙叶植原体基因组序列测定及分析. 中国植物病理学会 2016 年学术年会论文集.

庄春, 李红阳. 2017. 甲基营养型芽孢杆菌制剂防治水稻细菌性条斑病田间药效试验. 现代农业科技, 46(5): 105-110.

訾倩, 韩强, 曾洪梅. 2014. 稻瘟菌蛋白激发子 MoHrip1 和 MoHrip2 防治水稻白叶枯病的效果评价. 中国生物防治学报, 30(6): 772-779.

Masum MMI. 2019. 水稻细菌性褐条病菌（*Acidovorax oryzae*）分泌系统相关基因的毒力鉴定及对其生物防治策略的研究. 杭州: 浙江大学博士学位论文.

Abdallah Y, Liu M, Ogunyemi SO, et al. 2020. Bioinspired green synthesis of chitosan and zinc oxide nanoparticles with strong antibacterial activity against rice pathogen *Xanthomonas oryzae* pv. *oryzae*. Molecules, 25(20): 4795.

Agodi A, Mahenthiralingam E, Barchitta M, et al. 2001. *Burkholeria cepacia* complex infection in Italian patients with cystic fibrosis: prevalence, epidemiology, and genomovar status. J Clin Microbiol, 39(8): 2891-2896.

Agrios GN. 2005. Plant Pathology. 5th ed. New York: Elsevier Academic Press.

Ahmed T, Noman M, Jiang H, et al. 2022. Bioengineered chitosan-iron nanocomposite controls bacterial leaf blight disease by modulating plant defense response and nutritional status of rice (*Oryza sativa* L.). Nano Today, 45(1): 101547.

Ahmed T, Noman M, Luo J, et al. 2021. Bioengineered chitosan-magnesium nanocomposite: a novel agricultural antimicrobial agent against *Acidovorax oryzae* and *Rhizoctonia solani* for sustainable rice production. Int J Biol Macromol, 168: 834-845.

Akimoto-Tomiyama C, Furutani A, Tsuge S, et al. 2012. XopR, a type Ⅲ effector secreted by *Xanthomonas oryzae* pv. *oryzae*, suppresses microbe-associated molecular pattern-triggered immunity in *Arabidopsis thaliana*. Mol Plant Microbe Interact, 25(4): 505-514.

Amante-Bordeos A, Sitch LA, Nelson R, et al. 1992. Transfer of bacterial blight and blast resistance from the tetraploid wild rice

Oryza minuta to cultivated rice, *Oryza sativa*. Ther Appl Genet, 84(3-4): 245-354.

An SQ, Potnis N, Dow M, et al. 2020. Mechanistic insights into host adaptation, virulence and epidemiology of the phytopathogen *Xanthomonas*. FEMS Microb Rev, 44(1): 1-32.

Antony G, Zhou J, Huang S, et al. 2010. Rice *xa13* recessive resistance to bacterial blight is defeated by induction of the disease susceptibility gene *Os-11N3*. Plant Cell, 22(11): 3864-3876.

Arsenijevic M. 1991. Bacterial sheath brown rot of rice, wheat, maize and sorghum plants. Savremena Poljoprivreda, 39(1): 66-71.

Asselin JAE, Bonasera JM, Beer SV. 2016. PCR primers for detection of *Pantoea ananatis*, *Burkholderia* spp. and *Enterobacter* sp. from onion. Plant Dis, 100(4): 836-846.

Azegami K, Nishiyama K, Kato H. 1988b. effect of iron limitation on "*Pseudomonas plantarii*" growth and tropolone and protein production. Appl Environ Microbiol, 54(3): 844-847.

Azegami K, Nishiyama K, Tabei H. 1988a. Infection courts of rice seedlings with *Pseudomonas plantarii* and *Pseudomonas glumae*. Ann Phytopathol Soc Jpn, 54: 337-341.

Azegami K, Nishiyama K, Watanabe Y, et al. 1987. *Pseudomonas plantarii* sp. nov., the causal agent of rice seedling blight. Int J Syst Evol Microbiol, 37: 475.

Azizi MMF, Zulperi D, Rahman MAA, et al. 2019. First report of *Pantoea ananatis* causing leaf blight disease of rice in peninsular Malaysia. Plant Dis, 103(8): 2122-2123.

Bai X, Zhang J, Ewing A, et al. 2006. Living with genome instability: the adaptation of phytoplasmas to diverse environments of their insect and plant hosts. J Bacteriol, 188(10): 3682-3696.

Balachiranjeevi CH, Naik SB, Kumar VA, et al. 2018. Marker-assisted pyramiding of two major, broad-spectrum bacterial blight resistance genes, *Xa21* and *Xa33* into an elite maintainer line of rice, DRR17B. PLOS ONE, 13(10): e0201271.

Balandreau J, Viallard V, Cournoyer B, et al. 2001. *Burkholderia cepacia* genomovar Ⅲ is a common plant-associated bacterium. Appl Environ Microbiol, 67: 982-985.

Bart RS, Chern M, Vega-Sánchez ME, et al. 2010. Rice *snl6*, a cinnamoyl-CoA reductase-like gene family member, is required for NH1-mediated immunity to *Xanthomonas oryzae* pv. *oryzae*. PLOS Genet, 6(9): e1001123.

Bauer DW, Bogdanove AJ, Beer SV, et al. 1994. *Erwinia chrysanthemi hrp* genes and their involvement in soft rot pathogenesis and elicitation of the hypersensitive response. Mol Plant Microbe Interact, 7(5): 573-581.

Bauer DW, Wei ZM, Beer SV, et al. 1995. *Erwinia chrysanthemi* harpinEch: an elicitor of the hypersensitive response that contributes to soft-rot pathogenesis. Mol Plant Microbe Interact, 8(4): 484-491.

Bender CL, Alarcón-Chaidez F, Gross DC. 1999. *Pseudomonas syringae* phytotoxins: mode of action, regulation, and biosynthesis by peptide and polyketide synthetases. Microbiol Mol Biol Rev, 63(2): 266-292.

Bereswill S, Bugert P, Völksch B, et al. 1994. Identification and relatedness of coronatine-producing *Pseudomonas syringae* pathovars by PCR analysis and sequence determination of the amplification products. Appl Environ Microbiol, 60(8): 2924-2930.

Bevivino A, Dalmastri C, Tabacchioni S, et al. 2000. Efficacy of *Burkholderia cepacia* MCI7 on disease suppression and growth promotion of maize. Biol Fertil Soil, 31: 225-231.

Bhasin, H, Bhatia D, Raghuvanshi S, et al. 2012. New PCR-based sequence-tagged site marker for bacterial blight resistance gene *Xa38* of rice. Mol Breed, 30(1): 607-611.

Blair MW, Garris AJ, Iyer AS, et al. 2003. High resolution genetic mapping and candidate gene identification at the *xa5*, locus for bacterial blight resistance in rice (*Oryza sativa* L.). Theor Appl Genet, 107(1): 62-71.

Boch J, Scholze H, Schornack S, et al. 2009. Breaking the code of DNA binding specificity of TAL-type Ⅲ effectors. Science, 326(5959): 1509-1512.

Bogdanove AJ, Schornack S, Lahaye T. 2010. TAL effectors: finding plant genes for disease and defense. Curr Opin Plant Biol, 13(4): 394-401.

Bonas U, Stall RE, Staskawicz B. 1989. Genetic and structural characterization of the avirulence gene *avrBs3* from *Xanthomonas campestris* pv. *vesicatoria*. Mol Gen Genet, 218(1): 127-136.

Boyer F, Fichant G, Berthod J, et al. 2009. Dissecting the bacterial type Ⅵ secretion system by a genome wide in silico analysis: what can be learned from available microbial genomic resources? BMC Genom, 10(104): 1-14.

Bradbury JF. 1986. Guide to Plant Pathogenic Bacteria. Farnham Royal: CAB International: ⅩⅧ 332.

Busungu C, Taura S, Sakagami JI, et al. 2018. High-resolution mapping and characterization of *xa42*, a resistance gene against multiple *Xanthomonas oryzae* pv. *oryzae* races in rice (*Oryza sativa* L.). Breed Sci, 68(2): 188-199.

Carlile AJ, Bindschedler LV, Bailey AM. 2000. Characterization of SNP1, a cell wall-degrading trypsin, produced during infection by *Stagonospora nodorum*. Mol Plant Microbe Interact, 13(5): 538-550.

Carpenter SCD, Mishra P, Ghoshal C, et al. 2020. An *xa5* resistance gene-breaking indian strain of the rice bacterial blight pathogen *Xanthomonas oryzae* pv. *oryzae* is nearly identical to a thai strain. Front Microbiol, 11: 579504.

Cernadas RA, Doyle EL, Niño-Liu DO, et al. 2014. Code-assisted discovery of TAL effector targets in bacterial leaf streak of rice reveals contrast with bacterial blight and a novel susceptibility gene. PLOS Pathog, 10(2): e1003972.

Chae JC, Hung NB, Yu SM, et al. 2014. Diversity of bacteriophages infecting *Xanthomonas oryzae* pv. *oryzae* in Paddy fields and its potential to control bacterial leaf blight of Rice. J Microbiol Biotechnol, 24: 740-747.

Chapon V, Simpson HD, Morelli X, et al. 2000. Alteration of a single tryptophan residue of the cellulose-binding domain blocks secretion of the *Erwinia chrysanthemi* Cel5 cellulase (ex-EGZ) via the type Ⅱ system. J Mol Biol, 303(2): 117-123.

Charkowski AO. 2018. The changing face of bacterial soft-rot diseases. Annu Rev Phytopathol, 56: 269-288.

Chen H, Wang S, Zhang Q. 2002. New gene for bacterial blight resistance in rice located on chromosome 12 identified from Minghui 63, an elite restorer line. Phytopathol, 92(7): 750-754.

Chen LQ, Hou B, Lalonde S, et al. 2010. Sugar transporters for intercellular exchange and nutrition of pathogens. Nature, 468(7323): 527-532.

Chen S, Feng A, Wang C, et al. 2022a. Identification and fine-mapping of *Xo2*, a novel rice bacterial leaf streak resistance gene. Theor Appl Genet, 135(9): 3195-3209.

Chen S, Huang Z, Zeng L, et al. 2008. High-resolution mapping and gene prediction of *Xanthomonas oryzae* pv. *oryzae* resistance gene *Xa7*. Mol Breed, 22: 433-441.

Chen S, Liu XQ, Zeng LX, et al. 2011. Genetic analysis and molecular mapping of a novel recessive gene *xa34(t)* for resistance against *Xanthomonas oryzae* pv. *oryzae*. Theor Appl Genet, 122(7): 1331-1338.

Chen S, Wang C, Yang J, et al. 2020. Identification of the novel bacterial blight resistance gene *Xa46(t)* by mapping and expression analysis of the rice mutant H120. Sci Rep, 10(1): 12642.

Chen X, Li Q, Wang J, et al. 2022b. Genome resource of a hypervirulent strain c9-3 of *Xanthomonas oryzae* pv. *oryzae* causing bacterial blight of rice. Plant Dis, 106(2):741-744.

Chen XF, Liu PC, Mei L, et al. 2021. *Xa7*, a new executor *R* gene that confers durable and broad-spectrum resistance to bacterial blight disease in rice. Plant Commun, 2(3): 1-14.

Chen XW, Zuo SM, Schwessinger B, et al. 2014. An XA21-associated kinase (OsSERK2) regulates immunity mediated by the XA21 and XA3 immune receptors. Mol Plant, 7(5): 874-892.

Chisholm ST, Coaker G, Day B, et al. 2006. Host-microbe interactions: shaping the evolution of the plant immune response. Cell, 124(4): 803-814.

Chu Z, Fu B, Yang H, et al. 2006a. Targeting *xa13*, a recessive gene for bacterial blight resistance in rice. Theor Appl Genet, 112(3): 455-461.

Chu Z, Yuan M, Yao JL, et al. 2006b. Promoter mutations of an essential gene for pollen development result in disease resistance in rice. Genes Dev, 20(10): 1250-1255.

Chun H, Choi O, Goo E, et al. 2009. The quorum sensing dependent gene *katG* of *Burkholderia glumae* is important for protection from visible light. J Bacteriol, 191: 4152-4157.

Condemine G, Dorel C, Hugouvieux-Cotte-Pattat N, et al. 1992. Some of the out genes involved in the secretion of pectate lyases in

Erwinia chrysanthemi are regulated by *kdgR*. Mol Microbiol, 6(21): 3199-3211.

Cother EJ, Noble DH, van de Ven RJ, et al. 2010. Bacterial pathogens of rice in the Kingdom of Cambodia and description of a new pathogen causing a serious sheath rot disease. Plant Pathol, 59: 944-953.

Cother EJ, Reinke R, McKenzie C, et al. 2004. An unusual stem necrosis of rice caused by *Pantoea ananas* and the first record of this pathogen on rice in Australia. Austral Plant Pathol, 33(4): 495-503.

da Silva AC, Ferro JA, Reinach FC, et al. 2002. Comparison of the genomes of two *Xanthomonas* pathogens with differing host specificities. Nature, 417(6887): 459-463.

Darling A, Mau B, Blattner FR, et al. 2004. MAUVE: multiple alignment of conserved genomic sequence with rearrangements. Genome Res, 14(7): 1394-1403.

De Maayer P, Venter SN, Kamber T, et al. 2011. Comparative genomics of the type Ⅵ secretion systems of *Pantoea* and *Erwinia* species reveals the presence of putative effector islands that may be translocated by the VgrG and Hcp proteins. BMC Genom, 12: 1-15.

Deb S, Gokulan CG, Nathawat R, et al. 2022. Suppression of XopQ-XopX-induced immune responses of rice by the type Ⅲ effector XopG. Mol Plant Pathol, 23(5): 634-648.

Devescovi G, Bigirimana J, Degrassi G, et al. 2007. Involvement of a quorum-sensing-regulated lipase secreted by a clinical isolate of Burkholderia glumae in severe disease symptoms in rice. Appl Environ Microbiol, 73(15): 4950-4958.

Ding X, Cao Y, Huang L, et al. 2008. Activation of the indole-3-acetic acid-amido synthetase GH3-8 suppresses expansin expression and promotes salicylate- and jasmonate-independent basal immunity in rice. Plant Cell, 20(1): 228-240.

Dong Q, Luo J, Qiu W, et al. 2016. Inhibitory effect of Camptothecin against rice bacterial brown stripe pathogen *Acidovorax avenae* subsp. *avenae* RS-2. Molecules, 21(8): 978.

Dong Z, Xing S, Liu J, et al. 2018. Isolation and characterization of a novel phage Xoo-sp2 that infects *Xanthomonas oryzae* pv. *oryzae*. J Gen Virol, 99(10): 1453-1462.

Doni F, Ishak MN, Suhaimi NSM, et al. 2022. Leaf blight disease of rice caused by *Pantoea*: profile of an increasingly damaging disease in rice. Trop Plant Pathol, 48: 1-10.

Doni F, Suhaimi NSM, Irawan B, et al. 2021. Associations of *Pantoea* with rice plants: as friends or foes? Agriculture, 11(12): 1-13.

Doni F, Suhaimi NSM, Mohamed Z, et al. 2019. *Pantoea*: a newly identified causative agent for leaf blight disease in rice. J Plant Dis Protect, 126(6): 491-494.

Dow JM, Crossman L, Findlay K, et al. 2003. Biofilm dispersal in *Xanthomonas campestris* is controlled by cell-cell signaling and is required for full virulence to plants. Proc Natl Acad Sci USA, 100(19): 10095-11000.

Dow JM, Fouhy Y, Lucey JF, et al. 2006. The HD-GYP domain, cyclic di-GMP signaling, and bacterial virulence to plants. Mol Plant Microbe Interact, 19(12): 1378-1384.

Egorova M, Mazurin E, Ignatov AN. 2015. First report of *Pantoea ananatis* causing grain discolouration and leaf blight of rice in Russia. New Dis Rep, 32: 21.

Ellur RK, Khanna A, Gopala KS, et al. 2016. Marker-aided incorporation of *Xa38*, a novel bacterial blight resistance gene, in PB1121 and comparison of its resistance spectrum with *xa13 + Xa21*. Sci Rep, 6: 29188.

Eom JS, Luo DP, Atienza-Grande G, et al. 2019. Diagnostic kit for rice blight resistance. Nat Biotechnol, 37(11): 1372-1379.

Ezuka A, Horino O. 1974. Classification of rice varieties and *Xanthomonas oryzae* strains on the basis of their differential interactions. Bull Tokai Kinki Natl Agric Exp Stn, 27: 1-19.

Fang Y, Xu LH, Tian WX, et al. 2009. Real-time Fluorescence PCR Method for Detection of *Burkholderia glumae* from Rice. Rice Sci, 16(2): 157-160.

Feng C, Zhang X, Wu T, et al. 2016. The polygalacturonase-inhibiting protein 4 (OsPGIP4), a potential component of the qBlsr5a locus, confers resistance to bacterial leaf streak in rice. Planta, 243(5): 1297-1308.

Fitzgerald HA, Canlas PE, Chern MS, et al. 2005. Alteration of TGA factor activity in rice results in enhanced tolerance to *Xanthomonas oryzae* pv. *oryzae*. Plant J, 43(3): 335-347.

Fu J, Liu H, Li Y, et al. 2011. Manipulating broad-spectrum disease resistance by suppressing pathogen induced auxin accumulation in rice. Plant Physiol, 155(1): 589-602.

Fujiwara A, Fujisawa M, Hamasaki R, et al. 2011. Biocontrol of *Ralstonia solanacearum* by treatment with lytic bacteriophages. Appl Environ Microbiol, 77(12): 4155-6240.

Furutani A, Nakayama T, Ochiai H, et al. 2006. Identification of novel HrpXo regulons preceded by two *cis*-acting elements, a plant-inducible promoter box and a −10 box-like sequence, from the genome database of *Xanthomonas oryzae* pv. *oryzae*. FEMS Microbiol Lett, 259(1): 133-141.

Gao DY, Liu AM, Zhou YH, et al. 2005. Molecular mapping of a bacterial blight resistance gene *Xa25* in rice. Acta Genet Sin, 32(2): 183-188.

Ge M, Li B, Wang L, et al. 2014. Differentiation in MALDI-TOF MS and FTIR spectra between two pathovars of *Xanthomonas oryzae*. Spectrochim Acta A Mol Biomol Spectrosc, 133: 730-734.

Ghigo JM, Wandersman C. 1992. A fourth metalloprotease gene in *Erwinia chrysanthemi*. Res Microbiol, 143(9): 857-867.

Girard L, Lood C, Höfte M, et al. 2021. The ever-expanding *Pseudomonas* genus: description of 43 new species and partition of the Pseudomonas putida Group. Microorganisms, 9(8): 1766.

Gluck-Thaler E, Cerutti A, Perez-Quintero AL, et al. 2020. Repeated gain and loss of a single gene modulates the evolution of vascular plant pathogen lifestyles. Sci Adv, 6(46): eabc4516.

Gonzalez C, Szurek B, Manceau C, et al. 2007. Molecular and pathotypic characterization of new *Xanthomonas oryzae* strains from West Africa. Mol Plant Microbe Interact, 20(5): 534-546.

Goto K, Ohata K. 1956. New bacterial diseases of rice (brown stripe and grain rot). Ann Phytopathol Soc Jpn, 21: 46-47.

Goto K, Ohata K. 1961. Bacterial stripe of rice. Spec Publ Coll Agric Nat Taiwan Univ, 10: 49-59.

Goto M. 1964. Nomenclature of the bacteria causing bacterial leaf streak and bacterial stripe of rice. Bull Fac Agric Shizuoka Univ, 14: 3-10.

Goto M. 1979. Bacterial foot rot of rice caused by a strain of *Erwinia chrysanthemi*. Phytopathol, 69(3): 213-216.

Goto M. 1992. Fundamentals of Bacterical Plant Pathology. California: Academic Press: 271-275.

Goto T, Matsumoto T, Furuya N, et al. 2009. Mapping of bacterial blight resistance gene *Xa11* on rice chromosome 3. Jpn Agric Res Quart, 43(3): 221-225.

Goto T, Nishiyama K, Ohata K. 1987. Bacteria causing grain rot of rice. Ann Phytopathol Soc Jpn, 53: 141-149.

Govan JR, Hughes JE, Vandamme P. 1996. *Burkholderia cepacia*: medical, taxonomic and ecological issues. J Med Microbiol, (45): 395-407.

Groth DE, Rush MC, Hollier CA. 1991. Rice diseases and disorders in Louisiana. Baton Rouge, Louisiana: Louisiana State University Agricultural Center.

Gu KY, Sangha JS, Li Y, et al. 2008. High-resolution genetic mapping of bacterial blight resistance gene *Xa10*. Theor Appl Genet, 116(2): 155-163.

Gu KY, Yang B, Tian DS, et al. 2005. *R* gene expression induced by a type-III effector triggers disease resistance in rice. Nature, 435(7045): 1122-1125.

Guo L, Guo C, Li M, et al. 2014. Suppression of expression of the putative receptor-like kinase gene NRRB enhances resistance to bacterial leaf streak in rice. Mol Biol Rep, 41(4): 2177-2187.

Guo L, Li M, Wang W, et al. 2012. Over-expression in the nucleotide-binding site-leucine rich repeat gene DEPG1 increases susceptibility to bacterial leaf streak disease in transgenic rice plants. Mol Biol Rep, 39(4): 3491-3504.

Ha MT, Nguyen VV, Ngo VV, et al. 1993. Occurrence of rice grain rot disease in Vietnam. Int Rice Res Notes, 18(3): 30.

Hall CW, Mah TF. 2017. Molecular mechanisms of biofilm based antibiotic resistance and tolerance in pathogenic bacteria. FEMS Microbiol Rev, 41(3): 276.

Ham JH, Melanson RA, Rush MC. 2011. Pathogen profile: *Burkholderia glumae*: next major pathogen of rice? Mol Plant Pathol, 12(4): 329-339.

Haque MM, Kabir MS, Aini LQ, et al. 2009. SlyA, a MarR family transcriptional regulator, is essential for virulence in *Dickeya dadantii* 3937. J Bacteriol, 191(17): 5409-5418.

Haque MM, Nahar K, Rahim MA, et al. 2008. PhoP/PhoQ two-component system required for colonization leading to virulence of *Dickeya dadantii* 3937 in planta. Banglad J Microbiol, 25(1): 36-40.

He Q, Li DB, Zhu Y, et al. 2006. Fine mapping of *Xa2*, a bacterial blight resistance gene in rice. Mol Breed, 17(1): 1-6.

He WA, Huang DH, Li RB, et al. 2012. Identification of a resistance gene *bls1* to bacterial leaf streak in wild rice *Oryza rufipogon* Griff. J Integr Agric, 11(6): 962-969.

He YW, Wu J, Cha JS, et al. 2010. Rice bacterial blight pathogen *Xanthomonas oryzae* pv. *oryzae* produces multiple DSF-family signals in regulation of virulence factor production. BMC Microbiol, 10(1): 187.

He YW, Zhang LH. 2008. Quorum sensing and virulence regulation in *Xanthomonas campestris*. FEMS Microbiol Rev, 32(5): 842-857.

Hibino H, Jonson G, Sta Cruz F. 1987. Association of mycoplasmalike organisms with rice orange leaf in the Philippines. Plant Dis, 71: 792-794.

Hikichi Y. 1993. Antibacterial activity of oxolinc acid on *Psendomonas glumae*. Ann Phytopathol Soc Jpn, 59(4): 369-374.

Holmes A, Nolan R, Taylor R, et al. 1999. An epidemic of *Burkholderia cepacia* transmitted between patients with and without cystic fibrosis. J lnfect Dis, 179: 1197-1205.

Hopkins CM, White FF, Choi SH, et al. 1992. Identification of a family of avirulence genes from *Xanthomonas oryzae* pv. *oryzae*. Mol Plant Microbe Interact, 5(6): 451-459.

Horino O. 1984. Ultralstracture of water pores in *Leersia sayamuka* Makino and *Oryza sativa* L.: its correlation with the resistance to hydathodal infection of *Xanthomonas campestris* pv. *oryzae*. Ann Phytopathol Soc Jpn, 50: 72-76.

Hou Y, Zhang Y, Yu L, et al. 2020. First report of *Pseudomonas oryzihabitans* causing rice panicle blight and grain discoloration in China. Plant Dis, 104(11): 3055-3056.

Hsu YC, Chiu CH, Yap R, et al. 2020. Pyramiding bacterial blight resistance genes in 'Tainung82' for broad-spectrum resistance using marker-assisted selection. Int J Mol Sci, 21(4): 1281.

Hu K, Cao J, Zhang J, et al. 2017. Improvement of multiple agronomic traits by a disease resistance gene via cell wall reinforcement. Nat Plants, 3(3): 17009.

Huang DN, Zhu B, Yang W, et al. 1997. Identification of antimicrobial peptide B gene introduced into rice and transgenic plant. Sci China (Ser C), 21: 55-62.

Huang SW. 2018. Seriously outbreak of rice bacterial brown stripe in 2018 in China. Plant Pathol Microbiol, 9(8): 111-121.

Hugouvieux-Cotte-Pattat N, Shevchik VE, Nasser W. 2002. A polygalacturonase homologue with a low hydrolase activity, is coregulated with the other *Erwinia chrysanthemi* polygalacturonases. J Bacteriol, 184(10): 664-2673.

Hugouvieux-Cotte-Pattat N, Van Gijsegem F. 2021. Diversity within the *Dickeya zeae* complex, identification of *Dickeya zeae* and *Dickeya oryzae* members, proposal of the novel species *Dickeya parazeae* sp. nov. Int J Syst Evol Microbiol, 71(11).

Hummel AW, Doyle EL, Bogdanove AJ. 2012. Addition of transcription activator-like effector binding sites to a pathogen strain-specific rice bacterial blight resistance gene makes it effective against additional strains and against bacterial leaf streak. New Phytol, 195(4): 883-893.

Hussain MBBM, Zhang HB, Xu JL, et al. 2008. The acyl-homoserine lactone-type quorum-sensing system modulates cell motility and virulence of *Erwinia chrysanthemi* pv. *zeae*. J Bacteriol, 190(3): 1045-1053.

Hutin M, Sabot FO, Ghesquière A, et al. 2015. A knowledge-based molecular screen uncovers a broad-spectrum *OsSWEET14* resistance allele to bacterial blight from wild rice. Plant J, 84(4): 694-703.

IRRI. 1990. Crop loss assessment in rice. PO Box 933, 1099 Manila, the Philippines.

Ishiyama S. 1922. Studies of bacterial leaf blight of rice. Rep Imp Agric St, 45: 233-261.

Iyer AS, Mccouch SR. 2004. The rice bacterial blight resistance gene *xa5* encodes a novel form of disease resistance. Mol Plant Microbe Interact, 17(12): 1348-1354.

Iyer-Pascuzzi AS, Jiang H, Huang L, et al. 2008. Genetic and functional characterization of the rice bacterial blight disease resistance gene *xa5*. Phytopathol, 98(3): 289-295.

Iyer-Pascuzzi AS, Mccouch SR. 2004. The rice bacterial blight resistance gene *xa5* encodes a novel form of disease resistance. Mol Plant Microbe Interact, 17(12): 1348-1354.

Jahn CE, Selimi DA, Barak JD, et al. 2011. The *Dickeya dadantii* biofilm matrix consists of cellulose nanofibres, and is an emergent property dependent upon the type Ⅲ secretion system and the cellulose synthesis operon. Microbiology, 157(10): 2733-2744.

Jahn CE, Willis DK, Charkowski AO. 2008. The flagellar sigma factor *fliA* is required for *Dickeya dadantii* virulence. Mol Plant Microbe Interact, 21(11): 1431-1442.

Jang MS, Goo E, An JH, et al. 2014. Quorum sensing controls flagellar morphogenesis in *Burkholderia glumae*. PLOS ONE, 9: e84831.

Jeong Y, Kim J, Kim S, et al. 2003. Toxoflavin produced by *Burkholderia glumae* causing rice grain rot is responsible for inducing bacterial wilt in many field crops. Plant Dis, 87: 890-895.

Ji CH, Ji ZY, Liu B, et al. 2020. *Xa1* allelic *R* genes activate rice blight resistance suppressed by interfering TAL effectors. Plant Commun, 1(4): 100087.

Ji ZY, Ji C, Liu B, et al. 2016. Interfering TAL efectors of *Xanthomonas oryzae* neutralize *R*-gene-mediated plant disease resistance. Nat Commun, 7: 13435.

Ji ZY, Zakria M, Zou LF, et al. 2014. Genetic diversity of transcriptional activator-like effector genes in Chinese isolates of *Xanthomonas oryzae* pv. *oryzicola*. Phytopathol, 104(7): 672-682.

Jiang D, Zhang D, Li S, et al. 2022. Highly efficient genome editing in *Xanthomonas oryzae* pv. *oryzae* through repurposing the endogenous Type I-C CRISPR-Cas system. Mol Plant Pathol, 23(4): 583-594.

Jiang G, Liu D, Yin D, et al. 2020. A rice NBS-ARC gene conferring quantitative resistance to bacterial blight is regulated by a pathogen effector-induced miRNA. Mol Plant, 13: 1752-1767.

Jiang GH, Xia ZH, Zhou YL, et al. 2006. Testifying the rice bacterial blight resistance gene *xa5* by genetic complementation and further analyzing *xa5* (*Xa5*) in comparison with its homolog TFIIAgamma1. Mol Genet Genom, 275(4): 354-366.

Jiménez-Guerrero I, Pérez-Montaño F, Da Silva GM, et al. 2020. Show me your secret(ed) weapons: a multifaceted approach reveals a wide arsenal of type Ⅲ-secreted effectors in the cucurbit pathogenic bacterium *Acidovorax citrulli* and novel effectors in the *Acidovorax* genus. Mol Plant Pathol, 21(1): 17-37.

Jones JDG, Dangl JL. 2006. The plant immune system. Nature, 444(7117): 323-329.

Jong HH, Rebecca AM, Milton CR. 2011. Pathogen profile *Burkholderia glumae*: next major pathogen of rice? Mol Plant Pathol, 12(4): 329-339.

Jonson GB, Matres JM, Ong S, et al. 2020. Reemerging rice orange leaf phytoplasma with varying symptoms expressions and its transmission by a new leafhopper vector-*Nephotettix virescens* Distant. Pathogens, 9(12): 990.

Ju YH, Tian HJ, Zhang RH, et al. 2017. Overexpression of *OsHSP18.0-CI* enhances resistance to bacterial leaf streak in rice. Rice, 10(12): 111-121.

Kadota I, Ohuchi A. 1990. Symptoms and ecology of bacterial brown stripe of rice. Jap Agric Res, 24(1): 15-21.

Kajiwara H. 2016. Direct detection of the plant pathogens *Burkholderia glumae*, *Burkholderia gladioli* pv. *gladioli*, and *Erwinia chrysanthemi* pv. *zeae* in infected rice seedlings using matrix assisted laser desorption/ionization time-of-flight mass spectrometry. J Microbiological Methods, 120: 1-5.

Kakar KU, Nawaz Z, Cui Z, et al. 2014. Characterizing the mode of action of *Brevibacillus laterosporus* B4 for control of bacterial brown strip of rice caused by *A. avenae* subsp. *avenae* RS-1. World J Microbiol Biotechnol, 30(2): 469-478.

Kaku H, Hori M. 1977. Browning reaction in rice plant tissues induced by *Xanthomonas oryzae*. J Jpn Phytopathol, 43(4): 487-490.

Kanugala S, Kumar CG, Reddy RHK, et al. 2019. Chumacin-1 and Chumacin-2 from *Pseudomonas aeruginosa* strain CGK-KS-1 as novel quorum sensing signaling inhibitors for biocontrol of bacterial blight of rice. Microbiol Res, 228: 26301.

Kato T, Morohoshi T, Tsushima S, et al. 2013. Phenotypic characterization of colony morphological mutants of *Burkholderia glumae* that emerged during subculture. J Gen Plant Pathol, 79: 249-259.

Kawaradani M, Okada K, Kusakari S. 2000. New selective medium for isolation of *Burkholderia glumae* from rice seeds. J Gen Plant Pathol, 66: 234-237.

Ke YG, Hui SG, Yuan M. 2017. *Xanthomonas oryzae* pv. *oryzae* inoculation and growth rate on rice by leaf clipping method. Bio-Protocol, 7(19): e2568.

Kennedy MP, Coakley RD, Donaldson SH, et al. 2007. *Burkholderia gladioli*: five year experience in a cystic fibrosis and lung transplantation center. J Cyst Fibros, 6(4): 267-273.

Kim J, Kang Y, Kim JG, et al. 2010. Occurrence of *Burkholderia glumae* on rice and field crops in Korea. Plant Pathol J, 26(3): 271-272.

Kim M, Oh HS, Park SC, et al. 2014. Towards a taxonomic coherence between average nucleotide identity and 16S rRNA gene sequence similarity for species demarcation of prokaryotes. Int J Syst Evol Microbiol, 64(Pt 2): 346-351.

Kim S. 2018. Identification of novel recessive gene *xa44(t)* conferring resistance to bacterial blight races in rice by QTL linkage analysis using an SNP chip. Theor Appl Genet, 131(12): 2733-2743.

Kim S, Park J, Kim JH, et al. 2013. RNAseq-based transcriptome analysis of *Burkholderia glumae* quorum sensing. Plant Pathol J, 29(3): 249-259.

Kim S, Park J, Lee J, et al. 2014. Understanding pathogenic *Burkholderia glumae* metabolic and signaling pathways within rice tissues through *in vivo* transcriptome analyses. Gene, 547: 77-85.

Kim S, Reinke RF. 2019. A novel resistance gene for bacterial blight in rice, *Xa43(t)* identified by GWAS, confirmed by QTL mapping using a bi-parental population. PLOS ONE, 14(2): e0211775.

Kim SM, Suh JP, Qin Y, et al. 2015. Identification and fine-mapping of a new resistance gene, *Xa40*, conferring resistance to bacterial blight races in rice (*Oryza sativa* L.). Theor Appl Genet, 128(10): 1933-1943.

Kini K, Agnimonhan R, Afolabi O, et al. 2017. First report of a new bacterial leaf blight of rice caused by *Pantoea ananatis* and *Pantoea stewartii* in Togo. Plant Dis, 101(1): 242.

Kini K, Agnimonhan R, Wonni I, et al. 2020. An efficient inoculation technique to assess the pathogenicity of *Pantoea* species associated to bacterial blight of rice. Bio-Protocol, 10(7): e3740.

Klement Z. 1955. A new bacterial disease of rice caused by *Pseudomonas oryzicola* n. sp. Acta Microbiol Acta Sci, 2(3): 265-274.

Korinsak S, Sriprakhon S, Sirithanya P, et al. 2009. Identification of microsatellite markers (SSR) linked to a new bacterial blight resistance gene *xa33(t)* in rice cultivar 'Ba7'. Maejo Int J Sci Tech, 3(2): 235-247.

Kuhara S, Sekiya N, Tagami Y. 1958. On the pathogen of bacterial leaf blight of rice isolated from severely affected area where resistant variety was widely cultivated (Abstract in Japanese). J Jpn Phytopathol, 23: 9.

Kumar PN, Sujatha K, Laha GS, et al. 2012. Identification and fine-mapping of *Xa33*, a novel gene for resistance to *Xanthomonas oryzae* pv. *oryzae*. Phytopathol, 102(2): 222-228.

Kumar Verma R, Samal B, Chatterjee S. 2018. *Xanthomonas oryzae* pv. *oryzae* chemotaxis components and chemoreceptor Mcp2 are involved in the sensing of constituents of xylem sap and contribute to the regulation of virulence-associated functions and entry into rice. Mol Plant Pathol, 19(11): 2397-2415.

Kuo TT, Chang LC, Yang CM, et al. 1971. Bacterial leaf blight of rice plant Ⅳ. Effect of bacteriophage on the infectivity of *Xanthomonas oryzae*. Bot Bull Acad Sin, 12: 1-9.

Kurita T, Tabei H. 1967. On the pathogenic bacterium of bacterial grain rot of rice. Ann Phytopathol Soc Jpn, 33: 111.

Laatu M, Condemine G. 2003. Rhamnogalacturonate lyase RhiE is secreted by the out system in *Erwinia chrysanthemi*. J Bacteriol, 185(5): 1642-1649.

Lai YR, Huang C. 2018. First report of *Acidovorax avenae* subsp. *avenae* causing bacterial brown stripe disease of rice in Taiwan. J Plant Pathol, 100(3): 595.

Lang JM, Langlois P, Nguyen MHR, et al. 2014. Sensitive detection of *Xanthomonas oryzae* pathovars *oryzae* and *oryzicola* by Loop-mediated Isothermal Amplification. Appl Envion Microbiol, 80(15): 4519-4530.

Lang JM, Pérez-Quintero AL, Koebnik R, et al. 2019. A pathovar of *Xanthomonas oryzae* infecting wild grasses provides insight into the evolution of pathogenicity in rice agroecosystems. Front Plant Sci, 10: 507.

Leach JE, Rhoads ML, Vera Cruz CM, et al. 1992. Assessment of genetic diversity and population structure of *Xanthomonas oryzae* pv. *oryzae* with a repetitive DNA element. Appl Envion Microbiol, 58(7): 2188-2195.

Leach JE, White FF, Rhoads ML, et al. 1990. A repetitive DNA sequence differentiates *Xanthomonas campestris* pv. *oryzae* from other pathovars of *Xanthomonas campestris*. Mol Plant Microbe Interact, 3: 238-246.

Lee HB, Hong JP, Kim SB. 2010. First report of leaf blight caused by *Pantoea agglomerans* on rice in Korea. Plant Dis, 94(11): 1372.

Lee IM, Hammond RW, Davis RE, et al. 1993. Universal amplification and analysis of pathogen 16S rDNA for classification and identification of mycoplasma like organisms. Phytopathol, 83(8): 834-842.

Lee KS, Rasabandith S, Angeles ER, et al. 2003. Inheritance of resistance to bacterial blight in 21 cultivars of rice. Phytopathol, 3(2): 147-152.

Lee SW, Han SW, Bartley LE, et al. 2006. From the Academy: Colloquium review. Unique characteristics of *Xanthomonas oryzae* pv. *oryzae AvrXa21* and implications for plant innate immunity. Proc Natl Acad Sci USA, 103(49): 18395-18400.

Lelliott RA, Stead DE. 1987. Methods for the diagnosis of bacterial diseases of plants. Oxford, UK: Blackwell Scientific Publications: 216.

Li B, Liu BP, Yu RR, et al. 2011. Bacterial brown stripe of rice in soil-less culture system caused by *Acidovorax avenae* subsp. *avenae* in China. J Gen Plant Pathol, 77(1): 64-67.

Li B, Wang X, Chen J, et al. 2018. IcmF and DotU are required for the virulence of *Acidovorax oryzae* strain RS-1. Arch Microbiol, 200(6): 897-910.

Li B, Zhang Y, Yang Y, et al. 2016. Synthesis, characterization, and antibacterial activity of chitosan/TiO$_2$ nanocomposite against *Xanthomonas oryzae* pv. *oryzae*. Carbohydr Polym, 152: 825-831.

Li JF, Zhou GH, Wang T, et al. 2021. First report of *Pseudomonas oryzihabitans* causing stem and leaf rot on muskmelon in China. Plant Dis, 105(9): 2713-2713.

Li L, Wang L, Liu LM, et al. 2017. Infection process of *Burkholderia glumae* in rice spikelets. J Phytopathol, 165(2): 123-130.

Li P, Long JY, Huang YC, et al. 2004. *AvrXa3*: a novel member of *avrBs3* gene family from *Xanthomonas oryzae* pv. *oryzae* has a dual function. Progress Natural Sci, 14: 767-773.

Li S, Hao W, Lu G, et al. 2015a. Occurrence and identification of a new vector of rice orange leaf phytoplasma in south China. Plant Dis, 99(11): 1483-1487.

Li S, Wang YP, Wang SZ, et al. 2015b. The type Ⅲ effector AvrBs2 in *Xanthomonas oryzae* pv. *oryzicola* suppresses rice immunity and promotes disease development. Mol Plant Microbe Interact, 28(8): 869-880.

Li YM, Dan X, Li TJ, et al. 2022. Complete genome resource of a commonly used laboratory substrain of *Xanthomonas oryzae* pv. *oryzae* PXO99(A). Plant Dis, 106(3): 1045-1048.

Liao ZX, Li JY, Mo XY, et al. 2020. Type Ⅲ effectors *xopN* and *avrBs2* contribute to the virulence of *Xanthomonas oryzae* pv. *oryzicola* strain GX01. Res Microbiol, 171(2): 102-106.

Liao ZX, Ni Z, Wei XL, et al. 2019. Dual RNA-seq of *Xanthomonas oryzae* pv. *oryzicola* infecting rice reveals novel insights into bacterial-plant interaction. PLOS ONE, 14(4): e0215039.

Lin SH, Liu JS, Yang BC, et al. 1998. Disassociation of sigma subunit from RNA polymerase of *Xanthomonas oryzae* pv. *oryzae* by phage Xp10 infection. FEMS Microbiol Lett, 162(1): 9-15.

Ling KC. 1972. Rice virus diseases. International Rice Research Institute Los Banos, the Philippines.

Lipuma JJ, Spilker L, Coenye L, et al. 2002. An epidemic *Burkholderia cepacia* complex strain identified in soil. Lancet, 359: 2002-2003.

Liu F, McDonald M, Schwessinger B, et al. 2019. Variation and inheritance of the *Xanthomonas raxX-raxSTAB* gene cluster required for activation of XA21-mediated immunity. Mol Plant Pathol, 20(5): 656-672.

Liu J, Chia SL, Tan GH. 2021a. Isolation and characterization of novel phages targeting *Xanthomonas oryzae*: culprit of bacterial leaf blight disease in rice. Phage, 2(3): 142-151.

Liu Q, Wang S, Long J, et al. 2021b. Functional identification of the *Xanthomonas oryzae* pv. *oryzae* type I-C CRISPR-Cas system and its potential in gene editing application. Front Microbiol, 12: 686715.

Liu QS, Yuan M, Zhou Y, et al. 2011. A paralog of the MtN3/saliva family recessively confers race-specific resistance to *Xanthomonas oryzae* in rice. Plant Cell Environ, 34(11): 1958-1969.

Liu W, Liu J, Triplett L, et al. 2014. Novel insights into rice innate immunity against bacterial and fungal pathogens. Annu Rev Phytopathol, 52: 213-241.

Liu Y, Ren D, Pike S, et al. 2007. Chloroplast-generated reactive oxygen species are involved in hypersensitive response-like cell death mediated by a mitogen-activated protein kinase cascade. Plant J, 51(6): 941-954.

Long J, Song C, Yan F, et al. 2018. Non-TAL effectors from *Xanthomonas oryzae* pv. *oryzae* suppress peptidoglycan-triggered MAPK activation in rice. Front Plant Sci, 9: 1857.

Louws FJ, Fulbright DW, Stephens CT, et al. 1994. Speciffc genomic fingerprints of phytopathogenic *Xanthomonas* and *Pseudomonas* pathovars and strains generated with repetitive sequences and PCR. Appl Environ Microbiol, 60(7): 2286-2295.

Lu X, Hershey DM, Wang L, et al. 2015. An ent-kaurene-derived diterpenoid virulence factor from *Xanthomonas oryzae* pv. *oryzicola*. New Phytol, 206(1): 295-302.

Lu Y, Zhong Q, Xiao S, et al. 2022. A new NLR disease resistance gene *Xa47* confers durable and broad-spectrum resistance to bacterial blight in rice. Front Plant Sci, 13: 1037901.

Luo D, Huguet-Tapia JC, Raborn RT, et al. 2021. The *Xa7* resistance gene guards the susceptibility gene *SWEET14* of rice against exploitation by bacterial blight pathogen. Plant Commun, 2(3): 100164.

Luo JY, Xie GL, Li BQ, et al. 2007. First report of *Burkholderia glumae* isolated from symptomless rice seeds in China. Plant Dis, 91(10): 1363.

Luo Y, Sangha JS, Wang S, et al. 2012. Marker-assisted breeding of *Xa4*, *Xa21* and *Xa27* in the restorer lines of hybrid rice for broad-spectrum and enhanced disease resistance to bacterial blight. Mol Breed, 30: 1601-1610.

Lv L, Luo J, Ahmed T, et al. 2022. Beneficial effect and potential risk of *Pantoea* on rice production. Plants (Basel), 11(19): 2608.

Ma J, Zhang K, Huang M, et al. 2016. Involvement of Fenton chemistry in rice straw degradation by the lignocellulolytic bacterium *Pantoea ananatis* Sd-1. Biotechnol Biofuel, 9: 1-13.

Magbanua ZV, Arick M, Buza T, et al. 2014. Transcriptomic dissection of the rice–*Burkholderia glumae* interaction. BMC Genom, 15: 755.

Mak ANS, Bradley P, Bogdanove AJ, et al. 2013. TAL effectors: function, structure, engineering and applications. Curr Opin Struct Biol, 23(1): 93-99.

Makarova KS, Wolf YI, Iranzo J, et al. 2020. Evolutionary classification of CRISPR-Cas systems: a burst of class 2 and derived variants. Nat Rev Microbiol, 18(2): 67-83.

Makino S, Sugio A, White F, et al. 2006. Inhibition of resistance gene-mediated defense in rice by *Xanthomonas oryzae* pv. *oryzicola*. Mol Plant Microbe Interact, 19(3): 240-249.

Masum MMI, Liu L, Yang M, et al. 2018. Halotolerant bacteria belonging to operational group *Bacillus amyloliquefaciens* in biocontrol of the rice brown stripe pathogen *Acidovorax oryzae*. J Appl Microbiol, 125(6): 1852-1867.

Masum MMI, Yang Y, Li B, et al. 2017. Role of the genes of type Ⅵ secretion system in virulence of rice bacterial brown stripe pathogen *Acidovorax avenae* subsp. *avenae* strain RS-2. Int J Mol Sci, 18: 2024.

Mew TW. 1987. Current status and future prospects of research on bacterial blight of rice. Annu Rev Phytopathol, 25: 375-382.

Miller SCM, Lipuma JJ, Parke JL. 2002. Culture-based and non-growth-dependent detection of the *Burkholderia cepacia* complex in soil environments. Appl Environ Microbiol, 68: 3750-3758.

Mirghasempour SA, Hou YX, Huang SW. 2017. Review article: bacterial panicle blight: a newly rising disease of rice. J Plant Physiol Pathol, 5: 4.

Miyagawa H, Takaya S. 2000. Biological control of bacterial grain rot of rice by avirulent strain of *Burkholderia hladioli*. Bull Chugoku Natl Agr Expt Stn, 21: 1-21.

Mizobuchi R, Sato H, Fukuoka S, et al. 2013a. Identification of *qRBS1*, a QTL involved in resistance to bacterial seedling rot in rice. Theor Appl Genet, 126(9): 2417-2425.

Mizobuchi R, Sato H, Fukuoka S, et al. 2013b. Mapping a quantitative trait locus for resistance to bacterial grain rot in rice. Rice, 6(1): 13.

Mizobuchi R, Sato H, Fukuoka S. 2015. Fine mapping of RBG2, a quantitative trait locus for resistance to *Burkholderia glumae*, on rice chromosome 1. Mol Breed, 35(1): 15.

Mo YY, Gross DC. 1991. Plant signal molecules activate the *syrB* gene, which is required for syringomycin production by *Pseudomonas syringae* pv. *syringae*. J Bacteriol, 173(18): 5784-5792.

Mondal KK, Mani C, Singh J, et al. 2011. A new leaf blight of rice caused by *Pantoea ananatis* in India. Plant Dis, 95(12): 1582.

Mondal KK, Mani C, Verma G. 2015. Emergence of bacterial panicle blight caused by *Burkholderia glumae* in North India. Plant Dis, 99(9): 1268.

Moscou MJ, Bogdanove AJ. 2009. A simple cipher governs DNA recognition by TAL effectors. Science, 326(5959): 1501.

Mougous JD, Cuff ME, Raunser S, et al. 2006. A virulence locus of *Pseudomonas aeruginosa* encodes a protein secretion apparatus. Science, 312(5779): 1526-1530.

Muñoz-Bodnar A, Bernal A, Szurek B, et al. 2013. Tell me a tale of TALEs. Mol Biotechnol, 53(2): 228-235.

Nacamulli C, Bevivino A, Dalmastri C, et al. 1997. Perturbation of maize rhizosphere microflora following seed bacterization with *Burkholderia cepacia* MCI7. FEMS Microbiol Ecol, 23(3): 183-193.

Nakai H, Kuwahra M, Saito M. 1988. Studies of an induced mutant resistant to multiple races of bacterial leaf blight. Rice Genet Newsl, 5: 101-103.

Nakayinga R, Makumi A, Tumuhaise V, et al. 2021. *Xanthomonas* bacteriophages: a review of their biology and biocontrol applications in agriculture. BMC Microbiol, 21(1): 291.

Nandakumar R, Rush MC. 2008. Analysis of gene expression in Jupiter rice showing partial resistance to rice panicle blight caused by *Burkholderia glumae*. Phytopathol, 98: 112.

Nandakumar R, Rush MC, Correa F. 2007. Association of *Burkholderia glumae* and *B. gladioli* with panicle blight symptoms on rice in Panama. Plant Dis, 91(6): 767.

Nandakumar R, Rush MC, Shahjahan A, et al. 2005. Bacterial panicle blight of rice in the southern United States caused by *Burkholderia glumae* and *B. gladioli*. Phytopathol, 95: S73.

Nandakumar R, Shahjahan AKM, Yuan XL, et al. 2009. *Burkholderia glumae* and *B. gladioli* cause bacterial panicle blight in rice in the southern United States. Plant Dis, 93(9): 896-905.

Nassar A, Bertheau Y, Dervin C, et al. 1994. Ribotyping of *Erwinia chrysanthemi* strains in relation to their pathogenic and geographic distribution. Appl Environ Microbiol, 60(10): 3781-3789.

Nasser W, Dorel C, Wawrzyniak J, et al. 2013. Vfm, a new quorum sensing system controls the virulence of *Dickeya dadantii*. Environ Microbiol, 15(3): 865-880.

Neelam K, Mahajan R, Gupta V, et al. 2020. High-resolution genetic mapping of a novel bacterial blight resistance gene *xa-45(t)* identified from *Oryza glaberrima* and transferred to *Oryza sativa*. Theor Appl Genet, 133(3): 689-705.

Nei M. 1987. Molecular Evolutionary Genetics. New York: Columbia University Press.

Nelson RJ, Baraoidan MR, Vera Cruz CM, et al. 1994. Relationship between phylogeny and pathotype for the bacterial blight pathogen of rice. Appl Envion Microbiol, 60(9): 3275-3283.

Ni Z, Cao Y, Jin X, et al. 2021. Engineering resistance to bacterial blight and bacterial leaf streak in rice. Rice, 14(1): 38.

Nickzad A, Lépine F, Déziel E. 2015. Quorum sensing controls swarming motility of *Burkholderia glumae* through regulation of rhamnolipids. PLOS ONE, 10: e0128509.

Niño-Liu DO, Ronald PC, Bogdanove AJ. 2006. *Xanthomonas oryzae* pathovars: model pathogens of a model crop. Mol Plant Pathol, 7(5): 303-324.

Nishida T. 1909. Bacterial leaf blight of rice. Noji Zappo, 127: 68-75.

Noda T, Horino O, Ohuchi A. 1990. Variation of pathogenicity in races of *Xanthomonas campestris* pv. *oryzae* in Japan. Jpn Agric Res Quart, 23(3): 182-189.

Noda T, Ohuchi A. 1989. A new pathogenic race of *Xanthomonas campestris* pv. *oryzae* and inheritance of resistance of differential rice variety, Tetep to it. Jpn J Phytopathol, 55(2): 201-207.

Ogawa T, Lin L, Tabien RE, et al. 1987. A new recessive gene for resistance to bacterial blight of rice. Rice Genet Newsl, 4: 98-100.

Ogunyemi SO, Chen J, Zhang M, et al. 2019. Identification and characterization of five new OP2-related Myoviridae bacteriophages infecting different strains of *Xanthomonas oryzae* pv. *oryzae*. J Plant Pathol, 101(2): 263-273.

Okabe N, Goto M. 1963. Bacteriophages of plant pathogens. Annu Rev Phytopathol, 1(1): 397-418.

Oliva R, Ji CH, Atienza-Grande G, et al. 2019. Broad-spectrum resistance to bacterial blight in rice using genome editing. Nat Biotechnol, 37(11): 1344-1350.

Ong S, Jonson GB, Calassanzio M, et al. 2021. Geographic distribution, genetic variability and biological properties of rice orange leaf phytoplasma in Southeast Asia. Pathogens, 10(2): 169.

Oshima K, Kakizawa S, Nishigawa H, et al. 2004. Reductive evolution suggested from the complete genome sequence of a plant-pathogenic phytoplasma. Nat Genet, 36(1): 27-29.

Ou SH. 1985. Rice Diseases. 2nd ed. Kew: Commonwealth Mycological Institute.

Pan XY, Wu J, Xu S, et al. 2017. CatB is critical for total catalase activity and reduces bactericidal effects of phenazine-1-carboxylic acid on *Xanthomonas oryzae* pv. *oryzae* and *X. oryzae* pv. *oryzicola*. Phytopathol, 107(2): 163-172.

Park CJ, Peng Y, Chen XW, et al. 2008. Rice XB15, a protein phosphatase 2C, negatively regulates cell death and XA21-mediated innate immunity. PLOS Biol, 6(9): e231.

Park CJ, Sharma R, Lefebvre B, et al. 2013. The endoplasmic reticulum-quality control component SDF2 is essential for XA21-mediated immunity in rice. Plant Sci, 210: 53-60.

Park CJ, Wei T, Sharma R, et al. 2017. Overexpression of rice auxilin-like protein, XB21, induces necrotic lesions, up-regulates endocytosis-related genes, and confers enhanced resistance to *Xanthomonas oryzae* pv. *oryzae*. Rice, 10(1): 1-12.

Parke JL, Gurian-Sherman D. 2001. Diversity of the *Burkholderia cepacia* complex and implications for risk assessment of biological control strains. Annu Rev Phytopathol, 39: 225-258.

Parkinson N, Stead D, Bew J, et al. 2009. *Dickeya* species relatedness and clade structure determined by comparison of *recA* sequences. Int J Syst Evol Microbiol, 59(10): 2388-2393.

Peng L, Yang S, Zhang Y, et al. 2022. Characterization and genetic diversity of *Pseudomonas syringae* pv. *syringae* isolates associated with rice bacterial leaf spot in Heilongjiang, China. Biology (Basel), 1(5): 720.

Peng Y, Bartley LE, Chen XW, et al. 2008. OsWRKY62 is a negative regulator of basal and Xa21-mediated defense against *Xanthomonas oryzae* pv. *oryzae* in rice. Mol Plant, 1(3): 446-458.

Pérombelon MCM. 2002. Potato diseases caused by soft rot *Erwinias*: an overview of pathogenesis. Plant Pathol, 51(1): 1-12.

Pinson SRM, Shahjahan AKM, Rush MC, et al. 2010. Bacterial panicle blight resistance QTLs in rice and their association with other disease resistance loci and heading date. Crop Sci, 50: 1287-1297.

Porter BW, Chittoor JM, Yano M, et al. 2003. Development and mapping of markers linked to the rice bacterial blight resistance gene *Xa7*. Crop Sci, 43(4): 1484-1492.

Pradhan SK, Nayak DK, Mohanty S, et al. 2015. Pyramiding of three bacterial blight resistance genes for broad-spectrum resistance in deepwater rice variety, Jalmagna. Rice, 8(1): 51.

Priyadarisini VB, Gnanamanickam SS. 1999. Occurrence of a subpopulation of *Xanthomonas oryzae* pv. *oryzae* with virulence to rice cv. IRBB21 (Xa21) in southern India. Plant Dis, 83(8): 781.

Pruitt RN, Schwessinger B, Joe A, et al. 2015. The rice immune receptor XA21 recognizes a tyrosine-sulfated protein from a Gram-negative bacterium. Sci Adv, 1(6): e1500245.

Pu XM, Zhou JN, Lin BR, et al. 2012. First report of bacterial foot rot of rice caused by a *Dickeya zeae* in China. Plant Dis, 96(12): 1818.

Qin J, Zhou X, Sun L, et al. 2018. The *Xanthomonas* effector XopK harbours E3 ubiquitin-ligase activity that is required for virulence. New Phytol, 220(1): 219-231.

Quesada-González A, García-Santamaría F. 2014. *Burkholderia glumae* in the rice crop in Costa Rica. Agron Mesoam, 25(2): 371-381.

Quibod IL, Atieza-Grande G, Oreiro EG, et al. 2020. The green revolution shaped the population structure of the rice pathogen *Xanthomonas oryzae* pv. *oryzae*. ISME J, 14(2): 492-505.

Ramalingam J, Savitha P, Alagarasan G, et al. 2017. Functional marker assisted improvement of stable cytoplasmic male sterile lines of rice for bacterial blight resistance. Front Plant Sci, 8: 1131.

Raymundo AK, Briones AJR. 1995. Genetic diversity in *Xanthomonas oryzae* pv. *oryzicola*. Int Rice Res Notes, 20(1): 3-5.

Read AC, Hutin M, Moscou MJ, et al. 2020. Cloning of the rice *Xo1* resistance gene and interaction of the *Xo1* protein with the defense-suppressing *Xanthomonas* effector Tal2h. Mol Plant Microbe Interact, 33(10): 1189-1195.

Read AC, Rinaldi FC, Hutin M, et al. 2016. Suppression of Xo1-mediated disease resistance in rice by a truncated, non-DNA-binding TAL effector of *Xanthomonas oryzae*. Front Plant Sci, 7: 1516.

Reinking O. 1918. Philippine economic plant diseases. The Philippine Journal of Science, 13(5): 217-274.

Reverchon S, Gijsegem FV, Effantin G, et al. 2010. Systematic targeted mutagenesis of the MarR/SlyA family members of *Dickeya dadantii* 3937 reveals a role for MfbR in the modulation of virulence gene expression in response to acidic pH. Mol Microbiol, 78(4): 1018-1037.

Riera-Ruiz C, Vargas J, Cedeño C, et al. 2014. First report of *Burkholderia glumae* causing bacterial panicle blight on rice in Ecuador. Plant Dis, 98: 988-989.

Rouanet C, Reverchon S, Rodionov DA, et al. 2004. Definition of a consensus DNA-binding site for PecS, a global regulator of virulence gene expression in *Erwinia chrysanthemi* and identification of new members of the PecS regulon. J Biol Chem, 279(29): 30158-30167.

Roy A, Ghosh D, Kasera M, et al. 2022. *Kappaphycus alvarezii*-derived formulations enhance salicylic acid-mediated anti-bacterial defenses in *Arabidopsis thaliana* and rice. J Appl Phycol, 34(1): 679-695.

Ryan RP, Vorhölter FJ, Potnis N, et al. 2011. Pathogenomics of *Xanthomonas*: understanding bacterium-plant interactions. Nat Rev Microbiol, 9(5): 344-355.

Saito Y, Chaimongkol U, Singh KG, et al. 1976. Mycoplasmalike bodies associated with rice orange leaf disease. Plant Dis Rep, 60(8): 649-651.

Sakaguchi S. 1967. Linkage studies on resistance to bacterial leaf blight, *Xanthomonas oryzae* (Uyeda et Ishiyama) dowson, in rice. Bull Natl Inst Agric Sci, D16: 1-18.

Salzberg SL, Sommer DD, Schatz MC, et al. 2008. Genome sequence and rapid evolution of the rice pathogen *Xanthomonas oryzae* pv. *oryzae* PXO99[A]. BMC Genom, 9(1): 1-16.

Samson R, Legendre JB, Christen R, et al. 2005. Transfer of *Pectobecterium chrysanthemi* (*Burkholder* et al. 1953) Brenner et al. 1973 and *Brenneria paradisiacato* the genus *Dickeya* gen. nov. as *Dickeya chrysanthemi* comb. nov. and *Dickeya paradisiaca* comb. nov. and delineation of four novel species, *Dickeya dadantiisp*. nov. *Dickeya dianthicola* sp. nov. *Dickeya dieffenbachiae* sp. nov. and *Dickeya zeae* sp. nov. Int J Syst Evol Microbiol, 5590(4): 1415-1427.

Sanchez AC, Brat DS, Huang N, et al. 2000. Sequence tagged site marker-assisted selection for three bacterial blight resistance genes in rice. Crop Sci, 40(3): 792-797.

Sayler RJ, Cartwright RD, Yang Y. 2006. Genetic characterization and real-time PCR detection of *Burkholderia glumae*, a newly emerging bacterial pathogen of rice in the United States. Plant Dis, 90(5): 603-610.

Schaad NW, Postnikova E, Sechler A, et al. 2008. Reclassification of subspecies of *Acidovorax avenae* as *A. avenae* (Manns 1905) emend., *A. cattleyae* (Pavarino, 1911) comb. nov., *A. citrulli* Schaad et al., 1978) comb. nov., and proposal of *A. oryzae* sp. nov. Syst Appl Microbiol, 31: 434-446.

Schoonejans E, Expert D, Toussaint A. 1987. Characterization and virulence properties of *Erwinia chrysanthemi* lipopolysaccharide-defective, EC2-resistant mutants. J Bacteriol, 169(9): 4011-4017.

Schwarz S, West TE, Boyer F, et al. 2010. *Burkholderia* type Ⅵ secretion systems have distinct roles in eukaryotic and bacterial cell interactions. PLOS Pathog, 6(8): e1001068.

Serrano FB. 1928. Bacterial fruitlet brown-rot of pineapple in the Philippines. Philipp J Sci, 36: 271-305.

Sha X, Linscombe SD, Groth DE, et al. 2006. Registration of 'Jupiter' rice. Crop Sci, 46(4): 1811-1812.

Shakya D, Vinther F, Mathur S, et al. 1985. World wide distribution of a bacterial stripe pathogen of rice identified as *Pseudomonas avenae*. J Phytopathol, 114(3): 256-259.

Shanjahan AKM, Rush MC, Groth D, et al. 2000. Panicle blight. Rice J, 15: 26-29.

Shao YA, Tang GY, Huang YY, et al. 2023. Transcriptional regulator Sar regulates the multiple secretion systems in *Xanthomonas oryzae*. Mol Plant Pathol, 24(1): 16-27.

Shen Y, Ronald P. 2002. Molecular determinants of disease and resistance in interactions of *Xanthomonas oryzae* pv. *oryzae* and rice. Microbes Infect, 4(13): 1361-1367.

Shi W, Li C, Li M, et al. 2016. Antimicrobial peptide melittin against *Xanthomonas oryzae* pv. *oryzae*, the bacterial leaf blight pathogen in rice. Appl Microbiol Biotechnol, 100(11): 5059-5067.

Shidore T, Broeckling CD, Kirkwood JS, et al. 2017. The effector AvrRxo1 phosphorylates NAD in planta. PLOS Pathog, 13(6): e1006442.

Showalter AM. 1993. Structure and function of plant cell wall proteins. Plant Cell, 15(1): 9-23.

Shyntum DY, Theron J, Venter SN, et al. 2015. *Pantoea ananatis* Utilizes a type VI secretion system for pathogenesis and bacterial competition. Mol Plant Microbe Interact, 28(4): 420-431.

Simm R, Morr M, Kader A, et al. 2004. GGDEF and EAL domains inversely regulate cyclic di-GMP levels and transition from sessility to motility. Mol Microbiol, 53(4): 1123-1134.

Singh A, Brar JS, Kang IS, et al. 2009. Plant disease scenario in Punjab. Plant Dis Res, 24(2): 135-141.

Singh S, Sidhu JS, Huang N, et al. 2001. Pyramiding three bacterial blight resistance genes (*xa5*, *xa13* and *xa21*) using marker-assisted selection into indica rice cultivar "PR106". Theor Appl Genet, 102: 1011-1015.

Sinha D, Gupta MK, Patel HK, et al. 2013. Cell wall degrading enzyme induced rice innate immune responses are suppressed by the type 3 secretion system effectors XopN, XopQ, XopX and XopZ of *Xanthomonas oryzae* pv. *oryzae*. PLOS ONE, 8(9): e75867.

Sivamani E, Anuratha CS, Gnanamanickam SS. 1987. Toxicity of *Pseudomonas fluorescens* towards bacterial plant pathogens of banana (*Pseudomonas solanacearum*) and rice (*Xanthomonas campestris* pv. *oryzae*). Current Sci, 56547-56548.

Smart CD, Schneider B, Blomquist CL, et al. 1996. Phytoplasma specific PCR primers based on sequences of the 16S-23S rRNA spacer region. Appl Environ Microbiol, 62(8): 2988-2993.

Song CF, Yang B. 2010. Mutagenesis of 18 type III effectors reveals virulence function of XopZ$_{PXO99}$ in *Xanthomonas oryzae* pv. *oryzae*. Mol Plant Microbe Interact, 23(7): 893-902.

Song WY, Wang GL, Chen LL, et al. 1995. A receptor kinase-like protein encoded by the rice disease resistance gene, *Xa21*. Science, 270(5243): 1804-1806.

Sorensen KN, Kim KH, Takemoto JY. 1998. PCR detection of cyclic lipodepsi-nonapeptide-producing *Pseudomonas syringae* pv. syringae and similarity of strains. Appl Environ Microbiol, 64(1): 226-230.

Springman AC, Jacobs JL, Somvanshi VS, et al. 2009. Genetic diversity and multihost pathogenicity of clinical and environmental strains of *Burkholderia cenocepacia*. Appl Environ Microbiol, 75(16): 5250-5260.

Stead DE, Parkinson N, Bew J, et al. 2010. The first record of *Dickeya zeae* in the UK. Plant Pathol, 59(2): 401.

Stefani E, Obradović A, Gašić K, et al. 2021. Bacteriophage-mediated control of phytopathogenic xanthomonads: a promising green solution for the future. Microorganisms, 9(5): 1056.

Stock AM, Robinson VL, Goudreau PN. 2000. Two-component signal transduction. Annu Rev Biochem, 69(1): 183-215.

Streubel J, Pesce C, Hutin M, et al. 2013. Five phylogenetically close rice SWEET genes confer TAL effector-mediated susceptibility to *Xanthomonas oryzae* pv. *oryzae*. New Phytol, 200(3): 808-819.

Sugio A, Yang B, Zhu T, et al. 2007. Two type III effector genes of *Xanthomonas oryzae* pv. *oryzae* control the induction of the host genes *OsTFIIAgamma1* and *OsTFX1* during bacterial blight of rice. Proc Natl Acad Sci USA, 104(25): 10720-10725.

Sun X, Cao Y, Yang Z, et al. 2004. *Xa26*, a gene conferring resistance to *Xanthomonas oryzae* pv. *oryzae* in rice, encodes an LRR receptor kinase-like protein. Plant J, 37(4): 517-527.

Sun X, Yang Z, Wang S, et al. 2003. Identification of a 47-kb DNA fragment containing Xa4, a locus for bacterial blight resistance in rice. Theor Appl Genet, 106(4): 683-687.

Suzuki F, Sawada H, Azegami K, et al. 2004. Molecular characterization of the tox operon involved in toxoflavin biosynthesis of *Burkholderia glumae*. J Gen Plant Pathol, 70: 97-107.

Swings J, van den Mooter M, Vauterin L, et al. 1990. Reclassification of the causal agents of bacterial blight (*Xanthomonas campestris* pv. *oryzae*) and bacterial leaf streak (*Xanthomonas campestris* pv. *oryzicola*) of rice as pathovars of *Xanthomonas oryzae* (ex Ishiyama 1922) sp. nov. , nom. rev. Int J Sys Bacteriol, 40(3): 309-311.

Takeuchi T, Sawada H, Suzuki F, et al. 1997. Specific detection of *Burkholderia plantarii* and *B. glumae* by PCR using primers selected from the 16S-23S rDNA spacer regions. Jpn J Phytopathol, 63: 455-462.

Tang D, Wu W, Li W, et al. 2000. Mapping of QTLs conferring resistance to bacterial leaf streak in rice. Theor Appl Genet, 101: 286-291.

Tao Z, Liu H, Qiu D, et al. 2009. A pair of allelic WRKY genes play opposite roles in rice–bacteria interactions. Plant Physiol, 151(2): 936-948.

Tardy F, Nasser W, Robert-Baudouy J, et al. 1997. Comparative analysis of the five major *Erwinia chrysanthemi* pectate lyases: enzyme characteristics and potential inhibitors. J Bacteriol, 179(8): 2503-2511.

Taura S, Ichitani K. 2023. Chromosomal location of *xa19*, a broad-spectrum rice bacterial blight resistant gene from XM5, a mutant line from IR24. Plants (Basel), 12(3): 602.

Taura S, Ogawa T, Yoshimura A, et al. 1992. Identification of a recessive resistance gene to rice bacterial blight of mutant line XM6. Jpn J Breeding, 42(1): 7-13.

Tayi L, Maku RV, Patel HK, et al. 2016. Identification of pectin degrading enzymes secreted by *Xanthomonas oryzae* pv. *oryzae* and determination of their role in virulence on rice. PLOS ONE, 11(12): e0166396.

Tian DS, Wang JX, Zeng X, et al. 2014a. The rice TAL effector-dependent resistance protein XA10 triggers cell death and calcium depletion in the endoplasmic reticulum. Plant Cell, 26(1): 497-515.

Tian Q, Zhao W, Lu S, et al. 2016. DNA barcoding for efficient species- and pathovar-level identification of the quarantine plant pathogen *Xanthomonas*. PLOS ONE, 11(11): e0165995.

Tian Y, Zhao Y, Shi L, et al. 2017. Type Ⅵ secretion systems of *Erwinia amylovora* contribute to bacterial competition, virulence, and exopolysaccharide production. Phytopathol, 107(6): 654-661.

Tian YL, Zhao YQ, Xu R, et al. 2014b. Simultaneous detection of *Xanthomonas oryzae* pv. *oryzae* and *X. oryzae* pv. *oryzicola* in rice seed using a padlock probe-based assay. Phytopathol, 104(10): 1130-1137.

Timilsina S, Potnis N, Newberry EA, et al. 2020. *Xanthomonas* diversity, virulence and plant–pathogen interactions. Nat Rev Microbiol, 18(8):415-427.

Toh WK, Loh PC, Wong HL. 2019. First report of leaf blight of rice caused by *Pantoea ananatis* and *Pantoea dispersa* in Malaysia. Plant Dis, 103(7): 1764.

Toth IK, van der Wolf JM, Saddler G, et al. 2011. *Dickeya species*: an emerging problem for potato production in Europe. Plant Pathol, 60(3): 385-399.

Tourte C, Manceau C. 1995. A strain of *Pseudomonas syringae* which does not belong to pathovar phaseolicola produces phaseolotoxin. Eur J Plant Pathol, 101(1): 483-490.

Tran TT, Pérez-Quintero AL, Wonni I, et al. 2018. Functional analysis of African *Xanthomonas oryzae* pv. *oryzae* TALomes reveals a new susceptibility gene in bacterial leaf blight of rice. PLOS Pathog, 14(6): e1007092.

Tran-Nguyen L, Kube M, Schneider B, et al. 2008. Comparative genome analysis of "*Candidatus* Phytoplasma australiense" (subgroup tuf-Australia I; rp-A) and "*Ca*. Phytoplasma asteris" strains OY-M and AY-WB. J Bacteriol, 190(11): 3979-3991.

Triplett LR, Cohen SP, Heffelfinger C, et al. 2016. A resistance locus in the American heirloom rice variety Carolina Gold Select is triggered by TAL effectors with diverse predicted targets and is effective against African strains of *Xanthomonas oryzae* pv.

oryzicola. Plant J, 87(5): 472-483.

Triplett LR, Hamilton JP, Buell CR, et al. 2011. Genomic analysis of *Xanthomonas oryzae* isolates from rice grown in the United States reveals substantial divergence from known *X. oryzae* pathovars. Appl Environ Microbiol, 77(12): 3930-3937.

Trung HM, Van NV, Vien NV, et al. 1993. Occurrence of rice grain rot disease in Vietnam. Int Rice Res Notes, 18: 30.

Tsushima S. 1996. Epidemiology of bacterial grain rot of rice caused by *Pseudomonas glumae*. Jpn Agric Res Quart, 30: 85-89.

Tsushima S, Mogi S, Naito H, et al. 1989. Existence of *Pseudomonas glumae* on the rice seeds and development of the simple method for detecting *P. glumae* from the rice seeds. Bull Kyushu Natl Agric Exp Stn, 25(3): 261-270.

Tsushima S, Naito H, Koitabashi M. 1996. Population dynamics of *Pseudomonas glumae*, the causal agent of bacterial grain rot of rice, on leaf sheaths of rice plants in relation to disease development in the field. Ann Phytopathol Soc Jpn, 62: 108-113.

Tsushima S, Wakimoto S, Mogi S. 1986. Selective medium for detecting *Pseudomonas glumae* Kurita et Tabei, the causal bacterium of grain rot of rice. Jpn J Phytopathol, 52: 253-259.

Uematsu T, Yoshimura D, Nishiyama K, et al. 1976. Occurrence of bacterial seedling rot in nursery flat, caused by grain rot bacterium *Pseudomonas glumae*. Ann Phytopathol Soc Jpn, 42: 310-312.

Ura H, Furuya N, Liyama K, et al. 2006. *Burkholderia gladioli* associated with symptoms of bacterial grain rot and leaf-sheath browning of rice plants. J Gen Plant Pathol, 72: 98-103.

Valarmathi P, Rabindran R, Velazhahan R, et al. 2013. First report of rice orange leaf disease phytoplasma (16 SrI) in rice (*Oryza sativa*) in India. Australas. Plant Dis Notes, 8: 141-143.

Valiunas D, Staniulis J, Davis R. 2006. "*Candidatus* Phytoplasma fragariae", a novel phytoplasma taxon discovered in yellows diseased strawberry, *Fragaria×ananassa*. Int J Syst Evol Microbiol, 56: 277-281.

Vauterin L, Hoste B, Kersters K, et al. 1995. Reclassification of *Xanthomonas*. Int J Syst Evol Microbiol, 45(3): 472-489.

Vera Cruz CMV, Ardales EY, Skinner DZ, et al. 1996. Measurement of haplotypic variation in *Xanthomonas oryzae* within a single field by rep-PCR and RFLP analyses. Phytopathol, 86(12): 1352-1359.

Vera Cruz CMV, Bai JF, Ona I, et al. 2000. Predicting durability of a disease resistance gene based on an assessment of the fitness loss and epidemiological consequences of avirulence gene mutation. Proc Natl Acad Sci USA, 97(25): 13500-13505.

Versalovic J, Schneider M, Bruijn FJD, et al. 1994. Genomic fingerprinting of bacteria using repetitive sequence-based polymerase chain reaction. Method Mol Cell Biol, 5(1): 25-40.

Vessey JK. 2003. Plant growth promoting rhizobacteria as biofertilizers. Plant and Soil, 255: 571-586.

Vicente TFL, Félix C, Félix R, et al. 2022. Seaweed as a natural source against phytopathogenic bacteria. Mar Drugs, 21(1): 23.

Vikal Y, Chawla H, Sharma R, et al. 2014. Mapping of bacterial blight resistance gene *xa8* in rice (*Oryza sativa* L.). Indian J Genet, 74: 589.

Vikal Y, Das A, Patra B, et al. 2007. Identification of new sources of bacterial blight (*Xanthomonas oryzae* pv. *oryzae*) resistance in wild *Oryza* species and *O. glaberrima*. Plant Genetic Resour, 5(2): 108-112.

Wahidah N, Safni I, Hasanuddin H, et al. 2019. Resistance of several rice varieties against the bacterial panicle blight disease (*Burkholderia glumae*). J HPT Tropika, 19(1): 15-22.

Wakimoto S. 1960. Classification of strains of *Xanthomonas oryzae* on the basis of their susceptibility against bacteriophages. Ann Phytopathol Soc Jpn, 25: 193-198.

Wang CJ, Luo HY, Chen DQ. 2006a. The occurrence and identification of *Burkholderia glumae* in China. Moderniz Agar, 4: 6. (in Chinese)

Wang C, Tan M, Xu X, et al. 2003. Localizing the bacterial blight resistance gene, *Xa22(t)*, to a 100-kilobase bacterial artificial chromosome. Phytopathol, 93(10): 1258-1262.

Wang C, Wen G, Lin X, et al. 2009. Identification and fine mapping of the new bacterial blight resistance gene, *Xa31(t)*, in rice. Eur J Plant Pathol, 123(2): 235-240.

Wang CL, Zhang XP, Fan YL, et al. 2015. *Xa23* is an executor R protein and confers broad-spectrum disease resistance in rice. Mol Plant, 8(2): 290-302.

Wang J, Ning Y, Gentzel IN, et al. 2020a. Achieving broad-spectrum resistance against rice bacterial blight through targeted promoter editing and pathogen population monitoring. aBIOTECH, 1(2): 119-122.

Wang S, Li S, Wang J, et al. 2021. A bacterial kinase phosphorylates OSK1 to suppress stomatal immunity in rice. Nat Commun, 12(1): 5479.

Wang S, Xie XF, Zhang Z, et al. 2020b. Fine mapping of *qBlsr3d*, a quantitative trait locus conferring resistance to bacterial leaf streak in rice. Crop Sci, 60(4): 1854-1862.

Wang X, He SW, Guo HB, et al. 2020c. *Dickeya oryzae* sp. nov. isolated from the roots of rice. Int J Syst Evol Microbiol, 70(7): 4171-4178.

Wang YS, Pi LY, Chen XH, et al. 2006b. Rice *XA21* binding protein 3 is a ubiquitin ligase required for full *Xa21*-mediated disease resistance. Plant Cell, 18(12): 3635-3646.

Wang ZY, Hu YZ, Li ZB, et al. 2020d. Development of a specific polymerase chain reaction system for the detection of rice orange leaf phytoplasma detection. Plant Dis, 104(2): 521-526.

Wei Z, Abdelrahman M, Gao Y, et al. 2021. Engineering broad-spectrum resistance to bacterial blight by CRISPR-Cas9-mediated precise homology directed repair in rice. Mol Plant, 14(8): 1215-1218.

Weinberg JB, Alexander BD, Majure JM, et al. 2007. *Burkholderia glumae* infection in an infant with chronic granulomatous disease. J Clin Microbiol, 45(2): 662-665.

Weller-Stuart T, De Maayer P, Coutinho T. 2017. *Pantoea ananatis*: genomic insights into a versatile pathogen. Mol Plant Pathol, 18(9): 1191-1198.

White FF, Potnis N, Jones JB, et al. 2009. The type Ⅲ effectors of *Xanthomonas*. Mol Plant Pathol, 10(6): 749-766.

White FF, Yang B. 2009. Host and pathogen factors controlling the rice–*Xanthomonas oryzae* interaction. Plant Physiol, 150(4): 1677-1686.

Willems A, Goor M, Thielemans S, et al. 1992. Transfer of several phytopathogenic *Pseudomonas* species to *Acidovorax* as *Acidovorax avenae* subsp. *avenae* subsp. nov., comb. nov., *Acidovorax avenae* subsp. *citrulli*, *Acidovorax avenae* subsp. *cattleyae*, and *Acidovorax konjaci*. Int J Syst Bacteriol, 42(1): 107-119.

Wonni I, Cottyn B, Detemmerman L, et al. 2014. Analysis of *Xanthomonas oryzae* pv. *oryzicola* population in Mali and Burkina Faso reveals a high level of genetic and pathogenic diversity. Phytopathol, 104(5): 520-531.

Wu J, Zhang HB, Xu JL, et al. 2010. ^{13}C labeling reveals multiple amination reactions in the biosynthesis of a novel polyketide polyamine antibiotic zeamine from *Dickeya zeae*. Chem Commun, 46(2): 333-335.

Wu L, Liu R, Niu Y, et al. 2016. Whole genome sequence of *Pantoea ananatis* R100, an antagonistic bacterium isolated from rice seed. J Biotechnol, 225: 1-2.

Wu T, Zhang H, Bi Y, et al. 2022b. Tal2c activates the expression of *OsF3H$_{04g}$* to promote infection as a redundant TALE of Tal2b in *Xanthomonas oryzae* pv. *oryzicola*. Int J Mol Sci, 22(24):13628.

Wu T, Zhang HM, Yuan B, et al. 2022a. Tal2b targets and activates the expression of *OsF3H$_{03g}$* to hijack *OsUGT74H4* and synergistically interfere with rice immunity. New Phytol, 233(4): 1864-1880.

Wu X, Li X, Xu C, et al. 2008. Fine genetic mapping of *xa24*, a recessive gene for resistance against *Xanthononas oryzae* pv. *oryzae* in rice. Theor Appl Genet, 118(1): 185-191.

Wu Y, Wang S, Nie W, et al. 2021. A key antisense sRNA modulates the oxidative stress response and virulence in *Xanthomonas oryzae* pv. *oryzicola*. PLOS Pathog, 17(7): e1009762.

Xiang Y, Cao YL, Xu CG, et al. 2006. *Xa3*, conferring resistance for rice bacterial blight and encoding a receptor kinase-like protein, is the same as *Xa26*. Theor Appl Genet, 113(7): 1347-1355.

Xie GL, Luo JY, Li B. 2003. Bacterial panicle blight: a rice dangerous diseases and its identification. Plant Prot, 29: 47-49.

Xie GL, Sun XL, Mew TW. 1998. Characterization of *Acidov oraxavenae* subsp. *avenae* from rice seeds. Chinese J Rice Sci, 12(3): 165-171.

Xie GL, Zhang GQ, Liu H, et al. 2011. Genome sequence of the rice–pathogenic bacterium *Acidovorax avenae* subsp. *avenae* RS-1. J Bacteriol, 193(18): 5013-5014.

Xie XF, Chen ZW, Cao JL, et al. 2014. Toward the positional cloning of *qBlsr5a*, a QTL underlying resistance to bacterial leaf streak, using overlapping sub-CSSLs in rice. PLOS ONE, 9(4): e95751.

Xing J, Zhang D, Yin F, et al. 2021. Identification and fine-mapping of a new bacterial blight resistance gene, *Xa47*(t), in G252, an introgression line of Yuanjiang common wild rice (*Oryza rufipogon*). Plant Dis, 105(12): 4106-4112.

Xu WH, Wang YS, Liu GZ, et al. 2006. The autophosphorylated Ser686, Thr688, and Ser689 residues in the intracellular juxtamembrane domain of *XA21* are implicated in stability control of rice receptor-like kinase. Plant J, 45: 740-751.

Xu XM, Xu ZY, Li ZY, et al. 2021. Increasing resistance to bacterial leaf streak in rice by editing the promoter of susceptibility gene *OsSULRT3; 6*. Plant Biotechnol J, 19(6): 1101-1103.

Xu Z, Wang S, Liu L, et al. 2020. Genome resource of a hypervirulent strain LN4 of *Xanthomonas oryzae* pv. *oryzae* causing bacterial blight of rice. Plant Dis, 104(11): 2764-2767.

Xu Z, Xu X, Wang Y, et al. 2022. A varied AvrXa23-like TALE enables the bacterial blight pathogen to avoid being trapped by *Xa23* resistance gene in rice. J Adv Res, 42: 263-272.

Xu ZY, Xu XM, Gong Q, et al. 2019. Engineering broad-spectrum bacterial blight resistance by simultaneously disrupting variable TALE-binding elements of multiple susceptibility genes in rice. Mol Plant, 12(11): 1434-1446.

Xue Y, Hu M, Chen S, et al. 2021. *Enterobacter asburiae* and *Pantoea ananatis* causing rice bacterial blight in China. Plant Dis, 105(8): 2078-2088.

Yamaguchi K, Nakamura Y, Ishikawa K, et al. 2013. Suppression of rice immunity by *Xanthomonas oryzae* type Ⅲ effector Xoo2875. Biosci Biotechnol Biochem, 77(4): 796-801.

Yamamoto T, Ogawa T. 1990. Inheritance of resistance in rice cultivars, Toyonishiki, Milyang 23 and IR24 to Myanmar isolates of bacterial leaf blight pathogen. Jpn Agric Res Quart, 24(1): 74-77.

Yan H, Yu SH, Xie GL, et al. 2010. Grain discoloration of rice caused by *Pantoea ananatis* (synonym *Erwinia uredovora*) in China. Plant Dis, 94(4): 482.

Yang B, Sugio A, White FF. 2005. Avoidance of host recognition by alterations in the repetitive and C-terminal regions of, a type Ⅲ effector of *Xanthomonas oryzae* pv. *oryzae*. Mol Plant Microbe Interact, 18(2): 142-149.

Yang B, Zhu W, Johnson LB, et al. 2000. The virulence factor AvrXa7 of *Xanthomonas oryzae* pv. *oryzae* is a type Ⅲ secretion pathway-dependent nuclear-localized double-stranded DNA-binding protein. Proc Natl Acad Sci USA, 97: 9807-9812.

Yang CH, Gavilanes-Ruiz M, Okinaka Y, et al. 2002. *hrp* genes of *Erwinia chrysanthemi* 3937 are important virulence factors. Mol Plant Microbe Interact, 15(5): 472-480.

Yang SH, Peng Q, San Francisco M, et al. 2008. Type Ⅲ secretion system genes of *Dickeya dadantii* 3937 are induced by plant phenolic acids. PLOS ONE, 3(8): e2973.

Yang Y. 1996. Watersoaking function(s) of XcmH1005 are redundantly encoded by members of the *Xanthomonas avr/pth* gene family. Mol Plant Microbe Interact, 9(2): 105-113.

Yang Z, Sun X, Wang S, et al. 2003. Genetic and physical mapping of a new gene for bacterial blight resistance in rice. Theor Appl Genet, 106(8): 1467-1472.

Yap MN, Yang CH, Barak JD, et al. 2005. The *Erwinia chrysanthemi* type Ⅲ secretion system is required for multicellular behavior. J Bacteriol, 187(2): 639-648.

Yap MN, Yang CH, Charkowski AO. 2008. The response regulator HrpY of *Dickeya dadantii* 3937 regulates virulence genes not linked to the hrp cluster. Mol Plant Microbe Interact, 21(3): 304-314.

Yi X, Yamazaki A, Biddle E, et al. 2010. Genetic analysis of two phosphodiesterases reveals cyclic diguanylate regulation of virulence factors in *Dickeya dadantii*. Mol Plant Microbe Interact, 77(3): 787-800.

Yoshimura S, Umehara Y, Kurata N, et al. 1996. Identification of a YAC clone carrying the *Xa1* allele a bacterial blight resistance gene in rice. Theor Appl Genet, 93(1-2): 117-122.

Yoshimura S, Yamanouchi U, Katayose Y, et al. 1998. Expression of *Xa1*, a bacterial blight-resistance gene in rice, is induced by bacterial inoculation. Proc Natl Acad Sci USA, 95(4): 1663-1668.

Yoshimura S, Yoshimura A, Saito A, et al. 1992. RFLP analysis of introgressed chromosomal segments in three near-isogenic lines of rice for bacterial blight resistance genes *Xa-1*, *Xa-3* and *Xa-4*. Jpn J Gene, 67(1): 29-37.

Young JM. 1991. Pathogenicity and identification of the lilac pathogen, *Pseudomonas syringae* pv. *syringae* van Hall 1902. Ann Appl Biol, 118(2): 283-298.

Young JM, Dye DW, Bradbury JF, et al. 1978. A proposed nomenclature and classification for plant pathogenic bacteria. N Z J Agric Res, 21(1): 153-177.

Yu L, Yang C, Ji ZJ, et al. 2022a. First report of new bacterial leaf blight of rice caused by *Pantoea ananatis* in southeast China. Plant Dis, 106(1): 310.

Yu L, Yang C, Ji ZJ, et al. 2022b. Complete genomic data of *Pantoea ananatis* strain TZ39 associated with new bacterial blight of rice in China. Plant Dis, 106(2): 751-753.

Yu Y, Streubel J, Balzergue S, et al. 2011. Colonization of rice leaf blades by an African strain of *Xanthomonas oryzae* pv. *oryzae* depends on a new TAL effector that induces the rice nodulin-3 *Os11N3* gene. Mol Plant Microbe Interact, 24(9): 1102-1113.

Yu YH, Lu Y, He YQ, et al. 2015. Rapid and efficient genome-wide characterization of *Xanthomonas* TAL effector genes. Sci Rep, 5(1): 13162.

Yuan M, Chu Z, Li X, et al. 2010. The bacterial pathogen *Xanthomonas oryzae* overcomes rice defenses by regulating host copper redistribution. Plant Cell, 22(9): 3164-3176.

Yuan M, Chu Z, Li X, et al. 2009. Pathogen-induced expressional loss of function is the key factor in race-specific bacterial resistance conferred by a recessive *R* gene *xa13* in rice. Plant Cell Physiol, 50(5): 947-955.

Yuan M, Ke YG, Huang RY, et al. 2016. A host basal transcription factor is a key component for infection of rice by TALE-carrying bacteria. eLife, 5: e19605.

Yugander A, Sundaram RM, Singh K, et al. 2018a. Improved versions of rice maintainer line, APMS 6B, possessing two resistance genes, *Xa21* and *Xa38*, exhibit high level of resistance to bacterial blight disease. Mol Breed, 38(8): 1-14.

Yugander A, Sundaram RM, Singh K, et al. 2018b. Incorporation of the novel bacterial blight resistance gene *Xa38* into the genetic background of elite rice variety improved Samba Mahsuri. PLOS ONE, 13(5): e0198260.

Zeigler RS, Alvarez E. 1989. Grain discoloration of rice caused by *Pseudomonas glumae* in Latin America. Plant Dis, 73(4): 368.

Zeng Q, Shi G, Nong Z, et al. 2020. Complete genome sequence of *Pantoea ananatis* strain NN08200, an endophytic bacterium isolated from sugarcane. Curr Microbiol, 77(8): 1864-1870.

Zeng X, Tian D, Gu K, et al. 2015. Genetic engineering of the *Xa10* promoter for broad-spectrum and durable resistance to *Xanthomonas oryzae* pv. *oryzae*. Plant Biotechnol J, 13(7): 993-1001.

Zhai W, Li X, Tian W, et al. 2000. Introduction of a rice blight resistance gene, *Xa21*, into five Chinese rice varieties through an *Agrobacterium*-mediated system. Sci China Life Sci, 43(4): 361-368.

Zhang BM, Zhang HT, Li F, et al. 2020a. Multiple alleles encoding atypical NLRs with unique central tandem repeats in rice confer resistance to *Xanthomonas oryzae* pv. *oryzae*. Plant Commun, 1(4): 100088.

Zhang F, Hu Z, Wu Z, et al. 2021. Reciprocal adaptation of rice and *Xanthomonas oryzae* pv. *oryzae*: cross-species 2D GWAS reveals the underlying genetics. Plant Cell, 33(8): 2538-2561.

Zhang F, Zhuo DL, Zhang F, et al. 2015. *Xa39*, a novel dominant gene conferring broad-spectrum resistance to *Xanthomonas oryzae* pv. *oryzae* in rice. Plant Pathol, 64(3): 568-575.

Zhang H, Wang S. 2013. Rice versus *Xanthomonas oryzae* pv. *oryzae*: a unique pathosystem. Curr Opin Plant Biol, 16(2): 188-195.

Zhang J, Arif M, Shen H, et al. 2020b. Genomic divergence between *Dickeya zeae* strain EC2 isolated from rice and previously identified strains, suggests a different rice foot rot strain. PLOS ONE, 15(10): e0240908.

Zhang X, Zhao M, Jiang J, et al. 2020c. Identification and functional analysis of AopN, an *Acidovorax citrulli* effector that induces programmed cell death in plants. Int J Mol Sci, 21(17): 6050.

Zhang XX, Yang YW, Zhao M, et al. 2020d. *Acidovorax citrulli* type Ⅲ effector AopP suppresses plant immunity by targeting the watermelon transcription factor WRKY6. Front Plant Sci, 11: 579218.

Zhang XX, Zhao M, Yan JP, et al. 2018. Involvement of *hrpX* and *hrpG* in the virulence of *Acidovorax citrulli* strain Aac5, causal agent of bacterial fruit blotch in cucurbits. Front Microbiol, 9: 507.

Zhang Y, Chen Y, Zhu XF, et al. 2011. A molecular mechanism of resistance to streptomycin in *Xanthomonas oryzae* pv. *oryzicola*. Phytoparasitica. 39(4): 393-401.

Zhang Y, Guo X, Cui Y, et al. 2017a. Overexpression of the receptor-like cytoplasmic kinase gene *XCRK* enhances Xoc and oxidative stress tolerance in rice. J Plant Biol, 60(5): 523-532.

Zhang Y, Zhang F, Li B, et al. 2017b. Characterization and functional analysis of *clpB* gene from *Acidovorax avenae* subsp. *avenae* RS-1. Plant Pathol, 66(8): 1369-1379.

Zhang YQ, Zhang S, Sun ML, et al. 2022. Antibacterial activity of peptaibols from *Trichoderma longibrachiatum* SMF2 against Gram-negative *Xanthomonas oryzae* pv. *oryzae*, the causal agent of bacterial leaf blight on rice. Front Microbiol, 13: 1034779.

Zhao BY, Ardales E, Brasset E, et al. 2004. The *Rxo1/Rba1* locus of maize controls resistance reactions to pathogenic and non-host bacteria. Theor Appl Genet, 109(1): 71-79.

Zhao BY, Lin XH, Poland J, et al. 2005. A maize resistance gene functions against bacterial streak disease in rice. Proc Natl Acad Sci USA, 102(43): 15383-15388.

Zhao S, Mo WL, Wu F, et al. 2013. Identification of non-TAL effectors in *Xanthomonas oryzae* pv. *oryzae* Chinese strain 13751 and analysis of their role in the bacterial virulence. World J Microbiol Biotechnol, 29(4): 733-744.

Zhao YC, Qian GL, Yin FQ, et al. 2011. Proteomic analysis of the regulatory function of DSF-dependent quorum sensing in *Xanthomonas oryzae* pv. *oryzicola*. Microb Pathog, 50(1): 48-55.

Zheng J, Song Z, Zheng D, et al. 2020. Population genomics and pathotypic evaluation of the bacterial leaf blight pathogen of rice reveals rapid evolutionary dynamics of a plant pathogen. Bio Rxiv, 704221.

Zhou J, Cheng Y, Lv M, et al. 2015a. The complete genome sequence of *Dickeya zeae* EC1 reveals substantial divergence from other Dickeya strains and species. BMC Genom, 16(1): 571.

Zhou JH, Peng Z, Long JY, et al. 2015b. Gene targeting by the TAL effector PthXo2 reveals cryptic resistance gene for bacterial blight of rice. Plant J, 82(4): 632-643.

Zhou JN, Zhang HB, Wu J, et al. 2011. A novel multidomain polyketide synthase is essential for zeamine antibiotics production and the virulence of *Dickeya zeae*. Mol Plant Microbe Interact, 24(10): 1156-1164.

Zhou JP, Xie YQ, Liao YH, et al. 2022. Characterization of a *Bacillus velezensis* strain isolated from *Bolbostemmatis rhizoma* displaying strong antagonistic activities against a variety of rice pathogens. Front Microbiol, 13: 983781.

Zhou XG. 2014. First report of bacterial panicle blight of rice caused by *Burkholderia glumae* in south Africa. Plant Dis, 98(4): 566.

Zhou YL, Xu JL, Zhou SC, et al. 2009. Pyramiding *Xa23* and *Rxo1* for resistance to two bacterial diseases into an elite indica rice variety using molecular approaches. Mol Breed, 23: 279-287.

Zhou YL, Xu MR, Zhao MF, et al. 2010. Genome-wide gene responses in a transgenic rice line carrying the maize resistance gene *Rxo1* to the rice bacterial streak pathogen, *Xanthomonas oryzae* pv. *oryzicola*. BMC Genomics, 11(2): 78.

Zhu Y, He Y, Zheng Z, et al. 2017. Draft genome sequence of rice orange leaf phytoplasma from Guangdong, China. Genome Announc, 5(22): e00430-17.

Zhu ZB, Li R, Zhang H, et al. 2022. PAM-free loop-mediated isothermal amplification coupled with CRISPR/Cas12a cleavage (Cas-PfLAMP) for rapid detection of rice pathogens. Biosens Bioelectron, 204: 114076.

Zou H, Zhao W, Zhang X, et al. 2010. Identification of an avirulence gene, *avrxa5*, from the rice pathogen *Xanthomonas oryzae* pv. *oryzae*. Sci China Life Sci, 53(12): 1440-1449.

Zou HS, Song X, Zou LF, et al. 2012. EcpA, an extracellular protease, is a specific virulence factor required by *Xanthomonas oryzae* pv. *oryzicola* but not by *X. oryzae* pv. *oryzae* in rice. Microbiol, 158(Pt9): 2372-2383.

Zou LF, Wang XP, Xiang Y, et al. 2006. Elucidation of the *hrp* clusters of *Xanthomonas oryzae* pv. *oryzicola* that control the hypersensitive response in nonhost tobacco and pathogenicity in susceptible host rice. Appl Environ Microbiol, 72(9): 6212-6224.

第三章

水稻病毒病

水稻病毒病（rice virus disease）是水稻上发生的重要病害之一，其发生具有间歇性和暴发性，一旦突发流行，往往给水稻生产带来毁灭性的灾害，严重威胁粮食安全。目前，世界上已报道的水稻病毒共16种，隶属于5科11属。引起的病害分别为：南方水稻黑条矮缩病毒（*Southern rice black-streaked dwarf virus*，SRBSDV）引起的南方水稻黑条矮缩病、水稻齿叶矮缩病毒（*Rice ragged stunt virus*，RRSV）引起的水稻齿叶矮缩病、水稻黑条矮缩病毒（*Rice black-streaked dwarf virus*，RBSDV）引起的水稻黑条矮缩病、水稻簇矮病毒（*Rice bunchy stunt virus*，RBSV）引起的水稻簇矮病、水稻矮缩病毒（*Rice dwarf virus*，RDV）引起的水稻矮缩病、水稻瘤矮病毒（*Rice gall dwarf virus*，RGDV）引起的水稻瘤矮病、水稻草状矮化病毒（*Rice grassy stunt virus*，RGSV）引起的水稻草状矮化病、水稻条纹病毒（*Rice stripe virus*，RSV）引起的水稻条纹叶枯病、水稻东格鲁杆状病毒（*Rice tungro bacilliform virus*，RTBV）和水稻东格鲁球状病毒（*Rice tungro spherical virus*，RTSV）引起的水稻东格鲁病、水稻黄矮病毒（*Rice yellow stunt virus*，RYSV）引起的水稻黄矮病、水稻条纹花叶病毒（*Rice stripe mosaic virus*，RSMV）引起的水稻条纹花叶病毒病、水稻白叶病毒（*Rice hoja blanca virus*，RHBV）引起的水稻白叶病、水稻坏死花叶病毒（*Rice necrosis mosaic virus*，RNMV）引起的水稻坏死花叶病、水稻黄斑驳病毒（*Rice yellow mottle virus*，RYMV）引起的水稻黄斑驳病和水稻条纹坏死病毒（*Rice stripe necrosis virus*，RSNV）引起的水稻条纹坏死病。其中，前12种水稻病毒病在我国都有发生。曾经暴发成灾，引起巨大损失的有南方水稻黑条矮缩病、水稻齿叶矮缩病、水稻黑条矮缩病、水稻条纹叶枯病、水稻黄矮病、水稻矮缩病和水稻东格鲁病等（谢联辉等，1994；周国辉等，2008；Yang et al.，2017）。自1990年以来，由于杂交水稻的大规模种植，许多水稻产区的水稻生产受到多种虫媒病毒病的周期性、持续性威胁，造成了严重的产量损失。例如，2002～2004年水稻条纹叶枯病造成江苏粳稻区水稻严重减产；2007年水稻齿叶矮缩病在福建籼稻区暴发；2010年、2016～2019年南方水稻黑条矮缩病在广东、广西、湖南籼稻区暴发；2011年至今水稻黑条矮缩病在河南开封粳稻区传播（Wu et al.，2022）。

水稻病毒病的发现简史和地理分布见表3-1（谢联辉等，2016；杨新，2017；Yang et al.，2017），其病原病毒归属及传播类型见表3-2（谢联辉等，2016）。本章主要介绍南方水稻黑条矮缩病、水稻黑条矮缩病、水稻齿叶矮缩病、水稻条纹叶枯病、水稻草状矮化病、水稻矮缩病、水稻黄矮病、水稻东格鲁病和水稻瘤矮病。

表 3-1　水稻病毒病的发现简史及地理分布

病害名称	病原名称	首次报道年份	首次发现国家/地区	世界分布（国家、地区）	中国分布（省、自治区、直辖市）
水稻矮缩病	RDV	1895	日本冈山、滋贺	日本、中国、朝鲜、韩国、尼泊尔、菲律宾	四川、云南、贵州、广西、广东、福建、江西、湖南、湖北、河南、浙江、上海、江苏、安徽、辽宁
水稻条纹叶枯病	RSV	1931	日本东北部	日本、中国、朝鲜、韩国、乌克兰、西伯利亚	江苏、安徽、上海、浙江、江西、湖北、河南、福建、北京、山东、台湾、云南、四川、广西

续表

病害名称	病原名称	首次报道年份	首次发现国家/地区	世界分布（国家、地区）	中国分布（省、自治区、直辖市）
水稻黑条矮缩病	RBSDV	1952	日本长野	日本、中国、朝鲜、韩国	江苏、安徽、上海、浙江、江西、湖南、湖北、河南、河北、福建、山西、山东、贵州、广东、广西
水稻白叶病	RHBV	1956	委内瑞拉波图格萨	委内瑞拉、古巴、美国、哥伦比亚、哥斯达黎加、巴西、墨西哥、秘鲁	
水稻东格鲁球状病毒病	RTSV	1965	菲律宾洛斯巴尼奥斯	菲律宾、马来西亚、印度尼西亚、泰国、印度、中国	福建、湖南、湖北、江西、广东、海南、浙江
水稻黄矮病	RYSV	1965	中国广东	中国、日本、泰国、越南、老挝、缅甸、印度	广东、台湾、海南、广西、福建、江西、湖南、湖北、云南、四川、浙江、上海、江苏、安徽
水稻草状矮化病	RGSV	1966	菲律宾洛斯巴尼奥斯	菲律宾、马来西亚、印度尼西亚、泰国、印度、中国、日本	福建、台湾、广东、海南、广西
水稻坏死花叶病	RNMV	1966	日本冈山	日本、印度	
水稻黄斑驳病	RYMV	1970	肯尼亚维多尼亚	肯尼亚、尼日利亚、科特迪瓦、加纳、马达加斯加	
水稻东格鲁杆状病毒病	RTBV	1975	印度尼西亚	菲律宾、马来西亚、印度尼西亚、泰国、印度、越南、中国、日本	福建
水稻齿叶矮缩病	RRSV	1977	菲律宾洛斯巴尼奥斯	菲律宾、马来西亚、印度尼西亚、泰国、孟加拉国、印度、中国、日本	福建、台湾、广东、海南、江西、湖南、湖北、浙江
水稻条纹坏死病	RSNV	1977	科特迪瓦	科特迪瓦、尼日利亚、利比里亚、塞拉利昂	
水稻簇矮病	RBSV	1980a	中国福建	中国	福建、江西、湖南、湖北、广东、贵州、云南、海南
水稻瘤矮病	RGDV	1980	泰国中部	泰国、马来西亚、中国、日本、韩国	广东、福建、海南、广西
南方水稻黑条矮缩病	SRBSDV	2008	中国广东	中国、越南、日本	广东、海南、广西、福建、江西、浙江、江苏、山东、安徽、湖南、湖北、贵州、重庆、四川、云南
水稻条纹花叶病毒病	RSMV	2017	中国广东	中国	广东、广西、海南

表 3-2　水稻病毒归属及传播类型简介

科	属	水稻病毒种名	传毒介体或方式	传毒类型
呼肠孤病毒科（Reoviridae，dsRNA）	斐济病毒属（Fijivirus）	水稻黑条矮缩病毒（RBSDV）	灰飞虱（Laodelphax striatellus）为主，白脊飞虱（Unkanodes sapporona）和白带奇洛飞虱（Chilodelphax albifascia）也能传毒	持久型，不经卵传毒
		南方水稻黑条矮缩病毒（SRBSDV）	白背飞虱（Sogatella furcifera）	持久型，不经卵传毒
	水稻病毒属（Oryzavirus）	水稻齿叶矮缩病毒（RRSV）	褐飞虱（Nilaparvata lugens）	持久型，不经卵传毒

续表

科	属	水稻病毒种名	传毒介体或方式	传毒类型
	植物呼肠孤病毒属（*Phytoreovirus*）	水稻矮缩病毒（RDV）	以黑尾叶蝉（*Nephotettix cincticeps*）为主，电光叶蝉（*Recilia dorsalis*）、大斑黑尾叶蝉（*Nephotettix nigropictus*）、二点黑尾叶蝉（*Nephotettix virescens*）也能传毒	持久型，可经卵传毒
		水稻瘤矮病毒（RGDV）	电光叶蝉、黑尾叶蝉、二点黑尾叶蝉、二条黑尾叶蝉（*Nephotettix apicalis*）和马来亚黑尾叶蝉（*Nephotettix malayanus*）	持久型，可经卵传毒
		水稻簇矮病毒（RBSV）	黑尾叶蝉和二点黑尾叶蝉	持久型，不经卵传毒
弹状病毒科（*Rhabdoviridae*，ssRNA）	核型弹状病毒属（*Nucleorhabdovirus*）	水稻黄矮病毒（RYSV）或水稻短暂性黄化病毒（RTYV）	黑尾叶蝉、二条黑尾叶蝉和 *Nephotettix impicticeps*	持久型，不经卵传毒
	细胞质弹状病毒属（*Cytorhabdovirus*）	水稻条纹花叶病毒（RSMV）	电光叶蝉	持久型，不经卵传毒
伴生豇豆病毒科（*Secoviridae*，ssRNA）	矮化病毒属（*Waikavirus*）	水稻东格鲁球状病毒（RTSV）	二点黑尾叶蝉、黑尾叶蝉、电光叶蝉、大斑黑尾叶蝉、马来亚黑尾叶蝉和细小黑尾叶蝉（*Nephotettix parvus*）	半持久型
花椰菜花叶病毒科（*Caulimoviridae*，dsRNA）	东格鲁病毒属（*Tungrovirus*）	水稻东格鲁杆状病毒（RTBV）	二点黑尾叶蝉、黑尾叶蝉、电光叶蝉、大斑黑尾叶蝉、马来亚黑尾叶蝉和细小黑尾叶蝉	半持久型
马铃薯Y病毒科（*Potyviridae*，ssRNA）	大麦黄花叶病毒属（*Bymovirus*）	水稻坏死花叶病毒（RNMV）	禾谷多黏菌（*Polymyxa graminis*）	持久型
白纤病毒科（*Phenuiviridae*）	纤细病毒属（*Tenuivirus*）	水稻条纹病毒（RSV）	灰飞虱	持久型，可经卵传毒
		水稻草矮病毒（RGSV）	以褐飞虱为主，拟褐飞虱（*Nilaparvata bakeri*）和伪褐飞虱（*Nilaparvata muiri*）也可传毒	持久型，不经卵传毒
白纤病毒科（*Phenuiviridae*）	纤细病毒属（*Tenuivirus*）	水稻白叶病毒（RHBV）	以美洲稻飞虱（*Sogatodes orizicola*）为主，古巴飞虱（*Sogatodes cubanus*）也可传毒	持久型，可经卵传毒
甜菜坏死黄脉病毒科（*Benyviridae*）	甜菜坏死黄脉病毒属（*Benyvirus*）	水稻条纹坏死病毒（RSNV）	禾谷多黏菌，也可通过机械传毒	持久型
南方菜豆一品红花叶病毒科（*Solemoviridae*）	南方菜豆花叶病毒属（*Sobemovirus*）	水稻黄斑驳病毒（RYMV）	多种叶甲，包括 *Chaetocnema pulla*、*Trichispa sericea*、*Dicladispa* spp.、*Dactylispa* spp. 等	半持久型

第一节　南方水稻黑条矮缩病

一、病害发生与为害

（一）病害发生

　　南方水稻黑条矮缩病（southern rice black-streaked dwarf disease，SRBSDD）俗称"矮稻"，于2001年首次发现于我国广东省阳西县，2008年该病原被正式鉴定为1个新种（Zhou et al.，2008）。2001～2008年，该病仅在华南局部地区少量发生，2009年突然暴发，发生范围包括我国南方9个省（区）及越南北部19个省。2010年中国南方稻区包括海南、广东、广西、福建、湖南、江西、浙江、云南、贵州、重庆、四川、湖北、安徽和江苏等14个省（自治区、直辖市）均有发生和分布，在越南扩散至中北部的29个省，日本也有发生（Matsukura et al.，2013）。从近些年的发病情况来看，该病害一般仅在部分年份、局部地区严重发生，而且发生程度在地区间和田块间不平衡。从发生区域来看，在我国以江南、华南北部单、双季稻混栽区以及云南、贵州南部低热河谷区发生最重，华南双季稻区次之，西南其他大部及长江中、下游单季稻区为局部零星发生（刘万才等，2014）。

根据发生时期和发生程度，该病害的发生可大致分为4个区域：①周年发生区，包括越南中部及我国海南岛、广东和广西南部以及云南西南部。该区域周年种稻或冬季田间自生稻苗生长旺盛，病害可在该区域完成周年循环。②早春毒源扩繁区，包括越南北部和我国广西和广东大部及云贵部分地区，病毒初侵染源由迁飞性白背飞虱自周年发生区携入，侵染早稻后期秧苗或本田初期稻株，形成零星分布的矮缩病株。随着白背飞虱在该区域早稻上扩繁，病毒完成1或2次再侵染，虽然再侵染并不引致稻株明显矮缩，但毒源数量显著扩大。③中晚稻受害区，包括越南北部和我国长江以南广大稻区，病毒初侵染源主要来自本地早稻及早春毒源扩繁区，白背飞虱携毒侵染中稻或晚稻秧苗和本田初期稻株，引致中晚稻严重发病。④北方波及区，包括我国长江以北和日本西南部稻区，通常年份白背飞虱迁入期处于水稻分蘖期以后，仅造成病害零星发生，若白背飞虱带毒率高、迁入时间偏早，则也可能引致局部稻田严重发病（张彤和周国辉，2017）。

（二）病害为害

南方水稻黑条矮缩病在水稻苗期、分蘖前期暴发，可导致颗粒无收，拔节期发病一般产量损失50%左右，孕穗期发病产量损失约30%。2001～2008年，南方水稻黑条矮缩病主要在我国华南局部稻区零星发生，生产上未造成大的危害。2009年，该病害在越南北部和我国南方稻区多地局部暴发成灾。其中，越南北部19个省发病面积6000hm^{2}以上；我国南方稻区发病明显的9个省（自治区、直辖市）发病面积超过30万 hm^2，基本失收面积6000hm^{2}以上。其中以湖南发生最重，约12万 hm^2，损失稻谷5万 t。2010年，该病害发生流行范围进一步扩大，发病程度明显加重。越南中、北部29个省发病面积超过6万 hm^2；我国南方13个省（自治区、直辖市）发病面积137万 hm^2，全国确认发病县（点）532个。华南和江南稻区发病面积占当地总种植面积的5%～15%，病丛率一般为5%～10%，湖南、浙江、福建等地局部重发田块病丛率超过80%，造成许多稻田失收。

之后，由于各地大力加大了对南方水稻黑条矮缩病的监测和防控力度，2011～2016年，除了2012年和2016年发生面积为40万 hm^{2}左右，其他年份该病每年在我国的发生面积均被控制在25万 hm^{2}左右（图3-1）（刘万才等，2016）。尽管近些年整体上南方水稻黑条矮缩病发病有所回落，但其潜在流行的风险仍然较高，防控工作一旦放松则可能导致病害的再次暴发。2017年以后该病在部分地区有抬头趋势，如广西发生面积为7.2万公顷次，占水稻种植面积的3.7%；其中，中晚稻发生较重，接近发病程度较重的2010年（王丽等，2018）。

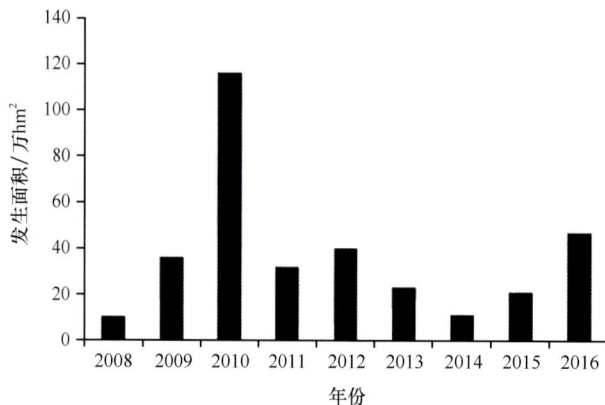

图3-1　2008～2016年我国南方水稻黑条矮缩病发生面积（刘万才等，2016）

（三）病害发生特点

在我国，南方水稻黑条矮缩病的发生具有以下特点：①主要为害中季稻和晚季稻（简称中稻和晚稻），这是因为我国大部分稻区病毒初侵染源来自外地，经白背飞虱携毒传入，带毒白背飞虱迁入期多为早稻中后期，在早稻上不引致严重的病害，仅当大量的带毒白背飞虱转入中晚稻早期稻田并完成1或2次再侵染后才引致病害大量发生。②杂交稻受害程度重于常规稻，一是因为白背飞虱偏好取食杂交稻实现传毒，二是因为杂交稻通常单苗插植，病株易于显现，且健株的产量补偿作用较小。③移栽稻发病程度重于直播稻，主要原因是直播稻的基本苗数远大于移栽稻，健株补偿作用明显。④田块间病情差异显著，该病害的发生程度主要取决于秧苗期入侵的带毒白背飞虱虫量及其在秧田和本田初期的再侵染强度，育秧时间与地点、秧田管理与防虫措施以及移栽时间与移栽方式等均影响病害发生程度，因此，相邻田块病情可能存在极大差异。⑤轻病田病株呈零星分布而重病田病株呈团块分布，重病田大多是由初期病株上扩繁的带毒白背飞虱在本田初期短距离转移引致再侵染所形成的，因此病株呈团块分布（张彤和周国辉，2017）。

二、病害症状与诊断

（一）病害症状

水稻染病期主要在分蘖以前的秧苗期和大田初期，最易染病期为秧苗的2～6叶期，水稻感染病毒后15d即表现症状。秧苗期染病的稻株严重矮缩（不及正常株高的1/3），秧苗叶片僵硬直立，不能拔节，根系发育不良，重病株早枯死亡；大田初期染病的稻株明显矮缩（约为正常株高的1/2）（图3-2），分蘖增多，根系发育不良，须根少而短，严重时根系呈黄褐色（图3-3），不抽穗或仅抽包颈穗，部分早枯死亡；分蘖期和拔节期染病的稻株矮缩不明显，虽然能抽穗，但穗小、不实粒多、粒重轻。发病稻株叶色深绿，上部叶的叶面可见凹凸不平的皱褶（多见于叶片基部）（图3-4）；病株地上数节节部有倒生须根及高节位分枝；病株中下部茎秆的表面有乳白色直径1～2mm的瘤状突起，手摸有明显粗糙感，瘤突呈蜡点状纵向排列成条形，后期瘤突转变为黑褐色（图3-5）；瘤产生的节位因染病时期不同而异，早期染病稻株，瘤产生在下位节，染病时期越晚，瘤产生的节位越高（张彤和周国辉，2017）。

图3-2 大田病株（袁高庆 提供）

图3-3 病株根系（袁高庆 提供）

图 3-4 病株叶片（黄世文 提供）

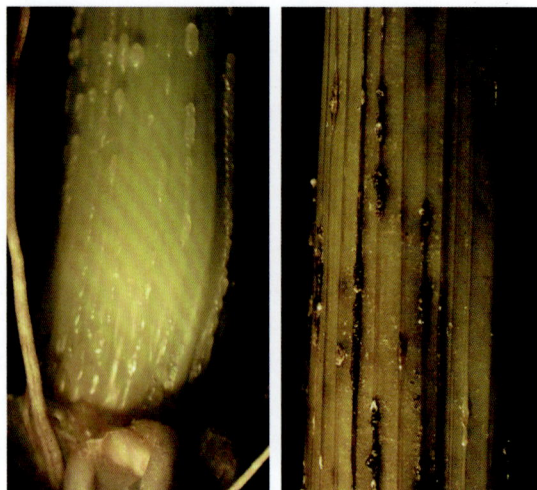

图 3-5 病株茎秆上的瘤突（张恒木 提供）

（二）病害诊断

水稻病毒病的诊断方法主要有症状鉴别、生物学方法、电镜观察、免疫学方法和分子生物学方法。症状特点是诊断基础和重要依据，但有时不够准确；生物学方法中，由于目前发现的水稻病毒不能经摩擦接种传播，且寄主范围局限于禾本科植物，不能通过鉴别寄主或指示植物反应以及寄主范围测定对水稻病毒进行检测鉴定，但因传播不同水稻病毒的介体昆虫种类有所不同，可作为重要诊断依据之一；电子显微镜分辨率高、立体感较强，能够观察到完整的病毒形态，但难以对病毒的科属进行分类，且检测成本较高，应用较少。当前植物病毒检测以斑点酶联免疫吸附法和反转录-聚合酶链反应法为主，以免疫试纸条田间快速检测法为辅。

1. 症状和介体昆虫诊断

对水稻病毒病的田间诊断在程序上一般是首先区分侵染性病害和非侵染性病害，排除非侵染性病害后，再根据不同水稻病毒病的症状特点及介体昆虫的差异进行诊断。

（1）水稻病毒病与非侵染性病害的鉴别

水稻病毒病病部表面无病征，症状上易与气候因素影响、缺素、有害物质积累以及水稻遗传变异等病因导致的水稻非侵染性病害相混淆，不能仅凭单株症状下结论，最好进行实地观察，根据病害的田间分布特点、病史、传染性、具体症状特点等，将病毒病和非侵染性病害加以区分。水稻病毒病作为侵染性病害，在田间分布不均匀，往往有一定的发病中心或病株零星分布；具有传染性，发病时间和病情不完全一致；症状表现为全株性、再现性和不可恢复性；一般新叶症状表现更鲜明，且往往有脉肿、花叶、条纹、条点等特征性症状。而非侵染性病害往往成片发生，病株分布均匀；没有传染性，发病时间和病情比较一致；有些非侵染性病害在对症治疗后可恢复；症状表现大多在老叶较明显（谢联辉等，2016）。

（2）水稻病毒病与其他水稻病害的鉴别

有些水稻非病毒侵染性病害也可引起类似病毒病的症状，如水稻霜霉病可表现出矮缩黄化症状，水稻潜根线虫病呈现生长不良和黄化症状，但不同侵染因子所致水稻病害也各有特点，在田间仔细观察，可加以鉴别（表 3-3）。

表 3-3 水稻 4 类侵染性病害的田间判别要点（谢联辉等，2016）

病害类别	典型症状	病征	田间分布特征和发病环境条件
病毒病害	症状表现出系统性，或全株矮缩、分蘖增多，或矮缩不明显、叶畸形、褪绿（包括花叶、褪绿条点或条纹、变黄等），或叶色变浓绿、叶脉肿大等	病部外表无肉眼可见的病征，但有的病害可出现特征性的脉肿或瘤状物	病株零星分布，有明显的发病中心。一般和某类介体昆虫的发生有关，在通气良好的田边、水沟旁发病较重，旱栽和干燥环境常有利于发病
真菌病害	多数是点发性病害，在叶片、叶鞘、茎秆、穗上产生各种局部病斑是最常见的症状	成熟病斑常出现肉眼可见的病征，如霉状物、锈状物、粉状物、颗粒状物等	发病初期常有发病中心，多有随风向传播蔓延趋势。阴雨高湿和适温、密植不通风和排水不良的田块易发病
细菌病害	多数是点发性病害，以条斑、腐烂为常见症状，病部多呈半透明的水渍状，腐烂组织常黏滑并伴有恶臭	病部多有淡黄色菌脓或有黏液	发病初期常有发病中心，多有随水流方向传播蔓延趋势。地处低洼、密植不通风的田块易发病，特别是大风暴雨和水涝后最有利于发病
线虫病害	多数表现出全株生长不良，叶片发黄，植株矮小，根部变色或有结节状瘤，或叶尖逐渐卷曲、干枯，病健交界明显	病部外表无肉眼可见的病征，但有的病害根部可出现特征性的瘤状物	田间有发病中心，病株成团成块分布，并随种植年限的增加而逐渐扩大。气候干燥、通气良好的沙壤土有利于发病

（3）不同水稻病毒病的鉴别

在明确水稻病毒与生理因素以及其他侵染因子所致病害区别的基础上，充分掌握水稻病毒病症状特点及介体昆虫种类，便可对水稻病毒病及其类似病害进行鉴别（谢联辉等，2016）。

A. 病株严重矮缩，分蘖增生。

1）叶片、叶鞘暗绿色或者浓绿。

在叶鞘表面、茎秆和叶片背面有条状脉肿：①由灰飞虱传播病原的为黑条矮缩病；②由白背飞虱传播病原的为南方水稻黑条矮缩病。

在叶鞘表面、茎秆和叶片背面无条状脉肿：①叶上有黄白色的虚线状条点斑，病原由电光叶蝉和几种黑尾叶蝉传播的为矮缩病；②叶上无黄白色的虚线状条点斑，病原不能由电光叶蝉传播，但可由黑尾叶蝉和二点黑尾叶蝉传播的为簇矮病。

2）叶片、叶鞘均匀黄化，病原可由几种黑尾叶蝉传播的为黄萎病（植原体所致）。

3）叶片、叶鞘褪绿或呈浅绿，病原可由褐飞虱传播的为草状矮化病。

B. 病株严重矮缩，分蘖减少：叶片、叶鞘暗绿色或者浓绿，叶背、叶鞘上有圆形或近圆形瘤状突起的为瘤矮病。

C. 病株矮化，分蘖稍有减少。

1）叶片绿色，常有叶尖扭曲、叶缘缺刻，在叶鞘或叶上常有长条状脉肿出现，病原由褐飞虱传播的为锯齿叶矮缩病。

2）叶片有黄白色条纹，新叶常有断续的褪绿条斑，且柔软下垂，病原由灰飞虱传播的为条纹叶枯病。

3）叶片有黄白色至白色条纹或全叶变白，新叶不能正常平展，病原由美洲稻飞虱和古巴飞虱传播的为白叶病。

4）叶片有淡黄色条状黄化或斑驳，新叶偶有螺旋状扭曲皱缩，叶鞘也变为黄色，由甲虫传播病原的为黄斑驳病。

5）叶片有亮黄色条纹，并沿叶缘出现坏死条纹，由真菌传播病原的为条纹坏死病。

6）叶片有斑驳花叶，叶鞘基部和茎秆常有褐色坏死斑，由真菌传播病原的为坏死花叶病。

7）叶片黄化，叶鞘往往仍为绿色，病原可由几种黑尾叶蝉或电光叶蝉传播：①病原仅能由几种黑尾叶蝉传播，电光叶蝉不能传播的为黄矮病；②病原既能由几种黑尾叶蝉传播，也能由电光叶蝉传播的为东格鲁病。

D. 病株轻度矮化，分蘖减少：叶片橙黄色，叶尖纵卷，株形直立，且易于早期枯死，病原只能由电光叶蝉传播的为橙叶病（植原体所致）。

E. 病株轻度矮化，分蘖增生：叶片呈黄色条带或镶嵌，叶尖扭曲，重病株叶片基部扭转畸形，病原主要由电光叶蝉传播的为水稻条纹花叶病。

2. 免疫学检测

免疫学检测具有灵敏度较高、检测的样本容量大、快速等优点，因而被广泛应用于大量样本检测。检测水稻病毒用到的免疫学方法主要有：酶联免疫吸附（enzyme-linked immunosorbent assay，ELISA）、斑点酶联免疫吸附（dot enzyme-linked immunosorbent assay，dot-ELISA）、斑点免疫结合试验（dot-immunobinding assay，DIBA）、蛋白质印迹法（Western blotting）和胶体金免疫层析试纸条法（colloidal gold-based immunochromatographic strip），但因抗体制备比较复杂、检测范围有限、抗体非特异性结合容易造成假阳性等缺点，在一定程度上限制了免疫学检测的应用。南方水稻黑条矮缩病毒中用作抗原来制备抗体的蛋白有核内壳蛋白P8、衣壳蛋白（CP）的多肽等。另外，以感染南方水稻黑条矮缩病毒的水稻粗提液为免疫原，利用杂交瘤技术制备的单抗（如2C2、14A8和15G6），可用于制备胶体金免疫层析试纸条以及dot-ELISA检测试剂盒，降低了检测成本，缩短了检测时间，对仪器设备要求低，能在基层推广普及，对于病害的流行监测及防控具有重要作用（吴建祥等，2017）。目前，水稻病毒检测中应用较为广泛的免疫学检测方法见表3-4（庄新建等，2020）。

表 3-4　免疫学方法检测的水稻病毒

病毒名称	年份	检测内容	方法	试验内容
SRBSDV	2012	P10 蛋白	DIBA	免疫家兔，制备 SRBSDV S10 多克隆抗体
	2016	P10 和 P9-1 蛋白	dot-ELISA	原核表达蛋白，免疫新西兰大白兔获得抗血清
	2020	P8 蛋白	Western blotting，dot-ELISA	原核表达 P8 蛋白，免疫新西兰大白兔，制备抗 P8 蛋白的多克隆抗体
RBSDV	2006	P10 蛋白	ID-ELISA	纯化 RBSDV P10 蛋白，免疫家兔，制备 P10 多克隆抗体
	2007	P8 蛋白	Western blotting，ID-ELISA	纯化 RBSDV P8 蛋白，免疫小鼠，制备 P8 多克隆抗体
	2012	P7 蛋白	Western blotting	纯化 RBSDV P7 蛋白，免疫小鼠，制备 P7 多克隆抗体
RRSV	1986	RRSV 病毒粒子	ELISA	纯化 RRSV 病毒粒子，免疫大耳兔，制备 RRSV 多克隆抗体
	2005	P10 蛋白	Western blotting，ID-ELISA	用 RRSV S10 融合蛋白免疫家兔，制备多克隆抗体
	2014	CP 蛋白	ACP-ELISA，dot-ELISA	免疫 BALB/c 小鼠
RSV	1984	RSV 病毒粒子	双抗体夹心法，间接双层法	纯化 RSV 病毒粒子，免疫家兔，制备 RSV 多克隆抗体
	1985	RSV 病毒粒子	间接血凝法，抗体夹心法，炭凝集法	双纯化 RSV 病毒粒子，注射家兔，制备抗体
	1992	RSV 病毒粒子	SPA-ELISA	纯化 RSV 病毒粒子，对家兔进行注射，制备 RSV 多克隆抗体
	2004	RSV 病毒粒子	Western blotting，ID-ELISA	纯化的 RSV 病毒粒子免疫 8 周龄的 BALB/c 小鼠，收集对数生长期的杂交瘤细胞，注射给小鼠，制备 RSV 单克隆抗体
	2016	RSV 病毒粒子	dot-ELISA	对单头灰飞虱体内 RSV 进行检测
RGSV	2002	P2、P5 和 P6 蛋白	Western blotting	纯化 RGSV P2、P5 和 P6 蛋白，免疫家兔，制备 P2、P5 和 P6 多克隆抗体
	2003	NS3 蛋白	Western blotting	经聚丙烯酰胺凝胶电泳（SDS-PAGE）分离得到 GST-NS3 蛋白，免疫家兔，制备多克隆抗体
	2012	P2 蛋白	dot-blot ELISA	克隆 P2 基因，经异丙基-β-D-硫代半乳糖苷（IPTG）诱导后获得融合蛋白，免疫新西兰大耳白兔，获得多克隆抗体
RDV	2006	RDV 病毒粒子	ID-ELISA	分离提纯 RDV 病毒粒子，制备 RDV 兔多克隆抗体
	2011	RDV 病毒粒子	ID-ELISA	对水稻疑似感病样本主要采取 ID-ELISA 检测方法
	2014	RDV 蛋白	dot-ELISA，PTA-ELISA	纯化 RDV 病毒粒子，制备 RDV 鼠单克隆抗体
	2016	Pns6 和 P8 蛋白	Western blotting，dot-blot ELISA	克隆蛋白基因表达，经 IPTG 诱导表达获得融合蛋白，免疫新西兰大白兔，制备多克隆抗体

续表

病毒名称	年份	检测内容	方法	试验内容
RYSV	1983	RYSV 病毒粒子	ELISA	纯化 RYSV 病毒粒子，免疫家兔，制备 RYSV 多克隆抗体
	1993	RYSV 病毒粒子	dot-ELISA	快速检测黑尾叶蝉体内 RYSV
	1993	G 和 N 蛋白	dot-blot ELISA	纯化 RYSV N 和 G 蛋白，免疫小鼠，注射腹水癌细胞，制得小鼠腹水单克隆抗体
	2019	RYSV 病毒粒子和 N 蛋白	PTA-ELISA	对家兔进行免疫，利用制备的家兔抗体血清（多克隆抗体）检测水稻叶片和黑尾叶蝉体内的 RYSV
RTBV	1999	P3 内的 CP	Western blotting	通过构建载体，免疫家兔，制备 Ab-MP1、Ab-MP2、Ab-CP1、Ab-CP2、Ab-CP3、Ab-RTBV 多克隆抗体
RGDV	2003	RGDV 病毒粒子	ID-ELISA，PVP-ELISA	RGDV 病毒粒子纯化，制备鼠腹水多克隆抗体
	2009	P8 蛋白	Western blotting	纯化 P8 蛋白，免疫大耳白兔，制备 RGDV P8 多克隆抗体
	2010	Pns11 蛋白	Western blotting	以诱导表达的特异的 RGDV Pns11 蛋白条带为抗原免疫家兔，获得多克隆抗体
	2014	Pns12 蛋白	Western blotting	Pns12 蛋白的原核表达，注射新西兰兔，制备 Pns12 多克隆抗体
RSMV	2019	RSMV 病毒粒子	Western blotting，ACP-ELISA，dot-ELISA，tissue print-ELISA	纯化的 RSMV 病毒粒子用作免疫原，通过腹腔注射免疫 5 只 8 周龄 BALB/c 雌性小鼠。制备分泌抗 RSMV 单克隆抗体的杂交瘤细胞和 RSMV 单克隆抗体

注：参考庄新建等（2020）的文献，稍加改动。ID-ELISA（indirect ELISA）：间接酶联免疫吸附法；ACP-ELISA（antigen-coated plate ELISA）：抗原包被酶联免疫吸附法；SPA-ELISA（staphylococcus aureus protein A ELISA）：葡萄球菌 A 蛋白酶联免疫吸附法；dot-blot ELISA（dot blot ELISA）：斑点印迹酶联免疫吸附法；PVP-ELISA（polyvinyl pyrrolidone ELISA）：聚乙烯吡咯烷酮酶联免疫吸附法；tissue print-ELISA：组织印迹酶联免疫吸附法；PTA-ELISA（plate-trapped antigen ELISA）：酶联板捕获抗原的酶联免疫吸附法

3. 分子生物学检测

水稻病毒的遗传物质通常是 DNA 或 RNA，随着分子生物学技术的发展，分子生物学方法已经成为水稻病毒检测的重要方法，主要包括核酸杂交技术（technique of nucleic acid hybridization）、聚合酶链反应（polymerase chain reaction，PCR）、反转录-聚合酶链反应（reverse transcription-polymerase chain reaction，RT-PCR）、实时荧光定量 PCR（quantitative real-time PCR，qPCR）、反转录环介导等温扩增（reverse transcription loop-mediated isothermal amplification，RT-LAMP）等方法。分子生物学检测病毒的灵敏度通常比免疫学检测方法高，但因其通常需要特殊设备、样品易污染和降解、成本高、检测样品容量小等不足，多用于实验室少量样品的检测。黄静等（2022）针对南方水稻黑条矮缩病毒、水稻黑条矮缩病毒、水稻锯齿叶矮缩病毒、水稻条纹病毒、水稻草状矮化病毒和水稻矮缩病毒的外壳蛋白的基因序列，设计了特异性检测引物，建立了可同时检测 6 种病毒的一步法多重反转录体系，极大地提高了检测效率。目前，对南方水稻黑条矮缩病毒分子检测用到的主要引物和方法见表 3-5（庄新建等，2020）。

表 3-5 水稻病毒分子检测使用的引物

病毒名称	年份	检测序列	方法	引物名称与序列	扩增长度/bp
SRBSDV	2010	S10	RT-PCR	S10F: 5′-TTAAGTTTAT TCGCAACTTCGAAG-3′	477
				S10R: 5′-GTGATTTGTCA GCATCTAAA GCG-3′	
	2011	S10	RT-PCR	F: 5′-TGTCGTGAAGTTCCTGCTC-3′	412
				R: 5′-GAATTGCCATCGACTCCTT-3′	
	2012	S10	RT-PCR	S10-F: 5′-CGCGTCATCTCAAACTACAG-3′	600
				S10-R: 5′-TTTGTCAGCATCTAAAGCGC-3′	
	2012	S5	IC-RT-PCR	S5F: 5′-AGATTCTGTCAGTGATTACGTAGTT-3′	877
				S5R: 5′-TGTGACTGAGCCAGTGAAGG-3′	

续表

病毒名称	年份	检测序列	方法	引物名称与序列	扩增长度/bp
SRBSDV	2012	S10	IC-RT-PCR	S10F：5′-GAACAAACATGGAGCGGAGT-3′	427
				S10R：5′-ATGCCTTACCACGTTTCCAG-3′	
	2012	S5	RT-PCR	S5-F1：5′-TTACAACTGGAGAAGCATTAACACG-3′	819
				S5-R2：5′-ATGAGGTATTGCGTAACTGAGCC-3′	
		S10	RT-PCR	S10-OF：5′-CGCGTCATCTCAAACTACAG-3′	682
				S10-OR：5′-TTTGTCAGCATCTAAAGCGC-3′	
	2012	S10	RT-PCR	S10-OF：5′-CGCGTCATCT-CAAACTACAG-3′	682
				S10-OR：5′-TTTGTCAGCATCTAAAGCGC-3′	
	2014	S10	RT-PCR	S10F：5′-CTCCGCTGACGGTTTAGAAG-3′	242
				S10R：5′-GGTCGTAACCGCCATAGTGT-3′	
	2022	CP	RT-PCR	(p10)-1-F：5′-CACACTTCTGTCTCACTTCAACTCTCT-3′	973
				(p10)-1-R：5′-CTTACGCAACGATGAACCTTTCTCTAT-3′	
RBSDV	2001	S7	RT-PCR	F：5′-TCAGCAAAAGGTAAAGGAACG-3′	510
				R：5′-AGAGCTCTTCTAGTTATTGCG-3′	
	2002	S7	RT-PCR	RBSD7-5(+)：5′-GAGCTCTTCTAGTCATCGCG-3′	528
				RBSD7-6(−)：5′-GTGTCACACCACTCTTCTCC-3′	
	2011	S10	RT-PCR	F：5′-TGTCGTGAAGTTCCTGCTC-3′	1 045
				R：5′-GAAGAAACGTTGGCGGAAAGT-3′	
	2012	S9	RT-PCR	S9F：5′-GGAATTCATGGCAGACCAAGAGCGGGGAG-3′	1 100
				S9R：5′-CGCGGATCCTCAAACGTCCAATTTCAAGG-3′	
	2015	S2	RT-PCR	RB-F：5′-GTTCAAAGACAATACACTCAAAA-3′	414
				RSRB-R：5′-CCYATCACAAASAAATMAAAAT-3′	
	2022	CP	RT-PCR	(p10)-1-F：5′-GAAGGAAACATTACTTTGAAGCCC-3′	808
				(p10)-1-R：5′-CGCTCAACACTTCGCCAAT-3′	
RRSV	2001	S8	RT-PCR	RRS8-1381(+)：5′-GCCGTATCTAACGTTCCAG-3′	300
				RRS8-1777(−)：5′-TGCCGCGACATAATCAAC-3′	
		S9	RT-PCR	RRS9-510(+)：5′-TCATTCCGAGTGATGCTTTTC-3′	300
				RRS9-889(−)：5′-AAAGTCATCCACCCACAAACTC-3′	
		S10	RT-PCR	RRS10-302(+)：5′-AATTGCAAAGCGTTCACAGC-3′	300
				RRS10-692(−)：5′-AGAAACGGGCTAGGCTAAGC-3′	
	2004	S7	RT-PCR	RRSV7-158(+)：5′-CGTACCACCATCGCCTTACT-3′	300
				RRSV7-475(−)：5′-CGTAATCGTCACTCCACCCT-3′	
		S8	RT-PCR	RRSV8-1381(+)：5′-CGCCGTATCTAACGTTCCAG-3′	340
				RRSV8-1717(−)：5′-TGCCGCGACATAATCAAC-3′	
	2005	S8	RT-PCR	F：5′-CACCATGAATACCAAGGGCTTCGCG-3′	1 792
				R：5′-TACACCGGAAC GCTGGCTTCTGA-3′	
		S10	RT-PCR	F：5′-CACCATGCCT TTCGTGCATTCCC-3′	895
				R：5′-CTCTGCGTCATCACCAAAGTTAGCC-3′	
	2014	CP	IC-RT-PCR	F：5′-ACCGTCGTTGAGCTACCATCCATT-3′	494
				R：5′-GGCGGGCCACTCAAACCAT-3′	

续表

续表

病毒名称	年份	检测序列	方法	引物名称与序列	扩增长度/bp
RRSV	2022	CP	RT-PCR	(p8)-3-F: 5′-ATGTGCGTTCAGATTCGGATTTG-3′	608
				(p8)-3-R: 5′-CACAGTAATAACCGCACGCT-3′	
RSV	1999	S3 编码的 CP	RT-PCR	P1: 5′-GCGCGGATCCGCACCAACAAGCCAGCCACTC-3′	921
				P2: 5′-GCGCCCGGGTCATCTGCACCTTCTGCCTC-3′	
	2004	RNA3 编码的 CP	RT-PCR	RSV-CP5: 5′-GTTCAGTCTAGTCATCTGCAC-3′	1 000
				RSV-CP3: 5′-TTCCTCCAGTACCTCTTGCTA-3′	
	2005	S3 编码的 CP	RT-PCR	C1: 5′-CGCTCGAGGTTCAGTCTAGTCATCTGCAC-3′	939
				C2: 5′-CGAGATCTTAGAATGGGTACCAACAAGCC-3′	
		S4 编码的 SP	RT-PCR	S1: 5′-CGCTCGAGAGAATEGAAGATGCAGAGGTA-3′	531
				S2: 5′-CGAGATCTACTATGTCTTGTGTAGAAGAGG-3′	
	2015	S4	RT-PCR	RS-F: 5′-AGATCCAGAGAGAGTCACGGAAG-3′	1 114
				RSRB-R: 5′-CCYATCACAAASAAATMAAAAT-3′	
	2016	S4	RT-PCR	RNA4dF1: 5′-ACACAAAGTCCAGGGCATTT-3′	750
				RNA4dF1: 5′-CACACAAGAAGGTCAACCCAAAC-3′	
RGSV	2001	RNA6	RT-PCR	P3: 5′-TGTTAACCCCTAAGTGGGAC-3′	1 010
				P4: 5′-ATGACATCGAGGATGAGCAC-3′	
RDV	2005	S12	Dot blot	S12-P1: 5′-GGTAAACTGCAGTATTTCAACATTG-3′	1 000
				S12-P2: 5′-ATCAGTTATGAGCTCTACTCGGTATATCAC-3′	
	2006	S8	IC-PCR	P1: 5′-CAAAGATCTCCACCTGCCACTATG-3′	1 350
				P2: 5′-GCGCTCGAGATTCAGGACCG-3′	
	2014	CP	IC-RT-PCR	F: 5′-CTCCGGGCTCACAACAGG-3′	386
				R: 5′-CCCGCAACAGACCGAAAC-3′	
	2019	S11	Northern blotting	S11-F1 (+): 5′-TCCGGGACCGGCTAACTCGACTGACCCACAGTGCCGATG CCTACCGACGACTGAATGACTTCGAAACAAGCATAATTTAG-3′	759
				S11-R1(−): 5′-AATGAGTGGAACATTACCCTTGGCTATGACGGCGAGTGA ATCATTCGTTGGCATGCAAGTTTTGGCTCAAGACAAAGAAGTC-3′	
		S2	qPCR	S2-F: 5′-GCTATACACATCATCGCCGTGGTGT-3′	211
				S2-R: 5′-AACTTTGCTTCGGTGGTTGCCCCTG-3′	
RYSV	2016	全基因组 序列	RT-PCR	P1: 5′-TTTTGGCTTACATTCTTGC-3′	485
				P2: 5′-CCTTCTTGTCAACCTCCAT-3′	
				P3: 5′-ATCATAGACATAGACGGTGGA-3′	643
				P4: 5′-TCATTGTAATCTGAGGGAAGTA-3′	
RTSV	2006	CP	RT-PCR	CPF: 5′-GATTTTGGAAGAAGCCTATCGTGTT-3′	1 032
				CPR: 5′-GATCTGCTTGGCGCCCACTGCCAAA-3′	
	2012	RNA	real-time RT-PCR	RTSV 5F: 5′-GCTTCAGGGAATTAAAACG-3′	1 603
				RTSV 5R: 5′-AGTGGCCTTAACCTTATCTTG-3′	
		RNA	real-time RT-PCR	RTSV RT F: 5′-GCCGAGAAGTCGCGTAAGC-3′	25
				RTSV RT R: 5′-GCCTGGCGACAAGCCTAAA-3′	
RTBV	2003	DNA	RT-PCR	F: 5′-AGATGCATCAGAAGAAGGATGG-3′	1 100
				R: 5′-GAATCCCCTGAGGAATTCCATATCC-3′	

续表

病毒名称	年份	检测序列	方法	引物名称与序列	扩增长度/bp
RTBV	2006	P24，P12	RT-PCR	P24 F：5′-CTCAAATATTGAGTCACGTC-3′	920
				P12 R：5′-TCTAAGACTCATCCTGGATA-3′	
	2012	MP	qRT-PCR	RTBV MP F：5′-TATGGATCCATGAGTCTTAGACCG-3′	868
				RTBV MP R：5′-GGAGCTCTTCATCAGAATTTATTTC-3′	
		ORF Ⅱ	qRT-PCR	RTBV RT F：5′-GAGTCTGAAACAGCAAACAAAGATAAGT-3′	20
				RTBV RT R：5′-TCTGCTGTTGTTTTTATCCCTTGA-3′	
RGDV	2003	CP	RT-PCR	P1：5′-CTTCAGGCTATGTCATGTGA-3′	681
				P2：5′-CTGCGGTAGTTACGTTAATG-3′	
	2005	S8	RT-PCR	S8a：5′-GGTATTTTTGTACCAACACGATGTCGC-3′	1 525
				S8b：5′-ATCATTTTTTGTGACCACACGACCCGC-3′	
	2008	S10	RT-PCR	S10-P1：5′-GGTATTTTTCGCATAGACGCA-3′	1 177
				S10-P2：5′-ATCATCTTCTCGCATAGCAAGGT-3′	
	2009	S8	RT-PCR	S8a：5′-CGGGATCCATGTCGCGCCAAGCTT-3′	1 300
				S8b：5′-CCGCTCGAGTTAGTTTACTGTGTAATACC-3′	
	2010	S11	RT-PCR	S11-P1：5′-GGTATTTTTGATCATAGTGAA-3′	1 150
				S11-P2：5′-ATCATTTTTTGACCAAAGGTG-3′	
RSMV	2018	全基因组序列	one-step RNA PCR	Start-F：5′-AAGGAAGTTGCGTTGCGAAC-3′	12 732
				END-R：5′-AAGGAAGTTGTGTGTTGCGAACA-3′	
	2019	P3	RT-PCR	P3-F：5′-ATGAAGATCATCTGCAGTACTG-3′	497
				P3-R：5′-TCAAGTAGCAAACTTGACATGG-3′	

注：参考庄新建等（2020）的文献，稍加改动；IC-RT-PCR（immuno-capture-RT-PCR）：免疫捕捉-RT-PCR

三、病原学

（一）病毒分类地位及粒体形态

南方水稻黑条矮缩病的病原最初被认为是水稻黑条矮缩病毒（*Rice black-streaked dwarf virus*，RBSDV）的1个新株系，因其不能经灰飞虱（*Laodelphax striatellus*）传播，是目前已知的唯一经白背飞虱（*Sogatella furcifera*）传播的水稻病毒，且其基因组核苷酸序列与RBSDV等病毒存在较大差异，最终被鉴定为呼肠孤病毒科（*Reoviridae*）斐济病毒属（*Fijivirus*）的1个新种，命名为南方水稻黑条矮缩病毒（*Southern rice black-streaked dwarf virus*，SRBSDV），2016年该病毒被国际病毒分类命名委员会认定为确定种。根据病毒基因组序列相似性，SRBSDV与玉米粗缩病毒（*Maize rough dwarf virus*，MRDV）的亲缘关系最近，其次为RBSDV。SRBSDV粒体呈球状，直径70~75nm（图3-6），仅分布于感病植株韧皮部，常在寄主细胞内聚集成晶格状结构（Zhou et al.，2008；张彤和周国辉，2017）。

（二）病毒的基因组结构及功能

SRBSDV基因组为双链RNA（double-stranded RNA，dsRNA），共10个片段，由大到小分别命名为S1~S10。SRBSDV共有13个开放阅读框（open reading frame，ORF），其中，S1~S4、S6、S8和S10含1个ORF，S5、S7和S9含2个ORF。SRBSDV P1~P4、P8和P10为结构蛋白，其余7个蛋白为非结构蛋白。对SRBSDV与其他病毒进行基因组同源性分析，推测SRBSDV的P1~P4分别编码RNA依赖的RNA聚合酶（RNA-dependent RNA polymerase，RdRP）、大核心衣壳蛋白、外壳B-刺突蛋白和加帽酶；P8和P10

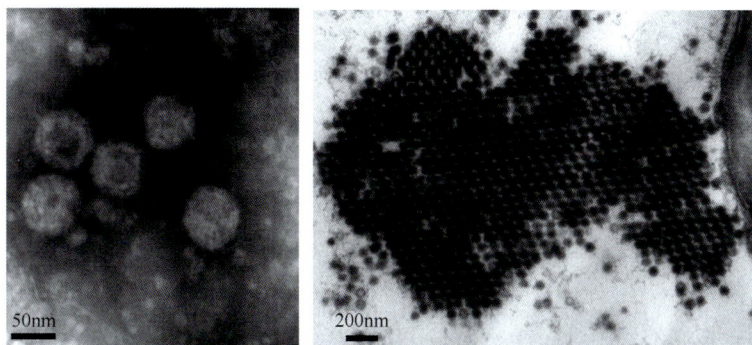

图 3-6 SRBSDV 粒体及晶格状结构（张恒木 提供）

分别是病毒的小核心衣壳蛋白与外层衣壳蛋白。病毒编码的 P6 是 1 个多功能蛋白，具有 RNA 沉默抑制子功能，在 RNA 沉默的起始和信号转导阶段起作用，同时它和 P5-1、P9-1 之间通过复杂的互作，参与植物寄主和白背飞虱细胞内病毒基质的形成，这可能是斐济病毒属病毒在介体细胞内形成基质和子代病毒复制装配的模型。P7-1 可在介体昆虫细胞中形成管状结构，使病毒得以在细胞间转运并在虫体中扩散；P9-1 是病毒原质的主要成分，对病毒在介体昆虫中的复制至关重要。P10 与病毒外壳蛋白形成有关。P5-2、P7-2 与 P9-2 的功能尚不明确。各基因及编码蛋白信息见表 3-6（陈卓等，2017；张彤和周国辉，2017）。

表 3-6 SRBSDV 基因组片段及其编码蛋白的功能

基因组片段	长度/bp	蛋白编号	ORF 位置/bp	分子量/kDa	推测的功能
S1（FN563983）	4500	P1	37～4431	169.3	RNA 依赖的 RNA 聚合酶
S2（FN563984）	3815	P2	46～3726	141.3	大核心衣壳蛋白
S3（FN563985）	3618	P3	34～3543	135.4	外壳 B-刺突蛋白
S4（FN563986）	3571	P4	13～3455	131.7	鸟苷酰转移酶（加帽酶）
S5（FN563987）	3167	P5-1	16～2835	108.3	病毒基质组成部分
		P5-2	2459～3076	23.6	未知功能非结构蛋白
S6（FN563988）	2653	P6	82～2463	89.9	沉默抑制子、病毒原质
S7（EU784841）	2176	P7-1	41～1114	40.5	形成小管结构
		P7-2	1166～2095	36.4	未知功能非结构蛋白
S8（EU784842）	1928	P8	25～1800	67.0	小核心衣壳蛋白
S9（EU784843）	1899	P9-1	52～1095	39.9	病毒基质组成部分
		P9-2	1159～1788	24.2	未知功能非结构蛋白
S10（EU784840）	1797	P10	22～1695	62.6	外层衣壳蛋白

（三）病毒的进化与分子多样性

目前，GenBank 数据库中已公布该病毒 7 个分离物的基因组全长序列以及至少 127 个分离物的基因组部分序列。SRBSDV 各地分离物全基因组核苷酸序列与氨基酸序列高度保守，其中核苷酸同源率大于 96%，验证了该病毒远距离传播的特征。所有片段的 GC 含量均为 32%～39%，3′ 端无 poly(A) 尾，末端序列与其他斐济病毒高度相似，紧邻末端处存在反向重复序列，这是典型的斐济病毒属基因组结构特征。中国 11 个省 15 个县（市）的水稻和玉米染病样品病毒 CP 基因序列等同率大于 97.8%，表明病毒等同率高、变异率低。中越两国 SRBSDV S10 ORF 核苷酸序列和 CP 氨基酸序列的相似性分别为 98.0%～100.0% 和 98.3%～100.0%，也说明该病毒存在较低的序列多样性。S10 ORF 系统发育树存在 2 个以地缘为标志的组群，病毒在中越两国间存在频繁的基因流（陈卓等，2017）。

（四）寄主范围

SRBSDV 除侵染水稻外，还可侵染玉米（*Zea mays*）、薏苡（*Coix lacryma-jobi*）、高粱（*Sorghum bicolor*）、稗（*Echinochloa crusgalli*）、牛筋草（*Eleusine indica*）、狗尾草（*Setaria viridis*）、野燕麦（*Avena fatua*）、五节芒（*Miscanthus floridulus*）、李氏禾（*Leersia hexandra*）和水莎草（*Juncellus serotinus*）等。有的植物在侵染后可表现症状，有的不表现症状。其中，玉米、薏苡和水莎草可显症，而狗尾草等不显症（周国辉等，2008；朱俊子等，2012）。

（五）侵染循环

除海南岛、广西和广东南部、云南西南部外，我国大部分稻区无冬种稻栽培，病原病毒及其传毒介体白背飞虱不能越冬。一般认为，我国白背飞虱的主要越冬基地为中南半岛，同时海南岛冬季制种稻田也是重要的越冬虫源和毒源基地之一。此外，云南省西南部少数地区也可越冬。根据早春气流方向及水稻播种期，越冬带毒白背飞虱可在 3 月迁入越南北部及我国广西和广东南部，4 月迁至广西和广东南部、中部及云南南部；从 5 月上旬开始境外虫源和已在华南南部繁殖 2 代的本地虫源大规模北扩，主迁入峰期迁入种群可覆盖广东、广西、云南、贵州、湖南、江西、四川、重庆数个省（自治区、直辖市）及湖北西南部；6 月中下旬至 7 月上中旬迁至长江中下游和江淮地区；8 月下旬季风转向，白背飞虱再携毒随东北气流南回至越冬区。

南方水稻黑条矮缩病的周年循环如图 3-7 所示。病原病毒及其传播介体白背飞虱在越南中部及我国海南岛、广西和广东南部及云南西南部可完成周年循环，并作为毒源越冬区。每年早春，白背飞虱携带病毒随气流迁入越南北部及我国华南和西南南部稻区，在拔节期前后的早稻植株上取食传毒，致使染病植株表现矮缩症状；同时，迁入的雌虫在部分感病植株上产卵，随后，下一代若虫在病株上获毒（获毒率约80%），2～3 周后带毒中、高龄若虫主动或被动地在植株间移动，致使初侵染病株周边稻株染病，使病毒基数扩大。5～6 月，白背飞虱携毒进一步北迁，导致发病区域进一步扩大，并引致我国长江以南中、晚稻严重发病。秋季白背飞虱再随北向气流逐渐南回至越冬区。

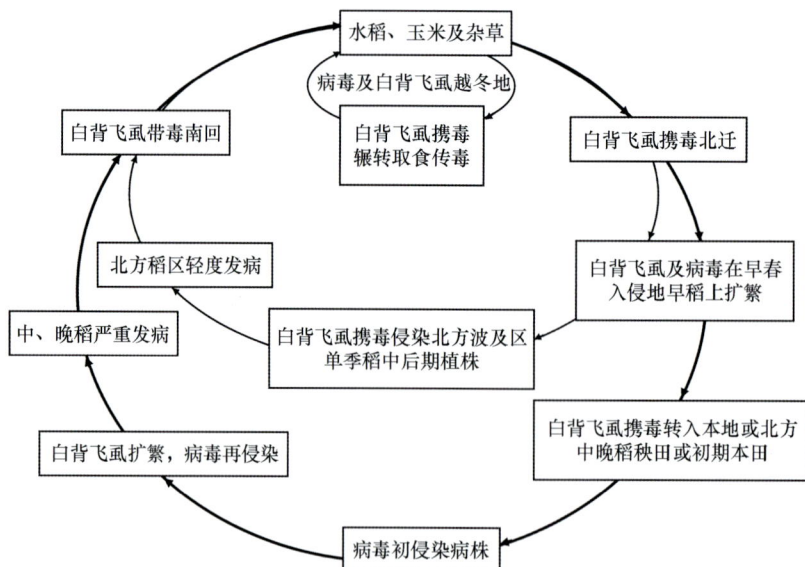

图 3-7　南方水稻黑条矮缩病的周年循环（张彤和周国辉，2017）

通常中、晚稻秧田期为 20～25d，如果带毒白背飞虱成虫在 2 叶期以前转入秧田并传毒、产卵，则在水稻移栽前可产生下一代中、高龄若虫并传毒，致使秧苗带毒比例高，造成本田严重发病；如果带毒白背飞虱成虫在秧田后期侵入，则感病秧苗将带卵被移栽至本田，在本田初期（分蘖期前）产生较大量的带毒若虫，这批若虫在田间进行短距离转移并传毒，致使田间病株呈团块分布；如果早稻上获毒的若虫或成虫直接转入中、晚稻初期本田，则由于白背飞虱群体带毒率比较低，只能引致少数植株染病，使矮缩病株呈零星分散分布。晚稻田中、后期产生的带毒白背飞虱，只能造成水稻后期染病，表现为抽穗不完全或其他轻微症状，但带毒白背飞虱的南回可使越冬区的毒源基数增大（张彤和周国辉，2017；Wu et al.，2017a）。

（六）媒介昆虫的传毒特性及其与病毒间的互作

1. 媒介昆虫的传毒特性

SRBSDV 通过白背飞虱以持久、循回、增殖型方式进行高效传毒。褐飞虱、灰飞虱、叶蝉及水稻种子均不传毒。SRBSDV 可在白背飞虱体内循环、增殖，虫体一旦获毒即终身带毒，但不经卵传至下一代。若虫及成虫均能传毒，若虫获毒、传毒效率高于成虫。水稻病株上扩繁的 2 代白背飞虱群体带毒率为 80% 左右，若虫及成虫最短获毒时间为 5min，最短传毒时间为 30min，若虫与成虫无显著差异。病毒在白背飞虱体内的循回期为 6～14d，循回期后，部分飞虱可持续传毒，但多数个体具有 1 次或多次传毒间歇期，不传毒的间歇期为 2～6d。初孵若虫获毒后，单头虫一生可致 22～87 株（平均 48 株）水稻秧苗染病，带毒白背飞虱成虫 5d 内可使 8～25 株秧苗感病。

研究比较白背飞虱 4 龄若虫在 3 叶 1 心期、分蘖期和拔节期水稻上的获毒率，发现若虫在分蘖期的获毒率最高，其次为 3 叶 1 心期。水稻叶鞘和老叶的病毒滴度与白背飞虱的获毒率呈正相关。另外，白背飞虱若虫获毒龄期越低，成虫体内病毒含量越高。1～2 龄、3～4 龄、5 龄若虫获毒后成虫的病毒含量相比较，1～2 龄若虫获毒后成虫的病毒含量最高，且若虫期获毒，成虫中期的病毒带毒量高于其他成虫期。此外，单头带毒雄虫和雌虫成虫在 2 叶 1 心期稻苗上取食 5d、10d 后传毒率分别为 27.32% 和 31.4%。白背飞虱可通过取食冷冻染病水稻获取病毒，但病毒结构因冷冻受到破坏而无法进行增殖。因此，白背飞虱不能在经冷冻的染病水稻上完成病毒的传播。

白背飞虱不但可在水稻植株间传播病毒，还能将病毒传至针叶期至 2 叶 1 心期的玉米幼苗上，但很难从 4～5 叶期以后的感病玉米植株上获得病毒，玉米龄期越低，其获毒效率越高。

另外，白背飞虱对玉米的传毒效率也与其在水稻上获毒的效率有关。其中，从分蘖期和 3 叶 1 心期水稻上获毒的白背飞虱对玉米的传毒效率高于从拔节期水稻上获毒的白背飞虱（Li et al.，2016；张彤和周国辉，2017）。

2. 媒介昆虫对病毒侵染的响应

病毒免疫荧光试验发现，SRBSDV 可在褐飞虱中肠上皮细胞内增殖和扩散，但病毒不能从中肠扩散至血腔或唾液腺，因此无法由褐飞虱传播。这一结果从微观水平上证实了褐飞虱不是 SRBSDV 的媒介昆虫。媒介昆虫小干扰 RNA（small interference RNA，siRNA）途径参与媒介昆虫对病毒的抗性。采用 RNAi 敲除 Dicer-2 后，病毒可在褐飞虱培养细胞和昆虫中肠上皮细胞中大量增殖，并达到病毒传播的阈值水平。通过比较携带 SRBSDV 的白背飞虱和无毒白背飞虱的转录组以及对高温或低温胁迫下带毒和无毒白背飞虱的转录组发现，病毒的侵染上调了虫体内的初级代谢、泛素化蛋白降解路径、细胞骨架和免疫反应等一系列基因表达。SRBSDV 对白背飞虱大量基因表达的调控可能影响了其对温度胁迫的耐受性。携带 SRBSDV 的白背飞虱体内有 8 个 miRNA 上调，4 个下调，它们可能调控了白背飞虱免疫相关的基因表达。以 SRBSDV 的 P7-1 为诱饵蛋白，发现共有 18 个白背飞虱蛋白与 P7-1 存在互作（陈卓等，2017）。

3. 病毒对媒介昆虫生命行为的影响

白背飞虱感染 SRBSDV 后，其存活率、成虫寿命及产卵率均有所降低，且降低的程度与温度密切相关。在高温 35℃下，带毒白背飞虱的死亡率显著低于无毒白背飞虱的死亡率；在低温 5℃下，带毒白背飞虱的死亡率却显著高于无毒白背飞虱的死亡率，即 SRBSDV 提高了介体白背飞虱的耐高温能力，但降低了其耐低温的能力。这种现象有利于介体在夏季高温天气环境下传毒，但不利于介体及病毒越冬（Xu et al.，

2016）。带毒白背飞虱和不带毒白背飞虱之间，以及 2 种白背飞虱饲养在染病水稻和不染病水稻之间，产卵量均存在差异。其中，产卵量由高到低依次为：不带毒白背飞虱/不染病水稻＞不带毒白背飞虱/染病水稻＞带毒白背飞虱/不染病水稻＞带毒白背飞虱/染病水稻。带毒亲代白背飞虱的产卵量和孵化率显著低于不带毒亲代白背飞虱的产卵量和孵化率，特别是亲代雌雄虫均带毒的组合，其繁殖力显著降低。

　　SRBSDV 对白背飞虱的取食行为也有明显影响。带毒白背飞虱对韧皮部汁液的取食频次显著增加。无毒白背飞虱显著偏向选择感染 SRBSDV 的水稻而非健康水稻植株，而携带 SRBSDV 的白背飞虱显著偏好健康植株，这种选择偏好性与 SRBSDV 调控水稻防御途径和气体挥发物合成途径相关基因的表达有关；携带 SRBSDV 的白背飞虱在健康水稻上以及无毒白背飞虱在感染 SRBSDV 水稻上的取食时间更长，携带 SRBSDV 的白背飞虱在韧皮部上取食更频繁，能够加速病毒的传播。这种 SRBSDV 对介体昆虫的寄主选择偏好性及取食行为的影响有利于病毒的传播（Lei et al.，2016）。

（七）病毒与寄主植物间互作生物学

1. 病毒组分在寄主植物体内的变化趋势

　　SRBSDV 侵染水稻和玉米后，病毒基因组的动态变化趋势有所不同。病毒侵染水稻和玉米后 10d，基因组 S9-2、S7-1 和 S3 在水稻叶片中的表达量较高；S9-2、S9-1、S3 和 S7-1 在玉米叶片中的表达量较高；S6、S7-2、S1 和 S4 在水稻和玉米体内的表达水平均较低，而 S9-1 在水稻体内的表达水平也较低。S1、S2、S3、S4、S5-2、S6、S7-1、S9-2、S10 在病毒侵染水稻 40d 时上升至峰值，然后趋于下降；而 S5-1、S7-2、S8、S9-1 在侵染后 40～50d 一直呈上升趋势。SRBSDV 侵染水稻 15～50d 内 S10 呈上升趋势，40d 后缓慢下降。采用鸟枪法（shotgun sequencing method）结合非标记定量蛋白质组学（label-free quantitative proteomics，LFQP）技术对病毒基因组 13 个编码蛋白进行分析。结果表明，与 P10 相比较，表达丰度高于 P10 的蛋白依次为 P2、P5-1、P4、P8、P7-1、P6；表达丰度低于 P10 的蛋白依次为 P1、P3、P9-1，而 P5-2、P9-2 未检出。综合病毒核酸和蛋白的数据，发现两者间有相似的规律。例如，P7-1 等属于高丰度表达，而 P1 等属于低丰度表达，但也并不完全对应。经 SRBSDV 侵染 TN1 水稻，在 6～7 叶期采集叶鞘、老叶、新分蘖、新生叶片、枯叶和根部等各组织样品，并进行 S10 表达丰度分析，发现各部位均含有病毒。其中，叶鞘部位病毒含量最高，其次为老叶（陈卓等，2017）。

2. 寄主植物对病毒侵染的响应

　　经 SRBSDV 侵染 Y-两优 1 水稻后 60d，检测染病水稻和健康水稻，发现氨基酸种类及含量、可溶性糖含量均无显著差异。SRBSDV 侵染日本晴（*Oryza sativa* L. subsp. *japonica*. cv. Nipponbare），SRBSDV 可改变水稻叶片中叶绿素含量，特别是侵染后 15～40d，叶绿素含量显著高于健康水稻。采用基因芯片调查病毒侵染后水稻叶片的 miRNA 表达，发现 miR164、R396、R530、R1846、R1858、R2097 共 6 个 miRNA 家族及 14 个 miRNA 在病毒侵染 20d 后表达趋势显著上调，miRNA 和部分靶向 RNA 之间存在一定的对应关系。病毒的 P8 蛋白可与水稻转录因子——C2H2 型锌指蛋白基因（*Cys2His2-type zinc finger protein*，*OsZFP*）互作，共定位至细胞核，从而干扰水稻基因的转录活性。水稻的真核翻译延伸因子 1A（eukaryotic translation elongation factor 1A，eEF-1A）可与病毒 P6 互作、与 P9-1 无互作。但由于 P6 和 P9-1 可互作，eEF-1A 可借助 P6 与 P9-1 形成 eEF-1A/P6/P9-1 三元复合物（陈卓等，2017）。

3. 病毒侵染所致寄主植物表型变化

　　SRBSDV 侵染水稻后，茎秆部位乳白色瘤突的韧皮组织呈高度组织化，其间存在专一化筛管成分和弹性胞间通道。其结构类似于胞间连丝，这种结构的变化可贮存和运输病毒颗粒，并增加胞间物质的接触和内质体的运输。由此说明 SRBSDV 诱导瘤状组织形成，并有利于病毒运输。水稻挥发物在病毒侵染后存在差异，这些挥发物对介体飞虱或非介体飞虱，以及无毒飞虱或带毒飞虱产生不同程度的诱集活性，且这种诱集活性随病毒侵染过程、水稻挥发物的变化而呈动态变化。病毒侵染 Y-两优 1 水稻后 45～60d，水稻挥发物种类和含量存在一定差异。甲苯、(Z)-3-己烯醛、(E)-2-己烯醛、3-己醇在病毒侵染后含量显著增加；十三醛是病毒侵染后出现的特异性物质；而辛醛、十一烷、水杨酸甲酯、十六烷等在染病水稻中未检出，这些挥发物在种类和含量上的差异可能对白背飞虱的诱集活性产生影响，而具有诱集活性的挥发物与 *OsLIS*、*OsCAS* 和 *OsHPL3* 基因表达相关，特别是在病毒侵染后 40d，3 个基因的表达呈上调趋势（陈卓等，2017；Lu et al.，2016）。

（八）病毒致病机制

SRBSDV 编码的 P6 蛋白可与水稻 eEF-1A 的互作，进而抑制寄主蛋白的合成；而 P8 蛋白能和水稻 1 个锌指蛋白互作，从而干扰水稻相关基因的转录。除病毒编码蛋白与寄主因子直接互作以外，SRBSDV 还能通过 RNA 干扰途径调控水稻的生长发育以及抗性，如 SRBSDV 侵染能显著改变水稻 miRNA 的表达谱，这些差异表达的 miRNA 靶向多类生长发育、抗病、抗逆相关基因，参与了感病水稻的症状形成。此外，SRBSDV 还可能通过其自身来源的小干扰 RNA（vsiRNA）调控众多寄主基因的表达，其中包含大量的抗病相关基因，部分 vsiRNA 的靶基因通过定量 PCR 证实的确在 SRBSDV 侵染后下调（Xu and Zhou，2017）。

（九）对其他水稻病毒病发生的影响

田间水稻伴随着 SRBSDV 的大面积暴发，经褐飞虱传播的水稻齿叶矮缩病毒（*Rice ragged stunt virus*，RRSV）在中国南部也呈加重趋势，而且田间存在大量的 SRBSDV 和 RRSV 复合侵染病株。研究证实，复合侵染的水稻植株内 SRBSDV 和 RRSV 发生了协同作用，病害症状加剧，显症时间提前，病毒含量提高，且 2 种病毒的传播介体白背飞虱和褐飞虱从复合侵染植株上的获毒效率相比单独侵染植株显著提高，说明这 2 种病毒的流行具有相互促进的可能性。同时，感染 SRBSDV 的水稻对传播 RRSV 的介体褐飞虱的引诱力显著增强，这有助于 2 种病毒复合侵染的发生（张彤和周国辉，2017）。

四、品种抗病性

发掘并利用新抗源培育抗病新品种是控制水稻病毒病最经济有效和最环保的措施，但由于缺少高效的南方水稻黑条矮缩病的抗性鉴定体系以及培育抗性品种耗时过长等，抗性品种筛选和培育的研究工作比较困难。目前筛选到的抗 SRBSDD 的栽培稻种质资源稀少，生产上尚未普遍使用抗性品种来防治南方水稻黑条矮缩病。如果遇上适合 SRBSDD 高发年份，则水稻生产受该病危害的风险较大。

（一）抗病品种鉴定方法

水稻对南方水稻黑条矮缩病的抗病性鉴定主要采用重病区田间自然诱发鉴定和室内人工接种鉴定。

田间自然诱发鉴定方法是在常年南方水稻黑条矮缩病发病较重、白背飞虱迁飞的重要通道区域设置鉴定圃，苗期按常规田间管理或在常规肥水管理基础上增施尿素 70kg/hm²，不施用任何杀虫剂和杀菌剂。大田管理按当地常规肥水管理或在常规肥水管理基础上增施尿素 150kg/hm²。以感病品种 TN1、抗病品种中浙优 8 号为对照。移栽 30d 后，随机抽取 30 株疑似病株的叶片进行 RT-PCR 带毒检测（引物序列：SRB-S10-F，5'-CCACATCGCGTCATCTCAAACTAC-3'；下游引物，SRB-S10-R：5'-CGGTCTTACGCAACGATGAACC-3'）。根据检测结果，调查供试材料的发病株数，30d 后再进行第 2 次调查，统计供试材料的发病率。

室内人工接种鉴定方法。首先在田间采集白背飞虱，在养虫室内用感虫水稻品种 TN1 连续饲养获得无毒白背飞虱群体。养虫室条件：温度（26±1）℃，相对湿度 80%～90%，光/暗周期为 12h/12h。采集病株并检测准备毒源，隔离条件下白背飞虱在病株上饲毒后接种水稻秧苗；纯化并扩繁病株，然后进行白背飞虱饲毒，方法是将经检测确认感染 SRBSDV 的水稻病株种于大烧杯中，土面覆盖滤纸，将 1～2 龄无毒白背飞虱移入杯中，用 60 目防虫网覆盖杯口。饲毒 2d 后将虫移入塑料杯（预先育有白背飞虱喜食品种如

TN1 的秧苗）中饲养，度过循回期（11d）后，每批随机取出 30 头白背飞虱高龄若虫或成虫，检测白背飞虱群体带毒情况，计算白背飞虱群体的带毒率。在塑料杯中种植 30 株参鉴品种（含感病对照 TN1），苗龄为 1.5～2.0 片叶时进行接种，接种时间 2d，接种温度（26±1）℃，每个品种重复 3 次。每天上午、下午各赶虫 1 次，使白背飞虱分布均匀，2d 后用杀虫剂喷杀接种用白背飞虱，将秧苗移出塑料杯，种植在防虫网室水田池中，于 20～35℃ 条件下常规管理，定期观察植株发病情况。接种 15～20d 后，当感病对照症状明显时调查发病情况，间隔 7d 调查 1 次，共调查 3 次。

$$发病率（\%）=发病株数/总株数×100\% \tag{3-1}$$

抗性分级标准为：0 级，发病率为 0，免疫（I）；1 级，发病率为 0.1%～5.0%，高抗（HR）；3 级，发病率为 5.1%～15.0%，中抗（MR）；5 级，发病率为 15.1%～30.0%，中感（MS）；7 级，发病率为 30.1%～60.0%，感病（S）；9 级，发病率大于 60.10%，高感（HS）。

田间自然诱发鉴定容易受田间白背飞虱虫口密度、白背飞虱带毒率及其与水稻感病敏感期吻合性等环境因素的影响；鉴定结果的重复性、准确性较差，往往需要多年、多点的重复试验。室内人工接种鉴定方法直接以单株的有效接虫数量作为接种强度的指标，可以克服环境条件的影响，并且可以拓宽鉴定的时间，但也存在传毒媒介繁殖、饲毒、接种等过程繁杂和工作量大的问题。可以采用大规模田间自然诱发与室内人工接种相结合的鉴定策略，将田间自然诱发病圃中表现抗病的材料在室内再进行人工接种从而进行 SRBSDD 的重复鉴定，既实现了快速规模化鉴定的需求，又确保了鉴定结果的可靠性（农保选等，2021；秦碧霞等，2021）。

（二）抗病品种资源筛选

广西收集 45 份当地主栽水稻品种和 53 份市场销售的水稻品种，采用集团接种法进行 SRBSDD 抗性鉴定，结果显示，高感品种和中感品种分别占 97.96% 和 2.04%，未发现抗病品种，与田间表现基本吻合（秦碧霞等，2014）。余守武等（2015）采用人工接种鉴定方法，从 98 份水稻中间材料中筛选到 6 份 SRBSDD 抗性较好的光温敏核不育系材料。Wang 等（2017）以单产、发病率、病毒量等为指标，从 22 个水稻品种中筛选出 2 个抗病品种 Zhongzheyou 1（中浙优 1 号）和 Liangyou 2186（两优 2186）。于文娟等（2018）对 172 个水稻生产品种进行了田间抗性评价，筛选到 C 两优 4418、野香优 688、野香优 3 号等 7 个抗病品种。农保选等（2019b）利用室内人工接种方法，从 419 份广西地方稻种资源核心种质中筛选出 11 份中抗的品种，仅占总数的 2.63%。之后又以 2812 份来自国内外的栽培稻种质资源为材料，利用田间自然诱发鉴定和室内人工接种鉴定方法相结合进行南方水稻黑条矮缩病的抗性鉴定，发现供试材料中抗病材料比例仅为 0.46%，不同地理来源、不同种质类型、不同生态地理型的抗病性水平不一致；感病材料比例达 99.54%。其中包含多个我国近年来水稻生产中的主推品种，表明栽培稻资源的总体抗性水平低。最后结合农艺性状考查，获得 7 份抗病表现稳定且农艺性状较好的优异抗源材料，可作为抗源亲本用于南方水稻黑条矮缩病抗性基因挖掘和水稻抗南方水稻黑条矮缩病品种改良（农保选等，2021）。

虽然当前推广的水稻品种抗南方水稻黑条矮缩病性普遍不强，但品种间存在显著差异。国内材料田间自然诱发鉴定结果中，抗病材料最多的省份为湖北，而来自浙江、安徽、湖南、四川及重庆的材料中未发现抗病材料；国外材料田间自然诱发鉴定表现抗病的比例高达 10.73%。人工接种鉴定结果表明，13 份抗 SRBSDD 资源均为籼稻，其中育成品种（系）12 份，来自湖北的材料 10 份，也验证了田间鉴定结果的准确性。由此可见，不同地理来源的栽培稻资源的 SRBSDD 田间抗性有很大的差异。育成品种（系）的平均发病率显著低于地方品种、抗病品种（系）的比例显著高于地方品种，表明育成品种（系）抗 SRBSDD 资源较地方品种更丰富。籼稻的平均发病率低于粳稻、抗病品种（系）的比例显著高于粳稻，说明籼稻品种的抗 SRBSDD 资源较粳稻更丰富。因此，从湖北等地育成品种（系）、籼稻资源中挖掘到抗 SRBSDD 资源的概率较高，是挖掘抗病资源的重要渠道。利用鉴定出的抗 SRBSDD 栽培稻资源，一方面可通过基因定位及测序等方式克隆其中的抗病新基因，并解析其抗病机制；另一方面可以通过杂交、回交、自交及分子标记辅助选择将抗性基因导入主栽水稻品种或骨干杂交稻亲本，提高当前推广水稻品种的 SRBSDD 抗性水平，减少 SRBSDD 的危害（农保选等，2021）。

（三）品种的抗性基因

农保选等（2019a）从野生稻导入系中筛选到一份抗 SRBSDD 的导入系 D4，其对南方水稻黑条矮缩病的抗性表现为抗病毒性而非抗虫性，且受主效基因和微效基因共同控制。通过 QTL-seq 和连锁分析将南方水稻黑条矮缩病主效抗性 QTL 定位于第 9 号染色体上，命名为 *qSRBSDV9*。利用代换作图法进一步将 *qSRBSDV9* 定位在 102.3kb 的区间内。该区间包含 21 个预测基因，其中 9 个基因与赤霉素信号转导相关。推测 SRBSDV 的侵染可能对水稻植株赤霉素信号转导造成影响，进一步减少了赤霉素的合成量，最终导致植株矮化。农保选等（2019b）利用全基因组关联分析（GWAS）检测到 10 个与水稻 SRBSDV 苗期抗性相关的显著性单核苷酸多态性（single nucleotide polymorphism，SNP）位点。韦宇等（2019）通过小粒野生稻的渗入系构建的 1025 份重组自交系中，定位到 4 个南方水稻黑条矮缩病的抗性 QTL，分别位于水稻第 3、4 和 7 号染色体上。李燕芳等（2021）从育种高世代的中间材料 ZY-1158 中筛选出具有南方水稻黑条矮缩病的抗性株系，利用高世代株系的分离群体，组成极端的抗、感混池，结合自主研发的水稻绿色基因芯片开展集群分离分析法［bulked-segregant analysis（BSA），又称为 QTL-seq］定位，从基因芯片的分型结果和表型的鉴定结果推测南方水稻黑条矮缩病抗性可能是由隐性基因控制的，抗性位点可能位于水稻第 3 号染色体的 27.85～28.23Mb、第 11 号染色体的 23.79～24.54Mb 和 26.27～26.49Mb 区域。江苏省农业科学院植物保护研究所对来自 56 个国家的 500 多份多样性水稻种质进行抗南方水稻黑条矮缩病鉴定，从抗病品种 W44 中确认了天冬氨酸蛋白酶基因 *OsAP47* 为主效 QTL qRBSDV6-1 的功能基因，成为国际上第一个被克隆和功能验证的水稻 SRBSDV 和 RBSDV 抗性基因（Wang et al.，2022）。

五、病害发生条件

南方水稻黑条矮缩病的发生流行受到寄主品种和生育期的抗性、传毒昆虫、耕作制度和栽培管理、气候条件等多方面的相互影响。

（一）品种和生育期的抗性

目前，大面积推广种植的杂交稻品种（组合）大部分对南方水稻黑条矮缩病为中感或高感，抗病品种（组合）很少，高抗品种（组合）更少，无免疫品种，这就为病害的发生流行提供了丰富的寄主植物资源。因此，一旦传毒介体增多和气候条件适宜，就促进了南方水稻黑条矮缩病的发生流行。相对而言，籼型抗性品种存在较为普遍，常规稻受害程度轻于杂交稻，但品种间的发病情况也存在很大差异。C 两优 4418、野香优 688、野香优 3 号、黔两优 58、中浙优 1 号、中浙优 8 号、中浙优 10 号等对 SRBSDD 表现为中抗。

秧苗期至分蘖盛期易感染 SRBSDV，苗龄越小越易感染。一旦秧苗期感染，病害在本田呈团块分布。

（二）传毒昆虫

该病的唯一传播媒介是白背飞虱，白背飞虱一旦获毒即可终身带毒和传播，因此南方水稻黑条矮缩病毒的侵染循环随着白背飞虱的周年迁移活动而完成。白背飞虱的发生世代为一年 6～7 代，其发生规律、种群密度与病害的发生流行直接相关。种群密度大，带毒率高，往往病害发生严重。早稻南方水稻黑条矮缩病的发病率与当年第 2 代白背飞虱虫量呈显著正相关。晚稻南方水稻黑条矮缩病的发生面积与 8 月上旬白背飞虱百丛成虫量呈极显著正相关。水稻秧苗期至分蘖前期对 SRBSDV 的抵抗力比较差，为南方水稻黑条矮缩病毒侵入敏感期，若此期间遇上带毒白背飞虱迁入峰，极有利于病毒侵染发病。

（三）耕作制度和栽培管理

南方水稻黑条矮缩病主要为害中稻和晚稻。带毒白背飞虱迁入期多为早稻中、后期，受害轻；当大量带毒白背飞虱转入中、晚稻早期稻田，并完成 1 或 2 次再侵染后才引致病害大发生流行。晚稻适期迟播的水稻发病轻，播种早的水稻发病重。水稻混栽区发病重于连片稻作区。不同栽培方式的南方水稻黑条矮缩病发病率差异显著，直播田和育秧移栽田发病重于抛秧田，推测主要原因是抛秧田秧期较短（15～17d）。可推迟播种期，避开白背飞虱由早稻田向秧田或大田的迁入高峰，使秧田的白背飞虱虫量减少，加上抛秧田秧苗期较短，白背飞虱传毒机会少，所以发病较轻。育秧移栽田发病又重于直播田，主要原因是直播稻基本苗数远大于移栽稻，健株补偿作用明显。

适于传毒昆虫繁殖的栽培方式有利于病害发生。水稻移栽期过长，插花田、桥梁田多，田块四周杂草丛生，有利于传毒昆虫在不同生境作物之间不断迁移、繁殖，为白背飞虱的虫口密度增长提供了有利的营养条件。施氮肥过多、水稻生长旺盛、叶色浓绿的田块，带毒昆虫侵染概率增大。

（四）气候条件

气候因素通过影响传毒昆虫的发生程度间接影响其传毒能力和病害发生程度。白背飞虱不能耐受 35℃ 以上高温和 4℃ 以下低温，因此病害的发生与温度密切相关。冬季气温偏高有利于白背飞虱越冬和其北界向高纬度延伸，扩大越冬范围和越冬虫源数量，增加毒源积累。春季强对流天气多，多雨有利于大量的南方越冬区白背飞虱随气流北迁。特别是 5～8 月强降雨天气增多，迁入的白背飞虱虫量大，如果带毒率高，极有利于南方水稻黑条矮缩病的发生流行，病害有可能加重流行。

六、病害预测预报

南方水稻黑条矮缩病是典型的远距离扩散大区域流行性病害，准确测报是病害科学防控的基础。为了控制南方水稻黑条矮缩病的流行，全国农业技术推广服务中心在海南、广东、广西及云南等多个省（区）设置了数个病害越冬及早春监测点；联合国内相关研究团队开展白背飞虱带毒率及水稻植株带毒率的快速检测，并与越南农业部门建立了信息共享平台。基于病毒和白背飞虱越冬基数以及早春迁入时间和数量，结合各地气候条件和水稻播栽时期，实施病情预测。多年的实践表明，我国南部稻区早春（4～5 月）迁入白背飞虱带毒率低于 1% 为病害轻度发生年，带毒率 1%～2% 为病害中等发生年，带毒率大于 2% 则存在病害暴发流行高风险。各地早稻中、后期感病株（表现为轻度矮化、叶色深绿和包颈穗等症状）数量可作为当地中、晚稻病情的预测指标，早稻病株率大于 5% 即可发布病害暴发预警（张彤和周国辉，2017）。

《南方水稻黑条矮缩病测报技术规范》（NY/T 2631—2014）的制定为开展南方水稻黑条矮缩病的监测预警和防控工作提供了很好的指导。该技术规范涉及越冬白背飞虱虫口密度的调查及带毒率的检测方法、灯下白背飞虱带毒率调查检测方法、水稻田间发病情况的系统调查和病情普查方法、数据报送和传输以及预测预报方法等。南方水稻黑条矮缩病的发生为害与白背飞虱的虫源基数和带毒率、耕作制度、气候条件、白背飞虱迁入期、水稻敏感期的吻合度等密切相关。可根据南方水稻黑条矮缩病田间发病丛数的调查结果，结合白背飞虱的虫源基数和带毒率、耕作制度、气候条件、白背飞虱迁入期与水稻敏感期的吻合度等因素综合分析，做出南方水稻黑条矮缩病发生程度趋势预报。

南方水稻黑条矮缩病病情严重度分级指标为：0 级：健株，无症状；1 级：植株矮缩不明显，能抽穗，但穗小，结实率低，在中上部叶片基部可见纵向皱褶；在茎秆下部节间和节上可见蜡白色或黑褐色隆起的纵向排列小瘤突；2 级：植株矮缩丛生，高度不及正常株的 3/4，有的能抽穗，但相对抽穗迟而小、实粒少、粒重轻，半包在叶鞘里，剑叶短小僵直；3 级：植株分蘖增多、丛生，矮缩明显，高度不及正常株的 1/2，主茎及早生分蘖尚能抽穗，但穗头难以结实，或包穗，或穗小，似侏儒病；4 级：植株严重矮缩，高度不及正常株的 1/3，后期不能抽穗，常提早枯死。南方水稻黑条矮缩病发生程度分级指标见表 3-7。

表 3-7　南方水稻黑条矮缩病发生程度分级指标

发生程度	轻度发生（1 级）	偏轻发生（2 级）	中等发生（3 级）	偏重发生（4 级）	大发生（5 级）
发生面积占种植面积比例/%	<30	≥30	≥30	≥30	≥30
病丛率/%	<1.0	1.1～3.0	3.1～10.0	10.1～20	>20

近年来，一些病害重发区的测报点根据多年的病情调查数据资料，研究了南方水稻黑条矮缩病的主要流行因素与病害的关系；有的在数量关系水平上分析了南方水稻黑条矮缩病的发生流行规律，并建立了病害流行预测的数学模型，使对病害的预测由经验定性预报向量化预报转化，提高了测报决策水平，从而更好地指导对该病的防控。安徽安庆桐城市分析了当地 2010～2013 年的田间白背飞虱种群数量和中稻病情调查数据及其同步气候观测资料；发现当地白背飞虱种群数量和南方水稻黑条矮缩病病指在年度间波动大，南方水稻黑条矮缩病的发生发展取决于 6～8 月的气象条件。在虫源充足和感病寄主存在的情况下，6 月下旬至 7 月上旬累计降雨量大、降雨日数多和相对湿度大，病害发生期就早。在病害发生发展的基础上，8 月上旬的平均温度、累积日照时数和相对湿度与病害流行程度关系密切，平均温度偏高有利于病害的快速扩展。董城等（2016）利用广东化州市 2007～2015 年的生态因子数据与南方水稻黑条矮缩病田间实际发生数据，采用逐步回归和通径分析的方法研究了两者之间的相关性。结果表明，上年 10 月下旬的温雨系数和上年晚稻黑条矮缩病发病率对早稻南方水稻黑条矮缩病发病率的影响最大。研究建立了生态因子与早稻南方水稻黑条矮缩病发病率回归模型：$Y=-2.7590+0.1895X_1+0.1345X_2+1.0495X_3+0.0044X_4$，其中，$Y$ 为早稻南方水稻黑条矮缩病发病率（%），X_1 为上年晚稻发病率（%），X_2 为上年 11～12 月平均最低气温（℃），X_3 为上年 10 月下旬温雨系数，X_4 为上年 10 月中旬至下旬雨量（mm）。

陈冰等（2018）应用相关性分析、逐步回归分析和通径分析方法，对广东化州市 2006～2016 年气象因子、介体虫量与南方水稻黑条矮缩病发生发展的关系进行分析和模拟。发现 5～7 月气象因子、介体虫量与发生面积均呈正相关，相关性均达到显著或极显著水平；通径分析发现 8 月上旬稻飞虱成虫量和 6 月下旬至 7 月上旬降雨量之积（X_3'）对发生面积的直接作用最大（0.9318），其次为 8 月上旬稻飞虱成虫量和 6 月中旬至 7 月上旬降雨日数之积（X_4'），而 5 月相对湿度（X_1'）、5 月上中旬相对湿度（X_2'）主要通过 X_3' 间接影响发生面积；通过逐步回归建立了南方水稻黑条矮缩病发生面积预测模型 $Y=-2.521645+0.017466X_1'+0.014457X_2'+0.000050X_3'-0.000296X_4'$。以上预测模式准确率较高，可用于广东化州乃至粤西地区早稻南方水稻黑条矮缩病的预测预报。由于影响南方水稻黑条矮缩病发生的条件复杂且不是很明确，黄华英等（2017）、陈观浩等（2018）以多项式回归和灰色系统理论，采用历年的病害发生资料而不是发病条件，即可对该病发病情况进行长期预报。

七、病害防治

由于缺乏品质优良的抗 SRBSDD 栽培稻种质资源，目前生产上尚未普遍使用抗性品种来防治南方水稻黑条矮缩病。周国辉研究团队指出，有效的措施是分区治理，联防联控，即在毒源越冬区压缩冬种稻面积、减少冬闲田自生稻苗、综合控制白背飞虱等措施。在病毒早春扩繁区加强早稻病情监测并控制白背飞虱扩繁基数；在中、晚稻受害区开展应急防控。应急防控应以病情测报为基础，既要避免过度防控又要避免病害成灾，关键技术有内吸性杀虫剂种子处理和秧田用药带药移栽。着重控制白背飞虱在秧田和本田初期传毒所造成的再侵染（图 3-8）。此外，可采取隔离育秧、多苗插植及本田初期施药防虫等辅助措施（张彤和周国辉，2017）。

宋宝安研究团队提出农艺防控阻断虫源毒源技术（异地育秧技术、毒源清除技术、冬季种植模式调整技术等）、秧田覆网防虫阻隔媒介技术、"水稻全程免疫"抗病防病技术等南方水稻黑条矮缩病的综合防控技术（陈卓等，2017）。对于"水稻全程免疫"抗病防病技术，该团队在 2013 年云南省芒市开展的田间试验表明，通过组合毒氟磷防病-吡蚜酮阻止传毒的措施，在苗期、移栽期和本田期 3 次施药，对南方水稻黑条矮缩病的防效可达 97.5%；同年在福建省顺昌县进行的田间试验显示，通过组合毒氟磷-吡虫啉拌种、移栽期和本田期喷施毒氟磷-吡蚜酮的组合措施，本田期防效为66.7%，显著高于对照（40.42%）。

| 带毒飞虱入侵
秧田并产卵 | 带毒飞虱秧田
传毒侵染 | 带毒飞虱本田初期传毒侵染 | 重病田形成 |

图3-8　南方水稻黑条矮缩病应急防控技术示意图（张彤和周国辉，2017）

该团队总结出"以作物健康为目标，通过合理搭配生长环境要素，水稻生长的全程一体化综合管护措施"。该措施以激发植物免疫体系为核心，以毒氟磷、氨基寡糖素等植物免疫调控剂为基础，通过植物免疫激活剂的施用促进水稻健壮、防病、抗病和丰产。通过该技术的实施，压低了病虫害发生基数，降低了病虫害的繁殖率和种群数量，保护了自然天敌、发挥了自然控制作用，降低了化学防治次数、减少了农药用量，集成创新全程免疫防控技术与绿色防控技术，实现了防治技术的简化、防治效果的提高、防治成本的降低、农田生态的改善。通过"三位一体"模型实现"虫病共防"的全程免疫防控（图3-9）。

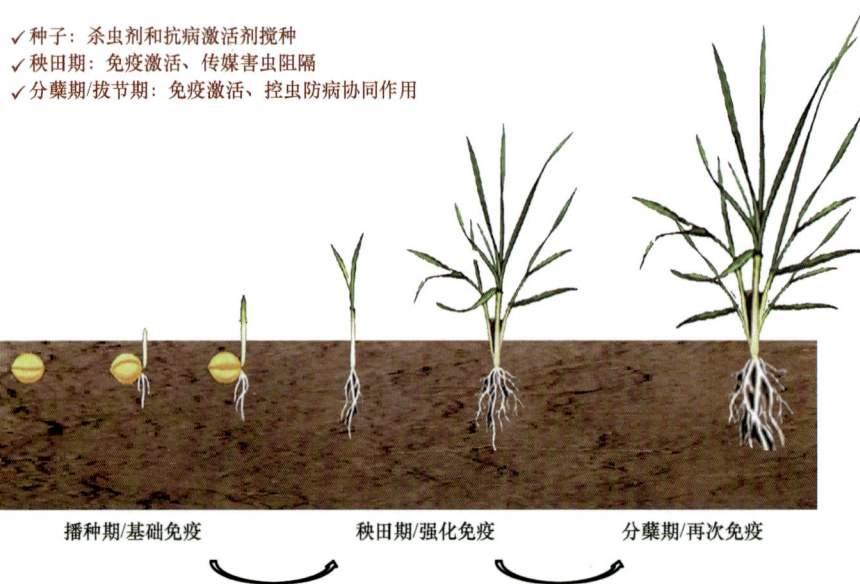

✓ 种子：杀虫剂和抗病激活剂搅种
✓ 秧田期：免疫激活、传媒害虫阻隔
✓ 分蘖期/拔节期：免疫激活、控虫防病协同作用

| 播种期/基础免疫 | 秧田期/强化免疫 | 分蘖期/再次免疫 |

图3-9　集成创新"水稻全程免疫"抗病防病技术（陈卓等，2017）

目前对南方水稻黑条矮缩病的防控采取的主要措施是在毒源越冬区压缩冬种稻面积、减少冬闲田自生稻苗、综合控制白背飞虱等措施，在病毒早春扩繁区加强早稻病情监测并控制白背飞虱扩繁基数，在中、晚稻受害区开展应急防控。应急防控应以病情测报为基础，既要避免过度防控又要避免病害成灾（张彤和周国辉，2017）。

（一）加强监测和预报

在病害常发地区要进行定点、定期调查越冬再生稻、秧田和本田南方水稻黑条矮缩病发病率，同时调查稻飞虱虫口密度和带毒率，并且密切关注、分析气候变化趋势及其对虫量发生的影响等工作，对病害发生趋势做出预报，指导预防。

（二）治理冬闲田，调整冬季种植模式

中、晚稻田收获后，翻耕稻田，清除田间再生稻、落谷稻及周边杂草；或在10月下旬晚稻收获前播种1.5kg/亩紫云英绿肥，在水稻移栽前，铲除田边恶性杂草，翻耕稻田，将前茬稻桩、紫云英绿肥和有机肥深埋，以培育稻田肥力；或在晚稻收割后，冬季改种蔬菜或推迟玉米播种期。水稻收割后种植蔬菜、绿肥等可以显著增加天敌的种库。通过以上措施对稻飞虱越冬环境进行综合治理，压低冬季稻飞虱越冬虫量基数，减少翌年早稻病虫害的发生。

（三）适期育秧及秧田科学管理

早稻完成收割后5～7d播种晚稻，播种前完成田块翻耕和田边除草；根据虫量监测，适当调整播种时间，避开稻飞虱传毒介体的迁移高峰期；同时，统一播种育秧，提倡连片育秧管理。有条件的可以采取异地育秧技术。将水稻育秧地点移至没有稻飞虱或稻飞虱较少的区域，减少秧田期受病毒侵染的概率。采用多本插植或抛秧、机插秧等栽培方式，增加基本苗数，发挥健株的补偿效应；加强肥水管理，控制氮肥施入量，增施磷肥、钾肥，实施健身栽培，提高植株的抗病性。

（四）药剂拌种

选用内吸性杀虫剂或种衣剂处理种子，减轻病害的传播。种子包衣技术是防治稻飞虱、稻蓟马等苗期害虫的一种环境友好的防治方式。近年来我国开发的许多种子包衣成膜剂可以将杀虫剂等活性成分吸附在种子膜上，然后缓释到环境中，对本田土壤和环境污染极小。另外，可选用25%吡蚜酮悬浮剂8g/kg稻种、20%呋虫胺可溶性粒剂5g/kg稻种、10%吡虫啉可湿性粉剂10g/kg稻种拌种。操作方法为：稻种浸种12h后捞出晾干，室温催芽至稻种露白待用。将药浆加入露白稻种中缓慢搅拌，至所有种子表面均匀附着药剂，再晾干2～3h后带药播入育秧苗床中。还可选用烯啶虫胺、噻虫嗪等。

（五）防虫网覆盖育秧

播种前平整苗床，将露白稻种播入秧田后搭拱架，立即覆盖40目尼龙防虫网，防虫网四周以泥土压紧。移栽前2～3d揭网练苗。

（六）施用"送嫁药"

苗床揭网后立即喷施内吸性杀虫剂防治稻飞虱，施用杀虫剂时需要注意加强害虫抗药性监测，科学用药。2020年在江苏、福建、广东、广西、四川等5个省（自治区）7个县（市、区）设置监测地区，监测农药品种为3类杀虫剂的5个品种。监测地区白背飞虱种群对新烟碱类药剂吡虫啉、噻虫嗪、呋虫胺处于敏感至中等水平抗性，对有机磷类药剂毒死蜱处于中等水平抗性，对昆虫生长调节剂类药剂噻嗪酮处于中等至高水平抗性。与2019年监测结果相比，白背飞虱对上述5种药剂的抗性倍数总体变化不大。由于褐飞虱对噻嗪酮处于高水平抗性。而白背飞虱和褐飞虱常混合发生，建议各稻区暂停使用噻嗪酮防治白背飞虱；当田间稻飞虱种群以白背飞虱为主时，可使用噻虫嗪、呋虫胺、氟啶虫胺腈、三氟苯嘧啶等药剂防治（张帅，2021）。同时，加入氯虫苯甲酰胺等兼治水稻螟虫，春雷霉素等兼治稻瘟病。但需注意的是，水稻生长前期或迁入初期防治稻飞虱和螟虫等害虫的同时，也杀灭了大量天敌，导致稻田自我控害能力下降。因此，在水稻生长前期建议放宽防治指标，发挥植株补偿作用和天敌等因子的自然控害能力，减少化学农药的使用（赵景等，2022）。

（七）本田适期用药

根据虫量监测和田间发病情况确定本田是否施药及施药次数。通常在移栽后 7～10d、移栽后 1 个月左右，各施用防治稻飞虱的内吸性杀虫剂 1 次，可选用吡蚜酮、噻虫嗪、呋虫胺、氟啶虫胺腈、三氟苯嘧啶等药剂，还可结合免疫激活剂或病毒抑制剂如毒氟磷共同施用。

第二节　水稻黑条矮缩病

一、病害发生与为害

（一）病害发生

水稻黑条矮缩病（rice black-streaked dwarf disease，RBSDD）由水稻黑条矮缩病毒（*Rice black-streaked dwarf virus*，RBSDV）引起，于 1952 年首次由日本学者 Kuribayashi 和 Shinkai 在日本东南部长野地区的普通栽培稻日本变种（*Oryza stativa* var. *japonica*）上发现。之后在朝鲜、韩国等东亚地区也有发生，2010 年以后病情有所上升（Kuribayashi and Shinkai，1952；Wu et al.，2020）。在我国，该病害于 1963 年首次在浙江余姚被发现，同期发现的还有玉米粗缩病。后来的研究表明，多地的玉米粗缩病也是由 RBSDV 引起的（陈声祥和张巧艳，2005）。20 世纪 60 年代中期，水稻黑条矮缩病在上海、浙江、江苏、安徽和山东等省（市）不少地区的稻、麦和玉米等禾谷类粮食作物上发生严重，此后的 20 年发病面积逐步下降，在 20 世纪 70 年代甚至连病株标本都很难找到。自 20 世纪 90 年代后期起，由于扩种小麦，为灰飞虱的侵染循环提供了有利条件，以及全球变暖等气候原因，该病在浙江省回升流行并不断向周边蔓延，2006 年以来，在江苏、浙江、山东等稻区曾大面积发生。2013 年以后，该病在江苏一带得到控制，但又蔓延至河南沿黄部分稻区。目前我国北起河北，南至广东、广西，西至贵州，东至江苏、浙江，共有 15 个省（自治区、直辖市）有水稻黑条矮缩病毒的分布；但在河北、山东地区主要以危害玉米的形式存在（周彤，2013；刘晴和徐建龙，2022）。

（二）病害为害

20 世纪 60 年代首先在浙江省发现水稻黑条矮缩病后，1964～1966 年，浙江省黑条矮缩病的发病面积占全省水稻种植面积的 80%；1991～2002 年，浙江杂交稻区水稻黑条矮缩病再次暴发成灾，发病面积达 11.79 万 hm^2；2007 年水稻黑条矮缩病在江苏局部地区发生，面积为 2 万 hm^2，2008 年迅速在淮北、沿海和里下河地区蔓延，全省发病面积达 26 万 hm^2；2009 年发病面积进一步上升至 33 万 hm^2。2010～2012 年，该病再次在我国江浙等地的水稻、玉米种植区大规模流行。2011 年山东鱼台地区大面积暴发水稻黑条矮缩病，据不完全统计，近 670hm^2 水稻失收。在河南开封杜良水稻种植区，2013 年发病面积为 2666.7hm^2，约占当年种植面积的 25.0%，个别田块绝收，当年造成稻谷损失约 200 万 kg；2014 年发病面积为 3668.5hm^2，占当年水稻面积的 35.6%，一般病丛率为 10.2%～56%，个别田块为 100%，当年损失稻谷 180 万 kg。

发生水稻黑条矮缩病的田块，一般减产 10%～40%，重病田块颗粒无收，给水稻和玉米生产安全造成了严重威胁。近些年来，随着全球变暖和灰飞虱北扩的影响，水稻黑条矮缩病有明显北扩的趋势，上升为华东、华北稻区最严重的水稻病毒病害之一（周彤，2013；刘晴和徐建龙，2022）。

二、病害症状与诊断

（一）病害症状

水稻黑条矮缩病的典型症状是植株浓绿矮缩、分蘖增加，不抽穗或穗小，叶片短、阔、僵直；叶背、叶脉和茎秆上有短条状的蜡白色瘤状突起，结实不良。在水稻不同生育期发病的症状有所不同。在田间很易与除草剂或植物生长调节剂等使用不当引起的药害相混淆。

1. 秧苗期症状

病株颜色深绿，心叶抽出缓慢，心叶叶片短小而僵直，叶枕间距缩短，其叶鞘被包裹在下叶鞘里。

2. 分蘖期症状

病株浓绿矮缩，分蘖增多而丛生（图 3-10，图 3-11），上部数片叶片的叶枕重叠，心叶突破下叶叶鞘而出或从下叶枕口呈螺旋状伸出（图 3-12）。

图 3-10　田间症状（黄世文　提供）

图 3-11　病株（黄世文　提供）

图 3-12　病叶（黄世文　提供）

3. 抽穗期症状

图 3-13　病叶上的脉肿（黄世文　提供）

全株矮缩丛生，大部分病株高度只有正常植株的 1/2～2/3，有的能抽穗，但相对抽穗迟而小，半包在叶鞘里，剑叶短小而僵直；在中、上部的叶片基部可见纵向褶皱；叶背、叶脉和茎秆下部节间和节上可见短条状（长度 1～5mm）隆起的蜡白色脉肿，表面较亮且半透明，后渐变为褐色或暗褐色（图 3-13），粳稻脉肿比籼稻的更加明显。这是水稻黑条矮缩病最突出的症状特点。

水稻黑条矮缩病在秧苗期大多症状不明显，显症的高峰期主要在分蘖盛期。该病与南方水稻黑条矮缩病的症状最明显的不同之处是，后者病株高位分蘖及基节部形成倒生须根，这成为田间初步鉴别这两种病害最重要的依据。但由于两个病害的其他感病症状十分相似，仍需借助免疫学或分子技术来准确判断。

（二）病害诊断

常规诊断水稻黑条矮缩病的方法有田间症状诊断、病理学诊断和生物学诊断。田间有发病中心、病株矮缩浓绿、叶片或茎秆上有蜡白色至暗褐色条状脉肿是田间诊断该病的基本特征。切片观察形成脉肿的组织，可见颗粒状包含体；在染病植物细胞的细胞质中，也可见管状病毒粒体。在生物学诊断中，可采用高感玉米品种 Golden cross bantan 作为诊断寄主，接种 7～10d 即可在叶片上呈现白色线条（谢联辉等，2016）。

通过免疫学或分子技术检测稻株和灰飞虱带毒情况是确诊水稻黑条矮缩病以及进行该病预测预报的关键技术。①免疫学方法：从感病植物中提纯病毒粒体制备单克隆抗体，利用 ELISA 检测病毒的方法被广泛运用于植物病毒的鉴定上。基于 DIBA，开发出了检测 RBSDV 的试剂盒（见表 3-4）。②分子检测法：一是采用 RT-PCR 法，用病毒基因组部分核苷酸序列设计特异性引物，不仅能检测 RBSDV，还可以区分 SRBSDV；二是运用 Notomi 等报道的一种新型荧光反转录环介导等温扩增技术（reverse transcription loop-mediate isothermal amplification，RT-LAMP）。目前已建立了 RBSDV 的 RT-LAMP 检测方法，在保证灵敏性和特异性的前提下，简化了操作步骤，特异性好，能够排除 SRBSDV 的干扰而准确、快速地检测出 RBSDV（见表 3-5）（周彤等，2012；孙枫等，2013；庄新建等，2020）。

三、病原学

（一）病毒分类地位、粒体形态及特性

水稻黑条矮缩病毒最早于 1964～1966 年由我国华东地区稻麦病毒性矮缩病协作组成员根据病毒形态、寄主症状、介体昆虫及传病特性等进行鉴定。病原 RBSDV（*Rice black-streaked dwarf virus*，RBSDV）属于呼肠孤病毒科（*Reoviridae*）斐济病毒属（*Fijivirus*）。RBSDV 病毒粒子为直径 70～75nm 的正二十面体，双层外壳均有突起（spike）（图 3-14）。其在病叶抽提液中的钝化温度（thermal inactivation point，TIP）为 50～60℃；在病株汁液中的稀释限点（dilution end point，DEP）为 10^{-5}～10^{-4}，在带毒昆虫中为 10^{-6}～10^{-5}；在病株和带毒昆虫的抽提液中的体外存活期（*in vitro* survival period，

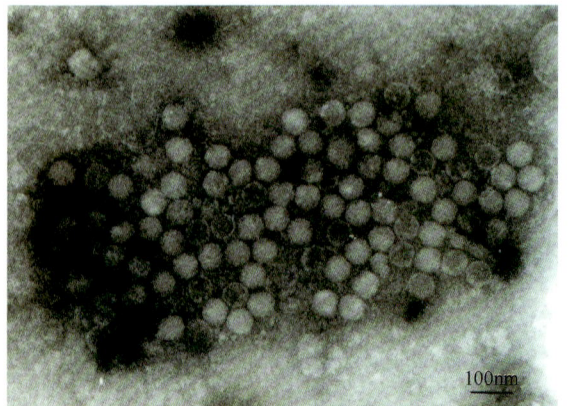

100nm

图 3-14　提纯的 RBSDV 粒体（谢联辉等，2016）

LIP）为4℃下6d或−35～−30℃下232d（谢联辉等，2016）。

（二）病毒的基因组结构及功能

RBSDV基因组大小为29 142nt，富含AT碱基，GC含量较低，只有31%～39%。RBSDV基因组由10条线性的双链RNA（double-stranded RNA，dsRNA）组成，按PAGE胶上迁移距离由小到大依次命名为S1～S10。大多数基因组片段为单顺反子，少数含2个重叠（S5）的或非重叠（S7和S9）的开放阅读框（ORF）。基因组片段S1～S4、S6、S8、S10均为单顺反子，只编码1种蛋白质，而S5、S7、S9则为双顺反子，其中S5带有两个重叠的ORF，S7和S9带有两个非重叠的ORF。检测分析显示，相对于第一个ORF，第二个ORF翻译效率比较低，推测这可能是RBSDV调控自身蛋白表达的一种方式。

RBSDV-S1含有GDD（glycine-aspartate-aspartate，甘氨酸-天冬氨酸-天冬氨酸）和其他保守序列，编码相对分子质量约为169 000的蛋白质，推测编码依赖RNA的RNA聚合酶。S2编码141 000蛋白质，推测为病毒粒子的主要核心蛋白。S3编码132 000蛋白质，初步证实为病毒粒子的一种结构蛋白。S4编码135 000蛋白质，推测定位于亚病毒粒子的表面，构成泌出mRNA的通道，可能编码B刺突（B-spike）结构蛋白。S5编码107 000（P5-1）的结构蛋白和23 000（P5-2）的非结构蛋白。S6编码90 000蛋白质（P6），利用农杆菌浸润转绿色荧光蛋白（green fluorescent protein，GFP）基因的本生烟草的纯合系16C，发现P6蛋白能够有效抑制基因沉默的进程，但不作用于基因沉默的起始阶段，而与基因沉默的传播和保持相关联，具有抑制子功能。P6蛋白能够完全抑制DNA的甲基化作用，并能引起接种植物症状加重，进一步证明P6蛋白是一种基因沉默抑制子。酵母双杂交试验结果表明，P6蛋白能与水稻类囊体抗坏血酸氧化酶（thylakoid-bound APX，tAPX）、Immutants蛋白质、醛糖1-差向异构酶（aldose 1-epimerase，A1EP）互作，调控植物生理过程。P6蛋白自身能相互作用形成点状、类似病毒基质（viroplasm）的结构，并且与P9-1互作。S8编码的68 000蛋白质（P8）为病毒核心粒子外壳蛋白。在植物和昆虫细胞中，P8蛋白通过其N端（1～40个氨基酸）定位于细胞核内；在烟草悬浮细胞中P8具有抑制转录活性。此外，P8蛋白在昆虫细胞内或体外都能形成同源二聚体。由此推测，P8蛋白可能在病毒侵染介体昆虫或寄主植物细胞过程中进入寄主细胞核内，作为转录抑制子调控寄主基因表达，从而创造有利于病毒增殖的环境。S10编码63 000蛋白质（P10），为病毒粒子外层衣壳蛋白，P10蛋白在体外或酵母细胞内都能通过N端230个氨基酸相互作用形成多聚体。纯化的P10蛋白在溶液中主要形成三聚体结构，对于RBSDV粒体衣壳的组装具有重要作用。S7编码41 000（P7-1）和36 000（P7-2）2种蛋白质，血清学分析认为P7-1形成管状结构（tubular structure），P7-1在拟南芥中通过抑制花药中木质素的合成，导致植株花药开裂异常、雄性不育，很可能是RBSDV的重要致病因子，在病毒侵染寄主过程中起重要作用；P7-2不能在病毒粒子、带毒飞虱组织内检测到，但能在感病水稻植株中检测到，在植物细胞中具有转录激活活性和核定位信号，表明P7-2是病毒侵染植物的特异性非结构蛋白。S9编码40 000（P9-1）和24 000（P9-2）2种蛋白质，P9-1被证明是病毒基质的组成部分，在病毒的包装形成过程中起作用；P9-2为非结构蛋白，尚未在感病植株和介体中检测到（孙枫等，2013；Wu et al.，2020）。

（三）寄主范围

RBSDV的寄主有禾本科植物57种，其中自然发病的寄主作物有水稻（*Oryza sativa*）、玉米（*Zea mays*）、小麦（*Triticum aestivum*）、大麦（*Hordeum vulgare*）、高粱（*Sorghum bicolor*）、粱（*Setaria italica*）、稷（*Panicum miliaceum*）、燕麦（*Avena sativa*）等，禾本科杂草寄主有稗（*Echinochloa crusgalli*）、马唐（*Digitaria sanguinalis*）、画眉草（*Eragrostis pilosa*）、狗尾草（*Setaria viridis*）、看麦娘（*Alopecurus aequalis*）、早熟禾（*Poa annua*）、茵草（*Beckmannia syzigachne*）等。玉米可作为鉴定RBSDV的指示作物，但由于玉米不是其介体昆虫灰飞虱的适生寄主，且其人工饲毒的获毒率也在8.2%以下，因此在自然界中染病的玉米作为水稻黑条矮缩病流行的侵染源的作用不大，但作为该病毒种群生存和发展中的寄主作用不可忽视（陈声祥和张巧艳，2005）。

（四）侵染循环

水稻黑条矮缩病毒主要在大麦、小麦、看麦娘、茵草和早熟禾等寄主植物上越冬，也可在灰飞虱的体内越冬。在"麦-单、双季稻"栽培区，从麦、看麦娘和茵草等寄主上发生的灰飞虱第1代带毒虫是早稻发病的主要侵染源，是单季稻发病的初侵染源；从早稻及稗和马唐等杂草上发生的第2代、第3代带毒虫是双季晚稻发病的主要侵染源，是单季晚稻的再次侵染源。在"小麦-玉米"种植区，小麦上发生的第1代灰飞虱带毒虫是造成玉米粗缩病流行的主要侵染源。翌年春天灰飞虱的若虫羽化为成虫，在越冬寄主上产卵繁殖，第1代灰飞虱若虫从越冬寄主病株上获毒，5～6月羽化为第1代成虫并迁至水稻秧田或旱田禾本科植物上产卵繁殖和传毒危害，随后的第2代、第3代灰飞虱在水稻田中扩散繁殖，在水稻病株上通过口针刺吸带毒后，迁飞入晚稻田或秋玉米田中传毒。晚稻上繁殖的灰飞虱在10月上中旬又迁入大麦、小麦和冬季禾本科植物上越冬，同时将病毒传给越冬寄主植株，完成RBSDV通过麦（或禾本科杂草）-稻/玉米（或禾本科杂草）途径的侵染循环（图3-15）。由于灰飞虱不能在玉米上繁殖，所以玉米在该病毒再侵染循环中的作用不大（孙枫等，2013；Wu et al.，2020）。

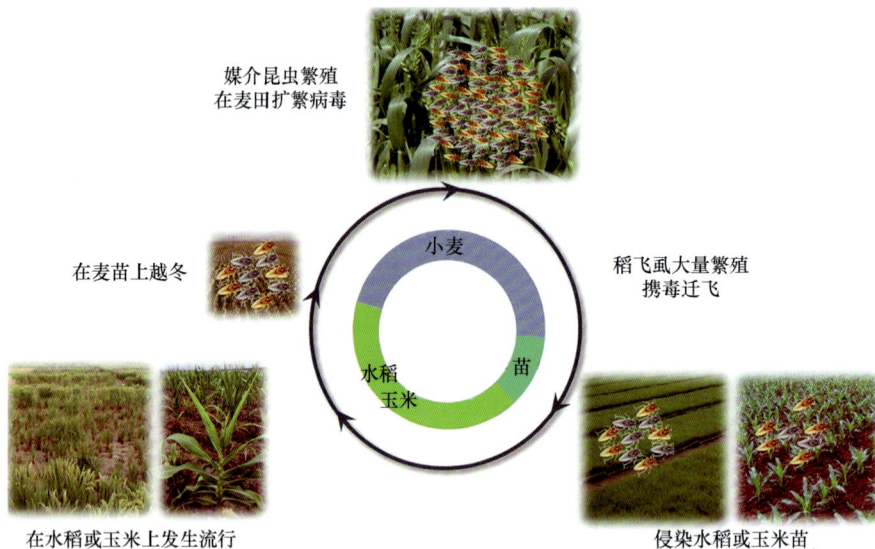

图 3-15　RBSDV 对 3 种谷类作物（水稻、玉米和小麦）的侵染循环（Wu et al.，2020）

（五）媒介昆虫的传毒特性

水稻黑条矮缩病毒主要通过灰飞虱（*Laodelphax striatellus*）以持久增殖型方式传播，蜕皮不失毒，但不经卵传毒，保毒虫多数为短期间歇传毒。白脊飞虱（*Unkanodes sapporona*）和白带奇洛飞虱（*Chilodelphax albifascia*）也能传播，但在我国发生稀少，传毒率在 4.2% 以下，且其循回期长，在病害流行中作用很小。灰飞虱属于温带区害虫，在我国分布广泛，以华北冬麦区和长江中下游稻区发生较多，在华南仅在早稻上和较高海拔地区发生。其发生世代受地理和气候制约，在我国一年发生代数自北向南逐步由 3 代增至 8 代，在北纬 45° 以上的呼伦贝尔市为 3 代，在北纬 40° 以上的辽宁盘锦以 4 代为主，北纬 32°～40° 的天津、北京、甘肃、宁夏和新疆南部等地为 5 代，云南中部虽然纬度较低，但因其海拔高，年发生 5 代，北纬 28°～32° 的长江流域以 6 代为主，北纬 25°～27° 的闽北发生 7 代，北纬 25° 以下的闽南发生 8 代。灰飞虱的寄主主要为禾本科植物，但在十字花科的荠菜、莎草科的三棱草等杂草上也能产卵繁殖。最适合的寄主是水稻、小麦、大麦、稗、看麦娘，其次是燕麦、狗牙根、茵草、马唐、画眉草、千金子、李氏禾、三棱草和芦苇等。玉米、小米、高粱、苏丹草和雀稗等为非适生寄主，可见成虫在其上探食活动，但很少产卵和孵化。

灰飞虱成虫有雌雄和长短翅型之分，若虫有 5 个龄期，其迁移活动与其取食和产卵繁殖密切相关。长翅型成虫选择黄绿色和幼嫩的寄主植物下部叶鞘或叶片中脉上产卵繁殖，在寄主处于分蘖期至孕穗期孵化的若虫，多发育成繁殖力较强的短翅型成虫，就地繁殖下一代虫。在寄主处于抽穗期孵化的若虫，随着寄主的衰老，逐渐从植株下部迁移到穗头上取食，多数发育成为长翅型成虫，就近迁移到四周幼嫩和黄绿色的寄主上取食和繁殖，其中带毒虫将毒源寄主上的病毒扩散传播。长翅型成虫在晴天有 2 个迁飞高峰，第 1 个在上午日出后露水干时，第 2 个在下午日落前 1~2h 内，以后一个高峰虫数为多。田间飞行高度一般在离地面 8m 以下，以 7m 上下捕捉到的虫数为多，也可随气流飞到高空、高山和近海海面。

灰飞虱在感病植株上获毒的时间最短为 1h，一般 1~2d 可充分获毒。病毒在虫体内的循回期为 8~35d，在一定范围内随着气温升高而缩短。25℃恒温条件下，病毒在灰飞虱体内循回期为 12~15d。带毒灰飞虱最短传毒时间为 1min，多数为 1~2d。传毒最低温度为 4~5℃。越冬带毒若虫在−7~0℃的低温下历时 15d，对传毒效率没有明显影响。灰飞虱获毒取食通过循回期后，其寿命为 1~25d，平均为 13.5d，一生能传毒 1~9 次（陈声祥和张巧艳，2005；谢联辉等，2016）。

（六）媒介昆虫与病毒间的互作

据报道，RBSDV 侵染早期能诱导灰飞虱细胞发生自噬，激活灰飞虱体内自噬通路能够抑制 RBSDV 的侵染和复制，而抑制细胞自噬则促进 RBSDV 的侵染和复制，并提高携毒灰飞虱的死亡率，表明自噬作为先天性免疫的一种，在抵抗 RBSDV 侵染过程中起到重要的作用，仅病毒编码的主要衣壳蛋白 P10 就能引起灰飞虱和 Sf9 细胞自噬。酵母文库筛选实验鉴定到与 RBSDV P10 互作的灰飞虱 LsGAPDH 蛋白，且两者在昆虫细胞内存在共定位。深入研究发现，表达 RBSDV P10 蛋白的 Sf9 细胞促进 AMP 活化蛋白激酶（AMPK）和甘油醛-3-磷酸脱氢酶（GAPDH）的磷酸化，并导致磷酸化的 GAPDH 入核激活细胞自噬。同时发现，RBSDV 侵染或饲喂重组表达的 RBSDV P10 蛋白也会促进灰飞虱细胞的 LsAMPK 和 LsGAPDH 蛋白的磷酸化及 GAPDH 入核并激活灰飞虱细胞自噬。通过免疫共沉淀（Co-IP）和体外磷酸化等实验发现 AMPK 与 GAPDH 互作，磷酸化的 AMPK 能磷酸化 GAPDH，沉默 AMPK 基因能抑制 RBSDV P10 所引起的 GAPDH 磷酸化、入核及自噬发生。这些研究结果表明，RBSDV 侵染或 RBSDV P10 能引起 AMPK 磷酸化，磷酸化的 AMPK 能进一步磷酸化 GAPDH，磷酸化的 GAPDH 进核并与 Sir1 互作从而激活自噬（Wang et al.，2021）。

（七）对其他水稻病毒病发生的影响

RBSDV 与水稻条纹病毒（Rice stripe virus，RSV）都是通过灰飞虱以持久增殖型方式传播给水稻植株。然而在同一地域很少同时发生这两种病害。经研究，当灰飞虱首先获得 RBSDV 后，对 RSV 的获毒率明显低于仅获取 RSV 的效率。然而，先获得 RSV 的灰飞虱再获取 RBSDV 的效率与仅获得 RBSDV 的灰飞虱介体之间没有显著差异。免疫荧光分析显示，首先获得 RBSDV 可能会抑制 RSV 进入中肠上皮细胞，但获取 RSV 不影响 RBSDV 的进入。灰飞虱刺吸同时感染这两种病毒的植株时，更有可能获得 RBSDV，只有 5% 的介体昆虫同时获得 RBSDV 和 RSV 这两种病毒。这在一定程度上解释了一定区域为何水稻黑条矮缩病和水稻条纹叶枯病会间歇性发生（Moya Fernández et al.，2021）。

四、品种抗病性

水稻黑条矮缩病属于流行性病害，其发病规律以及发病地点较难掌控，田间鉴定缺乏稳定性，人工接种病毒需投入大量的人工，对大群体诱发存在较大困难。同时，不同品种带有不同的抗性基因，即使是同一品种在不同研究中也会出现抗、感性状不一致现象。这给黑条矮缩病抗病基因研究以及抗病品种选育带来一定难度。

（一）抗病品种鉴定方法

发掘抗性基因和培育抗性品种是解决黑条矮缩病危害的根本策略，前提是需要诱发病害进行抗病品种的鉴定。目前，该病的诱发主要采用在病区田间自然诱发和人工室内接种的方法。由于人工室内接种费时、工作量大、需要各种设施条件，因此，对于大量种质资源或分离群体的抗性鉴定一般采取田间自然鉴定的方法。水稻不同生育期对水稻黑条矮缩病感病性存在差异，秧田期和本田前期是水稻易感病毒的时期，水稻分蘖盛期是观察症状的最佳时期，通常表现为显著矮缩，逐步枯死。进行田间自然鉴定时，直接将测定品种播种于常年四周种植灰飞虱适生寄主且黑条矮缩病重度发生区域（上年度感病品种在不防治条件下病株率大于30%），各品种随机排列，每10个参鉴品种设定1个感病对照，在秧田期自然诱发感病。为促进秧苗充分感病，秧田可以选择靠近麦田的田块，并在水稻幼苗期将灰飞虱从麦田驱赶至水稻秧田，从而增加虫口密度。虽然在水稻分蘖盛期，黑条矮缩病发病表型最明显，鉴定结果最可信，但一些黑条矮缩病重病株会在移栽后很快枯死。由于病株矮小、田间灌水较深，在分蘖盛期调查发病率前已腐烂，会造成调查数据偏差。如果对试验材料进行两次鉴定，第1次在分蘖初期对明显发病的病株进行标记，在水稻分蘖盛期进行第2次鉴定时再统计群体的发病情况，则有助于增强抗性鉴定结果的可靠性（刘江宁等，2019）。

人工接种鉴定方法首先从病害发生地采集灰飞虱的若虫或成虫进行饲养，对产卵后经检测无毒的成虫后代进行繁殖，并分批次进行带毒率检测，若始终未带毒，则确定获得无毒灰飞虱群体。之后在经RT-PCR检测感染RBSDV的病苗（水稻、小麦或大麦）上对无毒灰飞虱饲毒2d，将虫移入预先培育有适宜灰飞虱繁殖秧苗的烧杯中饲养，循回11～13d后检测灰飞虱带毒率。选择处于4龄期至5龄期的获毒灰飞虱群体，按照有效接种4～6头虫/苗、水稻接种苗龄为2叶1心进行接种。接种时长为3d，且每天上午和下午各赶虫一次，使灰飞虱分布均匀。3d后用杀虫剂将接种的灰飞虱全部扑杀，接种后3～7d将秧苗移栽至温网室培育。移栽10d后进行调查，共调查3次，每次调查间隔期不少于7d，最后一次调查在水稻分蘖末期前结束。

不管是田间自然诱发还是人工室内接种试验，若出现感病对照最高病株率小于30%，则认定鉴定结果不可用，需重新进行试验。

水稻黑条矮缩病抗性分级标准为：0级，发病率为0，免疫；1级，发病率为0.01%～5.0%，抗病；3级，发病率为5.01%～15.0%，中抗；5级，发病率为15.01%～30.0%，中感；7级，发病率为30.01%～50.0%，感病；9级，发病率大于50.0%，高感。

当品种抗性在不同地区或批次间鉴定结果表现不一致时，以发病最重的结果为准［《水稻品种试验水稻黑条矮缩病抗性鉴定与评价技术规程》（NY/T 2955—2016）］。

（二）抗病机制

目前，不同研究者普遍认为水稻黑条矮缩病抗性由微效多基因控制，抗黑条矮缩病水稻品种的选育需聚合多个抗性基因。但也有报道称普通野生稻导入系对水稻黑条矮缩病的抗性由一对显性核基因控制，其抗性为质量性状。进一步的定位研究发现，越光（日本粳稻品种）和明恢（中国籼稻品种）中抗性基因位点并不相同。周彤（2013）利用人工接种鉴定、非嗜性测验及抗生性测验，分析了抗病品种特特勃（TTP）对水稻黑条矮缩病和传毒介体灰飞虱的抗性特征。研究发现TTP对该病表现为抗性，TTP对灰飞虱仅表现出弱非嗜性，而无抗生性，认为TTP对水稻黑条矮缩病的抗性主要来自对病毒本身的抗性，而不是对传毒介体灰飞虱的抗性。进一步进行抗性遗传分析发现，其对水稻黑条矮缩病的抗性呈现出数量性状基因座的特征，可能由1或2个主效基因控制其抗病性。这表明不同来源的水稻资源中可能存在差异化的水稻黑条矮缩病抗性机制，对应蕴藏着不同的抗病基因。

植物在受到病原菌侵染时，体内复杂的激素网络可以迅速响应防卫反应。RBSDV侵染水稻后可通过调控植株内源激素相关的信号通路，进而影响其侵染。RBSDV的侵染可以激活水稻茉莉酸（jasmonic acid，JA）信号通路，抑制其油菜素内酯（brassinosteroid，BR）途径，进而抑制病毒对水稻的侵染（He et al.，2020）。李路路等（2020）通过RT-qPCR分析发现，RBSDV侵染后，感病粳稻淮5和浙粳99体内

OsMYC2 和 *OsNPR1* 在 mRNA 水平上的上调倍数远低于抗病籼稻深两优 5814 和 Y 两优 302，说明各籼/粳稻品种对 RBSDV 所表现出的不同抗性与其体内的 JA 和 SA 激素水平有关。RBSDV 侵染水稻后引起脱落酸（abscisic acid，ABA）含量的增加，进而通过抑制 JA 信号途径调节水稻内活性氧水平来负调控水稻对 RBSDV 的防御；抑制生长素（auxin）信号，可以提高水稻对 RBSDV 的敏感性，导致更为严重矮化的症状（Xie et al.，2018；Zhang et al.，2019）。

植物通过细胞表面的多种受体感知病原体的攻击。LRR 受体样蛋白（RLP）和受体样激酶（RLK）被广泛报道参与植物抵御细菌和真菌病原体入侵。然而，RLP 和 RLK 在植物抗病毒防御中的作用鲜有报道。近期有研究人员采用高通量测序方法、转基因水稻植株和病毒接种试验来研究 OsRLP1 和 OsSOBIR1 蛋白在水稻抗病毒感染免疫中的作用。水稻 LRR 受体样蛋白 OsRLP1 的转录本在 RBSDV 侵染后显著上调。对各种 OsRLP1 突变体的病毒接种表明 OsRLP1 调节水稻对 RBSDV 感染的抗性。OsRLP1 通过积极调节 MAPK 的激活和 PTI 相关基因的表达，参与 RBSDV 诱导的防卫反应。OsRLP1 与受体样激酶 OsSOBIR1 相互作用，该激酶可调节 PTI 反应和水稻抗病毒防御。该研究证实水稻病毒诱导的受体类蛋白 OsRLP1 通过与蛋白激酶 OsSOBIR1 互作，从而激活寄主的 PTI 反应，防御病毒侵染（Zhang et al.，2021）。

（三）抗病品种资源筛选

目前，生产上推广种植的水稻品种多数对黑条矮缩病感病，但抗性品种间存在明显差异，通常认为籼稻品种比粳稻品种抗性更强。李爱宏等（2008）对包含不育系、中籼稻恢复系、粳稻恢复系和常规粳稻等不同类型在内的 175 份水稻种质进行水稻黑条矮缩病的自然诱发鉴定，发现不同基因型的水稻种质对黑条矮缩病的抗性存在极显著差异，三系早籼稻不育系多为感或高感型，中籼稻恢复系多为抗病型，通过籼粳杂交培育的粳稻恢复系多数为感病型，而常规粳稻中分布有抗、中抗、中感、感和高感的不同基因型。卢百关等（2011）对 36 份 1980～2000 年江苏省主栽粳稻品种，57 份 2001～2008 年江苏省主栽粳稻品种，228 份 2009 年江苏省预试、区试粳稻材料，210 份珍汕 97B/明恢 63 家系材料及 365 份连云港市农业科学院新育成的稳定粳稻品系进行黑条矮缩病田间自然诱发鉴定，发现参试的 896 份水稻品种（系）中未发现对黑条矮缩病免疫的品种，其中中感以上的品种占 81.1%，抗性品种仅占 1.8%。王宝祥等（2014）对江苏地区 311 份粳稻品种进行重病区田间鉴定试验，未发现对 RBSDV 免疫的品种。之后又收集了来源于 15 个省份共 251 份微核心水稻品种并进行抗黑条矮缩病田间诱发鉴定，发现抗黑条矮缩病的籼稻品种明显多于粳稻品种，从籼稻品种中更易获得抗黑条矮缩病种质资源。

不同省（区）水稻品种对黑条矮缩病的抗性存在明显差异。其中，安徽、江苏、江西和浙江四省筛选出的抗性品种最多；广东、广西、湖南、台湾、云南和福建六省（区）发病率低于 10% 的品种仅有 14 个，没有发病率低于 5% 的品种；而黑龙江、吉林、辽宁、山东和四川五省（区）没有出现发病率低于 10% 的品种。推测是由于黑条矮缩病曾在 20 世纪 60 年代和 90 年代在华东地区大面积暴发，2 次黑条矮缩病大暴发客观上加强了当地抗黑条矮缩病水稻品种的选择作用，造成安徽、江苏、江西和浙江四省（区）抗性品种较多（王宝祥等，2014）。方先文等（2015）对 2000 份水稻材料（其中籼稻材料 758 份、粳稻材料 1032 份、国外材料 210 份）进行两年两点的田间自然诱发重复鉴定，仅发现 38 份材料对水稻黑条矮缩病具有较好的抗性，其中粳稻五月谷表现出了最高的抗性。2014～2015 年，任应党等（2016）收集黄淮稻区生产上的主栽品种 55 个，在灰飞虱自然传毒条件下，进行了水稻黑条矮缩病田间抗性鉴定。结果表明，在 43 个粳稻品种中，表现为抗病的品种 3 个，中抗品种 6 个，中感品种 14 个，感病品种 9 个，高感品种 11 个；在 12 个籼稻品种中表现为抗病的品种 2 个，中抗品种 3 个，中感和感病品种各 2 个，高感品种 3 个。即黄淮稻区当时推广应用的品种多数为感病品种，没有免疫或高抗品种。

（四）品种抗性 QTL 及抗病育种方式

除水稻第 8 号和第 12 号染色体外，现已在其他染色体上共定位到 30 多个黑条矮缩病抗性 QTL，但精细定位的还很少（Sun et al.，2017）。潘存红等（2009）利用珍汕 97B/明恢 63 的重组自交系群体，对黑条矮缩病抗性 QTL 进行了分析，共检测到了 6 个 QTL，其中第 6 号染色体上的 *qRBSDV-6* 被精细定位。刘江宁等（2019）构建了一套 L5494/IR36 重组自交系群体，共获得 222 个家系。其中 IR36 为半矮秆籼稻抗性亲本，L5494 为高秆粳稻品系，对黑条矮缩病表现高感。利用 L5494/IR36 重组自交系群体，共检测到 4 个水稻黑条矮缩病抗性 QTL，分别位于第 1 号、第 2 号、第 6 号、第 9 号染色体上，表型贡献率分别为 12.64%、16.00%、10.82% 和 8.43%，利用近等基因系确定第 1 号染色体上标记 AP-39.6 与 RM104 间存在一个抗病位点 *qRBSDV-1*。王英（2011）利用 Tetep/淮稻 5 号构建抗 RBSDV 分子连锁图谱，共检测到 4 个抗性 QTL，分别位于第 3 号、第 5 号、第 11 号染色体上，其中有 3 个位点来自 Tetep。位于第 5 号染色体上的 *qRB-5-3* 的贡献率最高，为 23.75%。方差分析结果表明，抗病的 4 个 QTL 之间存在累加作用。

近期，江苏省农业科学院植物保护研究所通过来自 56 个国家的 500 多份多样性水稻种质重病区自然鉴定和人工接种鉴定、病毒累计检测和昆虫抗性排除试验，成功鉴定出目前对 RBSDV 抗性最强的品种 W44；采用全基因组关联分析、基因差异表达分析、序列比对、基因功能注释和转基因验证，确认了天冬氨酸蛋白酶基因 *OsAP47* 为主效 QTL qRBSDV6-1 的功能基因。这是国际上第一个被克隆和功能验证的水稻 RBSDV 和 SRBSDV 抗性基因；进一步对测试的 500 多份种质和 3000 份测序水稻的比较基因组分析表明，*OsAP47* 的抗病单倍型仅存在于南亚和西非的少数籼稻地方品种中，对水稻品种改良具有重要意义（Wang et al.，2022）。

水稻黑条矮缩病是重要的水稻病毒病，严重发生时可造成巨大的产量损失。由于缺乏高抗种质资源和主效抗病基因，通过传统育种手段难以培育抗病品种。RNAi（RNA interference）是一种进化保守的针对 RNA 病毒的防御机制，已被广泛应用于植物抗病毒品种的开发。Shimizu 等（2011a）通过沉默水稻黑条矮缩病毒片段 S9-1，得到抗 RBSDV 的转基因水稻。Wang 等（2016）构建了同时靶向 4 个病毒基因（S1、S2、S6 和 S10）的 RNAi 载体，获得了高抗 RBSDV 的水稻株系，但未明确是特定的还是 4 个基因的组合导致高抗。在针对水稻黑条矮缩病毒的 RNAi 研究中，并不是所有针对任何一种病毒基因的 RNAi 构建都同样有效（Shimizu et al.，2011b）。另外，由于外源基因的表达与否以及能否稳定遗传会受到诸多因素的影响，在育种实践中获得真正具有应用价值的高抗病转基因水稻难度大。Feng 等在 2021 年报道了通过 RNAi 技术获得稳定的高抗黑条矮缩病无标记转基因水稻新品系的研究。他们首先创建并获得了分别针对水稻黑条矮缩病毒片段 S1、S2 和 S6 的 RNAi 转基因水稻，进而通过人工鉴定和自然鉴定，证实以 S6 为靶点的 RNAi（S6RNAi）转基因水稻对黑条矮缩病毒几乎免疫。进一步采用无标记转化策略，在江苏优质推广品种武陵粳 1 号（WLJ1）背景中，分别创建了由玉米 Ubiquitin 启动子和水稻绿色组织特异表达启动子 Osrbcs 驱动 S6RNAi 表达的无标记转基因水稻。通过分子数据分析和连续多年多次重复的抗性鉴定，最终获得了抗性稳定遗传且综合性状优良的无标记 S6RNAi 转基因水稻。研究还发现，该转基因水稻对南方水稻黑条矮缩病毒同样具有较强的抗性。进一步通过传统杂交育种并结合分子标记辅助选择技术，将转基因水稻中的 S6RNAi 结构成功转入了江苏目前大面积推广的粳稻品种淮稻 5 号（HD5）中，同样获得了高抗新材料，证明该研究中获得的高抗黑条矮缩病无标记转基因水稻具有较高的育种应用价值（Feng et al.，2021）。

五、病害发生条件

水稻黑条矮缩病的发生流行受到寄主品种抗病性、耕作栽培方式、灰飞虱数量和带毒率高低、水稻生育期与灰飞虱迁飞高峰期是否吻合、气候条件等多方面的影响。其中，耕作栽培方式、气候条件等主要通过影响灰飞虱数量而影响水稻黑条矮缩病的发生流行。

（一）品种和生育期的抗病性

长期以来，大面积推广种植的水稻品种对水稻黑条矮缩病的抗性总体较差，没有免疫或高抗品种，感病品种大面积推广种植为该病的流行提供了丰富的寄主资源。浙江中部自 1988 年开始大面积种植感病杂交稻协优 46 和汕优 10 号后,水稻黑条矮缩病的发生危害也逐年上升,到了 1996 年和 1997 年则发生大流行,而且杂交稻多为单本(多分蘖)插秧,一旦发病,则造成大田整穴水稻不能抽穗而绝产,但常规稻为多本插秧,健苗有补偿作用,因此病害发生轻而损失小(陈声祥和张巧艳,2005)。

水稻不同生育期接虫试验结果表明,以水稻秧苗期(1~5 叶期)接虫的发病最重,平均株发病率为 38.5%~59.5%,其中以秧苗 2 叶 1 心期到 4 叶 1 心期为最易感病期,株发病率极显著高于其他生育期($P < 0.01$);其次为分蘖期,株发病率为 5.36%~12.92%,圆秆拔节期以后接虫的基本不发病。因此秧苗期是防治灰飞虱传毒侵染的关键时期(王华弟等,2007)。

(二)耕作栽培方式

耕作栽培制度的变革与水稻黑条矮缩病的流行密切相关。双季稻和水稻-小麦轮作的耕作方式比较有利于水稻黑条矮缩病毒的发生。水稻黑条矮缩病于 1963~1966 年在江苏、浙江第一次大流行正是当时由单季稻改为双季连作稻,导致原来在杂草上带有的少量病毒由灰飞虱在早稻上经过 2 代大量繁殖并扩大数 10 倍后,带毒介体迁入晚稻和秋玉米上造成病害流行。之后由"二熟制"改为"三熟制"(春粮或绿肥-早稻-晚稻),冬作改迟熟的小麦为早熟的大麦或绿肥,在大麦和绿肥收获与早稻插秧等精耕细作中,基本杀灭了灰飞虱第 1 代若虫,阻止了水稻黑条矮缩病的初侵染,病害得到控制。后来自 20 世纪 80 年代中期起又恢复"小麦-单、双季稻"混栽制,实行少耕或免耕等栽培方式,改翻耕麦为稻板麦,为灰飞虱提供了充足的食料和适宜的越冬场所,在很大程度上加大了越冬代灰飞虱的虫源基数,有利于病害循环和毒源逐年累积上升,到 90 年代江苏、浙江第 2 次出现水稻黑条矮缩病大流行(陈声祥和张巧艳,2005)。

曾暴发过水稻黑条矮缩病的河南省开封市杜良乡是典型的稻-麦耕作区,在水稻育秧期(5 月上旬至 6 月中旬)及小麦播种期(9 月下旬至 10 月中旬)水稻和小麦均有一段重叠共生期。介体灰飞虱很容易找到生存寄主和充足的食物,有利于灰飞虱繁衍种群,增大了越冬基数。在麦-稻、稻-麦更替时期,非常有利于水稻黑条矮缩病毒通过介体灰飞虱在寄主间的传播。当地还对翻耕后开沟下种并覆土的麦田和免耕撒播麦田进行了灰飞虱越冬基数调查,免耕撒播麦田灰飞虱的越冬基数是前者麦田的 18.6~26.7 倍。充分说明轻型栽培稻套麦(免耕撒播小麦)为灰飞虱提供了良好的越冬场所,连年积累使灰飞虱越冬基数倍增,是造成田间灰飞虱虫量居高不下的重要原因(任应党等,2016)。

另外,水稻播种期对秧田灰飞虱的虫量、黑条矮缩病的发病率有明显影响。早播田虫量大、发病重,推迟播期,秧田灰飞虱数量明显减少,病害发生轻。

(三)气候条件

灰飞虱发育的适宜温度为 15~28℃,最适温度为 25℃,30℃以上高温不利于发育繁殖。冬季温暖干燥有利于灰飞虱安全越冬,春季雨量偏少有利于灰飞虱冬后若虫的羽化繁殖,夏季降雨偏多、气温偏低有利于灰飞虱的发育繁殖。由于温室气体排放的增加以及人类活动的影响,全球气候呈现变暖的趋势且容易出现极端天气现象。据统计,我国自 1980 年以来,每 10 年最高气温和最低气温平均分别升高 0.352℃和 0.548℃。全球气候变暖对农业生态系统的稳定性与群落动态结构均会造成影响,从而导致病虫害非预测性暴发等潜在问题。陈声祥等发现,浙江中部地区自 20 世纪 90 年代以来,2 月的平均气温比以往 30 年的平均值高了 1.13℃。由于 2 月的低温对灰飞虱越冬死亡率影响很大,温度升高使小麦上越冬代的灰飞虱存活量超过往年数倍,是造成当时早稻黑条矮缩病大流行(平均株发病率达 25.74%)的重要因素(陈声祥等,2000;吴楠等,2020)。

(四)其他因素

田埂杂草丛生为灰飞虱的越冬繁衍和发生提供了良好的食物链,有利于灰飞虱的暴发,从而引发 RBSDV 流行。农药不合理使用会影响介体昆虫越冬和传毒种群数量。浙江稻区在 20 世纪 90 年代常用三唑磷农药防治早稻二化螟，但该农药刺激灰飞虱产卵繁殖，促使早稻后期第 3 代灰飞虱虫量上升，促进了病毒的传播（陈声祥等，2000）。

六、病害预测预报

汪恩国等（2005）分析浙江省临海市 1998～2003 年杂交水稻黑条矮缩病发生为害数据，建立了杂交水稻黑条矮缩病株发病率（$M\%$）与前作（早稻或小麦）株发病率（$m\%$）的关系模型为：$M=1.6822m+0.1049$（$n=8$，$r=0.9276^{**}$）；株发病率（$M\%$）与产量损失率（$Y\%$）的关系为：$Y=0.9776M-0.1935$（$n=8$，$r=0.9977^{**}$）；株发病率（$M\%$）随着灰飞虱有效虫口密度（X 只/0.11m^2）的增加而增加，在秧苗期两者的关系为：$M=15.2719X-1.3476$（$n=13$，$r=0.8529^{**}$），由此建立产量损失率（$Y\%$）与灰飞虱有效虫口密度（X 只/0.11m^2）的关系为 $Y_1=15.1841X_1-1.0784$（$n=13$，$r=0.8520^{**}$），大田前期为 $Y_2=4.5159X_2-0.4620$（$n=6$，$r=0.9508^{**}$）。在拟定经济允许损失水平的基础上，研究提出杂交水稻秧苗 2～5 叶期和大田初期为防治适期，并且制定杂交水稻黑条矮缩病的策略性防治指标为前作穗期黑条矮缩病株发病率 1.0%，制定秧苗期防治指标为带毒灰飞虱 0.15 只/0.11m^2、大田初期防治指标为带毒灰飞虱 4000 只/亩（百丛带毒灰飞虱 20 只）。

王华弟等（2007）对浙江临海市 2000～2005 年水稻黑条矮缩病发生条件进一步研究后发现，大田株发病率（D）与灰飞虱成虫量密度（x 头/0.11m^2）有密切关系，早稻秧田期：$D_1=2.3156x-0.1035$；晚稻秧田期：杂交稻 $D_{21}=1.0389x-5.5129$；常规稻 $D_{22}=0.8299x-1.2637$。产量损失率（Y）与大田株发病率（D）之间的关系如下：早稻大田期为 $Y_1=0.7259D_1+0.4039$；晚稻大田期为 $Y_2=0.8801D_2+1.1036$。水稻黑条矮缩病发生流行与否主要取决于灰飞虱带毒率高低，而前茬作物黑条矮缩病的发病轻重影响后茬作物灰飞虱的带毒率。早稻秧田期灰飞虱带毒率高低主要取决于上年晚稻发病轻重以及冬季大小麦和杂草等寄主植物发病状况；晚稻秧田期灰飞虱带毒率高低取决于早稻发病程度。据此，建立了前作黑条矮缩病发病率（D）与后作秧苗期灰飞虱带毒率（E）的估测模型：$E=0.7175D+0.4171$（$r=0.9786^{**}$）；建立了灰飞虱带毒率预测发病和流行指标：灰飞虱带毒率 3% 以下，发病趋势较轻；带毒率 3%～5%，有中等发生趋势；带毒率 5%～10%，有偏重发生趋势；带毒率 10% 以上，有大流行趋势。应用灰飞虱带毒率估测模型对黑条矮缩病进行中长期预测，历史回验的预测准确率为 90.1%。

江苏省东台市调查发现，当地灰飞虱一年发生 5 代，稻田灰飞虱发生期从 5 月下旬到 10 月中下旬，秧苗揭膜后即可遭受灰飞虱传毒为害，时间长达近 5 个月。其中，传毒昆虫第 1 代灰飞虱成虫随着小麦枯黄、收获离田而大量迁入水稻秧田，6 月 2 日前后进入成虫迁入高峰；第 2 代灰飞虱若虫孵化盛期在 6 月 20 日前后，在水稻移栽期之后。而水稻黑条矮缩病在田间只有一个发病高峰，6 月底 7 月初开始显症，7 月上中旬进入发病高峰，7 月下旬病情基本稳定，之后田间病株不再增加。因此，黑条矮缩病的发生动态与秧田第 1 代灰飞虱消长具有显著的相关关系（梅爱中等，2015）。

2015 年农业部发布了《水稻黑条矮缩病测报技术规范》（NY/T 2730—2015），对灰飞虱消长和田间病情调查、灰飞虱带毒率测定以及测报方法进行了规范。一般年份，当地主播期小麦收割高峰期前后就是灰飞虱迁入水稻秧田及早栽本田的高峰期。在发生期预测中，通常 1 代灰飞虱成虫由麦田迁入早栽本田高峰期，即为其传毒侵染高峰期，一般水稻感染 20～25d 即可出现显症的高峰。因此，可由 1 代灰飞虱迁入稻田时期预测黑条矮缩病的发病显症时期。迁入早、带毒虫量高，则发病显症早；反之则迟。在发生量预测中，对于秧田灰飞虱发生量，同一地区不同年份之间麦田第 1 代灰飞虱虫量与秧田灰飞虱高峰期虫量关系相对稳定。根据麦田第 1 代灰飞虱田间调查虫量，结合小麦生育后期当地气温、降雨等天气，水稻不同播期的秧苗比例等预测秧田第 1 代灰飞虱成虫发生数量。对于水稻黑条矮缩病发生程度，根据第 1 代灰飞虱带毒率测定结果、田间发育进度与发生量调查结果，结合水稻品种抗/感性和天气情况，以及第 1 代成虫发生期与水稻感病生育期的吻合程度，做出水稻黑条矮缩病发生程度趋势预报。一般灰飞虱带毒率大于 3%，虫量高，第 1 代灰飞虱成虫高峰期与秧苗期较吻合，品种相对感病，水稻黑条矮缩病中等以上发生程度可能性较大；若灰飞虱带毒率达 10% 以上，则大发生程度可能性大。水稻黑条矮缩病发生程度分级指标见表 3-8。

表 3-8　水稻黑条矮缩病发生程度分级指标

发生程度	轻度发生（1级）	偏轻发生（2级）	中等发生（3级）	偏重发生（4级）	大发生（5级）
发生面积占种植面积比例/%	<10	10~20	20~30	≥30	≥30
病株率/%	<5.0	5.1~10.0	10.1~15.0	15.1~20.0	>20

注：引自《水稻黑条矮缩病测报技术规范》（NY/T 2730—2015）

　　需要指出的是，近年来，随着防控技术的推广，虽然稻麦重要病毒病害的危害逐渐减轻，病害损失得到了有效控制，但是在我国不同地区稻麦重要病毒病害仍在持续或间歇流行，究其原因主要是其流行需要生态系统中病毒-介体昆虫-寄主-环境复杂的互作，即使满足寄主感病生育期与传毒代介体昆虫发生期的相遇，也未必造成病害的流行。吴楠等（2020）近些年来对沿黄稻麦轮作区持续进行监测发现，当地具有非常适合介体灰飞虱生长和种群扩张的条件，在水稻秧田期多年来虫口密度一直很大、带毒率也可以达到中度流行标准（3%~10%）的情况下，水稻黑条矮缩病 2013~2014 年达到流行高峰后确呈下降的趋势（图 3-16）。因此，解决稻麦重要病毒病间歇性暴发流行导致的预测预报困难和盲目防治等难题，需要面对的一个关键科学问题是介体昆虫与病毒如何相互适应从而导致病害间歇性暴发流行（吴楠等，2020）。

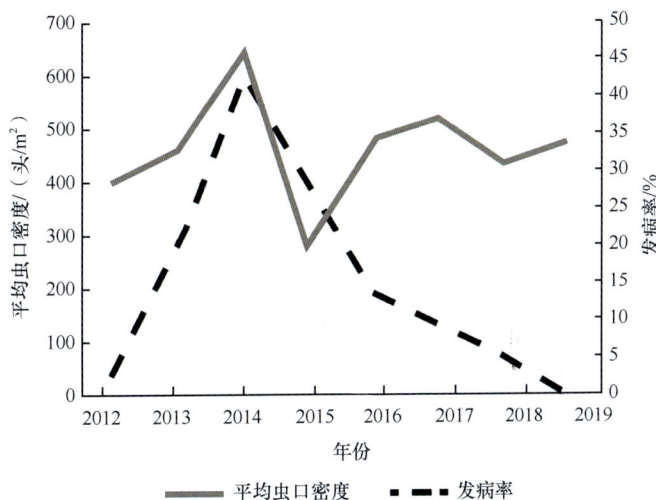

图 3-16　2012~2019 年河南开封水稻品种黄金晴的黑条矮缩病发病率及秧田期灰飞虱虫口密度（吴楠等，2020）

七、病害防治

　　对于水稻黑条矮缩病采取以选用抗（耐）病品种、适当调整播栽期为基础，秧苗期覆盖防虫网或无纺布、药剂防治飞虱的"治虫控病"相结合的综合防控策略（王华弟等，2007；孙枫等，2013；Wu et al.，2020）。

（一）选用抗（耐）病品种

　　目前生产上虽然没有对水稻黑条矮缩病高抗的品种，但应避免种植本地区往年发病重的品种。明恢 63、越光、淮稻 9 号、籼稻品种深两优 5814 和 Y 两优 302 等品种抗性表现相对较好。

（二）农业防治措施

1. 适当调整播栽期

　　水稻播种期对秧田灰飞虱虫量、黑条矮缩病发病率有明显影响。早播田虫量大、发病重；推迟播期，秧田灰飞虱数量明显减少，病害发生轻。因此，依据灰飞虱迁入期，适当调整水稻播栽期，使水稻感病敏感期避开灰飞虱迁入高峰期，可以有效减轻黑条矮缩病的发生为害。

2. 集中育秧，合理密植

秧田选址应远离麦田和荒草地，集中连片育秧。加强田间肥水管理，科学合理施用氮、磷、钾肥，培育无病壮秧，提高植株抗逆性和抗病性。水稻黑条矮缩病重发地区适当加大播种量以预留备用苗，以备大田发病时补苗之需。

3. 清洁田园

结合农田翻耕、中耕除草和化学除草等方法，做好春季麦田和冬闲田的虫源地杂草防除，减少虫源基数。

（三）物理防治

秧田全程覆盖防虫网或无纺布，即在水稻落谷出苗前或覆膜育苗揭膜后，选用 20 目以上的防虫网或 15～20g/m² 规格的无纺布覆盖秧苗。防虫网覆盖时要在四周设立支架，支架顶端与秧苗保持 30cm 以上高度，以利于通风透光。

（四）化学防治

水稻黑条矮缩病的化学防治策略是"切断毒链、治虫控病"，即采取"治麦田、保秧田，治秧田、保大田，治前期、保后期"的办法，多个环节控制灰飞虱数量，防止传毒。在灰飞虱发生量大、带毒率高的地区，首先要做好麦田第 1 代灰飞虱的防治，以压低虫口基数；狠治水稻秧田期第 1 代灰飞虱，控制苗期传毒；穗期挑治第 4、5 代灰飞虱，控制危害、减少虫口数量。

1. 麦田和休闲田防治

重病区结合麦田赤霉病、蚜虫等病虫防治，兼治灰飞虱。在第 1 代灰飞虱低龄若虫期，选择对灰飞虱有效的单剂或复配剂兼治。每亩可选用 25% 吡蚜酮可湿性粉剂 30g，或 20% 异丙威乳油 150～200mL，兑水 30～45L 喷雾。

2. 药剂拌种和秧田防治

可采用吡蚜酮、吡虫啉、噻虫嗪等药剂浸种或拌种，然后催芽落谷。可参考南方水稻黑条矮缩病中药剂拌种方法。经过药剂拌种处理的秧苗移栽前 7d 要施药 1 次；没有经过药剂拌种的秧苗 2 叶 1 心时喷药 1 次，移栽前 2～3d 或覆盖育秧揭网（布）的同时防治 1 次，喷施"送嫁药"，做到带药移栽。

3. 大田防治

当预测病害发生程度可能较重时还需开展大田治虫。大田秧苗移栽后 20d 内防治 1 次，应选择灰飞虱卵孵化高峰至低龄若虫高峰期喷药。可选用异丙威、吡蚜酮、吡虫啉、烯啶虫胺、噻虫嗪、噻嗪酮等药剂，对叶面进行均匀喷雾，施药后保持 3～5cm 水层 3～5d，保证防治效果，同时可交替用药，延缓抗药性的产生。

第三节　水稻齿叶矮缩病

一、病害发生与为害

由水稻齿叶矮缩病毒（*Rice ragged stunt virus*，RRSV）引起的水稻齿叶矮缩病（rice ragged stunt disease，RRSD），又称为水稻锯齿叶矮缩病毒病、水稻皱缩矮化病等。该病于 1976 年在印度尼西亚的西爪哇稻区被发现，因其常引起穗而不实，当地称为空穗病，随后在菲律宾也发现该病害。之后，水稻齿叶矮缩病在日本、印度、斯里兰卡及东南亚各国稻区陆续发生，特别是 2006 年在越南大面积暴发。在我国，该病于 1978 年在福建省沙县首次发生，随后在台湾、广东、浙江、湖南和江西等地也出现为害，但除个别年份个别田块发病率较高外，多属于零星发生，未出现大面积为害。2005 年，该病在福建省沙县夏茂镇种植超级稻的示范区较大面积发生，病田发病率平均为 13.26%。2007 年该病在福建省发生面积达 8 万 hm²，其中约 130hm² 的田块发病率高达 50%～70%，在云南、海南和广西等地也相继报道该病害对水稻产量造成严重的影响。虽然近些年来水稻齿叶矮缩病的发生总体处于较低水平，但在我国南方主要水稻种植区和海南省南繁区发病率呈上升趋势，存在再次暴发的潜在风险，特别是 RRSV 易与南方水稻黑条矮缩病毒（*Southern rice black-streaked dwarf virus*，SRBSDV）复合侵染，伴随 SRBSDV 的大面积暴发，RRSV 也呈加重为害趋势（赖丁王等，2016；谢慧婷等，2017；Li et al.，2014）。

二、病害症状与诊断

（一）病害症状

水稻感染 RRSV 主要表现为植株矮缩、叶尖旋转、叶缘有锯齿状缺刻，叶鞘和叶片背面基部出现 0.1～0.85cm 甚至以上长短不一的黄白色突出状脉肿。水稻各生育期均可染病，但不同生育期表现症状有所不同。秧苗期染病的稻株表现为严重矮缩，新生叶片叶尖卷曲，有时甚至卷曲数圈，心叶下叶呈缺口锯齿状。分蘖期染病的稻株症状表现为植株矮化，株高仅为健株的 1/2（图 3-17，图 3-18），叶片皱缩扭曲（图 3-19），边缘呈锯齿状，缺刻深 0.1～0.5cm，一般不超过中脉，一片叶上常出现 3～5 个缺刻，有时多达十几个（图 3-20）。病株在叶背和叶鞘生有黄白色突出状的细长脉肿，不抽穗或仅抽包颈穗。在抽穗灌浆期受感染时，造成花期延迟，能抽穗，但穗小而不实，剑叶缩短，在高节位上产生 1 至数个分枝，称为"节枝现象"。SRBSDV 和 RRSV 侵染所致部分症状如植株矮缩、叶尖卷曲等相似，有时难以区分（郑璐平等，2008）。另外，RRSV 和 SRBSDV、RBSDV（水稻黑条矮缩病毒）、RDV（水稻矮缩病毒）、RBSV（水稻簇矮病毒）、RYSV（水稻黄矮病毒）等容易发生复合侵染甚至二重、三重、四重感染（谢联辉和林奇英，1980b；Li et al.，2014）。

图 3-17 田间症状（黄世文 提供）

图 3-18 健株（左 2 株）和病株（右 3 株）（黄世文 提供）

图 3-19　新叶卷曲（郭荣　提供）

图 3-20　叶缘锯齿状（黄世文　提供）

（二）病害诊断

田间诊断水稻齿叶矮缩病主要以植株矮缩、叶尖旋转、叶缘缺刻和脉肿等重要特征为依据，但由于一些水稻病毒病症状相似以及复合侵染现象普遍，难以仅凭症状进行确诊。切片电镜观察缺刻病叶或脉肿部位，韧皮部组织细胞中可见成堆的病毒原质和大量球状病毒粒体或由病毒粒体延伸的丝状物。免疫学诊断可采用 ELISA 方法，纯化 RRSV 病毒粒子，免疫大耳兔，制备 RRSV 多克隆抗体；或运用 ID-ELISA 和 Western blotting 相结合的方法，用 RRSV S10 融合蛋白免疫家兔，制备多克隆抗体；或原核表达 RRSV 的 CP 蛋白，免疫小鼠，采用 ACP-ELISA 或 dot-ELISA 法进行检测（表 3-4）（Liu et al., 2014；庄新建等，2020）。目前常用的诊断方法是通过分子技术对病原病毒进行检测，根据病毒基因组 S7、S8、S9、S10 等开放阅读框序列设计特异性引物，运用 RT-PCR 技术检测（表 3-5）（Liu et al., 2014；谢海霞，2015；庄新建等，2020）。

三、病原学

（一）病毒分类地位及粒体特性

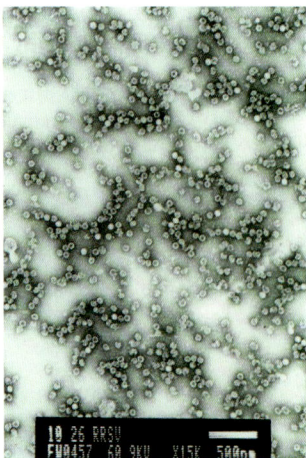

图 3-21　提纯的 RRSV 粒体
（谢联辉等，2016）

水稻齿叶矮缩病毒（RRSV）属于呼肠孤病毒科（*Reoviridae*）水稻病毒属（*Oryzavirus*）。RRSV 粒体具有双层衣壳，呈二十面体结构，完整病毒粒体的直径约为 65nm，核心颗粒约为 50nm。外壳附着"A"型刺突，呈乳头状，宽 10～12nm、长 8nm，基部与内壳的"B"型刺突相衔接，"B"型刺突基部宽 25～27nm、长 10～13nm（图 3-21）。电镜下可观察到直径 50～66nm 或 40nm 的粒子分布在感病水稻叶片韧皮细胞的病毒基质中；带毒虫体内的器官或组织中也可观察到直径 40～45nm 或 50～75nm 两类球形结晶状粒子，聚集或分散地排列在细胞质的病毒基质中（郑璐平等，2008）。

病毒钝化温度（TIP）为 50～60℃；稀释限点（DEP）在病株汁液中为 10^{-6}～10^{-5}，在带毒褐飞虱汁液中为 10^{-7}～10^{-6}；病株提取液中的病毒体外存活期在 4℃下可达 7d 以上（Senboku et al., 1979）。

（二）病毒的基因组结构及功能

RRSV 的基因组包含 10 条双链 RNA（dsRNA），根据它们在电泳中的迁移率依次命名为 S1～S10，大小为 1.2～3.9kb。RRSV 的每条双链 RNA 末端都有一段保守序列 5'-GAUAAAGUGC-3'，该保守的末端序列与呼肠孤病毒科中引起植物病害的另外两个属——植物呼肠孤病毒属（*Phytoreovirus*）和斐济病毒属（*Fijivirus*）的病毒完全不同。RRSV 具有 RNA 依赖的 RNA 聚合酶颗粒，能根据已经包装好的正链基因组片段合成互补链。已知 RRSV 至少编码 10 种蛋白质，包含 7 种结构蛋白（P1、P2、P3、P4、P5、P8、P9）和 3 种非结构蛋白（Pns6、Pns7 和 Pns10）（表 3-9）。

表 3-9 水稻齿叶矮缩病毒（RRSV）的基因组结构与功能（郑璐平等，2008；张洁等，2017）

基因组片段/bp	编码区域	蛋白质	氨基酸/个	分子量/kDa	功能
S1（3849）	30～3740	P1	1237	137.7	B-刺突蛋白
S2（3810）	169～3744	P2	1192	133.1	结构蛋白
S3（3699）	86～3604	P3	1173	130.8	结构蛋白
S4（3823）	12～3776	P4a	1255	141.4	依赖 RNA 的 RNA 聚合酶
	491～1468	P4b	327	36.9	未知
S5（2682）	52～2475	P5	808	91.4	鸟嘌呤转移酶（加帽酶）
S6（2157）	41～1816	Pns6	592	65.6	构成病毒基质、结合核酸、协助病毒在寄主中传输以及沉默抑制子等
S7（1983）	20～1843	Pns7	608	68	协助病毒在昆虫体内扩散
S8（1814）	23～1810	P8	596	67.3	结构蛋白
	23～694	P8a	224	25.6	自剪切酶
	695～1810	P8b	558	41.7	主要衣壳蛋白
S9（1132）	14～1027	P9	338	38.6	介体传毒突起蛋白
S10（1162）	20～55	未明确	12	未明确	未知
	142～1032	Pns10	297	32.3	构成病毒基质

（三）寄主范围

RRSV 在自然条件下侵染水稻（*Oryza sativa*）、阔叶野生稻（*O. latifolia*）、尼瓦拉野生稻（*O. nivara*）、玉米（*Zea mays*）、稗（*Echinochloa crusgalli*）、光头稗（*E. colonum*）等，通过人工接种，也可侵染小麦（*Triticum* spp.）、大麦（*Hordeum vulgare*）、燕麦（*Avena sativa*）、甘蔗（*Saccharum officinarum*）、牛筋草（*Eleusine indica*）、李氏禾（*Leersia hexandra*）、看麦娘（*Alopecurus aequalis*）、棒头草（*Polypogon fugax*）、短叶水蜈蚣（*Kyllinga brevifolia*）、䅟草（*Beckmannia syzigachne*）、铺地黍（*Panicum repens*）等植物，但不侵染高粱（*Sorghum bicolor*）、垂盆草（*Sedum sarmentosum*）、雀稗（*Paspalum thunbergii*）、碎米莎草（*Cyperus iria*）、香附子（*Cyperus rotundus*）、马唐（*Digitaria sanguinalis*）、毛马唐（*Digitaria chrysoblephara*）、菰（*Zizania latifolia*）等（林奇英等，1984a；章友爱，2013）。

（四）侵染循环

水稻齿叶矮缩病的初侵染源主要有两个方面：一是本地越冬后未完全死亡的带毒自生稻、再生稻、玉米、稗、看麦娘等禾本科植物；二是从外地迁飞来的带毒褐飞虱（*Nilaparvata lugens*，brown planthopper，BPH）。褐飞虱是 RRSV 的传播介体，以持久增殖型方式传播，不经卵传毒，也不能经稻种传毒。病毒在虫体中的分布以唾液腺中含量最高，带毒的褐飞虱取食时将病毒传到健康的稻株从而引起病害。褐飞虱是一种长距离迁飞型昆虫，其生态位与白背飞虱非常相似，在东南亚、南亚及太平洋东岸国家均有分布，越冬区域及迁飞路径与白背飞虱也相似，但迁飞时间比白背飞虱晚。褐飞虱可在我国海南、广东、广西等部分地区以及越南、泰国等稻区越冬，每年3月中旬前后，越冬地的虫源在季风的驱动下迁入我国华南、江南、江淮和北方等稻区，8月下旬又开始向南回迁，10月底、11月初回迁到华南稻区及其以南区域，RRSV也随着褐飞虱的长距离迁飞而被传播到相应稻区，引起病害。

SRBSDV和RRSV复合侵染能够提高病毒介体白背飞虱和褐飞虱从病株上的获毒率，对两种病毒的流行具有促进作用。另外，复合侵染导致比单独侵染更严重的细胞病理学变化，水稻植株比单独侵染时矮缩加剧，显症时间更早，两种病毒互作增强了致病力（李舒，2016）。

（五）媒介昆虫的传毒特性及其与病毒间的互作

褐飞虱最短获毒时间为0.5h，获毒效率为2%，最长传毒时间为48h，传毒效率为40%。不同温度下RRSV在褐飞虱体内的循回期有所不同，24.1℃条件下接种，循回期平均为10.7d，在29℃条件下接种时为7.6d；潜育期为9～32d。

褐飞虱与RRSV互作的研究主要集中在RNA和蛋白质两个方面。RRSV侵染褐飞虱细胞后，细胞内RNAi途径抗病毒相关基因 *Ago1*、*Ago2*、*Ago3*、*Dicer1*、*Dicer2* 等表达量上调，siRNA途径中 *Dicer2* 和 *Ago2* 基因的表达能够促进RRSV在褐飞虱细胞中的侵染。ML（MD-2-related lipid-recognition）、SAM50、Calpain-7-like等11个介体蛋白可能与RRSV非结构蛋白Pns10发生互作，其中Pns10与ML蛋白的互作经过了pull-down和RNAi技术验证，ML可能通过调控昆虫Toll免疫通路影响病毒的复制增殖。另外，Pns10与褐飞虱寄主的寡霉素敏感相关蛋白（oligomycin-sensitivity conferring protein，OSCP）存在相互作用。通过RNAi技术抑制OSCP基因表达，被RRSV侵染的褐飞虱中的病毒含量则显著降低（赖坤龙等，2021；Huang et al.，2017）。

四、品种抗病性

（一）品种抗病性鉴定方法

水稻品种抗水稻齿叶矮缩病的鉴定，多数采用谢联辉等的室内鉴定方法（谢联辉和林奇英，1982a），将带毒的褐飞虱接种到水稻苗，根据品种的发病情况判断品种对水稻齿叶矮缩病的抗性。

褐飞虱饲毒方法：将1～2龄无毒褐飞虱若虫移至典型的水稻齿叶矮缩病病稻上饲毒48h，然后转移到健康稻上饲养14d以度过循回期。采用ELISA或RT-PCR检测RRSV，计算接种用褐飞虱的带毒率。

接种方法：水稻幼苗长至1.5～3叶期，采用集团接种法进行抗病性鉴定。在60目防虫网罩内将待测品种每苗接入1或2只带毒褐飞虱（带毒率为25%～65%），设感病品种为对照，每个处理设3次重复，每次重复30株以上稻苗。传毒取食2～3d（每天赶虫2或3次）后，将接种稻苗移植至防虫网室中，常规管理。

病害调查方法：待接种稻株病害症状充分表现后，随机采集表现水稻齿叶矮缩病症状的水稻叶片进行RT-PCR检测，确定是否是水稻齿叶矮缩病。根据植株症状进行发病情况调查，计算发病率。

病害分级标准：谢联辉和林奇英（1982a）根据水稻品种的发病情况，制定5级病害分级标准。0级：免疫，不发病；1级：高抗，发病率为0.1%～5.0%；2级：中抗，发病率为5.1%～30.0%；3级：中感，发病率为30.1%～60.0%；4级：高感，发病率为60.1%以上。

（二）品种的抗病性表现

谢联辉和林奇英（1982a）采用带毒虫集团接种法对32个水稻品种进行抗性鉴定，未发现免疫品种，表现高抗的品种有赤块矮3号、三农3号、三农8号和赤块矮选。雷娟利等（1999）采用人工繁殖带毒褐飞虱接种，结合症状观察和 RT-PCR 检测方法评价 54 个转基因水稻品种对该病的抗性，发现只有 4 个品种（转基因系 315、316、184 和 328）具有抗性。谢慧婷等（2017）采用苗期人工接种鉴定方法，结合发病症状和 RT-PCR 检测结果，对 45 个广西主栽水稻品种的水稻齿叶矮缩病抗性水平进行鉴定，未发现抗病品种，但品种间存在抗性差异，表现高感的有 41 个，表现中感的有 4 个。

五、病害发生特点

该病发生或流行具有年际间歇性的特点。从 1976 年发现该病的 40 多年中，1977～1978 年在印度尼西亚和菲律宾，1980～1982 年和 1989～1990 年在泰国，2006 年在越南该病发生严重；在中国，除 2003 年在福建局部发生较重外，多为零星发生或几乎不发生，即便有些年份其传毒介体褐飞虱种群密度很大，但带毒率很低甚至不带毒。自 2007 年以来，该病在福建西北地区严重发生，近些年在海南、广东、云南等地的单季晚稻或双季晚稻上常见。说明该病发病条件比较复杂，规律性尚未明确。今后需加强病毒与介体的关系、介体的迁飞走向及带毒虫的传播能力以及耕作制度、寄主抗性和发生流行规律研究，才能更好地开展病害的预测工作（谢联辉等，2016）。

六、病害防治

目前对该病的防治主要采取在选用抗病品种的基础上，切断毒源，治虫控病的防治策略。由于该病易与南方水稻黑条矮缩病复合发生，目前多在防治南方水稻黑条矮缩病时兼治水稻齿叶矮缩病。

第四节　水稻条纹叶枯病

一、病害发生与为害

（一）病害发生

水稻条纹病毒（*Rice stripe virus*，RSV）引起的水稻条纹叶枯病（rice stripe disease，RSD）于 1897 年首次在日本长野县、群马县等地被发现，随后在日本各地开始蔓延。该病害主要发生于东亚的温带和亚热带地区，包括中国、日本、朝鲜、韩国及前苏联的东部各国。我国于 1963 年在江苏南部始发，20 世纪 90 年代在江苏、安徽、上海、山东、云南和辽宁等多地暴发流行。1973～1990 年的调查显示，当时我国水稻条纹叶枯病分布于福建、江西、浙江、上海、江苏、安徽、湖北、广西、广东、云南、山东、河南、河北、北京、辽宁和台湾等 16 个省（自治区、直辖市），其中在福建已波及 36 个县（市）。2005 年以后，江苏省通过推广防控技术和种植抗病品种，水稻条纹叶枯病的危害有所减轻。目前该病已扩及全国 18 个省（自治区、直辖市）的广大稻区，其中以江苏、浙江、山东、河南、云南等地粳稻田发病较为普遍（林奇英等，1990；周益军等，2012）。

（二）病害为害

水稻条纹叶枯病对水稻产量影响很大，发病越早，造成的损失越重。林奇英等（1990）以四优 2 号和黎明粳为供试品种，采用同期播种、分期接种的方法，明确了水稻 3 叶期、5 叶期和分蘖始期接种发病的损失可达 79%～100%；分蘖盛期接种发病的减产 50%～70%；幼穗分化期发病的减产 40%～50%；孕穗期发病的减产 10%～15%；齐穗期发病的减产 1%～3%；乳熟期不受影响。晚稻插秧后 60d 内出现症状，产量损失 41%～66%。病害对产量的影响因素，在早稻田主要是穗数，在晚稻田首先是穗数，其次分别是千粒重、实粒率和每穗平均粒数。

水稻条纹叶枯病于 1897 年首次在日本被发现后，到 1980 年已遍及整个日本，给日本的水稻生产造成了严重的损失。在韩国，20 世纪 60 年代中期该病曾经暴发流行，2000 年前后该病又在其中、南部暴发。我国于 1963 年在江苏南部始发，20 世纪 70 年代在北京郊区发生较重，80 年代在山东南部和云南地区曾数度流行，90 年代在全国粳稻种植区普遍流行，给水稻产量造成严重损失。在江苏省，1998 年开始在部分稻区流行，2001 年在大部分稻区，如盐城、淮安、泰州、扬州、连云港、苏州等地暴发流行且不断蔓延，2002 年发生面积扩大至 100 万 hm^2，病株率为 5%～25%，重病田病株率达 50%；2004 年发病面积达 157 万 hm^2，占江苏水稻种植面积的 79%，其中发病率在 50% 以上的重病田为 0.52 万 hm^2，成片水稻绝收；2005 年发病面积达 187 万 hm^2，并开始向浙江、安徽、河南、山东等周边省（市）蔓延。上海地区在 2003 年于局部地区发生水稻条纹叶枯病，2004 年突然暴发，全市 94 个乡（镇）有 55 个乡（镇）发生，发生面积占调查面积的 40.28%，严重田块病株率在 95% 以上，病重田块产量损失达 30%～50%。在辽宁，水稻条纹叶枯病曾在 20 世纪 70 年代、20 世纪 90 年代初和 2006～2011 年暴发流行过 3 次，仅 1976 年就引起营口地区（包括现在的营口市与盘锦市）稻谷平均减产 20%，损失粮食近 10 万 t，不少田块绝产绝收；2006 年在全省水稻产区大面积暴发流行，受害水稻一般减产 20%～30%，严重的减产 50% 以上，据估计，当年全省稻谷减产 15 万 t 以上；之后连续 5 年在辽宁省盘锦、营口、锦州和丹东等稻区发生严重，致使部分优良高产但易感条纹叶枯病的水稻主栽品种如辽粳 9 号等被淘汰；2007 年经大面积强化防治后，该病发生有所减轻，但 2008～2010 年又在部分稻区暴发流行；之后当地病情明显下降，甚至难以找到病株。云南于 1988 年和 1989 年在楚雄暴发该病，之后由于多种因素的影响，病害流行程度下降，一直呈低水平存在状态，田间发病率一般在 5% 以下（周益军等，2012；王伟民等，2015；李志强和孙富余，2021）。

二、病害症状与诊断

（一）病害症状

水稻秧苗期至分蘖期最易感病。染病稻株矮化，形似"坐棵"，病株分蘖减少（图 3-22）。稻株染病之初，先在心叶基部出现褪绿色黄斑，再向上沿叶脉扩展呈现断续的黄绿色或黄白色短条斑，之后病斑增大合并，病叶一半或大半变成黄白色（图 3-23），但在其边缘部分仍呈现上述褪绿色短条斑。发病植株不能抽穗，或者穗部畸形不实从而形成假白穗，严重时导致整株枯死（图 3-24，图 3-25）。病害的症状表现随寄主品种、侵染期不同会有所不同，可分为卷叶型和展叶型两种。粳稻品种在分蘖始期前被侵染，呈卷叶型，主要表现为心叶褪绿、捻转，并呈弧圈状下垂，即"假枯心"症状（图 3-22）；籼稻品种以及幼穗分化期被侵染的粳稻品种多呈展叶型，表现为叶片出现与叶脉平行的黄绿色短条斑，条纹间仍保持绿色，叶片不卷曲。此外，不同品种的水稻在发病程度上也具有较大的差异，一般而言，糯稻、晚粳稻、中粳稻、籼稻的发病程度依次递减，而籼稻中矮秆品种发病重于高秆品种，迟熟又重于早熟。该病引起的假枯心、黄化枯死和假白穗等病状类型易与缺肥、虫害及其他一些病害混淆（林奇英等，1991；李继红，2013）。

图 3-22　病株矮化和心叶捻转（黄世文　提供）

图 3-23　病叶黄化（黄世文　提供）

图 3-24　假白穗或不能抽穗（黄世文　提供）

图 3-25　病株枯死（黄世文　提供）

（二）病害诊断

对水稻条纹叶枯病进行田间诊断时，注意观察其矮化、少分蘖、心叶有黄条纹或者捻转等特征。该病引起的枯心与水稻螟虫造成的枯心相似，但无蛀孔，不易拔起。针对稻株和灰飞虱带 RSV 情况检测，目前常用的方法是免疫学方法、RT-PCR 技术和胶体金免疫层析试纸条检测。

1. 免疫学方法

陈光堉（1984）应用酶联免疫吸附试验的双抗体夹心法检测水稻条纹叶枯病毒，灵敏度可达 125ng/mL，重复性和特异性均较好，操作简便，试剂稳定，适用于常规检测。试验用辣根过氧化物酶与提纯的抗 RSV 抗体球蛋白交联，制得酶标抗体，以邻苯二胺为底物，最适包被抗体浓度为 0.5～1μg/mL，最适酶标记抗体浓度为 0.15μg/mL，能检出抗原的最低浓度；病叶澄清液稀释度为 1∶6400。应用酶联免疫吸附试验检测水稻条纹叶枯病介体昆虫带毒率，以生物接种测定法为对照，检测 1936 头灰飞虱，符合率为 97.9%。另外，还有 SPA-ELISA 法、ID-ELISA 法、DIBA 法等，参见表 3-4。

2. RT-PCR 技术

嵇朝球等（2005）根据水稻条纹叶枯病毒基因组序列的信息，通过在其外壳蛋白基因和毒蛋白基因的两侧设计两对引物，对提取的总 RNA 进行了 RT-PCR 扩增，扩增出水稻条纹叶枯病毒基因组特有的 2 个条带，并通过测序和 Genbank blast 获得证实。杨金广等（2008）对 Genbank 中已有的水稻条纹叶枯病毒 CP 基因进行了分析比较，选择 CP 最保守区域设计高特异性的引物，应用基于 SYBR Green 染料法的荧光定量 RT-PCR 技术进行检测。

3. 胶体金免疫层析试纸条检测

Huang 等（2019）利用杂交瘤技术获得了 2 株 RSV 单克隆抗体（16E6 和 11C1），胶体金标记 16E6 单克隆抗体包被在聚酯膜制成的结合垫上，以 11C1 单克隆抗体和羊抗鼠抗体分别包被到硝酸纤维素膜的检测线和质控线，制成能在 5～10min 内快速、特异、灵敏、准确地检测田间水稻及单头灰飞虱样品中 RSV 的胶体金免疫层析试纸条。试纸条检测 RSV 感染水稻植物组织的灵敏度达到 1∶20 480 倍稀释（w/v，g/mL），检测携带 RSV 单头灰飞虱的灵敏度达到 1∶2560 倍稀释（单头灰飞虱/μL）。以上检测技术中，目前在生产中应用较广泛的是利用 ELISA 法和 DIBA 法来检测带毒率。

三、病原学

（一）病毒分类地位

国际病毒分类委员会（International Committee on Taxonomy of Viruses，ICTV）第八次会议将 RSV 划入纤细病毒属（*Tenuivirus*），属于白纤病毒科（*Phenuiviridae*）。纤细病毒属成员和布尼亚病毒科（*Bunyaviridae*）的番茄斑萎病毒属（*Tospovirus*）、白蛉病毒属（*Phlebovirus*）各成员基因组在核酸末端保守序列、复制酶、开放阅读框（ORF）、基因间隔区和双义编码策略等方面有一定的相似性，它们之间在进化上存在着一定的亲缘关系。

（二）病毒粒体形态及理化特性

RSV 粒体为核糖核蛋白（ribonucleoprotein，RNP），由 32～36kDa 核衣壳蛋白（nucleocapsid protein，NCP）或外壳蛋白（coat protein，CP）包裹不同大小的基因组 RNA 片段而形成，后来发现核糖核蛋白中还含有少量 230kDa RNA 依赖的 RNA 聚合酶（RNA-dependent RNA polymerase，RdRP），该聚合酶在体外可以合成 RSV 的 4 种 ssRNA。纯化的病毒粒子通过 SDS-PAGE 后，经考马斯亮蓝染色，可观察到约 35kDa 的核衣壳蛋白。纯化的病毒粒子电泳后，需要经银染方可观察到 RdRP（Toriyama，1983；温雪玮，2018）。RSV 粒体形态为直径 3nm 的丝状体（图 3-26）。这些丝状体能够通过超螺旋形成宽 8nm 的分枝状丝状体，二级螺旋的螺距为 6nm。提纯的病毒粒体在电镜下呈现出形态的多型性，如分枝丝状体、开环环状体、丝状体等形态，推测这种多型性可能是由于单个丝状病毒粒子两端交叉或丝状病毒粒子之间不同程度扭缠在一起造成的现象。

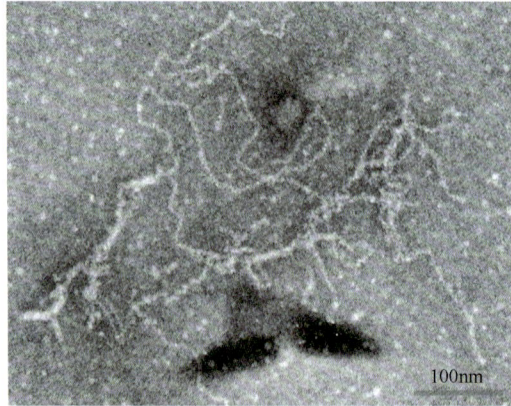

图 3-26　提纯的 RSV 粒体（谢联辉等，2016）

Liang 等（2005）通过免疫荧光和免疫胶体金显微镜观察 RSV 侵染的水稻叶片，发现包括电子密集无定形电子半透明包含体（electron-dense amorphous semi-electron-opaque inclusion body，dASO）、纤维状无定形电子半透明包含体（fibrillar amorphous semi-electron-opaque inclusion body，fASO）、丝状电子不透明包含体（filamentous electron-opaque inclusion body，FEO）和类环结构（ring-like structure）在内的 4 种类型的包含体（inclusion body）。推测这些包含体的形成与寄主不同组分的参与有关，可能是寄主蛋白与病毒编码的蛋白聚集而成。其中部分包含体可能是病毒早期复制的场所或者是一些解离蛋白形成的聚集体。在感染 2 个月的病叶叶肉细胞内很容易观察到各种包含体，而在感染后期较难检测到除 fASO 以外的包含体。

采用蔗糖连续密度梯度离心纯化的粒子（T 分离物），产物从上到下可分为 T（top）、M（middle，M 组分又可分为 M1 和 M2 两个组分）、B（bottom）和 nB（newbottom）等 4 种组分。T 组分被认为是由 M 和 B 组分降解而成。nB、B、M1 和 M2 四个组分各由一种 ssRNA 和一种 dsRNA 组成，其中 ssRNA 是毒义链 RNA（viral sense RNA，vRNA），vRNA 与其互补 RNA（毒义互补链 RNA，viral complementary sense

RNA，vcRNA）通过退火形成 dsRNA。通过显微注射灰飞虱的接种方法提纯病毒不同组分时，仅有 nB 组分具有侵染性（Toriyama，1982，1986）。

　　RSV 粒体在 CsCl 中的浮力密度为 1.282～1.29g/cm^3；紫外吸收特性为 A_{260}/A_{280}=1.49，最大光吸收值在 260nm 处，最小光吸收值在 246nm 处。纯化后的 RSV 的钝化温度（TIP）为 50～55℃。RSV 在水稻组织和灰飞虱体内于-20℃条件下保存可存活 8～12 个月。而 RSV 在寄主体外的存活期随着环境温度的变化而变化。携带病毒虫体提取液的体外存活期（LIP）在 4℃下为 4d，提纯后的病毒-20℃条件下也只能存活 1～2 个月。病叶汁液中该病毒的稀释限点（DEP）为 10^{-4}，昆虫汁液中该病毒的 DEP 为 10^{-5}。在非变性条件下，检测到的 ssRNA 的分子量分别为 3.1×10^{6}Da（ssRNA1）、1.5×10^{6}Da（ssRNA2）、1.2×10^{6}Da（ssRNA3）和 1.0×10^{6}Da（ssRNA4），dsRNA 的分子量分别为 5.0×10^{6}Da（dsRNA1）、2.8×10^{6}Da（dsRNA2）、2.1×10^{6}Da（dsRNA3）和 1.7×10^{6}Da（dsNRA4）。所测得的 RSV 外壳蛋白分子量会因为测定中的条件不同有所差异，如凝胶浓度、方法、标准蛋白的不同等均会影响测定结果，所测得的分子量为 32～36kDa。从氨基酸组成上来看，RSV 的外壳蛋白由天冬酰胺等 26 种氨基酸组成，酸性氨基酸比例较高。

（三）病毒的基因组结构及功能

　　RSV 全基因组长 17 096bp，按分子量递减的顺序分别命名为 RNA1、RNA2、RNA3 和 RNA4。RSV 具有独特的编码策略，其中 RNA1 采用负链编码策略，编码依赖 RNA 的 RNA 聚合酶（RdRP）；RNA2、RNA3 和 RNA4 采用双义编码策略，即在 RNA 的毒义链（vRNA）和毒义互补链（vcRNA）上各有一个大的 ORF，编码的蛋白质分别称为 NS2（p2）、NSvc2（糖蛋白）、NS3（p3）、NSvc3（核衣壳蛋白）、NS4（病害特异性蛋白）及 NSvc4（运动蛋白）。已克隆出部分病毒蛋白基因，如外壳蛋白基因、病毒特异性蛋白基因等。RSV 基因组的结构和功能归纳在表 3-10 中（谢联辉等，2016）。

表 3-10　**RSV 基因组片段及其编码蛋白的功能**（谢联辉等，2016）

基因组片段	长度/bp	编码链	编码蛋白	分子量/kDa	蛋白质功能
RNA1	8970	vcRNA1	Pol	336.8	RNA 聚合酶
RNA2	3514	vRNA2	NS2	22.8	基因沉默抑制子（?） 运动蛋白（?）
		vcRNA2	NSvc2	94.0	膜糖蛋白（?） 介体识别（?）
RNA3	2745	vRNA3	NS3	23.8	基因沉默抑制子 病毒复制
		vcRNA3	CP	35.1	外壳蛋白 致病相关蛋白（?）
RNA4	2157	vRNA4	SP	20.5	病害特异性蛋白 致病相关蛋白（?） 介体识别（?）
		vcRNA4	NSvc4	35.1	运动蛋白 致病相关蛋白（?）

　　RSV 变异性较大，不同地区病株上的分离物，在致病性、核苷酸序列等方面存在一定的差异。根据 RSV 表面蛋白（surface protein，SP）分子量的大小，可以将 RSVP 分为 3 个不同株系，Hongchao、P 和 N 株系。根据 RSV 对不同水稻品种平均侵染率的差异，程兆榜等（2008）将来源于中国的 RSV 分离物划分为 5 种致病型：高致病型（high virulence，HV）、次高致病型（slight high virulence，SH）、中致病型（moderate virulence，MV）、次低致病型（slight low virulence，SL）和低致病型（low virulence，LV）。分析不同分离物的 RNA2、RNA3 和 RNA4 序列，发现 RSV 的编码区序列和 5′ 端及 3′ 端非编码区序列比较保守，而基因间隔区却常发生变异。Wei 等（2009）对 1997～2004 年来源于中国不同地区的 RSV 分离物进

行基因组测序、遗传多样性及群体结构特征分析，将 RSV 分离物分为 2 或 3 个亚型。中国东部的 RSVP 群体仅包含亚型 I/IB，中国西南部的云南地区主要是亚型 II，同时还包含一小部分的亚型 I/IB 和 IA 分离物。Jonson 对韩国的 13 个 RSV 分离株进行全基因组测序，发现每个 RSV 的 RNA 基因间区域存在显著差异，进一步与来自中国和日本的分离株的系统发育比较分析表明，在韩国的 RSV 分离株可能通过重配或重组事件起源于独特的祖先（Jonson et al.，2009；周益军等，2012；王琦，2013）。

（四）寄主范围

RSV 既能侵染禾本科植物，又能在灰飞虱体内复制和增殖。植物寄主中，RSV 在自然条件下只侵染禾本科植物，但与本属其他成员相比，寄主范围相对广泛。研究人员采用室内接种发现，除水稻外，RSV 还可侵染大麦（*Hordeum vulgare*）、小麦（*Triticum* spp.）、玉米（*Zea mays*）、燕麦（*Avena sativa*）、小黑麦（*Triticale wittmack*）、稗（*Echinochloa crusgalli*）、早熟禾（*Poa annua*）和看麦娘（*Alopecurus aequalis*）等 80 多种禾本科植物。在实验室条件下，RSV 可以通过摩擦接种侵染本氏烟（*Nicotiana benthamiana*），也可以通过灰飞虱传毒侵染拟南芥（*Arabidopsis thaliana*）。在江苏省稻麦轮作区，大量种植的冬小麦成为病毒和灰飞虱的主要越冬场所与中间寄主。王艺晓等（2020）采用室内灰飞虱接种鉴定的方法评价了江苏地区主要杂草对 RSV 的感染率。结果显示，看麦娘、稗、旱稗（*Echinochloa hispidula*）、狗尾草（*Setaria viridis*）、升马唐（*Digitaria ciliaris*）的感染率较高，为 38.24%～62.00%，具有成为 RSV 桥梁寄主的可能性。对 2005 年病害大流行年份江苏省主要杂草种类 RSV 感染率田间调查发现，野生禾本科杂草中存在 RSV 感染，但其感染率低于同期小麦植株的感染率，说明小麦是 RSV 侵染循环中的重要桥梁寄主。研究人员于 2018～2019 年病害不流行年份，在江苏省多地采集田边稗和狗尾草，经分子生物学检测，可检测出 RSV。染毒的禾本科杂草对病害流行的贡献度低于染毒的小麦，其在病害侵染循环中的作用主要体现在维持 RSV 在农田生态系统中的存在（周益军等，2012）。

（五）侵染循环

水稻收获后，灰飞虱以高龄若虫在稻桩、麦田和禾本科杂草等越冬场所越冬。带毒灰飞虱以及冬小麦成为下一年度水稻条纹叶枯病初侵染的主要来源。翌年 3 月、4 月，气温升高，灰飞虱开始活动取食，从各种越冬寄主上迁回至麦田并为害小麦。5 月中下旬至 7 月，麦收之时，灰飞虱羽化为第 1 代成虫，迁入早稻、单季稻和春玉米等寄主继续繁殖，并在稻田越夏，持续危害，历时 3～4 代。在稻田较少的玉米区，麦收之时，则主要迁入玉米田及禾本科杂草上危害并越夏，引起玉米粗缩病的发生。在双季稻区，8～10 月，灰飞虱迁入晚稻秧田及大田传毒危害。玉米、晚稻收获后，则迁至禾本科杂草上，等小麦出苗后，转迁至麦田传毒危害和越冬，完成年度循环（孙炳剑等，2005）。

（六）媒介昆虫的传毒特性及其与病毒间的互作

1. 媒介昆虫的传毒特性

RSV 主要由灰飞虱以持久增殖型方式传毒，灰飞虱可以通过取食（唾液传播）和繁殖（经卵传播）进行水平和垂直传播、扩散 RSV，与水稻条纹叶枯病的发生流行密切相关。灰飞虱在取食过程中，RSV 通过口针进入灰飞虱前肠，然后转移到中肠进行复制，随后穿过中肠屏障进入血淋巴，并循环至灰飞虱全身。当灰飞虱再一次取食时，病毒随着灰飞虱取食传播到健康的植物寄主上。在自然情况下，灰飞虱一旦获毒即可终身带毒和经卵传毒。灰飞虱取食 3min 就可将 RSV 传到水稻植株上，一般传毒时间为 10～30min。灰飞虱的雌、雄个体成虫及若虫均可传毒，3～5 龄灰飞虱若虫传毒力较强，成虫传毒力有所下降，雌虫传毒能力强于雄虫。带毒灰飞虱随着虫龄的提高，携带的 RSV 含量亦快速提高。RSV 经卵传毒率很高，达 75% 左右，日本一些灰飞虱品系卵传率可达 96%～100%（谢联辉等，2016；张坤等，2019）。

2. 病毒对媒介昆虫生命行为的影响

贺康等（2018）研究了带毒与无毒灰飞虱发育历期及寿命、卵巢发育及体内相关酶活力等生物学特征和生理生化指标间的差异。结果发现，无毒灰飞虱雌、雄若虫历期分别为（16.30±0.33）d和（15.62±0.21）d；带毒灰飞虱雌、雄若虫历期分别为（19.08±0.43）d和（18.50±0.58）d，RSV的侵染显著延长灰飞虱若虫发育历期，但对成虫的寿命和卵巢发育无明显影响，对体内保护酶系超氧化物歧化酶（SOD）、过氧化物酶（POD）、过氧化氢酶（CAT）、解毒酶系谷胱甘肽 S-转移酶（GST）和乙酰胆碱酯酶（AchE）等相关代谢酶活力大小没有显著影响，但可以改变酶活力的变化趋势，推测RSV与灰飞虱不存在典型的互惠互利关系。灰飞虱中的核因子 κB（nuclear factor kappa B，NF-κB）信号途径中的两个重要基因 *IKKα* 和 *TBK1* 在灰飞虱抵御RSV的侵入过程中可能具有重要功能（鲁燕华等，2020）。

3. 病毒与媒介昆虫的互作

HiPV病毒（Himetobi P virus，HiPV）属于双顺反子病毒科（*Dicistroviridae*）蟋蟀麻痹病毒属（*Cripavirus*），是存在于稻飞虱体内的一种低致病性、持续感染性病毒。Li等（2015）以RSV RNP为诱饵蛋白，对构建好的灰飞虱文库进行筛选，发现一个与HiPV的衣壳蛋白VP1具有较高同源性的蛋白，且VP1在介体昆虫中的表达量与RSVP的含量有密切关系，VP1表达量越高，RSV含量越多，反之，RSV含量减少，说明VP1的存在可以促进RSV在灰飞虱体内的积累。利用酵母双杂交系统筛选灰飞虱体内RSV互作因子发现，HiPV的外壳蛋白VP1和VP3均与RSV NCP存在互作关系（Li et al.，2015）。Liu等（2015）通过对灰飞虱文库的筛选，后续利用化学发光免疫共沉淀等技术验证，确定了灰飞虱表皮蛋白CPR1可以与RSV NP蛋白发生相互作用，随后，利用免疫荧光方法在虫体水平对该蛋白进行研究分析，在灰飞虱的血淋巴中可以检测到RSV粒子与CPR1结合，并且发现血淋巴、唾液腺中CPR1的表达量相对偏高。降低CPR1在灰飞虱中表达量时，唾液腺和血淋巴中的RSV含量显著减少，推测CPR1和RSV的相互作用有助于稳定RSV在血淋巴中的含量。何光辉（2020）通过酵母双杂交技术筛选了与RSV Pc2互作的介体灰飞虱蛋白，证明了Pc2-N和灰飞虱肌动蛋白1（LsAT1）、Pc2-M2N和灰飞虱糖转运蛋白1（LsST1）有相互作用，Pc2-M2N和灰飞虱热激蛋白（LsHSC70）有很强的相互作用的可能性。研究利用亚细胞定位分析了互作蛋白在细胞内的分布位置，发现Pc2-N和LsAT1、Pc2-M2N和LsST1以及Pc2-M2N和LsHSC70有共定位现象，并且发现LsST1可能改变Pc2的定位以及存在LsST1表达量少或者不表达的位置，Pc2-M2N表达偏多，表明它们在RSV的介体传播过程中起到一定作用。Xiao等（2021）研究了RSV与灰飞虱的miRNA和siRNA途径之间的相互作用。虽然RSV在灰飞虱体内复制过程中，灰飞虱miRNA和siRNA途径的相关基因对RSV侵染没有响应，但RSV的NS2蛋白与灰飞虱Ago2相互作用，RSV的RdRP蛋白与灰飞虱translin相互作用。当NS2被敲除后，Ago2的转录水平升高，病毒复制被抑制，病毒NS2在媒介昆虫中的表现类似于siRNA抑制因子的作用。说明RNAi途径作为灰飞虱的先天免疫途径能够有效地控制RSV在灰飞虱体内的复制，RSV能够通过自身的病毒蛋白来调控灰飞虱的RNAi途径，维持自身在灰飞虱体内的复制水平，并且能够通过灰飞虱高效传播。

不同来源的灰飞虱与RSV的亲和力存在差异，这种差异是可遗传的，通过杂交选育可以改变群体中活跃传毒虫和非活跃传毒虫的比例，从而获得高亲和力和低亲和力的家系。有报道将江苏灰飞虱种群划分为4种类型：高亲和性灰飞虱、中亲和性灰飞虱、低亲和性灰飞虱以及非亲和性灰飞虱。高亲和性灰飞虱群体可以稳定地经卵传播RSV；中亲和性灰飞虱群体可以在一段时间内稳定地经卵传播RSV，随着世代的延长其携带RSV的能力下降较快，重新纯化后短期内可以完全恢复携毒能力；低亲和性灰飞虱群体可以获得RSV，但不能稳定地经卵传播RSV；非亲和性灰飞虱群体不能获得和携带RSV。有研究发现，昆虫病毒（HiPV）在灰飞虱高亲和性群体内广泛存在，HiPV外壳蛋白VP1可以与RSV NCP发生互作，并且灰飞虱体内HiPV的感染与其携带RSV有一定的相关性，于是周益军等提出了一个假说，即灰飞虱高亲和性群体对RSV具有高亲和性的主要原因是灰飞虱体内感染了昆虫病毒HiPV（周益军等，2012）。

4. 灰飞虱对不同水稻病毒的选择性

灰飞虱主要传播两种病毒，即 RSV 和 RBSDV，但灰飞虱获得 RSV 与获得 RBSDV 的能力不同，与 RBSDV 相比，灰飞虱从病株上获取 RSV 的能力相对较低。由 RSV 和 RBSDV 引起的水稻病毒病害很少在田间同时暴发。为明确其中的机理，Moya Fernández 等（2021）检测在同一灰飞虱中相继并同时感染 RSV 和 RBSDV 对其获毒效率和积累的影响，发现灰飞虱先获得 RBSDV，再获得 RSV 的效率下降了 67% 以上，具有显著差异；但是在先获得 RSV 后，对 RBSDV 的获毒效率没有明显变化，即使利用 RSV 带毒率为 100% 的灰飞虱，获得 RBSDV 的效率也不会受到影响。免疫荧光结果表明，先获得的 RBSDV 可能会抑制 RSV 侵入灰飞虱中肠上皮细胞，但先获得的 RSV 不会影响 RBSDV 的侵入。当灰飞虱取食两种病毒共同感染的水稻时，其获得 RBSDV 的概率更大，而且 RBSDV 的滴度明显升高，这可能意味着 RBSDV 在灰飞虱中的复制率更高。另外，RSV 的滴度呈现先下降再增加的趋势。灰飞虱在两种病毒共同感染的水稻植株上饲毒 3d，只有约 5% 的昆虫能够同时获得这两种病毒，而且灰飞虱对 RBSDV 的获毒率明显高于 RSV。在传毒试验中，两种病毒的传播效率均不超过 15%，这表明在田间条件下发生两种病毒同时暴发流行的概率很小。

据报道，RSV 带毒灰飞虱若虫显著趋向健康植株，而无毒灰飞虱若虫显著趋向感染 RSV 的水稻植株；RSV 带毒成虫显著趋向健康植株，而无毒成虫对水稻病/健植株的趋向性无显著差异。而 RBSDV 带毒和无毒灰飞虱若虫对水稻病/健植株的趋向性均无显著差异。灰飞虱嗅觉基因 *LstrOrco* 主要在灰飞虱头部表达，若虫和雄虫体内的表达量显著高于雌虫，并且 *LstrOrco* 的表达可能受到 RSVP 侵染的显著刺激。通过饲喂方法对 *LstrOrco* 进行 RNAi，显示 *LstrOrco* 的表达受抑制后，灰飞虱对水稻植株的"不反应率"显著上升，"响应时间"也显著延长，对水稻病/健株的趋向性差异不显著。这些结果表明 *LstrOrco* 在灰飞虱的嗅觉信号转导和探寻行为方面发挥了重要的作用（周长伟，2018；Li et al.，2019）。

（七）病毒致病机制

RSV 主要通过对寄主叶绿素和寄主细胞破坏，使寄主叶片表现出褪绿等症状，达到致病效果。外壳蛋白（coat protein，CP）和病害特异性蛋白（disease specific protein，SP）是 RSV 的致病相关蛋白，在水稻条纹病毒的致病性与侵染过程中发挥重要作用，这两种蛋白在病叶中的积累与褪绿花叶症状的严重度密切相关（林奇田等，1998）。袁正杰等（2013）报道 RSV 编码的 NSvc4 蛋白和 CP 蛋白均有致病功能，CP 致病力较强，但其致病力不能持久，NSvc4 和 CP 能够互作，且互作后表现出更强和更持久的致病力。

通过 miRNA 组学测序发现，RSV 侵染产生的 miRNA 能定向作用于多种叶绿体相关基因，特别是影响玉米黄素循环通路，造成叶绿体中类囊体膜的不稳定和脱落酸的合成障碍，从而产生病害症状（Yang et al.，2016）。RSV 病毒 RNA4 上产生一个能与植物 eIF4A 基因的 mRNA 序列完全匹配的热点 vi-siRNA，造成 eIF4A 基因沉默，使得叶片呈现扭曲及发育迟缓症状。RSV 的致病机制涉及 RSV-寄主-介体三者间的复杂互作，RSV 自身编码蛋白间存在着较为复杂的直接互作，从而保证了病毒生命过程的有序衔接。该病毒与寄主水稻及介体灰飞虱间的间接互作，大多与病毒造成的植物症状以及病毒经介体卵传播等特点相吻合。

RSV 编码蛋白与介体因子间的直接互作，参与了病毒在介体中的复制、传播及抵御介体免疫等生命过程（表 3-11～表 3-14）。由于寄主遗传背景清楚，研究方法也更为成熟，所以相对于 RSV-介体互作的研究，RSV-寄主互作研究更为深入。针对 RSV-介体互作研究中病毒与介体遗传体系均不成熟的现状，张坤等（2019）提出以下解决方案：加快 RSV 全长侵染性 cDNA 克隆的构建或者 RSV 微小复制子的构建；另外可以对现有的 CRISPR/Cas9 基因编辑技术进行优化，尽快实现对灰飞虱进行高通量的基因敲除。

表 3-11　RSV 与寄主/介体的间接互作（张坤等，2019）

年份	互作对象	方法	内容	生物学功能
2011	水稻	siRNA 深度测序	*OsDCL* 和 *OsAGO* 表达上调	RSV 的侵染能增强水稻 RNA 沉默的能力
2013	灰飞虱	转录组	灰飞虱中性神经酰胺酶生物化学特征的确定	LsnCer mRNA 的表达量及其酶活性显著上升
2015	水稻	基于 iTRAQ 的蛋白质组	1）镁离子螯合酶基因表达显著下调 2）天冬氨酸蛋白酶基因表达显著上调	抑制叶绿素的合成和活性氧爆发，水稻叶片出现枯黄和局部细胞坏死
2015	水稻	传统方法	病毒诱导的 *OsAGO18* 发生表达	*OsAGO18* 能结合 miRNA168 和 miRNA528，下调 *OsAGO1* 和 *OsAO* 的表达，增强抗病毒的 RNAi 和 ROS 水平
2016	水稻	microRNA 组和转录组	miRNA 的表达谱发生变化	24 个 miRNA 的靶标基因与抗病基因相关，其中几个 miRNA 的靶标基因与叶绿体相关
2016	水稻	miRNA 深度测序	有 6 个 miRNA 表达发生上调	15 个抗病基因发生下调（包含有 NB-LRR 结构域的蛋白）
2016	本生烟	siRNA 深度测序	1）有 75 个差异表达的基因 2）来源于病毒 RNA4 的 vsiRNA 能与 eIF4A mRNA 互补	沉默其中 11 个差异表达基因造成植物黄化，这 11 个基因中有 9 个与叶绿体相关 eIF4A 被沉默后引起叶片的扭曲和生长缓慢
2016	灰飞虱	转录组	消化道中的差异表达基因	消化道中涉及溶酶体、消化、去氧化等过程的基因被激活表达，消化道中的 MAPK、mTOR、Wnt 和 TGF-β 信号通路的基因被抑制
2016	灰飞虱	基于 iTRAQ 的蛋白质组	共有 147 个差异表达的蛋白，其中 98 个蛋白发生上调，49 个蛋白发生下调	与减数分裂和有丝分裂相关的差异表达蛋白可能与带毒卵的低孵化率、发育迟钝和畸形有关
2017	灰飞虱	qRT-PCR 和 HPLC-MS/MS	灰飞虱多种鞘磷脂酶基因在转录水平发生改变 灰飞虱鞘磷脂的含量也发生改变	在大多数时期，6 个鞘磷脂酶基因发生上调
2017	水稻	siRNA 深度测序	Osa-miR171b 表达量下调	Osa-miR171b 表达的下调，造成生长缓慢、叶绿素含量下降等表型，这与病毒侵染的症状相似，超表达 Osa-miR171b 能增强水稻对 RSV 的抗性

表 3-12　RSV 编码蛋白间的直接互作（张坤等，2019）

年份	病毒蛋白	方法	互作蛋白	生物学功能
2008	NSvc3（PC3）（外壳蛋白）	Y2H	NSvc3（PC3）（外壳蛋白）	病毒粒子的组装
2010	NS3（P3）（RNA 沉默抑制子）	蛋白纯化，BiFC，Y2H	NS3（P3）病毒编码的 RNA 沉默抑制子	二聚体的形成 结合 siRNA 来抑制寄主的 RNA 沉默
2012	NS3（P3）（RNA 沉默抑制子）	Y2H	NS4（P4）（症状相关蛋白，SP）	功能未知
2013	NSvc2（PC2）（糖蛋白）	Y2H，FRET	NSvc2（PC2）（糖蛋白）	推测参与病毒介导的膜融合过程
2015	NS4（P4）（症状相关蛋白，SP）	LSCM	NSvc3（PC3）（外壳蛋白）	有助于病毒在昆虫体内的扩散
2015	NSvc1（PC1）（RNA 依赖的 RNA 聚合酶）	Co-IP，BiFC	NSvc3（PC3）（外壳蛋白）	NSvc3 与 RdRP 互作有利于感染初期病毒 RNA 的合成

注：Y2H（yeast two-hybrid）：酵母双杂交；BiFC（bimolecular fluorescent complimentary）：双分子荧光互补；FRET（fluorescence resonance energy transfer）：荧光共振能量转移；LSCM（laser scanning confocal microscope）：激光扫描共聚焦显微镜；Co-IP（co-immunoprecipitation）：免疫共沉淀

表 3-13　RSV 编码蛋白与寄主因子间的直接互作（张坤等，2019）

年份	病毒蛋白	方法	寄主因子	生物学功能
2009	NSvc4（PC4）（运动蛋白）	Y2H，Co-IP	OsRNB5 OsRNB8（sHSP）	推测 Hsp20 能维持变性的运动蛋白的结构，这种结构刚好结合有病毒运动相关组分，且是可溶的；当病毒的运动组分进入相邻细胞时，出现的 Hsp20 能立即有效地复性运动蛋白，继而释放相应的病毒组分，为病毒在此细胞中的复制作准备
2011	NS2（P2）	Y2H，BiFC	OsSGS3	P2 被证明是 RNA 沉默抑制子
2014	NS4（P4）（症状相关蛋白）	Y2H，GST-pull down，BiFC	OsPsbP	分析细胞成分发现，大部分的 PsbP 蛋白被招募至细胞质，最终导致叶绿体结构与功能的改变
2015	NS2（P2）	BiFC 共定位分析	NbFib2	P2 蛋白可能会通过招募和操作核仁的功能继而促进病毒的侵染
2017	NS3（P3）（RNA 沉默抑制子）	BiFC，Co-IP	OsDRB1	NS3 可通过与 miRNA 加工复合物的关键组分 OsDRB1 的相互作用，促进 miRNA 的加工，增强病毒对水稻的侵染和致病性
2018	NSvc4（PC4）（运动蛋白）	Y2H，Co-IP，BiFC 共定位分析	NbREM1 OsREM1.4	NSvc4 蛋白与 NbREM1 蛋白的 C 端互作，继而干扰其 C 端的 S-棕榈酰化，影响 NbREM1 蛋白的亚细胞定位，干扰植株对 RSV 的抗性

注：GST-pull down（glutathione-S-transferase pull down）：谷胱甘肽-S-转移酶蛋白 pull-down

表 3-14　RSV 编码蛋白与介体因子的直接互作（张坤等，2019）

年份	病毒蛋白	方法	互作因子	生物学功能
2011	NSvc3（PC3）（运动蛋白）	Far-western，Y2H	GAPDH，RACK RPL5，RPL7a，RPL8	参与病毒粒子在表皮上的反式内吞作用，鉴定到的 3 种蛋白对 RSV 在介体细胞中的侵染和繁殖发挥了潜在重要的作用
2014	NSvc3（PC3）（运动蛋白）	GST-pull down	Vitellogenin（Vg）	RSV RNP 可能与 Vg 蛋白结合，然后通过内吞作用进入卵巢的滋养细胞，最终伴随营养输送进入卵细胞，与 Vg 蛋白输送保持着相同的路径
2015	NSvc3（PC3）（外壳蛋白）	Y2H，Co-IP，GST-pull down	表皮蛋白（CPR1）Jagunal，NAC 结构域蛋白 Vitellogenin（Vg），Atlasin	在介体中 CPR1 蛋白直接结合 RSV，从而稳定病毒在淋巴液中的浓度，可能有助于保护病毒和帮助病毒向唾液腺的移动；其他蛋白推测可能参与病毒的运动、复制及经卵传播
2015	NS3（P3）（RNA 沉默抑制子）	Y2H	RPN3	NS3 蛋白能通过与灰飞虱 26S 蛋白酶体的 RPN3 亚基直接互作来减弱介体的免疫防卫反应
2017	NSvc3（PC3）（外壳蛋白）	Y2H，Co-IP，GST-pull down	G 蛋白通路抑制子 2（GPS2）	外壳蛋白能竞争性地结合 GPS2 蛋白，继而抑制 JNK 通路。JNK 通路的激活能促进 RSV 在介体中的复制，而抑制 JNK 通路能显著降低病毒含量，延迟寄主症状发生的时间
2018	NSvc3（PC3）（外壳蛋白）	Y2H，Co-IP	糖转运蛋白（OsLsST6）	外壳蛋白能与灰飞虱糖转运蛋白 6 直接互作，帮助 RSV 突破灰飞虱中肠表皮屏障，实现对虫体的系统侵染

四、品种抗病性

水稻条纹叶枯病是由传毒媒介灰飞虱传播的病毒病，水稻对该病的抗性主要表现在抗病性和抗虫性两个方面。水稻品种对 RSV 的抗病性可分为抗病毒侵染和病毒侵染后的忍耐性两种，而抗虫性即对传毒介体灰飞虱的抗性。由于抗性基因来源的单一性，抗性资源的发掘和抗性品种的选育非常必要，获得的优质抗源结合分子标记进行辅助选择，有望加快抗性品种选育的速度。

（一）品种抗病机制

植物病毒的运动极其复杂，需要病毒编码的运动蛋白和多种寄主因子的支持，未折叠蛋白反应（unfolded protein response，UPR）在植物病毒侵染中起着重要作用。RSV 可引发本氏烟中的 UPR，激活寄主自噬途径，RSV 编码的运动蛋白 NSvc4 通过该途径进行自噬降解。入侵水稻中的 RSV，其外壳蛋白的过表达可诱导茉莉酸（JA）途径，激活寄主抵抗 RSV 的防御能力，同时也吸引灰飞虱进食并有利于病毒传播。自噬参与了植物对病毒感染的反应，p3 是 RSV 编码的 RNA 沉默抑制蛋白，有研究认为植物中未知功能的 P3IP 蛋白和 RSV p3 互作并充当介导病毒 p3 降解的新的选择性自噬受体，与自噬过程中的核心蛋白 ATG8 互作，从而降解 p3。Toll 途径在防御各种病原微生物（包括病毒）的感染中起着重要作用，昆虫介体的 Toll 信号转导途径可能通过 Toll 受体与植物病毒基因编码的蛋白质之间的直接互作而被激活，反映 Toll 免疫途径是昆虫介体抵抗植物病毒感染的重要策略。水稻抗条纹叶枯病基因 *Stv-b^i* 通过编码的热激蛋白引起超敏反应（HR）来赋予对病原体的抗性，从而防止病原体的入侵和繁殖。$qSTV11^{KAS}$ 是最早被克隆的抗条纹叶枯病基因，命名为 STV11，该基因编码一个磺基转移酶（OsSOT1），能够催化水杨酸（SA）转化为磺化 SA（SSA），导致 SA 在 RSV 感染的植株中积累增加，并抑制病毒复制（张梦龙等，2021）。

Hu 等（2020）研究发现，增加外源或内源油菜素类固醇和茉莉酸可增强两种激素的信号途径，均可显著提高水稻对条纹叶枯病的抗性；相反，油菜素类固醇或茉莉酸信号受阻时，水稻更易感病。进一步研究发现，条纹叶枯病毒侵染水稻可以显著抑制植株内源性油菜素类固醇的合成，进而增加其信号途径关键负调控因子 OsGSK2 的积累。通过试验证实，OsGSK2 可以与茉莉酸途径的正调控关键因子互作，通过磷酸化使其降解，从而降低了油菜素类固醇增强的条纹叶枯病抗性，表明油菜素类固醇介导的条纹叶枯病抗性依赖茉莉酸途径。该研究揭示了条纹叶枯病毒通过作用于类固醇途径，进而抑制茉莉酸介导的条纹叶枯病抗性的分子机制。

RNA 沉默是植物抗病毒的保守机制，其核心组分包括 AGO、DCL 及 RDR 等蛋白。miR528 是单子叶植物中特有的 miRNA 成员，同时也是水稻中表达量最高的 miRNA 之一。OsSPL9-miR528-OA 通路调控水稻的抗病毒能力。水稻遭受 RSV 侵染后，miR528 在转录和转录后水平上均受到抑制。首先，RSV 侵染导致转录因子 OsSPL9 在蛋白质水平显著下调，造成 OsSPL9 直接调控的 miR528 基因表达降低，同时，RSV 侵染诱导了 AGO18 和 AGO1 的积累。之后，AGO18 竞争性结合 miR528，以阻止 miR528 与 AGO1 形成有切割 mRNA 活性的沉默复合体，从而释放靶标抗坏血酸氧化酶基因 AO，AO 通过氧化抗坏血酸调节植物体内的氧化还原稳态，从而促进植物体内活性氧（ROS）的积累，启动下游 ROS 介导的抗病毒通路（Wu et al.，2017b；Yao et al.，2019）。

（二）抗病品种鉴定方法

国家颁布了《水稻品种抗条纹叶枯病鉴定技术规范》（NY/T 2055—2011），可用于指导该病的抗性品种鉴定。

抗病品种鉴定可采用田间鉴定和室内鉴定，田间鉴定又可分为田间自然诱发鉴定和田间人工接种鉴定。对水稻品种抗条纹叶枯病性状进行评价时，当品种抗性在不同地区间、不同年度间或批次间鉴定结果不一致时，以最高发病率为最终标准。选用田间抗性鉴定方法时，同一参鉴品种应在两年两点的有效重复试验中均表现为一致的抗性，才能被评定为该抗性的品种。选用室内鉴定方法时，同一参鉴品种应在独立有效的 3 次重复试验均表现为同样抗性，才可被评定为该抗性的品种。

抗性分级标准为：免疫（I），发病率为 0；高抗（HR），发病率为 0.1%～5.0%；抗病（R），发病率为 5.1%～15.0%；中感（MS），发病率为 15.1%～30.0%；感病（S），发病率为 30.1%～50.0%；高感（HS），发病率大于 50.1%。

（三）抗病品种资源筛选

20 世纪 60 年代，日本已开展了水稻条纹叶枯病的抗性品种资源筛选和鉴定研究，采用室内苗期接种鉴定方法，发现当时日本的粳稻品种对水稻条纹叶枯病的抗性普遍较差，而籼稻、爪哇稻和粳型陆稻中则存在抗性资源，从中筛选出 Modan、Norin11 和 Tadukan 等一批抗性资源。国内田间鉴定发现，籼稻对水稻条纹叶枯病的抗性较粳稻更强，Tadukan、St No.1、中国 31 和窄叶青 8 号等表现为抗病。从 170 份云南、太湖流域地方品种中筛选出爱知 97 等 8 份抗病资源，其中 IR36 等为对病毒和介体兼抗的资源，而爱知 97 等为抗病毒而不抗介体的资源。另外，对 945 份太湖地区粳稻资源开展的田间抗性鉴定结果表明，高感材料占 65% 以上，而高抗和抗病资源分别占 8% 和 17%，表明尽管粳稻资源对水稻条纹叶枯病的整体抗性较差，但也存在一定比例的抗性资源。其中，镇稻 88 是抗性表现比较稳定的粳稻品种，抗性主要来自对病毒的抗性（周彤等，2009）。李金军等（2011）通过苗期人工接虫和大田自然诱发鉴定，从 69 份来自华东及华南地区的籼粳不同亚种材料中筛选条纹叶枯病抗性资源，发现 11 份材料表现出较好的抗性，抗性水平与当时华东地区广泛利用的抗源镇稻 88 相当，且抗性表现为显性遗传。分子标记鉴定发现，其中 3 份材料与镇稻 88 抗性位点一致，而其余材料与镇稻 88 不同。但生产上推广的大多数水稻抗病品种存在抗性基因较少、位点单一的问题。例如，抗 RSV 主要通过第 11 号染色体的五大数量性状基因座（QTL），这样可能会使抗性被免疫，品种抗性丧失。因此，需要不断发现新的抗源和挖掘新的抗性位点，培育聚合多基因的抗性品种，从而提高抗性强度和广度，使抗性不会轻易被灰飞虱免疫，通过基因的遗传多样性和丰富性来减少病毒致病性变异发生的可能，从而有效控制病害。加强病毒和寄主之间的互作关系和抗病毒基因的克隆与功能研究，会加快分子选育抗性品种的进程（张梦龙等，2021）。

（四）抗病育种

日本利用籼稻抗源 Modan 的抗性基因 $Stv-b^i$，通过数代回交，将其引入日本的粳稻品种农林 8 号中，并在回交后代 BC_5 家系中选育出了系列抗病品种，但由于连锁累赘，导入一些不利基因，在推广上受到限制。国内于 20 世纪 80 年代开始进行条纹叶枯病抗源和抗性品种选育工作。随着分子标记技术的快速发展，越来越多的抗水稻条纹叶枯病基因/QTL 得到鉴定和定位。分子标记辅助选择（MAS）是利用与目的基因紧密连锁或者共分离的分子标记对基因型进行选择，不受环境条件的影响，可以缩短育种年限，提高选择效率，是当前作物育种的重要手段。陈峰等（2009）设计了与 $Stv-b^i$ 紧密连锁的 SSR 及 STS 分子标记，采用 3 个抗条纹叶枯病混合群体 F30718（圣稻 13/镇稻 88）、F50701（武优 34/T022//圣稻 806）、F60702（V6/T022//镇稻 88）进行分子标记检测和田间条纹叶枯病抗性鉴定，证实可用于相应群体的条纹叶枯病抗性基因 $Stv-b^i$ 分子标记辅助选择。张云辉等（2014）利用集群分离分析法（bulked segregant analysis，BSA 法）对抗/感 DNA 池进行分析发现，第 11 号染色体 SSR 标记 RM209、RM21 与条纹叶枯病抗性有明显的连锁关系。利用基于完备复合区间作图方法的 QTL 检测软件，在第 11 号染色体上检测到一个条纹叶枯病抗性相关 QTL，位于 SSR 标记 RM209 和 RM21 之间，可用于水稻抗条纹叶枯病的分子标记辅助选择育种。王英存等（2015）根据抗条纹叶枯病品种秀水 123 与易感品种日本晴抗条纹叶枯病基因 $qSTV11^{KAS}$ 在距离起始密码子第一个脱氧核苷酸+640bp 处的差异，建立了一种能够更便于区分 $qSTV11^{KAS}$ 基因型的 CAPS（Btg Ⅰ）分子标记及检测方法。上海市农业科学院利用与 $qSTV-11b$ 紧密连锁的标记，选育出沪香粳 151、沪香粳 106 等高抗条纹叶枯病的水稻品种（张梦龙等，2021）。利用转基因技术和 miRNA 转基因抗病毒技术改良现有的品质优良的感病品种，是一个快捷有效的途径，目前已经获得了一些转基因抗病水稻，但距离推广应用尚有一段距离。此外，有关水稻对灰飞虱的抗性遗传研究较少，生产上缺乏具抗虫性的主栽品种。

江苏省农业科学院植物保护研究所鉴定出主栽抗病粳稻品种镇稻 88，利用该抗性资源，育出徐稻 3 号、徐稻 4 号、连粳 4 号等一批抗病品种，在生产上大面积推广，取得了良好的生产效益。

五、病害发生条件

影响水稻条纹叶枯病发生的条件包括耕作制度和栽培方式、品种抗病性、传毒介体灰飞虱发生量和带毒率等。气候条件主要通过影响灰飞虱的越冬虫口基数及水稻生育期灰飞虱发生量，从而影响水稻条纹叶枯病的发生流行。吕秋霞等（2019）运用等级全息建模理论，结合文献分析、专家访谈对水稻条纹叶枯病流行风险源和影响指标进行筛选和归类，提出介体灰飞虱虫量、带毒率、带毒虫量、气温、雨量、水稻品种抗病性、生产方式、水稻和小麦种植与收获的方式、时期以及时间交叠、化学防治措施等可作为水稻条纹叶枯病流行风险的影响指标（图 3-27），并建议以此为依据开展后续研究，如水稻条纹叶枯病流行及防控的时空动态；揭示影响病害流行的关键自然因子，并建立预测预报模型；阐明人为因子对病害流行的作用，并提出采用不同措施调控关键自然因子的分级管理策略（吕秋霞等，2019）。

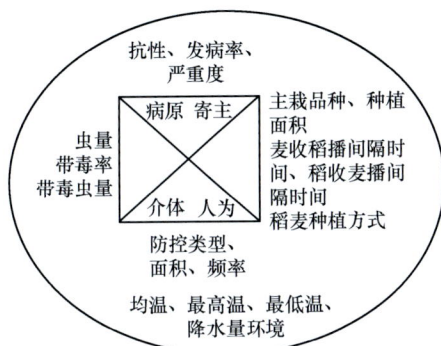

图 3-27　影响水稻条纹叶枯病流行的主要指标（吕秋霞等，2019）

（一）耕作制度和栽培方式

在麦-稻两熟种植制度下，不少地方在麦田中间或周围育秧，由于小麦也是灰飞虱的寄主，非常有利于灰飞虱的转移和病毒侵染。沿黄麦茬稻区常年实行"抢水插秧"，在小麦收割后很快插秧，早播早栽，导致水稻易感病的苗期与灰飞虱成虫转移高峰期相遇，增加了传毒感病机会。同时稻麦套种区为抢时播种小麦，通常在水稻收获前直接撒播小麦，水稻收获后小麦已经 1 叶 1 心，并且水稻留茬较高，有利于灰飞虱寄生越冬，增加越冬传毒虫源（孙炳剑等，2005）。据江苏省吴江市（现为吴江区）对当地水稻条纹叶枯病的调查，在以水育秧为主的人工栽培和以旱育稀植、机插秧和水直播等为主的轻型栽培方式中，常规水育移栽田的发病率高于其他育秧方式田，而轻型栽培方式下水稻条纹叶枯病的发病率大致相当。常规水育移栽田发病率高的原因可能是由于水育秧播种早，秧田期较长，灰飞虱基本上可以全程侵染；而轻型栽培田发病轻于水育秧的原因可能如下：一是因灰飞虱有趋嫩性，水育秧长势嫩绿，易吸引灰飞虱迁入，而旱育秧前期无水层，叶色淡而老健；二是旱育秧和机插秧都有一段覆膜期，能避开部分灰飞虱迁入危害，减少其刺吸秧苗传毒的概率；三是水育秧分蘖性比旱育秧差，旱育秧恢复补偿能力比水育秧强；四是直播稻由于播种迟，避开了灰飞虱发生高峰期。王伟民等（2015）报道，直播稻的发病概率高于移栽稻，与播种受灰飞虱入侵概率大、个体生长偏弱有关，建议推迟直播稻播种至 6 月初之后，减轻条纹叶枯病的发生。安徽省来安县报道，2014～2015 年当地水稻种植结构发生变化，粳稻面积扩大到 3333～5333hm²，为条纹叶枯病的发生提供可能，但两年发病情况均较轻，原因之一是粳稻种植主要分布在种植大户，种植模式大部分为麦茬直播稻，播种期一般在 6 月 15 日以后，苗期基本避开了第 1 代灰飞虱的迁移盛期（张华中和王忠义，2016）。

不同播种期和移栽期对水稻条纹叶枯病的发生也有较大影响。孙俊铭等（2012）在安徽省庐江县采用分期播种的方法，研究了单季晚粳播种期对灰飞虱虫口密度、水稻条纹叶枯病发病率的影响。结果表明，随着播种期从 5 月中、下旬推迟到 6 月上、中旬，田间灰飞虱虫口密度明显下降，水稻条纹叶枯病始病期、发病高峰期明显推迟，发病高峰次数减少，发病率显著降低，水稻有效穗数增加、结实率提高，增产效果明显。结合考虑第 1 代灰飞虱成虫迁移高峰期和水稻安全齐穗期，建议在江淮南部的水稻条纹叶枯病重发区，单季晚粳播种期推迟到 6 月 9～14 日。在日本，4 月初播种的水稻条纹叶枯病发病较轻，5 月播种的水稻受害最重，之后播种的水稻发病又较轻。分析认为这是处于传毒盛期的成虫和高龄若虫活动高峰与水稻敏感生育期重叠、配合程度的差异所致，播种比较早的水稻，当第 1 代灰飞虱成虫从麦类作物上随着麦子的收割而向外迁移时，水稻植株的生育期已经达到 5 叶以上，感染敏感性下降。浙江省嘉兴市以单季粳稻为主要种植品种，在水稻生长、发育、产量、品质等不受较大影响的前提下，播种期推迟至 5 月底至 6 月上旬较为适宜，可以较好地避开灰飞虱成虫传毒高峰期（朱金良等，2008）。

（二）品种抗性及布局

水稻对水稻条纹叶枯病的抗病能力一般为：杂籼＞中粳＞糯稻＞晚粳。若当地粳稻种植面积增加，杂籼稻种植面积减小，会增加感病风险。目前大面积推广种植的水稻品种对该病的抗性总体较差，且一定区域内主栽品种比较单一，有利于病害流行危害。2008 年调查上海当地 25 个水稻品种的抗性发现，秀水 09、秀优 5 号、申优 1 号、99-64、2369、秀水 114 等 6 个品种抗病性差，防治后田块发病率仍达 90% 以上。我国江苏和云南都是水稻条纹叶枯病适宜流行区之一。2002 年以来该病在江苏等地逐年加重，与此同时在云南一直呈低水平存在状态。陈思宏等（2013）分析两地该病流行差异认为，水稻品种抗性水平和多样性程度高、灰飞虱发生量低、带毒率低是云南水稻条纹叶枯病轻度发生的主要原因，其中灰飞虱发生量和带毒率上的显著差异是引起两地病害流行程度迥异的表观原因，而本质原因是水稻品种抗性差异。

（三）灰飞虱虫口数量、带毒率及成虫峰期与水稻播期吻合情况

连续多年暖冬和早春温度偏高，导致灰飞虱越冬基数增加，越冬第 1 代灰飞虱发生量大，有利于灰飞虱的生存和繁殖，从而导致水稻条纹叶枯病发病早、传染范围广、危害重。研究分析 2005~2013 年上海的灰飞虱越冬基数与温度、湿度、日照时数等气象因子的关系，结果发现灰飞虱越冬基数与温度呈显著的正相关（$r=0.7227^*$），与湿度及光照时数无相关性。由此表明，冬季温度越高，其越冬代的灰飞虱虫量相对越高。若水稻种植方式是以散户为主的小面积种植，会各自开展传毒介体灰飞虱的防治，防治时间不统一，而灰飞虱活动范围又较大，导致防效较差。同时，防治药剂持效期较短，灰飞虱对吡虫啉等一些药剂已经产生一定抗药性，也会造成对传毒介体的防治不力，从而影响到病情。根据 2005~2010 年上海的第 1 代灰飞虱成虫期与水稻苗期的关系分析结果，发现全市水稻播种高峰期在 5 月底至 6 月 20 日，使一部分稻苗与第 1 代灰飞虱吻合期长达 10d 左右。特别是绿肥茬水稻在 5 月下旬至 6 月 5 日移栽稻或直播吻合期长达 10d 以上，条纹叶枯病的田间发生相对严重（王伟民等，2015）。

六、病害预测预报

农业农村部在 2018 年制定了《水稻条纹叶枯病测报技术规范》（NY/T 1609—2018），替代 2008 年制定的《水稻条纹叶枯病测报技术规范》（NY/T 1609—2008），对灰飞虱消长和田间病情普查与系统调查、灰飞虱带毒率测定以及测报方法进行了规范。根据酶联免疫检测原理，采用斑点免疫法（dot-ELISA，DIBA）或胶体金免疫层析试纸条法检测灰飞虱带毒情况，记载带毒虫量，计算加权平均带毒率。在发生期预报中，一般年份，小麦收割高峰期前后就是灰飞虱迁入水稻秧田及早栽本田的高峰期。对本田第 2 代、第 3 代灰飞虱发生期进行预测，依据历期法，由第 1 代灰飞虱成虫高峰期及产卵高峰期推算第 2 代灰飞虱低龄若虫高峰期，依此法推算第 3 代灰飞虱低龄若虫高峰期。在发生量预报中，秧田灰飞虱成虫数量可根据麦田第 1 代成虫数量进行推测。麦田第 1 代灰飞虱虫量与秧田高峰期虫量比例系数在同一地区不同年份之间相对稳定。结合当地气温和麦田后期调查虫量，推算迁入秧田高峰期虫量，进行第 1 代灰飞虱发生量的中长期预报。在水稻条纹叶枯病发生程度预报中，根据灰飞虱带毒虫量和田间水稻生育期及带毒率测定结果，结合水稻品种抗性、前期和当前气象条件，作出发生程度的趋势预报。一般灰飞虱带毒率大于 3% 时，虫量高，第 1 代灰飞虱迁入高峰期与秧苗期较吻合，品种相对感病，水稻条纹叶枯病流行的可能性较大；带毒率达 12% 以上则为大流行趋势。

七、病害防治

水稻条纹叶枯病的防治应采取以种植抗（耐）病品种、适当调整播栽期避病、秧田期覆盖防虫网或无纺布为基础，与药剂防治灰飞虱"治虫控病"相结合的综合控制策略，可参照《水稻条纹叶枯病防治技术

规程》(NY/T 2385—2013)开展。进行病害防治后,可参考以下方法对防治效果进行评价:介体灰飞虱防治效果调查可在施药后 3～5d 进行;病害防效调查可在分蘖末期、拔节孕穗期 2 个时期进行,处理田与非处理田(对照田)的土壤类型、品种、播期、移栽期、水肥和其他病虫管理应一致。按稻作类型、品种、生育期划分类型田,每个类型田调查 3 块田,直线平等取样,每块田调查水稻 200 丛,记载调查总丛数、株数、发病丛数、发病株数、病级,计算水稻病丛(株)率、病指,评估发病程度与危害损失和防治效果。田间调查方法、病情分级方法按照《水稻条纹叶枯病测报技术规范》(NY/T 1609—2018)执行。

(一)农业栽培措施

1. 种植抗(耐)病品种

因地制宜地选用适合当地种植的抗(耐)病良种。

2. 适当调整播栽期

播种期不宜过早,防止秧龄长、秧苗大,增加灰飞虱侵入传毒和感病的机会。可结合如抛栽、机插、肥床旱育等轻型栽培措施,在短期范围内适当调整播栽期,有效避开第 1 代灰飞虱的迁飞传毒高峰期,降低毒源率,达到避病防病的目的。另外,移栽时期应尽可能一致,避免病害在不同田块流行危害。但是否采用播期调控法,还应综合考虑当地的地理位置、光温资源、水稻品种的特性、灰飞虱成虫扩散传毒高峰期密度和带毒率,并结合各种病虫害发生造成的潜在危害以及防治成本等因素才能确定(朱金良等,2008)。

3. 集中育秧

秧田选址应远离麦田,集中连片育秧。

4. 清洁田园

稻田及麦田耕翻,恶化灰飞虱生存和食料条件;采用人工或化学方法清除田埂和稻田周边禾本科杂草,减少灰飞虱的桥梁寄主。

5. 发病田块管理

秧田移栽时要剔除病株,适当增加每穴株数,保证基本苗数量;分蘖盛期前及时拔除病株,同时调余补缺,剥蘖补苗,加强肥水管理,促进苗情转化。对病株率大于 50% 的大田要翻耕改种。

(二)物理防治措施

参照水稻黑条矮缩病的物理防治措施。

(三)化学防治措施

1. 农药使用原则

选用农药应符合《农药安全使用规范 总则》(NY/T 1276—2007)和国家标准《农药合理使用准则》。稻田禁止使用拟除虫菊酯类农药品种,慎用三唑磷、杀虫双等农药品种;轮换、交替使用农药,每种农药每个生长季节使用不超过 2 次。

2. 灰飞虱虫源田防治

提倡防治麦田和冬闲虫源田灰飞虱,可结合赤霉病、蚜虫等病虫防治一并进行,减少水稻秧田与大田基数。①施药时期：根据历期法推算灰飞虱低龄若虫盛期施药。②防治药剂：每亩可选用 25% 吡蚜酮悬浮剂 25～30g 或 20% 异丙威乳油 150～200mL 等药剂喷雾，或 80% 敌敌畏乳油 250～300mL 毒土熏蒸。③施药方法：喷雾法，手动喷雾每亩用水量 30～45L，机动弥雾每亩用水量 15～20L，应避免在雨天或风速大于 8m/s 时施药。毒土法：将适当剂量药剂加入适量水中，混匀后拌入 15～20kg 细土，充分拌匀制成毒土，毒土要求握之成团、松之即散，于晴天下午均匀撒施，施药时田间保持干燥。

3. 药剂拌种

选用噻虫嗪、吡虫啉等药剂拌种。每千克稻种选用 30% 噻虫嗪种子处理悬浮剂 1.2～3.5g 或 60% 吡虫啉种子悬浮剂 2～4mL 均匀拌种。

4. 秧田期防治

对未实施无纺布或防虫网覆盖的秧田进行药剂防治。①防治时期和防治对象：在稻麦连作区，灰飞虱迁入秧田盛期通常为当地麦收盛期。在灰飞虱迁移盛期，对带毒灰飞虱虫量高、品种感病的秧田进行防治，用药间隔期为 3～5d，连续防治 2 或 3 次；对带毒虫量低或品种相对抗病的秧田，可延长用药间隔期，减少用药次数。秧苗移栽前 2～3d 用药防治 1 次，带药移栽。②防治指标：以单位面积灰飞虱带毒虫量确定防治指标。第 1 代成虫防治指标，每亩有带毒虫 6700 头，即每平方米 10 头。第 2 代若虫防治指标，每亩有带毒虫 10 000 头，即每平方米 15 头。③防治药剂：应将速效性强和持效期长的药剂结合使用。每亩可选用 25% 吡蚜酮悬浮剂 25～30mL 或 20% 烯啶虫胺水剂 25mL 或 20% 异丙威乳油 150～200mL 或 10% 醚菊酯乳油 80mL 或 25% 噻虫嗪水分散粒剂 4～6g 等药剂。④采用喷雾法均匀喷施，药后保持 3～5cm 水层 3～5d；避免在雨天或风速大于 8m/s 时施药。

5. 大田防治

①移栽大田防治：在水稻返青活棵后、灰飞虱低龄若虫盛期施药，第 2 代、第 3 代若虫防治指标为每亩有带毒灰飞虱 2000 头，折水稻百丛 10 头。可选用吡蚜酮、烯啶虫胺、醚菊酯、噻虫嗪、异丙威等任一种药剂或混配使用，用量参阅秧田期防治。施药方法为喷雾法，手动喷雾每亩用水量 30～45L，机动弥雾每亩用水量 15～20L，喷施要均匀，药后保持 3～5cm 水层 3～5d；避免在雨天或风速大于 8m/s 时施药。②直播稻田防治：于播种后 7～10d（秧苗现青期）第 1 次用药，之后视虫情进行防治。防治指标为每亩有带毒灰飞虱 10 000 头，即每平方米 15 头，防治药剂和用量参阅秧田期防治，施药方法参阅移栽大田防治。

第五节　水稻草状矮化病

一、病害发生与为害

水稻草状矮化病（rice grassy stunt disease，RGSD）又名水稻草矮病，由水稻草状矮化病毒（*Rice grassy stunt virus*，RGSV）引起，于 1963 年在菲律宾首次被发现；之后在东亚、东南亚和南亚的许多国家和地区大面积暴发，为害持续 10 余年之久。之后多处于零星分布、发病较轻的状态，在部分年份局部区域间歇性暴发。2006～2007 年，该病在越南南部暴发，危害面积超过 48.5 万 hm²，造成大约 82.8 万 t 的粮食损失。1958 年和 1979 年水稻草状矮化病在我国台湾和福建被发现，之后在广东、广西和海南等地区也有少量发生的报道（谢联辉等，2016；石超南等，2018）。

二、病害症状与诊断

（一）病害症状

　　水稻草状矮化病引起水稻植株严重矮化，分蘖增多，呈现杂草状丛生，叶片短而窄，灰绿色至灰黄色，并可能产生许多不规则形褐色或锈色斑点，感染 RGSV 的水稻不抽穗或导致谷粒不实或有瘪粒，后期感染的水稻下部叶片呈黄褐色（图 3-28，图 3-29）。另外，该病还会严重干扰水稻根系发育，表现为根系不发达、根长变短、根质量减轻、不定根减少等症状。

图 3-28　不同生育期感病症状（黄世文　提供）

图 3-29　病株（黄世文　提供）

（二）病害诊断

　　RGSD 的诊断方法主要有田间症状诊断法、生物学诊断法、病理学诊断法、血清学诊断法、分子生物学诊断法等。田间症状诊断法和生物学诊断法主要是通过 RGSD 病株的典型性状来识别，虽然该方法简单易行，但容易出现误差，也无法检测带毒褐飞虱，许多不同的病原或生物胁迫也都可以产生相似的症状，如 RGSD 病株产生的锈斑与钾元素缺乏的症状很相似。在病理学诊断中，由于 RGSD 病组织存在一种白色絮状结晶的非结构蛋白，可形成不定形的包含体或形态各异的针状结构，通过超薄切片在电镜下观察，可见染色很深的条状物。

　　张春嵋等（2000）通过比较间接 ELISA、分子杂交和 RT-PCR 等检测 RGSV 的方法发现，运用自制的融合蛋白检测灵敏度为 1mg 鲜重的病株叶片或 84ng 提纯病毒；地高辛（DIG）标记的 DNA 探针杂交法检测灵敏度为 50μg 病叶或 6ng 提纯病毒；而 RT-PCR 的检测灵敏度为 10μg 病叶或 2ng 提纯病毒。其中 RT-PCR 和分子杂交检测方法有很高的敏感性、特异性和可重复性，而 ELISA 适合用于大规模检测病毒样品，性价比更高。另有报道可通过纯化 RGSV P2、P5 和 P6 蛋白，免疫家兔，制备 P2、P5 和 P6 多克隆抗血清，或者通过 SDS-PAGE 法分离得到 RGSV GST-NS3 蛋白，免疫家兔，制备多克隆抗血清，再运用 Western blotting 检测 RGSV。2012 年，杨靓等制备了 RGSV P2 的多克隆抗体，灵敏度达到 1∶8192，可用于 RGSV 的检测（杨靓等，2012；石超南等，2018；庄新建等，2020）。用于 RGSV 的免疫学诊断参见表 3-4。逆转录环介导等温扩增技术（reverse-transcription loop-mediated isothermal amplification，RT-LAMP）在病毒诊断中应用十分广泛。Le 等（2010）采用该方法，检测受感染水稻植株的 9 种病毒，包括水稻黑条矮缩病毒（RBSDV）、水稻矮缩病毒（RDV）、水稻瘤矮病毒（RGDV）、水稻齿叶矮缩病毒（RRSV）、水稻暂黄病毒（RTYV）、水稻条纹病毒（RSV）、水稻草矮病毒（RGSV）、水稻东格鲁球状病毒（RTSV）和水稻东格鲁杆状病毒（RTBV）。根据这些病毒的基因组序列设计了病毒特异性引物组合。通过 RNA 快速提取和 RT-LAMP 的结合，可在 2h 内从受感染的水稻植株中检测到这 9 种病毒，并对其中多种病毒的检测灵敏度高于一步 RT-PCR 检测方法或两种方法灵敏度相当。此外，采用 RT-LAMP 方法不仅可以检测到水稻中的 RTBV

和 RTSV，还可以在含毒虫媒中检测到 RTBV 和 RTSV。用于 RGSV 的分子生物学诊断参见表 3-5。

三、病原学

（一）病毒分类地位、粒体形态及特性

水稻草矮病毒又称水稻草状矮化病毒（RGSV），属于白纤病毒科（*Phenuiviridae*）纤细病毒属（*Tenuivirus*）。RGSV 病毒粒子为直径 6～8nm 的线状或长分枝丝状粒体（大部分长 950～1350nm），并能形成环状结构（图 3-30）。早期对其形态描述为：直径 70nm 的球状结构并伴随植原体，随后日本报道其形态为半径 10nm 的圆球结构，后来又有报道认为 RGSV 是类似丝状结构，但在其粗提液中同时观测到半径 9～10nm 的球状粒体，经梯度离心后消失。RGSV 的这种形态不定性是由于纤细病毒属的这种丝状粒体高度缠绕和超螺旋结构形成的（吴孝勇，2013）。RGSV 病毒粒子由细线状的核糖核蛋白（ribonucleoprotein，RNP）、RNA 的毒义链和毒义互补链、核衣壳蛋白和 RNA 依赖的 RNA 聚合酶（RNA-dependent RNA polymerase，RdRP）组成（石超南等，2018）。

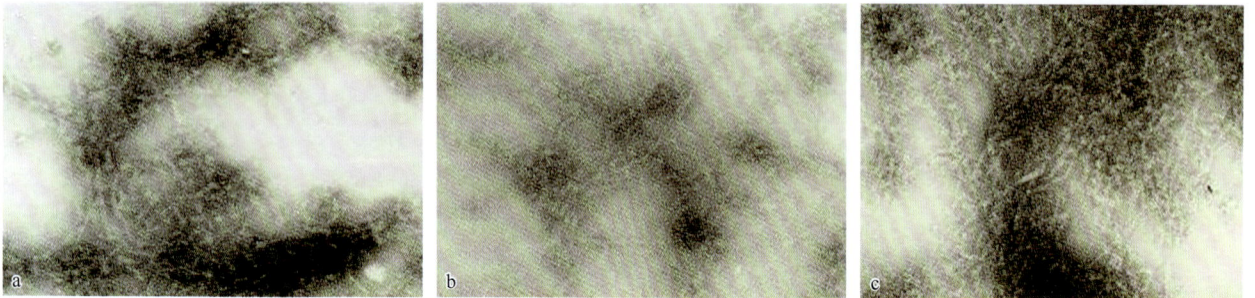

图 3-30　提纯的 RGSV 粒体（谢联辉等，2016）
a：福建沙县分离物；b：广西玉林分离物；c：IRRI 分离物

RGSV 在菲律宾分为两个株系：RGSV-1 和 RGSV-2。两者在介体种类、传毒特性、粒体形态和理化特性上无差异，主要不同是 RGSV-2 所致症状颇似水稻东格鲁病，病株叶片呈黄色至橙黄色褪绿，易早期枯死，且能侵染抗 RGSV-1 的水稻品种——带有尼瓦拉野生稻（*Oryza nivara*）抗性基因的水稻品种。我国对福建沙县分离株（RGSV-SX）、广西玉林分离株（RGSV-YL）和 IRRI 分离株（RGSV-IR，菲律宾）所进行的血清学、交互保护和寄主反应试验的比较研究结果表明，福建和菲律宾分离株属于 RGSV-1，而广西分离株属于 RGSV-2（林奇英等，1993）。进一步分析沙县分离株基因组第六片段的序列，与 IRRI 分离株的核苷酸序列同源性高达 99.3%，说明这 2 个分离物具有较高的亲缘关系，很可能来自同一起源，即菲律宾的 RGSV 有可能通过介体的远距离迁飞传播至我国的福建沙县而引致当地的草矮病发生（张春嵋等，2001）。

RGSV 的钝化温度（TIP）为 50℃；在病株汁液中的稀释限点（DEP）为 10^{-3}～10^{-2}，在带毒昆虫汁液中为 10^{-6}～10^{-3}；体外存活期（LIP）为 4℃下 6d 或室温 22℃下 12h（谢联辉等，2016）。

（二）病毒的基因组结构及功能

RGSV 基因组是多组分的，最初被认为由 4 条 ssRNA 组成，基因组全长 15.46kb。病毒的基因组 RNA 经抽提后，再经过 1% 琼脂糖凝胶电泳后，出现 6 条大小分别为 10.0kb、4.0kb、3.0kb、2.9kb、2.7kb 和 2.6kb 的条带，同时还存在 dsRNA。目前普遍认为 RGSV 至少由 6 条负单链 RNA 片段组成，分别命名为 RNA1～RNA6，均采用双义编码策略，即在 vRNA 和 vcRNA 靠近 5′ 端处都存在一个开放阅读框（ORF），至少能编码 12 个蛋白（图 3-31）。

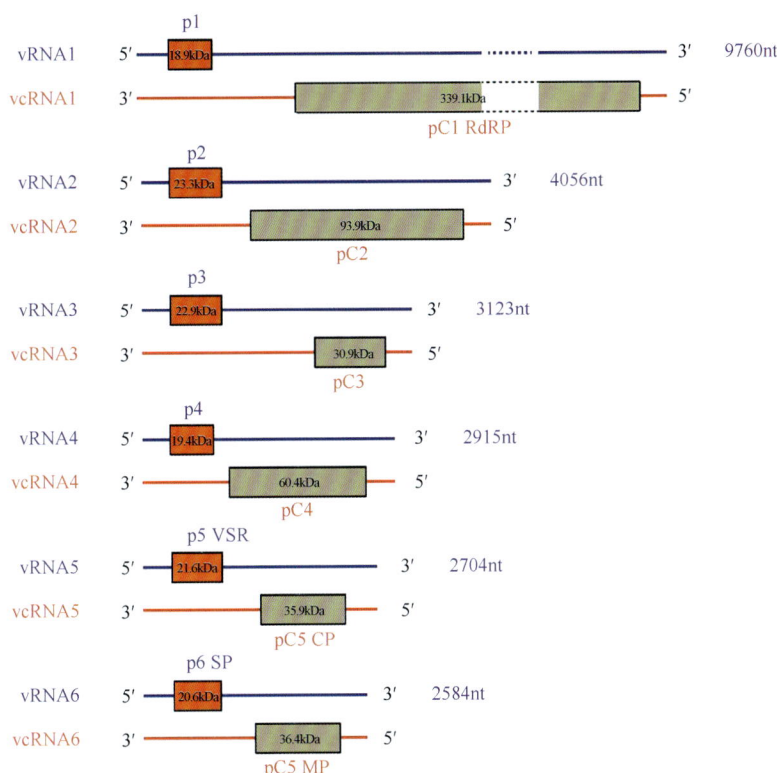

图 3-31　RGSV 基因组（石超南等，2018）

RGSV 所有碱基序列片段的 5′ 端和 3′ 端分别有 17 个和 16 个高度保守的碱基且能发生互补配对：5′-ACACAAAGUCCUGG（A/U）CA⋯UGCCCAGACUUUGUGU-3′。另外通过序列比对分析发现 RGSV 的 RNA1、RNA2、RNA5 和 RNA6 分别对应于水稻条纹病毒（*Rice stripe virus*，RSV）的 RNA1、RNA2、RNA3 和 RNA4，而 RNA3 和 RNA4 为 RGSV 基因组所独有，与其他纤细病毒属成员不同。在田间感病水稻植株上普遍存在 RGSV 与水稻锯齿叶矮缩病毒（*Rice ragged stunt virus*，RRSV）的复合侵染。通过巢式 RT-PCR 及克隆测序方法研究发现，RGSV 能够利用 prime-and-realign 机制抓取 RRSV 基因组 RNA 的前导序列作为自身转录本的帽子结构，以此来维持自身转录本的完整性和稳定性（石超南等，2018）。

（三）寄主范围

水稻草矮病毒的寄主范围比较窄，田间自然寄主是水稻，通过人工接种，还可侵染高秆野生稻（*Oryza alta*）、尼瓦拉野生稻（*O. nivara*）、普通野生稻（*O. rufipogon*）、药用野生稻（*O. officinalis*）等多种野生稻，狗牙根（*Cynodon dactylon*）、李氏禾（*Leersia hexandra*）香附子（*Cyperus rotundus*）、光头稗（*Echinochloa colonum*）、鸭舌草（*Monochoria vaginalis*）等禾本科（Gramineae）杂草，以及莎草科（Cyperaceae）和雨久花科（Pontederiaceae）的杂草（谢联辉等，2016）。

（四）侵染循环

RGSV 主要由褐飞虱（*Nilaparvata lugens*）以持久增殖型方式传播，但不能经卵传给后代。其他传毒介体还有拟褐飞虱（*N. bakeri*）和伪褐飞虱（*N. muiri*），不能通过机械、土壤、花粉或种子传播（Hibino，1996）。通过免疫荧光技术发现，RGSV 在褐飞虱中肠上皮细胞建立初侵染点，然后穿过基底膜进入中肠肌肉组织，之后扩散至血淋巴，进入唾液腺或者扩散至整个消化系统，完成在褐飞虱体内的侵染路线（Zheng et al.，2014）。介体一旦带毒，可连续传毒直至死亡，从而不需要毒源的连续参与，因此，水稻草状矮化病的主要初侵染源是越冬带毒介体，热带和亚热带地区的越冬再生稻病株、染病稻茬也可作为毒源。褐飞虱是水稻上的主要迁飞性害虫之一，广泛分布于南亚、东南亚和东亚各国。在春夏季，带毒褐飞虱随着西南气流从中南半岛和广东、广西南部或菲律宾向我国北部迁飞，而在秋季顺东南风冷空气向南回迁，RGSV则随着褐飞虱的长距离迁飞而被传播到沿途区域。因此，水稻草状矮化病的暴发往往是随着褐飞虱的暴发而引起的。褐飞虱的迁飞可能是该病交替流行发生于中国南部、越南、印度尼西亚和菲律宾等国家和地区的主要原因（谢联辉等，2016；石超南等，2018）。

（五）病毒与寄主植物、媒介昆虫的互作

病原物能够通过诱导改变昆虫介体和寄主的表现型，包括寄主挥发物的释放，从而影响病原物的传播概率。孙付森（2015）研究发现，RGSV可能通过改变寄主植物水稻的挥发物成分及其所占比例，如提高雪松醇、苯乙酮、苯甲酸甲酯含量，降低β-柏木烯的含量，影响介体昆虫褐飞虱的选择行为，使褐飞虱开始更趋向于取食感病水稻，获毒后再去取食健康水稻，从而增加传毒率。

（六）病毒致病机制

分蘖增多是水稻感染RGSV后呈现出的主要症状之一。在感染RGSV的水稻植株中，与独脚金内酯（strigolactone，SL）信号转导相关的 *D3* 和 *D14/HTD2* 基因的表达水平受到抑制，而且SL的含量减少，意味着RGSV可能通过影响SL的合成及信号转导途径介导水稻分蘖增多的表型。另外，RGSV的侵染对水稻中吲哚乙酸（indoleacetic acid，IAA）合成和降解基因以及 *SPL14*、*RCN1*、*Ostill1* 等能促进水稻分蘖的基因表达都有影响，说明SL、IAA等激素水平和信号转导途径的改变及性状基因的表达等都可能是RGSV诱导水稻分蘖增多的诱因。而赤霉素（gibberellic acid，GA）等激素水平及其信号转导途径的改变、细胞壁合成和扩增蛋白基因的表达等可能是RGSV诱导水稻矮化的诱因。RGSV会抑制水稻叶绿素合成相关基因的表达，*Sgr* 和叶绿素还原酶两个与叶绿素降解相关的基因也受到RGSV侵染的显著诱导（图3-32）。因此，RGSV诱导水稻产生黄化的症状可能与此相关（石超南等，2018）。

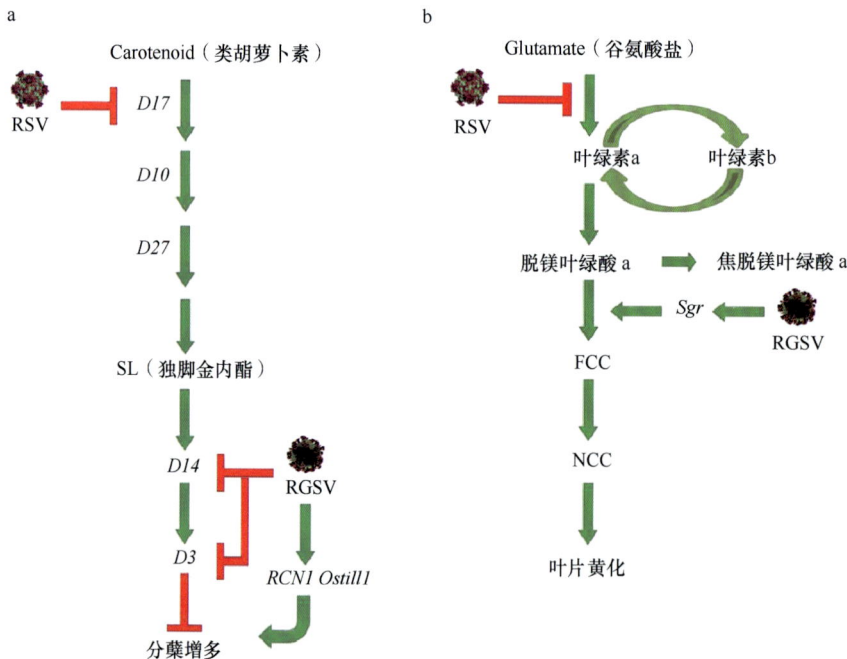

图 3-32　RGSV 与 RSV 症状形成机制的可能工作模式（石超南等，2018）
a：RGSV 和 RSV 分蘖增多症状形成机制；b：RGSV 和 RSV 黄化症状形成机制

依赖于 RNA 的 DNA 甲基化途径（RNA-directed DNA methylation，RdDM）是植物 DNA 甲基化建立的关键环节，广泛参与到植物生长发育过程和对多种病原物侵染的响应过程中。福建农林大学吴建国课题

组研究发现，RGSV 编码的 P3 致病蛋白通过诱导一个 U-box 类型 E3 泛素连接酶 P3IP1 靶向 RdDM 关键因子 NUCLEAR RNA POLYMERASE D1a（OsNRPD1a 或 Pol Ⅳ）的降解，并导致水稻植株矮化和分蘖增多等病害症状的形成，揭示了 P3IP1 和 Pol Ⅳ 在病毒致病过程中的生物学功能（Zhang et al.，2020）。

四、品种抗病性

在室内采用集团接种法进行抗病性鉴定。水稻幼苗长至 1.5～3 叶期，在 60 目防虫网罩内将待测品种每苗接入 1 或 2 只带毒褐飞虱（带毒率为 25%～65%），设感病品种为对照，每个处理设 3 次重复，每次重复 30 株以上稻苗。传毒取食 2～3d（每天赶虫 2 或 3 次）后，将接种稻苗移植至防虫网室中，常规管理。根据植株症状进行发病情况调查，计算发病率。病害分级标准：0 级：免疫，不发病；1 级：高抗，发病率为 0.1%～5.0%；2 级：中抗，发病率为 5.1%～30.0%；3 级：中感，发病率为 30.1%～60.0%；4 级：高感，发病率为 60.1% 以上（谢联辉和林奇英，1982a）。

不同水稻品种对 RGSV 的抗性存在明显差异，同一水稻品种对 RGSV 不同株系的抗性也存在明显差异。据报道，以回交品种 IR_{1737} 及 IR_{1917} 等育成的 IR_{28}、IR_{29} 及 IR_{30} 等 IR 系列品种，仅对 RGSV-1 抗病，但对 RGSV-2 感病；对 RGSV-2 表现高抗的药用野生稻却对 RGSV-1 表现高感（Hibino，1989；林奇英等，1993）。吴祖建等（1994）采用网箱集团接种结合玻管定苗定虫接种技术，比较了中菲栽培稻的 81 个品种和野生稻的 3 个种对两国水稻东格鲁病和水稻草状矮化病的病原病毒及其介体的抗性，筛选出能同时抗水稻东格鲁球状病毒（RTSV）、水稻东格鲁杆状病毒（RTBV）和水稻草状矮化病毒（RGSV）的 3 个株系以上的多抗性抗源——中山红无名种、尼瓦拉野生稻和药用野生稻，高抗这些病毒两个株系以上的多抗性品种有汕优桂 33、金早 6 号、HB437 等，品种 IR28 高抗 RTSV、RTBV 介体黑尾叶蝉和 RGSV 介体褐飞虱。之后林丽明等（1998）又测试了 13 个水稻品种对 RGSV 的抗病性，以各品种的发病比率划分抗性等级，未发现免疫品种，其中高抗品种 1 个（世纪 137），占总数的 7.7%；中抗品种 7 个，占总数的 53.8%；中感品种 4 个，占总数的 30.8%；高感品种 1 个（台中 1 号），占总数的 7.7%。利用葡萄球菌 A 蛋白酶联免疫吸附反应（staphylococcus protein A ELISA，SPA-ELISA）进一步检测发现，水稻品种抗性程度与病株中病毒含量呈负相关，且在水稻不同发病时期、不同部位病株体内的病毒含量有所不同。

国际水稻研究所育成的 IR28、IR29 及 IR30 等对 RGSV-1 表现抗性的品种中含有抗褐飞虱的显性基因 *BPh1*；尼瓦拉野生稻对 RGSV 的抗性是受一个单显性抗性基因（GS）所控制的。但目前对 RGSV 的抗性机制研究还比较缺乏，在自然界水稻中尚未发现合适的 RGSV 抗性基因。随着分子生物学和遗传学的发展，通过植物基因工程手段选育抗病毒的水稻品种成为可能。Shimizu 等（2013）通过 RNA 干扰技术构建的 RGSV 的核衣壳蛋白 pC5 和运动蛋白 pC6 的 RNAi 转基因水稻对 RGSV 有很强的抗病性。Wu 等（2015）报道，水稻 AGO18 蛋白能够通过竞争性结合 miR168 来保护 AGO1，然后 AGO1 结合 vsiRNA 对病毒基因组 RNA 进行沉默，从而增强水稻的抗病毒防卫反应。进一步研究发现，单子叶植物特有的 miR528 能够通过与 AGO18 竞争性结合，从而释放靶基因抗坏血酸氧化酶（AO），AO 通过氧化抗坏血酸调节植物体内的氧化还原稳态，从而促进植物体内活性氧（ROS）的积累，启动下游的抗病毒通路，介导水稻产生广谱的抗病毒功能（Wu et al.，2017b）。

五、病害发生条件

水稻草状矮化病的发生流行与介体褐飞虱的分布和发生有密切关系。褐飞虱广泛分布于南亚、东南亚和东亚以及太平洋岛屿和澳大利亚等国。20 世纪 70～80 年代，印度、印度尼西亚、马来西亚和菲律宾等南亚和东南亚国家的褐飞虱为害猖獗，与水稻草状矮化病流行的地区和高峰期较为一致。Anonymous 于 1975 年报道，在菲律宾国际水稻研究所农场，灯下捕获的褐飞虱数量在 1973 年约为 1974 年的 7.5 倍，相对应的是 1973 年该病在当地暴发，而在 1974 年发生很轻。褐飞虱在中国广泛分布，尤以长江流域以南各省发生较多，但冬春季仅局限在广东和广西南部、台湾、海南以及云南南部热带地区，在福建中部和南部也存在褐飞虱间歇越冬区。而水稻草状矮化病也主要在我国的以上区域发生流行。褐飞虱的远距离迁飞能力很强。在日本曾多次检测到远距离越海迁飞而来的褐飞虱上携带有 RGSV。在水稻无法越冬的地区发生的水稻草状矮化病，则可能因带毒褐飞虱在春夏季由热带终年发生地迁入而传播。若气候、食料等环境因素适宜而促使褐飞虱暴发，则可能导致水稻草状矮化病的流行。此外，感病品种的大面积种植对该病的发生有利。据分析，80 年代初在印度尼西亚、菲律宾、泰国等地水稻草状矮化病的短期暴发，可能是当地 RGSV-2 株系可侵染对 RGSV-1 具有抗性的许多水稻主栽品种所致（谢联辉等，2016）。

六、病害防治

对水稻草状矮化病的防治需要围绕筛选和推广抗病品种、RGSV 的准确诊断、传毒介体昆虫的预警与检测等方面展开。但由于对植株抗 RGSV 和抗虫机制以及 RGSV 致病机制了解不深，目前抗病品种的选育和推广都受到影响，也无特效靶向药物的应用。对该病防控的另一策略是结合病虫测报，调节播种、插秧时间，适当早播或晚播，使感病率高、抗病性弱的秧苗期避开介体昆虫虫量高峰期，达到较为理想的避病效果。另外，使用化学药剂杀虫防病也是有效防控病毒病的主要措施。通过药剂使用可有效控制虫口密度，减少传播介体数量和初侵染源（石超南等，2018）。

第六节　水稻矮缩病

一、病害发生与为害

水稻矮缩病（rice dwarf disease，RDD）又称普通矮缩病（简称普矮病），是由水稻矮缩病毒（*Rice dwarf virus*，RDV）引起的水稻病毒性病害。RDV 是植物上被发现的第一个虫传病毒，其引起的水稻矮缩病于 1883 年被发现于日本的冈山等地稻区，随后在京都、宫崎等地暴发。1955～1958 年、1967～1978 年在日本中部和南部稻区再度流行，严重发病的稻区达 3.0 万 hm^2，遍及 30 个县。除日本外，该病害在中国、尼泊尔、朝鲜、韩国、菲律宾等地分布比较广泛。我国最早于 1939 年在四川西昌发现该病害；1957 年在江苏、浙江由于该病害的发生造成晚稻严重减产；1963 年该病害在浙江宁波、绍兴、杭州、嘉兴等稻区零星发生，1967 年以后，发病率和发病面积逐年增加。1972 年、1973 年该病害与水稻黄矮病在浙江省 60 多个县（市）并发流行，以浙江中、北部和东南沿海平原稻区最重，部分发病稻区平均发病株率为 20.1%，最高达 88.6%，造成晚稻严重减产。同期该病害在上海和江苏南部稻区也有较大面积发生；之后在江西、湖南、湖北、安徽南部、福建北部、云南中部和北部、贵州等省也先后发生甚至局部流行；1976～1978 年在湖南、湖北和江西杂交晚稻上该病害与黄矮病并发流行。1977 年该病害在广西北流、广东广州和番禺等地晚稻上发生，广东北部发生较重。20 世纪 80～90 年代，水稻矮缩病在南方稻区的发生此起彼落，或呈零星状态，或呈局部流行，但在某一区域通常不会持续性发生。自 1991 年以来，该病害仍时有发生，有的比较严重。1991 年、1992 年、1996 年和 1999 年，福建省无论是沿海稻区还是山区稻区均有发生，病株率一般为 5%～30%，重者达 80% 以上，减产 10%～50%。近年来，水稻矮缩病在我国南方 13 个省（自治区、直辖市）有分布，以长江中下游一些省（市）发生较重（阮义理等，1981a；谢联辉等，2016；兰汉红等，2017）。

二、病害症状与诊断

（一）病害症状

水稻从苗期至分蘖期易感病，染病植株矮缩（图 3-33），大多分蘖增加，叶片变短、硬、僵直，浓绿色，新叶叶片及叶鞘上呈现与叶脉平行的虚线状黄白色条点，形似缝纫机扎线，少数叶片呈现扭曲和皱缩（图3-34），与水稻齿叶矮缩病症状相似。苗期至分蘖期发病，分蘖少，移栽后多枯死，一般不抽穗。在孕穗期染病穗颈缩短、包穗或抽小穗，抽出的稻穗结实率低、千粒重下降或不能正常结实（图3-35）。抽穗后染病，仅在剑叶或其叶鞘上出现黄白色条点。

图 3-33　田间病株（郭荣　提供）　　图 3-34　病叶（郭荣　提供）　　图 3-35　病株后期（黄世文　提供）

（二）病害诊断

水稻矮缩病以矮缩、叶片沿叶脉呈现虚线状黄白色条点为其典型症状，但因有时叶片呈现扭曲和皱缩，与水稻齿叶矮缩病症状很相似。但后者病叶无条点状病斑，却有脉肿出现，且后者由褐飞虱传播，而前者为叶蝉传播。在症状识别的基础上，通过免疫学方法或分子手段检测稻株带毒情况来进行诊断。①免疫学方法：通过 ID-ELISA、dot-ELISA、PTA-ELISA 等方法，分离提纯 RDV 病毒粒子，制备 RDV 兔或鼠多克隆或单克隆抗体进行检测，见表3-4。②分子检测手段：采用 dot blot、IC-PCR、IC-RT-PCR、Northern blot、qPCR 等方法，对病毒 RDV 基因组片段如 S12、S8、CP、S11、S2 等序列设计特异性引物进行检测，见表3-5（庄新建等，2020）。

三、病原学

（一）病毒分类地位、粒体形态及特性

引起水稻矮缩病的水稻矮缩病毒（*Rice dwarf virus*，RDV）隶属于呼肠孤病毒科（*Reoviridae*）植物呼肠孤病毒属（*Phytoreovirus*）。RDV 粒体为球状多面体，等径对称，直径约80nm，无包膜，无刺突，外部为双层外壳蛋白（图3-36）。病毒钝化温度（TIP）为40～45℃，稀释限点（DEP）在病株汁液中为 10^{-4}～10^{-3}，在带毒昆虫汁液中为 10^{-5}～10^{-4}；在病叶和带毒昆虫的抽提液中的体外存活期（LIP）为4℃下10d或 -35～-30℃下365d。

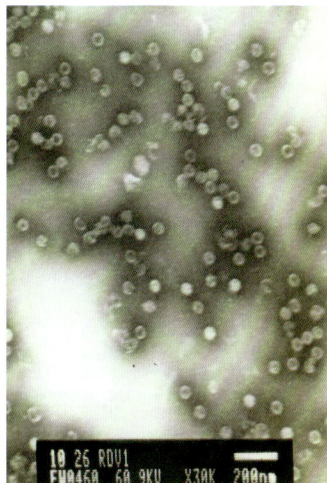

图 3-36　提纯的 RDV 粒体（谢联辉等，2016）

（二）病毒的基因组结构及功能

病毒基因组由 12 条双链 RNA（dsRNA）片段组成，以超卷曲的形式包装在病毒粒体内，与蛋白质组成复合体。根据 RDV 的 12 条 dsRNA 在聚丙烯酰胺凝胶上的迁移率由慢到快命名为 S1～S12，编码 7 个结构蛋白（P1、P2、P3、P5、P7、P8、P9）和 5 个非结构蛋白（Pns4、Pns6、Pns10、Pns11、Pns12）。其中 S1～S11 每条片段含有 1 个开放阅读框（ORF），S12 含有 4 个 ORF。S1～S12 各片段序列存在共同特点，即 5′ 端和 3′ 端都分别存在由 6 个和 4 个核苷酸组成的保守序列以及 6～14 个核苷酸组成的组分特异的反向重复序列。这些末端保守序列可能在病毒的复制、转录、翻译和组装过程中具有重要的作用。RDV 基因组的结构和功能见表 3-15。

表 3-15　水稻矮缩病毒基因组及对应编码蛋白的功能（兰汉红等，2017；常学飞，2021）

基因组片段	核苷酸大小/bp	编码蛋白名称	蛋白分子量/kDa	编码蛋白在昆虫体内功能	编码蛋白在水稻体内功能
S1	4423	P1	164.14	RNA 依赖的 RNA 聚合酶	RNA 依赖的 RNA 聚合酶
S2	3512	P2	122.99	衣壳蛋白；介体昆虫识别蛋白	衣壳蛋白
S3	3159	P3	114.30	主要核心蛋白	主要核心蛋白
S4	2468	Pns4	79.84	细胞内病毒的运输	磷蛋白
S5	2570	P5	90.53	次要核心蛋白	次要核心蛋白
S6	1699	Pns6	57.40	运动蛋白	运动蛋白
S7	1696	P7	55.29	微核心蛋白	微核心蛋白
S8	1427	P8	56.48	衣壳蛋白	衣壳蛋白
S9	1305	P9	38.91	转录激活活性；衣壳蛋白	转录激活活性；衣壳蛋白
S10	1321	Pns10	39.20	细胞间运输病毒小管	RNA 沉默抑制因子
S11	1067	Pns11	19.99	非特异性核酸结合蛋白	RNA 沉默抑制因子
S12	1066	Pns12	33.92	磷酸化蛋白	磷酸化蛋白

（三）寄主范围

阮义理等（1982）用黑尾叶蝉经卵带毒虫接种 47 种禾谷类作物和禾本科杂草发现，RDV 可侵染 15 属 39 种植物。其中，稻属（*Oryza*）、大麦属（*Hordeum*）、稗属（*Echinochloa*）和狗尾草属（*Setaria*）的种类较多，而且在病害流行地区，稻田及田边常可见到稗（*Echinochloa crusgalli*）、旱稗（*Echinochloa hispidula*）、狗尾草（*Setaria viridis*）和看麦娘（*Alopecurus aequalis*）发病，为 RDV 的自然寄主。另外，水稻、野生稻、看麦娘、稗、旱稗不仅是 RDV 的寄主，还是媒介昆虫黑尾叶蝉的寄主，并且在田间分布广，在病害流行上可能具有一定作用。

（四）侵染循环

RDV 不经物理摩擦传播，也不经种子传播，在田间由昆虫介体黑尾叶蝉（*Nephotettix cincticeps*）、电光叶蝉（*Recilia dorsalis*）、大斑黑尾叶蝉（*N. nigropictus*）、二点黑尾叶蝉（*N. virescens*）进行传播，以黑尾叶蝉传播为主，其他叶蝉的传毒能力较弱。黑尾叶蝉摄入 RDV 后终生带毒，并可经卵传播。水稻矮缩病主要在带毒介体叶蝉体内越冬，在南方冬暖地区或年份，病毒还可在染病稻桩或带病杂草上越冬。浙江省及长江中、下游稻区，黑尾叶蝉一年发生 5～6 代，第 1～3 代在早稻田繁殖为害，第 4～6 代（越冬代）在晚稻田发生。水稻矮缩病毒随着介体黑尾叶蝉的发生迁移而进行周年传播。晚稻田发生的末代若虫，通过经卵带毒和在晚稻病株上吸毒带毒两条途径，病毒进入虫体内并越冬，翌年 3 月、4 月越冬若虫羽化，带毒越冬成虫迁飞到早稻秧田和早栽早稻本田传毒，成为早稻的初侵染源。第 1 代经卵带毒若虫还可对迟栽迟熟的早稻再次侵染。第 2、3 代虫以经卵带毒虫和从早稻病株上获毒的吸毒带毒虫，迁飞到晚稻秧田和早栽晚稻本田传毒，成为晚稻的初侵染源。第 4 代经卵带毒若虫还能使迟熟晚稻再次感病。

（五）媒介昆虫的传毒特性

RDV 以持久增殖型方式侵染黑尾叶蝉，黑尾叶蝉摄入 RDV 后终生带毒并经卵垂直传播给黑尾叶蝉子代，效率可达 74.4%～88.5%。黑尾叶蝉在水稻病株上吸食稻汁，最短只需 1min 即可获毒，连续取食 2d 后超过 70% 的个体被感染。电光叶蝉获毒需 30min。低龄若虫较高龄若虫易获毒。获毒后需要经过一段时间的循回期才能传播病毒，循回期长短会受温度影响。病毒在黑尾叶蝉体内的循回期通常为 4～58d，多为 12～35d。平均气温为 20℃ 时循回期 14～22d，多为 17d，29.2℃ 时 11～14d，多为 12d；电光叶蝉为 9～42d，一般为 10～15d。接种饲育传毒，黑尾叶蝉最短传毒时间为 3min，电光叶蝉需 10min，传毒时间越长，传毒率越高。雌虫传毒能力较强且可遗传，后代的带毒率可达 60%～85%。获毒 15～20d 后，病毒粒子浓度在黑尾叶蝉体内迅速增加，之后可以持久性地将病毒传播给寄主植物，但存在间歇性传毒特性。带毒黑尾叶蝉隔离毒源，病毒经卵传毒率逐代下降，经过 28 代，从原来的 90% 递减至 1% 以下；而电光叶蝉至第 4 代便失去经卵传毒能力。带毒黑尾叶蝉成虫寿命和产卵量都比健康叶蝉减少，且若虫的存活率也低（阮义理等，1981a）。

（六）病毒与寄主植物、媒介昆虫的互作

由于 RDV 不但能够在媒介叶蝉体内复制和增殖，叶蝉一经带毒还能够终生传毒、不感病，并且能够经卵传毒给子代叶蝉。这种适应性是由于 RDV 与叶蝉长期协同进化中特异性识别、互作的结果。对于侵染水稻的呼肠孤病毒，中肠、唾液腺和卵巢是昆虫介体内扩散最主要的 3 道屏障。RDV 衣壳蛋白 P2 可与细胞膜上的受体结合，引发受体介导的、网格蛋白依赖的内吞作用，使病毒进入细胞。RDV 的非结构蛋白 Pns12 参与病毒基质的形成，为病毒的增殖提供场所。RDV 的非结构蛋白 Pns10 可形成管状结构，含病毒粒子的管状结构可在胞间扩散，也可沿肌肉纤维扩散，帮助 RDV 在介体昆虫内的传播（贾文茜，2021）。

采用基因芯片技术研究 RDV 侵染水稻显症后的基因表达谱发现，PR 蛋白、WRKY 转录因子等防御相关基因发生诱导表达，而细胞壁、叶绿体相关基因表达受到抑制，从而影响了细胞壁的合成，扰乱了叶绿体功能，最终引起寄主植物产生异常症状。RDV 的非结构蛋白 Pns11 能够特异性地与水稻体内的 S-腺苷甲硫氨酸合成酶（OsSAMS1）互作并激活其活性，使 OsSAMS1 所催化反应的直接产物 S-腺苷甲硫氨酸（SAM）含量升高，进而使其下游产物乙烯合成前体 1-氨基环丙烷羧酸（ACC）含量升高，最终导致乙烯含量的升高，促进 RDV 对水稻的侵染。水稻植株感染 RDV 后，病毒的 P2 蛋白通过与水稻贝壳杉烯氧化酶蛋白相互作用从而导致寄主的 GA 水平降低，使得稻株呈现矮缩症状；RDV 通过释放其外壳蛋白 P2 到植物细胞中，与生长素受体 OsTIR1 竞争性结合 OsIAA10，抑制 OsIAA10 蛋白通过 26S 蛋白酶体的降解，促进 OsIAA10 蛋白的积累，进而影响生长素通路的响应和对下游基因的转录，促进了 RDV 的侵染和病害症状的形成。RDV 侵染水稻后，水稻体内的生长素含量升高，外源生长素处理可以增强水稻 RDV 抗性，但是病毒编码的 P2 蛋白通过与寄主 OsIAA10 互作，抑制了 OsIAA10 的降解，IAA10 结合的 OsARF12 不能被释放，从而影响了下游的靶基因如 *OsWRKY13* 等基因转录，使病毒成功侵染和复制，说明 OsIAA10-OsARF12-OsWRKY13 介导的信号通路在水稻抗病毒防御和病毒反防御中起着重要作用（兰汉红等，2017；Qin et al.，2020）。

Chang 等（2021）报道，RDV 的侵染可以改变介体昆虫黑尾叶蝉的寄主选择行为。即不带毒黑尾叶蝉偏好感染 RDV 的水稻，而带毒黑尾叶蝉偏好选择未感染 RDV 的水稻。RDV 作用于水稻影响两种挥发物［(E)-β-石竹烯和 2-庚醇］的释放从而形成了独特的"推-拉"策略，即 (E)-β-石竹烯吸引不带毒黑尾叶蝉，有利于其偏好选择感染 RDV 的水稻，但对带毒黑尾叶蝉无作用；2-庚醇对不带毒黑尾叶蝉无作用，却显著驱避带毒黑尾叶蝉，以有利于其偏好选择未感染 RDV 的水稻。这种特殊的策略可能有利于促进 RDV 的获

取和传播。此外，RDV 可通过诱导 (E)-β-石竹烯合成酶基因 $OsCAS$ 的表达来调控水稻对 (E)-β-石竹烯的释放。黑尾叶蝉感知水稻挥发物的部位在触角，并且发现 RDV 抑制了黑尾叶蝉相关气味结合蛋白（OBP）和化学感受蛋白（CSP）基因的表达（常学飞，2021）。

（七）RDV 对黑尾叶蝉生物学参数及种群增长的影响

王前进等（2018）采用室内实验比较了黑尾叶蝉在健康水稻及感病水稻上的发育繁殖情况，组建了实验种群生命表，并调查了 RDV 对种群增长的影响。结果显示，与健康水稻相比，感病水稻上叶蝉若虫期存活率更高，雌若虫发育历期显著缩短，雄成虫寿命显著延长，产卵量显著增加，其他生物学参数无显著差异。5 个生命表参数仅净生殖率（R_0）存在显著差异，感病水稻上叶蝉 R_0 显著高于健康水稻。饲喂感病水稻的养虫笼内叶蝉种群增长更快，总成虫数量更多，在接虫后的第 4、5 和 6 个月显著高于健康水稻上的数量。这说明 RDV 可以提高黑尾叶蝉的存活率和产卵量，并且促进种群的增长。因此，做好虫情病情监测及防治对有效防治水稻矮缩病十分必要。

四、品种抗病性

（一）品种抗病性鉴定

水稻矮缩病抗病品种的鉴定主要有室内苗期鉴定和田间自然鉴定。

室内苗期鉴定：供试品种秧苗在避虫条件下长至 3 叶期开始接种。黑尾叶蝉经室内饲养繁殖后代后，将若虫放在典型水稻矮缩病病株上吸毒，待其通过循回期（其获毒率测定为 22%）后，按虫苗 1∶1 比例将带毒的黑尾叶蝉接种至秧苗上，每个品种接种 30 株秧苗，设感病品种为对照。传毒 72h 后除去传毒虫，移到防虫网室中。接种约 30d 后，调查发病情况，计算发病率（李彦勇和徐宏稳，1980）。

田间自然鉴定可分为苗期鉴定和成株期鉴定。

苗期鉴定：选择上一年度发病较重的田块作为秧田。将试验田划分小区，测试品种采用抛秧盘育苗，每孔播 1 粒稻谷，按随机排列置于划分的小区内，设感病品种为对照。保护行播种感病品种，每个品种设 3 次重复，每一重复播 6 盘。按常规田间管理，不施防虫药剂。定期调查秧田黑尾叶蝉和病害发生情况（李彦勇和徐宏稳，1980）。

成株期鉴定：选择上一年度发病较重的田块，将试验田划分小区，测试品种按随机排列移栽到划分的小区内，设感病品种为对照。保护行移栽感病品种，每个品种设 3 次重复。不施防虫药剂，施肥和管理水平同大田。拔节、齐穗期各调查一次发病情况，计算发病率（陈茂顺等，2002）。

抗性等级分级标准：0 级：免疫，植株不发病；1 级：高抗，病株率 0～10%；2 级：抗病，病株率 10.1%～30%；3 级：中感，病株率 30.1%～60%；4 级：高感，病株率 60.1% 以上（李彦勇和徐宏稳，1980）。

（二）品种的抗病基因

由于水稻矮缩病毒是由传毒媒介叶蝉传播的病毒病，因此水稻对该病的抗性主要表现在抗虫性和抗病性两个方面。

抗虫性：迄今为止，已发现 Pankhari203、ASD7、IR8、Ptb8、ASD8、TAPL76、Moddai、Karuppan 分别携带单显性抗性基因 $Glh1$-$Glh7$、ah-7、Grh-l、Grh-2、Grh-3、Grh-4、Grh-$5li1$ 和 Grh-6，其中 Grh-2 和 Grh-4 可激活水稻的各种防卫反应。Grh-l 定位于水稻第 5 号染色体上，Grh-2 定位在第 11 号染色体上，均对日本的水稻黑尾叶蝉生物型 1 表现抗性，对生物型 3 表现敏感。Grh-3 定位于第 6 号染色体上，Grh-4 同样拥有水稻黑尾叶蝉抗性，与 Grh-2 互补定位在第 11 号染色体上，这 2 个基因均具有高水平的抗性（赵文华等，2020）。品种 Norin-PL 幼苗期和成株期的抗虫性分别由 2 个和 3 个互补基因控制（Ikeda and Kaneda，1983）。Norin-PL 携带的 2 个不完全显性基因可同时控制对黑尾叶蝉和矮缩病毒的抗性（Imbe et al.，1995）。

另据报道，水稻品种 DV85 抗黑尾叶蝉基因 *Grh2* 和 *Grh4* 分别位于第 11 号和第 3 号染色体上（Yazawa et al.，1998）。但以上基因尚未被分离克隆。

抗病性：Yoshii 等（2010）通过对水稻 Tos17 插入突变体库进行筛选，获得一个对 RDV 敏感性明显下降的突变体 rim1-1，发现是 Tos17 插入一个新的 NAC 基因的内含子所致，该突变体对媒介昆虫不具抗性，被认为具有寄主因子的功能，是 RDV 在水稻中进行增殖所必需的。

（三）品种的抗病性表现与抗病育种

陈茂顺等（2002）结合田间试验和大田普查结果发现，杂交稻不同组合对水稻普通矮缩病的抗性存在极显著差异，特优 420、冈优 22 等组合抗性差，而 D 优 63、特优 77、协优 9308 和 D 优 68 等组合抗性较强。吴建国等（2010）采用室内接种的方法鉴定 16 个水稻品种对 RDV 的抗性，结果发现不同水稻品种对 RDV 的抗性存在明显差异。冈优 734 为免疫品种，冈优 182、川丰 2 号、T 优 5570、宜香 2292、协优 46 和威优 77 等为中抗品种，楚恢 15、楚粳 24、沈农 606 等为中感品种，岫 136-12（CK）、岫 87-15、武育粳 3 号、楚粳 27、楚粳 26 和合系 39 等为高感品种，抗病品种病害的潜育期较长，为 15～20d。其中协优 46 兼具抗虫性和抗病性，宜香 2292 仅具抗病性，冈优 734 为免疫品种，是水稻矮缩病抗性育种的良好材料。水稻品种的抗虫性与其抗病性是紧密相关的，且籼稻品种一般较粳稻品种更具抗病性和抗虫性，说明许多品种的抗 RDV 基因和抗介体叶蝉基因可能是连锁的。李彦勇和徐宏稳（1980）将 21 个水稻品种分别采用室内苗期接种和田间自然诱发鉴定其抗病性，结果发现，IR2071-625-3、南洋密种、IR2071-625-5 和 IR28 等 4 个品种对水稻矮缩具有很强的抗病性。

利用转基因技术可作为获得抗矮缩病品种的一条途径。张仲凯等（2006）选用转化 RDV 编码非结构蛋白基因（S6）、编码小核心蛋白基因（S7）和编码外壳蛋白基因（S8）的转基因水稻株系，通过田间试验测定其对 RDV 的抗性，发现 RDV-S6 株系的抗性较转 RDV-S7 和 RDV-S8 株系强。Zheng 等（1997）将水稻矮缩病毒外壳蛋白基因转入粳稻中华 8 号中，获得了抗 RDV 的转基因水稻。Shimizu 等（2010）针对 RDV 的 S12（Pns12）和 S4（Pns4）分别构建 RNAi 载体转化水稻，发现针对 Pns12 的 RNAi 转基因水稻表现出对 RDV 的高度抗性，而 Pns4 则表现出弱抗性，并延迟了 RDV 症状的出现。

五、病害发生条件

品种抗病性、耕作栽培制度、气候条件等多种因素都会影响到水稻矮缩病的发生，且多是通过影响黑尾叶蝉发生量的大小及带毒率高低而影响该病的发生。

（一）水稻品种和生育期

水稻品种间对矮缩病的抗、耐病性有一定的差异。通常情况下，高秆品种比矮秆品种抗、耐病性强，籼稻品种一般较粳稻品种更具抗病性和抗虫性，常规稻较杂优稻抗病。杂优稻由于播期较早，施肥量较大，叶色浓绿，黑尾叶蝉的迁入量较大，染病的机会增多。同一品种不同生育期抗病性也不相同，苗期至分蘖期较感病，如遇带毒黑尾叶蝉迁移高峰，水稻矮缩病就可能大发生。分蘖末期抗、耐病性逐渐增强。3～7 叶期接种发病的稻株均不能抽穗，损失 100%，9 叶期接种的稻株仅极少数能抽穗，产量损失达 80.2%（阮义理等，1981a，1981b）。

（二）耕作栽培制度

耕作制度较复杂，单、双季稻或早、中、晚稻混栽区，不同熟期的品种插花种植，都为黑尾叶蝉迁移取食、繁殖和传毒提供了良好条件。通常早稻发病轻，双季稻的晚稻发病重。若稻苗嫩绿，靠近虫源田，秧田期管理粗放，杂草丛生，移栽过晚，移栽后稻田受洪水淹没，偏施、重施氮肥等，都有利于病害发生。

（三）气候条件

在越冬黑尾叶蝉带毒的前提下，冬季如严寒低温，叶蝉的存活率低，翌年的病害发生轻；相反如冬季温暖干燥，叶蝉的存活率高，再加上翌年春季至早秋温湿度适宜，特别是夏季高温干旱，对黑尾叶蝉生长繁殖、迁移为害、传毒有利，晚稻矮缩病就可能大流行。在水稻正常生长的温度范围内，水稻矮缩病的潜育期随气温升高而缩短，平均温度分别为22.6℃、24.3℃、25.8℃和29.2℃时，平均潜育期分别为16.1d、14.4d、12.8d和9.8d（阮义理等，1981a，1981b）。

六、病害预测预报

在该病发生较为普遍的20世纪80～90年代，有学者对该病开展了预测预报相关研究，但近些年鲜见报道。李德葆和盛方镜（1979）认为，迟插早中稻病害发生的程度、各代（主要是第2、3代）黑尾叶蝉的自然带毒率的高低以及黑尾叶蝉获毒率高低与晚稻矮缩病的发生流行及其严重程度的关系比较明显，可以作为预测依据。而各代黑尾叶蝉的发生量与该病的发生无直接关系，只有在黑尾叶蝉带毒个体增加、虫口自然带毒率高时，黑尾叶蝉的发生量才对病害的发生程度起作用。当第2、3代黑尾叶蝉个体的自然带毒率显著高于越冬代虫口带毒率，第2代带毒率达5%以上，虫量又比较大时，晚稻矮缩病才有可能严重发生危害。

田学志等（1983）研究安徽省安庆地区水稻矮缩病和黄矮病的流行预测认为，直接影响晚稻发病程度的因素有3个，即第2、3代（主要是第2代）黑尾叶蝉的虫量、带毒率和早稻发病程度。经数理分析，早稻本田后期虫量与迁入双季稻晚稻本田初期虫量呈正相关（r=0.994），第2代黑尾叶蝉带毒率与早稻发病率也呈正相关（r=0.962）。采用早稻田7月上旬第2代黑尾叶蝉高峰期虫量和早稻两病合计株发病率两个因子作为病害流行的预测因子，获得晚稻矮缩病、黄矮病流行程度综合预测式：y=3.77+0.35x±1.51，可以在病害发生前一个月作出预报。

陈声祥等（1981）选择了第2代黑尾叶蝉虫量、带毒率和晚稻本田初期迁入虫量与第2代虫量的比值这3个因子作为水稻黄矮病和矮缩病流行的预测因子。通过对晚稻本田初期病、虫发生关系的调查和采用不同带毒率的介体昆虫人工模拟试验，获得了在晚稻本田初期每只带毒虫的传病苗数为（9.8±1.56）株的结果。利用这个因数与前面3个因数连乘，就可以求得晚稻被带毒虫感染的病株数，再除以晚稻本田的移栽苗数，即得到晚稻后期的株发病率。所建立的晚稻两种病毒病株发病率的预测公式为：$y=(n×d×p×t)/x$。式中，y为晚稻稻株发病率（%）；n为第2代黑尾叶蝉高峰期的虫量（只/亩）；d为第2代黑尾叶蝉的带毒率（%）；p为晚稻本田初期迁入虫量与第2代黑尾叶蝉高峰期虫量的比值；t为迁入晚稻本田初期每只带毒虫的传病苗数（株/只）；x为晚稻本田期的移栽苗数（株/亩）。

以上公式经实际应用，预测发病率与田间实测发病率比较接近。蔡煜东（1995）运用遗传程序设计方法作为建模工具，将全部17个样本分为训练集、预测集。所建模型能完全正确地识别预测样本，即在无任何先验知识的条件下，建立了晚稻矮缩病流行趋势预测的计算机专家系统。

七、病害防治

水稻矮缩病的防治应采取以农业防治为基础、"治虫防病"为中心的综合治理策略。

（一）农业防治

1. 选用抗病品种，合理布局

因地制宜地选用抗病、耐病品种，压缩单、双稻混栽面积，将熟期相同的水稻品种连片种植，避免生育期不一致的品种混栽，防止黑尾叶蝉在不同熟期水稻品种上辗转迁移传毒，减少带毒虫源的传毒时间，便于提高治虫防病效果。

2. 加强栽培管理

水稻秧田应远离重病田、虫源田，提倡连片规模育秧、工厂化育秧、防虫网覆盖育秧。施足基肥，多施有机肥，氮、磷、钾合理配施，勿偏施、迟施氮肥，增强植株抗病能力。在秧田及水稻插后 20d 内进行田间排查，发现病株后立刻拔除深埋，减少发病概率。同时铲除田边杂草，减少黑尾叶蝉栖息藏匿场所。

（二）治虫防病

在冬季，结合化学除草消灭在田边、沟边杂草及绿肥田中的越冬代黑尾叶蝉，减少越冬带毒虫源；在水稻育秧和生长期，加强对黑尾叶蝉发生量的监测，准确预报，重点抓好黑尾叶蝉两个迁移高峰期的防治。通常 3～4 月冬后成虫向秧田迁移及 5 月稻田第 1 代若虫盛孵期是药物治疗的关键时期，可有效压低传毒黑尾叶蝉基数。在早季收割后迁飞到晚稻秧田及本田为害期间，重点保护晚秧及早插晚稻，将黑尾叶蝉消灭在传病之前，特别注意做好黑尾叶蝉集中取食而水稻又处于易感期的早、晚稻秧田和返青分蘖期的防治。治虫防病应以秧田为主，以本田为辅，秧苗移栽前 5～7d 和移栽后 7～10d 各施药 1 次。在防治过程中，同类农药的不同品种要交替使用。防治药剂可选用吡虫啉、噻嗪酮、烯啶虫胺、吡蚜酮等高效低毒的农药。同时，要注意保护蜘蛛、褐腰赤眼蜂等天敌，降低黑尾叶蝉虫口密度，减少黑尾叶蝉传毒概率。

第七节　水稻黄矮病

一、病害发生与为害

水稻黄矮病（rice yellow stunt disease），又称暂黄病、黄叶病、黄萎病或黄化病等，是由水稻黄矮病毒（*Rice yellow stunt virus*，RYSV）侵染引起的水稻病毒病。该病最早于 1956 年在广东省被发现，因其叶片发黄的症状与生理性早衰的稻叶发黄相似，当时被称为生理性黄叶枯病。1965 年经范怀忠等研究证实该病为叶蝉传播的病毒病（范怀忠等，1965），1961 年在云南景谷暴发流行，1964 年秋季在广东和广西等新推广的晚季矮秆品种和翻秋的早季矮秆品种上发生流行。2000 年以前，该病在我国南方稻区时起时伏，除广东、广西和云南外，台湾、海南、福建、浙江、江苏、上海、安徽、湖南、湖北、江西、四川等地也都曾发生或流行（谢联辉等，2016）。在国外，该病害曾于 20 世纪 70 年代在日本的冲绳和石垣以及泰国北部稻区发生，在越南、老挝、缅甸、印度和韩国也有分布，但总体为害较轻（谢联辉等，2016）。

1960 年我国台湾发生水稻黄矮病面积为 1.38 余万 hm^2，损失稻谷约 2 万 t，之后两年病区进一步扩大，1962 年发病面积为 2.47 余万 hm^2，其后发病逐渐减少，甚至田间极少发生。1977 年仅湖南省常德、益阳和岳阳 3 个地区就因普通矮缩病（矮缩病）和黄矮病损失稻谷 16.5 万 t，其中益阳地区 12 万 hm^2 杂交晚稻有 10 万 hm^2 发病，平均发病株率达 32.8%（全国水稻病毒病研究协作组，1984）。1978 年安徽桐城 30 多万亩晚稻因普通矮缩病（矮缩病）和黄矮病混合发生流行，有 8 万亩早栽农垦和杂交稻的病株率达 50%～70%，其中近 670 hm^2 稻田几乎颗粒无收，全县晚稻受害损失稻谷约 1 万 t（田学志等，1983）。

二、病害症状与诊断

（一）病害症状

水稻黄矮病在水稻全生育期都可发生，但以分蘖盛期前染病症状表现明显。症状特点俗称为"一黄、二矮、三平摆"（图 3-37，图 3-38）。病株初由顶叶或其下一叶的叶尖褪色黄化，并逐渐向基部扩展，叶脉通常保持绿色而叶肉变黄，呈明显黄绿相间的条纹（粳稻品种不明显），最终病叶黄枯并向上纵卷，其后新出叶片陆续呈现这种症状。从整株来看，心叶下的第 1 片叶只有叶尖发黄；第 2 片叶变黄的部分占叶片的 1/3~1/2；第 3 片叶有 1/2 以上黄化；第 4 片叶可能全叶变黄。抽穗前后受害稻株通常只有剑叶或连同下一叶转黄。染病的矮秆籼稻叶片多为金黄色，而罹病的高秆、中秆品种和糯稻的叶片以淡黄色居多或呈鲜黄色。

图 3-37　田间症状（黄世文　提供）

图 3-38　病株（黄世文　提供）

罹病稻株矮缩，但不及普矮病那样严重矮化。由于植株矮化，节间缩短，致使 2 或 3 片叶的叶枕重叠在一起，以致有的新生叶叶枕短缩在老叶叶枕的下面，使叶枕错位。病株株形松散，叶片与茎秆呈 60°~90°"平摆"现象，尤以剑叶表现明显。根系生育差，停止分蘖，到中、后期老根呈黄褐色至黑色腐烂。

水稻苗期最感病，发病后常枯死；分蘖期发病的不能正常抽穗或穗而不实；后期发病的多只在剑叶上表现症状，抽穗仍正常，产量损失较小。有些病株有"恢复"现象，即病株新长出来的叶片表现正常，经 2~3 周后又转黄，可反复 2 或 3 次，或恢复后不再转黄。恢复程度与水稻苗龄、品种和病毒株系有关（陈声祥等，1979）。

（二）病害诊断

水稻黄矮病因其叶片发黄的症状最初被误认为属于生理性病害，田间通过症状诊断时需注意观察。该病在田间多发生于田边或田埂附近，有明显的发病中心，基本症状特点是叶色黄化、株形松散和矮化。切片观察病组织细胞，有大量弹头病毒粒体存在，病叶维管束鞘中有大量淀粉粒积累，在根和叶维管束周围的薄壁细胞内有大而呈圆柱形的包含体。血清学诊断可利用 RYSV 的病毒粒子或 G 和 N 蛋白，采用酶联法或 dot-ELISA 法，免疫家兔或小鼠，制备病毒的多克隆抗体或单克隆抗体，对病株或媒介叶蝉进行检测。高东明等（1993）采用琼脂扩散法和 A 蛋白夹心 EILSA 法（protein A sandwich ELISA，PAS-EILSA），对我国大陆的水稻黄矮病和台湾的水稻暂黄病病株进行血清学鉴定，发现上述两病原的抗血清同源，即中国大陆水稻黄矮病与台湾水稻暂黄病为同一病害。目前对该病的分子生物学诊断报道较少，但由于病原病毒的整个基因组序列已测序完成，因此可设计特异性引物，利用 RT-PCR 方法进行诊断。赖丁王等（2016）设计了 RYSV 的引物，在 2014~2015 年对南繁区三亚、陵水、乐东等地水稻病毒病进行分子检测，未检出 RYSV。但利用小核糖核酸（small RNA）高通量测序技术对水稻植株样品进行深度测序，通过序列的比对和拼接，发现当地存在 RYSV，但以水稻齿叶矮缩病毒（RRSV）和水稻南方黑条矮缩病毒（SRBSDV）为主（表 3-5）。

三、病原学

（一）病毒分类地位、粒体形态及特性

水稻黄矮病的病原为水稻黄矮病毒（*Rice yellow stunt virus*，RYSV），又被称为水稻短暂性黄化病毒（*Rice transitory yellowing virus*，RTYV），简称水稻暂黄病毒。RYSV 属于单分子负链 RNA 病毒目（Mononegavirales）弹状病毒科（*Rhabdoviridae*）核型弹状病毒属（*Nucleorhabdovirus*）。RYSV 粒体枪弹状，平均大小为 104nm×135nm，具有一个深度染色的 45nm 宽的中心核，由大约 21nm 厚的三层膜包裹，外膜上具有 7nm 长的外突出（图 3-39）。RYSV 的钝化温度（TIP）为 55～57℃，稀释限点（DEP）为 10^{-6}～10^{-5}，体外存活期（LIP）为 0～2℃下 12d 或室温 28～33℃下 2d（谢联辉等，2016；Heish，1967）。

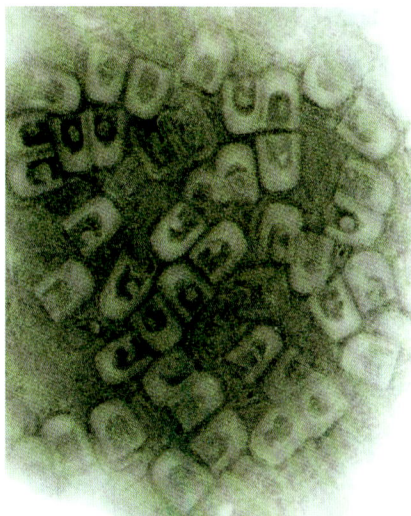

图 3-39　提纯的 RYSV 粒体（谢联辉等，2016）

（二）病毒的基因组结构及功能

RYSV 基因组由一条不分节的负极性单链 RNA 组成，其基因组是目前已测序的弹状病毒基因组中最大的。弹状病毒基因组一般编码 N、NS（P）、M、G 和 L 5 种蛋白质，其基因通常以 3′-N-P-M-G-L-5′ 顺序排列，而 RYSV 含有 7 个基因，全长 14 042 个核苷酸，具有与弹状病毒科所有其他已知结构的成员都不同的基因结构，即 3′-leader-N-P-3-M-G-6-L-trailer-5′。其中基因 3 虽然存在于其他植物弹状病毒中，却未在动物弹状病毒中被发现；而基因 6 只在一些动物弹状病毒中被发现，因此 RYSV 基因组兼具植物弹状病毒和动物弹状病毒的结构特征（Huang et al.，2003）。

（三）寄主范围

RYSV 的自然寄主植物有水稻、李氏禾（*Leersia hexandra*）和大黍（*Panicum maximum*）。有报道认为，可以经机械传播到非禾本科寄主植物黄花烟草（*Nicotiana rustica*）上，叶片在接种后 38～45d 出现直径 1～1.5mm 的淡黄色病斑（Chiu et al.，1988）。

（四）侵染循环

RYSV 主要在带毒的介体叶蝉体内越冬，也可在暖冬的带毒再生稻上越冬，由叶蝉介体传播，种子和汁液均不能传染。越冬后的带毒虫或第 1 代虫从染病再生稻上获毒，春季迁飞从而传播到水稻上，成为初侵染源，早稻发病主要由初侵染源引起。晚稻发病则主要由早稻收获期迁移的介体昆虫侵染所致。早稻上繁殖的第 2、3 代虫从病株上吸食获毒，并随着早稻的黄熟和收获，迁向晚稻，同时将病毒传给晚稻。10月中下旬以后，随着晚稻的收获，病毒又在吸食获毒的叶蝉若虫体内越冬，以此完成该病的侵染循环（陈声祥等，1979）。

（五）媒介昆虫的传毒特性

RYSV 由黑尾叶蝉（*Nephotettix cincticeps*）、大斑黑尾叶蝉（*N. nigropictus*）和二点黑尾叶蝉（*N. virescens*）以持久增殖型方式传播，种子和汁液均不能传染。3 种介体叶蝉对 RYSV 的亲和性不同。介体一旦获毒并通过循回期后能终生传毒，但有些为间歇传毒，病毒不能经卵传毒。黑尾叶蝉还具有复合传毒的能力，如带有黄矮病毒的虫体还能传染黄萎病，传毒次序一般为先传染黄矮病后传染黄萎病。黑尾叶蝉获毒的最短时间 5～10min，多数 12h 以上，循回期 7～39d（随自然气温的上升而缩短），传毒时间 3～5min，开始传毒虫态最早是 4 龄，多数在成虫期。人工饲毒，黑尾叶蝉的获毒个体一般不超过半数，获毒率为 16.7%～50%，平均为 38.7%。带毒虫传毒多数是不连续的，传毒天数占昆虫自开始传毒到死亡天数的比例为 30%～60%。单个虫体可以同时获得该病和普通矮缩病或黄萎病的两种病原，并能先后或同时在一株水稻上传病（陈声祥等，1979）。

四、品种抗病性

水稻品种对黄矮病抗性鉴定是采取田间自然感染和室内人工接种两种方法相结合进行的。田间自然感染为初筛，以室内人工接种为主要依据，但兼顾田间的抗病性，鉴定时通常以广陆矮四号为感病对照（湖南省农业科学院，1979）。水稻对黄矮病没有免疫品种，但品种间的抗、耐性差异很大。一般来讲，矮秆品种易感病，如矮龙、南中矮、高农矮、鸭仔矮等，而高秆、中秆品种较抗（耐）病，如溪南矮、木泉、中山红、包胎白、包胎红等（范怀忠和斐文益，1980b）。1976～1977 年，陈声祥等（1979）对 124 个水稻品种进行抗性测定，发现供试的 59 个粳稻和糯稻品种对黄矮病均表现感病；在 65 个籼稻品种中，仅博罗矮、水混、红青矮 1 号、窄叶青 8 号、Kaladumai 和 Dular 等 6 个表现抗（耐）病，其余 59 个均表现感病。

水稻品种抗（耐）病性的强弱主要表现在症状轻重和潜育期长短方面。抗性品种通常表现为感病率低，潜育期长，病情较轻，病株恢复率高等。水稻在分蘖末期以前为感病期，分蘖初期至盛期最感病，拔节以后不易感病（陈声祥等，1979）。

五、病害发生条件

耕作制度、品种抗病性、传毒介体叶蝉的发生与迁移等情况都影响水稻黄矮病的发生与流行。

（一）耕作制度

该病早稻一般发病较轻，损失较小；单季稻和双季晚稻感染发病较重。通常早栽、早发、生长嫩绿的稻田，迁入虫量多，发病重。若春粮、绿肥种植面积减少，冬闲田面积扩大，看麦娘（*Alopecurus aequalis*）等杂草增加，给黑尾叶蝉越冬带来更多的场所，则有利于病害发生（徐功乔等，1999）。插植期在大暑前后的晚季水稻一般发病多而重，而在立秋前后的一般发病少而轻。秧苗期长的比短的发病虽较多，但其差异远不如插植期显著，这主要是与媒介叶蝉的迁飞高峰期有关（范怀忠和斐文益，1980b）。另外，在单、双季稻混栽，不同成熟期的水稻品种混合种植的稻田生态条件下，介体叶蝉世代重叠，发生期不整齐，迁飞期不集中，有利于叶蝉繁殖和传毒，病害发生重。水稻的主要感染期因地区不同而异。在昆明市郊单季中稻区，以越冬代的带毒虫迁入秧田传毒为主。在长江中、下游双季稻区，早稻以越冬代的带毒成虫传毒为主，晚稻以第 2、3 代带毒虫传毒为主。双季晚稻一般以早栽本田初期为主，感染期正好与黑尾叶蝉大量迁飞相吻合（全国水稻病毒病研究协作组，1984）。

（二）品种抗病性

水稻对黄矮病没有免疫品种，虽然品种间的抗病性差异很大，但感病品种居多。在1964~1966年黄矮病流行年间，1964年广东推广种植病的矮秆品种，发病面积达2万多公顷。1965年全省发病面积达8万hm^2左右，所有矮秆和中秆、高秆品种（包括农家上百年老品种）全部发病（范怀忠和斐文益，1980b）。

（三）传毒介体叶蝉的发生与迁移

黑尾叶蝉的越冬场所主要在前作为晚稻的紫云英绿肥田中，越冬期以取食看麦娘为主。在杭州地区，越冬若虫于3月下旬开始羽化，4月中旬到达羽化主峰期。一般成虫大量（占总虫量半数以上）迁飞是在绿肥田大量翻耕期，日最低气温上升到15℃以上的1~2d内。越冬代成虫迁到早稻上，是以秧田为主还是以本田为主因地区和年份不同有所变化。越冬代成虫迁入秧田早，早稻发病也早；迁入迟，相应地发病也迟。早稻本田发病率的高低与秧田期迁入的越冬成虫的数量多少相一致。在7月底至8月上旬，随着早稻的大量收割，黑尾叶蝉的第2、3代成虫迁向双季稻早栽本田和中、迟播秧田，形成全年虫量最大的迁移高峰，8月中旬以后田间黄矮病普遍发生（陈声祥等，1979）。

（四）气候因素

高温干旱则黑尾叶蝉活动强、繁殖快，水稻呼吸作用加强、同化作用降低、异化作用加大、抗病力减弱，病害重。病害的潜育期与温度有关，温度高则潜育期短。在广东，温度高时潜育期为10~11d；当平均最低温度为17~20℃，最高为25℃时，潜育期为20~30d，甚至达42d；而当日均最低温为15℃以下、最高温度为20℃左右时，潜育期很长，症状不明显甚至隐症（范怀忠和斐文益，1980a）。

六、预测预报

谢联辉和林奇英（1980c）选择福建西北部3个地区有代表性的11个县（市），研究了介体昆虫和各种气象要素对水稻黄矮病（黄叶病）流行的作用。研究认为该病在福建西北晚季水稻上流行的主导因素是冬春（12月至翌年3月）的温度，关键因素是6月下旬至7月下旬的介体昆虫数量，重要影响因素是晚稻品种抗病性和插秧期，并据此建立了预测式，可于发病前90~100d对当地水稻黄矮病的发生程度进行预测。

叶蝉第2、3代的虫口数量和带毒率是影响水稻黄矮病的重要因素，但第3代叶蝉的发生期不整齐，并受早稻收割和病虫防治等因素的影响，难以获得准确的数据。同时，该时期距离双季晚稻本田防治时期太近，作为测报因子意义不大。故以发生期比较稳定而整齐的第2代虫量及其带毒率作为预测因子较为恰当。然而快速检测介体昆虫带毒率的方法在实际应用时不易开展，而生物接种法一般需要经过一个月左右的时间才能获得结果，失去了预报的意义。田学志等（1983）分析发现，1974~1979年安徽桐城黑尾叶蝉第2代虫带毒率与早稻病情密切相关，$r=0.962$，可以用早稻发病率代替黑尾叶蝉第2代虫带毒率进行预测。基于此，建立了预测式$y=3.77+0.35x$。式中，y为双季晚稻黄矮病和普矮病合计株发病率（%）；x为早稻黄矮病和普矮病合计株发病率（C）与早稻田7月上旬第2代黑尾叶蝉高峰期虫量（D）的乘积。经验证发现，预测出的晚稻发病程度与田间实测发病程度很接近。

陈声祥（1985）对浙江省农业科学院植物保护研究所提出的晚稻暂黄病（黄矮病）和矮缩病预测模式$[Y=(n×d×p×t)/x]$进行了验证。式中，Y为晚稻株发病率（%）；n为第2代黑尾叶蝉高峰期虫量（头/亩）；d为第2代黑尾叶蝉带毒率（%）；p为介体昆虫迁入率，为晚稻本田初期迁入虫量与n值之比；t为迁入晚稻本田初期的每头带毒虫能传播的病苗数（株/头），第2代黑尾叶蝉带毒率的及时检测是该预测式能够应用的一个技术关键（见本章第六节）。经田间调查统计和人工模拟试验，取得其近似值为10；x为晚稻每亩苗数（株/亩）。预测式经浙江、安徽两省 6 个不同病区进行联合试验验证，结果表明该预测式能在发病株率为 0～33.74% 的不同发病条件下，比较准确地预测双季晚稻黄矮病和矮缩病的发病程度。该预测式既考虑到长江中、下游稻区两种病毒病并发流行，以为害晚稻为主的特点，又避免了常用的相关回归预测式的地区局限性。另外，林奇英等（1989）采用多元回归和通径分析方法评价了水稻暂黄病的预测因子，认为 6 月下旬至 7 月下旬黑尾叶蝉发生量是测报的关键因素，冬春日均温、4 月日均温和上一年黑尾叶蝉发生量是测报的主要因子。根据后 3 个因子分别在春播期、5 月初进行长期和中期预测，在 8 月初则可根据 4 个因子进行短期预测。

七、病害防治

水稻黄矮病的防治采取以农业防治为基础，适时治虫防病的综合防治措施。该防治措施体现预防为主，充分发挥栽培品种的防病作用，并及时在传毒以前防治介体昆虫，是有效控制该病、确保水稻稳产高产的有效措施（全国水稻病毒病研究协作组，1984）。

（一）农业防治措施

1. 选用抗（耐）病品种

抗黄矮病、矮缩病和黑尾叶蝉的多抗品种有古巴稻 154、Kaladunai、赤块矮 3 号等；抗黄矮病的品种有博罗矮、包选 2 号、版纳 2 号、白壳矮、余晚 6 号、闽晚 6 号、水混、IR29，以及以古巴稻 154 为恢复系的杂交水稻如四优 4 号、汕优 4 号等；抗黑尾叶蝉的品种有温选 10 号、珍龙 13 和温革等。

2. 稻田连片种植

将成熟期相近的水稻品种连片种植，以免介体叶蝉在不同成熟期的稻田间辗转迁移，从而便于早稻收割期杀灭介体，提高治虫防病效果。

3. 因地制宜改革耕作制度

在重病区应扩种冬季作物，尽可能减少绿肥种植面积，以压低越冬虫源。在长江中、下游双季稻区，压缩单季中、晚稻，减少迁入双季晚稻田的带毒虫量，晚稻适当推迟并缩短移栽期，减轻发病。

4. 改进栽培技术

适当增加每亩基本苗数，以补偿因病枯死的苗，减少发病损失；避免晚稻青苗田与早稻田块相距过近，以防早稻收获时田里的介体叶蝉集中迁入晚稻田；早稻稻草随收随运，不堆放在田边，防止介体昆虫寄居并迁入晚稻田；在叶蝉低龄若虫盛期，排水耘田，减少若虫数量。

（二）治虫防病

在做好农业防治的基础上，对重点防治田块，在水稻易感病的分蘖盛期前，做好测报工作，及时进行药剂治虫防病。

1. 防治对象田

早栽早发田，稻苗生长嫩绿旺盛，易引诱黑尾叶蝉迁入传毒，应作为治虫防病的重点，且本田初期治虫防病比秧田更为重要。但在大流行年份，当带毒虫率和虫口密度高时，秧田防治也不可忽视。

2. 防治适期

长江中、下游双季稻区，在早稻收获期间往往为介体昆虫迁飞高峰，此时为早栽晚稻本田初期，介体迁入数量多，且稻苗易于感染发病，为防治适期。

3. 喷药次数和时间

双季晚稻田喷药次数和喷药时间要根据虫口密度、带毒率、害虫发生期、早稻发病率和收割进度、晚稻移栽期以及天气等情况而定。在早稻大面积收割前移栽的早栽双季晚稻田，整好田后移栽前，应对田埂喷药 1 次，以免田埂上的介体迁入本田。3～5d 后应全田喷药 1 次，之后视虫情隔 5～7d 再防治 1 或 2 次，尤其是相邻早稻田收割后，应及时防治。通常晚稻本田初期喷药 1 次，防病效果为 50% 左右，喷药 2 次约为 70%，喷药 3 次的效果可超过 80%。

双季晚稻秧田期在黑尾叶蝉迁飞盛期，应抓紧防治，重点保护出苗半个月后的嫩秧期，一般隔 5～7d 喷药 1 次。对于早稻秧田，在绿肥田翻耕时喷药 1 或 2 次即可。

4. 虫量指标

田间连续多年多点调查和人工模拟试验结果表明，双季晚稻发病率与本田初期的介体虫量呈正相关。若控制晚稻发病率分别为 1%、3% 和 5%，则本田初期虫量标准为：①当带毒虫率为 2.5% 时，百株苗虫量分别为 4 头、12 头和 20 头，以每亩栽 20 万基本苗计算，每亩虫量分别为 0.8 万头、2.4 万头和 4.0 万头。②当带毒虫率提高到 5.0% 时，虫量分别为 2 头、6 头和 10 头，折合每亩 0.4 万头、1.2 万头和 2 万头。如果介体带毒虫率再提高，则虫量指标还要相应降低。

第八节　水稻东格鲁病

一、病害发生与为害

水稻东格鲁病（rice tungro disease，RTD）是由水稻东格鲁杆状病毒（*Rice tungro bacilliform virus*，RTBV）和水稻东格鲁球状病毒（*Rice tungro spherical virus*，RTSV）复合感染或单一 RTSV 侵染引起的水稻病毒病。该病于 20 世纪 60 年代初发现于菲律宾国际水稻研究所，70 年代初在日本曾经猖獗为害，当时曾称之为水稻矮化病（rice waika）（Shinkai，1977）。该病害在菲律宾、印度、印度尼西亚、马来西亚、泰国、孟加拉国、尼泊尔、巴基斯坦、斯里兰卡、越南、日本等国家都有发生和流行，成为这些区域稻区一种重要的水稻病毒病，1984 年、1988 年、1990 年和 2001 年该病害在印度发生明显增加（Srilatha et al.，2018）。我国于 1979 年首次发现该病害发生在湖南省衡阳市种植广陆矮 4 号的稻田，同年 6 月发现福建省龙海县（现漳州市龙海区）种植四优 2 号品种的田块也发生该病害，发病田块从零星发病至发病株率超过 90%，造成减产 20%～70%，甚至全田绝收（谢联辉和林奇英，1982b）。1981 年，福建省龙海县晚季稻严重发病面积超过 1510hm²，损失稻谷 1170t。之后在我国江西、广东等省也有发生的报道（周仲驹等，1992）。但自 20 世纪 90 年代以来，该病害在国内很少发生。

二、病害症状与诊断

（一）病害症状

水稻东格鲁病田间病株多见于插秧后 30～40d 的稻株，田边的稻株更易发生，病重年份秧苗期亦可发病；RTBV 和 RTSV 复合侵染水稻造成的水稻东格鲁病的典型症状是：植株矮化，叶片自叶尖到叶片中下部褪绿后呈现黄橙色；植株分蘖严重减少，甚至不分蘖（图 3-40，图 3-41）；褪绿叶片可能出现形状不规则的暗褐色斑，新叶有时出现条纹、斑点，叶脉间有褪绿斑。单由 RTSV 感染的水稻常呈黄化并出现轻度矮化。在被感染的水稻植株内，RTBV 存在于维管束组织中，而 RTSV 分布于韧皮部。RTBV 和 RTSV 粒体主要存在于细胞质，但在液泡里偶尔也能观察到 RTSV 粒体。

图 3-40　田间症状（黄世文　提供）

图 3-41　病株（黄世文　提供）

（二）病害诊断

RTD 的诊断主要有生物学诊断、电镜观察、血清学诊断和分子生物学诊断等。生物学诊断方法主要是通过病株的典型性状或在鉴别寄主上的症状进行识别，但易与水稻黄矮病、生理性病害混淆。采用超薄切片或提纯病毒后，可在电镜下观察到 RTBV 和 RTSV 粒体形态。血清学诊断可采用 IRRI 提供的 RTBV 和 RTSV 的乳胶致敏抗体，通过乳胶凝聚法测定（林奇英等，1994），或利用 RTBV P3 内的 CP 蛋白，构建载体，免疫家兔，制备 Ab-MP1、Ab-MP2、Ab-CP1、Ab-CP2、Ab-CP3、Ab-RTBV 多克隆抗体，采用 Western blotting 进行检测（Marmey et al.，1999）。Sia 等（2017）报道了两种基于血清学的检测方法——间接 ELISA 和斑点杂交法。与普通 PCR 检测方法相比，间接 ELISA 法的敏感性和特异性分别为 97.5% 和 96.6%，而斑点杂交法分别为 97.5% 和 86.4%，且斑点杂交法不需要任何专门的仪器设备，简单、快速，适用于田间现场检测。分子生物学诊断可根据 RTBV 和 RTSV 基因组序列，设计不同基因的特异性引物。Sharma 和 Dasgupta（2012）采用绿色荧光染料实时 PCR 方法，检测 RTBV 和 RTSV 的相对含量，其灵敏度比斑点杂交和普通 PCR 高 $10^3 \sim 10^5$ 倍。

三、病原学

（一）病毒分类地位、粒体形态及特性

水稻东格鲁病的病原包括水稻东格鲁球状病毒（RTSV）和水稻东格鲁杆状病毒（RTBV）。RTSV 属于伴生豇豆病毒科（*Secoviridae*）矮化病毒属（*Waikavirus*）。RTSV 粒体球状，直径 30~35nm，无包膜（图 3-42）。RTBV 属于花椰菜花叶病毒科（*Caulimoviridae*）东格鲁病毒属（*Tungrovirus*），病毒粒体为杆状，两端圆滑，侧边平行，无包膜，大小为 100~400nm×30~35nm（图 3-43）。RTSV 的钝化温度（TIP）为 63℃，体外存活期（LIP）为 4℃ 下 7d 或室温下 1d。

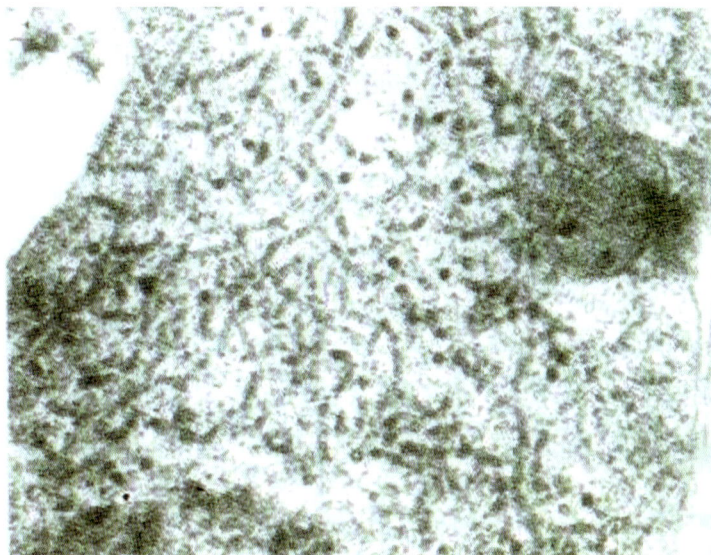

图 3-42 病株超薄切片的球状病毒粒体

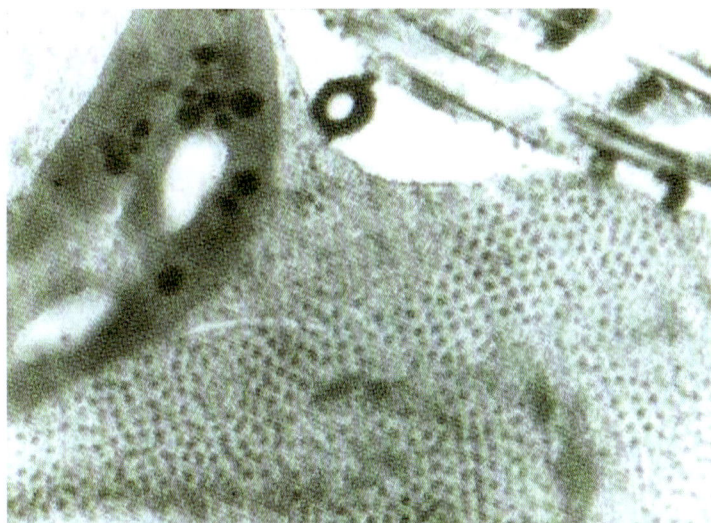

图 3-43 病株超薄切片的杆状病毒粒体（谢联辉等，2016）

（二）病毒的基因组结构及功能

RTSV 包含一个多聚腺苷酸化的单链 RNA 基因组，长为 12kb，编码一个单一 OFR、3473 个氨基酸。基因组具有一个含 515 个核苷酸的先导序列，并且具有 3′ 端的 poly(A) 尾。RTSV 的翻译产物是一个分子量为 393kDa 的多聚蛋白，可被酶解成一些蛋白质产物，包括 3 个 CP。RTSV 由环状双链 DNA 和单一蛋白组成，DNA 双链上各有 1 个不连续区域。其基因组有 4 个 OFR，分别编码 4 个蛋白质，分子量分别为 24kDa、12kDa、194kDa 和 46kDa（谢联辉等，2016）。

（三）寄主范围

RTSV 和 RTBV 的自然寄主植物主要是水稻和牛筋草（*Eleusine indica*），人工接种还可侵染玉米（*Zea mays*）、稗（*Echinochloa crusgalli*）、光头稗（*Echinochloa colonum*）、李氏禾（*Leersia hexandra*）、鲫鱼草（*Eragrostis tenella*）、水虱草（*Fimbristylis miliacea*）、巴拉草（*Brachiaria mutica*）等，RTSV 还可以侵染毛臂形草（*Brachiaria villosa*）和地毯草（*Axonopus compressus*）（Anjaneyulu et al.，1995）。

（四）侵染循环

该病害的病毒主要在带毒水稻和再生稻上以及带病杂草上越冬，成为病害的初侵染源。虽然该病毒在有些杂草上也可越冬，由于媒介昆虫以取食水稻为主，通过感染杂草再传播到水稻上的效率很低，因此生产上杂草作为毒源植物并不重要（谢联辉等，2016）。水稻东格鲁病毒可由二点黑尾叶蝉（*Nephotettix virescens*）、黑尾叶蝉（*N. cincticeps*）、电光叶蝉（*Recilia dorsalis*）、大斑黑尾叶蝉（*N. nigropictus*）、马来亚黑尾叶蝉（*N. malayanus*）和细小黑尾叶蝉（*N. parvus*）以半持久性方式传播，RTBV在经虫体叶蝉传播时必须依赖RTSV。该病毒不能由褐飞虱、灰飞虱、种子、土壤、机械等途径传播。病害的潜育期在不同年份、不同季节存在差异，最短11d，最长45d，一般多在20d左右，这种差异主要受温度的影响（谢联辉和林奇英，1982b）。叶蝉通过口针取食带毒稻株的汁液获毒，再通过取食健康稻株传播病毒，致使病害扩展。晚稻收割后病毒在再生稻、杂草上越冬。

（五）媒介昆虫的传毒特性

在田间发病流行年份虫量最大的3种叶蝉中，以二点黑尾叶蝉传毒能力最强，其次是黑尾叶蝉和电光叶蝉。黑尾叶蝉取食获毒和传毒的最短时间分别为0.5h和0.25h，获毒后的保毒时间为6d，而二点黑尾叶蝉的保毒时间为7d。介体获毒后不能马上传毒，经过1.5h可传毒（谢联辉和林奇英，1982b）。

四、品种抗病性

1981～1983年马来西亚流行水稻东格鲁病时，曾将IR$_{42}$作为抗性品种引入种植，该品种的抗性被认为是由抗二点黑尾叶蝉的抗性基因所控制，但由于其对二点黑尾叶蝉新的生物型并不具备抗性，故该品种存在丧失抗性的风险。品种Katarlbhog和Basmati 3709抗RTSV，但对二点黑尾叶蝉敏感，该媒介昆虫可在稻株韧皮部正常取食，说明这两个品种的抗性主要是针对病毒而不是媒介昆虫。水稻品种Pankhari 203可能对RTSV和二点黑尾叶蝉兼具抗性，抗性基因分析表明，品种Katarlbhog和Pankhari 203蕴藏着3个或更多个隐性互补抗性基因（Imbe et al.，1992）。林奇英等（1984b）采用"试管定量测定法"结合温室盆栽试验对15个水稻品种进行了抗性鉴定，发现不同品种对不同媒介叶蝉抗性不同，对带毒二点黑尾叶蝉抗性较强的有IR30、IR34、Ptb18和赤块矮3号；对带毒黑尾叶蝉抗性较强的有IR26、IR30、Ptb18、赤块矮3号和Habiganj DW8；对带毒电光叶蝉抗性较强的有Latisail、Gam Pai30-12-15、IR30和赤块矮3号。由此可见，IR30和赤块矮3号能同时兼抗3种带毒叶蝉。凡抗性较强的品种，叶蝉在其上的平均寿命比在其他品种上的寿命短，一般存活不到4d，而感病品种上的叶蝉平均寿命可达6～8d。Ptb18、IR30、IR34、Habiganj DW8和赤块矮3号对所有传毒昆虫都表现出高抗。1981～1983年福建省龙海县调查发现，常规稻中以龙选一号感病强，严重时可至绝收，而广包品种发病轻，病株率为3.5%，且几乎对水稻产量不造成损失。杂优稻中以汕优2号较为感病，四优2号次之，四优30发病最轻（陈南周和黄茂进，1984）。向钊豫（2017）利用水稻东格鲁病基因芯片数据GSE16142，基于mRMR-Relief-SVM模型，预测了6个水稻抗病基因：LOC_Os01g72960、LOC_Os03g01660、LOC_Os04g36710、LOC_Os01g62160、LOC_Os02g35560、LOC_Os03g57290。

五、病害发生条件

（一）当年6～7月的介体叶蝉数量及带毒虫比率

福建省龙海县最常见的RTV的介体昆虫是黑尾叶蝉、二点黑尾叶蝉和电光叶蝉。1979～1983年，据当地在最易染病的晚稻育秧期和本田初期6～7月的调查，这几种叶蝉发生量与RTV发病程度的趋势基本一致。5 年中，1981 年虫口量最大，发病也最重；1983 年虫口量最少，田间仅零星发病（陈南周和黄茂进，1984；谢联辉等，1983）。1980 年 8 月从田间捕捉黑尾叶蝉，通过在桂朝 2 号 3 叶健苗接虫取食后观察症状的方法，测定其自然带毒率为 1.89%，而在 1980 年 7 月的带毒率为 8.47%，说明介体叶蝉带毒虫比率高有利于发病（谢联辉等，1983）。

（二）品种抗病能力

田间调查和人工接种试验均表明，水稻栽培品种对 RTV 的抗病能力有显著差异。龙选一号、汕优 2 号等感病，广包、赤块矮 3 号等抗病。

（三）晚季稻播种插秧时间

1981 年在福建省龙海县分期播种和插秧稻田的调查显示，不同品种均以 7 月上旬播种、7 月底插秧的发病率最高，提前或推后播种插秧，均使发病率明显降低。这主要与 7 月中旬至下旬感病强的育秧期遇上介体昆虫数量高峰期有关（谢联辉等，1983）。

六、病害防治

对水稻东格鲁病采取选用抗（耐）病品种、调整播种插秧期以及关键时间治虫防病等几项综合防治措施，可有效控制病害的流行（陈南周和黄茂进，1984；谢联辉等，2016）。

（一）选用抗（耐）病品种

由于水稻品种对东格鲁病抗病性有明显差异，可因地制宜地选用抗（耐）病品种。1981 年福建省龙海县水稻东格鲁病流行，当地在之后两年把主要感病品种汕优 2 号和四优 2 号的插秧面积从 1981 年的 1 万 hm^2 左右压缩到 1983 年的 0.4 万 hm^2，将抗病的四优 30 从 1981 年的 0.06 万 hm^2 左右扩大到 1983 年的 0.5 万 hm^2 左右，发病面积从 1981 年的 0.15 万 hm^2 下降到 1983 年基本不再发生，具有明显的防控效果。

（二）调整播种插秧期

根据当地历年的农业气象和病虫测报资料分析，调整晚季稻易感品种的播种插秧时间，使易感病的育秧、返青阶段避过介体昆虫迁飞高峰，并且能避过破口前后的台风袭击，减轻其他病害如水稻白叶枯病的发生流行，达到避病丰产的目的。

（三）抓住关键时期，开展治虫防病

根据传毒介体发生消长规律，做好晚季秧田 3 叶期及移栽前 2～3d 和大田初期对叶蝉的药剂防治，减少传毒昆虫数量。另外，认真清除河边、沟边、麦田等杂草，铲除介体昆虫越冬、越夏场所，减少其基数，对减轻病害发生也有明显作用。

第九节 水稻瘤矮病

一、病害发生与为害

水稻瘤矮病（rice gall dwarf disease，RGDD）是由水稻瘤矮病毒（*Rice gall dwarf virus*，RGDV）引起

的水稻病毒性病害。1979 年在泰国首次被发现，随后马来西亚、日本和韩国也有发生报道，多为零星发生，未造成严重危害。1976 年，我国广东湛江地区高州县（现为高州市）稻田零星发生该病害，此后该病害的发生面积逐年增大，1979 年在晚稻上的发生面积约为 14hm^2，1981 年扩展到化州县（现为化州市）及信宜县（现为信宜市），晚稻发病面积约为 7300hm^2，1982 年迅速增加到约 3.3 万 hm^2，发病严重的田块减产约 300kg/亩。1983 年以后，该病在广东省信宜市、高州市、化州市、云浮市等局部稻区每年都有发生，对水稻产量造成不同程度的影响，轻病田减产 10%～20%，严重田块减产达 50%～70%，甚至绝收。据统计，信宜市在 1980～2000 年的 20 年间，该病害多次发生大流行。1981 年发生面积为 40hm^2，1982 年为 1860hm^2，1987 年为 2400hm^2，1991 年为 6333hm^2，1995 年为 4533hm^2，1998 年为 5000hm^2，2000 年为 5133hm^2。云浮市多个乡镇在 1995～1999 年均有该病害发生的记载，发生面积约为 4 万 hm^2。广西的博白县和北流县（现为北流市）、福建以及海南也有该病害分布，但未造成严重为害。2000 年以后，我国各稻区普及推广应用水稻瘤矮病综合防治技术，取得较好的综合防治效果，发病率降低，已经很少有关于水稻瘤矮病严重发生的报道，如信宜市每年发病率不超过 0.5%。但在广东省局部地区（如云浮市郁南县宋桂镇），个别年份仍较为严重，在田间能明显看到大片患病植株由于矮缩而形成的"病窝"（张曙光等，1986；梁栋等，2011）。

二、病害症状与诊断

（一）病害症状

水稻瘤矮病最明显的症状是病株严重矮化，叶背面或叶鞘上长有白色近球形瘤状突起。具体表现为：罹病稻苗显著矮缩，较健株矮 1/2～2/3，新生叶片短而窄小，叶枕重叠，叶色深绿，分蘖减少（图 3-44）。病叶叶背和叶鞘上生有小瘤状突起物，初为淡黄白色，后变成淡黄绿色，直径为 0.1～1.2mm，每叶 0～30 个，小瘤连生时叶脉或叶鞘稍肿大（图 3-45）。少数叶尖扭曲，个别新生病叶一边的叶缘坏死，灰白色，形成 2 或 3 个缺刻（图 3-46）。病株抽穗迟或呈包颈穗，穗小，空壳多。与健株相比，病根发育不良，老根多，新根少，根系变细、变短。水稻一般在 8 叶龄之前，尤其是 6 叶龄前后，最容易感病，而在 9 叶龄之后，即使受到感染也很少发病。

图 3-44 田间症状
（郭荣 提供）

图 3-45 病叶上的瘤状突起
（郭荣 提供）

图 3-46 病叶扭曲（郭荣 提供）

（二）病害诊断

在症状识别的基础上，通过免疫学方法或分子手段对稻株带毒情况进行检测。

1. 免疫学方法

通过间接 PVP-ELISA、Western blotting 等方法,分离提纯 RGDV 粒子,或对 P8 蛋白、Pns11 蛋白、Pns12 蛋白等进行纯化或表达,制备 RGDV 兔或鼠多克隆抗体进行检测(表 3-4)。

2. 分子检测手段

采用 RT-PCR 方法,对 RGDV 基因组片段如 CP、S8、S10 等序列设计特异性引物(表 3-5)进行检测(王元平等,2006;庄新建等,2020)。

三、病原学

(一)病毒分类地位、粒体形态及特性

水稻瘤矮病毒(*Rice gall dwarf virus*,RGDV)隶属于呼肠孤病毒科(*Reoviridae*)植物呼肠孤病毒属(*Phytoreovirus*)。RGDV 粒子呈三重对称的二十面体结构,直径为 65~70nm,具有双层衣壳蛋白,分别为外层衣壳和包裹着 dsRNA 的内层衣壳(图 3-47)。将提纯的病毒稀释到 10^{-7} 还能侵染培养好的介体昆虫单层细胞。稀释到 10^{-4} 浓度的病毒在 60℃下处理 10min,失去侵染活性。

(二)病毒的基因组结构及功能

病毒基因组由 12 条双链 RNA(dsRNA)片段组成,以超卷曲的形式包装在病毒粒体内,与蛋白质组成复合体。根据 RDV 的 2 条 dsRNA 在聚丙烯酰胺凝胶上的迁移率由慢到快命名为 S1~S12,编码与之对应的 6 个结构蛋白(P1、P2、P3、P5、P6、P8)和 6 个非结构蛋白(Pns4、Pns7、Pns9、Pns10、Pns11、Pns12)。在结构蛋白中,P2 为次要外壳蛋白,P8 为主要外壳蛋白;P3 形成核衣壳蛋白,包裹着 P1、P5 和 P6 蛋白。在非结构蛋白中,Pns7、Pns9 和 Pns12 共同形成病毒复制和装配的场所——病毒原质;Pns11 在介体昆虫培养细胞内可以形成小管结构,包裹病毒粒体并在细胞间进行扩散(表 3-16)(毛倩卓,2017)。

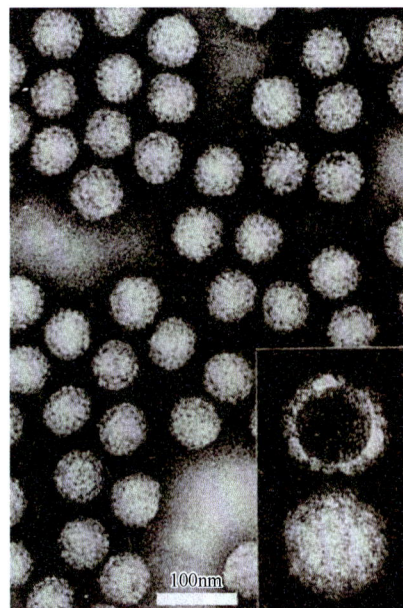

图 3-47 提纯的 RGDV 粒体
(谢联辉等,2016)

表 3-16 RGDV 基因组

基因组片段	长度/bp	蛋白编号	氨基酸/个	分子量/kDa
S1	4505	P1	1548	166
S2	3514	P2	1148	127
S3	3224	P3	1021	116
S4	2483	Pns4	725	79
S5	2542	P5	799	90
S6	1648	P6	489	58
S7	1652	Pns7	511	58
S8	1578	P8	426	49
S9	1202	Pns9	323	35
S10	1198	Pns10	320	36

基因组片段	长度/bp	蛋白编号	氨基酸/个	分子量/kDa
S11	1168	Pns11	356	40
S10	853	Pns12	206	23

（三）寄主范围

据谢双大等（1985）的研究，RGDV 田间自然寄主植物主要是水稻，也可侵染看麦娘（*Alopecurus aequalis*），但只是零星发病；人工接种还可以侵染小麦（*Triticum aestivum*）、燕麦（*Avena sativa*）、普通野生稻（*Oryza rufipogon*）和玉米（*Zea mays*）等植物。

（四）侵染循环

RGDV 的介体昆虫主要有电光叶蝉（*Recila dosralis*）、黑尾叶蝉（*Nephotettix cincticeps*）、二点黑尾叶蝉（*N. virescens*）、二条黑尾叶蝉（*N. apicalis*）和马来亚黑尾叶蝉（*N. malayanus*），在泰国以电光叶蝉和二条黑尾叶蝉传毒为主，在日本的传毒介体以二条黑尾叶蝉为主，在我国的传毒介体以电光叶蝉为主，黑尾叶蝉、二点黑尾叶蝉及二条黑尾叶蝉的带毒率较低。介体昆虫摄入 RGDV 后终生带毒，并可经卵传毒。

越冬的带毒介体以及带毒的再生稻和自生稻是翌年早稻田水稻瘤矮病的主要初侵染源。早稻育秧后，带毒的叶蝉通过口针取食将 RGDV 传到稻苗使稻苗染病，叶蝉通过用口针取食带毒稻株的叶片、叶鞘、茎秆等部位的汁液获毒，再通过取食健康稻株传播病毒，致使病害扩展。由于春天气温低不利于叶蝉的繁殖，所以通常早稻田发病较轻。叶蝉经过几个月的扩增繁殖，晚稻田间带毒介体叶蝉的种群数量明显提高，带毒的叶蝉为害晚季稻后导致病害的发生比早稻重，晚稻收割后病毒进入虫体内并越冬（谢双大等，1985）。

（五）媒介昆虫的传毒特性

RGDV 由叶蝉以持久增殖型方式传播，叶蝉在稻株上取食后最短在 1h 内获毒，获毒的介体叶蝉可终生带毒。其传毒率因介体叶蝉种类不同而异，电光叶蝉为 4.1%～17.1%，黑尾叶蝉为 1.4%～42.7%，二条黑尾叶蝉为 1.8%～95.0%，马来亚黑尾叶蝉为 9.4%，二点黑尾叶蝉为 0.1%～0.7%。

RGDV 在介体叶蝉中的循回期随叶蝉的种类不同而异。平均温度 25℃时，RGDV 在二条黑尾叶蝉、黑尾叶蝉、叶蝉体内的循回期均为 14.5d，在二点黑尾叶蝉和电光叶蝉体内为 17～18d（郝维佳，2016）。

关于叶蝉获毒后是否能够经卵传毒曾有过争议。国外研究表明，该病毒可以在二条黑尾叶蝉中以较高的比例进行经卵传播；但国内早期研究认为，RGDV 在传毒介体电光叶蝉体内不能经卵传播（谢双大等，1985）。福建农林大学魏太云团队研究发现，水稻瘤矮病毒（RGDV）在电光叶蝉中从亲代传递给子代的效率可以达 80% 以上，但通过雌虫的经卵巢垂直传播的效率极低。通过共聚焦显微镜和透射电镜观察发现，RGDV 外壳蛋白 P8 与叶蝉精子头部的质膜蛋白硫酸乙酰肝素蛋白多糖（heparan sulfate proteoglycan, HSPG）存在特异性的互作，介导病毒粒体黏附在雄虫精子头部，被精子携带实现父本传播。病毒经父本垂直传播的方式不仅效率高，而且对带毒电光叶蝉种群繁育的影响较小，对于病毒在自然种群中的快速扩散、维持和流行具有重要的意义。经过 6 年多的持续调查认为，病毒通过雄虫精子介导的父本传播高效传至媒介昆虫后代，是导致 RGDV 在广东地区长达 30 余年常态流行的重要原因（Mao et al.，2019）。

（六）病毒与寄主植物、媒介昆虫的互作

介体昆虫通过口针取食带毒稻株汁液后，RGDV 进入昆虫肠道上皮细胞，经增殖后穿过基底膜扩散到外层肌肉组织，沿着环肌和纵肌迅速扩散并释放到血淋巴，最后侵染唾液腺。RGDV 在介体细胞内的增殖是由病毒编码的非结构蛋白 Pns7、Pns9 和 Pns12 聚集形成的病毒原质启动的。子代病毒粒体附着在线粒体

外膜，最终堆积形成结晶状包含体，或结合于微管边缘并协助释放至胞外，或被包裹到非结构蛋白 Pns11 形成的管状结构中并介导病毒在介体细胞间的有效扩散。此外，RGDV 侵染电光叶蝉后，会激发叶蝉的 siRNA 抗病毒免疫反应来调节病毒的持久增殖（毛倩卓，2017）。

RGDV 能够激活介体昆虫的自噬反应，包裹在自噬小体（autophagosome）中的病毒粒子不会被溶酶体途径降解，能够逃避机体外环境的免疫监视，顺利实现细胞间的传递。RGDV 编码的非结构蛋白 Pns11 可形成丝状结构，围绕在线粒体周围，并与位于线粒体膜上的孔蛋白——电压依赖性阴离子通道（VDAC）互作，从而导致线粒体衰退和膜电位下降，使线粒体内的凋亡相关因子（如细胞色素 c）释放，从而引发介体昆虫和培养细胞局部的线粒体通路的细胞凋亡反应。通过细胞凋亡抑制剂的处理或靶向干扰细胞凋亡关键基因 Caspase 家族，能显著抑制病毒侵染；而阻断凋亡抑制蛋白（inhibitor of apoptosis protein，IAP），则可促进病毒的侵染，说明这种有限的细胞凋亡反应是有利于病毒增殖的。

植物病毒在长期进化中具备抵抗寄主免疫监控及免疫反应的能力，而且植物病毒侵染与介体昆虫的抗病毒和昆虫天然免疫反应形成的动态平衡，是维持植物病毒持久性和常态流行的重要因素（Chen et al.，2019）。

四、病害发生条件

影响水稻瘤矮病发生的因素主要有带毒叶蝉数量、耕作制度、品种抗性及生育期、气候条件等。

（一）带毒叶蝉数量

带毒叶蝉发生量大，水稻又正处在感病阶段时，水稻瘤矮病有暴发的可能。据广东省大埔县报道，二点黑尾叶蝉在当地年发生 8 代，电光叶蝉年发生 4～5 代。5 月以后，随气温升高，早稻上叶蝉繁殖量增加，到 7 月中下旬，第 4 代二点黑尾叶蝉和第 2 代电光叶蝉的成虫达到盛发高峰。通常在诱虫灯测到叶蝉数量大的年份，该年水稻瘤矮病常暴发流行；反之，该年病害就轻。秧田叶蝉虫口密度对病害影响更直接。秧田 3d 平均虫口密度为 70～110 头/m² 时，移栽到本田的禾苗病害率达 12%～18%；若秧田 5d 平均虫口密度低于 30 头/m²，移栽到本田的禾苗病害率在 5% 以下（钟永保等，2004）。张曙光等（1986）调查广东省信宜县（现为信宜市）水稻瘤矮病发生情况发现，随 7 月中旬早稻收割时介体叶蝉被迫大量迁移，晚稻秧田的虫数激增，秧苗感染率也激增。移栽后田间叶蝉数通常减少且分散取食，故即使叶蝉数量增多，也不会明显影响本田发病情况。

（二）耕作制度

该病害在早稻和晚稻上均可发生，但通常早稻轻、晚稻重。据广东省云浮市观察，当地早稻病株率为 0.3%～1.2%，晚稻发病株率通常在 6% 以上，在重发生年份（如 1997 年、1998 年、1999 年）局部达 25%～35%。在早稻营养生长期，黑尾叶蝉发生 1～2 代，总数量少，带毒虫体也少。至 3～4 代发生量较大时，早稻已进入抗病的孕穗期，故发病较轻。8～9 月，黑尾叶蝉进入盛发期，带毒成虫多，病毒在虫体内的循回期及稻株内的潜育期均缩短，传染加快，时值晚稻处于易感病的营养生长期，故发病重（叶继标等，2003）。

晚稻采用不同方式种植，发病情况也有所差别。相比抛秧田，直播稻播种时间较早，秧苗生长期与早稻收割时期重叠时间较长，受迁飞叶蝉为害的时间长，导致发病率较高。而抛秧田的播期较晚，待秧苗立针后早稻已基本收割完毕，秧苗易感病期错过了早稻后期叶蝉大量迁飞期，病害一般较轻。

晚稻早播早移栽比迟播迟移栽发病重。若早稻的中迟熟品种种植面积大，叶蝉的桥梁田多，则可能导致晚稻发病率较高。靠近早稻本田的晚稻秧田比远离早稻本田的发病重（钟永保等，2004）。

（三）品种抗性及生育期

目前尚未发现免疫或高抗品种。2016～2021 年，在河南开封和福建云霄两地对 528 份水稻种质分别进行了抗 RGDV 和水稻黑条矮缩病毒（RBSDV）的田间鉴定试验，发现所有的水稻种质均可被这两种病毒侵染（Wu et al.，2022）。在同一地区，相同天气条件下，杂交稻受害程度比常规稻重，这与杂优稻秧苗田播种量和大田插植苗数较少有关。秧苗在 6 叶龄前最易感染发病，苗龄愈小受害愈重，9 叶龄后感染的不发病，所以大田的发病率基本上就是秧苗期的感染率（张曙光等，1986）。

（四）气候条件

冬暖干旱少雨，造成带毒叶蝉死亡率低、安全越冬虫源多，翌年叶蝉发生量大，水稻瘤矮病可能大发生。相反，冬季出现异常低温、偏湿年份，翌年早、晚稻瘤矮病发病通常明显减少。病害流行季节的气候条件直接影响传毒昆虫的种群数量，从而影响病害发生轻重。黑尾叶蝉等传毒媒介生长发育的最适温度为28℃左右，田间相对湿度为75%～90%。若 6～8 月高温干燥、台风雨少，则叶蝉虫口数量多，对水稻瘤矮病发生有利。但若夏季异常酷热，则能抑制叶蝉繁殖，晚稻发病轻（钟永保等，2004）。

五、病害预测预报

王元平等（2006）检测早稻收割期、晚稻早期秧苗田介体叶蝉的带毒率，以此带毒率预测当年晚稻本田发病率。以介体叶蝉带毒率为自变量（X）、以调查的本田发病率为因变量（Y），采用曲线估计和非线性回归分析方法，对 3 年 4 次的调查结果进行回归分析，得出最适预测方程为对数模型：$Y=0.6025+0.1863\ln X$，决定系数 $R^2=0.992$。通过对病区多年发病情况分析认为，一般发病率达 8%～10% 时，认为当年是中等偏重发生年，故以 8% 为防病阈值。根据建立的预测式推算，早稻收割期和晚稻早期秧苗田介体叶蝉的带毒率为 6.05% 以上时，则应对晚稻秧田进行喷药杀虫防病。

六、病害防治

水稻瘤矮病的防治以农业防治为基础，以治虫防病为关键。广东信宜通过多年水稻瘤矮病综合防治技术试验，总结出"三及时"技术措施，即收割后及时翻犁、播种后及时施药和插植前后及时剔除病株。通过治虫防病、扑灭传毒介体叶蝉、翻犁晒田使再生稻和落粒稻不能生长存活，从而杜绝该病的初侵染源（梁栋等，2011）。

（一）农业防治

1. 狠抓冬春期预防，减少初侵染源

冬、春季和夏收前后，结合积肥，铲除田边杂草。早稻收割后，及时翻犁，以防早稻病株的再生稻继续成为晚稻病源。收割晚稻后，对冬闲田及时翻犁晒白，避免再生稻和落粒自生稻的生长，加强对冬种作物的害虫防治，减少叶蝉滋生。

2. 选好秧田，适期播种，统一管理培育壮秧

选择秧田应尽量远离传毒介体虫源地。早稻秧田宜选择远离再生稻和自生稻等越冬寄主植物丰富的田块；晚稻尽可能选择远离早稻的田块作为秧田，以减少虫媒传毒，降低水稻发病率。选择播种适期应避开传毒媒介迁入秧田的高峰期。有条件的稻区最好实行集中连片播种，统一治虫防病，统一肥水管理，培育壮秧，统一插植（或抛秧）时间。

3. 插植前后及时剔除矮缩秧苗

插植前剔除表现明显症状的病株。插植时，选取健康秧苗；中耕期间，仔细巡查，发现病株及时拔除，深埋地下或集中烧毁，及时剥健株补插。

4. 加强栽培管理，提高植株抗病力

水稻密植、偏氮、稻株生长嫩绿、郁闭、小气候湿度增大等条件均有利于电光叶蝉和黑尾叶蝉的发育繁殖、滋生、积累，且降低稻株的抗病能力。在秧田期，实行疏播，施足基肥，及时追肥，培育壮秧，适龄移栽；在本田期，合理施肥，增施钾肥，保证禾苗生长健壮。实行科学用水，杜绝串灌、浸灌、漫灌，改善田间小气候。

（二）治虫防病

抓好早稻穗期、晚稻秧田期和回青期介体昆虫的防治。早稻穗期治虫，应压低早稻后期虫源，以减少叶蝉向晚稻秧田迁入量。在晚稻秧田期，当秧苗起针后开始施药，杀灭叶蝉，每隔 7d 左右施一次。当秧田附近早稻田收割时应加喷 1 次药。对早稻未收割完已抛（插）秧的晚稻本田，应在回青期喷药防治叶蝉，可选用呋虫胺、烯啶虫胺、噻虫胺、噻虫嗪、吡蚜酮、吡虫啉等药剂。为了有效提高同一区域所有秧苗的防病效果，要统一施药，选择虫媒最为活跃的傍晚，施药时田间要保持浅水层，并喷及田边、沟边杂草。

（三）保护和利用自然天敌

电光叶蝉和黑尾叶蝉的主要天敌有褐腰赤眼蜂（*Paracentrobia andoi*）、二点栉爪螨（*Halictophagus bipunctatus*）和隐翅虫（*Oxytelus batiuculus*）等，对叶蝉的数量消长具有一定的抑制作用。提倡科学使用高效、低毒、低残留农药，如使用吡虫啉类等内吸性强的低毒药剂，可有效减少杀伤天敌数量，并注意施药时期与方法，减少用药次数和用药量，保护和利用天敌。

第十节 其他水稻病毒病

一、水稻簇矮病

水稻簇矮病毒（*Rice bunchy stunt virus*，RBSV）引起的水稻簇矮病于 1973 年首次在我国福建云霄的晚稻田被发现，随后在福建从南到北的 20 个县（市）均有发生。除福建发生较为普遍外，江西、湖南、广东、海南、广西、湖北、贵州、云南等部分稻区也有发生。除福建沙县（现为沙县区）和龙海县（现为龙海区）发病比较普遍以外，其他稻区总体上发病较轻（谢联辉和林奇英，1980a；谢联辉等，2016）。进入 20 世纪 90 年代，少见该病的报道。

病害症状一般是株形矮缩，分蘖（或分枝）增生，叶片短窄，后期多不抽穗或穗而不实（图 3-48，图 3-49）。割去地上部，长出的再生稻仍表现原来的症状。虽然其矮缩症状类似矮缩病，但叶片始终没有矮缩病所表现的黄白色虚线状条点斑。

RBSV 属于呼肠孤病毒科（*Reoviridae*，dsRNA）植物呼肠孤病毒属（*Phytoreovirus*）。提纯的 RBSV 粒体为大小比较均一的等轴球状，无包膜，直径为 56.8～63.7nm。其钝化温度（TIP）为 60～70℃，稀释限点（DEP）为 10^{-5}～10^{-4}（病叶榨

图 3-48 病株矮缩和分蘖增生（黄世文 提供）

图 3-49　病株高节位分蘖
（黄世文　提供）

出液）和 $10^{-4} \sim 10^{-3}$（昆虫汁液），体外存活期（LIP）为 4℃下 4～5d 或 22℃下 2～3d。

RBSV 的传毒介体是黑尾叶蝉（*Nephotettix cincticeps*）和二条黑尾叶蝉（*N. apicalis*），以持久增殖型方式传毒，蜕皮不失毒，但不能经卵传毒。介体的最短获毒期为 5min，循回期多为 11d 左右，潜育期为 8～22d，一般多为 13～14d。RBSV 在自然感染及人工接种时都只侵染水稻。

RBSV 可在带毒的黑尾叶蝉和二点黑尾叶蝉体内越冬，之后带毒虫在早稻育秧期间迁飞到秧田传病。冬暖地区的病稻稻桩或再生稻中的病毒亦可存活，无毒介体叶蝉吸毒后传到早稻秧田或本田为害。病毒经由介体反复再侵染，并传给中稻和晚稻。品种间抗性差异明显，矮脚白米仔和窄叶青 8 号感病。苗期和分蘖期最易感病。对该病的防控重点放在连作晚稻和单季稻上，应采取种植抗病品种为主，结合测报，调整播种、插秧时间，避开介体叶蝉迁飞高峰，辅以育秧和返青分蘖阶段做好介体叶蝉的防除工作（谢联辉等，2016）。

二、水稻条纹花叶病

水稻条纹花叶病是由华南农业大学植物病毒研究室周国辉团队于 2015 年在广东省罗定市首次发现的一种新型水稻病害（Yang et al.，2017）。陈彪等（2019）于 2017～2018 年连续调查两年，采用 RT-PCR 方法进行检测（表 3-5），结果表明，水稻条纹花叶病在广东、广西、海南均有发生。广东省云浮、茂名、湛江、阳江、惠州、河源、韶关及梅州等地级市均见病株，以云浮市发病最重。其中，罗定市太平镇、罗平镇、罗镜镇的田块发生率达 20%～40%，多数田块病株率为 5%～10%，约 5% 的田块病株率为 10%～30%，少数发病严重田块病株率超过 60%。广西梧州市、贺州市、玉林市、钦州市均有少量发病田块。其中，梧州市新地镇发病最重，田块发病率约为 25%，田块病株率为 10%～15%。海南省中部的定安县、屯昌县有少量零星发病的田块，田间病株率低于 1%。之后水稻条纹花叶病的分布区域进一步扩大，除华南三省外，江西、湖南及云南等地也有少量分布。

水稻条纹花叶病常表现为植株矮化，分蘖明显增多（图 3-50），叶片呈黄色条带或镶嵌，叶尖扭曲，抽穗不完全，籽粒不饱满，重病株叶片基部扭转畸形（图 3-51）。其病原为弹状病毒科（*Rhabdoviridae*）细胞质弹状病毒属（*Cytorhabdovirus*）的病毒新种——水稻条纹花叶病毒（*Rice stripe mosaic virus*，RSMV）。RSMV 粒子为杆状，长度为 300～375nm，宽度为 45～55nm。其基因组为负义单链 RNA，能编码 2 个非结构蛋白和 5 个结构蛋白（Guo et al.，2020）。陈彪等（2019）根据病毒复制酶（L）基因设计一对特异性引物

图 3-50　病株矮化和分蘖增多（张彤　提供）

图 3-51　病叶和病穗（张彤　提供）

（RSMV-L-F：5′-CTCCAACTATCATCCGCTATGC-3′；RSMV-L-R：5′-CCATCCGAGATAAGGTCA CTGT-3′），经 RT-PCR 可对水稻病株及叶蝉体内的 RSMV 进行快速、准确的检测。田间自然环境下 RSMV 除可侵染水稻外，也能侵染马唐（*Digitaria sanguinalis*）、鸭舌草（*Monochoria vaginalis*）、牛筋草（*Eleusine indica*）和看麦娘（*Alopecurus aequalis*）等单子叶杂草。

RSMV 主要通过电光叶蝉（*Recilia dorsalis*）以持久增殖型方式传播，不能经卵传毒，该病毒是首个可由电光叶蝉传播的细胞质弹状病毒。电光叶蝉与 RSMV 之间具有较高的亲和性，在毒株上取食 3min，若虫获毒率为 24.4%，成虫获毒率为 19.2%，连续取食 3h 以上，若虫、成虫的获毒率均可达 60%。在常温下 RSMV 在虫体内最低循回期为 6d，最长为 18d，平均为 12d。通过循回期后的带毒电光叶蝉，最短传毒时间为 30min。带毒电光叶蝉能终生传毒，有明显的间歇现象，间歇期为 1～4d（Yang et al.，2017）。

李盼等（2020）研究 RSMV 对介体电光叶蝉生长繁殖及取食行为的影响后发现，与无毒电光叶蝉相比，携带 RSMV 的电光叶蝉若虫的发育历期延长，而若虫存活率、成虫羽化率、雌虫繁殖力和卵孵化率下降。无毒电光叶蝉成虫倾向于选择取食 RSMV 侵染的水稻，而带毒电光叶蝉成虫倾向于选择取食健康水稻。与无毒电光叶蝉相比，带毒电光叶蝉成虫取食健康水稻所产生的刺探波、障碍波和唾液分泌波次数和持续时间均显著增加，被动取食波和休息波次数减少，但时间均延长。与无毒电光叶蝉相比，感染 RSMV 使带毒电光叶蝉若虫的发育历期延长且不利于其种群的繁殖。RSMV 通过调控介体电光叶蝉成虫的取食和寄主选择行为而有利于自身在寄主水稻间的传播。

参 考 文 献

蔡煜东. 1995. 用遗传程序设计预测晚稻普通矮缩病流行趋势. 华北农学报, 10(S1): 110-114.

常学飞. 2021. 水稻矮缩病毒诱导的水稻挥发物在水稻-病毒-叶蝉互作中的作用机制. 杭州: 浙江大学博士学位论文.

陈彪, 李战彪, 郑联顺, 等. 2019. 水稻条纹花叶病田间调查及分子检测. 中国植保导刊, 39(2): 12-16.

陈冰, 陈观浩, 宋祖钦, 等. 2018. 南方水稻黑条矮缩病发生面积预测模型研究. 中国农学通报, 34(11): 92-96.

陈峰, 周继华, 张士永, 等. 2009. 水稻抗条纹叶枯病基因 *Stv-b^i* 的分子标记辅助选择. 作物学报, 35(4): 597-601.

陈观浩, 陈冰, 彭荣南, 等. 2018. 南方水稻黑条矮缩病发生与防控研究进展. 生物灾害科学, 41(1): 11-15.

陈光堉. 1984. 酶联免疫吸附试验检测水稻条纹叶枯病介体昆虫带毒率. 植物保护学报, 11(2): 73-78.

陈茂顺, 肖跃仪, 罗财荣, 等. 2002. 水稻普通矮缩病田间抗性试验研究. 植保技术与推广, 22(1): 7-8.

陈南周, 黄茂进. 1984. 水稻东格鲁病发生流行及其防治试验. 福建农业科技, (4): 31-33.

陈声祥. 1985. 晚稻矮缩病和暂黄病预测模式的验证. 植物病理学报, 15(1): 19-23.

陈声祥, 惠玲, 廖璇刚, 等. 2000. 水稻黑条矮缩病在浙中的回升流行原因分析. 浙江农业科学, (6): 287-289.

陈声祥, 金登迪, 阮义理, 等. 1981. 水稻黄矮病和普通矮缩病流行预测式的建立及验证. 浙江农业科学, (3): 107-111.

陈声祥, 阮义理, 金登迪, 等. 1979. 水稻黄矮病的发生及流行. 植物病理学报, 9(1): 41-54.

陈声祥, 张巧艳. 2005. 我国水稻黑条矮缩病和玉米粗缩病研究进展. 植物保护学报, 32(1): 97-103.

陈思宏, 程兆榜, 马学文, 等. 2013. 江苏和云南地区水稻条纹叶枯病流行差异分析. 江苏农业科学, 41(3): 88-90.

陈卓, 李向阳, 俞露, 等. 2017. 南方水稻黑条矮缩病防控药剂的创制与应用. 植物保护学报, 44(6): 905-918.

程兆榜, 任春梅, 周益军, 等. 2008. 水稻条纹病毒不同地区分离物的致病性研究. 植物病理学报, 38(2): 126-131.

董城, 梁少玉, 陈冰, 等. 2016. 早稻南方水稻黑条矮缩病发病率预测模型的建立与应用. 中国稻米, 22(2): 61-64.

范怀忠, 斐文益. 1980a. 广东水稻黄矮病初侵染源和媒介昆虫的初步研究. 华南农学院学报, 1(1): 2-20.

范怀忠, 斐文益. 1980b. 广东水稻黄矮病发生流行条件及防治. 华南农学院学报, 1(3): 1-15.

范怀忠, 黎毓干, 裴文益, 等. 1965. 广东水稻黄矮病的初步调查研究. 植物保护, 3(4): 143-146.

方先文, 张云辉, 张所兵, 等. 2015. 抗黑条矮缩病水稻品种资源的筛选与鉴定. 植物遗传资源学报, 16(6): 1168-1171, 1187.

高东明, 秦文胜, 李爱民, 等. 1993. 中国大陆水稻黄矮病与台湾省水稻暂黄病的血清学鉴定. 中国病毒学, 8(2): 177-180.

郝维佳. 2016. 水稻瘤矮病毒三地分离物序列分析及其与介体亲和性的研究. 广州: 华南农业大学硕士学位论文.

何光辉. 2020. 水稻条纹病毒 Pc2 互作灰飞虱蛋白的筛选及研究. 扬州: 扬州大学硕士学位论文.

何越强, 陈氏懦花, 陈阮河, 等. 2019. 越南水稻黄矮病毒多克隆血清抗体的制备（英文）. 南方农业学报, 50(7): 1472-1482.

贺康, 郭金梦, 李飞, 等. 2018. 水稻条纹叶枯病毒对灰飞虱生物学特性及若干生理生化特性的影响. 应用昆虫学报, 55(1): 87-95.

湖南省农业科学院. 1979. 水稻品种抗病性和抗虫性鉴定简报. 植物保护学报, 6(1): 83-87.

黄华英, 陈观浩, 梁盛铭, 等. 2017. 南方水稻黑条矮缩病测报技术研究. 农学学报, 7(5): 6-9.

黄静, 王晨一, 兰彬源, 等. 2022. 六种水稻病毒一步法多重 RT-PCR 快速检测方法的建立. 农业生物技术学报, 30(4): 619-627.

嵇朝球, 钟环, 钟佩英, 等. 2005. 水稻条纹叶枯病病毒 RT-PCR 快速检测研究. 上海交通大学学报（农业科学版）, 23(2): 188-191.

贾文茜. 2021. 黑尾叶蝉感染水稻矮缩病毒后唾液腺转录组变化分析及其两种 RNA 病毒基因组结构分析. 杭州: 浙江大学博士学位论文.

赖丁王, 黄启星, 张雨良, 等. 2016. 南繁区水稻病毒病调查与鉴定. 分子植物育种, 14(3): 765-772.

赖坤龙, 王海峰, 徐钟天, 等. 2021. 稻飞虱传播水稻病毒机制的研究进展. 福建农林大学学报（自然科学版）, 50(5): 577-587.

兰汉红, 洪小静, 黄燃燃, 等. 2017. 水稻矮缩病的分子生物学研究进展. 福建农业学报, 32(10): 1165-1172.

雷娟利, 吕永平, 金登迪, 等. 1999. 转基因水稻对水稻齿叶矮缩病毒（RRSV）抗性评价. 浙江农业学报, 11(5): 217-222.

李爱宏, 戴正元, 季红娟, 等. 2008. 不同基因型水稻种质对黑条矮缩病抗性的初步分析. 扬州大学学报（农业与生命科学版）, 29(3): 18-22.

李德葆, 盛方镜. 1979. 水稻普通矮缩病发生流行预测中几个问题的初步探讨. 浙江农业科学, (3): 26-28.

李继红. 2013. 水稻条纹叶枯病. 农业灾害研究, 3(5): 1-4.

李金军, 陶荣祥, 石建尧, 等. 2011. 华东地区水稻品种条纹叶枯病抗性鉴定. 植物保护学报, 38(3): 221-226.

李路路, 侯士辉, 张合红, 等. 2020. 水稻黑条矮缩病抗病品种的筛选及其抗病机制初探. 核农学报, 34(6): 1138-1143.

李盼, 张洁, 岳玥, 等. 2020. 水稻条纹花叶病毒对介体电光叶蝉生长繁殖及取食行为的影响. 昆虫学报, 63(2): 174-180.

李舒. 2016. 南方水稻黑条矮缩病毒与水稻齿叶矮缩病毒协生作用研究. 广州: 华南农业大学博士学位论文.

李彦勇, 徐宏稳. 1980. 水稻品种对普通矮缩病黄矮病抗性鉴定. 安徽农学院学报, (2): 54-57.

李燕芳, 冯芳, 肖汉祥, 等. 2021. 南方水稻黑条矮缩病抗病基因的发现及其初定位. 植物遗传资源学报, 22(6): 1651-1658.

李志强, 孙富余. 2021. 辽宁省灰飞虱与水稻条纹叶枯病灾变原因分析及防控对策. 北方水稻, 51(4): 55-59.

梁栋, 李永源, 黄明华, 等. 2011. 信宜市水稻瘤矮病的发生规律及综合防治对策. 安徽农学通报, 17(13): 115-112.

林丽明, 吴祖建, 谢荔岩, 等. 1998. 水稻草矮病毒与品种抗性的互作. 福建农业大学学报, (4): 444-448.

林奇田, 林含新, 吴祖建, 等. 1998. 水稻条纹病毒外壳蛋白和病害特异蛋白在寄主体内的积累. 福建农业大学学报, 27(3): 257-260.

林奇英, 唐乐尘, 谢联辉. 1989. 水稻暂黄病流行预测与通径分析. 福建农学院学报, 8(1): 37-41.

林奇英, 谢联辉, 陈宇航, 等. 1984a. 水稻齿叶矮缩病毒寄主范围的研究. 植物病理学报, 14(4): 247-248.

林奇英, 谢联辉, 王桦. 1984b. 水稻品种对东格鲁病及其介体昆虫的抗性研究. 福建农业科技, (4): 34-35.

林奇英, 谢联辉, 吴祖建, 等. 1994. 中菲两种水稻病毒病的比较研究. 中国农业科学, 27(2): 1-6.

林奇英, 谢联辉, 谢莉妍, 等. 1991. 水稻条纹叶枯病的研究 II. 病害的症状和传播. 福建农学院学报, 20(1): 24-28.

林奇英, 谢联辉, 谢莉妍, 等. 1993. 中菲两种水稻病毒病的比较研究 III. 水稻草状矮化病毒的株系. 农业科学集刊, (1): 207-210.

林奇英, 谢联辉, 周仲驹, 等. 1990. 水稻条纹叶枯病的研究 II. 病害的分布和损失. 福建农学院学报, 19(4): 421-425.

刘江宁, 王楚鑫, 张宏根, 等. 2019. 水稻黑条矮缩病抗性 QTL 定位. 作物学报, 45(11): 1664-1671.

刘晴, 徐建龙. 2022. 水稻黑条矮缩病抗性遗传研究进展. 植物遗传资源学报, 23(2): 301-314.

刘万才, 陆明红, 黄冲, 等. 2014. 南方水稻黑条矮缩病大区流行规律初探. 中国植保导刊, 34(4): 47-52.

刘万才, 陆明红, 黄冲, 等. 2016. 我国南方水稻黑条矮缩病流行动态及预测预报实践. 中国植保导刊, 36(1): 20-26.

卢百关, 程兆榜, 秦德荣, 等. 2011. 江苏水稻主栽和候选品种抗黑条矮缩病鉴定. 南方农业学报, 42(12): 1481-1485.

鲁燕华, 卢刚, 元玉华, 等. 2020. 灰飞虱中 IKK 相关基因的鉴定及其在水稻条纹病毒侵染中的功能. 昆虫学报, 63(2): 131-141.

吕秋霞, 程兆榜, 何敦春. 2019. 水稻条纹叶枯病流行风险源和影响指标. 江苏农业科学, 47(7): 104-107.

毛倩卓. 2017. 水稻瘤矮病毒经介体昆虫水平和垂直传播的机制. 福州: 福建农林大学博士学位论文.

梅爱中, 李瑛, 邰德良, 等. 2015. 水稻黑条矮缩病发生规律与防治技术研究. 植物医生, 28(1): 27-30.

农保选, 秦碧霞, 夏秀忠, 等. 2019a. 南方水稻黑条矮缩病抗性的遗传分析及主效 QTL 的精细定位. 中国水稻科学, 33(2): 135-143.

农保选, 秦碧霞, 夏秀忠, 等. 2019b. 南方水稻黑条矮缩病苗期抗性的全基因组关联分析. 分子植物育种, 17(4): 1069-1079.

农保选, 秦碧霞, 夏秀忠, 等. 2021. 栽培稻种质资源的南方水稻黑条矮缩病抗性鉴定评价. 植物遗传资源学报, 22(4): 939-950.

潘存红, 李爱宏, 陈宗祥, 等. 2009. 水稻黑条矮缩病抗性 QTL 分析. 作物学报, 35(12): 2213-2217.

秦碧霞, 蔡健和, 李战彪, 等. 2014. 广西水稻品种抗水稻南方黑条矮缩病鉴定. 南方农业学报, 45(1): 38-42.

秦碧霞, 李战彪, 谢慧婷, 等. 2021. 水稻品种抗南方水稻黑条矮缩病人工接种鉴定技术规程. 江苏农业科学, 49(18): 103-105.

全国水稻病毒病研究协作组. 1984. 我国水稻黄矮病（RYSV）和矮缩病（RDV）的综合防治研究. 中国农业科学, (1): 75-78.

任应党, 鲁传涛, 王锡锋. 2016. 水稻黑条矮缩病暴发流行原因分析: 以河南开封为例. 植物保护, 42(3): 8-16.

阮义理, 陈声祥, 金登迪, 等. 1981b. 水稻矮缩病的研究 II: 病害感染、发生和防治. 植物保护学报, 8(2): 127-135.

阮义理, 金登迪, 陈光堉, 等. 1981a. 水稻矮缩病的研究 I: 病史、病状和传播. 植物保护学报, 8(1): 27-34.

阮义理, 金登迪, 林瑞芬. 1982. 水稻矮缩病的研究 III: 寄主范围. 植物病理学报, 12(1): 1-6.

石超南, 杨振, 丁作美, 等. 2018. 水稻草矮病毒的研究进展. 生物技术通报, 34(2): 45-53.

孙炳剑, 袁虹霞, 邢小萍, 等. 2005. 水稻条纹叶枯病暴发原因分析与综合防治技术. 河南农业科学, (5): 39-41.

孙枫, 徐秋芳, 程兆榜, 等. 2013. 中国水稻黑条矮缩病研究进展. 江苏农业学报, 29(1): 195-201.

孙付森. 2015. RGSV 侵染水稻后挥发物的变化对褐飞虱选择行为的影响. 福州: 福建农林大学博士学位论文.

孙俊铭, 韦刚, 张启高, 等. 2012. 水稻单季晚粳播期与灰飞虱虫口密度及条纹叶枯病的关系研究. 安徽农业大学学报, 39(5): 682-685.

田学志, 高保宗, 陈芝胜, 等. 1983. 水稻普通矮缩和黄矮病的流行预测研究. 安徽农业科学, (1): 68-71.

宛柏杰, 林文武, 吴锦鸿, 等. 2016. 水稻矮缩病毒非结构蛋白 Pns6 和外壳蛋白 P8 多克隆抗体的制备及其应用. 福建农林大学学报（自然科学版）, 45(1): 42-47.

汪恩国, 王华弟, 关梅萍, 等. 2005. 杂交水稻黑条矮缩病的为害及防治指标初探. 中国农学通报, 21(1): 278-282.

王宝祥, 宋兆强, 刘金波, 等. 2014. 不同省份水稻品种抗黑条矮缩病鉴定与评价. 西南农业学报, 27(6): 2365-2369.

王华弟, 祝增荣, 陈剑平, 等. 2007. 水稻黑条矮缩病发生流行规律、监测预警与防控关键技术. 浙江农业学报, 19(3): 141-146.

王丽, 林作晓, 唐洁瑜, 等. 2018. 2017 年广西农作物病虫害发生实况. 广西植保, 31(3): 30-39.

王琦. 2013. 水稻条纹叶枯病抗性基因的图位克隆与功能分析. 南京: 南京农业大学博士学位论文.

王前进, 党聪, 方琦, 等. 2018. 水稻矮缩病毒对介体昆虫黑尾叶蝉生物学参数及种群增长的影响. 中国水稻科学, 32(1): 89-95.

王伟民, 王新其, 蒋杰贤, 等. 2015. 水稻条纹叶枯病发生程度的影响因素分析. 上海农业学报, 31(5): 51-55.

王艺晓, 朴君, 程兆榜, 等. 2020. 田间禾本科杂草对水稻条纹病毒流行风险评估调查. 杂草学报, 38(4): 14-19.

王英. 2011. 水稻对黑条矮缩病的抗性遗传分析及基因定位. 南京: 南京农业大学硕士学位论文.

王英存, 许言福, 黄菊, 等. 2015. 抗条纹叶枯病基因 $qSTV11^{KAS}$ 新分子标记建立及 23 种香型水稻 $qSTV11^{KAS}$ 基因的调查分析. 上海师范大学学报（自然科学版）, 44(6): 657-662.

王元平, 王振中, 张曙光, 等. 2006. 稻瘤矮病介体叶蝉带毒率与田间发病关系研究. 广西农业生物科学, 25(3): 222-225.

韦宇, 李孝琼, 陈颖, 等. 2019. 小粒野生稻渗入系抗南方水稻黑条矮缩病 QTL 分析及利用. 贵州农业科学, 47(9): 1-5.

温雪玮. 2018. 杀菌剂对水稻条纹叶枯病毒侵染水稻的影响及水杨羟肟酸处理水稻和油菜叶片的转录组分析. 杭州: 浙江大学硕士学位论文.

吴建国, 巴俊伟, 李冠义, 等. 2010. 16 个水稻品种对水稻矮缩病毒抗性的鉴定. 福建农林大学学报（自然科学版）, 39(1): 10-14.

吴建祥, 饶黎霞, 陈浙, 等. 2017. 检测南方水稻黑条矮缩病毒胶体金免疫试纸条的建立. 植物保护学报, 44(6): 1024-1032.

吴锦鸿, 陈晓敏, 林文武, 等. 2016. SRBSDV 结构蛋白 P10 和非结构蛋白 P9-1 抗体的制备及应用. 农业生物技术学报, 24(8): 1190-1198.

吴楠, 王惠, 刘文文, 等. 2020. 稻麦重要病毒病害间歇性暴发流行规律与主要科学问题. 中国科学基金, 34(4): 470-476.

吴孝勇. 2013. 水稻草矮病毒对水稻钾代谢的影响. 福州: 福建农林大学硕士学位论文.

吴祖建, 林奇英, 谢联辉. 1994. 中菲水稻病毒病的比较研究 V: 水稻种质对病毒及其介体的抗性. 福建农业大学学报（自然科学版）, 23(1): 58-62.

向钊豫. 2017. 基于混合特征选择的水稻抗病基因预测研究. 长沙: 湖南农业大学硕士学位论文.

谢海霞, 张雨良, 杨樱子, 等. 2015. 南繁区水稻病毒病发生情况及分子鉴定. 热带农业科学, 35(1): 53-58.

谢慧婷, 崔丽贤, 李战彪, 等. 2017. 广西主栽水稻品种抗水稻齿叶矮缩病鉴定. 南方农业学报, 48(7): 1211-1215.

谢联辉, 林奇英. 1980a. 水稻簇矮病: 一种新的水稻病毒病. 科学通报, (11): 519-521.

谢联辉, 林奇英. 1980b. 锯齿叶矮缩病在我国水稻上的发现. 植物病理学报, 10(1): 59-64.

谢联辉, 林奇英. 1980c. 水稻黄叶病和矮缩病流行预测研究. 福建农学院学报, (2): 32-43.

谢联辉, 林奇英. 1982a. 水稻东格鲁病（球状病毒）在我国的发生. 福建农学院学报, 11(3): 15-23.

谢联辉, 林奇英. 1982b. 水稻品种对病毒病的抗性研究. 福建农学院学报, (2): 15-18.

谢联辉, 林奇英, 魏太云, 等. 2016. 水稻病毒. 北京: 科学出版社.

谢联辉, 林奇英, 吴祖建, 等. 1994. 中国水稻病毒病的诊断、监测和防治对策. 福建农业大学学报（自然科学版）, (3): 280-285.

谢联辉, 林奇英, 朱其亮, 等. 1983. 福建水稻东格鲁病发生和防治研究. 福建农学院学报, (4): 275-284.

谢双大, 周亮高, 刘朝祯, 等. 1985. 水稻瘤矮病毒越冬研究. 植物病理学报, 15(4): 211-216.

徐功乔, 张祥国, 王宝华, 等. 1999. 水稻黄矮病发病原因及防治技术. 宁波农业科技, (1): 14-15.

杨金广, 方振兴, 张孟倩, 等. 2008. 应用 Real-Time RT-PCR 鉴定 2 个水稻品种（品系）对水稻条纹病毒的抗性差异. 华南农业大学学报, 29(3): 25-28.

杨靓, 邓萍, 王开放, 等. 2012. 水稻草状矮缩病毒 P2 基因多克隆抗体的制备及应用. 中国农学通报, 28(30): 1-5.

杨新. 2017. 病毒新种: 水稻条纹花叶病毒鉴定及介体传毒特征研究. 广州: 华南农业大学博士学位论文.

叶继标, 谭光儿, 范桂泉. 2003. 水稻瘤矮病的发生特点与防治补救措施. 植物医生, 16(4): 11-12.

于文娟, 钟雪莲, 李红松, 等. 2018. 不同水稻品种对南方水稻黑条矮缩病的抗性. 西南农业学报, 31(11): 2315-2319.

余守武, 范天云, 杜龙岗, 等. 2015. 抗南方水稻黑条矮缩病水稻光温敏核不育系的筛选和鉴定. 植物遗传资源学报, 16(1): 163-167.

袁正杰, 贾东升, 吴祖建, 等. 2013. NSvc4 和 CP 蛋白与水稻条纹病毒的致病相关. 中国农业科学, 46(1): 45-53.

张春嵋, 林奇英, 谢联辉. 2000. 水稻草矮病毒血清学和分子检测方法的比较. 中国病毒学, 15(4): 361-366.

张春嵋, 吴祖建, 林丽明, 等. 2001. 水稻草状矮化病毒沙县分离株基因组第六片段的序列分析. 植物病理学报, 31(4): 301-305.

张华中, 王忠义. 2016. 来安县水稻条纹叶枯病发生规律和防控技术初探. 中国植保导刊, 36(6): 26-29.

张洁, 陈晓敏, 宛柏杰, 等. 2017. 水稻齿叶矮缩病毒非结构蛋白 Pns7 在水稻原生质体内的表达动态. 植物病理学报, 47(1): 61-67.

张坤, 徐红梅, 张定谅, 等. 2019. RSV-寄主-介体三者间相互作用研究进展. 中国农业大学学报, 24(6): 104-115.

张梦龙, 岳红亮, 程新杰, 等. 2021. 水稻条纹叶枯病抗性机制研究进展. 江苏农业学报, 37(6): 1608-1613.

张曙光, 范怀忠, 谢双大, 等. 1986. 水稻瘤矮病的发病规律及防治研究. 植物病理学报, 16(2): 65-71.

张帅. 2021. 2020 年全国农业有害生物抗药性监测结果及科学用药建议. 中国植保导刊, 41(2): 71-78.

张彤, 周国辉. 2017. 南方水稻黑条矮缩病研究进展. 植物保护学报, 44(6): 896-904.

张云辉, 张所兵, 林静, 等. 2014. 利用 BSA 法检测水稻条纹叶枯病高效应抗性位点. 华北农学报, 29(2): 85-88.

张仲凯, 董家红, 李展, 等. 2006. 抗水稻矮缩病毒转基因水稻的农艺性状分析. 西南农业学报, 19(1): 159-161.

章友爱. 2013. 水稻齿叶矮缩病初侵染源及其病原病毒的遗传信息研究. 南宁: 广西大学硕士学位论文.

赵景, 蔡万伦, 沈栎阳, 等. 2022. 水稻害虫绿色防控技术研究的发展现状及展望. 华中农业大学学报, 41(1): 92-104.

赵文华, 阳菲, 谢美琦, 等. 2020. 介体昆虫黑尾叶蝉的发生与防治分析. 华中昆虫研究, 16: 67-74.

郑璐平, 谢荔岩, 连玲丽, 等. 2008. 水稻齿叶矮缩病毒的研究进展. 中国农业科技导报, 10(5): 8-12.

钟永保, 罗兆益, 罗绍坚, 等. 2004. 水稻瘤矮病发生规律分析及防治策略. 中国植保导刊, (8): 15-16.

周长伟. 2018. 灰飞虱对水稻病毒病（RSV/RBSDV）植株选择性分析及机制初探. 南京: 南京农业大学硕士学位论文.

周国辉, 温锦君, 蔡德江, 等. 2008. 呼肠孤病毒科斐济病毒属一新种: 南方水稻黑条矮缩病毒. 科学通报, 53(20): 2500-2508.

周彤. 2013. 水稻黑条矮缩病抗性鉴定技术和遗传研究. 南京: 南京农业大学博士学位论文.

周彤, 杜琳琳, 范永坚, 等. 2012. 水稻黑条矮缩病毒 RT-LAMP 快速检测方法的建立. 中国农业科学, 45(7): 1285-1292.

周彤, 范永坚, 程兆榜, 等. 2009. 水稻品种条纹叶枯病抗性的研究进展. 植物遗传资源学报, 10(2): 328-333.

周益军, 李硕, 程兆榜, 等. 2012. 中国水稻条纹叶枯病研究进展. 江苏农业学报, 28(5): 1007-1015.

周仲驹, 林奇英, 谢联辉. 1992. 水稻东格鲁病杆状病毒在我国的发生. 植物病理学报, 22(1): 15-18.

朱金良, 祝增荣, 周瀛, 等. 2008. 水稻播种期对灰飞虱及其传播的条纹叶枯病发生流行的影响. 中国农业科学, 41(10): 3052-3059.

朱俊子, 周倩, 崔亚, 等. 2012. 南方水稻黑条矮缩病毒的新的自然寄主. 湖南农业大学学报（自然科学版）, 38(1): 58-60.

庄新建, 徐红梅, 甘海峰, 等. 2020. 中国常见水稻病毒病鉴定方法研究进展. 浙江农业科学, 61(9): 1821-1832.

Imbe T, Habibuddin H, Omura T. 1992. 水稻品种抗东格鲁球形病毒的研究进展. 张雪燕, 译. 云南农业科技, (2): 43.

Anjaneyulu A, Satapathy MK, Shukla VD. 1995. Rice Tungro. New Delhi: Science Publishers.

Chang XF, Wang F, Fang Q, et al. 2021. Virus-induced plant volatiles mediate the olfactory behaviour of its insect vectors. Plant Cell & Environment, 44(8): 2700.

Chen Q, Zheng LM, Mao QZ, et al. 2019. Fibrillar structures induced by a plant reovirus target mitochondria to activate typical apoptotic response and promote viral infection in insect vectors. PLOS Pathogens, (15): e1007510.

Chen Z, Liu JJ, Zeng MJ, et al. 2012. Dot immunobinding assay method with chlorophyll removal for the detection of *Southern rice black-streaked dwarf virus*. Molecules, 17(6): 6886-6900.

Chiu RJ, Chung ML, Chen CC, et al. 1988. Mechanical transmission of *Rice transitory yellowing virus* to a non-gramineous host plant. Plant Protection Bulletin (Taiwan), (30): 399-403.

Feng ZM, Yuan M, Zou J, et al. 2021. Development of marker-free rice with stable and high resistance to rice black-streaked dwarf virus disease through RNA interference. Plant Biotechnology Journal, (19): 212-214.

Guo LQ, Wu JY, Chen R, et al. 2020. Monoclonal antibody-based serological detection of *Rice stripe mosaic virus* infection in rice plants or leafhoppers. Virologica Sinica, 35(2): 227-234.

He YQ, Hong GJ, Zhang HH, et al. 2020. The OsGSK2 kinase integrates brassinosteroid and jasmonic acid signaling by interacting with OsJAZ4. The Plant Cell, 32(9): 2806-2822.

Heish SPY. 1967. Some physical properties of *Rice transitory yellowing virus*. Plant Protection Bulletin (Taiwan), 83(3): 21-27.

Hibino H. 1989. Insect-borne viruses of rice. Advances in Disease Vector Research, (6): 209-241.

Hibino H. 1996. Biology and epidemiology of rice viruses. Annual Review of Phytopathology, (34): 249-274.

Hu J, Huang J, Xu H, et al. 2020. *Rice stripe virus* suppresses jasmonic acid-mediated resistance by hijacking brassinosteroid signaling pathway in rice. PLOS Pathogens, 16(8): e1008801.

Huang DQ, Chen R, Wang YQ, et al. 2019. Development of a colloidal gold-based immunochromatographic strip for rapid detection of *Rice stripe virus*. Journal of Zhejiang University-Science B (Biomedicine & Biotechnology), 20(4): 343-354.

Huang HJ, Liu CW, Zhou X, et al. 2017. A mitochondrial membrane protein is a target for *Rice ragged stunt virus* in its insect vector. Virus Research, (229): 48-56.

Huang YW, Zhao H, Luo ZL, et al. 2003. Novel structure of the genome of *Rice yellow stunt virus*: identification of the gene 6-encoded virion protein. The Journal of General Virology, (84): 2259-2264.

Ikeda R, Kaneda C. 1983. Trisomic analysis of the gene *Bph1* for resistance to the brown planthopper, *Nilaparvate lugens* Stal., in rice. Japanese Journal of Breeding, (33): 40-44.

Imbe T, Ikeda R, Kobayashi N, et al. 1995. The stabilization technology for rice double cropping in the tropics. Los Baños, Laguna: IRRI.

Jonson MG, Choi HS, Kim JS, et al. 2009. Sequence and phylogenetic analysis of the RNA1 and RNA2 segments of Korean *Rice stripe virus* isolates and comparison with those of China and Japan. Archives of Virology, 154(10): 1705-1708.

Kuribayashi K, Shinkai A. 1952. On the new disease of rice black streaked dwarf. Annals of the Phytopathological Society of Japan, (16): 41.

Le DT, Netsu O, Uehara-Ichiki T, et al. 2010. Molecular detection of nine rice viruses by a reverse-transcription loop-mediated isothermal amplification assay. Journal of Virological Methods, 170(1-2): 90-93.

Lei WB, Li P, Han YQ, et al. 2016. EPG recordings reveal differential feeding behaviors in *Sogatella furcifera* in response to plant virus infection and transmission success. Scientific Reports, (6): 30240.

Li P, Li F, Han YQ, et al. 2016. Asymmetric spread of SRBSDV between rice and corn plants by the vector *Sogatella furcifera* (Hemiptera: Delphacidae). PLOS ONE, 11(10): e0165014.

Li S, Ge SS, Wang X, et al. 2015. Facilitation of *Rice stripe virus* accumulation in the insect vector by Himetobi P virus VP1. Viruses, 7(3): 1492-1504.

Li S, Li X, Zhou Y. 2018. Ribosomal protein L18 is an essential factor that promote *Rice stripe virus* accumulation in small brown planthopper. Virus Research, (247): 15-20.

Li S, Wang H, Zhou GH. 2014. Synergism between *Southern rice black-streaked dwarf virus* and rice ragged stunt virus enhances their insect vector acquisition. Phytopathology, (104): 794-799.

Li S, Zhou CW, Zhou YJ. 2019. Olfactory co-receptor Orco stimulated by *Rice stripe virus* is essential for host seeking behavior in small brown planthopper. Pest Management Science, 75(1): 187-194.

Liang D, Qu Z, Ma X, et al. 2005. Detection and localization of *Rice stripe virus* gene products *in vivo*. Virus Genes, 31(2): 211-221.

Liu H, Song XJ, Ni YQ, et al. 2014. Highly sensitive and specific monoclonal antibody-based serological methods for rice ragged stunt virus detection in rice plants and rice brown planthopper vectors. Journal of Integrative Agriculture, 13(9): 1943-1951.

Liu WW, Gray S, Huo Y, et al. 2015. Proteomic analysis of interaction between a plant virus and its vector insect reveals new functions of hemipteran cuticular protein. Molecular & Cellular Proteomics, 14(8): 2229-2242.

Lu GH, Zhang T, He YG, et al. 2016. Virus altered rice attractiveness to planthoppers is mediated by volatiles and related to virus titre and expression of defence and volatile-biosynthesis genes. Scientific Reports, (6): 38581.

Mao QZ, Wu W, Liao ZF, et al. 2019. Viral pathogens hitchhike with insect sperm for paternal transmission. Nature Communications, 10(1): 955.

Marmey P, Bothner B, Jacquot E, et al. 1999. *Rice tungro bacilliform virus* open reading frame 3 encodes a single 37-kDa coat protein. Virology, 253(2): 319-326.

Matsukura K, Towata T, Sakai J, et al. 2013. Dynamics of *Southern rice black-streaked dwarf virus* in rice and implication for virus acquisition. Phytopathology, 103(5): 509-512.

Moya Fernández MB, Liu WW, Zhang L, et al. 2021. Interplay of rice stripe virus and *Rice black streaked dwarf virus* during their acquisition and accumulation in insect vector. Viruses, 13(6): 1121.

Qin Q, Li G, Jin L, et al. 2020. Auxin response factors (ARFs) differentially regulate rice antiviral immune response against *Rice dwarf virus*. PLOS Pathogens, 16(12): e1009118.

Senboku T, Chou TG, Shitaka E. 1979. Some physical properties of *Rice ragged stunt virus*. Annals of the Phytopathological Society of Japan, 45(5): 735-737.

Sharma S, Dasgupta I. 2012. Development of SYBR Green Ⅰ based real-time PCR assays for quantitative detection of *Rice tungro bacilliform virus* and *Rice tungro spherical virus*. Journal of Virological Methods, 181(1): 86-92.

Shimizu T, Nakazono-Nagaoka E, Akita F, et al. 2011a. Immunity to *Rice black streaked dwarf virus*, a plantreovirus, can be achieved in rice plants by RNA silencing against the gene for the viroplasm component protein. Virus Research, (160): 400-403.

Shimizu T, Nakazono-Nagaoka E, Uehara-Ichiki T, et al. 2011b. Targeting specific genes for RNA interference is crucial to the development of strong resistance to *Rice stripe virus*. Plant Biotechnology Journal, (9): 503-512.

Shimizu T, Ogamino T, Hiraguri A, et al. 2013. Strong resistance against *Rice grassy stunt virus* is induced in transgenic rice plants expressing double-stranded RNA of the viral genes for nucleocapsid or movement proteins as targets for RNA interference. Phytopathology, 103(5): 513-519.

Shimizu T, Yoshii M, Wei T, et al. 2010. Silencing by RNAi of the gene for Pns12, a viroplasm matrix protein of *Rice dwarf virus*, results in strong resistance of transgenic rice plants to the virus. Plant Biotechnology Journal, 7(1): 24-32.

Shinkai A. 1977. Rice waika, a new virus disease, and problems related to its occurrence and control. Japan Agricultural Research Quarterly, (11): 151-155.

Sia HSM, Fung YS, Lily E, et al. 2017. Development of an indirect ELISA and Dot-Blot assay for serological detection of rice tungro disease. BioMed Research International, 2017: 3608042.

Srilatha P, Yousuf F, Methre R, et al. 2018. Physical interaction of RTBV ORFI with D1 protein of *Oryza sativa* and Fe/Zn homeostasis play a key role in symptoms development during rice tungro disease to facilitate the insect mediated virus transmission. Virology, (526): 117-124.

Sun ZG, Liu YQ, Xiao SZ, et al. 2017. Identification of quantitative trait loci for resistance to rice black-streaked dwarf virus disease and small brown planthopper in rice. Molecular Breeding, (37): 72.

Toriyama S. 1982. Characterization of *Rice stripe virus*: a heavy component carrying infectivity. Journal of General Virology, 61(2):187-195.

Toriyama S. 1983. *Rice stripe virus* CMI/ABB. Description of Plant Viruses, (269): 15.

Toriyama S. 1986. *Rice stripe virus*: prototype of a new group of viruses that replicate in plants and insects. Microbiological Sciences, 3(11): 347.

Wang F, Li W, Zhu J, et al. 2016. Hairpin RNA targeting multiple viral genes confers strong resistance to *Rice black-streaked dwarf virus*. International Journal of Molecular Sciences, (17): 705.

Wang Q, Lu L, Zeng M, et al. 2021. *Rice black-streaked dwarf virus* P10 promotes phosphorylation of GAPDH (glyceraldehyde-3-phosphate dehydrogenase) to induce autophagy in *Laodelphax striatellus*. Autophagy, 18(4): 1-20.

Wang ZC, Yu L, Jin LH, et al. 2017. Evaluation of rice resistance to *Southern rice black-streaked dwarf virus* and *Rice ragged stunt virus* through combined field tests, quantitative real-time PCR, and proteome analysis. Viruses, 9(2): 37.

Wang ZY, Zhou L, Lan Y, et al. 2022. An aspartic protease 47 causes quantitative recessive resistance to rice black-streaked dwarf virus disease and southern rice black-streaked dwarf virus disease. New Phytologist, 233(6): 2520-2533.

Wei TY, Yang JG, Liao FL, et al. 2009. Genetic diversity and population structure of *Rice stripe virus* in China. Journal of General Virology, 90(4): 1025-1034.

Wu JG, Yang GY, Zhao SS, et al. 2022. Current rice production is highly vulnerable to insect-borne viral diseases. National Science Review, 9(9): 3.

Wu JG, Yang RX, Yang ZR, et al. 2017b. ROS accumulation and antiviral defence control by microRNA528 in rice. Nature Plants, 3(1):16203.

Wu JG, Yang ZR, Wang Y, et al. 2015. Viral-inducible Argonaute18 confers broad-spectrum virus resistance in rice by sequestering a host microRNA. eLife, (4): e05733.

Wu N, Zhang L, Ren Y, et al. 2020. *Rice black-streaked dwarf virus*: from multiparty interactions among plant–virus–vector to intermittent epidemics. Molecular Plant Pathology, 21(8): 1007-1019.

Wu Y, Zhang G, Chen X, et al. 2017a. The Influence of *Sogatella furcifera* (Hemiptera: Delphacidae) migratory events on the *Southern rice black-streaked dwarf virus* epidemics. Journal of Economic Entomology, 110(3): 854-864.

Xiao Y, Li Q, Wang W, et al. 2021. Regulation of RNA interference pathways in the insect vector *Laodelphax striatellus* by viral proteins of *Rice stripe virus*. Viruses, 13(8): 1591.

Xie KL, Lil L, Zhang HH, et al. 2018. Abscisic acid negatively modulates plant defence against *Rice black-streaked dwarf virus* infection by suppressing the jasmonate pathway and regulating reactive oxygen species levels in rice. Plant Cell & Environment, 41(10): 2504-2514.

Xu DL, Zhong T, Feng WD, et al. 2016. Tolerance and responsive gene expression of *Sogatella furcifera* under extreme temperature stresses are altered by its vectored plant virus. Scientific Reports, (6): 31521.

Xu DL, Zhou GH. 2017. Characteristics of siRNAs derived from *Southern rice black-streaked dwarf virus* in infected rice and their potential role in host gene regulation. Virology Journal, 14(1): 27.

Yang J, Zhang F, Li J, et al. 2016. Integrative analysis of the microRNAome and transcriptome illuminates the response of susceptible rice plants to *Rice stripe virus*. PLOS ONE, 11(1): e0146946.

Yang X, Huang J, Liu C, et al. 2017. *Rice stripe mosaic virus*, a novel cytorhabdovirus infecting rice via leafhopper transmission. Frontiers in Microbiology, (7): 2140.

Yao S, Yang ZR, Yang RX, et al. 2019. Transcriptional regulation of miR528 by OsSPL9 orchestrates antiviral response in rice. Molecular Plant, 12(8): 1114-1122.

Yazawa S, Yasui H, Yoshimur A, et al. 1998. RFLP mapping of genes for resistance to green rice leafhopper in rice cultivar DV85 using nearisogenic lines. Sci Bull Fac Agr Kyushu Univ, (52): 169-175.

Yoshii M, Shimizu T, Yamazaki M, et al. 2010. Disruption of a novel gene for a NAC-domain protein in rice confers resistance to *Rice dwarf virus*. Plant Journal, 57(4): 615-625.

Zhang C, Wei Y, Xu L, et al. 2020. A *Bunyavirus*-inducible ubiquitin ligase targets RNA polymerase Ⅳ for degradation during viral pathogenesis in rice. Molecular Plant, 13(6): 836-850.

Zhang HH, Chen CH, Li LL, et al. 2021. A rice LRR receptor like protein associates with its adaptor kinase OsSOBIR1 to mediate plant immunity against viral infection. Plant Biotechnology Journal, 19(11): 2319-2332.

Zhang HH, Tan XX, Lil L, et al. 2019. Suppression of auxin signalling promotes rice susceptibility to *Rice black-streaked dwarf virus* infection. Molecular Plant Pathology, 20(8): 1093-1104.

Zheng HH, Li Y, Yu ZH, et al. 1997. Recovery of transgenic rice plants expressing the *Rice dwarf virus* outer coat protein gene (S8). Theoretical and Applied Genetics, 94(3-4): 522-527.

Zheng L, Mao Q, Xie L, et al. 2014. Infection route of *Rice grassy stunt virus*, a tenuivirus, in the body of its brown planthopper vector, *Nilaparvata lugens* (Hemiptera: Delphacidae) after ingestion of virus. Virus Research, (188): 170-173.

Zhou GH, Wen JJ, Cai DJ, et al. 2008. *Southern rice black-streaked dwarf virus*: a new proposed *Fijivirus* species in the family *Reoviridae*. Chinese Science Bulletin, 53(23): 3677-3685.

第四章

水稻线虫病害

植物寄生线虫本来属于一类无脊椎动物，但其为害造成的症状是典型的病害症状，因此，将线虫引致的为害归为病害类。植物寄生线虫可分为外寄生和内寄生两大类型。外寄生线虫取食时虫体的大部分留在植物体外，以口针刺入植物组织吸取细胞液，取食一定阶段后迁移至另一取食点继续取食。内寄生线虫虫体进入组织内取食，多数以移动方式取食，属于迁移性内寄生线虫。

目前，以水稻干尖线虫（*Aphelenchoides besseyi*）、拟禾谷根结线虫（拟禾本科根结线虫）（*Meloidogyne graminicola*）、水稻潜根线虫（*Hirschmanniella oryzae*）、水稻茎线虫（*Ditylenchus angustus*）和旱稻孢囊线虫（*Heterodera elachista*）为主的水稻寄生线虫（图 4-1），侵染水稻以及其他禾本科作物引致的线虫病害，

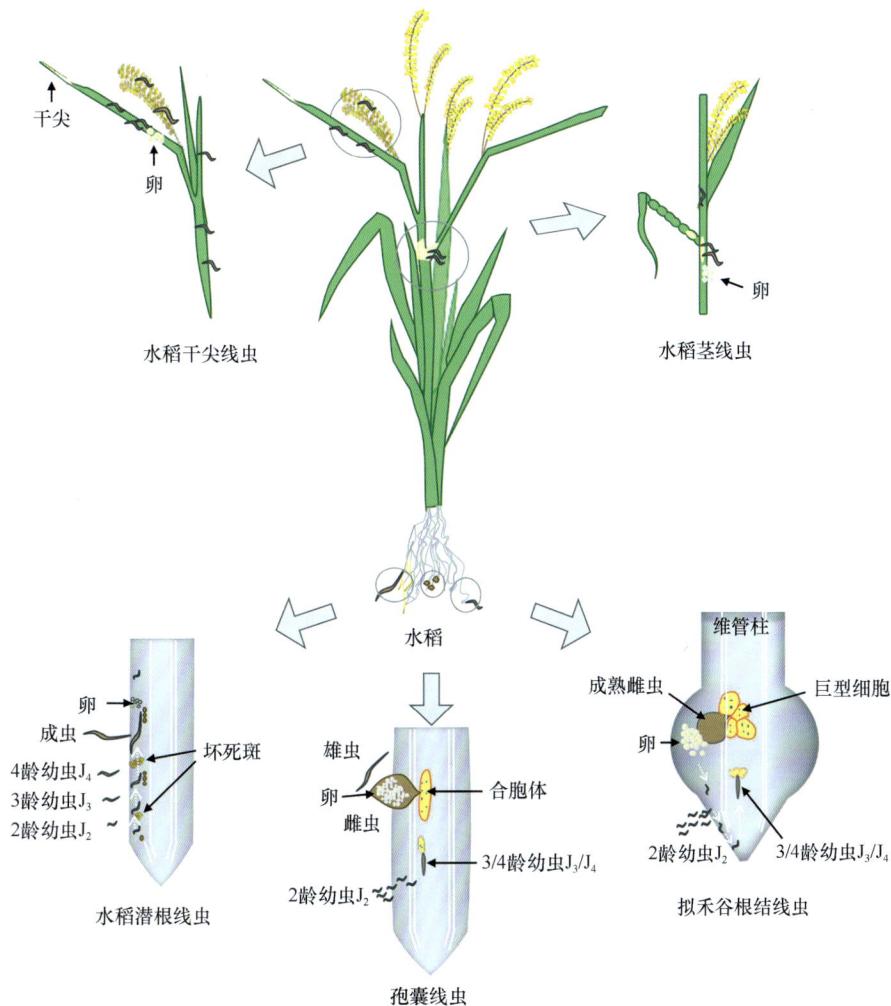

图 4-1　5 种主要水稻寄生线虫的侵染方式（谢家廉等，2017）

已造成了严重的经济损失。由于水稻内寄生线虫的为害，全世界水稻产量年均损失为10%～25%，导致全球农业每年损失大约为1570亿美元（Jones et al.，2013）。水稻根结线虫（*Meloidogyne* spp.）、水稻潜根线虫、水稻干尖线虫为水稻产区最重要的病原线虫（Jones et al.，2013）。

本章对上述5种主要水稻寄生线虫病，以及可能由多种"病因"引起的"鹰嘴稻"的分布、发生为害、病原（线虫）特性、致病机制以及防治方法等进行了描述，并对水稻寄生线虫致病机理的研究以及抗性品种、生物防治和诱导化合物的应用进行了探讨。

第一节　水稻干尖线虫病

一、病害发生与为害

（一）病害发生

水稻干尖线虫（*Aphelenchoides besseyi*）又称贝西滑刃线虫，主要寄生在水稻上，可引起水稻叶片干尖或白尖病。水稻干尖线虫病于1915年首先在日本九州被发现，现在亚洲、非洲、欧洲、大洋洲、南美洲和北美洲等68个国家和地区的水稻种植区域均有发生，但其在水稻上的发生区域一般不超过北纬43°。20世纪早期，在日本和美国部分地区的水稻上曾造成严重的产量损失。除日本和美国外，描述该线虫在水稻上产生为害的还有：澳大利亚、印度、巴基斯坦、孟加拉国、印度尼西亚、前苏联、意大利、匈牙利、古巴、中亚和西亚的大部分国家，以及马达加斯加岛和科摩罗群岛（Atlins and Todd，1959）。该病害目前广泛分布于世界大多数水稻种植区（刘维红等，2007；EPPD，2012），许多国家将其列为检疫性病害（Fortuner and Williams，1975）。

在20世纪40年代，水稻干尖线虫由日本传入我国。20世纪50～60年代，我国水稻干尖线虫病发生严重，被列为检疫线虫（刘维志，1999）。后因采取严格检疫和种子处理措施，该病害在20世纪80年代基本受到控制。但在20世纪90年代，该病害的发生范围又开始加大，局部地区发生和为害严重（裘童兴等，1991；林茂松等，2005；刘丹等，2006；范立志等，2007）。目前，水稻干尖线虫广泛分布于我国主要稻区的20多个省（自治区、直辖市），如海南、广东、广西、湖北、江西、湖南、浙江、江苏、安徽、四川、河北、天津、云南、贵州、台湾等。20世纪80年代初，在辽宁省局部地区水稻干尖线虫病发生较重，环渤海稻区发生较为普遍。该病于2021年在东北吉林也开始发生，2022年发生严重并造成较大的产量损失（笔者随农业农村部专家亲自调查）。

（二）病害为害

1. 对水稻产量和品质的影响

水稻干尖线虫被认为是水稻种传病害的主要病原（Duncan and Moens，2013），该病害对水稻产量和品质均造成较为严重的影响。全世界由于该病害每年造成大约160亿美元的巨大经济损失（Lilley et al.，2011）。水稻遭受干尖线虫病为害，单位面积收获穗数、颖花量、结实率和千粒重均有一定程度的降低，造成水稻大幅度减产。该病一般造成水稻减产10%～30%，为害严重的高达50%以上（王子明等，2003，2004；傅强和黄世文，2005；汪智渊等，2016）。也有报道产量损失率为30%～70%（Tikhonova，1966；Muthukrishnan et al.，1974；Lin et al.，2004；Tulek and Cobanoglu，2010）。

1989年浙江省嘉兴市水稻干尖线虫病大暴发，发生面积为2.7万hm²，严重田块每公顷减产1500kg以上（裘童兴等，1991）。同年，嘉兴城区晚稻品种丙620上水稻干尖线虫病大暴发，全区丙620种植面积为 1605.13hm²，发病面积达 1158.4hm²，占种植面积的 72.17%，发病株率为 10%～15%，个别田块高达 70% 以上，发病田块产量为 5914.5kg/hm²，减产 10% 左右。1990 年全区采用线菌清（微生物+化学农药复配剂）浸种消毒，防治面积达 1793hm²，占应防面积的 90.5%，药剂防效为 97.2%～99.8%，防治后产量为 6975kg/hm²，比对照增产 13.7%。

2001～2003 年，江苏省水稻干尖线虫病（小穗稻、小粒穗）累计发生面积约为 33.3 万 hm²，造成稻谷减产超过 5 亿 kg，经济损失约为 7.5 亿元（王子明等，2004；林茂松等，2005）。小穗头稻穗与正常稻穗相比，每穗总粒数减少 30% 左右，每穗实粒数减少 30%～50%，千粒重降低约 20%。稻谷产量损失为 10%～30%，严重时达 50% 以上（Lin et al.，2004；汪智渊等，2006）。"小穗头"病害不但影响水稻产量，而且严重影响稻米品质，给江苏省的水稻生产带来了很大的负面影响。

2. 对水稻产量构成因素的影响

水稻干尖线虫病对水稻为害程度的评判因研究者不同而不同，也因不同的水稻品种、水稻不同生育期感病、感病严重程度不同而有差异。

水稻干尖线虫病对水稻主穗产量的影响大于分蘖穗。病级为 1～3 级时，发病主穗造成的产量损失分别为 6.5%～35.7%、21.6%～41.7%、28.1%～58.3%，发病分蘖穗造成的产量损失分别为 1.7%～12.9%、10.4%～20.8%、22.8%～32.2%。重发年份的产量损失因总粒数减少、千粒重降低和结实率下降引起，轻发年份产量损失主要由前两者构成。例如，浙江省宁波市镇海区 1989 年（重发）和 1990 年（轻发）的 3 级发病主穗造成的产量损失分别为 58.3% 和 28.1%，总粒数、千粒重和结实率分别降低 23.20%、25.1%、27.8% 和 14.1%、14.7%、1.7%（郑宏海和赖朝辉，1994）。

水稻干尖线虫侵染水稻后，造成稻穗总粒数、结实率、千粒重下降，感病稻株的株高明显低于健株。当病情达到 1 级、2 级和 3 级时，与健穗相比，穗长分别降低 1.39%、7.01% 和 13.7%，每穗平均粒数则由健穗的 117.11 粒分别下降为 94 粒、71.98 粒和 52.07 粒，致使产量损失 10%～50%（汪智渊等，2016）。

水稻受水稻干尖线虫为害后表现为植株较矮、叶片短缩、穗形短小、穗粒数减少、结实率下降、千粒重降低。与正常穗相比，病穗长度下降 5%～6%，秕谷率增加 12%～13%，千粒重下降 8%～10%（王玲等，2008）。一般病田减产 3%～5%，重病田减产 15% 以上。通过对水稻材料进行接种试验，发现水稻材料感染水稻干尖线虫病后均能正常抽穗，但株高、穗长、每丛穗数和千粒重均受到不同程度的影响。其中，株高降低 7.97%～13.88%，穗长减少 2.65%～6.35%，结实率下降 12.70%～21.30%，千粒重降低 8.77%～18.80%。除株高和结实率外，其他性状在不同品种的病穗间均表现差异显著（于新等，2015）。

水稻干尖线虫的侵染对水稻的每穗粒数、千粒重等水稻产量的关键构成因素均有制约作用。淮稻 5 号健康植株的千粒重为 28g，而感病植株的千粒重低于 26g。病级达到 3 级时，其千粒重仅为 22.6g，降低幅度达 19.3%。通过综合产量损失率评估，当病情达到 1 级、2 级和 3 级时，水稻产量损失率分别高达 18.18%、33.85% 和 47.26%。随着发病程度的递增，水稻产量下降（汪智渊等，2016）。

水稻干尖线虫病造成产量损失的主要因素是实粒数减少和千粒重降低。其中，1 级病穗，平均实粒数和千粒重分别减少 1.43% 和 4.44%；2 级病穗，实粒数和千粒重分别减少 9.25% 和 9.14%；3 级病穗，实粒数和千粒重分别减少 18.81% 和 13.60%；4 级病穗，实粒数和千粒重分别减少 26.14% 和 14.76%（陶鸣翔和董涛海，1991）。

在水稻"小穗头"上分离出水稻干尖线虫，接种水稻品种镇稻 2 号的芽鞘和叶鞘，通过测定水稻发病严重度、稻谷饱满度、谷粒中线虫虫量和线虫死亡率等指标，明确水稻干尖线虫侵染对"小穗头"形成以及水稻生长发育的影响。与健康稻穗相比，"小穗头"的株高降低 6.7%、穗长减少 16.4%、实粒数减少 13.5%。开花前，水稻干尖线虫主要分布在叶鞘和生长点周围，虫量增加 40%。开花后，水稻干尖线虫主要分布在稻穗上，虫量增加 90.8%。饱满种子中带虫率、线虫虫量最高，空粒种子中虫量最低。线虫死亡率在胚乳发育正常的种子中要比胚乳发育不正常的种子中低（刘维红等，2007）。

二、病害症状与诊断

（一）病害症状

水稻干尖线虫主要是种子"带菌（虫）"，在水稻苗期和生育后期为害，症状表现在叶片和稻穗上。

值得一提的是，水稻干尖线虫侵染、为害水稻后可显现出两种症状：一种是典型的"叶尖干枯"症状，另一种是非典型的"小粒穗"症状。有的品种受害后只表现其中一种症状，也有的品种同时表现两种症状（见本章第六节水稻鹰嘴稻）。

1. 典型症状

病株上部叶片特别是剑叶尖端处变为淡黄色至黄白色，后扭曲成灰白色干尖，干尖部分和正常部分有一条黄白色过渡带（图4-2）。

图4-2　水稻干尖线虫病典型症状：叶尖扭曲、干枯

秧苗期症状：秧苗受害，症状并不明显，仅少数在4或5片真叶期出现症状，上部叶片尖端2～4cm处皱卷，呈白色、灰色的干尖、扭曲、枯死，病部逐渐脱落，病健部界限明显。

成株期症状：病株拔节后期—抽穗扬花期症状明显，剑叶或其下2或3片叶尖端1～8cm处逐渐变成灰白色、黄褐色或褐色，略透明，枯死，捻转扭曲。潮湿时捻曲部暂展开，呈半透明水渍状，随风飘动，露干后又复卷曲。病健部分界明显，干尖部分和正常部分常存在黄白色或褐色界纹，病穗较小，秕谷增多（林茂松等，2005）。

2. 非典型症状

水稻干尖线虫侵染为害水稻后，有的品种并不表现典型的"干尖"症状，而是在穗期表现为穗小、结实粒低，俗称"小穗头"（图4-3）。2001～2003年在江苏省大面积发生的"小穗头"病症，就是由水稻干尖线虫引起的非典型病状。叶片无典型水稻干尖线虫病的病状。症状主要表现在稻穗上：受害稻株大多数能正常抽穗结实，但由于线虫在稻株中的活动、取食，水稻植株营养损失，严重影响了稻穗的生长和发育，导致植株矮小、剑叶短而窄小、病穗较小、穗粒数减少、秕粒多、瘪粒率高、千粒重降低；稻穗顶端颖花

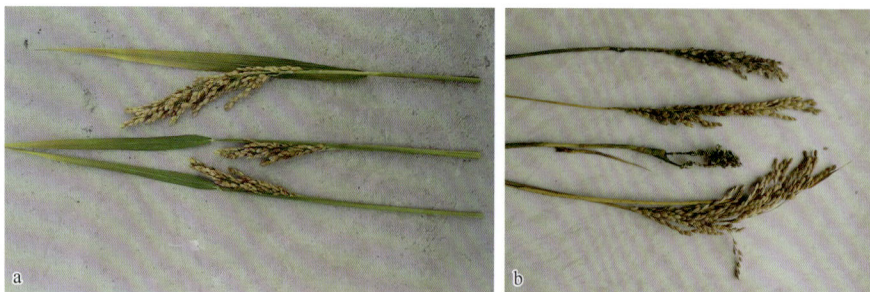

图4-3　水稻干尖线虫病引起的水稻非典型症状
a：小穗头（小粒穗）；b：穗（小颖）畸形

退化，内外颖开裂，米粒细、尖，穗直立不勾头；产生"小穗头"现象（图4-4，图4-5）。严重时有大量的变色米产生，造成水稻产量降低和稻米质量变劣。

图4-4 由水稻干尖线虫病引发的水稻小粒穗（小穗头）、谷粒、米粒（扬州大学张祖建教授供图）
a：田间发生的小粒翘穗的为害状；b：武育粳3号和99-15的正常穗及小粒翘穗

图4-5 水稻干尖线虫病引起的穗畸形

不同水稻品种被水稻干尖线虫侵染后，表现的症状有所不同。有些仅表现典型的"叶尖干枯"，有些却只表现非典型的"小穗头"症状，还有的品种会同时出现典型的"叶片干尖"和非典型的"小穗头"。主茎有病的全株发病，主茎不发病者分蘖可发病。有的病株虽然不显症，但稻穗带有线虫。谷壳内表面生有深褐色小点，由休眠线虫产生。

粳稻恢复系R161"干尖"的位置不同，分别位于剑叶叶尖、整片剑叶及倒2叶（于新等，2015）。但武育粳3号、武运粳7号和武运粳8号等粳稻品种被水稻干尖线虫感染后仅表现"小穗头"症状，并未出现典型的叶片干尖、扭曲症状（刘维红等，2007）。而华粳1号、粳稻恢复系R161则仅表现叶片"干尖"而不表现"小穗头"症状；粳稻宁1707、宁1818、镇稻88和南粳9108的病株主要表现干尖症状，同时伴有"小穗头"的出现；镇稻2号同时表现典型的"干尖"和非典型的"小穗头"症状（McGawley et al.，1984；Davide，1988；胡先奇等，2004）。小粒穗和直立穗是水稻干尖线虫侵染水稻后引起的一种新的病害症状（Liu et al.，2008）。

（二）病害诊断

1. 常规症状检测与鉴定

参阅上述"病害症状"。调查剑叶及其下面的 2 或 3 片叶的叶尖是否出现白化、扭曲的干尖，植株是否较正常的矮小、稻穗是否短小、粒少、粒小、秕粒增多、千粒重降低，同时可选取稻谷进行水稻干尖线虫分离、镜检。

2. 分子快速检测与诊断

利用水稻干尖线虫核糖体 18S rRNA 基因，采用环介导等温扩增技术（loop-mediated isothermal amplication，LAMP），以 LAMP 特异性引物对水稻干尖线虫样品 DNA 进行恒温扩增，扩增产物通过电泳法和荧光染料法进行检测。电泳检测出现阶梯状条带或加入荧光染料显现绿色荧光，则证明待检样品中含有水稻干尖线虫。该方法可以鉴定水稻干尖线虫不同虫态（雌虫、雄虫、幼虫或卵）的个体，能从多种线虫混合的样品和植物组织样品中直接检测出水稻干尖线虫，检测灵敏度达到 1/1000 条虫的 DNA 浓度水平，具有快速、准确、灵敏、稳定、操作简便和实用性强等特点（白宗师等，2017）。

根据水稻干尖线虫的 rDNA-ITS 序列设计水稻干尖线虫的特异性引物，利用 PCR 技术对 rDNA-ITS1 和 5.8S rRNA 基因的核苷酸序列进行特异性扩增，特异性引物为 BSF 和 BSR，BSF 为 5′-TCGATGAAG AACGCAGTGAATT-3′；BSR 为 5′-AGATCAAAAGCCAATCGAATCAT-3′，水稻干尖线虫扩增产物为 312bp 的特异性片段，而其他滑刃线虫均未扩增出特异条带，实现了对单条活线虫或 4% 甲醛固定的水稻干尖线虫的快速检测（崔汝强等，2010）。

（三）病害发生流行规律

1. 发生规律

水稻干尖线虫以成虫和幼虫潜伏在谷粒颖壳与米粒间越冬，带虫种子是主要初侵染源。线虫在干燥条件下可存活 3 年，在水中和土壤中不能长期生存，仅能存活 30d，灌溉水和土壤传播较少。

水稻浸种、催芽时种子中的线虫复苏。带虫种子播种后，线虫多游离于水中及土壤中，但大部分线虫死亡，少数线虫遇到幼芽、幼苗，从芽鞘、叶鞘缝隙处侵入稻株体内，附着在水稻生长点、稻芽及新生嫩叶尖端的细胞外部，以吻针刺入细胞吸取汁液，营外寄生生活，使被害叶片失去营养，逐渐形成干尖。随着水稻的生长，线虫逐渐向植株上部移动，数量也在增加。在水稻孕穗期前，线虫多聚集在植株上部叶鞘内。在幼穗形成时，侵入穗部，集中于幼穗颖壳内、外部，造成谷粒带虫。病谷内的线虫大多集中于饱满谷粒内，其比例占总带虫数的 83%～88%，秕谷中仅占 12%～17%。雌虫在水稻生育期内可繁殖 1～2 代。

水稻干尖线虫主要通过种子携带活性虫体进行侵染传播，而洒落在田间或苗床的带虫稻壳也可作为侵染源，隔行病苗上的线虫可通过灌溉水传播到健康植株，使其受到侵染感病。秧田期和大田初期靠灌溉水传播。土壤不能传病，远距离传播主要依靠带虫种子和感染稻苗的调运，以及作为商品包装运输填充物的稻壳。

2. 为害特点

水稻感病种子是初侵染源。线虫不侵入稻米粒内。感病水稻叶尖形成特有的白化，随后坏死，旗叶卷曲变形，包围花序。花序变小，谷粒减少。

水稻干尖线虫卷曲聚集在糙米和颖壳间，其中大部分为雌成虫。当谷粒中水分慢慢损失时，线虫也随之缓慢脱水并进入休眠状态。播种后，线虫开始复苏并离开谷粒进入土壤和水中，游离在水中或土壤中的线虫钻入水稻幼芽的芽鞘、叶鞘缝隙，以口针刺入生长点、腋芽及新生嫩叶尖端吸食汁液，以此维持外寄生生活。

随着稻株生长，线虫逐渐沿着水膜向上部移动。大部分粳稻品种在病株拔节后期或孕穗后出现典型的"干尖"症状，即剑叶叶尖扭曲变细，变为灰白色。干尖部分和正常部分常存在褐色或黄白色过渡带，多数籼稻品种不表现出干尖症状。分蘖期之后，虫量逐渐增加，孕穗期线虫进入小穗，并通过自然的顶端开口进入小花，取食鲜嫩的组织并迅速繁殖。开花后期线虫繁殖能力下降，同时随着谷粒内水分降低，其进入休眠状态，造成谷粒带虫。此时，有些感病品种会出现"小穗头"现象，即穗小、结实数少、穗顶部缩小，并且外颖开裂、米粒外露、呈塔状。

3. 水稻干尖线虫在田间和稻株上的分布

选取不同田块、同一田块不同稻丛、不同稻丛中的稻穗进行调查，发现水稻干尖线虫的分布密度并不规律。在大田水平上，线虫感染率和每丛线虫密度之间呈线性关系。每粒种子中线虫的密度明显不同。被线虫感染的种子比例达到一个上限时，随着稻穗感病严重度的上升，每穗中线虫数量上升，每粒种子中线虫密度提高。每粒稻谷中线虫密度和聚集度间的关系表明，线虫在每穗、每丛和大田级别均属于集群分布。利用这些关系，研究制定了一个三阶段采样方法以评估每粒稻谷上的线虫密度（Togashi and Hoshino，2010）。

在每块田中水稻干尖线虫在稻谷间表现出集群分布，线虫的这种生态学特性对于其在水稻植株群体的永久存在有一定的助力（Togashi and Hoshino，2001）。水稻幼苗各部位均可检测出水稻干尖线虫，假茎部位数量最多，多数谷粒不携带水稻干尖线虫，携带线虫的谷粒呈不规则随机分布（谢家廉等，2022）。

对来自辽宁省的 22 个水稻品种种子上携带的水稻干尖线虫进行初步研究，来自盘锦的沈农 538、沈农 481 和来自沈阳的辽粳 207 等 3 个品种的种子上携带水稻干尖线虫。水稻干尖线虫主要以幼虫和成虫在干燥的水稻种子颖壳内休眠越冬。携带水稻干尖线虫的水稻种子种皮无褐点、籽粒饱满的种子上携带量较大（马秋娟等，2000）。

从谷粒和稻穗上分离的水稻干尖线虫，经人工培养后在温室接种粳稻品种镇稻 2 号和武运粳 7 号。在水稻开花前，线虫被吸引到叶鞘、顶端分生组织，这些组织中的线虫数量增加了 40%。开花后，线虫主要发生在植株上部组织，线虫数量增加了 90.8%。在饱满的种子中，感病种子百分率和线虫数量最高，在瘪谷中最低。与异常胚乳的谷粒相比，有正常胚乳的谷粒上线虫的死亡率低（Liu et al.，2008）。

两种常见的水稻干尖线虫的虫量调查方法如下。

1）水稻孕穗期虫量调查：在水稻扬花期，每丛取 3 个水稻穗子，剪成 2～3cm 小段，放入直径 9cm 培养皿中，加入 15mL 含有 0.02% 吐温 20 的水溶液，置 50r/min 摇床上过夜，吸取线虫液于体视显微镜下，检测水稻干尖线虫数量。

2）种子带虫量调查：水稻成熟后，每个小区按对角线取样法，随机取 20 丛水稻穗子，晾干脱粒。每个小区种子混匀，随机数 100 粒种子作为 1 个重复，每个小区 5 次重复。研磨至谷壳剥离后放入直径 9cm 培养皿中，加入 15mL 含有 0.02% 吐温 20 的水溶液，置 50r/min 摇床上过夜，吸取线虫液于体视显微镜下，检测水稻干尖线虫数量。

即使所有的水稻植株均有白尖（叶尖枯）症状，每粒水稻种子上活的线虫都明显不同于每丛水稻中每穗、大田中每丛以及大田中所有水稻的线虫数。在穗、稻丛和稻田 3 个空间尺度上，种子中活的水稻干尖线虫呈集群分布。

三、病原学

（一）病原

引起水稻干尖线虫病的是水稻干尖线虫（又称贝西滑刃线虫），属于滑刃线虫属（*Aphelenchoides*）。水稻干尖线虫所隶属的滑刃线虫属有 100 多种，虫体均非常细小，长度通常只有 0.2～1.3mm。仅根据形态学特征来鉴定滑刃线虫属的种类非常困难（Rybarczyk-Mydlowska et al.，2012）。滑刃线虫属的大部分线虫是腐生线虫，其中为害植物的线虫主要有水稻干尖线虫（*A. besseyi*）、菊花滑刃线虫（*A. ritzemabosi*）和草莓滑刃线虫（*A. fragariae*）。

（二）病原形态特征

水稻干尖线虫雌雄虫体均为细长蠕虫形，成虫体长为 620～880μm，雌虫比雄虫略长。头尾钝尖、半透明、唇区圆、缢缩明显，口针较细，约 10μm，茎部球中等大小。体表环纹细，侧区宽约为体宽的 1/4，侧线 4 条。中食道球长卵圆形，具有瓣门，峡部细。食道腺覆盖肠，覆盖长度为体宽的 5～8 倍。排泄孔位于神经环前端，距虫体前端 58～83μm 处（图 4-6）。

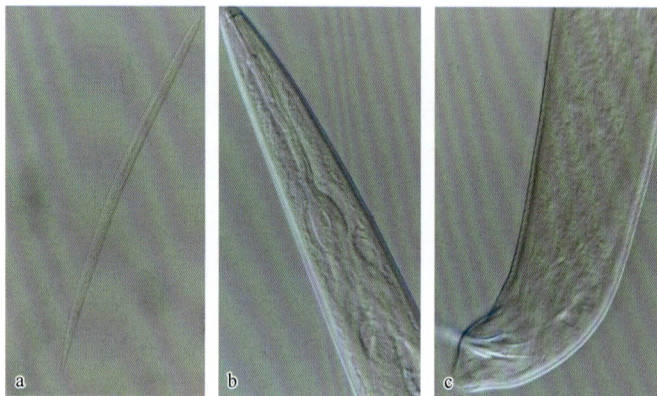

图 4-6　水稻干尖线虫雄虫虫体（a）、头部（b）、尾部（c）

雄虫尾向腹部弯曲，尾交合刺强大，呈玫瑰刺状；基部无背突，只有一个中等发育的腹面缘突；尾末端有星状尾尖突。

雌虫阴门位于虫体后部，阴门唇稍突起。卵巢 1 个，前伸，较短，常延伸到虫体中部稍前方。卵母细胞 2～4 行排列。受精囊明显，长圆形，内部充满精子。长为肛门处虫体宽度的 2.5～3.5 倍，但短于肛阴距的 1/3。尾锥形，末端具有星状尖突。

（三）病原的生物学特性

1. 水稻干尖线虫的生长条件

水稻干尖线虫属于两性生殖动物，但孤雌生殖也普遍存在。水稻干尖线虫产卵和孵化的适温为 22～30℃，最适温度为 30℃，最低、最高临界温度分别为 -20℃和 42℃。水稻干尖线虫病的发生主要与品种的抗病性和土壤温湿度有关。

水稻干尖线虫的幼虫和成虫在干燥条件下存活力较强。在干燥的稻种内可存活 3 年左右。水稻干尖线虫耐寒冷，但不耐高温。活动适温为 20～26℃，临界温度为 13℃和 42℃。致死温度为 54℃（5min）、44℃（4h）或 42℃（16h）。水稻干尖线虫正常发育需要 70% 的相对湿度，在水中甚为活跃，能存活 30d 左右。在土壤中不能营腐生生活。水稻干尖线虫对汞和氰的抵抗力较强，在 0.2% 氯化汞和氰酸钾溶液中浸种 8h 不能杀死内部线虫。但其对硝酸银很敏感，在 0.05% 硝酸银溶液中浸种 3h 就死亡。

2. 水稻干尖线虫的繁殖力和致病力

不同寄主来源的水稻干尖线虫的繁殖力不同，并且不同来源的水稻干尖线虫的致病力和寄主范围也明显不同（裴艳艳等，2012a），而同一群体在不同寄主上的寄生方式也有差异（Allen，1952）。我国不同地区的水稻干尖线虫种群的繁殖力和繁殖适宜温度存在差异（裴艳艳等，2010）。

对 12 个水稻干尖线虫种群进行生物学特性研究，发现只有 G8-315 种群可以孤雌生殖；在 25℃条件下，水稻干尖线虫在胡萝卜愈伤组织和灰葡萄孢菌上的生活史约为 12d，在水稻苗上的生活史约为 11d；

−20℃以下低温或42℃以上高温处理12h，在清水、胡萝卜愈伤组织和灰葡萄孢菌中水稻干尖线虫的存活率均显著下降，处理72h后水稻干尖线虫存活率均为0。带虫干燥谷粒在−80℃、−20℃和4℃低温保存6个月后，谷粒内水稻干尖线虫的存活率均显著低于25℃，其中−80℃保存的谷粒内水稻干尖线虫存活率为0；56℃、70℃和80℃高温处理12h后，水稻品种谷粒内干尖线虫存活率均显著下降，80℃处理16h后谷粒内水稻干尖线虫存活率为0（谢家廉等，2022）。

水稻干尖线虫发育和繁殖的最佳温度是25～30℃。25℃条件下10d即可繁殖一代，水稻干尖线虫在瘪谷、半瘪谷中的死亡率明显高于饱满谷粒中的死亡率。在同样温度条件下，随着相对湿度的升高，水稻干尖线虫的垂直迁移率提高。人工接种试验表明，拔节期水稻干尖线虫主要集中在茎秆的上部和中部。与接种后5d相比，接种后20d水稻干尖线虫的数量下降了50%。但是，在孕穗期干尖线虫主要聚集在幼嫩小穗并快速繁殖，接种20d后平均线虫数量增加了3倍（Sun et al.，2009）。

采用室内组织培养的方法，研究来自我国8个省15个种群的水稻干尖线虫在灰葡萄孢菌上的繁殖力和繁殖适温。不同地区的水稻干尖线虫种群均能在灰葡萄孢菌上繁殖，种群之间的繁殖力和繁殖适温均存在差异，地理来源较远的种群之间差异较大。在适温条件下，华南地区多数种群的繁殖力大于其他地区，种群繁殖特性与地理来源有一定关系。所有种群均能孤雌生殖，后代均以雌虫为主，但不同种群的雌雄比有较大差异。在20℃条件下，15个水稻干尖线虫种群在灰葡萄孢菌上不能很好地繁殖。其中，有9个种群的繁殖适温为25℃，6个种群的繁殖适温为30℃；繁殖量最大的种群繁殖率是22.2，繁殖量最小的种群繁殖率仅有0.9，有3个种群无雄虫。在25℃时，繁殖量最大的种群繁殖率是3523.8，繁殖量最小的种群繁殖率是207.2，只有1个种群无雄虫存在。在30℃时，繁殖量最大的种群繁殖率是1525.0，繁殖量最小的种群繁殖率是6.9，所有种群均有雄虫（裴艳艳等，2010）。

（四）寄主范围

水稻干尖线虫的寄主范围广泛，可以寄生35属200多种植物。除为害水稻外，还能寄生普通野生稻（*Oryza rufipogon*）、稻田杂草（paddy field weeds）、洋葱（*Allium cepa*）、大蒜（*Allium sativum*）、番薯（*Ipomoea batatas*）、大豆（*Glycine max*）、辣椒（*Capsicum annuum*）、菊花（*Dendranthema morifolium*）、晚香玉（*Polianthes tuberosa*）、苎麻（*Boehmeria nivea*）、印度榕（*Ficus elastica*）、粱（稷、粟、小米）（*Setaria italica*）、狗尾草（*Setaria viridis*）等，也可侵染部分蔬菜和园艺植物。

（五）侵染循环

该病主要由种子带虫传播，可利用灌水扩大传播。水稻干尖线虫以成虫、幼虫在谷粒颖壳中越冬。当水稻种子浸种催芽时，潜藏在稻种内的线虫开始活动。种子播种后线虫在水中游离，从秧苗的芽鞘或叶鞘缝隙处侵入，多集中在幼嫩的叶、生长点和腋芽处，以吻针刺入细胞吸食水稻汁液，使被害叶形成干尖。水稻干尖线虫潜藏于稻株体内生长发育并交配繁殖，可繁殖1～2代，随稻株生长，侵入穗原基。在水稻孕穗阶段，则集中在幼穗谷壳内外，为害幼嫩穗粒。结实期间，稻粒中的线虫多潜伏在谷壳内，造成穗粒带虫。在种子内的线虫能存活3年，在土壤和水中仅能生活1个月。

在秧田期和本田初期，可利用灌水传播，但土壤不能传病。线虫的远距离传播主要靠稻种调运或稻壳作为商品包装运输的填充物或稻草作为包装编织袋，将其传播到其他地区。

（六）病原致病性

研究采用室内水稻盆栽接种试验，对来自中国6个省、2种不同寄主植物的8个水稻干尖线虫群体的致病力进行测定。供试的8个水稻干尖线虫群体均能侵染供试的3个水稻品种，但不同群体对同一水稻品种的致病力，以及同一群体对不同水稻品种的致病力均存在差异。不同水稻品种被侵染后的症状也存在差异，辽盐16被所有群体侵染后均表现"干尖"症状，武育粳3号和博优998没有明显"干尖"症状。3个水稻品种接种水稻干尖线虫后均能抽穗，但株高、穗长、单株穗数和千粒重受到不同程度的影响。水稻干尖线虫对水稻的致病力与群体寄主相关，来自草莓的水稻干尖线虫群体对水稻的致病力明显弱于来自水稻上的群体。在水稻干尖线虫群体中，HN-2 群体对水稻品种辽盐 16 的生长影响最大，但在稻株上的虫量最少，显示该群体繁殖数量不大，但具有较强的致病力。这说明水稻干尖线虫在水稻上的繁殖数量与致病力之间并不一定呈正相关，水稻干尖线虫可能存在不同的生理小种或致病型（裴艳艳等，2012a）。

采用叶鞘定量接种雌虫，测定水稻干尖线虫对水稻的致病力。叶鞘接种水稻干尖线虫 1 条/株、3 条/株、5 条/株、10 条/株均能引起水稻发病。随着水稻干尖线虫接种量的增加，水稻的发病率呈加重趋势。接种后水稻的生长发育受到明显抑制，其株高、谷粒数、千粒重、穗长、一次枝梗长及二次枝梗长等生长指标均随接种量增加而减少，高节位分蘖数随接种量增加而增加（王芳等，2017）。

（七）病原致病机制

水稻干尖线虫能够分泌一些酶类或通过某些基因表达上调或下调控制其行为，抵御水稻的防御机制从而成功侵染寄主。

水稻内寄生线虫进化出与之相适应的侵染、取食、繁殖机制。内寄生线虫的分泌物中，具有能改变寄主水稻根部细胞结构的细胞壁修饰酶类和改变水稻根部细胞功能的蛋白。内寄生线虫能改变水稻根部基因的表达模式，以确保该线虫的侵入，甚至诱导水稻根部细胞凋亡（Bauters et al.，2014）。

水稻内寄生线虫的食道腺分泌物中含有多种细胞壁水解酶类，能对水稻根部细胞壁进行修饰或降解，为其侵染及取食提供有力保障。水稻干尖线虫分泌 6 类不同细胞壁修饰酶：内切-β-1,4-葡聚糖酶（Haegeman et al.，2010）、扩展蛋白（Djarnei et al.，2011）、果胶裂解酶、聚半乳糖醛酸酶、外聚-α-半乳糖醛酸苷酶和木聚糖酶。其中，扩展蛋白表达量最高，该蛋白能改变植物细胞壁的韧性，对水稻内寄生线虫的成功侵入具有重要意义。

水稻干尖线虫体内钙网蛋白编码基因（*AbCRT-1*）、热休克基因（*Ab-hsp90*）、海藻糖酶编码基因（*Ab-tre-1*）等对干燥条件下聚集、取食和繁殖、高温和化学胁迫等逆境的适应，以及致病性等可能起到一定的作用（陈曦等，2016；冯辉等，2016；Feng et al.，2015）。另外，研究发现 13 个水稻干尖线虫特有的潜在效应子，其中 GH45 家族纤维素酶编码基因存在于线虫的食道腺中（Wang et al.，2014）。

四、品种抗病性

（一）抗性品种

不同水稻品种对水稻干尖线虫的抗性存在差异，不同品种受侵染的程度以及线虫在植株上的繁殖率有所不同。受线虫侵染的抗病品种产量损失显著低于感病品种，且线虫繁殖率在抗病品种上明显低于感病品种。早熟品种受害较轻，粳稻品种干尖症状明显，多数籼稻品种不显症且耐病。

水稻品种（系）被侵染后的症状存在差异，常规粳稻品种宁 1707、宁 1818、镇稻 88 和南粳 9108 被侵染后同时表现"干尖"和"小穗头"症状；粳稻恢复系 R161 只表现"干尖"，不表现"小穗头"症状，且"干尖"的位置不同，分别位于剑叶叶尖、整片剑叶及倒 2 叶。不同的水稻品种被水稻干尖线虫侵染后基本都能抽穗，但是株高、穗长、结实率和千粒重受影响的程度不同。恢复系 R161 被水稻干尖线虫侵染后，不同发病部位对水稻产量的影响不同，整片剑叶干枯扭曲的稻穗受影响最大（于新等，2015）。

（二）病害分级

按照水稻干尖线虫为害水稻的部位、叶片和稻穗的严重度进行分级。

1. 剑叶受害分级标准

根据水稻干尖线虫对水稻剑叶的为害程度，可分为 4 级。其中，0 级：健康无病状；1 级：剑叶萎缩 1/4～1/2；2 级：剑叶萎缩 1/2～2/3；3 级：剑叶萎缩 2/3～3/4 至枯死。

$$各级的损失率（\%）=[1-(各级平均每穗实粒数/0级平均每穗实粒数)]$$
$$×(各级平均千粒重/0级平均千粒重)×100\% \tag{4-1}$$

2. 稻穗受害分级

在水稻成熟时，取有代表性的穗子 25 个，测定其经济性状，计算病株的平均损失率。

$$平均损失率（\%）=(1-AB)×100\% \tag{4-2}$$

式中，A 为实粒数减少率；B 为千粒重减少率。按照叶片感染情况分级，其中，0 级，健株（无病状）；1 级，倒 2 叶或以下叶发病，剑叶不发病；2 级，剑叶叶尖发病，绿叶长度缩短 1/4 以下；3 级，剑叶发病，绿叶长度缩短 1/2 左右；4 级，剑叶发病，绿叶长度缩短 3/4 以上至无绿色叶。

（三）水稻抗干尖线虫病鉴定

为研发对干尖线虫病的防控策略，不论是在实验室还是在大田都非常需要研究水稻干尖线虫的寄生状态和致病性、线虫和寄主间的互作、杀线虫剂的效能，以及水稻品种对水稻干尖线虫的抗性。因此，需要建立一种简单、高效的线虫感染水稻的方法（Xie et al.，2019）。不同水稻品种（材料）对干尖线虫病的抗性存在明显差异，这为抗干尖线虫病育种及其应用奠定了基础。从水稻资源中筛选抗干尖线虫病品种和材料是有可能的，也是非常必要的。

1. 接种体繁殖

由于水稻干尖线虫是活虫体，人工条件下较难繁殖。但该线虫可以寄生多种真菌，根据水稻干尖线虫的这一特性，可以用多种真菌培养、繁殖。常用于繁殖水稻干尖线虫的真菌有灰葡萄孢菌（*Botrytis cinerea*）、链格孢菌（*Alternaria* spp.）和镰刀菌（*Fusarium* spp.）。

（1）灰葡萄孢菌培养水稻干尖线虫

1）线虫分离并消毒：将带有水稻干尖线虫的水稻种子剥壳，采用贝尔曼漏斗法分离获得水稻干尖线虫悬浮液（方中达，1979；Ou，1985）。将 200mg/L 硫酸链霉素溶液倒入装有线虫悬浮液的离心管内，1500r/min 离心 10min，再将上清液倒去，加入适量的链霉素溶液，离心，重复 3 或 4 次。最后，将上清液倒去，加入适量的无菌水，收集线虫悬浮液，倒入无菌小烧杯中备用。

2）灰葡萄孢菌培养：在 PDA 培养基上培养灰葡萄孢菌。按无菌操作方式，将直径为 1cm 的灰葡萄孢菌菌饼接种于 PDA 培养基平皿中央，置于 25℃培养箱内培养 3～5d，待灰葡萄孢菌基本长满平皿备用。

3）线虫接种：在超净工作台内，用移液枪将含有 100 条线虫的悬浮液接种到长满灰葡萄孢菌的培养皿中央。

4）线虫繁殖：将接种水稻干尖线虫的灰葡萄孢菌培养皿放入温度 25℃，相对湿度 60%，光照/黑暗为 6h/18h 的人工气候培养箱内，培养 25d 即可获得大量水稻干尖线虫。

比较在不同条件下，用灰葡萄孢菌繁殖水稻干尖线虫的效果。在接种数量为 100 条/皿，光照、湿度一致的情况下，水稻干尖线虫在 30℃、25℃、20℃和 15℃条件下培养，其繁殖量差异较大。在 30℃条件下，水稻干尖线虫繁殖最快，经过 10d 培养即可获得大量线虫；25℃和 20℃条件下，经过 20d 培养方可获得大量线虫；而在 15℃条件下水稻干尖线虫繁殖最慢，经 30d 才能获得一定量的水稻干尖线虫。

在接种量相同、光照和温度一致、培养时间相同的条件下，相对湿度为 80% 时，水稻干尖线虫繁殖速度最快，繁殖量最高；相对湿度为 60% 时，水稻干尖线虫繁殖速度和繁殖量较快；相对湿度为 90% 时，水稻干尖线虫繁殖速度慢，繁殖量相对低。

在相同的培养时间内，一天中 6h 光照条件下，水稻干尖线虫繁殖速度最快，繁殖量最高；12h 光照条件下，水稻干尖线虫繁殖速度和繁殖量较快；24h 光照条件下，水稻干尖线虫繁殖速度较慢，繁殖量与 12h 光照条件下相差不大；0h 光照条件下，水稻干尖线虫繁殖速度慢，繁殖量少。

因此，用灰葡萄孢菌培养繁殖水稻干尖线虫的最佳条件为：温度 25～30℃，一天中光照 6h，相对湿度 80%（谢春芹等，2008）。

（2）链格孢菌和镰刀菌培养水稻干尖线虫

用链格孢菌和镰刀菌培养水稻干尖线虫的效果明显优于灰葡萄孢菌，且镰刀菌的效果最好。链格孢菌和镰刀菌均从水稻种子上分离获得，培养水稻干尖线虫的最适条件为 25℃、20d（王胜君等，2008a）。

比较在不同温度下利用链格孢菌培养水稻干尖线虫的效果。15 个水稻干尖线虫种群在 20℃时都不能很好地繁殖，在 25℃和 30℃条件下均能正常繁殖。水稻干尖线虫种群在链格孢菌上的培养最适温度为 30℃，繁殖量最大，达到最大繁殖量的培养历期为 21～35d，不同种群的最大繁殖量及其培养历期存在差异（裴艳艳等，2012b）。

（3）3 种真菌繁殖水稻干尖线虫效果比较

将待培养的水稻干尖线虫先用无菌水冲洗，再用 1% 硫酸链霉素浸洗消毒 15min，用无菌水冲洗干净后，将 50 条/皿水稻干尖线虫接种到长满菌丝体的真菌菌落上。25℃恒温培养，待菌丝体被食净，采用贝尔曼漏斗法分离获取线虫，检测虫量，并计算繁殖倍数（刘维志，1995）。3 种真菌均可繁殖水稻干尖线虫，但线虫的繁殖倍数随真菌种类的不同而有差异。25℃培养 15d，水稻干尖线虫在镰刀菌上的繁殖倍数最大，达 346 倍；链格孢菌次之，为 250 倍；灰葡萄孢菌最小，为 108 倍。

（4）培养条件对水稻干尖线虫繁殖的影响

线虫接种量：在接种水稻干尖线虫 10～50 条/皿时，随着接虫量的增加，繁殖倍数相应增大，但增长缓慢；在接种线虫 50～500 条/皿时，亦相应增大，且增长快速。

培养温度：在培养温度 15～25℃时，随着温度的升高，水稻干尖线虫的繁殖倍数相应增大，在 25℃时达到最大，超过 25℃则逐渐减小。

培养时间：在培养 10～20d 时，随着培养时间的延长，繁殖倍数相应增大，且增长快速；在培养 20～30d 时，随时间的增加，繁殖倍数亦相应增大，但增长缓慢。

接种体：从水稻干尖线虫病病粒上分离线虫，用灰葡萄孢菌进行人工培养繁殖干尖线虫。再利用感病水稻种子上分离的和人工培养繁殖的线虫接种健康的水稻种子。两种不同来源的线虫均能引起水稻发病，但水稻感病种子分离的线虫引起的发病率明显高于人工培养繁殖的干尖线虫引起的发病率（谢春芹，2007）。

2. 浸种、催芽期接种

将粳稻品种镇稻 99 无病种子浸种 36h 后，放入人工培养箱，在 25℃条件下催芽，待芽长至半粒米长时，取出一部分备用。剩下的继续催芽，待长到芽鞘与第 1 片心叶张开角度为 30° 左右时取出备用。

1）浸种接种：将不同浓度线虫悬浮液浸种相同数量稻种，浸种 36h 后进行常规催芽、育秧，秧苗栽插于试验水培池内有待观察。

2）浸芽接种：将不同浓度线虫悬浮液浸泡相同数量种芽（芽长至半米粒），浸芽 36h 后进行常规育秧，秧苗栽插于试验水培池内有待观察。

3）注芽接种：将不同浓度线虫悬浮液滴入种芽的芽鞘与心叶之间（芽鞘与第 1 片心叶张开角度为 30° 左右的稻芽），待线虫悬浮液自然晾干后进行常规育秧，秧苗栽插于试验水培池内有待观察。

在相同接种浓度和田间管理条件下，采用浸种方式接种水稻干尖线虫的种子发病，病株表现为典型干尖症状。采用浸芽和注芽 2 种方式接种水稻干尖线虫的种子均不发病。说明浸种处理是防治水稻干尖线虫病的有效方法（谢春芹等，2009）。

3. 秧苗期接种

1）生长箱（水浮选法）接种：将 8 粒经温水处理的水稻种子经催芽，播种在含有植物汁液（SAP）基质、8.5cm 直径的塑料盒中，置于生长箱中培养。当秧苗 2 叶期时，将含有 0.01% 吐温 20 的水稻干尖线虫悬浮液进行喷雾接种。每个水稻植株（秧苗）分别均匀喷雾接种 0 条、125 条、250 条和 500 条线虫。接种后用塑料膜覆盖植株 7d 以保持湿度。每个接种水平（线虫浓度）接种 6 个塑料盒。

2）温室（塑料房）盆栽接种：将 10 粒无线虫的水稻种子播种于 15cm×20cm 的方盒中，待秧苗处于 14d 秧龄时，将含有 0.01% 吐温 20 的水稻干尖线虫悬浮液进行喷雾接种，每个植株接种 125 条线虫，均匀喷雾于植株的叶片上。接种后的水稻秧苗进行移栽，株行距为 15cm×20cm，并覆盖塑料薄膜 14d。在移栽后 60d 观察发病症状。

4. 成株期接种

1）穗注射接种：在水稻孕穗期，将含有 2000 条线虫的水稻干尖线虫悬浮液用无菌注射器注射到剑叶叶鞘中。用有小孔的塑料袋套住植株上部，接种后保湿 5d。

2）穗喷雾接种：在水稻扬花期，将含有 2000 条线虫的水稻干尖线虫悬浮液用喷雾器接种到每个稻穗上。用有小孔的塑料袋套住植株上部，接种后保湿 5d（Xie et al.，2019）。

5. 病情调查方法

对于浸种和叶片喷雾法接种，从单独接种的植株上收集成熟种子；对于穗注射和穗喷雾法接种，成熟种子仅从单独接种的穗上收集。收集的种子轻磨以分离颖壳和糙米，再将颖壳和糙米浸入自来水中，在 40r/min 摇床振荡 8h。将悬浮液和冲洗水一起收集，在立体显微镜下观察，记录来自每个植株或稻穗的种子上水稻干尖线虫的数量（Xie et al.，2019）。

6. 不同接种方法效果比较

对于无机械伤口的水稻幼嫩秧苗，浸法和叶片喷雾法均可导致水稻干尖线虫感染秧苗。在温度、湿度、光照可控的温室，采用浸种和叶片喷雾方法，每株水稻接种 125 条线虫后的接种成功率分别为 75.6% 和 66.7%，线虫回收率分别为 155.7% 和 178.1%。在孕穗期或扬花期每株植株注射或喷雾接种 2000 条线虫，接种成功率为 100%（Xie et al.，2019）。

7. 抗病性评价

水稻对干尖线虫病的抗性评价，主要是通过水稻孕穗后期的剑叶和幼穗的发病症状以及水稻成熟时百粒种子中的线虫数量，设置抗性评估标准。目前尚未发现免疫水稻品种，但籼稻品种特特普表现出较高的抗性，可以作为控制水稻干尖线虫病的潜在抗性资源（冯辉，2013）。

（四）水稻抗病机制

为了抵抗水稻内寄生线虫的侵染，水稻主动调节其代谢水平、营养配置、细胞壁修饰酶编码基因表达、植物激素信号转导途径以及防卫相关基因表达。

1. 营养运输重新配置

受水稻干尖线虫的侵染，水稻根部代谢水平和营养运输发生了下调（Bauters et al.，2014），从而直接阻碍该线虫汲取生长发育所需的营养。

2. 水稻细胞壁修饰酶

受水稻内寄生线虫侵染后，水稻根部木质素合成酶类、纤维素合成酶类、果胶合成酶类等植物细胞壁修饰酶的编码基因和蜡质合成酶类的编码基因表达量上调（Bauters et al.，2014）。

3. 生化酶类

当水稻受内寄生线虫侵染时，水稻中过氧化物酶（POD）、酪氨酸解氨酶（TAL）、多酚氧化酶（PPO）等酶活性相应增强（张绍升等，2011b），多种具有氧化活性的代谢产物也明显增加，这些防御酶类与氧化活性物质在水稻抗性机制中发挥重要作用。

4. 防御基因

用水稻干尖线虫接种感病品种武育粳 3 号，受线虫侵害的水稻幼芽在 0～48h 内，与不接种相比，其鲜重和根长增长较缓，72h 时增长程度最低，之后开始出现增长趋势。丙二醛（MDA）含量随接种时间的延长逐渐增加，在 72h 时 MDA 含量最大，随后开始下降。*NPR1* 基因在线虫侵染 24h 后强烈表达。说明受线虫侵染后 24h 时水稻细胞开始启动防御基因，并随着细胞的进一步损伤，在 72h 时强烈表达（冯辉等，2010）。

（五）抗病育种

由于抗水稻干尖线虫资源的缺乏，尚未开展抗干尖线虫病的水稻抗病育种工作或未有实质性进展。研究已成功获得一些抗干尖线虫病的水稻抗性基因，为水稻抗干尖线虫育种提供基础。籼稻大白谷抗水稻干尖线虫侵染，OC- XII 蛋白可以与水稻干尖线虫 Cathepsin B 蛋白特异结合。线虫侵染水稻后 *OC-XII* 基因在侵染 12～48h 表达量持续上调，侵染 3d 后下调，说明 *OC-XII* 基因在水稻大白谷抗水稻干尖线虫侵染过程中发挥功能（王峰等，2015）。

五、病害发生条件

（一）寄主抗性

水稻品种中尚未发现对水稻干尖线虫完全免疫的品种，但品种间抗病性有明显差异。一般，早熟品种受水稻干尖线虫危害较轻；特特普等多数籼稻品种对水稻干尖线虫表现耐病性，大华香糯也中抗干尖线虫病（冯辉，2013）；而江苏省种植多年的迟熟中粳品种宁粳 1 号、武育粳 3 号、武育粳 22 号等高感干尖线虫病，应尽量避免种植此类品种。

（二）气候因素

播种后半个月内低温多雨有利于干尖线虫病的发生。水稻干尖线虫的活动适温为 22～30℃，生长、繁殖的最低、最适、最高温度分别为 13℃、26℃、42℃，最适相对湿度为 70% 左右。根据水稻干尖线虫生长的最适温度、湿度范围，可以人为制造不利于线虫生长繁殖的气候条件。

（三）栽培条件

水稻干尖线虫可以依靠田间灌溉水的流动进行远距离传播，并造成二次侵染。应做好田间水分管理，防止病田水串灌、漫灌，减少线虫随水传播为害。

根据不同品种特性合理密植，科学配方施肥，增强植株的抗病性。

六、病害防治

水稻干尖线虫病宜采取预防和综合防治措施。加强检疫，严格禁止从病区调运种子。选用无病种子，或调运优质无病种子，以杜绝病源。科学排灌，防止大水漫灌、串灌，避免线虫随水流传播。由于干尖线虫病主要是种子带菌，进行稻种消毒、杀灭种子内的线虫是防治该病最为简单、高效的方法。

（一）选用抗病品种

目前，虽然无免疫和高抗水稻干尖线虫病的品种，但可选用耐病品种，避免种植高感品种。

（二）农业措施

1. 严格进行检疫

水稻干尖线虫是种传病害。该病仅在局部地区零星危害，实施检疫是防治该病的主要环节。为防止病区扩大，在调种时必须严格检疫。

2. 选用无病种子

在无病区或无病田选留无病种子，杂交稻制繁种子时要选择无干尖线虫病发生的稻区，是简单易行的防治措施。

3. 种子处理

病种可采用温汤（水）浸种杀死种子内的线虫。先将种子在冷水中预浸 24h，然后在 45～47℃温水中浸泡 5min，再移入 54℃温水中浸泡 10min，取出后用冷水冷却后，摊开晾干，即可催芽播种；或将干燥种子在 56～58℃热水中浸泡 15min，取出立即冷却，催芽播种。

（三）生物防治

1. 应用生防菌

生防细菌 Snb331 发酵液原液及不同稀释液对水稻干尖线虫生活力和运动行为有不同程度的影响。在 1×（原液）、2×、4×、6×、8×、10× 稀释浓度下，水稻干尖线虫的校正死亡率分别为 87.24%、66.75%、57.30%、44.87%、22.75% 和 18.09%。高浓度发酵液会影响干尖线虫的活动能力，并最终导致线虫昏迷（王胜君等，2008b）。从人参种植土壤中分离获得的生防真菌哈茨木霉，其发酵液对水稻干尖线虫的校正死亡率高达 99.27%（段玉玺等，2008）。

2. 利用螨类捕食

利用螨类捕食线虫也可以防治线虫病害。巴氏新小绥螨（*Neoseiulus barkeri*）能捕食多种害螨和昆虫，可用来防治多种农业害虫。以水稻干尖线虫为食时，其对水稻干尖线虫的捕食能力 a/T_h 为 128.30，最大理论捕食量为 227.27 条/d。巴氏新小绥螨捕食水稻干尖线虫的最佳温度为 25℃，在该温度条件下，饥饿 4d 的雌螨对线虫的捕食量最大。巴氏新小绥螨具有较强的捕食水稻干尖线虫的能力，可以作为水稻干尖线虫潜在的天敌捕食螨（杨思华等，2021）。

3. 发掘水稻干尖线虫基因

利用水稻干尖线虫自身基因进行防治是一种低成本的有效方法。*xbp-1* 在真核生物抵抗病原菌感染和调节炎症细胞因子表达中发挥重要作用。刘立宏等（2014）克隆了水稻干尖线虫 X-box 结合蛋白编码基因 *Ab-*

xbp-1。通过 RNAi 技术，验证苏云金芽孢杆菌处理过程中 *Ab-xbp-1* 基因在水稻干尖线虫先天免疫激活过程中所起的作用，*Ab-xbp-1* 基因沉默后水稻干尖线虫的免疫力下降。开发 Ab-xbp-1 蛋白抑制子作为生物防治药剂的辅剂，与生物源杀线虫剂共同使用，可能会取得较好的防治效果。

（四）药剂防治

水稻干尖线虫病最主要的带菌源和初侵染源是种子带菌（虫）。进行种子药剂浸种处理，杀死种子中的"菌源"，是最简单、高效的防治方法。

用 0.5% 盐酸溶液浸种 72h，取出后用水冲洗，催芽播种，也可用阿维菌素乳油 20 000 倍浸种 48h 或 10% 噻唑膦乳油 100mg/L 浸种 48h。浸种后，用清水充分冲洗种子去除药剂残留。16% 恶线清、95% 巴丹可溶性粉剂、4.2% 浸丰等浸种效果也较好。浸种时要根据气温高低掌握好浸种时间长短等。

恶线清（咪鲜胺+杀螟丹）浸种处理对水稻干尖线虫的防效达 98.07%；10% 噻唑膦乳油 100mg/L 和 98% 杀螟丹可溶性粉剂 196mg/L 的防效分别为 92.63% 和 90.71%；17% 菌虫清（杀螟丹+乙蒜素）400 倍液浸种 24h 的防效达 87.90%；5% 阿维菌素 B2 乳油 100mg/L 的防效仅为 71.31%（姚克兵等，2016）。

20% 稻乐丰乳油 1000 倍液+10% 浸种灵 5000 倍液浸种消毒，水稻干尖线虫穴发病率仅为 0～3.4%。17% 杀螟·乙蒜（菌虫清）、16% 咪鲜·杀螟（恶线清）、25% 使百克+10% 浸种灵可同时防治水稻恶苗病和干尖线虫。

第二节　水稻根结线虫病

一、病害发生与为害

（一）病害发生

水稻根结线虫病主要是由拟禾谷根结线虫（*Meloidogyne graminicola*）引起的水稻根部病害。该病害导致水稻根部产生结节——根瘤，农民称之为"稻芋"或"稻薯"。拟禾谷根结线虫最早在美国路易斯安那州的光头稗（*Echinochloa colonum*）上被发现（Golden and Birchfield，1965），随后在许多国家被鉴定。目前，拟禾谷根结线虫主要分布于印度、菲律宾、缅甸、孟加拉国、老挝、泰国、越南、尼泊尔、中国等东南亚国家，巴西、意大利和美国等也有发生（Pankaj et al.，2010）。在我国，水稻根结线虫病于 1974 年首次被报道，并且表明该线虫广泛分布在我国南方水稻种植区（冯志新，1974）。海南省在 2016 年发现该线虫病已扩展蔓延并危害到全省水稻种植区（芮凯等，2016a）。在广东、海南（冯志新，1974）、广西（李正杨等，1997）、云南、福建等热带和亚热带水稻产区相继发现该病（刘国坤等，2011b）。几年前，拟禾谷根结线虫在我国其他稻区的发生和为害鲜有报道，但据水稻产业技术体系岗位专家彭云良教授报道，目前在我国 27 个省（自治区、直辖市）均已发现水稻根结线虫的为害，其中以拟禾谷根结线虫和其他根结线虫混合发生最为普遍，表明该线虫病害呈现发生面积逐年扩大、为害逐年加重的趋势。

（二）病害为害

根结线虫病（root knot nematode，RKN）作为水稻最重要的线虫病害之一，在水稻、旱稻、直播稻、秧田和育秧工厂内均可造成为害，严重发病的田块发病率达 80% 以上，并且发生面积和寄主范围逐年扩展（芮凯等，2016b）。随着全球气候变暖和耕作模式的转变，拟禾谷根结线虫的田间种群数量大幅增加。因此，根结线虫也是威胁全球水稻生产的重要土传病原。不同地区、不同研究者、水稻感染根结线虫病严重度不同，所报道的产量损失幅度相差较大。水稻感染根结线虫病后，一般减产 17%～32%（Bridge et al.，2005），或导致 16%～97% 的产量损失（Jain et al.，2007）。受害严重的水稻可导致高达 70%～80% 甚至以上的产量损失，以致绝收（Bridge et al.，1990；Soriano et al.，2000；Pokharel et al.，2007；Mantelin et al.，2016）。在中等发病情况下，造成产量损失 10%～20%，严重发病时可达 40%～50%（冯志新等，1980；冯辉等，2017）。该病已成为东南亚和我国南方水稻主产区产量的重要制约因素（Mantelin et al.，2016；黄文坤等，2018）。水稻根结线虫病是目前我国水稻生产上一个值得注意的问题。

二、病害症状与诊断

（一）病害症状

根结线虫病主要为害水稻根部，使根部组织畸形生长，形成大小不等的钩形根瘤（Bridge et al.，2005）。由于根系受到侵染破坏，正常的吸收功能受到影响，加上老熟根瘤腐烂、病根坏死，病株地上部病变缓慢、长势衰弱、叶色变黄、叶尖干卷、呈缺肥缺水状。发病严重时，叶片干枯，整株死亡。

1. 根部症状

水稻根结线虫最初侵染根尖，病株根部出现纺锤形或珠状的小结节或珠状瘤肿（图 4-7），形成根瘤，根系多发育不良。根瘤初呈白色，多为卵圆形，坚实，逐渐增大变成长卵圆形，两端稍尖，色淡黄、棕黄、深棕、棕褐至黑色，并逐渐变弱。老熟根瘤大小为 7mm×3mm 左右，腐烂时外皮易破裂。幼根根结膨大后弯曲，呈钩状或纺锤状，老根变为棕褐色，易腐烂，且伴生"倒生根"。

图 4-7 水稻根结线虫为害秧苗根部症状

作为固生性内寄生线虫的一种，水稻根结线虫能适应旱地、灌溉地、低洼地和深水等多种生态环境，使水稻根尖形成典型的钩状根结，破坏根部维管组织，阻遏水分和养分的运输，导致植株黄化、矮缩、分蘖减少、成熟期延迟等症状（Jain et al.，2007）。

2. 秧苗症状

受害重的田块，秧苗的受害率达 90%～100%，拔起 1 叶 1 心秧龄的秧苗检查，根瘤数最多达 45 个，少的也有 10 余个（图 4-8）。根瘤初为白色，比较坚实，后变为黄褐色，最后腐烂。受害秧苗的叶色淡黄、叶短小，受害严重的病株叶片呈紫红色、失水卷捻、不久枯死。

在水稻幼苗期，病苗纤弱，叶色稍淡（图 4-9）。移栽后返青慢、发根迟、死苗多。分蘖期地上部症状较显著，株矮、根短、分蘖迟缓、分蘖力弱、生长势衰弱，圆秆拔节比健株发生要早。在抽穗和结实期，病株抽穗期短、出穗数少、穗小、粒少、结实率低。

3. 全株症状

根结线虫寄生稻根形成根瘤，导致根部腐烂，造成根的吸水、吸肥功能降低，水稻地上部症状近似缺水缺肥症状。当幼苗期根瘤数达到根数的 1/3 以上时，出现较显著的病症，病苗纤弱、颜色变淡，移栽后返青缓慢、长势差、发根迟、死苗多。在分蘖期，根瘤数量骤增，症状显著，病株矮小，根短，叶片均匀发黄，茎秆纤细，分蘖迟缓、分蘖力弱。

图 4-8 水稻根结线虫病根部症状

图 4-9 水稻根结线虫病大田苗期症状

4. 穗部症状

在拔节至孕穗期，发病植株长势差，严重时叶黄化、纤弱、不抽穗或抽穗推迟，穗形小。在成熟期，表现"直立翘穗"症状，结实少、秕谷多，受害水稻根系发育受阻，根系易折断。在抽穗期，发病植株矮小、叶黄、穗短、穗数少、出穗较困难，常有半包穗或穗节包叶的现象，发病重的不能抽穗。在结实期，病株穗短、结实少、秕谷多、结实率低。

（二）侵染途径

水稻根结线虫主要从水稻根尖组织侵入，在根尖处诱导形成根结。水稻根结线虫的 2 龄幼虫侵入根部伸长区后向维管束移动，诱导维管束细胞形成巨大细胞，该结构为其完成生活史提供所需营养。巨大细胞的周围细胞增生和过度生长导致水稻根部形成根结，成为该线虫的"永久性"取食位点，这与水稻潜根线虫相似。干旱、夏季灌溉-干旱 2 种种植方式种植的水稻均易被水稻根结线虫侵入。

水稻根结线虫侵染水稻根尖后 2d 诱导形成巨大细胞，4d 后 2 龄幼虫（J_2 阶段）开始依靠巨大细胞进行取食，12d 后其发育处于 3/4 龄幼虫（J_3/J_4 阶段），15d 后发育为成虫，18～20d 后虫卵产生。在适宜条件下，虫卵完成生活史只需 2～3 周。由于该线虫虫卵可长期寄存在水稻根部，在条件适宜时孵化并诱导形成新的寄生位点，且其虫口密度比较大，使防治难度加大。

水稻根结线虫中为害最为严重的是爪哇根结线虫和南方根结线虫（Mantelin et al.，2017）。与爪哇根结线虫不同的是，南方根结线虫不能诱导水稻根部形成典型的钩形根结，且其虫卵附着在水稻根部表面，表明其可在寄主体外完成生活史，孵化成 2 龄幼虫后才具备侵染能力。

（三）病害调查

要考察水稻根结线虫病在田间的为害，需要进行田间调查。水稻播种 40d 后，每个田块按照"Z"形取样，每点取 10 丛水稻，尽量拔出全部根系，清洗泥土，统计每棵水稻根系的总根结数，计算水稻根结线虫病的发病率。

$$发病率（\%）=（有根结水稻丛数/调查水稻总丛数）\times100\% \tag{4-3}$$

水稻苗期的发病率和根结指数都较低，发病率为 0～10%，根结指数为 0～3.14；分蘖期的发病率和根结指数都明显降低，发病率为 0～5.33%，根结指数为 0～1.33；收割后的稻桩发病率为 86%～100%，根结指数为 53.81～84.76。在江苏泰州进行水稻根结线虫田间调查，发现水稻植株根部根结发生率达 100%。在海南岛的调查结果发现，水稻根结线虫病的发病率达 100% 的市（县）有 4 个，分别为陵水、三亚、乐东和琼中，根结指数亦较高，分别为 83.24、80.95、84.76 和 84.19。

三、病原学

（一）病原

水稻根结线虫病是由垫刃目的拟禾谷根结线虫（*M. graminicola*）、水稻根结线虫（*M. oryzae*）等引起的（Bridge and Page，1982；Pankaj et al.，2010）。各地水稻根结线虫病的病原有所不同，我国水稻根结线虫病病原先后报道有：海南根结线虫（*M. hainanensis*）、林氏根结线虫（*M. lini*）、拟禾谷根结线虫和南方根结线虫（*M. incognita*）。国际上报道寄生水稻的线虫还包括水稻根结线虫、萨拉斯根结线虫（*M. salasi*）、麦稻根结线虫（*M. triticoryzae*）、爪哇根结线虫（*M. javanica*）、花生根结线虫（*M. arenaria*）。拟禾谷根结线虫主要在东南亚热带和亚热带水稻种植地区发生和为害。我国华南及东南亚的水稻根结线虫病主要由南方根结线虫引起。表 4-1 列出了为害我国水稻的几种主要线虫的特征及生物学特性。

表 4-1　为害我国水稻的几种主要线虫的特征及生物学特性（张磊等，2017；安礼，2018）

线虫	侵染特征	环境适应性	水稻病症	主要种群	时空分布
水稻干尖线虫	分蘖期取食腋芽，后迁移至花穗，开花期进入小花穗，在种子成熟前进入种子，卷曲后呈休眠状态，为种传病害	环境适应性强，若种子干燥，其可在种子内存留 3 年	叶片淡黄至黄白色，后扭曲成灰白色干尖，病健交界处有弯曲的褐色分界线，最终导致坏死	水稻干尖线虫	广泛分布于大陆 24 个省（自治区、直辖市），台湾也有发生
根结线虫	侵入伸长区后移向维管束，在维管束诱导巨大细胞的形成，该位点周围细胞增生和肥大导致根结形成。虫卵产生后保存在根结中或附着在根部表面	早稻、夏季灌溉–干旱交替种植的水稻易被侵入；干旱后的雨季容易导致水稻产量损失	水稻黄化、植株矮小、分蘖减少、成熟延迟、根部增生和水稻减产	爪哇根结线虫、南方根结线虫	目前在我国 27 个省（自治区、直辖市）均已发生危害，以拟禾谷根结线虫和其他根结线虫混合发生最为普遍
潜根线虫	主要在水稻分蘖期侵染除根尖以外的根部组织；侵入水稻根部后在通气组织中移动，不形成固定取食位点	能在长期缺氧条件下生存；适合灌溉种植的水稻；以虫卵的形式保存在残留的水稻根部或其他寄主根部	根部腐烂，呈黄棕色；水稻分蘖、开花受抑制或延迟；根部及须根生长受阻	有 11 种，如水稻潜根线虫（*Hirschmanniella oryzae*）、刺尾潜根线虫（*H. spinicaudata*）、印度小杆线虫（*Heterorhabditis indica*）	在我国广东、贵州、福建、安徽、湖南进行调查，均有发现。一些省（自治区、直辖市）估计也有发生，只是未调查
孢囊线虫	J$_2$ 幼虫通过口针刺穿侵入根部组织后，移向维管束并诱导形成多核体。虫卵产生后排到根部，形成黄棕色孢囊	环境适应性强	叶片呈黄褐色，根部腐烂，植株萎蔫，分蘖减少和开花提前	已报道 4 种，我国报道的只有旱稻孢囊线虫（*Heterodera elachista*）	初步调查发现在湖南、广西、江西已有发生；推测在我国南方旱稻或半旱稻上有发生

线虫	侵染特征	环境适应性	水稻病症	主要种群	时空分布
水稻茎线虫	此病最主要症状在穗期。潮湿条件下，水稻茎线虫从土壤中向水稻幼苗迁移，并侵入水稻的生长点。插秧后几天生长点的顶芽就能发现线虫，之后在叶鞘、茎和顶节、花梗、花序和种子都可以发现线虫	适合热带、亚热带等较高温度、湿度环境条件	生长中的水稻受害后叶面出现浅绿色斑点，叶缘卷缩。叶尖弯曲，整张叶片扭曲或呈畸形，严重时花穗捻转或包在叶鞘内不能抽出，小穗不孕，形成空粒		1912年首次在孟加拉国被发现。受害较重的区主要分布在印度、巴基斯坦、泰国、缅甸、孟加拉国、印度尼西亚、越南、菲律宾、乌兹别克斯坦、埃及、马达加斯加、南非、柬埔寨等国家

（二）病原形态特征

1. 拟禾谷根结线虫

拟禾谷根结线虫又称水稻根结线虫，隶属于垫刃目（Tylenchida）根结线虫科（Meloidogynidae）根结线虫属（*Meloidogyne*），是水稻上最重要的病原线虫之一（Mantelin et al.，2016）。

1）幼虫：拟禾谷根结线虫2龄幼虫头冠前端平、宽大，头区圆、平滑，口针锥和基杆窄，口针基部球小、突出；中食道球椭圆形，食道腺延伸较长，覆盖肠腹面，尾部长、细；尾端透明区长、窄，尾尖略呈棍棒状。初龄幼虫呈线状，卷曲在卵壳内。2龄侵染幼虫线状，无色透明，初出卵壳时长275～305μm、宽46～50μm，2龄寄生线虫由线状变为豆荚状。3、4龄幼虫豆荚状，尾端有尖细的小尾。3龄幼虫雌雄开始分化。4龄幼虫时，性别已可通过体型及生殖器官加以区分。

2）雌成虫：雌虫虫体球形至梨形，细颈明显，头架不发达，口针纤细且短，口针基部球光滑、突出，略向后倾斜，排泄孔明显，位于口针基之后，中食道球大，近圆形，瓣门发达，食道腺发达；会阴花纹卵圆形或近圆形，侧区无明显界限，背弓高、近方形，线纹平滑细密，环绕会阴；尾端凸出、粗糙，具有浅的横纹，有时可见不规则的线纹包围尾端；侧区界限不清晰，围绕整个花纹的线纹光滑而连续；在背弓部、尾端周围以及靠近会阴的侧部可能出现短、断、不规则的线纹；侧尾腺口很小，间距小，约为阴门裂长的2/3。雌成虫乳白色，梨形或柠檬形，体长987～1281μm、宽630～913μm。卵呈蚕茧状，较透明，外壳坚硬，长95～105μm、宽46～50μm。

3）雄成虫：雄虫虫体蠕虫状，体环明显，头架中等发达，头冠高、圆、与头环分离，头区不突出、平滑、口针基杆圆柱形，与口针基部球连接处稍变窄，口针基部球卵圆形，与杆部界线明显，前缘平或略向后斜；精巢单条，前伸，精巢内充满精子，交合刺发达。雄成虫呈线状，色较透明，体长1995～2330μm、宽57～64μm。

2. 水稻根结线虫

水稻根结线虫属于线形动物门。雌虫卵圆形至肾形。2龄幼虫、雄虫线形，体长分别为545μm和1667μm，口针分别为14.2μm和19.0μm。成熟雌虫乳白色，头颈部细长，其他部分膨大为圆梨状，体后部呈锥形。雌虫尾端具卵囊，会阴花纹椭圆形，弓形高度中等。水稻根结线虫形态与拟禾谷根结线虫相似。

3. 海南根结线虫

海南根结线虫的雌虫唇盘与中唇不形成典型的哑铃状结构，会阴花纹卵圆形到圆形，线纹细密，平滑，背纹与腹纹相连，形成同心圆状，尾尖区花纹极细密，呈波浪至锯齿状皱褶，且种内会阴花纹变异很小；雄虫中唇外缘有缺裂，侧区具4条侧线、网纹饰。2龄幼虫体长、尾长和口针长分别为481.98μm（442.00～536.60μm）、66.82μm（57.20～75.40μm）和12.82μm（10.40～15.10μm）；尾渐细、尖削。雌虫酯酶Rf=0.36，属于VSⅠ表型（廖金铃和冯志新，1995）。

4. 病原分子检测

在浙江杭州富阳区中国水稻研究所试验田水稻根际土壤中发现了大量根结线虫 2 龄幼虫和少量雄虫。2 龄幼虫的形态学特征与拟禾谷根结线虫相似。研究发现 rDNA-ITS 序列和线粒体 *COI* 基因可以用于拟禾谷根结线虫快速鉴定，能将其与其近似种完全区分（刘乐乐等，2018）。从江苏省泰州地区水稻根结组织中分离获得单一种群的寄生线虫，其雌虫、雄虫和 2 龄幼虫的形态特征与拟禾谷根结线虫基本一致。应用 ITS-rRNA 和 28S rRNA D2-D3 扩展区分子标记亦能鉴定出拟禾谷根结线虫（冯辉等，2017）。

（三）病原的生物学特性

温度对拟禾谷根结线虫的个体发育具有重要影响。在 25℃ 条件下完成胚胎发育需 7.5d，在 30℃ 时需 7d，而在 35℃ 时仅需 5d。胚胎发育的完成过程基本一致。胚后发育在 25℃ 条件下需 22d，而在 30℃ 时需 17d，35℃ 时需 16d。不同温度条件下各龄期线虫形态无显著差异。

不同地理来源的拟禾谷根结线虫对温度的耐受性差异很大。研究比较河南新乡，湖南平江、益阳、望城，广西融安、临桂，广东湛江，海南临高 8 个地理群体的 2 龄幼虫和卵对温度的耐受性以及 2 龄幼虫经 4℃ 预处理 5d 后的存活率。2 龄幼虫在 0℃ 和 4℃ 低温下存放不同时间，其死亡率由低到高依次为：新乡群体＜平江、望城、益阳群体＜融安、临桂、湛江、临高群体，表现出随纬度增加耐寒性增强的趋势。不同纬度群体卵在 0℃ 或 4℃ 存放不同时间后，其孵化率由高到低依次为：新乡、平江、望城、益阳、融安、临桂群体＞湛江、临高群体。卵经 37℃ 高温处理 10d 后，低纬度的临高群体的孵化率明显高于其他纬度较高的地理群体，显示临高群体对高温具有较强的适应性。4℃ 低温预处理可以提高各群体在 0℃ 下的存活率，湖南平江、望城、益阳群体的存活率提高最明显，表明湖南 3 个不同地理来源的群体对低温具有较高的适应性（彭思源等，2022）。

（四）寄主范围

用拟禾谷根结线虫人工接种 9 科 18 属 21 种植物，测定根结线虫的寄主范围。该线虫在不同植物上的侵染性、寄生能力和繁殖能力表现明显差异，能够侵染、寄生禾本科、十字花科、豆科、葫芦科、虎耳草科和旋花科等 6 科 10 属植物。其中黑豆和蕹菜虽然有线虫侵染，但不能够完成产卵繁殖。

拟禾谷根结线虫除了寄生水稻，还能侵染小麦（*Triticum aestivum*）、洋葱（*Allium cepa*）、香蕉（*Musa nana*）、茄子（*Solanum melongena*）、番茄（*Solanum lycopersicum*）、秋葵（*Abelmoschus esculentus*）、烟草（*Nicotiana tabacum*）、黄瓜（*Cucumis sativus*）等作物（王玉，2010）。

田间调查和接种试验证实，油芒（*Spodiopogon cotulifer*）、稗（*Echinochloa crusgalli*）、光头稗（*Echinochloa colonum*）、异型莎草（*Cyperus difformis*）、碎米莎草（*Cyperus iria*）、李氏禾（*Leersia hexandra*）、千金子（*Leptochloa chinensis*）、空心莲子草（*Alternanthera philoxeroides*）等田间杂草是拟禾谷根结线虫的天然寄主植物，也是重要的中间寄主。

福建省政和县稻田中的水稻和沟渠内杂草油芒均遭受根结线虫的严重侵染。研究从这两种寄主上分离得到根结线虫，其形态特征与拟禾谷根结线虫原始描述相符。对根结线虫的 rDNA-ITS、28S rDNA-D2/D3 进行扩增、克隆与测序，其序列与 GenBank 中拟禾谷根结线虫的相似性达 99% 以上，据此将水稻和油芒上的根结线虫鉴定为拟禾谷根结线虫。通过交叉接种试验和田间调查，证实油芒是水稻根结线虫的重要寄主，为田间水稻根结线虫病的重要侵染源（刘国坤等，2011a）。

在江苏，人工接种拟禾谷根结线虫 15d 后，15 种稻田杂草中有 10 种杂草根系出现明显的根结，其中稗和牛筋草感病最严重，其根系可见大量钩状根结，而婆婆纳（*Veronica didyma*）、野燕麦（*Avena fatua*）和马唐（*Digitaria sanguinalis*）的根结不明显或无根结（范亚磊，2020）。

（五）侵染循环

水稻根结线虫病的初侵染源主要是带病土壤和带病秧苗，可借助水、肥、农具、人畜传播，线虫只侵染新根。侵染稻田周围和灌溉沟渠禾本科杂草的根结线虫也是水稻田根结线虫病的主要侵染源，灌溉水是田间的主要传播途径（王玉，2010）。

1. 侵染特征

拟禾谷根结线虫以 1～2 龄幼虫在根瘤中越冬，翌年 2 龄幼虫侵入水稻根部，寄生在根皮和中柱之间，引起根部薄壁组织过度生长，形成膨大的根瘤。幼虫在根瘤内生长发育，经 4 次蜕皮，发育为成虫。雌虫成熟后在根瘤内产卵。卵发育后，先在根瘤的卵内形成初龄幼虫，幼虫蜕皮 1 次后破卵而出，成为 2 龄侵染幼虫。2 龄侵染幼虫陆续离开根瘤，在土壤和水中活动，侵入新根。在月平均温度 26℃ 的情况下，完成上述循环共需 27～28d。在整个水稻生育期间，可重复侵染多次。

2. 生活习性

水稻根结线虫为固着性寄生线虫，整个生活史由根外自由生活和根内寄生两个阶段组成。根结线虫一年可繁殖多代，可反复侵染水稻，并通过杂草、水渠边/绿化带花卉等寄主完成田间周年循环危害。拟禾谷根结线虫雌虫将卵产在水稻根组织内，卵在根内孵化出 2 龄幼虫，2 龄幼虫再次侵染根组织。而南方根结线虫和花生根结线虫等其他可侵染水稻的根结线虫则将卵产在根表面，水可抑制卵孵化的 2 龄幼虫对根的侵染，这类根结线虫主要危害旱稻。

（六）病原致病性

拟禾谷根结线虫在 26℃ 条件下接种，2 龄线虫在接种后 4～6h 内开始侵入根系，侵入部位为根尖分生区或伸长区，侵入后虫体迁移方向与根纵中轴平行，在皮层薄壁细胞间迁移，最终聚集于根冠最内侧的分生区，待分生区原形成层发育成维管束后，2 龄幼虫才侵入维管束内取食。根冠内侧分生区至伸长区的 2 龄幼虫呈侵染态线状至长颈瓶状逐渐发育膨大，其发育快慢可能与 2 龄幼虫开始定殖并侵入维管束取食先后有紧密关系。2 龄幼虫可直接在根内孵化，并迁移至发育中的侧根，或迁移到新根根冠内侧分生区，待分生区原形成层发育成维管束后进行再侵染。拟禾谷根结线虫的最短生活史为 26℃ 下 22d，在 26～37℃ 环境温度下为 18d，其侵染具有群体优势特性（刘国坤等，2011b）。

在拟禾谷根结线虫上发现多个疑似效应子，推测部分效应子可能参与线虫的侵染和取食过程（Haegeman et al.，2013）。另外，研究发现不同侵染时期线虫的基因表达差异显著，推测这些基因可能分别在侵染和致病过程中起作用（陈培红等，2014；Petitot et al.，2016）。

四、品种抗病性

研究已证实，不同水稻品种对根结线虫的抗性存在明显差异。田间试验和盆栽试验结果表明，中花 11 号、深两优 1 号、荣优 368 和 C 两优 4418 对拟禾谷根结线虫具有很高的抗性，其中中花 11 号表现为免疫（占丽平，2017）。

水稻根结线虫接种不同抗性水平的水稻品种，会受到不同程度的影响。用拟禾谷根结线虫分别接种免疫品种中花 11 号、抗性品种荣优 368 和感病品种桂农占，接种后 2d、5d、10d、20d 进行抗性测定。发现中花 11 号对其表现免疫；荣优 368 和桂农占在接种后 2d，单个根结里具有近似数量的线虫；之后，在荣优 368 上的寄生过程明显受到抑制，4 龄幼虫和成熟雌虫数量明显降低，产卵量较低，繁殖因子仅为桂农占的 1/4。寄生在抗感品种上的拟禾谷根结线虫体长、体宽发育变化随着侵入、寄生时间的增加表现出明显差异，接种后 20d 差异最大。

（一）水稻抗病机制

施用硅肥后的水稻接种根结线虫，其根结数和侵染线虫数量分别减少了 57.7% 和 56.7%。硅能诱导水稻对根结线虫的抗性，主要在于硅肥能够增加水稻根中的硅、H_2O_2、木质素和可溶性酚的含量。在接种线虫 6h 后，硅肥处理过的水稻能够显著增加根中 H_2O_2、木质素和可溶性酚的含量。硅肥能够诱导水稻根中 SA 生物合成基因 *OsPAL1* 和 *OsICS1*、SA 信号途径转录因子 *OsWRKY45*、ET 生物合成基因 *OsACS1*、ET 信号途径基因 *OsERF1* 和 *OsEIN2*、苯丙烷代谢途径中肉桂酸-4-羟化酶（cinnamate 4-hydroxylase，C4H）的合成基因 *OsC4H*、木质素合成基因 *OsCAD6*、胼胝质合成基因 *OsGSL1* 和 H_2O_2 合成基因 *OsRbohB* 的表达量显著上调（占丽平，2017）。

水稻对根结线虫的其他抗性机制可参考本章第一节水稻干尖线虫病。

（二）抗病品种鉴定方法

1. 病害分级

根据每丛水稻根系的根结数量将病级分成 0～5 级：0 级，0 个根结；1 级，1 或 2 个根结；2 级，3～10 个根结；3 级，11～20 个根结；4 级，21～30 个根结；5 级，大于 30 个根结。

也可根据病株根系中感染根结线虫的根数量（占总根系的百分比）进行分级，分级标准为：0 级：根系完整，无根结；1 级：有少量根结（占根系量的 11%～25%）；3 级：形成中等数量根结（占根系量的 26%～50%）；5 级，根结数量较多（占根系量的 51%～75%）；7 级：根结特别多且较大（占根系量的 76%～100%）。

2. 水稻抗根结线虫病的鉴定

可在室内、温室盆栽接种拟禾谷根结线虫 2 龄幼虫，利用单一指标与多个指标相结合的方法，评价水稻品种对根结线虫的抗性。接种量为 2 龄幼虫 50～250 条/株水稻，能有效侵染水稻根组织并抑制水稻幼根的生长。以线虫对水稻幼根的侵染量和对幼根生长的抑制率为标准，确定接种量 150 条/株水稻为室内接种的数量（范亚磊，2020）。

研究 21 份水稻种质对拟禾谷根结线虫的抗性，发现华香、绿金占和秀丰占 5 号高抗根结线虫病，博优 225、海秀占 9 号和 L671 等高感根结线虫病（符美英等，2021）。

采用温室盆栽测定水稻品种对根结线虫病的抗性。以病害严重度和线虫的繁殖因子作为抗性综合评价标准，对 90 个糯性水稻品种进行了水稻根结线虫病抗性鉴定，发现供试品种中无免疫和高抗品种，所有品种均可被根结线虫侵染形成根结。根结数、根中线虫数、病害严重度与根中线虫的繁殖因子呈正相关。筛选获得豪糯、温根糯、红壳地糯、糯变、黑金糯、旱糯、细糯 1 号和补血糯 8 个中抗水稻品种；中感、感病和高感品种分别为 7 个、9 个和 66 个（范亚磊，2020）。

采用拟禾谷根结线虫接种我国华南地区广泛种植的 18 个水稻品种，于接种后 30d 对不同水稻品种的长势、根数、感病根数、卵数量等抗、感性评价指标进行测定。不同的水稻品种对拟禾谷根结线虫抗性表现明显差异。其中桂农占等 6 个品种为高感、天优 368 等 9 个品种表现中感、五山丝苗表现为感病、荣优 368 表现为抗病、中花 11 号表现为免疫。对免疫品种中花 11 号、高抗品种荣优 368 和高感品种桂农占接种根结线虫，发现接种后 2d，高感品种桂农占单个根结里含有相当数量的线虫，在高抗品种荣优 368 上线虫的寄生过程受到明显抑制、4 龄幼虫和成熟雌虫数量明显降低、产卵量较低、线虫繁殖因子仅为在高感水稻品种桂农占的 1/4（黄坤，2011）。

五、病害发生条件

（一）寄主抗性

目前，我国种植的水稻品种大多感或高感根结线虫病，极少有抗病或高抗品种。

（二）气候因素

热带、亚热带气温相对较高，平均气温为25℃，降雨多、雨量大（大于1200mm/a）的稻区有利于水稻根结线虫病的发生、流行和危害。

（三）栽培条件

1. 种植模式

海南岛的稻-稻-菜的种植模式为水稻根结线虫提供了良好的寄主条件，即使冬季，残存的杂草寄主和次生稻苗也可为水稻根结线虫的繁殖提供条件。

比较直播、移栽和直播前撒施10%噻唑膦颗粒剂（GR）3种种植方式对水稻根结线虫的影响。与直播相比，移栽田移栽后25d对水稻根结线虫的抑制率达94.26%，根结指数为1.97；直播前撒施10%噻唑膦（GR）化学药剂3kg/hm²，与移栽稻无显著差异。移栽田移栽后25d和55d，根结线虫2龄幼虫虫口减退率分别达77.63%和72.22%；移栽后55d对水稻根结线虫的抑制率为58.56%。

2. 稻田土壤

砂土或砂壤土中水稻根结线虫的活动、产卵量增加，稻田发病较重。黏土田发病较轻。

酸性田发病较重，重病田pH为5.4～6.0。将重病田的土壤酸碱度调节至pH 6.5～6.8，可减轻发病程度。病田增施石灰后，根尖线虫病明显减轻。

3. 耕作制度

水田发病重，旱地发病轻。连作水稻发病重，水旱轮作发病轻。连作稻田冬季浸水发病重，翻耕晒白发病轻。病田冬浸后线虫数量增加，种植水稻后发病较重。

病田轮种旱作半年，或冬季翻耕晒白，或冬种旱作，线虫数量减少，种植水稻后发病也较轻。病田增施有机肥，能促进稻株发根，有利于生长，减轻受害。

在病田播种，秧发根3～4d后，根结线虫即开始入侵幼根并寄生。春季秧期超过一个半月，夏季超过一个月，线虫即可在根内完成其生活史。随着秧田线虫数量的增多，水稻发病加重。

4. 其他因素

根结线虫寄主范围广，包括稻田中的一些杂草都是其寄主，这为其发生、流行创造了有利基础条件。

六、病害防治

（一）选用抗病品种

目前，虽然无抗根结线虫病的品种可供选择，但还是有少量抗病、耐病的品种可供利用。这些抗病、耐病品种除直接用于生产实际外，还可作为抗病育种的资源材料加以利用，从而尽快培育出一批抗根结线虫病的水稻品种。

（二）农业措施

采用水旱轮作，尤其是水稻与根结线虫非寄主植物的旱作或经济作物轮作，如芝麻、小米、豆科植物、玉米等，可显著减少水稻根结线虫为害。清除水田周边根结线虫的其他寄主，如禾本科杂草，种植三叶草和紫花苜蓿等多年生豆科植物，可减轻线虫的发生。

采用移栽稻代替直播稻，或直播前撒施 10% 噻唑膦颗粒剂。移栽稻的长势和产量均比直播和直播前撒施 10% 噻唑膦颗粒剂的要好，增产达 26.34%。因此，在水稻根结线虫病发生严重的田块采用移栽（人工移栽或机插秧）方式种植，可显著抑制根结线虫的发生为害（唐蓓等，2021）。

旱田条件下较水田造成的产量损失重，水稻移栽后稻田一直保持浅水层，持续淹水可减少水稻根结线虫的为害。由于沙性土壤较黏性土壤更有利于根结线虫为害，在沙性土壤田中加入黏性土壤，使土壤结构沙黏适中，可减少水稻根结线虫病害的发生。

（三）生物防治

1. 生防菌

一些生长繁殖快、抗逆性强的根际细菌如芽孢杆菌是根结线虫生物防治的热点。D45 菌株为巨大芽孢杆菌（*Bacillus megaterium*），该菌株对防治拟禾谷根结线虫具有应用潜力。其发酵液的杀虫活性较好，发酵液上清液稀释 5 倍处理 24h、48h 后，拟禾谷根结线虫 2 龄幼虫的死亡率分别为 60.9% 和 70.4%。在拟禾谷根结线虫侵染前采用 D45 菌株发酵液进行土壤处理，可显著减少水稻根结数（姚思敏等，2018）。寄生性细菌穿刺巴斯德芽菌（*Pasteuria penetrans*）用于根结线虫防治在英国、澳大利亚、美国和西非也取得了极大成功。

食线虫菌物（nematophagous fungi）是一个生态类群，能够毒杀、捕食、内寄生及定殖线虫。食线虫菌物是一类重要的线虫天敌，在自然界对植物线虫起着十分重要的控制作用。食线虫菌物的研究已有近 160 年的历史，迄今已有 3 种商品制剂用于防治食菌茎线虫（*Ditylenchus myceliophagus*）、根结线虫（*Meloidogyne* spp.）和孢囊线虫（*Heterodera* spp.），并取得较显著的效果，充分显示了这一领域的广阔前景（向红琼和冯志新，2002）。

2. 生防菌与化学制剂联用

通过光合细菌微生物菌剂与噻唑膦协同应用，能减少化学杀线剂的使用、降低线虫抗药性的产生和环境污染的风险。此外，通过生物菌剂和化学制剂联合使用还能解决微生物杀线剂速效性差、防效较低等问题，不失为一种高效绿色的水稻根结线虫病防治方法。

利用光合细菌微生物菌剂 15L/hm² 与 10% 噻唑膦颗粒剂 1.5kg/hm² 协同作用，能显著降低稻田拟禾谷根结线虫 2 龄幼虫种群密度，减少发病株率与根结指数，药剂施用后 35d 和 70d，对水稻根结线虫病的防治效果分别达 76.94% 和 89.99%；与 10% 噻唑膦颗粒剂 2.25kg/hm² 单剂处理相比，在发病株率、接种后 70d 防治效果、虫口减退率等方面不存在显著差异。光合细菌微生物菌剂与噻唑膦协同使用后，可减少噻唑膦药剂对水稻生长产生的抑制作用，增加作物产量，增产率达 19.48%，防效显著高于 10% 噻唑膦颗粒剂 2.25kg/hm² 单剂（吕军等，2022）。目前，防效较好的生防菌剂是淡紫拟青霉，在添加生物炭后具有减药增效的作用。

哈茨木霉（*Trichoderma harzianum*）FJ0904 菌株对根结线虫卵具有高寄生率。施用哈茨木霉菌剂后水稻的根结数量减少 78.7%，且对水稻有促生作用，显示出较好的应用前景（王玉，2010）。

（四）药剂防治

水稻秧苗期对苗床进行药剂处理，目前效果较好的化学药剂有噻唑膦和氟吡菌酰胺。采用氟吡菌酰胺与吡虫啉混合包衣种子处理或在水稻苗期进行喷洒处理，对水稻根结线虫病防效显著，同时具有明显的保产效果。用氟吡菌酰胺处理水稻种子，按 4.2g(a.i.)/kg、8.3g(a.i.)/kg、12.5g(a.i.)/kg 种子与吡虫啉 18.0g(a.i.)/kg 种子混合包衣处理，播种后 35d 其对根结线虫的抑制率和药剂防效分别为 41.0%～51.8% 和 47.4%～58.6%；土壤中 2 龄幼虫减退率为 38.6%～40.4%，显著高于单用吡虫啉 18.0g(a.i.)/kg 种子处理的效果。

水稻播种后连续 3 次以氟吡菌酰胺 250.2g(a.i.)/hm²、375.3g(a.i.)/hm²、500.4g(a.i.)/hm² 进行土壤喷洒，施药后 7d，其对根结的抑制率和防效分别为 81.0%～89.9% 和 65.9%～74.3%；土壤中 2 龄幼虫减退率为 65.4%～73.4%，均显著高于对照药剂克百威 1800g(a.i.)/hm² 处理。氟吡菌酰胺各浓度处理对水稻苗期生长均有较好的保护作用，能显著提高千粒重和有效穗数，产量比空白对照增加 50.0%～61.2%，保产效果显著（周建宇等，2018）。

10% 噻唑膦颗粒剂、20% 噻唑膦水乳剂、35% 威百亩水剂和 98% 棉隆微粒剂对水稻根结线虫具有良好的防效，可作为防治水稻根结线虫的药剂。施用 41.7% 氟吡菌酰胺悬浮剂+35% 噻虫嗪悬浮种衣剂、1.18% 氟吡菌酰胺·噻虫嗪颗粒剂、10% 噻唑膦颗粒剂、0.5% 阿维菌素颗粒剂。药后 30d 和 60d，土壤中 2 龄幼虫减退率分别为 57.6%～81.3% 和 48.0%～65.0%，相应的根结指数防效分别为 58.7%～77.7% 和 42.7%～70.4%（欧平武等，2021）。

第三节　水稻潜根线虫病

一、病害发生与为害

（一）病害发生

潜根线虫（*Hirschmanniella* spp.）寄生于水稻和水生植物根部，水稻潜根线虫（*H. oryzae*）在水稻产区普遍存在，是水稻的主要植物寄生线虫，在世界范围内造成产量损失。潜根线虫可存在于土壤、淡水或海水中，是分布广、为害大的一类迁移性内寄生线虫（汪家旭和潘沧桑，1999；Chen et al.，2006）。

水稻潜根线虫（rice root nematode，RRN）广泛分布于世界各水稻产区。早在 1902 年印度尼西亚就已发生水稻潜根线虫病（Ou，1985）。随后，在美国、塞内加尔、古巴、菲律宾、泰国等地相继报道。迄今，全世界累计发现并正式描述的潜根属线虫种类已达 23 种。该属线虫分布于亚洲、非洲、欧洲和美洲水稻产区。

该病在我国南方水稻区普遍发生。我国在 20 世纪 80 年代初发现水稻潜根线虫（尹淦缪和冯志新，1981；冯志新和黎少梅，1983），这一发现引起一些植物病理学和植物线虫学工作者的重视。经调查、研究，目前报道在我国的广东、广西、云南、贵州、四川、江西、浙江、安徽、湖南、山东、陕西、福建及北京等省（自治区、直辖市）都有发生。刘存信（1989）报道国内约有 6000hm² 稻田严重感染潜根线虫病。

（二）病害为害

1. 自然发生为害

水稻根结线虫（*Meloidogyne* spp.）、潜根线虫、干尖线虫（*Aphelenchoides besseyi*）为水稻产区最重要的病原线虫（Karakas，2004；Bridge et al.，2005；Jones et al.，2013）。由于水稻潜根线虫寄主范围广，为害严重，在科学研究与农业生产实践中均已受到高度重视。

不同地区、不同品种、不同为害程度、不同研究者的研究结果，其报道的水稻潜根线虫造成的危害损失程度不一样。由于水稻内寄生线虫的为害，全世界水稻产量年均损失在 10%～25%（Babatola and Bridge，1980），导致全球农业每年大约损失 1570 亿美元（Abad et al.，2008）。水稻寄生线虫病害日趋严重，在全世界每年造成约 160 亿美元的水稻产量损失。

潜根线虫是水稻根部的重要寄生线虫。据报道，水稻潜根线虫为害全球 58% 的水稻种植区，导致水稻产量损失占总损失的 25% 左右（Nickle，1984；Bridge et al.，1990）。水稻潜根线虫主要侵害稻根，直接影响水稻分蘖能力，减产严重者可达 30%～40%。随着早稻的推广种植和农业生产实践的改变，水稻潜根线虫虫口密度呈增长趋势（Babatola and Bridge，1980；Hollis and Keoboonrueng，1984；Jonathan and Velayutham，1987；Maung et al.，2010）。

潜根线虫侵染水稻导致减产，主要是造成有效穗减少、千粒重降低（张绍升等，1998）。水稻返青期是潜根线虫主要感病期，这一时期水稻对潜根线虫的侵染反应最为敏感。在水稻感病生育期，潜根线虫侵染量越大，产量损失越严重；当潜根线虫的数量超过水稻植株所能忍受的极限时，会造成水稻严重减产。不同的水稻品种减产不同，通常减产 13%～70%（Yamsonrat，1967；Panda and Rao，1971；Muthukrishnan et al.，1977）。在国内，冯志新（2001）的数据表明，潜根线虫可使水稻减产 7%～15%。2005～2006 年在云南思茅水稻潜根线虫发生面积为 120～150hm²，在苗期、抽穗期、结实期均有发生，影响水稻的正常生长，产量损失达 25%～40%。

2. 人工接种试验对产量的影响

水稻根系受侵害，在一定范围内稻根中虫口密度（条/g 根）随接种虫量增加而增加；整株鲜重和有效分蘖数随接虫量增加而下降。接种 500 条的处理与对照的有效分蘖数差异极显著，有效分蘖数和有效穗数减少；水稻潜根线虫为害水稻后，不仅影响整株鲜重、有效分蘖数等生长性状，也影响有效穗数、千粒重等产量性状，造成产量损失（殷友琴等，1996）。

接种 90g 稻根加 1000 条线虫的水稻植株比未接种的对照减产 13.73%，两者达到显著差异。苗期到分蘖盛期前连续接种的损失最大，减产达 4.57%～10.91%。潜根线虫影响产量的因素主要是千粒重和有效穗数，分蘖盛期前接种的有效穗数比其他时期接种的有效穗数显著减少，表明分蘖盛期前潜根线虫的侵染对水稻有效穗数影响极大。水稻结实率和每穗粒数均受到一定的影响，但不显著（李茂胜等，1991）。

水稻返青期是潜根线虫的主要感病期，这一时期水稻对线虫侵染反应最敏感。在水稻返青期，每株稻苗接种 300 条和 470 条潜根线虫，分别造成减产 8.8% 和 13.5%。因此，水稻返青期为水稻潜根线虫病的防治适期（张绍升等，1998）。

3. 潜根线虫在田间和稻株内的分布

以平行跳跃式取样，调查研究了水稻潜根线虫的田间分布规律和群体季节动态。水稻潜根线虫在水稻根内的水平分布接近均匀状态；在水稻根内的垂直分布以根尖段最多、根中段次之、根基段最少。潜根线虫在广东省双季稻区，1 年有 2 次群体密度高峰期。早稻出现在拔节期，晚稻出现在孕穗期（殷友琴等，1997）。

同一地理位置的不同生态环境，所寄生的潜根线虫种类也不一样。村山坡下单季早稻田中（远离海边）查获水稻潜根线虫、尖细潜根线虫（*H. mucronata*）、刻尾潜根线虫（*H. caudacrena*）、贝氏潜根线虫（*H. belli*）和小结潜根线虫（*H. microtyla*），分别占 41.3%、19.6%、17.4%、10.9% 和 10.9%；而该村近海边双季稻田中查获水稻潜根线虫、海草潜根线虫、尖细潜根线虫、纤细潜根线虫和贝氏潜根线虫，分别占 45.5%、15.9%、15.9%、13.6% 和 9.1%。一块稻田，一株水稻，乃至一条稻根，都栖居着潜根线虫两个种或两个种以上的混合虫口（甚至多达 5 个种）（汪家旭和潘沧桑，1999）。

二、病害症状与诊断

（一）病害症状

水稻潜根线虫从水稻幼嫩根尖端部侵入，逐渐移动进入根内皮层和中柱之间吸取营养，影响根系对水分和营养的吸收，使受害根系细弱、短小、生长变弱（殷友琴和李学文，1984；王义成等，1988）。受害稻株地上部常常无明显症状，但分蘖明显减少，有效穗数减少，千粒重减少，产量降低（Nickle，1984；Bridge et al.，1990；Chen et al.，2006）。

田间秧苗或植株在不缺肥水的情况下，生长缓慢，移栽后返青慢，植株矮小、细弱，颜色浅黄，可连泥带根挖起水稻植株，洗净，观察稻根是否有细小珠状体颗粒，如有则可能是根结线虫病或潜根线虫病。

受害病株根系呈根瘤状，根为白色至乳白色，后转淡黄色、棕黄色至黑褐色，质地由坚实逐渐变软，致根皮破裂以至于腐烂；根瘤由芝麻粒大至米粒大小，数量由几粒至几百粒，根瘤剥开有白色幼虫，导致稻株根系腐烂。水稻地上部表现似缺肥症状，叶色变淡、枯黄、纤弱。秧苗素质差，死苗多，移植后返青慢，发根迟；分蘖减少，后期叶黄、矮小，稻株早衰、出穗难；抽穗期病株穗短，结实少，空秕粒多。

潜根线虫侵染引起水稻早衰具有"前旺后衰"的特点。接种潜根线虫的稻株苗期至分蘖期的分蘖数和根重均大于未接种对照稻株；在水稻抽穗至成熟期则明显小于对照稻株。潜根线虫侵染使水稻生长后期出现根系衰败，是引起水稻早衰的重要因素（刘国坤等，2008）。

（二）病害诊断

以水稻潜根线虫 rDNA-ITS 序列为靶标，设计环介导等温扩增反应（LAMP）的一组特异性引物，包括一对外引物（F3: 5'-ATCTTGTCCTTTGGCACG-3'；B3: 5'-CGGTTGAACAAACAACGT-3'）和一对内引物（FIP: 5'-CAGCATAGCAACAGAATGAATTCACGGTCGTAAACCTAATACGCG-3'；BIP: 5'-TTGTACTACAATGGATTGTTTTCGCCTGATCCATCCACCCATG-3'），建立了优化的水稻潜根线虫 LAMP 检测方法，可以鉴定水稻潜根线虫不同发育时期虫态（雌虫、雄虫、幼虫）个体，还可以从近缘种和其他植物寄生线虫混合的样品及水稻根组织样品中直接检测出水稻潜根线虫，且检测灵敏度达到 1/1000 条成虫的 DNA 浓度水平（刘淑婷，2020；何晋等，2021）。

三、病原学

（一）病原

潜根线虫隶属于垫刃目（Tylenchida）垫刃亚目（Tylenchina）垫刃总科（Tylenchoidea）短体线虫科（Pratylenchidae）潜根线虫属（*Hirschmanniella*）（Sher，1968）。该属线虫已知的种类达 23 种以上，其中寄生于水稻（*Oryza sativa*）的潜根线虫属的种类统称为水稻潜根线虫（RRN）（Nickle，1984；Bridge et al.，1990）。至今已经发现 35 种该属线虫，水稻为该类内寄生线虫的主要寄主，至少有 7 种是水稻的重要病原线虫（Luc et al.，1990）。

水稻潜根线虫是以混合种群的形式存在于自然水稻田中。据调查，田间以水稻潜根线虫为优势种，在混合群体中的比率为 60%～80%，其他较重要的种有尖细潜根线虫、小结潜根线虫，纤细潜根线虫（*H. gracilis*）、索恩潜根线虫（*H. thornei*），贝氏潜根线虫、墨西哥潜根线虫（*H. mexicana*）和野生稻潜根线虫（*H. anchoryzae*）。

不同地区、不同学者的研究结果有差异。已发现有 11 种水稻潜根线虫能导致水稻产量损失，包括水稻潜根线虫、刺尾潜根线虫（*H. spinicaudata*）、伊玛姆潜根线虫（*H. imamuri*）、尖细潜根线虫、纤细潜根线虫、索恩潜根线虫、贝氏潜根线虫、刻尾潜根线虫、水稻门格劳林根线虫（*H. mangaloriensis*）、沙米姆潜根线虫（*H. shamimi*）和印度小杆线虫（*H. indica*）。

在云南分离、鉴定出 10 种水稻潜根线虫，分别是贝氏潜根线虫、刻尾潜根线虫、莲潜根线虫（*H. diversa*）、纤细潜根线虫、伊玛姆潜根线虫、墨西哥潜根线虫、小结潜根线虫、尖细潜根线虫、水稻潜根线虫、刺尾潜根线虫。其中，水稻潜根线虫和伊玛姆潜根线虫为优势种（胡先奇等，2004）。

在广东鉴定出 9 种水稻潜根线虫，分别是网格潜根线虫（*H. areolata*）、贝宁潜根线虫（*H. behningi*）、野生稻潜根线虫、刻尾潜根线虫、莲潜根线虫、刻尾潜根线虫、水稻潜根线虫、小结潜根线虫和尖细潜根线虫。其中，前2种为中国新记录种，前6种为广东省新记录种，后3种为广东省已有记录种（刘淑婷，2017）。

从福建福州、武夷山及海南三亚的水稻根部分离鉴定了7属17种植物线虫：水稻潜根线虫、尖细潜根线虫、小结潜根线虫、纤细潜根线虫、墨西哥潜根线虫、索恩潜根线虫、贝氏潜根线虫、野生稻潜根线虫、异盘大刺环线虫（*Macroposthonia xenoplax*）、大刺环线虫（*Macroposthonia* sp.）、农地矮化线虫（*Tylenchorhynchus agri*）、玉米短体线虫（*Pratylenchus zeae*）、草地短体线虫（*P. pratensis*）、双宫螺旋线虫（*Helicotylenchus dihystera*）、刻尾螺旋线虫（*H. crenacauda*）、燕麦真滑刃线虫（*Aphelenchus avenae*）、南方根结线虫（*Meloidogyne incognita*）。异盘大刺环线虫、农地矮化线虫、玉米短体线虫、刻尾螺旋线虫在我国水稻上均为首次记录。索恩潜根线虫，野生稻潜根线虫为福建省新记录种。纤细潜根线虫、野生稻潜根线虫为海南省新记录种。

福州金山和海南三亚两地水稻根部潜根线虫种群结构存在差异。两地均以水稻潜根线虫为优势种，在群体中的比率分别为79.6%和56.9%；次要种有尖细潜根线虫、小结潜根线虫、纤细潜根线虫、野生稻潜根线虫，在群体结构中所占比例有明显差异。福州金山尖细潜根线虫和纤细潜根线虫分别占6.9%和2.3%，海南三亚这2个次要种分别占26.5%和21.5%。由于潜根线虫种群结构中次要种所占比例的差异，相同的水稻品种在不同地域的水稻田中表现出抗性差别（谢志成，2007）。

对江西部分水稻种植区水稻潜根线虫进行分析鉴定，共鉴定出6种：水稻潜根线虫、贝氏潜根线虫、小结潜根线虫、莲潜根线虫、刻尾潜根线虫和纤细潜根线虫（孙晓棠等，2013）。从浙江和安徽鉴定出3种水稻潜根线虫，分别是水稻潜根线虫、尖细潜根线虫和纤细潜根线虫（梅圆圆等，2009）。

（二）病原形态特征

水稻潜根线虫唇部顶平、边缘圆，唇环3～5环，口针基球圆球形，稍向前倾斜；排泄孔位于食道肠瓣膜稍后，无肠道覆盖直肠；有尾部侧带网隙，但不完全；尾端尖有完全环纹，尾端有锐突且明显，无腹刻；交合伞延伸至尾部3/4处，几乎接近末端。口针长，雄虫16.0μm（15.2～17.0μm）、雌虫16.4μm（15.2～17.4μm）。背食道腺开口至口针基球底距离3.2μm（2.3～4.0μm）。雌虫长2121μm（1968～2274μm），雄虫长1686μm（1558～1810μm）。交合刺长32.1μm（30.8～33.2μm），导刺带长8.2μm（7.4～9.3μm）（孙晓棠等，2013）。

（三）病原的生物学特性

水稻潜根线虫对温度、湿度、pH、光照和电的耐受性有很大差异。

1. 温度

水稻潜根线虫对零度以下低温的抗性很差，在-3～-1℃只能存活30h。但它对高温的抵抗能力很强，在40℃（水稻生长受抑制）的温度中还可以存活1个月左右。

2. 湿度

水稻潜根线虫耐淹而不耐干燥，在5～32℃的室温光照条件下，浸在无菌水中的线虫可以存活85～240d。但在室内（温度20～28℃、相对湿度70%～85%）自然晾干的线虫存活时间仅为58～84h。

3. pH

水稻潜根线虫对酸碱度的适应性很广，能够在水稻无法生存的酸碱度条件下生活数十天。在pH 2.2～3.0条件下可存活15～45d，在pH 5.9～7.0条件下存活130～270d，在pH 11.1～12.4条件下存活20～45d。因此，采用改变土壤酸碱度来防治水稻潜根线虫病是很困难的。

4. 光照

水稻潜根线虫经紫外光照射 80min 后全部死亡。直射阳光（4 万～8 万 lx）照射 2d 全部死亡。在光照条件下处理 195d 和在无光照条件下处理 235d 全部死亡。

5. 电

接通 220V 和 15 000V 的电源 10s 左右，小蚯蚓、小黄鳝、小泥鳅、小蝌蚪等水生动物全部被电死，但通电 30s 后对水稻潜根线虫毫无影响，镜检时存活率仍达 100%，且可自由地活动（林代福，1990）。

（四）寄主范围

不同研究者对水稻潜根线虫的寄主范围有不同的认知，自然条件下接种和人工接种也有差异。有学者认为水稻潜根线虫可寄生 9 科 19 种植物。其中，苋科的空心莲子草（*Alternanthera philoxeroides*）、禾本科的棒头草（*Polypogon fugax*）和莎草科的香附子（*Cyperus rotundus*）感染率分别为 100%、94.9% 和 83.6%，感染强度最高的是棒头草和香附子。也有学者认为有 30 多种单子叶植物和双子叶植物可被水稻潜根线虫寄生。通过盆栽人工接种，在接种量 500 条线虫/盆情况下，接种 44d 后，水稻潜根线虫可侵染大麦（*Horderum vulgare*）和紫云英（*Astragalus sinicus*）的根系。

在广州田间调查发现，水稻潜根线虫能侵染 7 科 16 种杂草，包括禾本科的千金子（*Leptochloa chinensis*）、李氏禾（*Leersia hexandra*）、稗（*Echinochloa crusgalli*）、马唐（*Digitaria sanguinalis*）和鼠尾粟（鼠尾草）（*Sporobolus fertilis*），菊科的鳢肠（*Eclipta prostrata*）、小飞蓬（加拿大飞蓬）（*Conyza canadensis*）、鬼针草（*Bidens bipinnata*）、苦荬菜（*Ixeris polycephala*）和藿香蓟（胜红蓟）（*Ageratum conyzoides*），蓼科的习见蓼（*Polygonum plebeium*）和水蓼（*P. hydropiper*），莎草科的牛毛毡（*Eleocharis yokoscensis*），苋科的空心莲子草（*Alternanthera philoxeroides*），伞形科的水芹（*Oenanthe javanica*）和唇形科的益母草（*Leonurus artemisia*）。但其不能侵染菜豆（芸豆）（*Phaseolus vulgaris*）、青菜（小白菜）（*Brassica chinensis*）、烟草（*Nicotiana tabacum*）、萝卜（*Raphanus sativus*）、辣椒（*Capsicum annuum*）、黄瓜（*Cucumis sativus*）、芸薹属油菜（芸薹）（*Brassica campestris*）和小麦（*Triticum aestivum*）（高学彪等，1999）。

（五）侵染循环

1. 越冬场所

水稻潜根线虫可在稻桩未腐烂的根和再生稻的根以及几种田边禾本科杂草的根内越冬，以再生稻根内的越冬线虫密度最大，其次是稻根。越冬的雌成虫数量大于雄成虫与幼虫的数量（冯如珍，1986）。

水稻潜根线虫可在水稻胚芽期侵染胚及幼根，而不侵染幼芽，此时的侵入并不影响种子萌发率和成苗率。潜根线虫在土壤介质中对水稻根系的侵入量显著大于在水、沙介质中的侵入量。在土壤营养丰富的条件下，低密度的潜根线虫量侵染能刺激水稻苗的须根产生，但在中、高接种量下明显抑制须根量的产生（张绍升等，2011a）。

水稻潜根线虫能以幼虫和成虫侵入除根尖以外的水稻根部组织，其侵染时期为水稻分蘖期（Babatola and Bridge，1980）。该线虫侵染水稻后可导致水稻根部腐烂、呈黄棕色，根部及须根生长受阻，水稻分蘖、开花受抑制或延迟，导致水稻产量下降。水稻潜根线虫侵入水稻根部后，不会形成固定的取食位点，可在水稻根部通气组织中自由移动和取食。在成功侵染后数天，雌虫在水稻根部产卵，4～5d 虫卵孵育完成，若条件适宜其完成生活史只需要 5 周左右（张磊等，2017）。

2. 发病规律

水稻潜根线虫以 1～2 龄幼虫在根瘤中越冬。翌年，2 龄幼虫侵染水稻根部，寄生于根皮和中柱之间，刺激细胞形成根瘤，幼虫经 4 次脱皮变为成虫。雌虫成熟后在根瘤内产卵，在卵内形成 1 龄幼虫，经 1 次脱皮，以 2 龄幼虫破壳而出，离开根瘤，活动于土壤和水中，侵入新根。水稻潜根线虫在水稻整个生育期间可多次侵染，借助水流、肥料、农具及农事活动传播。带线虫土壤及带线虫秧苗成为该线虫的初侵染源和再侵染源，线虫只侵染新根。酸性土壤、沙质土壤发病重；连作水稻发病重，水旱轮作发病轻；冬季浸水田发病重，增施有机肥的肥沃土壤发病重。

以福建厦门地区为例，水稻潜根线虫一年四季均能侵染寄主植物，3 月上旬开始侵染秧苗，一年有 2 次高峰期，时间分别在 5～6 月和 9～10 月，高峰期虫口密度为每克根含 60.5～71.8 条线虫。与厦门地区类似，福建三明的水稻潜根线虫在早、晚稻各有一个高峰期，分别在 6 月和 9 月下旬到 10 月上旬，水稻生育期分别处于破口期和齐穗期，品种间略有差异，主要是生育期及烤田轻重不同所致。各个品种所含潜根线虫量差异极大，除品种本身抗性差异外，与土壤类型及管理水平亦有关系。

（六）病原致病机制

潜根线虫作为一种内寄生线虫，除对水稻根部组织造成机械损伤外，在侵染和移动过程中可通过口针向水稻根部表层或内部组织注入它的食道腺分泌物（多种效应蛋白）。这些效应蛋白能改变寄主水稻的细胞结构和功能，对线虫的侵染及后期寄生生活有重要作用。

水稻植株表面的蜡质层与水稻细胞壁结构虽然形成了阻挡多种病原物侵染的机械屏障，但水稻内寄生线虫如水稻潜根线虫、根结线虫能通过口针将这层屏障刺破后取食，或者向水稻根部组织注入效应蛋白诱导重编水稻根部细胞基因的表达模式，使水稻朝着有利于内寄生线虫侵染、取食和繁殖的方向改变。

水稻内寄生线虫进化出适宜的侵染、取食、繁殖机制。水稻内寄生线虫能够通过机械损伤和分泌多种效应蛋白改变寄主细胞结构与功能，达到侵染水稻的目的（张磊等，2017）。水稻内寄生线虫的食道腺分泌物中含有多种细胞壁水解酶类，能对水稻根部细胞壁进行修饰或降解，为内寄生线虫的侵染及取食提供有力保障。细胞壁降解酶 β-甘露聚糖酶在线虫食道腺中表达，推测其很可能在潜根线虫侵染水稻过程中降解植物细胞的半纤维素。此外，分枝酸变位酶和异分枝酸酶也被发现是水稻潜根线虫的效应子，其作用很可能是降低寄主体内的水杨酸水平（Bauters et al.，2014）。

四、品种抗病性

（一）水稻品种对潜根线虫的抗性差异

水稻品种间对潜根线虫的抗性是有差异的。研究比较了 13 个水稻品种对来源于合肥和六安的水稻潜根线虫的抗性。13 个水稻品种均受到潜根线虫的侵染，两组线虫在协优 57 和 M99037 中的侵染率为 0.3%，显著低于在其他品种中的侵染率；协优 57 和 M99037 的抗性高于其他参试品种。同一水稻品种对来自合肥和六安的线虫有选择性，如来源于六安的潜根线虫在皖稻 63 上的侵染率为 0.3%，而来源于合肥的潜根线虫在这个品种上的侵染率为 10.0%（吴慧平等，2007）。

在接种潜根线虫虫量相同的条件下，不同水稻品种根组织内的潜根线虫虫量呈显著差异。江西丝苗虫口密度最大，丰华占-1 次之，IR26 的虫口密度最小。表明水稻品种对潜根线虫的侵染和繁殖存在一定的抗性差异。潜根线虫侵染能降低水稻的有效穗数、结实率及千粒重，造成水稻减产。不同水稻品种的减产率差异明显，表明水稻品种对潜根线虫的侵染具有耐病性。江西丝苗根内虫量最多而减产率最低，减产率为 8.05%；IR26 根内虫量最少而减产率最高，减产率高达 25.14%。接种潜根线虫的江西丝苗稻株在分蘖期可溶性蛋白含量比未接线虫稻株提高了 37.4%，乳熟期提高了 15.2%，根内潜根线虫虫口密度最高；IR26 接种线虫后在分蘖期和乳熟期可溶性蛋白含量比未接线虫的稻株都提高 6.3%，根内潜根线虫虫量最少。不同水稻品种对潜根线虫的侵染和繁殖存在抗性差异。产量测定结果表明，稻谷减产幅度与线虫侵染量不呈正相关。江西丝苗在黄熟期每克根内虫量达 10.3 条，减产率为 8.05%；而 IR26 在黄熟期每克根内虫量仅为 1.3

条，减产率高达 25.14%。因此，稻谷产量损失程度与水稻品种对潜根线虫侵染的敏感性和耐病性有关。水稻品种的抗病性不能仅以侵入根组织内的潜根线虫虫量作为唯一依据，还应当考虑到水稻品种对潜根线虫侵染的敏感性和耐病性（陈良宏等，2010）。

（二）水稻抗病机制

水稻受潜根线虫侵染后，主动调节其代谢水平、营养配置、细胞壁修饰酶编码基因以及防卫相关基因的表达水平等来抵抗内寄生线虫的侵染。水杨酸（SA）途径、茉莉酸甲酯（JA）途径为水稻抵抗该类线虫侵染的主要激素途径。乙烯（ET）在水稻抵抗根结线虫中依赖完整的 JA 途径，而在抵抗水稻潜根线虫时，则不依赖 JA 途径。外源性脱落酸（ABA）通过与 SA/JA/ET 途径拮抗，使水稻对潜根线虫的亲和性增强。

1. 营养运送

水稻受潜根线虫侵染后，控制水稻根部代谢水平和营养运输的基因表达下调，阻碍线虫汲取生长发育所需的营养（Bauters et al.，2014）。

2. 细胞壁修饰酶

木质素、纤维素和果胶等是植物抵抗外界不利因素的物质。水稻根部木质素合成酶类、纤维素合成酶类、果胶合成酶类等植物细胞壁修饰酶的编码基因和蜡质合成酶类的编码基因，在水稻受潜根线虫侵染后表达量上调，促进木质素、纤维素和果胶等的合成（Bauters et al.，2014）。

3. 生化酶类

当水稻受内寄生线虫侵染时，水稻中的过氧化物酶（POD）、酪氨酸解氨酶（TAL）、多酚氧化酶（PPO）、苯丙氨酸解氨酶（PAL）等防御酶基因活性也相应增强，这些酶对被侵染水稻能起到解毒和诱导抗病性的作用（张绍升等，2011b）。

潜根线虫侵染会诱使水稻根内的丙二醛（malondialdehyde，MDA）含量升高，特别在分蘖期时 MDA 含量明显升高，这表明稻根细胞膜遭受伤害。各水稻品种接种线虫后，POD 活性均高于对照植株，且其活性随着线虫侵染的加重逐渐增强，在乳熟期达到最高。接种潜根线虫的稻株体内 PAL 活性高于未接种对照稻株。不同品种间 PAL 变化有差异，丰华占-1 的 PAL 活性提高最显著。在分蘖期、拔节期和乳熟期接种线虫，稻株 PAL 活性比对照稻株分别增强 13.28%、7.13% 和 14.90%。

接种潜根线虫后水稻在各个生育期的 TAL 活性均高于对照。在水稻拔节期，水稻品种江西丝苗接种线虫的稻株 TAL 活性比对照稻株提高 28.8%，丰华占-1 的 TAL 活性比对照提高 21.8%，IR26 的 TAL 活性比对照略有提高。接种潜根线虫的水稻品种的 PPO 活性均提高，丰华占-1 的 PPO 活性在拔节期提高最显著，江西丝苗和 IR26 的 PPO 活性在黄熟期提高最显著。

潜根线虫侵染能诱发稻株体内 POD、TAL、PPO 等防御酶的活性增强。防御酶活性提高明显的水稻品种表现较强的耐病性，产量损失小；防御酶活性提高不明显的水稻品种耐病性较弱，产量损失大。因此，防御酶活性可以作为评价水稻耐病性的生理指标（张绍升等，2011b）。

4. 叶绿素

水稻接种潜根线虫后，叶绿素含量出现明显变化。接虫期（萌芽后 25～65d）、接虫量（0～4000 条线虫/盆）对叶绿素含量产生不同影响。在水稻不同生育期采用不同接种量进行接虫，接虫越早、接虫量越多，则病株叶绿素含量越低。分蘖期接虫株的单位鲜重和单位面积叶绿素含量较健株分别下降 37.5%（下降范围 6.6%～58.4%）和 45.8%（下降范围 30.0%～67.2%），尤以接虫早、接虫量高的植株下降剧烈。拔节期后，叶绿素含量回升，单位鲜重和单位面积叶绿素含量分别上升 6.7% 和 2.3%，田间黄化渐渐消失，出现复绿现象，该复绿现象易被误诊为病害解除，使病害具有隐蔽性。部分重病株没有出现叶绿素含量回升和田间复绿现象（吴慧平等，1998；谢志成，2007）。乳熟期病株叶绿素含量持续回升，单位面积叶绿素含量回升 18.8%。但最早接虫株和最高接虫量病株没有出现叶绿素含量回升，田间亦无复绿现象。接虫后，植株中 POD 活性均高于健株，以拔节期最为显著，酶比活力高出健株 8.40 倍。分蘖期、拔节期、乳熟期，植株中 MDA 含量也依次高于健株 19.6%、9.1% 和 6.7%。由田间观察和以上指标变化来看，接虫后，稻株首先出现明显叶色病变、细胞膜损伤，然后 POD 活性大幅升高、叶绿素含量回升和膜修复。从相关性来看，分蘖期的植株中 POD 活性与同期 MDA 值呈正相关（$R=0.747^{**}$）。表明膜损伤重的病株随着 POD 含量的升高叶绿素含量回升（吴慧平，1999）。

5. 抗病基因

对水稻尖细潜根线虫侵染抗/感病水稻品种的根部组织进行比较转录组分析，筛选出差异表达上调基因 *OsRAI1*，克隆获得了 OsRAI1 全长，通过蛋白质结构预测、亚细胞定位对其功能进行分析，利用 IPTG 诱导表达，对 OsRAI1 蛋白的表达条件进行了优化。可溶性蛋白在 0.6mmol/L、IPTG 6℃、诱导 18h 后表达量最高。*OsRAI1* 基因 ORF 全长 1065bp，编码 354 个氨基酸，属于 bHLH 转录因子家族。该蛋白为亲水性蛋白，分子量 37.90kDa，pI 值为 4.86，脂肪系数为 68.33，总平均亲水性（GRAVY）为−0.415，为非跨膜蛋白。蛋白互作预测显示该蛋白可能是通过两个蛋白间螺旋−环−螺旋区域（helix-loop-helix region，HLH）相互结合作用，亚细胞定位结果表明该蛋白在细胞核中表达（山草梅等，2021）。

（三）抗病品种鉴定方法

1. 潜根线虫分离

水稻潜根线虫存在不同种类混合寄生现象，线虫分离采用稻根和根系土壤相结合的分离方法。土壤分离采用改良的 Brown & Boag 分筛法（Brown and Boag，1988），将洗去泥土的稻根剪碎，每段长 1~2cm，与用于土壤分离的筛子上的残留物共同采用分筛法分离。

2. 抗性评价指标

防御酶活性可以作为评价水稻耐病性的生理指标（张绍升等，2011b），也可以根据潜根线虫侵染后引起的根结数量、稻根中线虫数量、造成的产量损失（有效穗数、千粒重）等单个指标或多个指标综合考虑进行评价（参考"本章第二节 水稻根结线虫病"部分）。

3. 胚芽期接种

采自稻田的水稻根系洗净剪碎后，采用贝尔曼漏斗法分离（Babatola and Bridge，1979）潜根线虫。分离后 24h 内的新鲜潜根线虫用于接种。接种所用的潜根线虫为混合种群，以水稻潜根线虫优势种为主，其他还有尖细潜根线虫、贝氏潜根线虫和小结潜根线虫。

为保证出苗整齐、出苗率高，将待测品种的饱满种子经破除休眠处理（50~55℃烘或晒 24h）后，浸种、催芽 24h。将水稻种子 50 粒/皿播种于装有适量细沙的 9cm 直径培养皿中。播种后接种线虫，接种潜根线虫 0 条/皿、500 条/皿、2000 条/皿、5000 条/皿，各处理重复 3 次。接种 4d 后统计种子萌发情况，观测水稻种子萌发率，随机抽取 20 粒统计根长及芽长，并分别摘取根、芽（或芽鞘）、胚，用水冲洗外表皮后，通过玻片轻挤压，计算内部线虫侵入量，观察潜根线虫对水稻萌发率的影响。

也可将水稻置于 28℃人工气候培养箱（相对湿度为 75%、12 000lx、光照/黑暗=16h/8h）培养，观察 7d。每天取样记录根数、须根数和根长，根系采用乳酚棉蓝染色，统计根内线虫侵入量，观察潜根线虫对水稻发芽率的影响（张绍升等，1998）。

研究测试了 230 份水稻样本（54 个早稻品种、151 个晚稻品种、16 个杂交稻组合、9 个野生稻种）对潜根线虫的田间抗性，结果显示：①未发现对潜根线虫免疫的水稻材料；②不同水稻品种对潜根线虫抗侵染或抗繁殖的能力不同，水稻品种间根内潜根线虫虫量存在显著差异；③所有测试材料都可以感染水稻潜根线虫，对其他潜根线虫表现出一定的选择性，不同水稻的根内潜根线虫种群结构不同；④不同水稻品种对潜根线虫的侵染表现出明显的耐病性差异，有些品种根内线虫虫量低，但产量损失大；有些品种根内线虫虫量大，而产量损失小。

栽培介质、接种时期、接种量、播种密度、施肥水平以及线虫虫龄等均影响潜根线虫对水稻的侵染能力。壤土比砂土更有利于潜根线虫侵染；潜根线虫 2 龄幼虫对稻根的侵染力最强，侵入率最高，成熟雌虫的侵入能力较弱（谢志成，2007；刘国坤等，2008）。

五、病害发生条件

（一）寄主抗性

从不同水稻品种根系中分离到的线虫数量有明显的差异，说明水稻品种对潜根线虫的"吸引"能力是不同的。从明恢 78 品种 20g 稻根中分离出的线虫高达 1105 条，而从 78130 品系的根系中只分离到 480 条。

潜根线虫虫量随水稻生育期的不同而发生变化。早、晚稻潜根线虫分别在水稻破口期和齐穗期各有一个高峰。早稻前期线虫虫量少，晚稻前期线虫虫量较多。对早、晚稻秧苗期进行调查，发现晚稻秧苗期线虫虫量比早稻秧苗期多。水稻苗期到分蘖盛期前对潜根线虫较为敏感，为感病时期。因此，采用药剂防治早稻潜根线虫病应在插秧后的返青期，晚稻宜在秧苗期进行防治，效果较好（高珠清等，1992）。

（二）气候因素

水稻潜根线虫的侵染数量与环境温度有关，温度愈高，潜根线虫数量愈多，反之则愈少，表明水稻潜根线虫喜高温。该线虫喜水，在有水的条件下存活时间更长。高温高湿有利于水稻潜根线虫的存活、繁殖，会加重病害。

（三）栽培条件

水旱轮作、烟稻轮作田的稻根中水稻潜根线虫虫量明显低于水稻连作，烟稻轮作 20g 稻根的虫量比水稻连作低 1/3～1/2。紫云英留种田、大豆田中稻根所含的潜根线虫虫量显著少于连作田稻根虫量。有烤田的稻根比不烤田的稻根所含线虫虫量少，冬翻晒白田比冬闲田的线虫虫量少。

（四）其他因素

稻田土壤的性状和结构对水稻潜根线虫的生存能力有较大的影响。调查发现，不同土壤中生长的稻根所分离得到的潜根线虫数量差异很大。30g 水稻根，乌沙田中分离到 4875 条水稻潜根线虫、沙质田 4325 条、烂泥田 2957 条、山坡田 1617 条、黄泥田 1090 条。乌沙田最有利于潜根线虫存活，黄泥田最不利于潜根线虫生存。在进行稻田土壤改造时可适当加一些黄泥土。

潜根线虫能在 pH 2.2～12.4 内存活，可广泛分布于不同酸碱度的稻田中（高珠清等，1992）。

六、病害防治

（一）选用抗病品种

明确水稻品种与潜根线虫间的互作关系，对于有效利用品种的抗（耐）潜根线虫能力非常关键。虽然无高抗潜根线虫的水稻品种，但品种之间的抗（耐）线虫水平有差异，如协优 57 和 M99037 等中抗潜根线虫。同一品种对不同地理来源的水稻潜根线虫的抗（耐）性差别也较明显。

（二）农业措施

水稻潜根线虫病是一种极难防治的土传病害，目前尚无理想的化学药剂，轮作对潜根线虫的防治是一个极为有效的措施（张绍升等，1998）。

研究比较了 5 种耕作方式对水稻潜根线虫病的防治效果：①菜心与水稻轮作，早稻—菜心—早稻；②烟草与水稻轮作，早稻—烟草—早稻；③冬种菜心，早稻—晚稻—菜心—早稻；④犁冬晒白，早稻—晚稻—犁田晒白—早稻；⑤板田对照，早稻—晚稻—板田—早稻。采用前 4 种耕作方式均能减少水稻潜根线虫对本田幼苗的侵染，在返青期使侵入稻根的水稻潜根线虫数量分别下降 88.1%、82.9%、82.9% 和 33.9%。测产结果表明，前 4 种耕作方式对水稻有效分蘖数、穗长、每穗粒数、千粒重和结实率均有不同程度的影响，与板田对照相比，使水稻分别增产 34.1%、27.5%、25.7% 和 11.5%。这 4 种耕作方式对水稻潜根线虫的防治作用表现在明显降低病原线虫在水稻生长发育早期对根的侵染，并在水稻整个生育期使潜根线虫群体持续在较低水平，从而起到防病增产作用。水稻潜根线虫的虫源基数明显减少的一个主要原因是这 4 种耕作方式能改变稻田土壤环境，促进残留稻根的腐烂，恶化水稻潜根线虫存活或越冬的主要场所，导致田间水稻潜根线虫的残留基数大幅度降低（高学彪等，1998）。

（三）生物防治

1. 植物源防治

采用一些植物，特别是药用植物的汁液或有效成分防治潜根线虫病害是一种很有应用前景的生防措施。国内在这方面开展了不少工作，但基本处于起步阶段。将鸡蛋花（叶、花）、黄芩、杏仁、干姜、一枝蒿和辣椒晾晒，用微型破碎机粉碎、过筛后，分别称取 6g 植物粗粉，用 0.05% 盐酸、0.05% 氢氧化钠、20% 乙醇、2% 丙酮和无菌水常温浸泡提取 48h，之后挑入 40～50 条水稻潜根线虫，置于各种植物提取液的培养皿中，分别于 24h 和 48h 后用清水复苏，检查线虫死亡率。杏仁和一枝蒿的杀线虫活性很强、黄芩、辣椒有较强的杀线虫活性；鸡蛋花（叶、花）、干姜的杀线虫活性较弱。同一植物采用不同溶剂提取的杀线虫效果不一样，黄芪用无菌水和乙醇提取，48h 后对水稻潜根线虫的校正死亡率分别为 13.25% 和 88.56%（周银丽等，2010）。

同一植物的不同部位提取液杀线虫活性也存在差异。植物提取液处理 72h 后，水稻潜根线虫在夹竹桃花、叶和皮提取液中的死亡率分别为 85.45%、73.15% 和 40.56%；在紫茎泽兰花、新叶、陈叶和茎秆提取液中的死亡率依次为 69.92%、37.76%、32.56% 和 27.64%；夹竹桃（叶）、紫茎泽兰全株和青蒿等植物甲醇提取液用无菌水稀释 2.5 倍、5 倍、10 倍、20 倍和 40 倍，处理 48h 后，夹竹桃稀释 2.5 倍活性最高，达82.16%，稀释 10 倍以上活性降低。夹竹桃、紫茎泽兰和青蒿 3 种植物叶片水提取液经太阳光照射 6h 后，线虫死亡率分别从原来的 74.1%、21.5%、7.91% 提高到 100%、35.6%、24.5%，表明光照处理可增强植物提取液的杀线虫活性（郭恺等，2008）。

采用乙醇作为溶剂常温浸泡 10 种植物，24h 后用滤纸过滤提取液定容，获得植物提取液。稀释后在室内测定其对水稻潜根线虫的校正死亡率。川芎提取液的杀线虫活性较强，苍耳、仙鹤草、紫苏、大蒜和豚草提取液的杀线虫活性次之（金晨钟等，2014）。

苍耳子、茶叶、板蓝根、细辛、夹竹桃（花）和洋葱用 20% 乙醇提取，提取液稀释 5～20 倍对水稻潜根线虫的抑杀活性较强（周银丽等，2011，2012）。

2. 微生物防治

穿刺芽孢杆菌的孢子能附着在多种线虫的体表，使线虫侵染力降低甚至死亡，即使有少数线虫侵入植物体内，其生殖腺也受到破坏。穿刺芽孢杆菌可寄生于 200 多种线虫，是一种很好的生防潜力因子。在福建南平报道发现，潜根线虫受穿刺芽孢杆菌感染，其孢子大量附着在线虫体表，展示了穿刺芽孢杆菌用于线虫生防的潜力和前景（潘沧桑等，1998）。

（四）药剂防治

采用化学药剂防治水稻潜根线虫病较好的施药适期分别在水稻返青期、分蘖初期、移栽期。在这些时期施用杀线虫剂 3% 呋喃丹颗粒剂防治水稻潜根线虫，可分别使水稻增产 23.6%、18.8% 和 12.3%，增产作用主要表现为提高水稻的有效穗数和千粒重（张绍升和艾洪木，1994）。但目前呋喃丹已被禁用。

可参考水稻根结线虫病的防治方法和药剂，如选用阿维菌素 B、淡紫紫孢菌（线翘翘）、灭线灵（克线磷）、巴丹等。噻唑膦是防治水稻潜根线虫病的有效药物，秧田施药的杀虫率为 80.2%～82.6%，插秧前施药的杀虫率为 83.3%～94.4%。

第四节　水稻茎线虫病

一、病害发生与为害

（一）病害发生

水稻茎线虫病，又名稻窄茎线虫病、稻褐斑线虫病（洪剑鸣和童贤明，2006）。该病于 1912 年在孟加拉国首先被发现（Butler，1913），并将水稻茎线虫命名为 *Tylenchus angustus*，1936 年更名为 *Ditylenchus angustus* (Bulter) Filipjev 并沿用至今。水稻茎线虫病主要分布于泰国、马来西亚、菲律宾、印度尼西亚、孟加拉国、缅甸、越南湄公河三角洲地区（Kyndt et al.，2014）；巴基斯坦、阿拉伯联合酋长国、乌兹别克斯坦、印度、埃及、苏丹、南非、马达加斯加、古巴、老挝和日本也发生该病害，老挝和日本等国家已将其列为检疫对象（李喜阳，1998；黄可辉和郭琼霞，2003；李芳荣等，2015）。我国在 1986 年将水稻茎线虫列为禁止入境的危险性有害生物，并对来自水稻茎线虫疫区的水稻产物（谷种、稻穗、稻草、草席、草袋、秧苗、根蘖、稻桩）、寄主植物及其产品的进口采取严格的官方控制措施，严防水稻茎线虫从国外传入（黄可辉和郭琼霞，2003；李芳荣等，2015）。

彭德良（1998）认为，我国尚无水稻茎线虫发生的报道。但我国安徽省阜阳市颍上县于 2008 年大面积发生水稻穗发育畸形的病害，经调查诊断为水稻茎线虫病害，该病在我国属于首次发现（夏树，2008）。此报道尚未得到进一步证实。

（二）病害为害

全世界被茎线虫为害的水稻面积为 6.67 万 hm^2，估计平均产量损失为 30%。当 4%～10% 的秧苗受茎线虫侵染时，将导致每公顷产量损失 1.26～3.94t。在许多情况下，水稻产量损失极其严重，甚至绝产（黄可辉和郭琼霞，2003）。20 世纪 50～60 年代，在印度、泰国、孟加拉国、缅甸、越南湄公河三角洲地区，由于茎线虫侵染危害，水稻产量损失达 20%～70%。

水稻茎线虫可引起深水稻、非灌溉水稻以及低地水稻 50%～100% 的产量损失，1974 年越南某省数百公顷的深水稻全部绝产。据 Cue 和 Kinh（1981）报道，1975～1980 年在越南湄公河三角洲稻区发生水稻茎线虫病，1982 年在该地区 6 万～10 万 hm^2 的稻田受害，造成水稻减产达 50%～100%。

泰国南部水稻茎线虫病的发生造成水稻减产 20%～90%（Cox and Rahman，1980）。2014 年，缅甸伊洛瓦底省因水稻茎线虫病暴发，水稻产量较正常年份减产 70% 左右。在孟加拉国，有 20% 的水稻产区受到水稻茎线虫的侵染，60%～70% 的低洼田水稻（约 2 万 hm^2）被水稻茎线虫为害，水稻产量损失在 20% 以上。1953 年，印度尼西亚及印度部分地区由于水稻茎线虫引起的水稻产量损失高达 50%。

在人工接种的情况下，不同线虫单独或混合接种，产量损失不同。单一接种水稻茎线虫或水稻干尖线虫，以及 2 种线虫按不同比例混合接种相比较，当仅接种水稻茎线虫时，水稻产量损失达 62%，比仅接种水稻干尖线虫和不同比例混合接种的产量损失高（Latif et al.，2013a）。

二、病害症状

水稻茎线虫病在水稻整个生育期的不同部位均可表现出症状，以穗期症状最明显。田间早期症状为病株幼叶基部卷捻，出现白色或浅绿色斑点、叶片畸形扭曲（图 4-10）。随着病程的发展，叶片出现分散的暗斑，茎干节间区域变为深褐色，叶基部和叶鞘扭曲或畸形，下部节间膨胀。发病末期，叶片褪绿，全株枯萎或死亡（图 4-11）（Das et al.，2011）。受害稻穗和穗轴变为暗褐色，稻穗常被包裹在发病的叶鞘内，造成不能正常抽穗，发病较轻的能正常抽穗，抽穗后基部卷曲，有些病株在下部节位肿大，穗苞在叶鞘内不能抽出或仅部分抽出（刘树芳等，2016），不能结实或仅穗的顶部少量结实（Rahman，2003；洪剑鸣和童贤明，2006）。

图 4-10　水稻茎线虫危害造成水稻叶片失绿花白斑症状

图 4-11　水稻对茎线虫的感病症状严重度（0～16）（Khanam et al.，2016）

水稻茎线虫病穗期症状主要有 3 种类型。

1. 膨肿型

感病稻穗被紧裹在叶鞘中，不能抽出，呈纺锤形肿大。剥去叶鞘，可见病穗褐色，扭转歪扭，不结实，花器退化难辨。

2. 成熟型

感病稻穗能从叶鞘中抽出，并结出一些正常谷粒，特别是靠近穗的顶部。但穗的中下部小花部分或全部不受精，或仅有部分小花结实，花梗呈暗褐色至黑色。

3. 中间型

稻穗仅部分抽出，细弱且不结实。病株常在被害处形成分枝，即在同一叶鞘内伸出 2～4 根扭曲的穗。其中，只有主穗形成的穗大小正常，其余穗细小。

Butler（1913）按照受害水稻是否抽穗，将该病害的症状分为 2 种类型："Thor"型，即叶片和穗扭曲、不能抽穗；"Pueea"型，即能抽穗但不能结实或少量结实。Cox 和 Rahman（1980）将该病害的症状分为 3 种类型：ufra Ⅰ，穗被叶鞘包裹不能正常抽出；ufra Ⅱ，稻穗不能完全抽出，下部稻穗被叶鞘包裹（半包穗），不能结实；ufra Ⅲ，稻穗能正常抽穗，但大部分不能结实。

水稻茎线虫在适宜的温湿度条件下，通过在植物体内的取食和迁移，不仅造成水稻叶片褪绿、畸形、不能正常抽穗（Rahman and Evans，1987），而且降低了水稻的抵抗能力，易引起其他病害的发生。由于水稻茎线虫的侵染，水稻植株内氮含量明显增加，加重了如稻瘟病、叶鞘腐败病和细菌性条斑病等病害的发生（Ali et al.，1997）。该病引起的水稻叶片上的褐色斑点可成为镰刀菌属、枝孢属真菌的次生侵染点（刘树芳等，2016）。

三、病原学

（一）病原

引起水稻茎线虫病的病原为水稻茎线虫（*Ditylenchus angustus*）（Butler，1913；Filipjev and Schuurmans Stekhoven，1941），属于垫刃目（Tylenehida）垫刃总科（Tylenchoidea）粒线虫科（Anguinidae）茎线虫属（*Ditylenchus*）。

（二）病原形态特征

1. 雌虫

虫体细长，近直线型或略向腹部呈弧形弯曲，角质层有细微环纹（图 4-12）。体中部环纹约 1μm 宽。唇区无环纹，缢缩不明显。头区骨架稍硬化，六角放射形。正面观唇区分为六部分，大小近相等。侧区为体宽的 1/4 或略小，有 4 条侧线，几乎延伸到尾尖。颈乳突在排泄孔的后方，紧接排泄孔。侧尾腺口位于尾中部的后面，孔状。口针锥体，发育较好，约占口针全长的 45%；基部球小，但明显。食道前体部圆筒状，长为体宽的 3.0～3.6 倍，在与中食道球连接时变窄，中食道球卵形，在中食道球中心前部有明显的瓣门。食道狭窄，圆筒状，是食道前体部长度的 1.5～1.9 倍；后食道腺体常呈梭形，长 27～34μm，主要在腹面稍覆盖肠，有 3 个明显的腺核，无贲门。神经环明显，在中食道球后面 21～35μm 处。排泄孔位于从头部开始向后 90～110μm 处，略在后食道球开始处的前部。半月体在排泄孔前 3～6μm 处。阴门有横的狭长裂口，阴道管略斜，达体宽一半以上。受精囊长形，充满大的圆形精子。前卵巢向前伸展。卵母细胞单行排列，极少有双行。后阴子宫囊内无精子，退化，长度是阴门径的 2.0～2.5 倍，延伸至阴门至肛门距离的 1/2～2/3。尾部锥形，是肛门处虫体直径的 5.2～5.4 倍长，末端渐尖，类似尖突。雌虫体长（L）0.6～1.1mm，体长/最大体宽（a）为 36.0～60.0，体长/体前端至食道与肠连接处的距离（b）为 6.0～8.0，体长/尾长（c）为 10.4～26.0。

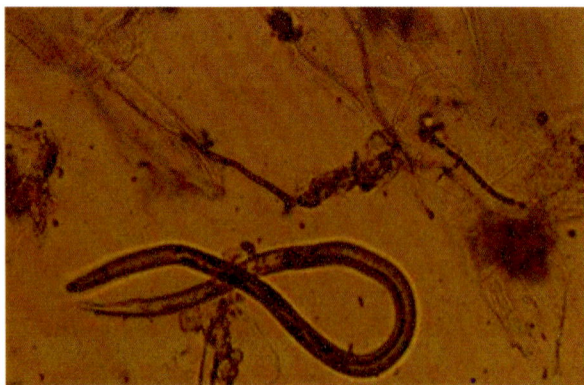

图 4-12　水稻茎线虫的雌虫形态

2. 雄虫

虫体近直或略向腹部弯曲，形态上类似雌虫。具有交合伞，开始于交合刺的近末端腹面，延伸几乎达尾尖。交合刺向腹部弯曲，简单。引带短、简单。雄虫体长（L）为 0.7～1.25mm，体长/最大体宽（a）为 36.0～63.7，体长/体前端至食道与肠连接处的距离（b）为 5.42～9.0，体长/尾长（c）为 15.0～24.0（戚龙君等，2002；Das and Bajaj，2008）。

幼虫在总的形态方面与成虫相似。食道按比例长于成虫的食道。

（三）病原的生物学特性

水稻茎线虫的生长经过卵、初龄幼虫（卵中度过）、2龄幼虫、3龄幼虫、4龄幼虫及成虫几个阶段，是典型线虫生活史型。在水中能存活4个月，休眠的线虫在干燥条件下能存活15个月以上，待潮湿条件出现或处于水稻生长季时，立即恢复活动。水稻茎线虫入侵寄主的最适温度为20～30℃。初龄幼虫在卵内完成发育，从2龄幼虫到成虫的发育只需15d。在人为条件下，完成整个生活史则需24d。如果卵直接产在潮湿的水稻茎中，则2龄幼虫不再需要寻找寄主，整个发育阶段可能缩短。4种幼虫可根据其体长不同来进行区分。在8月水稻植株处于未成熟生长阶段，且田间水分充足时，成虫数量达到顶峰，经过繁殖，成虫可由1条增加到3000条。

水稻茎线虫在1～30℃下存活，最适宜温度为25℃。雌虫成熟后，当温度达到10.6℃时即可产卵；随着温度升高，孵化时间缩短，在20℃、25℃、30℃下分别需4d、3d、2d即可孵化；温度高于35℃时，雌虫不产卵且卵不能孵化。在相对湿度75%、温度为30℃的条件下，10～20d即可完成一个世代（Kinh，1981）。在东南亚和南亚，由于地理位置邻近赤道和印度洋，受海洋季风的影响常年高温高湿，为水稻茎线虫的侵染提供了有利的自然条件。在植物收获后，水稻茎线虫寄生于水稻残株、土壤、寄主植物和种子里越冬（Cox and Rahman，1979；Prasad and Varaprasad，2002）。当温度和湿度适宜时，水稻茎线虫再次侵染水稻或其他寄主。

水稻茎线虫生命力极强，常温下在干燥的种子中至少能存活6个月（Luc et al.，2005；Latif et al.，2011）。水稻茎线虫可以在水中传播和侵染，在24～26℃生长1周的水稻苗上生活史为8d，卵在清水中经64～66h孵化，2龄、3龄和4龄幼虫持续时间分别为1d、1d和2d，雌虫成熟1d后即产卵（Ali and Ishibashi，1996）。

（四）寄主范围

水稻茎线虫的寄主为不同水稻类群，包括亚洲栽培稻（*Oryza sativa*）、高秆野生稻（*O. alta*）、非洲栽培稻（*O. glaberrima*）、阔叶野生稻（*O. latifolia*）、疣粒野生稻（*Oryza meyeriana*）、小粒野生稻（*O. minuta*）、尼瓦拉野生稻（*O. nivara*）、药用野生稻（*O. officinalis*）、普通野生稻（*O. perennis*）、野生稻（普通野生稻、陵水普通野生稻）（*Oryza rufipogon*）、普通野生稻古巴变种（*Oryza perennis* var. *cubensis*）、紧穗野生稻（*O. eichingeri*）和旱稻（*O. ativa* var. *spontance*）。马达加斯加和缅甸报道李氏禾（假稻）（*Leersia hexandra*）、光头稗（*Echinochloa colonum*）、间序囊颖草（*Sacciolepis interrupta*）和水禾（*Hygroryza aristata*）等杂草也是水稻茎线虫的寄主植物（US Department of Agriculture et al.，2011）。水稻茎线虫也可取食链格孢菌（*Alternaria alternata*）和灰葡萄孢菌（*Botrytis cinerea*）等多种真菌（Ali et al.，1997）。

（五）侵染循环

水稻茎线虫在病稻草、稻茬、种子以及混在种子里的病残体中越冬，并成为初侵染源。水稻茎线虫的远距离传播主要通过人为因素，如稻种的引进和铺垫稻草料等，稻种引进是其进行远距离传播的主要途径。水稻茎线虫可以从秧苗移植传到大田，经田间排水、灌水及雨水，由一块田传到另一块田。在潮湿条件下，病株与健株间彼此接触摩擦也可传播。收获后病田内的根茎、病株残体为下一年的初侵染源。病种子也能传播该线虫。水稻播种出苗后，在潮湿条件下，水稻的茎叶表面有水时，水稻茎线虫从土壤向水稻幼苗迁移，在移栽后几天，水稻的顶芽生长点能发现茎线虫，并逐步蔓延到叶鞘、茎和顶节、花梗、花序和种子。水稻接近成熟时，若气候干旱，病原线虫卷曲停止取食并变得不活跃，聚集成棉花团状，进行休眠，以度过不良环境。

四、品种抗病性

由于水稻茎线虫病在我国尚未报道，国内对该病的研究尚未开展或相对薄弱。在水稻品种抗茎线虫的鉴定方面也未见报道。孟加拉国曾开展水稻抗茎线虫病鉴定研究，报道了水稻品种 Manikpukha 高抗水稻茎线虫病，BR7、BR18、BRRI Dhan 35、BRRI Dhan 37、BRRI Dhan 40 和 BRRI Dhan 45 等抗水稻茎线虫病（Khanam et al.，2016）。

1. 接种体培养

水稻茎线虫的培养与繁殖在种植于温室（25～28℃，相对湿度 80%）的感病品种 BR11 上完成。采用贝尔曼漏斗法从感病品种的茎秆上分离提取水稻茎线虫（Luc et al.，2005）。茎秆纵向破开，切成 5mm 长片段，置于水中的筛网过夜，让线虫从稻秆组织中溢出。

2. 盆栽和田间小区鉴定

1）盆栽鉴定：在塑料盆钵中（直径 30cm，高 40cm）装 2/3 沙壤土，每盆用镊子播 20 粒催芽好的种子，播入 0.5cm 深的土壤，重复 5 次（盆），考察 100 根苗。

2）大田鉴定：小区面积 2m×3m，株行距 20cm×20cm，每个小区人工垒小田埂隔离，以保持水层，防止水稻茎线虫扩散。

田间接种采用感病水稻茎秆，按贝尔曼分离法计算每个片段茎秆中的水稻茎线虫数，用大约含有 100 条线虫的茎秆片段接种每一株水稻。接种前将水灌到 15d 秧龄水稻植株的最高节位。将感病水稻茎秆切成小片段，均匀撒在水面，将最初的水层高度维持 2 周。

3. 抗性评价方法

在接种后 28d 和接种后 55d，分别调查水稻品种对茎线虫的抗/感性。接种后 28d 的评价依据 Plowright 等（1992）水稻茎线虫在水稻营养生长期侵染的症状——叶片基部变黄色的强度（图 4-10）。以有无症状、中脉坏死、长条状淡绿色白斑等作为对参试品种的抗性评价标准。接种后 55d 的评价是基于植株感染的百分率，根据 Rahman 和 Evans（1987）、IRRI（1996）的方法将参试品种分为 6 组，见表 4-2。

表 4-2 水稻茎线虫接种后 55d 病级评分标准（Khanam et al.，2016）

病级（DI）	株感病率/%	症状描述	抗/感病描述
0 级	0	无症状	高抗
1 级	1～20	症状可见或不可见	抗病
3 级	21～40	可见症状	中抗
5 级	41～60	可见症状	中感
7 级	61～80	可见症状	感病
9 级	81～100	可见症状	高感

五、病害发生条件

（一）寄主抗性

种植高抗水稻茎线虫病的品种，可有效减轻水稻茎线虫病的发生和为害。

（二）气候因素

温度和土壤湿度直接影响水稻茎线虫的繁殖和发生。当气温为16℃时，水稻茎线虫开始活动并侵染寄主，其最合适的生长与繁殖温度为20～30℃。在孟加拉国，水稻茎线虫主要发生于5月、6月和11月，一年至少发生3代。水稻茎线虫喜高湿、雨水，在雨季，该线虫严重侵染水稻；干旱、低湿、低温不利于茎线虫的繁殖和迁移，水稻茎线虫病发生为害少、病情轻。在水稻生产季节，当温度27～30℃、相对湿度75%以上时，发病较严重（Bridge et al.，2005）。

根据水稻茎线虫的适生性，从地理环境和气候条件来看，我国除西北和东北外，大部分地区的气候条件均适合水稻茎线虫定殖、适生条件，有适宜和潜在发生水稻茎线虫病的环境条件，需引起高度重视。

（三）栽培条件

稻田长期有水或湿润条件下有利于水稻茎线虫病的发生为害，长期连续种植水稻会加重病害发生。

六、病害防治

（一）加强植物检疫

从地理和管理标准、定殖和定殖后扩散的可能性、经济影响评估、传入的可能性及风险管理措施等方面，对水稻茎线虫进行风险评估，证实了水稻茎线虫符合检疫性有害生物的地理和管理标准，在我国广泛定殖的可能性、定殖后扩散的可能性以及经济影响和进入的可能性都很大。表明水稻茎线虫随着从疫区的稻谷（种）引进和稻草等铺垫、包装材料传入我国的风险极高。因此，加强检验检疫，将水稻茎线虫列为禁止输入的危险性有害生物是非常必要的（黄可辉和郭琼霞，2003）。水稻茎线虫为我国二类对外检疫对象，严禁该线虫进入我国境内。水稻茎线虫能在干燥的稻种中存活6～15个月。农业农村部有关部门制定了种子检验方法，在海关检验及其他地区从国外引种时必须严格执行。禁止从水稻茎线虫的疫区进口水稻，包括稻种、稻穗、稻草、草席、草袋、秧苗、根蘖、稻桩等寄主植物及其产品（黄可辉和郭琼霞，2003）。

（二）选用抗病品种

种植高抗水稻茎线虫病的品种Manikpukha，以及抗病品种BR7、BR18、BRRI Dhan 35、BRRI Dhan 37、BRRI Dhan 40和BRRI Dhan 45可有效减轻水稻茎线虫病的发生和危害（Khanam et al.，2016）。

（三）农业防治

1. 建立无病留种田

在疫区建立无病留种田，采用不带茎线虫的水稻种子是比较经济有效的措施。

2. 清除病残体

清洁田园，清除病残体和田间杂草，能减少水稻茎线虫病的发生（Chakraborti，2000；Rahman，2003）。在干旱季节犁田，将稻根翻到表面暴晒，清理出田外，集中焚烧或填埋。

3. 稻田轮作

稻田轮作或休闲能有效防除水稻茎线虫病。利用水稻茎线虫只寄生稻属作物的特点，轮种其他非寄主植物1年或闲置病田1年，如水稻与芥菜轮作可明显减少茎线虫基数，在线虫感染的田块中栽种黄麻也能减轻症状。采取水旱轮作模式以及种植早熟品种亦可减轻病害发生。

4. 调整播栽期

将播种时期或移栽深水稻的时间延迟 2～3 个星期，或等洪水退后再播种或移栽，水稻茎线虫的侵染率会减轻 25%～28% 或者更多。

（四）药剂防治

可选用灭线磷、异狄氏剂和久效磷等化学药剂对水稻茎线虫进行防治（Latif et al.，2013b）。由于化学药剂易造成环境污染，相关国家正开展植物源杀虫剂如印楝素防治水稻茎线虫病的研究工作（Chakraborti，2000；Latif et al.，2006）。

第五节　水稻孢囊线虫病

一、病害发生与为害

（一）病害发生

水稻孢囊线虫病（rice cyst nematode disease），又称日本孢囊线虫病，最早于 1974 年在日本丘陵旱稻田中被发现（Ohshima，1974），在伊朗和欧洲均有分布。该病害在我国广东（李怡珍等，1985）、湖南（Ding et al.，2012）、广西、江西和湖北先后有发生为害的报道（卓侃等，2014）。

（二）病害为害

水稻孢囊线虫侵染水稻后，不仅造成水稻根系鲜重减轻、株高下降、叶绿素含量降低，而且造成水稻产量损失，可导致水稻产量损失 10%～20%，严重田块可达 30%～50%（彭德良，2021）。

采用人工接种的方法，测试孢囊线虫卵量对水稻产量构成因素和产量的影响。试验结果发现，接种 2 或 3 粒卵/mL 土壤的水稻植株，其产量与对照没有显著差异；接种 4 粒卵/mL 土壤的水稻植株，其有效穗数、实粒重显著低于对照；随着接种密度的增加，水稻实粒重表现出下降的趋势，产量损失加重，并且导致稻谷品质下降（Luc et al.，2005；黄勇椿等，2021）。

在抽穗期至黄熟期接种水稻孢囊线虫，随接种密度的增加，水稻叶绿素、有效分蘖数、籽粒千粒重均表现出下降的趋势。每株接种 200 条和 400 条孢囊线虫的水稻植株比未接种的产量分别下降 19.3% 和 24.2%。旱稻孢囊线虫不同接种密度对水稻剑叶的叶绿素相对含量（SPAD）值有影响，接种密度越高，剑叶的叶绿素 SPAD 值降低越大。接种 4 粒/mL 土壤的水稻叶绿素 SPAD 值较对照降低 6.4%～16.8%，接种 8 粒/mL 叶绿素 SPAD 值较对照降低 8.8%～19.5%（袁涛，2018）。

二、病害症状与诊断

（一）病害症状

水稻孢囊线虫寄生在水稻根部，吸取寄主营养物质并对根部造成伤害，其为害症状与水肥失调引起的症状极其相似。水稻孢囊线虫侵染水稻根系后，可导致水稻早衰、叶片变黄、植株矮小、根部腐烂、植株萎蔫、分蘖减少和开花提前等症状（Luc et al.，1990）。

（二）病害诊断

王水南等（2014）根据水稻孢囊线虫和常见孢囊线虫的 ITS 序列比对分析，设计出 1 对旱稻孢囊线虫特异性引物 He-F/He-R，特异性片段长度为 281bp。用该特异性引物可特异性检测单条水稻孢囊线虫 2 龄幼虫，也可以从混合有 1 条水稻孢囊线虫的 0.1g 水稻根组织中特异性检测出目的 DNA 片段。特异性引物 He-F/He-R 与孢囊线虫通用引物 D2A/D3B 结合，双重 PCR 方法可快速鉴定出孢囊线虫的单个孢囊，也可从初始分离的田间土壤总线虫样品中直接检测出旱稻孢囊线虫。

三、病原学

（一）病原

水稻孢囊线虫是引起水稻孢囊线虫病的孢囊线虫的总称（Lorieux et al.，2003）。目前，有 5 种孢囊线虫可寄生水稻，分别是旱稻孢囊线虫（*Heterodera elachista*）、水稻孢囊线虫（*H. oryzae*）、拟水稻孢囊线虫（*H. oryzicola*）、甘蔗孢囊线虫（*H. sacchari*）和芒稗孢囊线虫（*H. graminophila*）。前 4 种已明确是水稻的重要病原物，可引起水稻产量下降。其中，旱稻孢囊线虫对水稻为害最严重（Bridge et al.，2005；Subbotin et al.，2010）。

（二）病原形态特征

1. 卵

卵呈长椭圆形，无色透明，长（100.8±7.8）μm，宽（39.4±2.5）μm，卵壳没有花纹。

2. 孢囊

孢囊体长（除颈）（406±33.5）μm，体宽（357.2±41.5）μm，膜孔长（32.7±1.5）μm，膜孔宽（31.5±1.7）μm，阴门裂长（39.1±1.9）μm，下桥长（94.4±7.6）μm，肛阴距（22.5±0.3）μm。孢囊的形态与雌虫相同，体褐色，体末端有卵囊，有明显的阴门圆锥体，颈不对称，角皮花纹锯齿状，阴门小板为两侧半膜孔型，有下桥和少量孢状突起，肛门明显易见。

3. 2 龄幼虫

虫体为蠕虫状，尾渐尖，口针强大，基部呈球形，侧区具侧线 3 条。体长（398.2±9.6）μm，体宽（1.94±1.04）μm，口针长（19.3±0.65）μm，尾长（56.2±2.8）μm，透明尾长（31.4±1.9）μm，口针基部球-背食道腺开口（4.7±0.5）μm，虫体前端-中食道球瓣（65.5±5.07）μm，虫体前端-排泄孔（93.9±6.9）μm，虫体前端-食道末端（110.0±27.1）μm。

4. 雌虫

虫体白色带珍珠光泽、宽柠檬形，角皮花纹锯齿状，有阴门锥突起，体末端有胶质卵囊，肛门明显易见（图 4-13）。体长（381±58.29）μm，体宽（337.2±38.54）μm，颈长（64.7±15.2）μm，口针长（19.6±0.90）μm，口针基部球-背食道腺开口（4.71±0.69）μm，虫体前端-中食道球瓣（61.1±26）μm，虫体前端-排泄孔（80.8±7.15）μm，虫体前端-食道末端（120.2±20.2）μm。

5. 雄虫

虫体蠕虫状，尾端钝圆，交接刺 1 对，互相对称，呈弧形。体长（925±52.4）μm，体宽（24.3±1.4）μm，口针长（23.1±0.87）μm，口针基部球-背食道腺开口（5.2±0.5）μm，虫体前端-中食道球瓣（1.8±

4.98）μm，虫体前端–食道末端（846.8±8.36）μm，虫体前端–排泄孔（129.4±7.1）μm，交接刺长（23.1±2.2）μm，引带长（8.25±0.83）μm。雄虫数量很少（李怡珍等，1985）。

旱稻孢囊线虫在光学显微镜下如图 4-14 所示。

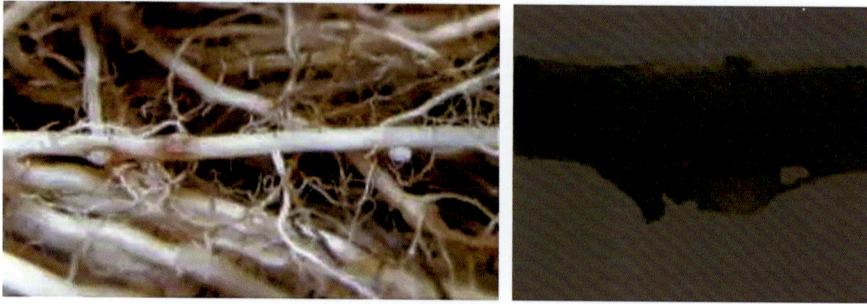

图 4-13　水稻根表雌虫

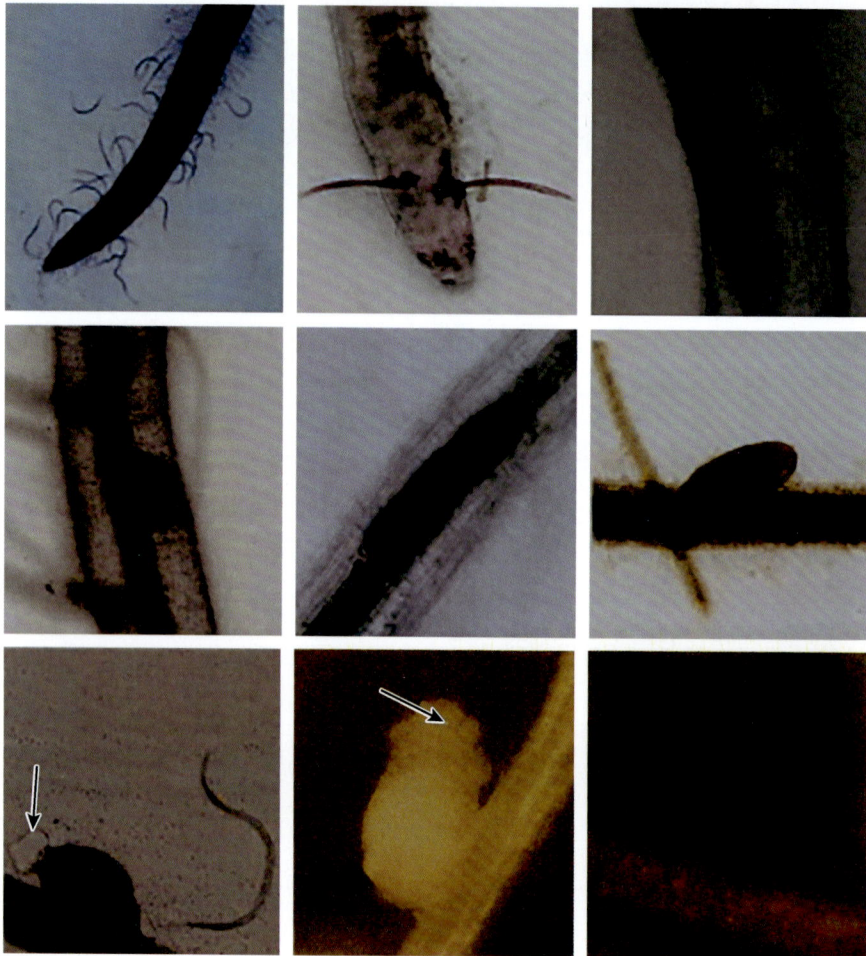

图 4-14　旱稻孢囊线虫光学显微照片

（三）病原的生物学特性

旱稻孢囊线虫在长期与水稻协同进化过程中形成了喜温的生物学特性。与其他分布于热带的孢囊线虫相似，旱稻孢囊线虫的孵化、侵染和发育均需 30℃ 左右的高温。

旱稻孢囊线虫孵化的适宜温度为 28～32℃。在该温度范围内，初孵 2 龄幼虫的存活率高、存活时间相对较长。在 35℃ 条件下孵化率及初孵 2 龄幼虫的存活率、存活时间均明显下降，40℃ 下无线虫孵化。20℃

下孢囊线虫孵化率仅为 0.9%，4℃下可延长 2 龄幼虫的存活时间。

较高温度有利于孢囊线虫的发育。35℃条件下初现白雌虫、雄虫，雌虫分泌产生胶质团，2 龄幼虫从胶质卵囊孵化的时间均比在 30℃下缩短 1～2d，大部分胶质团具有卵粒。28℃条件下线虫发育与 30℃相当。在 25℃条件下孢囊线虫发育时间明显延长，接种后 10d 出现白雌虫，14d 出现雄虫，22d 雌虫分泌胶质团，但大部分胶质团中未见卵粒。在 20℃条件下孢囊线虫仍能发育，但发育缓慢，接种后 18d 出现白雌虫，20d 出现雄虫，未见雌虫分泌胶质团。16℃条件下白雌虫和雄虫均未出现。

不同温度下培养产生的孢囊数不同。在 28℃和 30℃条件下培养，每皿产生的孢囊数分别为 18 个和 16 个，显著高于 20℃和 25℃条件下培养产生的孢囊数；35℃条件下培养产生的孢囊数量为 29.7 个，显著高于 20～30℃产生的孢囊数。说明较高温度有利于孢囊线虫的繁殖和侵染。浸种后加水保持淹水，产生的孢囊数量显著少于浸种后不淹水和接种后 7d 淹水条件下的孢囊数量。说明淹水条件不有利于 2 龄孢囊线虫侵染，但对孢囊线虫的发育无显著影响（丁中等，2012）。

水稻分泌物、水稻土壤浸液和 20 倍水稻根汁液对旱稻孢囊线虫孵化具有刺激作用，5 倍水稻根汁和 4mmol/L 氯化锌溶液对孢囊线虫的孵化有抑制作用（贺沛成等，2012）。

（四）寄主范围

室内人工接种，旱稻孢囊线虫可侵染水稻（*Oryza sativa*）、稗（*Echinochloa crusgalli*）、高粱（*Sorghum bicolor*）和玉米（*Zea mays*）。野外调查发现稗是旱稻孢囊线虫的主要寄主之一。

（五）侵染循环

1. 侵染源

水稻孢囊线虫主要以 2 龄幼虫、虫卵或孢囊在土壤中越冬。侵染源来自孢囊线虫孢囊里的卵。翌年春季温度适宜时，卵发育孵化出 2 龄幼虫进入土壤，以口针侵入根系的皮层中吸食，虫体大多集中在根的内部，或一部分仍留在根外。

2. 传播途径

土壤是水稻孢囊线虫的主要传播途径。可通过田间流水、机械耕作、田间作业操作等近距离传播，远距离传播则通过河流、农机具跨区作业、飓风吹起的尘土等方式。

3. 入侵寄主

旱稻孢囊线虫 2 龄幼虫利用口针刺穿根部表层组织后侵染水稻，大多集中在根的内部，与根的长轴大致平行，并在根的中柱建立取食点。随后移向维管束，诱导邻近细胞融合形成多核体，进而成为永久性取食位点。虫卵产生后被排出水稻根部，形成坚硬的黄棕色孢囊。

旱稻孢囊线虫的 2 龄幼虫从接种至蜕皮发育成 3 龄、4 龄幼虫分别历时 3d 和 5d。其虫体逐渐发育膨大，接种后 6d 虫体突破根皮层组织，呈白色的瓶状结构，其头部保持固定在中柱。有部分 2 龄幼虫头部进入根系后虫体一部分仍留在根外，并可发育成雌虫和雄虫，表现出类似根内半寄生的特性。该特性与水稻孢囊线虫及木豆孢囊线虫（*H. cajani*）较为相似。

旱稻孢囊线虫完成一个生活周期最短仅需要 22d，与生活周期需要将近 1 年的小麦孢囊线虫相比要短很多。在湖南长沙地区水稻孢囊线虫可发生 2～3 世代。在较高的温度、适宜的水分条件下，会产生更多的卵，孵化后的 2 龄幼虫再侵染其他稻株，加重为害。在淹水条件下不利于孢囊线虫侵染，这意味着南方水稻田环境不适宜旱稻孢囊线虫的孵化及侵染。一些丘陵、半丘陵山区的旱稻、半旱稻则有利于旱稻孢囊线虫的繁殖和侵染。

丁中等（2012）用 2 龄幼虫人工接种水稻幼苗研究旱稻孢囊线虫的生活史和侵染特性。田间定点调查发现，在黑暗、30℃恒温条件下，旱稻孢囊线虫 2 龄幼虫在接种后大部分聚集在根尖分生区或伸长区附近。接种后 24h 有少量 2 龄幼虫侵入水稻根系的伸长区；3～4d 后为 2 龄幼虫集中侵入根系的时间；8d 后观察到发育成雄虫的虫体呈卷曲状的 4 龄幼虫；10d 后雄虫离开根系并与雌虫交配；12d 后雌虫从阴门处产生胶质团；13d 后可见雌虫将部分卵产于胶质团中并形成卵囊，每个雌虫在卵囊内平均产卵 117 粒；16d 后成熟白色雌虫开始变为淡褐色孢囊，成熟的孢囊内平均有卵 205 粒。在 30℃条件下对变褐成熟的孢囊用土壤浸液进行孵化，发现 6d 后有 2 龄幼虫从孢囊内孵出。30℃条件下旱稻孢囊线虫寄生在水稻根部的最短生活周期为 18d；接种后 18d，胶质卵囊中的卵开始孵化出 2 龄幼虫并进入下一个侵染循环，22d 左右达到孵化高峰。

（六）病原致病机制

参考本章第一至第四节。

四、品种抗病性

（一）水稻品种抗性

不同类型水稻品种对旱稻孢囊线虫的抗性差异较大。陈琪（2015）比较了常规稻、三系杂交、两系杂交稻各 2 个品种对旱稻孢囊线虫的吸引力和线虫对 6 个水稻品种的侵染力。结果发现，常规稻黄华占对 2 龄幼虫的吸引力高于两系杂交稻 Y 两优 1 号、三系杂交稻丰优源 227。两系杂稻 Y 两优 1 号吸引力高于三系杂交稻丰优源 227，但明显低于三系杂交 Ⅱ 优 416。三系杂交水稻之间对 2 龄幼虫的吸引力无显著差异。当旱稻孢囊线虫侵入寄主根组织后，三系杂交稻丰优源 227 根内幼虫数量明显高于黄华占和 Y 两优 1 号。三系杂交稻的 Ⅱ 优 416 稻苗根内幼虫数量明显高于 T 优 272。Ⅱ 优 416、T 优 272 两个三系杂交稻上的孢囊数量明显高于 2 个常规稻，而黄华占的孢囊数量又显著高于湘晚籼 13。两系杂交稻 Y 两优 1 号的孢囊数量显著高于 Ⅱ 优 416、T 优 272 和黄华占。

目前，已报道的抗旱稻孢囊线虫病的水稻品种（组合）有岳优 3700、岳优 2155、岳优 9264、盛泰优 9712、H 优 518、贺优 50、中浙优 1 号、准两优 608、Y 两优 9918（袁涛等，2019）。

（二）品种抗性评价

1. 抗性分级标准

1）单株孢囊数评价：根据单株水稻中孢囊的数量（孢囊数/株）评价水稻对孢囊线虫的抗性。免疫（I）：0；高抗（HR）：0.1～10；抗病（R）：10.1～100；中感（MS）：100.1～200；感病（S）：200.1～300；高感（HS）：大于 300。

2）相对抗病指数评价。以试验发病最严重的品种为感病对照，计算各个品种的相对抗病指数（RRI=1−所测品种平均单株有效孢囊数/发病最严重品种平均单株有效孢囊数）。免疫（I），RRI=1；高抗（HR），$0.90 \leqslant RRI < 1$；抗病（R），$0.70 \leqslant RRI < 0.90$；中感（MS），$0.50 \leqslant RRI < 0.70$；感病（S），$0.30 \leqslant RRI < 0.50$；高感（HS），$RRI < 0.30$（Stirling and Nicol，1999）。

3）根据繁殖系数（Pf/Pi）评价水稻对孢囊线虫的抗性。参照 Soriano 等（1999）的方法，田间初始孢囊量为 Pi，收获后土壤平均孢囊量为 Pf。$Pf/Pi \leqslant 1$ 为抗病，$Pf/Pi > 1$ 为感病。

2. 抗性鉴定方法

（1）孢囊接种法

将水稻种子播种于直径 20cm、高 30cm 的 PVC 管中，管上部分高出地面 10cm，待水稻 2 叶 1 心时在水稻根部周围打孔（孔深 2～3cm），将孢囊接种于孔中。每个 PVC 管分别接种孢囊数量为 0 个、50 个、

100 个、150 个、200 个和 400 个（每个孢囊约 125 粒卵），按照 PVC 管在土壤的深度（20cm）折算成每管每毫升土壤接种卵粒数分别约为 0 粒、1 粒、2 粒、3 粒、4 粒和 8 粒（黄勇椿等，2021）。

（2）2 龄幼虫接种法

水稻种子催芽露白后种植于 PVC 管（内径 3cm，长度 20cm），PVC 管底采用 60 目尼龙网封闭，将 PVC 管悬吊于塑料箱盖上。PVC 管内填充约 170mL 高温消毒的沙土（细河沙和壤土以 1∶1 比例混合）。每个培养管内种植一株水稻苗。采用水稻根际土壤浸液孵化 2 龄幼虫（贺沛成等，2012）。水稻播种后 1 个月，在水稻根茎附近接入 2 龄幼虫，隔一周后再接种 1 次，共接种 3 次，总计接种 2 龄幼虫 1000 条（刘炳良等，2012）。在日光大棚中培养，定期浇水，且每周浇 1 次霍格兰营养液（20mL）（Reversat and Destombes，1998）。接种后 8 周取出 PVC 管中的病土和植株，采用蔗糖漂浮离心法（郑经武等，1995），分离 PVC 管内的病土并镜检水稻根系，挑出全部旱稻孢囊线虫并统计每管孢囊数（李永宏和黄清臻，2002）。

用 2 龄幼虫在室内接种和田间自然病圃鉴定，以单株平均孢囊数、相对抗病指数和繁殖系数评价湖南省 51 个主推水稻品种对旱稻孢囊线虫的抗性。在供试水稻品种中未发现有免疫和高抗品种。室内接种条件下，在 24 个中稻品种中，依据单株平均孢囊数法进行评价，仅广两优 2010 表现为抗性；依据相对抗病指数评价，广两优 2010、准两优 527、广两优 1128 等 3 个品种为抗性。在 27 个晚稻品种中，依据单株平均孢囊数进行评价，盛泰优 9712、准两优 608、农香优 204、岳优 9264、岳优 3700、中浙优 1 号、岳优 27、湘晚糯 1 号、贺优 50、Y 两优 9918 等 10 个品种表现为抗性；而依据相对抗病指数进行评价，湘晚糯 1 号、贺优 50、Y 两优 9918 等 3 个品种表现为中感（袁涛，2018；袁涛等，2019；黄勇椿等，2021）。

（3）田间自然病圃鉴定法

试验选择土壤肥力中等、多年种植水稻、旱稻孢囊线虫历年发生较严重的田块。按随机区组设计，每个品种小区面积为 15m^2，3 次重复。在播种前，田间采用随机五点取样法，调查田间初始孢囊数。水稻品种成熟时调查其根系土壤中的孢囊数量。每个小区以五点法随机取样，每点取两株水稻根系土壤，取样深度 10cm，混合均匀后，取 1000mL 土壤分离孢囊，在体视显微镜下计数。

在田间自然病圃条件下，依据繁殖系数（Pf/Pi）进行评价，晚稻抗性品种鉴定结果与室内接种条件下采用相对抗病指数法评价的结果基本一致。这表明室内接种相对抗病指数法可以作为一种评价水稻品种对旱稻孢囊线虫抗性的有效方法（袁涛，2018；袁涛等，2019）。

结合单株平均孢囊数、繁殖系数和相对抗病指数 3 种评价方法，发现岳优 3700、岳优 2155、岳优 9264、盛泰优 9712、H 优 518、贺优 50、中浙优 1 号、准两优 608、Y 两优 9918 等 9 个水稻品种（组合）在室内用 2 龄幼虫接种法和田间自然病圃法进行鉴定，均表现为抗性，且抗性水平较稳定（袁涛等，2019）。

有关水稻品种抗孢囊线虫的鉴定也可参考、借鉴李秀花等（2019）"不同小麦品种（系）对禾谷孢囊线虫的抗性评价"的方法。

五、病害发生条件

（一）寄主抗性

如前所述，不同类型水稻品种（组合）间、同一类型水稻不同品种间对水稻孢囊线虫的抗性水平、吸引力、线虫侵染后在寄主组织中的繁殖能力存在较大差异。

小区接种试验表明，旱稻孢囊线虫对水稻株高、有效穗数、实粒重和结实率等农艺性状产生不利影响。每毫升土壤接种卵量≥4 粒，危害较为严重，被害稻株实粒重损失在 19.4% 以上。在 150 个孢囊/L 土壤的接种情况下，水稻根系鲜重、株高均最低。

（二）气候因素

水稻孢囊线虫是喜温线虫，线虫的孵化、侵染和发育均需 28～32℃的较高温度。

（三）栽培条件

1. 土壤性状

通过室外盆栽试验，分别采用红黄泥、黄泥土、河潮泥以及麻沙泥，研究了不同土壤类型对旱稻孢囊线虫发生的影响。红黄泥较黄泥土有利于水稻孢囊线虫的发生和繁殖，砂质土和麻沙土相对于河潮泥不利于水稻孢囊线虫的发生和繁殖。

2. 播栽方式

同一品种不同播栽方式、不同生育期对孢囊线虫的抗性是不同的。一般，直播稻、抛秧田要重于移栽稻田。孢囊线虫的高峰期主要出现在水稻分蘖末期、孕穗期和黄熟期。

3. 水分管理

半干旱控水和干湿交替灌溉模式有利于旱稻孢囊线虫的发生和繁殖。浅水层连续灌溉，不利于孢囊线虫的发生。

4. 肥力水平

氮肥有利于水稻孢囊线虫的发生和繁殖，钾肥则相反。土壤水肥条件好的田块，水稻生长健壮，受孢囊线虫侵染为害后损失较小。土壤贫瘠、肥力较差、缺水的田块，受孢囊线虫侵染后损失较大（陈琪，2015）。

六、病害防治

（一）选用抗病品种

选择种植抗或中抗水稻孢囊线虫的品种，如岳优 3700、岳优 2155、岳优 9264、盛泰优 9712、H 优 518、贺优 50、中浙优 1 号、准两优 608、Y 两优 9918 等。

（二）农业措施

1. 水旱轮作

水稻与花生、棉花、马铃薯、大豆、豌豆、油菜等轮作 2～3 年后，对孢囊线虫的防控效果很好。稻田杂草是水稻孢囊线虫的重要寄主，防除稻田稗等杂草可有效降低孢囊线虫基数。

2. 肥水管理

多施有机肥、磷钾肥、硅肥，少施氮肥，可减轻孢囊线虫病的发生。根据水稻孢囊线虫不喜水而喜湿润、干燥的特点，在水稻易发生孢囊线虫病的生育期，即分蘖末期、抽穗期和灌浆期，在允许的情况下适当保持水层管理，可抑制孢囊线虫的繁殖、发生。

（三）生物防治

白僵菌、伴生菌菌株可作为南方根结线虫 2 龄幼虫及大豆孢囊线虫生防菌进行开发。当然也可用于水（旱）稻孢囊线虫病的防控。

（四）药剂防治

1. 杀虫剂处理种子

水稻种子用吡虫啉或噻虫嗪悬浮种衣剂与氟吡菌酰胺悬浮剂混合拌种处理。

2. 大田药剂防控

在室内条件下测定了毒死蜱、三唑磷、灭线磷、丙溴磷、阿维菌素和杀虫双对旱稻孢囊线虫的作用效果。其中，丙溴磷、毒死蜱、阿维菌素对旱稻孢囊线虫的孵化具有较高的抑制活性。6 种杀虫剂对 2 龄幼虫孵化的抑制效果最好，刚分离的孢囊较预先孵化 7d 后的孢囊对药剂的敏感性低。三唑磷和灭线磷在较低浓度范围内对孢囊线虫的孵化具有刺激作用（颜婷等，2016）。因此，在水稻分蘗期可选用 97.4% 毒死蜱原药、95% 阿维菌素原药、86.7% 丙溴磷原药等稀释进行药剂防治。

也可在水稻分蘗期用氟吡菌酰胺对稻田进行土壤泼浇处理，或用阿维菌素颗粒剂进行撒施。还可用 18% 杀虫双水剂、90% 三唑磷原药和 90% 灭线磷原药进行防治。

第六节　水稻鹰嘴稻

近年来，在我国多个省（自治区、直辖市）多年连续大面积在多个品种上发生一种水稻"病害"。其症状发生在水稻植株抽穗后，病株上大部分稻穗保持直立，轴部、枝梗明显弯曲，颖壳畸形，有些形似鹰嘴；黄熟期后，水稻植株仍为绿色、籽粒未充分灌浆，导致瘪粒、减产。

国外认为这种"病害"是水稻生理性紊乱造成的。病穗上的谷粒多为不实、瘪谷、半瘪谷，重量轻，成熟时不勾头，形成"直立穗病"（straighthead, or rice straighthead disease）（Atkins et al.，1957）。"罹病"的稻穗没有内稃或外稃，或者两者都没有；即使有内、外稃也是畸形、新月形，形状似鹦鹉的嘴（parrot beak-like），故又称为"鹰嘴稻"（parrot beak rice），也有称为"直立穗或直立穗病"（Rasamivelona et al.，1995）。目前，对该"病害"的"病因"主要有两种观点：一种认为是由水稻干尖线虫引起的病害，另一种认为是由多种因素单独或综合作用引起的生理性"病害"。

国内关于这一"病害"的称谓很多，如水稻"旱青立病"或"旱青立"（谭家如等，2021）、"小粒穗"[shrunk-grain panicle，由水稻干尖线虫（*Aphelenchoide besseyi*）侵染引起]（张祖建等，2005，2006；陶龙兴等，2010）、"小粒翘穗"（范立志等，2007）、"小穗头"（王子明等，2003）、"翘穗头"（杨红福等，2005）、"张口瘪"、"翘头稻"、"小直穗"和"鹰嘴稻"（张勤，2022）等。

有关"鹰嘴稻"的名称国内外较为普遍采用的如下：国外称为"直立穗病"、国内称为"旱青立病"、国内江苏省称为"小粒穗"。该节内容与本章"第一节 水稻根结线虫病"有部分重叠，可互为参考。

鉴于该病害病因的复杂性、不确定性和命名的混乱性，笔者根据多年、多地的观察、调查、研究，结合国内外的研究报道，以及各地对症状的描述，主要采用"鹰嘴稻"（张勤，2022）命名。这一称谓与其他名称相比，具有更强的形象性和科学性、特点突出、易记、不易混淆。

一、病害发生与为害

(一)病害发生

该病害于 1912 年在美国有报道（Wells and Gilmour，1977），称为水稻直立穗病。随后，在葡萄牙、泰国、日本、澳大利亚、阿根廷和巴西等都有发生和报道（Pan et al.，2012）。

我国早在 1963 年于种植农垦 58 的太湖地区曾普遍发生该病害（张祖建等，2006）。20 世纪 90 年代中期以来，江苏省水稻生产上连续多品种、多区域、多年份发生严重的鹰嘴稻（"小穗头""小粒翘穗"），给水稻生产带来较大的消极影响。2001 年，该病害在江苏的扬州、泰州、盐城、淮安、连云港等地有不同程度发生，在南通、徐州也有少数地区发生。20 世纪 90 年代至 21 世纪初，鹰嘴稻的研究、报道主要集中在江苏省，其他省份偶有发生。1999～2004 年，由江苏省大华种业集团有限公司立项并主持，江苏省农业科学院、南京农业大学和江苏丘陵地区镇江农业科学研究所等单位参加的协作攻关项目"水稻'小穗头'成因及其控制技术的应用"实施（王子明等，2005）。该项目于 2004 年 12 月通过验收，2006 年获得江苏省科技进步奖三等奖。近年，鹰嘴稻在安徽、江苏、上海、浙江、江西、广东、广西、贵州、陕西汉中等全国多地的水稻上陆续发生。

(二)病害造成产量损失

1. 鹰嘴稻为害

鹰嘴稻对水稻产量造成损失主要表现为，每穗总粒数减少、结实率下降、千粒重较大幅度降低。每穗实粒数减少和千粒重下降是减产的主要因素。感病稻株抽穗较正常植株晚、粒少；严重发病的分蘖不能抽穗，即使抽穗其籽粒小、青粒多、千粒重减少、空秕粒高、穗轴弯曲、颖壳畸形、护颖增大。病稻谷大多为裂谷，裂缝较大的在雨后易遭受霉菌感染，造成稻米的暴露部分呈现淡黑褐色，失去了食用稻谷的商品价值。

田间鹰嘴稻发病率达 5% 时，平均减产 300～450kg/hm²；发病率达 15% 时，平均减产 750～1350kg/hm²；发病率达 30% 时，平均减产 1500～3000kg/hm²。减产的直接原因是鹰嘴稻的穗总粒数、实粒数和粒重的大幅下降（王子明等，2005）。

20 世纪 90 年代至 21 世纪初，江苏省每年鹰嘴稻的发生面积为 10 万 hm² 左右，减产稻谷 1 亿 kg 以上，经济损失 1.5 亿元左右。据估计，仅 2001～2003 年江苏省水稻"小穗头"的发生面积就约为 33 万 hm²，累计造成水稻减产至少超过 5 亿 kg，经济损失约 7.5 亿元（王子明等，2004）。据江苏省各地初步统计，到 2004 年，水稻鹰嘴稻累计发病面积 80 万 hm² 左右，损失稻谷 12 亿 kg 以上（王子明等，2005）。

2. 鹰嘴稻影响产量构成因素

研究选用生产上种植的武育粳 3 号、武运粳 7 号、武运粳 8 号、早丰 9 号、镇稻 99、香粳 49、大华香糯、连嘉粳 1 号、9746、武香粳 14 号，考察鹰嘴稻对水稻产量构成因素的影响。鹰嘴稻造成水稻产量损失的主要表现：稻穗长度变短、总粒数减少、结实率降低、千粒重下降、谷粒畸形（月牙形、鹰嘴状）。

同一水稻品种，感病穗长比正常穗长减少 15% 以上，每穗总粒数下降 30% 左右，结实率下降 5%～25%。水稻总粒数和结实率的下降，导致每穗实粒数极显著降低。与正常穗相比，鹰嘴稻造成不同品种的每穗实粒数降低 22%～68%，千粒重减少 15% 以上（表 4-3）。

表 4-3　正常稻穗与小粒穗比较（王子明等，2005）

类型	穗长/cm	总粒数/(粒/穗)	实粒数/(粒/穗)	结实率/%	千粒重/g	单穗重/g
正常穗	15.4	83.3	78.8	94.3	28.6	2.26
鹰嘴稻	10.6	56.8	48.3	85.0	18.3	0.88
减少	31.17%	31.81%	38.71%	9.86%	36.01%	61.06%

3. 鹰嘴稻病害分级标准

（1）病株发病程度分级

病株（以丛为单位）症状严重度分为以下 5 级。1 级：发病较轻，穗上有少数的颖壳出现畸形；2 级：发病程度一般，分蘖正常，抽穗正常，颖花数正常，但颖壳畸形、扭曲、张嘴不闭合；3 级：发病比较严重，有效穗数正常，抽穗正常，但穗轴和一次、二次枝梗弯曲畸形，颖花数少，枝梗丝条状，有的仅半个颖壳；4 级：发病严重，有效穗数正常，但抽穗困难、包颈；5 级：发病最严重，植株低矮，分蘖数减少 2 或 3 个，未见穗轴，叶色深绿。

（2）大田发病程度分级

大田发病程度分为以下 5 级。1 级：发生轻的田块，大田里发病中心面积小于大田面积的 10%，减产幅度在 4% 以下；2 级：一般发生田块，大田里在低洼处、进水口、过水道发生，呈点片状分布，其他正常，植株发病级别低，减产 5%～29%；3 级：比较严重的田块，发病面积低于全田面积的 70%，减产 30%～49%；4 级：严重发生田块，田边及田间高燥处（大于 5m²）正常，其他均发病，病株发病级别在 3 级以下，减产 50%～89%；5 级：发生最严重的田块，仅有田埂边 1 或 2 行水稻抽穗发育正常（图 4-15），或者田间高燥处 5m² 以下面积发育正常，其他地方病穗率达 100%，且病株发病级别高（3 级以上），产量损失在 90% 以上。图 4-16 为干尖线虫病典型症状——叶尖干枯，图 4-17 为干尖线虫病早期为害较重时造成枯心，类似螟虫造成的枯心症状，图 4-18 为干尖线虫病大田症状。

图 4-15　鹰嘴稻为害造成田中呈点条状分布，田边正常

图 4-16　干尖线虫病典型症状——叶尖干枯

图 4-17　早期干尖线虫造成稻株死心，似螟虫危害

图 4-18　水稻春优系列品种干尖线虫病大田症状

二、病害症状与诊断

（一）病害症状

有关鹰嘴稻（"小粒穗""小穗头"）的病因有两种主要观点：①江苏省认为是由水稻干尖线虫引起的干尖线虫病的非典型症状（典型症状为叶尖干枯）；②国内其他地方和国外主要认为是土壤中重金属，尤其是砷超标引起的。本部分根据这两种病因引起的症状进行描述。

1. 鹰嘴稻症状

（1）抽穗前症状

罹病稻株通常在水稻抽穗前生长正常，不表现症状或叶片为害症状不明显。苗期至孕穗期前，病叶部与健株无明显差异，只是症状特别严重的病株表现为剑叶稍短。

（2）抽穗后症状

鹰嘴稻症状主要在水稻抽穗后才出现，主要表现为：①穗型短小、粒型小，穗轴直立、穗不勾头、直立穗；②穗尖部颖花不发育或分枝梗退化，形成秃顶，空瘪粒增加；③籽粒畸形，似新月牙或鹰嘴状（得名"鹰嘴稻"），部分籽粒黄褐色，似老鼠屎；④谷壳开裂、开口大、籽粒外露，少数种皮破裂，穗顶尖部分更为明显。田间发病严重的鹰嘴稻病穗与健穗容易区别：直观小粒、穗直立，故称为小粒翘穗（张祖建等，2005）（图 4-19～图 4-24）。

图 4-19　大田鹰嘴稻前期症状

图 4-20　大田鹰嘴稻中后期症状

图 4-21　疑似病毒病引起的鹰嘴稻前期症状

图 4-22　疑似稻蓟马引起的鹰嘴稻后期症状

图 4-23　鹰嘴稻症状

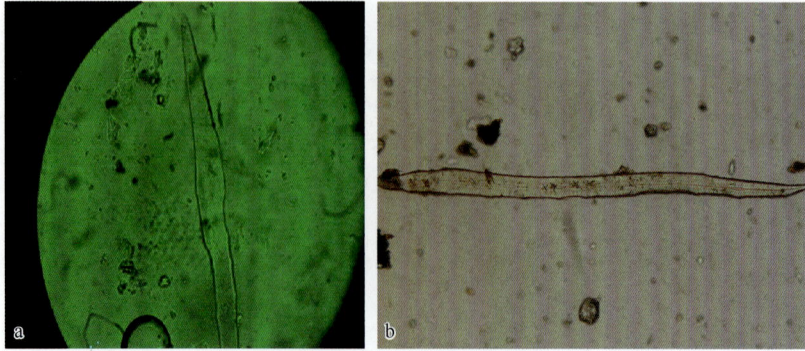

图 4-24 鹰嘴稻上分离的线虫
a：局部；b：整体

（3）鹰嘴稻田间植株表现

1）单株发病症状：表现为单株、单丛发病，丛间夹杂发病株，籽粒发病时，病穗中也有零星结实的正常稻粒。发病田块中病株呈点、条、片状不均匀分布。根部多数有倒生根，稻穗受害症状基本一致。鹰嘴稻的发生具有同株、同穴发病的一致性，即同一株、同一穴的分蘖，鹰嘴稻的发生相关性较强，常表现为一丛丛簇发，故在整块稻田里常常可见鹰嘴稻一片片不均匀发生的现象。发生较严重的稻丛，所有主茎、分蘖各穗之间虽然有程度差异，但每个茎、蘖穗均呈鹰嘴稻症状，且穗层极不整齐。

2）群体发病症状：与正常田块成熟期沉甸甸的穗层相比，鹰嘴稻发生较重的田块穗层很不整齐，穗上翘，目视即有穗小、重量轻的感觉。但在发生程度较轻的田块，也有一穴中少数几穗发生明显，而其他穗的症状很轻，近似于正常穗的情况（张祖建等，2006）。

鹰嘴稻一般在水稻生长后期才发生而表现出症状。最典型的症状为成熟期稻穗较正常穗短小，粒数变少。鹰嘴稻往往首先出现在穗顶部，使穗顶部易见异常籽粒，但下部籽粒接近正常。鹰嘴稻的稻穗显著变小，部分籽粒严重变小，且颖壳开裂。

根据其异常程度，可将鹰嘴稻病穗分为 3 个等级的异常穗。①轻度小粒穗：仅穗顶端少部分籽粒有明显的小粒和裂谷现象，穗长和每穗粒数为正常穗的 90% 左右；目测症状尚不明显。②中度小粒穗：穗上部籽粒有明显的小粒和裂谷现象，穗下部籽粒大多正常，穗长和每穗粒数目测已有显著下降，变化幅度为正常穗的 70%～80%。③重度小粒穗：稻穗整体可见小粒和裂谷的普遍发生，穗长和每穗粒数在正常穗的 70% 以下，目测有明显的畸形穗（张祖建等，2006）。

大多数鹰嘴稻籽粒均有不同程度的颖壳开裂现象。这种开裂与籽粒因灌浆充实而导致成熟后期的颖壳开裂完全不同，前者开裂较大，裂口十分明显；后者开裂相对于籽粒体积并不明显，裂口小而细。鹰嘴稻籽粒的裂口较大，米粒往往容易变色，更为醒目。鹰嘴稻发病程度越重，籽粒变小和开裂现象越明显。鹰嘴稻整个米粒呈现程度不等的生长不良状态，有的畸形。研究比较正常籽粒和鹰嘴稻籽粒的糙米情况，正常籽粒糙米光滑、透明，鹰嘴稻糙米形态小、畸形，不少病粒糙米变色严重，多为褐色。

以武育粳 3 号为例，轻度鹰嘴稻穗长和每穗粒数尚未见显著下降；中度鹰嘴稻穗长平均下降了 11.73%；每穗粒数则平均下降了 19.49%；重度鹰嘴稻更为严重，穗长约为正常穗的 69.58%，每穗粒数仅为正常穗的 60.39%（表 4-4～表 4-6）。

表 4-4 不同程度鹰嘴稻稻穗与正常稻穗性状比较

水稻类别	穗长/cm	与正常相比减少/%	每穗粒数/粒	与正常相比减少/%
正常水稻	14.66a		98.2a	
轻度鹰嘴稻	14.33a	2.25	95.1a	3.16
中度鹰嘴稻	12.94b	11.73	79.06b	19.49
重度鹰嘴稻	10.20c	30.42	59.3c	39.61

注：同一列不同小写字母表示差异显著（$P<0.05$）

表 4-5　武育粳 3 号正常稻穗与鹰嘴稻稻穗性状比较

类型	穗长/cm	每穗总粒数/粒	每穗实粒数/粒	结实率/%	千粒重/g	单穗重/g
正常穗	15.4	83.3	78.8	94.3	28.6	2.26
鹰嘴稻	10.6	56.8	48.3	85.0	18.3	0.88

表 4-6　武育粳 3 号大田鹰嘴稻发生严重度与水稻产量损失的关系

田间鹰嘴稻率/%	调查面积/m²	产量/hm²	较 CK 减产率/%
10～20	9 555	7 978.5	9.2
30～40	11 776	6 498.0	26.0
50 左右	6 090	5 619.0	36.0
5（CK）	7 595	8 782.5	

当鹰嘴稻发生程度较为严重时，其症状较为明显，在田间易于识别，主要表现为整个稻穗长度、籽粒长度和宽度均显著变短，有明显的颖壳开裂现象，弯曲，似鹰嘴状。从异常籽粒的穗部分布来看，穗上部较穗下部严重。对各个主茎、分蘖和群体而言，稻穗因重量减轻，呈直立状（直立穗）。

在鹰嘴稻发生相对较轻的田块，症状相对隐蔽，尚缺少相应的定量诊断指标。例如，就鹰嘴稻的籽粒性状而言，颖壳开裂是鹰嘴稻的特征。但在一些粳稻品种中，由于后期生长条件良好，常常会因充实度好而撑开颖壳形成开裂。鹰嘴稻还可引起穗粒数减少、结实率下降。鹰嘴稻籽粒的糙米形态小且畸形，不少病粒糙米变色严重，为不同程度的褐色，整个米粒呈现程度不等的生长不良状态。

鹰嘴稻籽粒和正常籽粒的形态分布特征不同。正常稻穗的籽粒长度和宽度均呈明显的单峰分布，但不是正态分布，而是呈现较明显的右偏分布形态。谷粒长度和宽度的右偏程度有所差别。鹰嘴稻籽粒长度和宽度的分布均呈双峰分布特点。鹰嘴稻的稻穗上的籽粒形态分布有一个相对较高的分布中心和一个相对较低的分布中心，即表现为鹰嘴稻上的籽粒有一部分是症状较为严重的小粒籽粒，另一部分是症状表现相对较轻的籽粒（张祖建等，2006）。

2. 水稻旱青立病症状

水稻重金属超标危害引起的旱青立病和水稻生理性症状非常相似。水稻旱青立病与青立病的症状有明显不同，青立病主要发生在苗期，而水稻旱青立病主要发生在水稻的抽穗结实期，两者区别见表 4-7。

表 4-7　旱青立病与青立病的区别

内容	旱青立病	青立病
发生时期	多发生在抽穗结实期	多发生在苗期
植株生长情况	多为良好	多为不良
穗的大小	大	短小
抽穗状况	良好，能抽出	稀疏而参差不齐，或不能抽出
畸形颖花	发生多	不发生
白穗	不发生	发生多
结实谷粒	不污或污染少	多污染成黑褐色
干旱时叶片凋萎状况	无	显著
田间发生状况	近田边 1～3 行植株受害少	不均匀分布（苗期多发）

水稻旱青立病是一种生理性病害，主要在水稻生育后期发生，症状表现为颖花退化、颖壳似鹰嘴状张开、穗部直立、灌浆不良、黄熟期叶片仍然嫩绿（杨光，2018）。"矮、稀、绿、低"是水稻旱青立病的主要表现。

1）营养生长期症状：在孕穗前，旱青立病病株和健株外观上并无多大差异，但仔细观察还是能够发现一些症状差异。例如，发病植株根系发育不良、地下节间长度比健株长，易出现断根，茎秆较矮，叶片颜色较健株稍深，叶色浓绿直至收获。植株明显矮小，较正常植株矮5～10cm。根系发育受阻，须根少而短，较正常根系少50%以上。有些病株抽生不正常的地上分枝，通常一株多生1个分枝，少数可达3个分枝，甚至分枝上再抽生分枝。分枝穗大多正常，极少畸形。分蘖期延长，分蘖发生晚且少，较正常植株分蘖少一半以上。

2）孕穗期症状：在水稻分蘖期至孕穗初期感染，初期症状不明显，但进入孕穗期后，茎秆粗硬，叶片浓绿。最严重的植株矮小、有效分蘖减少2或3个、无穗轴、不抽穗、叶色深绿。孕穗中后期受害发病，严重的植株有效穗数正常，但穗发育畸形，抽穗困难、包颈；较严重的植株有效穗数正常，抽穗正常，但穗轴和一次、二次枝梗弯曲畸形，颖花数少，枝梗丝条状，有的仅半个颖壳。有的品种会出现高节位分枝及倒生根。

3）抽穗扬花期症状：在抽穗期感染，病株出穗显著推迟，穗颈缩短，常出现半包穗或包穗。出穗后，病穗大都直立不下垂，穗轴和枝梗弯曲，颖壳畸形，黄熟期仍保持绿色。严重发病的田块，水稻出现高节位分蘖、分枝及倒生根，稻穗发育畸形。典型症状表现为颖壳畸形、裂开不闭合、颖尖弯曲成鸟嘴状，不能开花结实，少数虽然能结实，但米粒短小、青色、不成熟。部分颖花护颖肥大，出现双颖。健康籽粒少，多数籽粒无法正常授粉灌浆，形成空壳。在黄熟期后，水稻植株的青绿色保持很久、一直不褪。

有的稻穗顶端仅有3～5粒谷粒正常，其他均呈畸形，有的全穗中下部结实正常，上部全部畸形。严重的田块不能抽穗，呈孕穗待破状。全株无病斑，谷粒或颖壳颜色正常。有的田块四周紧邻田埂的稻穗正常，有的田块呈条状畸变，也有的呈散发块状发病，还有的全田发病（陶龙兴等，2010）。

4）旱青立病大田发生特点：发病田块，旱青立病病株呈不均匀分布，大多呈点条状发生。田边一行不发病或发生极轻，田中高燥处不发生或发生很轻，但低洼处和前茬的墒沟发生重，进水口和过水道发生重。大发生年份及严重发生的田块，整田发病，点条状不明显，田边1或2行不发生或者发生轻。

（二）旱青立病与其他生理性症状的区别

水稻生长过程中受各种因素影响，导致水稻植株出现异常症状，有的与旱青立病症状十分相似，正确区分不同原因引起的症状十分必要。

1. 旱青立病与高温热害的区别

高温热害的症状是水稻正常抽穗，但影响花粉发育、授粉，造成小穗损伤，导致瘪谷、半瘪谷增加，引起水稻减产。孕穗期高温会造成穗粒数减少和结实率下降，抽穗扬花期高温造成空壳粒增加，导致结实率下降，灌浆期高温造成空秕粒增加、粒重和品质下降，但不会出现无穗、抽穗困难、穗畸形和颖壳畸形等现象。高温热害的病株在大田中均匀分布。而旱青立病可以造成穗轴、一次和二次枝梗、小穗梗及小穗伤害。旱青立病由于其穗及颖壳畸形，病株在大田呈不均匀分布。

2022年夏季，我国高温日数多、覆盖范围广、多地最高气温突破历史极值。该年度高温持续时间超过2013年的62d，成为自1961年有完整记录以来持续时间最长、综合强度最强的一次高温历程。长江中下游及华南稻区普遍受到高温热害的严重影响，即使在灌溉条件良好的稻田，水稻结实率也降低，空瘪率高，产量损失极大（图4-25）。

2. 旱青立病与低温冷害的区别

长江中下游流域中稻在8月中下旬至9月上旬抽穗扬花时遇到低温阴雨天气，易造成水稻结实率降低。但受到低温冷害的水稻，其稻穗和颖壳不会出现畸形现象，空瘪粒的谷壳大多呈褐色，病株在大田中均匀分布。谷壳是否畸形、谷壳颜色及大田分布特点是区分低温冷害与旱青立病的主要依据。例如，2014年江淮地区8月上中旬遭遇长期低温阴雨，造成水稻旱青立病大发生，且发生在水稻抽穗扬花期，有人误认为是低温造成的冷害，其实不然。

图 4-25　灌溉水池塘干枯开裂（a），授粉灌浆期高温干旱导致水稻能抽穗但空瘪率高（b）

3. 旱青立病与药害的区别

旱青立病易与药害混淆。除草剂对水稻的为害症状大多为植株矮缩、叶色褪绿、分蘖受阻，严重的植株心叶不能展开或者卷曲，直至整株死亡。有机砷农药过量施用，会发生严重药害，其症状与旱青立病类似。但现在我国已经停止使用有机砷类农药。

4. 旱青立病与肥害的区别

水稻肥害造成的症状类型多种多样，但常见的主要有灼伤、熏伤、烧伤、中毒、酸害、盐害、氮素过多、磷素过多等。旱青立病与肥害症状差异很大，肥害主要影响水稻的营养生长，会出现叶片发黄、植株矮化、枯死、分蘖减少、生物产量显著降低等现象。旱青立病主要影响水稻的生殖生长，而对生物产量无明显影响。从时间上来看，肥害发生时间早，与旱青立病不在同一时间发生。农民较少施用穗肥，即使施用，其量也很小，一般施 45% 复合肥或者氯化钾 150kg/hm^2 以下。如果早晨露水未干时施用，会出现叶片灼伤、烧伤，但不会造成稻穗和颖壳畸形。

5. 旱青立病与空气污染伤害的区别

水稻田周边排放废气，如二氧化硫、含氟废气、氯气和氮氧化物等，有可能会造成对水稻的伤害。在水稻抽穗扬花期影响花粉受精，减少实粒数，对千粒重也有一定影响。但环境污染伤害和旱青立病症状的最大区别是不会造成穗和颖壳发育障碍，不会出现穗和颖壳畸形。在大田发生特点上，旱青立病是点条状，而环境污染造成的伤害则是整田发病，不存在田边一行或者田中高燥处不发生的情况。

6. 旱青立病与水污染伤害的区别

污水灌溉会影响土壤的 pH、重金属含量、土壤微生物群落、营养成分等。污水中的有毒有害物质对水稻的直接影响和除草剂类似，主要影响水稻的营养生长，造成黄化、枯死、植株变矮、分蘖减少，有时会降低水稻穗粒数、结实率和千粒重，不出现穗和颖壳畸形现象。

三、病原（因）学

对于该病害的病因，不同稻区、不同研究者得出的结论有所差异。

（一）江苏省研究情况

江苏省经试验研究，推测鹰嘴稻病害的病因有 5 种：线虫、病原菌、品种退化、农药和除草剂、缺水（陶龙兴等，2010），主要认为该病害是由水稻干尖线虫为害引起。

1. 由水稻干尖线虫引起

经过多年较为系统深入的研究，认为滑刃属水稻干尖线虫（*Aphelenchoides besseyi*）的寄生为害是造成水稻生产上"小穗头"（鹰嘴稻，下同）大面积发生的直接原因（王子明等，2003，2004；范立志等，2004；林茂松等，2005；杨红福等，2005，2006；汪智渊等，2006）。室内检测发现，"小穗头"谷粒中含有大量的水稻干尖线虫，而健康稻穗的谷粒中不含干尖线虫。"小穗头"症状是水稻干尖线虫引起的一种水稻非典型症状。

田间病原接种试验进一步证明，水稻小粒翘穗（鹰嘴稻、小粒穗、小穗头、直立穗）病粒中携带水稻干尖线虫。水稻受干尖线虫侵染后会出现典型的干尖（叶尖干枯）症状和小粒翘穗症状。不同症状的表现主要与水稻品种类型的叶片形态差异有关。交互接种试验验证了"小粒翘穗"与"叶尖干枯"（干尖）两种病害症状可相互转变。

用小粒翘穗病粒作为接种源接种散穗型品种农垦57，在苗期能观察到明显的水稻干尖线虫病的典型症状——叶尖干枯（干尖）。两个密穗型品种（武育粳3号、武运粳7号）接种后均无叶尖干枯症状，仅表现为穗部症状——小粒翘穗。

以叶尖干枯症状病粒为接种源接种不同水稻品种，在密穗型品种上同样显现出小粒翘穗症状，说明引起水稻小粒翘穗症状与叶尖干枯症状的为同一病原，病害的症状与水稻品种类型有关。即水稻干尖线虫病在散穗型水稻品种上主要表现为典型的叶片叶尖干枯症状，在密穗型水稻品种上则主要表现为穗部小粒翘穗症状（范立志等，2007）。

（1）病原证明

大量的试验数据均已证明水稻干尖线虫是引起"小粒穗"（鹰嘴稻）的主要病因。

1）水稻干尖线虫的分离：从水稻品种武育粳3号"小穗头"谷粒中分离到一种滑刃属线虫，百粒线虫数达2014条，单粒谷粒带虫量最多可达74条，病穗中谷粒带虫率达92%。经分析，两者的线性方程为 $y=0.746+0.426x$，$r=0.977$。证明引起水稻小穗头的主要原因是水稻干尖线虫，小穗病症是干尖线虫病的一种穗部表现症状（林茂松等，2005）。

王子明等（2003，2004）于2002年10~11月在江苏省内水稻主产区采集10个推广种植的水稻品种（系），对3种类型、63个样品、315个单株检测水稻干尖线虫带虫情况，结果显示：①不同来源、不同品种的26个"小穗头"样品全部携带水稻干尖线虫；②来自发生"小穗头"田块的21个"正常"稻穗样品中，近50%样品携带水稻干尖线虫，但表现为"隐症"现象；③品种相同、种子来源相同、由相同农户种植、未发生"小穗头"田块的16个正常稻穗样品中，几乎都不携带水稻干尖线虫。由此证明，水稻干尖线虫病为害是造成水稻"小穗头"现象的直接原因。

2）药剂处理种子对"小粒穗"的防效：用杀菌剂使百克浸种处理带水稻干尖线虫的武育粳3号、镇稻2号及武运粳7号种子后播种。在水稻孕穗期，幼穗的平均带虫量为63.3条，田间平均"小穗头"发生率为44.0%。药剂巴丹（杀螟丹）、浸丰（二硫氰基甲烷）、恶线清（咪鲜胺+杀螟丹）和清水处理带水稻干尖线虫种子后，每粒种子平均带虫量分别为0.7条、1.3条、0.0条和2.3条，"小穗头"发生率分别为0.31%、1.78%、1.34%和35.71%。成熟后的"小穗头"种子样品的线虫量依次为15.7条、0.7条、0.3条和22.7条。调查结果证明，水稻干尖线虫为害是导致江苏省水稻"小穗头"现象暴发成灾的直接原因。使用杀线虫剂16%咪鲜·杀螟（恶线清）可湿性粉剂300倍液浸种60h后催芽播种，可有效防治水稻"小穗头"，防治效果为94.7%，进一步证明水稻干尖线虫是引起小粒穗的主要原因。

（2）水稻干尖线虫的形态特征

水稻干尖线虫侧区宽约为体宽的1/4，侧线4条，唇区圆形、稍缢缩，缢缩部位宽度约为虫体中部宽度的1/2，头部高度小于宽度。有6个相等的唇片，具4或5个唇环，虫体中部体环纹细，宽约0.9μm。尾末端有尾尖突，呈星状，具3或4个刺突。

1）雌虫：热杀死后，雌虫虫体向腹面弯曲，头骨架骨化程度较弱，口针较细，基部膨大，口针锥体部分约占口针全长的45%。中食道球卵圆形，具有明显的瓣门。食道腺向背面和亚背面延伸，覆盖肠前端，其长度为4～8个虫体宽。阴门横裂，略向尾端倾斜，具有稍突出的阴门唇。卵巢较短，不伸展到食道腺处，具有2～4排卵母细胞，受精囊长卵形，内部通常充满精子。后阴子宫囊很窄，内部无精子，其长度为肛门处体宽的2.5～3.5倍，但短于肛阴距的1/3。尾锥形，长为肛门处体宽的3.5～5.0倍。

2）雄虫：热杀死后，雄虫尾部向腹面弯成钩状，整个虫体呈"J"形，唇区、口针和食道腺与雌虫相似。尾锥形，同样具有星状尾尖突。交合刺玫瑰刺形，为典型的滑刃型，无顶尖，有中等发育的腹面缘突（林茂松等，2005）。

（3）水稻干尖线虫引起小粒穗的机理

水稻干尖线虫在水稻生长点上外寄生取食，在历经水稻前期和中期生育阶段的生长、繁殖后，虫口基数较大，取食量剧增。在穗分化以后，营养生长和生殖生长同时进行，此时水稻干尖线虫主要集中到穗部取食。水稻幼穗的生长发育与线虫的生长繁殖同时需要大量养分，水稻干尖线虫是主动取食，而幼穗则是相对被动地吸收养分，为满足两者需求，充足的光合产物是必需的。

水稻干尖线虫取食为害后是否足以形成"负效应"，即出现"小穗头"现象，可能与水稻植株的生长发育、光合产物的代谢、积累等生理、生化状况密切相关。当水稻植株生长健壮、生理代谢正常时（如适宜的碳氮比），可能阻碍线虫的吸食和生长繁殖，水稻良好的生长、代谢状况形成的所谓"正效应"，掩盖了线虫为害造成的"负效应"，植株体内的线虫要么因为生存环境不适宜而死亡，要么其为害并未达到形成"小穗头"的程度，从而出现"隐症"现象。

当"正效应"不能抵消"负效应"的影响时，"小穗头"现象的出现成为必然。调查发现，水稻个体生长健壮、群体生长协调时，"小穗头"发生轻，反之发病重。水稻干尖线虫对水稻幼苗的侵害与秧田水分管理的关系、不同生长状态下的水稻代谢产物释放的化学趋性因子对线虫取食行为的影响、线虫可能作为一个带菌或接种媒介引发二次侵入造成复合病害，以及土壤因子、气候因子、生态环境与水稻干尖线虫的生物学特性及为害程度的关系等问题，均有待进行更深入的研究和阐明（王子明等，2004）。

有关引起小粒穗（鹰嘴稻、直立穗病、小穗头）发生的原因多种多样，江苏省认为除水稻干尖线虫外，其他因素也有可能引起或促进小粒穗的发生。

2. 栽培管理

水稻干尖线虫是导致江苏省水稻生产上大面积发生"小穗头"的内因。土壤类型、肥水管理、栽培措施、气候因子等生长环境及水稻植株的生长发育、生理代谢状况等因素则是外因。如果播种时水稻材料不带线虫，再适宜的外部条件也不可能产生"小穗头"现象。当然，并非带线虫的种子在所有的生长条件和生育状态下都会表现出"小穗头"症状。但只要出现典型的"小穗头"症状，则可认定为水稻干尖线虫危害所造成的。

在高产栽培过程中，水稻自身营养失调和肥水调控不当，受到土壤残毒、病菌侵染、气候因素等相关因素的制约。在孕穗期，特别是水稻花粉母细胞减数分裂期，群体需水、需肥量最大，对外界环境条件反应最敏感。如遇不良的气候环境和栽培条件，特别是氮素营养供应不足，水稻中后期的叶面积指数下降，颖花严重退化或库容量不足，导致自身营养失调，则会形成小粒穗，造成水稻减产。

在气候干旱的年份、灌溉条件不佳的地区易发生"小粒穗"，新开垦的农田或旱地改水田的地块上发生概率也较大。

也有人认为"小穗头"发生轻重与水分管理有关。水层管理得当的稻田，稻穗较正常。有的同一块稻田低洼处"小穗头"很少，高处却很多，这足以说明"小穗头"的有无、程度的轻重与稻田水分丰歉密切相关。调查发现，同一农户有2块田，一块田紧靠着水泵站，灌水充足，未发现"小穗头"，每公顷产量达10.5t；另一块田因远离水泵站，长期缺水，"小穗头"发生严重，每公顷产量仅6t左右。

3. 秧苗素质

有人认为"小穗头"成因虽与水稻品种、秧苗素质、栽插密度、肥料运筹等因素有关，但主要是在水稻生长过程中，特别是孕穗期稻田经常缺水干旱所致。生产实际中经常发现，同一块稻田中有水的地方发生轻，无水、干旱的地方发生重（张学中，2002）。穗肥用量少，甚至不施穗肥，则"小穗头"发生重。

4. 药剂施用

有关杀虫剂、杀菌剂、除草剂是否引起"小粒穗"（鹰嘴稻）的观点存在分歧。有的认为高浓度、不合理、大量使用农药引起"小粒穗"发生。前茬麦田长期使用甲磺隆、绿磺隆除草剂，是造成后茬"小穗头"现象的又一原因，并且长时间低温、寡日照会加剧水稻"小穗头"的发生（李安乐等，2004）。但是，袁树忠等（2008）的试验结果表明，稻田使用除草剂不是引起水稻"小粒穗"的直接原因；水稻品种退化或种子等问题也不是造成"小粒穗"的原因。

研究发现井冈霉素、纹枯净、锐劲特和三唑灵等药剂常量甚至3倍量施用，使用杀菌剂和未使用杀菌剂（对照）之间，"小粒穗"的发生情况无显著差异。说明江苏省常用杀虫剂、杀菌剂常量或稍超量施用不会导致水稻"小粒穗"的发生（张祖建等，2005）。

5. 病虫复合为害

水稻条纹叶枯病严重发生有可能是造成水稻"小穗头"现象的主要成因（李安乐等，2004）。症状表现为穗短小，穗长只有健康稻穗的$1/2$～$1/3$；粒小，千粒重下降15%～30%，最明显的特征是颖壳扭曲裂开，露出米粒，米粒呈鼠牙状。

调查发现，江苏省泗洪县3.33hm^2的连片水稻，6月25日田间条纹叶枯病的发病率为83.9%，7月15日发病率为99.3%。从6月20日开始第一次防治，每隔7d防治一次，连续防治3次，一部分发病重的植株死亡，大部分感条纹叶枯病轻的植株病害得到控制。10月15日调查"小粒穗"，其发病率为85.3%。

稻纵卷叶螟、白叶枯病严重发生时也会导致"小穗头"症状出现。例如，前期田间调查白叶枯病为害造成的枯叶率为76.3%，10月20日调查"小粒穗"发病率为59.4%。

（二）国内其他研究

目前，有关水稻旱青立病（鹰嘴稻、小粒穗、直立穗病、小穗头）的田间表现，旱青立病的发病原因和机理仍有不同的观点。

1. 与播栽方式和水稻品种有关

一般而言，手插秧和机插秧发生重，旱直播稻和麦茬免耕直播稻发生明显减轻。杂交稻比常规稻重；常规粳糯稻抗性好，很少发病；常规籼糯稻抗性比常规粳糯稻差，但强于杂交稻；杂交稻品种中未发现明显的抗病品种；杂交稻中品种之间差异不明显。但在江苏，研究认为粳稻比籼稻更易发生"小粒穗"。

同一块稻田中，施肥、打药、土壤养分及微量元素含量无较大的差异，温度、光照对水稻的影响也是相同的，但田中旱青立病呈点条状发生，差异很大，由此可以排除高温热害、药害、肥害、土壤养分不均衡等因素引起的"小粒穗"。

同一品种播栽后，田中有的植株发病，有的不发病；有的田块发病，有的田块不发病；一些年份正常，另一些年份发病；一丛水稻中有的稻穗发病，有的稻穗生长发育正常；在同一区域，直播稻很少发病，而机插秧和手插秧发生较重；同一品种，高温干旱的年份不发病或者发病轻，而在水稻分蘖期至扬花期遇长期阴雨的年份发生重，可见与降雨关系密切。根据上述可以判定，种子质量及适应性不是旱青立病发生的主要原因。

但江苏省的研究认为，病种种源对小粒穗的发生概率和发生程度有显著影响，病种是否发生小粒穗及其发生程度还受环境条件的制约。小粒穗的发生与大田常用的农药、除草剂及肥水管理措施均无关联。杀线（虫）剂浸种对小粒穗有防治效果。对小粒穗的可能病原物的分离和鉴定试验表明，真菌和细菌不是小粒穗形成的病原物，线虫与小粒穗的发生有一定的关联。在防控上杜绝用"小粒穗"病田种子留种，从种源着手是防止"小粒穗"的基本措施（张祖建等，2005）。

以上不同地区、不同研究人员的研究结果表明，水稻"旱青立病"和"小粒穗"可能不是同一种病因引起的，属于不同的"病害"。

2. 与水分管理有关

水稻旱青立病是由水稻生理失水所致，多发生于晚稻灌浆期，断水过早，遇干热风，失水严重导致大面积青枯（旱青立）。长期深灌，未深度搁田，根系较浅，易发生旱青立病。土层浅，肥力不足或施氮过迟，易发生旱青立病。也有学者认为，高温、低温、除草剂药害、肥害、土壤缺锌导致土壤养分不均衡，旱地转为水田后因前期长期种植旱作物导致硫大量减少，造成砷流失过多、水污染等其他污染，易造成旱青立病。但对于某些"病因"，不同学者得出的结论是不一致的。

3. 与施药不当有关

研究认为造成水稻旱青立病的原因是药害。稻田不当施用多效唑等植物生长调节剂，或二甲四氯钠等激素型除草剂，或长期施用甲磺隆、绿磺隆麦田除草剂，是造成"小穗头"现象的原因，特别是在水稻拔节后过量用药，易造成水稻颖壳畸形（李安乐等，2004）。

但也有相反的观点，有的研究人员认为稻田施用除草剂不是引起水稻"小粒穗"的直接原因（袁树忠等，2008）。刘倩等（2020）发现，施用除草剂苄乙、吡嘧磺隆、二氯喹啉酸和五氟磺草胺不会引起水稻旱青立病的发生，但过量施用除草剂会显著降低稻谷产量。

4. 与重金属含量过高有关

研究认为旱青立病与稻田土壤中砷、镉、汞、铜等重金属元素含量偏高有关。水稻颖壳畸形、重颖、不结实的主要原因是长期旱作的田块改成水田后，土壤中的砷活性增强。特别是长期种植高产蔬菜，造成硫元素相对不足（流失），硫、砷比例失调，水稻砷中毒。对发生旱青立病的田块土壤进行测定，发现不结实的稻穗中砷含量是正常水稻中砷含量的10倍以上，铜含量则接近正常稻穗的2倍，达到了毒害水平。

杨光（2018）和张勤（2022）认为，杂交水稻发生"鹰嘴稻"（旱青立病）的原因是土壤中重金属砷含量过高、水稻孕穗至扬花期土壤中氮与硼元素比例失调。调查、测定稻田土壤发现，与不发病田块相比，发病田块0～50cm土层中重金属砷的含量增加2.3～5.6mg/kg，发病水稻植株中总砷含量增加0.03～0.20mg/kg。表明水稻旱青立病发生的原因是土壤中重金属砷、镉和铜含量偏高（刘倩等，2020）。

稻田单植水稻、稻-虾共育田中水稻旱青立病的致病原因是有机砷中毒，群体发生面积与病害严重度受栽培因素和自然环境条件的影响较大。栽培因素包括水稻品种类型、种植方式、茬口安排、秸秆还田、肥水管理、旱改水等；自然因素主要包括土壤质地及理化性质、土壤微生物群落、气候和环境条件等（陶伟等，2021）。

5. 与水中致污因子有关

在水稻生长及收获时调查发现，稻粒发生颖壳畸形、不结实乃至绝收，主要是受水中致污因子，如强酸性、重金属残留及三氯乙醛等物质的影响。

6. 与土壤养分失调及水分管理有关

水稻旱青立病是旱地改为水田时发生的一种生理性病害。灌水可以减轻病害发生，晒田次数越多，晒田越严重，则旱青立病发生越严重（伍先锋等，2009）。

在生产实际中，农民的施肥习惯是重氮、磷，轻钾、锌，重化肥，轻有机肥。造成土壤养分严重失调，锌、钾含量不足；磷与锌有拮抗作用，硫与砷有拮抗作用。在土壤中，砷以砷酸形式存在，种植旱田作物时不至于引起农作物中毒。当旱田改为水田后，遇长期淹水，砷的活性变强，砷酸变成毒性很强的亚砷酸。

水稻一生中最易发生旱青立病的时期为：花粉母细胞减数分蘖期、颖花分化期、抽穗开花期。这3个生育期偶遇土壤水分不足，含水量降低到60%～70%，如遇突然灌水，而该田土壤有机质又较丰富，植株获得水分后营养生长迅速，使已遭干旱影响的稻穗不正常，从而出现旱立青病（张重煊等，2005）。

（三）国外相关研究

国外大多认为直立穗病是水稻上的一种生理性紊乱症状（Yan et al.，2008；Rahman et al.，2008，2012；Belefant-Miller，2012）。水稻对有机砷（甲基砷锌、甲基砷酸钙）和无机砷反应很敏感，尤其是在孕穗期和抽穗期更为敏感，导致颖花不育，外稃和内稃扭曲、畸形。在严重的情况下，稻穗或穗头可能完全不能形成。成熟时稻穗上谷粒多为瘪谷、半瘪谷，使稻穗变轻而保持直立，因此得名直立穗病。

土壤中砷以甲基胂酸钠（sodium methanearsonate，MSMA）的形式存在，土壤中无机砷（IAS）含量过高是诱导直立穗病的主要原因，MSMA含量高及连续灌水会增加感病品种直立穗的发病率。由于无机砷含氧度比其他形式的砷高，这可能是水稻产生更严重的直立穗病紊乱症的直接原因。无机砷含量丰富的地下水灌溉，或在砷泛滥的南亚和东南亚，农田土壤中无机砷浓度升高可能引起水稻直立穗高发（Rahman et al.，2012）。

研究显示，每千克土壤中砷酸钠（Na_2HAsO_4）含量为10～90mg时，随着砷浓度的升高，直立穗病严重性明显提高，造成17%～100%小花/小穗不育，产量损失达16%～100%（Rahmana et al.，2008）。

直立穗的发生会降低水稻产量和增加小颖不育。水稻品种Doongara感直立穗病，而品种Jefferson抗直立穗病。种植抗病品种Jefferson可以避免或减轻直立穗病的发生（Dunn and Dunn，2012）。植株中铜（Cu）和镁（Mg）元素会促进直立穗病的发生，而铁（Fe）和钼（Mo）元素会减少直立穗病的发生（Dunn and Dunn，2012）。

直立穗病发生严重度如何评价对于直立穗病的研究非常重要。Belefant-Miller（2012）开发了一种直立穗病具体症状定量评级量表（畸形谷粒、叶轴弯曲、穗抽出、穗重），在温室试验中测定甲基胂酸钠（MSMA）诱导直立穗病发生情况。在水稻6～8叶期施用MSMA直立穗病更严重，降低水稻根部温度会抑制直立穗病的发生。

（四）综合考虑"病因"及笔者观点

综合国内外有关鹰嘴稻（小粒穗、旱青立病）发生的可能原因，至今主要有以下几种观点。

1. 线虫论

江苏省研究者的大量研究结果证明，水稻小粒穗籽粒中的线虫量较多。刘维红等（2007）通过人工接种，进一步证实水稻干尖线虫就是引起水稻"小穗头"的主要病因。虽然如此，但还有许多问题不能解释，甚至自相矛盾的事例也有存在。最简单的问题就是，水稻干尖线虫早就存在，为何小粒穗的发生只在近几年才严重发生，并且有明显的区域性，甚至实际生产中相邻的两块田，同样的品种，同样的播栽时间和栽培措施，一块田发病很重，而另一块田却生长正常。

2. 病原菌论

不少人猜想鹰嘴稻是一种新型的水稻病害，由病菌或病毒引起，但目前未能得到有力证据。

3. 品种退化论

农户和基层农技人员常有此看法。但从现有的试验来看，同样的发病种源在海南鉴定植株表型正常，且小粒穗种子在不同区域发病程度相差很大，表明遗传因素导致小粒穗的可能性不大。

4. 农药和除草剂论

农药和除草剂的残留或副作用导致小粒穗，但缺乏直接证据。另外有试验证明，杀虫剂、杀菌剂和除草剂不是引起水稻"小粒穗"的原因（袁树忠等，2008；刘倩等，2020）。

5. 缺水论

研究认为在一定生育时期特别是水稻敏感和关键生育期，如在花粉母细胞减数分裂期缺水严重，导致小粒穗。但事实上，笔者考察不少"小粒穗"发生田块，排灌设施配套齐全，管理措施到位，但"小粒穗"的发生程度仍很重，由此可见栽培管理措施可能不是"小粒穗"发生的直接原因。

6. 笔者观点

国内一些研究者以及国外大多试验研究结果认为，鹰嘴稻（小粒穗、直立穗病）的"病因"是重金属（砷、汞、铅、镉、铜），尤其是砷与品种、环境互作的结果。

至今，引起鹰嘴稻"病因"的最有力证据是江苏省的水稻干尖线虫，以及国外研究认为的重金属。笔者经多年调查、观察、研究，发现籼粳杂交稻（如甬优系列，特别是春优系列）组合（见图4-18水稻春优系列品种干尖线虫病大田症状），其干尖线虫病发生十分严重，并从其感病谷粒中分离出水稻干尖线虫，但未发现鹰嘴稻（小粒穗、翘头稻、直立穗病）症状。故此推测，水稻干尖线虫不是鹰嘴稻的主要"病因"，但可能对鹰嘴稻的发生起到一定的促进作用。国内线虫病害专家彭德良博士/研究员指出，只要进行分离，绝大多数水稻种子中都能分离到线虫，但不一定产生鹰嘴稻（小粒穗、翘头稻、直立穗病）症状。因此，笔者认为鹰嘴稻的病因至今尚不十分明确，可能由水稻干尖线虫引起，或/和生理性如重金属〔砷、汞（铅）、镉〕、缺素、农药（除草剂）残留药害、土壤成分结构等原因引起。

四、水稻干尖线虫引起鹰嘴稻

（一）水稻干尖线虫的寄主范围

水稻干尖线虫除侵染水稻外，还侵染晚香玉（*Polianthes tuberosa*）、万代兰（*Vanda orchid*）、绣球属（*Hydrangea*）、茼蒿属（*Chrysanthemum*）、竺麻（*Boehmeria nivea*）、印度榕（*Ficus elastica*）、鼠尾粟（*Sporobolus fertilis*）、粱（稷、栗、小米）（*Setaria italica*）和碎米莎草（*Cyperus iria*）（彭德良，1998）。在江苏省，发现水稻干尖线虫会侵染草莓（*Fragaria ananassa*），引起草莓夏萎病（徐建华等，1989）。在台湾省，该线虫为害石斛（*Dendrobium nobile*），造成一定的损失。在拉丁美洲瓜德罗普，该线虫能侵染三浅裂薯蓣（*Dioscorea trifida*）的块茎和叶片，使叶片干枯变黑，块茎内部腐烂，产生龟裂（林奕耀，1992）。

（二）水稻干尖线虫的侵染循环

水稻干尖线虫以成虫和幼虫潜伏在谷粒颖壳和米粒间越冬，带虫种子是本病的主要初侵染源。线虫在土壤中和水中能存活约30d。水稻干尖线虫耐冷，但不耐高温。幼虫和成虫在干燥条件下存活力较强，在干燥稻种内可存活3年左右。当浸种催芽时，种子内的水稻干尖线虫开始活动，播种带病种子后，水稻干尖线虫多游离于水中及土壤中，但大部分水稻干尖线虫死亡，少数水稻干尖线虫遇到幼芽、幼苗，从芽鞘、叶鞘缝隙处侵入，潜存于叶鞘内，以口针刺吸组织汁液，营外寄生生活。

随着水稻的生长，水稻干尖线虫逐渐向上部移动，数量也逐渐增多。在孕穗期前，潜伏在植株上部几节叶鞘内，线虫不断繁殖、数量增多。到幼穗形成时，则侵入穗部，集中于幼穗颖壳内、外部，在颖壳与米粒之间为害。雌虫在水稻生育期间可繁殖1~2代。病谷内的水稻干尖线虫大多集中于饱满的谷粒内，其比例占总带虫数的83%~88%，秕谷中仅占12%~17%。水稻成熟时以幼虫及成虫在穗粒颖壳间潜伏越冬，成为翌年的初侵染源。该线虫可通过雨水向邻近稻株传播，而远距离传播主要靠稻种调运或商品包装的稻壳填充物。

五、水稻干尖线虫引起鹰嘴稻的发生条件

（一）品种抗性

一般，晚稻发病重于早稻，早稻重于中稻，粳稻重于籼稻，籼稻重于糯稻，糯稻重于杂交稻。

研究测试了 23 个粳稻、4 个籼稻品种对水稻干尖线虫的抗性。结果显示，不同品种间对水稻干尖线虫抗性是不同的。大多数品种没有出现白尖症状，比水稻干尖线虫引起的另外两种症状，即小粒穗和直立穗病的出现频率低，且这种症状表现可能是遗传的。水稻干尖线虫感染后，降低了参试品种所有测试的生物参数值，如茎秆和穗长度、每穗实粒数、千粒重。27 个参试品种中没有免疫品种，3 个粳稻品种高感干尖线虫病，而籼稻品种 Tetep 表现抗病，其抗病潜力可用于防控水稻干尖线虫（Feng et al.，2014）。研究人员对 1002 个收集自美国农业部核心种质库的水稻品种（系）进行了分析，评价了直立穗和品种的基因型（Pan et al.，2012）。42 个品种（系）抗直立穗病，在水稻干尖线虫严重侵染的情况下没有造成水稻减产（Agrama and Yan，2010）。

水稻品种间发生程度也有差异。籼、粳亚种间存在显著差异，粳稻品种几乎都有发生。品种间穗发生率有较大差异，为 10%～80%。在扬州、淮安、盐城和连云港对生产上大面积应用的中、晚稻粳稻品种进行调查，发现除光叶光秆的泗稻 10 号外，武育粳 3 号、武香粳 9 号、武香粳 11 号、武香粳 14 号、香粳 49、武运粳 7 号、武运粳 8 号、连嘉粳 1 号、镇稻 88、镇稻 99、淮稻 6 号、华粳 1 号、早丰 9 号、99-15 和广陵香粳等几乎所有粳稻品种（系）均有鹰嘴稻现象（张祖建等，2006）。而籼稻品种（组合）则基本未见发生。尽管粳稻品种多有"鹰嘴稻"的发生，但不同粳稻品种间发生程度差异明显。武育粳 3 号最为感病，占发病总面积的 40% 左右，造成的产量损失最大；武运粳 7 号和武运粳 8 号占 30% 左右，其他品种约占 30%。

2001 年，鹰嘴稻在江苏海安发生范围广，地区之间有差异，品种间轻重不一。发病最重的品种是武育粳 3 号，而武运粳 7 号、优辐粳和 99-15 仅零星发生，武育粳 3 号在不同田块间差异大。植株的主茎与分蘖间也有差别。有的主茎表现为正常，分蘖表现为鹰嘴稻；有的主茎表现为鹰嘴稻，分蘖表现为正常。

（二）地理环境

在江苏，水稻鹰嘴稻的发生在地区间存在较大差异。不论是发生面积还是危害程度，苏中地区均比淮北严重，淮北又比苏南严重。播种后半个月内，低温多雨有利于发病。

（三）栽培条件

手插秧和机插秧发病重，旱直播稻和麦茬免耕直播稻发病明显减轻。因此，在鹰嘴稻发生严重的地方宜多采用直播。水分管理要干干湿湿，不要过分晒田，也不宜长期深水灌溉，水稻灌浆期不要断水过早。土层浅、肥力不足的田块要早施氮肥，多施有机肥。

六、鹰嘴稻的防控

（一）水稻干尖线虫引起的鹰嘴稻

1. 选择抗病品种

尽快培育抗鹰嘴稻水稻品种。病害经常发生且发生严重的稻区，选择种植籼稻、籼型杂交稻，如 Tetep。在粳稻种植区，避免种植感病品种，如武育粳 3 号等。

2. 种子药剂处理

水稻播种前，种子用杀线虫剂浸种处理是最为简便、高效的防治方法。

试验表明，用杀线剂95%巴丹（杀螟丹）可溶性粉剂、4.2%浸丰乳油进行种子浸种处理后，"小穗头"发生率分别为0.31%和1.78%，防效分别为99.10%和95.90%（王子明等，2004）。用防治水稻干尖线虫病和二化螟、稻纵卷叶螟等的新农药——盾清（6%杀螟丹水剂）、菌虫清（17%乙蒜素·杀螟WP）在水稻播种前浸种48～60h，可有效地控制鹰嘴稻的发生。用16%"恶线清（咪鲜·杀螟）可湿性粉剂"300～400倍液浸种60h后催芽或对病虫田块施药，其防效在95%以上（汪智渊等，2006；范立志等，2007）。

药剂具体使用方法：粳稻用种量60kg/hm²左右，可用恶线清或菌虫清225g加水90kg浸种48～60h（因气温高低而定，下同）；杂交稻用种量22.5～30kg/hm²，可用75g恶线清加水30kg浸种36～48h。旱育秧田播种或大田直播轻型栽培在浸种后可直接播种，不必催芽。水育秧田，浸种后可适温催芽、50%～70%种子露白即可播种。稻种出芽率低于90%，则最好日浸夜露，白天浸入药液中，夜晚捞出晾干。翌日白天再浸入药液中。如此反复，直至露白50%～70%后再播种，保证种子在药液中浸够时间，确保防效。

3. 栽培管理方式

改变耕作制度、适当减少机耕次数；加强栽培管理，注意适当增施钙、硅和锌等微肥；科学灌水，前期浅水勤灌；改变种植制度，严重发病田块建议籼稻改粳稻（旱青立病）或粳稻改籼稻（籼型杂交稻），或者水田改旱地种植蔬菜、玉米和甘薯等。

在麦-稻轮作和秸秆全量还田的条件下，在小麦季整地时施用硫黄，并在水稻季整地时施用生石灰或石灰氮，可降低水稻旱青立病发病率21%～25%。在连年发病田块，种植粳稻品种可以显著降低水稻旱青立病的发病程度。施用石灰和换水对防治因旱地改为水田而发生的水稻旱青立病有良好效果，立即换水可以减少发病91.5%。移栽水稻成活后换水可以减少发病77.5%。移栽水稻成活后换水并结合施用石灰可以做到不发病，使产量增加1269～7791kg/hm²。与种植籼稻品种相比，在水稻旱青立病易发病的田块种植粳稻品种可使发病率显著降低（刘倩等，2020）。但在江苏，粳稻比籼稻更易发生"小粒穗"（鹰嘴稻、旱青立病），由于江苏，尤其是苏北稻区不适合种植籼稻（籼型杂交稻），所以不适宜粳稻换为籼稻。

（二）重金属引致的生理性鹰嘴稻

1. 肥料管理

选择适宜苗床，培育健壮秧苗，合理密植。科学施肥，基肥、分蘖肥与穗、粒肥比例以6∶4为好。施用穗肥应兼顾促花肥和保花肥。在栽插密度高、基蘖肥比例高、群体数量高的"三高"情况下，水稻个体生长弱、群体质量差、穗肥难施用，易引发"小穗头"发生率高、减产幅度大的不良后果。水稻高产栽培时，肥料的运筹应采取"前稳、中足、后补"的施肥方式，穗肥应占总施肥量的40%以上。但发生"小粒穗"的田块往往在肥料运筹上是"前重、中轻、后空"或"前重、中失、后缺"。杂交稻控氮、补硼是防治这一病害的关键技术措施（张勤，2022）。施用专用有机-无机配方肥，可减轻危害。

2. 水分管理

干干湿湿的水分管理能明显减轻水稻旱青立病的发生。前期浅水勤灌促进早发，中期干干湿湿强秆壮根，后期湿润灌溉活熟到老（王子明等，2003，2004）。在水稻孕穗期田间保持水层3～5cm，抽穗期干湿交替管理，收获前7～10d断水。易发病稻田尽量不种植杂交水稻，可改种常规粳稻。旱青立病发生重的田块，改为直播稻后，旱青立病不再发生或者显著减轻。

水稻直立穗病的发生受水稻品种、土壤中砷含量及水分管理的影响。抗直立穗病品种比感直立穗病品种产量高，谷粒中砷含量更低。选择种植砷敏感性低的品种，间歇性流水灌溉，是降低砷在谷粒中累积、减轻砷诱导发生直立穗病症状最有效的方法（Hua et al.，2013）。在美国，预防水稻直立穗病唯一推荐的方法是一种名为"排水-干燥（draining and drying，D & D）"的水分管理操作（Slaton et al.，2000；Wilson et al.，2001；Yan et al.，2005）。在水稻节间伸长期前，稻田土壤要彻底干燥10～14d，才能有效预防直立穗病（Wells and Gilmour，1977）。

3. 施用石灰

砷污染严重的田块，栽秧期施用硫酸铁与石灰混合剂，能明显减少土壤中砷的含量。旋耕耙田时施用熟石灰，能使旱青立病发生程度减轻25%；或者在水稻成活后换水，并施用熟石灰1500kg/hm²，可以杜绝旱青立病的发生。

参考文献

安礼. 2018. 水稻根结线虫病的发生及防治. 农业灾害研究, 8(2): 11-12.

白宗师, 秦萌, 赵立荣, 等. 2017. 水稻干尖线虫的环介导恒温扩增技术（LAMP）快速检测方法. 中国水稻科学, 31(4): 432-440.

陈良宏, 吴慧平, 俞翔, 等. 2010. 不同水稻品种潜根线虫侵染率测定与分析. 安徽农业大学学报, 37(3): 425-428.

陈培红, 朱祥林, 杨本香, 等. 2014. 新型水稻浸种剂对恶苗病及干尖线虫病的防治效果. 江西农业学报, 26(7): 45-49.

陈琪. 2015. 旱稻孢囊线虫对水稻苗的危害及主要影响因子分析. 长沙: 湖南农业大学硕士学位论文.

陈曦, 冯辉, 束兆林, 等. 2016. 水稻干尖线虫海藻糖酶 Ab-tre-1 基因克隆与逆境条件下的表达分析. 核农学报, 30(12): 2304-2311.

崔汝强, 葛建军, 胡学难, 等. 2010. 水稻干尖线虫快速分子检测技术研究. 植物检疫, 24(1): 10-12.

丁中, Namphueng Janthathang, 何旭峰, 等. 2012. 旱稻孢囊线虫生活史及侵染特性. 中国水稻科学, 26(6): 746-775.

段玉玺, 靳莹莹, 王胜君, 等. 2008. 生防菌株 Snef 85 的鉴定及其发酵液对不同种类线虫的毒力. 植物保护学报, 35(2): 132-136.

范立志, 李晓旭, 孙一卫, 等. 2004. 中粳密穗型水稻"小粒翘穗"病原及控制对策. 中国植保导刊, 24(9): 10-11.

范立志, 侍瑞高, 谢小军, 等. 2007. 水稻小粒翘穗病原及控制技术研究. 植物保护, 33(2): 94-97.

范亚磊. 2020. 水稻根结线虫病抗性资源筛选及抗性研究. 扬州: 扬州大学硕士学位论文.

方中达. 1979. 植病研究方法. 北京: 农业出版社.

冯辉. 2013. 生长素对水稻干尖线虫迁徙和寄生的影响. 南京: 南京农业大学博士学位论文.

冯辉, 陈曦, 束兆林, 等. 2016. 水稻干尖线虫 Hsp90 基因克隆及在不同逆境、侵染早期和取食过程的表达差异. 农业生物技术学报, 24(11): 1741-1753.

冯辉, 程兆榜, 魏利辉, 等. 2010. 水稻干尖线虫侵染后水稻生理生化反应和 NPR1 基因表达的初步研究. 厦门: 中国植物病理学会 2010 年学术年会论文集.

冯辉, 聂国媛, 陈曦, 等. 2017. 拟禾谷根结线虫江苏分离群体形态学和分子鉴定. 江苏农业学报, 33(4): 794-801.

冯如珍. 1986. 水稻潜根线虫病的分布和发生消长的初步研究. 广西农学院学报, (2): 57-62.

冯志新. 1974. 水稻根结线虫病的发现. 广东农业科学, (3): 35-37.

冯志新. 2001. 植物线虫学. 北京: 中国农业出版社: 126-128.

冯志新, 关燕如, 黎少梅. 1980. 水稻根结线虫病的研究. 华南农学院学报, 1(1): 73-82.

冯志新, 黎少梅. 1983. 我国发现水稻潜根线虫病. 广东农业科学, (5): 36-38.

符美英, 罗激光, 林小漫, 等. 2021. 21 份水稻种质对拟禾本科根结线虫的抗性评价. 分子植物育种, 19(16): 5489-5495.

傅强, 黄世文. 2005. 水稻病虫害诊断与防治原色图谱. 北京: 金盾出版社: 45-46.

高学彪, 李嘉斌, 周慧娟. 1999. 水稻潜根线虫的寄主范围的调查和测定. 云南农业大学学报, (增刊): 48-51.

高学彪, 周慧娟, 冯志新. 1998. 几种农业措施对水稻潜根线虫病的防治作用及机理的研究. 华中农业大学学报, 17(4): 331-334.

高珠清, 李茂胜, 李起林, 等. 1992. 水稻潜根线虫病发生因素调查及防治意见. 病虫测报, 12(1): 43-45.

郭恺, 胡先奇, 李维蛟, 等. 2008. 植物提取液对水稻潜根线虫的抑杀作用. 江西农业学报, 20(8): 48-51.

何晋, 刘淑婷, 陈淳, 等. 2021. 基于 rDNA-ITS 序列建立 LAMP 检测水稻潜根线虫的方法. 植物病理学报, 51(4): 626-635.

贺沛成, 洪宏, 伍敏敏, 等. 2012. 旱稻孢囊线虫（Heterodera elachista）孵化特性研究. 植物保护, 38(1): 101-103.

洪剑鸣, 童贤明. 2006. 中国水稻病害及其防治. 上海: 上海科学技术出版社.

胡先奇, 余敏, 林丽飞, 等. 2004. 云南水稻潜根线虫种类及生态分布研究. 中国农业科学, 37(5): 681-686.

黄可辉, 郭琼霞. 2003. 水稻茎线虫风险分析. 福建稻麦科技, 21(4): 12-14.

黄坤. 2011. 不同水稻品种对拟禾本科根结线虫的抗性及病原线虫生物学研究. 广州: 华南农业大学硕士学位论文.

黄文坤, 向超, 刘莹, 等. 2018. 水稻拟禾本科根结线虫发生与防治. 植物病理学报, 48(3): 289-296.

黄勇椿, 叶姗, 袁涛, 等. 2021. 湖南长沙一季晚稻旱稻孢囊线虫发生动态及危害损失. 中国水稻科学, 35(1): 98-102.

金晨钟, 刘桂英, 刘秀, 等. 2014. 10 种植物提取液对水稻潜根线虫的抑杀活性研究（英文）. 农业科学与技术: 英文版, 15(12): 2164-2166, 2200.

李安乐, 俞文伟, 杨学平, 等. 2004. 泗洪县 2003 年水稻小穗头现象原因分析探讨. 水稻 "小穗头" 成灾原因与防治对策学术研讨会专刊.

李芳荣, 龙海, 程颖慧, 等. 2015. 我国公布的进境植物检疫性线虫名录及其演变. 中国植保导刊, 35(9): 62-65.

李茂胜, 高珠清, 严叔平, 等. 1991. 水稻潜根线虫病田间消长与产量损失研究. 植物保护, 17(3): 8-9.

李懋. 2014. 硅和秸秆施用对水稻响应旱改水和砷胁迫的影响. 武汉: 华中农业大学硕士学位论文.

李喜阳. 1998. 老挝植物检疫性有害生物名录. 中国进出境动植检, (2): 28-29.

李秀花, 马娟, 高波, 等. 2019. 不同小麦品种（系）对禾谷孢囊线虫的抗性评价. 麦类作物学报, 39(12): 1437-1442.

李怡珍, 金殷文, 陈纯. 1985. 水稻孢囊线虫鉴定初报. 植物检疫, (1): 56-59.

李永宏, 黄清臻. 2002. 新复极差法在生物统计中的应用. 医学动物防制, 18(5): 270-272.

李正杨, 雷金湘, 李树, 等. 1997. 水稻根结线虫病发生为害情况初步调查. 广西植保, (2): 37.

廖金铃, 冯志新. 1995. 根结线虫属一新种——海南根结线虫. 华南农业大学学报, 3: 34-39.

林代福. 1990. 水稻潜根线虫生物学特性研究. 植物病理学报, 20(1): 21-23.

林茂松, 丁晓帆, 王子明, 等. 2005. 水稻小穗头上的线虫形态特征鉴定. 中国水稻科学, 19(4): 361-365.

林奕耀. 1992. 秋石斛叶芽线虫病之发生. 台湾植物保护学会会刊, (3): 202-215.

刘炳良, 孙成刚, 王暄, 等. 2012. 小麦品种对禾谷孢囊线虫（*Heterodera avenae*）江苏沛县群体的抗性鉴定. 麦类作物学报, 32(3): 563-568.

刘存信. 1989. 植物寄生线虫在我国的危害特点. 动物学杂志, 24(4): 51-54.

刘丹, 冯齐山, 冯景科. 2006. 水稻干尖线虫发生危害及防治技术. 垦殖与稻作, (增刊): 50.

刘国坤, 王玉, 肖顺, 等. 2011a. 水稻根结线虫病的病原鉴定及其侵染源的研究. 中国水稻科学, 25(4): 420-426.

刘国坤, 肖顺, 张绍升, 等. 2011b. 拟禾本科根结线虫对水稻根系的侵染特性及其生活史. 热带作物学报, 32(4): 743-748.

刘国坤, 谢志成, 张绍升. 2008. 潜根线虫致病性和水稻品种抗病性. 广州: 中国植物病理学会 2008 年学术年会.

刘乐乐, 方亦午, 陈先锋, 等. 2018. 拟禾本科根结线虫形态和分子鉴定. 植物检疫, 32(6): 32-37.

刘立宏, 王峰, 李丹蕾, 等. 2014. 水稻干尖线虫 X-box 结合蛋白基因克隆及功能. 东北林业大学学报, 42(1): 148-151.

刘倩, 王学春, 罗华友, 等. 2020. 绵阳市水稻青立病发病原因及防治技术研究. 广东农业科学, 47(8): 80-87.

刘淑婷. 2017. 广东水稻潜根属线虫种类鉴定和水稻潜根线虫 LAMP 检测方法. 广州: 华南农业大学硕士学位论文.

刘树芳, 董丽英, 李迅东, 等. 2016. 水稻茎线虫病研究进展. 生物安全学报, 25(3): 229-232.

刘维红, 林茂松, 李红梅, 等. 2007. 人工接种测定水稻干尖线虫在水稻上的病害发展动态. 中国农业科学, 40(12): 2734-2740.

刘维志. 1995. 植物线虫学研究技术. 沈阳: 辽宁科学技术出版社.

刘维志. 1999. 水稻干尖线虫病. 新农业, (10): 25-26.

吕军, 王东伟, 王剑, 等. 2022. 光合细菌菌剂与噻唑膦协同使用对水稻根结线虫病防治研究. 植物保护, 48(1): 328-333.

马秋娟, 侯振春, 刘维志, 等. 2000. 水稻种子携带水稻干尖线虫研究. 辽宁农业科学, (1): 7-9.

梅圆圆, 郭恺, 郑经武, 等. 2009. 水稻上 3 种潜根线虫的形态学鉴定及记述. 浙江大学学报（农业与生命科学版）, 35(5): 482-488.

欧平武, 余艺涛, 吕军, 等. 2021. 几种杀线剂防控水稻根结线虫病的效果. 中国植保导刊, 41(11): 66-68.

潘沧桑, 林竟, 汪空旭, 等. 1998. 穿刺芽孢杆菌在水稻潜根线虫中感染的记述. 厦门大学学报（自然科学版）, 37(4): 619-622.

裴艳艳, 程曦, 徐春玲, 等. 2012a. 中国水稻干尖线虫部分群体对水稻的致病力测定. 中国水稻科学, 26(2): 218-226.

裴艳艳, 骆爱丽, 谢辉, 等. 2010. 中国不同地区水稻干尖线虫种群的繁殖特性研究. 西北农林科技大学学报（自然科学版）, 38(6): 165-170.

裴艳艳, 谢腾飞, 程曦, 等. 2012b. 温度对水稻干尖线虫在链格孢菌上培养繁殖的影响. 南京: 中国植物病理学会第十一届全国植物线虫学学术研讨会论文集: 80-85.

彭德良. 1998. 种传线虫病及其治理措施. 中国农业大学学报, 3(S1): 93-96.

彭德良. 2021. 植物线虫病害: 我国粮食安全面临的重大挑战. 生物技术通报, 37(7): 1-2.

彭思源, 喻曼, 丁中, 等. 2022. 不同地理来源的拟禾本科根结线虫对温度胁迫的耐受性. 植物保护, 48(5): 108-115.

戚龙君, 宋绍林, 林茂松. 2002. 水稻茎线虫检疫鉴定方法: SN/T 1136—2002. 北京: 中国标准出版社.

裘童兴, 严明富, 陆强. 1991. 水稻干尖线虫病发生规律及防治初探. 浙江农业科学, (6): 290-292.

芮凯, 符美英, 王会芳, 等. 2016a. 海南水稻根结线虫病发生情况及防控建议. 中国植保导刊, 36(1): 27-30.

芮凯, 符美英, 王会芳. 2016b. 海南水稻根结线虫病发生原因及防治对策. 湖北农业科学, 55(5): 1176-1178.

山草梅, 叶蕾, 张连虎, 等. 2021. 水稻抗潜根线虫基因 OsRAI1 的克隆及功能分析. 生物技术通报, 37(7): 146-155.

孙晓棠, 胡长志, 蒋琦, 等. 2013. 江西水稻 6 种潜根线虫的形态学鉴定. 江西农业大学学报, 35(6): 1179-1182.

谭家如, 唐桂林, 胡璋伍. 2021. 水稻旱青立病田间鉴定的理论与实践探讨. 安徽农学通报, 27(17): 120-123.

唐蓓, 王东伟, 王剑, 等. 2021. 不同种植方式对水稻根结线虫病发生危害的影响. 植物保护, 47(1): 188-191, 198.

陶龙兴, 黄世文, 徐青, 等. 2010. 关于水稻小粒穗发生原因分析及预防技术建议. 中国稻米, 16(3): 25-27.

陶鸣翔, 董涛海. 1991. 稻干尖线虫病对晚稻产量损失的测定. 浙江农业科学, (3): 142.

陶伟, 黄群, 毕如江, 等. 2021. 2020 年寿县水稻旱青立病大发生原因分析. 安徽农学通报, 27(13): 117-121.

汪家旭, 潘沧桑. 1999. 潜根线虫的种类. 厦门大学学报 (自然科学版), 38(2): 297-304.

汪智渊, 陆菲, 杨红福, 等. 2016. 水稻干尖线虫对水稻剑叶的危害及对生长和产量的影响. 天津农业科学, 22(6): 101-102, 106.

汪智渊, 杨红福, 吉沐祥. 2006. 江苏省水稻 "小穗头" 发生原因和防治技术研究. 南京农业大学学报, 29(1): 54-56.

王芳, 张丽华, 王彰明. 2017. 叶鞘接种法在水稻干尖线虫致病力测定中的应用. 中国植保导刊, 37(10): 13, 54-56.

王峰, 陈俏丽, 李丹蕾, 等. 2015. 水稻抗干尖线虫基因 OC-XII 的克隆及表达研究. 中国水稻科学, 29(6): 658-666.

王立峰. 2017. 水稻旱青立的发生及预防. 吉林农业, (20): 69.

王玲, 黄世文, 禹盛苗, 等. 2008. 水稻干尖线虫病在籼粳杂交晚稻上的危害及防治. 中国稻米, (5): 65-66.

王胜君, 段玉玺, 陈立杰, 等. 2008b. 生防细菌 Snb331 对水稻干尖线虫活性的影响. 河南农业科学, (5): 76-78.

王胜君, 段玉玺, 靳莹莹, 等. 2008a. 水稻干尖线虫 (Aphelenchoides besseyi) 人工培养研究. 植物保护, 34(3): 46-48.

王水南, 彭德良, 黄文坤, 等. 2014. 旱稻孢囊线虫的快速分子检测. 湖南农业大学学报 (自然科学版), 40(2): 178-182.

王义成, 金晨钟, 岳青阳. 1988. 水稻潜根线虫病的危害损失和防治技术. 湖南农业科学, (2): 8, 39-41.

王玉. 2010. 水稻根结线虫病病因与生物防治研究. 福州: 福建农林大学硕士学位论文.

王子明, 周凤明, 吕宏飞, 等. 2004. 江苏省水稻小穗头现象的发生与防治措施研究. 江苏农业科学, (3): 34-38.

王子明, 周凤明, 吕玉亮, 等. 2003. 江苏省水稻 "小穗头" 现象发生原因与防治对策研究. 江苏农业科学, (5): 1-6.

王子明, 周凤明, 吕玉亮, 等. 2005. 水稻 "小穗头" 成因及其控制技术的应用. 江苏农业科学, (3): 55-60.

吴慧平. 1999. 水稻潜根线虫侵染对寄主叶绿素含量及相关生化指标的影响. 植物保护学报, 26(2): 187-188.

吴慧平, 陈良宏, 鲍周明, 等. 2007. 不同水稻品种对水稻潜根线虫的抗性比较. 合肥: 现代农业理论与实践——安徽现代农业博士科技论坛论文集, 安徽省科学技术协会学会部会议论文集.

吴慧平, 解宜林, 杨荣铮. 1998. 水稻潜根线虫接虫期、接虫量对水稻叶绿素含量及相关生化指标的影响. 安徽农业科学, (3): 69-71.

伍先锋, 徐干文, 任可爱. 2009. 水稻青立病发生情况调查及其防控研究. 作物研究, 23(3): 208-209.

夏树. 2008. 万亩水稻发现水稻茎线虫病害 (安徽). 农药市场信息, (10): 15.

向红琼, 冯志新. 2002. 食线虫担子菌的研究现状与展望. 植物病理学报, 32(1): 8-14.

谢春芹. 2007. 水稻干尖线虫的培养和致病力测定. 南京: 南京农业大学硕士学位论文.

谢春芹, 陈啸寅, 潘以楼, 等. 2008. 水稻干尖线虫室内人工培养条件研究. 植物保护, 34(5): 140-142.

谢春芹, 陈啸寅, 潘以楼, 等. 2009. 水稻干尖线虫不同接种方式对稻株发病率的影响及防治技术. 江苏农业科学, (2): 121-123.

谢家廉, 杨芳, 黄文坤, 等. 2017. 近年水稻主要线虫病害的研究进展. 植物保护学报, 44(6): 940-949.

谢家廉, 杨芳, 徐幸, 等. 2022. 水稻干尖线虫生殖方式、生活史及温度对其存活能力的影响及其在水稻中的分布. 植物保护学报, 49(3): 816-823.

谢志成. 2007. 水稻根部线虫鉴定及潜根线虫根结线虫对水稻的致病性. 福州: 福建农林大学博士学位论文.

徐建华, 程瑚瑞, 方中达. 1989. 草莓线虫病研究 I. 江苏草莓上发生的夏矮线虫病. 植物病理学报, 19(1): 11-16.

颜婷, 丁素娟, 谭敏丰, 等. 2016. 6 种杀虫剂对旱稻孢囊线虫孵化的影响. 植物保护, 42(4): 111-113.

杨光. 2018. 水稻旱青立病: 发病原因很特殊 预防措施要记牢. 农药市场信息, (22): 49-50.

杨红福, 汪智渊, 吉沐祥. 2006. 恶线清浸种防治水稻"小穗头"技术. 江苏农业科学, (3): 81-82.

杨红福, 汪智渊, 吉沐祥, 等. 2005. 6% 杀螟丹水剂对水稻翘穗头的防治效果. 江苏农业科学, (2): 62-63.

杨思华, 李曼, 陈淳, 等. 2021. 巴氏新小绥螨对水稻干尖线虫控制能力的评估. 中国生物防治学报, 37(3): 472-479.

姚克兵, 庄义庆, 杨红福, 等. 2016. 几种农药对水稻干尖线虫的毒力测定及田间控制作用. 农药, 55(3): 217-218, 222.

姚思敏, 丁中, 周建宇, 等. 2018. 水稻拟禾本科根结线虫生防细菌的分离鉴定与防治效果评价. 中国生物防治学报, 34(4): 606-615.

殷友琴, 高学彪, 苏建文. 1997. 水稻潜根线虫的田间群体分布和季节动态. 华中农业大学学报, 16(1): 33-36.

殷友琴, 李学文. 1984. 水稻潜根线虫病发生和防治研究. 湖南农学院学报, (3): 61-71.

殷友琴, 周慧娟, 高学彪, 等. 1996. 水稻潜根线虫侵染与水稻生长和产量损失的关系. 华南农业大学学报, 17(4): 14-17.

尹淦缪, 冯志新. 1981. 农作物寄生线虫的初步调查鉴定. 植物保护学报, 8(2): 111-126.

于新, 朱镇, 张亚东, 等. 2015. 干尖线虫病对不同水稻品种产量相关性状的影响. 西南农业学报, 28(5): 2048-2051.

袁树忠, 吕贞龙, 朱庆森, 等. 2008. 10 种除草剂对武育粳 3 号生长及"小粒穗"形成的影响. 中国水稻科学, 22(6): 637-642.

袁涛. 2018. 旱稻孢囊线虫田间发生动态、抗性资源评价和危害损失的研究. 长沙: 湖南农业大学硕士学位论文.

袁涛, 叶姗, 周建宇, 等. 2019. 湖南水稻主推品种对旱稻孢囊线虫的抗性及评价方法. 中国水稻科学, 33(1): 85-89.

曾凡华. 2014. 南川区农业有害生物普查结果初报. 农业开发与装备, (3): 43-44.

占丽平. 2017. 硅诱导水稻防御拟禾本科根结线虫（*Meloidogyne graminicola*）的抗性机制初步研究. 北京: 中国农业科学院研究生院硕士学位论文.

张磊, 孙晓棠, 崔汝强. 2017. 水稻与水稻内寄生线虫互作机制研究进展. 江苏农业科学, 45(16): 1-7.

张勤. 2022. 杂交水稻"鹰嘴稻"的成因及防治技术. 农业科技通讯, (2): 214-216.

张绍升, 艾洪木. 1994. 不同施药时期对水稻潜根线虫防治效果的影响. 福建农业大学学报（自然科学版）, 23(4): 426-428.

张绍升, 李茂胜, 严叔平. 1998. 水稻潜根线虫的致病性和综合防治技术. 中国水稻科学, 12(1): 31-34.

张绍升, 谢志成, 刘国坤, 等. 2011a. 潜根线虫对稻苗根系侵染的影响. 亚热带农业研究, 7(3): 166-170.

张绍升, 谢志成, 刘国坤, 等. 2011b. 潜根线虫侵染对水稻早衰的影响. 福建农林大学学报（自然科学版）, 40(6): 566-569.

张学中. 2002. 水稻"小穗头"主要成因调查分析及对策. 农业科技通讯（粮食作物）, (6): 8-9.

张重煊, 何习光, 李华标. 2005. 水稻生理性病害青立病和旱青立病及其防治和补救措施. 湖北植保, (4): 30-31, 34.

张祖建, 方明奎, 王彰明, 等. 2005. 水稻"小粒穗"的成因研究初报. 扬州大学学报（农业与生命科学版）, 26(1): 60-65.

张祖建, 郎有忠, 潘美红, 等. 2006. 粳稻小粒穗的症状及其籽粒性状的变化特征. 中国农业科学, 39(8): 1536-1544.

郑宏海, 赖朝辉. 1994. 水稻干尖线虫病对晚稻性状及产量的影响. 宁波农业科技, (3): 18-19.

郑经武, 程瑚瑞, 方中达. 1995. 土壤中线虫孢囊的三种分离方法及综合评价. 植物保护, 21(1): 50-51.

周建宇, 袁涛, 叶姗, 等. 2018. 氟吡菌酰胺不同施药方式对水稻拟禾本科根结线虫的防治效果. 植物保护学报, 45(6): 1412-1418.

周银丽, 白建波, 尹体刘, 等. 2010. 一枝蒿等 6 种植物提取液对水稻潜根线虫的抑杀作用. 安徽农业科学, 38(25): 13795-13796.

周银丽, 胡先奇, 白建波, 等. 2012. 几种植物提取液对水稻潜根线虫的室内抑杀作用. 江苏农业科学, 40(3): 103-104.

周银丽, 尹体刘, 白建波, 等. 2011. 杏仁等 6 种植物提取液对水稻潜根线虫的抑杀作用. 湖北农业科学, 50(6): 1153-1155.

卓侃, 宋汉达, 王宏洪, 等. 2014. 旱稻孢囊线虫在广西的发生及其 rDNA-ITS 异质性分析. 中国水稻科学, 28(1): 78-84.

Abad P, Gouzy J, Aury JM, et al. 2008. Genome sequence of the metazoan plant–parasitic nematode *Meloidogyne incognita*. Nature Biotechnology, 26(8): 909-915.

Agrama HA, Yan WG. 2010. Genetic diversity and relatedness of rice cultivars resistant to straighthead disorder. Plant Breeding, 129(3): 304-312.

Ali MR, Fukutoku Y, Ishibashi N. 1997. Effect of *Ditylenchus angustus* on the growth of rice plants. Japanese Journal of Nematology, 27(2): 52-66.

Ali MR, Ishibashi N. 1996. Growth and propagation of the rice stem nematode, *Ditylenchus angustus*, on rice seedlings and fungal mat of *Botrytis cinerea*. Japanese Journal of Nematology, 26(1/2): 12-22.

Allen MW. 1952. Taxonomic status of the bud and leaf nematodes related to *Aphelenchoides fragariae* (Ritzema Bos, 1891). Proceedings of the Helminthological Society of Washington, (2): 108-120.

Atkins JG, Beachell HM, Crane LE. 1957. Testing and breeding rice varieties for resistance to straighthead. International Rice Commission Newsletter, 2: 12-14.

Atlins JG, Todd EH. 1959. White tip disease of rice Ⅲ. Yield tests and varietal resistance. Phytopathology, 49: 189-191.

Babatola JO, Bridge J. 1979. Pathogenicity of *Hirchmanniella oryzae*, *H. spinicaudata*, and *H. imamuri* on rice. Joumal of Neamtology, 11(2): 128-132.

Babatola JO, Bridge J. 1980. Feeding behaviour and histopathology of *Hirschmanniella oryzae*, *H. imamuri* and *H. spinicaudata* on rice. Journal of Nematology, 12(1): 48-53.

Bauters L, Haegeman A, Kyndt T, et al. 2014. Analysis of the transcriptome of *Hirschmanniella oryzae* to explore potential survival strategies and host-nematode interactions. Molecular Plant Pathology, 15(4): 352-363.

Belefant-Miller H. 2012. Specific panicle responses resulting from MSMA-induced straighthead sterility in rice. Plant Growth Regulation, 66(3): 255-264.

Bridge J, Luc M, Plowright RA. 1990. Nematode parasite of rice // Luc M, Sikora RA, Bridge J. Plant Parasitic Nematodes in Subtropicl and Tropicl Agriculture. Wallingford: CAB International: 88.

Bridge J, Luc M, Plowright RA, et al. 2005. Nematode parasites of rice // Luc M, Sikora RA, Bridge J. Plant Parasitic Nematodes in Subtropical and Tropical Agriculture. 2nd ed. Wallingford: CAB International: 87-130.

Bridge J, Page SLJ. 1982. The rice root-knot nematode, *Meloidogyne graminicola*, on deep-water rice (*Oryza sativa* subsp. *indica*). Revue de Nematologie, 5(2):225-232.

Brown DJ, Boag B. 1988. An examination of methods used to extract virus-vector nematodes (Nematoda: Longidoriae and Trichodoridae) from soil samples. Nematologia Mediterranea, 16(1): 93-99.

Butler EJ. 1913. Disease of rice: an eelwonn disease of rice. Agricultural Research Institute Bulletin, 34(B): 1-37.

Chakraborti S. 2000. An integrated approach to managing rice stem nematodes. International Rice Research Notes, 1: 16-17.

Chen DY, Ni HF, Yan ZH, et al. 2006. Distribution of rice root nematode *Hirschmanniella oryzae* and a new record *Hirschmanniella mucronata* (Nematoda: Pratylenchidae) in Taiwan. Plant Pathology Bulletin, 3: 197-210.

Cox PG, Rahman L. 1979. The overwinter decay of *Ditylenchus angustus*. International Rice Research Newsletter, 5: 14.

Cox PG, Rahman L. 1980. Effects of ufra disease on yield loss of deepwater rice in Bangladesh. Tropical Pest Management, 26(4): 410-415.

Cue NTT, Kinh DN. 1981. Rice stem nematode disease in Vietnam. International Rice Research Newsletter, (6): 14-15.

Das D, Bajaj HK. 2008. Redescription of *Ditylenchus angustus* (Butler, 1913) Filipjev, 1939. Annals of Plant Protection Sciences, 1: 195-197.

Das D, Choudhury BN, Bora BC. 2011. Management of *ufra* disease in deep water rice through nematicides and observations on *ufra* nematode, *Ditylenchus angustus*. Indian Journal of Nematology, 41(1): 26-28.

Davide RG. 1988. Nematode problems affecting agriculture in the Philippines. Journal of Nematology, 20(2): 214-218.

Ding Z, Namphueng J, He XF, et al. 2012. First report of the cyst nematode (*Heterodera elachista*) on rice in Hunan Province, China. Plant Disease, 96(1): 151.

Djarnei A, Schipper K, Rabe F, et al. 2011. Metabolic priming by a secreted fungal effector. Nature, 478(7369): 395-398.

Duncan LW, Moens M. 2013. Migratory endoparasitic nematodes // Perry RN, Moens M. Plant Nematology. 2nd ed. Wallingford: CAB International: 144-178.

Dunn BW, Dunn TS. 2012. Influence of soil type on severity of straighthead in rice. Communications in Soil Science and Plant Analysis, 9(12): 1705-1719.

EPPD. 2012. Distribution maps of quarantine pests for Europe: *Aphelenchoides besseyi*. London: CAB International: 157.

Feng H, Wei LH, Chen HG, et al. 2015. Calreticulin is required for responding to stress, foraging, and fertility in the white-tip nematode, *Aphelenchoides besseyi*. Experimental Parasitology, 155: 58-67.

Feng H, Wei LH, Lin MS, et al. 2014. Assessment of rice cultivars in China for field resistance to *Aphelenchoides besseyi*. Journal of Integrative Agriculture, 13(10): 2221-2228.

Filipjev IN, Schuurmans Stekhoven JH. 1941. A Manual of Agricultural Helminthology. Leiden: EJ Brill: 878.

Fortuner R, Williams KJO. 1975. Review of the literature on *Aphelenchoides besseyi* Christie, 1942, the nematode causing "white tip" disease in rice. Helminthological Abstracts, Series B: Plant Nematology, (44): 1-40.

Gilmour J, Wells BR. 1980. Residual effects of MSMA on sterility in rice cultivars. Agronomy Journal, 72(6): 1066-1067.

Golden AM, Birchfield W. 1965. *Meloidogyne graminicola* (Heteroderidae) a new species of root-knot nematode from grass. Proceedings of the Helminthological Society of Washington, 32(2): 228-231.

Haegeman A, Bauters L, Kyndt T, et al. 2013. Identification of candidate effector genes in the transcriptome of the rice root knot nematode *Meloidogyne graminicola*. Molecular Plant Pathology, 14(4): 379-390.

Haegeman A, Kyndt T, Gheysen G. 2010. The role of *pseudo-endoglucanases* in the evolution of nematode cell wall-modifying proteins. Journal of Molecular Evolution, 70(5): 441-452.

Hollis JP, Keoboonrueng S. 1984. Nematode parasites of rice // Nickle WR. Plant and Insect Nematodes. New York: Marcel Dekker Inc.: 95-146.

Hua B, Yan WG, Yang J. 2013. Response of rice genotype to straighthead disease as influenced by arsenic level and water management practices in soil. Science of the Total Environment, 442: 432-436.

IRRI. 1996. Standard Evaluation System for Rice. P. O. Box 933, 1099, fourth ed. International Rice Research Institute, Manila, the Philippines: 43.

Jain RK, Mathur KN, Singh RV. 2007. Estimation of losses due to plant parasitic nematodes on different crops in India. Indian Journal of Nematology, 37: 219-220.

Jonathan EI, Velayutham B. 1987. Evaluation of yield loss due to rice root nematode *Hirschmanniella oryzae*. International Nematology Newsletter, 4: 8-9.

Jones JT, Haegeman A, Danchin EG, et al. 2013. Top 10 plant–parasitic nematodes in molecular plant pathology. Molecular Plant Pathology, 14(9): 946-961.

Karakas M. 2004. Life cycle and mating behaviour of *Hirschmanniella oryzae* (Namatoda: *Pratylenchidae*) on excised *Oryzae sativa* roots. Fen Bilinderi Dergisi, 25: 1-6.

Khanam S, Akanda AM, Ali MA, et al. 2016. Identification of Bangladeshi rice varieties resistant to ufra disease caused by the nematode *Ditylenchus angustus*. Crop Protection, 79: 162-169.

Kinh DN. 1981. Survival of *Ditylenchus angustus* in diseased stubble. International Rice Research Newsletter, 6(6): 13.

Kyndt T, Fernandez D, Gheysen G. 2014. Plant–parasitic nematode infections in rice: molecular and cellular insights. Annual Review of Phytopathology, 52(1): 135-153.

Latif MA, Akter S, Kabir MS, et al. 2006. Efficacy of some organic amendments for the control of *ufra* disease of rice. Bangladesh Journal of Microbiology, 23(2): 118-120.

Latif MA, Haque A, Tajul MI, et al. 2013a. Interactions between the nematodes *Ditylenchus angustus* and *Aphelenchoides besseyi* on rice: population dynamics and grain yield reductions. Phytopathologia Mediterranea, 52(3): 490-500.

Latif MA, Ullah MW, Rafii M, et al. 2011. Management of ufra disease of rice caused by *Ditylenchus angustus* with nematicides and resistance. African Journal of Microbiology Research, 5(13): 1660-1667.

Latif MA, Yusop MR, Miah G, et al. 2013b. Chemical control of ufra disease of rice: a simple profitability analysis. Journal of Food, Agriculture & Environment, 11(2): 716-720.

Lilley CJ, Kyndt T, Gheysen G. 2011. Nematode resistant GM crops in industrialised and developing countries // Jones JT, Gheysen G, Fenoll C. Genomics and Molecular Genetics of plant–nematode Interactions. Heidelberg: Springer: 517-541.

Lin M, Ding X, Wang Z, et al. 2004. Description of *Aphelenchoides besseyi* from abnormal rice with "small grains" and erect panicles' symptom in China. Rice Science, 12(4): 289-294.

Liu WH, Lin MS, Li HM, et al. 2008. Dynamic development of *Aphelenchoides besseyi* on rice plant by artificial inoculation in the greenhouse. Agricultural Sciences in China, 7(8): 970-976.

Lorieux M, Reversat G, Garcia Diaz SX, et al. 2003. Linkage mapping of Has-1 Og, a resistance gene of African rice to the cyst nematode, *Heterodera sacchari*. Theoretical and Applied Genetics, 107: 691-696.

Luc M, Sikora RA, Bridge J. 1990. Plant parasitic namatodes subtropieal and tropical agriculture. Wallingford: CAB International: 86.

Luc M, Sikora RA, Bridge J. 2005. Plant Parasitic Nematodes in Subtropical and Tropical Agriculture. 2nd ed. Wallingford: CAB International: 87-130.

Mantelin S, Bellafiore S, Kyndt T. 2016. *Meloidogyne graminicola* a major threat to rice agriculture. Molecular Plant Pathology, (1): 3-15.

Mantelin S, Bellafiore S, Kyndt T. 2017. *Meloidogyne graminicola* a major threat to rice agriculture. Molecular Plant Pathology, 18(1): 3-15.

Maung ZT, Kyi PP, Myint YY, et al. 2010. Occurrence of the rice root nematode *Hirschmanniella oryzae* on monsoon rice in Myanmar. Tropical Plant Pathology, 35(1): 3-10.

McGawley EC, Rush MC, Hollis JP. 1984. Occurrence of *Aphelenchoides besseyi* in Louisiana rice seed and its interaction with *Sclerotium oryzae* in selected cultivars. Journal of Nematology, 16(1): 65-68.

Muthukrishnan TS, Rajendran G, Chandrasekaran J. 1974. Studies on the white-tip nematode of rice, *Aphelenchoides besseyi* in Tamil Nadu. Indian Journal of Nematology, 4: 188-193.

Muthukrishnan TS, Rajendran G, Ramamurthy VV, et al. 1977. Pathogenicity and control of *Hischmanniella oryzae*. Indian Journal of Nematology, 7: 8-16.

Nickle WR. 1984. Plant and Insect Nematodes. New York & Basel: Marcel Dekker: 95-146.

Ohshima Y. 1974. *Heterodera elachista* n. sp., an upland rice cyst nematode from Japan. Japanese Journal of Nematology, 4: 51-56.

Ou SH. 1985. Rice Disease. 2nd ed. Surrey: Commonwealth Agricultural Bureaux (CAB): 351-356.

Page SLJ. 1982. The rice root-knot nematode, *Meloidogyne graminicoza*, on deep water rice (*Oryza sativa* subsp. *indica*). Revue De Nematologie, 5(2): 225-232.

Pan X, Zhang Q, Yan W, et al. 2012. Development of genetic markers linked to straighthead resistance through fine mapping in rice (*Oryza sativa* L.). PLOS ONE, 7(12): e52540.

Panda M, Rao YS. 1971. Evaluation of losses caused by the root neamatode, *Hirschmanniella mucronata* in rice. Indian Journal of Nematology, (41): 611-614.

Pankaj S, Sharma HK, Singh K, et al. 2010. Incidence of rice root-knot nematode, *Meloidogyne graminicola* in rice nursery in Gautam Budh Nagar and Bulandshahr districts of Uttar Pradesh. Indian Journal of Nematology, 2: 247-249.

Petitot AS, Dereeper A, Agbessi M, et al. 2016. Dual RNA-seq reveals *Meloidogyne graminicola* transcriptome and candidate effectors during the interaction with rice plants. Molecular Plant Pathology, 17(6): 860-874.

Plowright RA, Gill JR, Akehurst TE. 1992. Assessment of resistance and susceptibility to stem nematode *Ditylenchus angustus*. International Rice Research Newsletter, 17: 11-12.

Pokharel RR, Abawi G, Zhang N, et al. 2007. Characterization of isolates of *Meloidogyne* from rice–wheat production fields in Nepal. Journal of Nematology, 39(3): 221-230.

Prasad JS, Varaprasad KS. 2002. Ufra nematode, *Ditylenchus angustus* is seed borne! Crop Protection, 21(1): 75-76.

Rahman MA, Hasegawa H, Rahman MM, et al. 2008. Straighthead disease of rice (*Oryza sativa* L.) induced by arsenic toxicity. Environmental and Experimental Botany, 62(1): 54-59.

Rahman MA, Rahman MM, Hasegawa H. 2012. Arsenic-induced straighthead: an impending threat to sustainable rice production in south and south-east Asia. Bulletin of Environmental Contamination & Toxicology, 88: 311-315.

Rahman MF. 2003. Ufra–a menace to deepwater rice // Trivedi PC. Advances in Nematology. Jodhpur: Scientific Publishers: 115-124.

Rahman ML, Evans AAF. 1987. Studies on host-parasite relationships of rice stem nematode, *Ditylenchus angustus* (Nematoda:

Tylenchida) on rice, *Oryza sativa* L. Nematologica, 33(4): 451-459.

Rajan A, Arjun L, Mathur AVK. 1990. Host range and morphological studies on four isolates of *Aphelenchoides besseyi* Christie. Indian Journal of Nematology, (2): 177-183.

Rasamivelona A, Gravois KA, Dilday RH. 1995. Heritability and genotype x environment interactions for straighthead in rice. Crop Science, 35(5): 1365-1368.

Réversat G, Destombes D. 1998. Screening for resistance to *Heterodera sacchari* in the two cultivated rice species, *Oryza sativa* and *O. glaberrima*. Fundamental and Applied Nematology, 4: 307-317.

Rybarczyk-Mydlowska K, Mooyman P, van Megen H, et al. 2012. Small subunit ribosomal DNA-based phylogenetic analysis of foliar nematodes (*Aphelenchoides* spp.) and their quantitative detection in complex DNA backgrounds. Phytopathology, 102(12): 1153-1160.

Sher SA. 1968. Revision of the genus *Hirschmanniella* Luc & Goodey 1963 (Nematoda: Tylenchoidea). Nematologica, 14: 243-275.

Singh P, Sharma HK, Prasad JS. 2010. The rice root-knot nematode, *Meloidogyne graminicola*: an emerging problem in rice–wheat cropping system. Indian Journal of Nematology, 1: 1-11.

Slaton NA, Wilson CE Jr, Ntamatungiro S, et al. 2000. Evaluation of new varieties to straighthead susceptibility // Norman RJ, Beyrouty CA, Wells BR. Rice Research Studies 1999. University of Arkansas, Arkansas Agricultural Experiment Station Research Series, Fayetteville, Arkansas, USA, 476: 313-317.

Soriano IR, Prot JC, Matias DM. 2000. Expression of tolerance for *Meloidogyne graminicola* in rice cultivars as affected by soil type and flooding. Journal of Nematology, 32(3): 309.

Soriano IR, Schmit V, Brar DS, et al. 1999. Resistance to rice root-knot nematode *Meloidogyne graminicola* identified in *Oryza longistaminata* and *O. glaberrima*. Nematology, 1(4): 395-398.

Stirling G, Nicol J. 1999. Advisory Services for Nematode Pests. Nematologists.org.au, 1999.

Subbotin SA, Mundo-Ocampo M, Baldwin JG. 2010. Systematics of cyst nematodes (Nematoda: Heteroderinae) Nematology Monographs and Perspectives. Leiden: Brill: 35-49.

Sun MJ, Liu WH, Lin MS. 2009. Effects of temperature, humidity and different rice growth stages on vertical migration of *Aphelenchoides besseyi*. Rice Science, 16(4): 301-306.

Tikhonova LV. 1966. *Aphelenchoides besseyi* Christie, 1942 (Nematoda, Aphelenchoididae) on rice and method of control. Zoologicheskii Zhurnal, 45: 1759-1766.

Togashi K, Hoshino S. 2001. Distribution pattern and mortality of the white tip nematode, *Aphelenchoides besseyi* (Nematoda: Aphelenchoididae), among rice seeds. Nematology, 3(1): 17-24.

Togashi K, Hoshino S. 2010. Assessment of a three-stage sampling strategy to investigate the spatial distribution and population density of *Aphelenchoides besseyi* among *Oryza sativa* seeds. Nematology, 12(3): 373-380.

Tulek A, Cobanoglu S. 2010. Distribution of the rice white tip nematode, *Aphelenchoides besseyi*, in rice growing areas in the Thrace region of Turkey. Nematologia Mediterranea, 38(2): 215-217.

US Department of Agriculture, Animal Plant Health Inspection Service, Plant Protection and Quarantine. 2011. New Pest Response Guidelines: *Ditylenchus angustus* (Butler) Filipjev; Rice Stem or Ufra Nematode. Washington, D.C.: Government Printing Office.

Wang F, Li DL, Wang ZY, et al. 2014. Transcriptomic analysis of the rice white tip nematode, *Aphelenchoides besseyi* (Nematoda: Aphelenchoididae). PLOS ONE, 9(3): e91591.

Wells BR, Gilmour JT. 1977. Sterility in rice cultivars as influenced by MSMA rate and water management. Agronomy Journal, 69: 451-454.

Wilson CE, Slaton NA Jr, Frizzell DL, et al. 2001. Tolerance of new rice cultivars to straighthead // Norman RJ, Meullenet JF, Wells BR. Rice Research Studies 2000. University of Arkansas, Arkansas Agricultural Experiment Station, Research Series, Fayetteville, Arkansas, USA, 485: 428-436.

Xie JL, Yang F, Wang YP, et al. 2019. Studies on the efficiency of different inoculation methods of rice white-tip nematode,

Aphelenchoides besseyi. Nematology, 21: 673-678.

Yamsonrat S. 1967. Studies on rice root nematodes (*Hirschmanniella* spp.) in Thailand. Plant Disease Reporter, 51: 960-963.

Yan WG, Agrama HA, Slaton NA, et al. 2008. Soil and plant minerals associated with rice straighthead disorder induced by arsenic. Agronomy Journal, 6: 1655-1661.

Yan WG, Dilday RH, Tai TH, et al. 2005. Differential response of rice germplasm to straighthead induced by arsenic. Crop Science, 45: 1223-1228.